제3판

# 실전 토목시공기술사

Professional Engineer Civil Engineering Execution

# 실전

**제3판**

# 토목시공 기술사

최선민, 윤명식 저

## Professional Engineer
## Civil Engineering Execution

# 머리말

4차 산업혁명, 건설산업의 위축 등 급변하는 환경변화에서 건설산업도 예외일 수 없으며 이에 속해 있는 건설기술자의 불안정성도 증대되고 있습니다.

무한경쟁시대에서 생존, 고용의 안정성 확보, 기술자로서 경쟁력 구비, 개인의 명예 등 다양한 목적에 의해 국가자격체계의 최상위 자격인 기술사 취득이 필수적입니다.

국가 차원에서도 기술사 자격 인원 배출에 대해 상향 방침을 발표 후 최근 합격률이 증가하고 있습니다.

기술사 공부는 타 자격시험과 다르게 답안 작성시간의 부족, 채점의 제한 등의 요인으로 인해 전략적 투자를 할 필요가 있습니다. 일반적인 시험은 지식의 양이 많을수록 고득점의 확률이 증가하는 반면 기술사 시험은 특성상 그렇지 못한게 현실입니다.

본서는 시험의 특성을 고려하여 다음과 같은 사항에 중점을 두고 기술하였습니다.

1. 출제경향, 기출문제의 빈도를 고려한 문제로 구성
2. 답안 작성시간과 양을 고려한 개조식 기술
   (1) 문제별 설명 양을 요구답안 양의 2배 수준으로 제시
   (2) 기술 내용 중 50~70% 정도 소화 시 답안의 양을 충족
3. 답안작성 요소 중 일부인 그래프와 표의 적정 배치
4. 요구사항에 대해 기본에 충실
5. 개정 시방서 및 설계기준의 반영

본서를 집필하는 데 도움이 된 참고자료의 저자들께 일일이 양해를 구하지 못한 점을 죄송스럽게 생각하며 감사와 존경의 마음을 전합니다.

본서를 발간하기까지 도움을 주신 분들과 응원해주신 어머님께 감사 말씀을 드립니다.

끝으로 도서출판 씨아이알 김성배 대표님과 출판부 직원분들께 감사드립니다.

저자 **최선민, 윤명식**

## 명확한 동기부여와 자기통제
- 타 자격시험보다 상대적으로 장기적인 투자가 필요
- 소속 직장, 가족 등의 이해와 협조
- 임팩트보다는 꾸준함이 중요 → 일일공부투자 일지 작성(투자시간 및 누계, 비고)
- 개인 건강, 단체 모임 등에 대한 관리가 필요

## 채점자가 평가하는 요소 위주의 학습
- 수만 페이지의 기술된 답안지를 전부 읽고 채점할 수는 없음
- 채점 시 Key Word(흐름)와 시각적 효과가 큰 그래프, 표 등에 중점을 둘 수밖에 없음
- 해당 종목 전공 기술자가 오래 학습하여도 합격하지 못하는 것은 지식의 양이 부족해서가 아니며 비전공자라도 단기간에 합격할 수 있음

## 세부 요소보다는 흐름과 맥락이 중요
- 세부 요소를 모두 암기할 수 없고, 암기한다 하여도 시간이 지나면 망각
- 현장의 단일 분야 업무가 중점이 아니며 관리자로서의 요소가 더 큰 의미
- Key Word, 그래프, 표, 간단한 기준 위주 학습

## 답안에 반영할 수 있는 요소 위주로 학습
- 복잡한 표나 그래프, 장황한 설명, 복잡한 공식 등은 학습하기도 어렵지만 답안에 반영하는 것이 제한됨
- 복잡한 요소를 너무 오랫동안 학습하면 해당 문제에서 시간지연, 반복횟수의 감소로 이어짐

## 문제별 학습
- Key Word, 그래프, 표, 간단한 기준 등에 대한 집중 투자
- 세부 요소 중 난해한 부분에 과도한 집중을 지양하여 Speed하게 학습
- 공종별, 전체 단원에 대한 Cycle Time을 줄여 반복횟수를 증가시키는 것은 결국 세부 요소(까다로운 부분)도 많이 갖게 되는 학습 방법임
- Key Word에 대한 암기법은 이해를 바탕으로 한 것보다 답안 작성 시 누락을 줄이고 작성시간을 단축하는 데 기여함(다만, 과다한 암기법 적용 시 상호충돌 주의)
- 어느 정도 쓰면서 하는 학습이 필요, 실제 답안 작성 시 상당량을 기술해야 함

## 반복 학습
- 반복 학습 시에는 해당 문제의 내용 중 확실히 학습한 내용은 배제하거나 가볍게 학습하고 불확실한 내용 위주로 진행
- 반복횟수가 거듭될수록 불확실한 내용 중 일부가 소화되므로 점진적으로 학습량이 감소됨

| | |
|---|---|
| 등급 | 다음 각 호의 어느 하나에 해당하는 사람<br><br>1. 기사 자격을 취득한 후 응시하려는 종목이 속하는 직무분야(고용노동부령으로 정하는 유사 직무분야를 포함한다. 이하 "동일 및 유사 직무분야"라 한다)에서 4년 이상 실무에 종사한 사람<br>2. 산업기사 자격을 취득한 후 응시하려는 종목이 속하는 동일 및 유사 직무분야에서 5년 이상 실무에 종사한 사람<br>3. 기능사 자격을 취득한 후 응시하려는 종목이 속하는 동일 및 유사 직무분야에서 7년 이상 실무에 종사한 사람<br>4. 응시하려는 종목과 관련된 학과로서 고용노동부장관이 정하는 학과(이하 "관련학과"라 한다)의 대학졸업자등으로서 졸업 후 응시하려는 종목이 속하는 동일 및 유사 직무분야에서 6년 이상 실무에 종사한 사람<br>5. 응시하려는 종목이 속하는 동일 및 유사직무분야의 다른 종목의 기술사 등급의 자격을 취득한 사람<br>6. 3년제 전문대학 관련학과 졸업자등으로서 졸업 후 응시하려는 종목이 속하는 동일 및 유사 직무분야에서 7년 이상 실무에 종사한 사람<br>7. 2년제 전문대학 관련학과 졸업자등으로서 졸업 후 응시하려는 종목이 속하는 동일 및 유사 직무분야에서 8년 이상 실무에 종사한 사람<br>8. 국가기술자격의 종목별로 기사의 수준에 해당하는 교육훈련을 실시하는 기관 중 고용노동부령으로 정하는 교육훈련기관의 기술훈련과정(이하 "기사 수준 기술훈련과정"이라 한다) 이수자로서 이수 후 응시하려는 종목이 속하는 동일 및 유사 직무분야에서 6년 이상 실무에 종사한 사람<br>9. 국가기술자격의 종목별로 산업기사의 수준에 해당하는 교육훈련을 실시하는 기관 중 고용노동부령으로 정하는 교육훈련기관의 기술훈련과정(이하 "산업기사 수준 기술훈련과정"이라 한다) 이수자로서 이수 후 동일 및 유사 직무분야에서 8년 이상 실무에 종사한 사람<br>10. 응시하려는 종목이 속하는 동일 및 유사 직무분야에서 9년 이상 실무에 종사한 사람<br>11. 외국에서 동일한 종목에 해당하는 자격을 취득한 사람 |
| 비고 | 1. "졸업자등"이란 「초·중등교육법」 및 「고등교육법」에 따른 학교를 졸업한 사람 및 이와 같은 수준 이상의 학력이 있다고 인정되는 사람을 말한다. 다만, 대학(산업대학 등 수업연한이 4년 이상인 학교를 포함한다. 이하 "대학등"이라 한다) 및 대학원을 수료한 사람으로서 관련 학위를 취득하지 못한 사람은 "대학졸업자등"으로 보고, 대학등의 전 과정의 2분의 1 이상을 마친 사람은 "2년제 전문대학졸업자등"으로 본다.<br>2. "졸업예정자"란 국가기술자격 검정의 필기시험일(필기시험이 없거나 면제되는 경우에는 실기시험의 수험원서 접수마감일을 말한다. 이하 같다) 현재 「초·중등교육법」 및 「고등교육법」에 따라 정해진 학년 중 최종 학년에 재학 중인 사람을 말한다. 다만, 「학점인정 등에 관한 법률」 제7조에 따라 106학점 이상을 인정받은 사람(「학점인정 등에 관한 법률」에 따라 인정받은 학점 중 「고등교육법」 제2조제1호부터 제6호까지의 규정에 따른 대학 재학 중 취득한 학점을 전환하여 인정받은 학점 외의 학점이 18학점 이상 포함되어야 한다)은 대학졸업예정자로 보고, 81학점 이상을 인정받은 사람은 3년제 대학졸업예정자로 보며, 41학점 이상을 인정받은 사람은 2년제 대학졸업예정자로 본다.<br>3. 「고등교육법」 제50조의2에 따른 전공심화과정의 학사학위를 취득한 사람은 대학졸업자로 보고, 그 졸업예정자는 대학졸업예정자로 본다.<br>4. "이수자"란 기사 수준 기술훈련과정 또는 산업기사 수준 기술훈련과정을 마친 사람을 말한다.<br>5. "이수예정자"란 국가기술자격 검정의 필기시험일 또는 최초 시험일 현재 기사 수준 기술훈련과정 또는 산업기사 수준 기술훈련과정에서 각 과정의 2분의 1을 초과하여 교육훈련을 받고 있는 사람을 말한다. |

# 출제기준

## □ 필기시험

| 직무분야 | 건설 | 중직무분야 | 토목 | 자격종목 | 토목시공기술사 | 적용기간 | – |
|---|---|---|---|---|---|---|---|

○ 직무내용 : 토목시공 분야의 토목기술에 관한 고도의 전문지식과 실무경험에 입각한 계획, 연구, 설계, 분석, 시험, 운영, 시공, 평가 또는 이에 관한 지도, 건설사업관리 등의 기술업무 수행

| 검정방법 | 단답형/주관식논문형 | 시험시간 | 400분(1교시당 100분) |
|---|---|---|---|

| 시험과목 | 주요항목 | 세부항목 |
|---|---|---|
| 시공계획, 시공관리, 시공설비 및 시공기계 기타 시공에 관한 사항 | 1. 토목건설사업관리 | 1. 건설사업관리 계획수립<br>2. 공정관리, 건설품질관리, 건설안전관리 및 건설환경관리<br>3. 건설정보화기술<br>4. 시설물 유지관리 |
| | 2. 토공사 | 1. 토공시공계획<br>2. 사면공, 흙막이공, 옹벽공, 석축공<br>3. 준설 및 매립공<br>4. 암굴착 및 발파 |
| | 3. 기초공사 | 1. 지반조사 및 분석<br>2. 기초의 시공(지반안전, 계측관리)<br>3. 지반개량공<br>4. 수중구조물시공 |
| | 4. 포장공사 | 1. 포장 시공 계획수립<br>2. 연성재료 포장(아스팔트 콘크리트 포장)<br>3. 강성재료 포장(시멘트 콘크리트 포장)<br>4. 도로의 유지 및 보수관리 |
| | 5. 상하수도공사 | 1. 시공관리계획<br>2. 상하수도시설공사<br>3. 상하수도 관로공사 |
| | 6. 교량공사 | 1. 강교 제작 및 가설<br>2. 콘크리트교 제작 및 가설<br>3. 특수 교량<br>4. 교량 유지관리 |
| | 7. 하천, 댐, 해안, 항만공사, 도로 | 1. 하천시공<br>2. 댐시공<br>3. 해안시공<br>4. 항만시공<br>5. 시공계획<br>6. 시설공사 |
| | 8. 터널 및 지하공간 | 1. 터널 계획<br>2. 터널 시공<br>3. 터널 계측관리<br>4. 터널 유지관리<br>5. 지하공간 |
| | 9. 콘크리트공사 | 1. 콘크리트 재료 및 배합<br>2. 콘크리트의 성질<br>3. 콘크리트의 시공 및 철근공<br>4. 특수 콘크리트<br>5. 콘크리트 구조물의 유지관리 |
| | 10. 토목시공법규 및 신기술 | 1. 표준시방서/전문시방서 기준 및 관련사항<br>2. 주요 시사이슈<br>3. 기타 토목시공 관련 법규 및 신기술에 관한 사항 |

## □ 면접시험

| 직무<br>분야 | 건설 | 중직무<br>분야 | 토목 | 자격<br>종목 | 토목시공기술사 | 적용<br>기간 | - |
|---|---|---|---|---|---|---|---|
| ○ 직무내용 : 토목시공 분야의 토목기술에 관한 고도의 전문지식과 실무경험에 입각한 계획, 연구, 설계, 분석,<br>시험, 운영, 시공, 평가 또는 이에 관한 지도, 건설사업관리 등의 기술업무 수행 |||||||||
| 검정방법 || 구술형 면접시험 || 시험시간 || 15~30분 내외 |||
| 면접항목 || 주요항목 || 세부항목 ||||
| 시공계획, 시공관리, 시공<br>설비 및 시공기계 기타 시<br>공에 관한 전문지식/기술 || 1. 토목건설사업관리 || 1. 건설사업관리 계획수립<br>2. 공정관리, 건설품질관리, 건설안전관리 및 건설환경관리<br>3. 건설정보화기술<br>4. 시설물 유지관리 ||||
| |  | 2. 토공사 |  | 1. 토공시공계획<br>2. 사면공, 흙막이공, 옹벽공, 석축공<br>3. 준설 및 매립공<br>4. 암굴착 및 발파 ||||
| |  | 3. 기초공사 |  | 1. 지반조사 및 분석<br>2. 기초의 시공(지반안전, 계측관리)<br>3. 지반개량공<br>4. 수중구조물시공 ||||
| |  | 4. 포장공사 |  | 1. 포장 시공 계획수립<br>2. 연성재료 포장(아스팔트 콘크리트 포장)<br>3. 강성재료 포장(시멘트 콘크리트 포장)<br>4. 도로의 유지 및 보수관리 ||||
| |  | 5. 상하수도공사 |  | 1. 시공관리계획<br>2. 상하수도시설공사<br>3. 상하수도 관로공사 ||||
| |  | 6. 교량공사 |  | 1. 강교 제작 및 가설<br>2. 콘크리트교 제작 및 가설<br>3. 특수 교량<br>4. 교량 유지관리 ||||
| |  | 7. 하천, 댐, 해안,<br>항만공사, 도로 |  | 1. 하천시공<br>2. 댐시공<br>3. 해안시공<br>4. 항만시공<br>5. 시공계획<br>6. 시설공사 ||||
| |  | 8. 터널 및 지하공간 |  | 1. 터널 계획<br>2. 터널 시공<br>3. 터널 계측관리<br>4. 터널 유지관리<br>5. 지하공간 ||||
| |  | 9. 콘크리트공사 |  | 1. 콘크리트 재료 및 배합<br>2. 콘크리트의 성질<br>3. 콘크리트의 시공 및 철근공<br>4. 특수 콘크리트<br>5. 콘크리트 구조물의 유지관리 ||||
| |  | 10. 토목시공법규 및<br>신기술 |  | 1. 표준시방서/전문시방서기준 및 관련사항<br>2. 주요 시사이슈<br>3. 기타 토목시공 관련법규 및 신기술에 관한 사항 ||||
| 품위 및 자질 || 11. 기술사로서 품위<br>및 자질 || 1. 기술사가 갖추어야 할 주된 자질, 사명감, 인성<br>2. 기술사 자기개발 과제 ||||

---

※ 10권 이상은 분철(최대 10권 이내)

제    회
# 국가기술자격검정 기술사 필기시험 답안지(제1교시)

| 제1교시 | 종 목 명 | |
|---|---|---|

| 수험자 확인사항 ☑ 체크바랍니다. | 1. 문제지 인쇄 상태 및 수험자 응시 종목 일치 여부를 확인하였습니다. 확인 ☐ |
|---|---|
| | 2. 답안지 인적 사항 기재란 외에 수험번호 및 성명 등 특정인임을 암시하는 표시가 없음을 확인하였습니다. 확인 ☐ |
| | 3. 지워지는 펜, 연필류, 유색 필기구 등을 사용하지 않았습니다. 확인 ☐ |
| | 4. 답안지 작성 시 유의사항을 읽고 확인하였습니다. 확인 ☐ |

## 답안지 작성시 유의사항

1. 답안지는 표지 및 연습지를 제외하고 총 7매(14면)이며, 교부받는 즉시 매수, 페이지 순서 등 정상여부를 반드시 확인하고 1매라도 분리되거나 훼손하여서는 안됩니다.
2. 시험문제지가 본인의 응시종목과 일치하는지 확인하고, 시행 회, 종목명, 수험번호, 성명을 정확하게 기재하여야 합니다.
3. 수험자 인적사항 및 답안작성(계산식 포함)은 **지워지지 않는 검은색 필기구만을 계속 사용**하여야 합니다.
4. 답안 정정시에는 **두줄(=)을 긋고 다시 기재 가능**하며 **수정테이프 사용 또한 가능**합니다.
5. 답안작성 시 자(직선자, 곡선자, 템플릿 등)를 사용할 수 있습니다.
6. 문제의 순서에 관계없이 답안을 작성하여도 되나 주어진 **문제번호와 문제를 기재**한 후 답안을 작성하고 전문용어는 원어로 기재하여도 무방합니다.
7. 요구한 문제수 보다 많은 문제를 답하는 경우 기재 순으로 요구한 문제수까지 채점하고 나머지 문제는 채점대상에서 제외됩니다.
8. 답안작성 시 답안지 양면의 페이지 순으로 작성하시기 바랍니다.
9. 기 작성한 문항 전체를 삭제하고자 할 경우 반드시 해당 문항의 답안 전체에 대하여 명확하게 X표시 (X표시한 답안은 채점대상에서 제외) 하시기 바랍니다.
10. 수험자는 시험시간이 종료되면 즉시 답안작성을 멈춰야 하며, 종료시간 이후 계속 답안을 작성하거나 감독위원의 **답안지 제출지시에 불응할 때에는 당회 시험을 무효 처리**합니다.
11. 각 문제의 답안작성이 끝나면 바로 옆에 **"끝"**이라고 쓰고, 최종 답안작성이 끝나면 줄을 바꾸어 중앙에 **"이하여백"**이라고 써야합니다.
12. **다음 각호에 1개라도 해당되는 경우 답안지 전체 혹은 해당 문항이 0점 처리됩니다.**

   〈답안지 전체〉
     1) 인적사항 기재란 이외의 곳에 성명 또는 수험번호를 기재한 경우
     2) 답안지(연습지 포함)에 답안과 관련 없는 특수한 표시를 하거나 특정인임을 암시하는 경우
   〈해당 문항〉
     1) 지워지는 펜, 연필류, 유색 필기류, 2가지 이상 색 혼합사용 등으로 작성한 경우

※ 부정행위처리규정은 뒷면 참조

**HRDK** 한국산업인력공단
Human Resources Development Service of Korea

## 부정행위 처리규정

국가기술자격법 제10조 제6항, 같은 법 시행규칙 제15조에 따라 국가기술자격검정에서 부정행위를 한 응시자에 대하여는 당해 검정을 정지 또는 무효로 하고 3년간 이법에 따른 검정에 응시할 수 있는 자격이 정지됩니다.

1. 시험 중 다른 수험자와 시험과 관련된 대화를 하는 행위
2. 답안지를 교환하는 행위
3. 시험 중에 다른 수험자의 답안지 또는 문제지를 엿보고 자신의 답안지를 작성하는 행위
4. 다른 수험자를 위하여 답안을 알려주거나 엿보게 하는 행위
5. 시험 중 시험문제 내용과 관련된 물건을 휴대하여 사용하거나 이를 주고 받는 행위
6. 시험장 내외의 자로부터 도움을 받고 답안지를 작성하는 행위
7. 미리 시험문제를 알고 시험을 치른 행위
8. 다른 수험자의 성명 또는 수험번호를 바꾸어 제출하는 행위
9. 대리시험을 치르거나 치르게 하는 행위
10. 수험자가 시험시간에 통신기기 및 전자기기[휴대용 전화기, 휴대용 개인정보 단말기(PDA), 휴대용 멀티미디어 재생장치(PMP), 휴대용 컴퓨터, 휴대용 카세트, 디지털 카메라, 음성파일 변환기(MP3), 휴대용 게임기, 전자사전, 카메라 펜, 시각표시 외의 기능이 부착된 시계]를 사용하여 답안지를 작성하거나 다른 수험자를 위하여 답안을 송신하는 행위
11. 그 밖에 부정 또는 불공정한 방법으로 시험을 치르는 행위

HRDK 한국산업인력공단
Human Resources Development Service of Korea

큐넷(Q-Net)에서 실제 답안지 크기 양식을 받아볼 수 있습니다.
큐넷접속 → 자료실 → 검색 "기술사 답안지 양식"

| 번호 | | |
|---|---|---|
| | | |

HRDK 한국산업인력공단

# 차 례

## Chapter 01 콘크리트공사

# Chapter 02 토공

## Chapter 03 옹벽·흙막이

# Chapter 04 기초

## Chapter 05 도로

# Chapter 06 교량

## Chapter 07 터널

# Chapter 08 댐

# Chapter 09 항만·하천

## Chapter 10 총론

## Chapter 11 부록 : 기출문제(2001년~2024년)

# 콘크리트공사

**Professional Engineer**
**Civil Engineering Execution**

# 01 시멘트의 종류 및 특성

## I. 개요

1. 콘크리트는 시멘트, 골재, 물 등으로 형성되는 복합재료로 시멘트는 물과 반죽하였을 때 경화하는 무기질 재료를 통칭하는 것이다.
2. 시멘트는 공기 중에서 경화하는 기경성 시멘트와 물과 반응하여 경화하는 수경성 시멘트로 분류되며 현재 건설현장에서 일반적으로 사용되는 시멘트는 수경성 시멘트이다.
3. 시멘트의 주성분은 산화칼슘($CaO$), 실리카($SiO_2$), 산화알루미늄($Al_2O_3$), 산화제이철($Fe_2O_3$)이다.

## II. 시멘트의 종류

| 포틀랜드 시멘트 | 혼합 시멘트 | 특수 시멘트 |
|---|---|---|
| 보통 포틀랜드 시멘트<br>중용열 포틀랜드 시멘트<br>조강 포틀랜드 시멘트<br>저열 포틀랜드 시멘트<br>내황산염 포틀랜드 시멘트 | 고로슬래그 시멘트<br>플라이애시 시멘트<br>Pozzolan(실리카) 시멘트 | 초속경 시멘트<br>초조강 시멘트<br>알루미나 시멘트<br>마이크로 시멘트<br>팽창 시멘트<br>백색 시멘트 |

## III. 시멘트의 종류별 특성

### 1. 포틀랜드 시멘트(Portland Cement)

(1) 보통 포틀랜드 시멘트(1종)

　① 가장 일반적으로 사용되는 시멘트로 국내에서 생산되는 시멘트의 대부분(90%)을 차지함

　② 조강 포틀랜드 시멘트와 중용열 포틀랜드 시멘트의 중간적인 성질을 지님

(2) 중용열 포틀랜드 시멘트(2종)

　① 보통 포틀랜드 시멘트와 저열 포틀랜드 시멘트의 중간 수준의 수화열이 발생

　② 시멘트 성분 중 $C_3S$, $C_3A$의 양을 축소하고 $C_2S$의 양을 증가시킴

　③ 초기강도가 작으나 수화열이 높지 않고 건조수축이 적고 내구성 우수

④ 댐 등 Mass Con'c 공사, 서중 Con'c, 도로나 활주로 포장 등에 주로 사용

(3) 조강 포틀랜드 시멘트(3종)

① 수화속도가 빠르며 수화열이 높아 저온에서도 강도발현이 큼, 조강 포틀랜드 시멘트의 7일 강도가 보통 포틀랜드 시멘트의 28일 강도와 비슷함

② 시멘트 성분 중 $C_3S$가 많고, $C_2S$의 양을 축소시킴

③ 한중 Con'c, 긴급공사, Con'c 2차 제품생산 등에 사용

④ 시멘트의 분말도 : 4,000~4,500cm$^2$/g

(4) 저열 포틀랜드 시멘트(4종)

① 수화열이 낮아 온도균열 제어에 유리하며 고유동성 및 고내구성을 가짐

② 대규모 Mass Con'c 공사, 댐 Con'c, 서중 Con'c, 지하철 기반공사 등에 적용

(5) 내황산염 포틀랜드 시멘트(5종)

① 황산염과의 반응성이 작은 시멘트로 화학적으로 안정성이 높음

② $C_3A$의 양을 5% 이하로 통제

③ 해수, 오수에 대한 저항성이 우수하며 공장 폐수시설, 항만 및 해양공사에 적용

(6) 포틀랜드 시멘트 클링커의 주요 조성광물

① 규산3칼슘($3CaO \cdot SiO_2$) : $C_3S$

② 규산2칼슘($2CaO \cdot SiO_2$) : $C_2S$

③ 알루민산3칼슘($3CaO \cdot Al_2O_3$) : $C_3A$

④ 테트라칼슘 알루미노 세라이트($4CaO \cdot Al_2O_3 \cdot Fe_2O_3$) : $C_3AF$

## 2. 혼합 시멘트

(1) 고로슬래그 시멘트

① 혼합재로 제철소의 부산물인 고로슬래그를 첨가시킨 시멘트로 고로슬래그는 시멘트의 수화반응으로 생성된 수산화칼슘에 의해 잠재 수경성을 나타냄

② 화학적 저항성이 우수하여 해수, 폐수, 하수 관련 구조물, Mass Con'c 등에 적용

③ 건조수축이 크므로 충분한 양생이 필요

(2) 플라이애시 시멘트

① 화력발전소의 석탄 연소재를 첨가시킨 시멘트로 플라이애시는 시멘트의 수화반응으로 생성된 수산화칼슘과 화합하여 불용성의 화합물을 형성

② 콘크리트의 수화열이 작고, Workability가 증대

③ 초기강도는 작고 장기강도 증가, 수밀성 우수, 건조수축이 작음

④ 플라이애시 혼입량에 따른 분류

| 구분 | A종 | B종 | C종 |
|---|---|---|---|
| 플라이애시 혼입량(%) | 5~10% | 10~20% | 20~30% |

(3) 포졸란(Silica) 시멘트

   ① 실리카질 혼합재인 화산재, 백토, 규조토, 소점토 등의 포졸란을 첨가시킨 시멘트로 실리카질 재료가 수산화칼슘과 화합하는 포졸란반응으로 인해 콘크리트의 성질이 개선됨

   ② Workability가 증대되며 블리딩 감소

   ③ 수화열이 작고 장기강도 증진 및 수밀성 향상

   ④ 내약품성 등 화학적 저항성이 큼

(4) 혼합 시멘트의 2차 반응과 특성

| 구분 | 1차 반응 | 2차 반응 |
|---|---|---|
| 촉매(반응대상) | $H_2O$ | $Ca(OH)_2$ |
| 수화열 | 발생 | 미발생 |
| 강도발현 특성 | 초기강도 증진 | 초기강도 부족, 장기강도 증진 |

## 3. 특수 시멘트

(1) 초조강 시멘트

   ① 1일 강도가 보통 포틀랜드 시멘트의 7일 강도를 발현

   ② 도로, 활주로 등 긴급보수 공사, 공기 단축을 요하는 공사 등에 적용

(2) 초속경 시멘트

   ① 2~3시간에 보통 포틀랜드 시멘트의 7일 강도를 발현

   ② 도로, 교량 등 긴급보수 공사 적용, 콘크리트 2차 제품 제조에 사용

(3) 알루미나 시멘트

   ① 1일 강도가 보통 포틀랜드 시멘트 28일 강도를 발현

   ② 내열성이 우수, 내화용 모르타르 제조 등에 사용

   ③ 화학약품, 기름 등에 저항력 우수

(4) 마이크로 시멘트

분말도가 매우 높아($6,000cm^2/g$ 이상) 그라우팅용 주입재로서 주입성능이 우수, 암반 및 연약지반의 보강 및 차수에 적용

(5) 팽창 시멘트

   ① 물과 반응하여 팽창하는 성질을 갖는 시멘트를 말함

   ② 수축보상용과 화학적 Prestress용으로 구분

(6) 백색 시멘트

　　건축물의 표면 마감용 모르타르나 장식재료, 타일 줄눈용, 타일 시멘트 등에 사용

## 4. 기타

(1) 에코 시멘트

　　① 폐기물로 배출되는 도시 쓰레기, 소각회 등을 활용

　　② 자원순환형 시멘트

(2) MDF(Micro Defect Free) 시멘트

　　① 시멘트에 수용성 폴리머를 혼합하여 제조

　　② 시멘트 경화체의 공극을 채워 강도를 증진

(3) DSP 시멘트

　　① 시멘트와 초미립자(실리카), 고성능 감수제를 조합하여 제조

　　② 낮은 물–시멘트비에서 경화체의 공극을 감소시키며 고강도를 발현

# IV. 시멘트의 일반적 특성

## 1. 수화(반응)

(1) 시멘트와 물이 화학반응을 일으키는 것을 수화(반응)이라 함

(2) 수화반응에서 발생한 수화열은 Con'c의 내부온도를 상승시켜 Con'c의 내외부 온도차가 발생
하고 이로 인한 균열이 발생

(3) $CaO + H_2O \rightarrow Ca(OH)_2 + 125cal/g$

## 2. 비중

(1) Portland Cement의 비중 : 3.05 이상

| 종류 | 보통 Portland Cement | 조강 Portland Cement | 중용열 Portland Cement |
|---|---|---|---|
| 비중 | 3.15 | 3.13 | 3.20 |

(2) Cement가 풍화되면 비중 감소

(3) 시멘트의 비중 저하 요인

　　① 시멘트 풍화되었을 때

　　② 저장기간이 길었을 때

## 3. 분말도

(1) 분말도는 Cement 1g의 비표면적($cm^2/g$)을 기준으로 함

(2) 분말도(비표면적)가 클수록 초기강도는 증진하고 Bleeding은 감소, 건조수축은 증가

## 4. 응결(Setting), 경화(Harding)

(1) 수화가 시작되어 시간경과에 따라 유동성이 상실되고 응고되어 고형화하는 현상을 응결이라 함

(2) 응결은 시멘트와 물이 혼합된 후 1.5~2.0시간에 시작되어 3~4시간에 종료

(3) 응결 이후 강도가 증가되고 조직이 치밀해지는 과정을 경화라고 함

## 5. 안정성

(1) Cement가 수화 중 체적이 팽창하여 균열이 생기는 정도를 말함

(2) Autoclave 팽창도 시험으로 판단

## 6. 강도

Cement의 강도 확인을 위해 모르타르 강도시험을 실시

## 7. 풍화

(1) Cement가 공기 중 수분, 탄산가스를 흡수하여 수화반응, 탄산반응을 일으켜 고화되는 현상

(2) $CaO + H_2O \rightarrow Ca(OH)_2 + CO_2 \rightarrow CaCO_3$

(3) 풍화된 Cement : 강열감량 증가, 비중 감소, 응결 지연, 강도 저하

# V. Cement 품질시험

분말도시험, 비중시험, 강도시험, 응결시험, 수화열시험, 안정성 시험 등

# 02 골재의 종류 및 품질기준

## I. 개요

1. Con'c는 시멘트, 물, 골재로 구성된다.
2. Con'c에서 골재는 체적의 70% 이상을 차지하므로 골재의 종류, 품질에 따라 Con'c의 성질에 큰 영향을 미치므로 양질의 골재를 선택하는 것이 중요하다.

## II. 골재의 정의

### 1. 잔골재

(1) 현장배합 : 5mm체를 거의 다 통과하며, 0.08mm체에 거의 다 남는 골재
(2) 시방배합 : 5mm체를 통과하고 0.08mm체에 남는 골재

### 2. 굵은 골재

(1) 현장배합 : 5mm체에 거의 다 남는 골재
(2) 시방배합 : 5mm체에 다 남는 골재

## III. 골재의 종류

| 구분 | | 종류 |
|---|---|---|
| 생산방식 | 천연골재 | 강모래, 강자갈, 바다모래, 바다자갈, 산모래, 산자갈 |
| | 인공골재 | 부순골재, 부순자갈, 고로슬래그, 인공경량골재, 중량골재 |
| | 순환골재 | 순환 굵은 골재, 순환 잔골재 |
| 비중 | | 초경량골재(비중 1.0 이하), 경량골재(2.0 이하), 보통골재(2.0~3.0), 중량골재(3.0 이상) |
| 입경 | | 세골재 : 5mm체를 중량으로 85% 이상 통과하고, 0.08mm체에 거의 다 남는 골재<br>조골재 : 5mm체에 중량으로 85% 이상 남는 골재 |
| 용도 | | 구조용, 비구조용, 사용 목적별(콘크리트용, 아스팔트혼합물용, 기초보강용, 치장용) |

# IV. 골재의 구비조건

## 1. 잔골재

(1) 단단하고 강한 것, 유해량 이상의 염분을 포함하지 않는 것, 진흙이나 유기불순물 등의 유해물이 유해량 허용한도 이내인 것

(2) 절대건조밀도 : $0.0025g/mm^3$ 이상

(3) 흡수율 : 3.0% 이하(단, 고로슬래그 잔골재의 흡수율 3.5% 이하)

(4) 입도

① 대소의 알갱이가 알맞게 혼합되어 있는 것

---

| 참조 |

**골재의 조립률**

**(Fineness Modulus of aggregate)**

80mm, 40mm, 20mm, 10mm, 5mm, 2.5mm, 1.2mm, 0.6mm, 0.3mm, 0.15mm 등 10개의 체를 1조로 하여 체가름 시험을 하였을 때, 누적(가적) 잔유율의 합을 100으로 나눈 값

$$조립률(FM) = \frac{\sum 가적 잔유율의 합}{100}$$

| 체의 크기(mm) | 잔유량(g) | 잔유율(%) | 누적 잔유율(%) |
|---|---|---|---|
| 80 | 0 | 0 | 0 |
| 40 | 10 | 10 | 10 |
| 20 | 60 | 30 | 40 |
| 10 | 70 | 35 | 75 |
| 5 | 50 | 25 | 90 |
| 2.5 | 10 | 10 | 100 |
| 1.2 | – | – | 100 |
| 0.6 | – | – | 100 |
| 0.3 | – | – | 100 |
| 0.15 | – | – | 100 |
| 계 | 200 | 100 | 715 |
| 조립률 | | | 7.15 |

---

② 조립률 : 2.0~3.3 범위

③ 조립률의 범위를 벗어난 잔골재는 2종 이상의 잔골재를 혼합하여 입도를 조정

(5) 유해물 함유량 한도(질량백분율의 최댓값)

① 점토 덩어리 : 1.0%

② 0.08mm체 통과량

㉮ 콘크리트 표면이 마모작용을 받는 경우 : 3.0%

㉯ 기타의 경우 : 5.0%

③ 염화물(NaCl 환산량) : 0.04%

## 2. 굵은 골재

(1) 단단하고 강한 것, 유해량 이상의 염분을 포함하지 않는 것, 진흙이나 유기불순물 등의 유해물이 유해량 허용한도 이내인 것

(2) 절대건조밀도 : $0.0025g/mm^3$ 이상

(3) 흡수율 : 3.0% 이하

(4) 입도

　① 대소의 알갱이가 알맞게 혼합되어 있는 것

　② 조립률이 6~8 범위

(5) 유해물 함유량 한도(질량백분율)

　① 점토 덩어리 : 0.25%

　② 연한 석편 : 5.0%

　③ 0.08mm체 통과량 : 1.0%

---
| 참조 |

**굵은 골재의 최대치수($G_{max}$, Maximum Size of Coarse Aggregate)**

굵은 골재 최대치수란 질량비로 90% 이상을 통과시키는 체 중에서 최소치수인 체의 호칭치수로 나타낸 굵은 골재의 치수를 말한다.

---

## 3. 함수상태

(1) 절대건조상태

골재를 $100 \sim 110°C$의 온도에서 일정한 질량이 될 때까지 건조하여 골재 안의 내부에 포함되어 있는 자유수가 완전히 제거된 상태

(2) 기건상태(공기 중 건조상태)

골재 표면과 내부 일부가 건조한 상태

(3) 표면건조포화상태

골재의 표면수는 없고 골재 알 속의 빈틈이 물로 차 있는 상태

(4) 습윤상태

골재표면과 내부가 포화되어 있는 상태

(5) 골재의 유효 흡수율

골재가 표면건조포화상태가 될 때까지 흡수하는 수량의 절건상태의 골재질량에 대한 백분율

(6) 골재의 표면수율

골재의 표면에 붙어 있는 수량의 표면건조포화상태 골재질량에 대한 백분율

(7) 골재의 함수율

골재의 표면 및 내부에 있는 물 전체 질량의 절건상태 골재질량에 대한 백분율

(8) 골재의 흡수율

표면건조포화상태의 골재에 함유되어 있는 전체 수량의 절건상태 골재질량에 대한 백분율

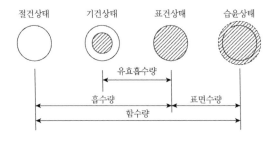

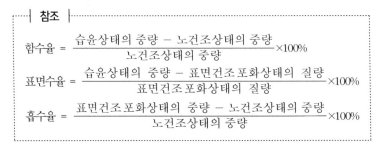

> **참조**
>
> $$함수율 = \frac{습윤상태의\ 중량\ -\ 노건조상태의\ 중량}{노건조상태의\ 중량} \times 100\%$$
>
> $$표면수율 = \frac{습윤상태의\ 중량\ -\ 표면건조포화상태의\ 질량}{표면건조포화상태의\ 질량} \times 100\%$$
>
> $$흡수율 = \frac{표면건조포화상태의\ 중량\ -\ 노건조상태의\ 중량}{노건조상태의\ 중량} \times 100\%$$

# V. 골재 품질시험

1. 유기불순물 시험(혼탁비색법)
2. 체가름 시험(조립률)
3. (굵은 골재) 마모시험
4. 강도시험
5. 흡수율 시험
6. 실적률, 간극률 시험
7. 반응성 시험
8. 염화물 시험

# 03 콘크리트에 사용되는 혼화재료

## I. 개요

1. 혼화재료는 시멘트, 골재, 물 이외의 재료로서 콘크리트에 성질을 개선하기 위해 첨가되는 재료이다.
2. 혼화재료는 사용량에 따라 혼화재와 혼화제로 분류한다.
3. 혼화재료의 선정 및 사용에 있어 재료 자체의 품질과 콘크리트에 작용되는 효과를 확인하여 적합하게 사용해야 한다.

## II. 혼화재료의 사용목적

1. Workability, 유동성 향상
2. 단위수량의 감소, Con'c 강도의 증가
3. Con'c 응결, 경화시간의 조절
4. Cement의 대체 재료로 이용(2차 반응 효과)
5. 팽창을 유발, 충전재로 이용
6. 강재의 부식 억제

## III. 혼화제

### 1. 공기연행제(AE제)

(1) Con'c 내부에 미세공기를 연행시키는 혼화제

(2) 특징

   ① (Ball Bearing 작용으로) Workability 개선

   ② 단위수량 감소, Bleeding 감소

   ③ (Cushion 작용으로) 동결융해 저항성 향상

(3) 공기량 1% 증가가 Con'c에 미치는 영향

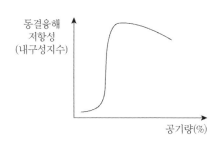

| Slump | 단위수량 | 압축강도 |
|---|---|---|
| 20mm 증가 | 3% 감소 | 4~6% 감소 |

| 참조 |

**기포간격계수**

콘크리트 내 형성된 기포의 간격을 의미하며 콘크리트의 동
결융해저항성 판단의 지표

• 공기량 1%의 콘크리트 기포간격계수는 600~700$\mu m$
• 공기량 4~5%의 콘크리트 기포간격계수는 200~ 240$\mu m$

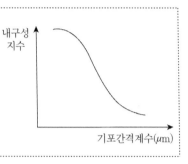

## 2. 감수제

(1) Con'c 중 Cement 입자를 분산시켜 단위수량을 감소(Cement 입자에 대한 습윤·분산 작용)

(2) 종류 : 표준형, 지연형, 촉진형

(3) 특징

① 단위수량 감소(감수효과 5% 정도), Bleeding 감소

② 응결시간의 조절

③ 압축강도, 수밀성 증진

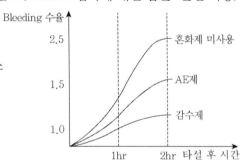

| 참조 |

**표면활성제**

(미세) 공기 연행작용, 시멘트 분산작용을 통해 Con'c의 성질을 개선시키는 혼화제
종류 : AE제, 감수제, AE감수제, 고성능 감수제, 고성능 AE감수제가 있다.

## 3. 고성능 감수제

(1) 감수제의 기능을 향상시킨 것으로 효과적인 Cement의 분산작용을 유발

(2) 특성

① 단위수량의 감소(20% 정도), Workability 증진

② W/B 감소, Con'c 강도 대폭 증진

## 4. 유동화제

(1) Con'c의 W/B 변화 없이 유동성(Workability) 증진

(2) 타설 및 다짐 작업의 효율 증진

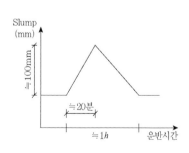

(3) 적용 : 고밀도 철근 배근, 단면이 작은 부재, 복잡한 단면 등

> **참조**
>
> 고성능 감수제와 유동화제 비교
>
> | 구분 | 고성능 감수제 | 유동화제 |
> |---|---|---|
> | 목적 | W/C 감소로 고강도화 | Workability 증진 |
> | W/C 변화 | 감소 | − |
> | 사용량 | 시멘트 중량의 1.2% 정도 | 시멘트 중량의 0.75% 이하 |

## 5. 응결 · 경화 시간 조절제

(1) Con'c의 응결시간이나 초기 수화작용속도를 촉진 혹은 지연시킬 목적으로 사용

(2) 용도

 ① 응결촉진제 : Shotcrete, 긴급보수공사, 초기강도 요구 시

 ② 응결지연제 : 서중 Con'c, 장거리 운반, Mass Con'c 등

## 6. 수중 콘크리트용 혼화제(분리저감제)

(1) 수중에서 분리저감, Bleeding 억제, Self Leveling(우수한 유동성)

(2) 주성분 : 셀룰로오즈계(주로 이용), 아크릴계

## 7. 방수제, 기포제(발포제), 방동제(내한제) 등

# IV. 혼화재

## 1. 고로슬래그

(1) 제철작업에서 선철후의 Slag로 잠재적 수경성이 있음

(2) 특성

 ① 초기강도는 작으나 장기강도 개선

 ② 수화열 감소

 ③ 치밀한 조직 형성, 투수성 감소

 ④ 화학저항성, 내해수성 증진

> **참조**
>
> **잠재 수경성**
>
> 수화반응 후 알칼리 환경하에서 고로슬래그 표면의 박막이 서서히 파괴되면서 슬래그의 수경성이 나타나게 되는 것

## 2. 플라이애시

(1) 화력발전소 등에서 부산되는 석탄재로 포졸란 반응을 통해 Con'c 품질 개선

(2) 특성

 ① 구상의 미립자로 Ball Bearing 작용, Workability를 개선

② 단위수량 감소, Bleeding 감소

③ 초기강도 작으나 장기강도 증가

④ 수화열의 감소, 균열 감소, 수밀성 증진

⑤ 알칼리골재반응의 억제, 황산염 저항성 증진

⑥ 연행공기의 감소(미연소 탄소의 공기 흡착 작용)

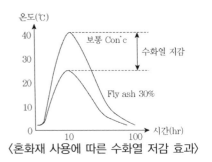

〈혼화재 사용에 따른 수화열 저감 효과〉

─┤ 참조 ├─

플라이애시 중 미연소 탄소의 공기흡착작용

불완전 연소된 플라이애시(Fly Ash)가 Con'c 내 공기를 흡착, 공기량 저하 현상 발생 조치 : 공기량 할증, 플라이애시 중 미연소 탄소량 규제(강열감량 5% 이하)

## 3. 실리카퓸(Silica Fume)

(1) 규소합금 제조 시 발생하는 부산물로 초미립자이다.

(2) 특성

　　① 마이크로 필러 효과, 공극 채움

　　② 수화열 저감

　　③ 고강도 및 고내구성의 Con'c 제조

　　④ 단위수량 증가

　　　(고성능 감수제 병용 사용 필요)

─┤ 참조 ├─

**실리카퓸의 물리적 성질**

| 구분 | 입형 | 입경 | 비표면적 | 비중 |
|------|------|------|----------|------|
| 내용 | 거의 구형 | 평균 0.1μm 정도 | 20m²/g | 2.1~2.2 |

## 4. 포졸란

(1) 혼화재의 일종으로서 그 자체에는 수경성이 없으나 콘크리트 중의 물에 용해되어 있는 수산화칼슘과 상온에서 천천히 화합하여 물에 녹지 않는 화합물을 만들 수 있는 실리카질 물질(화산재, 백토, 규조토, 소점토 등)을 함유하고 있는 미분말 상태의 재료

─┤ 참조 ├─

**1차 반응, 2차 반응 비교**

| 구분 | 1차 반응 | 2차 반응 |
|------|----------|----------|
| 수화열 | 발생 | 감소(미발생) |
| 강도 특성 | 초기강도 증진 | 초기강도 낮음, 장기강도 증진 |
| 비고 | | 포졸란 반응, 잠재적 수경성 |

**포졸란 반응과 잠재수경성 비교**

| 구분 | 포졸란 반응 | 잠재수경성 |
|------|------------|------------|
| 반응 형태 | 직접반응 | 간접반응 |
| 대상 | 플라이애시, 실리카퓸 | 고로슬래그 |
| 특징 | 수화열 감소, 장기강도 증진, 수밀성 증진 | |
| | 알칼리골재반응 저감, 중성화 증가 | 해수저항성, 내구성 향상 |

(2) 특성

    ① Workability 개선, 블리딩 감소

    ② 초기강도 작음, 장기강도 증진

    ③ 수밀성, 화학저항성 증진, 수화열 감소

    ④ 포졸란 반응 시 수산화칼슘(알칼리)을 소비하므로 중성화가 빨라짐

## 5. 팽창재

(1) (에트린자이트 등을 생성하며) Mortar, Con'c를 팽창시키는 작용이 있는 것

(2) 팽창 Con'c의 분류

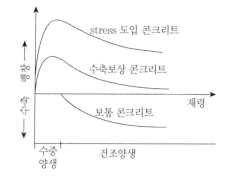

| 구분 | 팽창재 사용량 |
|---|---|
| 수축보상용 | $30kg/m^3$ |
| 화학적 프리스트레스용 | $40 \sim 60kg/m^3$ |

(3) 용도 : 보수재료, Shotcrete, PSC Grout재 등

## 6. 착색재, 내마모재 등

# V. 혼화제와 혼화재의 비교

| 구분 | 성질 | 사용량 | 배합 시 중량 반영 여부 | 형태 |
|---|---|---|---|---|
| 혼화제 | 약품적 | Cement 중량의 5% 미만 | 미반영 | 주로 액체 |
| 혼화재 | 재료적 | Cement 중량의 5% 이상 | 반영 | 고체 |

# VI. 혼화재료 사용 시 주의사항

1. 시방에 따른 용도 및 용량 준수
2. 품질이 확인된 KS F 합격품 사용
3. 계절별 효과를 검토 사용
4. 재료의 선정, 보관, 혼합 시기 등 주의
5. 2종 이상 사용 시 이상응결, Slump 감소 등의 상호 간섭작용 고려
6. 혼화제는 깨끗한 물로 교반시켜 사용
7. 분말상의 혼화재는 습기를 흡수하여 굳지 않도록 관리
8. 혼화제는 소량 사용하므로 계량에 주의
9. Con'c 강도에 악영향이 없을 것
10. 경화 후 Con'c에 유해한 영향이 없을 것

> **┤ 참조 ├**
>
> **계량허용오차**
>
> 혼화재 : ± 2%, 혼화제 : ± 3%

# VII. 결론

1. 혼화재료는 Con'c의 Workability 개선, 강도·내구성·수밀성 향상 등 Con'c의 성질을 개선시킨다.

2. 혼화재료의 부적합 사용 시 이상응결, Slump 감소 등의 상호 간섭작용이 발생할 수 있으며, Con'c의 강도·내구성 저하가 발생할 수 있으므로 재료의 품질확인 및 사용기준을 준수하여야 한다.

# 04 콘크리트의 배합설계

## I. 개요

1. Con'c의 배합이란 Con'c를 구성하는 재료인 Cement, 골재, 물, 혼화재료의 사용량을 결정하는 것이다.
2. 배합 시 요구되는 Con'c의 품질(Workability, 강도, 내구성, 수밀성, 강재보호성능 등)을 갖도록 정하여야 하며, 작업에 적합한 Workability를 갖는 범위 내에서 단위수량은 될 수 있는 대로 적게 한다.

## II. 배합의 기본원칙

1. 소요 강도, 내구성 확보
2. Workability 확보
3. 경제적일 것
4. 가급적 단위수량 적게
5. 가급적 굵은 골재의 최대치수 크게

## III. 배합의 분류

(1) 시방배합
  ① 소정의 품질을 갖는 콘크리트가 얻어지도록 된 배합으로서 표준시방서 또는 책임기술자가 지시한 배합
    ㉮ 잔골재 : 5mm체를 전부 통과하는 것
    ㉯ 굵은 골재 : 5mm체에 전부 남는 것
  ② 골재 함수 상태 : 표면건조 내부 포화상태
(2) 현장배합
  ① 시방배합의 콘크리트가 얻어지도록 현장에서 재료의 상태 및 계량방법에 따라 정한 배합
  ② 골재 입도

⑦ 잔골재 : 5mm체에 거의 통과하고, 일부가 남는 것

⑭ 굵은 골재 : 5mm체에 거의 남고, 일부가 통과되는 것

③ 골재함수상태 : 기건상태 또는 습윤상태

# IV. 배합설계

## 1. 배합강도($f_{cr}$)

(1) 호칭강도보다 작아지지 않도록 현장 Con'c의 품질 변동을 고려하여 결정, 배합 시 목표로 하는 강도

(2) Con'c의 배합강도($f_{cr}$)는 호칭강도($f_{cn}$) 범위를 35MPa 기준으로 분류한 식 중 큰 값으로 정함

| $f_{cn} \leq$ 35MPa인 경우 | $f_{cn} >$ 35MPa인 경우 |
|---|---|
| $f_{cr}$ = 호칭강도($f_{cn}$) + 1.34s | $f_{cr}$ = 호칭강도($f_{cn}$) + 1.34s |
| $f_{cr}$ = (호칭강도($f_{cn}$)−3.5) + 2.33s | $f_{cr}$ = 0.9×호칭강도($f_{cn}$) + 2.33s |

여기서, s : 압축강도의 표준편차(MPa)

> | 참조 |
>
> 호칭강도($f_{cn}$) = 품질기준강도($f_{cq}$) + 기온보정강도($T_n$)
>
> 여기서, 품질기준강도($f_{cq}$) = 설계기준압축강도($f_{ck}$), 내구성기준압축강도($f_{cd}$) 중 큰 값

## 2. 물-결합재비

(1) 소요의 강도, 내구성, 수밀성 및 균열저항성 등을 고려

(2) 압축강도 기준으로 W/B 결정 시

    ① 시험에 의하여 정하는 것을 원칙으로 함

    ② B/W와 압축강도 관계에서 W/B 결정

(3) 제빙화학제가 사용되는 콘크리트 : 45% 이하

(4) 내황산염 기준 : 50% 이하

(5) 수밀성 기준 : 50% 이하

(6) 탄산화 저항성 기준 : 55% 이하

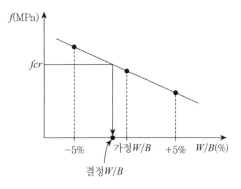

## 3. 굵은 골재의 최대치수

(1) 결정방법

    ① 거푸집 양 측면 사이의 최소거리의 1/5 이하

    ② 슬래브 두께의 1/3 이하

③ 철근 사이 최소순간격의 3/4 이하

(2) 굵은 골재의 최대치수 표준

| 구분 | 일반적인 경우 | 단면이 큰 경우 | 무근 Con'c |
|---|---|---|---|
| $G_{max}$(mm) | 20 또는 25 | 40 | 40(부재 최소치수의 1/4 초과 금지) |

(3) 굵은 골재 최대치수는 시공성이 확보되는 범위 내에서 가능한 크게 적용

> ┤ 참조 ├
>
> **굵은 골재의 최대치수**($G_{max}$, Maximum Size of Coarse Aggregate)
> 질량비로 90% 이상을 통과시키는 체 중에서 최소치수인 체의 호칭치수로 나타낸 굵은 골재의 치수

## 4. Slump

(1) 타설, 다짐 작업에 알맞은 범위 내 작은 값으로 결정

(2) 슬럼프의 표준값

| 철근 Con'c | | 무근 Con'c | |
|---|---|---|---|
| 일반적인 경우 | 단면이 큰 경우 | 일반적인 경우 | 단면이 큰 경우 |
| 80~150mm | 60~120mm | 50~150mm | 50~100mm |

(3) 슬럼프가 크면

① 작업성 증가

② 블리딩 증가

③ 재료분리 발생

④ Con'c 강도 저하

## 5. 잔골재율

(1) 소요의 Workability 범위 내에서 단위수량이 최소가 되도록 결정

(2) 일반적으로 잔골재율을 작게 하면

① 단위수량, 단위시멘트량 감소

② 경제적 배합이 됨

> ┤ 참조 ├
>
> **잔골재율**(Fine Aggregate Ratio, $S/a$)
> 골재 중 5mm체를 통과한 부분을 잔골재로 보고, 5mm체에 남는 부분을 굵은 골재로 보아 산출한 잔골재량을 전체 골재량에 대한 절대용적 백분율로 나타낸 것
>
> $$S/a = \frac{\text{잔골재의 절대부피}}{\text{잔골재의 절대부피 + 굵은골재의 절대부피}} \times 100\%$$

## 6. 공기량

(1) $G_{max}$와 내동해성을 고려하여 결정

(2) $G_{max}$20, 25mm 적용 시 공기량 4.5~5.0 ± 1.5%

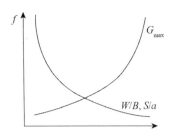

## 7. 단위수량

(1) 작업이 가능한 범위 내 가급적 적게 결정

(2) 단위수량 감소를 위해 AE제, 감수제, AE감수제 등 사용

(3) 단위수량이 많아지면 Slump 증가로 작업성은 좋아지나 Con'c 강도는 저하됨

## 8. 시험 및 결과분석, 시방배합 산출

## 9. 현장배합으로 수정

(1) 재료의 상태(골재의 입도, 함수량) 고려 조정

(2) 배합의 표시방법

| 굵은 골재의 최대치 (mm) | 슬럼프 범위 (mm) | 공기량 범위 (%) | 물–결합재비 W/B (%) | 잔골재율 $S/a$ (%) | 단위질량(kg/m³) | | | | | |
|---|---|---|---|---|---|---|---|---|---|---|
| | | | | | 물 | 시멘트 | 잔골재 | 굵은 골재 | 혼화재료 | |
| | | | | | | | | | 혼화재 | 혼화제 |
| | | | | | | | | | | |

(3) 배합요소별 Con'c에 미치는 영향

| 분류 | 강도 | 균열·철근부식 | 재료분리 | 건조수축 | 중성화 |
|---|---|---|---|---|---|
| W/B, 단위수량, Slump 클수록 | 감소 | 증가 | 증가 | 증가 | 증가 |
| $G_{max}$ 클수록 | 증가 | 감소 | 증가 | 감소 | 감소 |
| 공기량 클수록 | 감소 | 증가 | 감소 | 다소 증가 | 증가 |

# V. 결론

1. 배합설계 시 소요의 Workability 확보 범위 내 물–결합재비를 작게 하고 굵은 골재 최대치수는 크게, 잔골재율·단위수량은 적게 적용토록 고려하여야 한다.

2. 배합의 기본원칙을 준수하고 적정 혼화재료를 사용하여 콘크리트의 성질이 개선되도록 검토가 필요하다.

----| 참조 |----

## Con'c에 물이 필요한 이유(W/C의 역할)

| 역할 | 수화반응(결합수) | Cement Paste 유동성(Gel수) | Workability |
|------|------|------|------|
| W/C | 25% | 15% | 15~20% |

### 압축강도 표준편차 : s

표준편차는 실제 사용한 콘크리트의 30회 이상의 시험실적으로부터 결정하는 것을 원칙으로 함

압축강도의 시험 횟수가 29회 이하이고 15회 이상인 경우는 그것으로 계산한 표준편차에 보정계수를 곱한 값을 표준편차로 사용

| 시험횟수 | 15 | 20 | 25 | 30 이상 |
|------|------|------|------|------|
| 표준편차의 보정계수 | 1.16 | 1.08 | 1.03 | 1.00 |

콘크리트 압축강도의 표준편차를 알지 못할 때, 또는 압축강도의 시험 횟수가 14회 이하인 경우 콘크리트의 배합강도

| 호칭강도(MPa) | 21 미만 | 21 이상 35 이하 | 35 초과 |
|------|------|------|------|
| 배합강도(MPa) | 호칭강도($f_{cn}$) + 7 | 호칭강도($f_{cn}$) + 8.5 | 1.1×호칭강도($f_{cn}$) + 5 |

### 관련 용어 정의

- **배합강도**(required average concrete strength) : 콘크리트의 배합을 정하는 경우에 목표로 하는 압축강도
- **설계기준압축강도**(specified compressive strength of concrete) : 콘크리트 구조 설계에서 기준이 되는 콘크리트 압축강도로서 표준적으로 사용하는 설계기준강도(specified concrete strength)와 동일한 용어
- **내구성기준압축강도** : 콘크리트의 내구성 설계에 있어 기준이 되는 압축강도
- **호칭강도**(nominal strength) : 레디믹스트 콘크리트 주문시 KS F 4009의 규정에 따라 사용되는 콘크리트 강도로서, 구조물 설계에서 사용되는 설계기준압축강도나 배합 설계 시 사용되는 배합강도와는 구분되며, 기온, 습도, 양생 등 시공적인 영향에 따른 보정값을 고려하여 주문한 강도($f_{cn}$)
- **품질기준강도** : 구조계산에서 정해진 설계기준압축강도($f_{ck}$)와 내구성 설계를 반영한 내구성기준압축강도($f_{cd}$)중에서 큰 값으로 결정된 강도
- **기온보정강도값**($T_n$)(strength correction value for curing temperature) : 설계기준압축강도에 콘크리트 타설로부터 구조체 콘크리트의 강도측정 재령까지 기간의 예상 평균기온에 따르는 콘크리트의 강도 보정값

# 05 일반 콘크리트의 시공관리(시공 유의사항)

## I. 개요

1. Con'c의 품질확보를 위해서는 양질의 재료선정, 합리적인 배합을 실시해야 한다.
2. 재료분리 및 품질변화가 없도록 운반 후 Con'c가 균질하고 밀실하게 충진되도록 타설, 다짐 작업을 실시 후 외기 등 조건을 고려하여 양생관리를 철저히 하여야 한다.

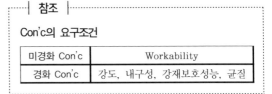

┤ 참조 ├

Con'c의 요구조건

| 미경화 Con'c | Workability |
|---|---|
| 경화 Con'c | 강도, 내구성, 강재보호성능, 균질 |

## II. 시공 Flow

준비 → 재료 → 배합 → 혼합 → 운반 → 타설 → 다짐 → 표면마무리 → 이음 → 양생

## III. 일반 콘크리트의 시공관리

### 1. 준비
(1) 철근 및 거푸집, 매설물 등의 상태 점검
(2) Con'c 타설 기계, 기구의 확인

### 2. 재료
(1) 시멘트
  ① 풍화되지 않은 것, 분말도가 적정한 것
  ② 강도가 큰 것, 이물질이 적은 것
(2) 골재
  ① 규정 입도 만족(굵은 골재 FM 6~8, 잔골재 FM 2.0~3.3)
  ② 흡수율 3% 이하

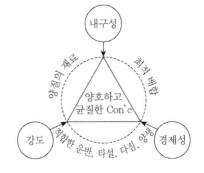

③ 굵은 골재 마모율 40% 이하, 반응성 시험에 합격된 것

④ 잔골재 NaCl 함유량 0.04% 이하

⑤ 강도 크고 내구적인 것      ⑥ 유해물 함유량 적은 것

(3) 혼화재료

    ① 품질기준을 만족하는 것      ② 사용 목적 및 사용량 고려

    ③ Con'c의 성질에 미치는 영향 검토

## 3. 배합

(1) 소요의 강도, 내구성, 수밀성, 균열저항성, 강재보호 성능 확보

(2) 물-결합재비는 가급적 작게

(3) 굵은 골재 최대치수 20, 25mm 적용(가급적 크게)

(4) 단위수량은 작업 가능범위 내 적게

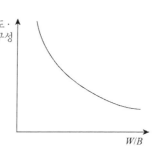

## 4. 계량 및 혼합

(1) 계량 오차 확인

| 구분 | 시멘트, 물 | 혼화재 | 골재, 혼화제 |
|---|---|---|---|
| 허용오차(%) | ±1 | ±2 | ±3 |

(2) 혼합 시간 준수

| 구분 | 가경식 믹서 | 강제식 믹서 |
|---|---|---|
| 표준시간 | 1분 30초 이상 | 1분 이상 |

## 5. 운반

(1) 운반차는 애지테이터 또는 트럭믹서 사용

(2) 운반 시간 규정 준수

(3) 현장 내 운반기구는 펌프, 버킷, 슈트 및 손수레 이용

| 운반 시 외기온도 | 25°C 이상 | 25°C 미만 |
|---|---|---|
| 시간규정 | 90분 이내 | 120분 이내 |

〈운반시간규정〉

## 6. 타설

(1) 굳지 아니한 콘크리트 품질시험(타설 전 시험)

    슬럼프, 공기량, 염화물 함유량, 단위수량 등

(2) 타설 전 확인사항

    ① 철근, 거푸집·동바리, 매설물 상태      ② 운반, 타설, 다짐 장비 상태 등

(3) 주의사항

    ① 타설 시 철근, 매설물, 거푸집의 변형 및 손상주의

    ② 타설 높이는 1.5m 이하

    ③ 수직부재(벽 또는 기둥) 타설 시 타설 속도 적정 유지 : 30분에 1.5m 이하

    ④ 일반적인 타설 순서

$$\boxed{\text{기둥}} \rightarrow \boxed{\text{벽}} \rightarrow \boxed{\text{계단}} \rightarrow \boxed{\text{보}} \rightarrow \boxed{\text{바닥판}}$$

⑤ 이어치기 시간 규정 준수 : Cold Joint 발생 방지

| 외기 온도 | 25°C 초과 | 25°C 이하 |
|---|---|---|
| 시간간격 | 2.0 시간 이내 | 2.5 시간 이내 |

⑥ 타설 중 Con'c에 가수 금지

⑦ 타설한 Con'c는 거푸집 안에서 횡방향으로 이동 금지

⑧ 강우, 강설로 인해 콘크리트 품질에 유해한 영향을 미칠 우려가 있는 경우 타설을 원칙적으로 금지

    ㉮ 부득이 타설할 경우 수분유입에 따른 조치를 취하고, 책임기술자의 승인을 받아 타설

    ㉯ 타설 중 강우, 강설로 인하여 작업을 중지하는 경우

        압축강도 시험을 통하여 구조물의 안전성 여부 평가 및 조치

## 7. 다짐

(1) 타설 직후 바로 다지고 구석구석까지 잘 채워지도록 다짐

(2) 진동기 종류 : 내부진동기, 거푸집(외부)진동기, 표면진동기 등

(3) 내부진동기 사용 표준

    ① 하층 Con'c 속으로 0.1m 정도 깊이까지

    ② 삽입간격 0.5m 이하, 시간 5~15sec

    ③ 천천히 빼내어 구멍이 남지 않도록

    ④ 수직으로 사용

    ⑤ 철근이나 거푸집은 진동 금지

(4) 재진동을 할 경우 초결 전에 실시

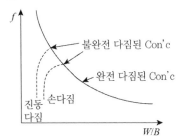

## 8. 표면마무리

(1) Bleeding수의 처리 후 실시

(2) 나무흙손 등 적절한 마무리 기구 이용

(3) 균열발생부위는 Tamping 또는 재마무리 조치

## 9. 이음

(1) 시공이음

    ① 전단력이 적은 위치      ② 부재 압축력 작용 방향과 직각이 되도록

    ③ 이음면 처리를 통해 완전히 부착      ④ 이음면 레이턴스 제거, 흡습 후 Con'c 타설

    ⑤ 철근이나 거푸집은 진동 금지

(2) 신축이음은 양쪽 부재가 구속되지 않게 전단연결재 보강

(3) 수축줄눈은 단면결손율(20~30%) 준수

## 10. 양생

(1) 온도, 습도조건의 유지 및 유해한 작용의 영향으로부터 보호

(2) 양생의 방법·기간은 구조물의 종류, 시공조건, 입지조건, 환경조건 등을 고려

(3) 진동, 충격, 하중 등의 유해한 작용 최소화

(4) 직사광선, 바람 등에 의한 수분 증발 방지

(5) 거푸집판의 건조우려 시 살수 조치

(6) 양생방법 : 습윤양생, 증기양생, 온도제어양생 등

# IV. 결론

1. Con'c의 품질확보를 위해서는 운반·타설·다짐·양생 등 시공 전 과정에서의 철저한 관리가
   필요하다.
2. 특히 Cold Joint 방지를 위해 레미콘의 운반·배차 통제를 철저히 하며, 초기재령에서의 재하·
   진동·충격 등을 최소화하며 충분한 양생을 실시해야 한다.

---

**┤ 참조 ├**

**압축강도 불합격 시 조치**

- 강도가 부족하다고 판단되면 관리재령의 연장을 검토
- 강도가 부족하다고 판단되고 관리재령의 연장도 불가능할 때 비파괴 시험을 실시
- 비파괴시험 결과에도 불합격될 경우 문제된 부분에서 코어를 채취하여 코어의 압축강도 시험을 실시
  시험결과는 평균값이 품질기준강도의 80%를 초과하고 각각의 값이 75%를 초과하면 적합한 것으로 판정
- 부분적인 결함 시 해당 부분 보강하거나 재시공
- 전체적 결함 시 재하시험 실시 : 콘크리트 구조설계기준의 재하시험 규정 준수
  ① 재하방법, 하중의 크기 등은 구조물에 위험한 영향을 주지 않도록 정함
  ② 재하도중 및 재하 완료 후 구조물의 처짐, 변형률과 설계 고려값과 비교 평가

**Con'c의 품질검사**

- 재료시험
  ① 시멘트 시험 : 강도시험, 비중시험, 응결시험, 분말도시험, 안정성 시험
  ② 골재 시험 : 흡수율시험, 체가름시험, 마모시험, 강도시험, 유기불순물시험, 반응성 시험
- 굳지 아니한 콘크리트 시험(레미콘 포함)
  ① Slump Test    ② 공기량 시험    ③ 염화물 시험    ④ 단위수량 시험
  ⑤ Bleeding Test  ⑥ 단위용적중량 시험    ⑦ 온도
- 굳은 콘크리트 시험(레미콘 포함) : 압축강도 시험, 휨강도 시험

---

# 06 콘크리트의 재료분리

## I. 개요

1. 균질한 콘크리트는 어느 부분을 채취해도 그 구성요소인 시멘트, 물, 골재의 구성비율이 동일해야 한다.
2. 이러한 균질성이 소실되는 것을 재료분리라 한다.
3. 재료분리 방지를 위해서는 배합, 운반, 타설, 다짐, 거푸집, 배근 등 전 과정의 관리가 필요하다.

┈┤ 참조 ├┈

**재료분리의 문제점(피해)**

| 미경화 Con'c | Workability 저하, Bleeding 증가, Pump 폐색 |
|---|---|
| 경화 Con'c | Cold Joint, 곰보, 균열, 강도·수밀성 저하 |

## II. 재료분리의 원인

### 1. 굵은 골재의 분리

(1) Mortar 부분과 굵은 골재가 분리되어 불균일하게 존재하는 상태

(2) 재료상

    ① 굵은 골재와 타재료와의 비중차에 의함

    ② 골재의 입도 불량

    ③ 골재 형상 불량, 편평하고 세장한 골재

    ④ 중량골재의 침강분리, 경량골재의 부상분리

(3) 배합상

    ① W/C가 클 때(점성부족 시)

    ② 굵은 골재 치수가 과도 시

    ③ 단위수량, Slump가 클 때

    ④ 단위시멘트량 부족

    ⑤ 비빔시간의 지연

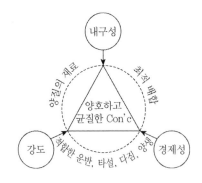

(4) 시공상

① 운반시간 지연, 운반 시 진동 : 운반시간 지연 시 Slump·공기량 저하, Con'c의 응결·경화로 재료분리 발생

② Pump 압송 시 관내 유동성 차에 의한 분리 및 관의 폐색

③ 타설 높이, 속도 부적절 : 타설 부적절 시 재료의 중량차에 의한 분리 발생

④ 다짐 시 사용되는 바이브레이터 진동

## 2. 물분리

(1) Con'c 타설 후 비교적 가벼운 물이나 미세물질은 상승하고, 비교적 무거운 골재 및 시멘트는 침하하게 되는데 이와 같이 물이 상승하는 현상을 블리딩(Bleeding)이라 한다.

(2) 블리딩 발생 간 철근, 굵은 골재 하부에 수막 및 공극을 형성하여 Con'c의 부착력 저하, 수밀성 저하 발생

(3) W/C 클수록, $G_{max}$ 과도 시, 단위수량 클 때

(4) 타설 부적절, 진동 과도 시

(5) 시멘트 분말도가 작을 경우, 응결 지연 시

(6) 블리딩에 의한 피해

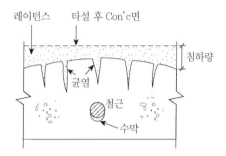

| 내적 | 외적 |
|------|------|
| 수밀성·부착성 저하 | 레이턴스, 균열, Sand Streak |

─┤ 참조 ├─

**Water Gain** : Bleeding에 의해 Con'c 표면에 물이 고이는 현상

**레이턴스(Laitance)** : Con'c 타설 후 물과 미세물질(석고, 불순물 등)이 상승한 후 물이 증발하고 남은 미세한 물질인 찌꺼기

**피해(문제점)** : 이어치기 부분의 부착강도 저하, Cold Joint 발생, 내구성 저하 등

**Channeling** : W/C비가 높은 Con'c 타설 시 거푸집과 Con'c 사이에 생기는 국부적 수로를 통해 일시적으로 물과 시멘트 페이스트가 함께 위로 떠올라가는 현상

Sand Streak

블리딩에 의해 발생하는 블리딩수의 상승로를 수로라 하고, 거푸집과의 경계에 수로가 있는 경우는 Con'c 면에서 Cement Paste분이 씻겨나가 잔골재만 보이는 모래무늬가 발생한다(누수가 적은 시스템 거푸집, 메탈폼, 코팅합판 거푸집 등에서 많이 발생).

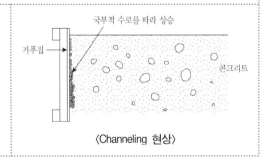

〈Channeling 현상〉

## 3. Cement Paste 분리

(1) Cement Paste가 거푸집 외부로 누출되어 발생

(2) 거푸집 패널의 이음, 틈새, 구멍 등

(3) 누출이 생긴 콘크리트 표면은 골재만이 남아 있는 곰보현상 발생

## Ⅲ. 재료분리의 방지

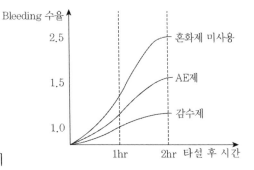

### 1. 거푸집

(1) 수밀성이 높고 견고한 것 사용

(2) 거푸집·동바리의 변형 방지, 조립 철저

### 2. 재료

(1) 적정 혼화제 사용, 단위수량 감소 : AE제, 감수제

| 구분 | 감수제 | AE제 | AE 감수제 | 고성능감수제 | 고성능AE 감수제 |
|------|--------|------|-----------|--------------|------------------|
| 감수효과 | 5% | 8% | 13% | 20% | 30% |

(2) 적정 입도의 골재 사용 : 골재입경이 작으면 타 재료와의 중량 차이 감소로 재료분리 저감

(3) 골재의 입형이 양호한 것

### 3. 배합, 비빔

(1) 굵은 골재 최대치수는 너무 크지 않게(피복, 철근간격 고려)

| 구분 | 철근콘크리트 | 무근콘크리트, 포장콘크리트 |
|------|--------------|----------------------------|
| 굵은 골재 최대치수 적용 | 20, 25mm 이하 | 40mm 이하 |

(2) 단위수량, Slump 작게

(3) 최소 단위시멘트량 적용($270kg/m^3$)

(4) 비빔시간 및 속도 준수

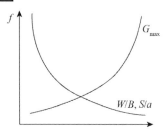

| 비빔시간 | 비빔속도 |
|----------|----------|
| 1~2min | 1m/sec 이하 |

### 4. 시공

(1) 운반 시 진동 주의, 운반시간 최소화

   운반지연 우려 시 응결지연제 등 사용

(2) Pump 사용 시

   ① 압송압력 및 배관 주의

   ② 적정 타설 높이 및 속도 유지

③ Pump 폐색 및 맥동현상 방지

(3) 적정 타설 높이, 속도 준수

　　① 높은 곳에서의 자유낙하 방지

　　② 거푸집 내에서의 장거리 흘러내림, 횡방향 이동 최소화

　　③ 타설 높이 1m 이하, 타설 속도 1.5m/hr 이하

(4) 과도한 진동다짐 주의, 진동기 사용 원칙 준수

　　① 하층 Con'c 속으로 0.1m 정도 깊이까지

　　② 삽입간격 0.5m 이하, 시간 5~15sec

　　③ 천천히 빼내어 구멍이 남지 않도록

　　④ 수직으로 사용

　　⑤ 철근이나 거푸집은 진동 금지

## IV. 결론

1. 시멘트, 잔골재, 굵은 골재 등 재료는 콘크리트 내 어느 부분에서도 구성 비율이 동일하도록 재료분리를 방지하여야 한다.

2. 재료분리 방지를 위해 비빔시간 준수, 운반시간 최소화, 타설 속도·높이 준수, 다짐 간격· 깊이 준수 등이 중요하다.

# 07 Con'c Workability에 영향을 주는 요인

## I. 개요

1. 콘크리트의 워커빌리티란 반죽 질기에 의한 작업의 난이한 정도와 균일한 질의 콘크리트를 만들기 위하여 필요한 재료의 분리에 저항하는 정도를 나타내는 굳지 않는 콘크리트의 성질을 말한다.
2. 워커빌리티가 좋은 콘크리트는 작업성이 좋으며 재료분리가 거의 일어나지 않는다.

## II. 굳지 않은 콘크리트의 성질

1. 워커빌리티(Workability)
2. 반죽질기(Consistency)
3. 성형성(Plasticity)
4. 피니셔빌리티(Finishability)
5. 펌프압송성(Pumpability)
6. 다짐성(Compactablity)
7. 유동성(Mobility)
8. 점성(Viscosity)

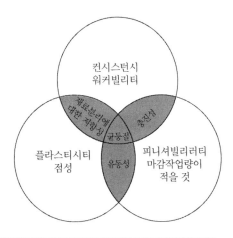

----| 참조 |----

**굳지 않은 콘크리트의 성질**

- **워커빌리티(Workability)** : 반죽질기 여하에 따르는 작업의 난이한 정도 및 재료분리에 저항하는 정도
- **반죽질기(Consistency)** : 굳지 않은 콘크리트에서 주로 단위수량의 다소에 따라 유동성의 정도를 나타내는 것으로서, 작업성을 판단할 수 있는 요소
- **성형성(Plasticity)** : 거푸집에 쉽게 다져 넣을 수 있고, 거푸집을 제거하면 천천히 형상이 변하기는 하지만 허물어지거나 재료가 분리되지 않는 굳지 않은 콘크리트의 성질
- **피니셔빌리티(Finishability)** : 굵은 골재 최대치수, 잔골재율, 골재의 입도, 반죽질기 등에 따르는 표면마무리의 용이성
- **펌프압송성(Pumpability)** : 펌프에 의한 운반을 실시하는 경우 콘크리트의 운반성
- **다짐성(Compactablity)** : 다짐이 용이한 정도
- **유동성(Mobility)** : 중력이나 외력에 의해 유동하기 쉬운 정도
- **점성(Viscosity)** : 콘크리트 내 마찰저항(전단응력)이 일어나는 성질, 콘크리트의 찰진 정도

# III. Con'c Workability에 영향을 주는 요인

## 1. 재료

(1) Cement

    ① Cement 분말도 증가 시 시공연도 증가

       비표면적이 작으면 워커빌리티가 나빠지고 블리딩이 커짐

    ② 풍화된 Cement 사용 시 시공연도 감소

    ③ 혼합 Cement 사용 시 워커빌리티 향상

(2) 골재

    ① 양입도의 골재사용 시 시공연도 증진

    ② 편평하거나 세장한 골재는 시공연도 감소

    ③ 둥근 강자갈은 시공연도가 좋아짐

    ④ (0.3mm 이하) 미립자가 많으면 시공연도 저하

    ⑤ 굵은 골재의 실적률이 작으면(입형 불량) 슬럼프 저하

(3) 혼화재료

    ① 혼화재료의 종류, 사용량에 따라 Con'c의 Workability 변화 발생

    ② 적정량의 AE제, AE감수제 사용 시 시공연도 증가

       ㉮ 미세 연행기포의 Ball Bearing 작용

       ㉯ 공기량 1% 정도 증가 시 Slump 약 20mm 정도 커짐

    ③ Fly ash, 고로 Slag 등 사용 시 시공연도 향상

    ④ 유동화제 사용 시 Slump 100mm 정도 증가

    ⑤ 포졸란 재료 사용 시 워커빌리티 개선

## 2. 배합

(1) W/B 증가 시 시공연도 향상, 과도하면 재료분리 발생

(2) $G_{max}$

    ① 굵은 골재 최대치수가 작으면 시공연도 좋으나 강도 저하

    ② $G_{max}$ 너무 크면 재료분리 발생 우려

(3) S/a : 세립자가 많을수록 시공연도 향상

(4) 단위수량 증가 시 시공연도 향상, 과도하면 재료분리 발생

    단위수량은 작업 가능범위 내 되도록 적게 적용

(5) Slump 증가 시 워커빌리티 상승

| 종류 | | 슬럼프 값(mm) |
|---|---|---|
| 철근콘크리트 | 일반적인 경우 | 80~150 |
| | 단면이 큰 경우 | 60~120 |
| 무근콘크리트 | 일반적인 경우 | 50~150 |
| | 단면이 큰 경우 | 50~100 |

〈슬럼프의 표준값〉

---| 참조 |---

**슬럼프의 허용오차(mm)**

| 슬럼프 | 슬럼프 허용오차 |
|---|---|
| 25 | ± 10 |
| 50 및 65 | ± 15 |
| 80 이상 | ± 25 |

(6) 단위 Cement량 증가 시 워커빌리티 증가

① 일반적으로 부배합이 빈 배합보다 워커빌리티 양호

② 단위 Cement량이 너무 작으면 재료분리 경향 증가

## 3. 시공

(1) 비빔

① 비빔이 불충분하면 Con'c가 불균질하고 시공연도가 나쁨

② 비빔시간이 과도하면 수화반응이 촉진, Workability 저하, 재료분리 발생

(2) 운반

운반시간 지연 시 Workability 저하

(3) 온도

① 콘크리트 온도 증가 시 시공연도가 나빠짐

② 온도 10℃ 상승 시 Slump 20mm 정도 감소

## IV. Con'c Workability 측정방법

1. Slump Test
2. Flow Test
3. Slump Flow Test
4. 구관입시험
5. Vee Bee Test
6. 다짐계수 시험

# V. 결론

1. 콘크리트 워커빌리티는 구성 재료, 배합, 시공 등에 의해 영향을 받는다.
2. 콘크리트는 생산 전 과정에서의 품질관리를 통해 소요의 워커빌리티 확보하여 재료분리 없이 균질한 콘크리트가 되도록 해야 한다.

# 08 레미콘 운반지연에 따른 문제점 및 대책

## I. 개요

1. Ready Mixed Concrete는 미리 혼합하여 운반하는 Con'c로서 운반, 타설 과정에서 품질변화가 발생하므로

2. Con'c 시공 전 계획의 수립부터 운반, 타설, 다짐, 양생 등 전 과정에서 철저한 품질관리가 필요하다.

## II. 운반시간 규정

| 구분 | KS F (4009) | 콘크리트 표준시방서 | |
|------|------|------|------|
| 운반범위 | 혼합직후부터 배출까지 | 혼합직후부터 타설·다짐 완료까지 | |
| 규정시간 | 90분 이내 | 외기 25°C 이상 | 외기 25°C 미만 |
| | | 90분 이내 | 120분 이내 |

## III. 레미콘 운반지연에 따른 문제점(운반시간이 Con'c 품질에 미치는 영향)

### 1. Slump 변화
(1) 운반시간 지연에 따른 Slump 감소
(2) 운반 시 외기온도 높을수록 Slump 감소량 증가

### 2. 공기량 감소
(1) 운반시간 증가에 따른 공기량 감소
(2) 운반초기에 1/4~1/6 정도 감소

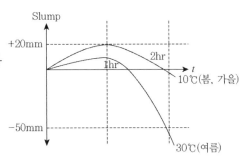

### 3. 수분증발
(1) 운반 중 수분 증발로 인한 Slump 감소 발생
(2) 운반 중 외기온도의 영향에 의함

## 4. Workability 저하

(1) Con'c의 수분증발, Slump 저하로 작업성 저하

(2) Workability 저하 시 가수 가능성 발생

　　가수 시 Con'c의 강도·내구성 등 품질이 저하됨

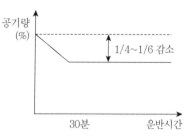

## 5. 강도변화

(1) 운반시간 초과로 수분증발, Slump 저하 시 Con'c 강도가 다소 증가

(2) 수분증발이 증가되면 Con'c 강도가 급격히 감소

## 6. 재료분리 발생

(1) 운반시간이 지연될 경우

(2) 드럼의 고속회전 시간이 증가된 경우

## 7. Cold Joint 발생

(1) 운반시간 지연으로 재료분리된 Con'c의 사용

(2) 이어치기 시간의 초과

# IV. 운반 중 레미콘 품질저하 확인(레미콘 받아들이기 검사)

## 1. Slump Test 허용오차

| 구분 | 25 | 50, 65 | 80 이상 |
|---|---|---|---|
| 허용오차(mm) | ±10 | ±15 | ±25 |

## 2. 공기량 허용오차

| 구분 | 보통 Con'c | 경량골재 Con'c | 포장 Con'c | 고강도 Con'c |
|---|---|---|---|---|
| 허용범위(%) | 4.5±1.5 | 5.5±1.5 | 4.5±1.5 | 3.5±1.5 |

## 3. 염화물 함유량 기준

| 구분 | 철근 Con'c | (최소철근비 미만의 철근비를 갖는) 무근 Con'c |
|---|---|---|
| Cl⁻ | $0.3kg/m^3$ 이하 | $0.6kg/m^3$ 이하 |

## 4. 단위수량 시험

　시방배합 단위수량 ±20kg

## 5. 온도

　한중 콘크리트 5~20℃, 서중 콘크리트 35℃ 이하

압축강도에 의한 콘크리트의 품질검사 (표준양생 공시체이용)

• 레미콘
  ① 시험횟수 : 360m³를 1로트로 하여 120m³당 1회의 비율로 시험, (1회 시험은 공시체 3개)
  ② 판정기준 : 1회 시험 결과는 호칭강도의 85% 이상, 3회 시험의 평균값은 호칭강도 이상
• 레미콘이 아닌 콘크리트

| 시기 및 횟수 | 판정기준 | |
| --- | --- | --- |
| | $f_{cn} \leq 35$ MPa | $f_{cn} > 35$ MPa |
| • 배합이 다를 때마다<br>• 1일 타설량이 120m³ 미만인 경우 :<br>  1일 타설량마다<br>• 1일 타설량이 120m³ 이상인 경우 :<br>  120m³마다 | ① 연속 3회 시험값의 평균이<br>  호칭강도 이상<br>② 1회 시험값이<br>  (호칭강도 - 3.5 MPa) 이상 | ① 연속 3회 시험값의 평균이<br>  호칭강도 이상<br>② 1회 시험값이<br>  호칭강도의 90% 이상 |

현장양생공시체에 의한 콘크리트 품질검사

| 시기 및 횟수 | 판정기준 | |
| --- | --- | --- |
| | $f_{cq} \leq 35$ MPa | $f_{cq} > 35$ MPa |
| • 1회/일, 1회/층, 1회/타설구획<br>• 배합이 변경될 때마다 또는<br>  현장양생조건이 상이한 경우마다<br>  1회 | ① 연속 3회 시험값의 평균이<br>  품질기준강도($f_{cq}$) 이상<br>② 1회 시험값이 품질기준강도<br>  ($f_{cq}$) - 3.5 MPa 이상 | ① 연속 3회 시험값의 평균이<br>  품질기준강도($f_{cq}$) 이상<br>② 1회 시험값이 품질기준강도<br>  ($f_{cq}$)의 90 % 이상 |

# V. 대책(운반 시 주의사항)

## 1. 사전조사
(1) 운반거리·시간, 교통량, 진입로 상태 등
(2) 소음·진동 등 민원 발생 소지 등

## 2. 운반시간 규정준수

| 외기온도 | 25℃ 이상 | 25℃ 미만 |
| --- | --- | --- |
| 운반시간 | 90분 이내 | 120분 이내 |

## 3. 운반장비의 적용
(1) 운반시간·거리를 고려하여 운반장비 선정·적용
(2) 운반거리에 따른 운반장비

| 구분 | 단거리 | 중거리 | 장거리 |
|---|---|---|---|
| 레미콘의 종류 | Central Mixed Con'c | Shrink Mixed Con'c | Transit Mixed Con'c |
| 적용 | 비빔 완료된 Con'c 교반 운반 | 반 정도 비빔 Con'c의 운반 중 완전히 비빔 | Dry Mixed 재료를 운반 중 비빔 |
| 적용장비 | Agitator Truck | | Mixer Truck |
| 비고 | 저 Slump는 Dump Truck 사용 가능 | | |

## 4. 배차 통제
(1) 타설계획, 운반시간 등을 고려하여 통제
(2) Con'c의 연속적인 타설이 되도록 고려

## 5. Slump, 공기량 손실
(1) Con'c 운반 중 손실을 고려한 배합
(2) Slump 부족 시 유동화제 사용 검토

## 6. 외기온도 고려
서중, 한중 시 운반장비의 단열조치 후 Con'c(레미콘)의 운반

## 7. Cold Joint 방지
(1) 이어치기 시간한도 준수

| 외기 온도 | 25℃ 초과 | 25℃ 이하 |
|---|---|---|
| 시간간격 | 2.0 시간 | 2.5 시간 |

(2) 운반, 타설장비의 통제 철저

# VI. 결론

1. 레미콘은 운반과정에서 품질변화가 발생하며, 콘크리트의 성능 저하에 영향을 미친다.
2. 운반과정에서의 레미콘의 품질변화를 최소화하기 위해 운반시간을 준수하고 타설 전 레미콘의 받아들이기 검사를 통해 품질상태를 확인하여야 한다.

# 09 Con'c 압송관 폐색 원인, 문제점 및 대책

## I. 개요

1. Con'c 펌프 압송에 의한 타설은 타설 시간의 단축, 타설작업의 용이성으로 일반적으로 현장에서 사용되고 있다.
2. Con'c 펌프 타설 시 배관 내 막힘현상 발생과 타설관리 불량으로 Con'c의 품질저하가 발생될 수 있으므로 주의하여야 한다.

> ┤ 참조 ├
>
> **Con'c 펌프의 종류** : 스퀴즈식 Con'c 펌프, 기계식 Con'c 펌프, 유압식 Con'c 펌프(일반적으로 적용)
> **Con'c 타설방식** : 펌프카, 고정식 펌프 압송기, 버킷, 슈트, 컨베이어, CPB 등
> **펌퍼빌리티(Pumpability)** : 펌프에 의한 운반을 실시하는 경우 콘크리트의 압송성
>
> **펌프 타설의 특징**
> • 장점 : 기동력 우수, 노동력 절감, 기계화 및 에너지 절약, 타설 작업 용이, 공기 단축
> • 단점 : 압송거리·높이 한계, 압송관 폐색사고, Con'c 품질변화

## II. 압송관 폐색 원인

### 1. Con'c 재료·배합 불량

(1) 골재 품질 불량

    ① 골재 입형, 실적률 불량

    ② 흡수율이 큰 골재 사용

    ③ 골재 입도 부적정, 조립률 미충족

(2) 잔골재율, 단위시멘트량 부족

    ① Con'c 점성이 부족하여 폐색 유발

    ② 재료분리에 의한 압송관 막힘

(3) 굵은 골재의 크기 부적정

    굵은 골재 크기에 따른 압송관 적용 부적정

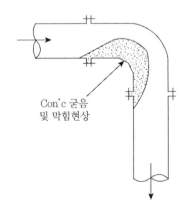

Con'c 굵음
및 막힘현상

(4) Slump 부적당

    ① 80mm 미만 180mm 초과 시 압송 제한

    ② 운반 및 현장 대기 지연에 따른 Slump 손실

(5) 단위 시멘트량 과소

## 2. 압송관 배관 미흡

(1) 배관 길이가 너무 긴 경우

(2) 압송관 배관의 굴곡이 많을 때

(3) S형 배관

(4) 배관직경 부적정

(5) 동절기 압송관 보온, 예열 미흡

## 3. 윤활 Mortar

(1) 윤활 Mortar 배합 불량

(2) 윤활 Mortar 사용량 부족

## 4. 압송 중

(1) 압송 압력 부족

(2) 압송 중 일시중단 발생 시

(3) 관내 이물질 유입

# III. Pump 타설 시 발생되는 문제점

## 1. Slump, 공기량 저하

(1) 운반거리·시간 증가에 의해 발생

(2) 배관길이 증가에 의함

(3) Con'c의 시공성 및 품질에 영향 발생

## 2. 압송관 폐색

(1) 굵은 골재 최대치수의 과대

(2) Con'c의 Slump 부적정

    Con'c 배합불량, 운반지연 등에 의함

(3) Pump 배관 치수 부적정

(4) 윤활 Mortar 미사용, 사용량 부족 등

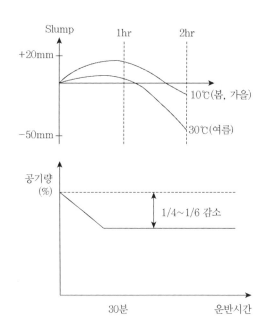

## 3. 맥동현상

(1) Pumping 압력에 의해 압송관에 발생되는 진동·충격

(2) 배관 결속부 등 철근·거푸집의 변형 유발

## 4. Con'c의 측압 증대, 거푸집 변형

(1) Con'c의 타설 높이 과대 시 측압 증대, 거푸집 압력 증대

(2) 연속타설에 의한 하중 증가, 거푸집의 변형·파손

## 5. 재료분리

압송길이·압력, 낙하높이 과대 등에 의함

## 6. Cold Joint

(1) 재료분리된 Con'c의 사용, 운반지연, 장비고장 등에 의함

(2) 이어치기 시 시간한도 초과

# Ⅳ. 압송관 폐색 방지대책(펌프 타설 시 유의사항)

## 1. 배관

(1) 압송관의 직경

　① 굵은 골재 최대치수의 3배 이상 적용

　② 굵은 골재 최대치수에 따른 배관직경 적용

| $G_{max}$(mm) | 20, 25 | 40 |
|---|---|---|
| 압송관 호칭치수(mm) | 100 | 125 |

(2) 펌프와 수직관의 수평거리

　① 수직배관 길이의 10~15% 이격

　② 맥동현상 저감, 배관의 연결부 등 파손 방지

(3) 배관의 굴곡, S형 배관 등 최소화

(4) 동절기 압송관 단열재 설치 및 온수 예열 실시

(5) 여름철에는 압송관에 가마니 등을 덮고 살수

(6) 교체용 배관재 구비

(7) 배관재의 파손 방지

　　마모상태 점검, 외력에 의한 충격이 없도록 설치

(8) 배관의 수밀성 유지, 연결철물 점검

(9) 배관에 일정 간격으로 Air Compressor의 공기주입구 설치, 압송불능 시 대처

## 2. Con'c 배합

(1) 적정 잔골재율 적용

(2) 단위 시멘트량의 확보

　　$270kg/m^3$ 이상

(3) Slump 적용

　　① 80~180mm 내 적용

　　② Slump 부족 시 유동화제 사용 검토

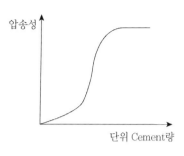

## 3. 윤활 Mortar

(1) 압송관 내면에 윤활층을 형성시켜, 압송성을 향상시키기 위함

(2) 시멘트와 모래의 배합비 = 2 : 1

(3) 압송량 $\geq \pi r^2 l$

(4) 윤활(선송) Mortar의 처리

　　① Mortar 강도가 구조체 강도보다 낮은 경우

　　　　회수 및 반출, 폐기

　　② Mortar 강도가 구조체 강도보다 큰 경우

　　　　Slab 등에 넓은 범위로 얇은 층이 되도록 분산 시공(수직부재는 사용 금지)

(5) Pump Primer(윤활제)

　　① Pump 배관의 윤활 Mortar 대체 재료

　　② 윤활 Mortar의 비용, 폐기처리 등의 문제 개선

## 4. 압송압력의 고려

(1) Con'c 타설 능력($m^3$/hr) : $\dfrac{\text{시간당 타설목표량}(m^3)}{\text{장비효율} \times \text{작업효율}}$

(2) 관내 압송압력 영향 요소

　　① 압송관의 길이

　　② 곡선관, 커플링 개소, 선단부 주름관의 압력손실 등

(3) 충분한 압송능력 확보

(4) 압송관 내 압력 상승요인 사전 점검, 조치

(5) 압송압력($P$) $\leq$ 최대이론 토출압력($P_{max}$)×0.8

## 5. 압송 중

(1) 펌프 압력소요 고려 적용

압송압력이 작을 경우 압송능력이 큰 장비로 교체 운용

(2) 압송중단 시 조치

　① 1시간 이상 중단 시 배관 내 잔량을 토출시켜 관내 경화 방지

　② 하향 배관일 경우 차단 밸브 설치

(3) 관내 이물질 유입 방지

　호퍼(Hopper)에 격자망 설치

## 6. 압송 후

(1) 관내 잔류량이 없도록 세정

(2) 세정방식

　① 고압수

　② 고압공기＋물

　③ 중력＋물

## V. 폐색 발생 시 조치

1. 역타설 운전 시도 : 2~3회 반복
2. 폐색위치의 파악 : 압송관의 상단을 타격하여 전달음 차이로 위치 파악
3. 경미한 경우 : 막힘 부위를 망치로 타격하여 고착입자를 분리시킴
4. 압송관을 해체하여 고착입자를 제거 후 재조립

## VI. 결론

1. Pump 압송 타설 시 슬럼프 저하, 압송관 폐색 등의 문제가 발생할 수 있으므로 대책을 강구하여야 한다.
2. 콘크리트의 배합, 배관직경, 펌프 압송압력, 선송 모르타르 등을 검토하여 배관 폐색 및 콘크리트 재료분리를 방지하여야 한다.

# 10 콘크리트의 양생

## I. 개요

1. 양생이란 Con'c 강도, 내구성, 수밀성 등의 소요품질을 확보하기 위해 Cement의 수화반응을 촉진시키기 위한 조치를 말한다.
2. Con'c 타설 후 일정기간 동안 적정온도·습도 유지, 유해한 작용의 영향을 받지 않도록 해야 한다.

## II. 양생 계획 결정의 중요 요인

1. 기상조건
2. 구조물의 규모 및 형태
3. Con'c 품질, 시공 시의 시방서 규정
4. 공사기간
5. 공사비

## III. 양생

### 1. 습윤양생

(1) 습윤양생방법의 분류

| 수분을 공급하는 방법 | 노출면을 피복하는 방법 |
|---|---|
| 수중, 담수, 살수 | 봉함(밀봉)양생 |

(2) 습윤양생기간의 표준기간

| 일평균기온 | 조강 포틀랜드 시멘트 | 보통 포틀랜드 시멘트 | 혼합 시멘트 |
|---|---|---|---|
| 15°C 이상 | 3일 | 5일 | 7일 |
| 10°C 이상 | 4일 | 7일 | 9일 |
| 5°C 이상 | 5일 | 9일 | 12일 |

(3) 담수양생

　　Con'c 노출면에 물을 담을 수 있는 바닥판 등에 적용

(4) 수중양생

　　실험실 공시체의 양생

(5) 살수양생

　　① 스프링클러나 호스 이용 살수

　　② 살수면에 시트, 마포, 가마니 등으로 덮은 후 살수

　　③ Con'c 타설 전 거푸집 등에 살수하여 건조 방지

　　④ 건조한 바람, 직사광선의 차단 조치

　　⑤ Con'c 타설 1시간 후부터 살수

　　⑥ 서중에는 주간 1시간 간격으로 살수

(6) 봉함양생(밀봉양생)

　　① 방수지(또는 플라스틱 시트), 막양생제 이용

　　② 피막양생

　　　　㉮ Con'c의 노출면이 넓은 경우 적용 : 교량 Slab, Con'c 포장 Slab 등

　　　　㉯ 피막양생제 색상, 살포량 등 주의

　　　　　 (살포량 0.5L/m² 정도)

　　　　㉰ Bleeding 수가 없어진 후 살포

　　　　　 (타설 후 2시간 경과 시)

　　　　㉱ 피막양생제가 철근에 묻지 않도록 살포

　　　　㉲ 방향을 바꾸어 2회 이상 살포

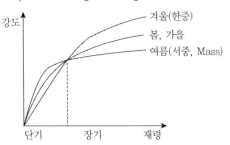

　　③ Plastic Sheet 양생

　　　　㉮ Con'c 표면이 손상되지 않을 정도가 된 후 표면을 습윤하게 한 후 Sheet를 덮어 양생하는 방법

　　　　㉯ Sheet 도포 시 Con'c에 진동·충격 등 주의

　　　　㉰ Sheet는 기후에 내구적이고 유연성이 있는 것을 사용

## 2. 증기양생

(1) 상압증기양생

　　① 대기압상태에서 증기를 이용, Con'c를 습윤상태로 가열

　　② 초기강도를 조기확보 목적 적용, 주로 프리캐스트 제품에 이용

③ Cycle

| 구분 | 전양생기간 | 온도상승기간 | 등온양생기간 | 온도하강기간 |
|------|-----------|-------------|-------------|-------------|
| 내용 | 3~5시간 | 20℃/h 정도 | 65~75℃ | 5~8시간 |

④ 증기양생에 의해 소요강도의 60~70% 확보 가능

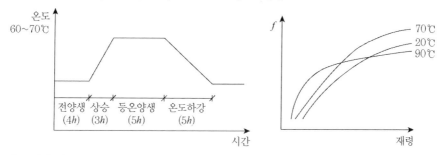

(2) 고압증기양생(Autoclave Curing)

① 압력용기(오토클레이브)에서 고압증기를 이용하여 양생

② 특징

㉮ 조기강도 증진

㉯ 내구성 향상

㉰ 건조수축 감소

㉱ 부착강도 1/2 정도 감소

③ 최적의 조건 : 0.8MPa의 증기압, 177℃(일반적으로 1MPa, 180℃ 적용)

④ Cycle

㉮ 180℃(1MPa)의 온도가 될 때까지 3시간 이상에 걸쳐 천천히 상승

㉯ 최고 온도를 5~8시간 유지

㉰ 20~30분 내에서 압력을 감압 후 온도하강

## 3. 선 냉각방법(Pre Cooling)

(1) Con'c 타설 전 재료를 냉각하여 Con'c 온도 상승을 제한하는 방법

(2) Con'c 온도 1℃ 저하를 위한 재료 냉각온도

| 구분 | Cement | 골재 | 물 | 비고 |
|------|--------|------|-----|------|
| 온도 | 8℃ | 2℃ | 4℃ | 한 가지 방법 적용 시 |

(3) 주로 물을 냉각 또는 얼음 혼합사용 방법 적용

① 10kg 정도 얼음 사용 시 Con'c 온도 1℃ 저하 가능

② 1m³당 얼음 양은 100kg 정도가 한도임

(4) Con'c에 액체질소를 직접 분사

　　Con'c 온도 1℃ 저하 위해 액체질소 12~16kg/m$^3$ 정도 사용

(5) 서중 Con'c, Mass Con'c 등에 적용

## 4. 후 냉각방법(Post Cooling)

(1) Con'c 타설 전 내부에 Pipe를 설치하고, 타설 후 Pipe 내부로 냉각수를 통수하여 Con'c 내부 온도 상승을 제한하는 방법

(2) 시공 Flow

　　시공조건 고려 계획수립 → Pipe 설치 → 누수검사 → Con'c 타설 → 냉각수 통수
　　→ Pipe 내 Grouting

(3) Pipe Cooling 계획

　　① 온도 해석 및 온도응력 해석을 통해 계획 수립

　　② 보통 Pipe의 직경 25mm, 배치간격 1.5~2.5m

　　③ 통수량 15~17L/min 정도 적용

　　④ 통수기간 : Con'c 타설 후 2~4주

(4) 통수온도가 너무 낮을 시 Con'c와 Pipe 사이 온도차로 인한 균열 발생 가능

　　Con'c와 순환수와의 온도차 20℃ 이하 유지

(5) 양생 후 Pipe 내부 Grouting 실시

(6) Mass Con'c 등에 적용

## 5. 단열 보온 양생

(1) Con'c 표면에 Sheet 등을 덮어 외기 침투 차단

(2) Con'c의 자체 수화열 이용

(3) 한중 Con'c 등에서 Con'c의 온도저하 방지를 위한 방법

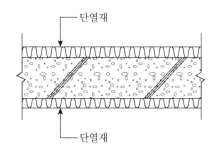

## 6. 가열 보온 양생

(1) Con'c의 내부·표면·공간 등을 가열하여 Con'c 양생온도를 증가시키는 방법

(2) 가열 부위별 가열 효율 및 방법

| 가열부위 | 내부 | 표면 | 공간 |
| --- | --- | --- | --- |
| 효율 | 1.0 | 0.7~0.8 | 0.5 |
| 방법 | 온상선 설치, 고주파 이용 | 적외선 Ramp | 온풍기, 난로 등 |

(3) 국부적인 가열이 되지 않게 주의

┤ 참조 ├
**촉진양생**
콘크리트 경화나 강도발현을 촉진하기 위해 가열하는 양생방법 : 증기양생, 전기양생, 가열양생 등

## IV. 양생 시 주의사항

1. Con'c 타설 후 습윤상태의 유지
   (1) 직사일광 및 바람에 의한 수분증발 방지
   (2) 한중 Con'c는 살수 금지
2. 동절기 Con'c의 초기동해 방지
   Con'c 온도 5일간 2°C 이상 유지
3. 재령 5일이 될 때까지 해수에 씻기지 않도록 보호
4. 타설 후 3일간 진동·충격·재하 금지
5. 거푸집 해체 기준 준수

## V. 결론

1. 양생은 콘크리트의 강도, 내구성, 수밀성 등 구조체의 성능에 큰 영향을 미친다.
2. 구조물의 특성, 환경조건 등을 고려하여 최적의 양생방법을 선정하여 철저한 시공관리가 이루어져야 한다.

# 11 Con'c 강도에 영향을 주는 요인

## I. 개요

1. Con'c는 기성재가 아니므로 균질하고 일정한 강도를 확보하는 것은 불가능하다.
2. Con'c의 강도는 구성하는 재료, 배합의 적정성, 시공방법, 강도측정 방법 등에 따라 변화된다.

## II. Con'c 강도에 영향을 주는 요인

### 1. 재료

(1) Cement

    ① Con'c의 강도는 Cement 강도에 비례

    ② 풍화된 Cement는 강도 저하

    ③ Cement 분말도

        ㉮ 분말도가 크면 응결이 빨라지고 조강성이 됨

        ㉯ 분말도가 작으면 블리딩이 다소 증가, 수축이 증가됨

        ㉰ 조강 Portland Cement의 7일 강도는 보통 Portland Cement의 28일 강도와 비슷

(2) 골재

    ① 골재의 강도는 Cement Paste의 강도보다 큰 것 사용

    ② 강자갈보다 쇄석이 부착력, 강도 큼

    ③ 경량골재, 입형이 평평하고 세장한 골재사용 시 강도 저하

(3) 물 : 수질에 따라 응결시간 및 강도에 영향 발생

(4) 혼화재료

    ① 혼화재료의 종류, 사용량에 따라 Con'c의 강도 변화 발생

    ② AE제

        ㉮ 시공연도, 내구성 증진되나 과다 시 강도 저하

        ㉯ 공기량 1% 증가 시 압축강도 4~6% 감소

③ 감수제 : 단위수량 감소로 강도 증진

④ 응결지연제 : 수화열 감소, 강도증진 지연

⑤ Fly ash, 고로 Slag : 초기강도 감소, 장기강도 증진

⑥ Silica Fume : 콘크리트 강도 증진, 고강도 콘크리트 제조

## 2. 배합

(1) W/B

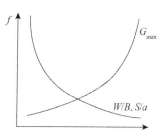

① Con'c의 강도를 결정하는 가장 중요한 요인

② W/B 감소 시 강도 증가

③ W/B 너무 작으면 워커빌리티, 내구성 등 저하

④ W/B 너무 크면 건조수축, 균열 등 증가

(2) $G_{max}$

굵은 골재 최대치수 증가 시 강도 증가

(3) 잔골재율 증가 시 강도 감소

(4) 골재입도 양호하면 강도 증가

(골재 입도는 조립률로 표시, 조립률 클수록 강도 증가)

(5) 단위수량 증가 시 강도 감소

## 3. 시공

(1) 비빔

① 3분 이내 비빔시간 증가 시 강도 증가

② 비빔시간 과도하면 재료분리 발생, 강도 저하

(2) 운반

① 운반시간규정 다소 초과 시 슬럼프, 공기량이 감소하나 강도는 다소 증가됨

② 운반시간 과도하면 재료분리 발생, 강도 저하

(3) 타설

① 타설높이, 타설속도 과도하면 재료분리 발생, 강도 저하

② 타설 중단에 따른 Cold Joint 발생 시 강도 저하

③ 작업성 증진을 위해 가수 시 강도 감소

④ 강우, 강설 시 콘크리트에 수분유입으로 강도 저하

(4) 다짐

① 규정된 진동다짐은 Con'c의 강도 증진

② 과도한 다짐은 재료분리, 블리딩 등의 증가로 강도 저하

(5) 양생

　① 습윤양생 적용 시 강도 증가

　② 양생온도 0.5℃ 이하 시 초기동해 발생 가능

　③ (고온, 고압)증기양생 적용 시 초기강도 증진

　④ 재령 초기에 강도 증가율이 큼

　　재령 후기에 강도 증가율이 저하

　⑤ 양생온도가 높아지면 초기강도 증가하나, 장기강도의 증가율은 감소

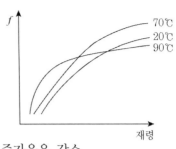

## 4. 강도시험

(1) 시험체 형상 및 크기

　① 원주형 표준 공시체 기준

　　$d/h = 2,\ d = 15\,\text{cm}$

　② 입방공시체가 원주공시체보다 강도가 큼

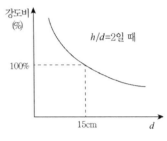

┈┈┤ 참조 ├┈┈┈┈┈┈┈┈┈┈┈┈┈┈┈┈┈┈┈

**공시체 d/h 비에 따른 보정계수**

| d/h(높이와 지름의 비) | 보정계수 |
|---|---|
| 2.00 | 1.00 |
| 1.75 | 0.98 |
| 1.50 | 0.96 |
| 1.25 | 0.93 |
| 1.00 | 0.89 |

h/d가 1.00~2.00인 경우 보간법으로 산출

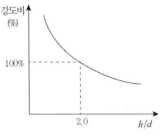

(2) 시험체 단부상태 및 캡핑

　① 부적절한 캡핑에 의한 공시체 단부의 경사 영향

　② 캡핑의 종류와 조건에 따라 강도의 변화 발생

(3) 재하

　① 재하속도 증가 시 강도 높아짐

　② 재하속도 감소 시 강도 낮아짐

　③ 재하 기준 : 매초 (0.6±0.2)MPa

　④ 편심재하 시 강도 감소

(4) 건습상태 : 건조한 공시체는 강도가 큼

(5) 공시체 온도

(6) 시험체 재령

(7) 부적합, 교정 미실시 시험기기의 사용 영향

## III. 결론

1. Con'c 강도에 영향을 미치는 요소는 구성재료의 성질, 배합비율, 운반, 현장시공, 양생방법, 시험방법 등이 있다.
2. 요구되는 강도를 확보하기 위해 전 과정에서의 품질관리를 철저히 하고, 강도시험시 시방 및 KS 등에 규정된 기준을 준수하여 시험을 실시하도록 해야 한다.

# 12 콘크리트 부재의 이음

## I. 개요

1. Con'c 구조물은 Con'c를 연속타설하여 생산하기 어렵고, 생산된 구조물의 Con'c는 온도나 습도의 영향으로 신축되며 이로 인해 균열이 발생된다.
2. Con'c 타설 간 계획되지 않은 Cold Joint(시공 불량에 의한 불연속면)가 발생되지 않도록 하고, Joint는 설계 시부터 적절히 고려하여 시공함으로써 균열을 최소화하도록 해야 한다.

## II. 이음의 분류

| 기능성 이음 | 신축이음, 수축(균열유발) 이음, Delay Joint |
|---|---|
| 비기능성 이음 | 시공이음(수평시공이음, 연직시공이음) |

## III. 시공이음(Construction Joint)

1. 시공이음은 경화된 Con'c에 다시 Con'c를 이어쳐 일체화시키기 위한 시공상의 이음으로 이어 붓기 부위의 불연속면을 방지하기 위하여 설치한다.

### 2. 기능
(1) 1일 시공의 마무리
(2) 일기, 장비 등의 변화로 작업 중단

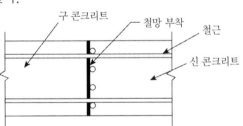

### 3. 위치
(1) 될 수 있는 대로 전단력이 작은 위치에 설치
(2) 부재의 압축력이 작용하는 방향과 직각이 되도록 설치
(3) 보, Slab는 중앙부에 수직, 작은보가 있는 경우는 작은보 폭 너비의 2배 떨어진 곳
(4) 기둥, 벽 : Slab상부 또는 기초상부에 수평
(5) 아치 : 아치축에 직각

(6) 캔틸레버보는 이어붓기 금지

## 4. 시공 Flow

| 구 Con'c면 Chipping | → | 표면 흡수, 부 Mortar 포설 | → | 신 Con'c 타설 |

## 5. 유의사항

(1) 가급적 수평한 직선이 되도록 설치

(2) 새 콘크리트 타설 시 이음면 밀착되게 충분한 다짐 실시

(3) 부득이 전단이 큰 위치에 시공이음을 설치할 경우에는 시공이음에 장부 또는 홈을 두거나 적절한 강재를 배치하여 보강해야 함

(4) 설계에서 정해져 있는 이음의 위치와 구조를 준수

(5) 해양 Con'c

    ① 시공이음부를 두지 않는 것이 좋다.

    ② 부득이 설치 시 만조위 +0.6m, 간조위 −0.6m 사이인 감조부 부분을 피하여야 함

(6) 구 Con'c 이음면 처리

    ① 레이턴스 등을 완전히 제거 : 쇠솔이나 쪼아내기(Chpping), 잔골재 분사 등

    ② 충분한 흡수

    ③ 시멘트 페이스트, 모르타르 또는 습윤면용 에폭시수지 등을 바름

(7) 수평시공이음 : 일직선이 되도록 설치

(8) 연직시공이음

    ① 새 Con'c 타설 후 적당한 시기에 재진동 다짐 바람직

    ② 일반적인 연직시공이음부의 거푸집 제거 시기 : 여름에는 4~6시간 정도, 겨울에는 10~15시간 정도

(9) 방수성 확보 요구 시 지수판 사용

## 6. Cold Joint

(1) Con'c 이어치기 부위가 일체화 되지 못하여 발생되는 불연속면으로 시공 불량에 의한 Joint

(2) 일반적으로 서중 Con'c 등에서 주로 발생

(3) 원인

    ① 이어치기 시간한도를 초과하여 Con'c 타설 시

        타설계획 부적절, 레미콘 운반의 지연, 장비 및 일기의 변화 등

    ② 기타설 Con'c의 응결이 빠른 경우

        외기 온도가 높거나, Con'c 수화열이 큰 경우

③ 이어치기 시간한도

| 외기온도 | 25°C 초과 | 25°C 이하 |
|---|---|---|
| Cold Joint 시간한도 | 2시간 이내 | 2.5시간 이내 |

(4) 피해

① 구조체의 일체성 부족

② 구조체 강도, 내구성, 수밀성 저하

③ 누수, 철근의 부식

④ 미관의 저해

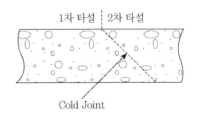

Cold Joint

# IV. 신축이음(Expansion Joint)

1. 구조체의 온도 및 건습변화에 의한 신축, 기초의 부등침하 등에 의해 발생되는 균열을 방지하기 위한 Joint

## 2. 기능

(1) 온도, 습도 변화에 따른 Con'c의 신축 대응

(2) 구조물의 부등침하, 진동 영향 저감

## 3. 줄눈의 폭

구조물 규모 등을 고려 10~30mm

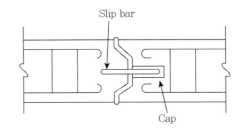

## 4. 위치

(1) 단면 변화 지점

(2) 중량배분이 다른 곳

## 5. 시공 Flow

가설물(거푸집), 보강재 설치 → Con'c 타설 → 가설물 제거 → Sealing

## 6. 유의사항

(1) 신축이음은 양쪽의 구조물 혹은 부재가 구속되지 않는 구조로 설치
구조물의 양쪽을 절연, 줄눈부에서 철근 절단

(2) 신축이음에는 필요에 따라 이음재, 지수판 등을 배치하며 지수판 재료는 동판, 스테인레스판, 염화비닐수지, 고무제품 등

(3) 신축이음의 단차를 피할 필요가 있는 경우에는 장부나 홈을 두든가 전단 연결재로 보강

(4) 보강재는 방청처리하여 사용

(5) 부재의 온도 팽창량을 고려한 이음 폭 결정

## V. 수축이음(균열유발이음)

### 1. Con'c 구조체의 온도 변화, 건조수축 등에 의해 발생되는 균열을 예방하고자 일정 간격으로 결손부를 설치하여 균열을 집중시키는 Joint

### 2. 기능

(1) 온도, 습도에 의한 수축 대응

(2) 결손부 설치에 의한 균열 유도 및 집중

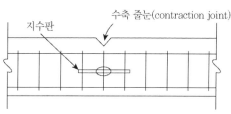

### 3. 시공방법

(1) Con'c 타설 전 졸대를 설치

(2) Con'c 타설 후 Cutting

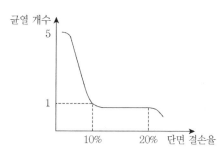

### 4. 간격

(1) 얇은 벽, 포장 : 6~9m 정도

(2) 두꺼운 벽 : 12~18m

(3) 보통 부재높이의 1~2배 이내 정도

### 5. 단면결손율

(1) 일반 Con'c : 20~30%

(2) Mass Con'c : 35% 이상

### 6. 유의사항

(1) 구조물의 강도 및 기능 저하하지 않도록 그 구조 및 위치를 정함

(2) 신축성이 충분한 지수판 배치

(3) 가급적 수축줄눈은 등간격 유지

(4) 줄눈부 철근은 연속성 유지

(5) 줄눈부의 철근부식을 방지 : 에폭시 도포 등

## Ⅵ. 수축대(Delay Joint, Shrinkage Strip)

### 1. 긴 부재의 중간에 일정한 공간을 두고 양쪽으로 Con'c 타설 후, 타설된 Con'c의 수축이 일정 진행 시 중간의 비워둔 공간에 Con'c를 타설하여 형성시키는 Joint

### 2. Joint의 폭
1.5~2.0m

### 3. 위치
(1) 전단력이 작은 곳
(2) 압축력의 방향과 직각으로 시공

### 4. 수축대 Con'c 타설 시기
선 시공된 Con'c의 타설 2개월 정도 경과 시

### 5. 효과(기능)
(1) 건조수축균열 저감, 온도균열 저감
(2) 장대구조물의 시공성 향상

## Ⅶ. 결론

1. 콘크리트 구조물의 이음부는 구조물의 강도, 내구성, 수밀성 및 외관에 영향을 미치므로 설계 및 시공에 세심한 관리가 필요하다.
2. 이음의 시공 시 설계에서 결정·반영된 이음의 위치와 구조를 반드시 준수하고, 임의로 변경하지 않도록 주의하여야 한다.

# 13 콘크리트 구조물의 비파괴 시험

## I. 개요

1. 열악한 환경조건에 노출된 Con'c의 성능저하로 인해 유지관리의 중요성이 부각되고 있다.
2. 비파괴 시험이란 구조물의 형상이나 기능저하를 최소화하여 결함 여부 및 성능유지 여부를 판정하는 방법이다.

## II. 목적

1. Con'c 강도 파악
2. Con'c 내부결함 조사
3. 철근의 위치, 개수 등 확인
4. 구조체의 품질 확인, 상태 진단

## III. 비파괴 시험

### 1. 반발경도법(Schumidt Hammer Test)

(1) Con'c 표면을 타격하여 반발도를 측정, 반발도와 압축강도 상관관계로 압축강도를 추정하는 시험법이다.
(2) 특징
　　① 시험 방법이 간편
　　② 시험비용 저렴
　　③ 신뢰성 다소 부족, 표면부의 강도 측정
(3) 시험방법

$$\boxed{측정준비} \rightarrow \boxed{타격} \rightarrow \boxed{평균반발도\ 산출 \cdot 보정} \rightarrow \boxed{압축강도\ 산출}$$

(4) 주의사항
　　① 재령 28일 경과 후 시험 적용

② 측정 표면 마감재의 제거 후 타격

③ 타격 시 타격면과 수직으로 서서히 힘을 가해 타격

④ 종·횡 3cm 간격 교차점 20개 평균 적용

⑤ 보정항목 : 타격방향, 압축응력, 습윤상태 등

⑥ 10cm 이하 두께 부재 측정 제한

⑦ 평균타격값의 ±20% 초과값은 제외, 제외되는 타격값을 고려 25점 정도 확보

⑧ 시험기기는 사용 직전에 테스트 앤빌에 의해 교정, 테스트 해머의 반발경도 R은 80±2의
  범위를 정상으로 함

┄┄┤ 참조 ├┄┄

**슈미트해머 장비 기종 및 적용**

| 기종 | N형 | NR형 | L, LR형 | P, PT형 | M형 |
|------|-----|------|---------|---------|-----|
| 적용 | 보통 Con'c | | 경량 Con'c | 저강도 Con'c | 매스 Con'c |

## 2. 초음파(속도)법

(1) Con'c에 접착시킨 발신자에서 초음파에너지가 콘크리트 내부를 관통하여 수신자에 도달한
   시간을 구하여 전파거리로 나누어 전파속도를 구한다.

(2) 적용분야 : Con'c 압축강도 추정, 균열깊이 평가, 내부 결함 조사 등

(3) 특징

   ① Con'c 내부 강도 및 결함 측정

   ② 재령 1일 후부터 측정 가능

   ③ 철근의 영향이 고려되어야 함

(4) 전파속도($V$)

$$V = \frac{L(측정거리, \ m)}{T(음파전달시간, \ \sec)}$$

(5) 측정 Flow

$\boxed{\text{기기의 교정}} \rightarrow \boxed{\text{발신자, 수신자 장착}} \rightarrow \boxed{\text{전파시간측정}} \rightarrow \boxed{\text{전파거리측정}}$

$\rightarrow \boxed{\text{음속계산}}$

(6) 보통 50~100kHz 정도의 초음파 이용

(7) 탐촉자(측정기)의 배치방법

   ① 직접법

   ② 간접법

   ③ 표면법(간접법) : 주로 적용, 슬래브와 교대는 간접법 적용 원칙

## 3. 조합법(병용법)

(1) 2가지 이상의 방법을 선정하여 측정, 신뢰성을 제고

(2) 반발경도법과 초음파법의 조합을 주로 적용

## 4. 코어강도시험

(1) 코어를 채취하여 평가한 강도는 구조물의 실제 강도를 측정하는 것으로 신뢰성 우수

(2) 제한사항 : 코어채취 시 철근의 절단, 응력 집중, 국부적 손상

(3) 방법

　① 코어채취

　　㉮ Core 직경 $\geq$ $G_{max}$ × 3(최소 2배 이상)

　　㉯ Core 길이 : 직경의 2배

　　㉰ 채취 전 철근위치 파악하여 회피, Con'c 면과 수직으로 채취

　② 압축강도시험

　③ Core 강도 보정 : Core 크기, h/d비, 채취방향

　④ 평가기준 : 3개 Core 강도의 평균 $\geq$ $f_{ck}$의 85%, 각각은 $f_{ck}$의 75% 이상

> ┤ 참조 ├
>
> **공시체 높이/직경비에 따른 보정계수**
>
> | h/d | 2.00 | 1.75 | 1.50 | 1.25 | 1.00 | 0.75 | 0.50 |
> |---|---|---|---|---|---|---|---|
> | 보정계수 | 1.00 | 0.98 | 0.96 | 0.94 | 0.85 | 0.70 | 0.50 |

## 5. 인발법

(1) Con'c 타설 전 철근을 배치하여 Con'c 타설, 경화 후 철근을 잡아당겨 철근과 Con'c의 부착력을 검사

(2) Con'c 압축강도와 상관관계

　부착강도 = 1/20 Con'c 압축강도 정도

## 6. Break-Off법

(1) 원주시험체에 휨 하중을 가하여 휨강도를 측정 후 Con'c 압축강도를 추정하는 방법

(2) 시험체의 형성 방법

　① Con'c 타설 전 원형 형틀 설치하는 방법

　② 경화 Con'c에 Core Boring하는 방법

(3) Con'c 휨강도 = Con'c 압축강도 × (1/5~1/7)

### 7. Pull-Off법

(1) 원주시험체에 인장하중을 가하여 인장강도를 측정 후 Con'c 압축강도를 추정하는 방법

(2) Con'c 인장강도 = Con'c 압축강도 × (1/9~1/13)

### 8. 관입저항법

탐침(핀)을 Con'c 표면에 관입시켜, 그 깊이로 Con'c 압축강도를 추정하는 방법

### 9. 철근탐사법(전자유도법)

(1) 전압의 변화를 측정하여 평가

(2) 적용 : 위치, 간격, 직경, 피복 두께 등

### 10. 적외선법

(1) 결함부와 건전부 사이의 온도차를 이용하여 결함부위를 확인하는 방법

(2) Con'c의 적외선량을 영상으로 표시하여 표면온도를 확인

(3) 상온 측정방법, 가열 후 측정방법이 있음

### 11. 진동법(공진법, 탄성파법)

(1) Con'c 공시체에 진동을 가해 그때의 공명(진동)으로 Con'c의 품질변화, 열화 등을 파악하는 시험

(2) Con'c의 탄성계수를 추정

(3) 동일 Con'c에서도 형상, 치수에 따라 결과값이 상이

### 12. 방사선법

(1) 방사선(X선, $\gamma$선)이 Con'c를 투과하는 투과선량을 측정

(2) Con'c 밀도, 철근의 위치, 내부결함 등을 파악

### 13. 적산온도(Maturity)법

(1) 적산온도는 Con'c의 양생기간(재령)과 양생온도의 곱을 적분함수로 나타낸 것

(2) $M = \sum (\theta + 10) \cdot \Delta T$

　　여기서, $\theta$ : Con'c 양생온도(℃),

　　　　　　$\Delta T$ : $\theta$ 온도로 양생한 기간(day)

(3) $f = \alpha + \beta \log M$

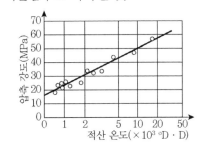

## 14. 기타

(1) 철근부식평가

   자연전위법, 분극저항법, 전기저항법

(2) 탄산화깊이 측정시험

   할렬 후 페놀프탈레인 1% 용액 분사 후 평가

(3) 염화물 함유량 시험

   전위차적정법, 질산은적정법 등

# IV. 결론

1. 비파괴 시험을 통해 구조체의 손상 없이 콘크리트의 강도·내구성·균열, 철근 등의 현황을 파악할 수 있다.
2. 비파괴 시험장비 운용 및 콘크리트의 성능평가 간 장비종류, 운용 숙련도, 평가방법 등에 따라 정확성에 차이가 발생하므로 주의가 필요하다.

─┤ 참조 ├─

**비파괴 시험의 분류**

| 구분 | 강도추정시험 | | 내부탐사시험 |
|---|---|---|---|
| | 순수 비파괴 | 부분(국부) 파괴 | |
| 철근탐사법 | | | ○ |
| 인발법 | | ○ | |
| 표면경도법 | ○ | | |
| 초음파법 | ○ | | ○ |
| Break·Pull Off 법 | | ○ | |
| 관입저항법 | | ○ | |
| 적산온도법 | ○ | | |
| Core 압축강도시험 | | ○ | |
| 적외선법, 탄성파법, 방사선법 | | | ○ |

# 14 콘크리트의 표면결함

## I. 개요

1. Con'c 타설 후 표변에 발생하는 결함은 Dusting, Air Pocket, Honey Comb, 백태, 균열 등이 있다.
2. 이로 인하여 구조물의 외관 저해 및 균열발생의 원인이 된다.
3. 표면결함은 재료, 배합, 시공, 양생 과정에서 품질관리 부족으로 발생한다.

## II. 표면 결함의 종류 · 원인 · 대책

### 1. Honey Comb(곰보)

(1) 현상

　　Con'c 표면에 굵은 골재가 노출되고 그 주위에 Mortar가 없는 상태

(2) 원인

　　① 다짐 부족

　　② 거푸집 사이로 Mortar 누출

　　③ Con'c의 Workability 불량

　　④ 재료분리 발생

　　⑤ 타설 높이, 타설 속도 부적정

(3) 대책

　　① 진동다짐 규정 준수

　　② 거푸집의 밀실 시공

　　③ 거푸집 · 동바리 강성 확보

　　④ Con'c의 Workability 확보 및 시공 간 재료분리 방지

　　⑤ 피복 두께 확보

## 2. Dusting(표면먼지)

(1) Con'c 표면이 먼지와 같이 부서지고, 먼지의 흔적이 표면에 남아 있는 상태 또는 Con'c의 표면·껍질이 벗겨지는 현상

(2) 원인

    ① 거푸집 청소가 불량할 때

    ② 과다한 표면 마무리로 형성된 Laitance

    ③ 골재에 Silt질, 유기불순물 등이 함유되어 있는 경우

(3) 대책

    ① 거푸집 내면의 정비 : 거푸집 청소 및 박리제 도포, 거푸집 판의 교체

    ② 골재 세척하여 사용

    ③ 표면마무리는 Con'c 표면 물기가 없어진 후 실시

    ④ Slump, 단위수량 가급적 작게

## 3. 백화(Efflorescence, 백태)

(1) Con'c 노출면에 흰색 가루가 생기는 현상

(2) 원인

    ① Con'c 재료 중의 염분이 표면에서 결정을 형성

    ② Con'c에 수분 침투가 원활 시

(3) 대책

    ① 백화방지제의 사용

    ② 수분의 이동 억제 : 방수제의 도포, Joint부 밀실 시공, 균열 보수

    ③ 마감재 설치로 노출 방지

    ④ 백화 발생 시 마른손 등으로 제거

## 4. Air Pocket

(1) 부재 수직면, 경사진 면에 10mm 이하의 구멍이 발생하는 현상

(2) 원인

    ① 거푸집에 박리제 과다 사용

    ② 수직, 경사 거푸집면의 진동다짐 부족

(3) 대책

    ① 적격한 품질의 박리제 사용, 사용량 준수

    ② 수직·경사 거푸집 부근 진동다짐 철저

    ③ 거푸집 면의 두드림으로 기포 방출

## 5. 동결융해

(1) Con'c 내부의 수분이 동결팽창하여 표층부가 손상되는 현상

(2) 낮은 기온, 수분 침투, 연행 공기의 분포 부적정

(3) Pop Out : 골재, Mortar가 박리되는 현상, Con'c 표면의 일부가 원추형으로 오목하게 파괴

(4) 적정 공기량 적용, W/B 작게

## 6. 얼룩 및 색 차이

(1) 거푸집 조임철물 등에 의한 녹물이 흘러 Con'c 표면에 얼룩 등이 발생

(2) 골재의 유기물, 이질암 미립분에 의한 변색, 사용재료나 배합이 다른 경우

(3) 골재 세척 후 사용, 사용된 철물 제거 후 Mortar 충진

## 7. 미세균열

(1) Con'c 수분 증발, 시공 불량 등에 의한 균열

(2) 거푸집·동바리의 설치·해체 규정 준수, Con'c의 시공관리 철저

## Ⅲ. 보수공법

### 1. 표면처리법(피막법)

(1) 균열의 표면부분을 피복(도막을 형성)하는 방법

(2) 미세한 균열, 폭 0.2mm 이하 적용

(3) 균열 내부는 처치하지 않음, 균열이 활성화될 시 적용 제한

(4) 사용재료 : Cement Paste, Cement Filler, Epoxy 수지, 도막 탄성재 등

### 2. 충전공법

(1) 균열을 따라 Con'c를 10mm 폭으로 V 또는 U형으로 절단한 후 충전재를 채우는 방법

(2) 0.5mm 이상의 균열 보수에 적합

(3) 충전재료 : Sealing재, 가소성 Epoxy수지, Polymer Cement Mortar 등

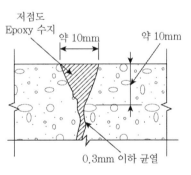

(4) 시공 Flow

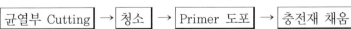

(5) 경화 후 표면을 Grinding하여 평활하게 마무리

(6) 철근이 부식된 경우의 처리

① 철근의 녹을 제거
② 철근 표면 녹 방지처리
③ 충전

## 3. (에폭시) 주입법

(1) 0.5mm 정도의 폭을 가진 균열에 에폭시를 주입하여
부착시키는 방법이다.

(2) 교량, 댐, 건물 등의 보수에 주로 적용

(3) 방법

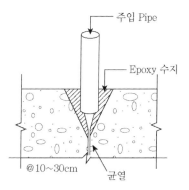

① 균열부근을 깨끗이 청소

② 균열 표면부를 막은 뒤 주입구 형성

③ 주입기를 이용, 압력으로 에폭시 주입

④ 양생 후 표면을 막았던 재료 제거

⑤ 균열이 연직방향인 경우 아랫부분 먼저 주입 후 상부에서 주입

(4) 주입 Pipe 배치간격 : 10~30cm 정도

## 4. BIGS 공법(Balloon Injection Grouting System)

(1) 고무 튜브에 압력을 가하여 균열심층부까지 주입하는 공법

(2) 균일한 압력관리가 용이

## 5. 치환공법

(1) 열화 및 손상부위가 작고 경미할 때 적용

(2) Con'c 균열부 제거, 청소 후 접착제를 도포하고 Con'c를 치환

# IV. 결론

1. 콘크리트 타설 후 응결과정에서 발생하는 표면결함은 콘크리트 구조체의 내구성을 저하시
킨다.

2. 이를 방지하기 위해 콘크리트의 재료, 배합, 시공관리를 철저하게 하여 표면결함을 예방하여
야 한다.

# 15 콘크리트의 균열

## I. 개요

1. 콘크리트에 균열을 발생시키는 요인은 다양하지만 일반적으로 구조물에 가해지는 하중 및 Con'c의 부피변화로 인한 인장응력 발생에 기인한다.
2. 콘크리트의 균열을 저감시키기 위해서는 설계에서부터 재료, 배합, 타설, 양생에 이르기까지 전 과정에서의 품질확보가 중요하다.

## II. 미경화콘크리트의 균열

### 1. 초기 건조균열(소성수축균열)

(1) Con'c 노출면의 수분증발속도가 Bleeding 속도보다 빠른 경우 Con'c 표면에 수분이 부족하여 노출면에 발생되는 균열

(2) 임계증발량 : 시간당 $1L/m^2$

(3) 원인

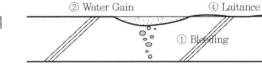

① 직사일광, 건조한 바람, 기온이 높을시

② 거푸집 누수되고 블리딩이 없는 경우

(4) 대책

① 직사일광, 바람노출의 차단

② 안개노즐 이용 Con'c 표면 위 공기 포화

③ 타설종료 후 Con'c 표면에 피막양생제 살포

④ 타설구획 주변을 시트로 감쌈

⑤ Con'c에 셀룰로오스 섬유 등 혼입

### 2. 침하균열

(1) Con'c의 침하가 철근 및 매설물에 의해 국부적인 방해를 받아 인장력이 발생, 방해물의 상면에 발생되는 균열

(2) 일반적으로 보·슬래브의 상단철근 상부면에 Con'c 타설 후 1~3h에 발생

(3) 원인(증가요인)

① 철근직경이 클수록, Slump 클수록, 단면치수차 클수록

② 피복 두께가 작을수록, 다짐이 불충분할 때

③ 1회 타설량이 많을수록, 타설 높이가 클수록

④ 거푸집의 누수, 변형이 있는 경우

⑤ 잔골재율이 낮을수록

⑥ Cement 분말도가 작고, 응결시간 늦을수록

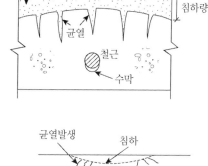

(4) 대책

① 단위수량 가급적 적게, Slump 작게

② 적정혼화제의 사용, 충분한 다짐

③ 수직·수평부재 타설 간 충분한 시간간격, VH분리 타설

④ 피복 두께 증가

⑤ 타설 속도 가급적 늦게, 1회 타설 높이 작게

⑥ 발생 시 재진동 다짐

⑦ 거푸집의 정확한 설계

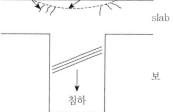

┤ **참조** ├

VH(Vertical Horizontal) 분리 타설

기둥·벽 등의 수직부재를 먼저 타설 후, 침하 후 수평부재를 타설하는 방법

적용 : 수직·수평부재의 Con'c 규격이 상이할 때, 침하균열 예방 필요시

벽체 Con'c 타설 후
Slab Con'c를 타설

## 3. 거푸집 변형에 의한 균열

(1) 거푸집의 부실한 조립

(2) 동바리의 지지 불충분에 따른 부등침하

(3) Con'c 측압에 따른 거푸집 변형

## 4. 진동 및 (경미한) 재하에 따른 균열

(1) 타설 간 또는 응결 시 주변의 시공 및 장비류의 진동

(2) 초기재령에서 Con'c 상부 가설재료 등 재하

(3) 거푸집의 강성이 크면 진동의 영향 감소

## Ⅲ. 경화콘크리트의 균열

### 1. 건조수축으로 인한 균열

(1) Con'c 타설 후 Con'c 내 수분이 증발하여 체적감소로 수축하면서 발생되는 균열

(2) 원인

① 단위수량 클수록, W/C 클수록

② $G_{max}$ 작을 때, 기상건조 시

③ Cement 분말도 클수록

(3) 대책

① $G_{max}$ 크게, 단위수량 감소

② 수축 Joint 적절 배치, 수축보상용 혼화제 사용

③ 혼합 Cement, 중용열 포틀랜드 시멘트 사용

④ 철근 적절 배치

> ┤ **참조** ├
>
> **건조수축균열**
> 외기에 노출된 콘크리트는 Con'c 표면부의 수분이 증발하여 수축되나 내부는 상대적으로 수분이 많아
> 표면부의 수축작용을 구속하여 표면부에 인장응력이 발생, 균열을 유발하게 된다.

### 2. 열응력으로 인한 균열

(1) Con'c 부재의 수화작용, 외기온도 등에 의한 온도차이가 발생, 부등의 체적변화를 일으키고
이로 인해 인장변형·균열이 발생

(2) 기초, Dam 등 Mass Con'c에서 주로 발생

(3) 대책

① Con'c 표면과 내부 온도차 감소

② 인공냉각 양생으로 Con'c 수화열 상승 제한

③ Con'c 표면온도 증가

④ Con'c 인장변형 저항능력 증가

⑤ 신축줄눈의 설치

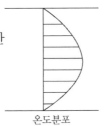

온도분포

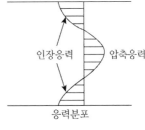

응력분포

## 3. 화학적 반응으로 인한 균열

(1) 알칼리골재반응(AAR)

    ① 반응성 골재와 시멘트의 알칼리 성분의 반응으로 팽창성 Gel을 형성, 균열 유발

    ② 비반응성 골재, 저알칼리·혼합 시멘트 사용

(2) 황산염반응

    ① 황산염과 수산화칼슘과 반응으로 Con'c 체적이 팽창되고 손상 발생

    ② 내황산염 포틀랜트시멘트 등 사용

## 4. 기상작용으로 인한 균열

(1) 동결융해

    ① Con'c 내 수분의 동결 팽창 작용

    ② W/B 최소화, 적정공기량, 양질 재료의 사용

(2) 온도 변화

    ① 외부 온도 변화에 따른 Con'c 체적 변화

    ② 구조체의 인장 저항력 증가, 신축줄눈 설치

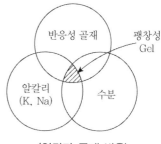

〈알칼리 골재 반응〉

## 5. 철근부식으로 인한 균열

(1) 탄산화(중성화)에 의한 철근부식

    ① 수화반응을 통해 형성된 강알칼리성의 수산화칼슘이 대기 중의 $CO_2$, 산성비 등에 의해 알칼리성을 상실하여 내부의 철근이 부식하게 된다.

    ② 피복증대, W/B 최소화, 마감재 부착 등

(2) 염해

    ① 염화물에 의해 부동태막이 파괴되고 철근이 부식하게 된다.

    ② 아연도금 철근, Epoxy Coating 철근, 방청제 혼입 등

## 6. 시공 불량으로 인한 균열

(1) 거푸집·동바리의 시공 불량

(2) 타설 간 가수, 다짐 불량

## 7. 시공 시의 초과하중으로 인한 균열

    시공 중의 작업하중 과다, 장비의 진동, 운반·설치 시 충격 등

## 8. 설계오류로 인한 균열

    철근, Joint 등의 오류

## 9. 외부 작용하중으로 인한 균열

과하중, 피로하중, 충격·마모 등에 의함

## Ⅳ. 결론

1. 콘크리트에 발생되는 균열은 구조체의 강도, 내구성, 수밀성 등을 저하시킨다.
2. 콘크리트 구조물의 설계에서 재료, 배합, 시공 전 과정에서의 철저한 관리로 균열을 최소화하여야 한다.

# 16 콘크리트 균열의 보수 및 보강공법

## I. 개요

1. Con'c 구조물의 균열은 생산부터 유지관리과정에서의 다양한 원인에 의해 발생된다.
2. 균열발생 시 구조물의 구조적, 기능적 결함이 발생되는바 균열에 대한 적정한 보수·보강을 통해 그 성능을 유지토록 해야 한다.

## II. 보수·보강공법의 분류

| 보수 | 보강 |
|------|------|
| 표면처리공법 | 강판접착공법 |
| 충전공법 | 프리스트레싱공법 |
| 주입공법 | 단면증가공법 |
| 그라우팅 | 부재증설공법 |
| 드라이패킹 | 강재 Anchor 공법 |
| 폴리머침투법 | 추가철근보강 방법 |

| 구분 | 보수 | 보강 |
|------|------|------|
| 성능 | 유지 | 회복(향상) |
| 대상 | 균열 자체 | 부재(구조체) |

〈보수, 보강의 개념 비교〉

## III. 균열조사

| 방법 | 육안조사, Core Test, 비파괴검사, 자료조사 |
|------|------|
| 범위 | 균열 폭·길이·깊이·활성상태, 원인조사 |

## IV. 균열의 보수공법

### 1. 표면처리법(피막법)

(1) 균열의 표면 부분을 피복(도막을 형성)하는 방법

(2) 미세한 균열, 폭 0.2mm 이하 적용

(3) 균열 내부는 처치하지 않음, 균열이 활성화될 시 제한됨

(4) 사용재료

Cement Paste, Cement Filler, Epoxy 수지, 도막 탄성재 등

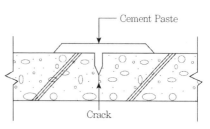

## 2. 충전공법

(1) 균열을 따라 Con'c를 10mm 폭으로 V 또는 U형으로 절단한 후 충전재를 채우는 방법

(2) 0.5mm 이상의 균열 보수에 적합

(3) 충전재료

   Sealing재, 가소성 Epoxy 수지, Polymer Cement Mortar 등

(4) 시공 Flow

   | 균열부 Cutting | → | 청소 | → | Primer 도포 | → | 충전재 채움 |

(5) 경화 후 표면을 Grinding하여 평활하게 마무리

(6) 철근이 부식된 경우의 처리

   ① 철근의 녹을 제거

   ② 철근 표면 녹 방지 처리

   ③ 충전

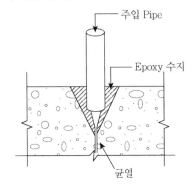

## 3. (에폭시) 주입법

(1) 0.5mm 정도의 폭을 가진 균열을 에폭시를 주입하여 부착시키는 방법

(2) 교량, 댐, 건물 등의 보수에 주로 적용

(3) 방법

   ① 균열 부근을 깨끗이 청소

   ② 균열 표면부를 막은 뒤 주입구 형성

   ③ 주입기를 이용, 압력으로 에폭시 주입

   ④ 양생 후 표면을 막았던 재료 제거

   ⑤ 균열이 연직방향인 경우 아랫 부분 먼저 주입 후 상부
      에서 주입

(4) 주입 Pipe 배치간격은 10~30cm 정도

## 4. 그라우팅

(1) 콘크리트 댐이나 두꺼운 벽체 등에 폭이 넓은 균열에 적용

(2) 균열부에 시멘트 그라우트를 주입하는 방법

(3) 그라우트 혼합물의 구성

   Cement Paste, Cement Mortar

(4) 그라우트의 W/C 가급적 작게, 수축저감제 사용 고려

## 5. 폴리머 침투

(1) 모노머(단량체, Monomer System)를 콘크리트에 주입하여 중합시키는 방법

(2) 단량체는 촉매와 기본 모노머로 구성

(3) 이것에 열을 가하여 모노머끼리 결합하여 중합됨

## 6. 드라이패킹(Dry Packing)

(1) W/C비가 아주 작은 Mortar를 손으로 채워 넣는 방법

(2) 정지하고 있는 균열에 효과적

# V. 균열 보강공법

## 1. 강판 보강공법

(1) 인장측 Con'c 표면부에 강판을 덧붙여서 부재와 일
    체화시키는 방법

(2) 균열부위에 강판을 대고 Anchor로 고정한 후 접촉
    부위를 Epoxy 수지로 접착

(3) 주입공법과 압착공법으로 분류됨

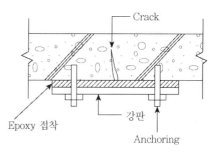

## 2. 프리스트레싱 공법

(1) 프리스트레스를 가하여 부재에 발생한 균열을 복귀시
    키고 압축력을 가하는 공법

(2) 공사규모가 증가, 넓은 작업공간 필요

(3) 설계, 시공이 복잡

(4) 균열 깊이가 깊고 구조체가 절단될 염려가 있는 경우
    적용

(5) 시공 Flow

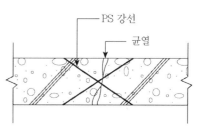

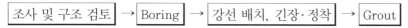

조사 및 구조 검토 → Boring → 강선 배치, 긴장·정착 → Grout

## 3. 단면 증가 공법

(1) 기설부재에 Con'c 단면을 증가시켜 내력을 향상시키는 공법

(2) 신·구 Con'c의 일체성 확보가 중요

　　① 신·구 Con'c 경계면 Epoxy 수지로 접합

　　② PS강재 이용 일체화

### 4. 강재 Anchor 공법(Stitching, 짜깁기 방법)

(1) 균열 양측에 간격을 두고 구멍을 뚫은 후 강재 Anchor를
   박아 넣는 방법
(2) 균열 직각방향의 인장강도를 증강시키고자 할 때 사용
(3) 균열을 봉합할 수 없으나 더 이상 진전되는 것을 방지
(4) 철쇠(꺽쇠, Anchor)를 여러 방향으로 길이를 변화하여
   설치
(5) 구멍과 Anchor 이격부는 Paste 등으로 채움

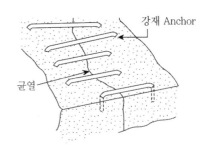

### 5. 탄소섬유 Sheet 공법

(1) 강화섬유 Sheet인 탄소섬유 Sheet를 접착제로 Con'c 표면에
   접착시켜 보강
(2) 시공이 편리, 복잡한 형상의 구조물에 적용 가능
(3) 초벌 및 정벌 Epoxy 접착제의 충분한 접착효과가 중요

### 6. 부재의 증설 공법

(1) 부재를 증설하여 내력을 향상시키는 공법
(2) 주로 교량 등에 이용, 거더 보강 및 증설 등

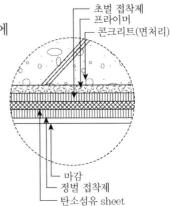

## VI. 보수 후 검사 확인

### 1. 육안검사
   외부(표면) 상태 위주 확인, 균열의 내부 상태 확인 제한

### 2. Core 채취
   균열 내부의 확인 가능, 압축강도 등 시험

### 3. 비파괴 검사
(1) 구조체 손상 없이 내부 상태 파악
(2) 반발경도법, 초음파법, 탄성파법 등

## VII. 결론

1. 콘크리트의 균열은 종합적 이유에 의해 발생된다.
2. 콘크리트 구조물의 설계에서 재료, 배합, 시공 전 과정에서의 철저한 관리로 균열을 최소화하

여야 한다.

3. 균열 발생 시 균열 상태에 대한 정확한 조사·분석으로 적절한 보수·보강공법을 적용하여 구조물의 성능을 유지하도록 해야 한다.

# 17 콘크리트의 내구성 저하(열화) 원인 및 대책

## I. 개요

1. 콘크리트가 설계조건하에서 시간경과에 따른 내구적 성능저하 또는 열화가 작고, 소요의 사용기간 중 요구되는 성능의 수준을 지속할 수 있는 성질을 내구성이라 한다.
2. 열화란 구조물의 재료적 성질 또는 물리, 화학, 기후적 혹은 환경적 요인에 의하여 발생하는 내구성능 저하 현상을 말한다.

## II. 열화 요인의 분류

1. 화학적 요인 : Con'c의 부식(산, AAR), 철근의 부식(탄산화, 염해)
2. 물리적 요인 : 하중작용에 의한 균열·파손, 표면마모, 충격 등
3. 기상작용 및 온도 변화 : 동결융해, 건습·온도 변화, 화재 등
4. 전기적 작용 : 직류전류에 의한 철근 부식(전식), 전해 등

┤ 참조 ├

**열화 요인**

| | | |
|---|---|---|
| 외적요인 | 화학적 작용 | 중성화, 염해, 화학적 부식 |
| | 물리적 작용 | 마모작용, 하중작용, 공동현상 |
| | 기상 및 온도 변화 | 동결융해, 일사열, 열풍, 비, 화재 |
| 내적요인 | 골재반응 | 알칼리골재반응 |
| | 강재부식 | 염분, 수분 |

## III. 콘크리트의 내구성 저하(열화) 원인 및 대책

### 1. 화학적 작용

(1) Con'c의 중성화

    ① 시멘트의 수화반응으로 형성된 수산화칼슘은 강알칼리성을 나타내며, 수산화칼슘과 대기 중의 탄산가스가 반응하여 탄산칼슘으로 변환되며 중화됨

② 중성화(탄산화) 반응

㉮ 수화반응 : $CaO + H_2O \rightarrow Ca(OH)_2$ ⋯ pH 12~13

㉯ 탄산화(중성화)반응 : $Ca(OH)_2 + CO_2 \rightarrow CaCO_3 + H_2O$ ⋯ pH 8~9

③ 중성화(탄산화) 원인

㉮ $CO_2$와 접촉

㉯ W/C 큰 경우, 피복 두께 부족 시

㉰ 산성비

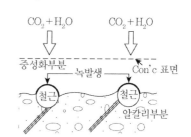

④ 중성화에 의한 피해 Flow

중성화 진행 → (진행부의) 철근부식·팽창

→ Con'c 균열 → 내구성 저하

⑤ 대책

㉮ 피복 두께 확보

㉯ 투기성이 낮은 마감재 사용

㉰ W/C 적게

㉱ 양질 골재 사용,

㉲ 충분한 다짐으로 밀실한 Con'c, 습윤양생

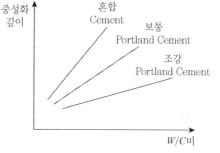

⑥ 중성화 속도

㉮ 중성화 깊이

$$X = A\sqrt{t}$$

여기서, $X$ : 중성화 깊이(mm), $t$ : 경과년수(년),

$A$ : 중성화속도계수$(mm \times \sqrt{년}^{-1})$

㉯ 저항년수

$$T = \frac{7.2d^2}{R^2(4.6x - 1.76)^2}$$

여기서, $d$ : 피복 두께, $R$ : 계수, $x$ : W/C

(2) 알칼리골재 반응(AAR, Aalkali-Aggregate Reaction)

① Con'c 중의 알칼리(이온)과 골재 중의 실리카 성분과 결합, 팽창성 Gel을 형성하고 이 Gel이 수분을 흡수하여 국부적인 팽창압을 발생시키는 현상

② AAR의 분류

㉮ 알칼리 실리카 반응

㉯ 알칼리 탄산염 반응

ⓒ 알칼리 실리게이트 반응

　③ AAR에 의한 피해 Flow

$$\boxed{\text{AAR}} \rightarrow \boxed{\text{Gel 형성}} \rightarrow \boxed{\text{Gel의 흡수·팽창}}$$
$$\rightarrow \boxed{\text{Con'c 균열}} \rightarrow \boxed{\text{내구성 저하}}$$

　④ AAR 원인(증가요인)
　　　㉮ Con'c의 알칼리성, 반응성 골재 사용
　　　㉯ 수분의 공급
　⑤ 대책
　　　㉮ 비반응성 골재 사용
　　　㉯ 저알칼리 Cement 사용(알칼리량 0.6% 이하)
　　　ⓒ Con'c 중 알칼리 총량 $3kg/m^3$ 이하
　　　㉰ 혼합 Cement 사용

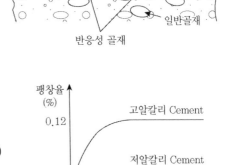

(3) 염해
　① 염화물에 의해 부동태막이 파괴, 철근의 부식·팽창 유발되는 현상
　② 염해 원인
　　　㉮ Con'c 재료에 기인 : 재료 중 $Cl^-$량 과다
　　　㉯ 외부 환경 조건에 기인 : 해수, 해풍 등
　③ 대책
　　　㉮ Con'c 중 $Cl^-$량 통제
　　　㉯ 방식성이 높은 강재 사용
　　　ⓒ 방청제 사용, 피복증대, 표면 마감재로 차단
　　　㉰ W/C 적게(55% 이하)

(4) 화학적 부식
　① Con'c가 외부로부터 화학작용을 받아 수화생성물이 결합능력을 잃는 현상
　② 원인 : 산류, 알칼리류, 염류, 유류, 부식성 가스
　③ 대책
　　　㉮ Con'c 표면 피복(라이닝, Coating)
　　　㉯ 내황산염, 중용열 포틀랜드 시멘트, 혼합 시멘트
　　　ⓒ Con'c의 품질관리 철저

## 2. 물리적 작용(기계적 작용)

(1) 하중작용 : 과재하, 피로하중, 지진 등

(2) 마모, 충격, 공동(Cavitation)현상

## 3. 기상작용 및 온도 변화

(1) 건조수축

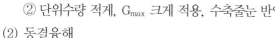

① Con'c 내부 수분 증발로 인한 수축균열 발생

② 단위수량 적게, $G_{max}$ 크게 적용, 수축줄눈 반영

(2) 동결융해

① Con'c가 동결하여 수분이 얼어서 팽창했다가 녹으면서 수축하는 반복현상

② 손상형태 : 표면박락, 팝아웃(Pop-out), 표면박

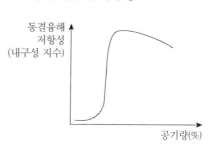

리(Scaling), 균열(Crack)

③ 대책

㉮ AE제 사용, 연행공기의 완충작용으로 팽창압

감소

㉯ 수분의 공급차단, 마감재 고려

(3) 화재

① 화재 시의 고열 및 장기간의 가열로 인해 콘크리트의 성능이 저하됨

② 온도 상승과 Con'c 분해

㉮ 105°C : 자유수 상실

㉯ 250~350°C : 결합수 20% 정도 탈수

㉰ 500~600°C : 수산화칼슘의 분해($Ca(OH_2) \rightarrow CaO + H_2O$)

㉱ 750~850°C : 탄산칼슘의 분해($CaCO_3 \rightarrow CaO + CO_2$)

③ 대책

㉮ 내화성이 우수한 골재 사용, 석영질 골재사용 억제

㉯ 피복 두께를 충분하게

㉰ 표면 내화재료, 단열재료 피복(석고플라스터, 메탈라스)

(4) 온도 변화

① 수화열에 의한 균열, 온도 변화에 따른 신축활동으로 균열 발생

② 수화열 저감 조치 : 저열 Cement, 인공 냉각양생 등

③ 신축대응 : 신축줄눈 설치

## 4. 전기적 작용

(1) 고압전류(직류)에 노출 시 철근의 산화 및 인접 Con'c의 열화 발생

(2) 철근 부착강도 저하

> **│ 참조 │**
>
> **Con'c의 팽창작용**
>
> | 구분 | 철근 | 물 | Con'c |
> |------|------|-----|-------|
> | 현상 | 중성화, 염해 | 동해 | AAR, 황산염 침식 |

# IV. 결론

1. 콘크리트의 내구성 저하는 복합적 요인에 의해 발생한다.
2. 그러므로 구조물의 내구성 확보를 위해서는 콘크리트의 합리적 설계, 양질 재료, 최적 배합, 철저한 시공관리는 물론 유지관리에도 노력이 필요하다.

3. 내구성 영향요인

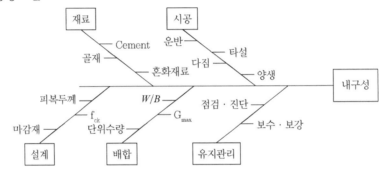

# 18 해사 사용에 따른 영향과 대책

## I. 개요

1. Con'c 중 염화물이 많이 존재하면 강재가 부식되어 Con'c의 강도, 내구성이 저하된다.
2. 염해에 대한 피해를 줄이기 위해서는 사용재료의 철저한 품질시험이 필요하며, 현장에서도 염도측정을 통한 확인이 필요하다.

## II. 염해발생 Mechanism

$$\boxed{염화물\ 침입} \rightarrow \boxed{Con'c\ 속의\ 철근\ 부식} \rightarrow \boxed{철근\ 팽창} \rightarrow \boxed{Con'c\ 균열}$$

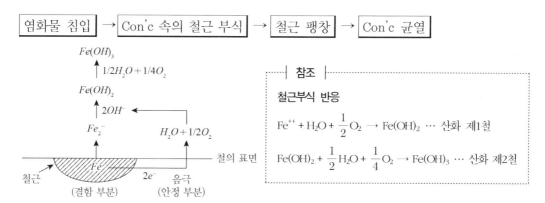

| 참조 |

**철근부식 반응**

$$Fe^{++} + H_2O + \frac{1}{2}O_2 \rightarrow Fe(OH)_2 \cdots 산화\ 제1철$$

$$Fe(OH)_2 + \frac{1}{2}H_2O + \frac{1}{4}O_2 \rightarrow Fe(OH)_3 \cdots 산화\ 제2철$$

## III. 염분함량 규제 기준

### 1. 잔골재 중

| 구분(RC) | $Cl^-$ | NaCl |
|---|---|---|
| 허용치 | 0.02% 이하 | 0.04% 이하 |

### 2. Con'c 중

| $Cl^-$ | RC | 무근 Con'c |
|---|---|---|
| 허용치 | 0.3kg/m³ 이하 | 0.6kg/m³ 이하 |

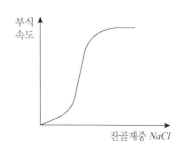

**염분함유량 규제치**

| 구분 | 철근콘크리트 | 무근콘크리트 |
|---|---|---|
| 잔골재의 NaCl | 0.04% 이하 | 0.1% 이하 |

## IV. 염분이 Con'c에 미치는 영향

### 1. 미경화 Con'c

(1) Workability 저하

(2) Con'c 응결, 경화 촉진

### 2. 경화 Con'c

(1) Con'c 중 강재의 부식 유발

(2) 균열 발생

(3) 강도·내구성 저하

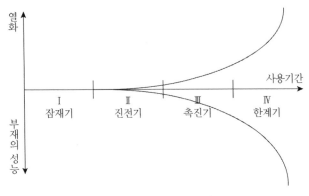

〈염해 열화의 진행과정〉

## V. 대책

### 1. 해사의 염분 제거

(1) 자연 강우 이용

　① 강우량, 강우빈도가 클수록 효과가 크다.

　② 우기철에 적용

(2) Sprinkler 이용 살수

　① 골재 $1m^3$에 대하여 6회 정도 살수

　② 80cm 정도 두께로 깔아서 간헐적 살수

　③ 염분 농도의 측정 후 기준 초과 시 재살수

(3) 하천 모래와 혼합 사용

　① 해사를 Sprinkler로 살수한 후 강모래와 혼합

　② 해사를 사용할 때는 염분 함유량이 규정치 이하라고 하더라도 안전을 고려하여 강모래와
　　섞어 사용

　③ 보통 하천모래량의 1/4~1/5 정도 혼합

(4) 제염제 사용

　① 제염제를 혼합하여 염분제거

② 제염제는 고가이므로 경제성을 고려하여 적용

(5) 준설선에서 세척 : 준설 직후 준설선에서 청정수로 여러 번 세척

(6) 제염 플랜트에서 기계 세척

    ① 모래 체적의 1/2 이상의 담수를 사용하여 세척

    ② 세척물의 염분으로 환경문제가 야기됨

## 2. 철근의 부식 방지

(1) 내식성 재질의 철근 사용(방식성능이 높은 강재 사용)

(2) 아연도금 철근 사용

    ① 철근 아연도금은 염해에 대한 저항력이 높음

    ② 철근의 염화물 이온반응을 억제

(3) Epoxy Coating

    ① Epoxy Coating 철근 사용 시 방식성 증가

    ② Spray를 사용하여 평균 도막두께를 $150 \sim 300 \mu m$ 정도 확보

(4) 방청제

    ① 방청제를 사용하여 철근의 부식을 억제

    ② 철근 표면부 피막 형성

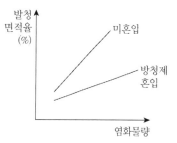

(5) 철근의 부동태막 보호

    ① 철근의 부동태막은 강알칼리성에서만 유지되며, 철근 부식을 방지

    ② Con'c의 알칼리성을 최대한 유지토록 조치

## 3. Con'c 시공관리

치밀한 Con'c 제조

(1) 재료

    ① 물 : 염도 측정 후 허용치 이내일 것

    ② Cement : 중용열 포틀랜드 시멘트 등

    ③ 골재 : 해사의 염화물량 허용기준 이하로 관리

    ④ 혼화제 : 방청제, AE제 등

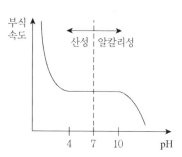

(2) 배합

    ① W/B 작게 하여 Con'c 강도, 내구성 등 증진

    ② 굵은 골재 최대치수를 크게 하여 Con'c 품질 향상

    ③ 단위수량 적게

(3) 시공

    ① 철저한 다짐으로 Con'c 치밀화

    ② 양생관리를 통한 Con'c 강도 확보

## 4. 설계상 대책

(1) 피복 두께의 증대

    ① 균열저항성 증진

    ② Con'c의 내구성 증진

(2) Con'c의 표면처리

    ① 표면 마감처리로 수밀성 증대

    ② 염화비닐, 에폭시수지, 우레탄 등으로 피복

(3) 부재 단면을 가능한 크게 적용

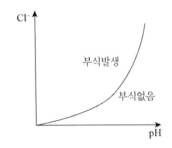

# VI. 염분함유량 측정법

1. 이온전극법
2. 질산은 적정법
3. 전위차 적정법
4. 흡광 광도법

# VII. 결론

1. 하천골재가 고갈되어감에 따라 강모래를 대체하여 해사를 사용할 수밖에 없게 되었다.
2. 해사의 사용 간 염분 제거 노력과 아울러 레미콘 공장에서의 잔골재 시험, 현장에서 레미콘 염화물 시험을 철저히 하여야 한다.
3. 아울러 고성능 제염장치 및 염화물 측정기, 제염제 개발을 통해 보다 효율적이고 정확한 염화물 관리가 되도록 하여야 한다.

# 19 콘크리트의 중성화(탄산화) 영향요인 및 대책

## I. 개요

1. 수화반응에 의해 형성된 수산화칼슘($Ca(OH)_2$)은 강알칼리성을 나타낸다.
2. 중성화란 수산화칼슘이 대기 중의 $CO_2$와 화학반응을 일으키며 알칼리성을 상실(감소)하게 되는 현상이다.

## II. Con'c 중성화 발생원인 및 메커니즘

1. Con'c 중의 수산화칼슘과 공기 중의 탄산가스(또는 산성비)가 화학반응하여 탄산칼슘이 되면서 Con'c의 알칼리성을 상실하는 현상

### 2. 화학반응

(1) 수화반응 : $CaO + H_2O \rightarrow Ca(OH)_2$ ⋯ pH 12~13

(2) 탄산화(중성화)반응 : $Ca(OH)_2 + CO_2 \rightarrow CaCO_3 + H_2O$ ⋯ pH 8~9

### 3. 중성화에 의한 피해 Flow

중성화 진행 → 철근부식 · 팽창 → 균열 → $H_2O$, $CO_2$ 침투 → 열화가속

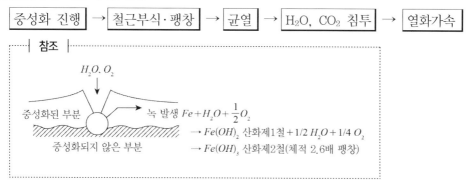

참조

$H_2O, O_2$

중성화된 부분 → 녹 발생 $Fe + H_2O + \frac{1}{2}O_2$

중성화되지 않은 부분

$\rightarrow Fe(OH)_2$ 산화제1철 + 1/2 $H_2O$ + 1/4 $O_2$

$\rightarrow Fe(OH)_3$ 산화제2철(체적 2.6배 팽창)

## III. 중성화 시험방법

1. Con'c에 할렬면 형성 후

2. 페놀프탈레인 1% 에탄올용액 살포

3. 색상변화 관찰 판정

| 구분 | 홍색 | 무색 |
|------|------|------|
| 판정 | 알칼리 부분 | 중성화 부분 |

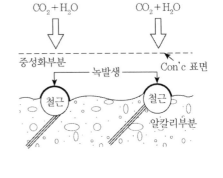

# IV. 중성화 속도에 영향을 미치는 요인

## 1. 중성화 속도 관련식

(1) 탄산화 깊이

$$X = A\sqrt{t}$$

$X$ : 탄산화 깊이(mm), $t$ : 경과년수(년),

$A$ : 중성화속도계수(mm × $\sqrt{년}^{-1}$)

(2) 저항년수

$$T = \frac{7.2d^2}{R^2(4.6x - 1.76)^2}$$

$d$ : 피복 두께, $R$ : 계수, $x$ : W/C

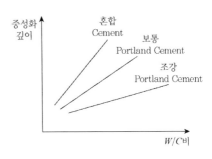

## 2. 중성화 속도에 영향을 미치는 요인

(1) 탄산가스의 농도 : $CO_2$와 접촉이 많을수록, 농도 짙을수록 중성화 가속

(2) 피복 두께 작을수록 중성화 피해 증가

(3) 시멘트 종류

　　① 혼합 시멘트 사용 시 증가

　　② 조강 포틀랜드 시멘트 사용 시 감소

(4) 배합 : W/B가 클수록 중성화 가속

(5) 혼화제 : AE제, AE감수제 등 사용 시 중성화 속도 감소

(6) 골재 종류

　　① 양질 골재는 Cement Paste보다 투기성 낮음

　　② 경량골재 사용 시 속도 증가(1.2~1.5배 정도)

〈보통 골재와 경량골재의 중성화 비교〉

(7) 마감재의 종류 : 마감재가 없거나 투기성이 큰 마감재는 중성화 속도 증가

(8) 재령

　　① 동일 조건하 단기재령 시 중성화 빠름

　　② 장기 재령일수록 늦음

(9) 균열

    ① 균열이 많을수록 중성화 촉진

    ② 철근 부식·팽창으로 $CO_2$ 침투 원활

(10) 환경조건의 영향

    ① 온도상승 시 중성화 증가

    ② 옥내가 옥외보다 속도 증가

    ③ 습도가 낮을수록 중성화는 빨라짐

    ④ 산성비의 pH가 산성에 가까울수록 중성화가 빠름

## V. 대책

### 1. 설계

(1) 부재의 단면 증대

(2) 피복 두께 증대

(3) 마감부재의 반영

(4) 적정 Joint 반영

### 2. 재료

(1) Cement

    ① 혼합 시멘트 사용 지양, 조강 포틀랜드 시멘트 유리

    ② 중용열·저열 포틀랜드 시멘트 사용 지양

(2) 골재

    ① 양질(강모래, 강자갈, 쇄석) 골재의 사용

    ② 골재의 적정 입도 확보

    ③ 경량골재 사용지양

(3) 혼화제 : AE제, 감수제 사용으로 Con'c의 수밀성 증대

(4) 철근 부식억제제 사용

### 3. 배합

(1) 적정 혼화제 사용 : AE제, AE감수제 등

(2) W/B비가 낮게

(3) $G_{max}$ 크게

## 4. 시공

(1) 다짐을 충분히 하여 밀실한 Con'c 시공

(2) Cold Joint 방지

(3) 이음(Joint) 개소는 가급적 적게

(4) 양생 시 직사일광, 바람 등 차단

(5) 습윤양생 실시

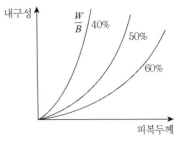

## 5. 표면마감

(1) 투기성 작은 재료로 표면마감 처리

(2) 타일 및 돌붙임 마감

(3) 표면 미장, Paint 마감

(4) 외부로부터 $H_2O$, $CO_2$ 침입 최소화

## 6. 유지관리

(1) 균열 등 파손부 적기 조치

(2) 과하중, 표면 마모 등 주의

# VI. 결론

1. 중성화를 저감시키기 위해서는 합리적 설계, 양질 재료의 사용, 최적 배합, 철저한 시공관리, 아울러 유지관리 분야에서의 세심한 관리가 요구된다.

2. 중성화는 콘크리트의 내구성에 영향이 크므로 피복의 증대, 밀실한 콘크리트 제조, 표면마감 등을 통해 중성화에 대한 저항력을 확보하여야 한다.

3. 중성화(내구성) 영향 요인

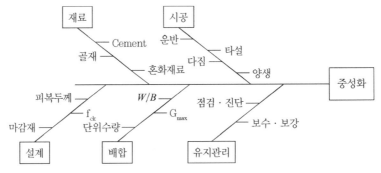

# 20 콘크리트의 알칼리골재반응

## I. 개요

1. Con'c 중의 알칼리(이온)과 골재 중의 실리카 성분이 결합하여 팽창성 Gel을 형성하고, 이 Gel이 수분을 흡수하여 국부적 팽창압을 발생시키는 현상

2. Cement 중의 알칼리금속(Na, K) 성분과 골재 중의 실리카($SiO_2$)가 화학반응을 통해 규산소 다(규산칼슘, 팽창성 Gel)를 형성하고 이것이 동결팽창하여 Con'c에 균열을 유발한다.

···┤ 참조 ├·····

**열화 요인**

| | | |
|---|---|---|
| 외적요인 | 화학적 작용 | 중성화, 염해, 화학적 부식 |
| | 물리적 작용 | 마모작용, 하중작용, 공동현상 |
| | 기상 및 온도 변화 | 동결융해, 일사열, 열풍, 비, 화재 |
| 내적요인 | 골재반응 | 알칼리골재반응 |
| | 강재부식 | 염분, 수분 |

## II. 알칼리골재반응의 요소(원인)

### 1. 반응성 골재의 사용

(1) 쇄석 사용의 증가 : 골재 중의 실리카($SiO_2$)

(2) 양질 하천골재의 고갈

### 2. Con'c 내 알칼리량 증가

(1) 구조체 강도 확보를 위한 단위시멘트량 증가

(2) Cement 중의 알칼리금속(Na, K)

### 3. Con'c 내 수분

(1) 외부의 수분 침투

(2) 제물치장 마감

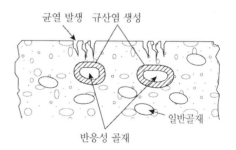

## III. AAR의 분류

1. 알칼리 실리카 반응
2. 알칼리 탄산염 반응
3. 알칼리 실리게이트 반응

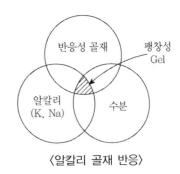

〈알칼리 골재 반응〉

## IV. Con'c에 미치는 영향

1. Con'c의 팽창, 균열 발생
2. 부재의 뒤틀림, 단차, 국부파괴 유발
3. Con'c의 강도, 내구성, 수밀성 저하
4. 철근부식 발생
5. 균열부위 백화현상 증가
6. Pop Out 현상, Map Crack 발생

---

| 참조 |

**Pop Out 현상**
- 흡수율이 큰 골재가 Con'c 표면부에서 동결하여 팽창함으로써, 골재 주위 몰탈 부분이 탈락되어 Con'c 표면이 패이게 되는 현상이다.
- 대책
  - 흡수율이 적은 골재 사용
  - W/C 저감
  - 단위수량 저감
  - Con'c 표면부 과다 다짐 금지

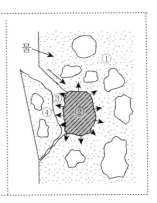

---

## V. AAR 판정 방법

1. 화학법 : 알칼리 감소량 측정
2. 모르타르봉법 : 팽창량 측정

---

| 참조 |

**Con'c의 팽창 작용**

| Con'c | 철근 | 물 |
|---|---|---|
| AAR, 황산염 반응 | 중성화, 염해 | 동해 |

---

## VI. 방지대책

### 1. 재료적

(1) 시멘트

　① 저알칼리형 Cement 사용

　　Cement 알칼리 함량 0.6% 이하

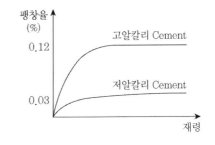

② 혼합 Cement의 사용

(2) 골재

　　① 양질 골재의 사용

　　② 비반응성 골재 사용 : 반응성 시험 실시

　　③ 반응성 광물 억제 : 화산유리, 석영, 크리스트 바라이트 등

　　④ 해사 사용 시 염화물 허용기준 준수

(3) 혼화재료

　　① Fly Ash, 고로 Slag 등

　　② AE제, 감수제

## 2. 배합, 혼합

(1) Con'c 중 알칼리 총량 규제 : Con'c $1m^3$ 중 알칼리 총량($Na_2O$ 환산량) $3kg/m^3$ 이하

(2) 단위 Cement량 적정 유지 : 단위 Cement량 과다 시 불리

(3) 배합 원칙 준수

(4) 비빔 시간, 속도 준수

## 3. 밀실 Con'c

(1) 운반시간 최소화

(2) 타설 전 Con'c 품질 확인

(3) Con'c 타설, 다짐, 양생관리 철저

## 4. Con'c의 표면 마감

(1) 수분의 외부공급 및 습도증가 최소화

(2) 타일, 돌붙임 등 시공

(3) 표면에 방수성 마감 적용


# VII. 결론

1. 하천골재의 고갈로 쇄석의 사용이 증가함에 따라 알칼리골재반응에 의한 콘크리트의 내구성 저하가 우려되는 바

2. 알칼리골재반응을 저감시키기 위해 쇄석 사용 시 반응성 시험을 통한 확인, 저알칼리 시멘트의 사용, 단위수량 및 콘크리트의 습기를 최소화하여야 한다.

# 21 콘크리트의 수축

## I. 개요

1. Con'c에서 발생되는 수축은 자기수축, 소성수축, 건조수축, 탄산화수축으로 구분된다.
2. 수축으로 인한 균열은 Con'c에 강도·내구성·수밀성 등을 저해시키므로 이를 최대한 제어하여 관리하여야 한다.

## II. Con'c의 수축

### 1. 소성수축

(1) Con'c 노출면의 수분증발속도가 Bleeding 속도보다 빠른 경우 Con'c 표면에 수분이 부족하여 노출면에 발생되는 균열
(2) 임계증발량 : 시간당 $1L/m^2$
(3) 원인
　① 직사일광, 건조한 바람, 기온이 높을 시
　② 거푸집 누수되고, 블리딩이 없는 경우
(4) 대책
　① 직사일광, 바람노출의 차단
　② 안개노즐 이용 Con'c 표면 위 공기 포화
　③ 타설종료 후 Con'c 표면에 피막양생제 살포
　④ 타설구획 주변을 시트로 감싼다.
　⑤ Con'c에 셀룰로오스 섬유 등 혼입

### 2. 자기수축

(1) 수화물(Con'c, Mortar, Cement Paste 등)의 체적은 구성되는 재료의 체적합보다 작음
(2) 자기수축이란 Cement와 물이 화학반응(수화반응) 중에서의 수축을 말함
(3) Cement계 재료에 있어 응결시점(초결) 이후에 발생

(4) 일반 Con'c의 경우 자기수축은 건조수축량의 10% 정도로 매우 작아 고려하지 않으나 고강도
·고유동 등 W/B비가 작고 단위결합재량이 많은 고성능 Con'c에서는 자기수축이 크게 발생
하여 경우에 따라 자기수축만으로도 균열이 발생

(5) 자기수축에 미치는 영향요인

   ① 사용재료의 영향

      ㉮ 분말도가 큰 시멘트(조강 포틀랜드 시멘트 등) 자기수축 증가

      ㉯ 고로 Slag, Silifa Fume : 자기수축 증가

      ㉰ Fly Ash, 팽창재 : 자기수축 저감

   ② 배합요인의 영향 : W/B가 작을수록 자기수축 증가

   ③ 양생방법의 영향 : 양생온도가 높을수록 증가

   ④ 철근구속의 영향 : 고강도 Con'c 자기수축 시 철근의 구속으로 균열 발생 가능

(6) 저감대책 : 팽창재, 수축저감제

## 3. 건조수축

(1) Con'c 타설 후 Con'c 내 수분이 증발하여 체적이
감소로 수축하면서 발생되는 균열

(2) 원인

   ① 단위수량 클수록, W/C 클수록

   ② $G_{max}$ 작을 때, 기상건조 시

   ③ Cement 분말도 클수록

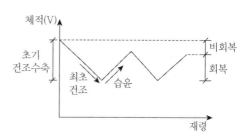

(3) 대책

   ① $G_{max}$ 크게, 단위수량 감소

   ② 수축 Joint 적절 배치, 수축보상용 혼화제 사용

   ③ 혼합 시멘트, 중용열 포틀랜드 시멘트 사용

   ④ 철근 적절 배치

(4) Con'c의 건조수축률 : $500 \sim 600 \times 10^{-6}$

## 4. 탄산화수축

(1) 수화반응에 의한 형성된 수산화칼슘이 대기 중의 $CO_2$ 등과 반응하여 탄산화가 되면서 체적
이 수축하는 현상이다.

(2) 화학반응

   ① $CaO + H_2O \rightarrow Ca(OH)_2$                 ··· 수화반응

   ② $Ca(OH)_2 + CO_2 \rightarrow CaCO_3 + H_2O$    ··· 탄산화반응

③ 탄산화 반응 중 $H_2O$의 발생, 증발로 체적 감소

(3) 원인

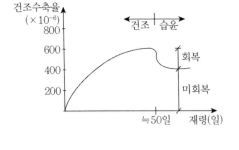

① 분말도가 높은 Cement

② 골재 입도 불량, 흡수율이 큰 골재

③ W/B 과다, 단위수량 과다

④ 경화촉진제 등의 사용

(4) 대책

① 중용열 포틀랜드 시멘트, 혼합 시멘트 사용

② 흡수율이 작은 골재, 굵은 골재 최대치수 크게 적용

③ 단위수량 적게

④ 잔골재율 저감

⑤ 수축줄눈의 반영

⑥ 밀실 Con'c의 생산

## III. 결론

1. 콘크리트의 수축발생으로 균열이 유발되고 구조체의 수밀성, 내구성이 감소하게 된다.

2. 콘크리트 구조물의 설계에서 재료, 배합, 시공 전 과정에서의 철저한 관리로 균열을 최소화하여야 한다.

# 22 콘크리트의 건조수축 영향요인 및 저감대책

## I. 개요

1. Con'c의 수축은 경화수축, 건조수축, 탄산화수축 등으로 구분된다.
2. 건조수축은 Con'c 내 수분이 장기간에 걸쳐 증발하면서 발생하는 수축현상이다.

## II. Con'c의 수축 Flow

$$\boxed{\text{Con'c 타설}} \rightarrow \boxed{\text{소성수축}} \rightarrow \boxed{\text{건조수축}} \rightarrow \boxed{\text{탄산화수축}}$$

## III. Con'c의 건습에 의한 수축·팽창률

1. Con'c의 건조수축률 : $500{\sim}600{\times}10^{-6}$
2. Con'c의 습윤팽창률 : $100{\sim}200{\times}10^{-6}$

## IV. 건조수축에 영향을 미치는 요인

### 1. 환경의 영향
(1) 상대습도가 낮으면 수분의 증발속도 증가, 수축량 증대
(2) 온도, 풍속, Con'c 온도 등

### 2. 재료 및 배합의 영향
(1) 재료
   ① 분말도가 높은 Cement는 일반적으로 수축 증가
   ② 골재 입도 불량 시 배합수량 증가로 수축 증가
   ③ 경량골재 사용 시 수축 증가
   ④ 혼화재료
      ㉮ AE제 : 연행공기 형성으로 공극량이 증가되고 건조수축이 다소 증가되나 단위수량

감소로 건조수축을 감소시키는 효과가 있어 일정 상쇄됨

    ㉯ 감수제 : 단위수량, W/C 감소로 수축 감소

    ㉰ 경화촉진제 : 미사용 시보다 수축량 증가

(2) 배합

  ① W/C, 단위수량 증가 시 건조수축 증가

  ② 굵은 골재 최대치수가 클수록 수축 감소 : 골재 실적률이 커져 Con'c 공극이 감소, 건조수축이 감소됨

  ③ Slump가 작을수록 수축 감소 : Slump 클수록 단위수량이 커져 Con'c 내부 공극 증대로 수축 증가

  ④ $S/a$가 클수록 수축 증가 : 잔골재율이 커지면 단위수량이 증가하여 수축 증가

## 3. 양생 영향

Auto Clave 양생 시 건조수축 감소

## 4. 부재 크기에 따른 영향

부재 크기가 클수록 수축변형이 상대적으로 작음

# V. 방지대책

## 1. 재료

(1) 시멘트

  ① 분말도가 낮은 시멘트 사용

  ② 중용열 포틀랜드 시멘트, 플라이애시 시멘트 등

  ③ 풍화된 시멘트 사용금지

(2) 골재

  ① 입도가 양호한 골재

  ② 수축률, 흡수율이 적은 골재

  ③ 석회암, 화강암 등이 수축이 작음

  ④ 경량골재, 해사 사용 지양

(3) 혼화재료

  ① 팽창재(수축저감용) 사용

  ② AE제, 감수제

    단위수량 감소, Bleeding 감소

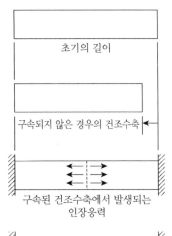

초기의 길이

구속되지 않은 경우의 건조수축

구속된 건조수축에서 발생되는 인장응력

인장응력이 인장강도보다 큰 경우의 균열발생

〈건조수축으로 인한 균열발생 과정〉

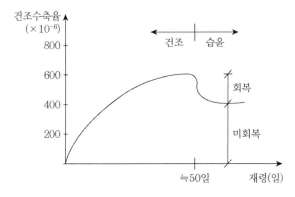

## 2. 배합

(1) W/B 작게

(2) 굵은 골재 최대치수 크게, 골재량의 증대

(3) 단위수량 : Workability 확보범위 내 최소화

(4) $S/a$ 가급적 적게

## 3. 시공

(1) 타설, 다짐 관리 철저히 하여 밀실 Con'c 제조

    ① 타설순서, 타설속도 준수　　　　　② 밀실한 다짐

(2) 증기양생 적용 시 수축 감소에 효과적

(3) 거푸집 측압, 동바리 침하 변형 방지

## 4. 수축줄눈의 설치

(1) 수축균열을 완전히 예방할 수 없음

(2) 균열유발줄눈을 설치하여 그 외 부위 수축
균열을 최소화

    ① 단면 결손율 20~30%

    ② 수축 Joint 부위로 균열을 유도 집중

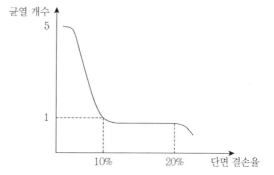

## 5. 철근의 적정 배치

보강철근을 사용하여 균열 저항력을 증진

## 6. Con'c 부재의 구속

부재가 구속되지 않을 경우 균열 미발생

## 7. 습도조절

습도가 유지되면 수축량 감소

## 8. 단면치수의 증대

상대적으로 건조수축량이 감소

## VI. 결론

1. 콘크리트의 수축발생으로 균열이 유발되고 구조체의 수밀성, 내구성이 감소하게 된다.

2. 콘크리트 구조물의 설계에서 재료, 배합, 시공 전 과정에서의 철저한 관리로 균열을 최소화하
여야 한다.

# 23 콘크리트 구조물 내부 철근부식 원인과 방지대책

## I. 개요

1. Con'c 구조물 내 철근의 부식은 Con'c에 균열을 야기하고, 열화를 촉진시켜 구조물의 수명을 단축시킨다.
2. 철근부식 인자의 통제 및 강재의 보호 조치를 통해 요구되는 내구성을 확보토록 해야 한다.

## II. 부식 원인

### 1. 염해

(1) 염화물에 의해 부동태막이 파괴, 철근의 부식·팽창이 유발되는 현상

(2) 염해 원인

① Con'c 재료에 기인 : 재료 중 $Cl^-$량 과다

② 외부 환경 조건에 기인 : 해수, 해풍 등

(3) 대책

① Con'c 중 $Cl^-$량 통제

② 방식성이 높은 강재 사용

③ 방청제 사용, 피복 증대, 표면 마감재로 차단

④ W/C 작게(55% 이하)

### 2. Con'c의 중성화

(1) 시멘트의 수화반응으로 형성된 수산화칼슘은 강알칼리성을 나타내며 대기 중의 탄산가스가 반응하여 탄산칼슘으로 변환되며 중화됨

(2) 탄산화(중성화) 반응

① 수화반응 : $CaO + H_2O \rightarrow Ca(OH)_2$ … pH 12~13

② 탄산화(중성화) 반응 : $Ca(OH)_2 + CO_2 \rightarrow CaCO_3 + H_2O$ … pH 8~9

(3) 탄산화(중성화) 원인

① $CO_2$와 접촉

② W/C 큰 경우, 피복 두께 부족 시

③ 산성비

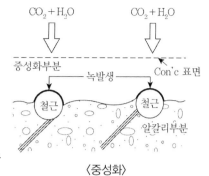

〈중성화〉

(4) 탄산화 속도

① 탄산화 깊이

$$X = A\sqrt{t}$$

여기서, $X$ : 탄산화 깊이, $t$ : 경과년수, $A$ : 속도계수

② 저항년수

$$T = \frac{7.2d^2}{R^2(4.6x - 1.76)^2}$$

여기서, $d$ : 피복 두께, $A$ : 계수, $x$ : W/C

(5) 탄산화에 의한 피해 Flow

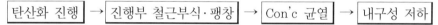

| 탄산화 진행 | → | 진행부 철근부식·팽창 | → | Con'c 균열 | → | 내구성 저하 |

(6) 대책

① 피복 두께 확보

② 투기성이 낮은 마감재 사용

③ W/C 작게

④ 양질 골재 사용, 충분한 다짐으로 밀실한 Con'c 제조, 습윤양생

## 3. 균열을 통한 $H_2O$, $CO_2$ 침입

(1) 기상작용에 의한 균열

① 건조수축

㉮ Con'c 내부 수분 증발로 인한 수축균열 발생

㉯ 단위수량 적게, $G_{max}$ 크게 적용, 수축줄눈 반영

② 온도 변화

㉮ 수화열에 의한 균열, 온도 변화에 따른 신축활동으로 균열 발생

㉯ 수화열 저감 조치 : 저열 Cement, 인공 냉각양생 등

㉰ 신축대응 : 신축줄눈 설치

③ 동결융해

㉮ Con'c가 동결하여 수분이 얼어서 팽창했다가 녹으면서 수축하는 반복현상

㉯ 손상형태 : 표면박락, 팝아웃(Pop-Out), 표면박리(Scaling), 균열(Crack)

㉰ 대책

　　　　⊙ AE제 사용, 연행공기의 완충작용으로 팽창압 감소

　　　　ⓛ 수분의 공급차단, 마감재 고려

(2) 알칼리골재반응(AAR)

　　① Con'c 중의 알칼리(이온)와 골재 중의 실리카 성분이 결합, 팽창성 Gel을 형성하고 이

　　　Gel이 수분을 흡수하여 국부적 팽창압을 발생시키는 현상

　　② AAR의 분류

　　　㉮ 알칼리 실리카 반응

　　　㉯ 알칼리 탄산염 반응

　　　㉰ 알칼리 실리게이트 반응

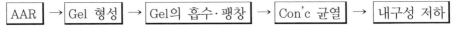

규산염 생성　　균열 발생

반응성 골재　　일반골재

　　③ AAR에 의한 피해 Flow

| AAR | → | Gel 형성 | → | Gel의 흡수·팽창 | → | Con'c 균열 | → | 내구성 저하 |

　　④ AAR 원인(증가 요인)

　　　㉮ Con'c의 알칼리성, 반응성 골재 사용

　　　㉯ 수분의 공급

　　⑤ 대책

　　　㉮ 비반응성 골재 사용

　　　㉯ 저알칼리 Cement 사용(알칼리량 0.6% 이하)

　　　㉰ Con'c 중 알칼리 총량을 $3kg/m^3$ 이하로 규제

　　　㉱ 혼합 Cement 사용

(3) 물리적 작용(기계적 작용)

　　① 하중작용 : 과재하, 피로하중, 지진 등

　　② 마모, 충격, 공동(Cavitation) 현상

(4) 시공 불량에 의한 균열

　　① Con'c 재료, 배합 부적정

　　② Con'c의 현장 시공 불량

　　③ 양생 과정에서의 진동·충격·재하 등


## Ⅲ. 방지대책

### 1. 철근의 방식

(1) 강재 표면 피복

　　① 아연도금 철근의 사용

② Epoxy Coating 철근의 사용

③ 방청제 혼입으로 부식억제

(2) 전기방식

① Sheet Pile, 강말뚝 등의 수분 및 염분에 의한 부식을 방지

② 특징 : 방식비용 저렴, 효과 우수

③ 방법 : 희생양극법(유전양극방식), 외부전원방식

(3) 방식성 강재 : 내염성이 우수한 강재를 적용

## 2. 밀실 Con'c의 시공

(1) Fly Ash, 고로 Slag 등 사용

(2) W/C 가급적 작게

(3) 팽창재 사용으로 Con'c의 수축 저감

(4) 방수액 혼합사용으로 수분 침투 방지

(5) Con'c의 현장 시공관리 철저

## 3. Con'c(표면) 방식

(1) 방수막 형성 : 도막방수, 시트방수 등 실시로 Con'c 수분침투 방지

(2) 미장·도장 : Con'c 표면에 미장, 도장 처리로 Con'c를 보호

(3) 뿜어붙이기 : 방수제를 혼입한 Mortar 이용

(4) 침투액 도포 : Con'c 표면 공극, 미세균열 처치

# IV. 결론

1. 콘크리트의 염해·중성화를 통한 부동태막의 파괴, 균열을 통한 $H_2O$, $CO_2$의 침입 등으로 철근의 부식이 진행되는 바

2. 구조물의 내구성 확보를 위해서는 콘크리트의 합리적 설계, 양질 재료, 최적 배합, 철저한 시공관리는 물론 유지관리에도 노력이 필요하다.

# 24 프리스트레스트 콘크리트

## I. 개요

1. 프리스트레스트 콘크리트란 부재에 발생하는 인장응력을 상쇄시키기 위해 미리 압축력을 부여한 Con'c를 말한다.
2. PSC는 전단면이 유효하므로 단면이 축소되어 경량화, 장Span 구조적용 등에 이점이 있는 방법이다.

## II. RC와 PSC의 개념 및 특징

### 1. RC(Reinforced Concrete)의 개념

(1) Con'c는 압축강도가 크고 인장강도가 약하다. 인장측에 철근을 보강하여 인장에 대응토록 하고 압축은 Con'c가 대응하는 원리

(2) 인장측의 Con'c는 유효단면에 제외

### 2. PSC

(1) 부재에 발생하는 인장응력을 상쇄시키기 위해 Con'c에 미리 압축력을 부여하는 원리

(2) 전단면이 유효함

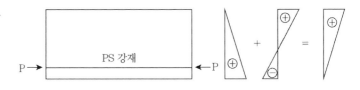

### 3. RC와 PSC의 특징 비교

| 구분 | 강재 | 인장측 Con'c 강도 | 균열 | 자중 | 처짐 | 강성 | 진동 | 내구성 |
|------|------|-------------------|------|------|------|------|------|--------|
| PSC | PS강선, 강봉 | 유효 | 작다 | 작다 | 작다 | 작다 | 크다 | 크다 |
| RC | 이형철근 | 무시 | 크다 | 크다 | 크다 | 크다 | 작다 | 작다 |

## III. Prestressing 방법

┌─ 참조 ─┐

**Prestressing 방법**

| 구분 | 기계적 | 화학적 | 전기적 | 기타 |
|------|--------|--------|--------|------|
| 내용 | Jacking | 팽창재 | 전류 | Preflex |

### 1. Pre-tension

(1) PS강재를 긴장한 후 Con'c를 타설하고 경화 후 PS강재의 긴장력을 천천히 풀어서 Con'c에 압축력을 도입하는 방법

(2) 시공 Flow

$$\boxed{\text{PS강재 배치·긴장}} \rightarrow \boxed{\text{Con'c 타설·양생}} \rightarrow \boxed{\text{PS강재 긴장력 해지로 PS 도입}}$$

(3) Long Line 방식 : 한 번에 여러 부재를 제조
PS 콘크리트의 대표적인 제작방법

(4) Individual 방식 : 한 번에 한 부재씩 제조

### 2. Post-tension

(1) Con'c가 경화 후 PS강재를 긴장하여 Con'c에 압축력을 도입하는 방법

(2) 시공 Flow

$$\boxed{\text{Sheath 설치}} \rightarrow \boxed{\text{Con'c 타설·양생}} \rightarrow \boxed{\text{PS강재 긴장·정착}} \rightarrow \boxed{\text{Grouting}}$$

(3) Full Prestressing : 단면 전체에 압축응력만 작용하고 인장응력의 발생을 허용하지 않는 응력상태를 말하며, 안정성은 높으나 경제성이 다소 적다.

(4) Partial Prestressing : 단면에 다소의 인장응력이 발생할 때의 응력상태를 말하며, 경제적인 방법이며 인장응력 부분은 인장철근이 부담토록 설계한다.

┌─ 참조 ─┐

**Post-tension의 정착방식**

| 정착방식 | 공법명 |
|----------|--------|
| 쐐기식 | Freyssinet 공법, VSL 공법, CCL 공법 |
| 나사식 | Dywidag 공법, Lee-Mc 공법, Call 공법 |
| 버튼식 | BBRV 공법, OSPA 공법 |
| 루프식 | Leoba 공법, Baur-Leonhardt 공법 |

### 3. 특성 비교

| 구분 | $f_{ck}$ | 제작장 | PS강재 배치형태 | 부재길이 | 품질관리 |
|------|----------|--------|------------------|----------|----------|
| Pre-tension | 35MPa 이상 | 공장 | 직선 | 짧다 | 용이 |
| Post-tension | 30MPa 이상 | 현장 | 곡선 | 길다 | 제한 |

## IV. Prestress의 손실

$$\begin{array}{ccccc} \text{Jacking} & \rightarrow & \text{초기 P.S} & \rightarrow & \text{유효 P.S} \\ (P_j) & & (P_i) & & (P_e) \end{array}$$

| 구분 | 초기손실 | 장기손실 |
|---|---|---|
| Con'c | 탄성변형 | Creep 변형, 건조수축 |
| 강재 | Sheath관과의 마찰, 정착단의 활동 | Relaxation |

$P_e = (0.65 \sim 0.80)P_j$

Jacking력의 20~35% 손실

---

┈┤ 참조 ├┈┈┈┈

**Relaxation**

PS강재에 인장응력을 가한 후 기간의 경과와 함께 일어나는 응력의 감소, 즉 응력의 손실을 말한다.

- 순 Relaxation : 변형의 정도를 일정하게 유지하였을 때의 Relaxation, $\dfrac{\text{인장응력 감소량}}{\text{최초 도입된 인장응력}} \times 100\%$

- 겉보기 Relaxation : 변형의 정도가 시간의 경과와 함께 감소하는 Relaxation. 순 Relaxation값에서 Con'c 건조수축, Creep 등을 고려하여 결정

  | PS 강재의 종류 | PS강선, PS강연선 | PS강봉 | 저 Relaxation PS강선 |
  |---|---|---|---|
  | 겉보기 Relaxation 값 | 5% | 3% | 1.5% |

- Relaxation이 구조물에 미치는 영향 : PS 손실 → 구조물 변형, 처짐 → 균열 → 내구성, 사용성, 안정성 저하
- Relaxation과 Creep의 비교

  | 구분 | Relaxation | Creep |
  |---|---|---|
  | 대상 | PS 강재 | Con'c |
  | 개념 | 시간 의존적 응력 감소 | 시간 의존적 변형 증대 |
  | 손실 | 응력 | 변형 |

---

## V. 응력변화

| 단계별 | | 응력변화 상태 |
|---|---|---|
| 제작 | 긴장 전 | 무근 Con'c 상태 |
| | 긴장 중 | 최대응력 |
| | 긴장 후 | 초기응력 |
| 운반·가설 | | 휨응력 |
| 최종단계 | | 유효응력 |

# Ⅵ. 시공 유의사항

## 1. 긴장 전

(1) 지반의 침하 방지 조치

(2) 거푸집, 동바리의 변형 방지

(3) Con'c의 온도 변화, 건조수축 등에 의한 균열 방지

(4) 초기 양생 관리 철저

## 2. 긴장 중

(1) 프리스트레싱을 할 때의 콘크리트 압축강도

　① 프리스트레스를 준 직후, 콘크리트에 발생하는 최대 압축응력의 1.7배 이상

　② 프리텐션 방식 30MPa 이상, 포스트텐션 방식은 28MPa 이상

(2) 긴장 기계·기구의 검사 실시

(3) 긴장순서는 대칭으로 함. 순차별 긴장은 설계도서에 명기된 순서 준수

(4) 일방향 긴장 시 프리스트레스가 균등하게 분포되도록 긴장재마다 방향을 바꾸는 것을 원칙
으로 함

(5) 설계도서 미명 시 긴장순서는 부재 편심력을 최소화하는 순서 적용

(6) PS의 손실량을 고려한 인장력을 확보

(7) 정착단의 활동 억제 및 마찰력 저감 조치

## 3. 긴장 후

(1) 즉시 손실의 최소화

(2) 장기 손실을 줄이기 위한 재긴장 실시

(3) Con'c에 작용하는 응력, PS 강재 신장량 확인

(4) 견고한 받침대 설치 후 Camber 관리

## 4. 운반·가설 시

(1) 받침 위치 배치 시 과대한 응력발생 방지

(2) 지반의 침하 방지 조치

(3) 부재의 과대한 흔들림, 뒤집힘이나 뒤틀림(Torsion) 방지

(4) Lifting 시 Wire 각도는 30° 이상 유지

(5) 진동, 충격 방지위해 운반로를 정비

## 5. 최종 단계

(1) 설계하중 이상의 초과하중 재하 금지

(2) 국부하중, 편심하중, 반복하중 등 최소화

(3) 균열·파손 방지

(4) 정기적인 유지·관리의 보수 철저

# VII. PSC Grouting

## 1. Grout 역할

(1) PS 강재 녹방지

(2) Con'c 부재와 긴장재의 부착에 의한 일체화

## 2. Grout재의 품질기준

(1) W/C : 45% 이하

(2) Bleeding율 : 0%

(3) Grout의 팽창률과 강도기준

| 구분 | 팽창성 Grout | 비팽창성 Grout |
|------|------------|--------------|
| 팽창률 | 0~10% | −0.5~0.5% |
| $f_{28}$ | 20MPa 이상 | 30MPa 이상 |

(4) 염화물이온의 총량 : 단위 시멘트량의 0.08% 이하(0.3kg/m³)

(5) 1 Batch Mixing Time 3분

## 3. 유의사항

(1) 주입압력 0.5~0.7MPa 정도(최소 0.3MPa 이상)

(2) 주입량 10~16L/min 유지

(3) 한중 50°C의 물로 관내 청소 실시

(4) Grout 혼합물은 Pump에 넣기 전 1.2mm 눈금의 체로 거른 후 사용

(5) 비빔된 Grout 혼합물을 45분 내 주입

(6) 그라우트 시공은 긴장 후 8시간 경과한 다음 가능한 한 빨리 실시

(7) 그라우트 믹서는 5분 이내 그라우트를 충분히 비빌 수 있는 역량 구비

(8) 유량계에 의해 주입량을 관리

# VIII. 결론

1. 최근 대형화되고 있는 구조물에서 PSC의 적용이 증가되고 있다.
2. PSC는 재료의 선정, 시공관리, 응력손실 등에 대한 철저한 품질관리가 필요하다.

---

**⊣ 참조 ⊢**

**언본드 포스트텐션**

PS강선에 방청윤활제를 피복하여 긴장재로 사용하는 것으로 Grouting에 의한 PS강선과 부재와 부착을 시키지 않고 PSC 구조를 형성한다.

**응력부식**

높은 응력을 받고 있는 강재가 조기에 부식되거나 조직이 취약해지는 현상으로 방지대책은 (신속한) Grouting, Coating 처리 강재의 사용 등이 있다.

**지연파괴(Delay Fracture)**

허용응력 이하의 긴장력 도입 PS강재가 긴장 후 수 시간~수십 시간 후에 갑자기 끊어지는 현상

---

# 25 한중 콘크리트

## I. 개요

1. 타설일의 일평균기온이 4℃ 이하 또는 콘크리트 타설 완료 후 24시간 동안 일최저기온 0℃ 이하가 예상되는 조건이거나 그 이후라도 초기동해 위험이 있는 경우 한중 콘크리트로 시공하여야 한다.

2. 일평균기온(daily average temperature)은 하루(00~24시) 중 3시간별로 관측한 8회 관측값(03, 06, 09, 12, 15, 18, 21, 24시)을 평균한 기온을 말한다.

3. 한중의 저온 환경하에서 Con'c 타설 시 초기동해를 입게 되고, 경화지연으로 강도발현이 늦어지며, 강도 및 내구성이 저하하는 문제점이 발생된다.

> ┤ 참조 ├
>
> **초기동해**
> - Con'c를 부어 넣은 후부터 경화의 초기단계(압축강도 5MPa 이하)에 있어서 동결 또는 수화의 동결융해 반복에 따라 강도저하, 파손, 균열을 일으키는 피해
> - 초기동해에 미치는 영향인자(피해 증가)
>   - Con'c 타설 후 동결까지 경과시간이 짧을수록
>   - Con'c의 동결(지속)시간이 길수록, 동결온도가 낮을수록
>   - 동결융해가 반복될수록, W/C 클수록, AE제 미사용 시

## II. 한중 Con'c 문제점

### 1. 초기동해

초기동해 발생 시 강도 발현 제한

### 2. Con'c 응결·경화 지연

외기온도 저하로 Con'c의 응결·경화 시간이 지연됨

### 3. 거푸집 존치기간의 증대

(1) Con'c의 응결·경화 지연에 의함

(2) 기상영향으로 Con'c 초기강도 부족

## 4. Con'c의 강도, 내구성 저하

(1) 초기동해의 영향으로 강도확보 제한

(2) 동결융해에 의한 Con'c 균열 발생

> **│ 참조 │**
>
> **한중 콘크리트 관리 중점**
> - 응결경화 초기에 동결되지 않도록 할 것
> - 양생 종료 후 따뜻해질 때까지 동결융해 저항성을 갖게 할 것
> - 공사 중 각 단계에 예상되는 하중에 대해 충분한 강도를 갖게 할 것

# Ⅲ. 시공관리

## 1. 재료선정

(1) 시멘트

　① 보통·조강·초조강 포틀랜드 시멘트

　　단, 필요에 따라 규정된 플라이애쉬 시멘트, 고로 슬래그 시멘트를 사용 가능

　② Cement는 냉각되지 않게 관리하여 사용

(2) 골재

　① 동결되어 있거나 골재에 빙설이 혼입된 것 사용 금지

　② 응결지연 시키는 유해물이 적은 골재, 흡수율이 작은 골재

(3) 혼화제

　① AE제, AE감수제, 감수제

　② 방동제·내한제, 응결촉진제 등

(4) 물 : 동결된 물 사용 금지, 저수조 보온 조치

## 2. 재료가열

(1) 시멘트의 직접가열 금지

(2) 가열대상재료 : 물, 골재

| 외기온도 | 0℃ 이상 | 0~-3℃ | -3℃ 이하 |
|---|---|---|---|
| 가열대상 | 보온시공 | 물, 모래 | 물, 모래, 자갈 |

(3) 골재는 온도가 균등하게 건조되지 않게 가열. 골재를 65℃ 이상으로 가열 시 시멘트 급결 우려

(4) 물과 골재의 가열온도 40℃ 이하로 가열

(5) 재료의 믹서 투입순서

　① 물, 굵은 골재 → 잔골재

　② 믹서 내 재료온도 40℃ 이하가 된 후 시멘트 투입

## 3. 배합

(1) 초기동해 방지를 위한 압축강도, 소정의 재령에서의 설계기준강도가 확보되도록 배합관리

(2) W/B : 원칙적으로 60% 이하

(3) 강도 결정

　① 레미콘의 경우 : 호칭강도 = 품질기준강도 + 기온보정값($T_n$)

　② 현장 배치플랜트인 경우 : 배합강도 = 품질기준강도 + 기온보정값($T_n$)

## 4. 운반 및 타설

(1) 열량의 손실을 최소화하도록 관리

(2) 타설 전 철근, 거푸집 등 빙설 제거

(3) 동결 지반 위 Con'c 타설 금지

(4) 타설 시 Con'c 온도는 5~20℃

　기상조건이 가혹한 경우, 단면 두께가 300mm 이하인 경우 Con'c 온도 : 10℃ 이상

(5) Pump 이용 시 배관에 대해 온수 이용 예열, 보온 조치

(6) 부어넣은 후 Con'c 온도 계산

　① 운반 및 부어넣기 시간 1시간에 대하여 Con'c 온도와 주위의 기온과의 차이에 15% 정도 감소

　② $T_2 = T_1 - 0.15(T_1 - T_0) \cdot t$

　　여기서, $T_0$ : 주위의 기온(℃), $T_1$ : 비볐을 때의 Con'c 온도(℃), $T_2$ : 부어 넣은 후(타
　　설 후) Con'c 온도(℃), $t$ : 비빔 후부터 부어넣기 완료까지 시간(h)

## 5. 양생

(1) 초기동해 방지를 위한 초기양생

　① 찬바람의 차단

　② 5MPa 확보 시까지 5℃ 이상 유지, 이후 2일간 0℃ 이상 유지

(2) 적산온도에 의한 관리

　① 적산온도($M$)=$\sum (\theta + 10) \cdot \Delta T$　　② 양생온도·기간 검토

　③ 거푸집 해체 시기 검토

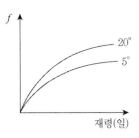

(3) 보온 양생

　① 가열(급열)양생, 단열양생, 피복양생 또는 이를 복합한 방법 적용

　② Con'c의 급격 건조, 국부가열 금지

　③ 보온 양생 후 Con'c의 온도 급격히 저하시키지 말 것

　④ 단열 보온 양생 : -3℃ 이상 시

　　㉮ 단열 성능이 높은 양생 매트 이용

㉴ 단열 성능을 부가한 단열 거푸집 사용
　⑤ 가열(급열) 보온 양생 : 외기온 −3℃ 이하 시, 일시적 −10℃ 이하 예상 시
　　　㉮ 양생실 설치 후 공기 가열
　　　㉯ 전열용 재료이용 Con'c 표면가열
　　　㉰ Con'c 내부에 전열선 매립하여 가열
　⑥ 전기양생 : 저주파 교류의 전기저항열 이용
　⑦ (상압)증기양생 등

| 방법 | 효율 |
|------|------|
| 공간급열 | 0.5 이하 |
| 표면급열 | 0.7 정도 |
| 내부급열 | 1.0 |

(4) 양생의 종료 시기, 거푸집 및 동바리의 해체시기 결정
　① 현장 Con'c와 동일조건 양생(현장양생)한 공시체의 강도
　② 적산온도로부터 추정한 강도

─┤ **참조** ├─

**현장양생**

구조체 콘크리트의 품질기준강도 적합성 확인, 거푸집 및 동바리 해체시기의 결정, 한중 콘크리트의 초기 양생 혹은 계속 양생의 중단 시기 결정을 위해 구조체 콘크리트의 강도를 추정하기 위한 목적으로 사용하는 현장 콘크리트 공시체를 대상으로 타설된 구조체 콘크리트와 동일조건으로 이루어지는 양생 (한국콘크리트학회의 제규격 KCI-CT118)

**외기 기온에 따른 동결 작용 및 양생방법 적용**

| 최저기온 −3℃ 이상 | 경미한 동결기 | 단순시트 양생 |
|---|---|---|
| 최저기온 −3℃ 이하 | 동결작용기 | 단열양생, 가열양생 |

# Ⅳ. 결론

1. 한중 콘크리트는 초기동해에 의한 구조체 품질 저하가 우려되므로 시공과정에서 철저한 관리가 필요하다.
2. 콘크리트 압축강도가 5MPa 이상이 되면 초기동해의 피해가 발생하지 않으므로 양생과정에서의 적극적인 보온·가열 대책을 강구하고 양생기간을 충분히 부여하도록 해야 한다.

─┤ **참조** ├─

**한중콘크리트의 양생 종료 때의 소요 압축강도의 표준(MPa)**

| 구조물의 노출 \ 단면(mm) | 300 이하 | 300 초과, 800 이하 | 800 초과 |
|---|---|---|---|
| (1) 계속해서 또는 자주 물로 포화되는 부분 | 15 | 12 | 10 |
| (2) 보통의 노출상태에 있고 (1)에 속하지 않는 부분 | 5 | 5 | 5 |

# 26 서중 콘크리트

## I. 개요

1. 하루 평균기온이 25°C를 초과 또는 최고 온도가 30°C를 초과하는 것이 예상되는 경우 타설되는 Con'c이다.
2. 높은 외부기온으로 Con'c의 슬럼프 저하와 수분의 급격한 증발 등으로 인해 콘크리트의 성능이 저하된다.

## II. 서중 콘크리트의 성상

### 1. 운반 중 Workability 저하
(1) Con'c의 수분 증발

① Con'c 온도 10°C 증가 시 단위수량 2~5% 감소

② Con'c 온도 10°C 증가 시 Slump 25mm 감소

(2) Pump의 막힘현상(Plug 현상) 발생

(3) 연행공기량의 감소

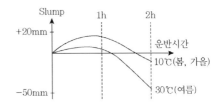

### 2. 응결시간의 단축, 콜드조인트 발생
Cold Joint 부위의 일체성, 강도, 수밀성 저하

### 3. 표면수분증발에 의한 소성수축 균열 발생
Con'c 타설 후 표면의 수분 증발이 빨라서 발생

### 4. 블리딩 감소

### 5. 소요단위수량 증가로 강도 저하
소요 Workability 확보를 위한 단위수량 증가

## 6. 건조수축 균열 증가

Con'c의 단위수량 증가에 따름

## 7. Con'c 강도, 내구성의 저하

Con'c의 단위수량 증가, 균열 증가에 의함

# Ⅲ. 시공관리

## 1. 재료관리

(1) Cement

 ① 수화발열량이 적은 시멘트를 사용

 ② 저발열시멘트, 혼합 시멘트 등

(2) 혼화제

 응결지연제, AE감수제, 고성능AE감수제 등

## 2. 재료 냉각 사용

(1) Con'c 온도 1℃ 낮추기 위하여

| Cement | 배합수 | 골재 | 중 한 가지 적용 시 |
|--------|--------|------|------------------|
| 8℃ 저하 | 4℃ 저하 | 2℃ 저하 | |

(2) 일반적으로 배합수를 냉각 적용

 ① 10kg 정도 얼음 사용 시 Con'c 온도 1℃ 저하 가능

 ② $1m^3$당 얼음량은 100kg 정도가 한도임

(3) 사용재료는 가급적 온도가 낮게 관리·제어하여 사용

 ① 시멘트 저장 사일로 단열시설 설치, 주기적 살수

 ② 굵은 골재에 냉각수 살수, 골재에 냉풍 순환

 ③ 물 : 냉각장치 이용, 액체질소 사용, 얼음 이용

(4) Con'c에 액체질소를 분사

 Con'c 온도 1℃ 저하 위해 액체질소 $12 \sim 16kg/m^3$ 정도 사용

---

┤ 참조 ├

**2성분계 혼합 시멘트**

보통(1종) 포틀랜드 시멘트에 고로슬래그 미분말, 플라이애시, 실리카퓸 등의 혼화재 중 하나를 혼합한 시멘트

**3성분계 혼합 시멘트**

보통(1종) 포틀랜드 시멘트에 고로슬래그 미분말, 플라이애시, 실리카퓸 등의 혼화재 중 두개를 혼합한 시멘트

**4성분계 혼합 시멘트, 다성분계 혼합 시멘트**

---

## 3. 배합

(1) 소요강도, Workability 범위 내 단위수량 및 단위시멘트량 적게(단위수량 가급적 185 kg/m$^3$ 이하로 관리)

(2) 기온 10°C 상승 시 단위수량 2~5% 증가 고려

(3) 배합, 비빔 시의 Con'c 온도 가급적 낮게 관리

## 4. 운반

(1) 가급적 1.0시간 이내 관리

(2) Con'c의 가열, 건조 최소화

    ① 덤프트럭 이용 시 단열재(양생포)로 표면을 덮어서 직사차단, 운반 전 양생포 살수

    ② Pump 이용 시 관을 젖은 천으로 덮어야 함

    ③ 애지테이터 트럭의 장시간 대기금지 : 배차계획 충분히 고려

## 5. 타설, 다짐

(1) 타설 시간의 조정 : 기온이 낮은 저녁, 야간 타설을 고려

(2) 타설 전 지반의 습윤 유지

(3) 타설 시 Con'c 온도 : 35°C 이하

(4) Cold Joint가 생기지 않도록 관리

(5) Workability 부족 우려 시 유동화제 사용

(6) 다짐을 철저히 하여 수밀한 Con'c 생산

| 외기 온도 | 25°C 초과 | 25°C 이하 |
|---|---|---|
| 시간간격 | 2.0 시간 | 2.5 시간 |

〈이어붓기 시간한도〉

(7) 거푸집의 조치

    ① 직사광선의 차단

    ② 충분히 살수하여 습윤시킴

## 6. 양생관리

(1) 최소 5일 이상 노출면의 건조 방지. 차광, 방풍 설비 구비

(2) 살수 또는 양생포 등을 덮어 습윤 유지 : Con'c 표면의 건조를 최대한 억제

| 일평균 기온 | 조강 포틀랜드 시멘트 | 보통 포틀랜드 시멘트 | 혼합 시멘트 |
|---|---|---|---|
| 15°C 이상 | 3일 | 5일 | 7일 |
| 10°C 이상 | 4일 | 7일 | 9일 |
| 5°C 이상 | 5일 | 9일 | 12일 |

(3) 현장적용 : 비닐포＋일광차단용 양생포＋살수 병용

(4) 넓은 면적의 살수양생 제한 시 피막양생 실시

    ① Bleeding수가 없어진 후 살포(타설 후 2h 경과 시)

    ② 살포방향을 바꾸어 2회 이상 실시

    ③ 얼룩이 지지 않게, 철근에 묻지 않도록 살포

(5) 타설 후 1일 이상 보행금지, 3일 이상 진동·충격 금지

(6) 표면균열 발생 시 재진동 다짐 또는 템핑 실시

(7) 거푸집 제거 후에도 지속적으로 살수

## IV. 결론

1. 서중 콘크리트의 문제점을 관리하기 위해서는 재료의 취급, 운반·타설·양생과정에서의 세심한 관리가 필요하다.

2. 특히 콘크리트의 수화열을 낮추고 습윤양생을 철저히 하여 양생과정에서의 수축을 저감토록 하여야 한다.

# 27 매스 콘크리트

## I. 개요

1. Mass Con'c란 부재두께 0.8m 이상, 하단이 구속된 경우 두께 0.5m 이상인 Con'c를 말한다.
2. 콘크리트 표면과 내부와의 온도차, 부재 온도의 하강 시 수축변형의 구속에 의한 응력이 콘크리트 인장강도를 초과하면 균열이 발생된다.
3. 매스 콘크리트는 수화열에 의한 온도응력 및 온도균열에 관련한 검토가 필요하며, 시공과정에서 발생하는 균열을 제어 또는 저감시키기 위한 시공관리가 요구된다.

## II. 온도균열의 제어 중점

1. Con'c 품질 및 시공방법의 선정, 온도철근의 배치
2. 시멘트, 혼화재료, 배합의 적정 적용
3. 블록분할과 이음위치, 타설 간격 통제
4. 신축·수축 이음의 계획
5. 인공냉각 양생

## III. 온도균열

### 1. 내부구속균열

(1) Con'c 내부는 수화열에 의해 온도가 높아져 팽창하고 표면부는 외기온도에 의해 냉각되어 거의 변형이 없음
(2) Con'c의 온도 팽창은 부위별 불균등하게 발생하게 되고 Con'c 내부 팽창에 의해 발생되는 인장응력이 Con'c 인장강도를 초과 시 균열이 발생
(3) 발생시기 : 재령 1~5일 사이에 중앙부 온도가 높을 때
(4) Con'c 표면부에 0.1~0.3mm 정도 균열 발생
(5) 교량의 하부구조, 댐 등에서 주로 발생

## 2. 외부구속에 의한 균열

(1) 수화열의 최대정점을 지나 Con'c 온도가 하강하면서 Con'c는 수축하게 됨

(2) 수축 시 하부구조가 이를 구속함으로써 발생되는 균열

(3) Con'c 타설 후 10~20일 사이에 발생

(4) Con'c를 관통하는 0.2~0.5mm 정도 균열 발생

(5) 지하철과 같은 박스형 구조물의 벽체 및 옹벽 등에 주로 발생

---| 참조 |---

**온도균열의 분류 및 특성 비교**

| 구분 | 내부구속균열 | 외부구속균열 |
|---|---|---|
| 발생시기 | 1~3일<br>(5일 이내) | 1~2주<br>(거푸집 탈형 후) |
| 균열폭 | 0.1~0.3mm | 0.2~0.5mm |
| 균열방향 | 불규칙 | 세로로 직선형 |
| 관통 여부 | 표면균열 | 관통균열 |

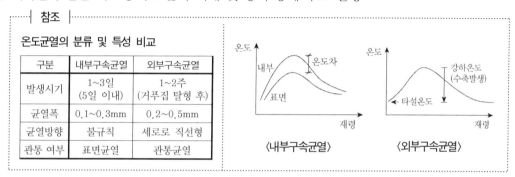

〈내부구속균열〉          〈외부구속균열〉

# IV. 온도균열지수

## 1. 온도균열지수($I_{cr}$) $= \dfrac{f_{sp}(\text{Con'c의 인장강도})}{f_t(\text{수화열에 의한 온도응력})}$

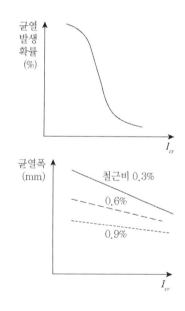

## 2. $I_{cr}$과 균열 발생

(1) 균열발생을 방지할 경우 : 1.5 이상

(2) 균열발생을 제한할 경우 : 1.2~1.5

(3) 유해한 균열 발생을 제한할 경우 : 0.7~1.2

| $I_{cr}$ | 1.5 이상 | 1.2~1.5 | 0.7~1.2 |
|---|---|---|---|
| 내용 | 온도균열<br>방지 | 온도균열<br>제한 | 유해한 온도균열<br>제한 |
| 균열 발생<br>확률 | 10% 이하 | 10~25% | 25~85% |

## 3. $I_{cr}$의 영향(특성)

(1) 온도균열지수가 클수록 균열에 대한 안정성 증가

(2) $I_{cr}$의 결정 : 구조물에 요구되는 성능(수밀성, 균열저항성, 내구성 등)을 고려 목표값 결정

# V. 시공관리

## 1. 재료

(1) 시멘트

　　① 저발열형 시멘트, 중용열 포틀랜드 시멘트

　　② 플라이애시 시멘트, 고로슬래그 시멘트 등 혼합 시멘트

(2) 혼화재료 : 응결지연제, AE제, AE감수제 등

## 2. 배합

(1) 굵은 골재의 최대치수는 되도록 큰 값으로

(2) 단위 시멘트량은 소요품질을 확보하는 범위 내 가급적 적게

## 3. 시공

(1) 타설 시 Con'c 온도는 가능한 낮게

(2) Cold Joint 방지를 위한 시공순서 결정

(3) 침하균열 우려 시 재진동 다짐 실시

(4) Block 분할 : 구획의 크기, 타설 높이·순서, 이음 위치와 구조 등 검토

(5) 1회 타설 높이를 낮게

(6) 온도철근을 배근하여 변형을 구속

## 4. 이음

(1) 수축이음

　　① 일정간격으로 단면 감소 부분을 형성시켜 균열을 집중

　　② 단면 감소율은 35% 이상으로 함

　　③ 위치는 구조물의 내력에 영향이 적은 곳

(2) 신축이음 : 위치·폭·간격 등 설계 준수하여 설치

## 5. 양생

(1) 선 냉각방법(Pre-Cooling)

① Con'c 타설 전 재료를 냉각하여 Con'c 온도 상승을 제한하는 방법

② Con'c 온도 1℃ 저하를 위한 재료 냉각온도

| 구분 | Cement | 골재 | 물 | 비고 |
|------|--------|------|------|------|
| 온도 | 8℃ | 2℃ | 4℃ | 중 하나의 방법 적용 시 |

③ 10kg 정도 얼음 사용 시 Con'c 온도 1℃ 저하 가능

④ 1m³당 얼음량은 100kg 정도가 한도임(물의 10~40% 정도를 얼음으로 대체 사용)

⑤ Con'c에 액체질소를 직접 분사 : Con'c 온도 1℃ 저하하기 위해 액체질소 12~16kg/m³ 정도 사용

(2) 후 냉각방법(Post Cooling)

① Con'c 타설 전 내부에 Pipe를 설치하고, 타설 후 Pipe 내부로 냉각수를 통수하여 Con'c 내부 온도 상승을 제한하는 방법

② Con'c와 순환수와의 온도차 20℃ 이하 유지

③ 온도해석 및 온도응력 해석을 통해 Pipe 간격·길이, 통수량, 통수온도, 냉각기간 등 계획

④ 통수온도가 너무 낮을 시 Con'c와 Pipe 사이 온도차로 인한 균열 발생 가능

# VI. 계측관리

## 1. 온도계

(1) Con'c 표면·내부, 외기기온, 순환수의 온도 측정

(2) Con'c 표면과 내부, Con'c 내부와 순환수의 온도차가 20℃ 이내가 되도록 관리

## 2. 응력계

(1) 콘크리트 내에 인장응력 측정

(2) 균열 발생조건 : Con'c 내 인장응력 > Con'c의 인장강도

## 3. 콘크리트 변형률계

콘크리트의 온도응력, 변형 측정(표면부, 중앙부 등)

## 4. Crack Gauge

콘크리트에 균열발생 시 균열의 폭, 길이를 측정

## 5. 구조물 전체 Movement 측정

콘크리트 내부의 응력 및 균열발생으로 인한 구조물의 Movement 여부 측정

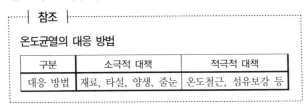

| 참조 |

**온도균열의 대응 방법**

| 구분 | 소극적 대책 | 적극적 대책 |
|------|------------|------------|
| 대응 방법 | 재료, 타설, 양생, 줄눈 | 온도철근, 섬유보강 등 |

# VII. 결론

1. Mass Con'c는 콘크리트의 내외 온도차에 의해 온도균열이 발생되어 구조체의 내구성·수밀성을 저하시킨다.
2. 콘크리트의 양생과정에서 인공냉각 양생 등을 적용, Con'c 내외 온도차를 저감시키는 등의 대책이 필요하다.

# 28 고강도 콘크리트

## I. 개요

1. 설계기준 압축강도가 보통콘크리트에서 40MPa 이상, 경량골재 콘크리트에서 27MPa 이상인 콘크리트를 고강도 콘크리트라 한다.
2. 고강도 Con'c는 보통 Con'c에 비해 품질변동이 크므로 시공 간 철저한 품질관리가 필요하다.

## II. 고강도 Con'c의 특징

### 1. 장점

(1) 단면 감소, 자중 감소

(2) 시공능률 향상(높은 유동성 구비)

(3) 공기 단축, 노무량 감소

(4) Creep 현상이 적음

(5) 동결 및 화학 저항성 증진

(6) 내구성 증대

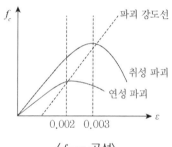

〈$f-\varepsilon$ 곡선〉

### 2. 단점

(1) 취성 성질 증가

(2) 수화열 증가

(3) 내화성능의 감소

(4) 시공 시 품질 변화가 우려됨

고강도 Con'c        보통 Con'c

〈단면 파괴 형상〉

## III. Con'c의 고강도화 방법

### 1. Cement

(1) MDF Cement, DSP Cement 등

(2) 중용열·저열 Cement 이용, 수화열 감소 가능

## 2. 혼화재료

(1) 고성능 AE감수제, 고성능감수제

(2) 실리카퓸, Fly Ash, Pozzolan 등 사용

## 3. 골재

(1) 자갈보다 쇄석유리(Cement Past와 부착성 우수)

(2) 규산질 광물질

(3) 활성골재의 사용

    ① Alumina 분말의 사용으로 수축저감

    ② 인공 골재(코팅)를 사용하여 시공성 개선

## 4. 배합

(1) W/B 원칙적으로 50% 이하

(2) 단위 Cement량 $400 \sim 500 kg/m^3$ 정도, 가능범위 내 적게

(3) 잔골재율 $30 \sim 40\%$ 정도

(4) 굵은 골재 최대치수 $13 \sim 25mm$ : 철근 최소 수평 순간격의 3/4 이내의 것을 사용

## 5. 다짐방법의 개선

(1) 고압다짐, 가압진동다짐, 고주파진동다짐, 진동탈수다짐 등을 사용

(2) 다짐 효율 증가 시 Con'c의 강도, 내구성 증진

## 6. 양생방법의 개선

(1) Auto Clave 양생 적용 시 강도 증진

(2) Con'c 타설 후 피막 및 습윤양생 실시

## 7. 보강재의 사용

(1) 섬유보강재를 사용

(2) 고강도 Con'c의 취성적 성질을 보강

## IV. 시공관리

## 1. 설계

(1) 복잡형상의 단면 최소화

(2) 부재단면의 표준화, 규격화 적용

(3) 피복 두께의 증대

(4) 철근배근 시 골재 유동성 고려

## 2. 운반
(1) Slump 손실 최소화, 신속하게 운반
(2) 운반시간 및 거리가 긴 경우는 Truck Mixer를 사용

## 3. 타설
(1) 타설 속도 적정유지, 연속타설
(2) 타설 높이는 재료분리 방지 위해 낮게 유지, 낙하고 1m 이하
(3) 타설 중 재료분리 주의

## 4. 다짐
(1) 유동성이 좋은 고강도 Con'c는 골재 분리가 쉬움
(2) 개소당 진동시간 짧게, 진동기 삽입간격은 좁게
(3) 충분한 진동기 구비 및 비상용 진동기 상시 배치

## 5. 양생
(1) 기본적으로 습윤양생 적용
(2) 단위 Cement가 많아 수화열이 높음을 고려 냉각양생 검토
(3) 양생 중 진동, 충격 등의 유해 작용이 없도록 조치
(4) 경화 시까지 직사광선이나 바람에 의한 수분 증발 방지
(5) 부재가 두꺼운 경우 인공냉각양생 등을 적용

## 6. 이음 위치 주의
(1) 전단력이 크지 않은 위치에 설치
(2) 시공이음은 가급적 최소화

## 7. 거푸집, 동바리
(1) 높은 측압과 유동성 증가에 따른 소요의 강도와 강성을 구비한 것 사용
(2) 구조물의 위치, 형상 및 치수가 정확하게 확보될 수 있도록 세심하게 설계, 시공
(3) 거푸집의 존치는 가급적 충분하게 적용
(4) 거푸집판이 건조한 우려가 있는 경우 타설 전 살수 조치

# V. 폭열

1. Con'c 폭열이란 화재에 의해 콘크리트가 물리적·화학적 영향을 받아 파괴되는 현상
2. 화재에 노출된 Con'c의 급격한 온도 상승으로 Con'c 표면부가 폭발적으로 탈락 및 박락되는 현상

### 3. 폭열 발생 원인

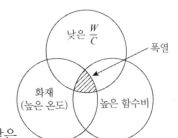

(1) 화재 등에 의한 Con'c의 급격한 온도 상승
(2) 콘크리트 내부 함수율이 높을 때
    ① 흡수율이 큰 골재의 사용
    ② 내화성이 약한 골재의 사용
(3) 치밀한 조직으로 화재 시 수증기 배출이 안 될 때, W/C가 낮은 Con'c

### 4. 영향을 미치는 요인

(1) 화재의 강도(최대온도)
(2) 화재의 형태 및 지속시간
(3) 구조물의 구조형태
(4) 콘크리트 및 골재 및 종류
(5) 강재 종류
(6) 화재 시 발생하는 가스의 종류·농도

| 화재지속시간 | 80분(800°C) | 90분(900°C) | 180분(1100°C) |
|---|---|---|---|
| Con'c 파손깊이 | 0~5mm | 15~25mm | 30~50mm |

〈화재 지속시간과 Con'c 파손 깊이〉

### 5. 폭열방지(저감)대책

(1) 수증기압의 저감
    ① Con'c 온도 상승시 섬유의 용융으로 생긴 공극이 수증기 이동 통로 역할
    ② Con'c에 가연성 섬유의 혼입
        폴리프로필렌 섬유(PP 섬유), 셀룰로오스 섬유, 폴리비닐 섬유 등
    ③ 가장 경제적이고 효율적인 방법
    ④ 시공성능, 부가적인 구조성능의 저하 대비 대책 요구됨
(2) 온도상승을 억제
    ① Con'c 표면 내화재료 이용 마감
        ㉮ 내화도료 도포, 내화보드·모르타르 피복
        ㉯ 방화 Coating, 방화 Paint 도포
    ② 피복 두께의 증대

③ 피복 부분을 폭열 억제형 재료로 치환

④ 소방대책

    ㉮ 화재·가스 경보기 설치

    ㉯ 소화기, 스프링클러 설치

    ㉰ 누전 방지대책 강구

    ㉱ 방화조직 등 방화 System 확립

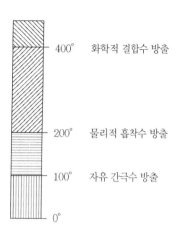

(3) 내화성 골재의 사용

    ① 석영질 골재, 화강암, 부순 모래, 순환잔골재 등 사용 지양

    ② 흡수율이 낮은 골재 사용 : 안산암 등

(4) Con'c의 비산을 방지

    ① 외부에 강판 부착

    ② 표층부에 탄소섬유, Metal Lath 배치

## VI. 결론

1. 최근 구조물이 대형화·복합화가 되고 있어 고강도 콘크리트의 활용성이 증가되고 있다.
2. 고강도 콘크리트는 시멘트와 골재의 품질개선, 고성능 혼화제의 사용, W/C의 최소화, 다짐·양생방법의 개선 등을 통해서 가능하다.

# 29 고유동 콘크리트

## I. 개요

1. 고유동 Con'c는 굳지 않는 상태에서 재료분리 없이 높은 유동성을 가지면서 다짐작업 없이 자기충전이 가능한 Con'c를 말한다.
2. 고유동 Con'c는 슬럼프 플로 600mm 이상의 유동성을 갖추어야 한다.

> ┤ 참조 ├
>
> **자기충전성**
>
> Con'c 타설할 때 다짐 작업 없이 자중만으로 철근 등을 통과하여 거푸집의 구석구석까지 균질하게 채워지는 정도를 나타내는 성질

## II. 고유동 Con'c의 적용

1. 보통 Con'c로 충전이 곤란한 구조체인 경우
2. 균질하고 정밀도가 높은 구조체를 요구하는 경우
3. 타설작업의 합리화로 시간단축이 요구되는 경우
4. 다짐작업에 따르는 소음, 진동의 발생을 피해야 하는 경우

## III. 고유동 Con'c의 조건

### 1. Slump Flow : 600mm 이상

(1) Slump Flow 시험 방법

수밀한 Cone 속에 Con'c를 채운 후 Cone을 벗겼을 때 Con'c가 퍼져나간 수평거리(직경)를 mm 단위로 표시

(2) Slump Flow 측정

시험 후 직경 중 장변과 이와 직각방향의 직경(단변)을 측정하여 평균값으로 적용

## 2. 재료분리 저항성(Slump Flow 시험 후)

(1) Con'c 중앙부에 굵은 골재가 모여 있지 않을 것

(2) 주변부에는 페이스트가 분리되지 않을 것

## 3. Slump Flow 500mm 도달시간 3~20초 범위를 만족

┤ 참조 ├

슬러프 플로 도달시간(Reaching Time of Slump Flow)

슬러프 플로 시험에서 소정의 슬러프 플로에 도달(일반적으로 500mm)하는 데 요하는 시간

## IV. 제조방법

1. 분체계
2. 증점제계
3. 병용계

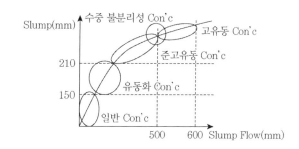

┤ 참조 ├

**분체**

시멘트, 고로슬래그 미분말, 플라이애시 및 실리카 품 등과 같은 반응성을 가진 것과 석회석 미분말과 같이 반응성이 없는 무기질 미분말 혼합물의 총칭

**증점제**

굳지 않은 콘크리트의 재료분리 저항성을 증가시키는 작용을 갖는 혼화제

## V. 유동 특성

### 1. 배합적 특성

고성능 AE감수제, Fly Ash, 고로 Slag 미분말, 분리 저감제 등

### 2. 유동성 우수

다짐 없이 자중에 의한 콘크리트의 수평방향 흐름 우수

### 3. 재료분리 저항성 겸비

### 4. 충전성 겸비

다짐 없이 자중으로 충전될 수 있는 성능

## 5. 시공성(Workability) 우수

## 6. 고내구성 확보

# VI. 고유동 Con'c의 자기충전 등급

## 1. 등급에 따른 적용

| 등급 | 최소철근순간격 | 내용 |
|---|---|---|
| 1등급 | 35~60mm 정도 | 복잡단면형상, 단면치수가 적은 부재·부위 |
| 2등급 | 60~200mm 정도 | 철근 Con'c 구조물 또는 부재 |
| 3등급 | 200mm 이상 | 단면치수가 크고 철근량이 적은 부재·부위, 무근 Con'c |

2. 일반적인 철근 콘크리트 구조물 또는 부재는 자기 충전성 등급을 2등급으로 정하는 것을 표준으로 함

# VII. 고유동 Con'c의 특성 비교

## 1. 일반 Con'c 대비

| 구분 | 일반 Con'c | 고유동 Con'c |
|---|---|---|
| 재료비 | 보통 | 고가 |
| 인건비 | 100% | 30% 정도 |
| 품질 | 보통 | 우수 |
| 1일 타설량 | 100% | 200% |

## 2. 유동화 Con'c 대비

| 구분 | 유동화 Con'c | 고유동 Con'c |
|---|---|---|
| 혼화재료 | 유동화제 | 고로 Slag, Fly Ash, 증점제, 고성능 AE 감수제 |
| 다짐 여부 | 필요 | 불필요 |
| 유동성 평가 | Slump Test | Slump Flow Test |

# VIII. 시공관리

## 1. 재료

(1) 증점제 등

(2) 고로 Slag, Fly Ash, Silica Fume 등

## 2. 배합

단위수량 $170kg/m^3$ 이하

## 3. 거푸집

(1) 측압산정 시 액압이 작용하는 것으로 적용

(2) Cement Mortar, Cement Paste가 누출되지 않도록 긴밀하게 조립

(3) 폐쇄공간에 타설 시 거푸집 상면에 공기 빼기 구멍 설치

## 4. 운반시간

가능한 신속하게 운반, 적정 운반시간은 30분 이내

## 5. 타설

(1) Pump 압송 시

① 배관길이 300m 이하

② 타설 시 Con'c의 최대 자유낙하 높이는 5m 이하

③ 최대 수평 유동거리는 8~15m 이하

(2) 유동구배(1/7~1/10)에 적합한 타설 위치 선정

(3) Con'c 이어치기 한도

① 20°C 이하 : 90분 이내

② 20~30°C 이하 : 60분 이내

## 6. 양생

(1) 초기강도 발현이 매우 중요함

(2) 필요한 온도 및 습도를 유지

(3) 진동·충격 등의 유해한 작용 방지

(4) 습윤 유지 및 방풍시설 등으로 표면 건조 방지

# IX. 결론

1. 최근 구조물이 복합화되고 형상이 복잡해지고 있으며, 수중 콘크리트의 충전성 확인이 제한 되는 부분 등에 고유동콘크리트의 활용성이 증가되고 있다.

2. 고유동 콘크리트의 성능 확보를 위한 혼화재료의 개발 및 시공 방법에 대한 연구개발이 필요 하다.

# 30 프리플레이스트 콘크리트

## I. 개요

1. 미리 거푸집 속에 특정한 입도를 가지는 굵은 골재를 채워 놓고 그 간극에 모르타르를 주입하여 만든 콘크리트이다.
2. 프리플레이스트 콘크리트는 소요 품질이 얻어질 수 있도록 모르타르의 배합을 결정하고 안전한 시공방법을 채택하여야 한다.

## II. 프리플레이스트 콘크리트의 분류

### 1. 일반적인 프리플레이스트 콘크리트

### 2. 대규모 프리플레이스트 콘크리트

시공속도가 $40{\sim}80\text{m}^3/\text{h}$ 이상 또는 한 구획의 시공면적이 $50{\sim}250\text{m}^2$ 이상일 경우

### 3. 고강도 프리플레이스트 콘크리트

고성능 감수제에 의하여 주입모르타르의 물-결합재비를 40% 이하로 낮추어 재령 91일에서 압축강도 40MPa 이상이 얻어지는 프리플레이스트 콘크리트

## III. 특징

### 1. 장점
(1) 콘크리트 품질이 균질
(2) 수중시공에 유리
(3) 수밀성·방수성이 큼
(4) 건조수축이 작음
(5) 동결융해 저항성이 우수

## 2. 단점

(1) 품질확인 제한

(2) 시공 불량에 의한 결함 발생 우려

## IV. 용도

1. 계류시설 등 수중 콘크리트공사

2. 장대교량의 하부구조

(1) 케이슨 기초

(2) 현장타설 콘크리트 말뚝

3. 기존 구조물의 보강

4. 주열식 현장타설 흙막이 공사

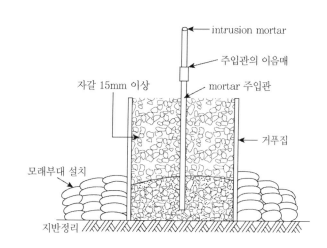

## V. 시공관리

### 1. 거푸집

(1) 모르타르 유출 방지

　　① 변형 및 파손이 적은 것

　　② 충분한 강성 및 강도 구비

(2) 측압 및 외력에 저항력 구비

　　① 굵은 골재 투입 시 충격의 영향

　　② 프리플레이스트 콘크리트의 측압

(3) 중요 구조물 및 측압이 큰 경우 : 강재거푸집 사용

### 2. 재료

(1) 보통 포틀랜드 시멘트, 혼합 시멘트 등

(2) Intrusion Aid

　　① 주입 모르타르의 유동성 향상을 위해 사용되는 혼화재료

　　② Fly Ash, 분산제, 알루미늄 분말(팽창재) 등을 혼합하여 제조

(3) 잔골재의 조립률 : 1.4~2.2

(4) 굵은 골재 최소치수

　　① 15mm 이상

　　② 부재단면 최소치수의 1/4 이하,

　　　철근순간격의 2/3 이하

**│ 참조 │**

| 체의 호칭치수(mm) | 2.5 | 1.2 | 0.6 | 0.3 | 0.15 |
|---|---|---|---|---|---|
| 통과 질량 백분율(%) | 100 | 90~100 | 60~80 | 20~50 | 5~30 |

③ 굵은 골재 최대치수와 최소치수의 차이는 2~4배 정도

④ 대규모 프리플레이스 콘크리트는 40mm 이상

## 3. 주입모르타르

(1) 주입모르타르 유동성 및 유동성 유지시간 확보 유하시간 16~20초 기준

　　• 다만, 고강도 프리플레이스트 콘크리트는 유하시간 25~50초 표준

(2) 블리딩이 적고 물에 대한 희석 저항성이 적게 부배합. 블리딩율 3h에 3% 이하

　　• 고강도 프리플레이스트 콘크리트의 경우에는 1% 이하

(3) 팽창률은 블리딩의 2배 정도 이상. 팽창률 3h에 5~10%

　　• 고강도 프리플레이스트 콘크리트의 경우는 2~5%

## 4. 콘크리트 및 주입 모르타르의 품질 검사

(1) 콘크리트의 압축강도

(2) 주입 모르타르의 압축강도, 온도, 유동성(유하시간), 블리딩율, 팽창률

## 5. 주입관, 검사관 배치

(1) 굵은 골재 채울 때 낙하 충격에 의한 영향 고려, 거푸집과 고정

(2) 관 상부 뚜껑 설치

## 6. 주입관의 배치

(1) 연직주입관의 수평간격: 2m 정도 표준

(2) 수평주입관의 수평간격 : 2m 정도, 연직간격 : 1.5m 정도 표준

(3) 대규모 프리플레이스는 주입관 간격 5m 전후이며, 주입관은 2중관 방식 적용 : 외관직경 0.2m

## 7. 굵은 골재의 채움

(1) 크고 작은 알갱이가 고르게 분포되게, 부서지지 않도록 주의

(2) 수면 아래 시공 : 밑열림 버킷선 등을 이용

(3) 거푸집 상단이 수면상에 있는 경우 : 호퍼, 벨트컨베이어 이용

(4) 골재 토출구의 낙하높이 낮게 유지, 굵은 골재의 파쇄 방지

## 8. 압송

(1) 모르타르 펌프에서 주입관까지의 수송

(2) 압력손실 감소위한 조치

　　① 수송관 연장을 짧게

　　② 수송관 연장이 100m 이상 시 중계용 애지테이터와 펌프 사용

③ 수송관의 급격한 곡률과 단면의 급변 금지

④ 이음부는 수밀성 유지

(3) 모르타르의 평균 유속 0.5~2m/s 정도 유지

## 9. 주입

(1) 연속시공으로 이음 최소화

(2) 주입중단 2~3시간 이내는 특별한 조치 없이 다시 주입 가능

(3) 계획높이 모르타르는 품질이 저하

① 짧은 주입관 이용 부배합 모르타르 재주입

② 경화한 후 제거

(4) 주입은 최하부로부터 상부로 시행

(5) 모르타르면의 상승속도 : 0.3~0.2m/h 정도

(6) 거푸집 내 모르타르 면이 거의 수평으로 상승하도록 주입장소를 이동하면서 실시

(7) 연직주입관은 뽑아 올리면서 주입

(8) 연직주입관의 선단은 0.5~2.0m 깊이가 모르타르 속에 묻혀 있는 상태로 유지

## 10. 이음

(1) 시공계획에 없는 곳에 이음을 두면 구조상 중대한 약점이 됨

(2) 예기치 않은 수평시공이음 처리

① 모르타르 경화 후 인접 굵은 골재 제거

② 이음면의 모르타르 표면 레이턴스 제거

③ 장부·홈을 형성하거나 강재를 보강 처리

(3) 계획된 수평이음

① 구 콘크리트면의 레이턴스 제거(에어제트 또는 워터제트)

② 새로운 콘크리트 시공

(4) 구 콘크리트·모르타르 품질저하 예상 시 파쇄기로 제거

## VI. 결론

1. 프리플레이스트 콘크리트는 품질이 균등하여 콘크리트의 품질이 우수하며 다양한 구조물에 적용성이 좋으나

2. 주입 모르타르의 품질 및 시공 불량에 의해 콘크리트의 품질이 저하될 수 있으므로 시공 간 철저한 재료·배합·시공관리가 필요하다.

# 31 수중(수중 불분리성) 콘크리트

## I. 개요

1. 수중 콘크리트(Underwater Concrete)는 담수 중이나 안정액 중 혹은 해수 중에 타설되는 콘크리트를 말한다.
2. 수중 불분리성 혼화제를 혼합함에 따라 재료분리 저항성을 높인 수중 콘크리트를 수중 불분리성 콘크리트라 한다.
3. 수중에서 타설되는 콘크리트는 재료분리에 대한 문제로 인해 콘크리트의 품질확보가 제한되므로 철저한 품질관리가 필요하다.

## II. 수중 콘크리트의 분류

1. 일반 수중 콘크리트
2. 수중 불분리성 콘크리트
3. 현장타설말뚝 및 지하연속벽에 사용하는 수중 콘크리트

## III. 수중 불분리성 콘크리트의 특징

1. 수중에서 재료분리가 없음
2. 수중에서 콘크리트의 품질확보가 가능
3. 블리딩 및 건조수축이 거의 없음
4. 유동성, 충진성이 우수
5. 부착성이 우수하며, 수질 오염이 없음

## IV. 시공관리

### 1. 재료

(1) 굵은 골재의 최대치수

    ① 40mm 이하를 표준으로 함

② 부재최소치수 1/5, 철근의 최소순간격 1/2 이하 위에 ①과 시작선 동일함, 확인要

(2) 보통 포틀랜드 시멘트 등 사용

## 2. 배합

(1) 배합강도는 기준강도의 0.6~0.8배 확보

　　① 수중 시공 시 : 대기 중 $f_{cr} \div 0.8$

　　② 안정액 중 시공 시 : 대기 중 $f_{cr} \div 0.7$

(2) W/B : 50% 이하

(3) 단위시멘트량 : 370kg/m$^3$ 이상

(4) 유동성 : Slump 기준

| 시공방법 | 트레미 | Con'c Pump | 밑열림 상자, 포대 |
|---|---|---|---|
| Slump(mm) | 130~180 | 130~180 | 100~150 |

(5) 공기량 : 4% 이하

┤ 참조 ├

**수중 불분리성 콘크리트의 슬럼프 플로**

| 시공 조건 | 슬럼프 플로의 범위(mm) |
|---|---|
| 급경사면의 장석(1 : 1.5~1 : 2)의 고결, 사면의 엷은 슬래브(1 : 8 정도까지)의 시공 등에서 유동성을 작게 하고 싶은 경우 | 350~400 |
| 단순한 형상의 부분에 타설하는 경우 | 400~500 |
| 일반적인 경우, 표준적인 철근 콘크리트 구조물에 타설하는 경우 | 450~550 |
| 복잡한 형상의 부분에 타설하는 경우<br>특별히 양호한 유동성이 요구되는 경우 | 550~600 |

## 3. 타설

(1) 타설원칙

　　① 물막이 설치 후 정수 중에 타설

　　② 물막이를 할 수 없는 경우 유속 5cm/s 이하

　　③ Con'c 수중 낙하 금지(수중 낙하높이가 500mm 이하로 관리)

　　④ 타설면의 수평 유지 및 연속 타설

　　⑤ 연속 타설에 의한 측압 증가 고려 거푸집. 강도 확보 및 조립 철저

　　⑥ 이어치기 시 구 Con'c 면의 레이턴스 제거

　　⑦ 트레미 또는 Con'c Pump 이용 타설

　　　소규모 공사 시 밑열림 상자나 밑열림 포대 사용 가능

(2) 트레미에 의한 타설

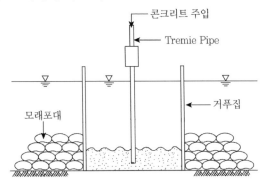

콘크리트 주입
Tremie Pipe
거푸집
모래포대

① 트레미관의 직경 : 굵은 골재 최대치수의 8배 이상

| 수심 | 3m 이내 | 3~5m | 5m 이상 |
|------|---------|------|---------|
| 직경 | 250mm | 300mm | 300~500mm |

② 트레미 1개로 타설하는 면적 : 30m² 이하

③ 트레미 하단이 항시 Con'c 중에 있는 채 타설(타설된 Con'c면보다 0.3~0.4m 아래)

④ 타설 중 트레미의 수평이동 금지

⑤ 사용 트레미의 선단 부분 장치

㉮ 밑뚜껑          ㉯ 플런저 설치          ㉰ 개폐문식

콘크리트          콘크리트          콘크리트
                 플런저
                 피스톤

밑뚜껑식          플런저식          개폐문식

(3) 콘크리트 Pump에 의한 타설

① Pump 배관 직경 : 0.1~0.15m

② 수송관 1개로 타설하는 면적 : 5m² 정도

③ Pump 하단이 항시 Con'c 중에 있는 채 타설(타설된 Con'c면보다 0.3~0.4m 아래)

④ 타설 중 Pump의 수평이동 금지

⑤ 배관 이동 시 물의 역류, Con'c의 낙하 방지 : 역류방지밸브 설치

⑥ 압송압력에 의한 배관 선단의 요동 저감 조치 : 중량물 부착

(4) 밑열림 상자 및 밑열림 포대에 의한 타설

① 상자나 포대는 Con'c 타설면 도달 시 쉽게 개방되는 구조로 적용

② Con'c 배출 후 천천히 끌어올려야 함

③ 수심이 깊은 부분부터 타설

## V. 결론

1. 수중 불분리성 콘크리트는 수중에서 타설 시 재료의 분리가 일어나지 않아야 하며

2. 시공 간 유동성이 유지되고, 경화 후 요구되는 강도 및 내구성을 확보할 수 있는 조건을 구비하여야 한다.

3. 수중 콘크리트는 타설 간 수질에 오염을 유발할 수 있으므로 오염을 방지하면서 타설이 이루어져야 한다.

# 32 현장타설말뚝 및 지하연속벽에 사용하는 콘크리트

## I. 개요

1. 수중 콘크리트(Underwater Concrete)는 담수 중이나 안정액 중 혹은 해수 중에 타설되는 콘크리트를 말한다.
2. 수중에서 타설되는 콘크리트는 재료분리에 대한 문제로 인해 콘크리트의 품질확보가 제한되므로 철저한 품질관리가 필요하다.

## II. 수중 콘크리트의 분류

1. 일반 수중 콘크리트
2. 수중 불분리성 콘크리트
3. 현장타설말뚝 및 지하연속벽에 사용하는 수중 콘크리트

## III. 시공관리

### 1. 배합

(1) $f_{cr}$ : 대기 중 시공 조건의 $f_{cr} \div 0.8$(안정액 중 0.7 적용)
(2) W/B : 55% 이하
(3) 단위 Cement량 : 350kg/m$^3$ 이상(다만, 지하연속벽을 가설용으로만 이용 시 300kg/m$^3$ 이상)
(4) Slump : 180~210mm(다만, $f_{ck}$가 50MPa 초과 시 Slump Flow 500~700mm)
(5) G$_{max}$ : 25mm 이하, 철근 최소 순간격의 1/2 이하

### 2. 철근망

(1) 유해한 변형이 발생하지 않도록 취급
(2) 피복 두께는 100mm 이상 확보(가설용 80mm 이상)
(3) 간격재 : 주철근에 설치
　　① 깊이방향으로 3~5m
　　② 동일깊이 위치에 4~6개소

(4) 굴착 종료 후 될 수 있는 대로 빠른 시기에 설치

(5) 위치, 연직도를 확보하여 휨·좌굴·탈락 및 공벽 접촉을 방지

## 3. 타설

(1) Slime 처리 직후 Con'c 타설

(2) Tremie를 이용한 타설

　① Tremie의 직경(안지름)

　　㉮ 굵은 골재 최대치수의 8배 정도 적용

　　㉯ $G_{max}$ 25mm 적용 시 관지름은 0.20~0.25m 사용

　② Con'c 타설 중 Tremie Pipe의 Con'c 중 삽입깊이는 2m 이상 유지

　③ Tremie Pipe의 가로방향 배치

　　㉮ 3m 이내 간격

　　㉯ 단부, 모서리 추가 배치

(3) Con'c의 타설 속도

　① 먼저 타설하는 부분 : 4~9m/h

　② 나중에 타설하는 부분 : 8~10m/h

(4) Con'c의 상면은 안정액 및 진흙의 혼입, 블리딩에 의해 품질이 저하되므로 설계면보다 0.5m 이상 높이로 타설 후 제거

## Ⅳ. 결론

1. 현장타설말뚝 및 지하연속벽에 사용되는 콘크리트는 시공 후 품질검사가 제한된다.

2. 시공 간 사용되는 콘크리트의 재료·배합관리를 철저히 하고, 시공 간 규정을 철저히 준수하여 요구되는 품질을 확보하여야 한다.

# 33 순환 골재 콘크리트

## I. 개요

1. 순환골재 콘크리트란 순환골재를 일부 또는 전부를 사용하는 콘크리트를 말한다.
2. 콘크리트의 품질은 순환골재의 품질 및 물성에 의해 크게 달라지므로 순환골재의 수급 및 관리에 주의하여야 한다.

## II. 순환골재의 정의

폐콘크리트를 물리적 또는 화학적 처리과정 등을 거쳐 규정된 품질기준을 갖게 한 골재

┄┄| 참조 |┄┄┄┄┄┄┄┄┄┄┄┄┄┄┄┄┄┄┄┄┄┄┄┄┄┄┄┄┄┄

**적용 가능 부위**

1. 기둥, 보, 슬래브, 내력벽
2. 교량 하부공, 옹벽, 교대, 터널 라이닝
3. 도로 구조물 기초, 측구, 집수받이 기초
4. 강도가 요구되지 않는 채움재 콘크리트
5. 건축물의 비구조체 콘크리트

## III. 시공관리

### 1. 순환 굵은 골재의 최대치수는 25mm 이하

가능하면 20mm 이하의 것을 사용

### 2. 순환 골재의 물리, 화학적 품질기준

| 구분 | 절대건조밀도 (비중) | 흡수율 (%) | 마모감량 (%) | 알칼리 골재반응 | 안정성 (%) | 이물질함유량(%) | |
|---|---|---|---|---|---|---|---|
| | | | | | | 유기이물질 | 무기이물질 |
| 순환 굵은 골재 | 2.5 이상 | 3.0 이하 | 40 이하 | 무해할 것 | 12 이하 | 1.0 이하 (용적) | 1.0 이하 (질량) |
| 순환 잔골재 | 2.3 이상 | 4.0 이하 | – | | 10 이하 | | |

## 3. 입도

| 체의 호칭 | | | 체를 통과하는 것의 질량 백분율(%) | | | | | | | | | | |
|---|---|---|---|---|---|---|---|---|---|---|---|---|---|
| | | | 40mm | 25mm | 20mm | 13mm | 10mm | 5mm | 2.5mm | 1.2mm | 0.6mm | 0.3mm | 0.15mm |
| 순환 굵은 골재 | 최대 치수 (mm) | 25 | 100 | 95 ~ 100 | | 25 ~ 60 | | 0 ~ 10 | 0 ~ 5 | | | | |
| | | 20 | | | 100 | 90 ~ 100 | | 20 ~ 55 | 0 ~ 10 | 0 ~ 5 | | | | |
| 순환 잔골재 | | | | | | | 100 | 90 ~ 100 | 80 ~ 100 | 50 ~ 90 | 25 ~ 65 | 10 ~ 35 | 2 ~ 15 |

## 4. 취급

(1) 골재의 종류, 품종별로 분리하여 저장

(2) 대소의 입자가 분리되지 않도록 주의

(3) 저장시설은 프리웨팅이 가능하도록 살수설비를 갖추고 배수가 용이하도록 함

(4) 저장설비에서 배치플랜트까지의 운반설비는 골재를 균일하게 공급토록 조치

┤ 참조 ├

**순환골재의 품질관리 시기 및 횟수**

| 항목 | | 시기 및 횟수 | |
|---|---|---|---|
| | | 굵은 골재 | 잔골재 |
| 입도 | | 매월 1회 이상 | 매월 1회 이상 |
| 절대 건조 밀도 | | | |
| 흡수율 | | | |
| 입자 모양 판정 실적률 | | | |
| 0.08mm체 통과량 시험에서 손실된 양 | | | |
| 마모감량 | | 매월 1회 이상 | 해당사항 없음 |
| 점토덩어리량 | | | |
| 알칼리골재반응 | | 6개월마다 1회 이상 | |
| 이물질 함유량 | 유기이물질 | 6개월마다 1회 이상 | 매월 1회 이상 |
| | 무기이물질 | | |
| 안정성 | | 6개월마다 1회 이상 | 해당사항 없음 |

## 5. 계량 및 배합

(1) 계량오차는 ±4%(순환골재의 혼입률을 확인할 수 있는 별도의 계량 방안 마련)

(2) 설계기준압축강도는 27MPa 이하

(3) 순환골재의 사용량(치환률) 기준

| 설계기준압축강도(MPa) | 사용 골재 | |
|---|---|---|
| | 굵은 골재 | 잔골재 |
| 27 이하 | 굵은 골재 용적의 60% 이하 | 잔골재 용적의 30% 이하 |
| | 혼합사용 시 총 골재 용적의 30% 이하 | |

(4) 공기량은 보통골재를 사용한 콘크리트보다 1% 크게 적용

## 6. 운반

(1) 운반차는 애지테이터 또는 트럭믹서 사용

(2) 운반 시간 규정 준수

| 운반 시 외기온도 | 25°C 이상 | 25°C 미만 |
|---|---|---|
| 시간규정 | 90분 이내 | 120분 이내 |

## 7. 타설

(1) 타설 높이는 1.5m 이하

(2) 수직부재(벽 또는 기둥)타설 시(타설 속도 적정 유지 : 30분에 1.5m 이하)

(3) 이어치기 시간 규정 준수

| 외기 온도 | 25°C 초과 | 25°C 이하 |
|---|---|---|
| 시간간격 | 2.0 시간 | 2.5 시간 |

## 8. 다짐

(1) 타설 직후 바로 다지고 구석구석까지 잘 채워지도록 다짐

(2) 내부진동기 사용 표준

　① 하층 Con'c 속으로 0.1m 정도 깊이까지

　② 삽입간격 0.5m 이하, 시간 5~15sec

## 9. 양생

(1) 온도, 습도조건의 유지 및 유해한 작용의 영향으로부터 보호

(2) 양생의 방법·기간은 구조물의 종류, 시공조건, 입지조건, 환경조건 등을 고려

## IV. 결론

1. 건설 폐기물 중 상당량이 콘크리트 폐기물로 발생되어 환경오염을 일으키고 있다.

2. 환경오염을 줄이고 자원을 절약하기 위해 폐기물의 재활용을 촉진해야 한다.

3. 건설 폐기물에 대한 처리기준을 현실화하고 재활용 촉진에 노력이 필요하다.

# 34 해양 콘크리트

## I. 개요

1. 해중이나 해상, 해안가에서 시공되는 Con'c로서, 해수 및 해풍의 영향을 많이 받는 구조물을 해양 콘크리트로 취급한다.
2. 일반적으로 염분이 많은 지역, 해안 지역, 항만 공사 등에 적용되며 철근의 부식이 가장 큰 문제가 된다.

## II. 적용 대상

1. 해상도시, 해상공항, 해상발전소
2. 해저 저유탱크, 해저 거주기지
3. 선박 정박시설, 도크, 해저 터널, 해상 교량
4. 방파제, 계선안 및 해안 제방
5. 육상구조물중 해풍의 영향을 많이 받는 구조물
   해안선으로부터 250m 이내의 육상지역 콘크리트 구조물은 염해 가능성이 큼

## III. 해양 Con'c의 문제점

### 1. 염분 침투에 의한 철근 부식

(1) 염분의 공급 : 해수, 해사, 해풍 등
(2) 철근부식 팽창에 따른 균열 발생
   ① 염분 침투로 철근의 부동태막 파괴
   ② 철근 부식 부위 2.6배 체적 팽창
(3) Con'c의 수밀성·내구성 저하

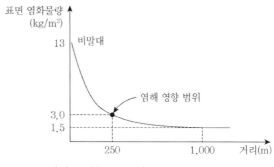

〈해풍 영향 그래프(염해 영향 범위)〉

### 2. 화학적 작용

(1) 염해, 중성화, 황산염침식, 알칼리골재반응 발생

(2) 철근 부식 및 Con'c 균열 발생

## 3. 물리적 작용
(1) 지속적인 파도·파랑의 영향, 선박 등의 충격에 의함
(2) Con'c 표면부 손상

## 4. 기상작용
(1) 건습 및 동결융해 등
(2) Con'c 균열 유발 및 내구성 저하

# IV. 해양 Con'c의 관리중점

1. $f_{ck}$ : 30MPa 이상
2. 염해대책(강재의 방식)
3. Con'c의 열화 방지

# V. 시공관리

## 1. 재료
(1) Cement
    ① 수밀성, 내해수성이 우수한 Cement 사용
    ② 장기강도가 우수하며 내구성이 큰 Cement 사용
    ③ 중용열 포틀랜드 시멘트, 혼합 Cement
    ④ Polymer Cement나 Polymer Con'c 사용
(2) 골재
    ① 깨끗하고 단단하며 내구적일 것
    ② 적정입도 구비
    ③ 유기불순물, 염분 등의 유해물이 허용치 이내인 것
    ④ 얇은 석편, 부서지기 쉬운 것, 결이 있는 것, 팽윤성이 있는 것 사용 금지
(3) 물 : 유해물이 적은 것 사용
(4) 혼화재료
    ① Fly Ash, 고로 Slag 사용으로 장기강도 및 화학적 저항성 증진
    ② AE제, 감수제 사용으로 단위수량 저감
    ③ 수중타설 시 수중 불분리성 혼화제 사용

---

| 참조 |

**해양 Con'c 표면의 염화물 농도** $(kg/m^3)$

| 구분 | 비말대 | 해안으로부터 거리(km) | | | | |
|------|--------|--------|------|------|-----|-----|
| | | 해안선부근 | 0.1 | 0.25 | 0.5 | 1.0 |
| 염화물 | 13 | 9.0 | 4.5 | 3.0 | 2.0 | 1.5 |

**조건에 따른 부식속도**

| 조건 | HWL 이상 | HWL~ LWL | LWL~ 해저부까지 | 육상대기 중 |
|------|----------|----------|-----------------|-------------|
| 부식속도 (mm/년) | 0.3 | 0.1~0.3 | 0.03 | 0.1 |

## 2. 배합

(1) 물-결합재비

| 구분 | 해중 | 해상대기 중 | 물보라지역, 간만대지역 |
|---|---|---|---|
| 일반현장시공의 경우 | 50% | 45% | 40% |
| 공장제품 | 50% | 50% | 45% |

(2) 단위결합재량 : 일반적으로 300kg 이상, 부배합 적용

(3) 공기량 : 환경조건에 따라 4.5~6%±1.5%

$f_{ck} \geq 35$MPa 시 공기량은 기준보다 1% 감소한 값으로 할 수 있음

---

**| 참조 |**

**내구성으로 정해지는 최소 단위결합재량**  $(kg/m^3)$

| 환경구분 \ 굵은 골재의 최대치수 | 20 | 25 | 40 |
|---|---|---|---|
| 물보라 지역, 간만대 및 해상 대기 중 | 340 | 330 | 300 |
| 해중 | 310 | 300 | 280 |

**공기량의 표준값(%)**

| 환경조건 | | 굵은 골재의 최대치수(mm) | | |
|---|---|---|---|---|
| | | 20 | 25 | 40 |
| 동결융해작용을 받을 염려가 있는 경우 | 물보라, 간만대 지역 | 6 | 6 | 5.5 |
| | 해상 대기 중 | 5 | 4.5 | 4.5 |
| 동결융해작용을 받을 염려가 없는 경우 | | 4 | 4 | 4 |

---

## 3. 시공

(1) 균일한 Con'c가 되도록 타설, 다지기, 양생 등에 특히 주의

(2) 감조 부분에는 시공이음을 두지 않음

HWL+60cm~LWL-60cm 사이

(3) 피복의 증가

① 간격재는 기초, 기둥 벽 : 2개/m$^2$ 이상

② 보·슬래브 : 4개/m$^2$ 이상

(4) 거푸집 견고하게 조립, Cement Paste 유출 방지

(5) 가급적 정수 중 타설

(6) 연속타설하여 시공이음 최소화

(7) 수중 낙하 금지

(8) Cold Joint 방지

(9) 콘크리트 경화전 해수면에 씻겨 모르타르 부분이 유실되는 등 피해 방지하기 위해 직접 해수에 닿지 않도록 보호

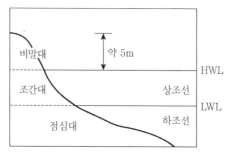

① 보통 포틀랜드 시멘트를 사용할 경우 대개 5일간

② 혼합 시멘트를 사용할 경우에는 이 기간을 설계기준압축강도의 75% 이상

(10) 비말대 등에 대해서는 표면의 보호나, 철근의 부식방지 등을 위한 염해 방지대책을 강구

> ┤ 참조 ├
>
> Splash Zone(물보라 지역)
>
> 해양 Con'c에서 물보라가 발생하는 범위 : 물보라에 의한 건습 반복, Con'c 내부로의 염화물 침투 가속

## 4. 표면의 보호

(1) 유수, 파랑, 선박의 충격 대비 표면을 보호하거나 철근의 피복 두께 또는 단면을 증가

(2) 표면보호 재료 : 고무완충재, 목재, 석재, 강재, 고분자 재료 등

## 5. 강재

(1) 에폭시수지 도막 철근의 사용 : 도막두께 0.15~0.25mm

(2) 전기방식의 분류 : 유전양극방식, 외부전원방식

(3) 아연도금 철근 이용

(4) 내식성 철근 사용

(5) 방청제 사용

## 6. 환경오염 대책 강구

(1) 오탁방지망 등 설치

(2) 오일펜스 및 이물질 차단막 설치

(3) 폐기물 등의 수거 및 처리 철저

# VI. 결론

1. 해양 콘크리트는 염분에 의한 철근부식 및 내구성 저하에 대하여 저항력이 구비되도록 설계, 시공되어야 한다.

2. 시공 간 감조 부위에서의 시공이음을 금지하여야 하며, 콘크리트 타설에 있어 Cold Joint 방지 및 재료분리 방지를 위한 각별한 시공관리가 요구된다.

# 35 팽창 콘크리트

## I. 개요

1. 팽창 콘크리트는 팽창재를 사용하여 콘크리트가 일정수준의 팽창률을 확보하도록 한 콘크리트를 말한다.
2. 팽창 콘크리트는 수축보상용 Con'c, 화학적 프리스트레스용 Con'c, 충전용 Mortar와 Con'c로 구분한다.

## II. 팽창재(Expansive Additive)

1. 시멘트 및 물과 함께 혼합 시 수화반응에 의해 에트린자이트 또는 수산화칼슘을 생성하고 Mortar 또는 Con'c를 팽창시키는 작용을 하는 혼화재료

### 2. Con'c의 팽창률

| 구분 | 수축보상용 Con'c | 화학적 프리스트레스용 Con'c | 공장제품화 화학적 프리스트레스용 Con'c |
|------|------------------|-----------------------------|----------------------------------------|
| 팽창률 | $150{\sim}250 \times 10^{-6}$ | $200{\sim}700 \times 10^{-6}$ | $200{\sim}1000 \times 10^{-6}$ |
| 비고 | 건조수축보상에 의한 균열 감소 | 인장 또는 휨 내력의 증대 | |

팽창률은 재령 7일에 대한 시험값을 기준으로 함

## III. 특징

1. 콘크리트 강도 증가
2. 균열 감소, 수밀성 증대
3. 건조수축 저감
4. Prestress의 도입

## IV. 적용

### 1. 수축보상용
(1) Grouting용
(2) 교량받침 하부 모르타르
(3) 콘크리트의 보수·보강재
(4) 수밀 콘크리트(저수조, 수중구조물)

### 2. 화학적 Prestress용
(1) 콘크리트 포장
(2) 콘크리트 박스 구조, 흄관

## V. 시공

### 1. 팽창재의 저장
(1) 풍화되지 않도록 관리
(2) 습기의 침투를 막을 수 있는 사이로 또는 창고에 저장
(3) 포대 팽창재는 지상 0.3m 이상의 마루 위에 쌓아 저장
(4) 포대 팽창재 쌓기는 12포대 이하
(5) 3개월 이상 저장된 것은 품질확인 후 사용

### 2. 팽창재의 (질량) 계량 허용오차
　± 1% 이내

### 3. 배합
(1) 단위수량, Slump : 작업에 적합한 Workability 범위 내 작은 값 적용
(2) 화학적 프리스트레스용 Con'c의 단위 시멘트량
　　(팽창재를 제외한 값) 보통 Con'c의 경우 260kg/m$^3$ 이상

### 4. 비빔
(1) 가경식 믹서 : 1분 30초 이상
(2) 강제식 믹서 : 1분 이상

## 5. 타설 시 Con'c 온도 관리기준

(1) 한중 Con'c의 경우

　　Con'c 온도 10℃ 이상, 20℃ 미만

(2) 서중 Con'c의 경우

　　① 비빔 직후 Con'c 온도 30℃ 이하

　　② 타설 시 35℃ 이하

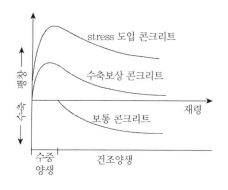

## 6. 양생

(1) 5일간 다음 중 하나의 방법으로 습윤상태 유지

　　① 적당한 시간간격으로 직접 노출면에 살수

　　② 양생매트로 덮은 후 살수

　　③ 막양생제를 도포

　　④ 시트로 빈틈없이 덮음

(2) 직사일광, 급격한 건조 및 추위에 대하여 조치

(3) Con'c 온도는 2℃ 이상으로 5일 이상 유지 : 초기동해 방지

# VI. 결론

1. 콘크리트는 수축에 의해 체적변화, 균열 등 품질의 변동이 발생된다.
2. 팽창 콘크리트는 수축에 의한 문제점에 대응하여 콘크리트의 품질을 확보하는 데 기여한다.
3. 팽창률의 변동에 의해 수축보상이나 화학적 프리스트레스 효과가 감소, 과팽창에 의한 강도 저하 등의 우려가 있으므로 품질관리를 철저히 하여야 한다.

# 36 철근의 시공관리

## I. 개요

1. Con'c가 압축에는 강하나 인장에 약하므로 Con'c 부재의 인장축에 철근을 넣어서 인장응력을 철근이 부담하도록 한다.
2. 철근은 보관, 가공, 조립, 간격, 이음, 피복, 정착 등에 유의해야 한다.

## II. 시공관리

### 1. 가공

(1) 형상과 치수를 확보하며 재질은 해치지 않게

(2) 구부리기 시 최소내면 반지름

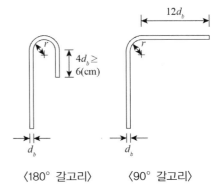

〈180° 갈고리〉　〈90° 갈고리〉

| 철근지름 | D10~D25 | D29~D35 | D38 이상 |
|---|---|---|---|
| 최소내면 반지름 | $3d_b$ | $4d_b$ | $5d_b$ |

(3) 철근의 상온에서 가공하는 것을 원칙으로 함

(4) 철근가공의 허용오차

| 구분 | 스티럽, 띠철근, 나선철근 | 그 밖의 철근 | |
|---|---|---|---|
| | | D25 이하 | D29~D35 |
| 허용오차 | ±5mm | ±15mm | ±20mm |

(5) 철근의 절단은 Shear Cutter, 쇠톱 등을 이용

### 2. 조립

(1) 바른 위치에 배치, Con'c 타설 간 충분히 견고하게 조립

(2) 조립용 강재를 사용 또는 결속선으로 결속

(3) 피복, 간격 확보 위해 고임재 및 간격재를 배치

| 구분 | 기초 | 벽·보 | Slab |
|---|---|---|---|
| 배치간격 | 8개/4m$^2$ | 1.5m 이내 | 1.3개/m$^2$ |

(4) 조립 후 철근상세도 기준 적합 검사

(5) 조립 후 장기간 경과 시 Con'c 타설 전 다시 조립검사, 청소

## 3. 이음

(1) 이음원칙

　① 응력이 작은 곳(인장력이 작은 곳)

　② 1개소에서 반수이상 이음 금지, 엇갈리게 이음

　③ 보는 압축 측에서 이음

　④ 기둥은 높이 2/3 이하 지점

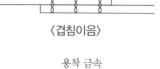

〈겹침이음〉

(2) 겹이음

　① 1개소에 2점 이상 결속선을 이용하여 결속

　② D35 초과 철근은 겹침이음 금지

　　단, 압축부에서 D35 이하의 철근과 D35 초과 철근은 겹침

　　이음 가능

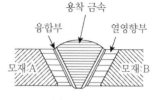

〈용접 이음〉

> **참조**
>
> **겹이음과 기계적 이음의 비교**
>
> | 구분 | 이음강도 | 철근의 유효간격 | 철근의 손실 | 안전성 | 피복 확보 | Con'c 품질영향 |
> |---|---|---|---|---|---|---|
> | 겹이음 | 불리 | 좁다 | 많다 | 불리 | 불리 | 불리 |
> | 기계적 이음 | 유리 | 넓다 | 적다 | 유리 | 유리 | 유리 |

(3) 용접이음 : 금속의 야금적 성질(고열에 의해 융합되는 것)을 이용한 이음

(4) 가스압접

　① 철근의 접합면을 맞대고 압력과 열을 가해 두 부재를 부풀어 오르게 하여 접합

　② 압력 : 0.3MPa, 온도 : 1,200~1,300℃

　③ 압접단면의 처리

　　㉮ 축에 직각으로

　　㉯ 작업 당일 단면의 유해한 부착물을 연마하

　　　여 제거 후 작업

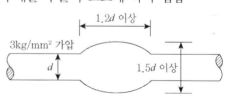

(5) Sleeve Joint(슬리브 압착 이음)

　① Sleeve에 양쪽 철근을 넣고 유압잭으로 압착

　② Sleeve 길이 : 5~8$d$

(6) Sleeve 충진 공법

　① Sleeve와 철근 사이에 접착재를 주입하는 방법

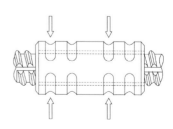

② 접착재 : 에폭시, 모르타르 등

(7) 나사이음 : 철근에 수나사를 만들고 Coupler 양단을 Nut로 조여 이음

(8) Cad Weld

   ① 철근과 Sleeve 사이에 화약과 합금을 순간 폭발시킴

   ② 폭발에 의해 녹은 합금이 철근을 접착시킴

(9) G-loc Splice : 깔때기 모양의 G-loc Splice를 철근에 끼우고 타격하여 이음

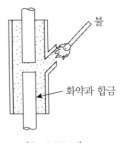

〈Cad Weld〉

> ┤ **참조** ├
>
> **기계적이음(mechanical splice)**
>
> • 나사를 가지는 슬리브 또는 커플러, 에폭시나 모르타르 또는 용융 금속 등을 충전한 슬리브, 클립이나 편체 등의 보조장치 등을 이용한 이음으로 1등급(잔류변형량 0.3mm 이하)과 2등급(잔류변형량 0.3mm 초과 0.6mm 이하), 3등급(잔류변형량 0.6mm 초과 1.0mm 이하)으로 구분함
> • 기계적이음의 검사 : 위치, 외관검사, 인장시험, 잔류변형량시험
> • 기계적이음의 재료와 생산방법, 시공방법을 포함한 제조사 특기시방서가 첨부되어야 함

## 4. 간격

(1) 보

   ① 수평순간격 2.5cm 이상

   ② 굵은 골재 최대치수의 4/3배 이상

   ③ 철근의 공칭지름 이상

   ④ 2단 이상 배치 시 연직순간격 2.5cm 이상

(2) 기둥

   ① 순간격 4cm 이상

   ② 철근지름의 1.5배 이상

   ③ 굵은 골재 최대치수의 1.5배 이상

## 5. 피복

(1) 피복 두께는 콘크리트 표면에서 철근의 가장 바깥면까지의 최단거리이다.

(2) 목적

   ① 내구성, 내화성 확보

   ② 부착성, 방청성 확보

   ③ Con'c의 유동성 확보

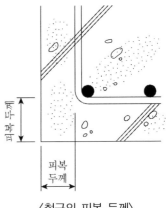

〈철근의 피복 두께〉

(3) 최소 피복두께(프리스트레스 하지 않은 부재의 현장치기 콘크리트)

| 부　　위 | | | 최소피복두께(mm) |
|---|---|---|---|
| 수중에 치는 콘크리트 | | | 100 |
| 흙에 접하여 콘크리트를 친후 영구히 흙에 묻혀 있는 콘크리트 | | | 75 |
| 흙에 접하거나 옥외의 공기에 직접 노출되는 콘크리트 | D19 이상의 철근 | | 50 |
| | D16 이하의 철근, 지름 16mm 이하의 철선 | | 40 |
| 옥외의 공기나 흙에 직접 접하지 않는 콘크리트 | 슬래브, 벽체, 장선 | D35 초과하는 철근 | 40 |
| | | D35 이하인 철근 | 20 |
| | 보, 기둥 | $f_{ck} < 40$MPa | 40 |
| | | $f_{ck} \geq 40$MPa | 30 |
| 쉘, 절판부재 | | | 20 |

## 6. 정착

(1) 매입길이에 의한 정착

① 인장철근의 정착길이($l_d$)

㉮ $l_d = \dfrac{0.6 d f_y}{\sqrt{f_{ck}}} \times$ 보정계수

㉯ 최소 300mm 이상

② 압축철근의 정착길이

㉮ $l_d = \dfrac{0.25 d f_y}{\sqrt{f_{ck}}} \times$ 보정계수

㉯ 최소 200mm 이상

$d$ : 철근의 공창지름, $f_y$ : 철근 설계기준 항복강도, $f_{ck}$ : Con'c 설계기준 압축강도

③ 철근다발은 정착길이를 증가

㉮ 3개로 된 철근다발 20%

㉯ 4개로 된 철근다발 33%

(2) 갈고리에 의한 장착

① 매입길이 확보 제한 시 갈고리를 만들어 정착력 확보

② 원형철근은 반드시 갈고리 형성

## III. 결론

1. 철근공사는 구부리기, 간격, 피복, 이음, 정착 등 전 과정에서의 품질확보가 필요하다.

2. 철근은 콘크리트 타설 후 상태확인이 제한되고, 결함에 대한 보강이 어려우므로 시공 간 철저한 관리가 요구된다.

# 37 거푸집·동바리의 시공관리

## I. 개요

1. 거푸집·동바리는 Con'c의 타설에서부터 Con'c가 자체로 하중을 지지하는 강도가 확보될 때까지 사용하는 가설 구조물이다.
2. 거푸집 및 동바리는 필요한 강도와 강성을 가지고 있어야 하며, 구조물이 완성된 후 구조물의 위치, 형상 및 치수가 정확하게 확보되어 콘크리트 구조물이 소요성능을 만족하도록 설계, 시공하여야 한다.

## II. 시공관리

### 1. 거푸집·동바리의 구조계산

(1) 구조물의 종류, 규모, 중요도, 시공 및 환경조건 등을 고려하여 연직방향하중, 수평방향하중 및 Con'c 측압 등을 반영하고 강도와 변형도 고려해야 한다.

(2) 연직방향하중

    ① 고정하중 : 철근 콘크리트와 거푸집 무게

        ㉮ 철근 콘크리트 : $24kN/m^3$

        ㉯ 거푸집 : 최소 $0.4kN/m^2$ 이상(특수거푸집은 실제중량 적용)

    ② 활하중 : 작업원·장비·자재 등의 시공하중, 충격하중

        수평면적당 최소 $2.5kN/m^2$ 이상

    ③ 고정하중과 활하중을 합한 수직하중은 최소 $5.0kN/m^2$ 이상 적용

(3) 수평방향하중

    ① 아래 두 값 중 큰 값 적용

        ㉮ 고정하중의 2% 이상

        ㉯ 동바리 상단의 수평방향 단위길이당 $1.5kN/m$ 이상

    ② 벽체 거푸집 : $0.5kN/m^2$ 이상 적용

(4) Con'c 측압

$$p = WH$$

여기서, $p$ : 콘크리트의 측압($kN/m^2$), $W$ : 생콘크리트의 단위 중량($kN/m^3$),

$H$ : 콘크리트의 타설 높이(m)

---
│ **참조** │
---

**거푸집 측압의 영향 요인**
- **콘크리트 배합** : Slump가 클수록 측압 증대, 묽은 콘크리트일수록 측압이 큼
- **콘크리트 타설 높이, 속도** : 타설 높이 높을수록, 타설 속도 빠를수록 측압 증대
- **콘크리트 온도** : 온도가 높으면 콘크리트 경화가 빨라져 측압 감소
- **다짐** : 과다짐 시 측압 증대

## 2. 재료

(1) 거푸집널

　① 흠집 및 옹이가 많은 거푸집 사용 금지

　② 거푸집의 띠장이 변형, 균열 있는 것 사용 금지

　③ 형상이 찌그러져 있거나 비틀림 등의 변형이 있는 것 교정 후 사용

　④ 재사용하는 경우

　　　㉮ Con'c에 접하는 면을 깨끗이 청소

　　　㉯ 볼트용 구멍 또는 파손부위 등을 수선 후 사용

(2) 동바리

　① 시험기관의 허용하중 표시 제품 사용

　② 현저한 손상, 변형, 부식이 있는 것 사용 금지

　③ 강관동바리 양끝이 일직선 밖으로 굽어져 있는 것 사용 금지

(3) 기타재료

　① 긴결철물은 허용인장력이 보증되는 것 사용

　② 연결재는 강도·치수 등이 확보되고 사용성이 좋은 것을 이용

　③ 박리제는 Con'c에 유해한 영향이 없는 것

## 3. 거푸집(form) 시공

(1) 강봉이나 Form Tie, Bolt로 단단히 조임

(2) 이음은 부재축에 직각 또는 평행으로 하고 몰탈이 새어나오지 않게

(3) 모서리는 모따기를 둠

(4) 검사, 작업 등을 위한 개구부, 투입구 고려

(5) 거푸집 내면에 박리제 도포

(6) 거푸집 내면의 구멍, 기타 결함부는 땜질하고 6mm 이상의 돌기물은 제거

## 4. 동바리 시공

(1) 동바리 기초는 침하가 발생하지 않도록 충분한 지지력을 확보

(2) 좌굴에 대해 안정, 침하를 방지, 각부의 활동방지 위해 견고하게 설치

(3) 강재와 강재 접속부·교차부는 볼트, 크램프 등의 철물로 정확하게 연결

(4) 교차부 조임 철저, 이음 축선 일치

(5) 자중에 의한 침하량에 해당하는 솟음(Camber)을 둠

(6) 거푸집이 곡면인 경우에는 버팀대를 부착하여 거푸집 변형을 방지

(7) 강관동바리 설치기준

① 3본 이상 이어서 사용 금지

② 높이 3.6m 이상 시 2.0m 이내마다 수평연결재를 2개 방향으로 설치

(8) 받침판은 2단 이상 삽입 금지

┤ 참조 ├

**시스템 동바리**
- 조립재 전체로서의 강도에 대하여 책임기술자의 지시에 따라 안전 하중을 정하여야 함
- 시스템 동바리는 지정된 부품을 사용하며, 기초는 충분한 지지력을 갖춘 후 조립 시스템 동바리의 상부에 보 또는 멍에를 올릴 때에는 당해 상단에 강재의 단판을 부착하여 보 또는 멍에에 고정
- 시스템 동바리의 높이가 4m를 초과할 때에는 높이 4m 이내마다 수평 연결재를 2개의 방향으로 설치하고, 수평 연결재의 변위를 방지

## 5. 거푸집·동바리의 검사

(1) 형상 및 치수

(2) 청소 상태 및 박리제 도포 상태

(3) Tie Bolt, 접속부의 조임 상태

(4) 변형, 이동, 경사, 침하 여부

┤ 참조 ├

**조립·설치 시 허용오차**

수직오차

| 구분 | Slab·보 밑 | 30m 이상 |
|---|---|---|
| 허용오차 | 25mm 이하 | 150mm 이하, H/1000 이하 |

수평오차

| 높이 | 30m 미만 | Slab 개구부 부분 |
|---|---|---|
| 허용오차 | 25mm 이하 | 13mm 이하 |

부재단면치수

| 구분 | 300mm 미만 | 300~900mm | 900mm 이상 |
|---|---|---|---|
| 허용오차 | +9~−6mm | +13~−9mm | +25mm |

## 6. 거푸집·동바리의 해체

### (1) 해체 기준(존치기간 규정)

① 압축강도시험을 할 경우

| 부재 | | 콘크리트 압축강도 |
|---|---|---|
| 확대기초, 보, 기둥 등의 측면 | | 5MPa 이상<br>(내구성이 중요한 구조물의 경우 10MPa 이상) |
| 슬래브 및 보의 밑면, 아치 내면 | 단층구조인 경우 | $f_{ck} \times 2/3$ 이상 또한 최소 14MPa 이상 |
| | 다층구조인 경우 | $f_{ck}$ 이상 |

② 압축강도시험을 하지 않을 경우(기초, 보, 기둥 및 벽의 측면)

| 구분 | 조강포틀랜드<br>시멘트 | 보통포틀랜드 시멘트<br>고로슬래그 시멘트(1종)<br>포틀랜드포졸란 시멘트(1종)<br>플라이애시 시멘트(1종) | 고로슬래그 시멘트(2종)<br>포틀랜드포졸란 시멘트(2종)<br>플라이애시 시멘트(2종) |
|---|---|---|---|
| 20℃ 이상 | 2일 | 4일 | 5일 |
| 10~20℃ | 3일 | 6일 | 8일 |

### (2) 해체 시 주의사항

① 수평부재의 하부거푸집은 현장양생 공시체의 강도 확인 후 해체 가능

② 동바리 해체 후 유해한 하중이 재하되는 경우 동바리 재설치

③ 해체 작업 중

  ㉮ 작업자 외 통행 금지

  ㉯ 구조물에 유해한 영향(진동, 충격)을 주지 않음

  ㉰ 해체 자재의 부위별 정리 보관

  ㉱ 강우·강풍 시 작업중단

  ㉲ 안전 장구류 착용

  ㉳ 해체 자재의 낙하 금지

④ 해체 후 중량물의 재하 금지

> **│ 참조 │**
>
> **현장양생**
>
> 구조체 콘크리트의 품질기준강도 적합성 확인, 거푸집 및 동바리 해체시기의 결정, 한중 콘크리트의 초기 양생 혹은 계속 양생의 중단 시기 결정을 위해 구조체 콘크리트의 강도를 추정하기 위한 목적으로 사용하는 현장 콘크리트 공시체를 대상으로 타설된 구조체 콘크리트와 동일조건(한국콘크리트학회 제규격 KCI-CT118)으로 이루어지는 양생

## Ⅲ. 결론

요구되는 성능의 콘크리트 구조체를 생산하기 위해서 거푸집·동바리의 재료, 시공, 검사, 해체 등에서 보다 체계적인 시공관리가 필요하다.

# 38 일반 콘크리트 용어 정의

- **가스 압접 이음(gas pressure welding joint)** : 철근의 단면을 산소-아세틸렌 불꽃 등을 사용하여 가열하고, 기계적 압력을 가하여 용접한 맞댐 이음

- **간이 콘크리트** : 목조건축물의 기초 및 경미한 구조물에 사용하는 콘크리트

- **갇힌 공기(entrapped air)** : 인위적으로 콘크리트 속에 연행시킨 것이 아니고 본래 콘크리트 속에 함유된 기포

- **감수제(water-reducing admixture)** : 콘크리트 등의 단위수량을 증가시키지 않고 워커빌리티를 좋게 하거나 워커빌리티를 변화시키지 않고 단위수량을 감소하기 위해 사용하는 혼화제

- **강연선(strand)** : 프리스트레스트 콘크리트의 보강에 사용되는 강재로 여러 가닥의 강선으로 꼬여진 것

- **강연선 고정장치(strand anchor head)** : 프리스트레스트 콘크리트 부재에서 인장상태의 강연선을 고정시키는 장치

- **거푸집(form)** : 부어넣은 콘크리트가 소정의 형상, 치수를 유지하며 콘크리트가 적당한 강도에 도달하기까지 지지하는 가설구조물의 총칭

- **거푸집널** : 거푸집의 일부로서 콘크리트에 직접 접하는 목재널판, 합판 또는 금속 등의 판류

- **건식접합(dry joint)** : 콘크리트 또는 모르타르를 사용하지 않고 용접접합 또는 기계적 접합된 강재 등의 응력전달에 의해 프리캐스트 상호부재를 접합하는 방식

- **건조단위용적질량** : 시험으로 얻어진 콘크리트 단위용적질량

- **검사(inspection)** : 품질이 판정기준에 적합한지의 여부를 시험, 확인 및 필요한 조치를 취하는 행위

- **결합재(binder)** : 시멘트와 같이 접착력이 있는 재료로서 골재 입자들 사이를 채워서 콘크리트 구성 재료들을 결합하거나 콘크리트 강도 발현에 기여하는 물질을 생성하는 재료의 총칭. 고로 슬래그 미분말, 플라이애시, 실리카 품, 팽창재 등 분말 형태의 재료

- **경량골재(lightweight aggregate)** : 콘크리트의 질량을 경감시킬 목적으로 사용하는 보통의 암석보다 밀도가 낮은 골재

- **경량골재콘크리트(light weight concrete)** : 콘크리트의 질량 경감의 목적으로 만들어진 기건밀도 $0.002\text{g/mm}^3$ 이하인 콘크리트의 총칭

- **계획배합** : 소요 품질의 콘크리트를 얻을 수 있도록 계획된 배합

- **고강도콘크리트(high strength concrete)** : 설계기준압축강도가 보통 콘크리트에서 40MPa 이상, 경량 콘크리트에서 27MPa 이상인 콘크리트

- **고내구성콘크리트** : 특히 높은 내구성을 필요로 하는 철근 콘크리트조 건축물에 사용하는 콘크리트

- **고로 슬래그 미분말(ground granulated blast-furnace slag)** : 물로 급랭한 고로 슬래그를 건조 분쇄한 미분말. 실리카, 알루미나, 석회 등의 화합물

- **고성능AE감수제(air-entraining and high range water-reducing admixture)** : 공기연행 성능을 가지며, AE감수제보다 더욱 높은 감수 성능 및 양호한 슬럼프 유지 성능을 가지는 혼화제

- **고성능감수제** : 감수제보다 감수성능을 증가시킨 것으로서, 소요의 시공성을 얻기 위해 필요한 단위수량을 감소시키고, 유동성을 증진시키는 것을 목적으로 한 혼화제

- **고유동콘크리트** : 철근이 배근된 부재에 콘크리트 타설 시 현장에서 다짐을 하지 않더라도 콘크리트의 자체 유동으로 밀실하게 충전될 수 있도록 높은 유동성과 충전성 및 재료분리 저항성을 갖는 다짐이 불필요한 자기충전콘크리트

- **고정철물(hardware)** : 프리캐스트 콘크리트 부재의 접합, 이음 및 매설 등에 사용되는 철물의 총칭으로서, 구조체 콘크리트에 미리 매입하는 철물(C-part: Connection part), 양중 및 조립을 위하여 부재생산 시 미리 매입하는 철물(P-part: Production part), 구조체와 부재, 부재와 부재를 연결하는 조립용 철물(E-part: Erection part)이 있음

- **골재(aggregate)** : 모르타르 또는 콘크리트를 만들기 위하여 시멘트 및 물과 반죽 혼합하는 모래, 자갈, 부순 돌, 기타 이와 유사한 입상의 재료

- **골재의 유효 흡수율(effective absorption ratio of aggregate)** : 골재가 표면건조포화상태가 될 때까지 흡수하는 수량의, 절대 건조 상태의 골재질량에 대한 백분율

- **골재의 입도(grading of aggregate)** : 골재 대·소립의 분포 상태

- **골재의 절대건조밀도(density in absolute dry condition of aggregate)** : 골재 내부의 빈틈에 포함되어 있는 물이 전부 제거된 상태인 골재 입자의 밀도로서 골재의 절대 건조 상태 질량을 골재의 절대 용적으로 나눈 값

- **골재의 절대건조상태(absolute dry condition of aggregate)** : 골재를 100 ~ 110℃의 온도에서 일정한 질량이 될 때까지 건조하여 골재 입자의 내부에 포함되어 있는 자유수가 완전히 제거된 상태

- **골재의 조립률(fineness modulus of aggregate)** : 75, 40, 20, 10, 5, 2.5, 1.2, 0.6, 0.3, 0.15mm 등 10개의 체를 1조로 하여 체가름 시험을 하였을 때, 각 체에 남는 누계량의 전체 시료에 대한 질량 백분율의 합을 100으로 나눈 값

- **골재의 표면건조 내부포수상태** : 골재 입자의 표면은 건조하고, 내부는 물로 가득 차 있는 골재의 상태

- **골재의 표면건조 포화밀도(표건밀도)(density in saturated surface-dry condition of aggregate)** : 골재의 표면수는 없고 골재 알 속의 빈틈이 물로 차 있는 상태에서의 골재 알 밀도로서 표면건조포화상태의 골재 질량을 골재의 절대 용적으로 나눈 값

- **골재의 표면건조 포화상태(saturated and surface-dry condition of aggregate)** : 골재의 표면은 건조하고 골재 내부의 공극이 완전히 물로 차 있는 상태

- **골재의 함수율(water content ratio of aggregate)** : 골재 입자 내부의 공극에 함유되어 있는 물과 표면수의 합을 절대 건조 상태의 골재 질량으로 나눈 질량 백분율

- **골재의 흡수율(absorption ratio of aggregate)** : 표면건조포화상태의 골재에 함유되어 있는 전체 수량을 절대 건조 상태의 골재 질량으로 나눈 백분율

- **공기량** : 아직 굳지 않는 콘크리트 속에 포함된 공기용적의 콘크리트 용적에 대한 백분율. 다만, 골재 내부의 공기는 포함하지 않음

- **공기연행콘크리트(air entraining concrete)** : 공기연행제 등을 사용하여 미세한 기포를 함유시킨 콘크리트

- **공장조립(fabrication)** : 공장에서 부재의 조립이나 시공에 필요한 매설철물 등을 이용하여 가공 조립하는 것

- **구조용 프리캐스트 콘크리트 부재(structural precast concrete member)** : 적재하중이나 다른 부재의 무게를 지탱할 수 있는 프리캐스트 콘크리트 부재

- **구조체 콘크리트 강도** : 구조체 안에서 발달한 콘크리트의 압축강도

- **구조체 콘크리트 강도관리 재령** : 구조체 강도를 보증하는 재령에 있어서 구조체 콘크리트강도가 설계기준압축강도를 만족하는지 아닌지를 관리용 공시체에 의해 판정하는 재령

- **구조체 콘크리트** : 구조체로 만들기 위해 타설되어 주위의 환경조건이나 수화열에 의한 온도조건하에서 경화한 콘크리트

- **굵은 골재(coarse aggregate)** : 5 mm체에 다 남는 골재

- **굵은 골재의 최대 치수(maximum size of coarse aggregate)** : 질량으로 90 % 이상이 통과한 체 중 최소의 체 치수로 나타낸 굵은 골재의 치수

- **균열저항성(crack resistance)** : 콘크리트에 요구되는 균열 발생에 대한 저항성

- **그라우트(grout)** : 프리캐스트 부재의 일체화를 위하여 접합부에 주입하는 무수축 팽창 모르타르. 주입방법으로는 접합부에 주입하는 방법과 접합부에 주입하고 동시에 슬리브 이음에 주입하는 방법이 있음

- **급결제(quick setting admixture)** : 시멘트의 수화 반응을 촉진시키고 응결 시간을 현저하게 단축하기 위해 사용하는 혼화제

- **급열 양생(heat curing)** : 양생 기간 중 각종 열원을 이용하여 콘크리트를 양생

- **기계적 이음(mechanical connection)** : 직경이 큰 철근을 직접 연결하는 방법으로 나사커플러 방식, 슬리브 충전방식, 압접방식, 용접방식 및 이들을 혼용한 것을 총칭

- **기온보정강도값(Tn)(strength correction value for curing temperature)** : 설계기준압축강도에 콘

크리트 타설 로부터 구조체 콘크리트의 강도측정 재령까지 기간의 예상 평균기온에 따르는 콘크리트의 강도 보정값

- **긴장재(tendon)** : 콘크리트에 프리스트레스를 가하기 위하여 사용되는 강재. 예를 들면 강선, PC강선, 철근, 강봉, 강연선 등

- **깔 모르타르(pad mortar)** : 상부 프리캐스트 부재의 높낮이를 조정하기 위해서 설치하는 모르타르로서, 상부 프리캐스트 부재에 발생하는 축응력 등을 하부로 전달하는 구조내력상 중요한 역할을 함.

- **내구성(durability)** : 구조물이 장기간에 걸친 외부의 물리적 또는 화학적 작용에 저항하여 변질되거나 변형되지 않고 소요의 공용기간 중 처음의 설계조건과 같이 오래 사용할 수 있는 구조물의 성능

- **내구성기준압축강도** : 콘크리트의 내구성 설계에 있어 기준이 되는 압축강도

- **내동해성(freeze thaw resistance)** : 동결융해의 반복 작용에 대한 저항성

- **단위결합재량** : 아직 굳지 않는 콘크리트 $1m^3$ 중에 포함된 결합재의 질량

- **단위량(quantity of material per unit volume of concrete)** : 콘크리트 $1m^3$를 만들 때 사용하는 재료의 사용량, 단위결합재량, 단위시멘트량, 단위수량, 단위굵은골재량, 단위잔골재량 등

- **단위수량** : 아직 굳지 않는 콘크리트 $1m^3$ 중에 포함된 물의 양, 다만, 골재중의 수량을 제외한다.

- **덧침 콘크리트(topping concrete)** : 바닥판의 높이를 조절하거나 하중을 균일하게 분포시킬 목적으로 프리스트레스트 또는 프리캐스트 콘크리트 바닥판 부재에 까는 현장 타설 콘크리트

- **동결융해작용을 받는 콘크리트** : 동결융해작용에 의해 동해를 일으킬 우려가 있는 부분의 콘크리트

- **동바리** : 콘크리트 타설 시 보 및 슬래브 등의 연직하중을 지지하기 위한 가설구조물

- **레디믹스트 콘크리트(ready-mixed concrete)** : 콘크리트 제조 전문 공장의 대규모 배치 플랜트에 의하여 각종 콘크리트를 주문자의 요구에 맞는 배합으로 계량, 혼합한 후 시공 현장에 운반차로 운반하여 판매하는 콘크리트

- **레이턴스(laitance)** : 콘크리트 타설 후 블리딩에 의해 부유물과 함께 내부의 미세한 입자가 부상하여 콘크리트의 표면에 형성되는 경화되지 않은 층

- **리세스(recess)** : 프리캐스트 콘크리트 부재를 만들기 위하여 콘크리트를 부어넣을 때 블록(block) 모양의 것을 몰드에 삽입하여 부재의 오목부분을 만드는 것

- **매스 콘크리트** : 부재 단면의 최소치수가 크고 또한 시멘트의 수화열에 의한 온도상승으로 유해한 균열이 발생할 우려가 있는 부분의 콘크리트

- **모래(sand)** : 자연 작용에 의하여 암석으로부터 생긴 잔골재

- **모래분사(sand blast)** : 노즐에서 물 또는 압축공기에 의하여 고속으로 뿜어대는 모래나 연마분을 사용하여 콘크리트의 표면을 벗겨내는 것

- **모르타르(mortar)** : 시멘트, 물, 잔골재 및 경우에 따라서는 이들에 혼화 재료를 혼합하여 반죽한 것

- **목표내구수명(intended service life)** : 해당 콘크리트 구조물의 중요도, 규모, 종류, 사용기간, 유지
관리수준 및 경제성 등을 고려하여 설정된 구조물이 내구성능을 유지해야 하는 기간

- **몰드(mold)** : 굳지 않은 콘크리트를 부어넣어 정해진 모양으로 만드는데 사용되는 용기를 말함.
때때로 거푸집과 같은 내용으로 쓰임.

- **무근콘크리트(plain concrete)** : 철근 등 구조적 용도의 보강재로 보강하지 않은 콘크리트

- **물–결합재비(water–binder ratio, water cementitious material ratio)** : 혼화재로 고로 슬래그 미분
말, 플라이 애시, 실리카 품 등 결합재를 사용한 모르타르나 콘크리트에서 골재가 표면 건조 포화상
태에 있을 때에 반죽 직후 물과 결합재의 질량비(기호 : W/B)

- **물–시멘트비(water cement ratio)** : 모르타르나 콘크리트에서 골재가 표면 건조 포화 상태에 있을
때에 반죽 직후 물과 시멘트의 질량비

- **반죽질기(consistency)** : 굳지 않은 콘크리트에서 주로 단위수량의 다소에 따라 유동성의 정도를
나타내는 것으로서, 작업성을 판단할 수 있는 요소

- **방청제(corrosion inhibitor)** : 콘크리트 중의 강재가 염화물에 의해 부식하는 것을 억제하기 위해
사용하는 혼화제

- **배근시공도** : 철근의 가공 및 조립을 위해 작성하는 것으로서, 바–스케줄과 바–리스트는 물론 철근
의 이음위치, 조립순서 및 부재접합부 배근상세 등을 포함하는 도면

- **배치(batch)** : 1회에 비비는 콘크리트, 모르타르, 시멘트, 물, 혼화재 및 혼화제 등의 양

- **배치믹서(batch mixer)** : 재료의 투입, 콘크리트의 혼합을 배치 단위로 되풀이해서 혼합하는 믹서
로 1배치 단위로 재료를 넣어 반죽하는 믹서

- **배합(mixing)** : 콘크리트 또는 모르타르를 만들 때 소요되는 각 재료의 비율이나 사용량

- **배합강도(required average concrete strength)** : 콘크리트의 배합을 정하는 경우에 목표로 하는 압
축강도

- **베어링 패드(bearing pad)** : 프리캐스트 콘크리트의 부재와 그 지지부재 사이에 넣는 재료의 총칭

- **벽량(bearing wall ratio)** : 건물 내력벽 길이의 합계를 바닥면적으로 나눈 값

- **벽판(wall panel)** : 프리캐스트 콘크리트 구조용 벽체

- **보온 양생(insulation curing)** : 단열성이 높은 재료 등으로 콘크리트 표면을 덮어 열의 방출을 적극
억제하여, 시멘트의 수화열을 이용해서 필요한 온도를 유지하는 양생

- **보통콘크리트(normal concrete)** : 보통골재를 사용한 콘크리트

- **부립률** : 절건상태의 경량 굵은 골재를 수중에 넣은 경우에 뜨는 입자의 전 굵은 골재량에 대한
질량 백분율

- **부순 골재(crushed aggregate)** : 암석을 크러셔 등으로 분쇄하여 인공적으로 만든 골재

- **분리 저감제** : 아직 굳지 않는 콘크리트의 재료분리저항성을 증가시키는 작용을 하는 혼화제
- **블록아웃(blockout)** : 프리캐스트 콘크리트 부재를 만들기 위하여 콘크리트를 부어넣을 때 블록모양의 것을 몰드에 삽입하여 부재에 구멍을 만들게 하는 것
- **블리딩(bleeding)** : 굳지 않은 콘크리트에서 고체 재료의 침강 또는 분리에 의하여 콘크리트에서 물과 시멘트 혹은 혼화재의 일부가 콘크리트 윗면으로 상승하는 현상
- **사용수명(service life)** : 구조물의 안전성 및 사용성을 유지하며 사용할 수 있는 기한
- **샌드위치 판(sandwich panel)** : 두 개의 콘크리트판 사이에 인슐레이션 재료가 끼어 있는 벽판. 이러한 벽판에서 두 개 콘크리트판의 연결은 보통 전단 연결재(shear connector)를 사용함
- **생산자 위험률(producer's risk factor)** : 합격으로 해야 하는 좋은 품질의 로트(lot)가 불합격으로 판정되는 확률
- **서중 콘크리트** : 높은 외부기온으로 콘크리트의 슬럼프 저하 및 수분의 급격한 증발 등의 우려가 있는 경우에 시공되는 콘크리트
- **선조립철근** : 미리 계획된 한 부재 또는 복수로 연결되는 부재용 철근으로서, 소정의 부재위치와는 다른 장소에서 조립된 철근
- **설계기준압축강도(specified compressive strength of concrete)** : 콘크리트 구조 설계에서 기준이 되는 콘크리트 압축강도로서 표준적으로 사용하는 설계기준강도와 동일한 용어
- **성형(molding)** : 콘크리트를 거푸집에 채워 넣고 다져서 일정한 모양을 만드는 것
- **성형성(plasticity)** : 거푸집에 쉽게 다져 넣을 수 있고, 거푸집을 제거하면 천천히 형상이 변하기는 하지만 허물어지거나 재료가 분리되지 않는 굳지 않은 콘크리트의 성질
- **속빈 콘크리트판(hollow core concrete panel)** : 자중감소와 차음·보온성능 등의 확보를 위하여 부재 중층부에 하나 또는 여러 개의 코어로 공극을 형성하고, 프리스트레스 강재로 보강한 고강도 콘크리트판
- **솟음(camber)** : 보나 트러스 등에서 그의 정상적 위치 또는 형상으로부터 상향으로 구부려 올리는 것이나 구부려 올린 크기
- **수밀성(watertightness)** : 콘크리트 내부로 물의 침입 또는 투과에 대한 저항성
- **수밀 콘크리트** : 콘크리트 중에서 특히 수밀성이 높은 콘크리트
- **수중 콘크리트** : 현장타설 콘크리트 말뚝 및 지하연속벽 등 트레미관공법 등을 사용하여 수중에 부어넣는 콘크리트
- **수직접합부(vertical joint)** : 동일 층에 있어서 인접하는 벽판 상호간을 연결하는 수직방향의 접합부
- **수평접합부(horizontal joint)** : 상하층의 내력벽 상호간, 내력벽과 바닥판, 동일층의 바닥판 상호간을 연결하는 수평방향의 접합부
- **순환골재(recycled aggregate)** : 건설폐기물을 물리적 또는 화학적 처리과정 등을 통하여 순환골재

품질기준에 적합하게 만든 골재로 재생골재라고도 함

- **쉬스(sheath)** : 포스트텐션 방식에 있어서 PC강재의 배치구멍을 만들기 위하여 콘크리트를 부어넣기 전에 미리 배치된 튜브(관)
- **스프레더 빔(spreader beam)** : 프리캐스트 콘크리트 부재의 탈형 또는 현장조립에서 패널을 들어올릴 때 하중을 중력의 중심에 고루 분포시키기 위하여 사용하는 프레임 또는 보
- **슬럼프** : 아직 굳지 않는 콘크리트의 반죽질기를 나타내는 지표. KS F 2402(콘크리트의 슬럼프 시험방법)에 규정된 방법에 따라 슬럼프콘을 들어올린 직후에 상면의 내려앉은 양을 측정하여 나타냄
- **슬럼프 플로** : 아직 굳지 않는 콘크리트의 유동성 정도를 나타내는 지표. KS F 2402(콘크리트의 슬럼프 시험방법)에 규정된 방법에 따라 슬럼프콘을 들어 올린 후에 원모양으로 퍼진 콘크리트의 직경(최대직경과 이에 직교하는 직경의 평균)을 측정하여 나타냄
- **슬리브(sleeve)** : 구멍을 만들기 위해서 패널에 설치하는 재료 또는 기계적 철근이음에 사용되는 재료
- **습식 접합(wet joint)** : 콘크리트 또는 모르타르 자체의 응력전달에 의하여 프리캐스트 부재 상호를 접합하는 방법
- **습윤 양생(moist curing)** : 콘크리트나 모르타르 등에 습기 혹은 수분을 가하여 습윤 상태에서 실시하는 양생
- **시멘트풀(cement paste)** : 시멘트(필요에 따라 첨가하는 혼화재료 포함)와 물의 혼합물
- **시방배합(specified mix)** : 소정 품질의 콘크리트가 얻어지는 배합(조건)으로 시방서 또는 책임기술자에 의하여 지시된 것. $1m^3$ 콘크리트의 반죽에 대한 재료 사용량으로 나타냄
- **시스템거푸집(system form)** : 미리 거푸집널과 이를 보강하는 지지물 등이 하나의 부재용으로 일체로 조합되어 있는 거푸집
- **실란트(sealant)** : 프리캐스트 콘크리트 부재 사이 또는 프리캐스트 콘크리트 부재와 인접한 재료 사이의 접합부 방수를 위하여 채우는 재료의 총칭
- **실리카 퓸(silica fume)** : 실리콘이나 페로실리콘 등의 규소합금을 전기로에서 제조할 때 배출가스에 섞여 부유하여 발생하는 초미립자 부산물
- **알칼리골재반응(alkali aggregate reaction)** : 골재의 실리카 성분이 시멘트 기타 알칼리분과 오랜 기간에 걸쳐 반응하여 콘크리트가 팽창함으로써 균열이 발생하거나 붕괴하는 현상
- **양생(curing)** : 모르타르 또는 콘크리트를 시공한 다음 소정의 품질이 되도록 양생하는 것 또는 시공 중 수장재 등의 재면이 손상되지 않게 하는 것
- **양생온도 보정강도** : 품질 기준강도에 콘크리트 타설부터 구조체 콘크리트 강도관리 재령까지 기간의 예상 평균 양생온도에 의한 콘크리트 강도 보정치를 더한 강도. 매스 콘크리트의 경우는 여기에 예상 최고온도에 의한 콘크리트 강도의 보정계수를 곱하여 상정된 강도
- **AE제(air-entraining admixture)** : 콘크리트 속에 많은 미소한 기포를 일정하게 분포시키기 위해

사용하는 혼화제

- **AE감수제(air-entraining and water-reducing admixture)** : AE제와 감수제의 효과를 동시에 갖는 혼화제

- **연행공기(entrained air)** : AE제 또는 공기 연행 작용을 가진 화학 혼화제를 사용하여 콘크리트 내에 발생시킨 독립된 미세한 기포

- **염화물 함유량** : 콘크리트 $1m^3$ 중에 포함되어 있는 염소이온의 총량

- **예상 최고온도** : 콘크리트 타설부터 구조체 콘크리트 강도관리 재령까지의 기간 중에 예상되는 부재 단면 내의 최고온도

- **예상 평균 양생온도** : 각 시점에서 예상되는 콘크리트 부재 단면 내의 평균온도를 콘크리트 타설부터 구조체 콘크리트 강도관리 재령까지의 기간에 걸쳐 평균한 온도

- **온도이력 추종양생** : 현장 콘크리트 공시체의 양생온도를 구조체 콘크리트의 온도와 동일하게 되도록 양생하는 방법. 구조체 콘크리트에 온도를 측정할 수 있는 계측장치를 설치하여 온도를 측정하고, 공시체의 보관 용기에 냉·난방장치를 가동하여 공시체의 양생온도가 타설된 구조체의 온도와 동일하게 되도록 하는 양생

- **온도제어양생(temperature-controlled curing)** : 콘크리트를 친 후 일정 기간 콘크리트의 온도를 제어하는 양생

- **온도철근(temperature reinforcement)** : 온도변화와 콘크리트 수축에 의한 균열을 줄이기 위하여 배근하는 보강철근

- **용접철망(welded wire fabric)** : 콘크리트 보강용 용접망으로서, 철선을 직각으로 교차시켜 각 교차점을 전기저항 용접한 철망. 시트철망과 롤철망이 있음

- **워커빌리티(workability)** : 반죽 질기에 의한 작업의 난이한 정도와 균일한 질의 콘크리트를 만들기 위하여 필요한 재료의 분리에 저항하는 정도를 나타내는 굳지 않는 콘크리트의 성질

- **유동성(fluidity)** : 중력이나 외력에 의해 유동하기 쉬운 정도를 나타내는 굳지 않은 콘크리트의 성질

- **유동화 콘크리트** : 미리 비벼 놓은 콘크리트에 유동화제를 첨가하고, 재비빔하여 유동성을 증대시킨 콘크리트

- **유동화제(superplasticizer, superplasticizing admixture)** : 콘크리트의 유동성을 증대시키기 위해서 미리 혼합된 콘크리트에 첨가하여 사용하는 혼화제

- **의장용 프리캐스트 콘크리트 부재(architectural precast concrete member)** : 마감면, 형태, 색상, 무늬 등이 의장적인 형태를 가지면서 적재하중이나 다른 부재의 자중을 지탱하지 않는 프리캐스트 콘크리트 부재

- **인서트(insert)** : 어떤 장치나 시설물을 설치하기 위하여 바닥이나 벽체 내부에 매설하는 나무토막 또는 철물

- **일반 콘크리트(normal-weight concrete)** : 천연 골재, 부순 골재 등을 사용하여 만든 단위용적질량

이 2,300kg/m³ 전후의 콘크리트

- **자갈(gravel)** : 자연 작용에 의하여 암석으로부터 만들어진 굵은 골재
- **자기수축(autogenous shrinkage)** : 시멘트의 수화 반응에 의해 콘크리트, 모르타르 및 시멘트풀의 체적이 감소하여 수축하는 현상으로 물질의 침입이나 이탈, 온도변화, 외력, 외부구속 등에 기인하는 체적변화는 포함하지 않음
- **잔골재(fine aggregate)** : 10mm 체를 전부 통과하고 5mm 체를 거의 다 통과하며 0.08mm 체에 모두 남는 골재
- **잔골재율(fine aggregate ratio)** : 콘크리트 내의 전 골재량에 대한 잔골재량의 절대 용적비를 백분율로 나타낸 값(기호 : $S/a$)
- **전단키(shear key)** : 부재 간의 일체성을 유지하기 위하여 바닥판 혹은 벽판 등의 가장자리에 형성된 틈새의 단면
- **전단키 철근(shear key reinforcement)** : 수직접합부의 전단키로부터 돌출하여 루프형으로 중복시키든지 또는 용접 접합하여 내력벽을 접합하는 철근
- **절대 용적(absolute volume)** : 콘크리트 속에 공기를 제외한 각 재료가 순수하게 차지하고 있는 용적
- **정착(anchoring)** : 프리스트레스 강재에 도입된 프리스트레스 힘이 빠지지 않도록 부재 또는 구조체의 단부에 정착기구로 고정시키는 것
- **지연제(retarder, retarding admixture)** : 시멘트의 수화 반응을 지연시켜 응결에 필요한 시간을 길게 하기 위해 사용하는 혼화제
- **차폐용 콘크리트** : 주로 생물체의 방호를 위하여 $\gamma$선, $X$선 및 중성자선을 차폐할 목적으로 사용되는 콘크리트
- **책임기술자(supervisor)** : 콘크리트 공사에 관한 전문지식을 가지고 콘크리트 공사의 설계 및 시공에 대하여 책임을 가지고 있는 자 또는 책임자로부터 각 공사에 대하여 책임의 일부분을 양도받은 자로서, KCS 10 10 05 (1.3)에 따른 공사감독자를 의미하며, 건축법에 따른 공사감리자와 주택법에 따른 감리자, 건설기술진흥법에 따른 건설사업관리기술인 등을 포함함
- **철근(reinforcing bar)** : 콘크리트 보강용 봉강으로서 원형철근 및 이형철근이 있음
- **철근격자망(welded wire fabric)** : 콘크리트 보강용 용접망으로서, 철근과 철근 또는 철근과 철선을 직각으로 교차시켜 각 교차점을 전기저항 용접한 격자망
- **철근상세(bar detail)** : 배근시공도의 일부분으로서 철근의 가공형상·치수 및 부재별 기호 등을 표로 만든 것
- **철근 연결재(reinforcement connector)** : 철근을 이음하기 위하여 사용되는 연결재로서, 연결방법에 따라 슬리브, 커플러 등
- **철근표(bar schedule)** : 배근시공도의 일부분으로서 철근의 지름, 개수, 간격, 소요길이, 이음할증

및 소요철근량 등의 항목으로 구성된 표

- **체(sieve)** : 특정한 크기의 체눈을 가지며 골재의 입도 분포를 파악하거나 조정하기 위하여 규정된 체
- **초기동해(early frost damage)** : 응결경화의 초기에 받는 콘크리트의 동해
- **촉진 양생(accelerated curing)** : 온도를 높게 하거나 압력을 가하거나 하여 콘크리트의 경화나 강도
  의 발현을 빠르게 하는 양생
- **최소 피복두께(minimum cover thickness)** : 철근콘크리트 부재의 각면 또는 그 중 특정한 위치에서
  가장 외측에 있는 철근의 최소한도의 피복두께
- **충전 모르타르(joint mortar)** : 프리캐스트 벽판 상호와 슬래브·지붕 접합부 등, 특히 구조내력상
  성능이 요구되는 부위의 충전에 이용되는 접합용 모르타르
- **충전 콘크리트(joint concrete)** : 벽식 구조에서 수평접합부의 일체화를 위하여 타설하는 콘크리트
  로서, 일반적으로 단면적이 작고 접합철근량이 많으며 또한 콘크리트에 타설되는 양도 작기 때문에
  밀실하게 충전될 수 있도록 시공할 필요가 있음
- **품질기준강도** : 구조계산에서 정해진 설계기준압축강도($f_{ck}$)와 내구성 설계를 반영한 내구성기준
  압축강도($f_{cd}$) 중에서 큰 값으로 결정된 강도
- **치올림, 치솟음(camber)** : 자중에 의한 처짐을 고려하여 미리 보를 위로 휘게 한 것
- **커튼 월(curtain wall)** : 적재하중이나 다른 부재의 하중을 부담하지 않는 건물 외부 마감용 벽체
- **컨시스턴시(consistency)** : 주로 수량에 의하여 좌우되는 아직 굳지 않는 콘크리트의 변형 또는 유
  동에 대한 저항성
- **코벨(corbel)** : 콘크리트를 부어 넣을 때 블록(block) 모양의 것을 몰드에 삽입하여 부재의 볼록
  부분을 만드는 것
- **콘크리트(concrete)** : 시멘트, 물, 잔골재 및 굵은 골재에 경우에 따라서는 혼화재료를 혼합, 반죽하
  여 만든 복합체
- **콘크리트의 마무리** : 거푸집널을 떼어낸 상태 또는 콘크리트의 표면에 마감을 실시하기 전의 콘크리
  트 표면상태
- **콜드조인트(cold joint)** : 기계 고장, 휴식 시간 등의 여러 요인으로 인해 콘크리트 타설 작업이 중단
  됨으로써 다음 배치의 콘크리트를 이어치기할 때 먼저 친 콘크리트가 응결 혹은 경화함에 따라 일
  체화되지 않음으로 생기는 이음 줄눈
- **크리프(creep)** : 응력을 작용시킨 상태에서 탄성변형 및 건조수축 변형을 제외시킨 변형으로 시간
  이 경과함에 따라 변형이 증가되는 현상
- **탈형(stripping)** : 콘크리트를 부어 넣은 후 일정한 기간이 경과한 다음, 형틀로부터 프리캐스트 콘크
  리트 부재를 떼어내는 공정. 탈형 강도(stripping strength)는 이때의 콘크리트 압축강도를 말함
- **틸트업 공법(tilt-up method)** : 프리캐스트 부재의 콘크리트 치기를 수평위치에서 부어넣고 경사지

게 세워 탈형하는 공법

- **틸팅 테이블(tilting table)** : 프리캐스트 제조공장에서 부재의 콘크리트 치기를 수평 위치에서 하고 부재 탈형 시는 수직으로 다루기 위한 것으로서 인서트를 사용하지 않고 부재를 회전시킬 수 있는 장치

- **팽창재(expansive additive)** : 시멘트와 물의 수화반응에 의해 에트린자이트 또는 수산화칼슘 등을 생성하고 모르타르 또는 콘크리트를 팽창시키는 작용을 하는 혼화 재료

- **펌퍼빌리티(pumpability)** : 콘크리트 펌프에 의해 굳지 않은 콘크리트 또는 모르타르를 압송할 때의 운반성

- **포스트텐션 방식(post-tension)** : 콘크리트가 굳은 후에 긴장재에 인장력을 주고 부재의 양단(兩端)에서 정착시켜 프리스트레스를 주는 방법

- **포졸란(pozzolan)** : 혼화재의 일종으로서 그 자체에는 수경성이 없으나 콘크리트 중의 물에 용해되어 있는 수산화칼슘과 상온에서 천천히 화합하여 물에 녹지 않는 화합물을 만들 수 있는 실리카질 물질을 함유하고 있는 미분말 상태의 재료

- **표준양생(standard curing)** : KS F 2403의 규정에 따라 제작된 콘크리트 강도시험용 공시체를 (20 ± 2)°C의 온도로 유지하면서 수중 또는 상대 습도 95 % 이상의 습윤 상태에서 양생하는 것

- **품질관리(quality control)** : 사용 목적에 합치한 콘크리트 구조물을 경제적으로 만들기 위해 공사의 모든 단계에서 실시하는 콘크리트의 품질 확보를 위한 효과적이고 조직적인 기술 활동

- **프리스트레스(prestress)** : 상시하중, 지진하중 등의 하중에 의한 응력을 상쇄하도록 미리 계획적으로 도입된 콘크리트의 응력

- **프리스트레스트 콘크리트(prestressed concrete)** : 외력에 의하여 일어나는 응력을 소정의 한도까지 상쇄할 수 있도록 미리 인위적으로 그 응력의 분포와 크기를 정하여 내력을 준 콘크리트를 말하며, PS콘크리트 또는 PSC라고 약칭하기도 함

- **프리스트레스힘(prestressing force)** : 프리스트레싱에 의하여 부재단면에 작용하고 있는 힘

- **프리캐스트 콘크리트 골조구조(precast concrete frame structure)** : 프리캐스트 콘크리트 보 및 기둥부재로 접합 조립하여 구성한 구조방식

- **프리캐스트 콘크리트 입체구조(precast concrete unit box structure)** : 프리캐스트 바닥판 및 벽판을 일체로 구성한 입체식 구조방식

- **프리캐스트 콘크리트판 구조(precast concrete panel structure)** : 프리캐스트 콘크리트 바닥판 및 벽판 등을 유효하게 접합 조립하여 구성한 구조방식

- **프리텐션방식(pre-tension)** : 긴장재에 먼저 인장력을 가한 후 콘크리트를 쳐서 프리스트레스를 주는 방법

- **피복두께(cover thickness)** : 철근 표면에서 이를 감싸고 있는 콘크리트 표면까지의 최단거리

- **한중 콘크리트(cold weather concrete)** : 콘크리트 타설 후의 양생기간에 콘크리트가 동결할 우려가

있는 시기에 시공되는 콘크리트

- **해수의 작용을 받는 콘크리트** : 해수 또는 해수입자로 인해 성능저하작용을 받을 우려가 있는 부분의 콘크리트

- **허용오차(tolerance)** : 부재의 치수, 강도 등 규정된 조건으로부터 허용된 부재의 제작 및 조립의 오차

- **현장 배합(mix proportion at job site, mix proportion in field)** : 시방배합(계획 조합)의 콘크리트가 얻어지도록 현장에서 재료의 상태 및 계량방법에 따라 정한 배합

- **현장봉함양생** : 공사현장에서 콘크리트 공시체 온도가 기온의 변화에 따르도록 하면서 콘크리트 공시체 제작부터 시험시까지 밀봉이 잘 되는 금속 캔, 플라스틱 용기 또는 폴리에틸렌 필름 등을 사용하거나 액상으로 도포하여 막을 형성함으로써 콘크리트 공시체로부터 수분의 증발을 막는 양생

- **현장수중양생** : 공사현장에서 기온의 변화에 따라 수온이 변하는 타설된 콘크리트 옆 수조에서 행하는 콘크리트 공시체의 양생

- **현장치기 콘크리트(cast-in-place concrete)** : 공사현장에서 배합하여 만들어내는 콘크리트로 프리캐스트 구조에서는 부재 접합용 또는 덧침용으로 사용됨

- **현장양생** : 구조체 콘크리트의 품질기준강도 적합성 확인, 거푸집 및 동바리 해체시기의 결정, 한중 콘크리트의 초기 양생 혹은 계속 양생의 중단 시기 결정을 위해 구조체 콘크리트의 강도를 추정하기 위한 목적으로 사용하는 현장 콘크리트 공시체를 대상으로 타설된 구조체 콘크리트와 동일조건(KCI-CT118)으로 이루어지는 양생

- **호칭강도(nominal strength)** : 레디믹스트 콘크리트 주문시 KS F 4009의 규정에 따라 사용되는 콘크리트 강도로서, 구조물 설계에서 사용되는 설계기준압축강도나 배합 설계 시 사용되는 배합강도와는 구분되며, 기온, 습도, 양생 등 시공적인 영향에 따른 보정값을 고려하여 주문한 강도($f_{cn}$)

- **혼화 재료(admixture)** : 콘크리트 등에 특별한 성질을 주기 위해 반죽 혼합 전 또는 반죽 혼합 중에 가해지는 시멘트, 물, 골재 이 외의 재료로서 혼화재와 혼화제로 분류

- **혼화재(mineral admixture)** : 혼화 재료 중 사용량이 비교적 많아서 그 자체의 부피가 콘크리트 등의 비비기 용적에 계산되는 광물질 재료

- **혼화제(chemical admixture, chemical agent)** : 혼화 재료 중 사용량이 비교적 적어서 그 자체의 부피가 콘크리트 등의 비비기 용적에 계산되지 않는 재료

- **화학적 침식(chemical attack)** : 산, 염, 염화물 또는 황산염 등의 침식 물질에 의해 콘크리트의 용해·열화가 일어나거나 침식 물질이 시멘트의 조성 물질 또는 강재와 반응하여 체적팽창에 의한 균열이나 강재 부식, 피복의 박리를 일으키는 현상

- **PS강재(prestressing steel)** : 프리스트레스 콘크리트에 작용하는 긴장용의 강재

# 39 특수 콘크리트, 철근, 거푸집·동바리 용어 정의

## ■ 경량골재 콘크리트

- **경량골재(lightweight aggregate)** : 일반 골재보다 낮은 밀도를 가지는 골재로서 KS F 2527에서는
  발생원에 따라 천연경량골재, 인공경량골재, 바텀애시경량골재로 분류함

- **천연경량골재(natural lightweight aggregate)** : 경석, 화산암, 응회암 등과 같은 천연재료를 가공
  한 골재로, KS F 2527에서는 천연경량잔골재(NLS, natural lightweight sand)와 천연경량굵은골
  재(NLG, natural lightweight gravel)로 구분함

- **인공경량골재(artificial lightweight aggregate)** : 고로슬래그, 점토, 규조토암, 석탄회, 점판암과
  같은 원료를 팽창, 소성, 소괴하여 생산되는 골재로, 인공경량잔골재(ALS, artificial lightweight
  sand)와 인공경량굵은골재(ALG, artificial lightweight gravel)로 구분함

- **바텀애시경량골재(bottom ash lightweight aggregate)** : 화력발전소에서 발생되는 바텀애시를 가공
  한 골재로 잔골재(BLS, bottom ash lightweight sand)의 형태인 것

- **부립률(float ratio)** : 일반적으로 경량골재 입자의 크기가 클수록 밀도가 감소하는데, 품질관리를
  위해 정의한 경량골재 중 물에 뜨는 입자의 백분율

- **프리웨팅(pre-wetting)** : 경량골재를 건조한 상태로 사용하면 경량골재 콘크리트의 제조 및 운반
  중에 물을 흡수하므로, 이를 줄이기 위해 경량골재를 사용하기 전에 미리 흡수시키는 조작

- **경량골재 콘크리트(lightweight aggregate concrete)** : 골재의 전부 또는 일부를 경량골재를 사용하
  여 제조한 콘크리트로 기건 단위질량이 2,100kg/m³ 미만인 것

- **모래경량 콘크리트(sand lightweight concrete)** : KDS 14 20 10 또는 ACI 318-14에서 경량콘크리
  트계수를 정의하기 위해 사용하는 분류법으로, 잔골재는 일반 골재(또는 일반골재와 경량골재 혼
  용)를 사용하고, 굵을 골재를 경량골재로 사용한 콘크리트를 지칭함

- **전경량 콘크리트(all-lightweight concrete)** : KDS 14 20 10 또는 ACI 318-14에서 경량콘크리트계
  수를 정의하기 위해 사용하는 분류법으로, 잔골재와 굵은골재 모두를 경량골재로 사용한 콘크리트
  를 지칭하며 경량골재 콘크리트 2종에 해당함

- **기건 단위질량(air-dry density)** : KS F 2462에서 정의한 경량골재 콘크리트의 단위질량으로, 경량
  골재 콘크리트 공시체를 (16 ~ 27)℃의 온도로 수분의 증발이나 흡수가 없이 7일간 양생한 후 온도

(23±1)°C와 상대습도 (50±5)%에서 21일간 건조시킨 공시체로 측정한 단위질량

- **평형상태밀도(equilibrium density)** : ASTM C 567에서 정의한 경량골재 콘크리트의 단위질량으로, 현장에서의 양생 조건이 제시되어 있지 않은 경우 경량골재 콘크리트 공시체를 (16 ~ 27)°C의 온도로 수분의 증발이나 흡수가 없이 7일간 양생하고, (23±2)°C에서 24시간 침지시킨 후 온도 (23±2)°C와 상대습도 (50±5)%에서 건조시킨 공시체의 질량 변화가 0.5% 이하가 되었을 때 측정한 단위질량

- **절건 단위질량(oven-dry density)** : KS F 2462에서 간이 시험법으로 정의한 경량골재 콘크리트의 노건조 질량으로, 경량골재 콘크리트 공시체를 (16 ~ 27)°C의 온도로 수분의 손실을 막고 24시간 저장한 후 탈형하여 72시간 동안 (105±5)°C에서 건조시키고 실내 온도로 식혀서 측정한 단위질량

- **절건상태밀도(oven-dry density)** : ASTM C 567에서 정의한 경량골재 콘크리트의 단위질량으로, 경량골재 콘크리트 공시체를 24에서 32시간 저장한 후 탈형하여 (110±5)°C에서 처음 72시간 동안 건조시키고 1시간 이내에서 실내 온도로 식힌 공시체의 질량 변화가 24시간 동안 0.5% 이하가 되었을 때 측정한 단위질량

## ■ 순환골재 콘크리트

- **산지(place of production)** : 순환골재 제조 전의 폐콘크리트 발생지
- **순환골재(recycled aggregate)** : 건설폐기물을 물리적 또는 화학적 처리과정 등을 통하여 순환골재 품질기준에 적합하게 만든 골재

## ■ 섬유보강 콘크리트

- **섬유보강 콘크리트(fiber reinforced concrete)** : 보강용 섬유를 혼입하여 주로 인성, 균열 억제, 내충격성 및 내마모성 등을 높인 콘크리트
- **섬유 혼입률(fiber volume fraction)** : 섬유보강 콘크리트 $1m^3$ 중에 포함된 섬유의 용적백분율(%)

## ■ 폴리머 시멘트 콘크리트

- **시멘트 개질용 폴리머 또는 폴리머 혼화재(polymer for cement modifier, polymeric admixture)** : 시멘트 페이스트, 모르타르 및 콘크리트의 개질을 목적으로 사용하는 시멘트 혼화용 폴리머 분산제 및 재유화형 분말수지의 총칭

- **시멘트 혼화용 재유화형 분말수지(redispersible polymer powder)** : 시멘트 혼화용 폴리머(또는 폴리머 혼화재)의 일종으로 고무라텍스 및 수지 에멀션에 안정제 등을 첨가한 것을 건조시켜 얻은 재유화가 가능한 분말형 수지

- **시멘트 혼화용 폴리머 분산제(polymer dispersion)** : 시멘트 혼화용 폴리머(또는 폴리머 혼화재)의

일종으로 수중에 입경 (0.05 ~ 1)$\mu$m의 폴리머 미립자가 분산되어 있는 것으로, 미립자가 고무인 경우를 라텍스(latex), 합성수지의 경우를 에멀션(emulsion)이라 함

- **폴리머 시멘트 모르타르(polymer-modified mortar, PMM 또는 polymer-cement mortar, PCM)** : 결합재로 시멘트와 시멘트 혼화용 폴리머(또는 폴리머 혼화재)를 사용한 모르타르

- **폴리머 시멘트비(polymer-cement ratio, P/C)** : 폴리머 시멘트 페이스트, 모르타르 및 콘크리트에 있어서 시멘트에 대한 시멘트 혼화용 폴리머 분산제 및 재유화형 분말수지에 함유된 전 고형분의 질량비

- **폴리머 시멘트 콘크리트(polymer-modified concrete, PMC 또는 polymer-cement concrete, PCC)** : 결합재로 시멘트와 시멘트 혼화용 폴리머(또는 폴리머 혼화재)를 사용한 콘크리트

- **폴리머 시멘트 페이스트(polymer-modified paste, PMP 또는 polymer-cement paste, PCP)** : 결합재로 시멘트와 시멘트 혼화용 폴리머(또는 폴리머 혼화재)를 사용한 페이스트

## ■ 팽창 콘크리트

- **팽창재(expansive additive)** : 시멘트와 물의 수화반응에 의해 에트린자이트 또는 수산화칼슘 등을 생성하고 모르타르 또는 콘크리트를 팽창시키는 작용을 하는 혼화 재료

- **팽창 콘크리트(expansive concrete)** : 팽창재 또는 팽창시멘트의 사용에 의해 팽창성이 부여된 콘크리트

## ■ 수밀 콘크리트

- **균열저감제(crack reducing agent)** : 콘크리트의 블리딩을 저감시키고, 시공 후 수화과정에서 콘크리트의 결함부를 충전하는 불용성 혹은 난용성 화합물을 생성시켜 소성수축, 건조수축 등에 대한 저항성을 향상시킴으로써 수축균열을 억제하는 기능성 혼화 재료

- **수밀 혼화재(waterproofing admixture)** : 콘크리트의 수밀성을 보다 높게 향상시키기 위한 목적으로 사용하는 콘크리트용 혼화재

- **수밀성(watertightness)** : 투수성이나 투습성이 작은 성질

- **수밀콘크리트(watertight concrete)** : 수밀성이 큰 콘크리트 또는 투수성이 작은 콘크리트

- **콜드조인트(cold joint)** : 먼저 타설된 콘크리트와 나중에 타설된 콘크리트 사이에 완전히 일체화가 되어있지 않은 이음

- **팽창재(expansive additive)** : 시멘트와 물의 수화반응에 의해 에트린자이트 또는 수산화칼슘 등을 생성하고 모르타르 또는 콘크리트를 팽창시키는 작용을 하는 혼화 재료

- **포졸란(pozzolan)** : 혼화재의 일종으로서 그 자체에는 수경성이 없으나 콘크리트 중의 물에 용해되

어 있는 수산화칼슘과 상온에서 천천히 화합하여 물에 녹지 않는 화합물을 만들 수 있는 실리카질 물질을 함유하고 있는 미분말 상태의 재료

## ■ 유동화 콘크리트

• **베이스 콘크리트(base concrete)** : 유동화 콘크리트를 제조할 때 유동화제를 첨가하기 전 기본배합의 콘크리트, 숏크리트의 습식 방식에서 사용하는 급결제를 첨가하기 전의 콘크리트

• **유동화제(plasticizer)** : 배합이나 굳은 후의 콘크리트 품질에 큰 영향을 미치지 않고 미리 혼합된 베이스 콘크리트에 첨가하여 콘크리트의 유동성을 증대시키기 위하여 사용하는 혼화제

• **유동화 콘크리트(superplasticized concrete)** : 미리 비빈 베이스 콘크리트에 유동화제를 첨가하여 유동성을 증대시킨 콘크리트

## ■ 고유동 콘크리트

• **결합재(binder)** : 물과 반응하여 콘크리트의 강도 발현에 기여하는 물질을 생성하는 것의 총칭으로 시멘트, 고로 슬래그 미분말, 플라이 애시 및 실리카 품 등을 함유하는 것

• **고유동 콘크리트(high fluidity concrete)** : 굳지 않은 상태에서 재료 분리 없이 높은 유동성을 가지면서 다짐 작업 없이 자기 충전이 가능한 콘크리트

• **분체(powder)** : 시멘트, 고로 슬래그 미분말, 플라이 애시 및 실리카 품 등과 같은 반응성을 가진 것과 석회석 미분말과 같이 반응성이 없는 무기질 미분말 혼합물의 총칭

• **슬럼프 플로(slump flow)** : KS F 2594에 의거 슬럼프 플로 시험을 실시하고 난 후 원형으로 넓게 퍼진 콘크리트의 지름(최대 직경과 이에 직교하는 직경의 평균)으로 굳지 않은 콘크리트 유동성을 나타낸 값

• **슬럼프 플로 도달시간(reaching time of slump flow)** : 슬럼프 플로 시험에서 소정의 슬럼프 플로에 도달(일반적으로 500mm)하는데 요하는 시간

• **유동성(fluidity)** : 중력이나 밀도에 따라 유동하는 정도를 나타내는 굳지 않은 콘크리트의 성질

• **자기 충전성(self-compacting ability)** : 콘크리트를 타설할 때 다짐 작업 없이 자중만으로 철근 등을 통과하여 거푸집의 구석구석까지 균질하게 채워지는 정도를 나타내는 굳지 않은 콘크리트의 성질

• **재료 분리 저항성(resistance to segregation)** : 중력이나 외력 등에 의한 재료 분리 작용에 대하여 콘크리트 구성재료 분포의 균질성을 유지시키려는 굳지 않은 콘크리트의 성질

• **증점제(viscosity-modifying agent)** : 굳지 않은 콘크리트의 재료 분리 저항성을 증가시키는 작용을 갖는 혼화제

## ■ 고강도 콘크리트

• **고강도콘크리트(high strength concrete)** : 설계기준압축강도가 보통 콘크리트에서 40MPa 이상, 경량 콘크리트에서 27MPa 이상인 콘크리트

• **폭렬(explosive fracture)** : 화재 시 급격한 고온에 의해 내부 수증기압이 발생하고, 이 수증기압이 콘크리트의 인장강도보다 크게 되면 콘크리트 부재 표면이 심한 폭음과 함께 박리 및 탈락하는 현상

## ■ 방사선 차폐용 콘크리트

• **방사선 차폐용 콘크리트(radiation shielding concrete)** : 주로 생물체의 방호를 위하여 $X$선, $\gamma$선 및 중성자선을 차폐할 목적으로 사용되는 콘크리트

## ■ 한중 콘크리트

• **한중 콘크리트** : 타설일의 일평균기온이 4℃ 이하 또는 콘크리트 타설 완료 후 24시간 동안 일최저기온 0℃ 이하가 예상되는 조건이거나 그 이후라도 초기동해 위험이 있는 콘크리트

• **급열양생(heat curing)** : 양생기간 중 어떤 열원을 이용하여 콘크리트를 가열하는 양생

• **단열양생(insulating curing)** : 단열성이 높은 재료로 콘크리트 주위를 감싸 시멘트의 수화열을 이용하여 보온하는 양생

• **예상평균기온(estimated average air temperature)** : 기상청 통계 데이터로부터 산출된 10년간 기온 평년값, 한중 콘크리트의 경우 초기보온양생 기간 동안의 구조체 콘크리트 표면 위치에서의 예상양생온도와 그 이후 목표 재령까지의 예상외기온도의 합으로부터 구한 평균온도

• **일평균기온(daily average temperature)** : 하루(00~24시) 중 3시간별로 관측한 8회 관측값(03, 06, 09, 12, 15, 18, 21, 24시)을 평균한 기온

• **초기 동해(early frost damage)** : 응결 및 경화의 초기에 받는 콘크리트의 동해

• **피복양생(surface-covered curing)** : 시트 등을 이용하여 콘크리트의 표면 온도를 저하시키지 않는 양생

• **현장봉함양생(sealed curing at job site)** : 공사현장에서 콘크리트 온도가 기온의 변화에 따르도록 하면서 콘크리트 공시체 제작부터 시험 시까지 밀봉이 잘 되는 금속 캔, 플라스틱 용기 또는 폴리에틸렌 필름 등을 사용하거나 액상으로 도포하여 막을 형성함으로써 콘크리트 공시체로부터 수분의 증발을 막는 양생

## ■ 서중 콘크리트

• **서중 콘크리트(hot weather concreting)** : 높은 외부기온으로 인하여 콘크리트의 슬럼프 또는 슬럼프 플로 저하나 수분의 급격한 증발 등의 우려가 있을 경우에 시공되는 콘크리트로서 하루 평균기온이 25℃를 초과 또는 최고온도가 30℃를 초과하는 것이 예상되는 경우 타설되는 경우 서중 콘크리트로 시공함

## ■ 매스 콘크리트

- **관로식 냉각(pipe-cooling)** : 매스 콘크리트의 시공에서 콘크리트를 타설한 후 콘크리트의 내부온도를 제어하기 위해 미리 묻어 둔 파이프 내부에 냉수 또는 공기를 강제적으로 순환시켜 콘크리트를 냉각하는 방법으로 포스트 쿨링(post-cooling)이라고도 함

- **급열 양생(heat curing)** : 양생 기간 중 어떤 열원을 이용하여 콘크리트를 보온하여 시행하는 양생

- **내부구속(internal restraint)** : 콘크리트 단면 내의 온도 차이에 의한 변형의 부등분포에 의해 발생하는 구속작용

- **단열온도상승곡선(adiabatic temperature rise curve)** : 단열상태에서 시간에 따른 콘크리트 배합의 온도상승량을 도시한 곡선으로서 콘크리트의 수화발열 특성을 나타냄.

- **매스 콘크리트(mass concrete)** : 부재 혹은 구조물의 치수가 커서 시멘트의 수화열에 의한 온도 상승 및 강하를 고려하여 설계·시공해야 하는 콘크리트

- **보온 양생(insulation curing)** : 단열성이 높은 재료 등으로 콘크리트 표면을 덮어 열의 방출을 적극 억제하여 시멘트의 수화열을 이용해서 필요한 온도를 유지하고 부재의 내부와 표면의 온도차이를 저감하는 양생

- **선행 냉각(pre-cooling)** : 매스 콘크리트의 시공에서 콘크리트를 타설하기 전에 콘크리트의 온도를 제어하기 위해 얼음이나 액체질소 등으로 콘크리트 원재료를 냉각하는 방법

- **수축·온도철근(shrinkage-temperature reinforcement)** : 수축과 온도 변화에 의한 균열을 억제하기 위해 쓰이는 철근

- **수축이음(contraction joint)** : 온도균열 및 콘크리트의 수축에 의한 균열을 제어하기 위해서 구조물의 길이 방향에 일정 간격으로 단면 감소 부분을 만들어 그 부분에 균열이 집중되도록 하고, 나머지 부분에서는 균열이 발생하지 않도록 하여 균열이 발생한 위치에 대한 사후 조치를 쉽게 하기 위한 이음으로 수축줄눈, 균열유발이음, 균열유발줄눈이라고도 함

- **수평 시공이음(horizontal construction joint)** : 콘크리트를 타설할 때 작업성이나 온도균열의 제어를 고려하여 설계되는 수평의 시공이음

- **시공이음(construction joint)** : 콘크리트를 여러 번 분할 시공할 때 발생하는 이음으로서 설계할 때는 연속된 구조체로 취급됨

- **신축이음(expansion joint)** : 구조물의 신축에 대응하기 위해 설치하는 이음

- **연직 시공이음(vertical construction joint)** : 콘크리트를 타설할 때 작업성이나 온도균열의 제어를 고려하여 설계되는 연직의 시공이음

- **온도균열지수(thermal crack index)** : 매스 콘크리트의 균열 발생 검토에 쓰이는 것으로, 콘크리트의 인장강도를 온도에 의한 인장응력으로 나눈 값

- **온도제어양생(temperature-controlled curing)** : 콘크리트를 타설한 후 일정 기간 콘크리트의 온도

를 제어하는 양생

- **외부구속(external restraint)** : 새로 타설된 콘크리트 블록의 온도에 의한 자유로운 변형이 외부로부터 구속되는 작용

## ■ 수중 콘크리트

- **공기 중 제작 공시체(specimen of anti-washout concrete cast in air)** : KS F 2403에서 규정하고 있는 거푸집을 사용하여 공기 중에서 수중 불분리성 콘크리트를 충전하여 제작한 공시체

- **수중 불분리성 콘크리트(anti-washout concrete under water)** : 수중 불분리성 혼화제를 혼합함에 따라 재료 분리 저항성을 높인 수중 콘크리트

- **수중 불분리성 혼화제(anti-washout admixture)** : 콘크리트의 점성을 증대시켜 수중에서도 재료 분리가 생기지 않도록 하는 혼화제

- **수중유동거리(underwater moving distance)** : 콘크리트를 타설할 때 타설 위치로부터 주위로 향하여 콘크리트가 유동한 거리

- **수중 제작 공시체(specimen of anti-washout concrete cast in water)** : KCI-CT102에서 규정하고 있는 거푸집에 수중 불분리성 콘크리트를 수중에서 낙하시켜 제작한 공시체

- **수중 콘크리트(underwater concrete)** : 담수 중이나 안정액 중 혹은 해수 중에 타설되는 콘크리트

- **수평 환산거리(converted horizontal distance)** : 콘크리트의 배관이 수직관, 밴트관, 튜브관, 유연성이 있는 호스 등을 포함하는 경우에, 이들을 모두 수평 환산길이에 의해 수평관으로 환산하여 배관 중의 수평관 부분과 합한 전체의 거리

## ■ 해양 콘크리트

- **간만대 지역(tidal zone)** : 평균 간조면에서 평균 만조면까지의 범위

- **내구성(durability)** : 시간의 경과에 따른 구조물의 성능 저하에 대한 저항성

- **내동해성(freeze thaw resistance)** : 동결융해의 되풀이 작용에 대한 저항성

- **물보라 지역(비말대)(splash zone)** : 평균 만조면에서 파고의 범위

- **방청제(corrosion inhibitor)** : 콘크리트 중의 강재가 사용재료 속에 포함되어 있는 염화물에 의해 부식되는 것을 억제하기 위해 사용하는 혼화제

- **알칼리골재반응(alkali aggregate reaction)** : 알칼리와의 반응성을 가지는 골재가 시멘트, 그 밖의 알칼리와 장기간에 걸쳐 반응하여 콘크리트에 팽창균열, 팝아웃(pop out)을 일으키는 현상

- **에폭시 도막철근(epoxy coated bar)** : 에폭시를 정전 분사한 이형철근 및 원형철근

- **프리캐스트콘크리트(precast concrete)** : 콘크리트가 굳은 후에 제자리에 옮겨 놓거나 또는 조립하

는 콘크리트 부재를 말함

- **해양대기중(marine atmosphere)** : 물보라의 위쪽에서 항상 해풍을 받는 열악한 환경
- **해양환경(marine exposure)** : 해양환경은 해안선을 기준으로 바다 쪽을 해상부, 육지 쪽을 해안 지역이라 구분하여, 해수 접촉부위별로 해양대기 중 물보라 지역, 간만대 지역, 해중으로 구분함
- **해양 콘크리트(offshore concrete)** : 항만, 해안 또는 해양에 위치하여 해수 또는 바닷바람의 작용을 받는 구조물에 쓰이는 콘크리트
- **화학적 침식(chemical attack)** : 산이나 황산염 등의 침식물질에 의해 콘크리트의 용해·열화 현상

## ■ 프리플레이스트 콘크리트

- **골재의 실적률(solid volume percentage of aggregate)** : 용기에 채운 골재의 절대 용적을 그 용기의 용적으로 나눈 값의 백분율
- **굵은 골재 최소치수(minimum size of coarse aggregate)** : 질량비로 95% 이상 남는 체 중에서 최대 치수인 체의 호칭치수로 나타낸 굵은 골재의 치수
- **프리플레이스트 콘크리트(preplaced concrete)** : 미리 거푸집 속에 특정한 입도를 가지는 굵은 골재를 채워놓고, 그 간극에 모르타르를 주입하여 제조한 콘크리트
- **팽창재(expansive agent)** : 주입 모르타르에 혼입하여 팽창작용을 일으키는 무기 또는 유기 혼화 재료

## ■ 숏크리트

- **급결제(accelerator)** : 터널 등의 숏크리트에 첨가하여 뿜어 붙인 콘크리트의 응결 및 조기의 강도를 증진시키기 위해 사용되는 혼화제
- **노즐(nozzle)** : 일정한 방향을 가지고 콘크리트를 압축 공기와 함께 뿜어붙이기 면에 토출시키기 위한 압송호스 선단의 통
- **숏크리트(shotcrete, sprayed concrete)** : 컴프레셔 혹은 펌프를 이용하여 노즐 위치까지 호스 속으로 운반한 콘크리트를 압축공기에 의해 시공면에 뿜어서 만든 콘크리트
- **숏크리트 타설 작업원(nozzle man)** : 숏크리트의 타설을 전문적으로 하는 기술자로 소정의 교육을 수료한 자
- **영구 지보재(permanent support)** : 숏크리트의 내구성을 확보하고 장기하중에 대한 안정성을 확보하며, 우수한 수밀성을 가지게 하거나 뿜어붙임 형식의 방수 멤브레인(sprayable waterproofing membrane) 또는 PCL(precast concrete lining) 등을 적용하여 숏크리트 층과 2차 콘크리트 라이닝 사이의 방수시트를 생략할 수 있도록 하여 숏크리트가 영구적인 구조물로 역할을 하도록 하는 지보재
- **용접철망(welded steel wire fabrics)** : 콘크리트 보강용 용접망으로서 철근이나 철선을 직각으로 교차시켜 각 교차점을 전기저항용접한 철선망

- **임시 지보재(temporary support)** : 터널 및 지하공간 구조물의 조기 안정화와 초기 및 중간 기간의 하중에 대하여 안전성 확보를 목적으로 한 지보재

- **토출배합(mix proportion at the outlet of a nozzle)** : 숏크리트에 있어서 실제로 노즐로부터 뿜어 붙여지는 콘크리트의 배합으로 건식방법에서는 노즐에서 가해지는 수량 및 표면수를 고려하여 산출되는 숏크리트의 배합

- **휨인성(flexural toughness)** : 균열 발생 후 구조부재가 하중을 지지할 수 있는 에너지 흡수 능력

## ■ 프리캐스트 콘크리트

- **공작도면(shop drawing)** : 프리캐스트 콘크리트 부재와 부속 연결철물, 프리캐스트 콘크리트의 생산과 현장 조립 등을 나타내는 도면

- **공장 제품(factory product)** : 관리된 공장에서 계속적으로 제조되는 프리캐스트(PC) 및 프리스트레스트(PSC) 콘크리트 제품

- **성형(molding)** : 굳지 않은 콘크리트를 거푸집에 채워 넣고 다져서 프리캐스트 콘크리트의 모양을 만드는 것

- **오토클레이브 양생(autoclave curing)** : 고온·고압의 증기솥 속에서 상압보다 높은 압력과 고온의 수증기를 사용하여 실시하는 양생

- **증기 양생(steam curing)** : 높은 온도의 수증기 속에서 실시하는 촉진 양생

- **촉진 양생(accelerated curing)** : 온도를 높게 하거나 높은 압력을 가하여 콘크리트의 경화나 강도의 발현을 빠르게 하는 양생

- **탈형(stripping)** : 콘크리트를 부어 넣은 후 일정한 기간이 경과한 다음, 거푸집으로부터 프리캐스트 콘크리트 부재를 떼어내는 공정

- **탈형 강도(stripping strength)** : 탈형할 때의 콘크리트 압축강도

## ■ 프리스트레스트 콘크리트

- **그라우트(grout)** : PS 강재의 인장 후에 덕트 내부를 충전시키기 위해 주입하는 재료

- **덕트(duct)** : 프리스트레스트 콘크리트를 시공할 때 긴장재를 배치하기 위해 미리 콘크리트 속에 설치하는 관

- **솟음(camber)** : 보나 트러스 등에서 그의 정상적 위치 또는 형상으로부터 상향으로 구부려 올리는 것 또는 구부려 올린 크기

- **프리스트레스(prestress)** : 하중의 작용에 의해 단면에 생기는 응력을 소정의 한도로 상쇄할 수 있도록 미리 계획적으로 콘크리트에 주는 응력

- **프리스트레스트 콘크리트**(prestressed concrete) : 외력에 의하여 일어나는 응력을 소정의 한도까지 상쇄할 수 있도록 미리 인공적으로 그 응력의 분포와 크기를 정하여 내력을 준 콘크리트를 말하며, PS 콘크리트 또는 PSC라고 약칭하기도 함
- **프리스트레싱**(prestressing) : 프리스트레스를 주는 일
- **프리스트레싱 힘**(prestressing force) : 프리스트레싱에 의하여 부재단면에 작용하고 있는 힘
- **프리캐스트 콘크리트**(precast concrete) : 콘크리트가 굳은 후에 제자리에 옮겨 놓거나 또는 조립하는 콘크리트 부재를 말하며 PC 콘크리트라고 약칭하기도 함
- **PS 강재**(prestressing steel) : 프리스트레스트 콘크리트에 작용하는 긴장용의 강재로 긴장재 또는 텐던이라고도 함

## ■ 노출 콘크리트

- **모따기**(chamfering) : 날카로운 모서리 또는 구석을 비스듬하게 깎는 것
- **외장용 노출 콘크리트**(architectural formed concrete) : 부재나 건물의 내외장 표면에 콘크리트 그 자체만이 나타나는 제물치장으로 마감한 콘크리트
- **요철**(reveal) : 노출 콘크리트 시공 후 모르타르나 매트릭스에서 돌출된 굵은 골재의 정도(projection)를 말함
- **흠집**(blemish) : 경화한 콘크리트의 매끄럽고 균일한 색상의 표면에 눈에 띄는 표면 결함

## ■ 합성구조 콘크리트

- **강·콘크리트 샌드위치 부재**(steel-concrete sandwich member) : 두 장의 강판을 강재로 연결하여 그 사이를 콘크리트로 충전한 구조 부재
- **강·콘크리트 합성구조**(composite structure) : 강재 단일 부재 혹은 조립 부재를 철근콘크리트 속에 배치하거나 외부를 감싸게 하여 강재와 철근콘크리트가 합성으로 외력에 저항하는 구조
- **콘크리트 충전 강관 기둥**(concrete filled tubular column) : 원형 또는 각주형의 강관 속에 콘크리트를 충전한 기둥

## ■ 철근공사

- **가스 압접 이음**(gas press welding) : 철근의 단면을 산소-아세틸렌 불꽃 등을 사용하여 가열하고 기계적 압력을 가하여 용접한 맞댐 이음
- **가외철근** : 콘크리트의 건조수축, 온도변화, 기타의 원인에 의하여 콘크리트에 일어나는 인장응력에 대비하여 가외로 더 넣는 보조적인 철근
- **강재**(steel) : 철을 주성분으로 하는 구조용 탄소강의 총칭으로서, 철근콘크리트용 봉강, 프리스트

레스용 강재, 형강, 강판 등을 포함한다.

- **고임재(chair)** : 수평으로 배치된 철근 혹은 프리스트레스용 강재, 쉬스 등을 정확한 위치에 고정하기 위하여 쓰이는 콘크리트제, 모르타르제, 금속제, 플라스틱제 등의 부품

- **균형철근비(balanced reinforcement ratio)** : 인장철근이 설계기준항복강도에 도달함과 동시에 압축연단 콘크리트의 변형률이 극한 변형률에 도달하는 단면의 인장철근비

- **기계적이음(mechanical splice)** : 나사를 가지는 슬리브 또는 커플러, 에폭시나 모르타르 또는 용융 금속 등을 충전한 슬리브, 클립이나 편체 등의 보조장치 등을 이용한 이음으로 1등급(잔류변형량 0.3mm 이하)과 2등급(잔류변형량 0.3mm 초과 0.6mm 이하), 3등급(잔류변형량 0.6mm 초과 1.0mm 이하)으로 구분함

- **배력철근(distributing bar)** : 집중하중을 분포시키거나 균열을 제어할 목적으로 주철근과 직각에 가까운 방향으로 배치한 보조철근

- **부철근** : 부모멘트에 의하여 생긴 인장응력에 대하여 배치하는 철근

- **사인장철근** : 철근 콘크리트 보에 하중 작용으로 인해 사인장 균열이 발생하며 균열은 휨균열과 달리 주로 전단응력에 지배되어 갑작스러운 파괴를 유발하므로 이를 방지하기 위하여 전단(보강)철근을 배근해야 한다. 이때 보에 배치하는 전단철근을 복부철근 또는 사인장철근이라 함

- **옵셋 굽힘철근** : 기둥연결부에서 단면치수가 변하는 경우에 배치되는 구부린 주철근

- **용접철망(welded steel wire fabric)** : 콘크리트 보강용 용접망으로서 철근이나 철선을 직각으로 교차시켜 각 교차점을 전기저항 용접한 철선망

- **유효깊이(effective depth of section)** : 콘크리트 압축연단부터 모든 인장철근군의 도심까지 거리

- **유효단면적(effective section area)** : 유효깊이에 유효폭을 곱한 면적

- **이형철근(deformed reinforcement)** : 표면에 리브와 마디 등의 돌기가 있는 봉강으로서 KS D 3504에 규정되어 있는 이형철근 또는 이와 동등한 품질과 형상을 가지는 철근

- **정착길이(development length)** : 위험단면에서 철근 또는 긴장재의 설계기준항복강도를 발휘하는 데 필요한 최소 묻힘 길이

- **정철근** : 정모멘트에 의하여 생긴 인장응력에 대하여 배근하는 철근

- **조립용 철근(erection bar)** : 철근을 조립할 때 철근의 위치를 확보하기 위하여 쓰는 보조적인 철근

- **주철근** : 철근콘크리트 부재의 설계에서 하중작용에 의해 생긴 단면력에 대하여 소요단면적을 산출한 철근

- **철근(reinforcement, bar, rebar)** : 콘크리트를 보강하기 위해 콘크리트 속에 배치되는 봉 형상의 강재

- **철근콘크리트(reinforced concrete)** : 외력에 대해 철근과 콘크리트가 일체로 거동하게 하고, 규정된 최소 철근량 이상으로 철근을 배치한 콘크리트

- **축방향철근** : 부재축 방향으로 배치하는 철근

- **표피철근(skin reinforcement)** : 주철근이 단면의 일부에 집중 배치된 경우일 때 부재의 측면에 발생 가능한 균열을 제어하기 위한 목적으로 주철근 위치에서부터 중립축까지의 표면 근처에 배치하는 철근을 말한다.

- **피복 두께(cover thickness)** : 철근 콘크리트 또는 철골철근 콘크리트 단면에서 최외측의 철근, 긴장재, 강재표면과 콘크리트부재 표면까지의 최단거리

- **횡방향철근** : 부재축에 직각방향으로 배근하는 철근으로 기둥부재의 띠철근이나 보 부재의 스터럽 등

## ■ 거푸집 및 동바리

- **거푸집(formwork, form, mold)** : 콘크리트 구조물이 필요한 강도를 발현할 수 있을 때까지 구조물을 지지하여 구조물의 형상과 치수를 설계도서대로 유지시키기 위한 가설구조물의 총칭

- **거푸집 긴결재(form-tie)** : 기둥이나 벽체거푸집과 같이 마주보는 거푸집에서 거푸집널을 일정한 간격으로 유지시켜 주는 동시에 콘크리트 측압을 최종적으로 지지하는 역할을 하는 인장부재로 매립형과 관통형으로 구분됨

- **동바리, 받침기둥(support, shore or staging)** : 거푸집 및 콘크리트의 무게와 시공하중을 지지하기 위하여 설치하는 부재 또는 작업 장소가 높은 경우 발판, 재료 운반이나 위험물 낙하 방지를 위해 설치하는 임시 지지대

- **솟음(camber)** : 보, 슬래브 및 트러스 등에서 그의 정상적 위치 또는 형상으로부터 처짐을 고려하여 상향으로 들어 올리는 것 또는 들어 올린 크기

- **U헤드** : 멍에에 가해진 하중을 동바리로 전달하기 위하여 동바리 상부에 정착하여 사용하는 U 형태의 연결 지지재

- **간격재** : 거푸집 간격유지와 철근 또는 긴장재나 쉬스가 소정의 위치와 간격을 유지시키기 위하여 쓰이는 콘크리트, 모르타르제, 금속제, 또는 플라스틱 부품

- **거푸집** : 콘크리트 구조물이 필요한 강도를 발현할 수 있을 때까지 구조물을 지지하여 구조물의 형상과 치수를 설계도서대로 유지시키기 위한 가설구조물의 총칭

- **거푸집 긴결재(form tie)** : 기둥이나 벽체 거푸집과 같이 마주보는 거푸집에서 거푸집 널을 일정한 간격으로 유지시켜 주는 동시에 콘크리트 측압을 최종적으로 지지하는 역할을 하는 인장부재로 매립형과 관통형으로 구분

- **거푸집 널** : 거푸집의 일부로써 콘크리트에 직접 접하는 목재나 금속 등의 판류

- **동바리** : 타설된 콘크리트가 소정의 강도를 얻기까지 고정하중 및 작업하중 등을 지지하기 위하여 설치하는 부재 또는 작업 장소가 높은 경우 발판, 재료 운반이나 위험물 낙하 방지를 위해 설치하는 임시 지지대

- **멍에** : 장선과 직각방향으로 설치하여 장선을 지지하며 거푸집 긴결재나 동바리로 하중을 전달하는 부재

- **모인 옹이 지름비** : 부재의 길이 중 15cm 이내에 집중되어 있는 각 옹이 지름의 합계를 부재폭에 대하여 나눈 백분율

- **박리제(form oil)** : 콘크리트표면에서 거푸집 널을 떼어내기 쉽게 하기 위하여 미리 거푸집 널에 도포하는 물질

- **솟음(camber)** : 보, 슬래브 및 트러스 등에서 그의 정상적 위치 또는 형상으로부터 처짐을 고려하여 상향으로 들어 올리는 것 또는 들어올린 크기

- **시스템 동바리(prefabricated shoring system)** : 수직재, 수평재, 가새재 등 각각의 부재를 공장에서 미리 생산하여 현장에서 조립하여 거푸집을 지지하는 지주 형식의 동바리와 강제 갑판 및 철재트러스 조립보 등을 이용하여 수평으로 설치하여 지지하는 보 형식의 동바리를 지칭함

- **옹이 지름비** : 옹이가 있는 재면에서 부재의 나비에 대한 옹이 지름의 백분율

- **장선** : 거푸집 널을 지지하여 멍에로 하중을 전달하는 부재

- **포스트텐셔닝(post tensioning)** : 콘크리트의 경화 후 사전에 매설한 쉬스관을 통하여 PS 강재(강선)에 인장력을 주는 것

- **폼라이너(formliner)** : 콘크리트 표면에 문양을 넣기 위하여 거푸집 널에 별도로 부착하는 부재

- **폼행거(form hanger)** : 콘크리트 상판을 받치는 보 형식의 동바리재를 영구 구조물의 보 등에 매다는 형식으로 사용하는 부속품

- **갱 폼(gang form)** : 평면상 상·하부 동일 단면 구조물에서 외부벽체 거푸집과 작업발판용 케이지(cage)를 일체로 제작하여 사용하는 대형 거푸집

- **슬립 폼(slip form)** : 수직으로 연속되는 구조물을 시공조인트 없이 시공하기 위하여 일정한 크기로 만들어져 연속적으로 이동시키면서 콘크리트를 타설하는 공법에 적용하는 거푸집

- **요크(yoke)** : 수직 슬립 폼에 있어서 콘크리트의 측압을 지탱해 주며, 거푸집 하중, 시공하중 등을 잭(jack)에 전달하는 부재

- **요크빔(yoke beam)** : 요크에 걸린 하중이 잭(jack)으로 전달될 수 있도록 요크와 요크를 연결해 주는 보

- **잭로드(jack rod)** : 요크빔에 의해 전달되는 하중을 기 타설된 하부의 콘크리트로 전달하는 수직부재로, 잭이 이동하는 레일과 같은 역할을 하는 슬립 폼의 부속품

- **클라이밍 폼(climbing form)** : 이동식 거푸집의 일종으로써, 인양방식에 따라 외부 크레인의 도움 없이 자체에 부착된 유압구동장치를 이용하여 상승하는 자동상승 클라이밍 폼(self climbing form) 방식과 크레인에 의해 인양되는 방식으로 구분

- **테이블 폼(flying table form)** : 바닥 슬래브의 콘크리트를 타설하기 위한 거푸집으로써 거푸집 널, 장선, 멍에, 서포트를 일체로 제작 부재화하여 크레인으로 수평 및 수직 이동이 가능한 거푸집

Chapter

# 02

# 토공

**Professional Engineer**
**Civil Engineering Execution**

# 01 흙의 기본적 성질

## I. 개요

1. 흙은 토립자(고체)를 중심으로 하여 그 사이에 물(액체), 공기(기체)의 3상으로 구성되어 있으며 이를 흙의 삼상이라 한다.
2. 흙은 구성요소의 체적과 중량에 따라 성질이 크게 변화한다.

## II. 흙의 주상도 및 용어

### 1. 흙의 주상도

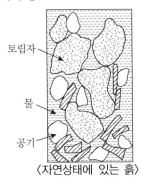

〈자연상태에 있는 흙〉

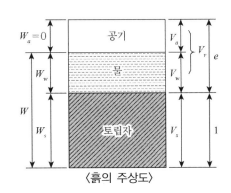

〈흙의 주상도〉

### 2. 간극비(Void Ratio, $e$)

(1) 토립자의 용적에 대한 간극의 용적비

(2) $e = \dfrac{V_v(\text{간극의 용적})}{V_s(\text{토립자의 용적})}$

(3) 간극비가 크면 투수계수가 증가, 전단강도 감소

### 3. 포화도(Degree of Saturation, $S$)

(1) 간극의 용적에 대한 물의 용적 백분율

(2) $S = \dfrac{V_w(\text{물의 용적})}{V_v(\text{간극의 용적})} \times 100\%$

| $S$ | 흙의 함수량 |
|---|---|
| 50% 미만 | 함수량이 적은 흙 |
| 50~80% | 함수량이 많은 흙 |
| 80~100% | 거의 포화된 흙 |

(3) 포화된 흙 $S=100\%$, 완전건조된 흙 $S=0\%$

## 4. 함수비(Water Content, $\omega$)

(1) 토립자 중량에 대한 물중량의 백분율

(2) $\omega = \dfrac{W_\omega(\text{물의 중량})}{W_s(\text{토립자의 중량})} \times 100\%$

(3) 함수비의 영향으로 사질토 $\phi$, 점성토 $C$ 감소

## 5. 단위중량

(1) 습윤단위중량

$$\gamma = \frac{W(\text{자연상태 흙의 중량})}{V(\text{용적})}$$

(2) 건조단위중량

$$\gamma_d = \frac{W_s(\text{흙의 노건조 후 단위중량})}{V(\text{용적})}$$

(3) 포화단위중량($\gamma_{sat}$), 수중단위중량($\gamma_{sub}$) 등

## 6. 상대밀도($D_r$)

(1) 조립토의 느슨하고 조밀한 상태 비교 판단

(2) $D_r = \dfrac{e_{\max} - e}{e_{\max} - e_{\min}} \times 100\%$

여기서, $e_{\max}$ : 가장 느슨한 상태의 간극비

$e_{\min}$ : 가장 조밀한 상태의 간극비

$e$ : 자연상태의 간극비

| 구분 | 가장 느슨 | 가장 조밀 |
|---|---|---|
| $D_r$ | 0% | 100% |
| $\gamma_d$ | $\gamma_{d\min}$ | $\gamma_{d\max}$ |
| $e$ | $e_{\max}$ | $e_{\min}$ |

⟨$D_r$, $\gamma_d$, $e$ 상관관계⟩

┤ 참조 ├

**상대밀도**

$$D_r = \frac{e_{\max} - e}{e_{\max} - e_{\min}} \times 100\% = \frac{\gamma_d - \gamma_{d\min}}{\gamma_{d\max} - \gamma_{d\min}} \times \frac{\gamma_{d\max}}{\gamma_d} \times 100\%$$

**상대밀도의 활용**

| $D_\gamma$ | 1/3 이하 | 1/3~2/3 | 2/3 이상 |
|---|---|---|---|
| 상태 | 느슨한 상태 | 보통의 상태 | 조밀한 상태 |

## III. Atterberg 한계(흙의 연경도, Consistency)

### 1. 연경도와 Atterberg 한계

함수량 증감에 따른 흙의 성질 변화를 흙의 연경도라 하고 각각의 변화 한계를 Atterberg 한계라 함

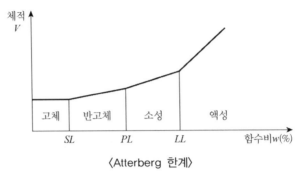

⟨Atterberg 한계⟩

### 2. 액성한계(Liquid Limit, $LL$)

흙이 소성 상태로부터 액성 상태로 변하는 순간의 함수비

### 3. 소성한계(Plastic Limit, $PL$)

흙이 반고체 상태로부터 소성 상태로 변하는 순간의 함수비

### 4. 수축한계(Shrinkage Limit, $SL$)

(1) 흙이 고체 상태로부터 반고체 상태로 변하는 순간의 함수비

(2) 수축한계보다 함수비가 줄어도 수축이 없이 용적이 일정

### 5. 소성지수(Plastic Index, $I_p$)

(1) 흙이 소성 상태로 존재할 수 있는 함수비의 범위, 쉽게 모양을 변형시킬 수 있는 범위

(2) $I_p = LL - PL$

(3) 소성지수의 활용

    ① 세립토의 흙분류에 이용

    ② 전단강도의 증가율 추정

    ③ 흙의 안정성 판단에 이용

    ④ 활성도 산출에 이용

| 토질 | 모래 | Silt | 점토 |
|------|------|------|------|
| $I_p$(%) | 0 | ≒10 | ≒50 |

⟨토질에 따른 소성지수⟩

### 6. 연경지수(Consistency Index, $I_c$)

(1) 흙의 안정성을 판단하는 지수

(2) $I_c = \dfrac{LL - \omega}{LL - PL} = \dfrac{LL - \omega}{I_p}$

(3) $I_c$에 따른 상태 구분

| $I_c$ | 0 이하 | 0~1 | 1 이상 |
|---|---|---|---|
| 상태 | 액상<br>(불안정) | 소성상 | (반)고체상<br>(안정) |

(4) 흙의 분류, 안정성 판단, 강도 파악 등에 이용

## IV. 입도(입경가적곡선)

### 1. 체분석 후 균등계수($C_u$), 곡률계수($C_g$)로서 입도의 양부를 판정

### 2. 입도양호조건

(1) 균등계수 $C_u = \dfrac{D_{60}}{D_{10}} > 10$

(2) 곡률계수 $C_g = \dfrac{(D_{30})^2}{D_{10} \times D_{60}} = 1 \sim 3$

여기서, $D_{10}$, $D_{30}$, $D_{60}$ 통과중량백분율 10%, 30%, 60%에 해당하는 입경

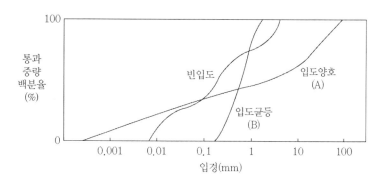

### 3. 비교

| 구분 | 입도 | $C_u$ | 기울기 | 다짐효과 | 공극 | 투수성 |
|---|---|---|---|---|---|---|
| A곡선 | 양호 | 크다 | 완만 | 크다 | 작다 | 작다 |
| B곡선 | 불량 | 작다 | 급함 | 작다 | 크다 | 크다 |

## 4. 흙의 분류, 재료의 적부, 투수계수, Grouting 주입성 판단 등에 이용

┈┤ 참조 ├┈┈┈┈┈┈┈┈┈┈┈┈┈┈┈┈┈┈┈┈┈┈┈┈┈┈┈┈┈┈┈┈

**입도양호(양입도, Well Graded)**

입경이 넓은 범위로 골고루 섞여 있는 상태로 입도분포곡선이 완만하고 오목한 모양을 나타냄

**입도분석방법 : 체가름시험법, 침강분석법**

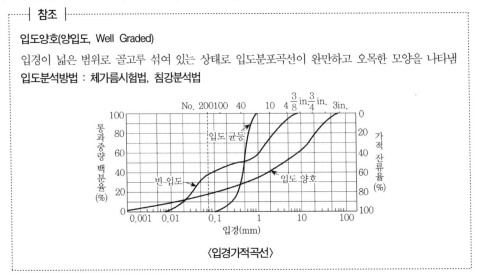

〈입경가적곡선〉

# V. 결론

1. 흙은 일반적으로 무기질로서 고체인 흙 입자, 액체인 물, 기체인 공기 등 3가지 성분으로 구성되어 있다.
2. 이러한 흙의 성질을 정확히 파악하여 토공사에 활용하여야 한다.

# 02 토질조사

## I. 개요

1. 토질조사는 토공사 및 기초설계의 가장 기본이 되는 조사로써 흙의 성질, 토층의 구성 및 두께, 지하수위 등을 파악하기 위하여 실시한다.
2. 흙의 성질을 정확히 파악하여 안전하고 경제적인 설계 및 시공이 되도록 요구되는 정보에 대해 조사를 하여야 한다.

## II. 순서

┌─────────┐    ┌─────────┐    ┌─────────┐    ┌─────────┐
│ 예비조사 │ →  │ 현장조사 │ →  │ 본조사 │ →  │ 추가조사 │
└─────────┘    └─────────┘    └─────────┘    └─────────┘

### 1. 예비조사
(1) 자료의 수집, 검토를 통한 개략적 조사
(2) 지형도, 지질도, 항공사진, 재해·기상기록, 과거 공사기록 등

### 2. 현장조사
(1) 중요한 관찰대상의 현장에서 필요한 사항을 조사
(2) 지질·토질 상태, 지하수 상황, 특수지대, 기존 시설 상황 등

### 3. 본조사
기초지반 안정상태, 흙의 공학적 성질 등 토질·지반의 종합적 판단

### 4. 추가조사
본조사 후 보완자료에 대해 추가로 조사

┌─┤ 참조 ├──────────────────────────────────────────────┐
토질조사의 필요성
• 구조물 기초의 형태·크기 선택, 기초의 지지력 산정, 구조물의 예상침하량 산정
• 지하수위 확인, 지하구조물에 대한 토압 산정, 지층의 심도와 지반 상태에 따른 시공법 결정
└──────────────────────────────────────────────────────┘

## Ⅲ. 원위치 시험

### 1. 지하탐사법

(1) 짚어보기

$\phi$9mm 철봉을 지중에 삽입, 지반의 경연 정도 파악

(2) 터파보기

기구를 이용 구멍을 파본 후 관찰하는 방법

(3) 물리적 탐사법

① 지반의 구성층 및 지층변화의 심도 등을 파악하는 방법

② 탐사방법 및 원리

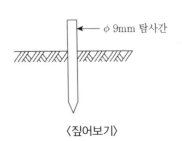

〈짚어보기〉

| 구분 | CT탐사 | GPR탐사 | TSP탐사 | 전기비저항탐사 |
|------|--------|---------|---------|----------------|
| 원리 | 탄성파분석 | 전자파분석 | 탄성파분석 | (전류)전위차분석 |

### 2. Sampling

(1) 지반의 토질 판별 등을 위한 시료를 채취하는 것

(2) 샘플러의 면적비를 기준으로 교란시료와 불교란시료로 구분

| 구분 | 교란시료 | 불교란시료 |
|------|----------|------------|
| 면적비($A_r$) | 10% 이상 | 10% 미만 |
| 적용 | 단위중량, 입도, 함수비, Atterberg 한계 시험 등 | 직접전단강도, 일축압축강도, 삼축압축강도, 투수 시험 등 |

---| 참조 |---

**Sampler 면적비**

$$A_\gamma = \frac{D_o^2 - D_e^2}{D_e^2} \times 100(\%)$$

여기서, $A_\gamma$ : 면적비, $D_o$ : 샘플러의 외경, $D_e$ : 샘플러의 내경(날끝경)

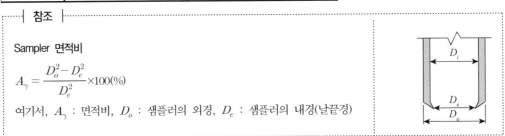

### 3. Boring

(1) 목적 : 토질의 관찰, 샘플채취, 지하수위 조사, 토질주상도 작성 등

(2) 종류 : 오거식 보링, 수세식 보링, 충격식 보링, 회전식 보링

(3) 일반적으로 SPT, Vane Test 등 다른 지반조사법과 병용

(4) 보링 심도 : 지반조건, 구조물의 종류, 기초 형식 등 고려 적용

### 4. 지지력시험

(1) 얕은기초(지반)의 평판재하시험(PBT, KS F 2444)

① 지반 위에 평판에 재하하여 하중–침하관계로부터 기초지반의 허용지지력을 파악하기 위한 시험

② 시험 Flow

$$\boxed{\text{지반정리}} \rightarrow \boxed{\text{평판, 재하장치 등 설치}} \rightarrow \boxed{\text{단계별 재하, 침하량 측정}}$$
$$\rightarrow \boxed{\text{결과분석}}$$

③ 주의사항

㉮ 1회 재하하중은 시험 목표하중의 1/8로 적용, 누계적으로 재하

㉯ 10분당 침하량이 0.05mm/min 미만이거나 15분간 침하량이 0.01mm/min 이하 시 다음 단계 재하

㉰ Scale effect 고려

④ 재하판 크기에 따른 영향 : $K_{30}=2.2K_{75}$, $K_{30}=1.3K_{45}$

┈┈┊ **참조** ┊┈┈

**PBT(도로의 평판재하시험, KS F 2310)**

• 재하평판을 지반 위에 놓고 일정한 속도로 하중을 가하여 작용하중과 침하량을 구하여 지반의 지반반력계수($K$)를 구하는 시험

• 지반반력계수($K$) $= \dfrac{\text{시험하중}(kN/m^2)}{\text{침하량}(mm)} (MN/m^3)$

• 단계별 재하하중 35kN/m²

• 지지력 판정기준

| 구분 | Asp포장 보조기층 | Con'c포장 보조기층 | 구조물 뒷채움부 | |
|---|---|---|---|---|
| | | | 보조기층 재료 사용 | 양질토사 사용 |
| 침하량 | 2.5mm | 1.25mm | 2.5mm | 2.5mm |
| 기준치($K$) | 294 이상 | 196 이상 | 294(300) 이상 | 150 이상 |

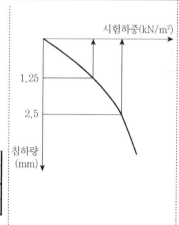

(2) CBR

① 관입법에 의한 노상토의 지지력비 결정방법으로서 도로나 활주로의 포장두께 산정에 사용됨

② 지지력비 : 어떤 관입깊이에서 시험단위 하중의 표준단위하중에 대한 비를 말함

③ CBR$= \dfrac{\text{시험하중}}{\text{표준하중}} \times 100\%$
$= \dfrac{\text{시험단위하중}}{\text{표준단위하중}} \times 100\%$

┈┈┊ **참조** ┊┈┈

**관입량에 따른 표중하중, 표준단위하중값**

| 관입량 | 표준단위하중(MN/m²) | 표준하중(kN) |
|---|---|---|
| 2.5mm | 6.9 | 13.4 |
| 5.0mm | 10.3 | 19.9 |

**CBR의 종류**

• 실내 CBR : 수침CBR(재료선정), 수정 CBR(포장두께설계에 적용)

• 현장 CBR(노상토 지지력 확인)

(3) 말뚝재하시험

① 타입된 말뚝에 재하하여 하중–침하 관계로부터 말뚝의 허용지지력을 파악하기 위한 시험

② 시험 Flow

| 타입말뚝 상부 재하장치 설치 | → | 단계별 재하, 침하량 측정 | → | 결과분석 |

## 5. Sounding

(1) Rod 선단에 부착한 저항체를 흙속에 관입·회전·인발하여 저항 정도로서 지반의 상태를 파악하는 시험법, 보통 보링과 병행하여 실시한다.

(2) 표준관입시험(SPT)

① Rod 선단에 샘플러를 부착 후 63.5kg의 해머로 76cm의 높이에서 타격하여 샘플러가 30cm 관입될 때까지의 타격횟수($N$치)를 구하는 시험

② 주로 사질지반에 적용

③ $N$치 보정항목 : Rod 길이, 토질, 상재하중 등

| $N$ | 0~4 | 4~10 | 10~30 | 30~50 | 50 이상 |
|---|---|---|---|---|---|
| $D_r$ | 0~15 | 15~35 | 35~65 | 65~85 | 85~100 |
| 지반상태 | 대단히 느슨 | 느슨 | 보통 | 조밀 | 대단히 조밀 |

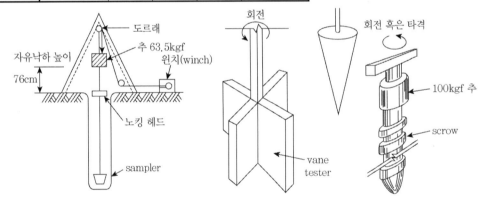

(3) Vane Test

① Rod 선단에 장착된 십자형 날개(Vane)를 지중에 압입한 후 회전시켜 점성토의 전단강도를 구하는 방법

② 보통 연약점토 지반에 적용

(4) Cone 관입시험

① 강봉선단의 원추체를 땅 속에 관입시켜 원위치 지반토에 대한 저항치를 측정하는 시험

② $q_c(\text{N/cm}^2) = \dfrac{Q_c(\text{콘하중, N})}{A_c(\text{콘의 밑면적, cm}^2)}$

③ 사질토와 점성토 모두에 적용 가능

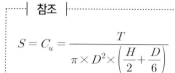

> **참조**
>
> $$S = C_u = \frac{T}{\pi \times D^2 \times \left(\dfrac{H}{2} + \dfrac{D}{6}\right)}$$
>
> 여기서, $C_u$ : 점착력(kN/cm²)
>
> $T$ : 회전저항모멘트(N·cm)
>
> $D$ : 날개의 폭(cm)
>
> $H$ : 날개의 높이(cm)

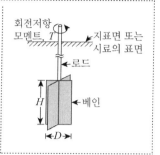

# IV. 실내시험

## 1. Atterberg 한계

흙은 함수량 변화에 따라 그 상태가 변화하게 되는데 각각의 변화한계를 Atterberg 한계라 함(수축한계, 소성한계, 액성한계 등)

## 2. 입도분석

(1) 체분석, 침강분석에 의해 흙의 입경, 분포를 이용해서 입경가적곡선을 작성하여 분석

(2) $C_u = \dfrac{D_{60}}{D_{10}} > 10,\ C_g = \dfrac{(D_{30})}{D_{10} \times D_{60}} = 1 \sim 3$

## 3. 강도시험

(1) 종류 : 직접전단시험, 1축압축시험, 3축압축시험 등

(2) $S = C + \bar{\sigma}\tan\phi$

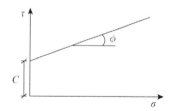

## 4. 투수, 압밀 시험

## 5. (실내) 다짐시험

실내 다짐곡선을 그려 OMC(최적함수비), $\gamma_{d\max}$ 등을 결정

# V. 결론

1. 토질조사는 흙의 성질을 정확히 파악하여 안전하고 경제적인 설계 및 시공이 되도록 하는데 있어 가장 중요한 요소이다.

2. 공사 전 철저한 토질조사를 통해 본 공사 시 발생할 수 있는 문제점을 파악, 설계에 반영하여 본 공사가 원활히 진행되도록 하여야 한다.

## 03 단지토공 착공 전 사전 조사할 사항

## I. 개요

1. 토공사 착공 전 설계도서의 적정성, 토질, 주변 환경, 장애물 등에 대한 조사 및 검토가 필요하다.
2. 사전조사를 철저히 하여 합리적이고 효율적인 토공사가 진행되도록 하여야 한다.

> ─┤ 참조 ├─
>
> **사전조사 전 확인사항**
>
> 지형도, 지질도, 항공 측량사진, 인근 공사실적, 지하매설물·지상장애물 분포도 등

## II. 사전 조사할 사항

### 1. 토질조사

(1) 토공사의 계획 자료, 구조물의 기초 적합성 등을 파악

(2) 토질의 특성, 지층의 구성, 시료의 채취

(3) 지반조사 Flow

예비조사 → 본조사 → 추가조사

(4) 예비조사

① 지질, 토질조사의 자료 검토

② 지질도, 지형도 확인

③ 공사기록, 재해기록, 기상기록 등의 검토

(5) 본조사

① 물리적 탐사

| 구분 | CT탐사 | GPR탐사 | TSP탐사 | 전기비저항탐사 |
|------|--------|---------|---------|----------------|
| 원리 | 탄성파분석 | 전자파분석 | 탄성파분석 | (전류)전위차분석 |

② Sounding 시험 : SPT, Vane Test, Cone 관입시험 등

③ 재하시험 : PBT, 말뚝재하시험 등

④ Boring, Sampling : 지하수위, 지층의 분포, 시료의 채취 등

⑤ 실내시험

㉮ 물리적 특성 시험 : 입경, 함수비, Atterberg 한계, 단위중량

㉯ 역학적 특성 시험 : 강도, 투수, 압밀 등

(6) 추가조사 : 본조사의 보완을 위해 실시

## 2. 현장조건

(1) 현장 및 주변의 공사 장애요소 확인

(2) 가설 용지 확인

(3) 지하매설물

(4) 지상물

(5) 임시 공사용 도로 : 필요 여부 검토, 인근 교통의 피해 고려

(6) 기존시설 및 지반의 보호 : 기존 시설 중 이설 및 보호 대상의 검토

## 3. 설계도서의 검토

(1) 수량의 증감, 계산 착오 등 Check

(2) 현장과 미일치 사항 확인

## 4. 토량의 배분

(1) 설계도서의 토량 배분 검토

(2) 토공량, 운반거리 등 Check

(3) 토공기종의 선정, 공종별 장비 조합 등

## 5. 토취장, 사토장 조사

(1) 토량, 토질, 운반조건, 주변상황

(2) 보상비, 복구조건 등

## 6. 환경 영향 조사

(1) 소음, 진동, 분진 등의 영향

(2) 지하수 오염, 고갈

(3) 문화재 보호

(4) 주변 관광지 등의 영향

## 7. 공법의 선정

토공사, 기초공사, 사면보강 공사 등 공법 적합성 검토

## Ⅲ. 결론

1. 사전조사를 통해 효율적이고 경제적인 토공사가 진행될 수 있도록 제반사항을 검토하여 세밀한 공사계획을 수립하여야 한다.
2. 사전조사는 기존의 자료, 설계도서, 현장조건과 주변상황 등을 종합적으로 검토하고, 특히 주변에 미치는 영향을 면밀히 분석하여 대책을 강구하여야 한다.

# 04 토취장, 사토장 선정 시 고려사항

## I. 개요

1. 토취장이란 성토재료를 얻기 위해 자연상태 토사를 채취하는 장소를 사토장은 현장에서 발생한 토석을 외부로 반출하여 처리하는 장소를 말한다.
2. 토취장, 사토장 선정 시 토질, 토량, 운반거리, 복구조건, 주변 환경 등을 고려하여야 한다.

## II. 고려사항

### 1. 토취장, 사토장의 위치
(1) 공사현장에서 근접한 곳
(2) 운반로 존재 여부

### 2. 사전조사
(1) 토취장, 사토장 운용에 따른 영향 검토
(2) 용지의 용도, 변경 필요 여부

### 3. 토취장, 사토장의 용량
(1) 요구토량과 필요토량 비교, 충분한지 검토
(2) 토취장의 종·횡단 측량, Boring 자료 이용 가용토량 산출
(3) 토량변화율의 고려
(4) 사토장의 사토 가능량

### 4. (토취장)토질
(1) 시방규정을 만족하는 재료
   ① $LL$, $I_p$
   ② $C_u > 10$, $C_g$ : 1~3
(2) 토질의 변화 상태 체크

(3) 조사 Flow : 예비조사 → 현장조사 → 본조사

   ① 예비조사 : 지형도·지질도, 항공사진, 입지조건, 보상 관련 조사 등

   ② 현장조사 : 지표·지하수 조사, Boring, Sampling 등

   ③ 본조사

      ㉮ 흙 분류 시험(입도, Atterberg 한계)

      ㉯ 토성시험(함수비, 비중, 건조밀도)

      ㉰ 강도시험(일축압축강도, 직접전단강도, 삼축압축강도 등)

## 5. 공해 발생
(1) 토취장, 사토장에서의 영향       (2) 운반과정에서의 영향

## 6. 경제성
(1) 용지보상, 운반비, 복구비용 등 고려

(2) 공사관리 요소(민원 등)들과 종합적으로 분석

## 7. 주변 구조물
(1) 토취장, 사토장 및 운반로 주변의 구조물 현황

(2) 장비운용에 따른 영향, 피해 예상 구조물

(단위 : dB)

| 구분 | 심야 | 조석 | 주간 |
|---|---|---|---|
| 주거지역 | 50 | 60 | 65 |
| 그 밖의 지역 | | 65 | 70 |

〈소음 규제 기준〉

## 8. 민원 예방
(1) 운반로의 교통 통제

(2) 비산먼지의 발생신고, 살수차 운용

(단위 : cm/sec(kine))

| 구분 | 문화재 | 주택·APT | 상가 | 공장 |
|---|---|---|---|---|
| 허용치 | 0.2 | 0.5 | 1.0 | 1.0~4.0 |

〈진동 규제 기준〉

## 9. 보상비
(1) 토취장, 사토장 개발에 따른 용지보상   (2) 소유자와 미연에 협의하여 처리

## 10. 배수조건
(1) 운용 간 강우에 따른 배수대책     (2) 강우 시 토취장, 사토장 안정성

(3) 가 배수로 등 설치 여부

## 11. 지형조건
(1) 절토, 성토에 적합한 지형 여부    (2) 개발에 따른 지형적 안정성

(3) 비탈면의 붕괴 대책

## 12. 문화재
(1) 문화재청에 문의

(2) 매립 문화재의 여부

### 13. 운반조건
(1) 운반거리와 운반방법
(2) 기존 도로의 활용 가능 여부, 교통량,
    도로의 폭, 포장상태 등
(3) 장비운용 시 제한사항

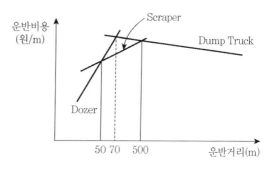

### 14. 복구조건
(1) 원상복구에 대한 조건, 소유자와 충분한 협의
(2) 용지의 활용 계획
(3) 비탈면의 안정성, 보호공의 방법

### 15. 시공성
(1) 작업의 용이성  (2) 지형조건을 고려한 작업방법

### 16. 제반 인허가권 취득
(1) 필요시 용지 변경, 벌목허가  (2) 비산먼지 발생신고 등

### 17. 토석정보공유시스템의 활용
(1) 성토·사토의 정보시스템으로 토석정보를 발주자, 설계자, 시공자 등이 조회·공유하는 시스템
(2) 타 현장과의 토석자원의 거래를 통한 자원의 재활용
(3) 공사비 절감, 토취장 개발을 감소시켜 자연환경보호

### 18. GIS(Geographic Information System) 활용
(1) 지리정보체계를 활용한 위치, 속성정보 등의 확인
(2) 토석의 수요지, 수급체계의 구축·활용
(3) 자원의 효율적 운용


## III. 결론

1. 토공사 시 토취장, 사토장의 운용은 공사에 미치는 영향이 크므로 위치, 운반, 보상 등의 조건
   을 검토하여 합리적인 선정과 운용이 필요하다.
2. 특히 토취장은 토질의 적합성을 철저히 파악할 필요가 있으며, 토취 후 용지의 활용계획의
   협의, 비탈면의 보호대책을 강구하여야 한다.

# 05 토공장비 선정 시 고려사항

## I. 개요

1. 토공사는 일반적으로 굴착, 적재, 운반, 포설, 다짐으로 구분하며 해당 공종의 최적의 장비를 선정하여 운용함으로써 작업효율을 극대화하여야 한다.
2. 토공장비는 장비의 용량·특성, 공사 종류·기간·물량·비용, 주변조건 등과 함께 적용되는 장비의 조합을 고려하여 선정하여야 한다.

## II. 조합의 원칙

### 1. 작업능력의 균형화
(1) 각 기계의 작업능력을 균등화하여 작업능력을 최대한 발휘
(2) 각 작업의 소요시간이 일정화되도록 관리
(3) 장비의 분업 작업 시 장비별 용량이 같도록 조합

### 2. 조합작업의 감소
(1) 일반적으로 분할되는 작업의 수가 증가하면 작업효율 저하
(2) 조합되는 장비별 작업효율을 고려한 조합 필요

### 3. 조합작업의 중복화(병렬화)
(1) 직렬작업을 병렬화하여 시공량을 증대
(2) 고장 등에 의한 타작업의 중단을 방지하여 손실의 위험 분산효과 유도

## III. 장비선정 시 고려사항

### 1. 공사 종류
(1) 공종별 특성에 맞는 적합한 장비 선정
(2) 토목공사의 종류 : 도로공사, 축제공사, 댐공사, 기초공사, 터널공사 등

(3) 토공사의 종류 : 굴착, 적재, 운반, 포설, 다짐

| 구분 | 굴착 | 적재 | 운반 | 포설 | 다짐 |
|------|------|------|------|------|------|
| 적용 장비 | Bulldozer<br>Backhoe | Pay Loader<br>Backhoe | Dump Truck<br>Bulldozer | Grader<br>Bulldozer | Roller<br>Compactor |

## 2. 토질

(1) 토질조건을 고려한 장비 선정

(2) 토질조건에 따른 장비선정은 Trafficability, Ripperability, 다짐장비의 적용성 등을 고려해야 한다.

 ① Trafficability 고려한 장비 적용

  ㉮ Trafficability는 Cone 지수에 의해 판정

  ㉯ 장비별 Trafficability 확보 최소 Cone 지수

| 장비 | 습지 Dozer | 중형 Dozer | 대형 Dozer | Dump Truck |
|------|-----------|-----------|-----------|-----------|
| $q_c$(N/cm$^2$) | 30 이상 | 40 이상 | 70 이상 | 130 이상 |

 ② Ripperability : 탄성파속도에 의해 Ripper 용량 적용

| 탄성파속도(km/sec) | 1.5 | 2.0 | 2.5 |
|------|------|------|------|
| Ripper 용량 | 21ton급 | 32ton급 | 43ton급 |

 ③ 토질별 다짐장비

| 구분 | 점성토 | 사질토 | 협소지역 |
|------|--------|--------|----------|
| 장비적용 | Bulldozer | 진동 Roller | Rammer, Tamper |

## 3. 경제성

(1) 운전경비가 적게 소요, 고장이 적고

(2) 유지보수가 용이한 것

(3) 조달이 쉽고 타 공사로의 전용이 쉬운 것

(4) 기계용량에 따른 시공량과 기계경비를 비교한 공사단가에 의해 기계를 선정

(5) 장비손료 고려 : 감가삼각비, 유지수리비, 관리비 등

## 4. 공사 규모, 기계 용량

(1) 대규모 공사는 대용량의 표준기계를 적용

(2) 소규모 공사는 소형장비, 임대장비, 인력에 의한 시공을 적용

(3) 대용량의 기계 : 시공능력이 증대되고 공사단가 싸지나 기계경비가 증가함

(4) 기계용량과 기계경비의 관계를 검토하여 최적 용량의 장비 적용

## 5. 운반거리

(1) 운반거리, 현장의 지형, 토공량, 토질 등 고려한 운반장비 선정

(2) 경제적 운반거리를 고려한 운반장비 선정

　　① 단거리(50m 이하) : Dozer

　　② 중거리(50~500m) : Scraper

　　③ 장거리(500m 이상) : Dump Truck

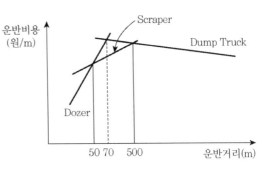

## 6. 특수기계 지양, 표준기계의 운용

(1) 특수기계는 구입, 임대가 어려워 적기 사용이 제한됨

(2) 특수기계는 가동률이 저조, 고장 시 정비 제한, 처분의 어려움 발생

(3) 표준기계와 비교

| 구분 | 특수기계 | 표준기계 |
|---|---|---|
| 조달(구입, 임대 등) | 어려움 | 용이 |
| 타공사로의 전용 | 제한 | 가능 |
| 유지관리(고장수리 등) | 많은 시간 필요(어려움) | 상대적으로 쉬움 |
| 부품 구입/가격 | 고가 | 저렴 |
| 전매 | 제한 | 용이 |

## 7. 범용성

(1) 보급도가 높고, 타작업으로의 운용이 용이한 장비 선정

(2) 특수기계 사용 시 타공사로 전용, 장비조합 등에 대한 사전 검토 필요

## 8. 안전성

(1) 결함이 적고, 성능이 검증된 장비의 선정

(2) 점검이 완료된 장비의 운용, 일상 보수점검 철저

## 9. 공해(환경성)

(1) 가급적 소음, 진동 등이 작은 장비의 적용

(2) 주변에 미치는 영향 최소화

## 10. 장비의 조합

(1) 주 작업 선정

(2) 주 작업의 작업능력(속도) 결정 후 주 작업 장비를 선정, 대수 결정

(3) 주 작업의 작업능력과 균형이 되게 후속작업의 기종 및 대수 결정

### 11. 현장 및 주변 조건

(1) 기상, 지반의 함수비

(2) 지형

(3) 교통, 접근성

## IV. 결론

1. 건설공사에 있어 장비의 선정, 운용은 작업의 속도와 비용에 직접적 영향을 미친다.
2. 현장의 조건과 장비의 특성, 공사의 규모 등을 고려하여 최적의 장비를 선정하고 장비조합을 효율적으로 하여 경제적이고 합리적인 기계화 시공이 되도록 해야 한다.

---

**⎯⎮ 참조 ⎮⎯**

**건설기계의 조합 시 고려 요소**

장비의 작업능력(작업량), 주 작업과 후속 작업의 작업능력(속도), 작업효율, Cycle Time, 토량환산계수, 시공성, 경제성, 안전성 등

**작업능력(작업량 산정)**

Sovel계 굴삭기 $Q = \dfrac{3600\,qfE}{C_m}$ , Bulldozer $Q = \dfrac{60\,qfE}{C_m}$

여기서, $Q$ : 시간당 작업량(m³/h), $q$ : 표준작업량(1회 작업량), $f$ : 토량환산계수, $E$ : 작업효율,
　　　　$C_m$ : 사이클 타임(Sovel계 굴삭기-sec, Bulldozer-min)

**작업효율($E$)**

$E = E_1$(작업능률계수) $\times E_2$(작업 시간율)

$E_1$(작업능률계수) $= \dfrac{\text{실시 시공량}}{\text{표준 시공량}}$ , $E_2$(작업 시간율) $= \dfrac{\text{실 작업시간}}{\text{운전시간}}$

**Cycle Time**

운반 장비가 1회 왕복 순환하는 작업에 요구되는 시간

$C_m = t_1 + t_2 + t_3 + t_4$

여기서, $C_m$ : 1회 사이클 타임, $t_1$ : 적재시간, $t_2$ : 왕복시간, $t_3$ : 적하시간, $t_4$ : 적재 대기시간

**토량환산계수($f$)**

동일한 토질이라도 본바닥 상태, 적재된 상태, 다짐 후의 상태가 달라 이를 고려한 토량을 구하는 데 사용하는 계수

$L = \dfrac{\text{흐트러진 상태의 토량}}{\text{본바닥에서의 토량}}$ , $C = \dfrac{\text{다져진 상태의 토량}}{\text{본바닥에서의 토량}}$

---

# 06 토질별 전단강도 특성

## I. 개요

1. 흙은 외력 증가에 따라 파괴가 일어난다. 흙이 파괴되지 않기 위해 저항하는 힘을 전단강도라 한다.
2. 토공사를 효율적으로 설계·시공하기 위해서는 토질별 전단특성을 이해하고 고려하여야 한다.
3. 일반적으로 사질토는 점성토에 비해 여러 가지 공학적 특성이 우수하다.

> ┤ 참조 ├
>
> **점성토와 사질토의 공학적 성질 비교**
>
> | 구분 | 전단강도 | 강도정수 | 압축성 | 투수성 | $I_p, e$ | 동상 |
> |------|----------|----------|--------|--------|----------|------|
> | 점성토 | 작다 | $C$가 크다 | 크다 | 작다 | 크다 | 크다 |
> | 사질토 | 크다 | $\phi$가 크다 | 작다 | 크다 | 작다 | 작다 |
>
> **흙의 종류에 따른 파괴포락선**
>
>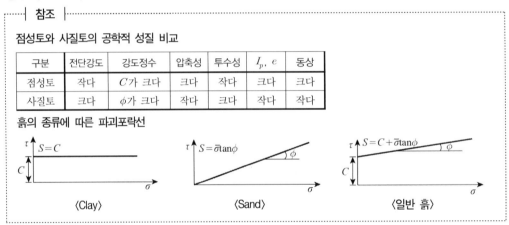
>
> 〈Clay〉　　〈Sand〉　　〈일반 흙〉

## II. 점성토의 특성

### 1. Heaving 현상

(1) 점토지반 굴착 시 굴착 배면토의 중량과 재하중의 영향에 의해 배면지반은 침하되고 굴착면이 부풀어 오르는 현상
(2) 발생원인 : 흙막이 벽 내외 흙의 중량차가 클 때, 흙막이 벽의 근입장 부족
(3) 방지대책 : 근입장 깊게, 약액주입 등으로 굴착저면 고결, 강성이 큰 흙막이 사용 등

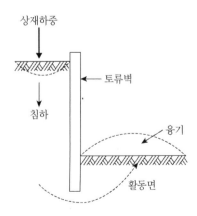

상재하중
토류벽
침하
융기
활동면

## 2. 압밀침하

(1) 지반에 하중이 가해져 과잉간극수압이 발생, 주변으로 소산되면서 지반이 침하하는 현상

    ① 1차 압밀 : 과잉간극수압이 소산하면서 발생

    ② 2차 압밀 : (1차 압밀 후) 점토의 Creep으로 입자가 재배치되면서 발생

(2) 압밀과 다짐 비교

| 구분 | 배출 | 시간 | 함수비 |
|------|------|------|--------|
| 압밀 | 간극수 | 장기간 | 변화 |
| 다짐 | 공기 | 단기(즉시) | 거의 없음 |

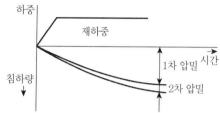

## 3. Thixotropy(강도회복) 현상

(1) 재성형한 점토시료(교란된 시료)를 함수비가 변화
되지 않은 상태에서 시간이 지남에 따라 강도의 일
부가 회복되는 현상

(2) Thixotropy 영향

    ① 말뚝타입 후 시간경과에 따른 지지력 변화

    ② 통과차량 횟수 증가에 따른 Trafficability 악화

(3) Thixotropy와 예민성

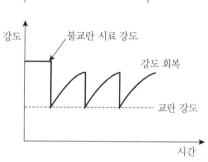

흙의 구조 :　면모구조　→　(예민성)　이산구조　→　(Thixotropy)　면모구조

> **┤ 참조 ├**
>
> **점성토의 구조**
>
> • 면모구조 : 점토입자의 두께에 비해 폭이나 길이가 너무 커서 대단히 느슨하게 엉키는 배열을 하는 구조,
> 강도 큼
>
> • 이산구조 : 점토가 현탁액 속에 가라앉을 때 서로 평평한 구조로 이루어진 구조, 강도 작음
>
> **Thixotropy(강도회복) 현상과 예민비 비교**
>
> | 구분 | 진행사항 | 흙의 구조 | 함수비 | 외력 |
> |------|---------|----------|--------|------|
> | 예민성 | 교란 | 이산 | 변동 없음 | 작용 |
> | Thixotropy | 경화 | 면모 | | 작용안함 |

## 4. 예민비

(1) 불교란시료와 교란시료의 일축압축강도비

(2) 예민비 $(S_t) = \dfrac{\text{자연상태 흙의 일축압축강도}(q_u)}{\text{교란시킨 흙의 일축압축강도}(q_{ur})}$

(3) 토질에 따른 예민비

| 예민비 | 4 이하 | 4~8 | 8~64 | 64 이상 |
|--------|--------|-----|-------|---------|
| 상태 | 저예민 | 예민 | Quick Clay | Extra Quick Clay |

┈┤ 참조 ├┈

**예민비의 영향**

- 점토지반 교란 시 강도 감소, 전압식 다짐 효과적
- 모래지반 교란 시 강도 증가, 진동식 다짐 효과적

**Quick Clay**

- 용탈(Leaching)현상에 의해 예민비가 큰 점토
- 진동·충격에 의해 액체처럼 크게 유동되며 지반붕괴가 쉽게 발생함

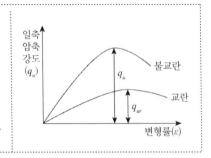

## 5. 부마찰력

(1) 점성토 지반에 타설한 말뚝에 있어서 연약층의 침하에 의하여 아래쪽으로 작용하는 주면마찰력이 작용

(2) 발생원인

    ① 지반 중 연약지반 존재 시, 침하 진행 중인 지역, Pile을 조밀하게 항타 시

    ② 지하수 흡상 지역, 지표면 과적재물 장기 적재 시

(3) 저감 대책

    ① 항타시공 전 지반개량, 말뚝표면적을 작게, Pile 표면 역청제 도포로 마찰력 감소

    ② 지표면 상재하중 제거, 조사 철저, 이중관말뚝 사용 등

## 6. 용탈(Leaching)현상

(1) 해성 점토가 담수에 의해 오랜 시간에 걸쳐 염분이 빠져나가 전단강도가 저하되는 현상

(2) Quick Clay의 주된 원인

# Ⅲ. 사질토의 특성

## 1. 상대밀도

(1) 조립토에서 토립자의 배열상태, 즉 조밀한 정도를 판단하는 기준

(2) 상대밀도의 활용 : N치, 내부마찰각 추정, 액상화 발생 가능성 여부 판단 등

(3) N치와 상대밀도

| $D_r$ | 0~15 | 15~35 | 35~65 | 65~85 | 85~100 |
|-------|------|-------|-------|-------|--------|
| $N$ | 0~4 | 4~10 | 10~30 | 30~50 | 50 이상 |
| 지반상태 | 대단히 느슨 | 느슨 | 보통 | 조밀 | 대단히 조밀 |

## 2. Dilatancy

(1) 전단응력에 의해 지반의 체적이 변화하는 현상

(2) 조밀한 모래 전단 시 체적 증대(+Dilatancy)

(3) 느슨한 모래 전단 시 체적 감소(-Dilatancy)

(4) 정(+)Dilatancy 발생 시 공극수압 감소

부(-)Dilatancy 발생 시 공극수압 증대

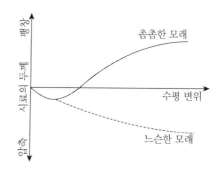

## 3. 액상화

(1) 느슨하고 포화된 사질지반이 진동·충격에 의해 간극수압이 상승하여 지반이 액체처럼 강도를 잃게 되는 현상

(2) $S = C + \overline{\sigma}\tan\phi = (\sigma - u)\tan\phi$에서 외력에 의한 모래지반의 체적감소로 간극수압이 증대, 유효응력이 감소되어 발생

(3) 대책 : 밀도 증가, 입도 개량 및 고결, 배수공법

(4) Quick Sand, Boiling, 액상화 비교

| 구분 | 외력 | 현상(규모) |
|---|---|---|
| Quick Sand | 수위차, 침투력에 의한 수직력 작용 | 전면적 |
| Boiling | | 국부적 |
| 액상화 | 지진, 진동에 의한 수평력 | 전면적 |

---

**| 참조 |**

**액상화의 영향**

| 구분 | 지반 | 구조물 |
|---|---|---|
| 영향 | 지지력 저하, 침하 | 침하, 경사, 전도 등 변형·파손 |

**액상화 가능성이 큰 지반**

• 지표면에서 지하수위가 2~3m 이내의 지반, $N \leq 20$의 느슨한 사질토 지반, 상대밀도($D_r$) $\leq 80\%$ 지반

• 소성지수($I_p$) $\leq 10$, 균등계수($C_u$) $\leq 5$인 지반, 점토성분 < 20%, 세립토 함유량 $\leq 20\%$인 지반

---

## 4. Boiling(Quick Sand, 분사현상)

(1) 사질토 기초지반에서 수두차에 의한 상향의 침투압력과 흙의 중량이 서로 같으면 유효응력이 0이 되어 전단강도를 상실하게 되어 흙이 위로 솟구쳐 오르는 현상

(2) 발생원인

① 흙막이의 근입장 부족, 흙막이 저면과 배면의 지하수위차 과다

② 굴착지반의 투수성이 클 때

(3) 방지대책

    ① 배수공법 적용 수위차 저하, 근입장 깊게

    ② 수밀성 흙막이 설치, 지반개량

(4) Boiling에 대한 안정성 검토

$$Fs = \frac{i_{cr}(한계동수경사)}{i(동수경사)} = \frac{\dfrac{Gs-1}{1+e}}{\dfrac{h}{L}} = \frac{(Gs-1)L}{(1+e)h} \geq 2.0$$

## 5. Piping

(1) 사질지반에서 흙막이 배면의 미립토사가 유실되면서 지반 내에 Pipe 모양의 수로가 형성되어 지반이 점차 파괴되는 현상을 말한다.

(2) 원인

    ① 지하수 과다, 피압수 존재, 흙막이 벽 차수성 부족

    ② 굴착면과 배면과의 수위차, Boiling 발생, 투수성 큰 지반, 흙막이 근입장 부족 등

(3) 대책 : 근입깊이 깊게, 배수공법 적용, 배면지반 Grouting 등

# Ⅳ. 결론

1. 흙의 전단강도는 지반의 지지력, 토압, 사면안정 등 흙의 안정상태를 파악하는 데 중요한 요소가 된다.
2. 점성토와 사질토는 흙이 가지는 전단특성이 다르므로 이를 조사, 시험 등을 통해 확인하고 적절한 시공대책이 수립되어야 한다.

# 07 흙의 다짐

## I. 개요

1. 다짐이란 흙에 외적 Energy를 가해 간극 내의 공기를 배출시켜 흙의 밀도를 증가시키는 과정을 말한다.
2. 실내시험을 통해 적합한 재료를 선정하고 다짐시공 간 철저한 품질관리를 통해 요구되는 특성을 확보하여야 한다.

## II. 다짐의 목적

1. 전단강도와 지지력의 증가
2. 압축성, 투수성의 감소
3. 잔류침하 최소화

## III. 다짐 Flow

(토취장 선정) → 실내 다짐시험 → 현장 시험시공 → 본공사 다짐 → 품질관리

## IV. 실내다짐시험

### 1. 방법

(1) 다짐 실시
(2) 단위중량, 함수비 측정
(3) 건조단위중량($\gamma_d$) 산출
(4) 함수비를 증가시키며 함수비와 $\gamma_d$ 확인
(5) 함수비와 $\gamma_d$ 관계 Graph 작도

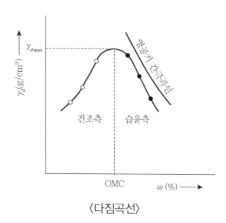

〈다짐곡선〉

## 2. 다짐곡선의 활용

(1) $\gamma_{d\max}$ : 현장 다짐도 판정 시 기준

(2) OMC(최적함수비) : 현장 다짐 시 함수비 관리 기준

## 3. 영공기 간극곡선

(1) 간극 속에 공기가 존재하지 않을 때 이론 최대 단위중량

(2) 다짐곡선은 반드시 영공기 간극곡선의 좌측에 위치

> ┤ 참조 ├
>
> $$\gamma_d = \frac{G_s \times \gamma_w}{1+e} = \frac{G_s \times \gamma_w}{1+\dfrac{w \times G_s}{S}} = \frac{\gamma_w}{\dfrac{1}{G_s} + \dfrac{w}{S}}$$
>
> 여기서, $\gamma_d$ : 건조밀도, $G_s$ : 흙의 비중, $\gamma_w$ : 물의 단위중량, $\omega$ : 함수비

# V. 다짐효과에 영향을 주는 요소

## 1. 함수비

(1) 함수비 증가 시 흙은 수화, 윤활, 팽창, 포화단계로 성상이 변화

(2) 윤활단계의 최대함수비 부근에서 최적함수비가 나타나게 됨

## 2. 토질

(1) 사질토가 점성토보다 $\gamma_{d\max}$ 가 큼

(2) 조립토가 세립토보다 $\gamma_{d\max}$ 가 큼

(3) 양입도는 $\gamma_{d\max}$ 가 크고, OMC는 작음

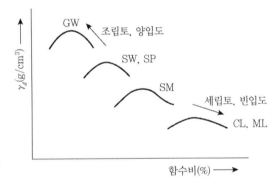

## 3. 다짐에너지

(1) 다짐에너지 증가 시 $\gamma_{d\max}$ 는 증가하고 OMC 는 감소

(2) 다짐에너지(단위체적당 가해지는 에너지)

$$E_c = \frac{W_R \cdot H \cdot N_B \cdot N_L}{V} \, (\text{kg} \cdot \text{cm/cm}^3)$$

여기서, $E_c$ : 다짐에너지, $W_R$ : Rammer 중량, $H$ : Rammer 낙하고,

$N_B$ : (각층당) 다짐횟수, $N_L$ : 다짐층수

(3) 다짐횟수가 너무 많으면 과도전압이 유발됨

> ┤ 참조 ├
>
> **과다짐(Over Compaction)**
> OMC의 습윤측에서 너무 높은 Energy로 다져 흙입자가 깨져서 강도가 감소하는 현상으로
> 실트질, 화강 풍화토 등의 흙을 중량장비로 다짐 시 발생

# VI. 실내 다짐과 현장다짐의 차이

1. 다짐에너지 : 실내다짐 Rammer, 현장다짐 Roller 사용
2. 최적함수비 : 현장에서의 자연함수비, 사용장비 등에 따라 OMC 변화
3. 다짐방법 : 실내 충격식, 현장 충격·전압·진동 다짐
4. 최대치수 : 실내다짐 시 최대치수를 제한
5. 시료파쇄 : 실내다짐시험 시 시료의 반복사용과 충격에 의함
6. 입도 : 현장 재료는 입도가 균일하지 못함
7. 측면구속 : 측면구속 여하에 따른 수평변위 제한

# VII. 현장다짐

## 1. 재료의 구비조건

(1) 공학적으로 안정한 재료

   ① 압축성이 작고, 지지력이 큰 재료

   ② (노상, 노체의 경우) LL<50, $I_P$<10

(2) 입도가 양호한 재료

$$C_u = \frac{D_{60}}{D_{10}}$$

   ① 크고 작은 토립자가 적당히 혼합된 재료

   ② $C_u$>6, 1<$C_g$<3

$$C_g = \frac{(D_{30})^2}{D_{10} \times D_{60}}$$

(3) 공극이 작은 재료 : 토립자 사이의 공극이 적은 재료

(4) 전단강도가 큰 재료

   ① 요구되는 전단강도를 구비한 재료

   ② C, $\phi$가 큰 재료

(5) 소요 다짐도 : 규정된 다짐도 확보가 용이한 재료

(6) 시방 규정 부합되는 재료

   ① 자연 함수비가 액성한계보다 낮은 재료

   ② 진동이나 유수에 대해 안정한 재료

(7) 지지력이 큰 재료 : 외력에 대한 충분한 지지력을 가진 재료

(8) 배수성이 확보되는 재료

   ① Filter재는 세립분 유출을 방지하고 침투수만 통과시키는 재료

   ② 투수재는 내구적이며, 배수가 원활한 재료

(9) Trafficability가 좋은 재료 : 시공기계의 주행성이 확보되는 재료

(10) 이물질이 적은 재료 : 유기물, 기타 유해한 잡물을 포함하지 않은 재료

(11) 시공성이 좋은 재료

   ① 고른 입도분포를 가진 재료

   ② 시공상 취급이 쉽고, 다짐효과가 좋은 재료

## 2. 시험성토

(1) 본성토전 다짐장비, 다짐방법(포설두께, 다짐횟수, 함수비) 등을 결정

(2) 시험 성토 면적 : 400m$^2$

(3) 본공사 사용 재료, 장비 이용

(4) 시험 다짐 후 다짐도 평가

   ① 시방규정 부합 시 : 본공사 다짐 실시

   ② 시방규정 미흡 시 : 다짐 조건 수정 후 재시험

## 3. 토질별 적용 장비

| 구분 | 점성토 | 사질토 | 협소지역 |
|------|--------|--------|----------|
| 적용 | 전압식 | 진동식 | 충격식 |
| | Bull dozer, Macadam Roller | 진동 Roller, 진동 Compactor | Rammer, Tamper |

## 4. 성토 작업방법

(1) 수평층 쌓기

   ① 일반적인 지지력, 다짐도 확보를 위한 흙쌓기 방법

   ② 시험성토 시 결정된 포설·다짐두께 적용

(2) 전방층 쌓기

   ① 덤프트럭 등으로 전방에 흙을 투하하면서 경사지게 쌓는 방법

   ② 비탈면이 자연경사가 되며, 다짐도 확보 제한

(3) 물다짐공법 : 펌프준설선의 준설토사를 물과 함께 매립지로 운송하여 쌓는 방법

## 5. 다짐두께와 다짐효과

(1) 다짐두께 두꺼운 경우 : 하중의 분산효과로 다짐효과 감소

(2) 다짐두께 얇은 경우

    ① 표면의 입자 파쇄로 균질한 물성확보 곤란

    ② 다짐시간, 비용의 증가

## VIII. 다짐도 관리(품질관리)

### 1. 건조밀도로 관리

(1) 현장다짐 후의 밀도에 대한 실내다짐시험의 $\gamma_{d\max}$ 의 백분율로 규정

(2) 다짐도$(C) = \dfrac{\gamma_d}{\gamma_{d\max}} \times 100\%$

(3) 다짐도 규정 : 노체 90%, 노상·뒷채움부 95% 이상

### 2. 포화도·공극률에 의한 관리

(1) $G_s \cdot \omega = S \cdot e$

    여기서, $G_s$ : 토립자의 비중, $\omega$ : 함수비, $S$ : 포화도, $e$ : 간극비

(2) 고함수비 점토 등과 같이 건조밀도로 규정하기 어려운 경우에 적용

### 3. 강도 특성에 의한 관리

(1) 강도 특성 측정방법 : 지지력계수(K), CBR, Cone 지수

(2) 지반반력계수$(K) = \dfrac{\text{시험하중}(\text{kN}/\text{m}^2)}{\text{침하량}(\text{mm})}(\text{MN}/\text{m}^3)$

(3) $\text{CBR} = \dfrac{\text{시험하중}}{\text{표준하중}} \times 100\% = \dfrac{\text{시험단위하중}}{\text{표준단위하중}} \times 100\%$

(4) $q_c(\text{N}/\text{cm}^2) = \dfrac{Q_c(\text{콘하중, N})}{A_c(\text{콘의 밑면적, cm}^2)}$

### 4. 상대밀도에 의한 관리

$$D_r = \dfrac{e_{\max} - e}{e_{\max} - e_{\min}} \times 100\%$$

### 5. 변형량에 의한 관리

(1) Proof Rolling, Benkelman Beam 변형량으로 규정

(2) 적용 장비

| 구분 | Tire Roller 복륜하중 | 접지압 |
|------|------|------|
| 용량 | 5ton 이상 | $549\text{kN}/\text{m}^2(5.6\text{kgf}/\text{cm}^2)$ 이상 |

(3) 판정기준 : 변형량이 노상 5mm, 기층 3mm 이하 시 합격

(4) 노상면, 시공도중의 흙쌓기면에 적용

## 6. 다짐기계, 다짐횟수로 관리

시험성토 시 결정된 다짐에너지를 적용

## IX. 결론

1. 다짐은 토질, 함수비, 다짐에너지 등에 영향을 받는다.
2. 다짐 시 토질, 함수비 등의 변화를 확인함은 물론 균등한 다짐이 되도록 하고 시공 후 소요 다짐도 확보 여부를 확인토록 해야 한다.

# 08 흙쌓기(성토) 시공관리

## I. 개요

1. 다짐이란 흙에 외적 Energy를 가해 간극 내의 공기를 배출시켜 흙의 밀도를 증가시키는 과정을 말한다.
2. 다짐은 소요 지지력의 확보, 투수성 감소, 압축성 저감 및 전단강도의 증대 등을 목적으로 한다.
3. 실내시험을 통해 적합한 재료를 선정하고 다짐시공 간 철저한 품질관리를 통해 요구되는 특성을 확보하여야 한다.

## II. 흙쌓기(성토) 시공관리

### 1. 재료
(1) 유해물 미함유할 것 : 초목, 덤불, 나무뿌리, 쓰레기, 유기질토 등
(2) 입도가 양호한 것 : $C_u > 10$, $1 < C_g < 3$
(3) 공학적으로 안정한 것 : $LL < 40$, $I_p \leq 10$
(4) 취급이 쉽고, Trafficability가 확보되는 재료

### 2. 성토
(1) 준비
  ① 규준틀 설치, 구조물 및 지장물 철거
  ② 준비배수, 벌개제근, 표토제거
  ③ 지반연약 시 연약지반개량
  ④ 원지반의 소요지지력 확인, 원지반은 최소 150mm까지 긁어 일으킨 후 다짐
  ⑤ 시험시공(400m²)
    ㉮ 다짐조건의 결정
    ㉯ 함수비, 다짐장비, 포설두께, 다짐 후 두께, 다짐속도, 다짐 횟수 등
    ㉰ 다짐 후 다짐규정 만족 여부 확인

| 참조 |

**품질기준**

| 구분 | 노체 | 노상 |
|------|------|------|
| 최대치수(mm) | 300 이하 | 100 이하 |
| 5mm체 통과율(%) | – | 25~100 |
| 0.08mm 통과율(%) | – | 0~25 |
| 소성지수 | – | 10% 이하 |

(2) 포설(펴깔기)

　① 시험시공을 통해 결정한 두께 유지

　② 다짐완료 후의 1층 두께

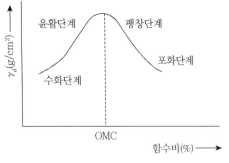

| 구분 | 노체 | 노상 |
|---|---|---|
| 다짐 후 1층 두께 | 300mm | 200mm |

　③ 포설면은 평평하게 펴 고르기

(3) 함수비관리

　① 다짐 시 함수비에 따라 다짐효과 변화

　② OMC ±3% 이내 함수비 적용

〈흙상태의 변화〉

(4) 포설두께, 함수비 범위, 다짐장비별 다짐횟수 등은 시험시공 결과에 따름

(5) 다짐공법

　① 전압다짐공법

　　㉮ 장비의 자중을 이용, 다짐면적이 넓고 두꺼운 경우

　　㉯ 보통 Tamping Roller, Bulldozer 이용

　　㉰ 점토, Silt가 섞인 토사 다짐

　② 진동다짐공법

　　㉮ 장비의 원심력을 이용 진동을 가해 다짐

　　㉯ 자갈, 모래, Silt질이 섞인 흙 다짐에 적용

　　㉰ 보통 진동 Roller, 진동 Tire Roller 등 이용

　③ 충격식다짐공법

　　㉮ Rammer, Tamper 이용 충격력으로 다짐

　　㉯ 주로 협소지역 다짐 시 적용

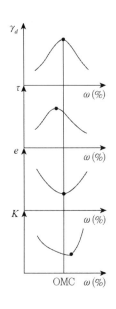

(6) 층따기(Bench Cut)

　① 비탈면 기울기가 1 : 4보다 급한 경우

　② 원지반과 성토부의 밀착 도모, 활동 방지

　③ Bench Cut 규격 : 폭 2m, 높이 1m 이상

(7) 공사용 장비 통행 : 운반·포설 장비가 성토면에 고르게 통행하도록 하여 다짐효과 유발

(8) 구조물 보호 유지

　① 구조물 양측 성토 시 양측성토 높이 동일하게 유지

　② 구조물 인접부 다짐은 소형장비 이용

## 3. 배수

(1) 시공 중 배수

　① 다짐면에 4% 이상 횡단 기울기 확보

　② 우천 시 표면에 폴리에틸렌 등으로 덮어 우수 침투 방지

(2) 지중배수시설 : 유공관, 맹암거, Filter층

(3) 지표배수시설 : 배수로, 측구 등

## 4. 검사

(1) 건조밀도로 관리

　① 다짐도$(C) = \dfrac{\gamma_d}{\gamma_{d\max}} \times 100\%$

　② 다짐도 규정 : 노체 90%, 노상·뒷채움부 95% 이상

(2) 강도 특성에 의한 관리

　① 강도 특성 측정방법 : 지지력계수(K), CBR, Cone 지수

　② 지반반력계수$(K)$

$$\frac{시험하중(kN/m^2)}{침하량(mm)}(MN/m^3)$$

　③ $CBR = \dfrac{시험하중}{표준하중} \times 100\% = \dfrac{시험단위하중}{표준단위하중} \times 100\%$

---
**│ 참조 │**

**다짐의 판정기준**

| 구분 | | | 노체 | | 노상 |
|---|---|---|---|---|---|
| | | | 암쌓기 | 일반쌓기 | |
| 1층 다짐 완료 후의 두께(mm) | | | 600 | 300 | 200 |
| 다짐도(%) | | | − | 90 이상 | 95 이상 |
| 다짐방법 | | | − | A, B | C, D, E |
| 평판재하시험 | 아스팔트 콘크리트 포장 | 침하량(mm) | 1.25 | 2.5 | 2.5 |
| | | 지지력계수$(K_{30} : MN/m^3)$ | 196.1 | 147.1 | 196.1 |
| | 시멘트 콘크리트 포장 | 침하량(mm) | 1.25 | 1.25 | 1.25 |
| | | 지지력계수$(K_{30} : MN/m^3)$ | 196.1 | 98.1 | 147.1 |
---

(3) 노상 최종마무리 면은 타이어 Roller 또는 덤프트럭으로 3회 이상 프루프롤링

　① 장비는 Tire Roller 복륜하중 5ton 이상, 549kN/m²(5.6kgf/cm²) 이상

　② 변형량이 노상 5mm, 기층 3mm 이하 시 합격

(4) 포화도·공극률에 의한 관리

    ① $G_s \cdot \omega = S \cdot e$

       $G_s$ : 토립자의 비중, $\omega$ : 함수비, $S$ : 포화도, $e$ : 간극비

    ② 고함수비 점토 등과 같이 건조밀도로 규정하기 어려운 경우에 적용

(5) 상대밀도에 의한 관리

$$D_r = \frac{e_{max} - e}{e_{max} - e_{min}} \times 100\%$$

(6) 다짐기계, 다짐횟수로 관리 : 시험성토 시 결정된 다짐에너지를 적용

## III. 결론

1. 다짐은 토질, 함수비, 다짐에너지 등에 영향을 받는다.
2. 다짐 시 토질, 함수비 등의 변화를 확인함은 물론 균등한 다짐이 되도록 하고 시공 후 소요 다짐도 확보 여부를 확인토록 해야 한다.

# 09 구조물 뒷채움 시공

## I. 개요

1. 교량, 암거, 배수관, 옹벽 및 기타 구조물의 기초를 시공하는 데 필요한 터파기와 구조물이 완성된 후 터파기 자리의 되메우기 및 뒷채움 공사 후 구조물과 접속부의 부등침하가 빈번히 발생하는 바

2. 철저한 재료, 시공, 품질관리를 통해 부등침하를 최소화하고 Approach Slab 등의 보강 조치를 취하여야 한다.

## II. 구조물과 토공접속부 단차 원인

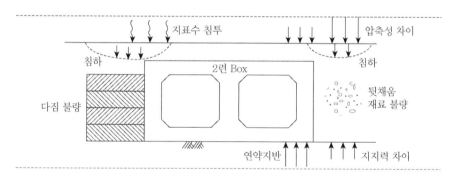

### 1. 지지력 차이

(1) 비압축성 구조물과 압축성 토공부의 지지력 차이

(2) 토공부의 상대침하 발생

### 2. 뒷채움 재료 불량 : 다짐도, 배수성 부족

### 3. 다짐시공 불량

(1) 뒷채움부 공간 협소로 장비운용 제한

(2) 다짐 부족, 다짐두께 관리제한으로 불충분 다짐

Chapter 02 토공 | 243

## 4. 기초지반 경사

기초지반의 경사로 인한 부등침하 발생

## 5. 배수불량

(1) 강우 시 지표수침투로 토공부 강도 저하

(2) 지하수위 상승으로 지반, 성토체 연약화

## 6. 토압 등 외력에 의해 구조물이 변형되었을 때

기초지반 처리불량, 뒷채움 시공 불량에 의함

## 7. 연약지반에 구조물을 시공했을 때

하부지반의 침하 발생

# Ⅲ. 뒷채움 시공관리

## 1. 재료

(1) 품질기준

| 구분 | 최대치수(mm) | 5mm체 통과량(%) | 0.08mm체 통과량(%) | 소성지수 |
|------|-------------|----------------|-------------------|----------|
| 기준 | 100 이하 | 25~100 | 15 이하 | 10 이하 |

(2) 압축성이 적은 것

(3) 다지기 쉬울 것

(4) 동상의 영향이 없는 것

(5) 입도가 양호한 것 : $C_u > 10$, $1 < C_g < 3$

(6) 공학적으로 안정한 것

(7) 취급이 쉽고, Trafficability가 확보되는 재료

## 2. 시공

(1) 준비

　① 터파기

　　㉮ 설계도서 준수 폭, 기울기 깊이 등 확보

　　㉯ 용수에 의한 지반 연약화 방지, 지하수
　　　 등 차단 또는 유도 배수

　　㉰ 지반 연약 시 개량하여 지지력 확보

　　㉱ 벌개제근 철저

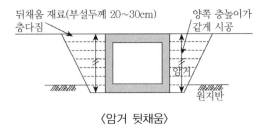

〈암거 뒷채움〉

(2) 뒷채움 다짐시기

    ① 구조물의 강도가 $f_{ck}$의 80% 이상 시

    ② 타 공종보다 뒷채움은 조기 실시하여 잔류침하 최소화

(3) 적용장비

    ① 진동 Roller 10ton 이상

    ② 구조물과 접하는 부위, 날개벽 등 : 소형 Rammer 이용

(4) 1층 다짐 후 두께 : 200mm 이내

    ① 포설 전 구조물 벽면에 20cm마다 표식

    ② 다짐 후 층다짐두께 확인

(5) 다짐재료의 함수비 관리 : OMC ± 3% 이내

(6) 구조물 양측 뒷채움 높이가 같도록 뒷채움 실시

    ① 편토압에 의한 구조물 변형 방지

    ② 동시 시공이 어려운 경우, 단차 1.0m 이하로 관리

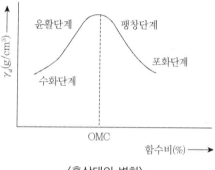

〈흙상태의 변화〉

(7) Roller는 구조물에서 1m 이격하여 운용

(8) 후면(원지반) 비탈면 중 느슨한 부분 다짐 병행

(9) 여성(Extra Banking)하여 조기 침하를 유도

(10) 벽면에 평행하게 Roller 운용(다짐)

(11) Bench Cut(층따기)

    ① 원지반의 지표면 구배가 1:4보다 급하면 층따기 시행

    ② 층따기 폭 1.0m, 높이 0.5m 이상

(12) 기타

    ① 경량 뒷채움 : Slag, EPS 등

    ② 구조물의 강성 증가, 침하방지 조치, 지반보강, 말뚝시공 등

## 3. 뒷채움부 및 포장체 강도 증진

(1) Approach Slab

    ① 구조물, 토공 경계부 단차 방지 목적

    ② 주로 교대, 토피가 적은 암거 등에 적용

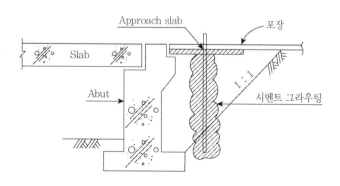

③ Slab 규격

| 두께(t) | 길이 | 폭 |
|---------|------|-----|
| 300mm | 3~8m | 양측 노견을 포함하는 폭 |

④ 차후 침하 방지 위한 Slab 하부 Grouting

(2) 뒷채움 재료 안정처리하여 사용

① 입도조정 공법

② 첨가제에 의한 공법 : Cement, 역청재, 석회 등 첨가

(3) 포장체의 강성 증가로 단차 저감

## 4. 배수

(1) 시공 중 배수

① 다짐면에 4% 이상 횡단 기울기 확보

② 우천 시 표면에 폴리에틸렌 등으로 덮어 우수 침투 방지

(2) 지중배수시설 : 유공관, 맹암거, Filter층

(3) 지표배수시설 : 배수로, 측구 등

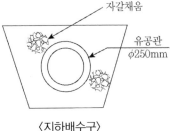

〈지하배수구〉

## 5. 검사

(1) 건조밀도에 의한 다짐도

① $C = \dfrac{\gamma_d}{\gamma_{d\max}} \times 100\%$

② 최대건조밀도의 95% 이상

(2) 평판재하시험

① 지반반력계수($K$)

$\dfrac{\text{시험하중}(\mathrm{kN/m^2})}{\text{침하량}(\mathrm{mm})}\,(\mathrm{MN/m^3})$

② 양질토사인 경우 침하량 2.5mm에서 지지력계수($K_{30}$)는 150MN/m³ 이상

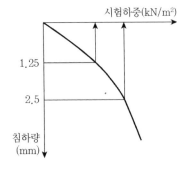

## IV. 결론

1. 구조물과 토공접속구간에서 단차는 다양한 원인인자에 의해 발생한다.
2. 단차발생 시 이로 인한 구조물 파손, 포장의 파손 등으로 교통사고가 유발되는 문제가 발생할 수 있다.
3. 단차를 최소화하기 위해 재료의 선정, 배수시설의 시공, 다짐관리를 철저히 하고 소요 다짐도를 확보하여야 한다.

# 10 편절·편성 구간(절·성토부)의 시공

## I. 개요

1. 절·성토부 등에 철저한 시공과 품질관리가 이루어지지 않으면 성토부의 침하, 경계부에서의 성토부 활동(Sliding) 등에 의해 포장파손의 원인이 된다.
2. 경계부의 활동방지, 단차방지를 위한 조치 및 성토부의 지지력 확보에 만전을 기해야 한다.

## II. 포장파손 원인

### 1. 절토부와 성토부의 지지력 상이
절토부와 성토부의 지지력 불균등

### 2. 경계부를 기준으로 성토부의 활동(Sliding)
(1) 경계부의 접착 불충분
(2) 경계면으로의 지표수 침투

### 3. 성토부 재료, 다짐 시공관리 불량
(1) 부적합 재료의 사용
(2) 다짐시공 불량
(3) 소요 다짐도 미확보

### 4. 배수시설의 미흡
(1) 지표수의 침투
(2) 지하수위 상승
(3) 지반연약화

### 5. 기초지반 처리 불량
(1) 기초기반의 침하
(2) 연약화로 성토부 침하 유발

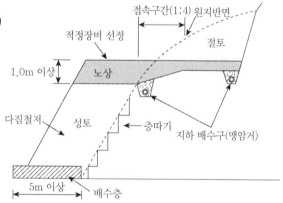

## Ⅲ. 시공관리 중점

1. 벌개제근
2. 완화구간 1 : 4 정도의 구배
3. 배수층, 지하배수구 설치
4. 절토부의 지지력 확인
5. 층따기 실시

## Ⅳ. 방지대책

### 1. 적정 재료의 선정

(1) 유해물을 미함유할 것

　　초목, 덤불, 나무뿌리, 쓰레기, 유기질토 등

(2) 입도가 양호한 것

　　$C_u > 10,\ 1 < C_g < 3$

(3) 공학적으로 안정한 것

　　$LL < 40,\ I_p \leq 10$

(4) 취급이 쉽고, Trafficability가 확보되는 재료

| 참조 |

**품질기준**

| 구분 | 노체 | 노상 |
|---|---|---|
| 최대치수(mm) | 300 이하 | 100 이하 |
| 5mm체 통과율(%) | – | 25~100 |
| 0.08mm 통과율(%) | – | 0~25 |
| 소성지수 | – | 10% 이하 |

### 2. 다짐시공(성토)

(1) 준비

　　① 규준틀 설치, 구조물 및 지장물 철거

　　② 준비배수, 벌개제근, 표토제거

　　③ 지반연약 시 지반개량

　　④ 원지반은 최소 150mm까지 긁어 일으킨 후 다짐

　　⑤ 원지반의 소요지지력 확인

　　⑥ 시험시공

　　　㉮ 다짐조건의 결정

　　　㉯ 다짐장비, 포설두께, 다짐 후 두께, 다짐속도, 다짐횟수 등

　　　㉰ 다짐 후 다짐규정 만족 여부 확인

(2) 포설(펴깔기)

　　① 시험시공을 통해 결정한 두께 유지

② 다짐완료 후의 1층 두께

| 구분 | 노체 | 노상 |
| --- | --- | --- |
| 다짐 후 1층 두께 | 300mm | 200mm |

③ 포설면은 평평하게 펴 고르기

(3) 함수비관리

① 다짐 시 함수비에 따라 다짐효과 변화

② OMC ±3% 이내 함수비 적용

(4) 포설두께, 함수비 범위, 다짐장비별 다짐횟수 등
은 시험시공 결과에 따름

(5) 다짐공법

① 전압다짐공법

㉮ 장비의 자중을 이용, 다짐면적이 넓고 두꺼운 경우

㉯ 보통 Tamping Roller, Bulldozer 이용

㉰ 점토, Silt가 섞인 토사 다짐

② 진동다짐공법

㉮ 장비의 원심력을 이용 진동을 가해 다짐

㉯ 자갈, 모래, Silt질이 섞인 흙다짐에 적용

㉰ 보통 진동 Roller, 진동 Tire Roller 등 이용

③ 충격식다짐공법

㉮ Rammer, Tamper 이용 충격력으로 다짐

㉯ 주로 협소지역 다짐 시 적용

(6) 층따기(Bench Cut)

① 비탈면 기울기가 1 : 4보다 급한 경우

② 원지반과 성토부의 밀착도모, 활동(Sliding) 방지

③ Bench Cut 규격 : 폭 2m, 높이 1m 이상

(7) 공사용 장비 통행 : 운반·포설 장비가 성토면에 고르게 통행하도록 하여 다짐효과 유발

(8) 접속(완화)구간 설치

① 절·성토 경계부에서 포장 단차 방지 목적

② 경계부 절토표면에 1 : 4 정도의 완화구간 설치

그래프: $\gamma_d (g/cm^3)$ 대 함수비(%) — 수화단계, 윤활단계, 팽창단계, 포화단계, OMC

## 3. 배수

(1) 시공 중 배수

　① 다짐면에 4% 이상 횡단 기울기 확보

　② 우천 시 표면에 폴리에틸렌 등으로 덮어 우수 침투 방지

(2) 지중배수시설 : 유공관, 맹암거, Filter층

(3) 지표배수시설 : 배수로, 측구 등

## 4. 검사

(1) 건조밀도로 관리

　① 다짐도$(C) = \dfrac{\gamma_d}{\gamma_{d\max}} \times 100\%$

　② 다짐도 규정 : 노체 90%, 노상·뒷채움부 95% 이상

(2) 강도 특성에 의한 관리

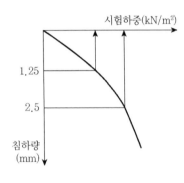

　① 강도 특성 측정방법 : 지지력계수(K), CBR, Cone 지수

　② 지반반력계수$(K)$

$$\frac{\text{시험하중}(kN/m^2)}{\text{침하량}(mm)} (MN/m^3)$$

　③ $CBR = \dfrac{\text{시험하중}}{\text{표준하중}} \times 100\% = \dfrac{\text{시험단위하중}}{\text{표준단위하중}} \times 100\%$

─┤ 참조 ├─

**다짐의 판정기준**

| 구분 | | | 노체 | | 노상 |
|---|---|---|---|---|---|
| | | | 암쌓기 | 일반쌓기 | |
| 1층 다짐 완료 후의 두께(mm) | | | 600 | 300 | 200 |
| 다짐도(%) | | | − | 90 이상 | 95 이상 |
| 다짐방법 | | | − | A, B | C, D, E |
| 평판재하시험 | 아스팔트 콘크리트 포장 | 침하량(mm) | 1.25 | 2.5 | 2.5 |
| | | 지지력계수$(K_{30}$ : MN/m$^3$) | 196.1 | 147.1 | 196.1 |
| | 시멘트 콘크리트 포장 | 침하량(mm) | 1.25 | 1.25 | 1.25 |
| | | 지지력계수$(K_{30}$ : MN/m$^3$) | 196.1 | 98.1 | 147.1 |

(3) 노상 최종마무리 면은 타이어 Roller 또는 덤프트럭으로 3회 이상 프루프롤링

　① 장비는 Tire Roller 복륜하중 5ton 이상, 549kN/m$^2$(5.6kgf/cm$^2$) 이상

　② 최대변형량은 5mm 이하여야 함

(4) 다짐기계, 다짐횟수로 관리 : 시험성토 시 결정된 다짐에너지를 적용

# V. 결론

1. 절토와 성토 경계부에서의 지지력 불균등, 용수처리 및 시공 불량에 의한 성토체 연약화로 침하가 발생하며 경계부의 균열은 포장파손의 원인이 된다.
2. 실내시험을 통해 적합한 재료를 선정하고 다짐시공 간 철저한 품질관리, 배수 등의 시공관리를 철저히 하여야 한다.

# 11 암성토 시공

## I. 개요

1. 최대치수가 15cm 이상인 암버력을 성토재료으로 사용하는 경우에는 다짐관리가 어려워 균질한 시공결과를 얻기 제한된다.
2. 토사와 암재료를 동시에 사용할 경우 두 재료의 특성이 상이한 것을 고려하여 구분하여 다짐을 하여야 한다.
3. 암버력 다짐 시 재료 치수, 다짐두께, 사용 가능위치 등을 준수하여 소요지지력을 확보하고 차후 침하 방지 조치를 취해야 한다.

## II. 다짐 목적

1. 소요 지지력 확보
2. 압축성 최소화, 잔류침하 방지
3. 투수성 감소
4. 전단강도의 증대

## III. 암성토와 토사성토를 구분 다짐하는 이유

### 1. 최대치수 상이
(1) 암 : 600mm 이하
(2) 토사 : 노상·구조물 뒷채움은 10cm, 노체 30cm 이하

### 2. 다짐두께 상이
(1) 암 : 1층 다짐 완료 후의 두께는 600mm 이하
(2) 토사 : 노상·구조물 뒷채움 200mm 이하, 노체 300mm 이하

### 3. 다짐장비 상이
(1) 암 : 대형 다짐장비(기진력이 큰 장비), 다짐에너지가 큰 것

(2) 토사 : 토질에 따라 전압식, 진동식, 충격식 등 적정장비 선정 사용

## 4. 시공장소 상이(동시 사용 시)
(1) 암 : 외측에 사용
(2) 토사 : 내측(중앙부)에 사용

## 5. 다짐방법 상이
(1) 암 : Interlocking에 의한 다짐효과 확보
(2) 토사 : $\gamma_{d\max}$, OMC 상태에서 다짐

## 6. 응력분포 상이
(1) 암 : 수직응력을 받는다. 독립된 Interlocking
(2) 토사 : 휨응력을 받는다. 연결된 Interlocking

# IV. 암성토 시 발생되는 문제점

1. 다짐이 어렵고 다짐도 확인이 제한
2. 우수의 침투로 인한 공극 발생
3. 상부 포장 단차, 변형 등 파손 우려

노상

세립토

중간층
(soil cement)

암버력

# V. 암쌓기 시공관리

## 1. 재료
(1) 최대치수 600mm 이하 : 가급적 300mm 이하로 소할하여 사용
(2) 쉽게 부서지거나 수침 시 연약해지는 암버력의 최대치수 : 300mm 이하
    풍화암, 이암, 셰일, 실트스톤, 천매암, 편암 등

## 2. 장소(위치)
(1) 노체 완성면 600mm 하부에만 허용
(2) 암거 및 배수관, 구조물 상부 600mm 이내 암쌓기 금지
(3) 말뚝박기 지점, 절·성 경계부, 건축물 설치부 등은 암쌓기 금지

## 3. 다짐두께
(1) 1층 다짐 후 두께 600mm 이하
(2) 시험 시공 후 결정

## 4. 포설·다짐

(1) 암의 대소치수 재료가 고르게 섞여 간극을 메우도록 관리

　공극을 세립재료로 채워 Interlocking에 의한 안정된 다짐 확보

(2) 암버력과 기타재료를 동시에 포설하는 경우 암버력은 외측, 기타재료는 내측(중앙부)에 사용

(3) 다짐방법

| 구분 | 다짐장비 | 다짐속도 | 다짐횟수 |
|---|---|---|---|
| 1차 | 양족식 철륜롤러, 탬핑 롤러 | 15km/h | 왕복 4회 |
| 2차 | 진동 롤러 | 5~10km/h | 왕복 3회 |
| 3차 | 무진동 롤러 | 5km/h | 왕복 2회 |

(4) 적용장비의 기진력

　① 중량의 기진력이 큰 대형장비 적용

　② 정적 상태에서 무게 10ton 이상, 보통 진동롤러 10~15ton 적용

(5) 비탈면은 암버력이 노출되지 않도록 실시

　(암질) 토사를 1m 이상 덮어 식생이 가능토록 조치

## 5. 암성토 마지막층(중간층)

(1) 작은 조각, 입상재료, Soil Cement 층 설치

(2) 마지막 층의 두께 : 30cm 초과 금지

(3) 상부층 세립자가 암버력 공극 사이로 이동하여 침하되는 것을 방지

(4) 노체 완성면 50cm 이내에 15cm 이상 암버력 사용 금지

## 6. 검사

(1) PBT(평판재하시험) : 지지력계수($K_{30}$)가 침하량 1.25mm일 때 196MN/m³ 이상

(2) 상대밀도($D_r$) : 70% 이상

# VI. 결론

1. 암버력과 토사를 혼합하여 다짐 시 전단강도 및 투수성 저하로 소요의 다짐도를 확보하기가 제한되므로 이를 구분하여 다짐하여야 한다.

2. 암쌓기를 할 때에는 암쌓기 재료를 고르게 포설한 후 규격 이상의 암괴는 규정에 맞게 파쇄하고, 다짐효과 및 암파쇄 효과를 증진시키기 위하여 대형 진동다짐장비를 이용하여 다짐한다.

# 12 유토곡선(토적곡선)

## I. 개요

1. 경제적인 토공사는 절토량과 성토량이 서로 비슷하게 하며, 먼 곳까지 사토·토취할 필요가 없도록 균형 있게 토량을 배분하는 것이다.
2. 단지토공사는 면형토공을 도로공사는 선형토공을 적용하여 토량을 계산하고 배분한다.
3. 토량배분을 하기 위하여 절토량과 성토량을 누계하여 만든 곡선을 유토곡선이라 한다.

## II. 토량 배분의 목적

1. 토량의 균형 있는 배분
2. 토공기계의 선정
3. 운반거리의 산출
4. 토취장·사토장 선정
5. 시공방법의 결정

## III. 토량배분 원칙

1. 운반거리 : 가능한 짧게
2. 운반방향 : 높은 곳에서 낮은 곳으로
3. 운반방법 : 한곳에 모아 일시에 운반

> ┤ 참조 ├
>
> **면형토공에 의한 토공량 산출 방법** : 양 단면적법, 주상법, 사각 각주법, 삼각 각주법, 등고선법 등

## IV. 유토곡선에 의한 토량배분

### 1. 토량계산서

| 측점 | 거리 m | 절토 | | | 성토 | | | | | 차인 토량 m³ | 누가 토량 m³ |
|------|--------|------|------|------|------|------|------|------|------|------|------|
| | | 단면적 m² | 평균 단면적 m² | 토량 m³ | 단면적 m² | 평균 단면적 m² | 토량 m³ | 토량 변화율 C | 보정 토량 m³ | | |
| | | | | | | | | | | | |

### 2. 유토곡선의 작성방법

(1) 측량에 의한 종단면도 작성 후 시공기면 표기

(2) 종축에 누가 토량, 횡축을 거리로 하는 Graph(Mass Curve) 작성

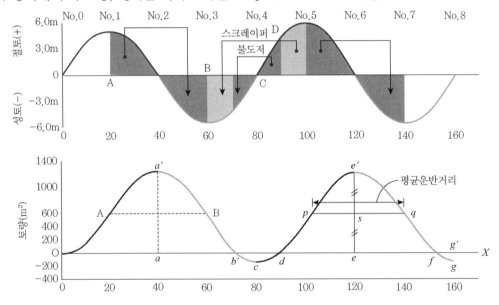

### 3. 유토곡선의 성질

(1) 절토, 성토 구간

　① 곡선의 상향(+)구간 $O-a'$, $c-e'$ : 절토구간

　② 곡선의 하향(−)구간 $a'-c$, $e'-g$ : 성토구간

(2) 극대점과 극소점

　① 극대점 $a'$, $e'$ : 절토에서 성토로 전환되는 변곡점

　　흙은 좌에서 우로 이동하여 유용됨

② 극소점 $c$ : 성토에서 절토로 전환되는 변곡점

흙은 우에서 좌로 이동하여 유용됨

(3) 기선 $O-X$상의 교점 $b$, $d$, $f$에서의 토량은 0

(4) 곡선이 기선 위에서 끝나면 토량 과잉, 기선 아래서 끝나면 토량 부족을 의미

$\overline{gg}$는 부족토량을 의미

(5) 유토곡선 $de'f$에서 종거 $ee'$ 중간점 $s$를 지나는 수평선인 $\overline{pq}$가 평균운반거리가 됨

(6) 평형선 $O-X$에서 극대점까지의 높이 $aa'$는 $a-b$구간에서 절토에서 성토로 운반하는 전토량을 의미

(7) $O-b$ 구간에서 $O-a$구간의 절토량과 $a-b$구간의 성토량은 완전히 같음

(8) 동일 단면 내 횡방향의 유용토는 토량계산에서 제외되었으므로 유토곡선에서 구할 수 없음

## 4. 운반거리에 따른 장비 선정

(1) 운반거리·토량, Trafficability, 지형 등 고려

(2) 운반거리에 따른 적정 운반장비

| 운반거리 | | 운반장비 |
| --- | --- | --- |
| 50m 이하 | 단거리 | Bulldozer |
| 50~500m | 중거리 | Scraper |
| 500m 이상 | 장거리 | Dump Truck |

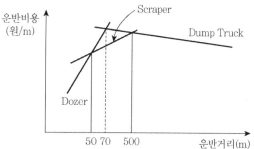

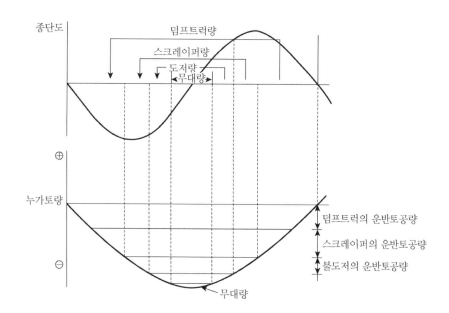

## V. 토량배분 시 유의사항

### 1. 토량변화율 고려

(1) 토량변화율 적용

    ① 대규모공사 : 대상토질에 대해 시험을 통해 결정

    ② 소규모공사 : 표준품셈 기준

(2) 작업량, 운반토량, 다짐 후 토량 등에 고려

---| 참조 |---

**토량환산계수(f)**

| 구하는 $(Q)$ / 기준이 되는 $(q)$ | 자연 상태의 토량(1) | 흐트러진 상태의 토량$(L)$ | 다져진 상태의 토량$(C)$ |
|---|---|---|---|
| 자연 상태의 토량(1) | 1 | $L$ | $C$ |
| 흐트러진 상태의 토량$(L)$ | $1/L$ | 1 | $C/L$ |
| 다져진 상태의 토량$(C)$ | $1/C$ | $L/C$ | 1 |

### 2. 불량 토사

(1) 절토구간의 토사 중 성토재료 기준 미충족 토량은 별도 계산

(2) 사토 처리

### 3. 평형선의 결정

    토량이 균형되게 배분되도록 하며 운반거리가 경제적이 되도록 고려

### 4. 운반거리별 적정 운반장비 선정

## VI. 결론

1. 토량배분은 토량의 산정, 운반거리의 산출, 토공장비의 선정, 토취장·사토장 등을 결정하기 위해 실시한다.
2. 도로와 같은 대규모 토공 계획 시 유토곡선에 의한 토량배분으로 경제적이고, 합리적 토공사가 되도록 계획하여야 한다.

# 13 동상

## I. 개요

1. 동상현상이란 0°C 이하에서 지중 공극수가 동결하여 얼음을 형성, 체적증가로 지표면이 부풀어 오르는 현상을 말한다.
2. 동상의 대책은 원인인 토질, 수분공급, 기온 중 한 가지 이상을 제거 또는 개선을 통해 동상을 방지 또는 저감시키는 것이다.

## II. 동상이 일어나는 조건(원인)

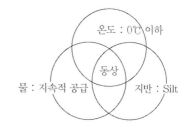

### 1. 동상을 받기 쉬운 흙(실트질 흙)

모래·자갈 등에서는 동해가 일어나지 않으며, 모관수의 상승고가 큰 Silt질의 토층에서 일어나기 쉽다.

### 2. (Ice Lense 형성 가능토록) 물의 공급이 충분

흙이 포화되어 있고 지하수위가 근접한 경우

### 3. 0°C 이하의 동결온도 지속

온도 하강이 클수록, 0°C 이하 온도의 지속시간이 클수록 Ice Lense 형성 용이

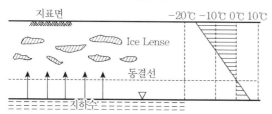

---

| 참조 |

Ice Lense

동결선 위의 흙에서 큰 간극에 물이 존재하면 인접한 작은 간극보다도 온도가 하강하고 먼저 형성한 얼음 덩어리가 인접 간극의 물을 끌어올려 결정이 더 커져서 간극이 비워지면, 지하수위 아래의 물을 표면장력으로 빨아올리는 과정이 반복되어 형성된 얼음 결정

## Ⅲ. 동결심도 구하는 방법

### 1. 현장조사에 의한 방법

(1) (매설) 동결 심도계 이용

(2) Test Pit(시험터파기)에서 관찰

### 2. 동결지수에 의한 방법

(1) 동결심도$(Z) = C\sqrt{F}$

여기서, $C$ : 정수(3~5), $F$ : 동결지수(℃·day)

(2) 동결지수 : 동결기간 동안의 일평균기온(3, 9, 15, 21시)을 적산하여 최대치와 최소치의 차

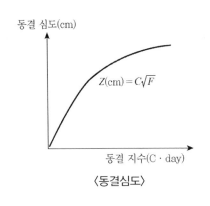

〈동결심도〉

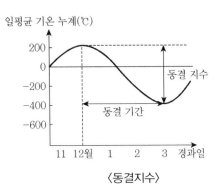

〈동결지수〉

### 3. 열전도율에 의한 방법

(1) 동결심도$(Z) = \sqrt{\dfrac{48 \cdot k \cdot F}{L}}$

여기서, $k$ : 열전도율, $F$ : 동결지수(℃·day), $L$ : 융해 잠재열(cal/cm$^3$)

(2) 열전달을 흙과 물의 잠재열의 상관관계로 산정

## Ⅳ. 동상을 일으키기 쉬운 흙

1. $C_u < 5$, 0.02mm 이하 입경 10% 이상 함유
2. $C_u > 15$, 0.02mm 이하 입경 3% 이상 함유

# V. 동상 방지대책

| 구분 | 문제점 | 대책 |
|---|---|---|
| 지반 | 침하발생, 연약화, 측방유동 유발 | 치환, 차수, 단열, 안정처리 등 |
| 구조물 기초 | 편기·지지력 부족, 부등침하, 부상 | 기초를 동결심도 아래에 설치<br>기초 주변 배수시설 |
| 도로포장 | 노면의 융기(Blow Up현상)·균열, 노면 파손·침하 | 동상방지층 설치, 설계에서 대응 |
| 옹벽 구조물 | 부등침하, 지반연약화, 측압발생, 단차 | Filter층 설치, 배수시설 설치 |
| 지중구조물<br>(상하수도 등) | 융기 및 연약화, 이음부 파손, 누수·변형 | 동결심도 아래에 설치, 토피 증가<br>양질토 되메우기 |

## 1. 지반 연약화 방지의 경우

(1) 지반치환

① 동결심도 위의 흙을 비동상성 재료(입상재료, 모래, 자갈, 쇄석 등)로 치환

② 치환재료의 조건

㉮ 동상을 일으키기 어려운 것

㉯ 외력에 소요지지력이 구비되는 것

㉰ 장기간 변화되지 않는 것

③ 치환깊이

㉮ 동결심도가 얕은 경우 : 전부 치환

㉯ 동결심도가 깊은 경우 : 동결심도의 70~80% 정도 치환

(2) 지하수 및 지표수의 차단처리

① 차단층을 설치하여 수분공급을 차단

② 차단층 : Soil Cement, Asphalt, 비닐 등

③ 차수층 설치를 위한 굴착 등으로 공사비 증가

(3) 배수처리, 배수층 설치

① 배수구, 배수 Trench 등을 이용한 지하수위 저하

② 동결심도 아래 배수층 설치

(4) 단열처리

① 지표면 가까운 부분에 단열 재료를 이용하여 보온처리

② 단열재 : 발포스티로폼, 기포 Con'c, 석탄재, 코오크스 등

③ 단열재는 상부하중에 대한 소요지지력을 구비한 것 사용

(5) 안정처리(약액처리 공법)

① 약액을 사용하여 동결온도를 저하시킴

② 약액 : $NaCl_2$, $CaCl_2$, $MgCl_2$ 등

③ 사용량은 2~4% 정도

④ 시간 경과에 따라 효과가 저감

⑤ 보통 치환공법의 보조공법으로 적용됨

```
                                          표층
┌─────────────────────────────────┐
│                                 │
├─────────────────────────────────┤
│              기층                │
├─────────────────────────────────┤
│           기포 Con'c             │  ← 단열재료
├─────────────────────────────────┤
│          soil cement             │
└─────────────────────────────────┘
         ///////////////////
```

## 2. 도로 구조물에서의 대책

(1) 설계에서의 고려

　① 완전방지법

　② 감소 노상강도법

　③ 노상 동결관입허용법(주로 적용)

　　노상이 일부 동결되더라도 포장파괴를 일으킬 정도가 아니면 어느 정도 허용

(2) 상부노상을 동상방지층으로 적용

　① 시방규정에 부합한 재료 품질기준 확인

　② 재료 입도 기준

| 최대치수 | 4.76mm체 통과중량 백분율 | 0.08mm체 통과분 |
|---|---|---|
| 100mm 이하 | 30~70% | 8% 이하 |

┤ 참조 ├

**동상방지층 생략기준(아래 중 한 개 이상 만족 시)**

1. 흙쌓기 높이(노상최종면 기준) 2m 이상의 구간
2. 동상수위 높이차가 1.5m 이상인 경우
3. 노상토가 암반인 경우
4. 노상토의 0.08mm 통과율이 8% 이하인 경우

**동상방지층 재료의 품질기준**

| 구분 | 시험방법 | 기준 |
|---|---|---|
| 골재최대치수 (mm) | | 100 이하 |
| 0.08mm체 통과율(%) | KS F 2511 | 8 이하 |
| 유효입경, $D_{10}$(mm) | | 0.1 mm 이상 |
| 2mm 통과율(%) | | 45 이하 |
| 소성지수(%) | KS F 2303 | 10 이하 |
| 모래당량(%) | KS F 2340 | 20 이상 |
| 수정 CBR 값(%) | KS F 2320 | 10 이상 |

## 3. 지중 구조물의 경우

(1) 동결심도 아래에 위치하도록 설계 및 시공

(2) 토피를 설계기준에 일치되게 시공

(3) 배수가 잘되는 모래 등으로 되메우기를 실시

(4) 되메우기 다짐시공을 철저

## 4. 구조물 기초의 경우

(1) 동결심도 아래에 기초가 위치하도록 설계 시공

(2) 기초주변에 조립재료 등으로 배수가 잘 되도록 조치

## 5. 구조물과 토공 접속부의 경우

(1) 구조물과 토공 접속부에 조립재료로 Filter층을 설치

(2) 배수시설을 설치

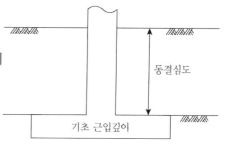

동결심도

기초 근입깊이

# VI. 결론

1. 동상의 발생으로 지반 및 주변 구조물의 변형, 파손이 발생하며 융해 시에도 과잉수에 의한 지반연약화로 심각한 문제가 발생할 수 있다.

2. 동해를 방지하기 위해 동결심도 이하에 구조물의 기초를 설치, 비동상성 토질을 이용한 조치를 통해 피해를 최소화하여야 한다.

> ┤ 참조 ├
>
> **연화현상(융해)**
>
> (1) 개요
>
>     ① 동절기에 얼었던 지반이 기온 상승으로 녹기 시작
>
>     ② 융해의 속도가 배수속도보다 **빠**를 때 수분으로 인해 지반이 연약해져 강도, 지지력이 저하
>
> (2) 원인 : 융해수의 배수가 지연되는 경우, 지표수의 침입, 지하수위 상승
>
> (3) 방지대책 : 배수층 설치로 지하수의 상승 방지, 지표수의 침입 차단

# 14 연약지반개량공법

## I. 개요

1. 함수비가 높고 일축 압축강도가 작은 점토, Silt 및 유기질토, 느슨하게 쌓인 사질토 등으로 구성된 지반을 총칭하여 연약지반이라 한다.

2. (일반적인) 연약지반 기준

| 구분 | 사질토지반 | | 점성토지반 | |
|------|------|------|------|------|
| | $N$치 | $q_c$ | $N$치 | $q_c$ |
| 기준 | 10 이하 | 400kN/cm$^2$ 이하 | 4 이하 | 120kN/cm$^2$ 이하 |

3. 지반개량공법은 지반지지력의 증대, 지반변형의 억제, 투수성의 감소, 내구성의 증진, 부등 침하 방지 등을 목적으로 시행한다.

## II. 개량원리별 공법 분류

| 재하 | Preloading, 압성토, 진공압밀 |
|------|------|
| 치환 | 굴착, 강제치환, 동치환 |
| 고결 | 약액주입, 천층·심층 혼합, 고압분사, 동결 |
| 혼합 | 입도조정, Soil Cement, 화학약재 혼합 |
| 배수 | Deep Well, Well Point |
| 탈수 | SD, PBD, PD, 생석회 말뚝 |
| 다짐 | SCP, Vibro Flotation, 동다짐 |

## III. 연약지반개량공법

### 1. 재하중 공법

(1) 연약지반을 재하를 통해 압밀시키는 공법

(2) 프리로딩(Preloading) 공법

　① 계획 구조물 하중 이상의 재하하중을 이용, 구조물 설치 전 침하가 이뤄지도록 유도

　② 보통 연직배수공법과 병용, 균등한 압밀효과, 압밀에 장시간 필요

(3) 압성토(사면선단 재하) 공법

　　① 연약지반 흙쌓기 시 지반의 지지력 부족으로 쌓기부의 측방에 융기가 발생, 융기부위에 하중
　　　을 가해 융기를 억제하는 공법

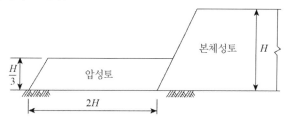

　　② 압성토의 높이 : 성토고의 1/3H

　　③ 압성토의 길이 : 2H

(4) 여성토(Surcharge) 공법

　　① 계획고보다 높이 성토하여 침하 후 계획고 확보

　　② 경제적임, 도로포장 공사 등에 적용

(5) 진공압밀공법(대기압 공법) : 기존 재하중공법의 성토하중 대신 지중을 진공으로 만들어 진
　　공하중으로부터 간극수를 강제로 탈수시킴으로서 침하를 촉진시키는 공법

## 2. 치환공법

(1) 연약층을 양질토사로 치환하는 공법

(2) 굴착치환

　　① 연약지반을 굴착장비로 제거 후 양질토로 치환

　　② 연약층이 두꺼울 때 비경제적임

(3) 압출(미끄럼) 치환 : 치환재 성토 후 자중에 의한 압입

(4) 폭파치환 : 양질토사 성토 후 연약지반을 폭파

(5) 동치환 공법

　　① 연약지반 위에 미리 포설한 쇄석, 자갈 등의 재료를 타격에너지를 이용 지중에 관입시켜
　　　쇄석기둥을 형성하는 공법

　　② 진동 쇄석말뚝 공법(VCCP), 쇄석말뚝 공법(Stone Column Method) 등 복합지반 형성,
　　　지반지지력 증가, 침하량 감소

　　　┤ 참조 ├
　　　**복합지반 효과**
　　　• 모래·쇄석 기둥을 지중에 설치하면 기둥의 전단강도로 인해 지반의 전단강도가 증가하게 됨
　　　• 점토보다 크고 조립토보다 작은 복합지반강도가 형성됨
　　　• Arching에 의한 침하저감, 지반의 전단강도 증가

## 3. 고결 공법

(1) 흙입자 간극에 고결제를 침투시키거나 동결시키는 방법

(2) 약액주입공법

　① 지반 내에 주입관을 통하여 주입재를 지중에 압송, 충전하고 일정한 시간(Gel Time) 동안 경화시켜 지반을 고결시키는 공법

　② 약액의 분류

| 구분 | 분류 | 적용 |
|------|------|------|
| 현탁액형 | Cement계, 점토계, Asphalt계 | 투수성 큰 지반 |
| 용액형 | 물유리계, 고분자계 | 투수성 작은 지반 |

　③ 주입방식과 Gel Time

| 주입방식 | 1.0 Shot | 1.5 Shot | 2.0 Shot |
|----------|----------|----------|----------|
| Gel Time | 20분 이상 | 2~10분 | 2분 이내 |

　④ 주입공 배치 : 간격 : 0.6~2.5m 범위(일반적으로 1.5m)

> ┤ 참조 ├
>
> **물유리 용탈 현상**
> • 정의 : 시간이 경과함에 따라 물유리에 있는 실리카 성분이 빠져나가는 현상
> • 대책 : 물유리의 농도 높게 적용, 반응률이 높은 경화제를 사용하여 고결강도를 높임

(3) 동결공법 : 지반에 저온 액화가스(액화질소, 프레온 가스) 등의 냉각제를 순환시켜 일시적으로 동결시키는 공법

## 4. 혼합처리 공법

(1) 양질토·자갈·쇄석을 혼합하거나, Cement·화학약제를 혼합하는 방법

(2) 입도조정공법

　① 양질토사, 자갈, 쇄석 등을 혼합하여 다짐하는 방법

　② 비교적 넓고 얕은 지반 적용 유리

(3) Soil Cemnet 공법 : 흙과 Cement를 Mixing한 후 다짐하는 방법

(4) 화학약액 혼합공법 : 흙과 역청재료, 소석회, 염화석회, 합성수지 등을 혼합

## 5. 배수공법

(1) 보통 지반 내 지하수위 저하 목적으로 시행

(2) 집수정 공법 : 2~5m 정도의 웅덩이를 파고 지하수를 유입시킨 후 Pumping

(3) Deep Well 공법

　① 지중에 깊은 우물을 설치하고 양수하여 지하수위를 저하시키는 공법

② 적용 : 심도 30m, 사질토 및 자갈층

③ 우물관의 직경 $\phi 30 \sim 100cm$

| 구분 | 배수원리 | 적용 | 배수규모 | 시공성 | 적용심도 |
|---|---|---|---|---|---|
| Deep Well | 중력배수 | $K : 10^{-3}$ 이상 지반 | 대규모 | 복잡 | 30m |
| Well Point | 강제배수 | $K : 10^{-4}$ 이상 지반 | 소규모 | 간단 | 10m |

(4) Well Point 공법

① 지중에 Well Point를 1~2m 간격으로 설치한 후, 진공펌프로 배수하는 공법

② 적용 : 심도 6m, Silt질 및 사질 지반

## 6. 탈수공법

(1) 연약지반 내 간극수를 제거하여 압밀시켜 강도를 증대시키는 방법

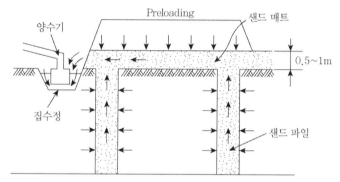

(2) Sand Drain 공법

① 두꺼운 점성토 연약지반에 모래기둥을 형성하여 배수거리를 단축하여 압밀을 촉진

② 개량심도 30m 정도, Drain 직경 40~50cm, 간격 2~3m 정도

③ Drain재 절단 가능, Smear Zone 발생

(3) P.B.D(Plastic Board Drain) 공법

① 연직배수재로 합성섬유를 이용하여 지반의 압밀을 촉진시키는 공법

② 시공속도가 빠르고 Smear Zone이 적음

③ 장기간 사용 시 Drain재의 막힘현상 발생

> ┤ 참조 ├
>
> Clogging
> • 작은 입자에 의한 배수재의 막힘
> • 특히 PBD 적용 시 Clogging 시험실시 : 시간경과에 대한 투수성 저하 Check

(4) Pack Drain 공법

① Pack(합성섬유망) 내부에 모래기둥을 형성하여 지반의 압밀을 촉진하는 공법

② 모래기둥의 변형·절단 감소, 시공속도 빠름(4~6본 동시시공)

| 구분 | Sand Drain | Paper Drain | Pack Drain |
|---|---|---|---|
| Drain 크기 | 40~50cm모래기둥 | 10×0.3cm 보드 | 12cm모래기둥+Pack |
| 배수효과 | 양호 | 보통 | 양호 |
| Drain의 절단가능성 | 있음 | 막힘 가능 | 작음 |
| 주위지반교란 | 있음 | 매우 작음 | 작음 |
| 시공본수 (상대적속도) | 0.55 | 1.0 | 1.6 |
| 시공깊이조절 | 쉬움 | 쉬움 | 어려움 |

─┤ 참조 ├─

**Smear Zone(교란영역)**

- 연직배수재를 시공하기 위한 Casing, Mendrel 타입 시 주변지반이 교란되는 현상
- 영향(Semar Effect) : 투수계수 감소, 압밀지연
- 범위 : 3~4D(D : 케이싱 직경)
- 연직압밀계수를 (1/3~1/4) 저감하여 적용(Smear와 Well 저항 고려) 케이싱의 직경을 감소하여 적용

**Well Resistance**

- 간극수가 배수재를 통해 배출되는 데 저항을 받아 압밀이 지연되는 현상
- 원인 : 배출 여건의 저하(배수재의 막힘, 변형 등), 간극수 유입 속도의 증가

(5) 생석회 말뚝공법

① 연약점성토층에 생석회로 말뚝(직경 0.3~1.5m 정도) 형태로 0.75~1.5m 정도 간격으로 타설

② 지반의 강도증가와 침하량 저감

③ 지반의 수분을 흡수 압밀촉진, 발열 시 건조효과, 복합지반 형성

# 7. 다짐공법

(1) Vibro flotation 공법

① 수평으로 진동하는 봉(Vibroflot)을 고압수와 함께 지중에 관입하여 생긴 공간에 모래, 쇄석을 투입하여 진동시켜 다짐하는 공법

② 복합지반 형성, 적용심도 7~8m

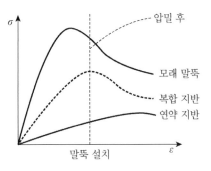

(2) S.C.P(Sand Compaction Pile) 공법

① 연약지반에 수직방향 진동·충격에 의해 2.0m 내외 간격으로 모래를 다져 모래다짐말뚝을 형성하는 공법

② 복합지반이 형성되어 지반의 강도 증대, 압밀감소

| 구분 | 원리 | 간격 | 직경 | 심도 | 적용 | 공사규모 |
|---|---|---|---|---|---|---|
| Vibro flotation | 수평진동 | 2~4m | 30~40cm | 8m | 느슨한 사질지반 | 중·소규모 |
| Vibro composer | 수직진동/충격 | 2m 내외 | 60~80cm | 40m | 느슨한 사질지반, 점토지반 | 대규모 |

(3) 동다짐공법(동압밀공법)

① 연약지반에 중추(10~40t)를 낙하(10~30m)시켜 발생하는 동격에너지를 이용하는 공법

② 충격에너지에 의해 과잉간극수압 발생·소산으로 지반의 압밀 촉진

③ 타격간격(L) = 0.5~1.0D(개량깊이) 정도

④ 적용심도 : 10m 정도(타격에너지 증가 시 30m 정도)

# IV. 연약지반 계측관리

## 1. 계측항목

| 계측항목 | 침하 | 간극수압, 지하수위 | 토압 | 측방유동 |
|---|---|---|---|---|
| 계측기기 | 지표면 침하판<br>층별침하계 | 간극수압계<br>지하수위계 | 토압계 | 지표변위계(변위말뚝, 신축계)<br>지중경사계 |

## 2. 계측빈도

중요도와 시기에 따라 적용 : 초기 1일~3일, 후기 2주~1개월

## 3. 안정관리

(1) 성토속도에 따른 지반의 안정상태 확인

(2) 침하량, 지표변위량에 의함

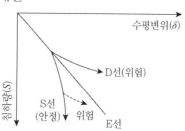

## 4. 침하관리

(1) 최종침하량 산정(설계 시)

① 침하($S_t$)=탄성침하($S_i$)+1차 압밀침하($S_c$)+2차 압밀침하($S_s$)

② 침하시간($t$) $= \dfrac{T_v}{C_v} Z^2$

여기서, $T_v$ : 시간계수, $Z$ : 배수거리, $C_v$ : 압밀계수

(2) 계측에 의한 침하량 측정(시공 시)

① 압밀층에 침하판 설치

② 침하량을 매일 기록대장에 기록하고 비교 및 검토 실시

③ $U = \dfrac{S_t}{S_c} \times 100(\%)$

여기서, $U$ : 압밀도(%), $S_t$ : t시간에서의 침하량(mm), $S_c$ : 압밀침하량(mm)

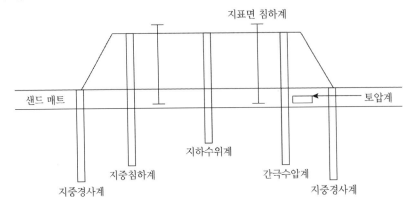

## V. 개량공법 선정 시 고려사항

1. 연약지반의 특성 : 연약층의 분포, 구성, 심도 등
2. 상부구조물의 특성 : 구조물의 종류, 규모, 중량, 용도, 기초형식 등
3. 개량목적
4. 개량규모 : 범위, 심도 등 상부구조물 기초의 형식·심도 등
5. 주변상황 : 공해·민원, 주변에 미치는 영향
6. 시공성, 경제성, 안전성 등
7. 공사기간

## VI. 결론

1. 연약지반에 대한 개량공법은 원리별로 많은 공법이 적용되고 있다. 개량 목적과 지반특성, 구조물의 규모와 특징, 시공성, 경제성 등을 고려하여 적정공법을 선정하여야 한다.
2. 지반개량공사 시 계측을 통한 침하, 안정, 측방유동 등에 대한 관리로 안정된 공사관리가 되도록 하여야 한다.

# 15 연직배수공법(압밀촉진공법)

## I. 개요

1. 연직배수공법은 배수재의 종류에 따라 Sand Drain, Plastic Board Drain, Pack Drain 공법 등이 있다.
2. 연약 점성토 지반에 연직배수로를 형성시켜 배수거리를 단축하여 압밀을 촉진시키는 공법이다.

## II. 원리

1. 원지반에서의 과잉간극수압은 소산거리가 길어 시간이 많이 소요
2. 압밀소요시간($t$)

(1) $t = \dfrac{T_v}{C_v} Z^2$ ($Z$ : 배수거리, $T_v$ : 시간계수, $C_v$ : 압밀계수)

(2) 압밀소요시간은 배수길이의 제곱에 비례

3. 연직배수층을 설치하여 배수길이를 감소시켜 압밀을 촉진

> ┤ 참조 ├
>
> Vertical Darain 공법 적용지반 : 투수계수 $\alpha \times 10^{-6} \sim \alpha \times^{7}$ cm/sec 정도인 지반에 적용

## III. 연직배수공법

### 1. Sand Drain 공법

(1) 연직배수재로 모래기둥을 타입하는 방법

(2) 특징

① 모래기둥의 직경과 간격 조절 가능  ② 모래가 다량 소요, 투수효과가 확실

③ 모래기둥의 절단 우려  ④ 모래기둥 주변 교란현상 발생, 투수성 감소

⑤ N치 25인 지반까지 타설 가능  ⑥ 시공속도가 느림, 공사비 고가

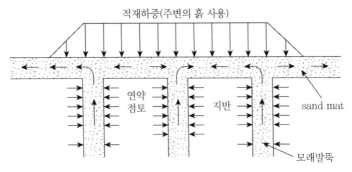

〈Sand Drain 공법〉

(3) 시공 Flow

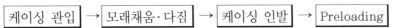

케이싱 관입 → 모래채움 · 다짐 → 케이싱 인발 → Preloading

(4) Drain재 간격 : 2~3m

(5) Drain재 직경 : 40~50cm

(6) 영향원의 등가직경($d_e$)

① 삼각형 배치 : $d_e$=1.05S

② 사각형 배치 : $d_e$=1.13S(S : 모래말뚝의 중심간격)

(7) 적용심도 : 20~25m

(8) 시공속도 : 6~7개/hr

---

| 참조 |

**Smear Zone(교란영역)**

- 연직배수재를 시공하기 위한 Casing, Mendrel 타입 시 주변지반이 교란되는 현상
- 영향(Smear Effect) : 투수계수 감소, 압밀지연

**Well Resistance**

- 간극수가 배수재를 통해 배출되는 데 저항을 받아 압밀이 지연되는 현상
- 원인 : 배출여건의 저하(배수재의 막힘, 변형 등), 간극수 유입 속도의 증가

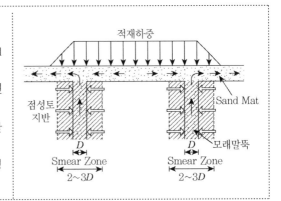

---

## 2. P.B.D(Plastic Board Drain) 공법

(1) 연직배수재로 합성섬유의 연직배수재를 타입하는 방법

(2) Board 규격 : 폭 100mm 내외, 두께 3mm

(3) 특징

① Board가 공장제품으로 품질이 균질

② Board가 경량으로 운반·취급이 용이

③ 시공장비가 경량으로 지반적용성 우수

④ 시공속도가 빠름

⑤ 필터가 막혀 투수성 저하 우려, 배수 유효기간이 짧음

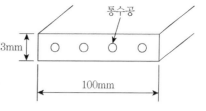

(4) 시공 Flow

| Mandrel, Board 관입 | → | Mandrel 인발 | → | Board 상부 절단 |

(5) Drain재 간격 : 1.0~2.0m, 적용심도 : 15~20m

(6) Plastic Board는 타설 간 손상방지 위해 0.5~1.0kN의 인장력 필요

## 3. Pack Drain 공법

(1) Sand Drain의 중간 부분이 절단되거나 변형이 증가하는 현상을 방지하기 위해 합성섬유망 안에 모래를 넣어 Drain재를 형성하는 방법

(2) 특징

① Drain재의 절단·변형 감소

② 4~6본 동시 시공으로 공기 단축

③ Drain재의 직경감소로 모래사용량 감소

④ 장비 소요접지압이 큼, 심도가 불균일할 때 시공깊이 조절에 많은 시간 소요

(3) 시공 순서

| 케이싱 관입 | → | Pack 투입 | → | 모래채움·다짐 | → | 케이싱 인발 |

(4) Drain재 직경 : 10~12cm

(5) 적용심도 : 25~30m

(6) 공법의 개선

① PTC(Pack Twist Check) Drain 공법

㉠ 안내케이싱, 안내판 이용 Pack 전개 시 꼬임방지

㉡ 기존 공기압 0.5~0.7MPa → 1.0~1.5MPa 증가시켜서 적용

② TPD공법(Triangle Pack Drain)

㉠ 케이싱직경 100mm

㉡ 6축 동시시공

㉢ 직경 감소로 Smear Zone 감소, 관입용이

㉣ 드레인의 삼각배열로 배수효과 우수, 압밀효과 우수

㉤ 시공성·경제성 증대

## 4. 공법 비교

| 구분 | Sand Drain | Paper Drain | Pack Drain |
|---|---|---|---|
| Drain 크기 | 40~50cm 모래기둥 | 10 × 0.3cm 보드 | 12cm 모래기둥 + Pack |
| 배수효과 | 양호 | 보통 | 양호 |
| Drain의 절단가능성 | 있음 | 막힘 가능 | 작음 |
| 주위지반교란 | 있음 | 작음 | 작음 |
| 시공본수(상대적 속도) | 0.55 | 1.0 | 1.6 |
| 시공깊이조절 | 쉬움 | 쉬움 | 어려움 |
| 공사비 비율 | 1.6 | 1.0 | 1.3 |

---

**| 참조 |**

**Sand Drain, Pack Drain 사용 모래 품질기준**

| 0.08mm체 통과량 | $D_{15}$ | $D_{85}$ | 투수계수 |
|---|---|---|---|
| 3% 이하 | 0.1~0.9mm | 1~8mm | $1 \times 10^{-3}$cm/sec 이상 |

$D_{15}$, $D_{85}$는 각각 입경가적곡선에서 통과중량 백분율이 15%, 85%에 해당하는 입경

**Sand Drain 시공 주의사항**

- Sand Drain의 간격, 배치, 직경, 모래투입량 준수
- 위치에 대한 허용오차 300mm 이하, 허용경사각 2° 이하, 타설방향은 후진 진행
- Pack Drain은 40×50m마다 시험시공 실시 후 가장 깊은 곳부터 케이싱 길이를 조절하여 시공

**Sand Mat**

- 재료기준

| 투수계수 | 75$\mu$m체 통과율 | $D_{15}$ | $D_{85}$ |
|---|---|---|---|
| $1 \times 10^{-3}$cm/sec 이상 | 15% 이하 | 0.08~0.9mm | 0.4~8mm |

- 주요 기능 : 배수원활, 시공장비 주행성 확보
- Sand Mat 저면에 토목섬유(PP, 폴리프로필렌 섬유) 포설, Sand Mat 내 유공관을 설치하여 배수효과 증진

# IV. 연약지반 계측관리

## 1. 계측항목

| 계측항목 | 침하 | 간극수압, 지하수위 | 토압 | 측방유동 |
|---|---|---|---|---|
| 계측기기 | 지표면 침하판<br>층별침하계 | 간극수압계<br>지하수위계 | 토압계 | 지표변위계(변위말뚝, 신축계)<br>지중경사계 |

## 2. 계측빈도

중요도와 시기에 따라 적용 : 초기 1~3일, 후기 2주~1개월

## 3. 안정관리

(1) 성토속도에 따른 지반의 안정상태 확인

(2) 침하량, 지표변위량에 의함

## 4. 침하관리

(1) 최종침하량 산정(설계 시)

　　① 침하($S_t$)

　　　탄성침하($S_i$)+1차 압밀침하($S_c$)+2차 압밀침하($S_s$)

　　② 침하시간($t$) $= \dfrac{T_v}{C_v} Z^2$

　　　여기서, $T_v$ : 시간계수, $Z$ : 배수거리, $C_v$ : 압밀계수

(2) 계측에 의한 침하량 측정(시공 시)

　　① 압밀층에 침하판 설치

　　② 침하량을 매일 기록대장에 기록하고 비교 및 검토 실시

　　③ $U = \dfrac{S_t}{S_c} \times 100(\%)$

　　　여기서, $U$ : 압밀도(%), $S_t$ : $t$시간에서의 침하량(mm), $S_c$ : 압밀침하량(mm)

# V. 결론

1. 연약 점성토 지반은 투수성이 매우 낮아 선행재하공법 사용 시 시간이 많이 소요된다.

2. 압밀을 효율적으로 진행시키기 위해 연직배수공법을 주로 사용하고 있으며, 시공 간 철저한 공사관리와 더불어 침하·계측관리를 통한 효과를 확인하여 지반을 개량하여야 한다.

# 16 Pack Drain 공법

## I. 개요

1. 연직배수공법은 배수재의 종류에 따라 Sand Drain, Plastic Board Drain, Pack Drain 공법 등으로 구분하며, 연약 점성토 지반에 연직배수로를 형성시켜 배수거리를 단축하여 압밀을 촉진시키는 공법이다.
2. Pack Drain 공법은 Sand Drain의 중간 부분이 절단되거나 변형이 증가하는 현상을 방지하기 위해 합성 섬유망 안에 모래를 넣어 Drain재를 형성시킨다.

## II. 연직배수공법의 원리

1. 원지반에서의 과잉간극수압은 소산거리가 길어 압밀시간이 많이 소요
2. 압밀소요시간($t$)

(1) $(t) = \dfrac{T_v}{C_v} Z^2$ ($Z$ : 배수거리, $T_v$ : 시간계수, $C_v$ : 압밀계수)

(2) 압밀소요시간은 배수길이의 제곱에 비례

3. 연직배수층을 설치하여 배수길이를 감소시켜 압밀을 촉진

> **참조**
>
> Vertical Darain 공법 적용지반 : 투수계수 $\alpha \times 10^{-6} \sim \alpha \times^{-7}$ cm/sec 정도인 지반에 적용

## III. 특징

1. Drain재의 절단·변형 감소(모래기둥의 절단 우려가 없음)
2. 4~6본 동시 시공으로 시공속도가 빠름(기존 공법 대비 공기 단축)
3. Drain재의 직경(10~12cm 적용) 감소로 모래사용량 감소(경제적)
4. 장비 소요접지압이 큼
5. 심도가 불균일할 때 시공깊이 조절에 많은 시간 소요

6. 장비 선정 및 적용성에 대해 어려움이 있음

7. 작업원의 숙련도가 요구됨

## Ⅳ. 시공 Flow

| Sand Mat | → | 케이싱 관입 | → | Pack 투입 | → | 모래채움·다짐 | → | 케이싱 인발 |

## Ⅴ. 문제점

### 1. 잔류침하량 증대 우려

4~6본을 동시에 시공하므로 개량 심도가 불균일한 지반에서는 잔류 침하량이 증대

### 2. 지반교란 발생 가능

1본이 시공 불량 시에도 4본을 다시 지중에 관입해야 하므로 지반교란이 발생

### 3. 투입인원 증대

Sand Drain에 비해 Pack 망태 제작·시공 인원 추가 소요

### 4. 투수기능 저하

Pack 망태의 막힘현상(Plugging)으로 인한 투수기능 저하

### 5. 드레인 효과 감소

설계 계산치보다 드레인 효과가 감소되는 현상

### 6. 장비의 대형화로 장비 주행성 확보를 위한 조치 필요

### 7. Pack의 삽입 깊이 부족

Pack의 끝부분이 케이싱 바닥에 닿지 않아 배수효과 감소, 부등침하가 발생 가능

## Ⅵ. Pack Drain 시공 주의사항

### 1. 준비

(1) 장비 크기 및 중량 고려 진입로 확보, 장비 전도 방지

(2) 장비의 선정 및 요구 접지압 확인

① 습지형 타설기는 접지압이 $20 \sim 30 kN/m^2$

② 크롤러형 타설기의 접지압은 $50 \sim 80N/m^2$

(3) 지반변형, 조건 등 현장 상태 확인

## 2. Sand Mat 부설

(1) 개량지반의 지면에 투수성, Trafficability가 좋은 모래 부설

(2) 부설두께 : 30~50cm

(3) Sand Mat 저면에 토목섬유(PP, 폴리프로필렌 섬유) 포설

(4) Sand Mat내 유공관을 설치하여 배수효과 증진

> ┤ 참조 ├
>
> Sand Mat
>
> • 재료기준
>
> | 투수계수 | 75$\mu$m체 통과율 | $D_{15}$ | $D_{85}$ |
> |---|---|---|---|
> | $1 \times 10^{-3}$cm/sec 이상 | 15% 이하 | 0.08~0.9mm | 0.4~8mm |
>
> • 주요 기능 : 배수원활, 시공장비 주행성 확보

## 3. Casing 관입

(1) 장비를 시공위치에 Setting

(2) Vibro Hammer 이용 2본 또는 4본의 케이싱을 관입

(3) 위치에 대한 허용오차 200mm 이하, 허용경사각 2° 이하

(4) 타설방향은 후진 진행

(5) 50×50m마다 시험시공 실시 후 가장 깊은 곳부터 케이싱 길이를 조절하여 시공

## 4. Pack 투입

(1) 관입된 케이싱 내부로 Sand Pack을 투입

(2) 망태의 상단을 호퍼(Hopper)의 모래 투입구에 고정

> ┤ 참조 ├
>
> **Pack의 재료 및 품질기준**
>
> • 팩의 원사는 폴리에틸렌을 100%로 하고, 실의 굵기는 380 데니아(denier)를 기준(허용범위 ±7 %), 완성된 직경은 120mm 이상
> • 팩의 인장강도, 밀도
>
> | 구분 | 인장강도(50mm 폭마다, 2중) | | 밀도(25mm 폭마다) | |
> |---|---|---|---|---|
> | 타설심도 | 30m 이하 | 30m 이상 | 30m 이하 | 30m 이상 |
> | 종방향 | 1128N 이상 | 1422N 이상 | 20본~22본 | 20본~28본 |
> | 횡방향 | 883N 이상 | 883N 이상 | 14본~16본 | 14본~16본 |

## 5. 모래 충전

(1) 호퍼의 모래를 망태에 진동을 가하여 충전

(2) Sand Pack 상단까지 모래를 충전

(3) 모래의 충전이 완료되면 모래 투입구를 막음

> ┤ 참조 ├
>
> Sand Drain, Pack Drain 사용 모래 품질기준
>
> | 0.08mm체 통과량 | $D_{15}$ | $D_{85}$ | 투수계수 |
> |---|---|---|---|
> | 3% 이하 | 0.1~0.9mm | 1~8mm | $1 \times 10^{-3}$cm/sec 이상 |
>
> $D_{15}$, $D_{85}$는 각각 입경가적곡선에서 통과중량 백분율이 15%, 85%에 해당하는 입경

## 6. 케이싱 인발

압축공기를 Pack Drain에 압력을 가하면서 진동과 함께 케이싱을 인발

# VII. 공법의 개선

## 1. PTC(Pack Twist Check) Drain공법

(1) 기존 Pack Drain의 팩 꼬임에 의한 시공 불량을 해소하기 위해 꼬임 방지장치를 사용하는 공법

(2) 안내케이싱, 안내판 이용 팩의 꼬임방지

(3) 기존 공기압 0.5~0.7MPa → 1.0~1.5MPa 증가시켜서 적용

## 2. TPD공법(Triangle Pack Drain)

(1) 기존 Pack Drain이 사각형 배열로 중앙부의 배수효과가 저하되는 문제점을 Pack Drain의 삼각형 배열로 개선한 공법

(2) 케이싱직경 100mm, 6축 동시시공

(3) 직경 감소로 Smear Zone 감소, 관입용이

(4) 드레인의 삼각배열로 배수효과 우수, 압밀효과 우수

(5) 시공성·경제성 증대

## VIII. 공법비교

| 구분 | Sand Drain | Paper Drain | Pack Drain |
|---|---|---|---|
| Drain 크기 | 40~50cm 모래기둥 | 10×0.3cm 보드 | 12cm 모래기둥＋Pack |
| 배수효과 | 양호 | 보통 | 양호 |
| Drain의 절단 가능성 | 있음 | 막힘 가능 | 작음 |
| 주위지반교란 | 있음 | 작음 | 작음 |
| 시공본수(상대적 속도) | 0.55 | 1.0 | 1.6 |
| 시공깊이조절 | 쉬움 | 쉬움 | 어려움 |
| 공사비 비율 | 1.6 | 1.0 | 1.3 |

## IX. 침하·계측 관리

### 1. 계측항목

| 계측항목 | 침하 | 간극수압, 지하수위 | 토압 | 측방유동 |
|---|---|---|---|---|
| 계측기기 | 지표면 침하판<br>층별침하계 | 간극수압계<br>지하수위계 | 토압계 | 지표변위계(변위말뚝, 신축계)<br>지중경사계 |

### 2. 계측빈도 : 초기 1~3일, 후기 2주~1개월

### 3. 안정관리

(1) 성토속도에 따른 지반의 안정상태 확인

(2) 침하량, 지표변위량에 의함

### 4. 침하관리

(1) 최종침하량 산정(설계 시)

① 침하($S_t$)=탄성침하($S_i$)+1차 압밀침하($S_c$)+2차 압밀침하($S_s$)

② 침하시간($t$)

$$t = \frac{T_v}{C_v} Z^2$$ 여기서, $T_v$ : 시간계수, $Z$ : 배수거리, $C_v$ : 압밀계수

(2) 계측에 의한 침하량 측정(시공 시)

① 압밀층에 침하판 설치

② 침하량을 매일 기록대장에 기록하고 비교 및 검토 실시

③ $U = \dfrac{S_t}{S_c} \times 100(\%)$

여기서, $U$ : 압밀도(%), $S_t$ : $t$시간에서의 침하량(mm), $S_c$ : 압밀침하량(mm)

# X. 결론

1. 압밀을 효율적으로 진행시키기 위해 연직배수공법을 주로 사용하고 있으며, 시공 간 철저한 공사관리와 더불어 침하·계측관리를 통한 효과를 확인하여 지반을 개량하여야 한다.
2. 팩 드레인 공법에 의한 시공에 있어 장비의 안전성 확보, 팩의 꼬임 방지, 시공 심도의 통제 등에 세심한 관리가 필요하다.

─┤ 참조 ├─

Pack Drain, Sand Drain의 비교

| 구분 | Sand Drain | Pack Drain |
|---|---|---|
| Drain 크기 | 40~50cm 모래기둥 | 12cm 모래기둥 + Pack |
| 타설방법 | 단본 타설 | 4본 동시 타설 |
| Drain의 절단가능성 | 있음 | 작음 |
| 주위지반교란 | 큼 | 작음 |
| 시공본수(상대적속도) | 0.55 | 1.6 |
| 시공깊이조절 | 쉬움 | 어려움 |
| 지반경사 | 대처 용이 | 제한 |
| 개략 모래량(동일 면적대비) | 6 | 1 |
| 공사비 비율 | 1.6 | 1.3 |

# 17 Plastic Board Drain 공법

## I. 개요

1. 연직배수공법은 배수재의 종류에 따라 Sand Drain, Plastic Board Drain, Pack Drain 공법 등으로 구분하며, 연약 점성토 지반에 연직배수로를 형성시켜 배수거리를 단축하여 압밀을 촉진시키는 공법이다.

2. PBD 공법은 연약한 점성토지반에 일정간격으로 폭이 10cm, 두께 3~5mm의 드레인(PBD)재를 설치하여 지반의 압밀촉진, 강도 증가를 유발시켜 지지력 증대를 기대하는 공법이다.

## II. PBD 공법의 특징

### 1. 장점
(1) 대변형 조건에서 통수능력 확보 유리
(2) (소형장비 이용으로) 장비의 소요 접지압이 비교적 작음
(3) 시공속도가 빠름
(4) 대심도 지반개량 용이(50m)
(5) 배수재가 공장제품으로 품질이 균질
(6) 중량이 가벼워 운반과 취급이 용이

### 2. 단점
(1) 필터 막힘현상 발생 가능
(2) 지반변형에 의해 배수재가 절단될 수 있음
(3) 지중 장애물, 굳은 모래층 등에서의 시공 제한

## III. PBD의 품질기준

### 1. Core와 Filter가 분리
여과접촉면이 커서 배수성이 탁월하여야 한다.

## 2. 배수재 절단 방지

토압, 압밀침하에 대한 순응성이 양호하여 절곡 시 절단 및 막힘이 없어야 한다.

## 3. 투수계수 확보

(1) 간극수의 배수에 충분한 투수계수를 확보

(2) 드레인재 내부로 미세토립자의 혼입(Clogging)을 방지

(3) 산, 알칼리, 박테리아에 대한 저항성이 큰 것

## 4. 규격재료 사용

(1) Drain용 부직포를 Pocket Filter로 제작한 제품

(2) 흡수성이 불량한 타 용도의 부직포 Filter로 만든 제품 사용 금지

## 5. 규격기준

| 구분 | 단위 | 기준 |
|------|------|------|
| 폭 | mm | 100 ± 5 |
| 두께 | mm | 4 ± 0.5 |

┤ 참조 ├

**토목섬유 배수재 품질기준**

| 구분 | 항목 | 단위 | 기준사항 |
|------|------|------|----------|
| 배수재(코어 + 필터) | 인장강도 | N/폭 | 2,000 이상 |
| | 배수능력 | cm³/s | 20 이상(30kPa 가압할 때) |
| 필터재 | 투수계수 | cm/s | $1 \times 10^{-3}$ 이상 |
| | 인장강도 | N/m | 2,000 이상 |
| | 인장신도 | % | 20~100 |
| | 유효구멍 크기($O_{90}$) | $\mu$m | 90 이하 |

# IV. 통수능력에 영향을 미치는 요인

## 1. 타설간격

(1) 일반적으로 1~2m 정도

(2) 타설형태는 사각형이나 마름모꼴이 유리

## 2. 타설각도(연직도)

(1) 타설각도는 2° 이하가 유리

(2) 연직도 검사 후 철저히 확인

## 3. 구멍막힘

(1) 세립자의 이동으로 필터에 구멍막힘 현상 발생

(2) 적정 통수능력의 확보 곤란

### 4. Drain재의 품질

(1) Drain 재료의 기준(두께, 중량, 인장강도)

(2) Drain 재료의 연결시공 방지

### 5. Drain재의 손상

(1) Drain재 파손 시 통수능력의 저하가 확연히 발생됨

(2) Drain재 손상이 발생하지 않도록 적정 인장강도 확보

### 6. 배수저항

(1) 지반의 압밀이 진행됨에 따른 Drain재의 종방향 통수능력

(2) 통수능력 저하로 인하여 압밀지연

## V. 시공순서

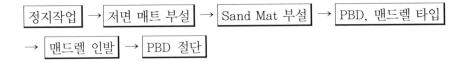

## VI. 시공 시 주의사항

### 1. 준비

(1) 시공심도 확인을 위한 지반 조사 철저

　　N치 15 이상이 되는 매립토(사질토)층에서는 관입이 곤란

(2) 장비의 선정 및 요구 접지압 확인

(3) 지반변형, 조건 등 현장 상태 확인

### 2. Sand Mat 부설

(1) 개량지반의 지면에 투수성, Trafficability가 좋은 모래 부설

(2) 부설두께 : 30~50cm

(3) Sand Mat 저면에 토목섬유(PP, 폴리프로필렌 섬유) 포설

(4) Sand Mat 내 유공관을 설치하여 배수효과 증진

### 3. PBD재 제작 및 보관

(1) 드레인 보드 1롤의 길이는 200m 이상

(2) 운반 시 파손되지 않고 비에 젖지 않도록 포장하여 납품

(3) 현장에 보관 시 차광막을 덮어 자외선을 차단

## 4. 타입

(1) Drain재 끝단에 Mandrel Shoe를 부착

(2) 타설기를 이용 Drain재와 맨드렐을 타설(타입)

(3) 연직방향에 대한 허용경사각은 2° 이하

(4) 설계 N치 이상인 지층까지 설치

(5) 타설위치의 허용오차는 100mm 이하

(6) 잔여길이를 연결할 때는 1공마다 1회에 한하여 500mm 이상 포켓 방식 적용

　 포켓식 연결이 불가능할 경우 잔여길이는 폐기

(7) 표층이 단단하거나 자갈층이 혼재된 경우 Auger Boring 후 타입

## 5. 절단

(1) 규정 깊이까지 타입 확인 후 맨드렐 인발

　 인발할 때 기준길이 대비 0.20m 이상 따라 올라올 경우 확인 조치 필요

(2) 수평배수층 상단에서 300mm 이상의 여유를 두고 절단

# VII. 연약지반 계측관리

## 1. 계측항목

| 계측항목 | 침하 | 간극수압, 지하수위 | 토압 | 측방유동 |
|---|---|---|---|---|
| 계측기기 | 지표면 침하판<br>층별침하계 | 간극수압계<br>지하수위계 | 토압계 | 지표변위계(변위말뚝, 신축계)<br>지중경사계 |

## 2. 계측빈도

　 중요도와 시기에 따라 적용 : 초기 1~3일, 후기 2주~1개월

## 3. 안정관리

　 성토속도에 따른 지반의 안정상태 확인, 침하량·지표변위량에 의함

## 4. 침하관리

(1) 최종침하량 산정(설계 시)

　① 침하($S_t$)=탄성침하($S_i$)+1차 압밀침하($S_c$)+2차 압밀침하($S_s$)

② 침하시간$(t) = \dfrac{T_v}{C_v} Z^2$

여기서, $T_v$ : 시간계수, $Z$ : 배수거리, $C_v$ : 압밀계수

(2) 계측에 의한 침하량 측정(시공 시)

① 압밀층에 침하판 설치

② 침하량을 매일 기록대장에 기록하고 비교 및 검토 실시

③ $U = \dfrac{S_t}{S_c} \times 100\,(\%)$

여기서, $U$ : 압밀도(%), $S_t$ : $t$시간에서의 침하량(mm), $S_c$ : 압밀침하량(mm)

# VIII. 결론

1. 타 연직배수공법에 비해 시공비가 저렴하고 모래기둥의 단절이 없는 공법으로 시공속도가 빠르고 시공관리가 용이한 공법으로 숙련된 기술이 필요하다.

2. 압밀을 효율적으로 진행시키기 위해 연직배수공법을 주로 사용하고 있으며, 시공 간 철저한 공사관리와 더불어 침하·계측관리를 통한 효과를 확인하여 지반을 개량하여야 한다.

# 18  Sand Compaction Pile 공법

## I. 개요

1. 연약(느슨한 사질토 또는 점성토)지반에 진동, 충격에 의해 모래다짐말뚝을 형성하여 복합지반을 형성 지반을 개량하는 공법이다.
2. 느슨한 사질지반에서 액상화 방지, 전단저항 및 수평저항이 증대되고 점성토 지반에서는 전단저항, 지지력 증가, 압밀침하 감소 등의 효과가 우수하다.

## II. 특징

1. 거의 모든 토질에 적용이 가능
2. 복합지반을 형성하여 지내력과 전단강도가 증진
3. 지반의 활동이 방지되고 압밀량이 감소
4. 시공장비의 특성이 우수
   기계의 소모, 소음 및 고장이 적음, 자동기록에 의한 시공관리 가능
5. 별도의 발전설비 필요, 소규모 공사에 부적합
6. 다짐에너지가 커서 모래말뚝의 품질이 균일

## III. 시공순서

케이싱 관입 → 모래 투입 → 케이싱 인발 → 케이싱 재관입(다짐)
→ 케이싱 인발

## IV. SCP의 적용 기준

### 1. 치환율
(1) 사질토, 육상 점성토 : 0.4 이하
(2) 해상, 해저 점성토 : 0.15~0.8

## 2. SCP의 배치간격

(1) 사질토 : 1.8~2.5m 정도

(2) 해상 또는 점성토 : 1.2~1.8m

## 3. SCP의 배치 형태

정사각형 배치, 정삼각형 배치, 평면사변형 배치 등

## 4. SCP의 직경

| 구 분 | 케이싱 직경 | 모래기둥 직경 |
|---|---|---|
| 육상, 사질지반 | 30~50cm | 60~80cm(표준 70cm) |
| 해상, 점성토지반 | 80~120cm | 100~200cm(표준 160cm) |

# V. 시공 유의사항

## 1. 기계설치

Casing과 진동기 등이 장착된 기계를 현장에 설치(Setting)

## 2. Casing 관입

(1) 진동기 이용 Casing을 지반 속으로 관입

(2) 관입이 곤란한 층이 있을 때엔 Air Jet, Water Jet를 병용

(3) 타설위치의 허용오차는 100mm 이하

(4) 연직방향에 대한 허용경사각은 2° 이하

(5) 타설심도는 설계 N치 이상인 지층까지

## 3. 모래 투입

상부호퍼로 모래를 Casing 속으로 일정하게 투입

┤ 참조 ├

**사용 모래 품질기준**

| 0.08mm체 통과량 | $D_{15}$ | $D_{85}$ | 투수계수 |
|---|---|---|---|
| 3% 이하 | 0.1~0.9mm | 1~8mm | $1 \times 10^{-3}$cm/sec 이상 |

$D_{15}$, $D_{85}$는 각각 입경가적곡선에서 통과중량 백분율이 15%, 85%에 해당하는 입경

## 4. 진동다짐 (케이싱 재관입)

(1) Casing에 진동을 가하여 투입된 모래를 상하운동으로 주위 지반에 압입

(2) 심도에 따른 케이싱 인발높이 및 재관입 깊이 준수

> ┤ 참조 ├
>
> **심도에 따른 케이싱 인발높이 및 재관입 깊이 기준**
>
> | 구분 | 케이싱관의 인발높이 | 재관입 깊이 |
> |---|---|---|
> | 심도가 3m 이상일 경우 | 3m | 2m |
> | 지표~심도 3m | 1.5m | 1.0m |

(3) 케이싱 내부 모래의 높이와 케이싱 선단부와의 높이차는 1.5m 이상 유지

(4) 심도 1m에서는 최종적으로 1m 인발 및 재관입을 추가 1회 실시

## 5. 모래 투입

다시 모래를 투입하고 Casing을 규정높이까지 빼 올려서 다짐작업을 반복

## 6. 반복작업

상기작업을 반복하여 다짐말뚝을 지상까지 마무리

## 7. 분진, 소음, 수질오염 등은 관련 법 등에서 정한 기준 준수

# VI. Sand Pile과 비교

| 구분 | 모래다짐말뚝공법 | 모래말뚝공법 |
|---|---|---|
| 적용지반 | 사질토지반, 점성토지반 | 점성토지반 |
| 시공깊이 | 15~25m | 25~30m |
| 시공 후 직경 | 40~160cm | 30~50cm |
| 사용 케이싱 | 40~100cm | 30cm |
| 시공효과 | 지지력 향상 | 흙 속 간극수 탈수 |
| 개량원리 | 침하 저감 | 침하 촉진 |
| 진동영향 | 크다 | 작다 |
| 공사비 | 비싸다 | 싸다 |

> ┤ 참조 ├
>
> **SCP와 Vibro flotation 공법의 비교**
>
> | 구분 | 원리 | 간격 | 직경 | 심도 | 적용 | 공사규모 |
> |---|---|---|---|---|---|---|
> | Vibro flotation | 수평진동 | 2~4m | 30~40cm | 8m | 느슨한 사질지반 | 중·소규모 |
> | SCP | 수직진동/충격 | 2m 내외 | 60~80cm | 40m | 느슨한 사질지반, 점토지반 | 대규모 |

# VII. 장비의 유지관리

## 1. 장비의 주행성 확보
(1) 지반의 표면을 개량하여 장비의 주행성 확보
(2) 지반의 Cone 지수 확보
(3) Sand Mat 부설 및 토목섬유를 이용한 장비의 주행성 확보

## 2. 장비 점검
(1) 시공 전후 장비 점검 실시
(2) 시공 중에도 이상 징후 발견 시 즉각 장비 점검 실시
(3) 수시점검, 정기점검 등을 통해 장비 관리 철저

## 3. 장비 전도 방지
(1) 장비의 작업장소 지반에 대한 연약화 방지
(2) 장비작업 시 전도 예방조치 마련

## 4. 장비보호
(1) 이수의 비산에 대한 장비보호
(2) 현장 주변의 먼지 및 흙탕물에 대한 장비보호

## 5. 천후 관리
(1) 비바람에 대한 장비의 노후화 방지
(2) 비바람 시 주유구 부위 및 장비의 노출부 관리

## 6. 장비침하 방지
연약지반에 대한 장비의 침하 방지

# VIII. 결론

1. 모래다짐말뚝은 거의 모든 토질에 대해 개량 효과가 우수하여 많이 사용되고 있다.
2. 시공 간 대형 장비의 운용에 따른 안전 확보, 주변에 미치는 영향 등을 고려하여야 하며 철저한 장비·시공관리가 필요하다.

# 19 동다짐공법

## I. 개요

1. 동다짐공법이란 사질토 연약지반개량에 이용되는 공법으로 동압밀 공법이라고도 한다.
2. 대형 크레인으로 중추를 자유낙하시켜 지표면에 충격을 가하여 충격에너지(탄성파)에 의해 지반의 밀도 및 지지력의 증가, 잔류침하의 감소, 침하촉진 등의 목적으로 적용한다.

## II. 특징

1. 깊은 심도 개량 가능
2. 광범위한 토질에 적용 가능
3. 확실한 개량 효과
4. 특별한 약품이나 자재 불필요
5. 소음, 진동, 분진 등 발생
6. 포화된 점성토 지반 효과 부족

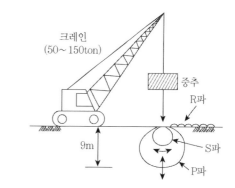

## III. 용도

1. 사질지반개량
2. 비행장 등의 넓은 범위 개량
3. 폐기물 및 전석층, 불포화지반 다짐
4. 쓰레기매립장 다짐

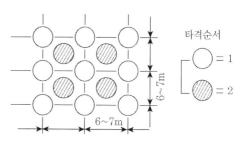

## IV. 시공관리 Flow

사전조사 → Tamping 계획 → Tamping 작업 → 중간조사 → 마무리 Tamping

# V. 시공 유의사항

## 1. 사전조사
(1) 설계도서 검토, 기존자료 검토(토질, 지하수위)

(2) 주변에 미치는 영향 사전 확인

## 2. Tamping 계획
(1) 사용할 추의 무게, 낙하고, 다짐간격, 크레인의 용량 등을 결정

(2) 개량심도는 타격에너지를 검토하여 결정

$$D = \alpha \sqrt{WH}$$

여기서, $D$ : 개량깊이, $\alpha$ : 낙하방법에 따른 계수 (0.3~0.7), $W$ : 추의 무게, $H$ : 낙하높이

┤ 참조 ├

**총 소요 타격에너지($m^2$ 당)**

| 토질 | | 쇄석, 모래, 자갈 | 사질토 | 점성토 | 쓰레기 |
|---|---|---|---|---|---|
| 타격조건 | 총 소요 에너지 | 200~400 | | 400~500 | 300~600 |
| | 타격 시리즈 | 2~3회 | | 4~6회 | 2~3회 |

**총 소요 에너지** : 타격 에너지×타격횟수, **단위면적당 소요 에너지** : $\dfrac{\text{타격에너지} \times \text{타격횟수}}{\text{면적}}$

## 3. 시험시공 및 Tamping 작업
(1) 시험시공에 의해 동다짐 간격, 1회 타격에너지(추 무게 및 낙하고)를 결정

(2) 중량의 추를 대형 크레인으로 5~30m 높이에서 낙하

(3) 수 m 간격으로 설정된 타격점을 집중적으로 타격

    ① 사질토 지반 L = D

    ② 점성토 지반 L = 0.5D(D : 개량심도)

(4) 포화사질토 등의 개량 시 정치기간 부여

    ① 타격에 따른 과잉간극수압이 소산될 때까지 시간 필요

    ② 배수공법과 병용 시 정치기간을 짧게 할 수 있음

(5) 타격장비는 일반적으로 무한궤도식 크레인 50~300t 사용

(6) 지하수위 높은 지반의 경우 배수공법 적용

(7) 타격순서 : 넓은 간격 타격 후 좁은 간격으로 진행

(8) 지표부에 세립토가 있거나 지하수위가 높은 경우 : 양질토사로 1.5~2.0m 정도 치환 후 시공

### 4. 중간조사

(1) SPT(표준관입시험)에 의한 N치 판단

(2) 공내재하시험(Menard Pressure Meter Test) 등

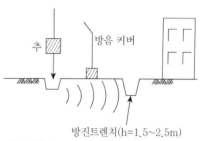

방진트렌치(h=1.5~2.5m)

### 5. 마무리 Tamping

(1) 타격 시 발생한 구덩이는 양질재료로 채움 실시

(2) 표면 정리 및 평탄화

(3) 타격에너지를 작게 하여 전면다짐 또는 Roller 등으로 다짐 실시

### 6. 인접 구조물 보호

진동에 의해 인접 구조물 피해 예방을 위해 최소 50m 정도의 이격

### 7. 진동

(1) 충격지점과 구조물 사이에 Trench를 파서 조치 가능

(2) 진동 규제기준 준수

단위 : cm/sec(kine)

| 구분 | 문화재 | 주택·APT | 상가 | 공장 |
|------|--------|----------|------|------|
| 허용치 | 0.2 | 0.5 | 1.0 | 1.0~4.0 |

### 8. 분진

집진장치를 하고 살수 등으로 습윤

### 9. 소음

(1) 저소음 장비선정, 저감시설의 설치 검토

(2) 소음 규제기준 준수

(단위 : dB)

| 구분 | 심야 | 조석 | 주간 |
|------|------|------|------|
| 주거지역 | 50 | 60 | 65 |
| 그 밖의 지역 | | 65 | 70 |

### 10. 토립자 비산 방지

방호시설 설치 및 살수 등 조치

## VI. 결론

1. 동다짐공법 적용 전 개량지반의 특성, 주변상황, 적용장비 등을 고려하여 타격에너지, 낙하고 등을 정확히 검토해야 한다.

2. 동다짐공법은 넓은 적용 범위와 효과적인 지반개량이 가능하나 시공 시 소음, 진동, 주변 구조물 침하, 지하매설물의 파손 등의 피해가 우려되므로 설계·시공 간 이를 고려한 대책이 마련되도록 해야 한다.

# 20 약액주입공법

## I. 개요

1. 약액주입공법이란 지중에 주입관을 삽입 후 주입재를 압송 및 충전시켜 지반을 불투수화 또는 지반 강도의 증대시키는 공법이다.
2. 지반개량 목적에 부합되는 약액의 종류를 선정·적용한다. 약액은 일반적으로 물유리계, 시멘트계 등이 많이 사용된다.

## II. 용도(목적)

1. 기초지반의 투수계수 감소(차수성 증진)
2. 흙막이 벽체 배면 지반의 불투수층 형성
3. 흙막이 굴착저면의 안정성 증진(Heaving 방지)
4. 도심지 굴착에 따른 인접 건물의 Underpinning
5. 흙막이 벽체의 토압 경감
6. 구조물 기초의 지지력 보강
7. Tunnel 굴착 시 지반 붕락 방지

---| 참조 |---

**주입공법의 분류(주입 메커니즘에 의한 공법 분류)**

| 구분 | 침투주입공법 | 고압분사공법 | 교반혼합공법 | 컴팩션주입공법 |
|------|------------|------------|------------|--------------|
| 내용 | LW 공법, SGR 공법 | JSP 공법 | SCW 공법 | CGS 공법 |

## III. 공법의 특징

| 장점 | 단점 |
|------|------|
| • 시공방법이 비교적 간단<br>• 소형장비 이용 시공 가능<br>• 민원요인이 적음(소음, 진동, 교통 등)<br>• 공기가 짧음 | • 주입 후 효과확인 제한<br>• 주입재의 성능저하(열화) 가능<br>• 수압파쇄로 인한 지반융기<br>• 지하수 오염 등 환경공해 우려 |

# IV. 주입재의 종류 및 특성

## 1. 주입재의 요구조건

(1) 주입재는 수축이 발생하지 않아야 함

(2) 초기 점도가 낮아 주입이 원활해야 함

(3) 사용재료의 Gel 반응 후 요구되는 효과(차수성, 고강도)가 발휘되어야 함

(4) 지반 공극에 침투가 가능

(5) 지반, 지하수를 오염시키지 않아야 함

(6) 열화가 작고, 내구적이어야 함

## 2. 주입재의 종류

(1) 현탁액형

　　① 아스팔트계　　　　　② 벤토나이트계(점토계)　　　　　③ 시멘트계

(2) 용액형

　　① 물유리계(LW : Labiles Water glass)

　　② 고분자계(크롬리그닌계, 아크릴아미드계, 요소계, 우레탄계)

> **참조**
>
> **약액의 분류**
>
> | 현탁액형 | Cement계, 점토계, Asphalt계 | 투수성 큰 지반 |
> |---|---|---|
> | 용액형 | 물유리계, 고분자계 | 투수성 작은 지반 |

## 3. 주입재별 특성

| 주입재 종류 | 특성 |
|---|---|
| 현탁액형 | • 주입재가 입자형으로 투수성이 작은 지반, 주입길이가 길 경우 주입효과 적음<br>• 벤토나이트계와 아스팔트계는 차수목적 이용<br>• 시멘트계 사용 시 경화 시까지 시간이 많이 소요, 긴급을 요하는 공사에 적용 제한, 조립토외 주입이 안 됨 |
| 물유리계 | • 가장 많이 사용되며, 차수효과가 우수　• 점도가 낮아 침투성이 우수<br>• 지반 오염에 대한 우려가 적고, 경제적　• 시멘트계와 병용 적용 시 강도 증진 가능 |
| 크롬리그닌계 | • 침수성, 강도증진 효과 우수　　　　　　• 지하수 오염 우려 |
| 아크릴아미드계 | • 점도가 낮으며 침투성이 우수　　　　　• Gel Time 조정이 쉽고 편리 |
| 요소계 | • 침투성이 우수하며, 약액 중 강도효과가 가장 우수<br>• 지반 보강용에 주로 적용, 고가 재료로 비경제적 |
| 우레탄계 | • Gel Time이 매우 짧아 유속이 큰 상황에 적용 가능<br>• 차수효과 및 강도 증진 효과 우수<br>• 유독가스 발생 위험 |

## V. 시공관리 Flow

| 사전조사 | → | 시험주입 | → | 주입관 설치 및 장비 Setting | → | 주입재 압송 | → | 검사 |

## VI. 시공 유의사항

### 1. 사전조사
(1) 지반의 투수성(공극), 지하수위 등
(2) 개량목적, 개량 범위·심도
(3) 주변에 미치는 영향 사전확인

### 2. 시험주입
(1) 시험 주입 계획서를 작성 후 시행
(2) 주입 계획 지반 또는 이와 동등한 지반에 실시 후 주입 상태 확인, 설계안과 비교

### 3. 주입관 설치 및 장비 Setting
(1) 주입관 설치

    ① 지반상태, 주입관의 종류, 주입길이·간격 등 고려

    ② Boring법, 타입법, Jetting법 중 적용

(2) 자동기록 장비 준비 : 주입량 및 주입압 확인
(3) 약액의 보관은 비산, 누출, 동결, 도난, 화재 등에 대한 예방조치

### 4. 주입재 압송
(1) 주입방법

    ① 반복주입    ② 단계별주입    ③ 유도주입 등

(2) (주입재) 압송방식

| 압송방식 | Gel Time | 적용 |
|---|---|---|
| 1.0 Shot | 20분 이상 | • 지하수의 유속이 작을 때 |
| 1.5 Shot | 2~10분 | • 가장 보편적인 방법<br>• 유속이 크거나 누수가 많은 경우 적용 |
| 2.0 Shot | 2분 이내 | • 지하수 유속이 크고 용수·누수가 많은 곳 |

주입량 : 대상 지반의 간극률, 충진률 고려 주입량 산출

$$Q = V \times \lambda = V \times (n \times \alpha(1+\beta))$$

여기서, $V$ : 대상토량, $\lambda$ : 주입률, $n$ : 지반의 간극률, $\alpha$ : 지반간극에 대한 주입재의 충진률,
$\beta$ : 지반의 손실계수

(3) 지하매설물에 근접 주입 시 지하매설물에 약액이 유입되지 않도록 확인

(4) 지반으로부터 발생한 잔토의 처리 철저

지하수 및 공공용수 등을 오염시키지 않도록 함

(5) 지하수의 유속정도에 따라 주입관리

겔 타임(Gel Time), 주입량, 주입속도, 농도, 주입률 등을 조정

(6) 할렬주입으로 인하여 수압파쇄(Hydro-Fracturing), 지반융기 현상 주의

주입압·약액농도·주입률 등을 검토

(7) 정량 주입보다는 정압 주입

(8) 투수계수가 커서 주입 폭이 두꺼울 때는 주입공의 간격을 줄이고, 주입렬을 증대

(9) 시공 도중 또는 시공 후 보일링, 융기 등의 발생 여부 확인

(10) 주입공 배치

① 간격 : 0.6~2.5m 범위(일반적으로 1.5m), 지수목적일 때 배치간격을 좁게 적용

② 주입공 배치 패턴 : 단열식(장방형), 복열식(정삼각형)

(11) 주입압은 일반적으로 0.5~1.0MPa

(12) 반응률이 큰 경화제 사용 : 고결강도의 증진, 알칼리의 용탈이 적은 주입재 적용

참조

**물유리 용탈 현상**

시간이 경과함에 따라 물유리에 있는 실리카 성분이 빠져나가는 현상

대책 : 물유리의 농도 높게 적용, 반응률이 높은 경화제 사용하여 고결강도를 높임

(13) 약액 중 수분 함량 최소화로 개량 효과 증진

## 5. 검사(주입성과 확인)

(1) 투수계수

(2) 개량 후 일축압축강도

(3) $X$선 회절

(4) SEM(주사전자현미경) 결과 등

# VII. 결론

1. 주입약액의 선정은 주입목적, 주입재의 특성, 현장 지반조건, 주입방식 등을 고려하여 선정·적용하여야 한다.

2. 시험주입을 통해 약액주입 지반 조건에 따른 시공의 방법, 주입재 종류, 주입효과 등을 사전에 검토하여 시공 중 효율적인 대처가 가능토록 해야 한다.

3. 개량 후 효과확인을 위한 정확한 방법이 부족한 실정이므로 이를 위한 신속하고 정확한 판단 방법의 개발, 적립이 필요하다.

# 21 연약지반에서의 계측관리

## I. 개요

1. 연약지반개량 공사 시 지반의 상태를 정확히 예측·판단하기가 제한된다.
2. 불확실성을 줄이고 설계, 시공의 안정성을 확보하기 위해 계측관리를 실시한다.

## II. 계측의 필요성

1. 설계 시 예측값과 시공 시 측정값의 불일치 여부 확인
2. 설계의 적합성 평가, 설계변경 검토
3. 주변에 대한 영향 분석
4. 계측결과 분석으로 향후의 영향 예측, 적정공법 선정
5. 지반변위에 대한 원인, 변위의 크기 등을 분석
6. 구조물의 안정성 평가, 시공절차의 수정 여부 판단

## III. 계측 시 고려(검토)사항

1. 지반특성, 현장여건, 주변 환경 조건
2. 대상 구조물과 지반계측의 목적, 규모
3. 계측의 범위와 위치, 계측기 종류와 수량
4. 계측기의 매설, 설치, 유지, 보호 등 관리
5. 계측빈도와 공사기간에 따른 계측기간

| 참조 |

**계측의 목적**

| 1차 목적 | 시공 전 | 시공 중 | 시공 후 |
|---|---|---|---|
| | 자료조사 | 안정 Check | 유지관리 |
| 2차 목적 | Feed Back하여 차후 설계에 반영 | | |
| 3차 목적 | 대민홍보, 피해보상에 대한 법적근거 마련 | | |

## IV. 계측 계획과 Flow

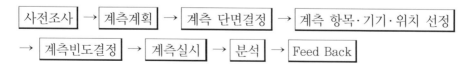

사전조사 → 계측계획 → 계측 단면결정 → 계측 항목·기기·위치 선정
→ 계측빈도결정 → 계측실시 → 분석 → Feed Back

## V. 계측항목

1. 지표 및 지중침하 측정
2. 쌓기 제체 하부 지반의 횡방향 변위 측정
3. 지하수위 측정
4. 간극수압 측정
5. 토압 측정
6. 지중수평변위 측정
7. 구조물 경사 측정

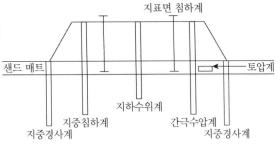

## VI. 계측빈도와 기간

| 측정항목 | 흙쌓는 도중, 흙쌓기 후 1개월까지 | 흙쌓기 후 1~3개월 | 흙쌓기 후 3개월 이후 | 준공 후 |
|---|---|---|---|---|
| 지반침하량, 지중 횡변위량, 간극수압, 지하수위 | 2회/1주 이상 | 1회/1주 | 1회/2주 | 1회/3개월 |
| 기타항목 | 계측 목적에 따라 조절, 필요구간 실시간 자동계측 | | | |

⋮ **참조** ⋮

**계측 항목별 계측기**
- 지반침하량 : 지표침하판, 층별침하계, 전단면침하계 등 연직변위 측정 계기
- 지중 횡변위량 : 수평변위계, 경사계, 변위말뚝 등 횡변위 측정 및 추정용 계기
- 간극수압, 지하수위 : 간극수압계, 지하수위계, 스탠드파이프, 관측정 등 수위측정 계기
- 토압 : 토압계, 변형률계, 하중계 등 압력 및 응력측정 계기

## VII. 계측기의 운용(계측작업)

### 1. 지표침하계
(1) 지표침하판은 흙쌓기의 속도관리, 상재하중의 제거시기 등의 결정에 이용
(2) 대상이 되는 지점의 전 침하량을 측정

### 2. 지중층별침하계
(1) 지표침하판과 같이 흙쌓기의 속도관리, 상재하중의 제거시기 등의 결정에 이용
(2) 흙쌓기층이나 포장층에 서로 다른 층이 있을 경우 각각의 침하량을 측정
(3) 연약층이 두꺼운 경우에는 심부 각층의 침하량을 측정하여 심부의 지반거동을 파악

### 3. 지중수평변위계(경사계)

(1) 지중수평변위계는 흙쌓기의 속도관리, 지중의 측방 이동량을 확인

(2) 흙쌓기 비탈면 하부지반의 수평변위를 측정

(3) 과업의 중요도가 크지 않을 경우 감독자의 승인을 받아서 지중 수평변위 관측에 변위말뚝을 이용 가능

### 4. 토압계

토압계는 흙쌓기 하중에 의한 연직방향의 토압을 측정

### 5. 간극수압계

(1) 흙쌓기의 하중에 의한 간극수압의 증감을 측정

(2) 간극수압의 증감의 측정결과로 연약지반의 처리효과와 침하상태 등을 확인

### 6. 지하수위계

(1) 흙쌓기의 하중과 연직배수공에 의한 지하수위의 변화를 측정

(2) 관 측정이나 스탠드 파이프 등을 통해 지하수위의 변동사항을 측정하는 데 이용

## VIII. 침하관리

### 1. 침하관리의 목적

(1) 장래 침하량 예측

　① 토량과 토공 계획고를 수정, 재하 성토고 결정

　② 잔류침하량을 추정

(2) Preloading 재하기간 결정

(3) 주변 지반과 구조물의 변위 측정

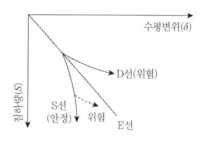

### 2. 침하관리의 방법

(1) 최종침하량 산정

　① 침하($S_t$)=탄성침하($S_i$)+1차 압밀침하($S_c$)+2차 압밀침하($S_s$)

　② 점토지반에서는 1차 압밀침하량을 최종침하량으로 간주하고 설계

　③ 압밀침하량($S_c$) $= \dfrac{C_c}{1+e} H \cdot \log \dfrac{P' + \Delta P}{P'}$

　　여기서, $C_c$ : 압축지수, $e$ : 간극비, $P'$ : 점토층 중앙부 유효연직응력,

　　　　　$\Delta P$ : 유효응력 증가분, $H$ : 점토층 두께

④ 침하시간$(t) = \dfrac{T_v}{C_v}Z^2$

여기서, $T_v$ : 시간계수, $Z$ : 배수거리, $C_v$ : 압밀계수

(2) 계측에 의한 침하량 측정

① 압밀층에 침하판 설치하여 측정·분석

② $U = \dfrac{S_t}{S_c} \times 100\,(\%)$

여기서, $U$ : 압밀도(%), $S_t$ : $t$시간에서의 침하량(mm), $S_c$ : 압밀침하량(mm)

# IX. 안정관리

## 1. 안정관리의 목적

(1) 지반파괴 상태 파악

(2) 성토속도 결정 및 관리

(3) 주변지반의 변위 확인

## 2. 안정관리의 방법

(1) 강도증진 관리

① 강도증가량 선정

$$\Delta C = \dfrac{C}{P}\Delta PU$$

여기서, $\Delta C$ : 강도 증가량, $C/P$ : 강도 증가율, $\Delta P$ : 성토하중, $U$ : 압밀도(%)

② 설계치와 비교 검토 후 안정성 판단

③ 강도 증가율 산정방법

㉮ SPT(표준관입시험), Vane Test, Cone Test 등

㉯ Sampling을 채취하여 압축강도시험 실시

(2) 침하량 분석

① 지반이 안정상태이면 침하량은 시간에 따라 일정한 값으로 수렴

② 지반이 불안정 시 침하량은 시간에 따라 직선적으로 증가하게 됨

---

| 참조 |

**한계성토고(단계별 성토고의 결정식)**

• 1차 한계성토고 : $H_1 = \dfrac{5.7 \times C}{\gamma_t \times Fs}$

• 2차 한계성토고 : $H_2 = \dfrac{5.7 \times (C + \triangle C)}{\gamma_t \times Fs}$

---

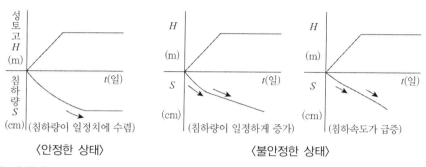

| 〈안정한 상태〉 | 〈불안정한 상태〉 |

(3) 지표면 변위량

① 지반이 안정상태이면 측방지반의 지표면의 수평변위가 작게 발생됨

② 지반이 불안정한 상태에서 수평변위량이 급증하면서 바깥쪽으로 밀려나감

# X. 문제점

## 1. 계측에 대한 인식 부족

(1) 계측실시의 목적과 필요성 등에 대한 이해 결여

(2) 계측이 형식에 치우치거나 결과 정리에 위주의 계측 시행

(3) 계측에 대한 저가 설계 및 Dumping 발주 빈번

(4) 비전문가에 의한 계측

## 2. 계측기기 및 System의 수입 의존

(1) 계측기기 고가, 계측기기 간 호환성 부족

(2) 현장 여건에 적합한 System의 도입 제한

## 3. 계획 및 시행 간 일관성, 전문성 부족

(1) 비효율적, 비경제적 계측

(2) 지반공학에 대한 전문성 결여

(3) 계측 관련 전문적, 체계적 기술자 양성 미흡

# XI. 대책

## 1. 현장기술자의 인식 제고, 전문성 확보

(1) 계측에 대한 자격제도 시행 검토

(2) 계측기술자 양성, 교육 정례화

(3) 계측에 대한 이해, 설득 노력

## 2. 체계적인 계측 System 구축

(1) 현장 여건에 적합한 System의 도입, 적용

(2) 계획, 실시, 분석 등 전 과정에서의 매뉴얼 작성

## 3. 발주와 연계된 노력

(1) 계측비용에 대한 현실화 노력

(2) Dumping 계측의 법적 방지대책 강구

## 4. 시방서 정립

(1) Data 수립 및 해석을 위한 시방서 작성

(2) 계측작업의 체계적 이론 정립

## 5. 계측기기의 개발

(1) 정확하고, 경제성이 확보된 기기의 개발·적용

(2) 실용적 기기의 개발

# XII. 계측 유의사항

## 1. 계측기기의 취급 및 설치

(1) 설치, 운반 시 파손이 없게 취급

(2) 기기의 손상 시 손상의 원인 분석 조치

(3) 시기와 공정을 고려 설치시기 판단. 침하, 간극수압, 지중수평변위 측정기는 노체 흙쌓기 이전 설치

(4) 설계도면 및 공사시방서에 표기된 계측기기 구비

(5) 감독의 입회하에 전문기술자에 판단에 의한 설치

## 2. 계측 관리

(1) 이상 계측값 발견 시 직전회 측정치와 비교

　　현저히 큰 변위, 변위속도가 기준값 이상이거나 수렴하지 않는 경우

(2) 지반공학분야 특급기술자 이상의 자격자에 의한 분석

(3) 계측기 설치 직후 초기측정값 획득 활용

　　초깃값이 정상적 범위가 아닌 경우 기기 재설치

(4) 계측요원은 현장에 상주 배치

(5) 성토체, 지반의 변형 발견 시 계측기가 미배치된 지점도 확인

## 3. 측정 후 기록정리

침하량 등을 계산, 성과분석

## XIII. 결론

1. 연약지반에서 계측관리를 통해 설계 시 계산값과 시공 시 실측값의 차이를 확인하여 시공의 안정성, 경제성 등을 확인하여야 한다.
2. 공사의 특성, 계측 목적에 부합한 계측기기의 선정, 항목설정, 계측 방법 및 빈도 적용으로 효율적인 계측관리가 되도록 하여야 한다.

# 22 (절·성토) 사면의 붕괴 원인 및 대책

## I. 개요

1. 사면은 자연사면과 인공사면으로 구분되며 자연사면의 붕괴를 산사태, 인공(절성토)사면의 붕괴를 사면파괴라 한다.
2. 사면의 붕괴는 구배 부적정, 성토재료 및 다짐시공의 불량, 지반 연약화 등에 의해 발생된다. 주원인은 자연강우 등의 침투로 인해 함수비가 증가하여 강도정수(C, $\phi$)가 감소하는 것에 기인한다.

## II. (토사)사면의 붕괴 형태

### 1. 사면 내파괴
(1) 사면 내에서 발생하는 활동
(2) 비교적 견고한 지층이 얕은 곳에 있을 때 발생

### 2. 사면 선단파괴
(1) 사면의 경사가 급한 경우 발생하는 활동     (2) 주로 비점착성 토질일 때 발생

### 3. 사면 저부파괴
(1) 사면의 경사가 완만한 경우 발생하는 활동
(2) 점착성 토질, 견고한 지층이 깊은 곳(사면 선단 아래)에 있을 때 발생

┈┤ **참조** ├┈

| 구분 | Land Slide | Land Creep |
|------|-----------|-----------|
| 원인 | 전단응력 증가(호우, 지진) | 전단강도 감소(지하수위 상승) |
| 발생시기 | 호우 중·직후, 지진 시 | 강우 후 시간경과 |
| 지형 | 급경사면(30° 이상) | 완경사면(5~20°) |
| 발생형태 | 이동속도 빠름, 소규모 | 이동속도 느리고, 대규모 |
| 대책방향 | 절토, 압성토, 말뚝, 앵커 등 | 지하수위 저하, 말뚝 등 |

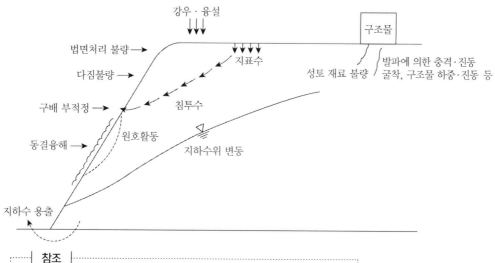

━━━┤ 참조 ├━━━━━━━━━━━━━━━━━━━━━━━━━━━━━━━━

**사면의 종류** : 무한사면, 유한사면, 직립사면

**자연사면의 붕괴 형태**

- Land Slide : 30° 이상 급경사지에 호우나 지진에 의해 발생, 소규모
- Land Creep : 완경사지에 지하수위 변화, 침식에 의해 발생, 대규모

## Ⅲ. 붕괴 원인

| 구분 | 붕괴 원인 |
|------|-----------|
| 절토사면 | • 지반의 연약화 : 강도정수($C$, $\phi$)가 감소<br>　지표수의 유입, 지하수의 용출, 배수불량 및 배수시설 불량<br>• 사면구배 부적절<br>• 사면보호공의 시공불량<br>• 상재하중의 가중 : 구조물축조, 상재하중의 작용, 상부의 교통하중 등<br>• 상부의 진동·충격 작용<br>• 기상작용에 의한 원인 : 강우 및 융설, 동결융해의 반복 등 |
| 성토사면 | • 기성토기초지반의 침하 : 연약지반 및 기초지반 처리불량, 배수처리불량<br>• 성토다짐시공 불량 : 성토재료의 불량, 다짐시공 불량<br>• 성토체의 연약화 : 지표수의 유입, 지하수 용출, 배수불량 및 배수시설 불량<br>• 성토사면의 불량 : 사면구배 부적절, 사면다짐시공불량, 사면보호공 시공불량<br>• 상재하중의 가중 : 구조물 축조, 상재하중의 작용, 상부의 교통하중 등<br>• 상부의 진동·충격 작용 : 교통에 의한 진동, 구조물축조에 따른 진동·충격작용<br>• 기상작용에 의한 원인 : 강우 및 융설, 동결융해의 반복 등<br>• 기타 : 지진에 의한 붕괴, 절성토 경계면의 활동 등 |

**사면 붕괴 원인**

| 구분 | 내용 |
|------|------|
| 자연적 원인(내적 원인) | 토질, 강우·융설, 풍화작용, 동결융해, 침식, 지하수위 변화 하천, 해안의 침식, 지진 등 |
| 인위적 원인(외적 원인) | 절·성토, 충격·진동, 다짐불량, 배수불량, 구배 부적정, 상부 하중 영향, 진동·충격 작용 |

# Ⅳ. 안정 해석

## 1. 질량법

흙이 균질한 경우에 한하여 적용 가능, 자연사면 적용 제한

## 2. 절편법(분할법)

(1) 파괴면 위의 흙을 여러 개의 절편으로 나눈 후 각각의 절편에 대하여 안정해석

(2) 이질토층, 지하수위 존재 시에도 적용 가능

(3) Fellenius 방법, Bishop 방법

┊──┤ 참조 ├┊

안전율 : $F_s = \dfrac{\sum W_i \cdot \cos\theta \cdot \tan\phi + \sum C \cdot l}{\sum W_i \cdot \sin\theta} \geq 1.2$

여기서, $W_i$ : 절편의 중량, $C$ : 점착력, $l$ : 절편의 원호길이, $\phi$ : 내부마찰각, $\theta$ : 경사사면각

# Ⅴ. 방지대책

## 1. 보호(억제)공법

(1) 사면의 안전율이 감소하는 것을 방지하는 공법(소극적 방법)

(2) 식생보호공

　① 줄떼공, 평떼공 : 일정규격으로 잔디를 식재하는 방법

　② 파종공

　　㉮ 종자, 비료, 안정제, 양생제, 흙을 혼합하여 뿜어붙이는 방법

　　㉯ 시공능률 양호, 지형이 낮거나 완만한 구배에 적합

　③ 녹생토공

　　㉮ PVC 코팅망 설치 후 인공토양(종비토) 부착

　　㉯ 인공토양에 초목류를 파종

④ 식생매트공, 식생판공, 식생망태공 등

(3) 식수공

① 식생공만으로 사면유지가 곤란한 경우 적용

② 식목을 통해 사면을 보호

(4) 구조물 보호공

① Con'c 붙임공

㉮ 철근 또는 무근 Con'c를 타설

㉯ 활동방지공(Anchor) 설치

② 숏크리트공

㉮ mortar, Con'c를 비탈에 뿜어붙이는 방법

㉯ 보통 10cm 내외 두께로 적용

③ Con'c 격자블록공

㉮ Precast 또는 현장타설 Con'c 격자블록 설치

㉯ 블록 안에 식생, 자갈 채움

④ 돌쌓기공·돌붙임공,

Con'c 블록쌓기공·Con'c 블록붙임공

(5) 표층안정공(원지반 강화 공법)

① 사면의 표층 토사에 시멘트, 약액 등을 주입

② 안정도 증진 및 침투수 유입 방지

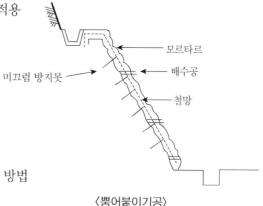

〈뿜어붙이기공〉

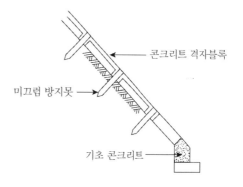

## 2. 응급대책공

(1) 지표수배제공

① 지표수 배제를 위한 수로 형성

② Cement, 비닐 등 지수성 재료로 침투를 방지

(2) 지하수배제공

① 지하수위를 낮춰 간극수압 상승을 방지

② 천층 지하수 배제공 : 유공 Pipe 매설 등

③ 심층 지하수 배제공 : 집수정 설치 또는 수평 천공 후 배수

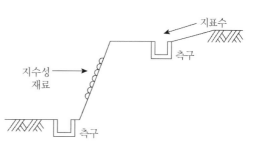

(3) 지하수 차단공 : 지중 침투수를 약액주입, 차수벽 등으로 차단

(4) 압성토공 : Sliding 우려 비탈하단에 압성토하여 안정화

(5) 절토공(배토공) : 활동하려는 토사를 제거하여 활동하중을 경감시킴

### 3. 보강(억지) 공법

(1) 사면의 안전율을 증가시키는 방법(적극적 방법)

(2) 보강토공법

　　① 인장에 약한 흙속에 마찰력이 큰 보강재를 결합

　　② 횡방향 변위를 구속하여 안정화

(3) 억지말뚝 공법

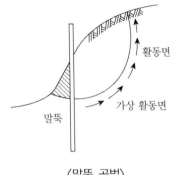

〈말뚝 공법〉

　　① 활동면 이하 지반까지 말뚝을 설치

　　② 말뚝의 수평저항으로 활동 방지

　　③ 수평말뚝 개념, 쐐기 역할, 일반적으로 많이 적용

　　④ 설치간격은 말뚝직경의 5~7배, 4m 이하

　　⑤ 두부를 연결처리하여 일체거동 유도

(4) Soil Nailing

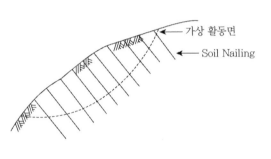

　　① 활동면에 Nailing(보강재)를 설치

　　② 보강재로 인한 전단강도, 인장강도 증가

　　③ 시공 간단, 좁은 장소 가능,

　　　 활동면 심도 클 때 적용 제한

(5) Anchor 공법

　　① Earth Anchor 등을 이용 Prestress를 도입, 활동력에 저항

　　② 숏크리트·Con'c 붙임공 등에 병용

(6) 옹벽공

　　① 사면활동에 의한 토압에 저항하기 위해 설치

　　② RC옹벽, PAP옹벽, PPP옹벽 등

## VI. 결론

1. 사면의 붕괴는 주로 사면 내로 강우 등이 침투하여 함수비가 증가하고 지반의 강도가 저하되어 발생하게 된다.

2. 사면은 지표·지중 배수시설의 설계, 시공관리를 통해 지표수·지하수 등이 침투하는 것을 방지하는 것이 무엇보다 중요하다.

3. 사면의 상황, 안정성 등을 고려 적합하고 환경친화적인 보호·보강공법을 선정·적용하여야 한다.

# 23 암반사면의 붕괴 원인 및 대책

## I. 개요

1. 암반사면은 암질, 풍화상태, 절리방향, 배수상태 등에 의해 안정성에 영향을 받는다.
2. 암반사면 붕괴, 낙석 등의 피해로 사면의 안정성 저하는 물론 인명과 시설물 등에 중대한 영향을 미친다.

## II. 암반사면의 붕괴 형태

| 붕괴 형태 | 불연속면 발달 상황 |
|---|---|
| 원형파괴(Circular Failure) | 불연속면이 불규칙하게 발달 |
| 평면파괴(Plane Failure) | 불연속면이 한 방향으로 발달 |
| 쐐기파괴(Wedge Failure) | 불연속면이 두 방향으로 서로 교차 |
| 전도파괴(Toppling Failure) | 절리와 반대방향으로 불연속면이 발달 |

## III. 암 사면의 붕괴 원인

1. 균열이 많은 암반
2. 절리방향이 비탈면 구배와 동일한 암반
3. 풍화 및 침식작용
4. 단층 파쇄대가 있는 암반
5. 애추, 풍화대가 있는 암반
6. 지하수위가 높고, 용수가 있는 암반
7. 절토고가 높은 암반
8. 동결융해의 반복
9. 강우 및 융설
10. 사면 구배에 대한 설계 및 시공의 잘못

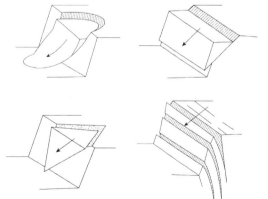

# IV. 암반사면 안정해석

## 1. 안정해석

(1) Flow

조사 → 평사투영법 → 한계평형법

(2) 평사투영법(개략적 해석)

　① 지표 조사결과 위험한 암반지점의 개략적인 사면안정 해석

　② 주향과 경사를 이용하여 불연속면을 입체적으로 파악하는 방법

(3) 한계평형법(정밀 해석)

　① 평사투영 결과 위험 판정 부위의 정밀 사면안정 해석

　② 사면의 활동력과 이에 대한 저항력 평가로 안전율을 산출하여 해석하는 방법

## 2. 평사투영법과 한계평형법의 비교

| 구분 | 평사투영법 | 한계평형법 |
|---|---|---|
| 개요 | 개략적 해석(예비판정) | 정밀해석(평사투영법 결과 위험부위) |
| 해석 방법 | 정성적 평가 | 정량적 평가 |
| 해석 시 적용 요소 | 절취면의 주향, 경사, 암반의 내부 마찰각($\phi$) | 암체의 단위중량, 점착력($C$), 내부마찰각($\phi$), 지하수압(간극수압), 사면의 높이 |

# V. 방지대책

## 1. 비탈 경사의 완화

(1) 인위적 전단강도 증대가 어려운 경우, 중요시설 주변 비탈에 적용

(2) 영구적이며 가장 확실한 방법

## 2. 배수공법

(1) 비탈 내부의 수위저하로 수압을 저하시켜 안정성을 증가

(2) 지표배수공, 지하배수공 등

## 3. 록볼트

(1) 이완된 암반의 표면을 견고한 암반층에 볼트로 고정시키는 방법

(2) 볼트의 설치간격은 절리간격의 3배 초과 금지

(3) 볼트 길이는 긴 것이 유리, 볼트 간격의 2배(2~3m 이상)로 적용

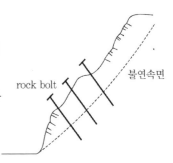

## 4. 철책공(또는 철망공)

(1) 낙석이나 소규모 붕괴 예상 시 적용

(2) 붕괴 예상지의 사면하단부에 Con'c 옹벽 설치 후 상부에 철책 설치

(3) 사면 안정성과는 영향이 적음

## 5. Rock Anchor 공법

(1) 불안정한 암반을 견고한 심층부에 Anchor로 고정시키는 방법

(2) 옹벽, 현장타설 Con'c 격자공 등 타공법과 병용

## 6. 낙석방지망 공법

(1) 절토법면에 낙석의 우려가 있는 장소에 적용

(2) 용도에 따른 분류 : 포켓식, 비포켓식

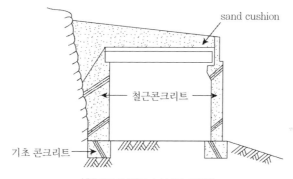

## 7. 낙석복공법(피암터널)

(1) 강재나 콘크리트로 도로를 터널상으로 둘러쌓아 낙석이 노면에 직접 낙하하는 것을 방지하는 공법

(2) 비교적 소규모 낙석에 강재, 대규모 낙석에 철근콘크리트 채용

〈철근콘크리트 낙석복 공법〉

## 8. 소단 설치

(1) 암사면의 안정을 위해 충분한 넓이의 소단을 설치, 일반적으로 높이 6m마다 폭 1m 소단 설치

(2) 낙석 차단 울타리나 망을 설치하는 경우 소단폭 조정 가능

## 9. 콘크리트 붙임공

(1) 균열이나 절리가 많은 암반이나 느슨한 절벽층 등에 적용

콘크리트 블록 격자공이나 모르타르 뿜어붙임공으로는 불안정하다고 생각되는 장소 적용

(2) 무한사면 및 급구배의 법면에서는 철망, 어스앵커 등으로 보강 가능

# VI. 결론

1. 암반사면의 안정성은 암반 내 불연속면의 방향성, 연속성, 틈새 크기, 지하수, 암괴의 크기 및 모양 등이 종합적으로 영향을 받는다.
2. 암반사면의 안정성을 확보하기 위해 충분한 법면구배를 확보하고 시공성, 경제성, 안전성 등이 고려된 최적의 보강공법을 선정·적용하여야 한다.

# 24 토석류 대책시설

## I. 개요

1. 토석류(Debris Flow)란 중력에 의해 사면을 따라 아래쪽으로 흐르는 물로 포화된 토양 및 암석의 층상류나 흐름을 말한다.
2. 일반적으로 토석류는 집중호우 시 급경사 사면 계곡부에서 대량의 토사와 강우가 함께 급속하게 유하하는 것이다.
3. 지표수에 흙과 돌이 섞여 밀도가 높아져 하류로 세차가 밀려나가면서 일반 수류의 4~5배의 압력이 발생, 극심한 피해를 발생시킬 수 있다.

## II. 토석류 대책시설 결정 시 고려사항

1. 보호하고자 하는 시설물의 중요도
2. 토석류가 이동하는 경로와 시설물의 상대적인 위치관계
3. 토석류의 규모, 흐름특성, 구성 재료
4. 대상 지역의 지형, 지질, 수리 및 수문 특성
5. 시공성, 유지관리 용이성
6. 단독 또는 다중 구조물의 적용 여부
7. 친환경성

---| 참조 |---

**토석류 대책시설 설계인자(설계 고려사항)**

최대토석부피, 토석류 첨두유량, 토석류 충격력, 토석류 단위중량, 유속, 수심, 퇴적경사 등

| 구분 | 설계 검토사항 |
|---|---|
| 계곡막이 | 경사완화구간의 범위, 단수, 단의높이, 단의경사, 길이 등 |
| 흐름완화 및 제어시설 | 종류, 규모, 구조적 안정성 등 |
| 퇴적 및 유도시설 | 퇴적부 경사, 저사 용량, 수로 단면의 규모 및 안정성 등 |

## III. 토석류 대책시설의 분류

| 구분 | 대책시설 |
|---|---|
| 발생억제시설 | 계곡막이 등 |
| 흐름완화 및 제어시설 | 사방댐, 토석류 포획망, 유로보강시설 등 |
| 퇴적 및 유도시설 | 퇴적지, 토석류 흐름 유도를 위한 제방 등 |

## IV. 토석류 대책시설

### 1. 시공일반
(1) 시공할 장소는 시공에 필요한 최소 면적으로 적용
(2) 기존지반이나 주변 환경의 훼손을 최소화
(3) 대책시설은 암반에 지지시키는 것을 원칙으로 함
(4) 터파기 후 바닥면 평탄화 또는 빈배합 콘크리트 타설
(5) 터파기를 하는 경우 기존수로를 이설
(6) 기초지반의 지지력 확인
    ① 평판재하시험 적용
    ② 연암 이상의 암반에서는 생략

### 2. 계곡막이
(1) 경사가 급한 구간에 여러 개의 단차를 만들어 경사를 완만하게 하여 계곡바닥과 측면의 침식과 세굴을 방지하는 공법
(2) 기초는 홍수 시 세굴로 노출되지 않도록 지반 내 충분히 근입
(3) 방법
    ① 석재 쌓기
    ② 콘크리트 블록 쌓기
(4) 시공 시 석재(블록)가 서로 어긋나게 배치
(5) 최종면은 동일높이로 마무리
(6) 주변지반을 정리, 필요시에는 식생이나 표면에 돌붙임을 하여 안정화

### 3. 사방댐
(1) 콘크리트 사방댐
    ① 기초공
        ㉮ 계획 심도까지 굴착, 표면 잡물의 제거

ⓝ 굴착지반이 암반인 경우 1m, 사력 지층인 경우 2m

　② 콘크리트

　　　㉮ 타설두께 : 45~50cm

　　　ⓝ 타설장비 : 펌프카 이용, 슈트로 타설하는 것을 가능한 지양

　　　ⓓ 시공이음 : 레이턴스 제거, 모르타르 포설 1.5cm 기준

　　　ⓔ 댐 길이 25m 초과 시 수직줄눈 설치

　　　ⓜ Con'c 품질, 시공관리 철저

　③ 철근피복 확보 철저

　④ 배수구멍 크기·간격 등 설계도서 준수, 댐 배면에 드레인재 고정

(2) 강재 사방댐

　① 강재에 충격을 가해 도금이나 도장 상태가 불량해지지 않도록 유의

　② 강재지주의 시공 : 오거 보링, 드릴링, 타입 등의 방법 이용

　③ 강재를 콘크리트에 매입 시

　　　㉮ Con'c 타설 전 강재 설치 구멍을 설치

　　　ⓝ 강재를 미리 설치 후 Con'c 타설

(3) 기타

　① 철강제틀댐

　② 스릿트(Slit)댐

　③ 석재 콘크리트댐

　④ 돌댐, 돌망태댐 등


## 4. 토석류 포획망

(1) 포획망의 구성 : 포획망, 연결부 지지로프와 정착부 앵커

(2) 앵커의 설치

　① 위치, 방향, 길이 등을 준수하여 설치

　② 소요인발저항력이 발휘될 수 있는 견고한 지반에 설치

(3) 지지로프 고정 : 와이어 클립 이용

(4) 포획망 설치

　① 포획망은 커튼 형태로 설치

　② 지지로프의 이음재를 이용 고정

(5) 이음부는 포획망의 인장강도 동등 이상의 강도 확보

## 5. 유로보강시설

(1) 유로보강부 기초의 근입깊이는 기초하부의 세굴이 발생하지 않도록 충분한 깊이까지로 시공

(2) 유로의 보강 방법

① 기존 유로의 비탈경사에 맞게 시공

② 유로폭을 확대하고 경사를 급하게 시공

(3) 보강구간 양끝 쪽은 기존 유로의 비탈면 내부까지 보강, 유수의 충돌에 의한 세굴이나 침식을 방지

(4) 보강재 시공

① 쌓을 때는 석재 또는 블록이 콘크리트와 완전히 부착

② 시공 시 석재(블록)가 서로 어긋나게 배치

③ 최종면은 동일높이로 마무리

## 6. 퇴사시설 및 흐름유도시설

(1) 퇴사시설

① 터파기하여 웅덩이 형성

② 퇴사지 내 경사를 4° 정도로 형성

(2) 흐름유도시설

① 토사제방으로 축조

② 제방높이는 수위보다 1.0m 높게 적용

③ 유로가 충돌하는 곳은 유로보강을 실시

## 7. 토석류 계측시설

(1) 토석류의 발생 가능성이 높은 지역에 적용

(2) 감독자, 지반분야 책임기술자의 판단하에 적용

(3) 토석류 대책시설 주위에 계측기 설치

## 8. 다기능 토석류 유출저감시설

(1) 투과형 강재틀과 하부에 담수공간을 병행 설치

(2) 담수공간이용 농업·산불진화 용수 공급

(3) 친수공간, 수변공원 조성

## 9. 기타

(1) 사면 등에 대한 안정성 평가 시스템구축

(2) 안정성 부족 사면에 대한 정비 실시

(3) 집중호우 시 위험지역 등에 대한 경고시스템 및 대피장소 확충

## V. 결론

1. 최근 집중호우에 의한 산사태 등이 빈번히 발생되고 있으며 특히 토석류에 의한 피해가 증가되고 있는 실정이다.
2. 이에 따라 토석류에 대한 대책시설의 설치가 증가하고 있다. 특히 대책시설의 설치 시 자연친화성이 우수하고 주변과 조화를 이룬 공법을 선정·적용토록 해야 한다.

# 25 사면의 배수시설

## I. 개요

1. 사면의 붕괴는 여러 원인이 복합적으로 작용하여 발생하나 직접적인 원인이 되는 것은 물의 영향이라 할 수 있다.
2. 절·성토 사면 공사 시 철저한 사전조사를 통해 배수시설을 합리적으로 설계하여 철저한 시공을 통해 물의 영향을 최소화하여야 한다.

> ─┤ 참조 ├─
>
> **사면 붕괴 원인**
>
> | 구분 | 내용 |
> |---|---|
> | 자연적 원인(내적 원인) | 토질, 강우·융설, 풍화작용, 동결융해, 침식, 지하수위 변화, 하천·해안의 침식, 지진 등 |
> | 인위적 원인(외적 원인) | 절성토, 충격·진동, 다짐불량, 배수불량, 구배 부적정, 상부 하중 영향, 진동·충격 작용 |
>
> **배수계획 시 고려사항**
>
> 비탈면 주변의 지형, 유역면적, 표면을 흐르는 유량, 배수시설의 위치, 단면크기, 배수방향, 배수 경사 등
>
> **설계계획빈도** : 10년 원칙으로 규격 및 설치간격을 정함

## II. 배수시설의 종류

| 구분 | 종류 |
|---|---|
| 지표배수시설 | 비탈어깨배수구, 소단배수구, 비탈끝배수구, 종배수구, 산마루측구 |
| 지중배수시설 | 지하배수구(암거), 수평배수층, 돌망태배수공, 수평배수공, 수직배수공(집수정) |

## III. 사면 배수시설 설치 목적

1. 강우 시 비탈면 표면, 비탈면이 포함되는 계곡부를 통해 유입되는 지표수를 신속하게 배수
2. 비탈면 내부의 지하수를 신속히 배수시켜 지하수위를 저하
3. 비탈면의 세굴 및 침식을 방지
4. 비탈면의 안정성 저하 방지 및 향상

# Ⅳ. 지표배수시설

## 1. 비탈어깨배수구
(1) 성토비탈면의 상부에서 유입지표수가 많을 경우 설치
(2) 우수 및 용출수를 비탈면에 유입되지 않도록 하기 위함
(3) 시공
 ① Con'c 배수관(L형, U형, V형) 사용
 ② 지표수가 쉽게 유입되도록 설치
 ③ 지반과 밀착하도록 시공

## 2. 소단배수구
(1) 비탈면에 흐르는 빗물이나 용출수에 의한 비탈면의 침식을 방지하기 위해 설치
(2) 비탈면 규모가 작아 비탈면 침식의 위험성이 작다고 판단될 때는 생략 가능
(3) 배수구에 경사를 유지하여 한쪽으로 배수가 원활히 되도록 설치
(4) 비탈면 쪽으로 월류 방지
(5) 설치 기준
 ① 성토사면 10m, 절토사면 20m 높이마다 설치
 ② 길이가 100m 초과 시 종배수구 추가 설치
 ③ 배수구 폭 : 1~3m
(6) 기성제품을 사용해서는 안 되며 반드시 현장타설 콘크리트로 시공
(7) 배수구와 비탈면 보호블록 기초는 통합시공해야 함

## 3. 비탈끝배수구
(1) 성토비탈면에서 흘러나가는 물이 인근지역으로 흐르지 않도록 하기 위함
(2) 절토비탈면에서는 미설치
(3) 비탈끝배수구와 종배수구 교차점에는 집수시설을 설치

## 4. 종배수구
(1) 쌓기비탈면의 비탈어깨배수구 또는 깎기비탈면의 산마루배수구와 소단배수구에서 비탈면 하부 배수시설로 지표수를 배수시키기 위해 비탈면을 따라 설치
(2) 방법
 ① 현장타설 Con'c
 ② 철근 Con'c관
 ③ 돌쌓기

(3) 종배수구의 경사가 변화하는 곳에는 뚜껑을 설치

(4) 종배수구와 비탈끝배수구 교차점에는 집수시설을 설치

## 5. 산마루측구

(1) 절토비탈면에서 우수 및 용출수를 비탈면에 유입되지 않도록 하기 위해 설치

(2) 지표수가 쉽게 유입되도록 설치

(3) 지반과 밀착하도록 시공

(4) 토석이나 나뭇잎 등의 유입이 예상 시 배수로 내외지점에 차폐시설하여 차단

(5) 방법

    ① 현장타설 콘크리트 배수구

    ② 일반파기 배수구

    ③ 콘크리트 배수관(L형, U형, V형)

(6) 되메우기 시에 세굴이나 유실을 방지하기 위하여 다짐을 충분히 실시


# V. 지중(지하수)배수시설

## 1. 지하배수구(암거)

(1) 지표로부터 비교적 얕은 위치에 분포하는 지하수 및 침투수를 배수시키기 위해 설치

(2) 주변지반의 지하수가 신속히 유입되는 구조로 시공

(3) 집수량이 많고, 배수구연장이 긴 경우 : 20~30m마다 집수구 등을 설치하여 지표배수로로 유도

(4) 적용

    ① 쌓기 비탈면 내부

    ② 쌓기와 깎기의 경계부

    ③ 옹벽의 배면

    ④ 구조물 하부

(5) 시공 재료

    ① 배수용 토목섬유

    ② 유공관

    ③ 배수성 채움재료

## 2. 수평배수층

(1) 쌓기토체, 뒷채움 내부의 지하수위를 저하시키기 위하여 설치

(2) 배수층 내부에서는 막힘없이 흐르는 구조로 시공

(3) 수평배수층의 유출구는 지표수배수시설, 지중배수구 및 집수관등에 연결

(4) 적용

　① 쌓기토체 하부

　② 옹벽 및 보강토 옹벽의 뒷채움 내부

(5) 시공 재료 : 배수용 토목섬유, 배수성 채움재료, 유공관

### 3. 돌망태배수공

(1) 침투압 또는 강우로 인한 표면유실을 방지

(2) 적용

　① 쌓기비탈면의 비탈끝

　② 깎기비탈면에서 지하수가 유출되는 구간

(3) 돌망태배수공의 형상 : 원형, 선형 등 다양하게 적용 가능

### 4. 수평배수공

(1) 지하배수구 등에 의한 지하수위 저하를 기대할 수 없는 경우나 비교적 깊은 지반 내의 지하수를 배제하는 경우에 적용

(2) 재료와 구조는 내부식성이 있거나 부식이 발생하지 않고 막힘이 없는 구조를 사용

(3) 유출구는 지표수 배수시설 등에 연계

### 5. 수직배수구(집수정)

(1) 지하수위가 높은 구간에 설치하여 신속하게 지하수위를 저하시키기 위해 설치

(2) 내부점검과 유지관리를 위한 시설 및 안전시설을 설치

## VI. 결론

1. 최근 집중호우에 의한 산사태가 빈번히 발생되어 사회적 문제가 되고 있다.

2. 산사태의 직접적 원인인 지표수와 지하수를 배제하기 위한 배수시설의 합리적 설계 및 현장에서의 철저한 시공관리를 통해 사면의 안정성을 유지해야 한다.

# 26 토공 용어 정의

- **간극수** : 토립자 사이의 간극에 존재하는 물을 말하며, 넓은 의미로는 중력수, 모관수, 흡착수를포함한 통칭이며, 좁은 의미로는 간극수압과 투수 등에 직접 관계가 되는 모관수와 중력수를 간극수라 한다.

- **과압밀비** : 현재 받고 있는 유효연직응력에 대한 선행압밀응력의 비를 말한다.

- **과압밀 지반** : 현재의 유효 연직응력보다 큰 선행압밀응력의 재하이력을 가진 지반을 말한다.

- **과잉간극수압** : 지반의 응력조건변화와 변형에 따라 정수압에 추가하여 발생하는 간극수압을 말한다.

- **다짐도** : 실내다짐시험으로 얻은 최대건조밀도에 대한 현장건조밀도의 비를 말한다.

- **동결깊이** : 동절기에 지반의 온도가 영하로 유지될 때 지반 내 지중수의 동결층과 비동결층의 경계면의 깊이를 말한다.

- **딜라토미터(dilatometer)시험** : 납작한 판형 시험기구를 지중에 삽입하고 시험 기구 속으로 압력을 가하여 강막(steel membrane)을 팽창시켜 지반의 공학적 특성을 측정하는 시험을 말하며 지반의 전단강도와 변형 특성 등을 결정하는 인자를 측정할 수 있다.

- **록볼트(rock bolt)** : 암반 중에 관입정착되어 암반을 보강하는 목적으로 설치하는 강재 또는 기타재질의 봉형 보강부재를 말한다.

- **록앵커(rockanchor)** : 인장력을 발현시켜 압력을 암반 내부에 전달하는 구조체로서 그라우트에 의해 암반에 조성된 정착부, 인장부, 앵커머리부로 구성되며 임시앵커와 영구앵커가 있다.

- **분사현상** : 모래층에서 수압차로 인하여 모래입자가 부풀어 오르는 현상. 보일링

- **부등침하** : 지반이나 기초의 지점간 침하량이 다르게 발생하는 침하현상을 말한다.

- **비배수전단강도** : 투수성이 낮은 지반에 재하 하였을 경우 지반에 과잉간극수압이 발생한 상태인 지반의 전단강도 값을 말한다.

- **배수강도정수** : 과잉간극수압이 영인상태를 유지하며 지반이나 시험편을 압축, 인장 및 전단하였을 때 얻어지는 강도정수를 말한다.

- **배수조건** : 지반의 응력이 변화할 때 지반의 투수성과 응력변화 속도에 따라 발생하는 지반 내부의 지하수 상태를 나타내는 것으로 과잉간극수압이 발생하면 비배수조건, 과잉간극수압이 발생하지

않으면 배수조건으로 구분한다.

- **사운딩** : 지반에 시험기구를 삽입, 회전, 인발하면서 그 저항치를 측정하여 지반의 특성을 조사하는 원위치 지반조사법을 통칭한다.

- **상대밀도** : 모래의 다짐 정도를 나타내는 지수로서 백분율로 나타내기도 한다.

- **선행압밀응력** : 지반이 현재까지 경험한 최대유효응력을 말한다.

- **소단** : 비탈면의 안정성을 높이고 유지관리의 편의를 위하여 비탈면 중간에 설치한 좁은 폭의 수평면을 일컫는다.

- **소일(흙)시멘트** : 흙에 시멘트를 첨가하여 흙 입자를 서로 결합시키는 안정처리토를 말한다.

- **슬레이킹-내구성 지수(slaking-durability index)** : 건조와 침수 상태의 반복에 대한 암석의 저항 척도를 나타내는 지수를 말하며 슬레이킹 내구시험을 통해 구한다.

- **아터버그한계** : 함수비에 따라 다르게 나타나는 흙의 특성을 구분하기 위하여 적용되는 함수비를 기준으로 한 값들로서 특히 흙의 소성적 거동에 대한함수 비 범위를 정의하는 데 사용한다. 일반적으로 액성한계, 소성한계, 수축한계를 말한다.

- **암반** : 암석으로 구성된 자연지반으로 여러 가지 불연속면을 포함한 암체를 뜻한다.

- **암반의 불연속면** : 균열 없는 견고한 암석과 비교하여 특성에 차이가 나는 면 또는 부분들을 총칭하며, 절리(joint), 벽개(cleavage), 편리(schistosity), 층리(bedding), 단층(fault), 파쇄대(fracturezone) 등을 포함한다.

- **암석** : 여러 광물의 단단한 결합체를 말하며 생성요인에 따라 화성암, 퇴적암, 변성암으로 구분한다. 또는 다양한 고결 혹은 결합에 의한 광물의 집합체로 불연속면을 가지지 않는 암반 부분의 지반 재료를 의미하기도 한다.

- **압밀** : 시간경과에 따라 점성토 지반의 물이 배수되면서 장기간에 걸쳐 점진적 인체적 변화로 압축되는 현상을 말한다.

- **압밀정수** : 포화된 점성토지반에 하중이 재하될 때 시간에 따른 과잉간극수압 소산에 따라 나타나는 압축속도와 압축량에 관련되는 정수를 말하며, 압축지수, 재압축지수, 선행압밀응력, 체적압축계수 및 압밀계수 등이 있다.

- **액상화** : 포화된 느슨한 모래나 실트층이 충격이나 진동을 받아 순간적으로 발생한 과잉간극수압에 의해 전단강도를 잃고 액체처럼 거동하는 현상을 말한다.

- **오거보링** : 오거를 이용하여 지반을 시추하는 것을 말하며, 주로 토사지반의 시추에 사용된다.

- **용출수** : 지표면으로 솟아오르는 지하수 또는 터널이나 터파기 공사 등을 할 때 굴착면에서 솟아나는 지하수를 말한다.

- **유기물함량** : 흙에 들어 있는 유기물의 양을 말하며 통상 유기물의 질량과 흙의 노건조질량의 비를

백분율로 나타낸다. 고유기질토에서는 강열감량시험으로 구하며, 그 밖의 흙에서는 유기물함유량 시험으로 구한다.

- **응력해방** : 시료채취에 의하여 시료가 원위치인 지중에서 받던 응력이 해방되는 것을 말한다.

- **이차압밀(압축)침하** : 외부하중에 의하여 발생한 과잉간극수압 소산과 무관하게 발생하는 시간 의존적 침하를 말한다.

- **일축압축강도** : 일축압축시험에서 구한 공시체의 최대압축저항력을 말하며 포화점토에서는 비배수 전단강도의 2배의 값이 된다.

- **앵커블럭** : 부피가 큰 강성체를 지중에 매설하여 횡력이나 인발력에 저항하는 앵커구조물을 말한다.

- **앵커판** : 판형부재를 지중에 매설하여 횡력에 저항하는 앵커구조물을 말한다.

- **융기현상** : 연약한 점성토 지반에서 땅파기 외측의 흙의 중량으로 인하여 땅파기된 저면이 부풀어 오르는 현상. 히빙

- **자료조사** : 기초설계에 필요한 지형도, 지질도, 기존공사 보고서, 인접구조물 관련자료, 지역관련 자료 등 각종자료와 정보를 수집하는 행위를 말한다.

- **전단강도** : 지반이 전단응력을 받아 현저한 전단변형을 일으키거나, 활동면을 따라 전단활동을 일으킨 경우 지반이 전단파괴 되었다고 말하며, 이때 활동면상의 최대전단저항력을 전단강도라 부르고 $\tau$로 표시한다.

- **전단저항력** : 전단파괴면에서 전단변형에 반대방향으로 발생하는 저항력을 말한다.

- **절리** : 암반자체의 수축과 외력에 의하여 암반에 나타나는 불연속면으로서 틈이 밀착되어 있고 상대적인 변위가 일어나지 않은 것을 말한다.

- **정규압밀지반** : 지반이 경험한 최대압밀응력이 현재의 유효연직응력과 같은 흙을 말한다.

- **즉시침하(탄성침하)** : 지반에 하중이 작용함과 동시에 발생하는 (탄성)침하를 말한다.

- **지구물리탐사(물리탐사, 물리지하탐사)** : 물리적 방법으로 지반의 층상구조 및 각 지층의 공학적특성을 조사하는 방법을 말하며 탄성파탐사, 전기탐사, 중력탐사, 자기탐사, 방사능탐사 등이 있다.

- **지반의 개량** : 지반의 지지력 증대 또는 침하의 억제에 필요한 토질의 개선을 목적으로 흙다짐, 탈수 및 환토 등으로 공학적 능력을 개선시키는 것을 말한다.

- **지반조사** : 기초설계에 필요한 지반정보를 획득하기 위한 지표조사, 시추, 사운딩, 시료채취, 원위치시험, 실내시험, 물리탐사 등을 총칭하여 일컫는 말이다.

- **지반앵커** : 선단부를 지반 속에 형성된 앵커체에 고정시키고, 이 앵커체에서 발현되는 반력을 이용하여 흙막이벽 등의 구조물을 지탱시키는 케이블식 인장 구조체를 말하며, 그라우팅 등으로 형성되는 앵커체, 인장부, 앵커머리로 구성된다. 어스앵커라고도하며 영구앵커와 임시앵커로 구분한다.

- **층리** : 퇴적암이 생성될 때 퇴적 조건이 변함에 따라 퇴적물에 생기는 층을 이루는 구조를 말하는

것으로 성층(成層)이라고도 한다.

- **침하** : 지반 응력의 변화나 지반내의 간극수압의 변화에 의하여 발생하는 기초나 지반의 연직변위를 말한다.

- **타이백 앵커** : 구조물 배면지반에 앵커체를 형성하고 이 앵커체에 강봉이나 케이블을 연결하여 구조물을 고정시킴으로써 안정을 도모하는 앵커 형식을 말한다.

- **투수계수(수리전도도)** : 흙, 암반 또는 기타의 다공성 매체에 대한 물의 투과 특성을 속도의 단위로 표시한 값을 말한다.

- **팽창(팽윤)** : 점토광물의 결정층 사이로 물이 흡수되어 체적이 증가하는 현상을 말한다.

- **평균압밀도** : 압밀대상층 전체에 대한 평균적인 압밀도를 말한다.

- **표준관입시험(SPT)** : 외경 51mm, 내경 35mm, 길이 810mm의 분리형 샘플러를 무게 623N (63.5kgf) 해머로, 자유낙하고 760mm를 유지하며, 타격하여 300mm 관입하는 데 소요되는 타격 횟수를 구하는 시험을 말하며 이때 얻은 타격횟수를 표준관입시험의 N값이라 한다.

- **프레셔미터시험** : 시추공에 원주형의 팽창성 측정 장비를 삽입하고 가압하여 방사방향으로 지반에 압력을 가하고 지반의 변형특성을 구하는 공내재하시험(토사층, 암반층 등 지반의 굳기에 따라 적용 장비선정)을 말한다.

- **피압수(피압지하수)** : 불투수층사이에 끼어 있는 투수층에서 대기압보다 높은 압력을 받고 있는 지하수면을 갖지 않는 지하수를 말한다.

- **현장원위치시험** : 현장지반의 공학적특성을 파악하기 위하여 현장에서 대상지반을 상대로 시행하는 시험을 말하며 시료를 채취하여 실험실에서 시행하는 시험과 비교하여 정의된다.

- **흙의 강성** : 흙의 하중-변형률 특성을 정의하는 것으로서, 탄성계수 또는 전단탄성계수 로그값의 크기를 나타낸다.

# 옹벽 · 흙막이

# 01 역T형(캔틸레버식) 옹벽의 시공

## I. 개요

1. 옹벽은 일반적으로 토압에 저항하여 그 붕괴를 방지하기 위해 만들어지는 구조체로 사용되며, 벽체의 자중과 저판 위의 흙의 중량으로 토압에 저항한다.

2. 옹벽은 활동, 전도, 지지력과 침하 및 전체적인 안정성(사면활동)에 대하여 안정하도록 설계·시공되어야 한다.

---

| 참조 |

**옹벽의 종류별 적용 높이**

| 구분 | 중력식 | 캔틸레버식 | 뒷부벽식 | 보강토 옹벽 |
|------|--------|-----------|----------|-------------|
| 적용높이 | 4m 이하 | 3~10m | 8~15m | 6m 이상 |

**옹벽의 형식 결정 시 고려사항**

지형조건, 기초지반의 지지력, 배면지반의 종류·경사, 시공여유 및 상재하중, 경제성, 시공성, 유지관리의 용이성 등

**토압의 분류**

- 주동토압 : 흙막이 벽체가 전면으로 변위발생시의 수평토압
- 수동토압 : 흙막이의 벽체가 배면으로 변위발생시의 수평토압
- 정지토압 : 벽체의 변위가 발생하지 않은 상태에서 작용하는 토압

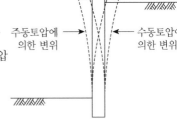

주동토압에 의한 변위 → ← 수동토압에 의한 변위

| 구분 | 주동토압 | 수동토압 | 정지토압 |
|------|----------|----------|----------|
| 변위 | 허용 | 허용 | 불허 |
| 구조물안정 | 부정적 | 긍정적 | 부정적 |
| 적용 | 옹벽 | 흙막이 | Box 구조 |

**토압계수와 토압**

- 주동토압계수 : $K_A = \dfrac{1-\sin\phi}{1+\sin\phi} = \tan^2\left(45° - \dfrac{\phi}{2}\right)$, 수동토압계수 : $K_P = \dfrac{1+\sin\phi}{1-\sin\phi} = \tan^2\left(45° + \dfrac{\phi}{2}\right)$

- 주동토압 : $P_A = \dfrac{1}{2}\gamma H^2 \tan^2\left(45° - \dfrac{\phi}{2}\right)$, 수동토압 : $P_P = \dfrac{1}{2}\gamma H^2 \tan^2\left(45° + \dfrac{\phi}{2}\right)$

---

## II. 시공관리

### 1. 철근

(1) 부재 작용 모멘트에 따라 주철근 배치

  ① 역T형 : 벽체의 배면에 수직방향

  ② 뒷부벽식 : Slab의 장변방향, 수평방향

(2) 피복 : 노출면 3cm 이상, 흙과 접하는 면 5cm 이상

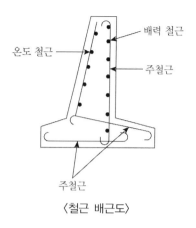

〈철근 배근도〉

### 2. 콘크리트 배합, 타설관리 철저

(1) 공기량 4.5±1.5%, 슬럼프 150±25mm,

  굵은 골재 최대치수 25mm 이하

(2) 타설속도·높이 준수, 다짐관리 철저

(3) 콜드조인트(Cold Joint) 발생 주의

### 3. 이음

(1) 수축이음

  ① 벽체 전면에 홈을 형성시켜 균열을 유발

  ② 홈의 폭은 6~8mm, 깊이는 12~16mm 정도

  ③ Joint 설치간격

| 중력식 | 역T형, L형 옹벽 |
|---|---|
| 5.0m 이하 | 9.0m 이하 |

  ④ 철근은 절단시키면 안 됨

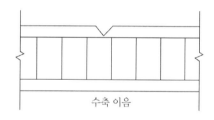

수축 이음

(2) 신축이음

  ① Con'c의 수화열, 온도 변화, 건조수축에 의한 부피변화에 대응

  ② Joint 설치간격

| 중력식 | 역T형, L형 |
|---|---|
| 10m 이하 | 20~30m 이하 |

  ③ 철근은 절단시키고, 보강재를 삽입

  ④ 절곡되는 부분에 신축이음을 두어서는 안 됨

신축 이음

(3) 시공이음

  ① 보통 기초판과 Slab(벽체), 벽체 중간 등의 위치에 적용

  ② 쐐기(요철)를 설치 또는 구 Con'c면의 Chipping 후 이어치기

## 4. 활동방지벽(Key) 설치

(1) 직각으로 터파기하여 여굴을 최소화

(2) 활동방지벽과 저판 Con'c는 일체로 타설

(3) 활동방지벽의 Con'c를 타설한 다음 적어도 1~2시간 경과 후 저판 Con'c를 타설, 침하 및 수축으로 인한 전단균열을 방지

## 5. 뒷채움 시공

(1) 뒷채움 재료

　① 입도가 양호한 재료 : $C_u > 10$, $1 < C_g < 3$

　② 공학적으로 안정한 재료 : $LL < 40$, $I_P < 10$

　③ 전단강도가 큰 재료, 지지력이 큰 재료

　④ 시방규정에 맞는 재료, 토압이 적은 재료

> ┤ 참조 ├
>
> **품질기준**
>
> | 구분 | 최대치수(mm) | 50mm체 통과(%) | 0.08mm체 통과(%) | 소성지수 |
> |------|-------------|----------------|-------------------|----------|
> | 기준 | 100 이하 | 25~100 | 15 이하 | 10 이하 |

(2) 다짐시공

　① 1층 다짐 후 두께 : 200mm 이내

　② 다짐 중량, 횟수 준수

　③ Roller는 구조물에서 1m 이격하여 운용

　④ 다짐재료의 함수비 관리 : OMC ± 3% 이내

　⑤ Bench Cut(층따기)

　　㉮ 원지반의 지표면 구배가 1 : 4보다 급하면 층따기 시행

　　㉯ 층따기 폭 1.0m, 높이 0.5m 이상

(3) 다짐도 검사

　① 건조밀도에 의한 다짐도 $C = \dfrac{\gamma_d}{\gamma_{d\max}} \times 100\%$

　　최대건조밀도의 95% 이상

　② 평판재하시험 $K = \dfrac{P}{S}$

　　양질토사인 경우 침하량 2.5mm에서 지지력계수($K_{30}$)는 150MN/m$^3$ 이상

## 6. 배수시설

(1) 배수공

　① 옹벽 벽체에 PVC Pipe를 이용하여 배수구멍을 형성

　② 배수공의 관경 65~100mm

　③ 배수공의 간격

　　㉮ 수평방향 4.5m 이하

　　㉯ 연직방향 1.5m 이하

　④ 최하단 배수공은 벽체하단에서 10cm 위에 설치

　⑤ 배수공 후면 처리 : 40×40cm 단면으로 조약돌 또는 깬잡석을 부직포로 피복하여 설치

(2) 배수시설의 설치

　① 지표배수 시설

　　㉮ 지표 불투수층 설치 : Con'c 또는 아스콘 포장 등

　　㉯ 옹벽 전면 배수용 측구, 배면 상단 배수로 등

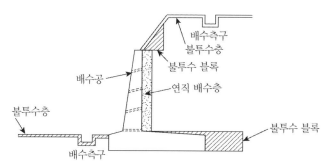

〈배수시공의 예〉

　② 옹벽배면(지중) 배수시설

　　㉮ 연직배수, 구형배수, 경사배수 등

　　　㉠ Filter재는 입경이 시방규정을 만족하는 재료 사용

> **│ 참조 │**
>
> **Filter재의 구비요건**
>
> $$\frac{F_{15}}{B_{85}} < 5, \ 4 < \frac{F_{15}}{B_{15}} < 20, \ \frac{F_{50}}{B_{50}} < 25$$
>
> 여기서, $F$ : Filter재, $B$ : Filter에 인접된 흙

　　　㉡ 배수층 하단에 배수관을 설치

　　㉯ 드레인 보드를 이용한 배수

　　　㉠ 고강도 폴리스틸렌과 필터(부직포)를 접합시켜 설치되는 배수공법

ⓛ 기존 방법과 비교

| 구분 | 드레인 보드 공법 | 자갈 공법 |
|---|---|---|
| 배수효과 | 반영구적 완전배수 | 토사유입 배수효과 감소, 측압발생 |
| 공사비용 | 상대적으로 저렴 | 고가 |
| 사용자재 | 드레인 보드(보드 + 부직포) | 자갈 |
| 장비사용 | 중장비 불필요 | 중장비 필요 |

┤ 참조 ├

**배수용 드레인 보드 품질기준**

| 항목 | 재질 | 압축강도 | 형식 |
|---|---|---|---|
| 시험방법 | KS K 0210 | KS M 3015 | |
| 품질기준 | 폴리스틸렌 90% 이상 | 0.57MPa | 돌기형(두께 9.2mm 이상) 일면배수재 |

**배수용 토목섬유 품질기준**

| 항목 | 재질 | 중량 | 두께 | 인장강도 | 투수계수 |
|---|---|---|---|---|---|
| 시험방법 | KS K 0210 | KS F 2123 | KS F 2122 | KS F 2124 | KS F 2128 |
| 품질기준 | 합성섬유 90% 이상, 장섬유부직포 | $1.96N/m^2$ 이상 | 1.8mm 이상 | 0.02MPa 이상 | $1.0 \times 10^{-3} \sim 9.0 \times 10^{-3}$m/s |

# Ⅲ. 역T형, 부벽식 옹벽 비교

| 비교 | 역T형 옹벽 | 부벽식 옹벽 |
|---|---|---|
| 구조형식 | 정정 구조 | 부정정 구조 |
| 시공높이 | 3~9m | 6~10m |
| 주철근 배치 | 연직배면에 수직배치 | 연직배면에 수평배치 |
| 시공성 | 구조가 간단 | 구조가 복잡 |
| 경제성 | Con'c는 많이 소요, 노무비 절감 | Con'c는 적게 소요, 노무비 증가 |
| 안전성 | 9m를 초과 적용 제한 | 높은 옹벽 시공 가능 |

# Ⅳ. 결론

1. 옹벽은 안정조건(전도, 활동, 침하 등)의 확보, 배수시설의 철저한 시공관리가 필요하다.
2. 옹벽은 배수시설 불량 시 설계 시 고려치 않은 수압발생으로 안정성이 저하되므로, 배수층, 배수공, 배수구, 배수관 등 배수시설과 뒷채움 재료에 대한 선정관리에 세심한 주의가 필요하다.

# 02  옹벽의 안정조건 및 불안정 시 대책

## I. 개요

1. 옹벽이란 배후토사의 붕괴를 방지하고 부지활용을 목적으로 만드는 구조물로서 자중과 흙의 중량에 의해 토압에 저항하고 구조물의 안정을 유지한다.
2. 옹벽의 종류는 중력식, 역 T형식, 부벽식 등이 있으며, 활동, 전도, 침하에 대한 안정검토가 필요하다.

## II. 옹벽의 안정조건

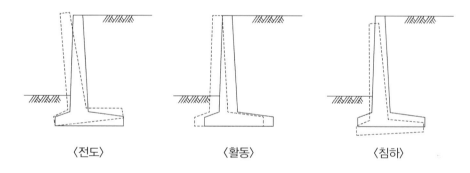

⟨전도⟩　　　⟨활동⟩　　　⟨침하⟩

### 1. 활동에 대한 안정

(1) 안정조건

옹벽의 밑면에 작용하는 마찰력과 점착력 등의 저항력이 옹벽 배면의 수평토압과 지진력의 수평 방향력 등 활동 작용력에 대해 안전

(2) 안전율

$$F_s = \frac{\text{기초 저면에서의 마찰력 등의 합계}}{\text{수평력의 합계}} \geq 1.5$$

## 2. 전도에 대한 안정

(1) 안정조건

옹벽이 토압 및 지진력에 의한 회전하려는 Moment에 대해 저항하려는 Moment가 클 때 옹벽은 전도에 대해 안전

(2) 안전율

$$F_s = \frac{\text{저 항 모멘트}}{\text{전 도 모멘트}} \geqq 2.0$$

## 3. 지지력에 대한 안정

(1) 안정조건

옹벽 자중을 포함한 연직력의 합력이 기초 지반의 허용지지력보다 작아야 안전

(2) 안전율

$$F_s = \frac{\text{지반의 허용지지력}}{\text{연직력의 합력}} > 1.0 \ ( \frac{\text{지반의 극한지지력}}{\text{허용지지력}} > 3.0 \ )$$

## 4. 옹벽을 포함한 전체 활동면의 안정

(1) 기초지반 하부에 연약층이 있을 때 용수, 자중 및 배면의 외력에 의해 지반 자체가 활동하게 됨

(2) 이러한 활동력에 의한 전단응력보다 지반의 전단강도가 커야 안전

## 5. 부상에 대한 안정

(1) 옹벽을 지하수위 이하에 설치하는 경우

(2) 옹벽이 부력에 의해 부상되는지 여부를 검토

# Ⅲ. 불안정 시 대책

## 1. 활동에 대한 조치

(1) Shear Key(활동방지벽)

옹벽 저판 하부에 저면 폭의 0.1~0.15배 높이의 Shear Key를 설치

> ┤ 참조 ├
>
> **전단 Key의 위치 및 높이**
> - Shear Key(활동방지벽)의 수평저항력이 증대되기 위해 전단키의 위치는 뒷굽(배면)쪽으로 설치, 전단키의 수평저항력은 전단키 앞부분(옹벽 벽체, 앞굽부분)의 지반의 점착력에 기인하므로 앞굽까지의 거리가 클수록 점착력의 합력이 증가된다.
> - 전단키의 높이 : $0.1 \leq \dfrac{h}{B} \leq 0.15$, 여기서, $h$ : 전단키의 높이, $B$ : 옹벽 저판의 폭

(2) 기초 Pile 적용

기초슬래브 저면에 말뚝 보강

(3) 저판에 철근 연결

저판슬래브에 철근을 연장배근하여 기초슬래브의 강성 향상

(4) 저판슬래브의 근입깊이 확대

저판슬래브의 근입깊이를 깊게 함으로써 활동에 의한 저항력을 증대

## 2. 전도에 대한 조치

(1) 옹벽 높이를 축소

옹벽의 높이 축소 시 수평력의 작용점이 낮아져 전도모멘트의 크기를 감소

(2) 뒷굽 길이 증대

뒷굽의 길이를 길게 하면 뒤굽 상부의 토사 중량이 증가하여 전도 방지력이 증가

(3) Counter Weight 설치

옹벽 상부에 전도모멘트의 크기에 대응하는 중량의 Counter Weight를 설치

(4) 지중 Anchor 설치

지중 횡방향 Anchor(벽체)의 Prestress에 의함

## 3. 지지력에 대한 조치

(1) 저판면적 확대

기초지반과의 접지압을 높여 지반반력을 증대

(2) 지반개량

지반을 개량하여 지반의 지지력 증대

(3) Grouting 공법

Cement 등을 지반에 주입하여 옹벽 저판과 일체성 증진, 지반지지력 향상

(4) 탈수공법

기초지반 내의 물을 탈수시킴으로써 압밀에 의한 침하를 촉진

## 4. 옹벽을 포함한 전체 활동면의 안정

(1) 저판의 근입깊이 확대

저판슬래브의 근입깊이를 깊게 함으로써 활동에 의한 저항력을 증대

(2) 기초 말뚝 시공

기초슬래브 저면에 말뚝 보강

(3) 옹벽하부 지반의 개량

　　지반의 전단강도 증진

(4) 기초지반 및 옹벽배면의 배수 조치

## 5. 부상에 대한 안정

(1) 배수공법의 적용으로 지하수위 저하

(2) 상재하중 또는 버팀장치의 설치

# IV. 결론

1. 옹벽의 안정조건에 대한 면밀한 검토를 통해 설계, 시공함으로써 구조물의 안정을 확보하여야 한다.

2. 옹벽은 안정조건(전도, 활동, 침하 등에 대한 안정)의 확보, 배수시설의 철저한 시공관리가 필요하다.

3. 옹벽은 배수시설 불량 시 설계 시 고려치 않은 수압발생으로 안정성이 저하되므로, 배수시설과 뒷채움 재료에 대한 선정관리에 세심한 주의가 필요하다.

# 03 우기 시 옹벽 붕괴 원인 및 방지대책

## I. 개요

1. 옹벽구조물의 안정 여부는 배면에 작용하는 수압의 유무에 따라 지대한 영향을 받게 되므로, 옹벽설계 시 배수공의 설계를 합리적으로 수행하여 수압이 작용하지 않도록 하여야 한다.
2. 특히 우기 시에는 침투수가 유입되는 것을 막기 위한 시설로 배수용 반월관을 설치하여 비탈면의 수면수나 용수가 옹벽에 침투하거나 전면으로 흐르는 것을 방지하여야 한다.

## II. 우기 시 옹벽 붕괴 원인

### 1. 배수시설 불량으로 주동토압 증가
(1) 설계·시공 간 배수시설 미반영, 시공 불량
(2) 공용 중 배수시설의 유지관리 불량 : 배수시설의 막힘현상으로 주동토압 증가
(3) 우기 시 주동토압은 건기 시 주동토압의 1.3~2배 정도, 주동토압 증가로 옹벽의 안정성 저하

| 참조 |

배수시설이 없는 경우의 옹벽에 작용하는 토압

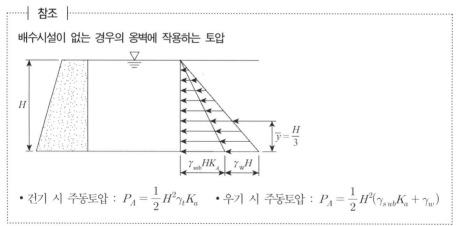

- 건기 시 주동토압 : $P_A = \dfrac{1}{2}H^2\gamma_t K_a$
- 우기 시 주동토압 : $P_A = \dfrac{1}{2}H^2(\gamma_{sub}K_a + \gamma_w)$

### 2. 뒷채움 불량
(1) 불량 뒷채움 재료 사용 시 투수성 저하로 수압 발생
   점토분이 많은 재료 사용 시 투수성이 작아 수압 증대

(2) 뒷채움 다짐시공의 불량

    ① 다짐불량에 따른 성토부의 저항력 부족, 토압 증대

    ② 강우에 의해 뒷채움부 성토체 단위중량 증대, 주동토압 증가

## 3. 옹벽 배면 지하수위의 상승

(1) 배수시설 불량으로 지표수가 침투, 지하수위 상승

(2) 주동토압이 증가하여 옹벽의 전도가 발생

## 4. 지지력 감소

    지표수의 침투에 따른 옹벽 배면 지하수 상승으로 지반 지지력이 감소

## 5. 사면 활동 파괴

(1) 지하수위 증가에 따라 사면 활동력 증가, 저항력 감소

(2) 사면 활동으로 인한 옹벽 붕괴

# III. 방지대책

## 1. 뒷채움 시공

(1) 뒷채움 재료

    ① 입도가 양호한 재료

        $C_u > 10$, $1 < C_g < 3$

    ② 공학적으로 안정한 재료

        $LL < 40$, $I_p < 10$

    ③ 전단강도가 큰 재료, 지지력이 큰 재료, 시방규정에 맞는 재료, 토압이 적은 재료

(2) 다짐시공

    ① 1층 다짐 후 두께 : 200mm 이내

    ② 다짐 중량, 횟수 준수

    ③ Bench Cut(층따기)

        ㉮ 원지반의 지표면 구배가 1 : 4보다 급하면 층따기 시행

        ㉯ 층따기 폭 1.0m, 높이 0.5m 이상

| 참조 |

**품질기준**

| 구분 | 최대치수(mm) | 50mm체 통과(%) | 0.08mm체 통과(%) |
|------|------------|--------------|----------------|
| 기준 | 100 이하 | 25~100 | 15 이하 |

## 2. 배수시설 설치

(1) 배수공

① 옹벽 벽체에 PVC Pipe를 이용

② 배수공의 관경 65~100mm

③ 배수공의 간격

㉮ 수평방향 4.5m 이하

㉯ 연직방향 1.5m 이하

④ 최하단 배수공은 벽체하단에
서 10cm 위에 설치

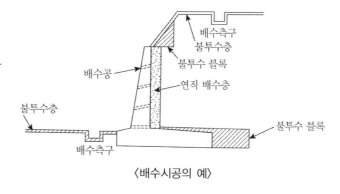

〈배수시공의 예〉

⑤ 배수공 후면 처리 : 40×40cm 단면으로 조약돌 또는 깬잡석을 부직포로 피복하여 설치

(2) 배수시설의 설치

① 지표배수 시설

㉮ 지표 불투수층 설치 : Con'c 또는 아스콘 포장 등

㉯ 옹벽 전면 배수용 측구, 배면 상단 배수로 등

② 옹벽배면(지중) 배수시설

㉮ 연직배수, 구형배수, 경사배수 등

㉠ Filter재는 입경이 시방규정을 만족하는 재료 사용

㉡ 배수층 하단에 배수관을 설치

┈┤ 참조 ├┈

**Filter재의 구비요건**

$\dfrac{F_{15}}{B_{85}} < 5$, $4 < \dfrac{F_{15}}{B_{15}} < 20$, $\dfrac{F_{50}}{B_{50}} < 25$, 여기서, $F$ : Filter재, $B$ : Filter에 인접된 흙

㉯ 드레인 보드를 이용한 배수

㉠ 고강도 폴리스틸렌과 필터(부직포)를 접합시켜 설치되는 배수공법

㉡ 기존 방법과 비교

| 구분 | 드레인 보드 공법 | 자갈 공법 |
|------|------------------|-----------|
| 배수효과 | 반영구적 완전배수 | 토사유입 배수효과 감소, 측압발생 |
| 공사비용 | 상대적으로 저렴 | 고가 |
| 사용자재 | 드레인 보드(보드 + 부직포) | 자갈 |
| 장비사용 | 중장비 불필요 | 중장비 필요 |

### 3. 배수시설 유지관리 철저

정기적인 점검으로 파손부 및 막힘부위 등 확인, 필요시 보수 조치

## IV. 결론

1. 옹벽의 붕괴는 대부분 우기 시에 배수시설이 막혀 주동토압이 증가하여 발생한다.
2. 설계·시공 간 옹벽의 안정조건(전도, 활동, 침하 등의 안정)을 확보함은 물론 배수시설과 뒷채움 재료에 대한 선정관리, 뒷채움 다짐시공관리를 철저히 해야 한다.

# 04 보강토 옹벽의 시공

## I. 개요

1. 보강토 옹벽은 흙과 마찰력이 큰 보강재를 성토부에 삽입하여 성토체의 안정성을 증가시키는 공법이다.
2. 보강재와 토립자 간의 마찰력에 의하여 횡방향 변위를 구속함으로써 점착력을 가진 것과 같은 동일한 효과를 갖게 하여 강화된 토체를 형성한다.

## II. 원리

1. 점착력이 없는 흙 + 인장강도, 마찰력이 큰 보강재 → 겉보기 점착력 부여
2. 보강재와 흙입자 경계면에서 마찰력이 흙입자의 수평이동을 구속하여 결속력을 크게 하고 흙의 전단강도를 증가시킴

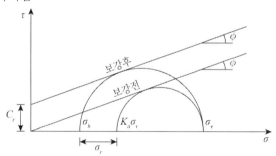

| 참조 |

**보강토공법의 안정 검토**

| 내적 안정 | 보강재의 파단(절단), 보강재의 인발, 연결부의 전단강도 |
|---|---|
| 외적 안정 | 전도, 수평 활동, 지지력, 사면활동 |

**보강토공법의 적용**

옹벽, 고가도로, Ramp, 토류벽, 고성토사면, 기초지반 및 사면안정

## III. 특징

1. 경제성
   구성재료가 저렴하고, 시공이 간편
2. 기초처리의 단순화
(1) 강성옹벽의 기초지반 소요지지력보다 작은 지반에 적용 가능
(2) 편심하중이 극히 적음
(3) 외력에 의한 부등침하가 작음
3. 신속한 시공
(1) 전면판, 보강재 등에 Precast 제품임
(2) 특수장비 등의 소요가 없음
4. 미관 : 형상, 무늬, 색깔 등 다양화 가능
5. 고성토 사면 적용 가능
(1) 강성 옹벽은 10m 이상 제한되나 보강토 옹벽 30m 높이 가능
(2) 7m 이하 적용 시 경제성 부족
6. 진동 및 지진 영향이 적음
   각 패널이 유연하게 결합되어 있음
7. 뒷채움 재료의 선정에 제약이 적음
8. 보강재의 내구성 저하 우려
   화학반응에 의한 부식 우려
9. 소규모 공사에 비경제적
10. 절토부 적용 곤란
11. 보수·보강이 곤란

| 구분 | 보강토 옹벽 | RC 옹벽 |
|------|-----------|--------|
| 구조체 | 가요성 | 강성 |
| 부등침하 영향 | 작음 | 큼 |
| 지진 영향 | 작음 | 큼 |

〈보강토, RC 옹벽 비교〉

## IV. 보강토 옹벽의 구성

### 1. 보강재(Strip)

(1) 화학섬유 등 긴 띠(Strip)나 Geogrid를 사용
(2) 인장강도와 마찰력(점착계수)이 큰 것
(3) 규격
   ① 폭 40~120mm
   ② 두께 3~5mm

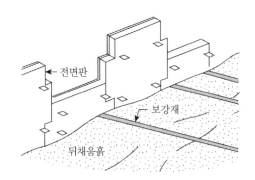

## 2. 전면 블록 및 전면판(벽면판, Skin Plate)

(1) 기능

　성토한 흙의 유실방지 및 국부적 파괴 방지, 미관고려

(2) 재질

　Con'c, 철재, PVC

(3) 일반적으로 Con'c Block 또는 Con'c Panel 사용

> ┤ 참조 ├
>
> **전면판의 품질기준**
> * 콘크리트 전면 블록의 압축강도는 3개 이상 시료의 평균압축강도가 28MPa 이상
> * 콘크리트 블록 흡수율 3개 이상 시료의 평균흡수율이 7% 이내
> * 블록의 높이 및 폭의 치수오차는 각각 ±1.6mm 및 ±3.2mm를 초과 금지
> * 패널식 전면판의 압축강도는 6개 이상 시료의 평균압축강도가 30MPa 이상
> * 패널 치수오차는 ±5mm를 초과 금지

## 3. 성토재료

(1) 소요 내부 마찰각 갖는 사질토

(2) 배수가 양호하고, 함수비 변화에 강도특성 변화가 적은 흙

(3) 입도가 양호한 흙

(4) $I_p < 6$, No 200체 통과량이 0~15%

(5) 화학적 부식성이 없는 흙

# V. 시공관리(Panel식)

## 1. 전면 벽체 기초처리

(1) 전면 벽체 기초부의 지지력 및 평탄성 확보

(2) 잡석 사용 시

　① 잡석은 경질이고 변질될 염려가 없는 부순돌 또는 조약돌

　② 입경 50~150mm의 대소알이 적당한 입도

(2) 콘크리트 사용 시

　① 강도는 16MPa 이상

　② 공기량 4.5±1.5%, 슬럼프 80±25mm, 굵은 골재 최대치수 25mm 이하

　③ 두께가 150mm 이상 되도록 하고, 타설 후 12시간 이상 양생

**전면 벽체 기초공의 형식**

- 콘크리트 패널인 경우에는 콘크리트 기초, 콘크리트 블록인 경우에는 잡석 기초
- 높이가 10m 이상인 경우에는 블록식의 경우에도 콘크리트 기초 적용
- 책임기술자 판단에 의해 10m 미만의 블록식 옹벽에도 콘크리트를 사용 가능

## 2. 블록 및 전면판 설치

(1) 전면판을 크레인 등을 이용하여 연직으로 설치

(2) 기설치된 전면판 양단 연결핀과 구멍 맞춤

(3) 뒷채움을 고려 전면판에 버팀목 거치

(4) 전면판을 고정하는 조임틀(Clamp)은 다음 전면판 설치 전 제거

(5) 수직도를 확인하면서 시공

(6) 한단씩 쌓아 올리고 매단마다 블록 속채움 및 뒷채움 쌓기 시행

## 3. 보강재 시공

(1) 보강재는 설계도에 표시된 규격, 형상, 길이로 정해진 위치에 설치

(2) 전면판과 직각 유지

(3) 전면판과 연결 부분의 강도 확보

(4) 보강재는 팽팽하게 당겨 설치

(5) 보강재의 끝부분에 고정핀 사용 : 고정개소는 보강재 설치폭과 동일한 간격, 최대 1.5m 이내

(6) 설계도서 명시 겹침폭 이상 확보

(7) 힘을 받는 방향에 대한 이음은 가급적 지양

(8) 띠형 섬유보강재의 폭에 대한 이음은 설계도서에 명시된 겹침폭 이상 확보

## 4. 뒷채움의 포설 및 다짐

(1) 포설

　　① 전면판에서 뒤쪽 방향으로 실시

　　② 전면판 근접부는 인력포설

　　③ 전면판의 변위에 주의

(2) 다짐

　　① 1층 다짐두께는 0.2~0.3m 초과 금지

　　② 벽면에서 1.0m 이상 떨어져 주행할 것(1.0m 이내는 인력, 소형장비로 다짐)

　　③ 현장 내에서 급정지, 급선회를 피할 것

④ 뒷채움 재료가 포설되어 있지 않은 보강재 위를 직접 주행하지 말 것

⑤ 벽면에 평행하게 주행할 것

⑥ 타이어가 장착된 장비는 시속 20km 이하의 속도로 다짐

⑦ 하루 작업 종료 시는 다짐 작업을 완료할 것

⑧ 뒷채움재의 포설 및 다짐은 기온이 1.5°C 이상일 때만 시행

⑨ 시공 중 비 또는 눈이 오는 경우에는 즉시 작업을 중단

(3) 다짐도 검사

① 건조밀도에 의한 다짐도   $C = \dfrac{\gamma_d}{\gamma_{d\max}} \times 100\%$

   최대건조밀도의 95% 이상

② 평판재하시험  $K = \dfrac{P}{S}$

   양질토사인 경우 침하량 2.5mm에서 지지력계수($K_{30}$)는 150MN/m$^3$ 이상

## 5. 배수시설의 설치

(1) 시공 중 강우 예상 시

   ① 임시배수로 설치

   ② 성토다짐면에 Sheet를 깔아 성토부에 우수침투 방지

(2) 지중 배수시설

   ① 지반고에 맞추어 유공관 설치

   ② 연직 Filter 층 등

(3) 지표 배수시설 : 배수로, 측구 등

## 6. 계측 항목

전면판 경사도, 토압, 수직변위, 수평변위, 지하수위 등

# VI. 결론

1. 보강토공법은 RC 옹벽에 비해 경제성, 시공성, 미관 등에 장점이 있다.

2. 상황에 따른 보강재와 성토재료의 선정 등에 기준을 보다 합리적으로 구분하여 활용해야 할 것으로 판단된다.

# 05 보강토 옹벽 문제 발생 원인 및 대책

## I. 개요

1. 보강토 옹벽은 흙과 마찰력이 큰 보강재를 성토부에 삽입하여 성토체의 안정성을 증가시키는 공법이다.
2. 보강재와 토립자 간의 마찰력에 의하여 횡방향 변위를 구속함으로써 점착력을 가진 것과 같은 동일한 효과를 갖게 하여 강화된 토체를 형성한다.
3. 기초처리가 간단하고 내진에 강하므로 도심지, 인터체인지 등에 많이 활용될 수 있다.

## II. 공법의 원리

1. 점착력이 없는 흙 + 인장강도, 마찰력이 큰 보강재 → 겉보기 점착력 부여
2. 보강재와 흙입자 경계면에서 마찰력이 흙입자의 수평이동을 구속하여 결속력을 크게 하고 흙의 전단강도를 증가시킨다.

> ┤ 참조 ├
>
> **보강토공법의 안정 검토**
>
> | 내적 안정 | 보강재의 파단(절단), 보강재의 인발, 연결부의 전단강도 |
> |---|---|
> | 외적 안정 | 전도, 수평 활동, 지지력, 사면활동 |
>
> **보강토공법의 적용** : 옹벽, 고가도로, Ramp, 토류벽, 고성토사면, 기초지반 및 사면안정

## III. 문제 발생원인

### 1. 보강재의 재료적 성질, 시공 불량

(1) 불량 보강재(Strip)의 사용

　　① 소요의 인장강도, 마찰력 부족

　　② 변형, 파손된 보강재의 사용

　　③ 시공 시 보강재위 다짐장비 직접 주행

(2) 보강재의 시공 불량 : 중첩부, 이음부 등

(3) 보강재와 전면판의 연결 불량

(4) 보강재와 전면판의 각도 부적정

## 2. 뒷채움 불량

(1) 뒷채움 재료의 부적정

(2) 다짐두께, 다짐 Energy, 함수비 관리 부적정

(3) 소요 다짐도 미확보

(4) 전면판 근접 중장비 운용

## 3. 배수시설 불량

(1) 뒷채움부 배수시설 설치 불량

(2) 보강토 옹벽의 배면 상부, 전면부 등 지표 배수시설 불량

(3) 간극수압 증가에 따른 주동토압 증가

## 4. 전면판의 재료적 성질, 시공 불량

(1) 불량 전면판의 사용 : 강도, 흡수율, 형상 등

(2) 운반 등 취급 시 전면판의 균열 등 파손

(3) 전면판 시공 시 수직도 불량

(4) 전면판의 내구성 부족 : 건조수축, 중성화로 열화 진행

## 5. 벽체 기초 미설치, 시공 불량

(1) 기초의 평탄성 불량

(2) 시공 불량에 따른 부등침하

# IV. 대책

## 1. 사용재료에 대한 품질확보

(1) 보강재(Strip)

    ① 소요의 인장강도, 마찰력 확인

    ② 보강재의 변형, 파손 상태 점검

(2) 전면 블록 및 전면판(벽면판, Skin Plate) : 소요의 형상, 강도 확인

(3) 성토재료

    ① 입도가 양호한 흙

    ② $I_P < 6$, No 200체 통과량이 0~15%

## 2. 전면 벽체 기초처리

(1) 전면 벽체 기초부의 지지력 및 평탄성 확보

(2) 잡석, 콘크리트 사용

## 3. 블록 및 전면판 설치

(1) 전면판을 크레인 등을 이용하여 연직으로 설치

(2) 기설치된 전면판 양단 연결핀과 구멍 맞춤

(3) 수직도를 확인하면서 시공

(4) 한단씩 쌓아 올리고 매단마다 블록 속채움 및 뒷채움 쌓기 시행

## 4. 보강재 시공

(1) 보강재는 설계도에 표시된 규격, 형상, 길이로 정해진 위치에 설치

(2) 전면판과 직각 유지

(3) 보강재는 팽팽하게 당겨 설치

(4) 보강재의 끝부분에 고정핀 사용 : 고정개소는 보강재 설치폭과 동일한 간격, 최대 1.5m 이내

(5) 설계도서 명시 겹침폭 이상 확보

## 5. 뒷채움의 포설 및 다짐

(1) 포설

　① 전면판에서 뒤쪽 방향으로 실시

　② 전면판 근접부는 인력포설

(2) 다짐

　① 1층 다짐두께는 0.2~0.3m 초과 금지

　② 벽면에서 1.0m 이상 떨어져 주행할 것(1.0m 이내는 인력, 소형장비로 다짐)

　③ 현장 내에서 급정지, 급선회를 피할 것

　④ 뒷채움 재료가 포설되어 있지 않은 보강재 위를 직접 주행하지 말 것

(3) 다짐도 검사

　① 건조밀도에 의한 다짐도　$C = \dfrac{\gamma_d}{\gamma_{d\max}} \times 100\%$

　　최대건조밀도의 95% 이상

　② 평판재하시험　$K = \dfrac{P}{S}$

　　양질토사인 경우 침하량 2.5mm에서 지지력계수($K_{30}$)는 150MN/m$^3$ 이상

## 6. 배수시설의 설치

(1) 시공 중 강우 예상 시

    ① 임시배수로 설치

    ② 성토다짐면에 Sheet를 깔아 성토부에 우수침투 방지

(2) 지중 배수시설 : 지반고에 맞추어 유공관 설치, 연직 Filter 층 등

(3) 지표 배수시설 : 배수로, 측구 등

## V. 결론

1. 보강토공법은 RC 옹벽에 비해 경제성, 시공성, 미관 등에 장점이 있다.

2. 보강토 옹벽에 발생하는 문제점을 최소화하기 위해 시공 전 사용재료에 대한 품질확인, 철저한 시공관리가 필요하다.

3. 특히, 시공 간 보강재와 뒷채움 시공관리가 가장 중요하다.

# 06 굴착(터파기)공법의 종류 및 특징

## I. 개요

1. 지반의 굴착공사는 터파기(굴착)와 흙막이 공사로 구분된다.
2. 터파기(굴착)는 구조물 기초 설치나 지하구조물을 설치하기 위해 지반을 굴착하는 것이다.
3. 흙막이 굴착공사는 공사 전 지반특성, 매설물, 주변 구조물과 기초상태 등에 대한 철저한 조사가 선행되어야 한다.

## II. 굴착공법의 종류 및 특징

### 1. 사면(비탈면) 개착공법
(1) 흙막이 벽과 지보공 없이 안전한 비탈을 형성하면서 굴착하는 공법
(2) 비교적 부지면적이 넓고 굴착심도가 작은 경우 적용
(3) 장점
   ① 흙막이 벽, 지보공이 없어 경제적이다.
   ② 대형 굴착장비에 의한 시공이 가능, 공기 단축 가능
   ③ 대규모 평면에 유리
(4) 단점
   ① 연약지반에서는 완만한 비탈을 확보해야 함으로 넓은 면적이 필요
   ② 굴착심도가 깊을 경우 토공량이 많아져 공사비 증가
   ③ 지하수나 우수에 의한 법면 붕괴 위험성 증가, 보강 필요

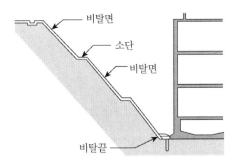

### 2. 흙막이 개착공법
(1) 토류벽과 지보공으로서 토압에 저항하면서 굴착을 하는 공법

(2) 도심지 등에서 부지에 여유가 없고 깊은 굴착에 주로 적용

(3) 장점

① 좁은 부지에 구조물 시공 가능

② 연약지반 적용 가능

③ 비탈면 개착공법보다 되메우기 토량이 적음

(4) 단점

① 비탈면 개착공법에 비해서 공기·공비 증가

② 지보공에 의한 공간활용 제한, 굴착 중 기계능력 활용에 제약 발생

③ 지보공이 길어지면 이음매 부분의 이완·수축의 영향 발생

---

| 참조 |

**흙막이 지보공의 분류**

• 자립식

• 버팀보식(Strut 공법), Earth Anchor 공법, Raker 공법, Tie Rod 공법, Soil Nailing 공법

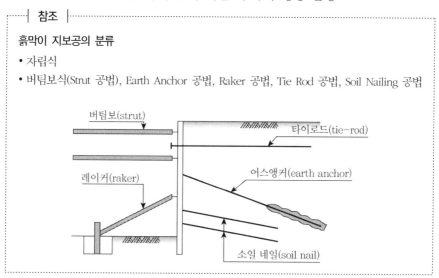

---

## 3. 아일랜드컷(Island Cut) 공법

(1) 굴착 전 흙막이 벽을 시공 후 그 내측에 비탈면을 형성하여 중앙부를 굴착,

(2) 중앙부에 구조물을 만들고 구조물과 흙막이 사이로 버팀대를 설치하면서 비탈 부분을 굴착한 후 구조물의 잔여 부분을 구축하는 공법

(3) 장점

① 지보공이 적게 소요

② 넓은 면적의 굴착에도 지보공의 이완·수축이 작음

③ 대지 경계면 가까이 건물을 설치 가능

(4) 단점

① 연약지반의 경우 비탈이 증가되므로 깊은 굴착에는 부적합

② 공기 증가

③ 공사가 비교적 복잡

④ 구조물에 이음이 발생됨

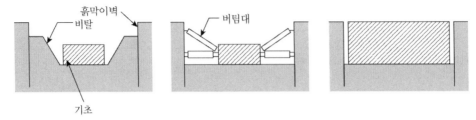

## 4. 트렌치컷(Trench Cut) 공법

(1) 구조물 외주 부분에 흙막이를 트렌치상 좌우로 설치, 트렌치부의 굴착 및 지보공 설치 후 구조물을 설치하고 이 구조물을 흙막이로 하여 중앙부(내부)를 굴착하고 구조물을 완성시키는 공법

(2) 연약지반에서 넓은 면적의 깊은 굴착에 적용

(3) 장점

① 연약지반에 적용 가능

② 넓은 굴착에도 지보공의 이완·수축이 작게 발생

③ 부지 전체에 구조물 구축 가능(부지경계면까지 활용 가능)

(4) 단점

① 내측의 토류벽이 추가로 필요함으로 경제성 저하

② 공기 증가, 공사가 비교적 복잡

③ 구조물에 이음이 발생됨

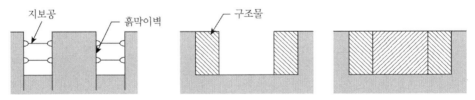

## 5. 역타(Top Down) 공법

(1) 본 구조체의 벽체, Slab를 흙막이와 지보공으로 활용하면서 굴착하는 공법

(2) 도심지 부지가 좁은 굴착 시 적용

(3) 장점

① 본 구조물을 지보공으로 이용하므로 지보공의 변형, 압력이 작아 안전

② 가설물이 최소화됨

③ 본 지하구조물의 Slab를 지보공으로 이용하기 때문에 공기가 감소됨

④ Top Slab를 작업공간으로 이용함으로 부지 내 여유가 없는 경우 유리

⑤ 연약지반에서의 깊은 굴착도 안전한 시공이 가능

(4) 단점

① 정밀한 시공과 품질관리가 필요함

② 기둥과 벽의 연결부 처리 정확성 필요(기둥, 벽 사이 이음 발생)

③ 자중을 지탱하기 위한 지지말뚝과 기초 공사가 증가

④ 각 공종 간 간섭이 심하게 발생

## Ⅲ. 결론

1. 굴착공법은 비탈면 개착공법, 흙막이 개착공법, Island Cut 공법, Trench Cut 공법, Top Down 공법 등으로 구분된다.

2. 굴착 규모, 주변상황, 공기, 경제성 등을 고려하여 굴착공법을 선정·적용하여야 한다.

# 07 흙막이 공법 종류 및 특징

## I. 개요

1. 흙막이는 터파기 공사 중에 측압(토압, 수압)에 저항하고 주변 지반의 침하, 인접구조물의 보호를 위하여 설치한다.
2. 지반조건, 현장여건, 인접 구조물의 존재 및 굴착에 따른 영향, 공사비, 공사기간, 시공성 등을 종합적으로 고려하여 흙막이 공법을 선정·적용한다.

## II. 흙막이 벽의 형식과 지지구조의 분류

| 흙막이 벽 형식 | 지지 구조(지보공) |
|---|---|
| H-Pile 토류판<br>Sheet Pile<br><br>지하연속벽 ┌ 주열식 : SCW, 치환말뚝(CIP, PIP, MIP)<br>　　　　　 └ Panel식 | 자립식<br>Strut 공법<br>Raker 공법<br>Earth Anchor 공법<br>Tie Rod 공법<br>Soil Nailing 공법 |

---| 참조 |---

공법 선정 시 고려사항
- **지반조건** : 지층별 두께, 암반층까지 심도
- **지하수의 상태** : 지하수위, 지하수의 양
- **시공조건** : 부지의 면적, 장비 진출입 등 운용조건
- **주변현황** : 지하매설물, 지장물, 주변 민원 현황, 인근 구조물과 기초 상황
- **강성·차수성, 안정성, 공사기간, 공사비용 등**

## III. 흙막이 벽

### 1. H-Pile(엄지말뚝) 토류판 공법

(1) 강재 엄지말뚝(Soldier Pile)을 타입, 진동압입 또는 천공에 의해 지중에 삽입하고서 굴착과 함께 토류판을 끼워 넣어 측압에 저항하는 공법

(2) 특징

| 장점 | 단점 |
|---|---|
| • 공사비 저렴<br>• 시공이 간편, 공기가 짧음<br>• 자재 재사용이 가능<br>• 벽체에 수압이 작용하지 않음 | • 차수성 부족(차수성 필요시 추가 조치)<br>• 벽체의 변형이 큼(강성 작음)<br>• 토사 유출 발생 가능<br>• 주변지반 침하 우려 |

## 2. 강널말뚝(Sheet Pile) 공법

(1) 지중에 강널말뚝을 서로 맞물리도록 디젤, 진동 해머로 타입하여 측압에 저항토록 하는 공법

(2) 특징

| 장점 | 단점 |
|---|---|
| • 시공이 간편하고 빠름<br>• 차수성 양호<br>• 단면변화에 적용 유리<br>• 재질이 균등, 재료적 신뢰성 양호 | • 벽체 강성이 다소 작음<br>• 인발 시 배면토의 이동, 지반침하 유발<br>• 자갈, 전석층에 타입 곤란<br>• 타입, 인발 시 소음·진동 발생 |

## 3. SCW(Soil Cement Wall) 공법

(1) SCW 공법은 삼축오거((윙빗트 $\phi 330\sim400mm$)가 서로 역회전)의 지중 관입 시 롯드 선단에서 지반 내에 Cement Milk를 주입, 토사와 교반 날개에 의해 혼합시켜 벽체를 형성하는 공법

(2) 특징

| 장점 | 단점 |
|---|---|
| • 차수성 우수(별도 차수 필요 없음)<br>• 토사유실이 매우 작음<br>• 20m 이하 조밀한 토사층 흙막이로 적합<br>• 소음·진동이 거의 없음, 시공이 간단 | • 자갈, 암층 적용 제한<br>• 양생 소요시간 요구됨<br>• 대형 장비 사용으로 넓은 작업부지 필요 |

## 4. CIP(Cast-In-Place Pile) 공법

(1) 보링기 또는 오거 등으로 천공하고서 H형강이나 철근망을 삽입한 후에 굵은 골재를 채우고 Mortar를 주입(또는 콘크리트를 타설)하여 현장타설 콘크리트 말뚝을 연속적으로 지중에 형성하는 공법

(2) 특징

| 장점 | 단점 |
|---|---|
| • 벽체 강성이 우수<br>• 불규칙한 평면에 적응성 양호<br>• 소규모 장비 운용, 협소장소 적용 가능<br>• 비교적 소음·진동이 작음 | • 기둥 간 연결성·차수성 불량<br>• 자갈, 암층에 대한 시공 제한<br>• 공저에 Slime 발생 우려 |

## 5. Slurry Wall 공법

(1) 안정액을 공급하면서 굴착한 후 철근망을 근입하고 콘크리트를 타설하여 지중에 연속된 철근 콘크리트 벽체를 형성하는 공법으로 지하연속벽은 굴착 시 토류벽 역할을 한 후 본 구조물의 벽체로 주로 이용한다.

(2) 특징

| 장점 | 단점 |
|---|---|
| • 벽체강성, 차수성 우수<br>• 건물의 벽체로 사용 가능<br>• 장심도 굴착에 적용<br>• 소음·진동이 비교적 작음<br>• 광범위한 지반조건에 시공 가능<br>• 수직도 우수 | • 공사비 고가<br>• 장비·설비가 대규모로 넓은 작업공간 필요<br>• Panel(벽체) 간 이음부 하자<br>• 안정액을 포함한 굴착토사 폐기물 처리 필요 |

## 6. 흙막이 벽체 특성 비교

| 구분 | H-Pile 토류판 | Sheet Pile | SCW | Slurry Wall |
|---|---|---|---|---|
| 강성 | 작다 | 비교적 작다 | 크다 | 매우 크다 |
| 시공성 | 단순 | 단순 | 다소 복잡 | 매우 복잡 |
| 차수성 | 매우 불량 | 보통 | 우수 | 우수 |
| 소음·진동 | 크다 | 크다 | 작다 | 작다 |
| 공사비용 | 매우 저렴 | 저렴 | 보통 | 고가 |

┤ 참조 ├

**흙막이 벽체의 종류**

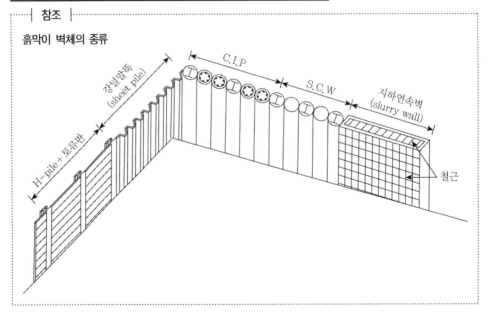

# IV. 흙막이 지보공

## 1. 자립식

(1) 버팀대, 띠장 등의 지보공을 설치하지 않고 흙막이 벽의 휨저항과 근입 부분 흙의 횡저항에 의해 토압을 지지하면서 굴착하는 공법

(2) 지반의 강도가 어느 정도 확보된 지반에서 얕은 굴착에 적용

(3) 특징

① Strut를 사용하지 않아 공간 활용 양호, 기계굴착이 매우 용이

② 공기 단축, 공사비 저렴

③ 도심지 적용 제한

④ 흙막이 벽의 변형에 따른 인접지반 침하 발생 우려

## 2. 버팀대식

(1) 굴착면에 설치한 흙막이 벽을 버팀대(Strut, Raker)와 띠장(Wale)에 의해 지지하며 굴착하는 공법

(2) Strut의 압축강도를 이용하여 토압을 지지

(3) 특징

| 장점 | 단점 |
|---|---|
| • 굴착이 좁고 깊을 때 유리<br>• 연약지반 적용 가능<br>• 신속한 보강조치 가능 | • 50m 이상 적용 제한<br>• 평면 형태에 제한을 받음<br>• 토공 불편(굴착공간 활용 제한) |

(4) 적용성

① 비교적 소규모 공사에 적합

② 주변에 구조물이 인접한 경우

③ 주변지반이 연약한 경우

④ 도심지 공사 등

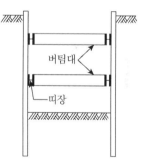

## 3. Earth Anchor 공법

(1) 굴착하는 주변의 지반에 어스앵커를 설치, Prestress에 의해 흙막이 벽에 작용하는 외력에 대응하는 공법

(2) 특징

| 장점 | 단점 |
|---|---|
| • 작업공간이 넓어져 장비활용이 원활<br>• 굴착평면 형태에 제한이 적음<br>• 시공 장비가 소형 | • 정착지반이 필요(지반조건에 따란 제한을 받음)<br>• 인접대지의 동의 필요<br>• 시공에 따른 검사, 품질관리 제한 |

(3) 적용성

　①　작업공간 확보가 필요한 경우

　②　평면이 불규칙하거나 굴착심도가 불규칙한 경우

　③　주변지반이 단단한 지층인 경우

　④　넓고 깊은 굴착에 경제적

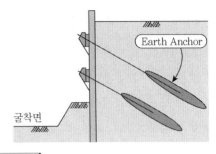

(4) Earth Anchor와 Strut 공법의 특성 비교

| 구분 | 시공성 | 부재 작용력 | 문제점 | 연약지반적용 | 공간활용 |
|---|---|---|---|---|---|
| Strut | 제한 | 압축 | 좌굴 | 가능 | 제한 |
| Earth Anchor | 단순 | 인장 | 인발 | 제한 | 우수 |

----| 참조 |----

**레이커(Raker) 공법**

- 굴착저면에서 흙막이 벽을 Raker(경사(빗)버팀대)를 이용, 토압에 저항
- 버팀대로 흙막이 벽을 지지하므로 굴착 폭이 넓어지며 버팀대의 재질이 균질하고 재사용이 가능
- 연약지반에서는 벽체의 변형이 발생할 수 있고, 굴착심도가 깊으면 버팀대를 많이 설치해야 하므로 구조물의 시공이 복잡함

**Tie-Rod 공법**

- 굴착 후에 수평천공, 강선 삽입하고 배면지반에 설치된 정착부(또는 인접구조물)에 강선으로 결속시키는 공법으로 모든 지층에 사용 가능
- Strut나 Anchor로 토압지지가 어려운 경우에 효과적
- 벽체 근입장이 불충분하면 전도파괴가 우려되고 정밀시공이 필요

## 4. Soil Nailing 공법

(1) 흙막이 굴착을 진행하면서 흙막이 벽체에 Nail을 설치하여 안정성을 확보하는 공법

(2) 보강재의 전단강도에 의해 원지반의 강도가 증가하게 된다.

(3) 특징

| 장점 | 단점 |
|---|---|
| • 공정 간단, 시공 용이<br>• 공기가 빠름<br>• 소음·진동이 매우 작음 | • 토압이 크면 상대적으로 변위가 많이 발생<br>• 지하수 존재 시 시공 제한 |

(4) Soil Nailing공법과 Earth Anchor공법의 특성 비교

| 구분 | Prestressing | 보강재 | 깊은심도 적용 | 시공성 |
|---|---|---|---|---|
| Soil Nailing | 없음 | 철근 | 제한 | 간단 |
| Earth Anchor | 도입 | PS강재 | 가능 | 비교적 복잡 |

┄┤ 참조 ├┄

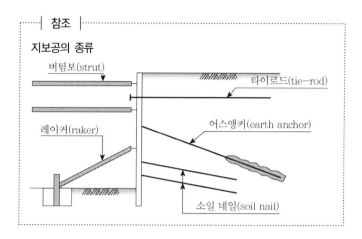

지보공의 종류

- 버팀보(strut)
- 타이로드(tie-rod)
- 레이커(raker)
- 어스앵커(earth anchor)
- 소일 네일(soil nail)

## 5. 역타(Top Down) 공법

(1) 본 구조체의 벽체, Slab를 흙막이와 지보공으로 활용하면서 굴착하는 공법

(2) 도심지 부지가 좁은 굴착 시 적용

(3) 장점

　① 본 구조물을 Slab를 지보공으로 이용, 안정성 우수

　② 가설물이 최소화됨

　③ Slab가 지보공, 본구조물이 되므로 공기 단축

　④ Top Slab를 작업공간으로 이용, 부지 내 여유가 없는 경우 유리

　⑤ 연약지반에서의 깊은 굴착도 안전한 시공이 가능

(4) 단점

　① 정밀한 시공과 품질관리가 필요

　② 기둥과 벽의 연결부 처리 정확성 필요(기둥, 벽 사이 이음 발생)

　③ 각 공종 간 간섭이 심하게 발생

┄┤ 참조 ├┄

SPS(Strut As Permament System) 공법

흙막이 벽체 설치 후 굴착진행에 따라 본 구조물의 철골 기둥과 보를 선 시공하여 토압을 저항시키며 굴착하는 공법

| 장점 | 단점 |
|---|---|
| • 지상공사와 병행, 공기 단축 용이<br>• 굴착공간의 활용 유리, 본 구조물의 동시 시공 | • 공종이 복잡<br>• 고도의 기술력 필요 |

# V. 결론

1. 흙막이 공법은 사전조사, 설계, 시공의 각 단계에서 철저한 검토와 정확한 시공이 되도록 철저한 관리가 필요하다.
2. 흙막이 굴착 공사 시 주변에 큰 영향이 발생하므로 이를 예방할 수 있는 공법 적용 및 시공 간 계측관리 등에 노력해야 한다.

# 08 지하연속벽 공법

## I. 개요

1. Slurry Wall 공법은 굴착 중 안정액을 이용 굴착공의 붕괴를 방지하고 철근망을 삽입 후 Con'c를 타설하여 지하연속벽을 형성하는 공법이다.
2. 지하연속벽은 일반적으로 굴착 시 토류벽 역할을 한 후 본구조물의 벽체로 주로 이용한다.
3. 굴착 중 공벽붕괴 방지, Slime 처리, Con'c 타설관리, Panel의 이음부 처리 등을 철저히 하여 소요 품질을 확보하도록 해야 한다.

## II. 특징

### 1. 장점
(1) 벽체 강성·차수성 우수
(2) 주변지반에 대한 영향 최소화, 도심지 근접시공에 유리
(3) 건물의 벽체로 사용 가능
(4) 장심도 굴착에 적용 유리
(5) 소음·진동이 비교적 작음
(6) 광범위한 지반조건에 시공 가능
(7) 수직도 우수

### 2. 단점
(1) 공사비 고가
(2) 장비·설비가 대규모로 넓은 작업공간 필요
(3) Panel(벽체) 간 이음부 하자 주의 필요
(4) 안정액을 포함한 굴착토사 폐기물 처리 필요

## Ⅲ. 지하연속벽 공법의 종류

### 1. Panel식

### 2. 주열식
(1) SCW 공법 (2) CIP 공법 (3) PIP 공법

## Ⅳ. (Panel식 지하연속벽) 시공 Flow

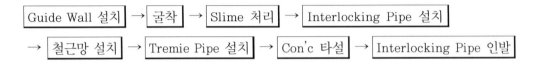

Guide Wall 설치 → 굴착 → Slime 처리 → Interlocking Pipe 설치
→ 철근망 설치 → Tremie Pipe 설치 → Con'c 타설 → Interlocking Pipe 인발

## Ⅴ. 시공관리

### 1. Guide Wall 설치
(1) 설치 규격
　　① 간격 : 굴착폭(벽체 두께) +50~100mm
　　② 깊이 : 1~2m
　　③ 폭 : 300~400mm
(2) 토압, 장비·설비 등으로 인해 내측으로의 변위방지 위해 버팀대 설치
(3) 지표면보다 안내벽 상단을 높게 설치

> **참조**
>
> **Guide Wall의 역할**
> 본 벽체의 기준면 역할, 지표의 붕괴 방지, 우수의 유입을 방지 등

### 2. 굴착
(1) 상부 장비의 전도 방지 조치
　　① 연약지반의 보강
　　② 장비 이동 지면에 철판 등 조치
(2) 굴착 규격
　　① 선행 Panel 길이 : 5~7m (토질조건, 시공조건 등 고려)
　　　후행 Panel 길이 : 굴착장비의 폭 정도
　　② Panel 두께 : 600~1,200mm

(3) 굴착장비

    ① 토질에 따라 적용

    ② Hang Grab, BC-Cutter

    ③ 폭 : 300~400mm

(4) 굴착수직오차 : 1/300

(5) 공벽붕괴 방지를 위한 안정액 관리

    ① 보통 벤토나이트 혼합하여 사용

    ② 굴착 중 안정액 비중 1.05~1.20

    ③ 수위 : 지하수위 +1.5~2.0m 이상

    ④ 사분율 15% 이하 관리(Desanding)

(6) 안정액이 포함된 굴착토사는 폐기물로 처리

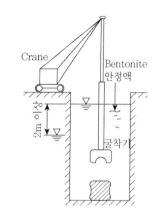

---
| 참조 |
---

**안정액의 기능**

- 공벽(Trench 벽면)의 붕괴 방지
- 안정액이 지반의 간극에 침투, Gel화되어 불투수층을 형성(Mud Film)
- 차수역할 : 지하수의 유입, 흙입자의 유출을 방지하여 붕괴를 방지
- 안정액 중 부유토사를 유지하는 기능, 부유된 토사의 침전 최소화로 Slime 발생 저감

**안정액의 종류**

Bentonite, Polymer, CMC 등

**일수현상**

- 안정액을 이용하여 공벽붕괴를 방지하며 굴착시 안정액이 지반으로 유출되는 현상으로 안정액의 수위가 저하되고 공벽이 붕괴되는 현상을 야기함
- 원인 : 안정액의 수위 과도, 비중이 클 때, 지반의 투수성이 클 때

## 3. Slime 처리

(1) 굴착공 바닥에 쌓인 진흙 덩어리(Slime)에 대한 제거 조치

(2) 처리 시기

    ① 1차 : 굴착 종료 3h 이후

       슬라임이 충분히 침전된 후

    ② 2차 : Con'c 타설 직전

(3) 슬라임처리 시 사분율 기준 : 5% 이하

(4) 방법 : Slime 처리기 이용

    Mud Pump나 압축공기를 이용한 Air-Lifting

    방법 이용

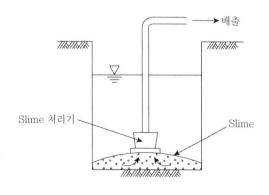

## 4. Interlocking Pipe 설치

(1) Interlocking Pipe는 Panel과 Panel 연결부의 맞물림 증진을 위해 사용

(2) Panel(벽체)의 두께보다 약간 작은 직경의 Pipe를 이용

## 5. 철근망 설치

(1) 제작

① 견고한 지반에서 실시, 지반 연약 시 Con'c 타설 등 조치

② 철근망의 치수, 배근간격 등 준수

③ 변형 방지용 보강재(X형)를 설치

(2) 설치(근입)

① 크레인으로 인양하여 근입

② 철근망 근입 후 철근망의 변형을 방지하기 위해 안내벽 상단에 용접

③ 피복확보 조치

㉮ 피복 : 100mm 이상 확보(가설용 벽체 80mm 이상)

㉯ 간격재 배치기준

㉠ 깊이 방향 3~5m마다

㉡ 동일 단면에 4~6개 배치

㉢ 주철근에 설치

## 6. Tremie Pipe 설치

(1) Tremie Pipe를 이용한 수중 Con'c 타설로 Con'c의 분리 방지

(2) Tremie 설치 기준

① Pipe 직경 : 굵은 골재 최대치수의 8배 이상, 보통 0.25m 적용

② 배치간격

㉮ 3m 이내 1개소, 모서리 및 단부 추가 배치

㉯ 6m Panel에 2개소 설치

③ 최초 설치 시 Tremie Pipe 선단이 공저 +15cm에 위치

④ 트레미관 연결부에서 누수가 없도록 확인 철저

## 7. Con'c 타설

(1) 재료 및 배합

① 혼화제

분리저감제, 고성능AE감수제 등

② 배합강도($f_{cr}$) : 대기 중 $f_{cr} \div 0.7$(수중 0.8 적용)

③ 배합기준

| 구분 | 기준 |
|---|---|
| W/B | 55% 이하 |
| 단위 Cement량 | 350kg/m³ 이상 (가설용 벽체 300kg) |
| Slump | 180~210mm |
| $G_{max}$ | 25mm 이하, 철근최소순간격 1/2이하 |

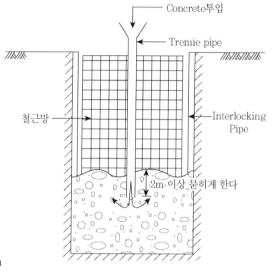

(2) 타설 유의사항

① 굴착완료 후 12h 이내 타설 시작

② 연속타설하여 불연속면 방지

③ 타설속도 : 먼저 치는 부분 4~9m/h

　　　　　　　나중에 치는 부분 8~10m/h

④ 타설높이 : 설계높이 +50cm 이상

　㉮ Con'c 상단의 안정액, 레이턴스 등 제거

　㉯ 가설벽, 차수벽으로 사용되는 경우 50cm 이하로 적용

⑤ 타설 중 Tremie Pipe 선단은 Con'c 속에 2m 이상 삽입 유지

⑥ 타설 중 Tremie Pipe의 수평이동 금지

┤ 참조 ├

현장타설말뚝 및 지하연속벽 사용 Con'c의 $f_{ck}$가 50MPa 초과 시 Slump Flow : 500~700mm 적용

## 8. Interlocking Pipe 인발

(1) Con'c 경화 전 Jack으로 유동시켜 놓음

(2) Con'c 타설 4~6h에 크레인 이용 인발

## 9. 두부정리 및 Cap Beam Con'c 타설

(1) 두부정리 시 브레이커 이용 지양, 팽창성 파쇄제 이용

(2) 벽체상부에 Panel 전체 일체거동 위한 Cap Beam Con'c 타설

┤ 참조 ├

Cap Beam Con'c

지하연속벽, 군말뚝, Micro Pile의 두부(상부)를 Con'c Beam으로 연결함으로써 일체거동을 유도, 작용하중을 분산시켜 안정성을 확보하기 위해 설치

| 구분 | 두께 | 폭 |
|---|---|---|
| 지하연속벽 상단 | 벽체 두께 이상 | 0.5~1.0m |
| 말뚝 두부 | 말뚝 직경의 2배 정도 | 말뚝 직경 1.5배 정도 |

**계측관리** : 지중경사계, 지하수위계, 응력계, 지표침하게 등

# VI. Panel의 시공순서

## 1. 선행시공(Primary) Panel

P1, P2, P3 Interlocking Pipe 사용

## 2. 후행시공(Secondary) Panel

S1, S2 Interlocking Pipe 미사용

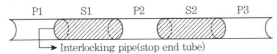

# VII. 결론

1. 지하연속벽 공법은 다른 흙막이 공법에 비해 소음·진동이 작고, 수밀성·강성이 우수한 공법으로 시공 시 공벽붕괴방지, 굴착관리, 수중 콘크리트 품질확보가 중요하다.
2. 효율적인 굴착장비 및 Slime 처리 등에 관련한 기술의 연구, 개발이 요구된다.

# 09 흙막이공(토류벽) 시공 시 유의사항

## I. 개요

1. 흙막이는 터파기 공사 중에 측압(토압, 수압 등)에 저항하고 주변지반의 침하, 인접 구조물의 보호를 위해 설치한다.
2. 지반조건, 현장여건, 인접 구조물의 존재 및 굴착에 따른 영향, 공사비, 공사기간, 시공성 등을 종합적으로 고려하여 흙막이 공법을 선정·적용한다.

## II. 흙막이 벽체 특성 비교

| 구분 | H-Pile 토류판 | Sheet Pile | SCW | Slurry Wall |
|------|------------|------------|------|-------------|
| 강성 | 작다 | 비교적 작다 | 크다 | 매우 크다 |
| 시공성 | 단순 | 단순 | 다소 복잡 | 매우 복잡 |
| 차수성 | 매우 불량 | 보통 | 우수 | 우수 |
| 소음·진동 | 크다 | 크다 | 작다 | 작다 |
| 공사비용 | 매우 저렴 | 저렴 | 보통 | 고가 |

## III. 흙막이공 시공 시 유의사항

### 1. 사전조사
(1) 설계도서, 계약조건
(2) 입지조사 및 지반조사 : 지반, 부지, 지하수위, 매설물, 교통, 인접 지반 및 구조물 등
(3) 기상, 환경공해, 관계법규 등

### 2. 토류벽 안정성 검토
(1) 흙막이 벽체에 작용하는 토압 및 수압 검토

$$P_a \leq P_p + R$$

(2) Heaving에 대한 안정
(3) 지하수에 대한 안정 : Boiling, Piping 등

**가설흙막이의 안전율**

| 조건 | | 안전율 | | 비고 |
|---|---|---|---|---|
| 지반의 지지력 | | 2.0 | | 극한지지력에 대하여 |
| 활동 | | 1.5 | | 활동력(슬라이딩)에 대하여 |
| 전도 | | 2.0 | | 저항모멘트와 전도모멘트의 비 |
| 사면안정 | | 1.2 | | – |
| 근입 깊이 | | 1.2 | | 수동 및 주동토압에 의한 모멘트 비 |
| 굴착저부의 안정 | 보일링 | 2.0 | | 사질토 |
| | 히빙 | 1.5 | | 점성토 |
| 지반 앵커 | 사용기간 2년 미만 | 토사 | 2.0 | 인발저항에 대한 안전율 |
| | | 암반 | 1.5 | |
| | 사용기간 2년 이상 | 2.5 | | |

## 3. 적정한 공법의 선정

(1) 시공성, 안정성, 강성, 차수성 및 현장여건을 고려하여 최적공법의 선정

(2) 차수성 : H-Pile 토류판 < Sheet Pile < Slurry Wall

## 4. 배수대책 수립

(1) 흙막이 배면의 지하수위, 적용 흙막이 벽체의 차수성, 주변지반 및 구조물 등의 영향을 고려

(2) 최적 배수공법 적용

| 중력배수공법 | 강제배수공법 | 복수공법 |
|---|---|---|
| 집수정, Deep Well 공법 | Well Point 공법 | 주수, 담수공법 |

〈배수공법의 분류〉

## 5. 시공관리

(1) 지반개량

① 지반연약 시 개량공법을 통해 지반의 성질을 개량

② 약액주입 등으로 지반을 고결 안정화

(2) 과재하 방지

① 흙막이 주변 중량장비, 자재 등 주의

② 토류벽 주위 대형장비 접근, 가설자재의 집중 방지

(3) 토류벽의 뒷채움 철저

벽체 설치 후 배면부에 깬자갈, 모래혼합물, Mortar 등으로 채움 실시

(4) 인접 지반, 구조물 보강

① 인접지반 및 구조물에 대한 침하·변형 예방, 보강 조치

② Underpinning 공법의 적용

(5) Boiling 방지

    ① 흙막이 근입장 깊이 충분히 확보, 불투수층까지 근입

    ② 흙막이 배면 지하수위 저하, 수위차 저감

    ③ 흙막이 벽 저면 지반에 약액주입 등

(6) Heaving 방지

    ① 흙막이 벽체를 경질지반까지 근입

    ② 흙막이 배면 상단 과재하 방지, 굴착속도의 통제 등

(7) Piping 방지 : 흙막이 벽체의 차수성 확보, 그라우팅 또는 약액주입공법 적용

(8) Underpinning

    ① 흙막이 벽체 주변의 구조물, 구조물의 기초 등에 대한 침하예방 및 복원 조치

    ② 약액주입, 말뚝시공, 차단벽 설치 등

## 6. 계측관리 실시

(1) 시공 및 주변 상황에 대한 정보의 수집, 공사의 안정성 및 적합성 판단

(2) 계측항목 : 응력, 변형, 수위, 수압, 진동, 소음 등

## 7. 안전, 환경 관리

┤ 참조 ├

**중점 시공 유의사항**

| 구분 | 내용 |
|---|---|
| 시공 전 검토 | • 측압(토압, 수압), 굴착저면 안정성<br>• 흙막이 벽체, 띠장, 버팀대 등에 작용하는 응력 |
| 흙막이 벽체 시공 시 | • 수직도 확보(1/200 이내), Pile 용접연결 주의<br>• 충분한 구조물 면적 확보(Round Pile 시공 위치) |
| 띠장, 버팀대 설치 시 | • 띠장 변형방지 위한 받침 설치<br>• 띠장과 버팀대는 수평으로 직각이 되게 설치<br>• 외력에 충분한 저항력이 구비되도록 설치 |
| 굴착 시 | • 과굴착 금지, 중앙부에서 외측으로 굴착 진행<br>• 안쪽에서 출입구 쪽으로 굴착<br>• 굴착된 토사에 대한 처리대책 강구(사토장 등) |
| 용수처리 시 | • 배수공법의 적정성, 주변지반의 침하 등 고려 |

# IV. 결론

1. 흙막이 굴착 공사 시 철저한 조사를 통한 최적흙막이 공법의 선정, 적절한 지하수 처리 및 굴착 간 토류벽의 안정성이 확보되도록 하여야 한다.

2. 시공 간 계측을 통한 현장과 주변의 상황판단 및 이를 통한 합리적 대응으로 시공관리가 이루어져야 한다.

# (도심지 흙막이, 근접시공) 개착 굴착 공사 시 영향과 대책

## I. 개요

1. 도심지에서 지반을 굴착하여 구조물을 축조할 때 지하수의 변동 및 가설 흙막이 벽의 변형 등에 의해서 인접구조물에 많은 영향을 미친다.
2. 기존구조물에 근접하여 개착 공사를 할 때에는 근접한 구조물의 균열·침하·경사 등의 발생에 대비하여 공사 착공 전부터 계측을 실시하고 적정공법 선정으로 민원 및 하자 발생을 최소화하는 게 가장 중요하다.

## II. 영향(문제점)

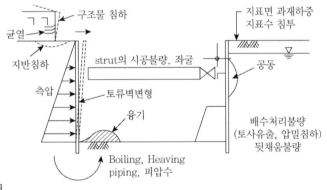

### 1. 흙막이 구조물의 변형
(1) 측압(토압 및 수압)의 과대
(2) 흙막이 벽체 변형, 유동
　① 흙막이 벽체 및 지지구조의 강성 부족, 시공 불량
　② 굴착저면의 연약
(3) 흙막이 지보공의 강성 부족, 변형
　① 측압 과대, 지보공의 재료·시공 불량
　② 지보공의 설치간격 부적정
(4) 배면부 상재하중의 증가
(5) 과잉 굴착 등에 기인함

### 2. 굴착지반

| 구분 | Boiling | Heaving |
|---|---|---|
| Fs | 2.0 | 1.5 |

〈안전율 확보 기준〉

(1) Boiling 발생에 의한 토사 분출
　흙막이 배면과 굴착저면의 지하수위차 과대, 흙막이 근입장 부적정
(2) Heaving 발생으로 굴착저면 융기
　흙막이 배면과 굴착저면의 중량차 과대, 상재하중의 증가, 흙막이 근입장 부적정

(3) 피압수 영향으로 굴착지반 연약화

## 3. 지하수위 저하, 지하수 오염·고갈

(1) 굴착 중 배수공법 적용에 따른 주변지반 지하수위 저하, 인근 지하수의 고갈

(2) 차수공법 적용 시 지하수 오염 및 장비운용에 따른 오염물질 유출

## 4. 근접 지반의 침하 및 구조물 변위 발생

(1) 지하수 변동에 따른 지반침하 발생

(2) 지반침하에 의한 매설물, 상부구조물 침하

(3) 굴착저면에서의 Boiling, Heaving 발생으로 배면 지반의 침하

## 5. 건설공해 발생으로 민원 증가

(1) 굴착장비의 기계음, 타격음

(2) 지하수의 오염 및 지반침하로 구조물 변위 발생

(3) 현장 폐기물의 악취, 분진 발생

# Ⅲ. 대책

## 1. 토류벽, 지보공의 안정성 확보

(1) 사전조사를 통해 현장조건을 고려한 최적 흙막이 공법 선정·적용

(2) 측압, Heaving, 지하수에 대한 안정성 검토 철저 : 안전율의 상향 반영

(3) 강성, 차수성 등 소요의 품질이 확보되는 공법 적용

(4) 흙막이 벽체 및 지보공의 정확한 시공 : 수직도, 간격, 연결 등 시공관리 철저

## 2. 굴착저면 지반에 대한 조치

(1) Boiling, Heaving 방지 조치

(2) 흙막이 벽체의 충분한 근입깊이 확보

(3) 필요시 굴착저면에 대한 보강 조치

(4) 흙막이 배면 상부의 상재하중 최소화

(5) 흙막이 주변 중량장비 운행 제한 조치

## 3. 배수대책 강구

(1) 지하수위, 수하수의 양, 지반 및 주변구조물 상황 등을 종합적으로 판단

(2) 필요시 복수공법의 적용을 검토, 배수 시 주변지반의 침하 최소화

(3) 흙막이 벽의 차수성과 연계한 배수공법 적용

## 4. Underpinning 조치

(1) 흙막이 벽체 주변의 구조물, 구조물의 기초에 대한 침하예방 및 침하복원 조치

(2) 약액주입, 말뚝시공, 차단벽 설치 등

(3) 침하 예상지반에 대한 Grouting

## 5. 시공관리 철저

(1) 과잉굴착 지양

(2) 흙막이 배면 뒷채움 철저

(3) 상재하중 최소화

(4) 시방규정에 따른 시공

## 6. 계측관리

(1) 계측을 통한 흙막이 벽체, 지보공의 상태, 지반침하, 지하수위 변동 등 확인

(2) 변위 증가 시 보강대책 강구

## 7. 공해 방지 노력

(1) 저소음·저진동 공법의 적용, 소음·진동 저감시설 설치

(2) 신기술 개발, 전담 인원의 운용

---| 참조 |---

**환경·공해관리**

| 공해 요인 | 방지대책 | |
|---|---|---|
| 소음·진동 | • 저소음·저진동 공법의 선정, 적용<br>• 차음벽, 방진구(Trench) 등 설치, 작업시간의 조정 | |
| 분진, 악취 | • 방진막(Cover), 보양 Sheet 설치 | • 살수 설비의 운용, 악취요인의 즉각적 제거 |
| 지하수 오염, 고갈 | • 배수처리 장치, 침전지 설치 운용 | • 복수공법의 적용 |
| 지반(구조물)침하 | • 강성, 수밀성이 큰 흙막이 공법 적용<br>• 지하수 유출 방지, 복수공법의 적용 | • 지보공의 시공관리 철저<br>• Underpinning, 계측관리 |
| 교통장애 | • 작업시간의 조정, 교통통제 인원의 배치 운용, 통행 경로의 변경 | |
| 불안감 등 정신적 피해 | • 가설울타리, 보호망 등 설치 | • 사전 설명회, 홍보물 설치 등 |

## IV. 결론

1. 흙막이 굴착 공사 시 철저한 사전조사를 통한 최적 흙막이 공법의 선정, 적합한 지하수 처리 및 굴착 간 토류벽의 안정성이 확보되도록 하여야 한다.

2. 공사 전 예상되는 문제점에 대하여 대책을 강구하며 계측을 통한 현장과 주변의 상황판단 및 이를 통한 대책 적용으로 문제가 발생되는 것을 최대한 방지, 최소화하도록 하여야 한다.

# 11 지하구조물 시공 시 지하수에 의한 문제점 및 대책

## I. 개요

1. 시공면에 지하수가 존재할 경우 작업곤란, 작업지연, 부실시공, 공사비 증대 등의 많은 문제점이 있으므로 지하수 처리에 만전을 기하여야 한다.

2. 지하수는 지하구조물 축조공사에 큰 영향을 미치므로 철저한 사전조사를 통해 적합한 배수공법과 흙막이 공법을 선정·적용하여야 한다.

## II. 영향(문제점)

### 1. 수압증대로 흙막이 구조체의 안정성 저하

(1) 수압이 커져 흙막이의 변형, 유동 발생

(2) 지보공의 변형, 파손

(3) 수압은 지하수위에 비례하여 증가됨

### 2. 지하수위의 변화

(1) 지하수위의 변동 발생

　　수위의 변동은 배수공사, 시공 안전성 등에 영향

(2) 지하수위 저하로 우물이 고갈됨

### 3. 부력의 영향

　　지하수면 아래의 기초, 지하실 등 부력 영향으로 변위 발생 가능

### 4. 흙막이 배면 지반의 침하, 근접 구조물 변위

(1) 지하수 변동에 따른 지반 침하 발생

(2) 지반침하에 의한 매설물, 상부구조물의 침하

(3) 굴착저면에서의 Boiling, Heaving 발생으로 배면 지반의 침하

## 5. 굴착지반의 문제

(1) Boiling 발생으로 굴착저면 분출

    흙막이 배면과 굴착저면의 지하수위 차 과대, 흙막이 근입장 부적정

(2) Heaving 발생으로 굴착저면 융기

    흙막이 배면과 굴착저면의 중량차 과대, 상재하중의 증가, 흙막이 근입장 부적정

(3) Piping 발생으로 굴착저면 연약화 및 배면지반의 침하 발생

    흙막이의 차수성이 작은 경우, 지반의 투수성이 큰 경우

(4) 피압수 영향으로 굴착지반 연약화

(5) 지하수 유입에 따라 Dry Work 여건 확보 제한

(6) 지반의 연약화에 따른 작업능률 저하, 공기지연 등

## 6. 민원 발생

(1) 지하수위 저하에 따른 우물 고갈

(2) 흙막이 배면 지반 및 구조물 침하에 의함

# Ⅲ. 대책

## 1. 대책공법의 분류

| 구분 | | 내용 |
|---|---|---|
| 차수공법 | 차수성 흙막이 | Sheet Pile, SCW, 지하연속벽 |
| | 약액주입공법 | LW 공법, SGR 공법, 고압분사주입공법 등 |
| 배수공법 | 중력배수 | 집수통배수, Deep Well 공법 |
| | 강제배수 | Well Point 공법, 진공 Deep Well 공법 |
| | 복수공법 | 주수공법, 담수공법 |
| | 영구배수공법 | 유공관, 배수관, 배수판, Drain Mat 등 |

## 2. 최적 배수공법 적용

(1) 집수통 공법

    ① 터파기 부분 중 한쪽에 집수통을 설치, 지하수를 유도·집중시켜 수중펌프로 외부로 배수

    ② 투수성이 큰 사질지반에 소규모 용수로 적용

(2) Deep Well 공법

    ① 터파기 장내 또는 배면 지반에 (케이싱으로 보호된) 깊은 우물을 굴착하고 여과층을 구성

    하여 수중펌프를 이용 배수키시는 공법

    ② 투수성이 큰 지반에 양수량이 많을 때, 넓은 범위 지하수위 저하 시 적용

(3) Well Point 공법

    ① 지중에 연속적으로 흡상관을 박고 이를 지상에서 가로관에 연결 후 Well Point Pump를 이용하여 물과 공기를 흡상시키는 강제배수공법

    ② 투수성이 낮은 Silt질까지 적용 가능, 적용 심도가 낮음

(4) 진공 Deep Well 공법

    ① Deep Well 공법과 진공펌프를 조합한 강제배수공법

    ② 투수성이 낮은 지반에 양수량이 많을 때 적용

(5) 복수공법

    ① 주수공법

      ㉮ 배수공법에 의해 배출된 물을 다시 주수 Sand Pile을 통해 지중에 주입하여 지반침하를 방지하는 배수공법

      ㉯ 배수공법의 적용, 흙막이에 수압 미발생

    ② 담수공법

      ㉮ 흙막이 배면 지반의 지하수위를 자연상태로 유지하기 위해 지속적으로 물을 보급시켜 지반침하를 방지하는 공법

      ㉯ 흙막이에 수압 발생

(6) 영구배수공법

    ① 유공관 설치

    ② 배수관 설치

    ③ 배수판 공법

    ④ Drain Mat 설치

> **│ 참조 │**
>
> **유공관 설치 공법**
>
> 흡수공이 있는 고강도 폴리에틸렌 Pipe를 설치하여 지중의 물을 배수하는 공법
>
> **배수관 설치 공법**
>
> 지하 기초 내에 수직관을 설치, 기초 상부의 매트 Con'c 사이로 배수관을 연결, 연결된 배수관을 지하층에 설치된 집수정에 연결해 외부로 배수
>
> **배수판 공법**
>
> 기초 상부와 매트 Con'c 사이에 공간을 두어 그 공간 속으로 물이 이동하여 집수정으로 모이게 하는 공법
>
> **Drain Mat 공법**
>
> 버림 Con'c 내에 유도수로와 배수로를 설치하여 지하수를 집수정으로 유도하여 Pumping 처리하는 공법

## 3. 차수공법

(1) 차수성이 큰 흙막이 벽체를 적용

　　차수성 : H-Pile 토류판 < Sheet Pile < Slurry Wall

(2) 흙막이 배면 지반의 차수성 증진

　　① 흙막이 배면 지반에 차수성이 큰 약액을 주입하여 개량

　　② 적용 공법의 분류 : LW공법, SGR공법, 고압분사주입공법 등

　　③ 물유리액(LW) 공법을 주로 적용

　　　　㉮ 1.5Shot 방식을 사용하며 주입압력은 1~2MPa

　　　　㉯ 주입범위 : 반경 0.5~0.8m 정도, Gel Time : 2~3분

## 4. Underpinning

(1) 흙막이 벽체 주변의 구조물, 구조물의 기초의 침하 예방 및 침하 복원 조치

(2) 약액주입, 말뚝시공, 차단벽 설치, 침하예상 지반에 대한 Grouting 등

## 5. 계측관리

(1) 계측을 통한 지하수위 변화, 흙막이 벽체의 측압, 지보공의 상태, 지반침하 등 확인

(2) 변위 증가 시 보강 대책의 강구

# IV. 결론

1. 배수공법은 중력배수, 강제배수, 복수공법, 영구배수공법으로 분류된다.
2. 배수공법 적용 및 굴착의 영향으로 주변지반 및 굴착저면의 안정성이 저해 될 수 있으므로 철저한 사전조사, 차수공법, 배수공법, 계측관리를 철저히 해야 하며 필요시 Underpinning 적용을 검토해야 한다.

# 12 지하수압에 의한 구조물의 부상(부력) 방지대책

## I. 개요

1. 지하수위 하부에 구조물을 시공하게 되면 지하수위 아래 위치한 구조물의 체적에 해당하는 부력의 영향을 받게 된다.
2. 부력에 의해 구조물은 부상, 균열, 누수, 부등침하 등 피해가 발생하게 되므로 이를 검토하여 대응하여야 한다.

## II. 부력의 검토

### 1. 부력(V) = $A \cdot h \cdot \gamma_w$

### 2. 부력에 대한 안정성 확보

W > 1.25V

여기서, W : 구조물의 중량(kN), $A$ : 구조물 바닥 면적($m^2$), $h$ : 지하수위 이하 구조물의 높이(m), $\gamma_w$ : 물의 단위중량($kN/m^3$)

### 3. 지하수위의 적용 검토

(1) 지하상수위 : 우기 시 수위 적용
(2) 해당 지역, 인근지역 통계자료 중 최대수위로 고려
(3) 지반여건의 고려 : 불투수층의 존재, 지반의 투수성 등
(4) 일시적인 수량의 증가 요인

## III. 원인

1. 지하수위의 상승
   강우, 지하수 유입으로 수위 증가
2. 지하 피압수의 영향

3. 건물의 자중이 (부력보다) 작을 때
   지하수위면 이하 구조물의 시공 초기 단계에서 발생

## IV. 부력 작용에 따른 문제점

1. 구조물의 부상, 변위 발생
2. 부상 과정 중 지반 토사의 유입, 지반 침하
3. (부력 감소 후) 구조물 Blance 상실, 구조물 부등침하
4. 구조물의 균열 및 파손 발생

## V. 방지 대책

### 1. 부력 저항력 증진
(1) 구조물의 하중 증대
    ① Bracket 설치(기초바닥판의 확장)
       ㉮ 구조물의 바닥 외측면에 Bracket 설치
       ㉯ Bracket 상부 흙의 중량을 안정하중으로 적용
       ㉰ 소형구조물에 적용
    ② 이중 Slab 설치
       ㉮ 이중 Slab 설치 및 Slab 사이에 자갈 충전하여 중량 증대
       ㉯ 굴착깊이가 증가되고 공사기간, 비용이 증가됨
       ㉰ 대형 구조물에 적용, 비경제적임
    ③ 재하하중 이용
       ㉮ 구조물 상부에 하중체를 재하
       ㉯ 재하하중의 크기가 크면 비효율적임
          재하된 하중체로 인해 시공 간 공간제한, 작업성 불량
    ④ 구조물의 기초를 Mat 기초로 하여 중량 증대
    ⑤ 구조물 지하층에 물하중 재하
       ㉮ 지하층이 깊은 경우
       ㉯ 구조물 지하 공간에 물탱크 설치
(2) 인접구조물과 긴결
    ① 구조물 상부에 인근 구조와의 버팀대를 설치
    ② 인접구조물에 미치는 영향 고려, 사전동의 필요

(3) Rock Anchor 설치

    ① 구조물의 지하바닥을 암반에 Anchor로 정착

    ② 시공 Flow

$$\boxed{\text{천공}} \rightarrow \boxed{\text{앵커체 삽입}} \rightarrow \boxed{\text{1차 Grouting}} \rightarrow \boxed{\text{기초 Con'c 타설}}$$

$$\rightarrow \boxed{\text{2차 Grouting}} \rightarrow \boxed{\text{PC 강선 긴장·정착}} \rightarrow \boxed{\text{상부 Cap 설치}}$$

    ③ 적용

      ㉮ 부력과 건물 자중차가 큰 경우, 부력이 큰 경우

      ㉯ 지하수 배수 적용 제한 시

      ㉰ 정착지반(암반)이 얕은 심도에 위치할 경우, 구조물의 지하구조가 깊은 경우

(4) 마찰말뚝 시공

    ① 기초하부말뚝의 수량을 증가시켜 마찰력을 증대시킴

    ② 지하구조가 깊지 않은 경우

## 2. 부력 감소

(1) 자연배수공법

    ① 굴착공사 시 유공관 등 설치

    ② 유공관 막힘 주의, 유공관 표면에 토목섬유(Filter) 설치

    ③ 낮은 지반으로 자연배수를 유도하여 수위 저하

(2) 배수공법

    ① 집수통, Deep Well, Well Point 공법 등

    ② 유입수량 고려 Pump 용량 검토, 적용

    ③ 지하수위저하로 인접지반 침하 발생

(3) 구조체의 지하층 규모 축소

(4) 구조체 지하층 심도를 상향 조정

## 3. 복합 적용

(1) 부력의 영향이 클 때 적용

(2) 부력 저항력 증진과 배수공법의 복합 적용

(3) Rock Anchor, 자연배수 병용 등

# VI. 결론

1. 철저한 사전조사를 통해 지하수위, 구조물의 지하깊이·면적 등을 확인하여 부력에 대한 검토를 해야 한다.
2. 부력에 대한 대책으로는 하중을 증가시키는 부력 저항력 증진, 배수공법 등의 부력 감소 방법 등을 적용한다.

# 13 흙막이 계측관리

## I. 개요

1. 흙막이공에서 계측관리는 흙막이 벽체, 지보공, 배면지반, 주변구조물 등에 대한 응력·변위 등의 정보를 파악하여 관리하는 것이다.
2. 계측을 통해 설계의 불확실성, 현장의 상태 등을 확인하여 안전하고 경제적인 시공이 되도록 한다.

## II. 계측의 목적(필요성)

### 1. 설계 예측치의 확인

(1) 실측치와 비교 확인, 예측(설계)의 적정성 판단

(2) 설계의 결점(과대, 과소) Check, 설계의 보강·수정

(3) 이론의 검증 : 가정한 토질정수 등에 대한 검증

### 2. 시공 중 안정상태 확인

(1) 긴급한 위험 징후 Check

(2) 토류벽, 지보공의 상태 파악

(3) 주변 영향 평가 : 배면지반, 인접 구조물 등

(4) 불안정 사항에 대한 조치로 사고 예방

(5) 현재 거동분석으로 향후 구조물의 영향을 예측, 조치

(6) 시공법, 구조형식 등의 개선 검토

(7) 사고예방을 위한 사전조치

### 3. 자료축적

(1) 향후 설계 및 시공 기준 설정에 반영(Feed Back)

(2) 설계변경, 보강사례, 문제점에 대한 조치 내용 등 활용

## 4. 분쟁(법적소송) 대비

(1) 공사 전·중·후 주변상황에 대한 촬영, 기록

(2) 분쟁 발생 시 기초자료로 활용

## 5. 새로운 공법에 대한 평가

## 6. 공사지역의 특수한 경향을 파악

## III. 계측관리 Flow

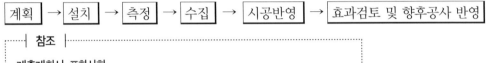

| 계획 | → | 설치 | → | 측정 | → | 수집 | → | 시공반영 | → | 효과검토 및 향후공사 반영 |

┈┤ 참조 ├┈

**계측계획서 포함사항**
- 공사개요 및 규모, 지반 및 환경조건, 인접구조물의 배열 및 기초의 상태
- 계획공정표, 계측목적에 따른 계측범위 및 계측빈도
- 계측기의 종류와 규격, 계측기의 설치와 유지보호 등의 관리방안
- 계측인원의 확보, 계측결과의 수집, 보관 및 분류양식
- 계측결과의 해석방법, 계측결과를 시공에 반영할 수 있는 체계
- 계측시방서, 계측시스템

## IV. 계측항목, 위치, 용도, 설치방법

### 1. Strain Gauge(응력계)

(1) Strut, Wale 등에 부착

(2) 부재 작용력(응력)의 측정

(3) 용접 또는 접착제 이용, 필요시 매설

┈┤ 참조 ├┈

개략적인 영향거리 및 침하량　　(H : 굴착깊이)

| 구분 | 지반 양호 | 지반 불량 |
|------|-----------|-----------|
| 영향거리 | 2H | 4H |
| 침하량 | 0.5%H | 2.0%H |

### 2. Tilt Meter(기울기 측정기)

(1) 인접구조물의 골조, 벽체

(2) 구조물의 경사를 측정, 안정상태 판단

(3) 접착 또는 Bolting하여 고정

### 3. Extention Meter(지중수직변위계, 지중침하계)

(1) 토류벽의 배면지반, 인접구조물의 지반 등

(2) 지중 심도별 침하량을 측정(보강 필요 여부 및 침하량 예측)

(3) 지반의 부동층까지 천공 후 설치

## 4. Load Cell(하중계)

(1) Strut, Anchor 부위

(2) 굴착진행에 따른 지보공 작용력(축하중) 측정, 부재의 안정성 판단

(3) 지보공 설치 시 병행 배치, Anchor 지압판에 부착

## 5. Soil Pressure Meter(토압계)

(1) 토류벽, 배면지반

(2) 토압의 변화를 측정(흙막이 벽의 안정성 판단)

## 6. Crack Guage(균열측정기)

(1) 인접구조물의 골조, 벽체 등 균열 위치

(2) 굴착공사로 인한 인접구조물의 균열 진행상태 확인

(3) 접착 또는 Bolting하여 고정

## 7. Inclino Meter(경사계)

(1) 토류벽, 배면지반

(2) 흙막이 벽체, 지반의 심도별 수평변위를 측정(벽체의 안정성 판단)

(3) 굴착심도 이하 부동층까지 천공 후 설치

## 8. Piezo Meter(간극수압계)

(1) 흙막이 배면 지반

(2) 배면 지반 내 간극수압 변화를 측정

(3) 지중 심도별 설치

## 9. Level(지표침하계)

(1) 배면 지반의 지표

(2) 지표면의 침하량 변화를 측정

(3) 동결심도보다 깊은 곳에 배치

(단위 : dB)

| 구분 | 심야 | 조석 | 주간 |
|------|------|------|------|
| 주거지역 | 50 | 60 | 65 |
| 그 밖의 지역 | | 65 | 70 |

〈소음 규제 기준〉

## 10. Water Level Meter

(1) 토류벽 배면지반, 인근 구조물의 기초지반

(2) 공사 전·중·후 수위 측정(지반의 거동 예측)

(3) 대수층까지 천공 후 설치

(단위 : cm/sec(kine))

| 구분 | 문화재 | 주택·APT | 상가 | 공장 |
|------|--------|----------|------|------|
| 허용치 | 0.2 | 0.5 | 1.0 | 1.0~4.0 |

〈진동 규제 기준〉

## 11. Sound Level Meter(소음측정기), Vibro Meter(진동측정기)

(1) 주변 건물, 주거지, 축사 등

(2) 소음, 진동 법규 준수 여부 및 민원 대응

> ┤ 참조 ├
>
> **계측기기의 구비조건**
> - 계측기기의 정밀도, 정확성 등이 우수, 구조가 간단하며 설치가 용이한 것
> - 온도·습도에 대한 영향이 작은 것, 초기 Setting 및 보정이 간단한 것
> - 측정범위가 예상범위보다 여유가 있는 것, 계측기의 고장에 대한 확인이 용이한 것, 가격이 합리적인 것

# V. 계측관리 주의사항

## 1. 계측기의 설치 및 조작은 매뉴얼을 준수

## 2. 기기 설치 시(Data) 초기화 설정("0"점 조정 실시)

## 3. 계측기 설치 즉시 초기치를 측정

## 4. 측정 중 이상 Data가 확인된 경우 기기 점검 및 보강대책 강구

(1) 급격한 증감이 있는 경우

(2) 불규칙한 Data, Data의 변동 폭이 큰 경우

(3) 시간경과에 따라 계측값이 점증하는 경우(계측값의 안정화가 없는 경우)

(4) 이전 경향과 예측에 부합하지 않는 경우

## 5. 계측 빈도

| 구분 | 굴착기간 동안 | 굴착 완료 후 |
|---|---|---|
| 계측빈도 | 2회/1주 이상 | 1회/1주 이상 |

(1) 계측의 목적, 공사규모, 공정 진행 정도, 변위량, 주변상황 등 고려 빈도 조정

(2) 흙막이 벽, 주변 구조물에 이상 발견 시 계측빈도 증가

## 6. 계측 위치 선정 및 배치순서

(1) 대표성이 있는 위치

(2) 초기시공 단계에 우선 배치

(3) 계측기 배치의 우선순위

   ① 지보공(Strut, Anchor) 우선

   ② 장지간 우선, 굴착 깊이가 깊은 부분 우선

③ 우각부 우선, 주변구조물 근접부위 우선

## 7. 계측기의 방전, 파손 주의

## 8. 가급적 계측관리는 자동화 System을 구축 적용

(1) 계측 운용인원의 부족, 운용 경비 및 인건비 과다 소요

(2) 인원에 의한 계측은 일기, 장소의 위험성에 영향

(3) 계측값의 분석에 시간 지연

# VI. 결론

1. 계측을 통해 흙막이의 응력·변형, 지반의 침하, 주변 구조물의 상황 등을 파악하여 대책을 강구할 수 있다.

2. 최근 계측관리의 중요성이 증대되고 있으므로 전문성을 확보한 계측전문 기술자 배치는 물론 계측기기의 개발 및 선정·운용에 만전을 기하여 경제적이고 안전한 시공관리가 되도록 하여 야 한다.

# 14 Earth Anchor 공법

## I. 개요

1. Earth Anchor는 지반을 천공 후 인장재를 삽입, Grouting한 후 인장재를 긴장·정착시켜 Prestress를 형성시켜 이로써 외력에 대응하는 구조체이다.
2. Earth Anchor 공법은 가설흙막이 벽체의지지, 옹벽 토압저항, 구조물의 부상방지 등에 다양하게 활용된다.

## II. 지지방식에 의한 분류

1. 마찰형 지지방식
2. 지압형 지지방식
3. 복합형 지지방식

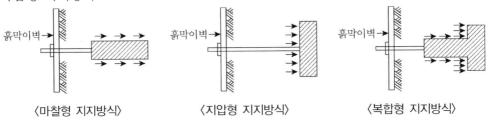

〈마찰형 지지방식〉　　　〈지압형 지지방식〉　　　〈복합형 지지방식〉

┌─ 참조 ─

**사용목적에 의한 분류**

- 영구 앵커
- 가설 앵커 : 매설 앵커, 제거식 앵커

| 구분 | 가설구조물 | 영구구조물 | |
|------|-----------|-----------|-----------|
|      |           | 일시적 하중 (단기하중) | 상시하중 (장기하중) |
| Fs | 1.5 | 2.0 | 3.0 |

**주입압력에 의한 분류**

- 무압 주입 앵커 : 가압 없이 자중에 의해 주입
- 저압 주입 앵커 : 주입압 1MPa 이하
- 고압 주입 앵커 : 주입압 2MPa 이상

┤ 참조 ├

**(제거식) U-Turn Anchor 공법**

- 기존의 Earth Anchor는 구조체가 지중에 잔류하게 되어 인접 토지 개발 시 지중에 장애물이 되는 바, 해당 공사 후 앵커체의 제거가 용이하도록 개선한 앵커 공법
- 특징 : Grout로 인한 지하수 오염이 감소, 기존 앵커보다 길이가 짧고 공기가 짧고 Grout 재료가 적게 소요됨

| 구분 | 강선 제거 | 주변지반 영향 | 반복사용 |
|---|---|---|---|
| 기존 Anchor | 불가능 | 발생 | 불가능 |
| 제거식 Anchor | 가능 | 없음 | 가능 |

# III. 특징

## 1. 장점

(1) Strut가 없어 작업공간의 활용성 증가

(2) 굴착작업의 기계화 적용 용이, 굴착능률 향상

(3) 굴착단계별 시공 용이, 공기 단축

(4) 작업장비가 소형으로 협소지역에 적용 가능

## 2. 단점

(1) 주변부지 사용에 대한 동의가 필요

(2) 연약지반 적용 다소 제한

(3) 지중 구조체에 대한 품질관리 및 시험 제한

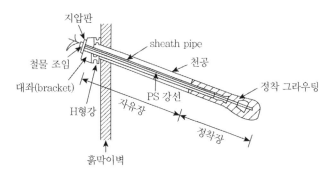

〈Earth Anchor 구조도〉

**용도(적용성)**

흙막이 벽 지보용, 사면 안정용, 구조물 부상 방지용, 지내력 시험의 반력용, 구조물 수평 저항용 등

**앵커체의 극한저항력(인발력, $P_u$)**

지지 지반이 사질토층일 때 : $P_u = \pi d l K \overline{\sigma} \tan\phi$, 지지 지반이 점성토층일 때 : $P_u = \pi d l C$

여기서, $\overline{\sigma}$ : 지반의 유효응력, $K$ : 토압계수, $\phi$ : 내부마찰각, $C$ : 점착력

## IV. 시공 Flow

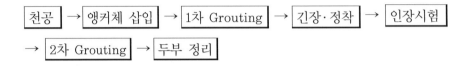

## V. 시공관리

### 1. 설계 시

(1) 자유길이와 정착길이는 최소 4.5m 이상으로 적용

(2) 자유길이

자유길이 = 45°+$\phi$/2 선에서 0.15H(H : 굴착깊이) 이격된 거리까지

(3) 앵커체의 최소간격 : 4D(D : 앵커체 직경) 이상

(4) 최소토피 : 토사 5m, 암반 1.5m 이상 적용

(5) 앵커설치각 : 10~45°(보통 20~30°)

(6) PS의 손실을 고려한 긴장력 산출 적용

(7) 정착길이는 10m 이하로 적용

### 2. 재료

(1) 인장재 : 보통 PS 강선 이용($\phi$ 12.7mm)

(2) 주입재

① 시멘트 : 보통 포틀랜드 시멘트, 조강 포틀랜드 시멘트 등

② 주입재의 팽창유도를 위해 Alumina 분말 사용

(3) 앵커 두부

① 앵커의 방향을 조정 및 고정하는 역할

② PS 강선의 대좌, 지압판 등으로 구성

## 3. 천공

(1) 지반연약 시, 공벽붕괴 우려 시 Casing 사용

(2) 천공경 : 설계공경 준수

    ① 일반적으로 공경(D) : 100mm 내외(확공형의 경우 200~300mm)

    ② 천공직경은 앵커체 직경보다 +20mm를 표준으로 적용

(3) 천공위치의 오차 : 100mm 이내

(4) 천공(설치) 간격 : 1.5~2.0m 정도

(5) 천공 깊이

    ① 소요 천공깊이보다 최소 0.5m 이상 깊게

    ② 교란 이물질이 가라앉은 후 깊이가 확보되도록

(6) 천공된 구멍의 축과 설계상 축과의 허용오차 ±1/30 이내

(7) 천공 후 공저 Slime 배출 및 공벽의 세척 실시

(8) 직경, 길이, 위치, 간격, 각도 등 설계 준수

(9) 지하수 용출, 공벽교란 우려 시

    ① Pre Grouting 후 천공

    ② Casing 설치

## 4. 앵커체 시공

(1) 앵커체 정착부의 이물질 제거

(2) 앵커체의 간격재(Spacer) 설치, 정착부 간격재 1.5m마다 배치

(3) 천공경의 중앙에 앵커체 삽입, 앵커체 삽입 시 이물질 유입 주의

(4) 앵커 설치 간격

| 구분 | 수평방향 | 수직방향 |
|------|----------|----------|
| 간격 | 1.5~2.0m | 2.5~3.5m |

## 5. 1차 Grouting

(1) 주입 Pipe를 공저까지 삽입 후 주입(주입 Pipe 내경 12mm, 외경 17mm 이상으로 사용)

(2) 주입재

    ① 일반적으로 Cement Paste, Cement Mortar

    ② 주입재의 요구 강도

| 구분 | $f_7$ | $f_{28}$ |
|------|-------|----------|
| 압축강도 | 17MPa 이상 | 25MPa 이상 |

③ W/C 45~50%

(3) Packer 설치 : 주입재가 자유장으로 유출되는 것을 방지

(4) 주입압 : 0.51~1.0MPa

(5) 주입 후 주입 Pipe 인발, 보충주입 실시

(6) Casing 사용 시 주입 후 제거

(7) 주입재가 충분한 강도를 확보하도록 양생관리

양생은 7일간 실시함이 원칙(단, 급결제 사용 시 단축 가능)

## 6. 긴장 및 정착

(1) 긴장시기 : 주입재의 요구강도 확보 시

| 구분 | 주입재 강도 | 기간 |
|------|-----------|------|
| 가설앵커 | 15MPa 이상 | 보통 보틀랜드 시멘트 : 7일 후<br>조강 포틀랜드 시멘트 : 3일 후 |
| 영구앵커 | 25MPa 이상 | |

(2) 긴장작업(Jacking)

① 띠장 앵커헤드 설치

② Jack 설치 후 긴장 실시

㉮ 설계하중의 1.2배 긴장

㉯ 이후 설계하중에 맞추어 정착

㉰ 인장재 항복하중의 0.9를 넘지 않을 것

③ Jacking시 Jack 후면에 인력 회피

④ 인장장치는 사용 전 Calibration 실시

(3) 정착

① 소요 인장력 도입 확인 시, 인장재를 대좌(Braket)에 정착

② 강연선(Strand)는 쐐기방식 정착(강봉은 너트방식 정착)

③ 정착쐐기 삽입 시 어긋나지 않도록 정확히 맞추어 설치

(4) 인장재의 절단(여유길이 충분히 확보 1.0m 정도)

## 7. 시험

(1) 그라우트 품질관리

① 작업개시 전에 1회 이상 실시

② 블리딩, 팽창률, 압축강도, 컨시스턴시 시험 등

(2) 인장시험

　① 최대시험하중은 설계하중의 1.2배 이상, 긴장재의 항복하중의 0.9배 이하

　② 시험대상 : 최소 3개, 전체 앵커의 5% 이상 실시

　③ 지압판 지지지반 파괴상태, 앵커긴장부의 길이, 앵커의 인발유무 판정

(3) 확인시험

　① 인장시험을 실시한 앵커 이외의 전체 앵커에 대하여 실시

　② 최대시험하중은 : 설계하중의 1.2배

(4) 인발시험

　① 정착 지반별로 단위 주면적당 극한인발저항력, 설계정착장 및 천공지름의 적정성 확인

　② 별도의 시험앵커에 대해서 시행

　③ 최대시험하중은 설계하중의 1.2배 또는 예상되는 인발저항력 중 큰 값으로 적용

(5) 크리프시험

　필요시 실시(크리프 영향을 많이 받는 소성의 성질이 많은 정착지반 등)

(6) 리프트오프(Lift-off) 시험

　이미 긴장 및 정착된 앵커의 앵커력을 확인하고자 할 때 실시

┈┈┤ 참조 ├┈┈┈┈┈┈┈┈┈┈┈┈┈┈┈

Earth Anchor와 Soil Nailing 비교

| 구분 | Earth Anchor | Soil Nailing |
|------|------|------|
| 강재 긴장 | 실시 | 미실시 |
| 깊은심도 적용 | 가능 | 제한 |
| 지하수 영향 | 상대적으로 작음 | 작업곤란 |
| 검사 | 가능 | 제한 |

# VI. 결론

1. Earth Anchor는 충분한 저항력이 확보되도록 설계하고 시공 간 Anchor체의 품질확보 및 인장시험을 통한 확인을 철저히 하여야 한다.

2. Anchor체의 저항력을 확보하기 위해 주위 지반조건, 지하수위 등을 충분히 고려한 시공관리가 요구된다.

# 15 Soil Nailing 공법

## I. 개요

1. Soil Nailing 공법은 지반에 보강재를 일정간격으로 삽입하여 보강재의 강도를 이용하여 원지반의 강도를 증가시키고 변위를 억제하는 공법이다.
2. Soil Nailing 공법은 원지반의 강도를 최대한 이용하면서 보강재를 설치하여 복합지반을 형성시켜 지반의 강도를 증가시킨다. 흙막이의 지보, 절·성토사면의 보강 등에 적용된다.

## II. 특징

### 1. 장점

(1) 소형장비를 이용, 시공이 간편하고 관리가 용이
(2) 협소지역, 급경사 지형 등에 적용성 우수
(3) 소음·진동이 작고 도심지 근접시공에 유리
(4) 단계적 작업 가능
(5) Anchor 공법에 비해 공사비 저렴

### 2. 단점

(1) 상대변위 발생 우려
(2) 파괴 예상면이 깊은 경우 적용 제한
(3) 지하수가 있는 지반에 작업 제한
(4) 구조체가 지중에 형성되므로 품질관리가 어려움

## III. 용도

1. 굴착 배면지반 안정
2. 사면 보강(활동 방지)
3. 옹벽의 보강

4. 터널 보강

5. 기초구조물 보강

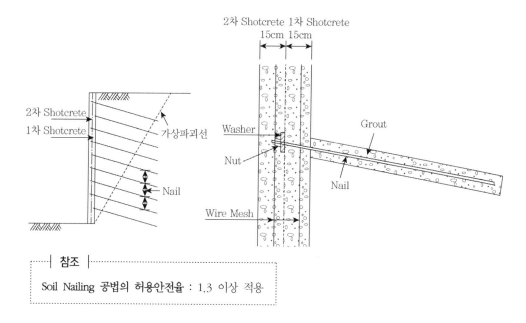

┄┤ 참조 ├┄

**Soil Nailing 공법의 허용안전율** : 1.3 이상 적용

## IV. 시공 Flow

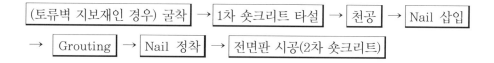

## V. 시공관리

### 1. 재료

(1) Nail(인장재)

　① 보통 D29 이형철근 이용

　② 부식방지 조치 : 아연도금 또는 외관을 씌워 사용

(2) Grout재

　① 보통 또는 조강 포틀랜드 시멘트 사용

　② $f_{28}$ : 21MPa 정도, W/B : 35~45% 범위, 팽창재 사용

(3) 정착판

　① 크기 200 × 200mm 사용

② 두께 12mm 이상

(4) 간격재, 커플러 등

## 2. 굴착

(1) 굴착 깊이

　　① 붕괴되지 않을 자립고 이내에서 굴착(토질별 상이)

　　② 1차 굴착 깊이는 보통 1.5m 이내(최대 2.0m로 제한)

(2) 우수 침투를 방지

　　① 굴착 전 상단 지표면에 배수구 설치

　　② 지표면 비닐설치 등 조치

(3) 과굴착 방지

> ┤ **참조** ├
>
> **절토사면의 Soil Nailing 적용 시 굴착**
> - 적정 사면을 유지하면서 절토 : 토·암질에 따라 1 : 0.5 ~ 1.2 정도의 구배 유지
> - 경사면에 요철 부위가 없도록 주의, 적정 절토 높이마다 소단을 설치 : 폭 1m

## 3. 1차 Shotcrete

(1) 굴착·절토면의 보호를 목적으로 굴착 직후에 실시

(2) 과대 여굴, 불규칙 면이 없도록 평활하게 숏크리트 타설

(3) 두께 : 5~10cm 정도

## 4. 천공

(1) Shotcrete를 타설하고 24시간 경과 후에 실시

(2) Nail의 간격 : 보통 1.0~1.5m

(3) 천공각도 : 최소 15°

(4) 지중 매설물의 유무를 확인한 다음 실시

(5) 연약지반의 여굴 방지

　　① 연약지반에는 반드시 케이싱을 사용

　　② 천공구 입구에 집진장치를 설치하여 천공시의 비산 먼지를 흡입

(6) 설계도서에 표시된 위치, 천공지름, 길이 및 방향, 각도 준수

　　허용오차기준 : 천공각도 ±3°, 천공위치 0.2m 이내

(7) 천공 후 공내부 이물질 청소, 유압공기나 갈퀴 이용

## 5. Nail 삽입

(1) 천공 직후에 실시

(2) Spacer가 밀리지 않도록 단단하게 강봉에 결속하고 삽입

　　① 스페이서의 설치간격 : 2.5m 이내

　　② 최소 2개 이상 설치

(3) 네일은 천공 경사각대로 삽입

(4) 여굴 발생 시에는 공내를 청소하고 재삽입

(5) Nail의 이음

　　① 이음매가 없이 한본을 그대로 사용함을 원칙으로 함

　　② 길이 증가로 인한 네일의 이음은 용접이음 금지, 커플러 이음 적용

(6) 네일의 표면 손상방지, 손상 시 보수 Coating 실시

(7) 네일의 오차한계

| 구분 | 네일 위치(수직 및 수평 간격) | 네일 길이 | 네일 경사각 |
|---|---|---|---|
| 오차한계범위 | ± 15cm | ± 30cm , 또는 네일 전장의 1/30 이하 | ±3° |

## 6. Grouting

(1) 주입관을 천공구 선단에 위치시키고 연속으로 주입재를 충전

(2) 여굴이 우려되면 Pre Grouting 후 네일을 삽입

(3) Grout재 품질기준 확보

(　　) : 사면 보강 시

| 구분 | $f_3$ | $f_{28}$ | W/C |
|---|---|---|---|
| 기준 | 15.8MPa 이상 | 21MPa 이상(24MPa 이상) | 35~45%(40~50%) |

(4) 충전 부족 시 재충전 실시

(5) 무압 Grouting

(6) 최초 주입은 공저로부터 공입구로 그라우트가 흘러넘칠 때까지 실시

　　이후 3~4시간 경과 후마다 수차례 보충 주입을 실시

## 7. Nail의 정착

(1) 강재 정착판과 너트를 사용하여 네일 두부에 고정

(2) 너트를 견고하게 조여 인력으로 너트가 풀리지 않도록 조임 실시

(3) 네일 두부를 서로 연결하기 위하여 네일 간에 D16 정도의 철근 2가닥을 이용하여 네일의 상
하좌우를 결속

## 8. 전면판의 시공

(1) 숏크리트를 타설하여 네일의 두부를 일체화

(2) 와이어 메쉬, 띠장 철근, 지압판 등이 덮이도록 뿜칠

(3) 보통 10~15cm 두께로 시공

## 9. 배수시설

(1) 지표 : 배수로, 비닐 설치

(2) 배수공(배수 Pipe) : PVC $\phi$50mm 이용

　　설치 간격 : 300~400mm 정도, 최소 벽면적 $4.5m^2$당 1개소 이상

(3) 지중 : 유공관, 배수층 등

## 10. 검사

(1) 인발시험

　　① Pull-Out Test

　　② Proof Test

(2) 그라우트 압축강도시험

# VI. Soil Nailing과 Earth Anchor 비교

| 구분 | Soil Nailing | Earth Anchor |
|---|---|---|
| Prestress 도입 여부 | 긴장 없음 | 긴장 |
| 자유장 유무 | 자유장 없음 | 자유장 있음 |
| 배치 간격 | 보통 1.0~1.5m | 보통 2~3m |
| 사용 보강재 | 철근 | PS 강선 |
| 깊은심도 적용 | 제한 | 가능 |

# VII. 결론

1. Soil Nailing 공법은 가설 흙막이의 지보 및 사면안정, 터널지보 등에 활용성이 증대되고 있다.
2. 충분한 안정성 확보를 위한 설계, 재료의 신뢰성 확인 및 철저한 시공관리를 통해 요구되는 품질을 확보하여야 한다.

# 16 폐기물 매립지의 차수

## I. 개요

1. 폐기물에 대한 관리 개념은 폐기물을 청소하는 개념에서 출발하여 재활용(Recycle), 최소화 (Waste Minimization) 개념으로 전환되고 있다.

2. 폐기물의 최소화는 감량화, 재이용, 재활용, 자원화를 포괄하는 광의의 처리개념을 포함하고 있다.

> ┤ 참조 ├
>
> **폐기물 관리법규의 변화**
>
> 오물청소법 → 오물청소법·환경보전법 → 폐기물관리법

## II. 폐기물 매립지의 차수시설 분류

| 구분 | 차수시설 |
|------|----------|
| 바닥 차수시설 | 합성수지 시트, Asphalt Con'c, 고화토, 벤토매트, 점성토 라이닝 |
| 연직 차수시설 | 지하연속벽, 강널말뚝, 지수코어, 약액주입, 차수 시트 |

## III. 바닥 차수시설

### 1. 합성수지 시트

(1) 매립지 굴착 및 바닥면 정리하고 다진 후 Sheet를 포설

(2) 재료 : 연질염화비닐, 에틸렌비닐, 폴리에틸렌, 고밀도폴리에틸렌 등

(3) 적용

　① 거의 모든 지반에 적용 가능

　② 경사면 적용 시 인장력에 의해 찢어짐 발생 가능

(4) 특징

　① 내구성 우수

② 재료가 비교적 고가

(5) 합성수지 하부는 점토, 점토광물 혼합토 등을 다져 50cm 이상 확보

## 2. Asphalt Con'c

(1) 기초지반을 굴착·다짐하고 쇄석 포설 후 아스팔트로 포장

(2) 차수효과 : 보통 투수계수 $10^{-7}$cm/sec 정도

(3) 적용 : 거의 모든 지반에 적용 가능

(4) 특징

    ① 바닥처리 불량에 의해 포장체의 부등침하, 균열발생 가능

    ② 현지토 사용 제한 시 토사반입 비용 증가

## 3. 고화토

(1) 현지(또는 반입) 토사와 Cement, Bentonite 등의 고화제를 혼합하여 포설, 다짐

(2) 차수효과

    ① 차수효과 우수

    ② 보통 투수계수 $10^{-7} \sim 10^{-8}$cm/sec 정도

(3) 적용 : 거의 모든 지반에 적용 가능

(4) 특징 : 바닥처리 불량에 의해 포장체의 부등침하, 균열발생 가능

## 4. 벤토매트

(1) 기초지반 다짐 후 벤토매트를 2겹으로 시공

(2) 차수효과 : 투수계수 $10^{-7}$cm/sec 이하

(3) 적용 : 경사가 급한 지반에 적용성 우수

(4) 특징

    ① 지반침하에 따른 매트 파손 우려

    ② 매트 하부에 차수막 보강층이 요구됨

    ③ 경사지반에 경제적

## 5. 점성토 라이닝

(1) 기초지반 다짐 후 점성토를 일정 두께로 다짐

(2) 차수효과 : 차수효과 우수, 벤토나이트 등을 첨가하여 성능향상 가능

(3) 적용 : 급경사면 이외 적용 가능

(4) 특징

    ① 지반침하에 따른 부등침하, 균열 우려

② 현지반의 토사이용 가능 시 경제적

## IV. 연직 차수시설

### 1. 지하연속벽
(1) 굴착기로 판넬을 굴착 후 Con'c, RC, Mortar, Soil Cement 등으로 연속벽을 형성
(2) 차수효과
    ① 차수효과가 확실
    ② 판넬 접속부의 시공관리 필요
(3) 적용
    ① 거의 모든 지반에 적용 가능
    ② 지하 150m까지 시공 가능
(4) 특징
    ① 내구성 우수
    ② 공사비 고가

### 2. 강널말뚝
(1) 강널말뚝(또는 강관널말뚝)을 1열 또는 2열로 항타 시공
(2) 차수효과
    ① 차수효과가 확실
    ② 강널말뚝의 이음부 시공관리 필요, 이음부 배면 약액주입공법 등 대책 강구
(3) 적용
    ① N치 50 정도까지의 토사지반에 적용 가능
    ② 자갈층 등에 적용 제한
(4) 특징
    ① 폐기물 보유수 등에 의한 강재 부식 우려
    ② 공사비 비교적 저렴

### 3. 지수코어
(1) 지반 굴착 공간에 코어용 불투수성토양(점토) 등으로 채우면서 다짐하여 시공
(2) 차수효과
    ① 차수효과 양호
    ② 코어재의 다짐, 압축강도에 따라 효과 변화

(3) 적용 : 고심도 적용 제한

(4) 특징

① 무기질로서 내구성이 양호

② 투수성 지반의 두께가 얇은 경우 경제적

## 4. 약액주입

(1) 지중에 약액을 주입하여 연직 차수벽을 형성

(2) 약액 종류

① 시멘트, 몰탈, 벤토나이트

② 물유리계

(3) 차수효과 : 투수계수 $10^{-7} \sim 10^{-8}$ cm/sec 정도로 개량가능

(4) 적용 : 암반, 자갈, 모래 층 등에 적당

(5) 특징

① 토질에 따른 약액 종류 검토 필요

② 약액의 용탈현상에 의한 내구성 저하 검토

③ 강널말뚝에 비해 공사비 약 2배 정도 소요

## 5. 차수 시트 등

┄┄┤ 참조 ├┄┄┄┄┄┄┄┄┄┄┄┄┄┄┄┄┄┄┄┄┄┄┄┄┄┄┄┄┄┄┄┄┄┄┄┄┄┄┄┄┄┄┄┄┄┄┄┄

**매립기술의 분류**

| 구분 | 세부 기술 | |
|------|-----------|---|
| 매립지 건설기술 | • 차수기술, 매립구조 기술 | |
| 매립지 운영기술 | • 대체 또는 인공복토재 기술, 조기안정화 기술 | • 침출수 누수 검지기술 |
| 매립가스 처리 및 이용기술 | • 매립가스 발생 제어기술, 매립가스 회수/전처리 기술 | • 악취 및 유해가스 처리기술 |
| 침출수 처리기술 | • 혐기성 소화 처리기술  • 회전원판법 처리기술  • 활성슬리지법 처리기술<br>• 화학적 산화 처리기술  • 역삼투압법 처리기술  • 포기식 라군 처리기술<br>• 접촉산화법 처리기술  • 화학적 응집침전 처리기술  • 흡착법 처리기술 | |
| 매립지 정비기술 | • 악취안전화 기술, 매립폐기물 선별 기술 | • 선별토사 처리 및 재활용 기술 |

# V. 결론

1. 폐기물 매립지 건설 시 폐기물의 종류와 특성 등을 고려하여 최적 공법을 적용토록 해야 한다.

2. 신기술에 대한 부정적 시각을 탈피하고 친환경적, 자원순환형의 매립기술 등에 대한 적극적인 지원과 개발이 필요하다.

# 17 옹벽·흙막이 용어 정의

- **가설흙막이 구조물** : 지반굴착을 위해 설치하는 공사용 임시토류구조물의 총칭이다.

- **강널말뚝(steel sheet pile)** : 흙막이 공사에서 토압에 저항하고, 동시에 차수 목적으로 서로 맞물림 효과가 있는 수직 타입의 강재 널말뚝을 말한다.

- **경사고임대(레이커, raker)** : 기둥이나 벽을 고임하기 위해 상하 경사로 일측 단부를 지반에 지지되도록 설치하는 부재를 말한다.

- **경사버팀대(inclined/corner strut)** : 흙막이 벽에 작용하는 수평력을 양측 단부 모두 흙막이 벽에 경사지게 지지하도록 설치하는 부재를 말한다.

- **계측** : 구조물이나 지반에 나타나는 현상을 측정하는 작업으로서, 온도, 응력, 변형, 압력, 침하, 이동, 기울기, 진동, 지하수위, 간극수압 등의 측정을 포함한다.

- **까치발(사보강재, 화타)** : 버팀대, 경사버팀대 또는 경사고임대에 작용하는 하중을 띠장에 분산시킬 목적으로 이들 부재의 단부에 빗대어 설치하는 짧은 부재로서 버팀대의 지지간격을 넓히는 용도로 설치하는 보강재이다.

- **널말뚝벽** : 널말뚝과 같이 단면두께가 얇은부재를 연속으로 지중에 매설하여 측방토압을 지지하는 연성 흙막이 구조물을 말하며 벽체 변형에 따라 복잡한 토압분포를 가질 수 있다.

- **네일(nail)** : 중력식 옹벽 개념의 흙막이 벽체 형성을 위해 지반에 삽입하고 그라우팅하여 지반을 지지하는 철근을 말한다.

- **뒤채움** : 구조물 뒷면에 잡석·자갈·콘크리트 등을 채우는 것으로 구조물의 안정을 도모하는 동시에 배면의 배수를 용이하게 작업을 말한다.

- **띠장(wale)** : 흙막이 벽에 작용하는 토압에 의한 휨모멘트와 전단력에 저항하도록 설치하는 휨부재로서 흙막이 벽체에 가해지는 토압을 버팀대에 전달하기 위해 벽면에 직접 수평 또는 경사형태로 부착하는 부재이다.

- **래머(rammer)** : 동력에 의해 다짐판을 진동시켜 자중과 충격에 의해 지반을 다지는 기계이다.

- **록볼트(rock bolt)** : 굴착 암반의 안정화를 위해 암반 중에 정착하여 일체화 또는 보강 목적의 볼트모양의 부재이다.

- **반중력식 옹벽** : 반중력식 옹벽은 중력식 옹벽의 벽두께를 얇게 하고 이로 인해 생기는 인장 응력에

저항하기 위해 철근을 배치한 형식을 말한다.

- **배수공** : 옹벽의 배면에 모인 우수 및 침투수를 배출시키기 위한 배수구조물을 말한다.

- **배수재(drain Filter)** : 블록의 배면부에 설치되어 토립자의 유출방지와 침투수의 원활한 배수를 위하여 설치하는 부직포를 말한다. 또한 25mm 이하의 자갈층 및 유공관(부직포 포함)을 두어 원활한 배수를 유도할 수 있다.

- **버팀대(strut)** : 흙막이 벽에 작용하는 수평력을 굴착현장 내부에서 지지하기 위하여 수평 또는 경사로 설치하는 압축 부재이다.

- **보강재** : 블록에 연결되고 성토(뒷채움재)층 내에 일정 간격으로 설치되어 흙과의 마찰력으로 토압에 저항하도록 하는 합성섬유 등으로 제조된 띠형(보통 THK 2.5~4.3mm, W50mm)이나, 격자형의 재료를 말한다.

- **보강토(Reinforced Earth)** : 인장력이 큰 합성섬유 등으로 제조된 보강재를 성토(뒷채움재) 다짐층 내에 일정 간격으로 설치하여 내부응력 및 외력에 대한 저항성을 증가시켜 주도록 보강된 흙을 말한다.

- **보강토 결속봉(connecting rod)** : 여러개의 블록을 수직으로 적층하여 결합시키기 위하여 FRP(강화화이바 프라스틱) 등으로 제작한 자재이다.

- **보강토의 수평간격 이음재** : 블록 하단부에 수평간격 이음재를 부착하여 편심에 의한 블록 파단현상을 감소시키기 위한 발포고무 합성소재 등으로 제작한 패드를 말한다.

- **부벽식 옹벽**

- 앞부벽식 옹벽 : 외벽면에서 바깥쪽으로 튀어나와 벽체가 쓰러지지 않게 지탱하기 위하여 부벽을 이용하는 형식을 말한다.

- 뒷부벽식 옹벽 : 부벽을 2~3m마다 설치하여 벽체 및 기초의 강성을 증대시키는 형식이다.

- **소단(berm)** : 사면의 안정성을 높이기 위하여 사면 중간에 설치된 수평면이다.

- **소일시멘트 벽체(soil cement wall)** : 오거 형태의 굴착과 함께 원지반에 시멘트계 결합재를 혼합, 교반시키고 필요시에 H-형강 등의 응력분담재를 삽입하여 조성하는 주열식 현장 벽체이다.

- **슬라임(slime)** : 보링, 현장타설 말뚝, 지하연속벽 등에서 지반 굴착 시에 천공 바닥에 생기는 미세한 굴착 찌꺼기로서 강도와 침하에 매우 불리한 영향을 주는 물질을 말한다.

- **시공이음** : 이미 시공된 콘크리트에 새로운 콘크리트를 쳐서 잇기 위해 만든 이음을 말한다.

- **안내벽(guide wall)** : 연직의 벽식 흙막이 공법의 시공 시 굴착(천공)작업에 앞서 굴착구 양측에 설치하는 가설벽으로서, 벽체형성체의 상부 지반 붕괴를 방지하고 굴착기계와 흙막이 벽체 등의 정확한 위치 유도를 목적으로 설치한다.

- **안정액(slurry)** : 액성한계 이상의 수분을 함유한 흙을 대상으로 공벽을 굴착할 경우 공벽의 붕괴

방지를 목적으로 사용하는 현탁액으로 벤토나이트(bentonite)를 사용한다.

- **엄지말뚝(soldier pile)** : 굴착 경계면을 따라 수직으로 설치되는 강재 말뚝으로서 흙막이 판과 더불어 흙막이 벽을 이루며 배면의 토압 및 수압을 직접 지지하는 수직 휨부재이다.

- **연성(軟性)옹벽** : 옹벽 전면이 여러 개의 콘크리트 판, 블록, 돌망태, 자연석등의 형태로 구성되어 있고 배면에는 인장력이 강한 보강재(Geogrid, Strap 등)로 저항하거나 자중에 의하여 토압에 저항하며 각각의 구성 요소가 횡 토압에 대하여 독립된 변형 거동을 하는 옹벽구조이다.

- **옹벽** : 강성이 커서 구조물자체의 변형이 거의 없이 일체로 거동하는 흙막이 구조물을 말하며 중력식, 반중력식 및 캔틸레버식 등이 있다. 최근에는 전면판, 뒷채움재 및 보강재를 이용하여 시공하는 보강토 옹벽도 있다.

- **유효보강재 길이($L_e$)** : 전체 보강재의 길이 중 보강재의 인발에 저항하는 길이를 말하며, 보강토 공법에서는 주동영역 배면의 저항영역에 묻힌 길이만 인발에 저항하는 것으로 가정한다.

- **인발파괴** : 흙과 보강재 사이의 마찰저항력 부족으로 보강재가 인발되는 파괴를 말한다.

- **저항영역(resistant zone)** : 보강토 옹벽에서 가상파괴면 뒤쪽의 영역을 말하며, 이 저항영역 속에 묻힌 보강재만이 유효한 저항력을 발휘한다.

- **전도** : 강성이 큰 기초 또는 옹벽 등의 구조물이 한 점을 중심으로 회전하는 파괴유형을 말한다.

- **중력식 옹벽** : 옹벽 자체의 무게로 토압 등의 외력을 지지하여 자중으로 토압에 저항하는 형식이다.

- **지반앵커(ground anchor)** : 선단부를 양질지반에 정착시키고, 이를 반력으로 하여 흙막이 벽 등의 구조물을 지지하기 위한 구조체로서 그라우팅으로 조성되는 앵커체, 인장부, 앵커머리로 구성되며, 사용기간별로 영구 앵커와 가설(임시)앵커로 구분한다.

- **지하연속벽(diaphragm wall)** : 벤토나이트 안정액을 사용하여 지반을 굴착하고 철근망을 삽입한 후 콘크리트를 타설하여 지중에 시공된 철근 콘크리트 연속벽체로 주로 영구벽체로 사용한다.

- **캔틸레버(cantilever)식 옹벽**

-역T형 옹벽 : 옹벽의 배면에 기초 슬래브가 일부 돌출한 모양의 옹벽 형식을 말한다.

-L형 옹벽 : L형 옹벽은 한쪽 끝이 고정되고 다른 끝은 받쳐지지 않은 상태로 되어 있는 보를 이용해 옹벽의 재료를 절약하는 형식이다.

- **콘크리트 블록(concrete block)** : 보강토의 전면에 설치되어 보강토의 유출을 방지하고, 보강토 옹벽의 외부 마감재로 사용되며 구조적인 안정성을 확보하기 위한 콘크리트 블록을 말한다.

- **콘크리트 옹벽** : 절토 또는 성토 비탈면이 흙의 압력으로 인해 붕괴되는 것을 방지할 목적으로 설치한 콘크리트 벽체 구조물을 말한다.

- **콤팩터(compactor)** : 뒤채움 토사에 하중을 가하여 진동, 충격을 줌으로써 보다 무거운 하중에 견딜 수 있도록 지반을 다지기 위한 기계이다.

- **토압계수** : 지중의 한 점에서 연직응력에 대한 수평응력의 비를 말하며 지반 변위의 발생양상에 따라 정지토압계수, 주동토압계수와 수동토압계수로 구분한다.

- **파단파괴** : 보강재 인장력 부족으로 발생하는 파괴를 말한다.

- **흙막이** : 지반 굴착 시 인접지반의 변위 및 붕괴 등을 방지하기 위한 행위를 말한다.

- **흙막이 판** : 굴착 배면의 토압과 수압을 직접 지지해주는 휨저항 부재이다.

- **흙막이구조물** : 옹벽, 석축, 널말뚝벽 등과 같이 측방토압을 지지하여 굴착면 배면의 지반, 깎기 또는 쌓기 비탈면의 안정을 유지시키기 위하여 설치하는 구조물을 말하며 임시구조물인 가설흙막이구조물과 구별된다.

- **흙파기** : 구조물의 기초 또는 지하 부분을 구축하기 위하여 행하는 지반의 굴착이다.

# 기초

# 01 기초 형식의 종류

## I. 개요

1. 기초는 상부구조물의 하중을 지반에 전달하여 기초가 파괴, 침하되지 않도록 하고 상부구조물이 안정한 상태에서 기능이 발휘되도록 하는 하부 구조물을 의미한다.
2. 기초의 형식은 얕은기초와 깊은기초로 구분하며, 지지층이 지표 근처에 있으면 얕은기초를 지지층이 깊게 있는 경우에는 깊은기초를 적용한다.

## II. 기초의 구비조건

1. 상부하중에 대한 지지력 구비
2. 침하가 허용치 이내
3. 동결융해, 세굴 등에 안전한 최소 근입깊이 확보
4. 내구성, 경제성 확보

## III. 기초형식 선정 시 고려사항

1. 기초지반의 지지력, 침하량
2. 상부구조물의 하중, 규모
3. 기초의 시공 위치, 심도, 단면적 등
4. 작업조건 : 작업공간의 여유, 소음·진동 영향
5. 공사비용, 공사기간 등

# IV. 기초 형식의 분류

## 1. 얕은기초와 깊은기초의 깊이 비교

| 구분 | 얕은기초 | 깊은기초 |
|---|---|---|
| 일반적으로 적용하는 기준 | $\dfrac{D_f}{B} \leq 1$(최근 4~5) | $\dfrac{D_f}{B} \geq 1$(최근 4~5) |
| 비고 | 지표 5m 이내 설치 | |

여기서, $D_f$ : 근입깊이, $B$ : 기초 폭(또는 직경)

## 2. 얕은기초의 종류

(1) 구조물의 하중을 지표면에서 깊지 않은 지반 전달시켜주는 매개체

(2) Footing Foundation : 독립기초, 복합기초, 연속기초

(3) 전면기초 : 온통기초, Mat Founding

## 3. 깊은기초의 종류

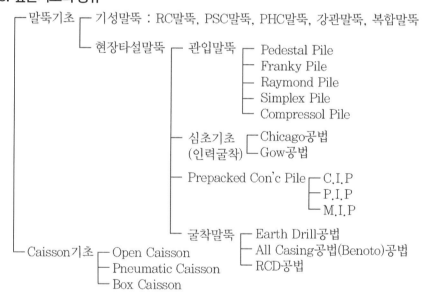

# V. 결론

1. 기초는 상부구조물의 하중을 지반에 전달하여 기초가 파괴, 침하되지 않도록 하고 상부구조물이 안정한 상태에서 기능이 발휘되도록 하는 하부구조물로서

2. 설계, 시공 전 충분한 사전조사를 통해 이에 부합되는 기초의 형식을 선정하여 적용토록 하여야 한다.

# 02 기초의 종류·특징, 시공개요

## I. 개요

1. 기초는 상부구조물의 하중을 지반에 전달하여 기초가 파괴, 침하되지 않도록 하고 상부구조물이 안정한 상태에서 기능이 발휘되도록 하는 하부 구조물을 의미한다.
2. 깊은기초는 얕은 지반의 지지력이 부족하여 직접기초를 설치하기 곤란한 경우 말뚝, 케이슨 등을 설치하여 상부하중을 매개체(기초)를 통하여 지지력이 충분한 지반에 전달하는 형식의 기초를 말한다.

## II. 깊은기초의 기능

1. 상부구조물의 하중을 깊은 곳의 지지력이 확보되는 지반까지 전달
2. 양압력, 앵커력 등 상향의 인발하중을 지지
3. 토압, 수압, 파압 등의 수평하중을 지지

## III. 깊은기초의 분류

### 1. 말뚝기초

| 구분 | | | 분류 |
|---|---|---|---|
| 사용목적 | | | 지지말뚝, 마찰말뚝, 다짐말뚝, 흙막이말뚝, 경사말뚝, 인장말뚝 |
| 재료·시공법 | 기성말뚝 | 재료 | RC말뚝, PSC말뚝, PHC말뚝, 강말뚝, 복합말뚝 |
| | | 시공방법 타입공법 | Drop, Diesel, Vibro, 유압, Steam Hammer 등 |
| | | 매입공법 | Pre Boring공법, 압밀공법, 중굴공법, Jet 공법 등 |
| | 현장타설 말뚝 | 굴착말뚝 | RCD, All Casing, Earth Drill |
| | | 관입말뚝 | Pedestal Pile, Franky Pile, Raymond Pile, Simplex Pile, Compressol Pile |
| | | 치환말뚝 | CIP, PIP, MIP |
| | | 심초기초 | Chicago공법, Gow공법 |

## 2. Caisson 기초

(1) Open Caisson

(2) Pneumatic Caisson

(3) Box Caisson

# IV. 종류·특징 및 시공개요

## 1. 사용목적에 따른 종류

(1) 지지말뚝

　　① 선단지지말뚝 : 상부구조물의 하중을 충분히 지지지력이 있는 지반에 말뚝을 정착시켜 선단만으로 지지하는 말뚝

　　② 하부지반 지지말뚝 : 선단지지력과 주면마찰력에 의하여 지지

(2) 마찰말뚝 : 타입된 말뚝의 주면마찰력에 의하여 지지

(3) 다짐말뚝 : 말뚝의 타입으로 주변 지반이 다짐효과 발생, 주면마찰력 증대

(4) 흙막이말뚝 : 흙의(사면) 활동, 이동을 방지하기 위해 설치되는 말뚝

(5) 경사말뚝 : 횡방향 하중에 저항토록 설치되는 말뚝

## 2. 기성말뚝 재료에 따른 종류

(1) RC 말뚝(Reinforced Concrete Pile)

　　① 원심력을 이용하여 제작한 철근 콘크리트말뚝으로 형상과 치수가 다양.

　　② 내구성 우수, 재질 균등, 15m 이하에서 경제적, 단단한 지층 관통 제한

(2) PSC 말뚝(Prestressed Concrete Pile)

　　① 콘크리트에 프리스트레스를 가하여 제작, PC 말뚝이라고도 함

　　② 프리텐션방식과 포스트텐션방식으로 제작 방법이 구분

　　③ 균열이 적음, 내구성 우수, 휨이 작게 발생됨, 인장파괴가 없음, 이음 용이

(3) PHC 말뚝(Pretensioned High Strength Concrete)

　　① 원심력을 이용, Con'c 압축강도 80MPa 이상의 프리텐션 방식에 의해 제조

　　② Autoclave 양생으로 압축강도 증대, 타격 저항력 증가로 시공성 우수

　　③ 설계 지지력을 크게 반영 가능, 휨에 대한 저항력 우수, 경제적인 설계 가능

　　④ 재료 특성상 깨지거나 균열 발생이 우려되므로 운반, 보관, 거치에 주의 필요

(4) 강관말뚝(Steel Pipe Pile)

　　① 강관을 원통형으로 용접에 의하여 제조된 용접강관이 주로 사용됨

　　② 재질 균등, 타입 저항력 우수, 수평 저항력 우수, 단단한 지반 타입 가능

③ 장척말뚝으로 적용 가능하여 교각, 잔교, 돌핀 등의 구조물 기초말뚝으로 이용

(5) H형강 말뚝(H-Steel Pile)

① H형 단면으로 된 형강재로 전석층, 경질지반, 경사지반, 부력 발생 지반에 사용

② 강성이 큼, 항타 시공성이 양호, 배토가 거의 없음

③ 자갈층, 좁은 장소에서 조밀한 시공이 가능, 길지 않은 기초말뚝에 적합

(6) 복합말뚝(Composite Pile)

① 이질의 재료 또는 다른 특성을 갖는 말뚝을 연결하여 사용되는 말뚝

② 주로 강관말뚝과 콘크리트말뚝의 장점을 결합하여 적용

③ 큰 모멘트가 작용하는 말뚝 상부는 강관말뚝으로 축하중이 주로 작용하는 말뚝 하부는 콘크리트말뚝을 사용

④ 말뚝거동에 대한 합리적인 구조를 형성, 안정성 우수

⑤ 선단이 폐색된 형상으로 강관말뚝 대비 선단지지력의 확보가 용이

## 3. 기성말뚝 시공방법에 따른 종류

(1) 타입공법

① 기성말뚝을 해머를 이용 타격 또는 진동 타격 에너지를 이용하여 지지층까지 관입시키는 공법

② 지지력 확보 용이, 시공 간단, 경제성 우수

③ 이음 용이, 지반 다짐효과 유발

④ 소음·진동이 큼, 큰자갈·호박돌층에 타입 제한, 해머 반복 타격에 의한 파일 파손 우려

⑤ 적용장비

Drop Hammer, Diesel Hammer, Vibro Hammer, 유압 Hammer, Steam Hammer

(2) 매입공법

① 기성말뚝을 타격에너지가 아닌 방법을 통해 설치하는 공법으로 주로 지반을 선굴착한 후 말뚝을 설치하는 공법

② 소음·진동이 적음, 도심지에 적용 유리

③ 굴착 간 지반이 교란되어 지지력이 작음, 지지력의 편차가 큼

④ 지반조건에 따라 시공법이 다양

Pre-boring 공법, 중굴공법, 회전압입공법 등

⑤ Pre-boring 공법의 분류

SIP, SDA, PRD 공법 등

기성말뚝과 현장타설말뚝의 비교

| 구분 | 말뚝직경 | 적용 | 주변지반 영향 | 깊은시공 | 공비 |
|------|----------|------|---------------|----------|------|
| 기성말뚝 | 공장생산규격 | 중·소규모 구조물 기초 | 발생 | 불가 | 저가 |
| 현장타설말뚝 | 대구경 | 대규모 구조물 기초 | 적음 | 가능 | 고가 |

## 4. 굴착말뚝

(1) Earth Drill 공법

① 회전식 Drilling Bucket을 이용 굴착, 굴착 중 안정액에 의해 공벽붕괴를 방지하며 굴착 공내에 철근콘크리트 말뚝을 축조하는 공법

② 점성토 지반에 적합, 기계장치 간단, 굴착속도 빠름

③ 호박돌, 암반층 등 Earth Drill로 굴착 제한

④ 안정액과 혼합된 토사 폐기물 처리 필요

(2) Benoto 공법(All casing 공법)

① 케이싱을 요동에 의해 압입 후 그 내부를 해머 그래브로 굴착, 공내에 철근을 세운 후 Con'c를 타설하면서 케이싱을 요동시켜 뽑아내어 현장타설말뚝을 축조하는 공법

② All Casing에 의한 공벽붕괴 위험 및 여굴 방지에 효과 우수

③ 암반층 적용 제한, 장비가 대형, 작업장의 지반 지지력 확보 필요

④ 지층에 따라 케이싱 관입·인발 곤란, 철근망의 공상 발생 가능

(3) R.C.D(Reverse Circulation Drill) 공법

① 비트에 의한 굴착을 진행하면서 공내 수위를 외수위보다 +2m 이상 유지시켜 정수압에 의해 공벽을 보호, 굴착공내 철근망을 삽입 후 Con'c를 타설하여 현장타설말뚝을 만드는 공법

② 드릴 로드의 끝에서 굴착토사를 물과 함께 지상으로 올려 굴착을 진행하므로 역순환 공법 이라고도 함

③ 토사·암반굴착이 가능, 수상 시공 및 장대말뚝 시공 유리

④ 진동·소음이 적음, 대구경말뚝 시공 가능

⑤ 굴착 중 Slime 처리 필요, 공벽 붕괴 우려

## 5. 관입말뚝

(1) Pedestal Pile

① 내외관(2중관)을 소정의 깊이까지 박은 후 내관을 빼낸 관내에 Con'c를 투입, 내관으로 다지며 외관을 빼내어 말뚝을 형성

② 구근부의 확대로 지지력이 큼, 비교적 경질지반에도 시공 가능

(2) Franky Pile

　① 지중에 케이싱(강관)을 박은 후 케이싱 내 Con'c를 채우고 케이싱을 30cm 정도 뽑아 올리면서 Con'c를 디젤 해머로 다짐하는 것을 반복하여 말뚝을 형성

　② 해머의 높이가 낮아 소음·진동이 적음, 도심지 적용 가능

(3) Raymond Pile

　① 얇은 철판의 외관과 내관(심대, Core)을 지중에 박고 내관을 뽑아 올린 관내에 Con'c를 다져 넣어 말뚝을 형성

　② 외관과 내관(심대)에 경사(30 : 1)가 있어 내관의 인발이 용이, 말뚝주면의 저항이 큼

　③ 연약지반에 주로 적용

(4) Simplex Pile

　① Steel Shoe가 부착된 외관을 지중에 박고 Con'c를 다져 넣으면서 외관을 빼내어 말뚝을 형성

　② 단단한 지반에 적용

　③ Steel Shoe는 지중에 남아 말뚝의 선단지지력에 기여

(5) Compressol Pile

　① 중량의 추를 이용해 Hole을 형성하고 Con'c와 잡석을 교대로 넣어 다져 말뚝을 형성

　② 경질지반에 짧은 말뚝으로 사용

## 6. Prepacked Con'c Pile(치환말뚝)

(1) C.I.P 말뚝(Cast-In-Place Pile)

　① Auger 등으로 천공, H형강(또는 철근망)을 삽입 후 굵은 골재를 채우고 주입관을 이용 Mortar를 주입 또는 Con'c를 타설하여 말뚝을 형성

　② 자갈, 암반층 제외한 대부분의 지반에 적용 가능

　③ 소형장비를 이용, 협소 장소 시공 가능, 벽체 강성이 큼

　④ 소음·진동이 비교적 작음, 중첩시공이 불가하여 차수성이 부족

　⑤ 차수 Grouting과 병용 적용

　⑥ 지름이 크고, 길이가 비교적 짧은 말뚝에 적용

(2) P.I.P 말뚝(Packed-In-Place Pile)

　① Auger로 소요 깊이까지 굴진 후 Auger를 부분 인발, 부분 배토량 만큼 Auger 속구멍을 이용 모르타르를 압출하면서 말뚝을 형성

　② 필요시 Auger 완전히 인발 후 철근망 또는 H형강 삽입

③ Auger 굴착 및 인발속도가 빠르면 공벽 붕괴 발생 가능

(3) M.I.P(Mixed-In-Place Pile)

① Auger의 회전축대의 중공관을 이용하여 Auger 굴착·인발 중 Cement Paste를 분출시켜 토사와 교반하여 말뚝을 형성시키는 일종의 Soil Con'c Pile

② 지반의 토질분포에 따라 강도가 불규칙할 수 있음

③ 중첩시공이 가능하여 차수성 확보 가능

④ 조밀한 전석층·암반에서 적용 제한

⑤ 필요시 철근망 또는 H형강 보강 가능

─| 참조 |─

Prepacked Con'c Pile

| 구분 | CIP | PIP | MIP |
|------|-----|-----|-----|
| 굴착장비 | Earth Auger | 중공 Screw Auger | 중공 Auger |
| 굴착토사 | 배출 | 배출 | 교반혼합 |
| 말뚝 구성 재료 | 굵은 골재 + Mortar(또는 Con'c) | 모르타르 | Soil + Cement Paste |
| 적용지반 | 굳은 점질층 | 연약지반 | 사질(자갈)층 |

## 7. 케이슨

(1) Open Caisson(우물통 공법)

① RC, 강재 등으로 제작된 상하단이 개방된 단면의 우물통과 같은 구조물을 내부를 굴착하면서 지지층까지 침하시키는 공법

② 소요 지지층까지 시공이 확실, 압기케이슨보다 깊은 심도 시공 가능

③ 굴착설비가 간단하고 공사비 저렴

④ 기계굴착으로 침하 시 편기 우려, 편기의 수정 제한

⑤ 침하 선단부에 전석 등 장애물 존재 시 공기지연, 굴착비용 증가

⑥ 굴착 중 주변지반의 교란 발생

(2) Pneumatic Caisson(공기케이슨)

① 케이슨 내부에 압축공기실(작업실)을 설치, 압축공기를 송기하여 작업실 내 지하수(또는 해수)의 침투를 방지하면서 굴착하여 케이슨을 설치하는 공법

② 주변지반의 교란이 작고 구체의 중심이 하부에 있어 편기가 적음

③ 작업실 내에서 기초지반의 지지력을 직접 확인 가능, 기초의 신뢰성이 확실

④ 침설깊이에 제한(한계심도)이 있음. 기압차에 의한 케이슨병 발생 우려

⑤ 설비가 대규모, 초기비용의 증대

⑥ 특수 숙련된 노무자 필요, 노임의 증가

(3) Box Caisson(설치, 상자형 케이슨)

    ① 별도 제작장에서 제작된 케이슨을 시공 위치로 이동시킨 후 설치하는 공법

    ② 일반적으로 바닥부가 폐쇄된 상자형 케이슨으로 해상에 진수시켜 운반, 침강(속채움)시켜 설치

    ③ 지상 제작으로 품질확보 용이, 공사비 저렴, 케이슨의 제작기간이 단축

    ④ 해상 진수·운반·침강 시 기상 영향에 의한 작업 위험성

    ⑤ 방파제, 안벽 등 횡하중을 받는 항만구조물 등에 이용

## 8. 심초공법(인력굴착공법)

(1) 인력에 의해 굴착하며 비교적 대구경 기초 말뚝을 형성시키는 공법

(2) 굴착 중 굴착면의 붕괴 방지를 위한 방법에 따라

    ① Chicago 공법 : 수직 흙막이판 이용

    ② Gow 공법 : 강재 원통 이용

(3) 지지 지반에 대한 직접적 지지력 확인 가능, 시공속도가 느림

## V. 결론

1. 깊은기초는 상부구조물의 하중을 지중 지지층에 전달하는 역할을 하는 구조물이다.

2. 상부구조물의 특성, 중량·규모 및 용도, 주변상황 등을 고려하여 그 형식이 결정되어야 한다.

3. 시공 후에는 반드시 기초의 지지력을 측정하여 안정성을 확인하여야 한다.

## 03 기성말뚝타입(항타) 시공

## I. 개요

1. Hammer를 이용하여 말뚝을 타격, 진동에 의해 지지층에 도달시키는 방법이다.
2. 기성말뚝의 타입 공법은 시공성, 공기, 경제성 측면에서 우수하나 진동·소음 등에 의해 도심지 적용이 제한된다.

## II. 타입공법

### 1. 기성말뚝을 해머를 이용 타격, 진동 타격 에너지를 이용하여 지지층까지 관입시키는 공법

### 2. 특징
(1) 시공 간단, 경제성 우수
(2) 지지력 확보 용이
(3) 이음 용이
(4) 지반 다짐 효과
(5) 소음·진동이 큼
(6) 큰자갈·호박돌층에 타입 제한
(7) 해머 반복 타격에 의한 파일 파손 우려

### 3. 적용 장비
(1) Drop Hammer
(2) Diesel Hammer
(3) Vibro Hammer
(4) 유압 Hammer
(5) Steam Hammer

## III. 타입, 매입 공법의 비교

| 구분 | 시공성 | 지지력 | 소음·진동 | 경제성 | 비고 |
|------|--------|--------|-----------|--------|------|
| 타입공법 | 간단 | 높음 | 큼 | 높음 | 타격, 진동 |
| 매입공법 | 보통 | 낮음 | 적음 | 작음 | 압입, 중굴, Preboring 등 |

# IV. 항타 시공 유의사항

## 1. 항타준비

(1) 작업지반 정비

　　① 항타기계의 접지압($100\sim200kN/m^2$)을 확보

　　② 지반 연약 시 양질토를 포설 또는 치환, 보강판(복공판) 설치

(2) 말뚝 위치 측량 : 임시 말뚝 또는 측점 표식

(3) 지중장애물 제거

(4) 말뚝의 보관(저장) : 원지반의 지지력, 주변의 상황을 고려하여 쌓는 높이 결정

(5) 말뚝의 운반·취급 시 파손 주의

　　① 운반 시에는 수평으로 2점 이상을 지지

　　② 들어 올릴 때에 휨모멘트가 최소가 되도록 주의

(6) Hammer, 말뚝박기틀, 부속기기의 점검

## 2. 시항타

(1) 본 항타 전에 시험항타를 수행

(2) 목적

　　① 해머, 캡 등 항타장비의 용량과 상태를 확인

　　② 타입깊이의 결정, 이음방법과 용접기능 검사

　　③ 시공의 정도 확인, 말뚝의 파손 유무 확인, 지지력 확인

## 3. 항타작업

(1) 세우기 : 2개소 이상의 수직 규준틀 이용, 수직 유지

(2) 타격순서

　　① 중앙부에서 외측으로

　　② 구조물 부근은 구조물 인근부터

　　③ 경사지에는 높은 곳으로부터

(3) Pile 박기 간격

　　① 중앙부 : 2.5d 이상 또는 75cm 이상

　　② 기초판 끝과의 거리 : 1.25d 또는 37.5cm 이상

(4) 중단 없이 연속타격

(5) Hammer 무게 : 보통 Pile 중량의 1~3배(Drop Hammer)

(6) Drop Hammer 낙하고 : 2m 이하

(7) 타격 정밀도

    ① 위치 : D/4 이내 또는 10cm 이내

    ② 경사 : L/50 이내

(8) 항타 종료

    ① Pile 선단이 지지층에 도달하여 소요지지력 확보 시까지

    ② 1회 타입 관입량 : 2~10mm

(9) 두부정리

    ① 소정의 높이로 말뚝 전단 후 두부처리

    ② 버림 Con'c 위 6cm 남기고 Con'c만 절단

〈관입량 및 Rebound량〉

⌐······| 참조 |··········································································⌐

**말뚝의 두부정리**

• 말뚝이 길 때 : 버림 Con'c + 6cm까지 말뚝 상부 Con'c만 절단, 철근 30cm 이상 확보

• 말뚝이 짧을 때 : 내부 받침판 설치(두부 − 0.5D 위치), Joint 철근은 버림 Con'c + 30cm 이상

└···················································································┘

(10) 최종관입량 : 5~10회 타격평균값으로 하여 그 결과 기록 유지

(11) 말뚝의 이음

    ① 일반적으로 (아크) 용접이음 적용, 수동용접기 또는 반자동용접기 사용

    ② 검사 철저 : 용접부위 25개소당 1회 이상 시험(초음파 탐상검사)

    ③ 이음 방법 : 충전식, 장부식, Bolt식, 용접식

(12) 말뚝 길이 변경 검토 : 계획심도 도달 전 타입 불능 시

(13) Cap 및 Cushion 이용

(14) 기타

    ① Pile 두부 파손 유의

⌐······| 참조 |··········································································⌐

**말뚝의 두부 파손 원인**

| 원인 | 내용 |
|---|---|
| 타격 부적정 | 타격 에너지 과다, 해머 중량·타격횟수 부적정, 해머와 말뚝의 축선 불일치, 쿠션 미사용 |
| 말뚝 재료 불량 | 말뚝 강도 부족, 말뚝의 취급 시 파손, 말뚝이음 불량, 용접 부족 |
| 지반조건 | 지중 장애물 미조치, 지중 자갈·전석층의 영향 |

└···················································································┘

    ② Leader 관리 철저

    ③ Pile 주변 차량통행 금지

    ④ Pile 주변 하중 적재·운반 등 최소화

    ⑤ 침하지반에서 부마찰력 영향 고려

⑥ 지하수위 변동 Check

(단위 : cm/sec(kine))

| 구분 | 문화재 | 주택·APT | 상가 | 공장 |
|------|--------|----------|------|------|
| 허용치 | 0.2 | 0.5 | 1.0 | 1.0~4.0 |

〈진동 규제 기준〉

## 4. 소음·진동 관리

(1) 소음·진동 저감 시설·장치 이용

(2) 계측을 통한 확인

(단위 : dB)

| 구분 | 심야 | 조석 | 주간 |
|------|------|------|------|
| 주거지역 | 50 | 60 | 65 |
| 그 밖의 지역 | | 65 | 70 |

〈소음 규제 기준〉

## 5. 지지력 확인

(1) 최종관입량과 Rebound 확인

(2) 정재하시험

재하하중과 침하량 관계에서 말뚝의 극한, 항복지지력을 결정하고 이로써 말뚝의 허용지지력을 결정

(3) 동재하시험

말뚝머리에 변형률계와 가속도계를 부착하고 항타과정 중 계측값을 분석하여 말뚝의 지지력을 측정

# V. 결론

1. 기성말뚝의 항타시공은 사전조사, 공사규모, 말뚝의 종류, 지반조건, 주변상황 등을 고려하여야 한다. 특히 타입시공 시 발생되는 소음·진동의 영향을 확인하고 이를 최소화하기 위한 조치를 강구하여야 한다.

2. 말뚝타입 전 말뚝의 반입·취급, 항타 관리는 물론 시공 후 말뚝의 지지력 확인을 철저히 하여야 한다.

----| 참조 |----

**타입공법 적용 장비 특성**

| 구분 | 특성 |
|------|------|
| Drop Hammer | • 윈치로 끌어올린 해머를 낙하시키는 타격력 이용, 시간이 다소 소요됨, 시공능률 저하<br>• 설비가 간단, 공사비 저렴, 소규모 공사 적용 |
| Diesel Hammer | • 디젤유의 폭발력 이용, 타입력이 큼, 타입능률 우수, 경질지반 적용<br>• 중량으로 설치비용 증가, 배기가스 발생 |
| 유압 Hammer | • 유압잭으로 말뚝을 압입시킴, 말뚝선단·주면의 교란이 적다, 소음·진동 매우 작음<br>• 대형설비가 요구됨, 기동성 저하 |
| Vibro Hammer | • 말뚝을 진동에 의해 지중에 관입, 소음이 비교적 적음, 말뚝 두부 손상이 적음<br>• 말뚝의 타입·인발에 대한 성능 우수, 진동이 매우 큼, 전기설비의 용량이 큼, 시가지 시공 곤란 |
| Steam Hammer | • 증기압을 이용한 타격, 타격력에 대한 조정 제한, 최근 사용되지 않음 |

# 04 말뚝의 지지력 판정방법

## I. 개요

1. 말뚝의 지지력 판정 방법은 정역학적, 동역학적, 재하시험, 리바운드 체크 등 다양한 방법이 있으나 정확한 지지력 판단을 하기 위해서는 재하시험에 의한 판단을 해야 한다.
2. 말뚝의 극한지지력은 선단지지력과 주면마찰력의 합을 말하는 것이며, 말뚝의 허용지지력은 극한지지력에 안전율을 고려한 값이 된다.
3. 동역학적 방법(항타공식)은 시공관리나 말뚝의 내적 안정성 검토에 주로 이용된다.

## II. 말뚝의 지지력에 영향을 주는 요인

1. 말뚝의 압축강도
2. 말뚝 이음에 의한 감소

| 구분 | 용접 이음 | 볼트 이음 | 충전식 이음 |
|------|----------|----------|------------|
| 감소율 | 5%/개소 | 10%/개소 | 20~30%/개소 |

3. 장경비(세장비)에 의한 감소
4. 무리말뚝의 영향
5. 부(주면) 마찰력
6. 말뚝의 침하량
7. 허용지지력의 안전율

| 구분 | 정역학적 방법 | 동역학적 방법 | | | 정재하시험 |
|------|--------------|--------|------------|-------|-----------|
| | | Sander | 엔지니어링 뉴스 | Hiley | |
| Fs | 3 | 8 | 6 | 3 | 3 |

8. 말뚝의 허용 타격횟수

| 구분 | RC말뚝 | PHC말뚝 | 강관말뚝 |
|------|--------|---------|----------|
| 타격횟수 상한값 | 1,000회 | 3,000회 | 3,000회 |

## Ⅲ. 말뚝의 지지력 판정

### 1. 정역학적 지지력 공식

(1) Terzaghi 공식

극한지지력($Q_u$) = 선단지지력($Q_p$) + 주면마찰력($Q_s$) = $q_p A_p + f_s A_s$

여기서, $q_p$ : 단위면적당 선단지지력($kN/m^2$), $A_p$ : 말뚝의 선단지지력 면적($m^2$),

$f_s$ : 단위 마찰저항력($kN/m^2$), $A_s$ : 말뚝 표면적($m^2$)

$$말뚝의\ 허용지지력(Q_u) = \frac{극한지지력(Q_u)}{Fs}$$

(2) Meyerhof 공식

$$Q_u = Q_p + Q_s = 40 N_p A_p + \frac{1}{5} N_s A_s + \frac{1}{2} N_c A_c$$

여기서, $N_p$ : 말뚝선단지반의 $N$값, $N_s$ : 말뚝주변 사질층 $N$값, $N_c$ : 말뚝주변 점토층 $N$값,

$A_s$ : 사질층 내 말뚝주변면적($m^2$), $A_c$ : 점토층 내의 말뚝주변면적($m^2$)

### 2. 동역학적 지지력 공식

(1) Sander 공식

$$극한지지력(Q_u) = \frac{WH}{S}$$

여기서, $W$ : 해머중량(kg), $h$ : 해머낙하높이(cm), $S$ : 1회 타격에 의한 말뚝관입량(cm)

(2) 엔지니어링 뉴스 공식

$$Q_u = \frac{WH}{S + 2.54}(\text{Drop Hammer}), \quad Q_u = \frac{WH}{S + 0.254}(\text{Steam Hammer})$$

(3) Hiley 공식

$$Q_u = \frac{F \cdot e}{S + \frac{1}{2}(C_1 + C_2 + C_3)}$$

여기서, $F$ : 타격에너지($F = W \cdot H$),

$C_1, C_2, C_3$ : 말뚝, 지반 및 캡의 탄성변형량

### 3. 재하시험에 의한 지지력 판정

(1) 정재하시험

① (압축재하시험) 하중지속시험

㉮ 설계하중의 200%를 재하

㉯ 하중재하단계 : 설계하중 25%를 단계하중으로 재하

단계별 침하율 0.25mm/hr 미만 또는 최대 2시간까지 재하

    ㉰ 재하시험빈도 : 전체 말뚝개수의 1% 이상 또는 구조물별 1회

    ㉱ 재하방법

        ㉠ 사하중

        ㉡ 반력말뚝의 반력

        ㉢ 어스앵커의 반력

    ㉲ 허용지지력의 판정 : 기준값 중 적은 값

    적용

        ㉠ 항복하중 × 1/2 이하

        ㉡ 극한하중 × 1/3 이하

        ㉢ 말뚝재료의 내력 이하

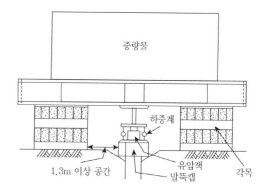

  ② (압축재하시험) 등속도관입시험

  ③ 인발재하시험

  ④ 수평재하시험 : 교량기초의 경우 구조물별 1회 이상의 횡방향 재하시험 실시

(2) 동재하시험

  ① 말뚝머리에 변형률계와 가속도계를 부착하고 항타과정 중 계측값을 분석하여 말뚝의 지지력을 측정

  ② 적용

    ㉮ 말뚝의 지지력

    ㉯ 말뚝재료의 건전도

    ㉰ 항타시스템의 적합성

    ㉱ 시간경과에 따른 말뚝의 지지력 변화

  ③ 특징

    ㉮ 정재하시험 대비 신뢰성 10~15% 낮음

    ㉯ 시험비용 정재하시험의 1/3 수준, 시험시간 짧음

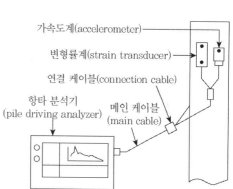

  ④ 시험 수량 : 말뚝 개수의 1% 이상(말뚝이 100개 미만인 경우도 최소 1개)

  ⑤ 동재하시험값을 정재하시험 결과에 비교 검증하여 적용

  ⑥ 초기항타 동재하시험과 시간 경과 후 재항타 시험으로 구분 시행

    ㉮ EOID(End of Initial Driving Test) : 시공 중 동재하시험

    ㉯ Restrike Test : 재항타 동재하시험

    말뚝 시공 후 일정한 시간이 경과한 후 실시(시간 경과 효과 확인 목적)

⑦ 해석방법 : 파동방정식 방법, CASE 방법, CAPWAP 방법

┌─┤ **참조** ├──────────────────────────┐

**경시효과(Time Effect)**
- 말뚝 항타시공 후 시간경과 시 말뚝 지지력의 변화가 발생
- 시간경과에 따른 지지력 증가 : Set up, 감소 : Relaxation

| 구분 | Set up | Relaxation |
|------|--------|------------|
| 발생지반 | 정규압밀점토 | 과압밀점토, 조밀한 모래지반 |
| 구조안정 | 과다설계 | 과소설계 |

- 말뚝의 지지력 판정은 항타 시공 직후, 시간경과 후 평가

└──────────────────────────────────┘

(3) 정동재하시험

① 실린더 내부에 특수연료가 발화하여 생기는 높은 가스압에 의한 반발력이 말뚝머리에 전달되어 말뚝을 지반 속으로 관입시키는 원리

② 재하하중은 정재하시험의 약 5%

③ 말뚝의 손상 우려 없음

④ 신뢰성이 우수하며, 현장타설말뚝의 재하시험 적용

| 구분 | 정재하시험 | 동재하시험 | 정동재하시험 |
|------|-----------|-----------|-------------|
| 방법 | 부지 확보 등 복잡 | 비교적 간단 | 복잡 |
| 정도 관리 | 우수함 | 보통 | 우수 |
| 시간 | 소요시간이 김 | 소요시간이 짧음 | 짧다 |
| 비용 | 많이 소요됨 | 저렴 | 고가 |

(4) Osterberg Cell 시험

① 말뚝선단에 설치한 Osterberg Cell에 하중을 가하면 가해진 힘과 동일한 크기의 힘이 상·하 방향으로 작용하여 상향 힘은 주면마찰력에 의해 지지되고 하향 힘은 선단지지력에 의해 지지된다.

② 주면마찰력과 선단지지력이 서로의 반력으로 작용

③ 선단지지력과 주면마찰력 분리 측정

④ 재사용 불가

(5) SPLT(Simple Pile Load Test)

① 말뚝선단부를 말뚝 몸체와 분리(이중관으로)하여 제작된 말뚝을 이용하여 재하시험을 실시

② 선단지지력과 주면마찰력을 분리하여 측정 가능

③ 경제적 설계 유도

## 4. Rebound Check에 의한 방법

(1) 관입량과 Rebound Check로 말뚝과 지반의 탄성변형량 확인

(2) 방법

    ① 말뚝이 50cm 관입할 때마다 측정

    ② 말뚝이 약 3m 이내 남아 있을 때는 말뚝관입량 10cm 마다 측정

    ③ 해머의 낙하고는 말뚝관입량 범위에서 평균낙하고 측정

(3) 측정사항

    ① 말뚝관입량

    ② Robound량 측정

    ③ Hammer의 낙하고 측정

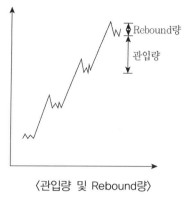

〈관입량 및 Rebound량〉

## 5. 기타

(1) 자료에 의한 방법 : 공사 인접장소에서의 신뢰성 있는 자료를 참조

(2) 전류에 의한 방법 : 굴착지반에 대한 전류 변화량 이용 판단

# IV. 결론

1. 현장 말뚝의 재하시험은 정재하시험과 동재하시험으로 구분 적용되고 있다.

2. 말뚝의 설계지지력보다 말뚝의 허용지지력의 값이 크게 확보되어야 하며, 말뚝의 지지력은 시간 경과에 따른 변화가 발생할 수 있는바 이를 고려한 시험계획을 수립, 적용해야 한다.

## I. 개요

1. 연약한 지반 등에서 압밀이 일어나면 침하에 의해 말뚝은 아래쪽으로 마찰력이 작용하게 되며, 부마찰력은 상향의 주면마찰력과는 반대로 말뚝에 재하하중으로 고려된다.
2. 부마찰력의 크기는 지반의 상태·압축성, 말뚝 재질·길이·시공방법, 말뚝과 흙의 상대변위 속도(말뚝의 축변형속도)에 의존한다.

## II. 부마찰력의 영향

1. 말뚝의 침하 증가
2. 말뚝의 지지력 감소
3. 말뚝의 파손
4. 상부구조물의 안정성 저하

| 참조 |

**말뚝의 지지력에 영향을 주는 요인**
말뚝의 압축강도, 말뚝 이음에 의한 감소, 장경비(세장비)에 의한 감소, 무리말뚝의 영향, 부(주면) 마찰력, 말뚝의 침하량, 허용지지력의 안전율, 말뚝의 허용 타격횟수

## III. Pile의 마찰력

### 1. 정마찰력(Positive Friction)

(1) 지지말뚝에서의 지지력 = 선단지지력 + 주면마찰력
(2) 말뚝침하량 > 지반침하량
(3) 상향의 마찰력으로 말뚝의 지지력을 증대시킴
(4) $Q_p + PF > P$

### 2. 부마찰력(Negative Friction)

(1) 지반의 침하 등으로 인하여
   마찰력이 하향으로 작용하여 말뚝의 지지력 감소
(2) 말뚝침하량 < 지반침하량
(3) $Q_p > NF + P$

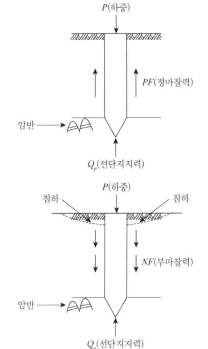

부마찰력을 고려한 말뚝의 허용지지력 : $Q_a = \dfrac{Q_p + PF - NF}{Fs}$

여기서, $Q_a$ : 허용지지력, $Q_p$ : 선단지지력, $Fs$ : 안전율, $PF$ : 중립점 아래에 작용하는 정마찰력,

$NF$ : 중립점 상부에 작용하는 부마찰력

## Ⅳ. 발생원인

### 1. 말뚝침하량보다 지반의 침하량이 큰 경우

말뚝의 침하량보다 말뚝 주변의 지반이 상대적으로 큰 침하량이 발생할 때

### 2. 연약지반의 침하

(1) 지중 연약지반의 침하

(2) 자중에 의한 압밀의 진행

### 3. 침하 중인 지반

(1) 침하 중인 지반에 말뚝 시공 시

(2) 상재하중에 의한 지반 침하, 지표면에 과적재물이 장기 적재된 경우

(3) 지하수위 흡상으로 지반 침하

(4) 진동 영향으로 주위지반 교란, 지반침하 발생

(5) 항타, 진동, 상재하중 등 영향으로 과잉간극수가 소산

(6) 동결된 지반의 해빙 시 지반 침하

### 4. 말뚝 간격이 조밀한 경우

지지말뚝의 마찰력 증가로 인한 침하

### 5. 말뚝 이음부 시공 불량

(1) 말뚝 이음부 변형으로 이상응력 발생

(2) 이음부의 단면이 말뚝의 단면적보다 큰 경우

## Ⅴ. 저감 대책(대응방법)

### 1. 말뚝의 지지력을 증가

(1) 말뚝의 선단면적을 증가

(2) 말뚝의 재질을 향상시켜 말뚝을 보강

(3) 말뚝의 본수를 증가

(4) 지지층에 근입깊이를 증가

## 2. 부주면마찰력을 저감

(1) 이중관 말뚝의 적용

(2) SL Pile의 적용

① 말뚝 표면에 특수 아스팔트(Slip Layer Compound, 역청재)를 도포

② 중립점 상부에 역청재를 도포하여 미끄럼층을 형성

| 구분 | SL Pile | 이중관 Pile | Pile 본수 증가 |
|---|---|---|---|
| 부마찰력 저감효과 | 크다 | 크다 | 보통 |
| 경제성 | 양호 | 부담 | 부담 |

(3) 단면이 하단으로 가면서 조금씩 작아지는 말뚝(Tapered Pile)을 사용

(4) 표면적이 적은 말뚝을 사용

(5) 천공(Boring)직경을 말뚝보다 크게 적용

① 말뚝 인접지반의 교란으로 마찰력 저감

② 말뚝직경보다 크게 굴착 후 안정액을 공내에 채우고 말뚝을 설치

(6) Pile 주변의 진동 최소화

(7) Pile 간격 준수로 응력의 Over lap 방지

(8) 침하 종료 후 Pile 시공

(9) 말뚝직경보다 약간 큰 케이싱을 박는 방법

(10) 선행하중 등을 이용 지반침하 진행 후 말뚝 시공

## 3. 설계방법에 의한 방법

(1) 마찰말뚝으로 설계

(2) 마찰력의 저감효과가 있는 군말뚝으로 설계

(3) 말뚝개수 추가 반영

## 4. 기타

(1) 철저한 지반조사로 적합한 설계, 시공

(2) 계측을 통한 지반 침하상태 관리

# VI. Pile의 중립점

## 1. 중립점 위치

(1) 말뚝 주변의 침하량은 지표면이 최대이고, 깊이에 따라 점점 감소

　　압밀층 내 지반침하와 말뚝의 침하량이 같은 지점을 중립점이라 함

(2) 중립점의 위치는 말뚝이 박혀 있는 지지층의 굳기 정도, 말뚝의 지지형태에 영향을 받음

## 2. 중립층까지의 두께 구하는 방법

(1) 중립층까지의 두께 : $nH$

　　여기서, $n$ : 말뚝에 따른 계수, $H$ : 말뚝길이

(2) $n$값

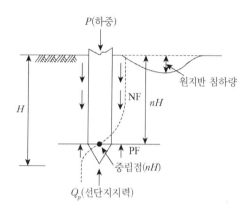

| 조건 | $n$값 |
|---|---|
| 마찰말뚝, 불완전 지지말뚝 | 0.8 |
| 모래 또는 자갈층에 지지된 말뚝 | 0.9 |
| 암반이나 굳은 지층에 완전 지지된 말뚝 | 1.0 |

# VII. 결론

1. 부마찰력에 의해 말뚝이 침하되어 상부구조물의 침하·파손이 발생할 수 있는 바

2. 이에 대응하는 방법으로 말뚝의 지지력을 증가시키는 방법, 부주면마찰력을 저감시키는 방법 등이 있다. 말뚝은 시공 후 반드시 지지력 시험을 통해 말뚝의 지지력을 확인하여 부마찰력, 경시효과 등에 의한 지지력 변화 등을 확인토록 해야 한다.

# 06 기성 Pile 항타 시 두부 파손 원인 및 대책

## I. 개요

1. 말뚝의 두부는 Cushion 등으로 보호하며 타격하지만 Hammer의 타격에너지가 가장 크게 전달되는 부위여서 파손되는 경우가 많다.
2. 말뚝의 두부 파손은 항타 시 편타, 과도한 타격, Chshion 두께 부족, 말뚝강도 부족 등에 의해 발생된다.

## II. 두부 파손 원인

### 1. 과도한 타격

(1) Hammer 중량 과도

(2) 부적정 Hammer의 사용

(3) 타격횟수, 타격높이 등 타격 Energy 과다

(4) 선단지지력 확보 후 과도한 타격

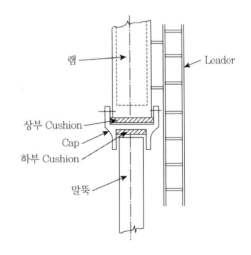

### 2. 편심 항타

(1) Hammer와 말뚝의 축선 불일치

(2) 말뚝의 연직도 불량

(3) 전석층, 호박돌, 이질지층 등의 영향

(4) 지중 장애물 등의 영향

### 3. Cushion 부적정

(1) Cushion 재료 불량

(2) 두께 부족

### 4. 말뚝의 품질 불량

(1) 말뚝 강도 부족

① 생산과정에서의 긴장재, 콘크리트 등 불량재료의 사용

② 원심력 제조, 양생 과정에서의 불량

(2) 운반, 보관 등 취급과정에서의 불량

(3) 말뚝 이음부 불량 : 용접 이음부 용접결함 발생, 이음부의 두께 부적정

## 5. 지반 특성에 의한 영향

(1) 이질지반에서 말뚝의 수직도 영향

(2) 지중 전석층, 호박돌, 암 등에 의한 영향

(3) 연약지반상 말뚝 타격 시 인장균열에 영향으로 두부 파손

# Ⅲ. 파손 대책

## 1. 강도가 큰 말뚝의 사용

(1) 신뢰성 있는 제품 선택           (2) Prestress가 큰 말뚝 사용

## 2. 말뚝의 취급 주의

(1) 운반 시 충격에 의한 부분 파손 방지   (2) 저장은 원지반 지지력 확인 후 쌓는 높이 결정

(3) 운반 시에는 수평으로 2점 이상을 지지   (4) 들어 올릴 때에 휨모멘트가 최소가 되도록

## 3. 적정 Cushion재 사용

(1) 적정 Cushion 재료를 사용       (2) Cushion 두께를 증가 적용

(3) 쿠션은 단단히 결속하여 이탈 방지   (4) 쿠션재의 교환 두께 기준

| 구분 | Hammer Cushion | 말뚝 Cushion |
|------|----------------|--------------|
| 기준 | 25% 이상 감소 시 | 50% 이상 감소 시 |
|      | 편마모가 심한 경우 교환 | |

## 4. 타격 에너지의 조정

(1) 적정 Hammer 용량 적용

   ① 대용량의 Hammer 사용 지양     ② 타격력의 조정이 가능한 Hammer 적용

(2) Rebound량, 관입량 확인 철저

   ① 선단지지력 확보 후 과도한 타격 방지

   ② 말뚝 길이 3m 이내 남은 경우, 말뚝 관입량 10cm마다 측정

   ③ 타절시기 적정 판단

(3) 가능 타격 횟수 준수

| 구분 | RC말뚝 | PHC말뚝 | 강관말뚝 |
|------|--------|---------|----------|
| 기준 | 1,000회 | 3,000회 | 3,000회 |

## 5. 편타방지

(1) 해머와 말뚝의 축선 일치 확인 후 타격, Leader와 Pile의 중심선 일치

(2) 지중 장애물 제거

(3) 말뚝의 연직도 확보, 특히 타격 초기 연직도 수시 Check

(4) 항타 중 말뚝 2~3m마다 수직도 확인

## 6. 말뚝 이음 주의

(1) 용접이음 시 말뚝의 수직도 확보

(2) 용접 후 용접결함에 대한 검사 철저

## 7. 타입 저항이 적은 말뚝 선정

H−pile < PHC Pile < RC Pile 순으로 타입 저항은 커짐

## 8. 말뚝두부 파손 시 보강판 설치

## 9. 사전조사를 통한 적합한 말뚝 및 시공법 선정, 적용

# IV. 결론

1. 말뚝의 두부가 파손되면 말뚝의 역할을 온전히 수행할 수 없게 된다.

2. 항타 시 말뚝의 연직도를 확보, 편타를 방지하고 쿠션 두께를 확보하여 말뚝 두부 파손을 방지하도록 해야 한다.

┤ 참조 ├

**말뚝 피해(손상)별 주요 원인**

| 손상 | 주요 원인 |
|------|-----------|
| 말뚝 두부 손상 | • 해머 중량과대·타격에너지 부적정, Cushion 미설치·부적절, 말뚝의 경사로 인한 편타<br>• Cap의 부적절, 타절시기 부적정 |
| 말뚝 몸체 손상(중간부) | • 부적절 해머 중량, 과잉항타, 편타, 항타기 방향조절 부적절, 지중 장애물, 지지층의 경사<br>• 연약지반에 타입 시, Pile의 수직도 불량 |
| 말뚝선단부 손상 | • 과잉항타·재항타, 지지층의 경사, 지중장애물, 선단부 지반 매우 경질인 경우, 편타 |
| 이음부 파손 | • 이음시공 불량·용접 불량, 선단부에 장애물 있는 경우 |

# 07 매입말뚝 공법의 종류 및 특징

## I. 개요

1. 기성말뚝의 항타 공법은 지지력이나 시공관리에서 유리하나 타격에 의해 발생하는 소음·진동에 의해 도심지 적용 등에 제한이 된다.
2. 지반에 천공 후 설치되는 매입말뚝 공법은 비교적 저소음·저진동으로 주택밀집지역, 도심지 공사 등에 적용되고 있다.

## II. 매입말뚝과 타입말뚝의 비교

| 구분 | 시공성 | 지지력 | 소음·진동 | 경제성 | 비고 |
|------|--------|--------|-----------|--------|------|
| 매입공법 | 보통 | 낮음 | 적음 | 작음 | Pre-Boring, 압입, 중굴 등 |
| 타입공법 | 간단 | 높음 | 큼 | 높음 | 타격, 진동 |

## III. 매입말뚝 공법의 분류

1. 선굴착(Pre-Boring)공법 : SIP, SDA, PRD 공법 등
2. 중굴공법
3. 회전압입공법

## IV. 매입말뚝 공법 시공방법 및 특징

### 1. Pre-Boring 공법(선굴착 공법)

(1) 굴착장비(Auger 등)로 굴착공을 형성 후 기성말뚝을 삽입 및 경타하는 공법
(2) 시공 시의 소음·진동이 적음
(3) 타입이 어려운 전석층 등 지중 경질층에 대해 적용 가능
(4) 말뚝과 굴착공 사이에 공극 발생으로 침하 우려

## 2. SIP(Soil Cement Injected Precast Pile) 공법

(1) 말뚝직경보다 50~100mm 정도 큰 오거로 Pre-Boring 후 굴착공내에 Cement Paste를 주입하고, 공내 토사와 교반 후 말뚝을 삽입 및 경타하는 공법

(2) 소음, 진동이 작고 도심지 적용 가능

(3) 굴착공벽의 교란, 지지층 확인 제한

(4) 굴착 후 공벽 자립 제한 지반은 적용이 제한됨

(5) 시공 Flow

(6) 말뚝 삽입 후 경타 시 소음·진동 발생, 굴착 중 공벽 붕괴 우려

## 3. SDA(Separated Doughnut Auger)공법

(1) 상호 역회전하는 말뚝직경보다 50mm 큰 외측 케이싱과 내측 오거를 이용한 2중 굴진방식에 의해 굴착 후 말뚝을 설치

(2) 케이싱에 의해 붕괴 방지 및 지반의 응력이완 방지

(3) Cement Paste를 주입하므로 주면마찰력, 선단지지력 확보에 유리

(4) 압입, 회전압입에 의한 말뚝시공으로 소음·진동 미발생

(5) 거의 모든 지반에 적용 가능, 지하수의 영향이 적음

(6) 시공 Folw

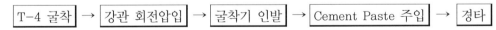

## 4. PRD(Prelocation Rotary Drilling Method)공법

(1) SDA공법과 T-4굴착을 혼합한 공법으로 강관 내부에 천공장비로 굴착하면서 강관을 회전, 관입하는 공법

(2) 케이싱(강관)에 의한 굴착벽면 보호, 강관말뚝에 적용

(3) T-4 해머의 소음·진동 유발

(4) 연약지반 작업효율 감소

(5) 자갈층, 전석층, 불균질한 매립층 등 적용

(6) 시공 Folw

T-4 굴착 → 강관 회전압입 → 굴착기 인발 → Cement Paste 주입 → 경타

## 5. 중굴(속파기)공법

(1) 선단개방형 말뚝의 내부에 오거 등을 삽입하여 굴착하면서 말뚝을 소정의 깊이까지 압입이

나 경타로 지중에 박은 뒤 소정의 지지력이 얻어지도록 해머로 두드려 박거나 말뚝 끝부분을 시멘트풀 또는 콘크리트로 처리하는 말뚝

(2) 케이싱(말뚝)에 의한 공벽붕괴 방지, 지하수의 영향 적음

(3) 진동·소음 적음

(4) 지층별 다양한 비트를 사용 가능하며 지반 적용성이 우수

(5) 말뚝선단부에 모르타르 주입 가능

## 6. 회전압입공법

말뚝 내부에서 오거로 굴착 후 시멘트풀을 주입하여 오거인발, 파일을 회전압입하여 말뚝을 설치하는 공법

# V. 결론

1. 매입말뚝 공법은 항타공법보다 소음과 진동이 작아 도심지 등에서의 적용성이 우수하다.

2. 지반을 선 굴착한 후 말뚝을 설치하므로 선 굴착에 의해 주면마찰력과 선단지지력이 감소되므로 일반적으로 Cement Paste 주입하여 지지력을 확보한다.

# 08 선굴착(매입) 말뚝의 시공

## I. 개요

1. 기성말뚝의 항타 공법은 지지력이나 시공관리에서 유리하나 타격에 의해 발생하는 소음·진동에 의해 도심지 적용에 제한된다.
2. 매입말뚝 공법은 비교적 저소음·저진동으로 주택밀집지역, 도심지 공사 등에 적용되고 있다.

## II. 매입말뚝의 종류, 시공법

### 1. Pre-Boring 공법
굴착장비(Auger 등)로 굴착공을 형성한 후 기성말뚝을 삽입하는 공법

### 2. SIP공법
말뚝직경보다 50~100mm 정도 큰 오거로 Pre-Boring 후 굴착공내에 Cement Paste를 주입하고, 공내 토사와 교반 후 말뚝을 삽입 및 경타하는 공법

### 3. SDA공법
상호 역회전하는 말뚝직경보다 50mm 큰 외측 케이싱과 내측 오거를 이용한 2중 굴진방식에 의해 굴착 후 말뚝을 설치

### 4. PRD공법
SDA공법과 T-4굴착을 혼합한 공법으로 스크루선단에 T-4 해머를 장착하여 굴진하는 방식

### 5. 중굴(속파기)공법
말뚝 내부에서 선단에 Bit가 부착된 오거 등으로 선단 지반을 굴착하고 말뚝을 회전, 관입하는 공법

### 6. 회전압입공법
말뚝 내부에서 오거로 굴착 후 시멘트풀을 주입하여 오거인발, 파일을 회전압입하여 말뚝을 설치하는 공법

**매입말뚝과 타입말뚝의 비교**

| 구분 | 시공성 | 지지력 | 소음·진동 | 경제성 |
|------|--------|--------|-----------|--------|
| 매입공법 | 보통 | 낮음 | 적음 | 작음 |
| 타입공법 | 간단 | 높음 | 큼 | 높음 |

**매입말뚝 시공 간 문제점 및 발생원인**

| 구분(문제점) | 발생원인 |
|--------------|----------|
| 말뚝본체 불량, 손상 | 말뚝의 운반·취급 부적정, 타격에너지 부적정, 해머와 말뚝 축선 불일치, 쿠션 불량 |
| 공벽 붕괴 | 공벽의 안정관리 불량, 지중장애물의 존재 |
| 지지력 부족, 부등침하 | 지지층 판정 오류, 고정액의 배합·주입시공 불량 |
| 경사, 편심 | 말뚝 수직도 불량, 해머와 말뚝 축선 불일치, 지지층 판정 오류, 이음 불량 |
| 공해 | 굴착토사, 페이수의 처리 부적정 |

## Ⅲ. 시공 Flow

준비 → 굴착 → Cement Paste(고정액) 주입 → 굴착장비 회수

→ 말뚝삽입·경타

## Ⅳ. 시공 유의사항

### 1. 항타준비

(1) 작업지반 정비

　① 항타기계의 접지압($100 \sim 200 \text{kN/m}^2$)을 확보

　② 지반 연약 시 양질토를 포설 또는 치환, 보강판(복공판) 설치

(2) 말뚝 위치 측량 : 임시 말뚝 또는 측점 표식

(3) 지중 장애물 제거

(4) 말뚝의 보관(저장)

　원지반의 지지력, 주변의 상황을 고려하여 쌓는 높이 결정

(5) 말뚝의 운반·취급 시 파손 주의

　① 운반 시에는 수평으로 2점 이상을 지지

　② 들어 올릴 때에 휨모멘트가 최소가 되도록

(6) Hammer, 말뚝박기틀, 부속기기의 점검

## 2. 시항타

(1) 본 항타 전에 시험항타를 수행

(2) 목적

    ① 해머, 캡 등 항타장비의 용량과 상태를 확인

    ② 타입깊이의 결정, 이음방법과 용접기능 검사

    ③ 시공의 정도 확인, 말뚝의 파손 유무 확인, 지지력 판단

## 3. 사전 천공(Pre-Boring)

(1) 굴착공의 직경은 말뚝직경보다 100mm 정도 크게 적용

(2) 굴착장비의 수직도 유지

(3) 지지층 도달 시까지 천공

(4) 공벽유지 철저 : 필요시 케이싱을 사용

## 4. Cement Milk(고정액) 주입

(1) 말뚝의 주면마찰력과 선단지지력을 고려하여 배합

(2) 배합 예

| 시멘트(kg) | 물(kg) | W/C(%) |
|---|---|---|
| 880(1300) | 750(650) | 83(50) |

    (   ) : 연약점성토, 투수성 지반, 느슨한 매립층일 때 적용

(3) Cement Milk의 28일 압축강도 ≥ 24MPa

(4) 최초 Cement Milk 주입하며 오거를 말뚝직경 3배 이상 높이까지 2~3회 왕복하여 하부 잔
토와 교반

(5) Cement Milk를 주입하면서 오거를 인발

(6) 말뚝 삽입 후에 추가 주입하여 계획고 이상을 유지

## 5. 말뚝 삽입

(1) 수직도 유지 철저

    ① 수직도를 유지하면서 공내에 삽입

    ② 공벽 손상 시 공내 저면에 Slime이 퇴적하므로 주의 필요

(2) Leader의 높이가 부족할 경우 보조 크레인으로 양중하여 삽입

(3) 허용오차

    ① 수직축의 변동: 길이의 1/50 미만

    ② 말뚝머리의 위치변동 : 50mm 미만

### 6. 말뚝선단부의 지지층 내 근입

(1) 삽입한 Pile은 항타, 경타, 압입하여 지지층까지 근입

(2) 최종 타격 시

    ① 지지층까지 근입되도록 타격

    ② 최종 타격 종료 기준은 타입 말뚝 공법에 준하여 실시

(3) 최종 경타 시

    ① 수직상태를 확인한 다음 경타용 해머로 두부가 파손되지 않도록 타격

    ② 파일 선단을 공내의 최하단부에 정착시키기 위해 말뚝 두부를 경타

    ③ 보링공 깊이와 말뚝의 관입 깊이에 의해 지지층의 도달 여부를 확인

### 7. 말뚝의 두부 정리

(1) 절단부 하단에 금속 Band를 설치

(2) Band 상부의 절단 위치에 여러 곳을 Drilling, PC 강재의 위치를 피하여 천공

(3) 손망치로 가격하여 절단 부위의 콘크리트를 파쇄, PC 강재를 타격하지 않도록 주의

(4) 소형 해머로 절단면 손다듬질 실시

### 8. 굴착토사의 처리

(1) 니수를 사용 시 배출토사가 제3자 또는 환경오염의 원인이 되지 않도록 조치

(2) 폐기장소 등에 대해서도 사전에 검토

### 9. 재하시험

정재하시험, 동재하시험의 방법으로 실시

## V. 결론

1. 선굴착말뚝은 지반을 선굴착 후 말뚝을 설치하는 공법으로 항타공법에 비해 소음과 진동이 작아 도심지 등에 적용이 우수하다.

2. 굴착 중 공벽붕괴, 선굴착에 의한 말뚝선단·주변의 교란으로 말뚝의 지지력 확보가 제한되는 바 시공 간 공벽붕괴 방지, 지지력 확보를 위한 고정액 관리, 최종 경타 등에 세밀한 관리가 필요하다.

# 09 굴착말뚝의 종류 및 특징

## I. 개요

1. 현장타설말뚝은 각종 기계에 의해 굴착하고 철근망을 설치한 후 콘크리트를 타설한 말뚝을 말한다.
2. 굴착공법은 All Casing 공법, RCD 공법, Earth Drill 공법 등으로 구분되며 공법에 따라 케이싱, 정수압, 안정액 등을 이용하여 굴착 중 안정을 유지한다.
3. 기초공사 시 환경공해 및 인접구조물의 피해를 최소화할 수 있어 최근 사용이 증가하고 있다.

┄┄┤ 참조 ├┄┄┄┄┄┄┄┄┄┄┄┄┄┄┄┄┄┄┄┄┄┄┄┄┄┄┄┄┄┄┄┄┄┄┄┄

**현장타설말뚝의 분류**

| | |
|---|---|
| 굴착말뚝 | RCD, All Casing, Earth Drill |
| 관입말뚝 | Pedestal Pile, Franky Pile, Raymond Pile, Simplex Pile, Compressol Pile |
| 치환말뚝 | CIP, PIP, MIP |
| 심초기초 | Chicago공법, Gow공법 |

## II. 굴착말뚝의 특성 비교

| 굴착공법의 종류 | 굴착기계 | 공벽보호 방법 | 적용지반 | 직경 | 심도 |
|---|---|---|---|---|---|
| Earth Drill 공법 | Drilling Bucket | 안정액 | 점토 | 1~2m | 20~50m |
| Benoto 공법 | Hammer Grab | Casing | 자갈 | | |
| RCD 공법 | 특수 Bit | 정수압 | 사질·암 | 6m까지 | 200m |

## III. 굴착말뚝의 종류 및 특징

### 1. All Casing 공법(Benoto 공법)

(1) 해머 그래브로 지반을 굴착하면서 케이싱을 요동에 의해 압입, 공내에 철근망을 설치 후 Con'c를 타설하면서 케이싱을 요동시켜 뽑아내어 현장타설말뚝을 축조하는 공법

(2) 특징

① 장점

㉮ Casing에 의한 확실한 공벽붕괴 방지

㉯ 굴착이 빠르고 공기가 짧음

㉰ 도심지 근접시공에 유리

㉱ Slime의 침적량이 적음

㉲ 말뚝형상 확보에 유리

㉳ 말뚝(콘크리트) 품질에 대한 신뢰성 우수

㉴ 근접구조물에 영향이 작다.

② 단점

㉮ 장비 및 설비규모가 큼

㉯ 케이싱 인발이 곤란한 경우 발생

㉰ 토질에 따라 굴착선단부에 Boiling, Heaving 발생 우려

㉱ 케이싱 인발시 철근공상 우려

㉲ 굴착장비가 중량으로 지반 지지력이 충분히 확보되어야 함

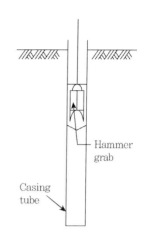

Hammer grab

Casing tube

(3) 시공 Flow

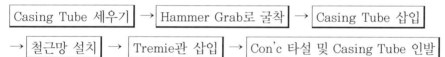

| Casing Tube 세우기 | → | Hammer Grab로 굴착 | → | Casing Tube 삽입 |

→ | 철근망 설치 | → | Tremie관 삽입 | → | Con'c 타설 및 Casing Tube 인발 |

(4) All Casing 공법의 분류

① 요동식 All Casing 공법(Benoto 공법)

㉮ Hammer Grab 등으로 굴착 후 Casing 관입

㉯ 굴착부 하부 교란(Heaving, Boiling 발생)

② 전선회식 All Casing 공법(돗바늘 공법)

㉮ Casing 하부 특수 Bit 장착하여 회전압입

㉯ Casing 압입 후 Hammer Grab 등으로 내부 토사·암편 등 배출

㉰ 굴착부 하부 안정 도모(Heaving, Boiling 최소화)

## 2. RCD

(1) Bit에 의한 굴착을 진행하면서 공내 수위를 외수위보다 +2m 이상 유지시켜 정수압에 의해 공벽을 보호, 굴착공내 철근망을 삽입 후 Con'c를 타설하여 현장타설말뚝을 만드는 공법이다.

(2) 특징

① 장점

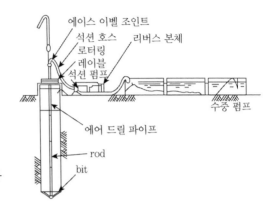

에이스 이벨 조인트
석션 호스 · 리버스 본체
로터링
레이블
석션 펌프
수중 펌프
에어 드릴 파이프
rod
bit

㉮ 굴착공법 중 소음, 진동이 가장 작음

㉯ 수상 시공 및 장대말뚝 시공에 유리

㉰ 굴착속도가 빠르며 공기 단축

㉱ 적용지반이 광범위
사질지반 및 암반굴착 가능

㉲ 역순환에 의해 공내 이수 강하속도가
늦고 붕괴방지가 용이

② 단점

㉮ 다량의 물이 필요

㉯ 폐이수 처리량이 많음

㉰ 큰 호박돌, 전석층 등에 적용 제한

㉱ 복류수, 피압수 존재 시 시공 곤란

㉲ 정수압 관리 불량 시 공벽붕괴 우려

(3) 시공 Flow

표층 Casing 세우기 → 굴착, 정수압관리 → Slime 제거 → 철근망 설치

→ Tremie관 세우기 → Con'c 타설 → 표층 Casing 인발

## 3. Earth Drill

(1) 회전식 Drilling Bucket을 이용하며 굴착, 굴착 중 안정액에 의한 공벽붕괴를 방지, 굴착공내에 철근콘크리트 말뚝을 축조하는 공법

(2) 특징

① 장점

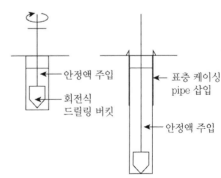

안정액 주입
회전식
드릴링 버킷
표층 케이싱
pipe 삽입
안정액 주입

㉮ 비교적 소형장비 적용, 협소장소 적용 가능

㉯ 굴착속도가 빠름, 공사비 저렴

㉰ 굴착 중 소음, 진동이 작음

㉱ 점성토, 경질토층의 굴착 가능

㉲ 굴착기 1대로 거의 모든 작업을 진행

② 단점

 ㉮ 안정액과 혼합된 토사 폐기물 처리 필요

 ㉯ 호박돌, 큰 자갈, 암반층의 굴착 제한

 ㉰ Slime의 확실한 제거가 제한됨

 ㉱ 안정액 관리 불량 시 공벽붕괴 우려

(3) 시공 Flow

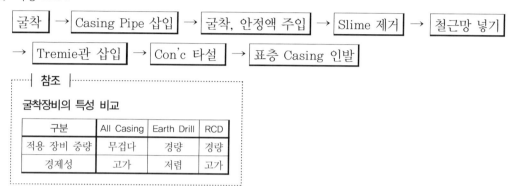

| 참조 |

**굴착장비의 특성 비교**

| 구분 | All Casing | Earth Drill | RCD |
|---|---|---|---|
| 적용 장비 중량 | 무겁다 | 경량 | 경량 |
| 경제성 | 고가 | 저렴 | 고가 |

# IV. 결론

1. 지반조건, 말뚝의 규모, 주변상황 등을 고려하여 적합한 공법을 선정·적용해야 한다.
2. 굴착말뚝은 굴착 간 공벽의 붕괴, 공저 슬라임 발생, 철근공상, 수중 콘크리트에 대한 철저한 관리가 필요하다.

# 10 굴착말뚝의 시공

## I. 개요

1. 현장타설말뚝은 각종 기계에 의해 굴착하고 철근망을 설치한 후 콘크리트를 타설한 말뚝을 말한다.
2. 굴착공법은 Earth Drill 공법, All Casing 공법, RCD 공법 등으로 구분된다.
3. 소음 및 진동 문제로 인해 항타말뚝으로 시공하기 어렵거나 상부구조물의 대형화에 따라 대구경 또는 대심도 말뚝이 필요할 때 채택한다.

## II. 굴착말뚝의 특성 비교

| 굴착공법의 종류 | 굴착기계 | 공벽보호 방법 | 적용지반 | 직경 | 심도 |
|---|---|---|---|---|---|
| Earth Drill 공법 | Drilling Bucket | 안정액 | 점토 | 1~2m | 20~50m |
| All Casing 공법 | Hammer Grab | Casing | 자갈 | | |
| RCD 공법 | 특수 Bit | 정수압 | 사질·암 | 6m까지 | 200m |

## III. 시공순서

시공준비 → (표층)Casing 설치 → 굴착 → Slime 처리 → 철근망 설치
→ Con'c 타설 → 검사

## IV. 시공관리

### 1. 준비
(1) 시공기계의 안전한 설치 및 작업의 안전성 확보를 위해 작업지반을 정비
(2) 본체 점유면적 이외에 토사 반출차, 트럭믹서 등의 부지를 충분히 확보
(3) 굴착토의 반출, 이수 처리설비, 급배수·전기설비 등에 대해 사전에 충분히 검토

## 2. Casing 설치

(1) 표층 케이싱을 설치하여 지표의 붕괴를 방지토록 조치

(2) 표층케이싱은 지표보다 약간 높게 유지

(3) All Casing 공법은 케이싱 수직 세우기 실시

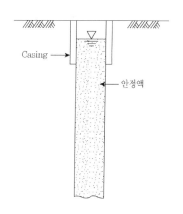

## 3. 굴착

(1) 지질에 적합한 속도로 굴착

(2) 굴착 연직도 확보

    ① 굴착 중 수시 수준기 확인

    ② 굴착 로드의 수직도를 연직 2방향에서 유지

(3) 공벽붕괴방지

| 구분 | Earth Drill | All Casing | RCD |
|------|-------------|------------|-----|
| 원리 | 안정액 | Casing | 정수압 |
| 비고 | 비중, 수위 등 관리 철저 | 이중관을 사용 | 지하수위 +2m 이상 확보(정수압 20kPa 이상) |

## 4. 슬라임 처리

(1) 슬라임(Slime)이 많이 퇴적하면 시공이 완료된 후 말뚝의 선단지지력이 저하되므로 굴착 중 슬라임 발생을 최소화, 굴착 후 슬라임을 제거

(2) 1차 처리

    ① 굴착 종료 후 에어리프트방식, 수중펌프방식과 흡입펌프방식 등을 적용

    ② 배토작업에 의해 공저의 굴착토사 제거

(3) 2차 처리

    ① 철근망 건입 후, Con'c 타설 직전에 시행

    ② 에어젯 방식 등

## 5. 철근공사

(1) 주철근이음은 가스압접, 겹침이음 적용

(2) 주철근의 변형 방지 보강근 배치, 배근 간격 준수

(3) 피복 확보 : 수직(깊이)방향 3~5m마다, 같은 깊이에서 4~6개 간격재 배치

(4) 철근공상 방지 조치

    ① 방석철근을 철근망 하단에 배열

    ② 철근망 상단을 지표 가시설에 고정

(5) 지상에서 조립 후 크레인(crane)으로 인양·근입

(6) 해양 환경하 설치 철근은 도막된 철근 사용

## 6. Tremie Pipe 설치

(1) Pipe 선단이 공저 + 15cm에 최초 설치

(2) Pipe 직경

 ① $G_{max} \times 8$ 이상 적용

 ② 보통 0.20m, 0.25m 직경의 Pipe 이용

(3) Pipe 연결부, 수직도 관리 철저

casing
트레미관
콘크리트
굳은층

## 7. Con'c 공사

(1) Con'c 배합

 ① $f_{cr} = $ 공기 중 $f_{cr} \div 0.8$(안정액 중 0.7 적용)

 ② 배합기준

| 구분 | 기준 |
|---|---|
| W/B | 55% 이하 |
| 단위 시멘트량 | $350kg/m^3$ 이상 |
| Slump | 180~210mm |
| $G_{max}$ | 25mm 이하, 철근 최소순간격 1/2 이하 |

 ③ 혼화제 : 분리저감제, 고성능 AE 감수제 등

(2) 타설

 ① 중단 없이 연속 타설

 ② 타설 간 Tremie Pipe 선단이 Con'c 중 2m 이상 묻힌 채 타설

 ③ 타설높이 : 설계높이 + 50cm 정도까지(차후 제거)

 ④ 타설된 콘크리트 상면으로부터 2m 이상 깊이를 유지하며 케이싱 인발

 ⑤ 타설속도

| 먼저 타설하는 부분 | 나중에 타설하는 부분 |
|---|---|
| 4~9m/h | 8~10m/h |

## 8. 검사

(1) 검사 Flow

검사용 Tube 설치 → 건전도 검사 → 결함보정 → 재하시험

(2) 검사용 튜브

 ① 철근망에 결속시켜 관리, 튜브가 상부로 노출되도록 설치

② 말뚝직경 1.5m 시 튜브 4개 정도 설치

(3) 건전도 검사(Sonic Test)

　① 튜브에 발·수신자 센서를 부착한 케이블을 삽입하여 검사

　② 튜브 사이 Con'c의 건전성을 확인

(4) 결함보정

　① 결함부위 Con'c Coring하여 원인 파악

　② Grouting, Micro Pile 시공하여 보강

(5) 재하시험 : 정재하시험, 정동재하시험, 양방향 말뚝재하시험 등


# V. 결론

1. 지반조건, 말뚝의 규모, 주변상황 등을 고려하여 적합한 공법을 선정·적용해야 한다.
2. 굴착말뚝은 굴착 간 공벽의 붕괴, 공저 슬라임 발생, 철근공상, 수중 콘크리트에 대한 철저한 관리가 필요하다.

┤ 참조 ├

**굴착말뚝 공법별 공벽붕괴 방지 중점**

• 올케이싱 공법
　- 케이싱튜브는 이중관 사용 원칙
　- 부득이 단일관 사용 시 작업상황에 충분한 안전성과 강성을 갖는 것 사용
　- 케이싱튜브의 조립은 공저로부터 6m인 규격품 상부에 짧은 치수를 이어서 사용
　- 피압수 존재 확인 시 보일링 발생 방지 위해 공내 외 수두의 균형 확보
　- 지하수위가 높은 경우 공내 수위를 지하수위 이상으로 유지, 보일링 방지
　- 굴착깊이에 따른 케이싱튜브의 하단 위치 엄수

• RCD 공법
　- 스탠드 파이프 : 충분한 강성이 있는 것 사용, 굴착 중 변형 발생 방지
　- 굴착 중 공내 수위를 지하수위보다 높게 유지 : 공벽붕괴 및 보일링 발생 방지
　- 굴착 중 투수에 의한 급격한 수위저하 또는 상승 등의 수위변화에 대응 가능한 설비 배치

• 어스드릴 공법
　- 안정액의 관리기준을 준수하며 굴착
　- 굴착 중 공내 수위를 외수위보다 저하시켜서는 안 됨
　- 지표붕괴 위험 지반에 대해서 케이싱 삽입

# 11 굴착말뚝의 Slime 처리와 철근공상 대책

## I. Slime

### 1. 정의

굴착말뚝 및 지하연속벽 시공 시 기계굴착에 의한 굴착토사가 공저에 쌓여 형성된 진흙 덩어리를 의미한다.

### 2. Slime 미처리 시 문제점

(1) 말뚝의 불균형 침하

(2) 말뚝의 지지력 저하

(3) Con'c의 품질 저하

(4) 상부구조물의 침하, 변형

### 3. Slime 처리 시기

(1) 굴착말뚝의 시공 Flow

굴착 → Casing Pipe 삽입 → 굴착, 안정액 주입 → Slime 제거 → 철근망 넣기 → Tremie관 삽입 → Con'c 타설 → 표층 Casing 인발

(2) Slime 처리 시기

| 1차 제거 | 2차 제거 |
|---|---|
| 굴착 직후 | Con'c 타설 직전 |

### 4. Slime 처리 방식

(1) Air Lift 방식

① Tremie Pipe(또는 양수관)와 Air Hose를 공내에 설치

② Air Hose에 Compressor로 압축공기를 불어 넣어 공저를 교란 후

③ Tremie Pipe로 Air와 Slime을 흡입하여 제거하는 방식

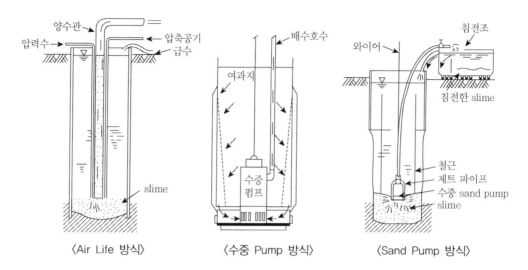

〈Air Life 방식〉　　　〈수중 Pump 방식〉　　　〈Sand Pump 방식〉

(2) Suction Pump 방식

　① Tremie Pipe를 공내에 설치

　② 지상의 Suction Pump를 이용 안정액, Slime을 흡상하여 제거

(3) 수중 Pump 방식

　① 공저까지 수중 Pump를 설치하여 Slime과 안정액을 배수호스를 이용 배출하는 방식

　② 선단부에 Slime이 쌓이지 않게 여과지를 설치하여 안정액을 순환시킴

(4) Sand Pump 방식

　① 수중용 Sand Pump를 굴착 저면까지 설치

　② 배수호스로 안정액, Slime을 배출

(5) Water Jet 방식

　① (Water Jet) Hose와 Tremie Pipe 설치

　② 압력수를 이용 공저의 Slime을 교란시키며 Tremie Pipe로 Con'c를 타설하여 Con'c가 최
　　하단부에 위치하도록 하는 방식

(6) 모르타르 바닥처리 방식

　① 버킷으로 모르타르를 공저에 타설

　② 교반기를 이용 일부 Slime과 타설된 Mortar를 혼합하여 처리하는 방식

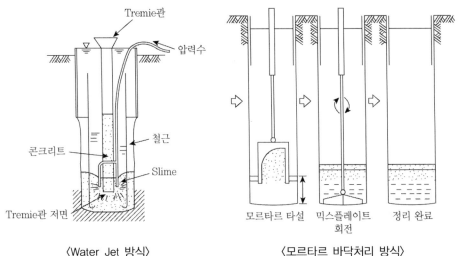

〈Water Jet 방식〉　　　　　〈모르타르 바닥처리 방식〉

## 5. Slime 처리 시 유의사항

(1) 안정액과 Slime을 처리하면서 공내 수위가 저하되지 않도록 주의

(2) 지상으로 배출된 안정액은 재처리한 후 사용. 침전, Filter 통과 조치 후 사용

(3) 공외부 지표수의 공내 침투 방지

(4) 급작스런 Slime 처리로 인한 공벽 붕괴 방지

(5) Slime 처리 후 공내 안정액의 품질확인 철저

(6) Slime 처리는 규정된 시기에 2회로 구분하여 실시

## II. 철근공상

## 1. 정의

굴착말뚝에서 삽입된 철근망이 급작스런 콘크리트의 타설, 케이싱 인발 등의 영향으로 위로 떠오르는 등의 변형이 발생되는 것을 말한다.

## 2. 원인

(1) Casing 인발 영향

　　① Casing 인발 시 철근이 따라 올라옴

　　② Casing 인발속도가 빠른 경우

　　③ Casing과 콘크리트의 마찰이 큰 경우

(2) Con'c의 영향

　　① 타설속도의 부적정

② Con'c의 이상응결로 케이싱 인발 시 마찰 증가

③ 콘크리트의 Slump 부적정

(3) 철근망의 영향

　　① 철근망의 제작불량, 건입 시 수직도 불량

　　② Spacer가 불량하여 철근망과 굴착면의 공간 부족

　　③ 철근망의 고정상태 불량

(4) Slime의 처리 불량

(5) 천공불량으로 공벽의 수직도 미확보

## 3. 대책

(1) 철근망의 제작·시공 철저

　　① 주철근이음은 가스압접, 겹침이음 적용

　　② 주철근의 변형 방지 보강근 배치, 배근 간격 준수

　　③ 피복확보 : 수직(깊이)방향 3~5m마다, 같은 깊이에서 4~6개 간격재 배치

　　④ 철근망의 수직도 확보

(2) 철근망의 공상 방지 조치

　　① 방석철근을 철근망 하단에 배열

　　② 철근망 상단을 지표 가시설에 고정

(3) Casing 인발 주의

　　① 인발 시 Casing Tube를 좌우로 흔들어 Con'c와 마찰을 줄인 후 인발

　　② 급작스런 인발이 되지 않도록 주의

　　③ 케이싱 내부 박리제 도포

(4) Con'c의 배합·시공

　　① Con'c의 적정 Slump 확보 : 180~210mm

　　② 타설속도 적정 유지

| 먼저 타설되는 부분 | 나중에 타설되는 부분 |
|---|---|
| 4~9m/h | 8~10m/h |

(5) Slime 처리 철저 : 공저의 Slime을 충분히 제거 후 콘크리트 타설

(6) 굴착공의 수직도 확보

## 4. 철근공상 시 조치

(1) 케이싱 일부 또는 전부를 매몰

(2) 철근망 인발, 콘크리트 제거 후 재시공

# III. 결론

1. 기계굴착에 의한 현장타설 콘크리트 말뚝은 굴착에 의한 Slime 발생, Casing 인발로 인한 철근의 공상 등으로 인해 말뚝의 기능이 저하될 수 있다.
2. 따라서 굴착직후·콘크리트 타설 직전의 충분한 Slime 처리, 철근망의 제작·시공과 Casing 인발에 대한 철저한 관리를 통해 말뚝의 품질이 확보되도록 하여야 한다.

# 12 현장타설말뚝의 결함(손상)과 건전도시험

## I. 개요

1. 현장타설말뚝의 결함은 상부구조체의 심대한 문제를 야기함으로 그 재료와 시공에 있어 철저한 품질관리가 요구된다.
2. 현장타설말뚝은 건전도 시험을 통해 결함을 확인하여 필요시 보강함으로써 소요의 품질을 확보해야 한다.

## II. 현장타설말뚝의 결함

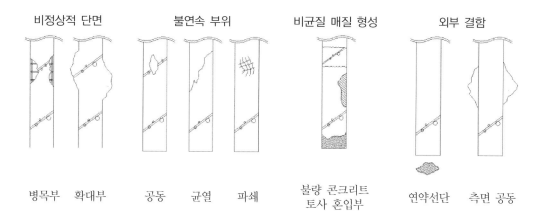

| 비정상적 단면 | 불연속 부위 | 비균질 매질 형성 | 외부 결함 |

병목부  확대부    공동   균열   파쇄    불량 콘크리트    연약선단   측면 공동
                                      토사 혼입부

### 1. 결함의 형태

(1) 내부결함
    ① 비정상적 단면 : 병목부, 확대부
    ② 불연속 부위 : 공동, 균열, 파쇄
    ③ 비균질 매질 형성 : 토사혼입

(2) 외부결함
    ① 선단 연약
    ② 측면 공동

## 2. 결함의 원인

(1) 철근 시공 부적정

　　① 철근 공상

　　② 철근 피복두께 부족

　　③ 밀집된 철근 간격

(2) Con'c 재료·배합의 부적정

　　① 불량 재료의 사용, 배합원칙 미준수

　　② 콘크리트의 유동성 부족

(3) 수중 Con'c의 시공관리 불량

　　① Slime 제거 미흡

　　② 타설순서, 타설속도 등 타설작업 불량

　　③ Tremie 타설 시 Pipe의 선단 깊이 조절 미흡

　　④ 과도한 블리딩 발생

## 3. 결함 발생시 보강

(1) 결함확인 및 보강 Flow

　　| 건전도 시험 | → | Core Boring | → | 결함 보강 |

(2) 건전도 시험

　　건전도 시험을 통해 결함 확인

(3) Core Boring

　　결함의 정확한 위치, 손상 정도 파악

(4) 보강 공법

　　① Grouting(주입) 공법

　　　　㉠ 다단식 Grouting : Packer 사용

　　　　㉡ 미세균열에 주입, Micro Cement 사용

　　② 고압분사공법

　　　　㉠ 일반 주입공법으로 보강이 제한되거나 Slime 또는 결함부가 심한 경우 적용

　　　　㉡ 결함부를 고압분사되는 재료로 치환

　　③ Micro Pile 공법

　　　　㉠ 결함 정도가 큰 경우 적용

　　　　㉡ 직경 10~30cm의 Micro Pile로 보강

　　　　㉢ 필요시 강재 보강

# Ⅲ. 현장타설말뚝의 건전도 시험

## 1. 건전도는 말뚝의 손상(결함)의 정도를 나타내는 지수

## 2. 건전도 시험의 종류 및 특징

(1) 충격반향기법에 의한 시험

   ① 말뚝 두부 또는 측면에 수신기를 부착하고 인근을 작은 망치로 타격하여 반사되는 파를 해석하는 방법

   ② 특징

| 장점 | 단점 |
|---|---|
| • 시험이 간편하고 경제적임<br>• 시험에 대한 별도 준비가 없음 | • 시험가능 말뚝 길이에 제한 발생<br>• 주변 지반의 강성차가 시험결과에 영향<br>• 결함의 깊이 측정에 오차 발생 |

(2) 충격응답기법에 의한 시험

   ① 말뚝 두부 또는 측면에 수신기를 부착하고 인근을 로드셀이 부착된 해머로 타격하여 반사되는 파를 해석하는 방법

   ② 특징

| 장점 | 단점 |
|---|---|
| • 반사파를 시간, 주파수 영역에서 해석<br>• 시험이 간편하고 경제적임<br>• 시험에 대한 별도 준비가 없음<br>• 말뚝두부의 동적강성에 대한 분석 가능<br>• 단면 축소, 단면 확대에 대한 구분 판정 | • 시험가능 말뚝 길이에 제한 발생<br>• 주변 지반의 강성차가 시험결과에 영향<br>• 결함의 깊이 측정에 오차 발생 |

(3) 감마-감마 검층

   ① 말뚝에 설치된 시험관에 감마 입자 방출 센서와 감지센서를 삽입하여 단면별 밀도 그래프를 획득하여 분석하는 방법

   ② 특징

| 장점 | 단점 |
|---|---|
| • 주철근 외곽의 결함을 감지 가능<br>• 주변 지반의 강성에 영향 없음<br>• 결함깊이를 정확히 특정 가능<br>• 콘크리트의 밀도를 정량적으로 평가 | • 시험속도가 느림<br>• 방사능 장비로 이동 및 취급이 제한적<br>• 감지범위가 시험관 주변으로 국한됨<br>• 결함의 규모를 정확하게 알 수 없음<br>• 선단부 결함을 감지하기 어려움 |

(4) 공대공 초음파 검층(주로 적용)

   ① 말뚝에 설치된 시험관에 초음파 발신 센서와 수신 센서를 삽입하여 단면별 초음파 속도, 신호 강도를 분석하는 방법

② 특징

| 장점 | 단점 |
|---|---|
| • 비파괴적인 방법, 경제적<br>• 전단면의 결함 감지 가능<br>• 시험깊이에 제한이 없음<br>• 주변지반의 조건에 영향이 없음 | • 주철근 외곽 콘크리트의 결함 감지 제한<br>• 수평방향 미세균열 감지 제한<br>• 시험 속도가 다소 느림 |

## 3. 공대공 초음파 검층 방법

(1) 시험방법

① 철근망에 시험용Tube(시험관, 주로 강관 사용) 설치

| 말뚝직경(m) | D≤0.6 | 0.6<D≤1.2 | 1.2<D≤1.5 | 1.5<D≤2.0 | 2.0<D≤2.5 | 2.5<D |
|---|---|---|---|---|---|---|
| Tube 개수 | 2 | 3 | 4 | 5 | 7 | 8 |

② Con'c 타설 후 Tube에 물을 채움

③ 시험관에 대각선 방향으로 발신센서와 수신센서를 바닥까지 내림

④ 센서의 수평을 유지하며 끌어올리면서 초음파 속도, 신호 강도 등 분석

⑤ 나머지 시험관에 반복 수행

(2) 시험결과 판정방법

① 그래프의 신호가 끊어지거나 주변부에 비하여 신호가 약한 지점

② 파의 도달시간이 주변보다 지연된 지점

③ 파의 도달시간 지연, 도달 에너지의 감소 정도

(3) 내부결함 판정기준

| 등급 | 판정기준 | 결함점수 | 비고 |
|---|---|---|---|
| A<br>(양호) | • 초음파 주시곡선의 신호왜곡 거의 없음<br>• 건전한 콘크리트 초음파 전파속도의 10% 이내 감소에 해당되는 전파시간 검측 | 0 | $V = \dfrac{S}{T}$<br>$V$ : 전파속도<br>$T$ : 전파시간<br>$S$ : 튜브 간의 거리 |
| B<br>(결함의심) | • 초음파 주시곡선의 신호왜곡 다소 발견<br>• 건전한 콘크리트 초음파 전파속도의 10~20% 이내 감소에 해당되는 전파시간 검측 | 30 | |
| C<br>(불량) | • 초음파 주시곡선의 신호왜곡이 정도가 심함<br>• 건전한 콘크리트 초음파 전파속도의 20% 이상 감소에 해당되는 전파시간 검측 | 50 | |
| D<br>(중대결함) | • 초음파 신호자체가 감지되지 않음<br>• 전파시간이 초음파 전파속도 1,500m/s에 근접 | 100 | |

(4) 유의사항

① 콘크리트 타설 후 7일 이상 경과 후 시험 실시

② 시험 후 검사용 튜브 내의 물을 완전히 제거, 말뚝 콘크리트의 설계강도 이상으로 그라우팅 실시

③ 시험 빈도 준수

| 평균말뚝길이(m) | 20 이하 | 20~30 | 30 이상 |
|---|---|---|---|
| 시험수량(%) | 10 | 20 | 30 |
| 비고 | 빈도 : 교각당 말뚝수량에 대한 백분율(단, 교각당 최소 1개소 이상) 타 구조물인 경우 공사감독자와 협의 선정 | | |

# IV. 결론

1. 결함이 없는 말뚝을 시공하기 위해서는 양호한 콘크리트 배합과 트레미관에 의한 수중 콘크리트 타설관리가 중요하다.

2. 말뚝의 재하시험 전 건전도시험을 통해 말뚝의 상태를 확인함으로써 후속되는 공종에 대한 안정성을 확보하여야 한다.

# 13 케이슨 종류 및 특징

## I. 개요

1. 케이슨 기초는 우물통 모양의 콘크리트 구조물을 지상에 구축하여 그 통내의 토사를 배출하면서 지중 지지층까지 침하시키는 기초를 말한다.
2. Caisson 기초 공법은 수직지지력, 수평지지력이 크고 단면형상 및 크기를 조절하기 용이하여 교량기초, 해양구조물 등에 많이 사용된다.
3. 지반조건, 시공조건, 환경조건 등을 고려하여 적정공법을 선정·적용해야 한다.

## II. 공법 선정 시 고려사항

1. 공사내용 및 현장의 개황
2. 설계 및 시공자료
3. 자연조건 : 지층구조, 지하수, 기상, 홍수위, 설치 위치의 수심, 조류, 하상재료
4. 현장설비 및 준비자료 : 공사용지, 공사용 자재, 운반관계
5. 공사비 분석자료, 기계기구, 전력, 전력설비
6. 시험케이슨 제작 및 시험 침하계획

## III. 케이슨의 종류, 특징

### 1. Open Caisson
(1) RC, 강재 등으로 제작된 상하단이 개방된 단면의 우물통의 구조물 내부를 굴착하면서 지지층까지 침하시키는 공법
(2) 특징
   ① 장점
      ㉮ 임의 깊이의 지지층까지 도달 가능(압기케이슨보다 깊은 심도 가능)
      ㉯ 침하 중 지중 심도별 토질 확인 가능
      ㉰ 수중굴착이 가능하여 우물통 벽체의 설계가 경제적

◯라 굴착설비가 간단하고 공사비 저렴

◯마 소음, 진동이 거의 없음

◯바 일반적으로 많이 적용됨

② 단점

◯가 (기계굴착에 의한) 침하 중 편기 우려, 편기의 수정 제한

◯나 침하하중은 레일, 콘크리트 Block 등의 재하중을 사용

◯다 침하 선단부에 전석 등 장애물 존재 시 공기지연, 굴착비용 증가

◯라 굴착 중 주변지반의 교란 발생

◯마 지지층에 대한 (직접)지지력 측정 제한

(3) 시공 Flow

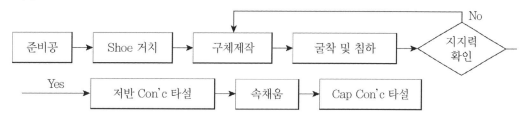

## 2. 압기케이슨(Pneumatic Caisson, 공기케이슨)

(1) 케이슨 내부에 압축공기실(작업실)을 설치, 압축공기를 송기하여 작업실 내 지하수(또는 해수)의 침투를 방지하면서 굴착하여 케이슨을 설치하는 공법

(2) 특징

① 주변지반의 교란이 작고 구체의 중심이 하부에 있어 편기가 적음

② 작업실 내에서 기초지반의 지지력을 직접 확인 가능, 기초의 신뢰성이 확실

③ 대규모 기계설비 필요, 초기비용의 증대

④ 인력작업으로 시공 정도가 높음

  침하 중 케이슨의 변위, 경사의 수정이 작업실 내에서 가능

⑤ 압축공기의 조작으로 침하 촉진

⑥ 지중장애물의 처리 가능

⑦ 고기압하 작업에 특수기계·기구를 사용, 특수 숙련작업자 필요

⑧ 침설깊이에 제한(한계심도)이 있음, 40m 이하 적용

⑨ 기압차에 의한 케이슨병 발생 우려

⑩ Compressor의 소음, 진동 발생

(3) 시공 Flow

준비공 → 작업실 구축 → 구체 구축 → 압기작업에 의한 굴착 → 침하
→ 지지력 확인 → 속채움(작업실, 구체) → Cap Con'c 타설

┈┤ 참조 ├┈

오픈케이슨, 압기케이슨 비교

| 구분 | 굴착방법 | 경사편심 대책 | 주변지반교란 | 시공설비 | 기초지반지지력 |
|---|---|---|---|---|---|
| Open Caisson | 수중 기계굴착 | 난이 | 많음 | 간단 | 시험 제한 |
| 압기 Caisson | 인력굴착 | 용이 | 적음 | 복잡(압기설비필요) | 평판재하시험 실시 |

## 3. Box Caisson(설치, 상자형 케이슨)

(1) 별도 제작장에서 제작된 케이슨을 시공 위치로 이동시킨 후 설치하는 공법으로 일반적으로 바닥부가 폐쇄된 상자형 케이슨으로 해상에 진수시켜 운반, 침강(속채움)시켜 설치

(2) 특징

  ① 장점

    ㉮ 지상 제작으로 구체의 품질확보 용이

    ㉯ 설치가 간편

    ㉰ 공사비 저렴

    ㉱ 케이슨의 제작기간이 단축

  ② 단점

    ㉮ 해상 진수, 운반, 침강 시 기상 영향에 의한 작업 위험성

    ㉯ 설치 지반의 요철 영향

(3) 시공 Flow

지상에서 구조물 제작 → 진수 → 예인 → 반(가)거치 → 부상 → 거치
→ 속채움 → Cap Con'c 타설

## IV. 결론

1. 케이슨 기초는 시공 간 구체의 침하에 따른 편기, 경사 등이 발생할 수 있다.
2. 굴착 간 케이슨 선단에서 편기, 경사가 발생되지 않도록 시공계획 수립과 이에 따른 철저한 시공관리가 필요하다.

# 14  Open Caisson의 시공

## I. 개요

1. 케이슨공법은 오픈케이슨, 압기케이슨, 박스케이슨 등으로 구분된다.
2. 오픈케이슨 공법은 RC, 강재 등으로 제작된 상하단이 개방된 단면의 우물통과 같은 구조물을 내부를 굴착하면서 지지층까지 침하시키는 공법이다.
3. 특히 연약지반 시공 시 과침하 및 편기, 경질지반에서 침하불량 등에 유의하여 시공이 이루어져야 한다.

## II. 특징

### 1. 장점

(1) 임의 깊이의 지지층까지 도달 가능(압기케이슨보다 깊은 심도 가능)
(2) 침하 중 지중 심도별 토질 확인 가능
(3) 수중굴착이 가능하여 우물통 벽체의 설계가 경제적
(4) 굴착설비가 간단. 공사비 저렴
(5) 소음·진동이 거의 없고 일반적으로 많이 적용됨

### 2. 단점

(1) (기계굴착에 의한) 침하 중 편기 우려, 편기의 수정 제한
(2) 침하하중은 레일, 콘크리트 Block 등의 재하중을 사용
(3) 침하 선단부에 전석 등 장애물 존재 시 공기지연, 굴착비용 증가
(4) 굴착 중 주변지반의 교란 발생, 지지층에 대한 (직접)지지력 측정 제한

## Ⅲ. 시공순서

```
사전조사 → 준비공 → Shoe 거치 → 구체제작 → 굴착 및 침하
→ 지지력 확인 → 저반 Con'c 타설 → 속채움 → Cap Con'c 타설
```

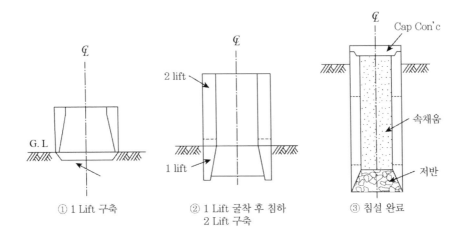

① 1 Lift 구축　　　② 1 Lift 굴착 후 침하　　　③ 침설 완료
　　　　　　　　　　　 2 Lift 구축

## Ⅳ. 시공 유의사항

### 1. 사전조사

(1) 지반조건 : 지지층 심도 및 지내력, 지하수위, 지중장애물 등

(2) 시공조건 : 기상상태, 해상상황, 작업장 면적 및 지지력, 근접 구조물 등

(3) 공사내용 : 케이슨의 거치 방법, 구체 제작·운반, 굴착 및 침하 방법 등

(4) 장비운용계획, 가설계획, 자재수급계획, 안전관리계획 등

### 2. 준비

전력설비, 굴착설비, Con'c 설비 등

### 3. 우물통의 거치(Shoe 설치)

(1) 육상 거치

① 물의 영향을 받지 않는 상황에 적용하며 충분한 지지력을 확보하여 케이슨의 선단을 설치
하는 방법

② 지반 정지 → 받침목(밑판)설치 → Curve Shoe 설치 → 구체축조

(2) 수중거치

① 축도식

㉮ 물막이 설치 후 내부를 토사로 채워 인공섬을 형성하여 케이슨을 거치하는 방법으로
수중거치 중 가장 일반적으로 적용됨

㉯ 축도면은 예상최고수위 +0.5~1.0m 정도 높이 확보

㉰ 축도면적은 케이슨 주위에 2.0m 정도의 여유를 확보

㉱ 수심 5m 정도까지는 축도식을 적용

② 예항식

㉮ 수심이 깊은 경우 강재로 케이슨 측벽을 제작하고 부상자를 이용 현장으로 운반시킨
후 측벽 사이에 콘크리트를 타설, 침설시키는 방법

㉯ 침설 전 거치지반의 장애물, 전석 등을 제거하며 연약지반은 치환 등의 조치 후 우물
통을 설치

㉰ 수심 5m 이상조건, 축도식 적용 제한 시 적용

③ 비계식(발판식)

㉮ 케이슨 침설 위치에 가설비계를 설치, 그 위에서 케이슨을 제작한 후 발판을 제거하여
케이슨을 침설시키는 방법

㉯ 소형 케이슨에 적용, 수심이 낮은 경우 가능

## 4. 구체축조

(1) Shoe를 거치 후 1단(1Lot, 1Lift) 구체 Con'c를 타설

(2) 구체 Con'c 타설 높이는 약 3~4m Con'c 양생 후 굴착 진행

(3) 구체축조 Flow

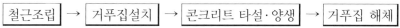

철근조립 → 거푸집설치 → 콘크리트 타설·양생 → 거푸집 해체

(4) 침하 중 마찰력 저감을 위해 케이슨 날끝(Shoe) 기울기
확보

| 구분 | 경질 지반 | 중간정도 지반 | 연약지반 |
|------|-----------|--------------|----------|
| 날끝 기울기 | 30° | 45° | 60° |

(5) 침하 중 마찰력 저감을 위해 Friction Cutter 설치
날끝에서 2m 윗부분에 5~10cm 소단 형성

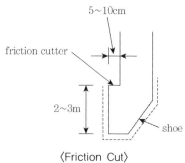

〈Friction Cut〉

## 5. 굴착, 침하

(1) 굴착

① 지하수위 상부 : 인력 굴착

② 지하수위 하부 : 배수 후 인력굴착 또는 수중굴착

| 토사층 | 자갈층 | 사질층 |
|---|---|---|
| Clam shell | Orange Fill | Sand Pump |

③ 굴착순서 준수

㉮ 굴착은 중앙부에서 시작하여 차츰 주변으로 진행

㉯ 대칭되게 굴착

〈굴착순서〉

(2) 침하

① 침하조건

$$W_C + W_L > Q + F + U$$

② 침하촉진 방법

㉮ Friction Cutter 설치

㉯ (우물통 외벽) 표면활성제 도포

㉰ 제팅에 의한 방법

㉱ 발파

③ 토질이 균등하지 않거나 큰 전석이 있으면 침하가 제한됨

(3) 편기

① 원인

㉮ 연약지반에서 급격한 침하, 굴착순서 미준수

㉯ 지층의 경사 혹은 연약지반 때문에 날끝 지지력 불균등

㉰ 침하하중의 불균등

㉱ 굴착 불균등, 날끝 장애물 등

② 대책

㉮ 높은 쪽을 굴착

㉯ 편하중을 재하

㉰ 대칭굴착, 굴착순서 준수

㉱ 재하하중의 균등 분포

③ 편차허용 범위 : 침하 깊이의 약 1/100

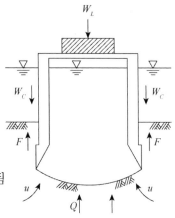

$W_C$ : 케이슨 자중

$W_L$ : 재하 하중

$Q$ : 날끝 지지력

$F$ : 주면 마찰력

$U$ : 부력

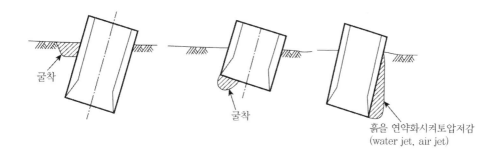

굴착

굴착

흙을 연약화시켜토압저감
(water jet, air jet)

## 6. 지지력 확인

(1) 소요 심도 도달 후 지지력 확인

(2) 방법 : 직접재하시험 또는 평판재하시험 실시

## 7. 저반 Con'c 타설

(1) 저반 Con'c 타설은 수중 타설로 진행

(2) 자갈, 조약돌 등을 깔고 2~3m 정도의 Con'c 타설

(3) 단위 Cement량 370kg 이상, Slump 100~150mm, W/C 50% 이하

(4) Tremie 관을 이용 타설

(5) Tremie 관에 의한 Con'c 타설 속도가 일정하도록, Pipe의 인발은 천천히 진행

(6) 보통 10~14일 양생

## 8. 속채움

(1) 저반 콘크리트의 강도확인 후 속채움 실시

(2) 모래, 자갈 등으로 속채움

(3) 우물통 내부 배수 시 지하수에 의한 부력으로 저반 Con'c 파손 및 우물통의 부상 발생 주의

## 9. Cap Con'c(상치 콘크리트)

(1) 속채움재의 유실을 방지하기 위해 속채움 즉시 Cap Con'c 타설

(2) 상부기초와 접착을 위해 Cap Con'c 표면을 요철 처리

# V. 결론

1. 우물통 기초 공법은 시공 간 소음·진동이 작고, 강성이 커서 대형 구조물의 기초로서 적합하다.

2. 시공 간 케이슨의 편기, 주변 지반의 교란이 발생하므로 이에 대한 대책이 강구되어야 하며, 편차의 수정은 심도가 크게 되면 매우 어려움으로 심도가 작은 위치에서 적극적으로 대응하여야 한다.

# 15 케이슨 침하촉진공법

## I. 개요

1. 케이슨 기초는 우물통 모양의 콘크리트 구조물을 지상에 구축하여 그 통내의 토사를 배출하면서 지중에 침하시켜 소정의 지지층에 설치하는 기초를 말한다.
2. 육상 또는 수상에서 제작된 우물통은 선단지지력, 부력, 마찰력 등에 의해 침하가 지연되어 공기에 영향을 미치므로 침하촉진공법을 이용하여 원활한 침하가 되도록 관리하여야 한다.

## II. 침하조건

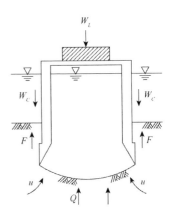

$W_C$ : 케이슨 자중
$W_L$ : 재하 하중
$Q$ : 날끝 지지력
$F$ : 주면 마찰력
$U$ : 부력

1. 상부하중보다 저항력이 클 때 침하 제한됨
2. 침하조건식

$$W_c + W_L > U + F + Q$$

여기서, $W_c$ : 우물통 자중, $W_L$ : 재하 하중, $F$ : 주면마찰력,

$Q$ : 선단지지력, $U$ : 부력

## III. 침하촉진공법의 분류

| 구분(원리) | | 분류 |
|---|---|---|
| 하중증대공법 | | 재하중공법, 물하중공법 |
| 저항력 감소공법 | 선단지지력 | 발파공법, Jet 공법, 날끝 형상 조정 등 |
| | 주면마찰력 | Frction Cutter, 마찰저감제, 자갈채움, Jet 공법 |
| | 부력 | 지하수위 저하공법 |

## IV. 침하촉진 공법

### 1. Friction Cutter

(1) 케이슨 날끝에 Friction Cutter를 붙여 마찰력을 저감시키는 방법

(2) 구체 벽면과 원지반 사이 토사를 교란시킴

(3) 굴착침하 시 중앙부 선굴착, 이후 Friction Cutter 주변
 굴착

(4) Shoe를 부착하여 Friction Cutter를 보호

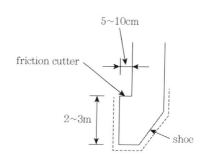

## 2. 케이슨 날끝(Shoe) 형상의 조정

(1) 굴착지반의 상태에 따라 Shoe 기울기 조정 적용

(2) 지반상태에 따른 날끝 기울기

| 지반 상태 | 굳은 지반 | 중간 정도 지반 | 연약지반 |
|---|---|---|---|
| 적용 기울기 | 30° | 45° | 60° |

## 3. 재하중 공법

(1) 케이슨 상단에 재하하중을 이용하여 침하를 촉진

(2) 재하재료 : Rail, 철괴, Concrete Block, 흙가마니 등

(3) 특징

 ① 시공이 간단

 ② 경제적임

 ③ 케이슨 제작에 따라 하중의 제거, 재하 반복 필요

(4) 적용 : 일반토사, 사질지반

## 4. 수위 저하 공법

(1) 우물통 내부의 수위저하로 부력을 감소시키고 케이슨의 중량을 증가시켜 침하를 촉진시키는
 공법

(2) 굴착부에 Boiling, Heaving 발생 우려

(3) 우물통의 급격한 침하와 편심 주의 필요

(4) 적용 : 실트, 점성토 지반

## 5. Air Jet 공법

(1) 구체와 지반 사이를 Air Jet하여 지반을 교란, 주면마찰력을 감소시키는 공법

(2) 큰 용량의 압축공기 필요

(3) 구체의 벽두께에 영향 발생

(4) 적용 : 점성토, 사질토, 실트 지반

## 6. 물하중 공법

(1) 케이슨 내부에 수밀한 선반을 설치 후 물을 채워 침하를 촉진시키는 공법

(2) 특징

    ① 펌프를 이용 신속한 주수 가능

    ② 재하비용이 저렴

    ③ 균등하중으로 재하 가능

    ④ 우물통의 경사가 적게 발생

(3) 적용 : 실트, 점성토 지반

## 7. Water Jet 공법

(1) 우물통 날끝 부분에 물을 고압으로 분사시켜 지반을 느슨하게 하여 마찰력 감소시키는 공법

(2) 과압력에 의한 부등침하에 유의 필요

(3) 많은 양의 물이 필요

(4) 적용 : 일반토사, 모래 지반

## 8. 발파 공법

(1) 구체 선단부 지반을 발파하여 침하를 촉진시키는 공법

(2) 특징

    ① 발파 영향으로 구체에 충격 발생

    ② 구체 선단의 파손 우려

(3) 케이슨 내부에 물이 약간 있으면 구체 피해 감소

(4) 화약 양 : 우물통 단면적 $20m^2$에 300g 정도

(5) 적용 : 자갈 섞인 모래지반, 암반

## 9. 활성제 도포

(1) 우물통 외벽체에 표면활성제를 도포하여 마찰력을 감소시키는 공법

(2) 작업이 간단, 비용 저렴

(3) 추가적인 장치가 불필요

## 10. 자갈 채움

(1) 우물통 침하 시 우물통 외벽면에 자갈을 채워 마찰력을 저감시키는 방법

(2) 표면이 매끄럽고 둥근 자갈을 이용

자갈 채움 →
(마찰력 감소)

> **┤ 참조 ├**
>
> **침하 시 유의사항**
> - 편기 및 경사 최소화, 구체 선단부의 파손 주의
> - 조류, 파랑의 영향 주의, 지반의 부등침하 방지
> - 주면마찰력의 감소 조치

## V. 편기 원인 및 대책

### 1. 편기 원인

(1) 연약지반에서 급격한 침하, 굴착순서 미준수

(2) 지층의 경사 혹은 연약지반 때문에 날끝지지력 불균등

(3) 침하하중의 불균등

(4) 굴착 불균등, 날끝 장애물

(5) 조류 및 파랑, 유수 등의 영향

### 2. 대책

(1) 높은 쪽을 굴착

(2) 편하중을 재하

(3) 대칭굴착, 굴착순서 준수

(4) 재하하중의 균등 분포

### 3. 편차허용 범위

침하 깊이의 약 1/100

## VI. 결론

1. 케이슨의 침하촉진공법은 케이슨에 침하 시 상향으로 작용하는 선단지지력, 마찰력, 부력 등을 감소시키는 방법과 하향의 하중을 증가시키는 방법으로 구분된다.

2. 침하 시 편기 발생 시 원인을 철저히 분석하여 대책을 강구하여야 하며 사전조사를 통해 지반의 특성을 세밀히 파악하고 시공 간 굴착, 침하 관리를 철저히 하여야 한다.

## I. 개요

1. 기초의 부등침하는 다양한 원인에 의해 발생할 수 있으며 부등침하 발생 시 구조물의 안정에 영향을 초래하게 된다.

2. 구조물의 침하량이 허용침하량을 초과하지 않도록 철저한 지반조사를 통한 기초형식 적용 및 지지력 확보, 구조물의 형태·중량의 Balance를 유지하여야 한다.

## II. 부등침하에 의한 문제점

1. 구조물의 균열, 변형
2. 지반의 침하
3. 구조물 누수 발생
4. 단열, 방습 등 기능의 저하

> **┤ 참조 ├**
>
> **기초의 침하 종류**
> • 전체(균등)침하 : 구조물이 균등하게 침하
> • 부등침하 : 구조물이 부분적으로 침하
> • 전도침하 : 구조물이 한쪽방향으로 침하하며 전도

## III. 부등침하의 원인

### 1. 지반의 침하, 지지력 변화

(1) 연약지반

    ① 연약지반상 구조물 시공

    ② 지반의 지지력 부족

    ③ 지반의 압밀침하

    ④ 구조물 기초지반의 연약층 두께 차이

       연약층 두께가 다르게 분포하는 지반에 구조물 설치

    ⑤ 측방유동에 의함

(2) 이질지반

    ① 종류가 다른 지반상 구조물 시공

    ② 지반별 지지력, 침하량 차이 발생

(3) 경사지반

　① 지중 경사지층이 존재

　② 지중 경사지층에 Sliding 현상 발생

(4) 지중 매설물

　매설물 등의 영향으로 기초지반의 침하량 차이 발생

(5) 지하수위 변화

　지하수위 변화에 따른 지지력·침하량 변화

## 2. 구조물 기초

(1) 복합기초 적용

　① 구조물 기초를 다른 형식으로 복합 적용

　② 기초의 형식에 따른 지지력 차이 발생

(2) 기초의 설계, 시공 부적정

　① 기초의 설계 부적정, 충분한 안전율 미확보

　② 기초 말뚝의 수량 부족

　③ 시공 시 기초의 심도, 간격 등 미준수

　④ 부마찰력에 의한 지지력 감소

## 3. 구조물

(1) 비대칭 구조형상

(2) 증축의 영향으로 하중의 불균형 발생

## 4. 근접 굴착의 영향

(1) 인근에서의 부주의한 굴착작업 영향

(2) 지하수위 저하, 지반침하 발생

## 5. 지진 등

# IV. 대책

## 1. 지반의 지지력 확보, 침하 방지

(1) 연약지반

　① 연약지반개량공법 적용, 침하 저감 및 지지력 확보

　② 다짐, 치환, 압밀 공법 등

(2) 이질지반, 경사지반, 지중 매설물

 ① 사전조사를 통한 지중 상황 확인

 ② 지반 특성을 고려한 기초형식의 적용

 ③ 지중 매설물의 종류, 위치, 크기 확인

 ④ 깊은기초의 선단 정착 깊이 및 지지력 확보

(3) 지하수위 대책 : 중력배수, 강제배수공법 등 적용

## 2. 구조물 기초

(1) 기초형식의 선정

 ① 동일지반에서는 기초 형식을 통일하여 적용

 ② 이질지반 분포 시 복합기초를 적용, 충분한 저항력 확보

(2) 설계 시 기초의 충분한 지지력 반영

(3) 기초의 시공

 ① 깊은기초는 지지층까지 충분히 근입

 ② 말뚝 시공 시 파손·변형·수직도 유의

 ③ 부마찰력에 대한 조치

## 3. 구조물

(1) 구조물의 평면상 하중 Balance 고려

(2) 구조물의 형상, 중량의 균등 배분

(3) 구조물 경량화

(4) Expansion Joint 설치

## 4. 근접시공에 대한 조치

(1) 흙막이 굴착 영향 고려, 계측관리 철저

(2) 복수공법 등 고려, 지반침하 최소화

## 5. Underpinning 공법 적용

(1) 지반, 구조물의 침하를 방지하기 위한 사전조치

(2) 기초보강, 지반보강, 차단벽 등

## V. 결론

1. 구조물의 부등침하 발생 시 구조물의 안전성, 내구성, 사용성 등이 저하되며 보수가 제한되므로 이를 예방하기 위한 노력이 요구된다.

2. 구조물 기초 설계 전 철저한 지반조사를 실시하고 이에 대한 최적의 기초공법을 선정·적용하여 부등침하를 예방하여야 한다.

# 17 지하 관로의 기초형식 및 매설공법

## I. 개요

1. 매설관의 기초는 관로의 침하·변형을 방지하고 구배를 유지시키기 위해 시공된다.
2. 관로는 보통 긴 연장에 걸쳐 시공되므로 변화하는 토질조건에 대응할 수 있는 기초형식을 적용토록 해야 한다.

## II. 기초형식 선정 시 고려사항

1. 위치별 토질 조건
2. 매설되는 관의 종류, 크기, 중량, 용도
3. 매설 심도(되메우기 깊이), 상부하중
4. 시공성 및 경제성
5. 지하수위 및 상태
6. 상부조건, 주변상황 등

## III. 기초형식

### 1. 직접기초
(1) 지반 상태가 매우 양호한 경우, 굴착면에 바로 관을 설치
(2) 자갈, 암반 등의 지반에는 부적합
(3) 시공 간단
(4) 기초가 별도로 없어 시공속도가 빠름
(5) 공사비 절감

### 2. 자갈기초
(1) 지반이 양호하며 부분적인 용수가 있는 조건에 적용
(2) 자갈층 두께 : 20~30cm 정도

(3) 자갈을 포설한 후 다져서 기초를 형성

## 3. 쇄석기초

(1) 연약한 점토, 실트층 등에 사용

(2) 쇄석 포설 후 템퍼 등으로 충분히 다져 기초를 형성

## 4. 침목기초

(1) 관 1개 2~4곳에 침목을 받치는 방법

(2) 관로 매설 후 부등침하가 일부 우려될 때 적용

(3) 지하수위가 높은 곳 적용 제한

(4) 침목의 부식 우려

(5) 침목 재료 : 목재, Con'c Block 등 사용

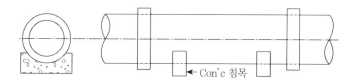

←Con'c 침목

## 5. 사다리 기초

(1) 비계목(동목)을 사다리형으로 설치한 후 그 위에 관로 부설

(2) 지반이 연약하고 용수의 영향이 있는 지반에 적용

(3) 지반이 연약해 관로의 부등침하가 예상되는 지반에 적용

(4) 지하수 영향으로 비계목의 부식 우려

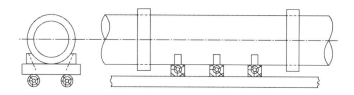

## 6. 말뚝기초

(1) Pile을 설치 후 상단에 (쐐기)침목을 설치하고 관로를 부설

(2) 지반이 매우 연약하여 부등침하의 우려가 있는 지반에 적용

(3) 관로가 대구경으로 중량, 상재하중이 크고 지지력 보강이 필요한 경우 적용

(4) RC Pile이 주로 사용됨

(5) 공사비가 매우 크므로 극히 부분적으로 적용, 특수 공종 등에 국한됨

## 7. 콘크리트 기초

(1) 굴착면에 자갈·쇄석층을 형성 후, 그 위에 무근 혹은 철근콘크리트를 타설

(2) 굴착지반이 매우 연약하고, 부등침하의 우려가 있는 곳에 적용

(3) 공사비가 고가이며 Con'c의 양생에 따른 공기 지연

(4) Con'c는 관하부 중심에서 90~180° 범위에 타설

## 8. Sand Cushion 기초

(1) 연약토를 제거하고 모래로 치환(30cm 정도)한 후, 그 위에 자갈기초를 형성

(2) 지반이 매우 연약한 경우, 용수가 있는 경우 적용

---

| 참조 |

**매설 관로의 파괴 원인**

| 관로 재료·시공 불량 | • 불량 관로의 사용, 관로 취급 시 파손, 관로 시공 시 지반·기초 지지력 미확보, 부등침하 발생<br>• 관로 이음부 시공 불량, 구배 확보 불량 |
|---|---|
| 지반의 영향 | • 지반의 침하로 관로의 침하·파손 발생, 이음부 파손 유발, 지반의 측방유동, 지반활동 등으로 관로의 이탈<br>• 지하수위 상승에 따른 관로의 부상, 부력에 의한 관로 파손 |
| 상부에서의 영향 | • 되메우기 작업 시 국부적 충격에 의한 파손, 상부 하중영향으로 관로에 진동·충격 등 영향 |
| 기타 | • 설계 부적정, 시공 후 품질검사 미흡 |

---

# IV. 매설공법

## 1. Open Cut 공법

(1) 지반을 Trench 굴착 후 기초를 형성하여 관로를 매설하고 되메우기 하는 공법

(2) 보통 지반에서는 비탈면 개착 굴착공법 적용

(3) 지반이 연약하거나 굴착 깊이가 깊은 경우는 적정한 흙막이 굴착공법 적용

## 2. 추진(Pipe Pushing) 공법

(1) 지중을 수평 굴착하여 관로를 굴착공간으로 추진시키는 공법으로 터널의 Shield 공법과 같은 공정으로 진행

(2) 적용

  ① 교통량이 많은 도로의 횡단

  ② 구조물 하부를 통과하여 관로를 부설하는 경우

(3) 매설깊이가 큰 경우 Open Cut보다 공사비 절감 가능

(4) 단점

　　① 곡관의 부설이 제한됨

　　② 연장이 길어지면 추진저항이 커져 시공이 제한됨

(5) 공법의 종류

　　① 유압식 공법

　　② 타격식 공법

## 3. Front Jacking 공법

(1) Front Jack에 의해 케이블을 잡아당겨서 관로를 부설

(2) 관 속의 버력 반출은 인력이나 트롤리 이용

> **｜ 참조 ｜**
>
> **매설 시 유의사항**
>
> | 사전조사 | • 지반조사 : 지질의 상태, 지지력, 지반활동 여부, 지하수위<br>• 지중구조물 : 통신선, 가스관 등 현황도 작성<br>• 교통상황, 주변 구조물, 민원요인 등 |
> |---|---|
> | 굴착 | • 굴착공법의 검토, 굴착면 붕괴 방지<br>• 지하수 대응 대책 : 약액주입, 배수공법 등<br>• 굴착토 관리 : 토질 확인 후 사용 또는 사토장 운용 |
> | 관로 부설 | • 관로의 규모, 용도, 지반 특성 등을 고려하여 적합한 기초형식 적용<br>• 관로의 이음부·구배 관리, 곡선부에 대한 보강<br>• 부설후 구배 및 수밀성에 대한 검사 철저 |
> | 되메우기 | • 적합한 토질의 사용, 포설 및 다짐 주의<br>• 관로 이음부 되메우기 주의 |
> | 기타 | • 교통 통제 대책, 야간 통행 유도등, 안전관리<br>• 주변 지반·구조물 영향 확인·보강, 공해·민원 대응 |

# V. 결론

1. 관로의 기초가 불안정하게 되면 부등침하, 이음부 파손 등이 발생하여 관로의 기능이 저하됨은 물론 파괴에 이를 수 있다.

2. 매설관의 기초는 관로의 종류·특성·용도, 지반조건, 지하수 상태, 상부 하중 특성 등을 고려하여 적합한 기초형식을 선정, 적합한 매설공법의 적용이 되도록 하여야 한다.

# 18 하수도관 접합 및 연결

## I. 개요

1. 하수도관의 연결은 관종에 따라 연결방법, 연결순서, 연결재료 등을 검토하여 적합하게 적용되어야 한다.
2. 관로의 연결부를 통해 토사가 유·출입하는 경우 도로가 함몰되거나 유수소통에 장애를 초래하지 않도록 정밀한 시공이 필요하다.
3. 관로의 방향, 경사, 관경이 변화하는 장소 및 관로가 합류하는 장소에는 맨홀을 설치하여야 하고, 관로의 접합은 관로내 물의 흐름을 원활하게 하기 위해 원칙적으로 에너지경사선에 맞추어야 한다.

## II. 관로 접합방법

### 1. 관로 접합 원칙
(1) 관경 변화, 관로합류 시 접합은 원칙적으로 수면접합 또는 관정접합 적용
(2) 지표의 경사가 급한 경우 단차접합 또는 계단접합 적용
    ① 단차접합 1개소 당 단차는 1.5m 이내로 함
    ② 단차 0.6m 이상 시 합류관 및 오수관에 부관을 사용
    ③ 통상적으로 대구경관 또는 현장타설 관로에 계단접합 적용
       계단의 높이 : 1단당 0.3m이내 정도
(3) 2개 관로 합류 시 중심교각 : 30°~45°, 장애물 있는 경우 60°
(4) 곡선을 갖고 합류하는 경우의 곡률반경 : 내경의 5배 이상

### 2. 관로 접합방법
(1) 수면접합
    ① 관내의 수면을 일치시키는 방식
    ② 에너지 경사선이나 계획 수위를 일치시켜 접합하므로 수리학적으로 이상적임
    ③ 정류를 얻을 수 있으나 수리계산이 다소 복잡

④ 일반적으로 이용되는 방식

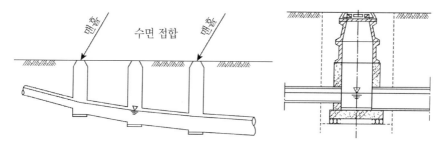

(2) 관정접합

　① 관거의 내면정부(윗부분)를 일치시켜 접합하는 방식

　② 유수의 흐름이 원활하고 수리계산이 용이

　③ 굴착 깊이가 증가되며 공사비 증가

　④ 수위 저하가 크고 지세 급한 곳 적당

　⑤ 펌프배수 시에는 배수양정이 높아지는 단점이 있음

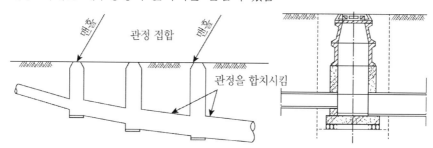

(3) 관중심접합

　① 관의 중심선을 일치시켜 설치하는 방법

　② 수면접합과 관정접합의 중간적인 방식

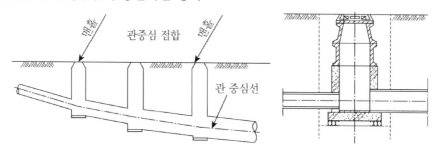

(4) 관저접합

    ① 관거의 내면 바닥이 일치되도록 접합하는 방식

    ② 평탄한 지형에서 굴착 깊이가 얕아져 공사비 절감

    ③ 수위상승을 방지하고 양정고를 줄일 수 있어, 펌프로 배수하는 지역에 적합

    ④ 수리학적으로 불량한 방법으로 상부의 동수구배선이 관정보다 높아지는 경우가 가끔 발생

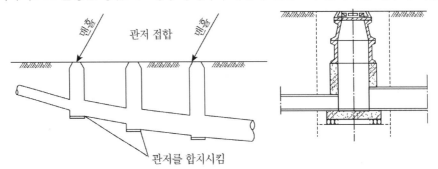

(5) 단차접합

    ① 지표의 경사에 따라 적당한 간격으로 맨홀을 설치하는 방식

    ② 지세가 아주 급한 경우 관거의 기울기와 토공량을 줄이기 위해 적용

    ③ 1개소당 단차는 1.5m 이내

(6) 계단접합

    ① 계단을 만들어 단차를 두는 방식

    ② 통상적으로 대구경관 또는 현장타설 관로에 계단접합 적용

    ③ 지세가 아주 급한 경우 관거의 기울기와 토공량을 줄이기 위해 적용

    ④ 계단의 높이는 1단당 0.3m 이내

(7) 접합방법 특성 비교

| 구분 | 수면접합 | 관정접합 | 관중심접합 | 관저접합 |
|------|---------|---------|----------|---------|
| 접합<br>개요 | 에너지 경사선이나 계획수위를 일치 | • 관정을 일치<br>• 유수 흐름 원활 | 관중심을 일치 | 관로 내면바닥 일치 |
| 특징 | 경제성 및 수리적 특성을 고려한 가장 현실적인 접합방법 | • 유수의 흐름 양호<br>• 굴착깊이 증가<br>• 공사비 증가 | 일반적으로 수면접합에 준용됨 | • 굴착깊이 감소<br>• 공사비 감소<br>• 수리적으로 불리 |

> ┈┈┈│ 참조 │┈┈┈
>
> **관로 접합방법 선정 시 고려사항**
>
> 배수구역의 종단구배, 지하매설물 및 장애물, 방류하천의 수위, 관로의 매설심도 등

## Ⅲ. 관로 연결방법

### 1. 맞대기 연결
(1) 직관을 수밀밴드를 사용하여 연결하는 방법
(2) 수밀밴드는 시공 후에도 탄성이 유지되어야 함
(3) 관내, 접착부위 등에 이물질이 없도록 주의
(4) 용수배제가 곤란할 경우 적용하지 않음
(5) 연성관 적용 시
　　① 수팽창 고무(합성수지 고무 등) 혹은 수밀시트와 스테인레스 스틸 등의 밴드를 이용
　　② 과도한 열을 가해 시트가 타지 않도록 주의
　　③ 수밀시트 안에 기포가 없도록 작업

### 2. 소켓 연결
(1) 고무링, 합성수지 충전재를 사용한 압축조인트방법 사용
(2) 분류식 오수관 및 합류식 관에 콘크리트관을 사용 시 고무링 소켓연결을 원칙으로 함
(3) 고무링 성능에 영향이 없는 윤활제를 사용, 오일이나 그리스 등은 사용 금지
(4) 용수배제가 곤란한 경우도 시공 가능
(5) 연결불량이 발생하지 않도록 주의 필요

### 3. 플랜지 연결
(1) 플랜지 면의 이물질을 완전히 제거
(2) 패킹은 수질, 수압, 수온 등에 내구성이 구비되는 것 사용
(3) 볼트 조임 시 한쪽으로만 조여지지 않도록 주의

### 4. 기계식(미캐니컬) 연결
(1) 관의 삽입구 끝 외면의 청소 범위 : 끝부분에서부터 400mm 정도
(2) 연결 전 삽입구와 고무링에 윤활제 충분히 도포
(3) 볼트 조임 시 한쪽으로만 조여지지 않도록 주의
(4) 종류
　　① KP기계식(미캐니컬) 연결
　　　　㉮ 볼트 및 고무링의 부식 방지, 노화 방지 가능
　　　　㉯ 공사가 쉬우며 취급이 간편
　　② 기계식(미캐니컬) 연결
　　　　㉮ 충분한 기밀성과 수밀성을 확보
　　　　㉯ 관축방향에 대해 가동성과 신축이 자유로움

## 5. 융착 연결

(1) 일반적으로 합성수지관에 적용

(2) 융착시트에 전기발열선을 넣은 후, 전기발열에 의해 시트를 용융시켜 붙이는 방법

    ① 융착 시트법

    ② 전기발포융착시트법

(3) 융착 시트에 직접 열을 가해서 녹여 붙이는 방법 : 열융착법

(4) 접합부위를 감싼 후 버클벨트와 밴드를 사용하여 조임 작업 실시

(5) 융착이 완료되면 작업 완료 전 냉각기간 부여

    여름 10분, 겨울 5분 정도

---

┤ 참조 ├

**상수도 관종별 접합**
- 강관, 동관 : 용접접합
- 덕타일주철관 : 메커니컬 접합, KP메커니컬 접합, 타이튼 접합
- 스테인리스강관 : 압착식접합, 신축가동식 접합, 확관식접합, 롤 푸쉬접합
- 경질염화비닐관 : TS접합, 고무링접합
- 폴리에틸렌관 : 융착접합
- 유리섬유강화플라스틱관 : 소켓접합, 플랜지 접합

---

# IV. 결론

1. 관로의 접합 및 연결 불량 부분으로 관내 유수가 유출, 주변 지하수 및 토사의 유입이 발생하여 부등침하, 노면함몰, 주변 매설물 등에 피해를 야기한다.

2. 관로의 접합 및 연결 시 최적의 방법을 적용, 수밀하고 내구적인 시공이 되도록 세심한 관리가 필요하다.

# 19 하수의 배제방식, 하수관거 배치방식

## I. 개요

1. 하수관로시설은 주택, 상업 및 공업지역 등에서 배출되는 오수나 우수를 모아서 처리시설 또는 방류수역까지 이송 또는 유출시키는 역할을 한다.
2. 하수의 배제방식은 분류식과 합류식이 있으며 지역의 특성, 방류수역의 여건 등을 고려하여 배제방식을 결정한다.

┤ 참조 ├

**하수배제방식 선정 시 고려사항**

기존 하수관거 현황, 시가지 형태 및 밀집도, 계곡수 및 경제성, 시공성, 유지관리, 오염문제, 지형 및 지세, 지역의 특성, 방류수역의 여건 등

## II. 하수 배제방식

### 1. 분류식(Separate System)

(1) 우수와 오수를 별개의 관로로 배제하는 방식으로 우수는 하천으로 직접 방류되며 오수는 하수처리장으로 처리된다.

(2) 특징

① 장점

㉮ 관내 유속이 비교적 빠르며, 관내 오물의 퇴적이 적다

㉯ 오수만 처리하므로 처리비용이 저렴

㉰ 관내 청소가 비교적 용이

㉱ 방류장소 선정 용이

② 단점

㉮ 부설비가 비싸다

㉯ 강우초기 노면 오염물질이 처리되지 못하고 공공수역으로 방류됨

㉰ 소구경 오수관거 폐쇄 우려

## 2. 합류식(Combined System)

(1) 우수와 오수를 동일 관로로 배제하는 방식

(2) 특징

　① 장점

　　㉮ 강우 시 비점오염물질 등의 처리가 용이

　　㉯ 관거의 부설비가 저렴하고 시공이 용이

　　㉰ 미정비 지역에 적용 유리

　　㉱ 관경이 커 폐쇄 우려가 없고, 보수가 용이

　　㉲ 강우 시 수세효과 발생

　② 단점

　　㉮ 우천 시 계획하수량 이상이 되면 월류 발생

　　㉯ 청천 시 수위가 낮고, 유속이 작아 관내 퇴적 발생 우려

　　㉰ 강우 시 비점오염물질이 하수처리장에 유입됨

　　㉱ 우천 시 다량의 토사가 유입

　　㉲ 유량, 유속, 수질 등의 변동이 큼

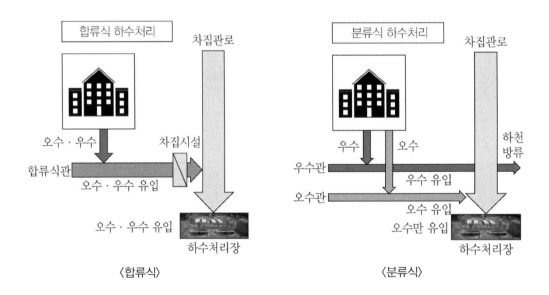

〈합류식〉　　　　　　　　　　〈분류식〉

## 3. 하수 배제방식별 특징 비교

| 구분 | 합류식 | 분류식 |
|---|---|---|
| 시공성 | 양호 | 다소 불리 |
| 관거 오접 | 없음 | 오접 가능성 높음 |
| 관거내 퇴적 | 청천 시 오물퇴적 많음 | 비교적 적음 |
| 우천시 월류 | 월류수 대책 필요 | 없음 |

---

| 참조 |

**관로 설치 주의사항**

**오수관로**
- 관경 200 mm를 표준, 매설깊이 1m 이상
- 계획시간최대오수량에 대하여 유속을 최소 0.6 m/s, 최대 3.0 m/s 적용
- 최대유속이 3.0 m/s를 넘게 될 때에는 단차를 설치
- 단차설치가 곤란한 경우에는 감세공 설치, 관경이나 맨홀의 종별 상향 또는 수격에 의한 맨홀파손 방지조치를 고려

**우수관로 및 합류식관로**
- 관경 250 mm를 표준, 매설깊이 1m 이상
- 계획우수량에 대하여 유속을 최소 0.8 m/s, 최대 3.0 m/s 적용
- 급경사지 등에서 하류지점 유량집중을 방지하기 위하여 단차 및 계단을 설치
- 토사류의 침진 방지 대책 필요

---

# Ⅲ. 하수관거 배치방식

## 1. 직각식(수직식)

(1) 하수관거를 방류수면에 직각으로 배치하는 방식

(2) 하수배제가 가장 신속하며 경제적

(3) 비교적 토구수가 증가됨

(4) 하천의 오염 문제 발생 가능

(5) 적용

　① 하천이 도시의 중심을 지나가는 경우

　② 해안을 따라 발달한 도시에 적당

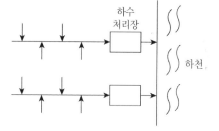

## 2. 차집식

(1) 직각식을 개량한 것으로 하천오염을 막기 위해 하천 등에 나란히 차집관로를 설치해 모아서 방류하는 방식

(2) 오수를 하류지점으로 수송하고 그 곳에 하수처리장을 설치

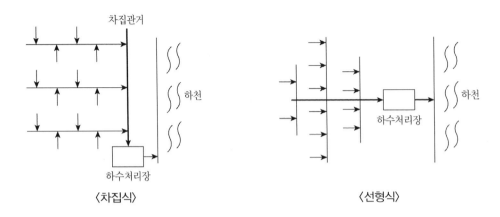

〈차집식〉                    〈선형식〉

## 3. 선형식

(1) 하수관거를 나뭇가지형으로 배치하는 방식

(2) 하수관 및 펌프장을 집중직으로 건설하므로 경제적 시공 가능

(3) 적용

    ① 지형이 한쪽 방향으로 경사져 있는 경우

    ② 전체 지역의 하수를 1개의 어떤 한정된 장소로 집중시켜야만 할 경우

    ③ 시가지 중심에 하수간선, 펌프장 등이 집중된 대도시에는 부적합

## 4. 방사식

(1) 배수지역을 여러 개로 구분해서 중앙으로부터 방사형으로 배관하여 각각 개별적으로 배제하는 방식

(2) 주로 합류식 관거에 이용됨

(3) 적용

    ① 지역이 광대하여 하수를 한곳으로 배수하기 곤란한 경우

    ② 시가지 중앙부가 높고 주변에 방류수역이 분포된 경우

    ③ 방류수역 방향이 경사져 있는 경우에 경제적

    ④ 대도시에 적합

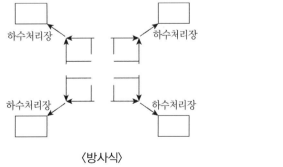

〈방사식〉

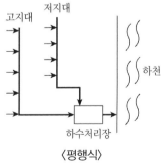

〈평행식〉

## 5. 평행식

(1) 고지구, 저지구를 구분하여 각각 독립된 간선을 만들어 배수하는 방식

(2) 고지대는 자연유하식, 저지대는 펌프식으로 하수 배제

(3) 적용

    ① 계획구역 내의 고저차가 심한 경우

    ② 도시가 고지대와 저지대로 구분되는 경우에 적합

    ③ 광대한 대도시에 합리적이고 경제적

## 6. 집중식

(1) 사방에서 1개 지점의 장소로 향하여 집중적으로 흐르게 한 후 다음 지점으로 수송하거나 저지구의 하수를 중계펌프장으로 집중시키는 방식

(2) 중계펌프장 필요

(3) 적용 : 도심지 중심부가 저지대인 경우에 적합

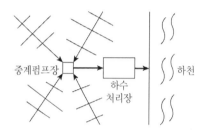

## IV. 결론

1. 하수도계획시 배제방식은 공공수역의 수질오염방지를 위해서 기본적으로 분류식을 적용한다.

2. 기존 하수도시설의 형태 및 지하매설물의 매설상태 등 여러 가지 여건상 분류식의 채택이 어려운 경우, 공공수역의 수질보전에 지장이 없고 방류수역의 제반조건에 대하여 적절한 대책을 강구하여 합류식으로 계획할 수 있다.

# 20 (하수) 관로 검사 및 시험

## I. 개요

1. 시험방법은 지하수위와 매설심도 및 관경, 계절적 영향 등을 고려하여 선정한다.
2. 검사구간은 맨홀과 맨홀 구간으로 검사 시기는 되메우기 전에 시행하는 것을 원칙으로 한다.

## II. 관로 검사 및 시험 방법

### 1. 경사검사

(1) 부설관로의 종·횡 방향에 대한 시공적정성을 판단하기 위한 검사

(2) 종류 : 경사의 변동검사, 관의 측선 변동검사

(3) 허용오차 기준

| 구분 | 종방향 | 횡방향 |
|------|--------|--------|
| 기준점 | 수준점~관저고 | 관로중심선 |
| 허용오차 | ±30mm | 좌우 100mm 이하 |

(4) 되메기 후 경사검사 : 맨홀과 맨홀 사이를 거울, 광파, 레이저 등을 이용 검사

### 2. 수밀검사(침입수, 누수, 공기압시험)

(1) 침입수시험(양수시험)

　① 지하수위가 관 상단 0.5m 이상에 있고 관로 내 침입수가 발생한 경우에 한해 적용

　② 맨홀 사이의 상류측 지수 후 하류측의 맨홀에서 유량을 측정

　③ 허용누수량 기준 초과 시 조치

(2) 누수시험

　① 지하수위가 관 상단 0.5m 미만에 있는 경우 적용

　② 물로 가득 찬 관로에 누수량을 측정

　③ 높은 쪽 끝의 관로 상부에서 압력수두 1.0m 이상, 낮은 쪽 끝에서 수두가 5m 이하 적용

　④ 직경 1,000mm 이상의 관은 공기압 또는 연결부시험으로 대치

　⑤ 물을 채우고 예비시간 이후 30분에 누수량을 측정

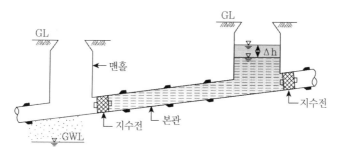

〈본관 및 맨홀 누수시험〉

**수밀검사 적용기준 및 허용누수량**

| 대상 | 적용 관경 | 적용수두차(수압차) | 예비시간 | 측정시간 | 수두 저감 허용치 | 허용 누수량 (L/m²) |
|------|-----------|--------------------|----------|----------|-----------------|---------------------|
| 관로 | 1,000mm 미만 | 관로 높은 쪽 최소 1m(10kPa) 관로 낮은 쪽 최대 5m(50kPa) | 콘크리트 계열 30분~1.0시간, 비콘크리트 계열 10분 | 30±1분 | Δ1kPa 또는 Δ100mm | 0.15 |
| 관로+맨홀 | | | | | | 0.20 |
| 맨홀 | – | | | | | 0.40 |
| 이음부 | 1,000mm 이상 | 50kPa | | | | 0.15 |

(3) 공기압시험

① 관로와 이음부의 수밀성 확인을 위해 공기가압시험을 실시

② 종류 : 정압시험, 가변압시험(하수관로 적용)

③ 허용감압량과 최종(측정) 감압량과 비교하여 판단

④ 대형관로(1,000mm 이상)는 이음부 위주로 시험

⑤ 검사압 33.8kPa, 허용감압량 3.4kPa

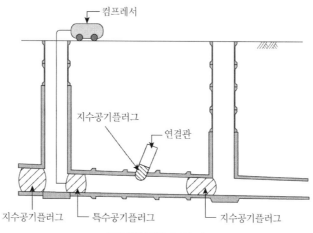

〈공기압시험 모식도〉

## 3. 부분수밀검사

(1) 수밀시험수행이 어려울 경우 적용

(2) 기밀을 유지하도록 기구를 장착하고 공기 또는 물을 가압하여 일정 시간 동안 압력 또는 누수량을 측정

## 4. 수압시험

(1) D700mm 이하의 압송관로에 적용, 시험구간은 300m

(2) 규정수압의 압력유지시험으로 실시

(3) 시험방법

    ① 시험관로에 물을 채우고 24시간 이상 방치

    ② 압력을 규정수압까지 상승

(4) 불합격 판정

    ① 규정수압 1시간 유지시 압력강하가 $0.2kgf/cm^2(0.02MPa)$를 초과 시

    ② 규정수압을 계속 유지하도록 물을 보충하였을 때 1시간 동안 구경 10mm당 1L 이상 누수 발생시

## 5. 내부검사(육안 및 CCTV조사)

(1) 육안조사

    ① 대구경 관(1,000mm 이상) 및 접속관, 맨홀 등의 상태를 육안으로 점검

    ② 라이트, 반사경 등을 이용하여 조사하며 사진촬영 등의 결과 유지

    ③ CCTV 조사를 위한 사전 조사단계로서 활용

(2) CCTV조사

    ① 1,000mm 미만의 관로에 대하여 CCTV를 관로 내부로 투입하여 조사

    ② 균열, 침입수 여부, 이음부 상태, 관돌출 등 전반적인 파손상태를 확인

    ③ 영상내용 및 조사보고서를 전산자료(CD) 등으로 제출

## 6. 오접 및 유입수, 침입수 경로조사

(1) 연기시험

    ① 유입수(inflow)의 발생위치를 찾을 수 있는 비용이 저렴하고 신속한 방법

    ② 유입수가 발생하는 맨홀, 유입지점과 우·오수관의 오접을 확인

    ③ 시험준비사항 : 연기발생통, 송풍기, 카메라, 무전기, 관로지수장비 등

(2) 염료시험

    ① 하수관로의 유하상황을 확인하기 위해 실시

② 추적자(Tracer)를 유하시켜 이의 경로 및 농도 등을 분석

③ 연기시험에 비하여 비용 및 시간이 많이 소요되고 다량의 물이 소요

(3) 음향시험

① 관로시설의 올바른 접속 여부를 평가하기 위한 방법

② 발신기에 의해 음을 생성시켜 측정지점에서의 수신 정도를 분석, 이를 통해 연결경로 등을 파악

## 7. 변형검사

(1) 신설관 매설 연성관의 변형상태 검사

(2) 적용 대상 : $\phi 200 \sim \phi 1,000mm$의 하수관로($\phi 1,000mm$ 이상 하수관로는 육안검사 수행)

(3) 시공 후 30일 이후 검사 원칙, 허용변형률을 기준으로 판정

# III. 결론

1. 관로검사의 검사시기, 검사방법, 검사물량, 검사범위 등은 시방에 규정된 사항을 준수하여야 한다.

2. 관로 검사 시 규정된 것 이상으로 관로부실이 판명되면 시공자의 책임으로 보완 및 재시공하여야 하며, 보완 및 재시공의 적정성을 판단하기 위하여 재검사를 실시하여야 한다.

# 21 노후관의 세척 및 갱생공사

## I. 개요

1. 일반적으로 지하에 매설된 관로는 시간이 경과하면서 관 내부에 라이닝의 박리, 중성화 등 노후화가 진행되어 부식생성물이 발생한다.
2. 이로 인해 통수단면적이 감소되며 적수 발생 등 다양한 문제를 야기하게 된다.
3. 관로 노후화 진행과정

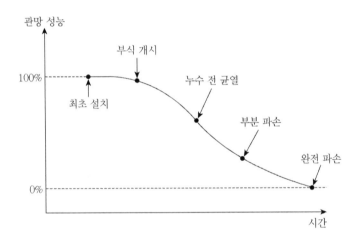

## II. 세척공사

1. 세척공사라 함은 상수관로 내부에 침전물 또는 슬라임, 녹 또는 경질의 부식생성물 등을 완전 제거하여 수질개선과 함께 상수관로의 통수능을 회복시키는 것을 말한다.

### 2. 방법

관내 슬라임, 녹, 침전물 등을 물의 흐름이나 고압수, 연마재, 피그, 스크레이퍼 등 기구를 이용하여 제거한다.

## 3. 스크레이퍼 방법

(1) 유연한 축의 주위에 탄력성이 큰 스크레이퍼를 방사상으로 여러 단을 설치한 구조의 기구를 사용하는 방식

(2) 작업방식 및 적용

| 구분 | 수압식 | 견인식 |
|------|--------|--------|
| 방법 | 수압을 이용하여 추진 | 강선 등에 의한 견인 |
| 적용 | 관경 250mm 이하의 소구경관<br>수압 200kPa 이상 확보 가능 시 유리 | 관경 300mm 이상의 관 |
| 시공연장 | 100m 정도 | 100m 이상 가능 |

## 4. 제트방법

(1) 고압펌프로 물을 10~15MPa로 가압해 노즐을 통하여 관 내면에서 후방의 경사방향으로 분사되는 제트류의 반동을 이용하여 전진시키면서 관석을 제거하는 공법

(2) 관경 400mm까지의 에폭시수지도료의 라이닝공사에 사용

## 5. 폴리픽 방법

(1) 특수우레탄의 포탄형 물체를 관로세척용 장치구 또는 맨홀을 통하여 관내에 장치하고 압력이 있는 압력수를 가하여 돌출부에 제트류를 일으킴으로써 관벽의 손상 없이 관내에 부착된 스케일 및 이물질을 제거 압류시키는 방법

(2) 기존관 및 신설관 세척에도 사용

(3) 폴리픽의 종류

① 폴리픽(Polly Pigs)  ② 스틸맨드렐픽(Steel Mandrel Pigs)

③ 파이프라인 스피어(Pipeline Spheres) ④ 터보픽(Turbo Pigs)

┤ 참조 ├

**폴리픽 주행 소요 수압 및 유량**

| 관경(mm) | 50 | 75 | 100 | 150 | 200 | 300 | 600 |
|----------|-----|-----|------|------|------|------|------|
| 수압 kPa<br>(kgf/cm²) | 689~1,379<br>(7~14) | 689~1,034<br>(7~10) | 517~896<br>(5~9) | 345~689<br>(3~7) | 207~552<br>(2~6) | 69~345<br>(0.7~4.0) | 34~138<br>(0.4~1.5) |
| 유량(ℓ/sec) | 1~3 | 3~7 | 6~12 | 13~30 | 24~50 | 50~100 | 200~400 |

## 6. 에어샌드방법

(1) 잔자갈을 이용하여 관내의 스케일을 세척하는 공사로, 선회 압축공기와 여기에 혼입하는 연마재의 입자속도가 발생하는 힘을 이용하여 세척

(2) 관내 표준 풍속 80m/sec

(3) 1회 시공연장은 300~1,000m

(4) 곡관이나 구경이 동일하지 않은 연속 S형 곡관의 세척도 가능

(5) 제거한 스케일, 이물질 등은 작업 말단부에 설치한 집진기로 회수

## Ⅲ. 갱생공사

### 1. 갱생공사

관 내부의 녹 및 이물질의 제거 등 세척한 후 라이닝(코팅) 등의 방법으로 통수 기능을 회복시키는 공사

### 2. 라이닝 재료의 요구조건

(1) 수질에 나쁜 영향이 없는 것      (2) 접착성

(3) 수밀성      (4) 내구성

### 3. 합성수지관 삽입

(1) 세척된 기존관의 내부에 약간 관경이 작은 합성수지관을 삽입하여 관 내면과 합성수지관 외면과의 틈으로 시멘트밀크 등을 압입하여 중층구조로 하는 공법

(2) 시공 Flow

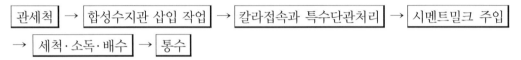

$$\boxed{관세척} \rightarrow \boxed{합성수지관 삽입 작업} \rightarrow \boxed{칼라접속과 특수단관처리} \rightarrow \boxed{시멘트밀크 주입}$$
$$\rightarrow \boxed{세척·소독·배수} \rightarrow \boxed{통수}$$

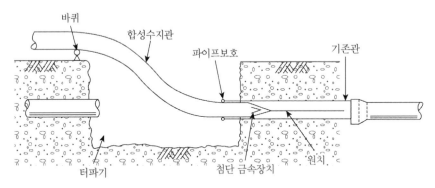

(3) 삽입

① 선도관과 최초 삽입관을 연결 후 도달 측 윈치로 끌어당겨 삽입

② 기존 매설관의 끝보다 60cm 길게 삽입관을 절단

(4) 수압시험

① 매설관의 양단에 수압계를 설치하고 플랜지 덮개 설치

② 물을 채운 후에 수압 200~250kPa(2~2.5kgf/cm$^2$)로 1시간 유지

③ 수압이 내려가지 않으면 누수가 없는 것으로 판정

(5) 시멘트밀크 주입

① 주입구로부터 시멘트밀크를 압입, 주입압 120~150kPa

② 시멘트밀크를 압입하면 분리된 물이 배출되고, 다시 액상의 시멘트밀크가 유출되면 완전히 충전되었는가를 확인

| 구분 | 시멘트 | 물 | 벤토나이트 |
|---|---|---|---|
| 비율(중량비, %) | 100 | 60 | 5 |

〈시멘트밀크 배합비율〉

## 4. 피복재 관내 장착

(1) 세척하여 건조시킨 관내에 접착제를 도포한 박막관

을 인입하고 공기압 등으로 관 내면에 압착시킨 다음 가열하여 라이닝층을 형성

(2) 관로의 움직임에 대한 추종성이 좋고 곡선부의 시공이 가능

(3) 공법의 종류

① 관내에서 반전삽입하여 압착하는 방법

② 관내에 인입한 후 가압하여 팽창시키는 방법

(4) 시공 Flow

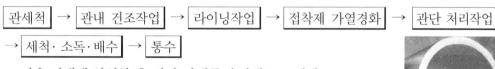

(5) PE관을 관내에 삽입한 후 양단 마개를 유압잭으로 폐쇄

(6) 증기 및 고압 공기로 라이너를 관 내면에 확대 밀착

(7) 수압시험

## 5. 에폭시수지도료 라이닝

(1) 에폭시수지도료를 고속원심으로 분사하여 도장하는 공법

(2) 에폭시수지도료 요구조건

① 위생적으로 무해

② 경화된 후 물에 용출되지 않는 것

③ 냄새나 맛, 색도 등 수질에 나쁜 영향 없는 것

(3) 도막의 필요두께 1.0mm

(4) 시공 Flow

(5) 관 세척

    ① 고압수 세척 : 물탱크와 고압펌프 설치, 고압호스에 연결된 고압수 분사노즐을 갱생관로 의 구간에 삽입하고 압력밸브를 조절하면서 관내를 세척

    ② 스크레이퍼 세척 : 스크레이퍼를 강철 와이어에 연결하여 갱생관로 한쪽 구간에 삽입하고 강철케이블 릴을 조절하여 당기면서 관내를 세척

    ③ 녹 또는 스케일이 모두 제거될 때까지 반복 수행

(6) 라이닝

    ① 고속원심뿜칠 도장

    ② 각 측점(상, 하, 좌, 우)의 평균두께는 필요두께의 80% 이상

    ③ 최저 필요두께는 0.6mm

    ④ 곡선부 및 분기관의 시공에는 핀홀, 기포(blister) 등이 없도록 균일하게 도포

(7) 양생 : 라이닝 완료 후 2시간 이상 자연상태로 건조

(8) 세척배수시간은 10분 이상 적용 후 관내 소독 실시

## 6. 모르타르 라이닝

(1) 관의 내면에 모르타르를 원심력으로 내뿜으면서 동시에 인두로 표면을 5~10mm 정도의 균 일한 두께로 마무리하는 공법

(2) 모르타르가 경화되는 시간을 충분히 갖도록 하면서 습윤양생

(3) 시공 Flow

$$\boxed{관세척} \rightarrow \boxed{라이닝작업} \rightarrow \boxed{습윤양생} \rightarrow \boxed{실 코트작업} \rightarrow \boxed{양생}$$
$$\rightarrow \boxed{세척·소독·배수} \rightarrow \boxed{통수}$$

(4) 관경에 따른 시공방법

(5) 라이닝 두께 6~12mm 정도

(6) 시멘트와 모래의 혼합비 1 : 1, 1회 시공연장 200m까지 가능

(7) 모르타르에 의하여 물의 pH가 상승되는 것을 억제하기 위하여 경화된 후에 침투성이 있는 실 코트(seal coat)를 도포

# IV. 결론

1. 상수도관의 노후화는 수돗물의 품질의 신뢰성 저하 및 사고 발생 시 대규모 단수를 유발하므 로 경제적, 사회적으로 막대한 영향을 미친다.

2. 상수도 노후관에 대한 개량은 정확한 사전조사와 평가, 현장 여건 및 기존 사례 분석을 통한 최적의 장비 적용과 설계·시공이 요구된다.

# 22 기초 용어 정의

- **강성기초** : 기초지반에 비하여 기초판의 강성이 커서 기초판의 변형을 고려하지 않는 기초로서 기초의 변위 및 안정계산 시 기초자체의 탄성변형을 무시할 수 있는 기초를 말한다.

- **강재말뚝** : 강관말뚝 또는 H형강말뚝을 말한다.

- **견인력** : 계류되어 있는 선박이 계류구조물로부터 떨어지려할 때 계선주에 작용하는 인장력을 말한다. 또는 차량과 중장비 등이 노면을 주행할 때 노면과 평행한 진행방향으로 발휘할 수 있는 힘을 말한다.

- **계획최대시험하중** : 시험의 목적을 달성하기 위하여 시험말뚝에 가하는 최대하중이다.

- **고정하중** : 구조물의 자중과 같이 시간에 따라 변화가 없는 영구하중을 말한다.

- **국부전단파괴** : 기초지반에 전체적인 활동파괴면이 발생하지 않고 지반응력이 파괴응력에 도달한 부분에서 국부적으로 전단파괴가 발생하는 지반의 파괴형태를 말한다.

- **극한지지력** : 구조물을 지지할 수 있는 지반의 최대저항력으로 지반의 전단 파괴 시 발생하는 단위 면적당 하중을 말한다.

- **극한한계상태** : 구조물에 붕괴나 주요 손상을 초래하는 한계기준을 말하며, 부재의 파괴나 큰 변형 등에 의해, 안정성이 손상되지 않고 구조물 외의 인명에 대한 안전 등을 확보할 수 있는 한계상태이다.

- **기성말뚝** : 공장에서 제작된 말뚝으로서 우리나라에는 RC말뚝(KS F 4301), PC말뚝(KS F 4303), PHC말뚝(KS F 4306), 강관말뚝(KS F 4602) 및 H형 강말뚝(KSF4603) 등이 사용되고 있으며 이외 상부강관말뚝과 하부기성콘크리트 말뚝을 이음연결한 합성말뚝 등을 포함한다.

- **기초** : 상부구조물의 하중을 지반에 전달하여 구조물의 안정성, 사용성과 기능성을 유지하는 기능을 갖는 하부구조물을 말한다. 넓은 의미에서 하부구조물에 영향을 주는 권역안의 지반도 기초에 포함 된다. 기초판과 지정 등을 뜻하며, 상부구조에 대응하여 부를 때는 기초구조라고하기도 한다.

- **기초지반** : 구조물이 축조되고 그 안정성, 사용성과 기능을 유지하는데 필요한 지표면 아래의 지반을 말하며 흙과 암반으로 구성된다.

- **깊은기초** : 기초가 지지하는 구조물의 저면으로부터 구조물을 지지하는 지지층까지의 깊이가 기초의 최소폭에 비하여 비교적 큰 기초형식을 말하며 말뚝, 케이슨기초 등이 있다.

- **내진설계** : 지진 시에도 구조물이 안정성을 유지하도록 하중과 지반거동에 지진의 영향을 고려하는 설계를 말한다.
- **단계재하방식** : 하중을 단계적으로 일정시간 지속시키면서 하중을 증가시키는 재하방식이다.
- **독립기초** : 기둥으로부터의 축력을 독립으로 지반 또는 지정에 전달토록 하는 기초를 말한다.
- **동수압** : 액체가 구조물에 접하고 있는 경우에 지진 등의 동적요인에 의해 구조물에 작용하는 액체의 동적압력을 말한다.
- **동재하시험** : 말뚝머리 부분에 가속도계와 변형률계를 부착하고 타격력을 가하여 말뚝–지반의 상호작용을 파악하고 말뚝의 지지력 및 건전도를 측정하는 시험법을 말한다.
- **마찰말뚝** : 지지력의 대부분을 주면의 마찰로 지지하는 말뚝이다.
- **말뚝** : 기초판으로부터의 하중을 지반에 전달하도록 하기 위하여 기초판 아래의 지반 중에 만들어진 기둥 모양의 지정지반에 전달하도록 하는 형식의 기초를 말한다.
- **말뚝 임피던스(pile impedance)** : 항타 시 속도 변화에 대한 말뚝의 저항을 말한다.
- **말뚝의 극한지지력** : 말뚝이 지지할 수 있는 최대의 수직방향 하중을 말한다.
- **말뚝의 최대지름** : 말뚝지름, 선단부 고결지름, 확대선단지름 등 원지반과의 경계를 이루는 부분의 최대지름이다.
- **말뚝의 파괴(failure)** : 일정하거나 감소하는 하중 하에서 외말뚝 또는 무리말뚝의 과도한 변위가 발생하는 경우 및 말뚝재료의 강도를 초과하여 파손되는 경우를 의미한다.
- **말뚝의 허용지내력** : 말뚝의 허용지지력 내에서 침하 또는 부등침하가 허용한도 내로 될 수 있게 하는 하중이다.
- **말뚝의 허용지지력** : 말뚝의 극한지지력을 안전율로 나눈 값이다.
- **말뚝전면복합기초** : 병용기초 중 직접기초와 말뚝기초가 복합적으로 상부구조를 지지하는 기초형식이다.
- **말뚝지름** : 말뚝의 외경을 말한다.
- **말뚝쿠션(pile cushion)** : 말뚝 상단의 드라이브 캡과 말뚝 사이에 삽입된 완충 재료로서 주로 콘크리트말뚝 시공 시 사용한다.
- **매입말뚝(공법)** : 지반에 굴착공을 천공한 후 시멘트풀을 주입하고 기성말뚝을 삽입한 다음 필요에 따라 말뚝에 타격을 가하여 지지지반에 말뚝을 안착시키는 공법의 총칭으로서 아래와 같은 대표적 공법 또는 기타 적용 목적에 적합한 공법을 의미한다.

  ① **선 굴착 후 최종경타공법**

  선단지지층까지 오거로 굴착 완료 → 선단고정액 주입 → 오거로 선단부 교반 후 오거 회수 → 말뚝삽입 → 최종 경타 실시 → 설계지반면까지 주면고정액 주입

② **선 굴착 후 최종경타공법(케이싱)**

내부 오거와 외부 케이싱을 상호 역회전하며 선단지지층까지 굴착 완료 → 선단 또는 주면 고정액 주입 → 오거로 선단부 교반 후 오거 회수 → 말뚝 삽입 → 케이싱 인발 → 최종 압입 또는 최종 경타 실시 → 설계지반면까지 주면고정액 주입

③ **선 굴착 후 선단근고공법**

선단지지층까지 오거로 굴착 완료 → 선단고정액 주입→ 오거로 선단부 교반 후 오거 회수 → 말뚝삽입 → 최종 압입 실시(최종 경타 없음)→ 설계지반면까지 주면고정액 주입

④ **내부굴착 후 최종경타공법**

선단에 굴착 비트가 부착된 강관말뚝의 내부에 암반 천공장비를 설치 → 선단지지층까지 천공장비와 강관말뚝을 회전압입하며 굴착 → 선단지지층에 강관말뚝의 선단이 도달한 후 최종 경타 실시

- **무리말뚝** : 두 개 이상의 말뚝을 인접 시공하여 하나의 기초를 구성하는 말뚝의 설치형태를 말한다.
- **벽기초** : 벽체를 지중으로 연장한 기초로서 길이방향으로 긴 기초를 말한다.
- **병용기초** : 서로 다른 기초를 병용한 기초형식의 총칭한다.
- **복합기초** : 2개 또는 그 이상의 기둥으로부터의 응력을 하나의 기초판을 통해 지반 또는 지정에 전달토록 하는 기초를 말한다.
- **복합말뚝** : 말뚝의 축방향으로 이종재료(예, 강관과콘크리트말뚝이상하로연결된말뚝)를 조합하여 구성한 기성말뚝을 말한다.
- **부(주면)마찰력** : 말뚝침하량보다 큰 지반침하가 발생하는 구간에서 말뚝주면에 발생하는 하향의 마찰력을 말한다.
- **부등침하** : 지반이나 기초의 지점간 침하량이 다르게 발생하는 침하현상을 말한다.
- **부분안전율** : 지반의 전단강도정수인 점착력(c)과 마찰계수($\tan \varphi$)에 각각 적용하는 안전율을 말한다.
- **사용말뚝(본말뚝)** : 구조물의 기초로 설치된 말뚝이다.
- **사용한계상태** : 구조물의 국부적 손상 또는 기능장애를 초래할 수 있는 침하를 한계기준으로 하며, 구조물의 기능이 확보되는 한계상태를 말한다.
- **상부구조물** : 기초가 지지하고 있는 구조물을 통칭한다.
- **샌드매트** : 시공장비 주행성과 지중수배수를 위한 통수단면 확보를 목적으로 연약지반 위에 포설하는 모래층을 말한다.
- **선단지력** : 깊은 기초의 선단부지반의 전단저항력에 의해 발현되는 지지력을 말한다.
- **성능설계법** : 건축구조물 등을 설정한 외력에 대해 사용한계상태, 손상한계상태, 극한한계상태에서

의 소요성능을 만족하도록 설계하는 방법이다.

- **세굴방지공** : 파랑과 유수에 의하여 구조물 기초지반이 세굴되는 것을 방지하기 위하여 설치하는 쇄석매트, 합성수지매트, 아스팔트매트, 콘크리트블록 등을 말한다.

- **슬라임** : 시추, 현장타설말뚝, 지중연속벽 등의 시공을 위한 지반 굴착 시 지상으로 배출되지 않고 공내수에 부유해 있거나 굴착저면에 침전된 굴착찌꺼기를 말한다.

- **시간경과효과** : 말뚝 설치시점으로부터 시간이 경과함에 따라 지지력이 변화하는 현상을 말하며, 지지력증가(set-up)와 지지력감소(relaxation) 효과로 구분된다.

- **시험말뚝** : 재하시험을 실시하기 위한 말뚝으로서 시험시공말뚝과 사용말뚝 중 재하시험 대상이 되는 말뚝을 말한다.

- **시험시공말뚝** : 설계의 적정성, 실제 지반조건, 시공성 등을 파악하기 위하여 사용말뚝(본말뚝) 시공 전 기초부지 인근에 시험적으로 시공하는 별도의 말뚝을 말한다.

- **안내벽** : 지하연속벽 시공 시 굴착작업 전에 굴착구 양측에 설치하는 콘크리트 가설벽을 말하며, 굴착입구지반의 붕괴를 방지하고 굴착기계와 철근망 삽입의 정확한 위치유도를 목적으로 설치한다.

- **안정액(slurry)** : 지중연속벽이나 현장타설말뚝 등의 지반굴착 공벽의 붕괴 방지를 목적으로 사용하는 현탁액을 말하며 주로 소듐몬모릴로나이트(sodium-montmorillonite)를 사용한다.

- **압밀도** : 압밀의 진행 정도를 나타내는 지수로서 예상최종압밀침하량에 대하여 한 시점의 압밀침하량의 비 또는 최초 발생과잉간극수압에 대한 소산된 과잉간극수압의 비로 정의한다.

- **양방향 반복재하시험** : 하중 가력위치를 180° 간격으로 배치하여 양방향으로 재하하는 횡방향재하시험 방법을 말한다.

- **양방향재하시험** : 주로 현장타설말뚝의 선단부 또는 임의 위치에 가압용 재하장치를 설치하여 하향과 상향으로 축하중을 정적으로 가하는 시험을 말한다.

- **양압력** : 중력 반대방향으로 작용하는 연직성분의 수압을 말하며 구조물의 저면에 작용하여 구조물의 안정성에 영향을 준다.

- **얕은기초** : 상부구조물의 하중을 기초저면을 통해 지반에 직접 전달시키는 기초형식을 말하며 지표면으로부터 기초 바닥까지의 깊이가 기초 바닥면의 너비에 비하여 크지않은 확대기초, 복합확대기초, 벽기초, 전면기초 등이 있다.

- **엄지말뚝** : 굴착경계면을 따라 연직으로 설치되는 말뚝으로서 흙막이판과 함께 흙막이벽체를 이루어 배면의 토압과 수압을 직접 지지하는 연직 휨부재를 말한다.

- **연성기초** : 지반강성에 비하여 기초판의 강성이 상대적으로 작아서 지반반력이 등분포로 작용하는 기초를 말한다.

- **온통기초** : 상부구조의 광범위한 면적 내의 응력을 단일 기초판으로 연결하여 지반 또는 지정에 전달하도록 하는 기초이다.

- **완속재하방법** : 하중을 단계적으로 증가시키며, 임의 하중단계에서는 일정 시간 지속하면서 하중을 재하하는 방법이다.

- **외말뚝** : 말뚝 주변에 영향을 미치는 다른 말뚝이 없는 상태인 한 개의 말뚝을 말한다.

- **이음말뚝** : 2개 이상의 동종말뚝을 이음한 말뚝을 말한다.

- **일방향 반복재하시험** : 말뚝의 한 방향으로 일정 간격으로 증가하거나 감소하는 하중을 반복적으로 가하는 횡방향재하시험 방법이다.

- **재하용량** : 시험의 종류와 목적에 따라 계획최대하중을 재하할 수 있는 재하장치의 용량을 의미하며, 양방향재하시험의 경우 말뚝의 충분한 변위를 유발시킬 수 있는 용량으로서 상·하방향의 합계하중이 아닌 1방향 재하하중(즉, 가압잭의 용량)으로 정의한다.

- **재항타(restrike) 동재하시험** : 말뚝 시공 후 일정한 시간이 경과한 후 실시하는 동재하시험으로 시간 경과에 따른 주면마찰력 및 선단지지력의 증감 등 지지력의 시간 경과 효과 확인과 함께 말뚝의 허용지지력을 산정하기 위하여 실시하는 시험이다.

- **저항계수** : 하중에 작용하는 저항의 불확실성을 평가하고 이를 보정하기 위하여 곱해주는 계수를 말한다.

- **저항편향계수** : 저항편향치에 대한 통계학적 분석을 통하여 산정되는 값으로, 저항값을 예측하는 이론식의 정확성을 정량적으로 나타내는 계수를 말한다.

- **전면기초** : 상부구조물의 여러 개의 기둥을 하나의 넓은 기초슬래브로 지지시킨 기초형식을 말한다.

- **전반 전단파괴** : 기초 지반 전체에 걸쳐 뚜렷한 전단파괴면을 형성하면서 파괴 되는 파괴형태를 말한다.

- **전체안전율** : 파괴력이나 파괴모멘트에 대한 전체저항력 또는 저항모멘트의 비율을 말하며 기초의 지지력이나 비탈면의 안전율 계산에 적용된다.

- **접지압** : 직접기초에 따른 기초판 또는 말뚝기초에서 선단과 지반 간에 작용하는 압력이다.

- **정재하시험** : 정적하중에 대한 말뚝의 지지능력을 하중–침하량의 관계로부터 구하는 시험을 말하며 적재하중이나 마찰말뚝 또는 지반앵커의 반력 등을 통해 하중을 얻는다.

- **정적재하** : 말뚝과 지반의 속도 및 가속도에 의존한 저항을 무시할 수 있는 재하방법이다.

- **주기재하방법** : 하중을 주기별로 재하 및 제하하여 시험하는 재하방법이다.

- **주면마찰력**: 말뚝의 표면과 지반과의 마찰력에 의해 발현되는 저항력을 말한다.

- **줄기초, 연속기초** : 벽 또는 일련의 기둥으로부터의 응력을 띠모양으로 하여 지반 또는 지정에 전달토록 하는 기초이다.

- **지내력(stability of soil about reaction and settlement)** : 지지력과 침하를 고려한 지반의 내적 안정성을 말한다.

- **지반의 극한지지력** : 구조물을 지지할 수 있는 지반의 최대저항력이다.

- **지반의 허용지지력** : 지반의 극한지지력을 안전율로 나눈 값이다.

- **지정** : 기초판을 지지하기 위하여 그보다 하부에 제공되는 자갈, 잡석 및 말뚝 등의 부분을 말한다.

- **지지력(bearing capacity of soil)** : 지반 또는 말뚝 등이 지지할 수 있는 하중의 크기를 말한다.

- **지지력계수** : 기초의 극한지지력을 산정하는데 사용되는 계수를 말하며 무차원이며 전단저항각의 함수이다.

- **지지말뚝** : 연약한 지층을 관통하여 굳은 지반이나 암층까지 도달시켜 지지력의 대부분을 말뚝 선단의 저항으로 지지하는 말뚝이다.

- **지하외벽** : 지하에 묻히는 건물의 외측벽을 말하며 외측에 측방토압과 수압을 받는다.

- **직접기초** : 기둥이나 벽체의 밑면을 기초판으로 확대하여 상부구조의 하중을 지반에 직접 전달하는 기초형식으로서 기초판 저면지반의 전단저항력으로 하중을 지지한다. 일반적으로 기초판의 두께가 기초판의 폭보다 크지 않으며 독립기초, 줄기초, 복합기초, 온통기초 등이 있다.

- **초기항타(EOID, End Of Initial Driving) 동재하시험** : 항타관입성, 항타장비의 적정성, 말뚝재료의 건전성 및 지지력 평가를 위한 동재하시험의 실시시기를 정의하는 용어로서 항타 중 또는 직후에 실시하는 동재하시험을 말한다.

- **축방향 허용지지력** : 축방향 극한 지지력을 소정의 안전율로 나눈 값과 상부 구조물의 허용변위량으로 결정되는 지지력 중 작은 값을 말한다.

- **축하중전이 측정용 센서** : 말뚝이 관입되는 지반의 각 지층별 마찰저항과 선단저항을 구분하여 측정하기 위해 말뚝본체에 설치하는 센서로서 응력계, 변형률계가 일반적으로 사용되며 진동현식 또는 전기저항식 센서를 주로 사용한다.

- **측방유동** : 연약지반에 횡방향 응력 불균형에 의하여 발생하는 수평방향의 소성유동을 말하며 연약지반에 시공되는 교대나 흙막이벽과 같은 구조물 파괴의 원인이 된다.

- **측압** : 수평방향으로 작용하는 토압과 수압을 말한다.

- **침하** : 지반 응력의 변화나 지반내의 간극수압의 변화에 의하여 발생하는 기초나 지반의 연직변위를 말한다.

- **캡블록(capblock)** : 항타기 플레이트와 말뚝 상단의 드라이브 캡 사이에 삽입된 재료(해머쿠션이라고도 함)이다.

- **케이슨기초** : 지상에서 제작하거나 지반을 굴착하고 원위치에서 제작한 콘크리트통에 속채움을 하는 깊은기초 형식을 말한다.

- **타입말뚝(공법)** : 기성말뚝을 해머로 타격하여 지지층까지 관입시키는 말뚝시공방법을 말하며 항타말뚝(공법)으로도 불린다.

- **파동이론분석** : 말뚝조건, 지반조건 및 항타장비 조건을 수치로 입력하고 말뚝타격 시 발생하는 응력파의 전달현상을 파동방정식을 이용하여 모사하는 해석법을 말한다.

- **하부구조물** : 상부구조의 하중을 지반에 전달하는 기능을 수행하는 구조물을 말한다.

- **하중계수** : 산정된 하중의 불확실성을 보상하기 위하여 하중에 곱해주는 계수를 말한다.

- **합성말뚝** : 말뚝의 축 직각 방향으로 이종재료(예, 강관 내에 콘크리트를 채운말뚝)를 조합하여 구성한 말뚝을 말한다.

- **항타공법** : 기성말뚝을 해머로 타격하여 지지층까지 관입시키는 말뚝 시공방법을 말한다.

- **항타공식** : 기성말뚝을 항타하면서 타격 당 관입량과 리바운드 측정결과를 이용하여 말뚝의 지지력을 계산하는 공식을 말한다.

- **항타관입성시험(drivability analysis)** : 동재하시험기를 이용하여 항타 중 말뚝에 발생하는 압축·인장응력, 전달되는 최대에너지, 관입저항 등을 연속적으로 측정하여 항타 중 말뚝의 건전도 확인, 해머 선정의 적정성과 지반의 관입저항을 측정하여 말뚝의 항타관입성 등을 확인하는 시험이며, 파동방정식에 의한 항타관리 기준(해머낙하고-최종관입량-지지력관계)을 확인·검증하거나 새로운 항타관리 기준을 설정하기 위한 시험이다.

- **허용변위량** : 상하부구조의 기능과 안정성을 유지하면서 허용할 수 있는 변위량을 말한다.

- **허용지지력** : 구조물의중요성, 설계지반정수의 정확도, 흙의 특성을 고려하여 지반의 극한지지력을 적정의 안전율로 나눈 값을 말한다.

- **허용지내력** : 지반의 허용지지력 내에서 침하 또는 부등침하가 허용한도 내로 될 수 있게 하는 하중

- **현장타설콘크리트말뚝** : 지반에 구멍을 미리 뚫어놓고 콘크리트를 현장에서 타설하여 조성하는 말뚝이다.

- **확대기초** : 기초저면의 단면을 확대한 기초를 말하며 얕은 기초에 속한다.

- **활동파괴** : 기초구조물 또는 기초지반이 활동면을 따라 미끄럼파괴가 발생하는 파괴유형을 말한다.

- **활하중** : 건축물을 점유·사용함으로써 발생하는 하중, 교통하중이나 장비하중 또는 시공 중에 발생하는 상재하중, 가동하중 등과 같이 시간에 따라 하중의 크기나 위치가 변하는 하중을 말한다.

# 도로

Professional Engineer
Civil Engineering Execution

# 01 노상의 안정처리 공법

## I. 개요

1. 노상은 포장층의 기초로서 포장에 작용하는 하중을 최종적으로 지지해야 하는 부분이므로 소정의 지지력을 확보하여야 한다.
2. 노상토가 연약 시 안정처리공법을 적용하여 노상의 안정성, 내구성, 내수성을 증가시켜 지지력을 확보하고 지지력 변화가 감소되도록 하여야 한다.

## II. 목적

1. 노상의 지지력 확보
2. 침하·변형 방지
3. 투수성 감소
4. 기상작용에 대한 저항성 증대
5. 지지력 약화 방지

┤ 참조 ├

**노상안정처리공법의 종류**

| 구분 | 종류 |
|------|------|
| 물리적 방법 | 치환 공법, 입도조정 공법, 다짐공법 |
| 첨가제에 의한 방법 | 시멘트안정처리, 석회안정처리, 역청안정처리, 화학적 안정처리 공법 |
| 기타 | Macadam 공법, Membrane 공법 |

## III. 노상의 안정처리공법

### 1. 물리적 방법

(1) 치환 공법

　　① 연약 부분을 1m 이상 굴착 후 양질토로 치환하는 공법

　　② 시공이 간단, 양질재료로 치환 시 효과가 확실

③ 부분치환공법, 전면치환공법으로 분류

④ 처리 깊이가 깊은 경우 적용 곤란, 대규모 사토장이 필요

(2) 입도조정 공법

　① 2종 이상의 재료를 혼합 부설 후 입도를 개량하여 다짐하는 공법

　② 재료 : 부순 돌, 부순 자갈, Slag, 산모래 등

　③ Interlocking에 의한 다짐효과 증진

　④ 혼합방식 : 노상혼합방식, 중앙 Plant 혼합방식

(3) 다짐공법

　① 함수비를 조절하면서 다짐하는 공법으로 다짐 시 함수비는 OMC 정도로 살수 또는 건조

　② 최적 다짐으로 최대건조밀도의 확보

　③ 지지력 증가, 침하 방지, 투수성 감소, 지지력 약화 방지

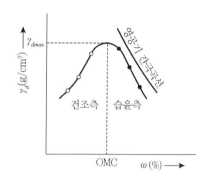

## 2. 첨가제에 의한 방법

(1) 시멘트 첨가 공법

　① 시멘트를 혼합하여 최적 함수비로 다짐하는 공법

　② 강도를 증진 및 함수량의 변화에 의한 강도 저하를 방지, 기상작용에 대한 내구성을 증대

　③ Cement 첨가율은 4~8% 정도 적용

　　㉮ 첨가율은 시험을 통해 결정

　　㉯ 압축강도 3MPa 이상 확보

　④ 10~20cm 두께 다짐, Mixing 후 2시간 이내 다짐시공

　⑤ 현장 Mixing과 Plant Mixing으로 분류

　⑥ 사질토에 개량 효과 우수

　⑦ 입도조정공법과 비교

| 구분 | 시멘트첨가공법 | 입도조정공법 |
|------|------------|------------|
| 효과 | 우수 | 보통 |
| 공기 | 장기 | 단기 |
| 공비 | 고가 | 저렴 |

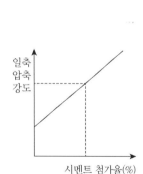

(2) 역청 안정처리 공법

　① 역청재를 혼합 후 다짐하여 역청재의 점착력에 의해 안정성을 확보하는 공법

　② 역청재료 : Asphalt Cement, 유화 Asphalt, Cutback Asphalt

　③ 혼합방식 : 가열혼합방식, 상온혼합방식 등

　④ 1층 다짐두께 : 10cm 이하로 관리

(3) 석회 안정처리 공법

    ① 석회를 혼합 후 다짐하는 공법

    ② 점성토의 안정처리에 효과적, 장기강도의 발현이 우수

    ③ 석회 첨가율은 5~20% 정도

    ④ 10~20cm 두께 다짐, Mixing 후 2시간 이내 다짐시공

    ⑤ 현장 Mixing과 Plant Mixing으로 분류

(4) 화학적 안정처리 공법

    ① 염화칼슘이나 염화나트륨을 사용하는 공법

    ② 동결온도 저하, 흙 속의 수분 증발속도 저하

    ③ 건습변화에 따른 지지력 변화 감소효과

## 3. 기타

(1) Macadam 공법

    ① 주골재를 부설 후 채움골재로 공극을 메워 Interlocking되도록 다짐하는 공법

    ② 공법의 분류

        ㉮ 물다짐 Macadam

          부순돌 부스러기 살포 후 살수하면서 다짐

        ㉯ 모래다짐 Macadam

          13mm 이하 산모래, 강모래 살포 후 살수하면서 다짐

        ㉰ 쇄석 Macadam

          13~19mm 쇄석(부순돌) 살포 후 다짐, 이후 5~13mm 쇄석 살포 후 다짐

(2) Membrane 공법

    ① 합성수지 Sheet, 역청질막을 시공하여 차수층을 형성시키는 공법

    ② 함수량의 변화를 줄여 지지력 변화를 감소시킴

# IV. 노상토의 지지력 판정방법

## 1. 건조밀도로 관리

    ① 다짐도$(C) = \dfrac{\gamma_d}{\gamma_{d\max}} \times 100\%$

    ② 다짐도 규정 : 노체 90%, 노상·뒷채움부 95% 이상

## 2. 평판재하시험

$$지지력계수(K) = \frac{시험하중\,(kN/m^2)}{침하량\,(mm)}\;(MN/m^3)$$

## 3. 현장 CBR

$$CBR = \frac{시험하중}{표준하중} \times 100\% = \frac{시험단위하중}{표준단위하중} \times 100\%$$

## 4. 변형량에 의한 규정

(1) 적용장비

① Tire Roller 복륜하중 5ton 이상, 타이어 접지압 549kN/m$^2$(5.6kgf/cm$^2$) 이상

② 덤프트럭(14ton 이상 트럭에 토사 또는 골재 만재)

(2) 전 구간 3회 주행

(3) 변형량 큰 곳 표시 후 벤켈만빔에 의한 변형량 측정

(4) 최대변형량은 5mm 이하여야 함

---| 참조 |---

**다짐의 판정기준**

| 구분 | | | 노체 | | 노상 |
|---|---|---|---|---|---|
| | | | 암쌓기 | 일반쌓기 | |
| 1층 다짐 완료 후의 두께 (mm) | | | 600 | 300 | 200 |
| 다짐도 (%) | | | − | 90 이상 | 95 이상 |
| 다짐방법 | | | − | A, B | C, D, E |
| 평판재하시험 | 아스팔트 콘크리트 포장 | 침하량(mm) | 1.25 | 2.5 | 2.5 |
| | | 지지력계수($K_{30}$ : MN/m$^3$) | 196.1 | 147.1 | 196.1 |
| | 시멘트 콘크리트 포장 | 침하량(mm) | 1.25 | 1.25 | 1.25 |
| | | 지지력계수($K_{30}$ : MN/m$^3$) | 196.1 | 98.1 | 147.1 |

## V. 결론

1. 노상은 상부 포장층을 통하여 전달되는 응력에 대해 변위를 일으키지 않는 적합한 지지력을 확보하여야 한다.

2. 노상토가 불량 시 현장 조건을 고려한 최적의 안정처리공법을 선정·적용하여 노상토의 소요 지지력을 확보하여 침하를 방지하여야 한다.

## 02  동상방지층의 시공과 생략기준

## I. 개요

1. 동결융해작용으로 인한 포장파손을 방지하기 위하여 노상 상층부를 동상방지층으로 설계, 시공하여야 한다.
2. 동상방지층에 대한 공사는 사용 재료의 품질기준을 준수해야 하며, 철저한 나짐관리를 실시해야 한다.
3. 최근 기후온난화에 따라 동상피해가 감소되고 있으며, 동상방지층 설치에 따른 예산절감 등을 고려하여 동상방지층 생략기준이 제정되었다.

## II. 동상방지층의 시공

### 1. 재료

(1) 쇄석, 하천골재(자갈, 모래), 슬래그, 스크리닝스 등
(2) 점토, 실트, 유기불순물 등을 포함하지 않은 비동결재료
(3) 입도기준

    ① 골재의 최대치수가 100mm 이하
    ② 4.76mm체의 통과중량 백분율 : 30~70%
    ③ 0.08mm체 통과분이 8% 이하

| 참조 |

품질기준

| 구분 | 시험방법 | 기준 |
|------|----------|------|
| 골재최대치수(mm) | | 100 이하 |
| 0.08mm체 통과율(%) | KS F 2511 | 8 이하 |
| 유효입경, $D_{10}$(mm) | | 0.1mm 이상 |
| 2mm 통과율(%) | | 45 이하 |
| 소성지수(%) | KS F 2303 | 10 이하 |
| 모래당량(%) | KS F 2340 | 20 이상 |
| 수정 CBR 값(%) | KS F 2320 | 10 이상 |

### 2. 시공

(1) 다짐 후의 1층 두께 200mm 이하
(2) 재료의 입도가 균일하게 분포되도록 포설
(3) 다짐작업은 도로의 바깥쪽에서 시작
(4) 길어깨부를 겹쳐서 다짐, 도로 중심선과 평행한 방향으로 진행
(5) 진동 및 타이어 롤러의 후륜폭의 반폭이 선행다짐면에 겹치도록 함
(6) 편경사구간에서는 낮은 쪽에서 높은 쪽으로 진행

(7) 다짐도는 최대건조밀도의 95% 이상

(8) 함수비 관리 : OMC ±2% 이내

(9) 평판재하시험 규정

| 구분 | 아스팔트 포장 | 시멘트 콘크리트 포장 |
|---|---|---|
| 침하량(S) | 2.5mm | 1.25mm |
| 지지력계수($K_{30}$) | 294MN/m$^3$ 이상(30kgf/cm$^3$ 이상) | 196MN/m$^3$ 이상(20kgf/cm$^3$ 이상) |

(10) 마무리

① 설계도서 지정 종·횡단 경사 확보

② 계획고보다 ±30mm 이상 높이차 금지

③ 두께 관리기준 : 설계두께 ±10% 이하

## III. 동상

### 1. 메커니즘

(1) 흙과 같이 물을 함유하고 있는 다공성 물질이 낮은 온도에 노출되어 그 일부가 동결할 때 이미 동결된 부분의 흙은 아직 동결되지 않은 부분으로부터 물을 빨아들인다.

(2) 동결의 진행과 물의 공급이 일치하면 예상 밖의 큰 체적팽창이 일어난다.

(3) 이때 동결된 부분의 토립자 사이의 평균적인 간극은 얼기 전에 비하여 확장된다. 또한 확장된 토립자 사이의 간극에 흡입된 물은 동결된 얼음으로 남아 있게 된다.

(4) 이러한 현상을 동상이라고 한다.

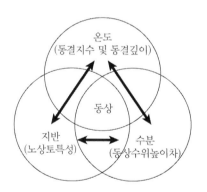

### 2. 원인

(1) 충분한 수분의 공급

(2) 동상에 민감한 노상토

(3) 노상토의 동결을 유발하는 온도조건

(4) 상기 조건 중 모두가 충족되는 경우에 발생(조건 중 하나의 조건이라도 충족되지 않는 경우 미발생)

## 3. 문제점

(1) 동결 시 히빙(Heaving)에 의한 포장 융기

(2) 융해 시 포장 지지력이 약화

(3) 포장의 파손

(4) 교통의 주행성 및 안전성 저하

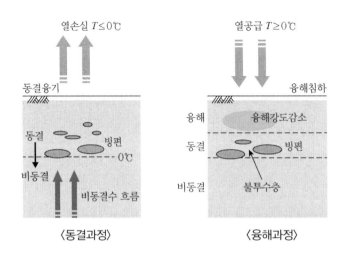

〈동결과정〉　　　　　〈융해과정〉

# IV. 동상방지층 생략기준

## 1. 흙쌓기 높이가 노상 최종면 기준으로 2m 이상인 구간

(1) 지하수위가 매우 낮아 노상으로의 수분공급이 억제된 경우

(2) 흙쌓기 높이가 2m 이상인 경우에는 노상으로의 모관상승에 의한 수분공급이 억제

(3) 여기서 흙쌓기 높이라 함은 원지반에서 흙쌓기를 한 노체의 높이와 노상의 높이를 합한 것, 즉 원지반에서 노상까지의 높이를 의미함

(4) 세부 적용기준

① 일반적으로 흙쌓기 높이가 2m 이상인 구간이 50m 이상 이어질 경우

② 흙쌓기 높이 2m 이상이 많고 부분적으로 흙쌓기 높이 2m 미만 구간이 존재하는 경우, 2m 미만 구간의 연장이 30m 미만일 경우

③ 흙쌓기 높이 2m 미만이 많고 부분적으로 흙쌓기 높이 2m 이상 구간이 존재하는 경우, 2m 이상 구간의 연장이 30m 미만일 경우에는 동상방지층을 설치

④ 흙쌓기 높이 2m 미만인 구간과 성토고 2m 이상 구간이 계속적으로 반복되며 각각의 연장이 30m 미만일 경우에는 동상방지층을 설치

## 2. 동상수위높이차가 1.5m 이상인 경우

(1) 지하수위가 매우 낮아 노상으로부터 수분공급이 억제된 경우

(2) 동결면으로부터 물이 공급되는 지하수위 사이의 높이차가 1.5m 이상인 경우에는 노상으로부터 모세관상승에 의한 수분공급이 억제

(3) 동상수위높이차는 설계 동결깊이로부터 동절기 동결이 우려되는 기간에 예상되는 지하수위까지의 깊이를 칭한다.

(4) 동상수위높이차 결정

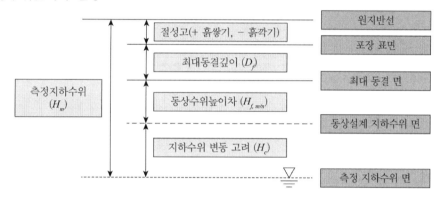

## 3. 노상토가 암반인 경우

## 4. 0.08mm 통과율이 8% 이하일 경우

(1) 흙의 동상민감도는 실트질 입자의 양에 따라 크게 좌우

(2) 0.08mm 통과율 기준 8% 이하의 노상토 재료는 비동상성 재료로 간주, 동상방지층을 생략

(3) 0.08mm 통과율 기준 8%를 초과하는 노상토 재료는 동상성 재료로 간주, 동상방지층을 설치

## 5. 적용 예외

(1) 경계조건이 토공구간과 매우 상이한 구조물 접속부

(2) 구조물 상부 및 자전거도

(3) 보도 등

## V. 결론

1. 노상토에 동상 우려가 있는 경우 보조기층에서 노상의 동결 깊이까지 동상에 민감하지 않은 양질의 재료로 치환하여 노상의 동결을 막고자 동상방지층을 시공하여야 한다.
2. 다만 동상방지층 생략기준을 만족하는 조건에서 동상방지층을 생략하여 경제적인 설계·시공이 되도록 하여야 한다.

─┤ 참조 ├─

**동상방지층 검토 Flow**

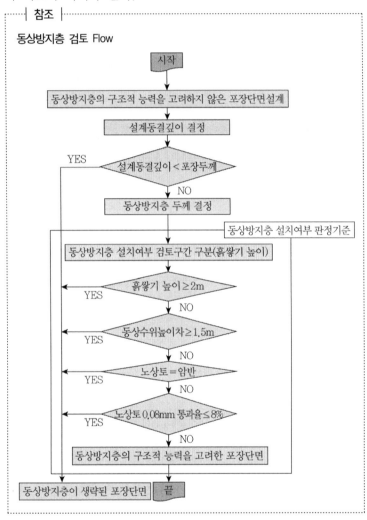

# 03 보조기층 및 기층의 시공

## I. 개요

1. 마무리된 노상면 또는 동상방지층면 위의 보조기층 및 기층에 대한 공사는 사용 재료의 품질 기준을 준수해야 하며, 철저한 다짐관리를 실시해야 한다.
2. 기층은 입도조정기층과 아스팔트 콘크리트 기층, 시멘트 안정처리 기층 등으로 분류되며 시 공간 시방규정을 준수하여 철저한 품질관리가 되도록 하여야 한다.

## II. 보조기층

### 1. 재료

(1) 부순돌, 자갈, 모래, 슬래그, 스크리닝스 등
(2) 견고하고 내구적인 것, 표준 입도 범위 만족

┤ 참조 ├

품질기준

| 액성한계 | 소성지수 | 마모감량(%) | 수정 CBR값(%) | 모래당량 |
|---|---|---|---|---|
| 25 이하 | 6 이하 | 50 이하 | 30 이상 | 25 이상 |

입도기준

| 입도번호 | 통과중량 백분율(%) | | | | | | | |
|---|---|---|---|---|---|---|---|---|
| | 75mm | 50mm | 40mm | 20mm | 5mm | 2mm | 0.4mm | 0.08mm |
| SB-1 | 100 | – | 70~100 | 50~90 | 30~65 | 20~55 | 5~25 | 0~10 |
| SB-2 | – | 100 | 80~100 | 55~100 | 30~70 | 20~55 | 5~30 | 0~10 |

### 2. 시공

(1) 다짐 후의 1층 두께 200mm 이하
(2) 다짐 장비 : 머캐덤, 탄뎀, 진동, 타이어 롤러 등
(3) 함수비 관리 : OMC ±2% 이내
(4) 다짐도는 최대건조밀도의 95% 이상

(5) 평판재하시험 적용 시

| 구분 | 아스팔트 포장 | 시멘트 콘크리트 포장 |
|---|---|---|
| 침하량(S) | 2.5mm | 1.25mm |
| 지지력계수($K_{30}$) | 294MN/m$^3$ 이상(30kgf/cm$^3$ 이상) | 196MN/m$^3$ 이상(20kgf/cm$^3$ 이상) |

(6) 변형량에 의한 규정

① 적용장비

㉮ Tire Roller 복륜하중 5ton 이상, 타이어 접지압 549kN/m$^2$(5.6kgf/cm$^2$) 이상

㉯ 덤프트럭(14ton 이상 트럭에 토사 또는 골재 만재)

② 전 구간 3회 주행

③ 변형량 큰 곳 표시 후 벤켈만빔에 의한 변형량 측정

(7) 마무리

① 설계도시 지정 종·횡단 경사 확보

② 계획고보다 ±30mm 이상 높이차 금지

③ 3m의 직선자 측정(종·횡방향) 요철 기준

④ 두께

| 구분 | ACP | CCP | 비고 |
|---|---|---|---|
| 기준 | 20mm 이하 | 10mm 이하 | 직선자 반씩 겹쳐 측정 |

㉮ 1,000m$^2$에 1개공(또는 1일 1회 이상)

㉯ 커터로 자르거나 구멍을 파서 측정

㉰ 관리기준 : 설계두께 ±10% 이하


# III. 입도조정 기층

## 1. 재료

(1) 부순돌, 부순자갈 등을 모래, 스크리닝스 등과 혼합한 것

(2) 견고하고 내구적인 것, 표준 입도 범위 만족

┈┤ **참조** ├┈

**품질기준**

| 소성지수 | 수정 CBR값(%) | 마모감량(%) | 안정성(%) |
|---|---|---|---|
| 4 이하 | 80 이상 | 40 이하 | 20 이하 |

**입도기준**

| 입도번호 | 통과중량 백분율(%) | | | | | | | |
|---|---|---|---|---|---|---|---|---|
| | 50mm | 40mm | 25mm | 20mm | 5mm | 2.5mm | 0.4mm | 0.08mm |
| B-1 | 100 | 95~100 | – | 60~90 | 30~65 | 20~50 | 10~30 | 0~10 |
| B-2 | – | 100 | 80~95 | 60~90 | 30~65 | 20~50 | 10~30 | 0~10 |

## 2. 시공

(1) 다짐 후의 1층 두께 150mm 이하

(2) 다짐 장비 : 머캐덤, 탄뎀, 진동, 타이어 롤러 등

(3) 적정한 함수비 유지

(4) 다짐도는 최대건조밀도의 95% 이상

(5) 변형량에 의한 규정

　① 적용장비

　　㉮ Tire Roller 복륜하중 5ton 이상, 타이어 접지압 549kN/m$^2$(5.6kgf/cm$^2$) 이상

　　㉯ 덤프트럭(14ton 이상 트럭에 토사 또는 골재 만재)

　② 전 구간 3회 이상 주행

　③ 변형량 큰 곳 표시 후 벤켈만빔에 의한 변형량 측정

(6) 마무리

　① 설계도서에 표시된 종·횡단 경사 확보

　② 계획고보다 30mm 이상 높이차 금지

　③ (종·횡방향)요철 기준 : 10mm 이하

　④ 두께

　　㉮ 2,000m$^2$에 1개공 이상

　　㉯ 커터로 자르거나 구멍을 파서 측정

　　㉰ 관리기준 : 설계두께 ±10% 이하

# Ⅳ. 아스팔트 콘크리트 기층

## 1. 재료

아스팔트, 골재, 채움재 등

## 2. 혼합물의 품질기준

| 구분 | 안정도(N) | 흐름값(1/100cm) | 공극률(%) | 포화도(%) |
|------|-----------|------------------|------------|------------|
| 기준 | 5,000 이상 | 10~40 | 4~6 | 60~75 |

## 3. 시공

(1) Flow

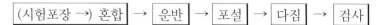

(2) 시험포장

　① 적용면적 : 약 $500m^2$ 정도

　② 목적 : 최적아스팔트 함량, 다짐도, 다짐 전 포설두께, 다짐장비, 다짐 후 밀도, 배합 및 온도 변화 등

(3) 운반, 포설, 다짐('ACP' 참조)

　① 포설온도가 설정온도보다 20℃ 이상 낮을 경우 폐기

　② 다짐 후의 1층 두께 100mm 이내

　③ 경사면 포설은 낮은 곳에서 높은 곳 방향으로

　④ 다짐장비

| 구분 | 머캐덤 롤러 | (2축식) 탄뎀 롤러 | 타이어 롤러 |
|---|---|---|---|
| 중량 | 12ton 이상 | 8ton 이상 | 12ton 이상 |

(4) 현장다짐밀도는 기준밀도의 96% 이상

(5) 이음은 상하층의 가로이음 위치는 1m 이상, 세로이음 위치는 0.15m 이상 어긋나게 시공

(6) 완성면은 직선자로 측정 시 종·횡방향 3mm 이하

(7) 두께 측정

　① 층당 $3,000m^2$마다 코어 채취하여 측정

　② 설계두께 10% 이상 초과, 5% 이상 부족 금지


# V. 시멘트 안정처리 기층

## 1. 재료

(1) 시멘트, 골재, 물

(2) 골재 : 품질기준, 입도를 만족하는 것

> ┤ 참조 ├
>
> **입도기준**
>
> | 체크기(mm) | 50 | 40 | 20 | 2.5 | 0.08 |
> |---|---|---|---|---|---|
> | 통과중량 백분율(%) | 100 | 95~100 | 50~100 | 20~60 | 0~15 |

(3) 시멘트량 : 소요 강도가 확보되도록 결정

| 구분 | ACP | CCP | 비고 |
|---|---|---|---|
| 일축압축강도($\sigma_7$) | 3MPa 이상 (30kgf/$cm^2$ 이상) | 2MPa 이상 (20kgf/$cm^2$ 이상) | 습윤 6일, 수침 1일 양생 후 |

## 2. 혼합

(1) 노상혼합

① 보조기층면 위 골재를 고르게 포설 후 소요의 시멘트를 균일하게 살포

② 혼합기계로 1~2회 사전혼합

③ 최적함수비가 되도록 살수 후 충분히 혼합

(2) 플랜트 혼합 : 혼합시간, 최적함수비에 의한 가수량 고려

## 3. 시공

(1) 시험포장

① 면적 : 500m² 정도

② 다짐도, 두께 부설 및 다짐 방법 등 검토

(2) 4℃ 이하, 우천 시 시공 금지

(3) 포설 시 재료분리 주의

(4) 현장다짐도 기준 : 95% 이상

(5) 시공이음(2층 이상으로 시공 시)

① 세로이음의 위치는 1층 마무리 두께의 2배 이상

② 가로이음 위치는 1m 이상 어긋나도록 설치

(6) 마무리

① 1층 마무리 두께 : 200mm 이하

② 계획고와 높이차 30mm 이하

(7) 두께 : 설계두께 ±10% 이내

(8) 양생 : 살수 또는 비닐 덮개 등으로 습윤양생

# VI. (CCP의) 빈배합 콘크리트 기층

## 1. 재료

시멘트, 골재, 물

## 2. 골재

품질기준, 입도를 만족하는 것

## 3. 결합재량은 소요 강도가 확보되도록 결정

(1) 단위결합재량 150kg/m³ 이상

(2) (습윤 6일, 수침 1일 양생 후) 일축압축강도 5MPa 이상

## 4. 시험포장

(1) 면적 : 1,000m$^2$ 정도

(2) 다짐도, 다짐 후의 두께, 재료분리 여부, 포설 및 다짐방법 등을 검토

## 5. 운반

(1) 재료분리 방지, 싣거나 내릴 때의 높이를 최대한 낮게

(2) 비빔 후부터 포설 종료까지 1시간 이내

## 6. 포설, 다짐

(1) 일평균기온 4℃ 이하, 비가 내릴 때 공사 중지

(2) 피니셔(Finisher)에 의하여 균일한 두께로 포설

(3) 협소지역 등 인력 포설

(4) 현장다짐도의 기준은 100% 이상

(5) 다짐장비는 진동 롤러, 탄뎀 롤러와 타이어 롤러를 사용

## 7. 마무리면 허용오차

(1) 다짐 후의 두께 : 설계두께 ±10% 또는 ±15mm 중 작은 값

(2) 마무리면 : 계획고 ±15mm

## 8. 시공이음 및 단부처리

(1) 시공이음은 도로중심선의 직각 방향으로 설치

(2) 포장 줄눈의 위치와 적어도 300mm 이상 엇갈리게 설치

## 9. 마무리

(1) 계획고와의 차는 15mm 이하

(2) 7.6m 프로파일 미터(Profile Meter)를 사용할 때 PrI=480mm/km 이하

(3) 3m 직선자를 대었을 때 가장 오목한 곳의 깊이가 10mm 이하

## 10. 양생

(1) 표면이 건조·이완되지 않도록 살수 또는 비닐덮기 등으로 습윤양생 실시

(2) 재령 7일의 압축강도 및 평탄성 시험 결과를 확인, 감독자의 승인을 받아 교통 개방

# VII. 결론

1. 보조기층은 노상면 위에서 상부의 하중을 분산시켜 노상에 전달하는 역할을 한다.

2. 도로의 각 층은 상부 교통하중에 대한 충분한 지지력을 구비해야 하며, 소요의 두께 확보는 물론 시방에서 규정하는 품질기준이 만족될 수 있도록 시공되어야 한다.

---| 참조 |---

**동상방지층**

- 재료의 품질기준

| 최대치수 | 0.08mm체 통과율 | 유효입경($D_{10}$) | 2mm체 통과율 | 소성지수 | 수정 CBR값 |
|---|---|---|---|---|---|
| 100mm 이하 | 8% 이하 | 0.1mm 이상 | 45% 이하 | 10% 이하 | 10% 이상 |

- 다짐 후 1층의 두께 : 200mm 이하
- 다짐도 : 95% 이상
- 함수비 : OMC ±2%
- 평판재하시험

| 구분 | 아스팔트 포장 | 시멘트 콘크리트 포장 |
|---|---|---|
| 침하량(S) | 2.5mm | 1.25mm |
| 지지력계수($K_{30}$) | 294MN/m³ 이상(30kgf/cm³ 이상) | 196MN/m³ 이상(20kgf/cm³ 이상) |

- 계획고와 높이차 : ±30mm 이하

# 04 포장 형식 선정 고려사항 및 특성 비교

## I. 개요

1. 포장은 교통에 대한 주행성, 안전성, 경제성, 내구성 등이 확보되어야 한다.
2. 포장 형식은 상부하중을 하부층으로 점점 넓게 분포시키는 가요성 포장과 Slab의 휨강성을 통해 Slab에 하중을 분포시키는 강성 포장 형식으로 분류된다.

## II. ACP, CCP 특성 비교

| 구분 | ACP | CCP |
|---|---|---|
| 포장 형식 | 가요성(연성) 포장 | 강성 포장 |
| 시공성 | 간단 | 복잡 |
| 공사기간 | 단기 | 장기 |
| 공사비용 | 저렴 | 고가 |
| 주행성, 평탄성 | 유리 | 불리 |
| 변형, 파손 | 불리 | 유리 |
| 유지관리비 | 불리 | 유리 |
| 내마모성 | 불리 | 유리 |
| 중교통저항력 | 보통 | 우수 |
| 수명 | 10~20년 | 30~40년 |
| 교통하중부담 | 노상 | Con'c Slab |
| 연약지반 적용 | 유리 | 불리 |

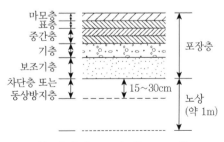

〈Asphalt Concrete Pavement〉

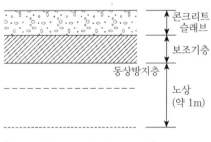

〈Cement Concrete Pavement〉

# III. 포장 형식 선정 고려사항

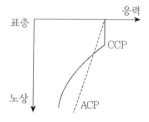

## 1. 교통 및 신호체계 특성
(1) 대형차량의 통행량
(2) 특수차량 등의 통행 여부
(3) 신호체계, 조명, 급커브 구간 등

## 2. 포장층 기초지반의 특성
(1) 연약지반 등에서 강성 포장 형식 부적합
(2) 지반의 침하 정도를 고려

## 3. 기후 특성
(1) 기후는 포장의 전체 단면에 영향을 미침
(2) 함수비 변화, 침하, 동해 등의 영향
(3) 기후영향에 의해 포장의 신축팽창, 변형, 균열 등 발생

## 4. 시공성
(1) 공사기간, 교통개방 시기 등
(2) 작업의 용이성
(3) 시공 중 주변에 미치는 영향

## 5. 경제성
(1) 생산비용 및 유지관리비용, LCC를 종합적으로 고려
(2) 강성포장은 생산비, 가요성포장은 유지관리비가 많이 소요

## 6. 평탄성, 주행성
(1) 가요성포장이 강성포장 대비 평탄성, 주행성 양호
(2) 강성포장은 줄눈 등의 영향으로 승차감 불량

## 7. 내구성
(1) 강성포장이 내구성 우수
(2) 가요성포장 파손발생으로 수명이 짧음
(3) 강성포장이 가요성포장 대비 수명이 2~3배 정도 긺

## 8. 기타

(1) 인접 포장의 형식 및 상태

(2) 환경성

(3) 지역적 특성

(4) 시공능력

## IV. 결론

1. 포장은 교통의 승차감을 확보함은 물론 교통특성, 시공성, 안전성, 경제성, 내구성 등을 종합적으로 검토하여 그 형식을 선정하여 적용하여야 한다.

2. 강성포장과 가요성포장은 그 형식에 따라 특성이 상이하고 특히 공사기간과 내구성이 차이가 많이 발생한다.

# 05 Asphalt Concrete Pavement의 시공계획

## I. 개요

1. 아스팔트 포장 공사의 시공계획을 수립하는 것은 효율적인 공사를 수행하여 경제적인 시공을 하기 위함이다.
2. 시공계획은 현장 및 주변의 영향 인자를 고려하고 최적의 공기에 맞추어 요구되는 품질을 확보하도록 구체적으로 수립하고 이에 따라 세심한 시공관리를 해야 한다.

## II. 시공계획

### 1. 사전조사
(1) 계약조건 및 설계도서 검토
(2) 현장조사

### 2. 시공방법
(1) 공사기간, 공사비용, 현장여건 등을 고려
(2) 시공성, 안전성, 경제성 확보

### 3. 시공 및 품질관리 계획
(1) 혼합물의 생산 및 운반관리
 ① 재료별 품질기준, 계량허용오차, 가열온도기준 등 준수
 ② 생산기록지 지속 확인
 ③ 운반 트럭 2중 덮개 설치 : 이물질 유입 및 온도 저하 방지
(2) Coat층 관리
 ① Prime Coat, Tack Coat
 ② 디스트리뷰터의 운행속도, 살포량 적정 유지
 ③ 살포 후 규정시간 이상 양생

(3) 포설

    ① 연속작업이 되도록 포설속도 유지 및 운반 통제

    ② 포설두께 준수, 적정 포설속도 준수

    ③ 포설장비와 전압장비의 이격이 50m 이상 되지 않도록 관리

> ┤ **참조** ├
>
> **포설두께**
>
> $$T = D \times \frac{T'}{D'}$$
>
> 여기서, $T$ : 규정두께를 얻기 위한 포설두께(cm), $D$ : 규정된 두께(cm),
>           $T'$ : 시험포설의 평균 포설두께(cm), $D'$ : 시험포설의 다짐 후의 평균두께(cm)

(4) 다짐

    ① 다짐방법

| 구분 | 1차 다짐 | 2차 다짐 | 마무리 다짐 |
|------|---------|---------|-----------|
| 목적 | 전압 | Interlocking 증진 | 평탄성 확보 |
| 장비/중량 | Macadam Roller/8~12ton | Tire Roller/10~15ton | Tandem Roller/6~8ton |
| 온도 | 110℃ 이상 | 80℃ 이상 | 60℃ 이상 |

    ② 포설 후 가능한 빨리 다짐 실시

    ③ 롤러 규격·종류·다짐 횟수는 시험포장 결과 준수

    ④ 현장다짐밀도는 기준밀도의 96% 이상 확보

    ⑤ Roller의 방향 전환은 작업구간 밖에서 실시

    ⑥ 외연부는 인력부설다짐

    ⑦ 오르막길은 구동륜을 위쪽으로 하여 다짐

    ⑧ 최소 다짐 후 24시간 이내, 표면온도 40℃ 이상 시 교통의 소통 금지

(5) 이음

    ① 이음면은 깨끗이 청소, 역청재 도포 후 시공

    ② 상·하층 이음 위치는 가로이음 1m 이상, 세로이음 0.15m 이상 어긋나도록 배치

    ③ 시공방법 : 맞댐방법, 겹침방법

(6) 평탄성 관리

    ① 횡방향, 종방향 : 직선자 요철 측정 시 3mm 미만

    ② 종방향 : 7.6m 프로파일미터 측정

        본선 토공부 PrI 기준 : 100mm/km 이하

## 4. 공정관리

(1) 소요작업일수, 1일 표준작업량 등 산정

(2) 세부공사별 소요시간, 간섭, 순서 등을 고려

## 5. 자재관리

(1) 품목별 적재 장소 선정 후 보관

(2) 가연성 품목 별도 통제

## 6. 인원 및 장비투입계획

(1) 현장직원 및 작업원 편성

　① 노무비, 관리비의 절감을 위해 인원을 적재적소에 배치

　② 최소의 인원으로 최대의 성과를 달성하도록 배치

　③ 시공사 : 공사관리자, 품질관리자, 안전관리자

　④ 협력업체 : 현장관리자, 장비기사, 반장, 신호수, 특공 등

(2) 장비계획

　① Asphalt Plant의 생산능력과 시간당 포설능력의 균형유지

> ┈┤ 참조 ├┈
>
> **피니셔의 시간당 포설능력 산정**
>
> $C = W \times T \times d \times V$
>
> 여기서, $C$ : 피니셔의 시간당 포설능력(ton/hr), $T$ : 피니셔의 포설 폭(m), $d$ : 다짐 후 밀도(t/m³),
> 　　　　$V$ : 피니셔의 작업속도(m/hr)

　② 공사규모에 따른 장비조합

| 투입장비 | 형식/규격 | 장비 소요 수량(1일 8시간 작업기준) | |
| --- | --- | --- | --- |
| | | 200ton/day | 300ton/day |
| Asphalt Mixing Plant | 20~40t/h | 1대 | 1대 |
| Distributor | 3800ℓ | 1대 | 1대 |
| Dump Truck | 15ton | 운반거리에 따라 산정하여 적용 | |
| Asphalt Finisher | 3m형 | 1대 | 2대 |
| Macadam Roller | 10ton | 1대 | 2대 |
| Tire Roller | 10ton | 1대 | 2대 |
| Tandem Roller | 8ton | 1대 | 2대 |
| 포장 시공량 | t : 5cm 기준 | 15~20a/day | 25~30a/day |

## 7. 가설계획

(1) Plant 부지 선정

(2) 현장사무실, 숙소, 시험실 등 가설구조물

(3) 동력, 조명, 급수, 통신 설비 등

## 8. 관리계획

(1) 하도급업자 선정

  ① 전문성·신뢰성 있는 전문업체 검토, 선정

  ② 실적을 중심으로 한 업체 능력 검증

  ③ 선정된 업체에 대한 관리계획 수립

(2) 자금관리

  ① 공사예산 및 실행예산 편성 및 배정

  ② 현장운영 및 관리에 필요자금 판단

(3) 현장원 편성

  ① 안전, 품질, 관리, 공사, 공무 등

  ② 공사규모, 업무량과 내용을 고려 적정 인원 편성

  ③ 조직표 작성, 업무 배당

(4) 사무관리

  ① 현장 사무의 간소화

  ② 요구되는 사무는 즉각적 처리 및 근거 유지

(5) 대외업무 관리

  ① 공사 관계부처와의 협조체계 구축

  ② 연락망 구성, 위치도 작성

## 9. 안전관리 및 환경관리계획

(1) 안전관리 계획

  ① 신규자 교육, 정기 및 수시교육, 작업 전 교육 등 실시

  ② 현장 안전순찰 실시, 장비 작업 및 이동 시 유도자 배치

  ③ 장비에 깃발 등 표식 강화로 교통과 충돌 방지

(2) 환경관리

  ① 시공능력과 혼합물생산량 적정유지, 잔여 혼합물은 모아서 폐기

  ② 투입장비의 공회전 금지, 매연 최소화

  ③ 소음, 진동, 비산 등에 대한 방지시설 설치 및 관리

## 10. 교통관리

(1) 도로교통법에 의한 관할 경찰서장 허가

(2) 일반 교통에 대한 원활한 운행 유도

(3) 작업장 및 작업원, 장비에 대한 표식

## Ⅲ. 결론

1. 착공 전 시공계획을 수립하여 아스팔트 포장공사 시 포장장비의 성능, 혼합물의 생산·시공, 품질, 안전, 환경 등의 제반사항에 대한 문제점을 도출하여 검토, 보완하여야 한다.

2. 합리적인 시공계획의 수립과 시행으로 경제적이고 효율적인 공사관리가 되도록 해야 한다.

# 06 Asphalt Concrete Pavement의 시험포장

## I. 개요

1. 시험포장의 결과를 분석하여 본공사의 계획, 시공성, 품질 등을 검토·평가하여야 한다.
2. 시험포장은 배합의 적정성, 시공 장비 및 인력의 편성, 시공방법 등을 검토하기 위하여 실시한다.

## II. 시험포장의 목적

1. Plant의 생산능력
2. 배합의 적정성
3. 시공 장비 및 인력 편성
4. 포설 및 다짐두께 결정
5. 다짐횟수 결정
6. 시공 후 품질 확인
7. 문제점 확인 및 대책 수립

## III. 시험포장 방법

### 1. 위치 선정
(1) Plant에서 가까운 곳으로 선정
(2) 종횡단구배가 적은 구간
(3) 직선구간으로 선정

### 2. 혼합물의 배합
(1) 골재의 입도 기준
(2) 아스팔트 함량

(3) 혼합물의 품질기준(표층)

| 안정도(N) | 공극률(%) | 포화도(%) | 흐름값 |
|-----------|-----------|-----------|--------|
| 7,500 이상 | 3~6 | 65~80 | 20~40 |

## 3. Coat층 살포시험

(1) Distributer 이용 설계량 살포

(2) 살포장비의 압력계, 노즐 등 확인

(3) Prime Coat, Tack Coat 적용

(4) 살포량, 살포장비 운용속도 등을 분석

## 4. 운반

(1) 운반장비는 수밀하고 평활한 적재함을 구비

(2) 보통 Dump Truck 이용

(3) 운반 중 먼지 등 이물질 혼입 방지 및 온도 저하 방지 위해 덮개 설치(두꺼운 방수직포)

(4) 운반대수 확인

## 5. 포설

(1) 포설 시 혼합물 온도측정

(2) 포설장비 확인(Finisher) : 피니셔의 작동상태, 센서 작동상태 등 확인

(3) 포설두께 : 다짐 후 두께의 30% 가산 적용

(4) 다짐두께 시험구간 : 90m, 다짐두께 차등하여 3분할

| 구분 | 다짐두께 |
|------|----------|
| A구간 | 6cm |
| B구간 | 7cm |
| C구간 | 8cm |

## 6. 다짐

(1) 적용 다짐장비의 중량, 압력 등 확인

(2) 다짐횟수 시험구간 : 90m, 다짐횟수 차등하여 3분할

| 구분 | 마카담 롤러(1차 전압) | 타이어 롤러(2차 전압) | 탄뎀 롤러(마무리 전압) |
|------|----------------------|----------------------|------------------------|
| D구간 | 2 | 8 | 2 |
| E구간 | 4 | 10 | 4 |
| F구간 | 6 | 12 | 6 |

(3) 바깥쪽에서 중심부를 향해 종방향으로 다짐 실시

(4) 다짐 후 혼합물 두께, 밀도 측정

## 7. 온도관리 기준

(1) 포설시 : 120℃ 이상

(2) 1차 전압 시 : 110℃ 이상

(3) 2차 전압 시 : 80℃ 이상

(4) 마무리 전압 시 : 60℃ 이상

## 8. 동원 장비

| 구분 | Coat 층 | 운반 | 포설 | 1차전압 | 2차전압 | 마무리전압 |
|------|---------|------|------|---------|---------|-----------|
| 장비 | Distributer | Dump Truck | Finisher | Macadam Roller | Tire Roller | Tandem Roller |
| 규격 | 3,800ℓ | 15ton | 2.5~8m | 8~10ton | 12~15ton | 6~8ton |

## 9. 투입 인원

| 구분 | Coat 층 | 포설 | 선압 | 품질관리 |
|------|---------|------|------|---------|
| 투입인원 | 2명 | 6명 | 3명 | 2명 |
| 작업내용 | 장비, 살포량 점검 | 포설 및 고르기 작업 | 단계별 전압 | Core채취 등 품질관리 |

## 10. 시험포장 결과보고서 작성

(1) 일시, 기상, 위치, 투입인원 및 장비

(2) 혼합물 배합설계 결과표

(3) 단계별 혼합물 온도, 다짐 횟수 및 두께

(4) 혼합물의 다짐도 등 품질확인 요소

(5) 시공상 문제점, 시공현황 사진 등

# Ⅳ. 결론

1. 본공사 포장 시 최적의 시공관리가 되도록 시험포장을 세밀하게 실시하여야 한다.

2. 시험포장 결과를 분석하여 본공사의 계획을 보완하여 효율적으로 포장공사를 진행함은 물론 소요품질을 확실히 확보해야 한다.

# 07 Asphalt Concrete Pavement의 시공

## I. 개요

1. 아스팔트 콘크리트 포장은 상부의 교통하중을 하부층으로 점차적으로 넓게 분산시켜 최소의 하중을 노상이 부담토록 하는 구조이다.
2. 아스팔트 콘크리트포장은 변형에 의한 손상이 많은바 아스팔트 혼합물의 재료·배합·포설·다짐시공 및 온도관리에 유의하여 시공하여야 한다.

## II. ACP, CCP의 특징 비교

| 구분 | 구조형식 | 시공성 | 주행성 | 미끄럼저항 | 변형 | 내구성 |
|------|---------|-------|-------|-----------|------|-------|
| ACP | 가요성 | 유리 | 유리 | 불리 | 불리 | 불리 |
| CCP | 강성 | 불리 | 불리 | 유리 | 유리 | 유리 |

## III. 시공 Flow

준비 → 시험포장 → 재료 → 배합·혼합 → 운반 → 포설 → 다짐 → 검사

─┤ 참조 ├─────────────────────────────────

**시험포장**
- 면적 : 500m² 정도
- 최적 아스팔트 함량, 다짐도, 포설두께, 다짐방법, 다짐 후 밀도, 배합 및 온도 검토 목적

# IV. 시공관리

## 1. 재료

(1) 아스팔트 : 도로포장용 Asphalt, 유화 Asphalt,
   Cut Back Asphalt 등

(2) 채움재 : 석회석분, 시멘트 또는 소석회 등

(3) 골재

   ① 표층 자갈 입경 : 13mm

   ② 중간층 자갈 입경 : 19mm

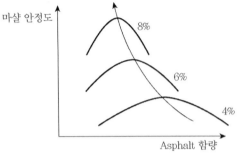

〈석분 함량에 따른 안정도〉

## 2. 배합, 혼합

(1) 표층용 아스팔트 혼합물의 품질기준

| 안정도(N) | 공극률(%) | 포화도(%) | 흐름값 |
|---|---|---|---|
| 7,500 이상 | 3~6 | 65~80 | 20~40 |

(2) 혼합

| 구분 | 혼합시간 | 혼합온도 |
|---|---|---|
| 기준 | 40~60sec | 145~160°C |

## 3. 시공

(1) 준비공

   ① 기층면 정비 : 이물질 제거, 손상부 보수

   ② 생산플랜트, 시공장비 등 점검

(2) 운반

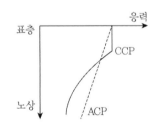

   ① 적재함이 잘 청소된 Dump Truck 사용

   ② 적재함에 경유(석유계 물질) 도포 금지

   ③ 오물 유입 및 온도 저하 방지 위해 덮개 사용

   ④ 운반 중 혼합물 온도는 혼합직후 온도보다 10°C 이상 저하 방지

   ⑤ 소요대수

   $$N = 1 + \frac{t_1 + t_2 + t_3}{T} + \alpha$$

   여기서, $t_1$ : 운반시간(분), $t_2$ : 공차 회전시간(분), $t_3$ : 혼합물 흘러내림(분),
   $T$ : 혼합물 적재시간(분), $\alpha$ : 고장 여유대수

(3) Coat 층 형성

  ① 프라임 코트

    ㉮ 보조기층면 또는 입도조정 기층면에 적용

    ㉯ 가열아스팔트층과 결합력 증진 및 불투수

       층을 형성

    ㉰ 제조 후 60일 경과된 것 사용 금지

    ㉱ 살포장비 : 디스트리뷰터(Distributor)

    ㉲ 10℃ 이하 사용 금지, 우천 시 작업 중지

    ㉳ 사용량 : 1~2L/m$^2$

    ㉴ 양생 : 24시간 이상

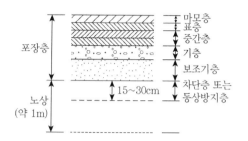

  ② 택코트

    ㉮ 중간층 포장면에 적용

    ㉯ 신·구 포장층의 결합력 증진

    ㉰ 제조 후 60일 경과된 것 사용 금지

    ㉱ 사용장비 : 디스트리뷰터

    ㉲ 5℃ 이하 사용 금지, 우천 시 작업 중지

    ㉳ 사용량 : 0.3~0.6L/m$^2$

    ㉴ 수분, 휘발분이 건조할 때까지 충분히 양생

  ③ 기상 조건

    ㉮ 포설면이 얼어 있거나 습윤 상태, 불결할 때, 우천 시, 안개 낀 날 사용 금지

    ㉯ 기온이 5℃ 이하일 때 사용 금지

(4) 포설

  ① 포설장비 : 피니셔(자동센서 부착, 작업속도 통제 용이한 것)

    포설속도 일정하게 유지 : 6m/min 이하

  ② 포설 시 혼합물 온도 : 120℃ 이상

  ③ 기준 포설 온도보다 20℃ 이상 낮을 때 혼합물 폐기

  ④ 다짐 후의 1층 두께가 70mm 이내가 되도록 포설

  ⑤ 종단 경사면은 낮은 곳에서 높은 곳으로 포설

  ⑥ 좁은 장소, 구조물 접속부 등은 인력포설

  ⑦ 포설은 연속적으로 실시, 횡방향 이음 최소화

(5) 다짐

  ① 다짐방법

| 구분 | 1차 다짐 | 2차 다짐 | 마무리 다짐 |
|------|---------|---------|-----------|
| 목적 | 전압 | Interlocking 증진 | 평탄성 확보 |
| 장비/중량 | Macadam Roller/8~12ton | Tire Roller/10~15ton | Tandem Roller/6~8ton |
| 온도 | 110℃ 이상 | 80℃ 이상 | 60℃ 이상 |

② 포설 후 가능한 빨리 다짐 실시

③ 롤러 규격·종류·다짐 횟수는 시험포장 결과 준수

④ 현장다짐밀도는 기준밀도의 96% 이상 확보

⑤ Roller의 방향 전환은 작업구간 밖에서 실시

⑥ 외연부는 인력부설다짐

⑦ 오르막길은 구동륜을 위쪽으로 하여 다짐

⑧ 최소 다짐 후 24시간 이내, 표면온도 40℃ 이상 시 교통의 소통 금지

(6) 이음

① 이음면은 깨끗이 청소, 역청재 도포 후 시공

② 상·하층 이음 위치는 가로이음 1m 이상, 세로이음 0.15m 이상 어긋나도록 배치

(7) 평탄성 관리

① 횡방향, 종방향 : 직선자 요철 측정 시 3mm 미만

② 종방향 : 7.6m 프로파일미터 측정

　　본선 토공부 PrI 기준 : 100mm/km 이하

> **참조**
>
> PrI 기준
>
> | 구분 | 본선 토공부 | 교량구간, 교량접속부 | 확장 및 시가지도로 | 인터체인지, 램프구간 |
> |------|-----------|-------------------|----------------|-------------------|
> | PrI 기준 | 100mm/km 이하 | 200mm/km 이하 | 160mm/km 이하 | 240mm/km 이하 |

(8) 규격

① 두께 : 매층당 3,000m²마다 코아 채취 측정, 설계두께 10% 이상 초과, 5% 이상 부족 금지

② 폭 : 설계폭 −25mm 이내

# V. 결론

1. 포장체의 균일성이 확보되도록 아스팔트 콘크리트 혼합물의 품질관리를 철저히 해야 한다.

2. 시험포장을 통해 적정 장비의 선정, 포설두께 및 다짐방법, 다짐횟수 등을 판단하여 본 포장에 적용토록 해야 한다.

3. 특히 시공 간 혼합물의 온도·다짐관리를 철저히 하여 소요의 밀도를 확보해야 한다.

# Asphalt Concrete Pavement 파손 원인과 파손 종류

## I. 개요

1. 포장 파손의 원인은 포장체의 두께·품질 부적정, 교통량 과다, 하부층(노상 등)의 지지력 부족 등에 의한다.
2. 포장의 파손은 크게 노면성상에 관한 파손과 구조에 의한 파손으로 구분된다.
3. 포장의 파손 발생 시 교통의 주행성, 안전성, 쾌적성이 저하된다. 규정된 시공관리와 공용 간 유지관리를 통해 파손을 최소화하여야 한다.

## II. 포장파손의 원인

### 1. Asphalt 혼합물 특성 및 시공 불량

(1) Asphalt 혼합물 재료·배합 불량

① Asphalt 함량 부적절(과다 또는 과소)

② 안정도 미확보

③ 침입도가 큰 아스팔트 사용

④ 혼합 시 온도 및 비빔시간 미준수

(2) 운반·포설 부적정

① 운반 중 이물질 혼입, 골재 분리

② 운반, 포설 중 혼합물 관리 온도 미준수

③ 포설속도 부적정

④ Coat 층 불량

(3) 다짐 불량

① 다짐 시 혼합물 온도 부적정

② 다짐 중량·횟수 부적정

(4) 포장두께 부족

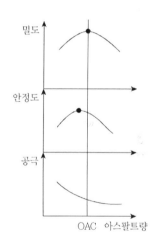

## 2. 포장하부 토공층 지지력 불량

(1) 노상 · (보조)기층의 다짐 불량, 지지력 부족

(2) 절 · 성토 경계부의 부등침하

(3) 구조물 뒷채움부의 다짐 불량

## 3. 배수불량

(1) 배수시설의 설치 부적정

(2) 포장 하부층의 연약화

(3) 절토부의 지하수 유출

## 4. 교통 및 기상 영향

(1) 교통량의 증대, 대형차 또는 과적차량 통행, 타이어 체인의 영향

(2) 급정지, 급커브 구간의 변형

(3) 기상영향으로 혼합물의 열화

## 5. 계획 및 설계 부적정

## 6. 유지관리 미흡

┤ 참조 ├

**Asphalt Concrete Pavement 파손 종류**

| | | |
|---|---|---|
| 노면<br>파손 | 국부적 균열 | Hair Crack, 종 · 횡방향 균열, 선상균열,<br>시공이음균열 |
| | 단차 | 구조물 접속부 단차, 지하매설물에 의한 단차 |
| | 변형 | Rutting, 종단방향의 요철, 파상요철, Bump,<br>침하, Flush |
| | 마모 | Ravelling, Polishing, Scaling |
| | 붕괴 | Pot-Hole, 박리, 노화 |
| 구조파손 | | 거북등 균열(전면적 균열), 융기 |

## Ⅲ. 포장파손의 종류

### 1. 노면성상에 관한 파손(노면파손)

(1) 국부적인 균열

    ① 미세균열(Hair Crack, 5mm 이하), 종 · 횡방향 균열, 선상균열, 시공이음균열 등

    ② 종류별 주요 원인

        ㉮ 미세균열 : 혼합물의 품질 불량, 다짐온도의 부적당에 의한 다짐초기의 균열

        ㉯ 종 · 횡방향 균열 : 노상 · 보조기층의 지지력 불균일, 배수 불량

        ㉰ 선상균열 : 혼합물의 시공 불량, 절 · 성경계부의 부등침하, 기층의 균열 등

        ㉱ 시공이음균열 : 포장이음부의 다짐 불량

(2) 단차(Faulting)

    ① 구조물과의 접속 부분, 지하매설물 등에 접하여 생기는 요철

    ② 노상, 보조기층, 혼합물 등의 다짐부족 및 지반의 부등침하에 의한 요철 발생

(3) 변형

    ① 소성변형(Rutting)

        ㉮ 도로의 횡단방향 요철로 차륜의 통과빈도가 가장 많은 위치에 생기는 오목한 형태의 변형으로 차바퀴모양 변형이다.

㉯ 횡방향 밀림현상

　　　㉰ 과다한 대형차 교통, 혼합물의 품질 불량 등

　② 종단방향의 요철

　　　㉮ 차량 진행방향으로 비교적 긴 파장의 요철

　　　㉯ 혼합물의 품질 불량, 노상·보조기층의 지지력 불균일

　③ 코루게이션(Corrugation)

　　　㉮ 차량 진행방향에 규칙적으로 생기는 짧은 파상(물결모양)의 요철

　　　㉯ Prime Coat, Tact Coat의 시공 불량

　④ 범프(Bump)

　　　㉮ 포장 표면이 국부적으로 밀려 혹 모양으로 솟아오른 상태

　　　㉯ Coat층의 시공 불량, 혼합물의 품질 불량

　⑤ 침하(Depression)

　　　㉮ 포장 표면의 국부적인 침하 상태

　　　㉯ 혼합물의 품질 불량, Coat층의 시공 불량

　⑥ 플러쉬(Flush)

　　　㉮ 포장 표면에 아스팔트가 스며 나와 침출된 상태

　　　㉯ Prime Coat, Tact Coat의 시공 불량, 아스팔트의 품질 불량

(4) 마모

　① 라벨링(Ravelling)

　　　㉮ 포장 표면의 골재입자가 이탈된 상태

　　　㉯ 타이어 체인, 스파이크 타이어의 사용 등

　② 폴리싱(Polishing)

　　　㉮ 포장 표면이 차륜에 의해 마모작용을 받아 연마되어 미끄럽게 된 상태

　　　㉯ 골재의 품질 불량, 혼합물의 품질 불량

　③ 스케일링(Scaling)

　　　㉮ 차륜에 의해 포장 표면이 얇은 층으로 벗겨진 상태

　　　㉯ 혼합물의 품질 불량, 다짐 부족

(5) 붕괴

　① 포트홀(Pot-Hole)

　　　㉮ 포장 표면에 발생되는 국부적인 작은 구멍

　　　㉯ 혼합물의 품질 불량, 다짐 부족

② 박리(Stripping)

㉮ 아스팔트 혼합물의 골재와 아스팔트의 접착성이 없어서 서로 분리된 상태

㉯ 골재와 아스팔트의 친화력 부족, 혼합물에 수분 침투

③ 노화(Aging)

㉮ 아스팔트 혼합물의 결합이 풀어진 것과 같이 된 상태

㉯ 혼합물 중 아스팔트의 열화

(6) 기타

① 타이어 자국

㉮ 연한 포장면 위에 정지해 있는 타이어 또는 중량물에 의해 생기는 국부적인 자국

㉯ 이상기온, 혼합물의 품질 불량, 사고 등

② 표면 부풀음

㉮ 포장 표면의 국부적인 부풀음

㉯ 혼합물의 품질 불량, 표면하 공기의 팽창

## 2. 구조에 관한 파손

(1) 거북등 균열

① 거북등 형상으로 발생하는 전면적인 균열

② 포장두께의 부족, 혼합물의 불량, 보조기층·노상의 부적당, 교통량 증가, 지하수영향

(2) 포장의 융기

① 동상에 의해 포장이 융기된 상태

② 동상방지층 불량, 포장 두께 부족, 지하수 영향 등


# Ⅳ. 결론

1. 아스팔트 콘크리트 포장은 상부 교통하중으로 인한 노면 성상의 변화에 의한 파손이 많이 발생하는 바

2. 이를 최소화하도록 혼합물에 대해 양질재료의 선정, 합리적 배합을 실시하고 시공 간 온도·다짐 관리를 철저히 하여 요구 품질을 확보해야 한다.

3. 공용 간 포장의 정기적 관찰, 점검을 통해 파손 전 예방적 유지보수를 실시하여 포장의 성능을 증가시키도록 해야 한다.

# Asphalt Concrete Pavement 소성변형 원인과 대책

## I. 개요

1. 아스팔트 콘크리트 포장의 소성변형이란 교통하중에 의해 도로 횡방향으로 변형이 발생, 원 상태로 회복되지 않는 상태를 말하며 교통에 악영향을 초래한다.

2. 일반적으로 차량이 집중적으로 통과하는 부분의 유동으로 골모양으로 패이는 파손형태로 차 바퀴 패임현상이다.

## II. 소성변형의 측정 및 관리기준

### 1. 소성변형의 측정

(1) 직선자를 이용하는 방법

(2) 실을 당겨서 측정

(3) 횡단 프로파일미터에 의한 방법

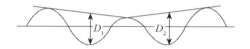

〈소성변형의 측정〉
소성변형량(mm) : $D_1$, $D_2$ 값 중 큰 쪽의 값

### 2. 유지보수 판단기준

| 자동차 전용도로 | 교통량이 많은 일반도로 | 교통량이 적은 일반도로 |
|---|---|---|
| 25mm | 30~40mm | 40mm |

┊ 참조 ┊

**Asphalt 포장 소성변형에 의한 영향(피해)**

교통의 안전성 저하, 주행차량의 주행성·쾌적성 저하, 강우 시 Hydroplaning(수막)현상 발생, 도로 포장의 내구성 저하

## III. 소성변형 원인

### 1. 아스팔트 혼합물의 재료, 배합 부적정

(1) 아스팔트 침입도 부적합

① 침입도가 큰 아스팔트(AP-3 등) 사용

② 아스팔트 침입도가 크면 변형이 증가

(2) 석분 미사용, 재질불량

    ① 석분 미사용으로 공극증대, 변형 증가

    ② 석분 재질 불량 시 안정성, 변형저항성, 내마모성 등 저하

(3) 골재 입경·입도 부적정

    ① 작은 입경(13mm)의 자갈 사용 시 교통하중에 대한 지지력 부족

    ② 입도 불량으로 Interlocking 미확보

(4) 아스팔트량 과다

    ① 소요 아스팔트량보다 과다사용 시

    ② 혼합물의 내유동성 저하

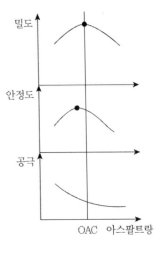

## 2. 아스팔트 혼합물 시공관리 불량

(1) 혼합물의 온도 관리 미흡

    ① 포설·다짐 시 온도 부적정으로 인한 다짐도 부족

    ② 혼합물의 안정도, 변형저항성 저하

(2) 다짐 부족 : 다짐 중량, 횟수 부족으로 혼합물의 소요 밀도 미확보

(3) 아스팔트층의 두께 부족

## 3. 교통 및 신호체계 영향

(1) 과적차량의 주행, 교통량 과다

(2) 급커브·급정지 구간

(3) 상습적 교통 정체 구간

## 4. 하절기 포장체의 온도상승

    고온하 혼합물의 변형저항성 감소

## 5. 포장하부 토공층 불량

(1) 부적정 재료의 사용

(2) 다짐 부족으로 소요다짐도 미확보

(3) 배수시설 불량으로 연약화

소성변형의 원인

| 내적 원인 | 아스팔트 혼합물의 재료·배합 불량 | 아스팔트 침입도가 큰 경우, 골재 치수 부적정, 아스팔트함량 과다, 안정도 부족 |
| | 혼합물의 시공 불량 | 운반 부주의, 포설 불량, 혼합물의 온도·다짐관리 불량 |
| | 기층, 노상의 불량 | 성토재료·다짐시공 불량, 배수시설의 부적정 |
| 외적 원인 | 상부교통, 도로선형 부적정 | 교통량 증가, 대형차량의 통행, 도로 급커브·급정지 구간 |
| | 기상영향 | 고온에서의 포장체 온도 증가 |

## IV. 대책

### 1. 아스팔트 공용성 등급(PG) 적용

(1) 기존 침입도 등에 의한 아스팔트 분류체계의 한계

(2) 아스팔트 바인더의 물리적 특성과 기후(온도조건) 및 교통하중을 고려한 분류체계

(3) PG 64-22 아스팔트, PG 70-22 개질아스팔트를 적용

참조

PG 64-22 아스팔트
• 앞의 숫자 64는 7일 평균 최고 포장온도, -22는 최저 포장온도를 나타낸다.
• 기후조건에 따른 시험 온도를 적용, 소요품질을 만족하는 바인더를 선정한다.

### 2. 아스팔트 혼합물의 재료, 배합 관리 철저

(1) 침입도가 작은 아스팔트 사용 : AP-5

| Asphalt 등급 | AP-3 | AP-5 |
|---|---|---|
| 침입도 | 80~100 | 60~80 |

참조

침입도(PI, Penetration Index)
• 역청재료의 굳기(연경) 정도를 의미하는 것으로 규정 온도·하중·시간 조건하에서 침이 시료에 침입한 깊이를 말하며, 1/10mm를 침입도 1로 한다.
• 목적 : Asphalt의 굳기 정도 평가, 감온성 추정
• 시험의 표준조건 : 25℃, 100g, 5sec

(2) 규정 품질의 채움재 사용

① 종류 : 석회석분, 시멘트, 소석회를 분쇄한 것

② 품질·입도 기준

| 구분 | 수분 | 비중 | No.200체 통과량 | No.30체 통과량 |
|------|------|------|------|------|
| 기준 | 1% 이하 | 2.6 이상 | 70~100% | 100% |

(3) 자갈 입경 크게 적용 : 표층 자갈 입경을 13mm에서 19mm로 조정 적용

(4) 개질 Asphalt 사용

    ① 개질재를 첨가하여 포장의 내구성, 내유동성 증진

    ② 소성변형 저항성 등 증가

    ③ 개질재 Asphalt의 종류

        ㉮ SBS 개질아스팔트

        ㉯ SBR 개질아스팔트

        ㉰ Chemcrete

        ㉱ CRM 등

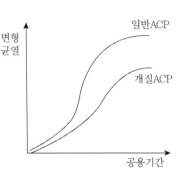

(5) 아스팔트량 감소 : 결정 아스팔트량(중앙치)보다 0.5% 적게 사용

(6) 안정도의 확보

    ① 정적안정도(마샬안정도)

        ㉮ 7,500N 이상

        ㉯ 대형차 교통량이 1일 한 방향 1,000대 미만 시 5,000N 이상

    ② 유동에 의한 소성변형이 우려되는 포장의 동적안정도(Wheel Tracking Test) : 1,000회/mm 이상 확보

## 3. 아스팔트 혼합물 시공기준 준수

(1) 포설 시 혼합물 온도 : 120℃ 이상

(2) Coat층 시공 : Prime Coat, Tack Coat 등

(3) 다짐 철저

| 구분 | 1차 다짐 | 2차 다짐 | 마무리 다짐 |
|------|------|------|------|
| 목적 | 전압 | Interlocking 증진 | 평탄성 확보 |
| 장비 | Macadam Roller | Tire Roller | Tandem Roller |
| 온도 | 110℃ 이상 | 80℃ 이상 | 60℃ 이상 |

(4) 이음부부터 다짐 실시

(5) 낮은 곳에서 높은 곳으로 다짐

(6) 기준밀도의 96% 이상 확보

(7) 다짐 후 24시간 이내 교통개방 금지

### 4. 교통

(1) 과하중 차량 통행 제한

(2) 도로선형 및 신호체계의 개선

### 5. 하부 토공층의 지지력 확보

(1) 다짐 재료·시공 철저

(2) 배수시설의 설치

## V. 결론

1. 아스팔트 혼합물에 대해 양질재료의 선정, 합리적 배합을 실시하고 시공 간 온도·다짐 관리를 철저히 하여 요구 품질을 확보하여 소성변형을 방지토록 한다.

2. 다만, 소성변형은 완전히 방지할 수는 없으므로 변형 발생 시 노면의 절삭 등 보수조치로 평탄성, 마찰저항성 등 포장의 성능을 회복시키도록 해야 한다.

# 10 Asphalt Concrete Pavement 유지보수공법

## I. 개요

1. 포장의 파손은 포장에 작용하는 응력에 의해 발생되며 이는 온도와 습도의 변화, 교통하중, 포장체 하부의 미소한 변동 등에 의해 발생된다.
2. 포장체의 파손 원인과 위치, 범위 등을 고려하여 유지·보수공법을 선정, 적용함으로써 포장체의 성능을 유지하여 포장의 공용성을 향상시켜야 한다.

> ─┤ 참조 ├─
>
> 포장관리시스템(PMS, Pavement Management System)
>
> 주어진 기간 동안 포장을 최적의 상태로 유지관리하여 제공하는 것으로 포장관리시스템은 유지보수 예산을 효율적으로 활용하고 포장을 적정한 상태로 유지관리하기 위하여 각종 장비조사와 현장조사로 경제성 분석과 예산분석 작업을 통하여 포장의 보수·보강공법과 시행 우선순위를 결정하고, 유지보수에 대한 비용절감 가능한 대안을 제시

## II. 유지보수공법의 분류

### 1. 예방적 유지보수

(1) 미소한 결함 발견 시 초기단계에서의 조치
(2) 추가적인 유지보수를 지연시킬 수 있으며 유지보수 예산을 절감할 수 있음

### 2. 일상 유지보수

(1) 상시적으로 시행하는 유지보수
(2) 파손이 발생한 후 조치

### 3. 긴급유지보수

블로우업, 심한 포트홀 등에 의해 교통의 안전에 문제가 있다고 판단되는 경우

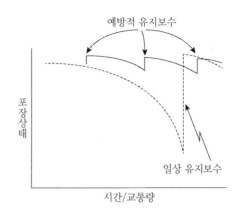

〈예방적 유지보수와 일상 유지보수의 개념〉

# III. 노면의 평가와 보수(관리) 기준

## 1. 유지관리지수(MCI)에 의한 방법

| MCI | 3 이하 | 4 이하 | 5 이하 |
|---|---|---|---|
| 유지보수기준 | 시급한 보수가 필요 | 보수가 필요 | 바람직한 관리기준 |

## 2. 공용성지수(PSI)에 의한 방법

| PSI | 3~2.1 | 2~1.1 | 1~0 |
|---|---|---|---|
| 개략적인 대책공법 | 표면처리 | 오버레이 | 재포장 |

> **참조**
>
> PSI(Present Serviceability Index, 포장평가지수, 공용성지수)
>
> • 포장의 쾌적성(서비스 수준)을 정량화한 지수로 특히, 평탄성을 중시하는 평가지수이다.
>
> • 공용성지수와 노면상태
>
> | PSI | 5.0~4.0 | 4.0~3.0 | 3.0~2.0 | 2.0~1.0 | 1.0~0 |
> |---|---|---|---|---|---|
> | 노면상태 | Very Good | Good | Fair | Poor | Very Poor |
>
> MCI(Maintenance Control Index, 유지관리지수)
>
> 균열율과 소성변형의 2종의 특성에 의한 평가방법으로 특히, 소성변형을 중시한 평가지수
>
> **고속도로 포장상태 평가지수(HPCI, Highway Pavement Condition Index)**
>
> | 등급 | 1등급 | 2등급 | 3등급 | 4등급 | 5등급 |
> |---|---|---|---|---|---|
> | HPCI | 4.0 초과 | 3.5~4.0 | 3.0~3.5 | 2.0~3.0 | 2.0 이하 |
> | 보수기준 | 보수 불필요 | 예방적 유지 필요 | 수선 유지 필요 | 개량 필요 | 시급한 개량 필요 |
>
> **일반국도 포장상태 평가지수(NHPCI, National Highway Pavement Condition Index)**
>
> | NHPCI | 개략적인 보수공법 |
> |---|---|
> | 5.0 이하 | 덧씌우기 또는 절삭 덧씌우기 |
>
> **유지공법과 보수공법의 분류**
>
> | 유지공법 | Patching, 표면처리, 부분재포장, 균열 실링, 절삭 |
> |---|---|
> | 보수공법 | 덧씌우기, 절삭 덧씌우기, 재포장, 재생포장 |

# IV. 유지 공법

## 1. Patching

(1) 포장의 국부적 파손(불량) 부분을 절취 후 포장재료로 채우는 응급처리 공법

(2) Pot Hole, 단차, 부분적인 균열과 침하 등에 적용

(3) 파손면적 $10m^2$ 미만에 적용

(4) 시공 Flow

$$\boxed{\text{불량부 절취}} \rightarrow \boxed{\text{청소·건조}} \rightarrow \boxed{\text{Coat 형성}} \rightarrow \boxed{\text{혼합물 채움·다짐}}$$

(5) 기존 포장면보다 약간 높게(1cm 이하) 마무리

(6) 시공법의 분류 : 가열혼합식, 상온혼합식, 침투식 공법

## 2. 표면처리(Seal Coat)

(1) 기존 포장면 표면 위로 (모래나 부순돌을 살포·부착) 얇은 층을 형성시키는 공법

(2) 포장의 부분적인 균열, 변형, 요철, 마모 등에 적용

(3) 보통 2.5cm 이하의 얇은 층으로 시공

(4) 우기, 한냉기 전에 시공 시 예방적 조치로 효과적임

(5) 10°C 이하일 때 시공 금지

(6) 시공 Flow

$$\boxed{\text{기존포장 표면 정비}} \rightarrow \boxed{\text{역청재 살포}} \rightarrow \boxed{\text{모래·쇄석 등 살포}} \rightarrow \boxed{\text{다짐}}$$

(7) 2회 반복하여 두께를 증가시킨 공법을 Armor Coat라 함

---
┤ 참조 ├

**표면처리공법의 분류**

- Seal Coat, Armor Coat : 본문 참조
- Capet Coat : 2~3cm 정도의 얇은 아스팔트 포장층을 형성
- Fog Seal : 유화아스팔트를 얇게 살포하여 표면 균열, 공극 등을 채우는 방법
- Slurry Seal : 유화아스팔트, 잔골재, 석분, 물을 혼합한 혼합물을 얇게 포설하는 방법
- 수지계 표면처리 : 에폭시수지를 살포 후 작은 골재를 포설·다짐하는 방법
---

## 3. 균열 실링

(1) 균열을 깨끗이 청소하고 실런트(Sealant)를 주입하여 포장 내로 물이나 이물질이 들어가는 것을 방지하기 위해 시행

(2) 균열 폭에 따라 공법을 분류

① 충전

② Band 실링

③ 절삭 실링

## 4. 부분재포장

(1) 포장의 파손 정도가 심한 경우 파손 부분의 표층 또는 기층까지 부분적으로 재포장하는 공법

(2) $10m^2$ 이상의 면적에 적용

(3) 시공 Flow

$$\boxed{\text{파손부 절취}} \rightarrow \boxed{\text{절취부 층별 재료 포설}} \rightarrow \boxed{\text{다짐}}$$

(4) 재포장의 완성면은 기존 포장면 + 0.5~1.0cm로 높게 마무리

## 5. 절삭(Milling)

(1) 포장 표면 요철에 의한 평탄성 불량 시 돌출부를 절삭하는 공법

(2) 절삭 후 평탄성, 미끄럼 저항성 회복

(3) 포장의 소성변형, 파상요철이 클 때 적용

(4) 시공방법

　① 가열식

　② 상온식

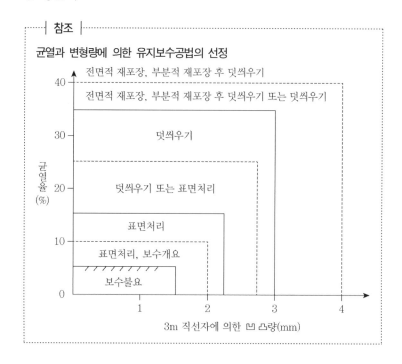

──┤ 참조 ├──

균열과 변형량에 의한 유지보수공법의 선정

## V. 보수공법

## 1. Overlay

(1) 기존 포장면 위에 아스팔트 혼합물 포설 다짐하여 덧씌워서 보수하는 공법

(2) 효과 : 포장의 강도 증진, 평탄성 확보, 균열부에 우수 침투 방지

(3) 공사비가 많이 들고 두께 산정이 어려움

(4) 시가지에서는 노면 높이 상승, 배수 문제 등을 고려

(5) 시공 Flow

기존 노면 청소 → Tack Coat → 아스팔트 혼합물 포설·다짐

(6) Tack Coat : 0.5~1.0L/m$^2$ 정도

(7) Con'c Slab 상부 Over Lay 시 반사균열 억제

 ① Con'c Slab의 파손, 줄눈부의 보수

 ② 세로줄눈부 등 표면에 Over lay와 분리 Sheet 설치

## 2. 절삭 덧씌우기

(1) 노면에 균열, 소성변형이 심한 경우 절삭 후 덧씌우기 하는 방법

 ① 소성변형 40mm 초과 요철 부분을 절삭

 ② 절삭 후 찌꺼기 깨끗이 제거

 ③ Tact Coat

 ④ 1층의 시공두께 70mm 이하

(2) 균열과 변형의 원인이 기층 이하에 기인하면 효과 저감

(3) 보도, 배수시설 등의 높이 문제로 덧씌우기가 적합하지 않을 때 시행

## 3. 재포장 공법

(1) 타 공법으로 보수하여 양호한 노면 확보가 어려울 때 적용

(2) 1일 시공범위 결정 시 고려사항

 ① 기존 포장의 상태, 시공능력, 교통환경 등

 ② 보통 주간 500m$^2$, 야간 200m$^2$ 정도

(3) 시공 Flow

표층·기층·노상 등 파쇄·굴착 → 노상·기층 보수 → 표층 시공

(4) 파손 원인이 동상, 배수불량에 기인하는 경우에는 동상 대책공법 또는 배수공을 검토

## 4. Surface Recycling

(1) 표층의 혼합물을 가열 후 긁어 일으키고 아스팔트 혼합물, 첨가제 등을 가하여 재생하는 공법이다.

(2) 특징

 ① 자원 절약

 ② 폐기물 감소, 환경오염 저감

 ③ 교통체증 감소

④ 공사비 절감

⑤ 도로 원상태 유지에 유리(2차 공사소요 감소)

(3) 공법의 종류

① Reform

㉮ 리셰이프(Reshape)라고 하며 신재혼합물 사용 없이 재정형하는 공법

㉯ 기존 포장을 가열한 후 긁어 일으키고 첨가제를 혼합한 후 다짐하는 방법

② Repave : 기존 포장을 가열한 후 긁어 일으켜서 정형한 구 아스팔트 혼합물층 위에 얇은 층(2cm 정도)의 신재 아스팔트 혼합물을 포설하고 동시에 다짐하는 방법

③ Remix : 기존 포장을 가열하고 긁어 일으킨 구아스팔트 혼합물에 신재의 혼합물을 가하고 혼합하여 포설, 다짐하는 방법

# VI. 결론

1. 포장 파손의 원인은 포장체의 두께·품질 부적정, 교통량 과다, 하부(노상 등)의 지지력 부족 등에 의한다.

2. 포장의 유지보수는 포장의 종류, 상태, 파손 정도에 따라 최적공법을 채택하여 적용해야 한다.

3. 유지보수는 파손 발생 후 치유적인 목적보다는 예방적 목적으로 적용되도록 노력이 필요하다.

# 11 Asphalt Concrete Pavement 재생포장 공법

## I. 개요

1. 페이스콘을 공장 또는 현장에서 재생하여 덧씌우기에 이용하는 방법을 재생처리공법이라 한다.
2. 페이스콘 처리 시 환경오염 및 처리비용 발생, 아스콘 생산 시 골재부족 등의 문제점을 해소하기 위해 개발되어 적용하고 있다.

## II. 노면의 평가와 보수(관리) 기준

### 1. 유지관리지수(MCI)에 의한 방법

| MCI | 3 이하 | 4 이하 | 5 이하 |
|---|---|---|---|
| 유지보수기준 | 시급한 보수가 필요 | 보수가 필요 | 바람직한 관리기준 |

### 2. 공용성지수(PSI)에 의한 방법

| PSI | 3~2.1 | 2~1.1 | 1~0 |
|---|---|---|---|
| 개략적인 대책공법 | 표면처리 | 오버레이 | 재포장 |

## III. 공법의 특징

1. 자원 절약
2. 폐기물 감소, 환경오염 저감
3. 공사비 절감
4. Surface Recycling의 추가 특징
(1) 교통체증 감소
(2) 도로 원상태 유지에 유리 : 2차 공사소요의 감소

> **참조**
>
> **재생포장공법의 분류**
> • Plant Recycling
> • Surface Recycling : Reform, Repave, Remix

## IV. Plant Recycling(공장 재생처리 공법)

1. 기존 포장을 제거한 후 공장(Plant)에서 재생시켜 재사용하는 공법
2. 회수된 페아스콘을 분쇄 및 재처리
3. 재생시킨 Asphalt는 일반적으로 기층용으로 사용, 재생 Asphalt의 품질은 다소 저하됨
4. 회수현장에서는 사용하지 않고 새로운 현장에 재사용됨

## V. Surface Recycling(표층 재생처리 공법)

1. 기존 아스팔트 표층을 가열 후 긁어 일으키고 첨가제, 아스팔트 혼합물 등을 추가하여 재생시키는 방법

### 2. 종류 및 특성
(1) Reform
　① 기존 포장 표면의 변형을 신재혼합물의 사용 없이 재정형하는 공법으로 리셰이프(Reshape)라고도 함
　② 노면의 변형이 심하고 혼합물의 품질에 이상이 없는 경우 적용
　③ 보수면적이 작은 경우
　④ 시공 Flow

　　가열 → 보온, 열침투 → 긁어 일으킴 (→ 첨가제 혼합) → 정형 → 전압

(2) Repave
　① 기존 포장 표면부를 정형 후 얇은 층의 신재 아스팔트 혼합물을 포설하고 동시에 다짐하는 공법
　② 보통 신재 아스팔트 2cm 정도 두께로 시공
　③ 노면의 변형이 심하지 않고 보수면적이 작은 경우
　④ 시공 Flow

　　가열 → 보온, 열침투 → 긁어 일으킴 → 밭갈이(Windrow) → 정형
　　→ 신재혼합물 공급 → 포설 → 동시 전압

(3) Remix
　① 기존 포장 표면부를 회수하고 신재 아스팔트 혼합물을 추가하여 혼합 후 포설, 다짐하는 공법
　② 회수된 아스팔트와 신재 아스팔트를 균일한 재료가 될 수 있도록 충분히 혼합
　③ 노면의 변형이 심하지 않고 보수면적이 넓은 경우

④ 시공 Flow

| 가열 | → | 보온, 열침투 | → | 긁어 일으킴 | → | 밭갈이(Windrow) |

→ | 신재혼합물 보충 | → | 혼합 | → | 포설 | → | 전압 |

## 3. 재생처리 시 주의사항

(1) 가열 시 온도 기준 : 아스팔트 표면이 심한 가열로 인해 품질이 저하되지 않게 주의

| 구분 | 표면 | 내부 |
|---|---|---|
| 온도기준 | 200°C 이하 | 100°C 이상 |

(2) 긁어 일으킴 : 리페이버 이용, 천천히 긁어 일으킴

(3) 밭갈이(Windrow)

    ① 균등한 재질이 되도록 시공     ② 첨가제 사용 시 충분히 혼합

(4) 신재혼합물

    ① Repave

        ㉮ 밭갈이된 구 아스팔트 상부에 신재혼합물 보충

        ㉯ 신재혼합물은 다짐 후 2cm 두께 정도 되도록 포설

    ② Remix

        ㉮ 신재아스팔트혼합물 보충

        ㉯ 구 아스팔트와 신재아스팔트의 충분한 Mixing, 포설

        ㉰ 신재혼합물의 온도 관리 철저

    ③ 하부층과 부착성 향상을 위해 Tack Coat층 형성

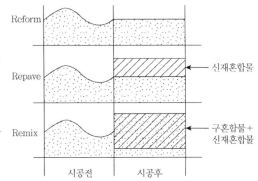

(5) 다짐

    ① 진동 Roller, 타이어 Roller 등 이용

    ② 소요다짐도 확보 시까지 충분한 다짐 실시

(6) 교통개방 : 시공면 온도가 규정온도 이하가 될 때까지 교통개방 금지

(7) 노면의 구배 확보

# VI. 결론

1. 파손된 아스팔트 포장의 폐기는 환경을 오염시키는 요인이 된다.

2. Recycling 공법은 폐자재를 이용한 공법으로 환경을 보호하는 의미가 크다. 향후 재생처리에 대한 적극적인 연구 및 기술개발로 시공성, 경제성, 안정성이 향상되도록 노력이 요구된다.

# 12 개질 Asphalt 종류 및 특징

## I. 개요

1. 기존 아스팔트 포장의 단점인 소성변형, 균열 등을 개선하기 위해 개질재를 첨가한 아스팔트를 개질아스팔트라 한다.
2. 사용목적과 용도에 따라 적합한 개질재를 사용해야 하며 공해유발 가능성, 경제성, 교통특성 등을 충분히 고려하여 첨가하는 개질재를 적용해야 한다.

## II. 개질재의 사용 이유

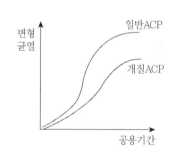

### 1. 소성변형 발생 억제
(1) 변형저항성이 높은 단단한 혼합물을 형성
(2) 기존의 가열아스팔트의 단점인 소성변형 감소

### 2. 균열발생 감소
(1) 온도균열에 대한 저항성 증진
(2) 교통의 반복에 의한 피로균열 저감

### 3. 골재의 박리저항성 증진
(1) 골재와 Asphalt의 부착성 향상
(2) 골재 표면에 Asphalt 피막이 두껍고 단단하게 형성

### 4. 내구성 향상
(1) 소성변형의 감소
(2) 마모, 피로 저항성 향상
(3) 유지관리비의 감소로 Life Cycle Cost 저감

## Ⅲ. 개질 방식

1. 물리적 방식
2. 화학적 방식
3. 물리·화학적 방식
4. 산화적 방식

## Ⅳ. 종류 및 특징

### 1. SBR(Styrene Butadience Rubber)

(1) 보통 아스팔트 혼합물에 열경화성 고무인 Latex를 혼합하여 제조
(2) 특징
　　① 탄성회복력 증진
　　② 박리저항성 향상
　　③ 저온균열, 피로균열 저항력 우수
　　④ 경제적으로 광범위하게 사용
(3) 적용성
　　① 교면 포장
　　② 급경사 및 급커브 구간, 교차로
　　③ 지하차도 및 고가차도 등

### 2. SBS(Styrene Buatadiene Styrene)

(1) 보통 아스팔트에 열가소성 폴리머인 SBS를 물리·화학적으로 결합시켜 제조한 것으로 슈퍼
　　 팔트라고도 함
(2) 특징
　　① 소성변형 저항성 우수
　　② 균열에 대한 저항성 향상
　　③ 배수성 포장에 적용 가능
　　④ 소음 감소
　　⑤ 개질아스팔트 중 미끄럼방지 및 소음감소 효과 다소 적음
　　⑥ 가격이 고가
(3) 적용성
　　① 고속도로, 교면 포장
　　② 배수성 포장

## 3. CRM(Crumb Rubber Modifed)

(1) 보통 아스팔트에 폐타이어 분말(CRM)을 10~20% 정도 혼합, 제조하여 고무분말의 팽창을 유도함으로써 혼합물의 물리적 성질을 개선

(2) 특징

    ① 폐타이어를 이용, 친환경적 제품

    ② 고온(200~230°C)에서 Asphalt와 혼합

    ③ 내유동성 및 내균열성 우수

    ④ 소음 저감, 진동 저항성 증진

    ⑤ 탄성복원력 우수

    ⑥ CRM 전용 배합 및 숙성 시설 필요(5시간 정도의 숙성시간 소요)

(3) 적용성

    ① 투수성(개립도) 포장 가능

    ② 표면마모량이 감소되므로 교통량이 많은 곳에 적용

## 4. Ecophalt

(1) 다공성의 혼합물에 첨가제(Dama)와 폐타이어 가루를 첨가하여 제조한 것

(2) 특징

    ① 포장체에 공극(약 20~25%)을 형성

    ② 소성변형 및 균열저항성 우수

    ③ 건식방법으로 품질관리 용이

    ④ 유지관리비 절감

    ⑤ 폐자원의 재활용

    ⑥ 수막현상 및 미끄럼 방지

(3) 적용성 : 배수성, 투수성 포장

## 5. Chemcrete

(1) 금속촉매제를 이용하여 아스팔트를 화학적으로 산화시켜 경도를 증가시킨 혼합물

(2) 산소(대기)와의 접촉 시 시간경과에 따라 경화현상 진행

(3) 특징

    ① 망간, 구리 등 유기금속의 원소로 구성

    ② 초기 낮은 점도로 생산 및 작업성 우수

    ③ 균열에 저항력이 부족

    ④ 내유동성, 소성변형 저항성 우수

⑤ 기층 사용 시 단면 두께 축소 가능

(4) 적용성 : 고속도로, 국도 등의 기층용 Asphalt 혼합물

## 6. SMA(Stone Mastic Asphalt)

(1) 굵은 골재(2.5mm 이상)의 맞물림 효과(채움재, 부순골재의 간극충진)와 섬유보강재를 이용하여 혼합물의 성질을 개선

(2) 특징

① 소성변형 및 균열저항성 우수

② 골재와 Asphalt의 부착력 증가

③ 박리 현상 방지

④ 우천 시 노면 반사 감소

⑤ 단입도의 골재 확보가 제한

⑥ 공극부 결빙으로 동절기 주행에 불리

(3) 적용성 : 고속도로, 강상판 교면 포장, 공항의 활주로 포장 등

## 7. PBS 아스팔트

(1) 아스팔트 혼합물에 고분자 개질재인 PBS를 혼합하여 혼합물의 성질을 개선

(2) 특징

① 소성변형 및 균열저항성 우수

② 저온 및 피로균열 저항성 증진

③ 시공실적 부족

④ 품질 불균일 우려

(3) 적용성 : 국도 유지보수에 특화 적용

## 8. Gilsonite 아스팔트

(1) 천연아스팔트의 일종인 길소나이트를 혼합한 혼합물

(2) 특징

① 내유동성, 내마모성 증진

② 감온성 감소

③ 균열 및 소성변형 저항성 증진

④ 비교적 저렴

(3) 적용성 : 교통량이 많은 지역 등

## V. 일반아스팔트와 개질아스팔트의 비교

| 구분 | 가열아스팔트 | 개질아스팔트 |
|------|------|------|
| 균열·변형 | 증가 | 저감 |
| 마모저항성 | 보통 | 우수 |
| 공사비용 | 저렴 | 고가 |
| 적용 | 일반도로 | 교면, 활주로, 교통량이 많은 도로 등 |

## VI. 결론

1. 개질재를 첨가한 개질아스팔트는 기존의 보통 아스팔트 포장대비 소성변형 및 균열 저항성 등이 우수하여 사용이 증가되고 있다.
2. 개질아스팔트는 생산간 생산온도의 관리, 혼합 방법 및 시기, 다짐 등에 철저한 품질관리가 필요하다.

# 13 Cement Concrete Pavement의 시공

## I. 개요

1. 표층에 작용하는 하중을 기층 및 보조기층을 통해 넓게 분산시켜 노상층이 지지하는 아스팔트 포장과 달리, Cement Con'c 포장은 교통하중을 Con'c Slab의 휨저항에 의해 지지하는 강성포장 형식이다.

2. 콘크리트 포장은 재료·배합·시공관리는 물론 줄눈 시공을 철저히 하여 Con'c의 품질을 확보하고 내구성을 증진시켜야 한다.

> ┤ 참조 ├
>
> **콘크리트 포장의 종류**
> • 무근 콘크리트 포장(JCP, Jointed Concrete Pavement)
> • 철근 콘크리트 포장(JRCP, Jointed Reinforced Concrete Pavement)
> • 연속철근 콘크리트 포장(CRCP, Continuously Reinforced Concrete Pavement)
> • 프리스트레스트 콘크리트 포장(PCP, Prestressed Concrete Pavement)

## II. 특징

### 1. 장점
(1) 파손이 적어 유지관리비용 감소
(2) 미끄럼 저항이 큼
(3) 내구성이 큼
(4) 대중교통에 대한 저항력 우수

### 2. 단점
(1) 연성포장 대비 공사비용 증가
(2) 평탄성이 작고 주행 소음 발생
(3) 공사기간이 길다

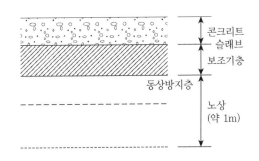

콘크리트
슬래브
보조기층
동상방지층
노상
(약 1m)

| 참조 |

CCP, ACP의 특징 비교

| 구분 | 구조형식 | 시공성 | 주행성 | 미끄럼저항 | 변형저항성 | 내구성 |
|------|---------|-------|-------|----------|----------|-------|
| CCP | 강성 | 불리 | 불리 | 유리 | 유리 | 유리 |
| ACP | 가요성 | 유리 | 유리 | 불리 | 불리 | 불리 |

## III. 시공순서

| 재료·배합 | → | 운반 | → | 타설 | → | 포설 | → | 표면마무리 | → | 양생 | → | 줄눈처리 |

## IV. 시공관리

### 1. 재료

(1) 시멘트

　① 일반적으로 보통 포틀랜드 시멘트를 사용

　② 동결 우려 시 조강 포틀랜드 시멘트 사용

(2) 골재 : 품질기준을 만족하는 것, 적정 입도 구비된 것

(3) 혼화재료 : AE제, 감수제, AE감수제 등

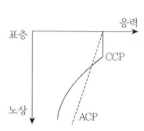

### 2. 배합기준

| 설계기준 휨강도($f_{28}$) | W/B | 단위수량 | $G_{max}$ | Slump | 공기량 |
|------|------|------|------|------|------|
| 4.5MPa 이상 | 45% 이하 | 150kg/m$^3$ 이하 | 40mm 이하 | 10~60mm | 4~7% |

### 3. 포설 전 준비

(1) 표면정리, 손상부 보수, 평탄성 검사

(2) 기층면이 건조된 경우 소량의 물을 균일하게 살수

(3) 분리막 설치

　① 겹침이음 세로방향 : 100mm, 가로방향 300mm 이상

　② 가능한 전 폭으로 깔아 겹침 이음부 최소화

　③ 연속철근 콘크리트 포장에는 분리막 미사용

　④ 분리막 재료 : 보통 Polyethylene Film 0.08mm 이상 사용

(4) 유도선 설치

　① 포장측면에서 2~2.5m 이격 설치

② 유도선 장력 : 250N 이상

③ 유도선 지지대 설치간격

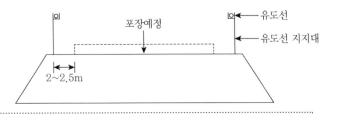

| 직선부 | 곡선부 | Ramp부 |
|--------|--------|--------|
| 5~10m | 5m 이하 | 2~3m 이하 |

┤ 참조 ├

**인력포설 시 거푸집 설치**

- 강재거푸집 설치 : 거푸집은 두께 6mm 이상, 길이 3m 이하, 깊이 포장두께 이상
- 거푸집 측면은 2/3 높이 이상에 브레이싱 지지, 이격 허용오차는 거푸집용 강재두께 이하
- 콘크리트 포설 및 다짐 시 충격과 하중에 충분히 저항하도록 설치
- 콘크리트 포설 전 청소 후 유지류를 발라 Con'c 부착 방지

## 4. 이음 보강재(Dowel bar, Tie bar)의 설치

(1) 보강재는 설계도서에 따라 정확한 위치에 설치

(2) Dowel Bar는 방청제 및 활동제로 도장

(3) 보강재를 체어에 지지할 경우 체어는 철근을 용접 조립한 것 사용

(4) Tie Bar는 이형봉강으로 사용

(5) Dowel Bar, Tie Bar 규격

| 구분 | Dowel Bar | Tie Bar |
|------|-----------|---------|
| 규격 | D32×500mm | D16×800mm |
| 간격 | 300mm | 750mm |
| 용도 | 가로 수축줄눈, 가로 팽창줄눈 | 세로줄눈 |

## 5. 운반

(1) 운반 시 재료분리 및 함수비 변화 최소화

(2) 운반시간 90분 이내(애지데이터 트럭 사용 시)

(3) 덤프트럭 운반 시 : 운반시간 60분 이내, 적재함의 틈새 차단 및 덮개 설치

┤ 참조 ├

**보강용 철망 설치**

- 보강용 철망은 운반, 보관, 적치할 때 철망의 비틀림이나 솟음 등의 변형 방지
- 지정된 위치에 정확한 수량을 설치
- 설치방법 : 하부 Con'c 포설 → 철망설치 → 상부 Con'c 포설 또는 한꺼번에 전두께 포설 후 철망을 기계적인 방법으로 Con'c 중에 삽입

## 6. 포설 및 다짐

(1) 기온 4~35℃ 이탈 및 우천 시 시공 금지

(2) 굳지 않은 콘크리트를 펴고, 다지고, 고르고, 마무리하는 일을 일관된 작업으로 수행하는 슬립폼 페이버를 이용

(3) 전자 감응식 유도장치 설치하여 포장 선형 확보

(4) 가급적 연속적인 포설

(5) 슬립폼 페이버의 진행속도 고려 콘크리트 공급 : 0.8~1.0m/min 정도

| 구분 | 1차 포설 | 2차 포설 |
|---|---|---|
| 장비 | 굴착기 + Spreader(스프레더) | Slip Form Paver |
| 비고 | 소요 두께보다 4~5cm 높게 포설 | 소요 규격으로 성형 |
| | Spreader와 Slip Form Paver의 간격은 7~10m 정도 유지 | |

(6) 다짐 후 1층 두께는 350mm 이하

(7) 한 곳에서의 진동기 운용시간 : 10~20초

(8) 진동 다짐은 타설된 콘크리트의 전 폭 및 길이에 대하여 실시

(9) 슬립폼 페이버의 진행 정지 시 진동다짐 장치 등 가동 중지

## 7. 표면 마무리

(1) 순서

초벌 마무리 → 평탄 마무리 → 거친 마무리

(2) 초벌 마무리

슬립폼 페이버 이용(또는 간이 피니셔 이용)

(3) 평탄 마무리

① 종·횡방향의 요철을 정비

② 기계 마무리나 플로트에 의한 인력 마무리

(4) 거친면 마무리

① 포장 표면 물기가 없어지면 실시

② 횡방향

㉮ 방법 : 기계마무리(그루빙에 의한 방법, 타이닝기에 의한 방법), 비·솔 등에 의한 인력 마무리 방법

㉯ 타이닝기 이용 시

| 홈 규격 | 깊이 | 간격 | 폭 |
|---|---|---|---|
| 기준 | 3~6mm | 20~30mm(종방향 20mm 이내) | 3mm 정도 |

③ 종방향 : 타이닝기 이용

## 8. 양생

(1) 1차 피막양생

 ① Con'c 포설 후 표면 물기 사리진 후(2h 경과 후) 양생제 살포

 ② (온도 변화 제어 위해) 백색안료 혼합 사용

 ③ 종·횡방향으로 2회 이상 나누어 충분히 살포

 ④ 양생제 살포량 : $0.4\sim0.5\text{L/m}^2$

(2) 우천 시 비닐, 시트, 방수지 등으로 덮어 Con'c 손상 방지

(3) 2차 습윤양생기간

 ① Con'c의 배합강도 70% 확보 시까지 적용

 ② 덮개(가마니, 마대, 마포 등)는 항상 습윤 유지(줄눈 시공 시 양생용 덮개를 일부 제거 및 줄눈시공 이후 덮개 재설치)

 ③ 습윤양생은 최소 5일간 시행

  ㉮ 보통 Portland Cement : 14일

  ㉯ 조강 Portland Cement : 7일

  ㉰ 중용열 Portland Cement : 21일

## 9. 이음설치

(1) 이음 형식, 위치, 방향은 설계도서를 준수

| 구분 | 세로줄눈 | 가로 수축줄눈 | 가로 팽창줄눈 |
|---|---|---|---|
| 목적 | 세로균열 방지 | 가로 수축균열 제어 | Blow up 방지 |
| 방향 | 차량진행방향 | 차량진행방향과 직각방향 | |
| 간격 | 3.25~4.5m | 4~6m 정도 | 120~240m |
| 줄눈 깊이 | t/3 | t/4 | t |
| 폭 | 6~13mm | 6~10mm | 20~50mm |
| 보강재 | Tie Bar | Dowel Bar | |

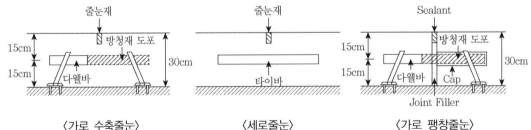

〈가로 수축줄눈〉　　　〈세로줄눈〉　　　〈가로 팽창줄눈〉

(2) 이음부 양쪽 슬래브 높이 차이는 2mm 이하

(3) 연속철근콘크리트 포장은 가로 수축이음 생략 가능

(4) 이음재 주입

① 순서 : 청소 → 건조 → Back Up재 삽입 → Primer 도포 → 이음재 주입

② 이음재(Sealant)는 슬래브 표면보다 3mm 낮은 높이로 주입

(5) 시공줄눈은 맞댐줄눈으로 처리

(6) 가로 팽창줄눈 : 포장슬래브와 구조물이 접하는 부분에 설치

(7) Cutting(줄눈 자르기)

① 콘크리트 타설 후 4~24h 이내 실시

② 줄눈 자르기는 2~3회에 걸쳐 반복 Cutting하여 모서리가 깨지지 않도록 주의

| 참조 |

**가로 팽창줄눈 간격의 기준**

| 구분 | 시공시기 : 6~월 | 시공시기 : 10~익년 5월 |
|---|---|---|
| Slab두께 15, 20cm | 120~240m | 60~120m |
| Slab두께 25cm 이상 | 240~480m | 120~240m |

## 10. 교통개방

(1) 현장양생 공시체의 휨강도 3.5MPa 이상, 재령 21일 이상

(2) 5톤 이상 차륜은 재령 28일 이상

## 11. 검사

(1) 평탄성검사

| 측정기구 | 관리기준 | 요철의 차 |
|---|---|---|
| 7.6m 프로파일미터 | 160mm/km 이하 | 5mm 이하 |

(2) 계획고와 높이차 : ±30mm 이하

(3) 슬래브 두께 : 100m마다 측정, 5% 이상 부족 시 재시공

(4) 콘크리트 재료에 대한 검사, 레미콘 받아들이기 검사

(5) 휨강도 검사

① 동일 배치에서 샘플링하여 3개 이상의 공시체를 제작

② 품질시험의 횟수는 150m$^3$ 시공량에 대하여 1회 시행

# V. 결론

1. 콘크리트 포장은 양질의 재료, 합리적 배합, 철저한 시공관리를 통해 요구되는 품질조건을 만족시켜야 한다.

2. 콘크리트 포장은 얇고 긴 구조체로 기상의 영향 등에 의해 신축하게 되어 균열이 증가될 수 있으므로 시공 간 줄눈시공을 철저히 하여 신축에 대응토록 하고 균열을 최소화하여야 한다.

# 14 Cement Concrete Pavement의 줄눈

## I. 개요

1. 줄눈은 Concrete Slab에 발생하는 균열을 방지·제어하기 위한 목적으로 설치되며, 줄눈 부위는 구조적으로 결함이 발생되기 쉬우므로 설계·시공 간 유의해야 한다.
2. 줄눈의 시공상태가 포장의 내구성 및 평탄성에 큰 영향을 미치므로 설치 위치, 절단 시기 등을 철저히 관리해야 한다.

## II. 콘크리트 포장 줄눈 종류와 특성 비교

| 구분 | 세로줄눈 | 가로 수축줄눈 | 가로 팽창줄눈 |
|------|----------|---------------|---------------|
| 목적 | 세로균열 방지 | 가로 수축균열 제어 | Blow Up 방지 |
| 방향 | 차량진행방향 | 차량진행방향과 직각방향 | |
| 간격 | 3.25~4.5m | 4~6m 정도 | 60~480m |
| 줄눈 깊이 | $t/3$ | $t/4$ | $t$ |
| 폭 | 6~13mm | 6~10mm | 20~50mm |
| 보강재 | Tie Bar | Dowel Bar | |

## III. 줄눈의 설치 목적

1. 2차 응력(온도, 습도 변화에 의한 신축활동)에 의한 균열 방지
2. 포장의 좌굴 방지
3. Blow Up 현상 방지

## IV. CCP의 줄눈

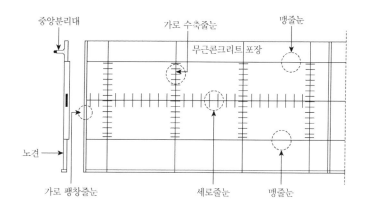

### 1. 가로 팽창줄눈

(1) 기능

① 포장 Slab의 좌굴 방지

② 온도 상승에 의한 Blow Up 방지

(2) 시공방법

① 설치 방향 : 차량진행방향과 직각

② 설치간격 : 60~480m, 구조물과 접하는 부분

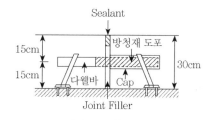

〈가로 팽창줄눈〉

| 구분 | 시공시기 : 6~9월 | 시공시기 : 10~익년 5월 |
|---|---|---|
| Slab두께 15, 20cm | 120~240m | 60~120m |
| Slab두께 25cm 이상 | 240~480m | 120~240m |

③ 줄눈폭 : 20~50mm

### 2. 가로 수축줄눈

(1) 기능 : 2차 응력(온도, 습도 변화에 의한 신축활동)에 의한 가로 방향 균열 방지

(2) 시공방법

① 설치 방향 : 차량진행 방향과 직각

② 설치간격 : 4~6m 이하

③ 줄눈폭 : 6~10mm

④ 줄눈깊이 : 슬래브 두께의 1/4

(3) 연속철근 콘크리트포장(CRCP)에서는 가로 수축줄눈을 생략, 철근 콘크리트 포장(JRCP)에서는 8~10m 간격 설치

(4) 가로 수축줄눈은 균열을 방지하기 위하여 한 칸씩 건너서 1차 컷팅 실시

## 3. 세로줄눈

(1) 기능 : 세로방향의 불규칙한 균열 방지

(2) 시공방법

　① 설치 방향

　　㉮ 차량진행 방향

　　㉯ 보통 차선상에 위치되게 설치

　② 설치간격 : 3.21~4.5m 이하

　③ 줄눈폭 : 6~13mm

　④ 줄눈깊이 : 슬래브 두께의 1/3

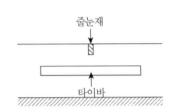

## 4. 맹줄눈

(1) 기능 : 세로방향의 수축균열 방지

(2) 시공방법

　① 보통 콘크리트 포장과 중앙분리대 또는 갓길에 설치

　② 줄눈깊이 : 슬래브 두께의 1/4

　③ 줄눈폭 : 6mm

## 5. 가로시공줄눈

(1) 위치

　① 일일 작업의 포설 마무리면

　② 강우, 장비고장 등으로 30분 이상 작업중단 위치

(2) 가로줄눈의 설치 위치에 맞추어 시공(가로 수축, 가로 팽창줄눈이 되도록 시공)

## 6. 보강재 : 다웰바 및 타이바

(1) 줄눈에 사용되는 보강재 설치 기준

| 구분 | Dowel Bar | Tie Bar |
|------|-----------|---------|
| 규격 | D32 × 500mm | D16 × 800mm |
| 간격 | 300mm | 750mm |
| 적용 | 가로 수축줄눈, 가로 팽창줄눈 | 세로줄눈 |

(2) 보강재를 체어에 지지시킬 경우

　① 체어는 철근을 견고하게 고정

　② 시공 중 체어 및 보강재의 변형 방지

(3) 타이바는 이형봉강 사용

## 7. 줄눈 시공 Flow

(Cutting →) 청소 → 건조 → Back Up재 삽입 → 프라이머 도포 → 줄눈재 주입

## 8. 시공 유의사항

(1) Cutting(줄눈 자르기)

    ① 콘크리트 타설 후 4~24h 이내 실시

    ② 줄눈 자르기는 2~3회에 걸쳐 반복 Cutting하여 모서리가 깨지지 않도록 주의

(2) 청소, 건조 : 홈내 이물질을 깨끗이 청소 및 건조

(3) Back Up재 삽입 : Back Up재는 줄눈의 폭보다 20~30% 두꺼운 것을 사용

(4) Primer 도포 : 줄눈 주변이 완전 건조된 후 도포

(5) 줄눈재(Sealant) 주입

    ① 이음재는 슬래브 표면보다 3mm 낮은 높이로 주입

    ② 기포가 발생하지 않도록 주의

    ③ 성형줄눈재는 감독과 협의 후 사용 가능

(6) 이음부 양쪽 슬래브 높이 차이는 2mm 이하

(7) 줄눈부 상단 모서리 파손 방지 위해 3mm 정도 모따기 시행

(8) 다웰바는 방청제 및 활동제로 도장

(9) 보강재는 깊이와 길이 및 배치간격을 설계도서에 따라 설치

## V. 결론

1. 콘크리트 포장은 양질의 재료, 합리적 배합, 철저한 시공관리를 통해 요구되는 품질조건을 만족시켜야 한다.

2. 콘크리트 포장은 얇고 긴 구조체로 기상의 영향 등에 의해 신축하게 되어 균열이 증가될 수 있으므로 시공 간 줄눈시공을 철저히 하여 신축에 대응토록 하고 균열을 최소화하여야 한다.

# 15 연속철근 콘크리트 포장

## I. 개요

1. 연속철근 콘크리트 포장은 종방향의 연속된 철근을 설치하여 Con'c Slab의 균열저항성을 증가시켜 가로 수축줄눈을 생략하도록 하는 포장 형식이다.
2. 가로 수축줄눈 영향으로 무근 Concrete Pavement의 주행성이 저하되는 단점을 개선시킨 공법이다.

> ┤ 참조 ├
>
> **콘크리트 포장의 종류**
> - 무근 콘크리트 포장(JCP, Jointed Concrete Pavement)
> - 철근 콘크리트 포장(JRCP, Jointed Reinforced Concrete Pavement)
> - 연속철근 콘크리트 포장(CRCP, Continuously Reinforced Concrete Pavement)
> - 프리스트레스트 콘크리트 포장(PCP, Prestressed Concrete Pavement)

## II. 특징

### 1. 장점

(1) 가로 수축줄눈의 미설치, 주행성 향상
(2) 보조기층과 Con'c Slab 사이 분리막 생략
(3) 중차량에 대한 내력 증가
(4) Slab의 균열 감소, 내구성 우수

| 구분 | 무근콘크리트 포장(JCP) | 연속철근콘크리트 포장(CRCP) |
|---|---|---|
| 수축줄눈 | 설치 | 생략 |
| 승차감 | 불량 | 양호 |
| 유지보수 | 보수 용이 | 비교적 보수 난이 |
| 연약지반 적용성 | 침하에 따른 파손 증가 | 적응성 양호 |
| 공사 비용, 기간 | 작음 | 큼 |

### 2. 단점

(1) 공사비용 증가
(2) 철근 설치로 인한 공기 증가
(3) 파손 시 보수 제한
(4) 시공실적이 적고, 고도의 숙련기술 필요

## III. CRCP 시공

### 1. 철근 공사

(1) 철근의 설치 방법

　① 현장에서 조립하여 받침(Chair) 위에 설치

　② (Con'c 포설 시) 철근 삽입기에 의한 설치

　③ 철근망을 미리 제작하여 설치(Precast 제품을 이용하는 방법)

(2) 세로방향 철근(종철근)

　① 철근비 : 0.5~0.7%

　② 철근규격 : 16, 19mm

　③ 배근간격 : 10~25cm

　④ Slab 단면의 중앙이나 중앙상단에 설치

　⑤ 피복두께는 6.5cm 이상 확보

　⑥ 철근의 겹이음

　　㉮ 겹이음 길이 : 철근 직경의 30배 이상 또는 400mm 이상

　　㉯ 이음부가 동일단면에 집중되지 않도록 배치

　　㉰ Slab의 시공이음부 위치에 철근 겹이음부 배치 금지

　　㉱ 겹이음은 수평이음 적용 : 수직이음 시 진동기 접촉, 피복두께 감소 영향

　⑦ 가급적 긴 철근을 주문하여 사용

(3) 가로방향 철근(횡철근)

　① 세로방향 철근의 고정 및 균열 억제 위함

　② 철근규격 : 10, 16, 19mm

　③ 배근간격 : 70~120cm

　④ Slab 폭에 맞게 주문 사용, 손실 최소화

(4) 철근공사 유의사항

　① 철근 조립, 설치 시 보조기층의 손상 주의

　② 받침(Chair)은 4~6개/m$^2$ 배치

　③ 사용 전 표면의 이물질 제거

　④ 취급 시 변형 발생 주의

### 2. Con'c 포설

(1) 포설 방법

　① 전단면 동시 포설

㉮ Con'c Slab 두께를 한 번에 포설

㉯ 철근 위치 이동 주의

② 2개 층으로 분리 포설

㉮ 먼저 포설하는 하층에 철근이 포함되도록

㉯ 상층 Con'c는 하층 Con'c 타설 30분 이내 포설

(2) 다짐봉의 철근 접촉 주의

(3) 포설장비 : Spreader(스프레더), Slip Form Paver

(4) 기온 4~35℃ 이탈 및 우천 시 시공 금지

(5) 전자 감응식 유도장치 설치하여 포장 선형 확보

(6) 가급적 연속적인 포설

(7) 슬립폼 페이버의 진행속도 고려 콘크리트 공급 : 0.8~1.0m/min 정도

## 3. 표면마무리

(1) 초벌 마무리

① Paver를 이용

② 포설높이를 일정하게 조정

(2) 평탄 마무리

① 기계마무리를 통하여 평탄성 확보

② Float 사용 시 겹침폭 유지(절반씩 겹침하여 작업)

(3) 거친면 마무리

① 홈을 형성, 홈의 방향 도록 중심선에 직각방향

② Slab 표면 물비침 없어진 후 실시

## 4. 줄눈 시공

(1) 가로 시공줄눈

① 맞댄 줄눈으로 처리

② 이음부의 전단 보강 철근 배근

㉮ 보강철근 규격 : 16, 19mm(주철근과 동일규격 이용)

㉯ 주철근량의 30~50%를 추가배치(종방향 철근 2~3본당 1본을 배치)

㉰ 철근 길이 : 1.0~1.8m

(2) 세로 줄눈

① 차선을 구분하는 위치(차선상), 노견과 경계 등에 설치

② 2차선 동시포설 시 중앙부에 맹줄눈 설치

③ 횡방향 철근 배근 시 Tie Bar 미설치

(3) 가로팽창줄눈

　① 포장의 기점, 종점부, 구조물 접속부에 설치

　② 팽창량을 충분히 흡수 가능토록 줄눈폭 확보

(4) 줄눈의 설치

　① 줄눈깊이 : 세로줄눈 t/3, 가로줄눈 t/4

　② Cutting

　　㉮ 콘크리트 타설 후 4~24h 이내 실시

　　㉯ 줄눈 자르기는 2~3회에 걸쳐 반복 Cutting하여 모서리가 깨지지 않도록 주의

　③ 청소, 건조 : 홈내 이물질을 깨끗이 청소 및 건조

　④ Back Up재 삽입 : Back Up재는 줄눈의 폭보다 20~30% 두꺼운 것을 사용

　⑤ 프라이머 도포 : 줄눈 주변이 완전 건조된 후 도포

　⑥ 줄눈재 주입

　　㉮ 이음재는 슬래브 표면보다 3mm 낮은 높이로 주입

　　㉯ 기포가 발생하지 않도록 주의

　　㉰ 성형줄눈재는 감독과 협의 후 사용 가능

## 5. 양생

(1) 초기양생

　① Con'c 타설 ~12h

　② 삼각지붕양생 또는 피막양생 적용

(2) 후기양생

　① Slab 위에 Sheet 등을 덮고 살수

　② 하중, 충격, 진동 등 주의

# IV. 결론

1. CRCP는 연속된 종방향 철근을 설치하여 균열을 억제, 가로 수축줄눈의 미설치로 주행성이 향상되고 중차량에 대한 내력을 향상시킨 공법이다.

2. 연속된 철근으로 인해 Slab의 부분 파손 시 보수가 곤란하게 되므로 철근의 조립·설치, 콘크리트의 재료·배합·포설·줄눈·양생 등 전 공정에 대한 철저한 시공관리를 통해 포장체 성능을 확보하여야 한다.

# 16 Cement Concrete Pavement 파손 종류

## I. 개요

1. 콘크리트 포장은 얇고 긴 구조체로 기상의 영향 등에 의해 신축하게 되어 균열이 증가될 수 있으므로 시공 간 줄눈시공을 철저히 하도록 하며, Con'c의 품질관리를 통해 발생되는 균열을 최소화하여야 한다.
2. 콘크리트 포장의 파손은 균열, 변형, 탈리, 미끄럼 저항 감소 등으로 구분된다.

---| 참조 |---

### 무근 콘크리트 포장 파손의 분류
- 균열 : 우각부균열, 세로균열, 가로균열, 대각선균열, D형 균열
- 탈리(노면결함) : 포트홀, 스케일링, 골재이탈·마모, 바퀴에 의한 마모
- 줄눈부 파손 : 줄눈재 파손, 라벨링, 스폴링, 블로우업, 펌핑
- 구조체 파손 : 압축파괴, 줄눈부 단차, 노면 침하

### 연속철근 콘크리트 포장 파손의 분류 : 균열, 펀치아웃, 철근파단

---

## II. 파손 종류

### 1. 노상, 보조기층에 기인한 손상
(1) 노상, 보조기층의 지지력 저하와 국소적 결함에 의함
 ① 부등침하 발생
 ② 침투수에 의한 세굴, 유실
 ③ 동상 발생, 다짐재료의 불량 등
(2) Con'c Slab와 마찰 증대 및 Slab의 파손 발생

### 2. 가로균열, 세로균열
(1) 가로균열
 ① 슬래브 중심선과 직각방향으로 발생
 ② 하중 또는 온도 응력에 의한 파괴

③ 줄눈부에서 보조기층 지지력의 결핍

④ 줄눈 절단 시기 부적정

(2) 세로균열

① 포장체 중심선과 평행하게 발생

② 세로방향 줄눈이 없는 경우, 세로줄눈의 절단시기 지연, 하부층 팽창성 재료

③ 하중의 재하, 노상·보조기층의 지지력 부족

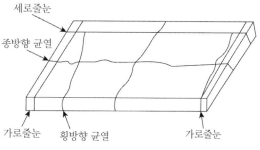

〈횡방향 균열과 종방향 균열〉

## 3. 우각부 균열(모서리 균열)

(1) 줄눈 교차부에 삼각형으로 발생, 슬래브 전체 단면에 발생

(2) 하부 지지력 부족, 온도에 의한 신축 활동

(3) 과하중, 반복하중

(4) 우각부 Con'c의 다짐불량

〈우각부 균열〉

## 4. Ravelling(라벨링)

(1) 줄눈부 Con'c가 깨지거나 부서지는 현상

(2) 줄눈 좌우 25mm 이내 발생

(3) 줄눈의 성형시기, 컷팅시기가 빨라서

(4) 줄눈재 주입 전·후 비압축성 물질의 침투

(5) 줄눈재가 Slab 표면에서 너무 깊게(6mm 이하)설치된 경우

## 5. Spalling(스폴링)

(1) 줄눈부에서 Con'c가 조각으로 쪼개지면서 파손되는 현상

(2) 줄눈 좌우 60cm 이내 범위, 깊이 25~50mm 정도

(3) 비압축성 물질이 줄눈부에 침입, Slab 팽창을 구속 시

(4) Dowel Bar 부식, Dowel Bar와 Slab의 거동 불일치

(5) 알칼리골재반응에 의한 팽창·균열, 염분에 의한 팽창

## 6. 경화 시에 발생하는 균열

(1) 비교적 얕은 균열(표면)

(2) 침하균열, 소성수축균열 등

## 7. 구속균열

(1) 가로줄눈, 세로줄눈 교점에 이물질이 침투하여 바늘모양으로 발달된 균열

(2) Spalling과 같은 모양으로 발생

## 8. Blow-up

(1) 온도·습도에 의한 Slab 팽창 시 줄눈 등이 팽창량을 흡수하지 못하여 압축응력이 발생하고 이 응력이 편심으로 작용하여 생기는 좌굴현상

(2) 콘크리트 포장이 국부적으로 솟아오르거나 파쇄된 것

(3) 슬래브의 과도한 팽창에 기인함

(4) 팽창줄눈 등에 비압축성 물질 침투, 고온다습한 기후

(5) 줄눈의 폭, 간격 등 부적정

줄눈 또는 균열

〈블로우 업(Blow up)〉

## 9. 압축파괴

(1) Blow-up과 같은 원인으로 Slab의 압축강도가 국부적으로 작아서 발생

(2) Con'c의 시공관리 불량, 동결융해

(3) 줄눈부에 제설제에 의한 염분 침투

(4) 줄눈부의 다짐 불량, Con'c의 강도 부족

## 10. Pumping(펌핑, 터짐)

(1) 자동차가 슬래브 위를 통과할 때 슬래브가 움직이면서 슬래브 하부에 있는 물과 함께 모래, 점토, 실트 등이 동시에 분출되는 현상

(2) 가로 및 세로 방향 줄눈부, 균열부 그리고 포장의 단부 등에서 발생

(3) 줄눈부 실링 재료가 유실, 슬래브의 균열

(4) 우수의 침투, 지반이 연약하거나 지반에 공동에 영향으로 발생

(5) Pumping 반복 시 보조기층의 침하로 Slab의 단차·파괴 유발

## 11. 줄눈부의 단차(Faulting)

(1) 교통이 많은 부분과 적은 부분 Slab의 높이차(Slab 간의 부등 수직변위)

(2) 온도·습도 영향에 슬래브의 신축

(3) Pumping현상으로 Slab 하부 공동 발생

(4) 줄눈부 Dowel Bar 미설치·파단 등으로 부적절한 하중 전달

(5) 절성토 접속부, 구조물 접속부 시공 불량 등 지지력 불량

## 12. 교통의 마모작용에 의한 손상

(1) 타이어체인 등에 의한 마모

(2) 마모부 물고임으로 물보라·수막현상 발생, 미끄럼 저항성 저하

## 13. Scalling(스켈링)

(1) 표면의 일부가 벗겨져 탈리되는 현상으로 골재가 이탈되어 거친면이 나타남

(2) 두께 0.2~1.2cm 정도로 표면이 떨어져 나가는 현상

(3) 제설제의 화학 반응

(4) 골재의 품질 불량, 부적절한 양생

(5) 과도한 표면 마무리로 인한 노면 약화

(6) 동결융해의 반복, Con'c 공기량 부적절

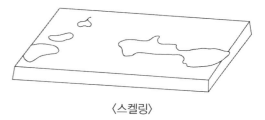

〈스켈링〉

## 14. 펀치아웃(Punch Out)

(1) 포장체에서 작은 부분이 탈락하는 현상(국부적 함몰)

(2) CRCP에서 다발생하며 중대한 손상

(3) 지지력의 국부적 저하, Slab 처짐 발생

(4) 종방향 철근의 불량

　　㉮ 철근량 부족　　　　㉯ 철근이음 불량　　　　㉰ 열화로 인한 약화

(5) 발생과정 : 교통하중의 반복 → 골재 접합력 소멸 → 철근응력 증가·파단

## 15. 철근파단

(1) 철근의 부식 또는 Punch Out 등에 기인하여 발생

(2) 철근량 부족, 철근이음의 부적정

(3) 보조기층 이하의 지지력 부족

## 16. 줄눈재 파손

(1) 줄눈재가 돌출, 이탈, 이완, 경화 등이 발생하여 기능이 저하 또는 상실

(2) 줄눈재의 시공 불량

(3) 교통하중에 반복에 의한 줄눈재의 접착력 저하

(4) Slab의 신축에 의한 줄눈재 접착력 저하

# III. 결론

1. 콘크리트 포장은 양질의 재료, 합리적 배합, 철저한 시공관리를 통해 요구되는 품질조건을 만족시켜야 한다.

2. 콘크리트 포장은 얇고 긴 구조체로 기상의 영향 등에 의해 신축하게 되어 균열이 증가될 수 있으므로 시공 간 줄눈시공을 철저히 하여 신축에 대응토록하고 균열을 최소화하여야 한다.

# 17 Cement Concrete Pavement 파손 원인 및 보수

## I. 개요

1. Con'c 포장의 파손은 주로 Con'c의 시공·품질관리 불량과 줄눈의 불량에 의해 발생된다.
2. 포장체의 파손 원인과 위치, 범위 등을 고려하여 유지·보수공법을 선정, 적용함으로써 포장
   체의 성능을 유지하여 포장의 공용성을 향상시켜야 한다.

## II. 파손 원인

### 1. 줄눈시공 불량

(1) 줄눈의 미설치, 설치간격 미준수

(2) Cutting 시기 부적절

(3) 줄눈재 충진 시 비압축성 물질의 혼입

(4) 보강재의 부식

### 2. Con'c 포장의 시공관리 불량

(1) 사용재료, 배합 부적정

(2) 포설, 다짐, 양생 등 시공관리 불량

(3) 분리막 미설치, 설치 불량

### 3. 2차 응력(기상작용 등)에 의한 신축활동

(1) 온도 변화

(2) 동결융해

(3) 건습 변화

### 4. 교통하중

(1) 과적차량의 운행

(2) 피로하중(교통량 과다)

(3) 타이어체인의 영향

## 5. 포장하부 토공층 불량
(1) 부적정 재료의 사용, 다짐도 부족

(2) 동상에 의한 영향

(3) 배수시설 불량

## 6. 콘크리트 화학적 작용
중성화, 알칼리골재반응 등

## 7. 유지보수 등 공용 중 관리 미흡

┤ 참조 ├

포장관리시스템(PMS, Pavement Management System)

주어진 기간 동안 포장을 최적의 상태로 유지관리하여 제공하는 것으로 포장관리시스템은 유지보수 예산을 효율적으로 활용하고 포장을 적정한 상태로 유지관리하기 위하여 각종 장비조사와 현장조사로 경제성 분석과 예산분석 작업을 통하여 포장의 보수·보강공법과 시행 우선순위를 결정하고, 유지보수에 대한 비용 절감 가능한 대안을 제시

# III. 유지보수공법의 분류

## 1. 예방적 유지보수
(1) 미소한 결함 발견 시 초기단계에서의 조치
(2) 추가적인 유지보수를 지연시킬 수 있으며 유지보수 예산을 절감할 수 있음

## 2. 일상 유지보수
(1) 상시적으로 시행하는 유지보수
(2) 파손이 발생한 후 조치

## 3. 긴급유지보수
블로우업, 심한 포트홀 등에 의해 교통의 안전에 문제가 있다고 판단되는 경우

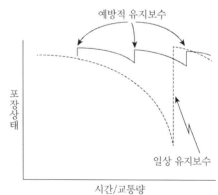

〈예방적 유지보수와 일상 유지보수의 개념〉

**노면의 평가 및 보수공법의 선정**

• 공용성 지수(PSI)에 의한 방법

| PSI | 3~2.1 | 2~1.1 | 1~0 |
|---|---|---|---|
| 개략적인 대책공법 | 표면처리 | 덧씌우기 | 재포장 |

• 고속도로 포장상태 평가지수(HPCI, Highway Pavement Condition Index)

| 등급 | 1등급 | 2등급 | 3등급 | 4등급 | 5등급 |
|---|---|---|---|---|---|
| HPCI | 4.0 초과 | 3.5~4.0 | 3.0~3.5 | 2.0~3.0 | 2.0 이하 |
| 보수기준 | 보수 불필요 | 예방적 유지 필요 | 수선 유지 필요 | 개량 필요 | 시급한 개량 필요 |

• 균열도에 의한 방법

| 균열도(cm/m²) | 유지 보수 |
|---|---|
| 0~5 | 보수불필요 |
| 5~20 | 덧씌우기 또는 보수불필요 |
| 20~30 | 부분적인 치환 및 덧씌우기 또는 덧씌우기 |
| 30 이상 | 전면 재포장 또는 부분적인 치환 및 덧씌우기 |

# IV. 보수공법

## 1. 충진 공법

(1) 균열부를 Cutting 후 보수재를 채우는 방법

(2) 중간균열(0.5~1.5mm 균열폭)에 적용

(3) 시공 Flow

| Cutting | → | 청소, Primer 도포 | → | 보수재 충진 |
|---|---|---|---|---|

## 2. 주입공법

(1) 펌핑현상에 의해 콘크리트 슬래브와 보조기층 사이에 발생한 공극을 채우는 공법

(2) 주입재료 : 아스팔트, 시멘트 등

(3) 주입압 : 200~400kPa 정도

(4) 주입공의 배치는 주입면적·깊이 등을 고려

(5) 비교적 공사비가 저렴, 주입효과 우수

## 3. 전단면 보수

(1) 국부적인 곳에 균열, 파손이 심한 경우 Slab 전체 두께를 처치하는 방법

(2) 대균열(균열폭 1.5mm 이상), 블로업, 줄눈부의 심한 단차 등에 적용

(3) 시공 Flow

$$\boxed{\text{Con'c Slab 제거}} \rightarrow \boxed{\text{보강재 설치}} \rightarrow \boxed{\text{Con'c 타설}} \rightarrow \boxed{\text{줄눈 처리}}$$

## 4. 표면처리공법

(1) Slab 표면 굵은 골재의 탈락, 마모, 미세균열 등에 적용

(2) Slab 표면을 그라인딩하여 미끄럼 저항성, 평탄성 등을 회복

## 5. Overlay

(1) 기존 포장면 위에 덧씌우기 하는 방법

(2) 아스팔트 콘크리트 오버레이, 시멘트 콘크리트 오버레이로 구분

(3) 포장 Slab의 균열이 심하고, 파손 범위가 넓은 경우에 적용

(4) 아스팔트로 덧씌운 경우 반사균열에 의한 덧씌우기부 파손 주의

    ① 콘크리트 Slab의 균열, 파손부위가 덧씌우기 포장으로 확장되는 현상

    ② 하부층을 보수 후 덧씌우기, 분리막을 시공, 상부층 두께 증가

## 6. 재포장공법

(1) 타공법 적용 시 보수효과를 기대하기 어려울 때 적용

(2) 보조기층의 불량부까지 조치

(3) 콘크리트 또는 아스팔트로 재포장

(4) 부분 재포장, 전면 재포장으로 구분

## 7. Precast 공법

(1) 포장 슬래브의 국한된 장소에 심한 파손이 있는 경우, 교통량이 많은 장소 적용

(2) 별도 제작된 프리캐스트 슬래브를 현장에 설치하는 방법

(3) 교통차단의 최소화, Precast Slab의 품질우수, 공기 단축

(4) 시공 Flow

$$\boxed{\text{파손부위 제거}} \rightarrow \boxed{\text{보조기층위 평탄작업}} \rightarrow \boxed{\text{Precast Slab 설치}} \rightarrow \boxed{\text{줄눈처리}}$$

(5) 보조기층 위에 모래 또는 모르타르 이용 평평하게 정리

(6) Precast Slab는 사각형으로 제작, 최소길이 1.8m 이상, 두께는 기존 포장두께보다 약간 얇게(평탄작업 두께 고려)

## 8. 기타보수

(1) 줄눈재 보수(줄눈 Sealing법)

    ① 교통하중에 의한 줄눈부 진동, Slab의 수축팽창, 줄눈의 시공 불량 등에 기인

② 시공 Flow

$$\boxed{\text{파손 줄눈재 제거}} \rightarrow \boxed{\text{청소}} \rightarrow \boxed{\text{Primer 도포}} \rightarrow \boxed{\text{Back up 재삽입}} \rightarrow \boxed{\text{줄눈재 채움}}$$

③ 필요시 보강재를 재시공

④ 성형줄눈재를 이용한 보수 가능

(2) 단차처리

① 아스팔트 혼합물 등으로 사이공간을 채워 접속(완만한 경사 부여)부 형성

② 재료 : 아스팔트, 몰탈, 구스 아스팔트 등 사용

③ 처진 Slab는 Slab 하부에 아스팔트나 시멘트를 주입하여 조치

(3) 표면박리

① −5℃ 이하 시 Con'c 표면이 동결하여 표면박리가 발생

② 시공 Flow

$$\boxed{\text{손상부 제거}} \rightarrow \boxed{\text{청소}} \rightarrow \boxed{\text{Cement Paste 도포·뿜칠}}$$

(4) Blow Up 보수

솟아오른 부분을 깨내고 아스팔트 혼합물을 포설하여 메움

(5) (다이아몬드) 그라인딩

단차, 패칭면 등 슬래브의 표면이 고르지 않은 경우 이를 균일하게 만들어 승차감을 개선시키는 공법

# V. 결론

1. Con'c 포장의 파손은 주로 Con'c의 시공·품질관리 불량과 줄눈의 불량에 의해 발생되므로 이를 방지하기 위해 시공관리를 철저히 하여야 한다.

2. 콘크리트 포장의 파손 시 그 원인과 상태에 대한 정확한 분석을 통해 경제적이고 합리적인 보수공법을 선정·적용하여야 한다.

# 18 포장의 평탄성 관리

## I. 개요

1. 포장의 평탄성 확보는 승차감, 안전성을 향상시키고 포장의 열화, 파손 등을 사전에 예방하는 역할을 한다.
2. 노상, 기층 표층 등 층별 평탄성을 측정하고 불합격 부분에 대해서는 조치를 취해야 한다.

## II. 평탄성 측정 방법

| 구분 | 노상 | (보조)기층 | 표층 | |
|---|---|---|---|---|
| | | | 종방향 | 횡방향 |
| 측정방법 | Proof Rolling | Proof Rolling 3m 직선자 Profile Meter | 수동 : 7.6m Profile Meter<br>자동 : 도로종단분석기 | 3m 직선자 |

## III. (종방향)$PrI$에 의한 평가

### 1. 측정 장비

(1) 7.6m Profile Meter에 의함
(2) 양단의 바퀴는 지지용이고, 중앙 측정용 바퀴의 회전 시 프로파일이 기록됨
(3) 축척
　① 진행방향 1 : 300
　② 연직방향 1 : 1

### 2. 축척의 점검

(1) 수평축척(주행방향)
　① 일정거리 주행시킨 후 실제거리와 기록계 거리 비교
　② 부정확한 경우 바퀴를 교체 후 재측정
　③ 시기 : 1개월에 1회 이상, 필요시 점검

(2) 수직축척

　　① 일정두께 판 위에 바퀴를 올려놓고서 기록계의 결과와 비교하여 교정하고 고정

　　② 측정 시 각재를 통과할 때 측정기 바퀴가 튀지 않도록 주의

　　③ 시기 : 측정 전, 주 1회 이상 점검

　　④ 0.5mm 방안지로 기록계를 사용하면 정확하게 평가가 가능

## 3. 점검 빈도

(1) 1차선마다 측정단위별 전 연장을 1회씩 측정

(2) 1일 시공연장 기준으로 하되 시공이음 전후 1개소 포함

## 4. 측정 위치

(1) 각 차로의 우측부에서 내측으로 80~100cm 이격된 위치

(2) 중심선에 평행하게 측정

## 5. 측정속도

(1) 4km/h 정도(도보속도)

(2) 기록 펜이 튀지 않도록 주의

(3) 속도가 빠르면 평가값 판독 제한
　　발생

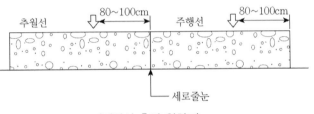

〈평탄성 측정 위치도〉

## 6. $PrI$의 산출

(1) 중심선 설정 : 측정단위별 기록지의 파형(Profile)에 대하여 중간치를 중심선으로 결정

(2) Blanking Band : 중심선을 중심으로 상하 ±2.5mm 평행선을 그어 띠를 그림

(3) 기록지상 상·하 한계(Blanking Band)를 벗어난 형적의 높이 합계 계산

(4) $PrI$(cm/km) $\dfrac{5\,\text{mm 띠를 벗어난 형적의 합(cm)}}{\text{측정길이(km)}}$

(5) 기준선 이탈 높이의 계산 시 제외사항

　　① 높이 1mm 이하

　　② 폭 2mm 이하

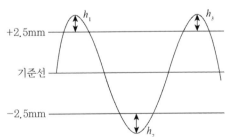

## 7. 주의사항

(1) 1구간을 150m 간격으로 시험 및 계산

(2) 평탄성 기준 미충족 부분은 재시공

(3) 장치의 기어 등 교차부는 윤활유 등을 보충

(4) 검교정 시 기록계 사용되는 펜은 가는 심을 사용

## 8. 평탄성 (시방)기준

| 방향 | 조건 | 평탄성 지수(PrI) 기준 | |
|---|---|---|---|
| 세로방향 | 본선 | 콘크리트포장 | 16cm/km 이하 |
| | | 아스팔트포장 | 10cm/km 이하 |
| | 기타 | 24cm/km 이하(평면 곡선 반지름 600m 이하, 종단 경사 5% 이상) | |
| 가로방향 | 본선 | 아스팔트 포장 3mm 이하, 콘크리트포장 5mm 이하 | |

┤ 참조 ├

**아스팔트 포장의 $PrI$ 기준**

| 구분 | 본선 토공부 | 교량구간, 교량접속부 | 확장 및 시가지도로 | 인터체인지, 램프구간 |
|---|---|---|---|---|
| $PrI$ 기준 | 100mm/km 이하 | 200mm/km 이하 | 160mm/km 이하 | 240mm/km 이하 |

**콘크리트 포장의 $PrI$ 기준**

| 구분 | 본선 토공부 및 편도4차로 이상의 터널 | 종단경사 5% 이상 및 평면곡선반지름 600m 이하 구간 |
|---|---|---|
| $PrI$ 기준 | 160mm/km 이하 | 240mm/km 이하 |

# IV. 요철 측정

1. 측정장치 : 3m 직선자 이용
2. 측정방향 : 도로중심선에 직각, 평행방향
3. 측정간격 : 5m마다
4. 측정 시 측정구간이 1/2(1.5m) 이상 겹쳐서 측정
5. 관리기준
(1) 아스팔트 콘크리트 포장 : 3mm 이하
(2) 시멘트 콘크리트 포장 : 5mm 이하

# V. IRI(International Roughness Index, 국제평탄성지수)에 의한 평가

1. IRI는 APL(도로종단분석기)를 시속 80km/h로 주행시켜 구해지는 요철의 값을 주행거리로 나눈 값
2. 도로 종단 분석기(APL, Longitudinal Profile Analyzer)는 도로 노면의 요철 정도를 측정하는 자동화된 평탄성 측정기를 말한다.

### 3. APL 장비의 측정 능력

(1) 측정속도 : 10~140km/hr

(2) 정밀도 : 1mm 미만

(3) 측정능력 : 1일 320~480km 연속 측정 가능

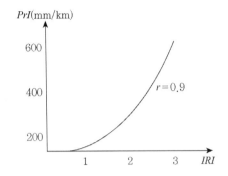

### 4. 특징

(1) 차량 통제 없이 신속하게 측정 가능 : APL 트레일러
   를 차량에 견인·측정하므로 신속한 측정이 가능

(2) 결과 산출이 신속 : 내장된 자동 데이터 처리장치로 결과를 즉시 얻을 수 있음

(3) 장비 운용에 어려움이 없고 장치가 간단

(4) 기상의 영향이 없음

### 5. 측정 원리

(1) 트레일러 바퀴가 상하로 움직이는 것을 전자신호(센서)로 운동량을 감지하여 컴퓨터로 전송,
   분석하는 방식

(2) 측정거리, 측정속도, 평탄성 등을 분석하며 입력과 동시에 분석이 완료

## VI. 비교

| 구분 | 측정장치 | 측정속도 | 주변영향 | 신뢰도 |
|------|----------|----------|----------|--------|
| PrI | 7.6m Profile Meter | 느림 | 크다 | 보통 |
| IRI | APL | 빠름 | 작다 | 높다 |

## VII. 불량 구간의 조치

1. ACP : 노면 절삭, Patching, 재시공 등
2. CCP : 그라인딩, 불량부위 제거 후 재시공

## VIII. 결론

1. 포장의 평탄성 확보는 승차감, 안전성에 미치는 영향이 크다.
2. 시공 전 하부층의 평탄성을 확보하고 표층에 대한 철저한 시공관리는 물론 평탄성 검사를
   하여 요구 평탄성을 확보하는 게 중요하다. 평탄성 불량 부위는 절삭, 그라인딩, 재시공 등의
   방법으로 조치하여야 한다.

Section

# 19 교면 포장

## I. 개요

1. 교면 포장은 차량의 주행성을 확보하고 교통하중과 기상작용으로부터 교량 상부구조를 보호하기 위하여 실시한다.
2. 교면 포장은 방수성, 내구성 등의 성능이 확보되어야 하며 특히, 내유동성이 충분한 성질의 형식을 적용하여야 한다.

## II. 교면 포장의 구비조건

1. 포장 하부 구조의 거동에 대응하는 충분한 연성
2. 충분한 피로강도
3. 교통에 의한 패임, 밀림, 마모에 저항하는 내구성
4. 불투수성(방수성)
5. 제설용 염화물, 차량누출기름 등에 화학적 저항성

┄┄| 참조 |┄┄┄┄┄┄┄┄┄┄┄┄┄┄┄┄┄┄┄┄┄┄┄┄┄

교면 포장의 일반적인 높이 기준

| 구분 | 단층구조 | 2층구조 |
|------|----------|---------|
| 높이 | 4~8cm | • 전체 높이 6~8cm<br>• 표층 3~5cm, 기층 3~5cm |

## III. 교면포장 시공 Flow

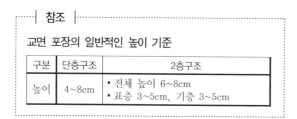

교면처리 → 접착층 → 방수층 (→ Levelling공) → 표층

## IV. 시공관리

### 1. 표면처리

(1) 교량 상판 표면 청소 등 정비, 건조

(2) Con'c 상판 레이턴스 또는 요철, 시간경과에 따른
    표면조직 교란 시

    ① Wire Brush로 긁어내기

    ② Sand Blasting

(3) 강상판은 표면처리 및 방청도장

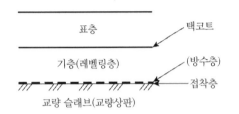

### 2. 접착층

(1) 교량 상판과 방수층(또는 포장층)의 접착으로 일체성 증진

(2) 사용재료 : 접착제, 아스팔트유제 등

(3) 사용량

| 구분 | Con'c Slab | 강 Slab |
|------|------------|---------|
| 사용량 | $0.4{\sim}0.5\text{L/m}^2$ | $0.3{\sim}0.4\text{L/m}^2$ |

(4) 유의사항

    ① 얼룩이 생기지 않도록 2회로 나누어 균일하게 도포

    ② 접착제의 과다살포 금지(접착효과 저감)

    ③ 우천 시 작업 중지

    ④ 휘발분이 증발 시까지 충분히 양생

    ⑤ 5°C 이상에서 시공

(5) 요구 접착강도

    ① Con'c Slab $60\text{N/cm}^2$ 이상

    ② 강상판 $140\text{N/cm}^2$ 이상

### 3. 방수층

(1) 줄눈, 포장을 통해 물이 침투하여 교량의 상부구조가 열화되는 것을 방지

(2) 아스팔트 교면 포장에는 반드시 방수층을 설치

(3) 방수층 재료와 시공

    ① Sheet 방수재 : 주로 강상판에 적용, $1.5{\sim}2.5\text{mm}$ 두께

    ② 용제형 방수재 : 도포식, 침투식

        ㉮ 강상판 및 콘크리트 상판에 적용

㉯ 1.5~2.0kg/m² 정도로 도포

㉰ 0.4~1.0mm 건조 도막두께 형성

| 구분 | 침투식 | 도포식 |
|------|--------|--------|
| 장점 | 시공이 간단, 공사비가 저렴 | 연성진동에 대한 내구성 우수 |
| 단점 | • Con'c 균열 발생 시 방수성 저하<br>• 고강도 Con'c에 침투깊이 감소 | • 과정 복잡<br>• 공사비 비교적 고가 |
| 비고 | • 시공면 건조상태에서 시공<br>• 살포 후 48h 이상 통행 차단 | • 두께 1.0mm 이상 확보<br>• Primer 2회 도포 후 방수액 도포 |

③ 포장 방수층 : 레벨링층 혼합물에 방수제를 혼합

---| 참조 |---

**방수공법의 종류, 특성**

• **시트방수**

| 장점 | 단점 |
|------|------|
| • 공장생산으로 두께 균일<br>• 공사가 간단, 공기 단축<br>• 공해요인이 없음, 취급 용이 | • 이음부위 결함발생 우려<br>• 국소파손에 대한 보수 제한<br>• 시공면의 요철, 굴곡 시 시공 제한 |

• **도막방수**

| 장점 | 단점 |
|------|------|
| • 굴곡, 요철 등 복잡한 부위 시공 용이<br>• 부분적 신축성 발휘로 미세균열에 저항 | • 균일한 두께 확보 제한<br>• 외부손상에 의한 파손 위험<br>• 구조체의 균열에 의해 방수층 파손<br>• Pin Hole, Air Pocket 발생 위험 |

• **침투식 방수** : 액상방수제를 슬래브에 살포하여 방수막을 형성

| 장점 | 단점 |
|------|------|
| • 시공, 보수 간단<br>• 반영구적인 효과 발휘 | • 고강도 콘크리트에 침투가 제한<br>• 구조체 균열에 의해 방수성 저하 |

• **방수공법의 비교**

| 구분 | 시트방수 | 도막식방수 | 침투식방수 |
|------|----------|------------|------------|
| 시공법 | 시트부착 | 방수제 도포 | 구조체 표면에 침투(살포) |
| 시공성 | 복잡 | 복잡 | 간단 |
| 비용 | 고가 | 고가 | 저렴 |
| 방수성 | 우수 | 우수 | 다소 부족 |
| 단점 | 밀림현상 | 보수제한 | 구조체 균열 시 방수성 저하 |

## 4. 포장공

(1) 레벨링층(Levelling층, 기층)

① Con'c 상판 : 평탄성 불량, 돌출 연결재 등의 조정을 통해 마모표층의 평탄성을 확보

② 강상판 : 마모표층보다 0.5~1.0cm 두껍게 설치

③ 보통 구스아스팔트, 개질아스팔트 혼합물로 형성

(2) 택코트

　① 표층과 레벨링층을 접착

　② 유화아스팔트 등을 사용

(3) 아스팔트 교면 포장

　① 가열아스팔트 포장

　　㉮ 보통 5~8cm 정도 두께로 시공

　　㉯ 요철이 크면 레벨링층(3~4cm) 시공

　② 구스아스팔트

　　㉮ 고온의 구스아스팔트 혼합물을 유입시켜 시공

　　㉯ 열가소성수지를 혼합한 개질아스팔트

　　㉰ 200~260℃ 혼합하여 사용

　　㉱ 방수성이 큼, 휨에 대한 저항성 및 마모 저항력이 큼

　　㉲ 롤러의 다짐작업 필요 없음

　　㉳ 대부분의 장대교량, 강상판 교면 포장에 적용

　③ 고무혼입아스팔트 포장

　　㉮ 스트레이트 아스팔트에 개질재로 고무를 혼입

　　㉯ 슬래브와 부착성, 마모 및 변형 저항성 우수

　④ 에폭시수지 포장

　　㉮ 0.5~1.0cm 두께로 시공

　　㉯ 충분히 보호하여 슬래브와 부착성 유지

　　㉰ 일반적으로 6~12h 정도에서 경화됨

| 참조 |

**일반ACP, 구스ACP의 비교**

| 구분 | 일반ACP | 구스ACP |
|------|---------|---------|
| 채움재 | 4~6% | 20~30% |
| 생산온도 | 140~150℃ | 180~200℃ |
| 포설온도 | 120℃ | 220~260℃ |
| 다짐 | Rolling | 불필요 |
| 방수성 | 보통 | 우수 |
| 접착력 | 보통 | 우수 |

(4) 콘크리트 교면 포장(강교 적용 제한)

　① LMC

　　㉮ Latex 첨가율은 시멘트 중량의 15% 정도

　　㉯ Latex = Water(50%) + Polymer(50%)

　　㉰ LMC = Latex + Concrete

　　㉱ 특성

　　　㉠ 방수성 우수, 점착력 및 유동성 우수

　　　㉡ 미세균열부위 충전효과, 휨강도 및 내구성 향상

　② Cement Con'c 포장

　　㉮ LMC에 비해 시공성, 비용측면에 유리하나 방수성, 내구성 등은 불리

　　　　ⓝ 균열발생 시 수분 및 염화물 침투 우려

(5) 비교

| 구분 | LMC | ACP | CCP |
|------|-----|-----|------|
| 초기투자비 | 크다 | 작다 | 크다 |
| 방수효과 | 양호 | 보통 | 보통 |
| 시공성 | 복잡 | 양호 | 다소복잡 |
| 공사기간 | 길다 | 짧다 | 길다 |
| 유지관리 | 양호 | 불량 | 보통 |

(6) 기타

　① 기층을 두는 경우 기층과 마모표층의 시공이음은 15cm 이상 이격

　② 포장과 구조물의 접촉부에는 10mm 정도의 줄눈재 설치


# V. 결론

1. 교면 포장은 차량의 주행성 확보는 물론, 교량의 상부구조를 보호해야 하는 중요한 역할을 하므로 포장의 형식 선정, 적용에 만전을 기하여야 한다.

2. 교면 포장의 시공 간 시공면의 처리, 접착층 및 방수층, 표층에 이르기까지 철저한 시공관리를 통해 교량 상부구조와의 접착성, 방수성, 내유동성이 구비되는 포장이 되도록 관리하여야 한다.

- **가로방향 균열** : 콘크리트 포장 슬래브에 가로방향으로 발생하는 균열을 말한다. 무근 시멘트 콘크리트포장에서는 줄눈 커팅부 슬래브 하부 이외의 위치에 발생하는 가로방향 균열은 허용하지 않는다. 연속철근 콘크리트 포장에서는 세로방향 철근 등이 콘크리트 슬래브의 수축 팽창을 억제하여 가로방향 균열이 자연적으로 발생하게 되며 따라서 이는 허용하는 균열이다.

- **가로방향 철근** : 연속철근 콘크리트 포상에서 콘크리트 슬래브 내에 가로방향으로 배근되는 철근으로 세로방향 철근의 받침 역할을 하며, 세로방향 줄눈에서는 타이바 역할을 한다. 또한 세로방향 균열 발생 시 균열의 벌어짐을 억제하는 역할을 하는 철근을 말한다.

- **가로수축줄눈(Transverse Contraction Joint)** : 콘크리트 포장 슬래브의 가로방향으로 둔 수축줄눈이다.

- **가로줄눈(Transverse Joint)** : 도로 중심선에 대하여 직각방향으로 만든 콘크리트 포장 슬래브 줄눈의 총칭으로 기능에 따라 수축줄눈, 팽창줄눈, 홈줄눈 등으로 나뉜다.

- **가열 아스팔트 콘크리트 포장** : 굵은 골재, 잔골재, 채움재 등에 적절한 양의 아스팔트와 필요시 첨가재료를 넣어서 이를 약 160℃ 이상의 고온으로 가열 혼합한 아스팔트 혼합물을 생산하여 시공하는 것이다.

- **가열 아스팔트 혼합물(Hot–Mix Asphalt Mixture)** : 굵은골재, 잔골재, 채움재 등에 적절한 양의 아스팔트와 필요시 첨가재료를 넣어서 이를 약 160℃ 이상의 고온으로 가열 혼합한 아스팔트 혼합물을 말한다.

- **가열 재활용 아스팔트 콘크리트 포장** : 아스팔트 콘크리트 포장의 유지보수나 굴착공사 등에서 발생한 아스팔트 콘크리트 발생재를 기계 또는 가열 파쇄하여 아스팔트 콘크리트 순환골재를 생산한 후, 소요의 품질이 얻어지도록 보충재(천연골재, 아스팔트 또는 재생 첨가제)를 첨가하고 재활용 장비를 이용하여 160℃ 이상의 고온에서 생산한 재활용 아스팔트 혼합물을 사용하여 시공하는 것이다.

- **간접가열방식** : 발생하는 열을 복사·대류 또는 전도에 의하여 가열하는 방식이다.

- **감소노상강도법(Reduced Subgrade Strength Method)** : 해빙 기간 중에 일어나는 노상강도 감소를 근거로 하여 동결에 대비한 포장두께를 결정하는 것이다.

- **개립도(Open Graded)** : 골재의 입도분포 특성이 20% 이상의 공극이 생기는 입도이다.

- **개립도 아스팔트 혼합물(Open Graded Asphalt Concrete)** : 가열 아스팔트 혼합물로서 합성 입도가 2.5mm체 통과분이 5 ~ 20% 범위로 구성되어 있어서 포장 후 노면이 매우 거칠어서 소성변형 저항 또는 미끄럼 방지용으로 사용될 수 있는 혼합물이다.

- **개질(改質) 아스팔트(Modified Asphalt)** : 도로 포장용 석유아스팔트의 성질을 개선한 아스팔트바인 더로 저온에서 신도(伸度) 및 터프니스·티네시티(toughness·tenacity)를 향상시키고, 고온에서 유 동저항성을 향상키기 위해 각종 폴리머, 플라스틱, 고무 등 다양한 개질재를 첨가해 개량된 아스팔 트 바인더로 프리믹스방식과 플랜트 믹스방식이 있다.

- **갭(Gap)입도 아스팔트 혼합물(Gap Grade Asphalt)** : 가열 아스팔트 혼합물로서 합성 입도에 있어 2.5~0.6mm 또는 5~0.6mm의 입경 부분이 10% 정도 이내의 불연속 입도로 되어 있는 것이며, 내마모성, 내유동, 미끄럼 저항성 등을 향상시키기 위해 사용한다.

- **갭입도** : 입도분포 중 일정한 크기의 골재가 적게 혼합된 입도이다.

- **거친면마무리(Rough Finishing)** : 뿜어붙이기, 씻어내기, 쪼아내기 등으로 콘크리트 표면의 피막을 제거하여 거친 면으로 다듬는 마무리를 말한다.

- **고무 아스팔트(Rubber Asphalt)** : 스티렌 부타디엔(styrene butadiene) 공중합물(共重合物), 천연고 무, 인조고무(폐타이어고무), 크롤로프렌(chloroprene) 중합물, 스티렌 이소프렌(styrene isoprene) 공중합물 등의 아스팔트 개질재를 바인더량에 3 ~ 15% 정도 넣은 아스팔트이다.

- **고온등급** : 공용성 등급에서 고온에서의 등급을 말한다.

- **고점도의 개질아스팔트** : 점도가 높은 개질아스팔트 바인더로 개질을 위하여 폴리머, 고무, 플라스 틱 등을 넣어서 개량한 아스팔트 바인더이다.

- **골재 피막 비율** : 골재에 대한 아스팔트 피막의 부착상태 양부를 표시하는 것을 말한다.

- **골재분리(Segregation)** : 재료분리의 일종으로 아스팔트 혼합물 생산, 운반, 포설, 시공 중에 발생 하는 것으로써, 굵은골재 및 잔골재가 배합설계 입도에 맞게 혼합되어 있지 않고, 비슷한 골재 크기 별로 모이게 되는 현상이다. 이와 같은 경우 아스팔트 혼합물의 내구성이 크게 낮아질 수 있다.

- **공용성(Serviceability)** : 포장의 구조적인 능력과 기능적인 상태를 종합적으로 나타내는 것으로, 이용자 측면에서는 포장도로를 통행하는 차량에 주는 쾌적성 또는 서비스 능력을 의미한다.

- **공용성 등급(PG, Performance Grade)** : 포장 현장의 온도조건에 따른 아스팔트의 공용성을 평가한 등급으로 KS F 2389에 따라 시험하여 결정한다. 포장의 공용 중 온도조건과 관련한 노화 전·후의 고온과 저온에서의 아스팔트 성능을 다양하게 평가하므로 침입도 등급보다 실제 거동 특성과 밀접 한 상관성이 있다. PG 64-22와 같이 표기하며, 이때 64는 7일간 평균 최고 포장 설계 온도이며 소성변형 저항성과 상관성이 있고, -22는 최저 포장 설계 온도로 균열 저항성과 상관성이 있다.

- **공용성 지수(performance index)** : 공용 중 어느 시점에서 포장의 지지력과 노면 상태의 정도를 나타내는 개념을 공용 성능이라 하고, 시간에 따라 공용 성능 저하 형상을 공용성이라 한다. 공용

성능을 지표로 나타낸 것이 공용성 지수이며, PSI, MCI 등이 지표로 쓰인다. 이들은 아스팔트 포장 노면의 종단방향 요철의 표준 편차, 균열률, 소파 보수 면적, 러팅의 깊이로 산출하며 노면의 종합적인 평가에 사용되는 동시에 보수 우선 순위나 보수공법을 계획하는 개략적인 기준으로도 사용된다.

- **관입량** : DCP시험 시 해머의 자유낙하 에너지가 충격량으로 바뀌어 하부 로드를 타고 콘이 다짐층을 뚫으며 관입되는 량(mm)이다.

- **구스아스팔트** : 트리니대드 아스팔트 등 천연아스팔트 분말을 주재료로 하여 고온 시의 혼합물의 유동성을 이용하여 포설하고, 피니셔나 큰 흙손으로 편평하게 고르도록 한 아스팔트를 말한다.

- **구아스팔트(RAP Asphalt)** : 아스팔트 콘크리트 순환골재를 용매를 이용하여 골재와 아스팔트로 분리하고, 분리된 아스팔트에서 용매를 제거한 노화된 아스팔트이다.

- **구스 아스팔트 포장** : 고온 상태의 구스 아스팔트 혼합물의 유동성을 이용하여 유입하고 일반적으로 롤러 전압을 하시 않으며, 가열혼합장치(쿠커)를 이용하여 220˙~260℃로 가열, 교반 및 운반을 실시하고 구스 아스팔트 피니셔 또는 인력에 의해 유입하여 180~240℃로 시공하는 것이다.

- **국제평탄성지수(IRI, International Roughness Index)** : 국제적으로 통용되는 포장의 평탄성을 나타내는 값으로 차량의 단위 주행 거리에 대한 차축의 연직방향 진폭의 누적값을 나타내는 지수를 말한다.

- **균열률(Cracking Ratio)** : 아스팔트 포장도로에서 대상면적에 대한 균열발생면적(망상) 균열면적 ($m^2$) + 선상 균열연장(m×0.3m)의 비율을 말한다.

- **그루빙(Grooving)** : 노면 배수를 좋게 하여 마찰 저항을 증대시키기 위해 설치되는 횡구(橫溝). 습윤 시 포장 표면에 생기는 수막현상이 생긴다거나 슬라이딩 저항의 저하에 따라 제동거리가 증가하는 등 안전에 방해받지 않도록 시공되고 있다.

- **기층(Base)** : 표층과 보조기층 사이에 위치하며, 표층에 가해지는 교통 하중을 지지하는 역할을 한다. 변형에 대해 큰 저항을 가진 재료를 사용한다.

- **내유동성** : 영구변형 저항력을 증가시키는 성질을 말한다.

- **내유동성 포장** : 영구변형에 저항성이 크도록 만든 포장. 교통량이 많은 지역, 교차로 등 소성변형 발생이 심한 곳에 적합하도록 개발된다.

- **내투수성** : 투수에 대한 저항성을 말한다.

- **노면(Surface)** : 도로포장 시공이 끝난 후 실제 차량 바퀴와 닿는 면을 말한다.

- **노상(Subgrade)** : 포장층 아래 두께 약 1.0m의 거의 균일한 토층을 말하고, 포장층에 전달되는 교통하중을 지지하거나 원지반에 전달하는 역할을 한다.

- **노상 C.B.R** : 노상토의 지지력비(CBR) 시험값을 말한다.

- **노상동결관입허용법(Limited Subgrade Frost Penetration Method)** : 노상의 동결을 일부 허용하도록 설계하는 공법이다.

- **노상지지력** : 설계 포장층이 설치될 노상의 지지력, 노상토의 강도를 말한다.

- **노상지지력계수(Soil-support Factor)** : 설계포장이 설치될 노반의 지지강도 또는 지지능력을 표시하는 값으로 CBR, 군지수, 동탄성계수와 같은 강도정수와 상관시켜 결정한다.

- **노체(Road Bed Filled up Ground)** : 도로의 구조상 성토 단면을 구분할 때 노상의 아래 부분으로 원지반까지의 성토부를 말한다.

- **다이나플렉트(Dynaflect)** : 비파괴 시험기의 일종으로서 원심력을 이용한 진동 하중에 의한 포장체의 처짐 곡선을 분석하여 각 포장층의 탄성 계수를 산출하는 데 주로 사용된다.

- **다우웰바** : 팽창 줄눈, 수축 줄눈 등을 횡단하여 사용하는 원형 강봉으로 하중 전달을 원활히 하고, 수축에 뒤따를 수 있도록 한쪽에 부착 방지처리를 하여 미끄러질 수 있게 한 것을 말한다. 팽창 줄눈에 사용하는 다우웰바는 콘크리트 슬래브의 팽창에 뒤따를 수 있도록 캡을 한쪽에 씌운다. 이것을 일명 슬립 바(slip bar)라고도 부른다(dowel bar).

- **다층구조(Multi Layer System)** : 가해지는 하중을 노상면에 분산시키기 위한 목적으로 여러 층으로 되어 있는 구조를 말한다.

- **단기노화(Short-term Aging)** : 플랜트에서 제조, 운반과정에서 노화되는 상태를 말한다.

- **단축(Single Axle)** : 일반승용차와 같이 바퀴축이 인접되어 있지 않은 차축 혹은 차축에 횡방향으로 하나씩으로만 구성된 축 형태를 말한다.

- **덧씌우기(Overlay)** : 기존 포장을 표면처리 또는 절삭 후 정해진 두께로 재포장하는 것을 말한다.

- **동결심도** : 노면에서 지중온도가 0°C까지의 깊이이다.

- **동결지수(Freezing Index)** : 어느 장소에 대하여 0°C 이하의 기온과 계속시간을 곱하여 1년간을 통하여 누계한 값으로 동결심도 계산에 쓰인다.

- **동상방지층(Anti-frost Layer)** : 노상토에 동상우려가 있는 경우 보조기층에서 노상의 동결 깊이까지 동상에 민감하지 않은 양질의 재료로 치환하여 노상의 동결을 막고자 시공하는 층을 말한다.

- **동적안정도(Dynamic Stability)** : 동적안정도는 아스팔트 혼합물을 롤러 다짐한 가로와 세로가 30cm인 공시체에 시험 차륜 하중을 분당 42회의 속도로 가하여 공시체의 표면으로부터 1mm 변형하는데 소요되는 시험, 차륜의 통과 횟수(cycle/mm)로서 구한다. 아스팔트 혼합물의 소성변형에 대한 저항성을 평가하기 위해 사용되며, 동적안정도값이 높을수록 소성변형 저항성이 높다.

- **동점도(Kinematic Viscosity)** : 절대 점도를 그 시료의 온도에서 밀도로 나눈값. 단위는 센티스토크스(cSt, $mm^2/s$)이며, 동점도의 측정에는 일반적으로 회전점도계가 사용된다.

- **동탄성계수(Dynamic Modulus)** : 사인파형의 하중에서 최대응력을 최대변형률로 나누어 계산하며 복합계수의 절댓값을 말한다. 콘크리트의 경우 공시체의 치수, 중량, 형상, 기본 진동수, 전파속도 등으로부터 산출한다.

- **등치환산계수(Coefficient of Layer Equivalency)** : 상대강도계수라고도 하며 이 계수값은 실질적인

포장의 총 두께를 포장두께지수(SN, Structural Number)로 전환하기 위한 것이다.

- **라벨링/레벨링층(Leveling Course)** : 기존포장의 덧씌우기 등 보수공법을 시행할 때 기설 포장의 굴곡이 심하면 이를 평탄하게 하여 위층의 포설을 쉽게 하기 위하여 포설하는 아스팔트 혼합물 층을 말한다.

- **라이너** : 기계가 마모되는 것을 막기 위하여 붙이는 판을 말한다.

- **로드 스테빌라이저(Road Stabilizer)** : 기존 노상에 있는 재료를 그대로 굴착·혼합하는 기계. 주로 노반의 안정처리 공법에 이용된다.

- **로터리스캐리파이어** : 회전절삭기로서 회전하면서 흙을 절삭, 고르기 하는 장비이다.

- **리믹스 방식** : 기존 표층 혼합물의 골재입도, 아스팔트량, 구아스팔트 침입도 등을 종합적으로 개선하는 경우에 사용하는 시공방법으로 노면에서 절삭한 아스콘 순환골재를 골재입도 및 아스팔트 함량을 조정한 신아스팔트 혼합물과 혼합한 후 포설하고 다지는 방식을 말한다.

- **리페이브 방식** : 기존 표층 혼합물의 품질을 특별히 개선할 필요는 없으나 품질을 경미하게 개선하며, 노면의 주행성 개선이 필요할 경우에 사용하는 시공방법으로 노면에서 절삭한 아스콘 순환골재와 필요에 따라 재생첨가제를 혼합하여 1차 포설한 후, 곧바로 신아스팔트 혼합물을 상부에 덧씌우고 동시에 다지는 방식이다.

- **린콘크리트(Lean Concrete)** : 단위시멘트량이 $140 \sim 230 \mathrm{kg/m^3}$으로 비교적 시멘트 사용량이 적은 배합의 콘크리트로 7일 압축강도가 5MPa 정도이다.

- **마모층(Wearing Course)** : 적설 한냉지에서 마모방지나 일반지역에서 미끄럼방지를 목적으로 표층 상부에 포설하는 두께 $2 \sim 4 \mathrm{cm}$의 아스팔트 혼합물 층이며, 보통 마모층의 두께는 구조설계에 있어 포장두께에는 포함하지 않는다.

- **마무리(Finishing)** : 끝마무리라고도 하며 콘크리트 슬래브나 벽면을 매끄럽게 가공하는 작업

- **마샬 안정도 시험(Marshall Stability Test)** : 미국의 Marshall이 개발한 아스팔트 혼합물의 안정도를 측정하는 시험으로서, 지름 101.6mm, 높이 약 63.5mm의 원통형 공시체를 옆으로 놓은 상태로 하중을 가해 공시체가 파괴되기까지 나타낸 최대 하중(마샬안정도)과 이때의 변형량(흐름값)을 구한다.

- **메운 재료(mineral filler)** : $75 \mu \mathrm{m}$체를 통과하는 광물질 분말을 말한다. 보통 석회암을 분말로 만든 석분이 가장 일반적으로 쓰이나 석회암 이외의 암석을 분쇄한 석분, 소석회, 시멘트, 회수 더스트, 플라이 애쉬, 제강 슬래그 더스트 등을 사용하기도 한다. 메운 재료는 아스팔트의 점도를 높이고 동시에 골재로서 혼합물의 공극을 채우는 역할을 한다.

- **매스틱(Mastic Asphalt Mixture)** : 아스팔트바인더의 점착력은 골재의 탈리를 방지하는 역할만 하고 압축과 전단에 대한 저항력은 골재의 맞물림에 의해서 발생되도록 바인더 함량을 높이고 개립도 골재를 사용한 아스팔트 혼합물의 일종을 말한다.

- **머캐덤기층** : 큰 입자의 부순돌을 깔고, 이들이 서로 잘 맞물림될 때까지 다짐하여 그 맞물림 상태가 교통하중에 의하여 파괴되지 않도록 채움 골재로 공극을 채워서 마무리한 기층을 말한다.

- **머캐덤롤러(Macadam Roller)** : 전륜이 2개이고 후륜이 1개인 2축 3륜 형식의 롤러이다. 외국에서는 아스팔트 포장에 잘 사용하지 않지만 국내에서는 아스팔트 콘크리트 포장의 1차 다짐에 많이 사용된다.

- **무근 시멘트 콘크리트 포장(JCP)** : 시멘트 콘크리트 슬래브의 팽창·수축을 유도하기 위해 일정 간격(경험적으로 슬래브 두께의 약 20배)으로 줄눈을 설치한 시멘트 콘크리트 포장으로, 줄눈에서의 하중 전달을 보강하기 위해 다웰바를 설치할 수 있다.

- **물다짐(Hydraulic Filling)** : 물을 뿌려서 토사를 다지는 방법을 말한다.

- **미끄럼저항성(Skid Resistance)** : 도로용, 바닥용 도막 등의 미끄럼 방지 능력을 말한다.

- **미립분** : 미세한 입자크기의 분말, 골재에서는 0.15mm 이하 크기의 입자를 말한다.

- **밀입도(Dense Gradation)** : Fuller 입도를 근간으로 한 연속입도로서 골재 입자 간의 공간이 가장 작은 상태로 빽빽하게 채워지면서 최대밀도를 나타내는 내구성이 큰 입도를 말한다.

- **밀입도 갭 아스팔트 혼합물** : 밀립도 아스팔트 혼합물과 유사한 가열 아스팔트 혼합물로서 5mm (No.4) ~ 0.6mm(No.30) 입경의 골재를 거의 포함하지 않는 것이며, 미끄럼 저항성이 우수하여 미끄럼 방지를 겸한 표층에 사용한다.

- **밀입도 아스팔트 혼합물(Dense-Graded Asphalt Mixture)** : 아스팔트 혼합물로서 합성 입도에 있어 2.5mm(No.8)체 통과량이 35 ~ 50%의 범위로 구성되며, 가장 일반적으로 사용되는 표층용 아스팔트 혼합물이다.

- **바피이더** : 아스팔트피니셔의 부속 장치로, 혼합물을 호퍼에서 스크류 컨베이어 앞으로 운반하는 장치이다.

- **박리현상(Stripping)** : 아스팔트 콘크리트 포장체나 아스팔트 혼합물 속의 골재 표면과 아스팔트 사이에 존재하는 물 또는 수분에 의하여 결합력이 없어지거나 약화되는 현상을 말한다. 일반적으로 포장 하부가 물로 장기간 포화되면 아스팔트의 결합력이 없어지며, 포트홀 등이 발생된다.

- **박막가열(Thin-film Heating)** : 반고체 상태의 아스팔트계 재료를 얇은 팬에 넣어 가열상태를 유지하는 것을 말한다.

- **반사균열** : 하부층의 불연속면에 의하여 상부층에 유발되는 균열을 말한다.

- **배합 설계** : 사용 예정의 재료를 이용하여 소정의 품질, 기준치가 얻어지도록 아스팔트 양이나 안정제의 양 등을 결정하는 작업이다. 아스팔트 혼합물의 경우는 마샬 안정도 시험, 시멘트 안정처리 기층이나 석회 안정 처리 기층의 경우는 일축압축강도 시험, CBR 시험에 의한다.

- **아스팔트 혼합물 배합설계(Mix Design)** : 사용 예정 재료를 이용하여 소정의 품질, 기준치가 얻어지도록 골재의 합성 입도 결정과 아스팔트 함량이나 첨가재의 양 등을 결정하는 작업을 말한다. 배합

설계는 실내 배합설계(콜드빈 배합설계), 골재 유출량 시험, 현장 배합설계 등을 포함한다. 일반적으로 표층용 아스팔트 혼합물은 공극률 4%±0.3%, 기층용 아스팔트 혼합물은 공극률 5%± 0.3%에 해당하는 아스팔트 함량을 결정하는 것을 말한다. 콘크리트의 경우 요구되는 성질을 만족시키기 위해 주어진 골재 및 조건 등을 이용하여 사용할 재료의 배합량을 결정하는 작업을 말한다.

- **배수성 아스팔트 콘크리트 포장** : 도로포장의 표층에 배수성 아스팔트 혼합물을 시공하여 하부의 불투수성 중간층의 표면으로 노면수가 흘러서 배수로로 배수되는 구조로 설계 및 시공하는 것이다.

- **백업제(Backup Material)** : 충진재가 소정의 모양과 치수로 충진되도록 줄눈에 미리 특정 깊이로 삽입되는 재료를 말한다.

- **변형강도(SD, Deformation Strength)** : 시험에 의하여 얻어지는 아스팔트 혼합물의 특성을 말하며, 공시체가 파괴되기까지 나타낸 최대 하중(P)과 이때의 수직변형량(y)으로 구하는 강도이다. 이는 교통 하중에 의한 아스팔트 혼합물의 유동변형에 대한 저항성(Resistance Against Deformation)을 의미한다.

- **변형강도 시험(Deformation Strength Test)** : 아스팔트 혼합물의 고온변형 저항성을 측정하기 위한 시험으로 배합설계 등에서 시험하며, 시험 방법은 지름 100mm, 높이 약 62.5mm의 원주형 공시체를 60℃에서 30분간 수침 후 꺼내어 평면 중앙에 하중봉을 통해 수직 정하중을 가하여 변형강도를 구한다.

- **보조기층(Subbase)** : 기층과 노상 사이에 위치하며 기층에 가해지는 교통 하중을 지지하는 역할을 한다. 일반적으로 보조기층은 지지력이 큰 양질의 보조기층용 골재를 사용한다. 또한, 보조기층의 기능으로서 노면을 통해 침투된 우수와 노상도 공극의 모세관 현상에 의해 올라온 모관수를 신속히 평단 배수시켜서 포장체의 내구성 증진을 목적으로 한다.

- **복축(Tandem Axle(Double Axle))** : 탠덤축이라고도 하며, 자동차의 차축이 연속적으로 2개로 구성된 축 형태를 말한다(일반적으로 축 간격은 1.3m 이내).

- **복합지지력계수(Composite Reaction Modulus)** : 슬래브 바로 아래에 가상의 재하판이 놓였다고 가정하고 이 가상의 재하판으로부터 얻게 되는 슬래브 하부의 전체적인 지지력을 말한다.

- **부분단면 보수** : 콘크리트 포장 보수에서 스폴링 또는 스케일링 등의 파손이 발생한 경우 파손된 부분을 제거하고 새로운 재료로 대체하는 공법을 말한다.

- **부착방지제(Release Agent)** : 아스팔트 혼합물이 운반장비의 적재함이나 타이어롤러 및 기타 다짐 기구 등에 붙는 것을 방지하기 위한 재료이다. 기존에는 경유 등을 사용하였으나, 아스팔트 콘크리트 포장의 파손을 촉진하므로 경유 등의 석유계 오일의 사용을 절대 금하고 있으며, 식물성 오일 등을 사용한다.

- **분리막** : 콘크리트포장 하부의 마찰저항 감소 및 모르타르 손실 방지와 하부 이물질 흡입을 방지하기 위해 설치하는 재료이다.

- **불투수층(Impermeable Layer, Impervious Layer)** : 물이 침투하기 어려운 층. 실용적으로는 침수

계수가 약 $10^{-6}$cm/sec 이하의 것을 말한다.

- **블랙베이스(BB, Black Base)** : 아스팔트 혼합물을 사용한 포장의 기층이다.

- **블레이드(삽날)(Blade)** : 토사를 굴착하고 필요한 곳까지 밀어내는 강재의 판을 말한다.

- **블로우업(Blow Up)** : 온도 상승 시 콘크리트 포장 슬래브가 팽창에 의한 압축력을 견디지 못하고 좌굴을 일으켜 부분적으로 들고 일어나는 현상이다.

- **블리스터링(Blistering)** : 아스팔트 콘크리트 포장의 표면이 시공 중 또는 공용시(특히 여름철) 원형으로 부풀어 오르는 현상이다. 강상판, 콘크리트 슬래브 위의 포장의 내부에 남아 있는 수분, 오일분이 온도상승에 의해 기화하여 이때 발생하는 증기압이 원인이 되어 발생한다. 일반적으로 구스 아스팔트 혼합물이나 세립도 아스팔트 혼합물과 같이 치밀한 아스팔트 혼합물에서 많이 발생한다.

- **비동결층** : 동결작용으로 인한 포장면의 변형을 방지하기 위한 비동결재료층을 말한다.

- **비파괴 현장밀도 측정 장비(Non-destructive Density Gauge)** : 다짐장비의 통과에 따른 아스팔트 콘크리트 포장의 밀도 변화를 현장에서 포장손상 없이 체크하기 위한 장비를 말하며, 방사선 또는 전기적 특성 등을 사용한다.

- **상대강도계수(Relative Strength Index)** : AASHTO 도로시험에서 포장의 두께지수(SN)를 산출하기 위하여 도입된 것으로, 포장각층을 구성하고 있는 재료의 강도를 나타내는 계수를 말한다.

- **상대강도지수** : 노상토의 평판재하시험결과를 통하여 얻는 지지력계수 값이다.

- **상온밀링** : 상온에서 밀링 머신으로 밀링커터를 사용하여 절삭하는 방법이다.

- **상온 재활용 아스팔트 콘크리트 포장** : 아스팔트 콘크리트 포장의 유지보수 또는 굴착공사 등에서 발생한 아스콘 발생재를 기계 또는 가열 파쇄하여 생산한 아스팔트 콘크리트 순환골재를 생산한 후, 소요의 품질이 얻어지도록 보충재(천연골재, 유화아스팔트 또는 첨가제)를 첨가하고 재활용 장비를 이용하여 무가열로 생산한 재활용 아스팔트 혼합물을 사용하여 시공하는 것이다.

- **서비스 수준(Level of Service)** : 속도, 여행시간, 교통장애, 주행의 자유성, 안전성, 쾌적성 등 다양한 인자를 종합하여 몇 단계 수준으로 교통상태를 나타낸 정성적 척도로서 도로의 차로수 설계 등에 사용된다.

- **서브 실링(subsealing)** : 시멘트 콘크리트 슬래브 하부의 공극을 시멘트 또는 아스팔트로 채움으로써 슬래브가 더 이상 침하되는 것을 방지하거나, 슬래브를 수직으로 들어올려 처짐을 보정하는 공법을 말한다. 여기에 이용하는 아스팔트 재료는 연화점이 매우 높은 것을 사용하며, 재료는 분말도가 높은 것을 사용한다.

- **설계 탄성계수** : 도포포장 설계에 적용되는 하부구조 입력변수로, 표준 MR 시험 또는 재료 기초 물성값을 인자로 하는 추정공식에 의해 산정한다.

- **설계 CBR(Design CBR)** : 균일한 포장두께로 시공할 구간을 결정하기 위하여 구간내 각 지점의 CBR로부터 결정되는 노상토의 CBR을 말한다.

- **설계기준교통량(Standard Design Volume)** : 도로설계의 기준이 되는 차로 당의 일 교통용량으로 기본 교통용량을 기초로 도로의 구조조건 및 교통조건을 고려하여 산정한다.

- **설계침입도(Design Penetration)** : 재활용 배합설계 시 재활용 혼합물 바인더의 침입도 목표 값을 말한다.

- **설계탄성계수** : 설계 시 기준이 되는 회복탄성계수이다.

- **성상회복** : 원래 재료의 성질과 상태로 되돌리는 것을 말한다.

- **성형줄눈재(Preformed Joint Sealant)** : 빗물이나 작은 돌 등의 이물질이 들어가는 것을 막기 위하여 특정한 형태로 미리 제작되어 줄눈 윗부분에 삽입되는 재료이다.

- **세로방향 철근** : 연속철근 콘크리트 포장에서 콘크리트 슬래브 내에 세로방향으로 배근되는 철근으로 가로방향 균열폭이 과도하게 벌어짐을 억제하는 역할을 하는 철근을 말한다.

- **세로이음/세로줄눈** : 도로의 폭을 다차로에 걸쳐 시공할 경우에 도로중심선에 평행하게 설치하는 이음으로서 다짐이 불충분하면 이음부에 단차가 생기고 균열이 발생하기 쉬우며, 우수 침투에 의하여 공용 초기에 박리 현상과 포트홀 등이 발생할 수 있다. 각층의 세로 이음 위치가 중복되지 않도록 하여야 하며, 기존 포장과 5cm 정도 겹치게 포설하여 다짐한다.

- **세립도 갭 아스팔트 혼합물** : 가열 아스팔트 혼합물로서 갭입도를 갖는 세립도 아스팔트 혼합물을 말한다. 8번 체 통과량은 45~65%의 연속 입도의 것과 거의 같으나 2.5~0.6mm의 입경 부분이 적고 0.6mm 통과량은 비교적 많다. 연속입도의 것보다 내마모성이 우수하다.

- **세립도 아스팔트 혼합물** : 가열 아스팔트 혼합물로서 밀립도 아스팔트 혼합물보다도 세립분이 많은 혼합물을 말한다. 8번 체 통과량은 일반지역에서 50~65%, 적설 한냉지역에서는 65~80%, 아스팔트 함량은 전자에서는 6~8%, 후자에서는 7.5~9.5%를 사용한다. 일반적으로 내구성은 우수하나 내유동성이 떨어진다.

- **셀롤로오스 화이버(Cellulose Fiber)** : 많은 양의 아스팔트의 흘러내림과 블리딩(Bleeding)을 방지하기 위한 섬유첨가재로 SMA 혼합물에 첨가하여 사용한다.

- **소각회** : 소각시설에서 쓰레기가 연소된 뒤 소각로 바닥과 집진장치 등에서 배출되는 재를 말한다.

- **소석회(Hydrated Lime)** : 석회석을 고온에서 연소시켜 제조한 산화칼슘인 생석회에 물을 가해 수화가 일어나도록 한 석회이다.

- **소요 SN** : AASHTO의 포장설계 MONO GRAPH에서 포장층별로 요구되는 SN 값이다.

- **소파 보수** : 아스팔트 포장의 포트 홀, 함몰, 부분적인 균열 등과 같은 파손이 발생하였을 때 파손된 표층 또는 기층 일부를 제거하고 아스팔트 혼합물로 채운 다음 다져서 마무리하는 보수 방법을 말한다.

- **소형 충격 재하시험** : 다짐시공 후 낙하추의 충격량에 따른 표면 처짐량을 측정하여 노상 및 보조기층 탄성계수를 산정하는 시험으로 단위는 'MPa'를 사용한다.

- **쇄석 매스틱 아스팔트 혼합물(SMA, Stone Mastic Asphalt Mixture)** : 골재, 아스팔트, 셀룰로오스 화이버(Cellulose Fiber)로 구성되며, 굵은골재의 비율을 높이고, 아스팔트 함유량을 증가하여, 아스팔트의 점착력은 골재의 탈리를 방지하는 역할을 담당하고, 압축력과 전단력에 저항하는 힘은 전부 골재의 맞물림(Interlocking)에 의한 내유동성 아스팔트 혼합물을 말한다.

- **쇄석기층(Granular Aggregate Base)** : 쇄석을 이용한 도로포장 기층이다.

- **수정 CBR** : 도로현장의 노상, 보조기층, 기층의 해당하는 4일 수침 후의 CBR 값이다.

- **수축줄눈** : 건조수축이나 온도변화 시 발생되는 시멘트 콘크리트 슬래브의 수축 응력을 경감시키고, 줄눈 이외의 장소에서 불규칙한 균열이 발생되는 것을 막을 수 있도록 만드는 줄눈을 말한다.

- **수침 안정도** : 공시체를 60℃ 물에 48시간 수침시켜 측정한 마샬안정도 값으로, 일반적으로 60℃ 물에 30분간 수침시켜 측정한 마샬안정도와의 비율을 나타내는 잔류안정도(%)를 구하는 데 이용된다.

- **스크류스프렛다** : 아스팔트 피니셔 장비에 장착되어 아스팔트 혼합물을 일정한 두께로 깔아주는 장비를 말한다.

- **스크리닝스** : 파쇄기로 부순 골재를 만들 경우 생기는 8번 체 이하의 잔골재이다.

- **스크리드(Screed)** : 아스팔트 페이버의 끝에 부착된 부분으로 포장의 면을 평탄하게 만들어준다. 연료, 전기 등으로 가열할 수 있으며, 포장 폭에 따라 길이를 변화시킬 수 있다.

- **스키프(Skip)** : 급구배에서 궤도 상의 흙 운반차를 윈치와 와이어 로프로 매달아 올리는 흙 운반 기계. 터널이나 광산의 사갱(斜坑) 등에 이용된다.

- **스테빌라이저(Stabilizer)** : 흙을 파 엎어서 입도가 다른 흙을 혼합하여 입도를 개선하고 첨가제를 섞어서 일정한 두께로 펴 골라서 다지는 작업을 일관해서 하거나 그 일부의 작업을 하는 기계의 총칭이다.

- **스팀방식** : 여러 개의 스팀장치가 설치되어 여기에서 체가름이 가능할 정도로 분리시키는 가열파쇄 방법이다.

- **스폴링(Spalling)** : 시멘트 콘크리트 포장의 가로줄눈 및 세로줄눈과 무작위 임의 균열에 발생하기 쉬운 파손의 한 형태이다.

- **스프레더(Spreader)** : 포설 현장까지 운반된 포장용 콘크리트를 소정의 위치 또는 높이까지 깔아펴는 기계를 말한다.

- **슬리폼 페이퍼** : 일정한 평면을 가진 구조물에 적용되며 연속하여 콘크리트를 타설하므로 조인트가 발생하지 않는 수직 활동 거푸집공법에 사용되는 포설 장비이다.

- **슬러리실(slurry seal)** : 경화 시간이 긴 유화 아스팔트, 세골재 그리고 광분말 등을 섞은 혼합물을 사용하여 면처리를 한 것을 말한다.

- **시공 줄눈** : 콘크리트 치기를 일시 중지해야 할 때 설치하는 줄눈을 말한다.

- **시멘트 안정처리(Cement Stabilization)** : 입상재료에 시멘트를 혼합하여 최적함수비 부근에서 다져 노상, 기층, 보조기층을 만드는 공법이다.

- **시멘트 안정처리 필터층(Cement Stabilized Filter Base)** : 필터층의 침식을 방지하기 위하여 시멘트로 안정 처리된 필터층이다.

- **시멘트 콘크리트 포장(Cement Concrete Pavement)** : 린 콘크리트, 아스팔트, 입상재료로 된 보조기층 위에 시멘트 콘크리트로 표층을 타설한 포장으로 슬래브의 구조에 따라 줄눈 콘크리트포장, 연속철근 콘크리트포장, 프리스트레스트 콘크리트포장 등으로 구분된다.

- **신도(Ductility)** : 특정 온도에서 아스팔트의 신장(늘어나는 성질) 능력을 말한다.

- **신축방식** : 노면예열기 생산 시의 제원을 말한다.

- **실런트(Sealant)** : 채움재라고도 하며 주로 이물질의 침투를 방지하고 방수를 위하여 콘크리트 포장의 줄눈과 콘크리트 및 아스팔트 포장의 균열 등을 채우는 재료의 총칭한다.

- **아스콘 발생재** : 아스콘 포장을 철거하여 발생하는 폐아스팔트 콘크리트이다.

- **아스콘 순환골재** : 폐아스콘을 일정크기로 파쇄한 아스팔트와 골재가 서로 결합되어 있는 재활용 재료이다.

- **아스팔트(Asphalt)** : 천연으로 또는 석유계 재료의 증류 잔사로서 얻어진 재료로 탄화수소 혼합물을 주성분으로 하며 2황화탄소($CS_2$)에 녹는 반고체 또는 고체의 점착성 물질을 말한다. 도로 포장에 쓰이는 아스팔트는 골재의 접착에 사용되며, 침입도 등급 또는 공용성 등급 기준에 따른다. 스트레이트 아스팔트(Straight Asphalt)는 별도의 첨가제 등으로 가공하지 않은 아스팔트이며, 폴리머 등으로 개질하면 개질 아스팔트로 칭한다. 그리고, '아스팔트(Asphalt)'와 같은 의미로 사용되는 용어로는 '아스팔트 바인더(Asphalt Binder)', '아스팔트 시멘트(Asphalt Cement)', '바인더(Binder)', '비투멘(Bitumen)' 등이 있으나, '아스팔트'로 통칭한다.

- **아스팔트 기층** : 아스팔트 바인더를 사용한 표층 또는 중간층과 보조기층 사이에 위치하며, 표층에 가해지는 교통하중을 지지하는 역할을 한다. 변형에 대해 큰 저항을 가진 재료를 사용한다.

- **아스팔트 덧씌우기(asphalt overlay)** : 기존 포장 위에 하나 이상의 아스팔트층을 시공하는 것을 말한다. 일반적으로 덧씌우기는 기존 포장층의 불규칙한 면을 보완하는 조절층을 포함하며 조절층을 시공한 후에 덧씌우기를 필요한 두께로 시공한다.

- **아스팔트 재료(Bituminous Material)** : 2황화탄소에 용해되는 탄화수소의 아스팔트 혼합물로 상온에서 고체 또는 반고체의 것을 아스팔트라 하며, 이를 주성분으로 하는 재료를 말한다. 스트레이트 아스팔트, 커트백 아스팔트, 유화 아스팔트 등의 종류가 있다.

- **아스팔트 조절층(asphalt leveling course)** : 기존 포장층 위에 표면처리 또는 재시공 등의 작업을 하기 전에 불규칙한 면을 제거하기 위해 포설하는 아스팔트 포장층을 말한다.

- **아스팔트 콘크리트(asphalt concrete)** : 아스팔트 유제와 입도 규격에 맞는 우수한 품질의 골재 및

석분을 가열 혼합하여 균일한 밀도로 다진 혼합물을 말한다.

- **아스팔트 택코우트(asphalt tack coat)** : 기존 아스팔트층 또는 콘크리트층 위에 소량의 아스팔트를 살포하는 것으로써, 물로 희석된 아스팔트를 주로 이용한다. 또한 기존 포장과 덧씌우기 포장 층과의 접착력 증진에도 이용한다.

- **아스팔트 페이버(Asphalt Paver)** : 아스팔트 피니셔라고도 불리며 아스팔트 혼합물을 포설하는 장비이다.

- **아스팔트 포장** : 쇄석, 슬래그, 자갈 기층과 아스팔트 및 시멘트 처리 기층 등의 상부에 아스팔트 콘크리트로 표층을 이루는 포장을 말한다.

- **아스팔트 표면처리** : 포장체 표면에 아스팔트 재료를 포설하는 것으로서 골재를 포함할 수도 있으며 그렇지 않은 경우도 있다. 골재의 크기 때문에 층의 두께는 25mm까지 될 수 있으며, 국내에서 가장 많이 사용하는 표면처리 공법은 슬러리시일 공법이다.

- **아스팔트 표층** : 아스팔트 바인더를 사용한 아스팔트 콘크리트 포장의 최상위층을 말하며, 교통하중을 지지하고 평탄성과 안전성 등을 제공하는 역할을 한다. 일반적으로 가장 양질의 재료를 사용한다.

- **아스팔트 프라임 코우트** : 아스팔트 포장이 안정 처리 안 된 기층 위에 시공되기 전에 접착과 방수를 위해 적용하는 것으로써 점성이 작은 커트백 또는 유화 아스팔트를 이용한다.

- **아스팔트 플랜트** : 포장용 각종 아스팔트 혼합물을 제조하기 위해서 설치된 시설 전체를 말한다. 아스팔트 플랜트에는 신규 아스팔트 플랜트와 재활용 아스팔트 플랜트가 있다.

- **아스팔트 함량(Asphalt Content)** : 아스팔트 혼합물의 전체 질량에 대한 아스팔트 질량의 백분율을 말한다.

- **아스팔트 혼합물(Asphalt Mixture)** : 굵은골재, 잔골재, 채움재, 아스팔트 등을 정해진 비율로 혼합한 재료이다. 도로에서는 아스팔트 콘크리트 포장의 기층, 표층, 중간층에 쓰인다.

- **아스팔트비** : 아스팔트 비는 전체 혼합물의 중량 또는 전체 골재의 중량에 대한 아스팔트 바인더의 중량비를 백분율로 나타낸다. 대부분의 기관에서는 전체 혼합물 중량에 대한 백분율을 사용한다. 유효 아스팔트 비는 골재에 흡수되지 않고 남아 있는 아스팔트 바인더의 중량비이며 흡수 아스팔트 비는 골재에 의해서 흡수된 아스팔트 바인더의 중량비로서 골재의 중량에 대한 백분율로 표시한다.

- **안정도(마샬안정도)** : 마샬 안정도 시험에 의하여 얻어지는 아스팔트 혼합물의 특성을 말하며, 보통 마샬 안정도를 뜻하며, 광의로는 윤하중에 대한 아스팔트 혼합물의 견고함을 의미한다.

- **안정처리** : 도로의 입상층(노상, 보조기층, 쇄석기층)에서 내구성과 안정성 등을 개선하기 위해 재료의 토립자, 골재크기 배합 등을 조정하여 입자 간의 마찰 및 결합성을 증대시키며 시멘트, 아스팔트, 석회 등을 혼합하여 결합을 증대시키는 방법이다.

- **앵글로도(앵글러 점도)** : 25°C에서의 점도를 말한다.

- **에저(Edger)** : 경화 전 콘크리트 슬래브 단부의 마무리에 사용되는 공구이다.

- **역청(Bitumen)** : 석유나 석탄에서 추출된 탄화수소 화합물로, 일반적으로 천연의 아스팔트나 그 밖의 탄화수소를 모체로 하는 물질을 가열, 가공했을 때 생기는 흑갈색 또는 갈색의 타르 같은 물질을 말한다.

- **역청 재료** : 이황화탄소에 용해되는 탄화수소의 혼합물로 상온에서 고체 또는 반고체의 것을 역청(Bitumen)이라 하며, 이 역청을 주성분으로 하는 재료를 말하며, 아스팔트, 타르 등이 포함된다.

- **연속철근 콘크리트 포장(CRCP)** : 시멘트 콘크리트 슬래브 내에 일정량의 철근(일반적으로 단면의 0.6~0.8% 철근비)을 세로방향으로 연속적으로 설치하여 자연적으로 발생하는 가로방향 균열을 허용하며 철근이 균열폭의 벌어짐을 억제하는 역할을 하는 포장형식이다. 따라서 연속철근 콘크리트 포장에서는 무근 시멘트 콘크리트 포장에서의 가로방향 수축줄눈을 두지 않는다.

- **연평균일교통량(Annual Average Daily Traffic)** : 어느 지점의 1년 간 전 교통량을 그 해의 일수로 나눈 1일 당의 평균 교통량을 말한다.

- **연화점(Softening Point)** : 역청재료를 가열한 경우 온도가 차츰 상승함에 따라 물러지고 결국 액상으로 되어 유출된다. 이와 같이 액상으로 되는 온도를 연화점이라 한다.

- **열풍방식** : 열풍이 통과하며 가열시키는 로터리킬른(Rotary Kiln)에서 분리시키는 가열파쇄 방법을 말한다.

- **온도 기록 장치** : 골재, 아스팔트, 혼합물 등의 온도를 기록하는 장치로, 아날로그식과 디지털식이 있다.

- **온수방식** : 온탕고에서 분리하는 가열파쇄방법이다.

- **완전방지법(Complete Protection Method)** : 노상이 전혀 얼지 않도록 노상 상부에 충분한 두께의 비동결성층을 설치하는 것이다.

- **원더링(Wandering)효과** : 포장체 위를 지나는 차량의 바퀴는 일정한 지점이 아니라 횡방향으로 분포하여(일반적으로 정규분포로 가정) 주행하게 되며, 이에 따라 포장체에 미치는 응력이나 변형률도 달라지는 것을 의미한다.

- **유화 아스팔트(Emulsified Asphalt)** : 도로포장용 역청재로서 아스팔트를 물과 결합시켜 놓은 액체 아스팔트를 말한다. 상온 혼합 시 바인더로 사용하거나 택코우트 등 접착용으로 사용한다. 유화 아스팔트 종류 및 품질기준은 KS M 2203에 따라 MS 계열을 사용하거나, ASTM D977에 따라 HFMS계열, SS 계열을 사용할 수 있다.

- **유효아스팔트함량** : 아스팔트량 중에서 골재에 흡수된 아스팔트량을 제외한 아스팔트의 함량을 나타낸다.

- **윤하중(Wheel Load)** : 타이어를 통해서 포장에 미치는 하중으로 축하중을 타이어의 수로 나눈 하중의 크기를 말한다.

- **이론최대밀도(TMD, Theoretical Maximum Density)** : 아스팔트 혼합물 속에 전혀 공극이 없는 것으로 가정했을 때의 밀도를 말하며, KS F 2366에 따라 구한다. 배합설계 시 공극률 등의 체적특성 계산에 사용한다.

- **인장강도비(Tensile Strength Ratio)** : 아스팔트 공시체(공극률 약 7%)의 건조상태에서 간접인장강도 값과 수분 포화 후 60℃의 온도로 24시간 동안 처리한 후의 간접인장강도 값의 비이다. 인장강도비는 아스팔트 혼합물의 수분 저항성을 평가하기 위하여 수행한다.

- **인화점(Flash Point)** : 일정 조건하에서 시료를 가열한 경우 발생하는 증기의 양이 시료표면상의 공기와 가연혼합 기체를 만들기에 충분하게 되고 여기에 화염을 접근시키면 섬광을 발생하면서 순간적으로 연소하는 시료의 온도를 말한다.

- **일시 저장 빈(Surge Bin)** : 플랜트로 혼합한 혼합물을 저장하기 위한 장치 중 혼합물을 일시적으로 저장하기 위한 장치로 빈 바깥 둘레에 보온재를 감고 혼합물 배출구의 원추 부분에 전기 히터를 설치한다.

- **입상보조기층** : 잔골재 또는 굵은 골재만을 이용한 기층 아래에 위치한 보조기층을 말한다.

- **입상층** : 잔골재 또는 굵은 골재만을 이용한 포장층을 말한다.

- **잔류변형강도(Retained Deformation Strength)** : 아스팔트 혼합물의 박리특성을 시험하기 위하여 공시체를 60℃ 물속에 48시간 동안 수침한 후 측정하는 수침변형강도를 말하며, 일반 변형강도 값에 대한 비율로서 구한다.

- **잔류안정도(Retained Stability)** : 마샬 시험용 공시체를 48시간 수침시킨 후의 안정도를 30분 수침시킨 것에 대한 백분율로 나타낸 값이다.

- **재활용(recycling)** : 수명이 다한 재료를 재생 과정을 거친 후 다시 사용하는 것을 의미한다.

- **재활용 가열 아스팔트 혼합물** : 아스팔트 도로포장의 유지보수나 굴착공사 시에 발생한 아스콘 발생재를 기계 또는 가열파쇄하여 아스콘 순환골재를 생산한 후, 소요의 품질이 얻어지도록 보충재(골재, 아스팔트 또는 재생첨가제)를 첨가하고 재활용 장비를 이용하여 생산한 혼합물을 말한다.

- **재활용 가열 아스팔트** : 순환 골재에 필요에 따라 재생 첨가제나 보조제 등을 가하여 가열 혼합하여 만든 아스팔트를 말한다.

- **재생첨가제** : 재생아스팔트 혼합물 내의 노화된 구아스팔트 점도를 회복시키기 위하여 혼합물 제조 시 첨가하는 재료이다.

- **저온균열(Low Temperature Cracking)** : 온도변화에 따라 1~3m의 비교적 큰 블록 형태로 각을 이루어서 발생되는 균열을 말한다. 주로 아스팔트 혼합물의 아스팔트 노화로 인하여 점착력이 낮아져서 겨울철 등의 대기온도의 변화에 따라 발생하는 포장 내부의 힘에 견디지 못하여 발생한다.

- **저장빈** : 골재를 저장하기 위한 보관소이다.

- **전단면 아스팔트 포장** : 노상층 또는 개량된 노상층 위에 시공된 모든 층이 아스팔트로 시공된 것을

의미한다. 전단면 아스팔트 포장은 준비된 노상층 위에 직접 시공된다.

- **전단면 보수** : 콘크리트 포장의 보수공법으로 줄눈부의 하중 전달 장치가 파손되거나, 균열 부분의 파손이 심각한 경우에 사용하는 공법으로, 슬래브의 파손된 부분을 슬래브 깊이만큼 걷어내고 새로운 시멘트 콘크리트로 대체하는 공법을 말한다.

- **접지면적(Ground Contact Area)** : 차량의 타이어 등이 도로 표면에 접하는 면적을 말한다.

- **조립도 아스팔트 혼합물** : 가열 아스팔트 혼합물로서 합성 입도에 있어 2.5mm체 통과분이 20 ～ 35% 범위의 아스팔트 혼합물. 일반적으로 아스팔트 콘크리트 포장의 중간층용 재료로 사용된다.

- **죠크러셔(Jaw Crusher)** : 2매의 jaw plate로 구성된 V자형 파쇄부에 투입되어 아래로 내려가는 암석을 압착하여 파쇄하는 장비이다.

- **주입줄눈재** : 빗물이나 작은 돌 등이 줄눈에 들어가는 것을 막기 위하여 줄눈의 위쪽에 주입시켜 채우는 재료를 말한다.

- **줄눈(Joint)** : 콘크리트 포장 슬래브의 온도나 습도 변화에 의한 팽창과 수축을 어느 정도 허용하여 압축에 의한 파괴나 인장에 의한 임의균열을 방지하거나 기타 시공상의 편의를 위하여 슬래브를 일정한 간격으로 절단한 것이다.

- **줄눈 간격(Joint Spacing)** : 콘크리트 포장 슬래브에 설치한 줄눈 간의 거리로 슬래브 길이라고도 한다.

- **줄눈채움재(Joint Filler)** : 줄눈의 틈을 채우는 데 쓰이는 재료를 말한다.

- **줄눈판** : 콘크리트 포장 슬래브의 팽창줄눈에 채워 슬래브의 팽창수축에 의한 응력을 완화시키기 위한 재료로 판재 또는 아스팔트 화이버 등이 쓰인다.

- **중간층(Intermediate Course)** : 표층과 기층 사이에 위치하며, 기층의 요철을 보정하고 표층에 가해지는 하중을 기층에 균일하게 전달하는 역할을 한다. MC-1 또는 WC-5 아스팔트 혼합물을 사용한다.

- **중앙혼합방식(Central Mixing Plant System)** : 배치 플랜트를 1개소만 운영하면서 여러 곳에 분산되어 있는 공사장에 비빈 콘크리트를 중앙에서 분배하는 방식을 말한다.

- **중온 아스팔트 콘크리트 포장** : 가열 아스팔트 콘크리트 포장 이상의 품질을 유지하면서, 가열 아스팔트 콘크리트 포장에 비하여 생산 및 시공 온도가 약 30℃ 낮게 생산된 저에너지 소비형 도로 포장 기술로서, 중온화 첨가제 또는 중온화 아스팔트를 혼합하여 생산한 저탄소 중온 아스팔트 혼합물을 사용하여 시공하는 것이다.

- **지역계수(Regional Factor)** : 아스팔트 포장의 AASHTO 설계방법에서 연간 노상 지지력의 변화를 나타낸 계수를 말한다.

- **지지력비** : 노상이나 노반토의 지지력 특성을 나타내는 지수로서, CBR 값으로 나타낸다.

- **차단층** : 도로포장 시 지하수가 포장층으로 스며드는 것을 막고 연약지반을 개량하기 위하여 양질의 토사로 노상을 개량한 층을 말한다. 일반적으로 노상토의 설계 CBR이 2.5 이하인 때에 15 ～

30cm의 차단층을 설치하며, 노상 위에 모래층 마무리두께 10cm의 층을 둘 수 있다.

- **채움재(Filler)** : 아스팔트 혼합물에서 굵은골재와 잔골재 사이를 채워서 내구성을 증진시키는 역할을 하며, 석회석분, 포틀랜드 시멘트, 소석회, 회수더스트 등의 분말이 사용된다. 회수더스트 사용 시에는 PRV 시험을 하여야 하며, 아스팔트 혼합물의 BVF가 60% 이하이어야 한다.

- **초벌마무리(Rough Finish)** : 피니셔에 의한 기계 마무리 또는 간이 피니셔나 템플릿 탬퍼(templet tamper)에 의한 마무리를 말한다.

- **최적 아스팔트 함량(Optimum Asphalt Content)** : 아스팔트 혼합물의 사용 목적에 따라 특성이 가장 잘 발현될 수 있도록 결정된 아스팔트 함량으로 각 아스팔트 혼합물의 최적 아스팔트 함량은 배합설계로 결정된다.

- **치환율(Substitution Ratio)** : 혼화재로 사용한 산업부산물의 질량을 결합재의 질량으로 나눈 값을 백분율로 표시한 것을 말한다.

- **친수성 골재(Hydrophilic Aggregate)** : 기름 성분보다 물에 대한 친화성이 더 큰 골재이다. 아스팔트나 시멘트 풀로 일단 피복하여도 수중에 담그면 피막이 벗겨지기 쉬운 골재이다.

- **침입도(Penetration)** : 25℃에서 아스팔트의 굳기(硬度)를 나타내는 지수이다. 아스팔트에 규정된 크기의 바늘로 100g의 힘으로 5초 동안 눌렀을 때의 침의 관입 깊이를 0.01cm 단위로 나타낸 값으로 이 값이 작을수록 상온에서 단단한 아스팔트를 의미한다.

- **침입도 등급(Penetration Grade)** : 25℃에서 아스팔트의 경도를 나타내는 침입도가 주요 평가항목이며, 일반적으로 폴리머 등이 혼합되지 않은 스트레이트 아스팔트의 등급 기준으로 사용된다. 국내에서는 침입도 등급 60~80의 아스팔트가 주로 사용된다.

- **컬링(Curling)** : 슬래브 상하 간의 온도 또는 습도의 차로 인하여 처음에 평면이었던 콘크리트 포장 슬래브가 곡면상으로 휘는 것을 말한다.

- **콘크리트 덧씌우기** : 기존 포장 위에 콘크리트로 덧씌우기하는 것을 말하며, 덧씌우기하는 방법에는 기존 포장과의 접착식과 비접착식이 있다. 기존 아스팔트 포장 위에 콘크리트로 덧씌우기하는 방법을 화이트 탑핑(White Topping)이라고 한다.

- **콘크리트 포장(Concrete Pavement)** : 차량의 하중을 주로 콘크리트 슬래브로 지지하는 강성포장의 일종을 말한다.

- **콘크리트 포장** : 포장체에 가해지는 하중을 콘크리트 슬래브가 대부분 지지하는 형식의 포장을 말한다. 일반적인 포장 구조는 콘크리트 슬래브, 보조기층 등으로 구분된다.

- **콘크리트 폴리머 복합체** : 폴리머와 입도 규격에 맞는 골재 그리고 물을 혼합하여 양생한 혼합물을 말하며, 폴리머 시멘트 콘크리트, 폴리머 함침 콘크리트, 폴리머 콘크리트 등으로 구분된다.

- **콜드빈(Cold Bin)** : 석산 등에서 암석을 크러셔로 파쇄하여 생산한 골재를 아스팔트 플랜트에서 생산하기 전에 임시로 저장하는 골재 저장소로 굵은골재, 잔골재 등을 보관한다. 콜드빈 하부에는

콜드빈 피더와 콜드빈 피더 모터가 설치되어 골재의 유출량을 조절할 수 있다.

- **콜드빈 피더(Cold Bin Feeder), 콜드빈 피더 모터(Cold Bin Feeder Motor)** : 콜드빈에 저장된 골재를 유출하기 위한 설비로써 콜드빈 하부에 설치되어 있다. 콜드빈 피더 모터의 속도가 증가될수록 콜드빈 피더가 빠르게 움직여서 골재의 유출량이 증가된다.

- **타이바** : 세로줄눈 등을 횡단하여 시멘트 콘크리트 슬래브에 집어넣는 이형철근으로서, 줄눈이 벌어지거나 층이 지는 것을 막는 역할을 하는 것을 말한다.

- **타이어롤러(Pneumatic Tire Roller)** : 바닥이 편평한 타이어 여러 개가 2축으로 부착된 다짐장비로서, 타이어의 공기압을 조절하여 다짐효과를 가감할 수 있다.

- **타인스캐리파이어(Tine Scarifier)** : 폭, 깊이로 긁어 일으키는 기능을 가지고 있는 장비

- **탄댐롤러(Tandem Roller)** : 2축으로 되어있는 롤러로 진동식과 무진동식으로 나뉜다. 진동식은 1차 다짐에 사용할 수 있으며, 무진동식은 마무리 다짐에 사용된다.

- **택 코트(Tack Coat)** : 아스팔트 포장 또는 시멘트 콘크리트 슬래브 등을 사용한 아래 층과 아스팔트 혼합물로 된 윗 층을 결합시키기 위하여 아래 층의 표면에 아스팔트 재료를 살포하여 만든 막을 말한다. 일반적으로 유화아스팔트 RS(C)-4를 사용한다.

- **탬퍼** : 진동을 이용한 소형 다짐기계이다. 대형롤러의 주행이 불가능한 좁은 장소에서 다짐작업을 하는 데 적합하다.

- **투수성 포장(Permeable Pavement)** : 노면에 물이 고이지 않게 하고 강수를 포장의 내부공극을 통해 측면이나 아래의 지중으로 침투시키기 위하여 투수성 재료를 이용하는 포장이다.

- **트롤리 장치** : 트롤리 버킷과 이동용 레일로 구성되는 장치로, 버킷에는 혼합물이 부착되는 것을 방지하는 장치를 두고, 플랜트의 믹서 배출 시간에 스킵 엘리베이터가 운동하여 작동하는 기구이다.

- **패칭(Patching)** : 포장의 작은 구멍이나 균열 등의 파괴가 생긴 부분을 메우는 것을 말한다.

- **팽창균열(Expansion Crack)** : 시멘트의 안정성 시험에서 유리석탄 및 산화나트륨으로 인한 팽창에 의하여 용기에 생기는 균열을 말한다.

- **팽창줄눈(Expansion Joint)** : 콘크리트 포장 슬래브가 팽창할 수 있도록 간격은 30~120m, 폭은 10~20mm로 설치한 가로줄눈으로 슬립바로 보강하며 응력의 완충과 지수(止水)를 위하여 줄눈판과 주입줄눈재를 삽입한다.

- **펌핑(Pumping)** : 콘크리트 포장 슬래브 하부로 물이 침입하여 차량의 하중이 반복작용할 때 하부 층 재료의 세립분과 물이 흙탕물이 되어 줄눈이나 균열을 통해 표면으로 뿜어 나오는 현상이다.

- **평탄마무리(Super Smooth)** : 표면 마무리기에 의한 기계 마무리나 플로트에 의한 인력 마무리로 콘크리트 포장 슬래브를 편평하게 마무리하는 것이다.

- **평탄성(Roughness)** : 포장면의 평탄한 정도를 말하며, 국내 시험방법으로는 7.6m 프로파일미터를 주로 사용하고, 포장 평가를 위해서는 트레일러에 부착하여 평탄성 조사에 사용하는 장비인

APL(Longitudinal Profile Analyzer)이 채택되고 있다. 측정된 종단프로파일은 평탄성 지수인 PrI(Profile Roughness Index)로 계산된다. 포장의 준공 검사 시 PrI을 기준으로 적용하며, 포장의 유지관리에서는 현재 전 세계적으로는 차량의 주행한 거리동안에 차축의 수직운동 누적값을 나타내는 IRI(International Roughness Index)가 평탄성을 나타내는 값으로 주로 사용되고 있다.

- **폐타이어 개질 아스팔트** : 폐타이어 고무를 이용하여 스트레이트 아스팔트를 개질한 것으로써, 도로 포장용 아스팔트 혼합물에 사용하기 적합한 아스팔트를 말한다.

- **폐타이어 고무(CRM, Crumb Rubber Modifier)** : 폐타이어를 분쇄하여 제조한 1.18mm 이하의 고무칩이나 분말로 아스팔트 혼합물 등에 첨가하여 사용한다.

- **포장두께지수(SN)** : 포장설계 시 흙의 공극부피와 물의 부피의 비, 포장층 두께, 상대강도계수, 각 층의 배수조건들의 곱의 조합이다.

- **포장용 채움재** : 아스팔트 혼합물에서 굵은골재와 잔골재 사이의 간극을 채워주는 역할을 하는 재료로써, 본 지침에서는 석회석분, 소석회, 포틀랜드 시멘트, 회수더스트 채움재 등의 광물성 분말을 말한다.

- **포트홀(Pothole)** : 아스팔트 포장의 표층 및 기층 아래로 물이 침투하여 발생하는 구혈(멍) 형태의 파손을 말한다. 교통량 등에 의한 전단응력으로 아스팔트 표층하부에 미세한 균열이 생기고, 포장의 상부 층에는 차량에 의한 미세한 피로균열이 발생한다. 이러한 균열 사이로 눈이나 비가 포장면 아래로 침투되면서 포트홀이 진전된다.

- **표층(Surface Course)** : 교통 하중에 접하는 최상부의 층으로 교통 하중을 하층에 분산시키거나, 빗물의 침투를 막고 타이어에 마찰력을 제공하는 역할을 한다. 표층에는 표층용 아스팔트 혼합물이 이용된다.

- **프라이머(Primer)** : 노상이나 입상기층에 충분히 뿌려서 방수성을 높이고 그 위에 포설하는 아스팔트 기층이나 표층과의 접착을 좋게 하기 위하여 사용하는 점도가 낮은 액체 아스팔트 또는 역청재료의 부착을 좋게 할 목적으로 골재 등에 피복하는 재료를 말한다.

- **프라이머(주입 줄눈재용)(primer)** : 주입 줄눈재와 콘크리트 슬래브와의 부착이 잘 되게 하기 위하여 주입 줄눈재의 시공에 앞서 미리 줄눈의 홈에 도포하는 휘발성 재료를 말한다.

- **프라임 코트(Prime Coat)** : 입상재료에 의한 보조기층 또는 기층의 방수성을 높이고, 그 위에 포설하는 아스팔트 혼합물 층과의 접착을 좋게 하기 위하여 보조기층 또는 쇄석기층 위에 아스팔트 재료를 살포한 막을 말한다. 또한 시멘트 콘크리트 포장에서 입상재료, 시멘트 안정처리 기층 등의 양생용으로 아스팔트 재료를 살포하는 것을 말하기도 한다. 일반적으로 유화 아스팔트 RS(C)-3를 사용한다.

- **프루프롤링(Proof Rolling)** : 노상, 보조기층, 기층의 다짐이 적당한 것인지, 불량한 곳은 없는가를 조사하기 위하여 시공 시에 사용한 다짐기계와 같거나 그 이상의 다짐효과를 갖는 롤러나 트럭 등으로 다짐이 완료된 면을 수회 주행시켜서 윤하중에 의한 표면의 침하량을 관측 또는 측정하는 것이다.

- **플랜트 배합** : 아스팔트로 일정하게 피복된 골재를 배치 플랜트에서 생산하는 것을 말한다.

- **플러쉬(Flushing)** : 아스팔트 콘크리트 포장에 있어서 아스팔트분이 블리딩(Bleeding)을 일으켜 표층의 표면이 검은 반점으로 포화된 현상을 말한다.

- **플로우트(Float)** : 약 3m 길이의 매끈한 판으로 표면을 쓰다듬듯 포장의 세로방향으로 움직이며 콘크리트 슬래브의 표면을 평탄하게 마무리하는 기구이다.

- **피니셔** : 아스팔트 피니셔 아스팔트 혼합물을 덤프트럭으로부터 받아 자중으로 주행하면서 균일한 폭의 두께로 포설하는 장치, 콘크리트 포장의 평탄하고 균일하게 다듬는 기계를 말한다.

- **피이더** : 재료를 일정량씩 보내주는 재료 공급 장치이다.

- **필터층(Filter Bed)** : 침투된 지하수의 신속한 배수를 위하여 설치되는 층을 말하며, 입상재료나 안정처리층으로 할 수 있다.

- **하부구조(Substructure)** : 입상재료로 구성된 쇄석기층, 보조기층 및 노상을 의미한다.

- **하부구조 설계 탄성계수** : 도포포장 설계에 적용되는 하부구조 입력변수로, 표준 MR 시험 또는 재료 기초 물성값을 인자로 하는 추정공식에 의해 산정된다.

- **하중강도** : CBR 시험 시 직경 50mm인 관입피스톤을 1분당 1mm의 일정한 속도로 층 12.5mm까지 관입시키면서 0.5mm 관입될 때마다 하중과 관입피스톤에 걸리는 힘을 말한다.

- **하중주파수** : 점탄성재료의 동탄성계수를 결정하는 변수로서 포장체의 깊이와 차량의 이동 속도에 따라 변화한다.

- **핫스크린(Hot Screen), 핫빈(Hot Bin)** : 콜드빈에 저장된 골재가 유출되어 아스팔트 플랜트의 드라이어에서 가열된 후 골재 크기별로 체가름 하는 설비가 핫스크린이며, 체가름된 가열된 골재가 임시로 저장되는 골재 저장소가 핫빈이다. 핫스크린은 경사식 또는 수평식이 있으며, 골재 크기별로 선별된 골재는 4개 또는 5개의 핫빈에 저장된다.

- **현장 가열 포층 재활용 아스팔트 포장** : 현장 가열 표층 재활용 장비를 이용하여 도로의 위에서 주행 차선 방향으로 전진하며, 노후된 아스팔트 콘크리트 표층을 가열절삭 방법으로 걷어내고 신재료와 혼합한 후 다시 포설 및 다짐하는 방법으로, 아스팔트 콘크리트 도로 표층의 재포장에 적용한다.

- **현장 배합(mixed-in-place, road mix)** : 이동식 플랜트 또는 특수 현장 배합 장비를 이용하여 골재, 커트백 또는 유화 아스팔트 등을 현장에서 배합하여 아스팔트 혼합물을 생성하는 것을 말한다.

- **현장 탄성계수** : 현장 다짐 후, 소형 충격 재하시험, 동적 콘 관입시험, 평판재하시험으로부터 구한 현장에서의 탄성계수를 말한다.

- **호퍼** : 준설선이나 토운선에서 뱃전 또는 배 밑바닥의 문짝에 있으며 토사를 일시 저장하는 곳 또는 콘크리트, 모래, 자갈, 시멘트 기타 유동재료를 받아 이를 아래쪽으로 흘려보내는 누두 모양의 용기로서 용도에 따라 플로어 호퍼, 애지테이터 호퍼, 타워호퍼 등이 있다.

- **혼입률(Mixing Ratio)** : 혼화재로 사용한 산업부산물과 시멘트에 혼합재로 이미 포함되어있는 산업

부산물의 질량의 합을 결합재의 질량으로 나눈 값을 백분율로 나타낸 것이다. 또한 여기에서 시멘트라 함은 이미 혼합재를 포함한 것도 포함한다.

- **혼합률(Mixing Ratio)** : 시멘트에 혼합재로 이미 포함되어진 산업부산물의 질량을 시멘트의 질량으로 나눈 값을 백분율로 나타낸 것이다.

- **활성도지수** : 기준 모르타르(혼화재가 첨가되지 않은 모르타르)의 압축 강도에 대한 시험 모르타르의 압축 강도의 비를 백분율로 나타낸 것이다.

- **회복탄성계수** : 반복적인 차량 윤하중에 대한 응력–변형관계를 나타낸 포장 하부구조 다짐재료 고유 특성 값으로 반복 재하식 표준 MR 시험(AASHTO T274–82)으로 구한다.

- **회수더스트(Dust)** : 아스팔트 혼합물을 제조할 때 드라이어에서 가열된 골재로부터 발생하는 미분말(Dust)을 회수(回收)한 것이며, 백필터와 같은 건식 2차 집진 장치에서 포집(Collection)하여 아스팔트 혼합물의 채움재로 환원 사용하는 것을 말한다.

- **회수더스트 채움재(아스팔트 혼합물)** : 포장용 채움재의 일종으로 아스팔트 플랜트에서 아스팔트 혼합물 생산 중에 발생한 먼지를 집진한 것으로 일반적으로 2차 집진장치인 백하우스에서 집진한 것이다. 보통 회수더스트 채움재는 회수더스트 사일로에 보관된다.

- **흐름값(Flow)** : 모르타르의 흐름(플로우)시험에 의하여 얻어진 값이다.

- **히터뱅크** : 현장에서 채취한 구 아스팔트를 가열시키는 공간을 말한다.

- **AADT(Annual Average Daily Traffic)** : 설계기간 동안의 연평균일교통량을 말한다.

- **AADTT(Annual Average Daily Truck Traffic)** : 설계기간 동안의 연평균일트럭교통량을 말한다.

- **AASHTO(American Association of State Highway and Transportation Officials)** : 미국 각 주(州)의 도로 및 교통 공무원 협회의 약자로, 1914년에 도로에 관한 각종 연구와 기술기준을 작성할 목적으로 미국 각주와 연방정부의 도로국에 의해서 설립된 AASHO가 1973년에 도로교통 전반을 취급하게 되면서 AASHTO로 개칭한다.

- **ADT(Average Daily Traffic)** : 평균일교통량을 말하며 이는 어느 기간 내의 전체 교통량을 그 기간의 일수로 나누어 얻어진 값을 나타낸다.

- **BB(Black Base)** : 아스팔트 혼합물 기층의 약자이며 입도의 간편한 구분을 위하여 도로공사 표준시방서에 표기되어 있다.

- **BVF(Bulk Volume of Filler)** : 아스팔트 혼합물에 포함된 0.08mm체 통과 골재의 비중으로 계산한 체적과 아스팔트의 체적을 합한 체적에 대한 0.08mm체 통과 골재의 겉보기 체적 비율을 말한다. PRV 값을 이용하여 구한다.

- **CBR(California Bearing Ratio)** : 흙에 대한 일종의 관입시험으로 노상토의 지지력을 표시하는 지수이다.

- **ESAL** : 포장두께 설계를 위한 교통량산정에 사용되는 하중 개념으로서 포장체에 표준 단축하중이

작용했을 때 이 하중이 포장체에 주는 손상도를 표준손상도라 하고 바퀴나 축형식에 관계없이 이것과 같은 양의 손상도를 주는 하중을 등가단축 하중이라 한다.

- **Full Depth** : 포장층의 구성이 보조기층, 기층을 포함하여 아스팔트 콘크리트 전층으로 이뤄진 포장층을 말한다.

- **FWD** : Falling Weight Deflectometer의 약자로 비파괴 시험기의 일종이다. 낙하하는 충격에 의한 포장체의 처짐 곡선을 분석하여 각 포장층의 탄성 계수를 간접적으로 산출하는 데 주로 사용된다.

- **HFMS(High Float Residue Medium Setting)** : 유제 잔류분의 화학적 겔상태가 높은 중속응결의 유화아스팔트를 말한다.

- **LCCA(Life-cycle Cost Analysis)** : 도로포장설계에 있어서 경쟁관계에 있는 여러 대안 투자방안들 중에서 장기간에 걸친 경제효과를 평가하기 위한 경제성 분석을 목적으로 구축된 분석기법을 말하며, 여기에는 초기투자와 장래의 기능저하, 사용자 그리고 대안투자의 전 기간에 걸친 관련 비용 능을 포괄한다. 또한, LCCA는 투자비용에 대한 최적가치를 확인하고자 하는 시도로 정의될 수 있다.

- **MR(Resilient Modulus)** : 회복탄성계수라 하며, 포장 각층 재료들이 받는 반복적인 하중에 대한 응력-변형 관계에서 산정한 할선탄성계수이다.

- **MC-1** : 아스팔트 콘크리트 포장의 중간층으로 사용하는 아스팔트 혼합물 중의 하나로써, MC는 InterMediate Course의 약자이다.

- **MS** : 중속경화 음이온계 유화아스팔트 유제이다.

- **MTV(Material Transfer Vehicle)** : 아스팔트 혼합물의 운반 트럭과 페이버 사이에 위치하여 아스팔트 혼합물의 보온 및 가열과 리믹스(Remix) 작업을 통하여 아스팔트 혼합물을 일정한 온도의 유지로 골재분리를 저감시켜주는 시공장비를 말한다.

- **PCA법** : 미국 포틀랜드 시멘트 협회에서 제정한 설계법이다.

- **PrI** : 도로의 평탄성을 cm/km 단위로 측정하는 방법이다.

- **PRV(Percent of Rigden Voids)** : 채움재의 다짐 공극률로써, RV 시험용 몰드에서 다짐한 시편의 내부에 포함된 공극의 비율이다.

- **R치** : 쇄석기층 및 보조기층의 하중-지지용량을 결정하는 값을 말한다.

- **RI(Radio Isotope) 측정기** : 현장 다짐도 및 함수량 시험을 위해 방사성 동위원소를 이용하여 측정하는 장비이다.

- **RS(Rapid Setting)** : 급속 경화의 유화아스팔트 종류를 말한다.

- **RTFO** : 반고체상태의 아스팔트류 재료를 노화시키고자 열과 공기를 가하며 회전시키면서 박막가열하는 시험이다.

- **SMA(Stone Mastic Asphalt)** : 1968년 독일에서 골재입도를 기존의 밀입도에서 개립도로 바꾸고 아스팔트 바인더의 흐름을 막기 위해 섬유질안정화첨가제(Viotop)를 투입한 포장형식을 말하며, SMA혼합물의 기본개념은 아스팔트바인더의 점착력은 골재의 탈리를 방지하는 역할만 하고 압축과 전단에 대한 저항력은 골재의 맞물림에 의해서 발생한다는 것을 전재로 한다.

- **SS** : 완속경화 음이온계 유화아스팔트 유제이다.

- **TA법** : 아스팔트 포장의 구조설계 설계법의 일종으로 노상의 설계 CBR과 설계교통량에 대응하여 목표로 하는 Ta(등치환산두께)를 하회하지 않도록 포장 각 층의 두께를 결정하는 방법이다. 이 설계법은 밸런스를 이룬 포장의 구성을 전제조건으로 하고 있어 종래 있었던 포장 전두께의 목표치(H)는 설정하지 않고, 각 층별의 최소두께에만 한정을 받는다.

- **골재간극률(VMA, Voids in the Mineral Aggregate)** : 아스팔트 혼합물에서 골재를 제외한 부분의 체적, 즉 공극과 아스팔트가 차지하고 있는 체적의 아스팔트 혼합물 전체 체적에 대한 백분율을 말한다.

- **WC-1 ~ WC-6** : 아스팔트 콘크리트 포장의 표층 등으로 사용되는 아스팔트 혼합물로써, WC는 Wearing Course의 약자이다. WC-5 아스팔트 콘크리트 포장의 중간층으로 사용할 수 있다.

Chapter

06

# 교량

**Professional Engineer**
**Civil Engineering Execution**

# 01 콘크리트교 가설공법

## I. 개요

1. 콘크리트 교량의 시공은 현장에서 Con'c를 타설하는 공법과 제작장에서 프리캐스트(Precast) 부재를 제작 후 현장으로 운반, 가설하는 공법으로 구분한다.
2. 최근 교량의 장대화 및 미관을 고려한 PSC Box Girder 교량이 많이 사용되고 있다.

## II. 공법의 분류

1. 현장타설공법 : FSM, ILM, MSS, FCM
2. Precast공법 : PSM, Precast Girder 공법

## III. 가설공법의 종류 및 특징

### 1. 동바리 공법(FSM, Full Staging Method)
(1) Con'c를 타설하는 경간 전체에 동바리를 설치하여 Con'c의 자중, 거푸집, 작업대 등의 중량 을 동바리가 지지하는 방식
(2) 특징
　　① 지반의 지지력이 양호하고 높이가 낮은 교량에 일반적으로 적용
　　② 경간장이 큰 경우 적용 제한
　　③ 동바리 작업량 많고 시공속도가 느림
(3) 슬래브 지지방법 : 전체지지식, 지주지지식, 거더지지식

### 2. 캔틸레버 공법(FCM, Free Cantilever Method)
(1) 교각의 좌우로 평형을 유지하면서 이동식 작업차(Form Traveller) 또는 가설용 트러스 (Moving Truss, Moving Gantry)를 이용하여 분할된 거더(길이 3~5m)를 순차적으로 시공 하는 방식

(2) 공법의 종류, 특징

    ① 현장타설 FCM 공법

        ㉮ 동바리 불필요, 교하조건에 영향이 적음

        ㉯ 대형 가설장비가 필요 없어 적용성이 우수

        ㉰ Segment를 분할(3~5m) 시공하므로 변단면 시공 가능

        ㉱ 반복작업으로 작업능률 향상, 노무 절감

        ㉲ 이동식 작업차내에서 Con'c가 타설되며, 기상조건에 영향이 적음

        ㉳ 가설을 위한 추가 단면이 필요

        ㉴ 불균형모멘트 대책 필요

    ② Precast Segment FCM 공법(PSM)

        ㉮ 제작장에서 Precast Segment를 제작 후 현장에서 조립하므로 작업이 용이

        ㉯ 교량 하부 구조 공사와 Segment 제작을 병행하여 공기 단축, Segment 품질 향상

        ㉰ 가설 중에 Con'c에 발생하는 건조수축, Creep 등이 적어 Prestress의 손실이 적음

        ㉱ 별도 제작장 필요, Segment의 운반·가설에 대형장비 필요

        ㉲ 초기 투자비가 많이 소요

## 3. 이동식 비계공법(MSS, Movable Scaffolding Method)

(1) 거푸집이 부착된 이동식 비계를 이용하여 한 경간씩(Span By Span) 시공해나가는 방식

(2) 공법의 종류

    ① 상부 이동식(Hanger Type)

    ② 하부 이동식(Support Type)

(3) 특징

    ① 기계화된 비계, 거푸집을 이용하므로 작업효율 증가, 작업인원의 감소

    ② 하천, 계곡, 도로 등 교량의 하부조건에 영향이 없이 시공 가능

    ③ 시공관리 및 품질관리 용이

    ④ 다경간(10Span 이상)의 교량에 적용 유리

    ⑤ 초기 투자비 증가, 변단면 시공 제한

    ⑥ 장비가 대형이고 중량물임

## 4. 압출공법(ILM, Incremental Launching Method)

(1) 교대 후방의 제작장에서 상부구조(Girder)를 1 Segment씩 제작 후 전방으로 압출하는 것을 반복하여 교량을 가설하는 공법

(2) 특징

① 제작장 내 공사로 전천후 시공이 가능

② 반복공정이므로 노무감소, 작업효율 증진

③ 제작장 내 Con'c 관리로 품질확보가 용이

④ 직선 및 단일 곡선구간만 적용 가능, 변단면 적용 제한

⑤ 제작장의 부지 확보 필요

⑥ 압출 시 발생되는 모멘트 대응 위한 추가 Prestressing 필요

| 참조 |

**현장타설공법의 비교**

| 구분 | ILM | FCM | MSS |
|------|-----|-----|-----|
| 최적 경간장 | 30~60m | 80~200m | 40~70m |
| 공기 | 10일/seg | 1주/seg | 2~3주/Span |
| 최적교장 | 200~600m | 길수록 경제적 | 800m 이상 |

## 5. PSM(Precast Segment Method)

(1) 제작장에서 Precast Segment를 제작 후 교량 위치로 운반하여 가설하는 공법

(2) 가설방식에 따른 종류

① Free Cantilever 방식

② Span By Span 방식

③ 전진가설법

(3) 특징

① 하부 구조 시공과 상부구조의 제작을 병행하여 공기 단축

② Segment의 품질관리 용이, 현장작업의 감소

③ 가설 중에 Con'c에 발생하는 건조수축, Creep 등이 적어 Prestress의 손실이 적음

④ 교량의 선형변화에 적용 가능

⑤ 별도 제작장 필요, Segment의 운반·가설에 대형장비 필요

⑥ 초기 투자비가 많이 소요

## 6. Precast Girder(PSC 합성 Girder) 공법

(1) 상부구조(Girder)를 제작장에서 1경간씩 제작한 후 현장에 운반, 가설하는 공법

(2) 특징

① Segment를 제작장에서 제작, 시공속도가 빠르고 품질확보에 유리

② Segment 운반·가설 장비가 대형

③ Segment 운반, 취급, 접합 등에 주의가 필요

| 참조 |

**교량의 구조**

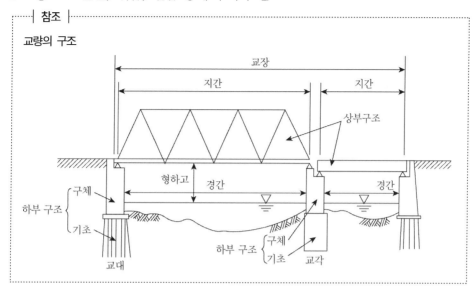

## IV. 결론

1. PSC구조는 RC구조에 비행 전단면이 유효하여 단면이 적게 소요되고 균열·처짐이 작아 장 Span 구조물에 적합하다.
2. 교량의 상부구조는 교량의 하부조건, 높이, 경간장, 작업장의 부지 여부, 주변조건 등을 고려 하여 최적의 공법을 선정·적용해야 한다.

# 02 FSM에 의한 3경간 연속교 시공 시 문제점 및 대책

## I. 개요

1. FSM(Full Staging Method)은 Con'c를 타설하는 경간 전체에 동바리를 설치하여 Con'c의 자중, 거푸집, 작업대 등의 중량을 동바리가 지지하는 방식이다.
2. 연속교의 Slab 타설 시 휨모멘트에 의한 인장응력을 고려하여 타설순서를 결정·적용함으로써 Slab에 처짐·균열을 최소화하도록 해야 한다.

## II. FSM의 특징

1. 지반의 지지력이 양호하고 높이가 낮은 교량에 일반적으로 적용
2. 경간장이 큰 경우 적용 제한
3. 동바리 작업량 많고 시공속도가 느림
4. 대형장비가 사용되지 않음
5. 소형교량의 경우 비용이 저렴
6. 교량하부 공간의 사용 제한

## III. 문제점

### 1. 거푸집·동바리 안정성 검토 부적절
(1) 하중, 강도, 처짐 등에 대한 검토 부정확
(2) System 동바리에 대한 구조계산 착오 등

### 2. 동바리 설치 부적절
(1) 동바리 형식 적용 부적절
(2) System 동바리 적용 부적정
    ① 가새·핀 등의 설치 누락, 부족 설치
    ② 반복사용에 따른 훼손자재 등의 사용

③ 자재의 강성약화, 연결부 취약

---

**│ 참조 │**

**지지방식의 분류**

• **전체 지지식**
  - 상부하중을 전체 동바리면적에 균등하게 분포시켜 지지하는 방식
  - 높이가 10m 이내, 지반지지력이 양호하고, 타설 시 밸런스 유지 필요
• **지주 지지식**
  - 상부하중을 비교적 간격이 넓게 배치된 지주에 전달하는 방식, 하부공간 이용 제한
  - 지반이 불량하거나 높이가 10m 이상 시 적용
• **거더 지지식**
  - 상부하중을 거더를 통해 간격을 넓게 배치한 동바리에 전달하는 방식
  - 하부공간의 활용이 요구되는 경우, 지반상태가 불량한 경우 적용

---

## 3. 지반 지지력 부족

(1) 상부하중에 대한 지지력 부족

(2) 지반의 침하 발생

(3) 침하 발생 시 동바리, 상부구조의 침하·변형으로 대형사고 발생 우려

## 4. Con'c 타설 부적절

(1) 집중타설에 의한 영향 : 거푸집 및 동바리의 변형·침하, 지반 침하 등

(2) Con'c 타설 순서 부적정, 편심발생

(3) Con'c 타설 구획 미준수

(4) Cold Joint 발생, 이음부 처리 부적절

(5) 다짐 미흡, 과다짐으로 재료분리·측압 증대

## 5. 양생 미흡

(1) 초기 습윤 미유지로 수축균열 발생

(2) 진동, 재하 등에 의한 변형 발생

# IV. 대책

## 1. 시공 전

(1) 거푸집·동바리에 대한 구조검토, 시공상세도 작성 철저

   ① 연직방향, 수평방향, 측압, 특수하중 등에 대한 검토

   ② 거푸집·동바리의 응력, 처짐, 좌굴 등에 대한 검토

③ 지지방식에 대한 검토 : 전체 지지식, 지주 지지식, 거더 지지식 등

(2) 지반지지력 확보

① 소요지지력 확인 시험 실시, 평판재하시험 등

② 지지력 부족 시 지반개량, 바닥 Con'c 타설 등 조치

③ 우수 대비 배수처리 대책 강구

(3) 동바리 설치

① 수평연결재, 가새, 핀 등의 설치 주의

② 동바리의 유동 방지 조치

③ 거푸집·동바리 설치 시 Camber 확보

④ 사용 자재 등에 대한 적합도 확인 철저

## 2. Con'c 타설 관리

(1) 타설순서

① 횡방향(수직방향)

㉮ 바닥(Bottom) Slab → Web → 상판(Deck) Slab 순으로 타설

㉯ 교량축을 중심으로 좌우대칭 타설

㉰ 횡단구배가 있는 경우 낮은 쪽에서 높은 쪽 방향으로 타설

② 종방향

㉮ 중앙 + Moment → 양쪽 + Moment → 중앙 – Moment → 양쪽–Moment(지점부) → 양 단부

㉯ 최대변위가 발생하는 경간 먼저 타설

㉰ 정(+), 부(–) Moment 교차점에 시공이음 처리

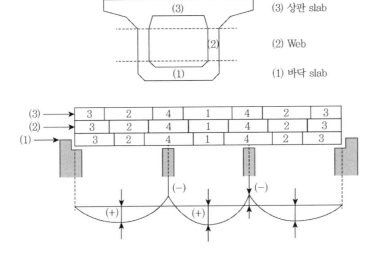

(2) 타설순서 결정 이유

① 처짐 방지

㉮ 처짐이 큰 곳을 우선적으로 시공

㉯ 경간 중앙부 타설 이후 상부구조(지점부 Slab) 타설로 발생될 (+) 모멘트에 대비할 Con'c 강도를 충분히 확보

② 좌우대칭 시공 : 불균형에 의한 2차 응력 발생 저감

③ 지점부 Con'c 균열 방지 : 건조수축, 동바리 침하 등에 의한 균열 발생 최소화

(3) 타설 유의사항

① 타설 충격의 최소화

㉮ 타설높이를 낮게

㉯ 타설속도 일정하게 유지

② 과대측압 발생 주의 : 적정 Slump 유지, 과다짐 방지 등

③ 계획된 타설순서 준수

④ Cold Joint 유의, 이어치기 시간한도 준수

㉮ 25℃ 초과 : 2시간 이내

㉯ 25℃ 미만 : 2.5시간 이내

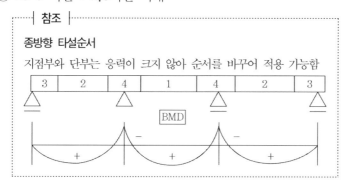

┤ 참조 ├

**종방향 타설순서**

지점부와 단부는 응력이 크지 않아 순서를 바꾸어 적용 가능함

## 3. 다짐

(1) 진동기 삽입 간격 : 50cm 이내

(2) 진동시간 : 5~15sec, 표면에 Cement Paste가 떠오를 때까지 실시

## 4. 시공이음 처리

(1) 이음면 레이턴스 : Brush, Water Jet으로 제거

(2) Cement Paste를 포설해 밀실하게, 접착력 향상

(3) 지수판 설치 지수성 확보

(4) 이음 위치

    ① 구조물 강도상 영향이 적은 곳

    ② 이음 길이, 면적이 작은 곳

    ③ 1회 타설량과 시공순서에 영향이 적은 곳

## 5. 양생

(1) 습윤양생, 피막양생 등 적용 : 수축균열 방지

(2) 차양막 등 이용 직광차단

(3) 초기재령에서의 진동·충격·재하 주의

## 6. 계측

(1) 거푸집·동바리 작용 하중, 변형 측정

(2) 동바리 기울기 변화, 침하량 측정

# V. 최근 경향

1. Deck Finisher에 의한 진행방향 타설 주로 적용
2. 전단력이 작은 위치에 시공이음 설치

# VI. 결론

1. FSM은 Con'c를 타설 시 붕괴사고 등이 발생하여 인적·물적 손실이 유발되지 않도록 철저한 시공관리를 하여야 한다.
2. 교량의 높이, 타설 구조의 중량, 하부 공간의 활용조건, 지반의 지지력 등을 충분히 고려한 지지형식을 선정·검토하고 시공 간 가설재의 설치, 콘크리트 타설관리에 만전을 기해야 한다.

# ILM공법(Incremental Launching Method, 연속압출공법)

## I. 개요

1. 교대 후방의 제작장에서 상부구조(Girder)를 1 Segment씩 제작 후 전방으로 압출하는 것을 반복하여 교량을 가설하는 공법이다.

2. 교대 후방에 제작장을 확보하여 소요품질의 Segment를 제작하여야 하며 압출 공정에 있어 압출 방법의 적용, 하부 구조와 마찰저감, 선형 확보 등에 세심한 관리가 필요하다.

## II. 특징

### 1. 장점

(1) 제작장 내에서 Segment 반복 제작

　　① 전천후 시공이 가능

　　② Con'c의 품질관리 용이, 증기양생 적용으로 공기 단축 가능

　　③ 반복공정으로 공정관리 및 시공관리 용이, 노무 절감

(2) 가설 동바리 불필요

　　① 하부조건(교량높이, 도로, 하천 등)과 무관하게 가설 가능

　　② 지보공법의 적용이 어려운 곳 적용 유리

(3) 장대교량에 유리

### 2. 단점

(1) 직선·단일 곡선에만 적용 가능, 변단면 시공 제한

(2) 가설 중 교정·수정이 매우 어려움, 엄격한 가설 관리 필요

(3) 교대 후방에 넓은 제작장 필요

(4) 압출 시 발생되는 모멘트 대응 위한 추가 Prestressing 필요, 압출 중 교변응력(모멘트) 발생

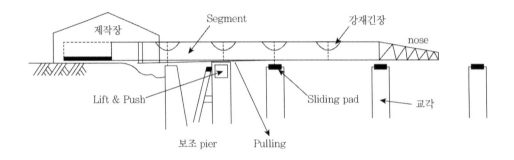

## III. 시공 Flow

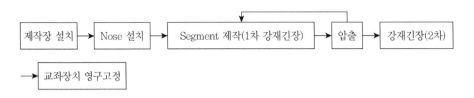

## IV. 시공관리

### 1. 제작장

(1) 전천후 제작장이 되도록 가설건물로 설치

(2) 기초 지반은 충분한 지지력을 확보

(3) Steel Form의 기초(Mould)는 설계도서 준수 제작 설치

　① Base Plate 바닥면 허용오차 0.5cm 이내

　② Base Plate 종단구배는 교량종단구배와 동일구배 확보

(4) 압출장치(Jack) 설치

(5) 증기양생 설비 구비

(6) 제작장은 Segment 길이의 2~3배 확보

(7) 필요시 Temporary Pier 설치

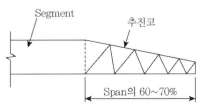

### 2. Nose 설치

(1) 목적 : 압출간 자중에 의한 부(-) Moment 감소, 처짐 방지

(2) 철골 Truss 구조로 설치

(3) Nose 길이 : Span의 60~65% 정도

(4) 선단부에 Jack 설치, 처짐량 조절

## 3. Seg 제작

(1) Segment 길이 : Span의 1/2 정도

(2) 앞 Seg Web와 상판 Slab, 뒷 Seg의 바닥 Slab를 동시에 시공

(3) Steel Form 이용(재사용 용이)

(4) Con'c

① $f_{ck}$ : 30MPa 이상, Slump 100mm 이하(유동화제 사용 작업성 확보)

② 증기양생

㉮ 온도 : 60~70°C

㉯ 최고온도 유지시간 : 48H 정도

㉰ 양생 시 온도 변화(상승, 하강) 속도 : 시간당 20°C 이내로 관리

㉱ 증기양생 후 양생포로 덮어 급격한 건조 방지 조치

## 4. 압출

(1) 압출방법

① Lift and Push Method

㉮ 수직 Jack으로 상승 후 수평 Jack으로 압출(전진) 시키는 방식

㉯ 수직 Jack 상승높이(Lifting) : 약 15mm

수평 Jack 압출길이(1 Stroke) : 최대 250mm

㉰ 이후 수직 Jack 하강(Lowering), 수평 Jack 후진(Returning)

㉱ 반복하여 1 Segment를 압출

㉲ 압출 소요시간 : 10cm/min 정도

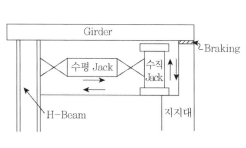

〈Lift and Push Method〉

〈Pulling Method〉

② Pulling Method

㉮ 제작된 Girder 뒷부분에 압출지지 H-Beam을 고정

　　　　④ Girder 앞부분(최전방) 하부에 Pulling Jack을 설치

　　　　⑤ H-Beam과 Pulling Jack에 강선을 연결

　　　　⑥ Jack으로 강선을 당겨 Girder를 추진 후 Jack 후진

　　　　⑦ 이를 반복하여 제작된 Segment를 추진

　　③ Pushing Method

(2) 압출 시 주의

　　① Sliding Pad 설치

　　　　㉮ 압출간 Seg와 하부 구조의 마찰저감 위함

　　　　㉯ Pad 두께 13mm 이상, 압축판의 두께 8mm 이상 적용

　　　　㉰ Pad의 허용지압응력은 13.2MPa 이상

　　　　㉱ 패드를 뒤집어 삽입하지 않도록 주의

　　　　㉲ 마찰력 : 5% 이하 Grease 도포

　　② Lateral Guide

　　　　㉮ Seg 압출간 선형유지, 이탈 방지 목적

　　　　㉯ 교각에 좌우 1개씩 설치

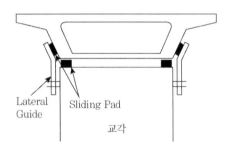

Lateral Guide　　Sliding Pad

교각

## 5. 강재긴장

(1) 1차 긴장(Central Strand)

　　① Segment 제작 후 압출전 긴장

　　② 인접한 Segment 상하 Slab에 PS 강재 긴장(인접 Segment의 양쪽 연결), 가설 중의 사하중, 작업하중 등에 대응

　　③ 가설 중 Girder 상하부에 정부(+, −) Moment가 교차 발생 : 교번응력

(2) 2차 긴장(Continuity Strand)

　　① 전체 상부구조 압출 종료 후 긴장

　　② Girder 복부 PS 강재의 긴장

　　③ 활하중(교통하중, 설계하중)에 대응

(3) 유의사항

　　① 프리스트레싱을 할 때의 콘크리트 압축강도

　　　　㉮ 프리스트레스를 준 직후, 콘크리트에 발생하는 최대 압축응력의 1.7배 이상

　　　　㉯ 프리텐션 방식 30MPa 이상, 포스트텐션 방식은 28MPa 이상

　　② 긴장력은 1/3씩 균형되게 긴장 실시

　　③ 편심 없도록 대칭긴장, 중심부에서 외측방향으로 긴장

④ Grouting 관리 철저

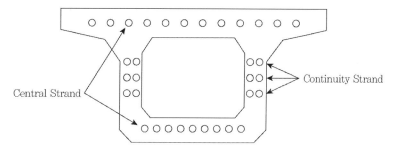

Central Strand

Continuity Strand

## 6. 교좌장치 영구고정

(1) Jack으로 Girder 들어 올린 후 Temporary Shoe 제거

(2) Temporary Shoe 위치에 영구교좌장치 설치

(3) 무수축 Mortar($f_{ck}$ : 60MPa 이상) 시공

# V. 결론

1. 압출공법은 교량의 하부조건에 영향을 받지 않고 반복공정의 진행으로 시공성, 경제성, 안전성 등이 우수한 공법이다.

2. 가설 중 작용하는 교번응력에 대해 대응하는 긴장작업(Central Strand)을 실시해야 하며 시공 시 콘크리트 품질관리, 압출관리, 긴장관리 등을 철저히 하여 상부구조의 요구되는 품질을 확보하도록 해야 한다.

3. 특히, 압출에 따른 문제점 보완에 관련한 연구개발에 노력이 요구된다.

# 04 현장타설 FCM(Free Cantilever Method)

## I. 개요

1. 교각의 좌우로 평형을 유지하면서 이동식 작업차(Form Traveller) 또는 가설용 트러스(Moving Gantry)를 이용하여 분할된 거더(길이 3~5m)를 순차적으로 시공하는 방법이다.
2. FCM은 계곡, 하천, 도로, 해상 등을 횡단히는 장대교량(경간장 80~200m)에 우수한 적용성을 갖는다.

## II. 특징

### 1. 장점

(1) Form Traveller를 이용, 동바리 불필요, 교하조건에 영향이 적음

(2) 대형 가설장비가 필요 없어 적용성이 우수

(3) Segment를 분할(3~5m) 시공하므로 변단면 시공 가능

(4) 반복작업으로 작업능률 향상, 노무 절감

(5) 이동식 작업차 내에서 Con'c가 타설되며, 기상조건에 영향이 적음

### 2. 단점

(1) 가설을 위한 추가단면이 필요

(2) 불균형모멘트 대책 필요

(3) 대부분의 작업이 교각상부에서 진행되므로 안전에 유의 필요

## III. FCM 공법의 종류

### 1. 현장타설공법

(1) Form Traveller 이용 공법

(2) 이동식 작업거더 이용(P&Z) 공법

## 2. PSM(Precast Segment Method)

별도 제작장에서 제작된 분할된 Segment를 현장으로 운반 후, 인양장비 등으로 조립하여 가
설하는 공법

┤ 참조 ├

**P&Z 공법**
- 이동식 작업 Girder(가설 Truss, Moving Gantry)를 교각과 교각 사이에 설치 후 이동식 거푸집을 이용 한방향으로 Segment를 제작해 나가는 방식
- 경간이 길어지면 적용이 제한됨

# IV. (Form Traveller 이용 공법) 시공 Flow

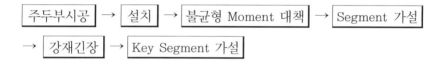

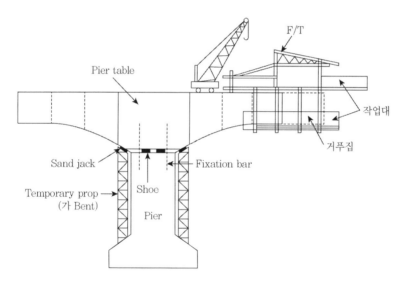

# V. 시공관리

## 1. 주두부

(1) 세그먼트가 시작되는 구조물, 정확한 치수 확보

(2) 규모가 크며 Con'c 타설량이 많음

　① 수화열에 대한 대책 강구

　② 거푸집, 동바리 안정성 확보, 캠버 확보

(3) Precast로 제작 후 거치 가능

(4) 단면이 급격히 변화하므로 단면보강 필요

(5) 작업차 1대 또는 2대 설치 가능토록 제작

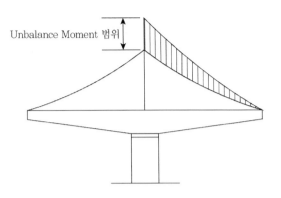

## 2. 불균형 Moment

(1) 원인

　① 가설 중 좌우측 Segment의 자중 차이

　② 한쪽 Segment만 먼저 시공한 경우

　③ 상향의 풍하중

(2) 대책

　① 교대에 Stay Cable 설치

　② Temporary Prop 설치

　③ 주두부를 고정 : Fixation Bar 설치

(3) Sand Jack 시공

　① Temporary Prop과 주두부 사이에 설치

　② 하중전달 및 해체 시 공간제공 역할

　③ 모래 이용, 완전 건조상태 및 최대의 다
　　짐상태 확보

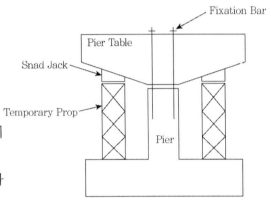

## 3. 이동식 작업차(Form Traveller)

(1) 주두부상 양측에 각각 설치 (Segment를 양방향으로 동시 시공)

(2) 레일을 정확히 배치 후 작업차 설치

(3) 궤도상 작업차 기울지 않도록 좌우잭 균등 조작

(4) 작업차는 수평을 유지

(5) 앵커는 요구되는 프리스트레스를 도입

(6) 작업차 조립, 사용 중 수시점검사항

　① 잭의 작동 여부

　② 앵커장치

　③ 프레임의 변형 유무

　④ 접속부 볼트

　⑤ 거푸집의 행거장치 등

(7) 풍속 14m/sec 이상 시 작업차 이동 금지

┤ 참조 ├

FCM과 ILM 비교

| 구분 | FCM | ILM |
|------|------|------|
| 원리 | Catilever | 압출 |
| 적용 | 장경간 | 다경간 |
| 단점 | 불균형 Moment 발생 | 제작장 필요, 곡률 제한 |

## 4. Con'c 타설

(1) 1 Segment는 보통 3~5m 적용

(2) 타설순서

① 대칭 타설 원칙

② Segment 중앙에서 양단 방향으로

③ 바닥 Slab → Web → 상부 Slab

④ 수직부 타설 후 일정시간 경과시켜 수직부 상단 타설

(3) Slab면은 3m 직선자 요철 측정 ±5mm 이내 확보

(4) 시공이음부 처리

① 구 Con'c는 8시간 이상 습윤상태 유지 후 Con'c 타설

② 이음면 표면처리 후 접착력 확보

(5) PS강재 배치 시 허용오차 : 부재치수의 1/200 이하, 10mm 이하

(6) 타설 후 Con'c 표면은 피막양생제 살포 또는 습윤양생

(7) 측경간부 시공

① 교대 쪽의 Girder 시공에 적용

② 보통 동바리를 이용한 시공

③ Form Traveller 이용 시 불균형모멘트에 대한 대책 강구

(8) 시공 Flow

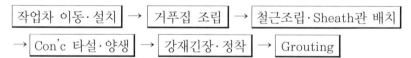

작업차 이동·설치 → 거푸집 조립 → 철근조립·Sheath관 배치 → Con'c 타설·양생 → 강재긴장·정착 → Grouting

## 5. 강재긴장

(1) Girder 상하부 Slab 긴장 : 가설하중에 대응

(2) Girder 복부 강재긴장 : 활하중(설계하중)에 대응

(3) 확폭부 : Transverse Tenden

(4) 긴장 유의사항

① 프리스트레싱을 할 때의 콘크리트 압축강도

㉮ 프리스트레스를 준 직후, 콘크리트에 발생하는 최대 압축응력의 1.7배 이상

㉯ 프리텐션 방식 30MPa 이상, 포스트텐션 방식은 28MPa 이상

② 긴장력은 1/3씩 균형되게 긴장 실시

③ 편심 없도록 대칭긴장, 중심부에서 외측방향으로 긴장

④ Grouting 관리 철저

| $f_{28}$ | W/C | 팽창률 | 주입압 |
|---|---|---|---|
| 20MPa 이상 | 45% 이하 | 10% 이하 | 0.5~0.7MPa |

## 6. 처짐관리

(1) 구조계산에 의한 Camber 확보

(2) 설계값과 비교 평가 후 조정

(3) 처짐요소 : Con'c 탄성변형, Creep변형, 건조수축, PS강재의 긴장력 손실 등

## 7. Key Seg 접합

(1) 중앙 접합부의 연결 Segment(보통 0.5~1.5m 정도)

(2) 변위방지대책 강구

| 구분 | 수평방향 | 수직방향 | 송방향 |
|---|---|---|---|
| 고정장치 | Diagonal Bar | Jack 이용 | 상·하버팀대 |

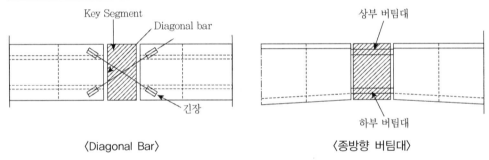

〈Diagonal Bar〉　　　　　　　　〈종방향 버팀대〉

(3) Key Seg 시공 전후 구조 변화

| 구분 | 시공 전 | 시공 후 |
|---|---|---|
| 구조상태 | 정정구조 | 부정정구조 |
| 처짐, 모멘트 | 큼 | 작음(응력재분배를 통한 감소) |

(4) 시공순서

변위조정 → 거푸집 → 철근·덕트 → Con'c 타설 → PS강재긴장

## VI. 결론

1. 최근 교량이 장대화됨에 따라 FCM에 의한 교량 가설이 증가되고 있다.

2. 시공 간 불균형 모멘트 방지, 처짐관리, Segment의 품질관리 등에 세심한 관리가 필요하다.

# 05 MSS(Movable Scaffolding System) 공법

## I. 개요

1. 거푸집이 부착된 이동식 비계를 이용하여 한 경간씩(Span By Span) 시공해나가는 방식이다.
2. 이동식 비계의 지지거더는 가설되는 동바리와 Con'c 중량을 지지하고, 교각에 부착되는 받침대가 이동식 비계, 동바리, 콘크리트의 하중을 지지하는 구조로 구성된다.

## II. 특징

### 1. 장점

(1) 교하조건에 영향 없이 시공이 가능
(2) 기계화된 비계, 거푸집을 이용하므로 작업효율 증가, 작업인원의 감소
(3) 시공관리 및 품질관리 용이
(4) 거푸집과 비계의 반복사용으로 비용 절감
(5) 기상의 영향이 적음
(6) 다경간(10Span 이상)의 교량에 유리

### 2. 단점

(1) 초기 투자비 증가
(2) 장비가 대형이고 중량물
(3) 변단면 시공 제한
(4) 경간이 적은 경우 비경제적

> ┤ 참조 ├
>
> **MSS 공법의 종류**
> • 상부 이동식(Hanger Type)
> • 하부 이동식(Support Type) : Rechen Stab 방식, Mennesman 방식

# III. MSS 공법의 종류

## 1. 상부 이동식(Hanger Type)

(1) 교각과 교각 사이에 설치된 이동 지지대에 가설용 거더를 설치하여 거더에서 아래로 행어 (Hanger)를 매달아 거푸집, 콘크리트 중량을 지지하면서 가설하는 방법

(2) 시공순서

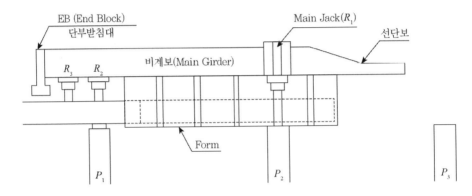

## 2. 하부 이동식(Support Type)

(1) 2개의 비계보와 1개의 추진보를 이용하며, 지지 브라켓 위의 비계보 상단에 거푸집을 설치한 후 콘크리트를 타설하는 방식

(2) 시공 Flow

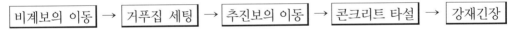

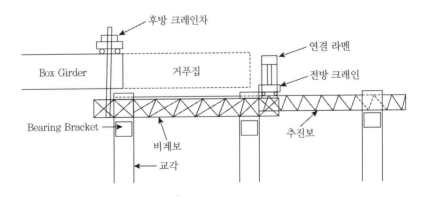

# IV. 시공관리(하부이동식)

## 1. 비계보 이동
(1) 기타설된 콘크리트 소정의 강도 확보 시 이동
(2) 비계보 이동 시 변위, 충격 등에 주의

## 2. 추진보 이동
(1) 유압 Jack에 의한 이동, 교각 위에 정확히 고정
(2) 이동 시 흔들림, 충격 유의

## 3. 거푸집 설치
(1) 타설 간 변형이 발생하지 않도록 견고히 설치
(2) 콘크리트 타설 하중에 대한 충분한 지지대를 설치

## 4. 콘크리트 타설
(1) 타설 간 변형이 발생하지 않도록 견고히 설치
(2) 타설 간 콜드조인트 발생 주의
(3) 비계보의 탄성처짐이 큰 부분부터 타설, 선단부(앞부분)부터 순차적 타설
(4) 비계보에 비틀림이 발생하지 않도록 좌우를 균형되게 타설
(5) 타설 전 쉬스관은 설계도에 따라 정확히 설치
(6) 신구콘크리트 격벽 사이는 콘크리트를 타설하여 일체가 되도록 함

## 5. 강재긴장
(1) 프리스트레싱을 할 때의 콘크리트 압축강도
　① 프리스트레스를 준 직후, 콘크리트에 발생하는 최대 압축응력의 1.7배 이상
　② 프리텐션 방식 30MPa 이상, 포스트텐션 방식은 28MPa 이상
(2) 긴장력은 1/3씩 균형되게 긴장 실시
(3) 편심 없도록 대칭긴장, 중심부에서 외측방향으로 긴장
(4) Grouting 관리 철저

| $f_{28}$ | W/C | 팽창률 | 주입압 |
|---|---|---|---|
| 20MPa 이상 | 45% 이하 | 10% 이하 | 0.5~0.7MPa |

## 6. 처짐(Camber) 관리 철저
(1) 시공단계별 처짐을 관리, 처짐도와 캠버도를 작성

(2) 캠버는 외부거푸집을 유압잭으로 조정하여 부여

## 7. 기계의 작동

지정된 숙련자 외 절대 조종 금지

## V. 결론

1. MSS공법은 기계화를 통해 시공의 정밀도 향상, 노무의 절감, 시공속도의 향상 등 장점이 있으며 하부조건에 관계없이 시공이 가능한 공법이다.
2. 장비가 대형·중량이므로 취급에 세심한 주의가 필요하며 장비 이동 간 흔들림과 변위·충격을 최소화하고 안전에 대한 철저한 대책이 강구되어야 한다.

# 06 P.S.M(Precast Segment Method)

## I. 개요

1. 제작장에서 Precast Segment를 제작 후 교량 위치로 운반하여 가설한 후 Post Tension에 의해 연결하여 상부구조를 완성해나가는 공법이다.
2. PSM 공법은 현장타설 FCM 공법과 구조적으로 동일하나 세그먼트 제작을 위한 제작장, 야적 장 등의 비용이 추가되며 하부 구조와 상부구조 공사를 병행하므로 공기 단축되는 특성을 갖 는다.

## II. 특징

### 1. 장점

(1) 하부 구조 시공과 상부구조의 제작을 병행하여 공기 단축
(2) 현장 작업이 줄어들며 공해 발생 감소
(3) 전천후 시공이 가능
(4) Segment의 품질관리 용이
(5) 가설 중에 Con'c에 발생하는 건조수축, Creep 등이 적어 Prestress의 손실이 적음
(6) 교량의 선형변화에 적용 가능
(7) 현장 가설 시 거푸집, 동바리가 필요 없음

### 2. 단점

(1) 넓은 제작장 부지가 필요
(2) 접합부의 형상관리에 고도의 정밀성이 요구됨
(3) 별도 제작장 필요, Segment의 운반·가설에 대형장비 필요
(4) 초기 투자비가 많이 소요

## Ⅲ. 시공 Flow

| 제작장 준비 | → | Segment 제작 | → | 운반 | → | Segment 가설·접합 | → | 부대공사 |

```
┈┤ 참조 ├┈
```

PSM과 현장타설 FCM의 특성 비교

| 구분 | Precast Segment 공법 | 현장타설 Segment 공법 |
|---|---|---|
| 시공속도 | 50m/1주 | 1 Segment/1주 |
| 적용장비 규모 | 대형 | 소형 |
| Segment 규모 | 1 Segment 250ton 이내 | 1 Segment 3~5m |
| 적용 | 경간수가 많거나 교량이 긴 경우 | 장경간인 경우 |

## Ⅳ. 시공관리

### 1. 제작

(1) Segment 제작장

    ① 제작장과 야적장은 교량 위치에 근접하여 설치

    ② 기초 지반의 소요 지지력 확보

    ③ 증기양생 설비 구비

    ④ 제작장, 야적장 규모 : 교량 면적의 약 1.5배 정도

(2) 제작 시 유의사항

    ① Con'c의 다짐은 내부 진동기 사용을 원칙으로 함

    ② Con'c 상부면은 직선자 요철 측정 ±5mm 이내

    ③ 증기양생을 적용

        ㉮ 온도 : 60~70°C

        ㉯ 시간 : 24~48h 정도

        ㉰ 양생 시 온도 변화(상승, 하강) 속도 : 시간당 20°C 이내로 관리

        ㉱ 양생 후 양생포로 덮어 급격한 건조 방지 조치

    ④ Segment의 중량은 250ton 이내로 관리 : 운반장비, 가설장비의 용량 등을 고려

(3) 제작방식

    ① 거푸집 이동식(Long line 공법)

        ㉮ 캠버가 고려된 교량 상부구조의 형상과 동일한 제작대를 한 경간 또는 반 경간 정도의
길이로 하여 Segment를 제작하는 방식

㉯ 형상관리 용이, Segment 시공의 정도 우수, 변단면에 유리

㉰ 넓은 면적의 제작장이 필요

㉱ 거푸집의 이동방법 : 레일식, 바퀴식

㉲ 제작 순서

$$\boxed{\text{중앙 Segment 제작}} \rightarrow \boxed{\text{캔틸레버부(좌우 인접)의 Segment 제작}} \rightarrow \boxed{\text{분리·이동}}$$

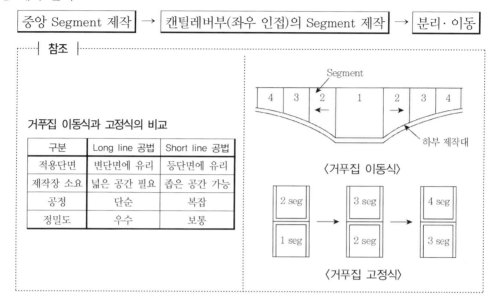

┤ **참조** ├

**거푸집 이동식과 고정식의 비교**

| 구분 | Long line 공법 | Short line 공법 |
|------|---------------|----------------|
| 적용단면 | 변단면에 유리 | 등단면에 유리 |
| 제작장 소요 | 넓은 공간 필요 | 좁은 공간 가능 |
| 공정 | 단순 | 복잡 |
| 정밀도 | 우수 | 보통 |

〈거푸집 이동식〉

〈거푸집 고정식〉

② 거푸집 고정식(Short line 공법)

㉠ 고정된 외부거푸집과 높이 조절이 가능한 내부거푸집을 이용, Segment를 제작과 반출을 반복하는 방식

㉡ 등단면에 유리, 공정이 복잡, 제작장 소요면적이 작음

㉢ Segment의 기하학적 형상관리가 어려움

㉣ 수평방식과 수직방식으로 구분됨

㉤ 제작 순서

$$\boxed{\text{제1 Seg 제작}} \rightarrow \boxed{\text{인접하여 제2 Seg 제작}} \rightarrow \boxed{\text{제1 Seg 분리·이동}}$$

③ 조립식 Segment

㉠ 대형 Segment를 독립된 여러 개 Panel로 나누어 제작한 후

㉡ Panel을 접합하여 하나의 Segment로 조립하는 방법

㉢ Panel을 접합 방식 : Post Tension식, Joint 접합방식

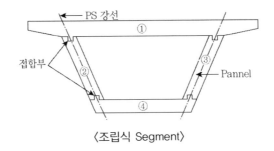

〈조립식 Segment〉

## 2. Segment 취급·운반

(1) 야적장의 노면 평탄성, 지지력 확보

(2) Segment 취급·운반 시 파손 방지 조치

(3) 육상운반은 단거리인 경우 레일부설 또는 크레인에 의한 방법 적용

(4) 수상운반은 견인선과 대선을 이용

(5) Segment의 중량 고려

## 3. 가설

(1) Cantilever식

　① 교각 좌우로 균형을 유지하면서 Segment를 조립하여 가설하는 공법으로 현장타설 FCM
　　 공법과 유사함

　② 특징

　　　㉮ 양쪽으로 시공하므로 공기가 단축

　　　㉯ 불균형 Moment 발생, 대책 필요

　　　㉰ 단면변화가 가능

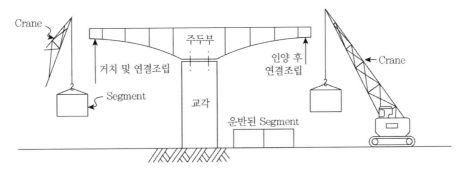

(2) Span By Span식

　① Precast 방식과 MSS 방식을 혼합한 방법으로 가설 Truss를 이용하여 가설된 Segment를
　　 거치한 다음 연결하는 방법

② 가설 Truss의 Segment 지지 방법

    ㉮ 상부 이동식(Hanger Type)

    ㉯ 하부 이동식(Support Type)

③ 특징

    ㉮ 공종이 단순하며, 시공속도가 빠름

    ㉯ 기조립된 교량 상판 위로 Segment 운반이 가능

    ㉰ 해상에서도 작업 가능

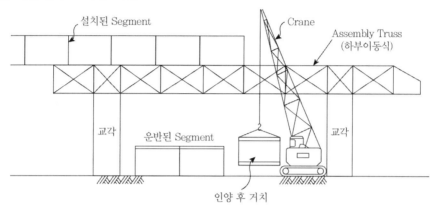

(3) 전진 가설법

  ① 한쪽에서 반대쪽으로 전진하면서 Segment를 가설하는 방법

  ② 가설 중 임시적인 지지는 보조 Bent 또는 사장교 System을 적용, 교각 도달 즉시 영구받침 후 다음 경간으로 전진

  ③ 특징

    ㉮ 불균형 Moment가 없음

    ㉯ 기조립된 교량 상판 위로 Segment 운반이 가능

    ㉰ 곡선구조의 경우에도 시공이 유리

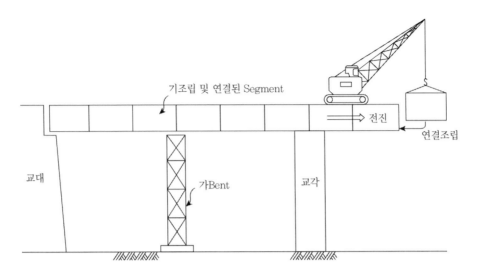

기조립 및 연결된 Segment

전진

연결조립

교대

가Bent

교각

## 4. 연결

(1) Wide Jont Type(방식)

① 각 Segment의 연결부에 Con'c, Dry Pack Morar, Grouting 등으로 타설한 후 경화 후 Post Tension으로 긴장하는 방식

② Jont 폭 : 0.15~1.0m 정도

③ Segment의 연결면 정리

㉮ 접착성 향상을 위해 연결면 거칠게 처리

㉯ 그리스, 기름 등의 이물질 제거

④ 시공속도가 느림

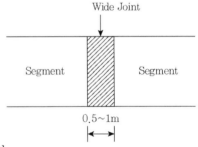

Wide Joint

Segment

Segment

0.5~1m

(2) Match Cast Joint Type(방식)

① 먼저 제작된 Seg에 붙여서 제작되는 Seg의 Con'c를 타설 후, 2개의 Seg를 분리하여 운반, 가설위치에서 그대로 조립하는 방식

② 습식(Wet Joint) : Epoxy, Resin 등

㉮ 도포 두께 : 1~2mm

㉯ Duct 주위 3cm는 접착제 도포 금지, Duct 내 접착제 유입 방지

㉰ 접착제의 가열, 직광노출 등 주의

③ 건식(Dry Joint) : 접착제 사용

④ 연결부의 표면을 깨끗하게 하고, 이물질 등 제거

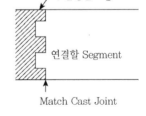

기 완성된 Segment

연결할 Segment

Match Cast Joint

(3) 혼합방식

① Wide식과 Match식의 장점을 혼합한 방식

② Seg 연결부를 지상에서 Wide식으로 Con'c 타
　설하여 접합, 양생 후
③ 운반·가설 시에 Match식으로 접합

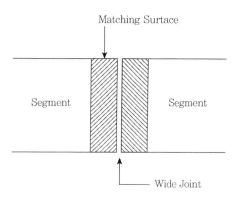

## 5. 시공허용오차

(1) Seg 상부면~설계 계획고 ±12.7mm 이내

(2) 가설 Seg와 기설치 Seg 외부면 사이 편차 : ±6mm
　이내

(3) 연직방향의 Seg 사이의 연직각 변화 0.3% 이내

(4) Seg 이음부 사이의 비틀각 변화 0.1% 이내

## 6. 강재긴장

(1) Girder 상하부 Slab 긴장 : 가설하중에 대응

(2) Girder 복부 강재긴장 : 활하중(설계하중)에 대응

(3) 확폭부 : Transverse Tenden

(4) 긴장 유의사항

　① 프리스트레싱을 할 때의 콘크리트 압축강도

　　㉮ 프리스트레스를 준 직후, 콘크리트에 발생하는 최대 압축응력의 1.7배 이상

　　㉯ 프리텐션 방식 30MPa 이상, 포스트텐션 방식은 28MPa 이상

　② 긴장력은 1/3씩 균형되게 긴장 실시

　③ 편심 없도록 대칭긴장, 중심부에서 외측방향으로 긴장

　④ Grouting 관리 철저

| $f_{28}$ | W/C | 팽창률 | 주입압 |
|---|---|---|---|
| 20MPa 이상 | 45% 이하 | 10% 이하 | 0.5~0.7MPa |

# V. 결론

1. PSM 공법은 미리 제작된 Precast Segment를 이용하므로 현장타설공법에 비해 공정관리,
　품질관리 등에 장점이 많다.

2. Segment 제작 시 콘크리트의 품질관리, 운반·가설 관리 등에 세심한 주의가 필요하며 가설
　지점의 지형, 교량의 특성, 주변 조건 등을 고려하여 최적의 방법을 선정·적용하여야 한다.

# 07 PSC Beam

## I. 개요

1. Pretressed Concrete란 외력에 의하여 일어나는 응력을 소정의 한도까지 상쇄할 수 있도록 미리 인공적으로 그 응력의 분포와 크기를 정하여 내력을 준 콘크리트를 말하며, PS 콘크리트 또는 PSC라고 약칭하기도 한다.
2. PSC는 전단면이 유효하므로 단면이 축소되어 장대구조에 적용성이 크다.

┈┈┤ 참조 ├┈

RC와 PSC의 특징 비교

| 구분 | 강재 | 인장측 Con'c 강도 | 균열 | 자중 | 처짐 | 강성 | 진동 | 내구성 |
|------|------|-------------------|------|------|------|------|------|--------|
| PSC | PS강선, 강봉 | 유효 | 작음 | 작음 | 작음 | 작음 | 큼 | 큼 |
| RC | 이형철근 | 무시 | 큼 | 큼 | 큼 | 큼 | 작음 | 작음 |

## II. PSC Beam 시공 Flow

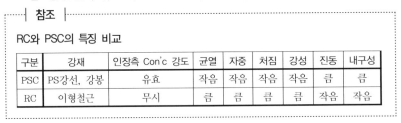

제작 → 철근조립 → Sheath관, PS강재 배치 → 거푸집 설치 → Con'c 타설 → 양생 → 긴장 → 운반·보관 → 가설

## III. PSC Beam의 시공관리

### 1. PS강재 운반, 보관, 취급

(1) PS강재 및 정착장치는 규격별, 종류별로 구분하여 취급
(2) PS강재는 직접 지상에 놓지 않음
(3) PS강재와 덕트는 창고 내 보관
(4) 창고 보관 제한 시 적절히 덮어서 유해물이 부착되지 않게 하고, 변형 등 손상이 생기지 않도록 함
(5) 정착장치와 접속장치는 창고 내에 보관하고 나사부가 부식되지 않도록 함

## 2. 제작대, 제작장

(1) PSC Beam의 제작, 반출이 용이한 위치

(2) 충분한 야적공간 확보

(3) 제작대의 기초 지반의 충분한 지지력 확보, 부등침하 방지

(4) PS강재의 긴장 시 침하가 발생하지 않도록 지반, 거푸집의 지지대 견고히 고정

(5) Beam의 자중, 거푸집 중량 등을 충분히 고려

## 3. 제작

(1) 철근조립

    ① 제작대를 정비 후 철근 배근, 이음부 집중을 방지

    ② Con'c 타설 간 위치 이동이 없도록 견고하게 조립

(2) Sheath관, PS강재 배치

    ① 덕트 및 긴장재는 설계도서에 명시된 위치에 정확히 배치

    ② Con'c 타설 간 움직이지 않도록 견고하게 고정

    ③ 덕트는 용접하거나 연결이음장치로 조립

    ④ 덕트 이음부는 금속연결 후 방수테이프로 밀봉

    ⑤ 긴장재의 배치 오차 : 부재치수의 1/200 이하, 10mm 이하

(3) 정착장치 및 접속장치의 설치 : 정착장치의 지압면은 긴장재와 직각으로 설치

(4) 거푸집 설치

    ① Con'c 타설에 따른 영향을 검토

    ② 연직방향하중, 횡방향하중, 측압 등을 고려

    ③ Con'c 타설 간 변형 및 침하 발생 방지

(5) PSC Beam의 양생

    ① 진동, 충격, 하중에 의한 손상 방지

    ② 증기양생

        ㉮ Con'c 타설 후 2~3h 후 증기 공급(지연제 사용 시 4~6h 후)

        ㉯ 증기가 직접 Con'c에 닿지 않도록

        ㉰ 상대 습도는 100% 유지

        ㉱ 온도 상승 및 하강은 시간당 20°C 초과 금지

        ㉲ 온도상승은 65°C될 때까지

        ㉳ 증기양생 후 최소 7일간 습윤 양생

(6) 긴장작업

① PS강재 각각에 소정의 인장력이 주어지도록 인장

② PS의 손실량을 고려한 인장력을 확보

③ 순차별 긴장은 설계도서에 명기된 순서 준수

④ 일방향 인장 시에는 프리스트레스가 균등하게 분포되도록 긴장재마다 인장하는 방향을 바꾸는 것을 원칙으로 함

⑤ Con'c 압축강도가 긴장작업에 요구되는 강도 미확보 시 긴장 금지

⑥ 단계별 긴장 시 Con'c 의 요구강도 : 프리스트레싱 직후의 Con'c 에 생기는 최대 압축응력의 1.7배 이상

⑦ 설계상의 인장력 및 늘음량 또는 빠짐량 값과 실제 값이 ±5% 이상의 편차를 보일 때 작업 중지, 대책 수립

⑧ 늘음량은 mm 단위 측정, 직각 텐던에 대해 이론값과 차이값이 ±7% 미만, 한 단면에 전체 텐던에 대한 오차는 ±5% 미만

⑨ 설계도서 미명 시 긴장순서는 부재 편심력을 최소화하는 순서 적용

⑩ 긴장력이 동시에 작용하도록 한 개의 유압기를 사용

⑪ 인장 시 안전을 위해 인장잭의 뒷부분을 피하고 옆에서 작업

⑫ 잭을 정착구에 설치한 후 매 10MPa의 압력마다 잭의 램(Ram) 길이를 측정

⑬ 프리스트레싱 도입 시 부재에 발생하는 최대 압축응력은 콘크리트 압축강도의 60% 이하, 최소 28MPa 이상

(7) Grout

① 재료 및 배합

㉮ W/C : 45% 이하

㉯ Bleeding율 : 0%

㉰ 염화물이온의 총량 : 단위시멘트량의 0.08% 이하

㉱ 1 Batch Mixing Time 3분

| 구분 | 팽창성 Grout | 비팽창성 Grout |
|------|------------|--------------|
| 팽창률 | 0~10% | −0.5~0.5% |
| $f_{28}$ | 20MPa 이상 | 30MPa 이상 |

〈Grout재료의 팽창률과 강도기준〉

② 시공 간 환경조건 : 덕트 주위 온도 5℃ 이상, Grout 재의 온도는 10~20℃ 이상, 주입 후 최소 5일 동안은 5℃ 이상 유지

③ PS강재 긴장 후 제한시간 이내 Grout

㉮ 부식억제제 사용하지 않는 경우

| 매우습함(습도 70% 초과) | 일반습도(습도 40~70%) | 매우 건조한 대기상태(습도 40% 미만) |
|----------------------|---------------------|--------------------------------|
| 7일 | 15일 | 20일 |

㉯ 부식억제제 사용 시 ㉮의 경우보다 시간을 연장할 수 있음

③ 덕트는 Grout 전 압축공기로 물을 흘려 씻고 적셔 놓음

④ Grout 혼합물은 Pump에 넣기 전 1.2mm 눈금의 체로 걸러야 함

⑤ 비빔된 Grout 혼합물을 45분 내 주입

⑥ 주입압 : 최소 0.3MPa 이상

⑦ Grout 주입 파이프의 밸브와 캡은 그라우트가 경화 시까지 제거 금지

(8) 운반, 보관

① PSC Beam의 보관은 견고한 받침대를 이용

② 보관 중 부등침하 방지

③ 지지대를 설치하여 전도 방지

④ 직사일광, 바람의 차단

⑤ Beam을 서로 연결하는 Cross-Beam 연결철근의 부식 방지 조치

## 4. 가설

(1) 가설 위치 하부에 안전망 설치, 낙하물의 안전사고 대비

(2) Beam의 인양 와이어는 인양용 구멍 이용, 접촉면은 보호대 설치

(3) 거치 후 즉각적인 전도방지 조치 : 와이어로프, 삼각프레임, 강재틀 등 이용

(4) 서로 Cross-Beam의 철근을 연결

(5) 가설 후 교량받침의 고정용 Bolt 체결

# IV. 결론

1. PSC 구조는 RC구조에 비해 전단면이 유효하여 단면을 축소하여 적용이 가능하며 균열과 처짐이 적어 장대구조에 유리하여 최근 사용이 증가되고 있다.

2. 제작 간 PS강재의 긴장·정착, 콘크리트의 품질관리, 현장가설에 대한 시공계획을 세밀하게 수립하여 시공관리가 철저히 되도록 해야 한다.

## 08 사장교(Cable Stayed Bridge)

## I. 개요

1. 사장교는 주탑에서 경사방향의 케이블을 이용하여 보강거더를 매단 형식의 교량이다.
2. 케이블의 인장력을 조절하여 보강거더의 단면력을 균등하게 분배시킴으로써 일반적인 Girder 교에 비해 단면의 크기를 줄일 수 있는 교량 형식이다.

## II. 특징

### 1. 장점
(1) 거더에 균일한 응력을 분포시켜 설계가 경제적임
(2) 경사진 케이블을 이용하므로 캔틸레버식 가설이 용이함
(3) 현수교보가 케이블의 강성이 우수
(4) 현수교와 같은 대규모 정착장치가 필요하지 않음
(5) 주탑 형상 및 케이블 배치형태의 다양화 가능

### 2. 단점
(1) 경간장에 비례하여 주탑 높이가 증가됨
(2) 가설 시 하중의 균형 유지가 어려움
(3) 고차 부정정구조로 설계 복잡

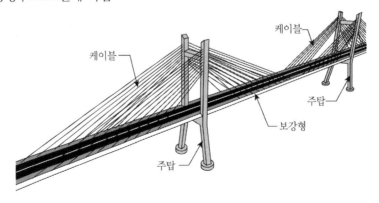

## III. 사장교의 구조요소

### 1. 케이블 : 인장부재

(1) 횡방향 케이블 면수

| 구분 | 1면 케이블(Single Plane) | 2면 케이블(Double Plane) |
|---|---|---|
| 특징 | • 거더 중앙부에 케이블이 배치된 형태<br>• 경관 양호, 차량주행 개방감<br>• 중앙부 케이블 보호위한 중앙분리대 필요 | • 거더 양측 가장자리에 케이블 배치<br>• 교각폭이 넓어져 장경간에 적당 |

(2) 종방향 케이블 형상

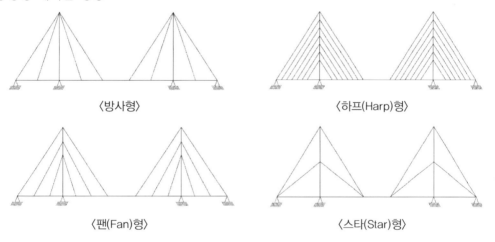

〈방사형〉　　　　　〈하프(Harp)형〉

〈팬(Fan)형〉　　　　　〈스타(Star)형〉

### 2. 보강거더(주형, Deck)

(1) 사용재료에 따른 분류 : Con'c, Steel, 합성 Girder

(2) 형상에 따른 분류 : Box형, 2 Box형, I형, 다수 I형, Truss

### 3. 주탑(교탑) : 압축부재

(1) 1면 케이블 형식 : 1본주, A형, 역V형, 역Y형

(2) 2면 케이블 형식 : 2본주, 문형, H형, A형

# IV. 가설공법

## 1. 주탑

(1) 강재 주탑

　① 일괄시공

　　㉮ 주탑본체를 공장에서 제작, 현장에서 대형 Crane을 이용하여 한번에 일괄 시공하는 방법

　　㉯ 현장이음이 발생하지 않고, 시공정밀도가 높다.

　　㉰ 대형 주탑인 경우 운반에 제한 발생

　② 현장조립

　　㉮ 주탑 부재를 Block 단위로 제작, 현장에서 조립하여 주탑을 가설하는 공법

　　㉯ 현장이음이 증가하며 시공오차가 누적됨

　　㉰ 현장이음 : HTB, 용접이음 등

　　㉱ Climing Crane, Tower Crane 등의 장비를 이용하여 가설

(2) Con'c 주탑

　① 고정식 비계공법

　　㉮ 지상 또는 교면에 직접 가설용 비계를 세워 올리는 공법

　　㉯ 적용 : 높이가 낮은 주탑, 주탑 형상이 복잡한 경우

　② 이동식 비계공법

　　㉮ ACS(Aoto Climbing Form)　㉯ Sliding Form　㉰ Slip Form

## 2. 보강거더

(1) 캔틸레버(Cantilever) 공법

　① 사장교를 FCM 공법을 적용하여 가설공법으로 보편적으로 적용

　② 주탑에서 좌우 균형을 맞추며 Girder에 Cable을 설치, 인장력을 도입하면서 좌우로 교량을 시공하는 공법

　③ 현장타설 및 Precast Con'c교, 강교 등에 모두 적용 가능

　④ Cable의 지지로 임시 구조물 설치의 최소화, 효율적인 시공 가능

　⑤ 교하공간의 영향을 받지 않음

　⑥ 장경간교량 시공에 적합

　⑦ 가설 중에 안정성이 확보되고 작업의 효율성이 우수

　⑧ 시공 중 불균형 Moment에 대비 필요

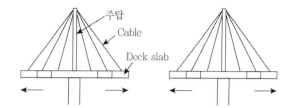

**(2) 스테이징(Staging) 공법**

    ① 가설위치에 동바리(임시교각)을 설치하고 그 위에 전 지간의 보강 Girder를 가설한 후 Cable 설치 및 인장작업 후 동바리를 해체하는 공법

    ② 요구되는 기하학적 구조를 시공 중 정확히 유지 가능

    ③ 교하공간이 낮을 때 다른 시공법에 비해 공사비 저렴

    ④ 단경간인 경우 유리

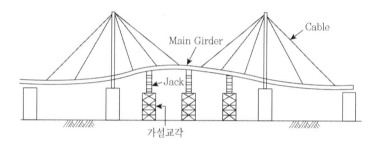

**(3) 연속압출공법**

    ① 교대 후방에서 제작된 주형(Girder)을 압출 System을 이용하여 교대 전방으로 압출시켜 미리 시공한 교각 위로 전 경간을 시공하는 공법

    ② 양쪽 교대에서 중앙으로 또는 한쪽에서 반대쪽으로 압출

    ③ 압출 시 소요 강도확보를 위해 상부단면 보강 필요

    ④ 동바리 설치가 곤란하거나 불가능한 경우 적용

    ⑤ 캔틸레버 공법 적용이 곤란한 경우 적용

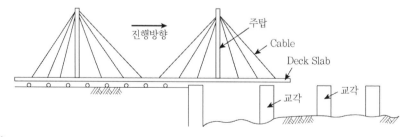

**(4) 회전공법**

## 3. 케이블 가설

(1) 탑 크레인에 의한 방법

① 케이블을 탑정 크레인을 이용해 교탑의 정착부로 직접 끌어올려 가설하는 공법

② 주로 다수 케이블 형식에 많이 사용, 별도의 시공 보조 장비가 불필요

③ 작업효율이 우수, 직경이 큰 케이블의 가설에는 부적합

(2) 교상 크레인에 의한 방법

① 교상에 설치한 크레인을 이용하여 케이블을 주탑으로 전송시켜 가설하는 공법

② 크레인 설치 지점에 작용하는 반력 검토 필요

③ 크레인의 무게중심을 최대한 뒤쪽으로 적용

(3) 캣워크(Catwalk)와 교상 윈치에 의한 방법

① 주탑 꼭대기에서 거더 단부까지 설치한 캣워크 위에 케이블을 전개하여 교상 윈치로 주탑 측으로 가설하는 공법

② 현수교의 메인 케이블 가설공법과 유사

③ 직경이 큰 케이블 가설이 가능

④ 캣워크와 임시기둥 설치가 필요

(4) 가케이블과 교상 윈치에 의한 방법

① 주탑 꼭대기부터 거더 단부까지 가케이블을 설치하고 케이블 밴드를 설치 후 끌어 올리는 방법이며 교상 윈치를 이용하여 케이블을 들어 올려 탑 측에 설치

② 케이블 길이, 정착위치를 고려하여 윈치를 선정

---| 참조 |---

### 사장교, 현수교 특성 비교

| 구분 | 사장교 | 현수교 |
|------|--------|--------|
| 지간 | 비교적 짧다(200m~1500m) | 길다(500m~3000m) |
| 상판형식 | 콘크리트 | 트러스, 강박스 |
| 앵커리지 | 무 | 유 |
| 케이블 연결 | 주탑에 직접 연결 | 케이블간의 연결 후 주탑에 연결 |
| 구성요소 | 주탑, 케이블, 보강형 | 주탑, 주케이블, 행어, 보강형, 앵커리지 |
| 보강형 작용력 | 자중+설계하중+케이블의 수평분력 | 자중+설계하중 |
| 적용실적 | 인천대교, 서해대교, 올림픽대교 | 이순신대교, 남해대교, 광안대교 |

# V. 결론

1. 사장교 시공 시 교탑, 케이블, 주형 등의 각 요소별 시공 시 변형이 발생되지 않도록 세심한 관리가 필요하다.

2. 특히 케이블 설치 및 인장력 도입에 따른 변화 등에 대한 구조적, 시공적 대책이 강구되어 안정을 확보하여 시공할 수 있도록 해야 한다.

---

**| 참조 |**

**엑스트라도즈교(Extradosed)**

- 주탑에서 경사방향으로 케이블을 설치하고 Slab에 PS강선을 배치하여 케이블이 70%, PS강선이 30% 정도의 하중을 분담하게 한 교량 형식
- 주탑이 낮아 사장교에 비해 경제적, 기하학적인 곡선으로 미관 수려, 설계 및 구조계산 복잡

| 구분 | 사장교 | 엑스트라도즈교 |
|---|---|---|
| 적용 경간장(최적경간장) | 200~300m(200~240m) | 200m 미만(100~200m) |
| 하중 지지 | 주탑+케이블 | 주탑+케이블+PS강재 |

# 09 현수교(Suspension Bridge)

## I. 개요

1. 주탑 사이에 주케이블이 현수재(Hanger)를 포함한 케이블의 자중, 보강거더와 바닥판 등의 자중을 주탑 및 앵커리지에 전달하는 형식의 교량이다.
2. 교량 형식 중 가장 긴 경간으로 시공이 가능한 공법이다.

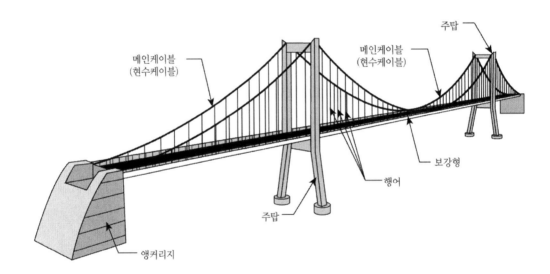

## II. 특징

### 1. 장점

(1) 사장교보다 장대교량에 적용

(2) 중앙경간이 400m 이상일 경우 사장교보다 경제성 우수

(3) 사장교 대비 작은 단면의 보강형 사용 가능(보강형에 축력 미작용)

(4) 사장교에 비해 주탑 높이가 비교적 낮음

(5) 사장교 대비 구조해석이 비교적 간단

## 2. 단점

(1) 내풍성이 약하여 흔들리기 쉬움

(2) 보강형 및 케이블 가설작업이 어려움

(3) 주 케이블 교체가 어려움

## Ⅲ. 현수교의 구조 형식

### 1. 타정식

(1) 주탑 설치 후 주케이블과 행어를 설치한 다음 보강거더를 매다는 순서로 가설됨

(2) 시공 Flow

| 주탑 및 앵커블록 시공 | → | 주케이블 및 행어 설치 | → | 보강거더 가설 |

### 2. 자정식

(1) 가교각을 설치하고 보강거더를 가설한 후에 주케이블을 가설하고 행어를 설치한 후 가교각을 제거하여 시공됨

(2) 시공 Flow

| 주탑 및 가교각 시공 | → | 보강거더 가설 | → | 주케이블 및 행어 가설 | → | 가교각 제거 |

| 구분 | 타정식 | 자정식 |
|---|---|---|
| 구조<br>특성 | • 주케이블을 현수교 단부의 대규모 앵커리지에 정착<br>• 보강형에 축력이나 단부 부반력 발생하지 않음 | • 현수교 단부 보강형 내에 주 케이블 연결<br>• 보강형에 축력작용, 단부에 부반력 발생 |
| 장점 | • 가벤트 불필요<br>• 구조상세 비교적 간단 | 경관성 양호 |
| 단점 | 경관성 불량 | • 시공 시 가벤트 필요<br>• 부모멘트 발생으로 구조상세 복잡 |
| 적용<br>경간장 | 500~3000m | 300~500m |

〈타정식〉

〈자정식〉

## IV. 구조요소

### 1. 주(Main) 케이블

(1) 현수교의 가장 중요한 구조요소로 케이블의 자중, 보강거더, 바닥판 등의 자중 등의 사하중 전부와 활하중 대부분을 지지하는 역할

(2) 케이블 재료 : Strand Rope, Spiral Rope, Paralled Wire Cable 등

### 2. 보강거더

(1) 거더에 작용하는 활하중을 케이블로 전달하는 역할

(2) 단면구조 형식에 따른 분류 : Truss 단면구조, Box형 단면구조, I형 단면구조

### 3. 새들(Saddle)

(1) 주탑 및 앵커리지 상단부에 설치되어 케이블을 직접 지지하고 케이블의 하중을 주탑 및 앵커리지에 전달하는 역할

(2) 분류 : 탑정 새들, 앵커리지 새들

### 4. 앵커리지(Anchorage)

(1) 케이블의 수평력과 연직력을 기초에 전달하는 역할

(2) 분류 : 지중정착식, 중력식, 터널식

----| 참조 |------------------------------

**타정식 현수교 앵커리지의 분류**
- **지중정착식** : 견고한 암반에 주케이블을 정착하는 방식으로 암반을 천공하여 케이블의 끝부분을 콘크리트와 함께 정착
  - 적용 : 기초암반이 얕은 곳에 있는 경우, 균열이 없는 양호한 암질의 경우
- **중력식** : 콘크리트 구체의 자중으로 케이블의 장력을 지지하는 방식으로 매스콘크리트의 중량으로 케이블 장력에 저항하는 방식
  - 적용 : 장대 현수교에 많이 사용, 암반이 비교적 얕고 굴착이 가능한 경우
- **터널식** : 암반을 굴착 후 강재프레임을 지중에 매립하고 내부에 콘크리트를 타설, 강재프레임에 케이블을 연결하여 콘크리트와 지반의 마찰저항으로 케이블의 장력을 지지하는 방식

### 5. 주탑(교탑)

(1) 케이블의 하중을 기초에 전달하는 역할

(2) 형식 분류 : Truss 조립에 의한 주탑, Rahman 형식의 주탑 등

### 6. 행어(Hanger, 현수재)

(1) 보강거더의 하중을 케이블에 전달하는 역할

(2) 케이블과 보강거더 사이를 연직으로 연결

# V. 가설공법

## 1. 주탑

(1) 강재 주탑

① 일괄시공

㉮ 주탑본체를 공장에서 제작, 현장에서 대형 Crane을 이용하여 한번에 일괄 시공하는 방법

㉯ 현장이음이 발생하지 않고, 시공정밀도가 높음

㉰ 대형 주탑인 경우 운반에 제한 발생

② 현장조립

㉮ 주탑부재를 Block 단위로 제작, 현장에서 조립하여 주탑을 가설하는 공법

㉯ 현장이음이 증가하며 시공오차가 누적됨

㉰ 현장이음 : HTB, 용접이음 등

㉱ Climing Crane, Tower Crane 등의 장비를 이용하여 시공

(2) Con'c 주탑

① 고정식 비계공법

㉮ 지상 또는 교면에 직접 가설용 비계를 세워 올리는 공법

㉯ 적용 : 높이가 낮은 주탑, 주탑형상이 복잡한 경우

② 이동식 비계공법

㉮ ACS(Aoto Climbing Form)

㉯ Sliding Form

㉰ Slip Form

## 2. 주케이블

(1) 시공 Flow

도해작업 → 케이블 운반설비 준비 → 작업대용 로프 가설 → 작업대(Catwalk)설치 → 주케이블 가설

(2) 도해작업

① 주탑과 가교지점에 파이롯트 로프를 달아서 연결하는 작업

② 파이롯트 로프의 직경 : $\phi20\sim30mm$

③ 분류 : 해중 도해공법, 해상 도해공법, 공중 도해공법

(3) 작업대(Catwalk)

① 주케이블 가설시 작업비계(발판) 역할

② 작업대 로프의 직경 : $\phi 30 \sim 60mm$

③ 구성 : Catwalk Rope(발판용 로프), 발판(철망비계), 측벽난간, Hand Rope

④ 바람의 영향을 고려 내풍용 Rope를 설치

(4) 주케이블의 가설방법

① AS(Air Spinning)공법

㉮ 현장에서 와이어를 가설장비(공중활차, Spinning Wheel)를 이용하여 가설

㉯ Spinning Wheel에 의해 소선을 인출하여 양쪽의 앵커리지(또는 교탑) 사이에 와이어를 반복하여 가설

㉰ 바람의 영향을 많이 받음, 인력이 많이 소요됨

② PWS(Prefabricated paralled Wire Strand)공법

㉮ 공장에서 스트랜드 상태로 제작하여 현장에서 스트랜드를 가설

㉯ Reel에 감긴 스트랜드를 인출하는 공법

㉰ 인출속도 : $30 \sim 40m/min$

㉱ AS공법보다 빠르고 바람의 영향을 거의 받지 않음

③ 특성 비교

| 구분 | AS공법 | PWS공법 |
|---|---|---|
| 제작 | Strand의 제작이 불필요 | Strand의 제작 필요 |
| 운반 | • 유리<br>• 수송단위중량 자유롭게 선택 | • 불리<br>• 수송단위중량이 큼 |
| 가설 | • 공기가 길고 인력이 많이 소요됨<br>• 바람에 의해 와이어의 교차비틀림 발생<br>• 현장설비 복잡 | • 공기가 짧고 인력의 소요가 적음<br>• 바람에 의한 피해가 적음<br>• 현장 설비 간단 |
| 정착 | 정착면적이 작음 | 정착면적이 증가 |

(5) 주케이블의 가설 후 작업

① 주케이블 스퀴징

② 케이블밴드의 가설

③ 현수재 로프의 가설

④ (보강거더 가설 후) 주케이블의 래핑 및 도장작업

## 3. 보강거더의 가설

(1) 주케이블에 현수재의 매달기 완료 후 실시

(2) 가설단위에 따른 분류

① 단재 가설공법

   ㉮ 부재를 최소단위로 하여 연결하면서 가설하는 공법

   ㉯ 소규모 장비를 이용, 현장이음이 증가되어 시공오차 발생 주의 필요

   ㉰ 공사기간이 많이 소요 됨

   ㉱ 적용 : 보강형이 Truss 구조인 경우

② 면재 가설공법

   ㉮ 단재 부재를 면재로 제작하여 가설하는 공법

   ㉯ 가설장비는 Block 가설공법에 비해 소규모

   ㉰ 현장이음이 비교적 적어 시공 오차의 발생이 적음

   ㉱ 공사기간이 단재 가설공법에 비해 짧다

   ㉲ 적용 : 보강형이 Truss 구조일 경우

③ 블록 가설공법

   ㉮ 보강형을 1~2 Panel의 Block 형상으로 조립한 부재를 가설지점으로 운반 후 가설하는 공법

   ㉯ 단위부재의 중량이 크고 대형 시공장비 필요

   ㉰ 가설지점의 항로에 영향 발생

   ㉱ Block은 공장에서 제작되므로 정밀도가 높음

   ㉲ 현장에서 취급하는 부재 수가 감소, 공사기간이 단축

   ㉳ 적용 : 보강형이 Box형 구조일 경우

(3) 사용장비에 의한 가설공법

  ① Cable Crane에 의한공법

    경간 사이에 임시설비로 설치된 Truck Cable에 장치한 Cable Crane을 이용

  ② Traveler Crane에 의한 공법

    가설이 완료된 보강형 위로 주행하는 Traveler Crane을 이용

  ③ Lifting Crane에 의한 공법

    메인케이블에 리프팅크레인을 설치하여 부재를 매달아 올려 연결

# VI. 결론

1. 현수교는 설계에서의 구조부재 형상과 응력상태가 되도록 시공 시 세심한 시공관리가 요구된다.
2. 교량의 구조적 안정성을 확보하도록 시공 시 고도의 정밀성을 확보하여야 한다.

**사장현수교(Cable-Stayed-Suspension Hybrid Bridge)**

- **개요**
  - 바닥판을 사장케이블과 현수케이블 두 종류의 케이블로 동시에 지지하는 구조물
  - 바닥판의 하중을 주탑과 가까운 범위는 사장케이블로 경간중앙의 범위는 현수케이블과 행어로 지지하는 시스템(주탑 부분은 사장교 형태로 경간의 중앙부는 현수교 형태로 시공되는 형식의 교량)
- **특징**
  - 같은 경간장의 사장교 대비 주탑의 높이가 감소, 축력이 감소하여 보강형 물량이 감소됨
  - 같은 경간장의 현수교 대비 주케이블의 인장력이 감소되어 케이블 직경·가설비용, 앵커리지 비용이 감소
  - 사장교 영역에는 압축력에 유리한 콘크리트 거더를 현수교 영역에는 가벼운 스틸박스 거더를 적용 가능
  - 초장대교량의 구조적 거동, 시공성, 경제성 등에 유리

# 10 강교가설공법

## I. 개요

1. 강교는 교량의 주요 구조부를 강재로 제작한 교량을 말하는 것으로 공장 제작 후 현장으로 운반·가설하므로 Con'c 교에 비해 공기 단축, 안정성, 현장설비의 간편성 등의 이점이 있다.
2. 강교의 가설공법은 상부구조의 지지방법, 운반방법 등에 의하여 구분되며, 시공계획을 철저히 수립하여 체계적인 시공이 되도록 해야 한다.

   ┤ 참조 ├

   **강교의 특징**

   | 장점 | 단점 |
   |------|------|
   | • 공장제작으로 재질이 균등함<br>• 구조재료로서 비교적 경량, 강도가 큼<br>• 시공관리가 용이, 공사기간이 짧음<br>• 현장설비가 비교적 간편 | • 부식 발생 우려<br>• 충격에 비교적 약하며 변형 발생 가능<br>• 접합부, 연결부의 불량 |

## II. 공법 선정 시 고려사항

1. 가설지점의 지형·지질, 하천·해상의 조건
2. 교량의 규모, 형식
3. 운반로 등 주변조건
4. 기상 등 환경조건
5. 가설 가용시간 및 교량 공사 기간
6. 시공성, 경제성
7. 안전성, 환경영향

## III. 가설공법의 분류

| 지지방법 | 운반방법 |
|----------|----------|
| • 동바리공법(Bent 공법)<br>• 압출공법(ILM)<br>• 가설 Truss 공법(MSS)<br>• 캔틸레버식 공법(FCM) | • 자주식 Crane식 공법<br>• Cable Crane 공법<br>• Lift Up Barge 공법<br>• Pontoon(부선) Crane 공법 |

# IV. 강교가설공법

## 1. 벤트(Bent, 동바리)공법

(1) 교량 부재를 크레인 등으로 인양하여 지상에서 조립한 동바리(Bent)에 의해 일시적으로 교체를 지지하면서 가설하는 공법

(2) 특징

　① 가설비가 저렴, 작업이 단순

　② Camber 관리 및 곡선교 가설이 용이

　③ 작업이 신속하므로 교하 교통 영향이 줄어듦

　④ 소형장비가 적용되며 특수한 설비가 필요 없음

　⑤ 무응력상태에서 거더의 가설이 가능

　⑥ 거더의 가설높이가 30m 이상 시 작업성, 경제성 저하

　⑦ 인양장비, Bent의 반력을 지지하는 지반조건이 필요

　⑧ 타 공법에 비해 가설비용이 저렴

(3) 시공 유의사항

　① 기초지반에 따른 조치

　　㉠ 상부하중이 작고 지반 견고 : 기초에 침목, H형강 등 설치

　　㉡ 지반 침하 우려 시 : Con'c 타설, 말뚝기초 등 설치

　② 기초의 지지력, 벤트의 내력과 구조안정성, 캠버 등 점검

　③ 가설시의 응력, 국부좌굴, 벤트의 강도 검토 필요

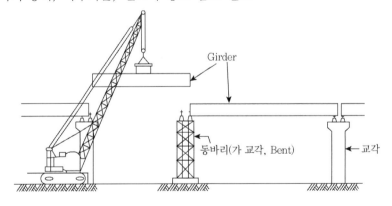

## 2. 캔틸레버식 가설공법(FCM)

(1) 교각 위에서 양쪽의 균형을 유지하며 이동 크레인을 이용 거더를 운반하고 1블록씩 가설하는 공법

(2) 특징

    ① 장 Span 시공에 적합

    ② 시공속도가 빠르고, 시공 정도 우수

    ③ 연속 작업이 가능, 고도의 기술 필요

    ④ 깊은 계곡이나 Bent 설치 제한 등 교하 공간의 이용 제한 시 적용

(3) 시공 유의사항

    ① 교각 좌우의 하중 균형을 유지, 가설물의 중량 관리 철저

    ② 전도에 대한 안정성 확보

    ③ 가설하중에 의한 처짐 등을 고려

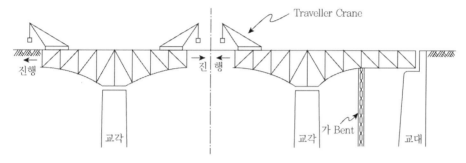

## 3. 압출가설공법(ILM)

(1) 교대 후방에서 거더를 조립한 후 교축방향으로 끌고 가거나 압출시켜(밀어내어) 가설하는 공법

(2) 특징

    ① Bent를 세울 수 없는 조건에 적합

    ② 상자형교나 판형교의 가설에 적합

    ③ 교하공간을 이용할 수 없고, 교각이 높은 경우 경제적

    ④ 교대 후방에 부재의 조립장소 필요

(3) 시공 유의사항

    ① 압출 시 압출거더의 선형, 제작, 솟음의 관계를 검토 필요

    ② 가설 시 응력 대응을 위해 플랜지, 복부 등 보강 검토

    ③ 종단 경사 시공 간 미끄럼 대비 스토퍼(Stopper) 설치

    ④ 곡선구간 압출 시 가로이동 통제 위한 쐐기판 부착

(4) 가설방법의 종류

    ① Launching Nose에 의한 방법

    ② 이동식 Bent에 의한 방법

    ③ 대선에 의한 방법

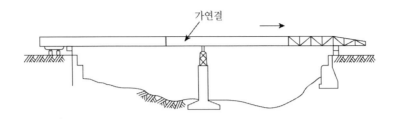

가연결

## 4. 케이블식 가설공법

(1) 해협, 하천, 깊은 계곡 등의 양면에 높은 탑(Tower)을 설치, 사이에 케이블을 걸치고 운반장
치를 매달아 교량을 가설하는 공법

(2) 특징

① 교하공간이 높은 곳, 교하 교통이 많은 곳 적용

② 설비비용 고가, 작업준비 장시간 소요

③ 크레인 진입이 제한되는 하천, 계곡 등에 적합

④ 경간길이 180m, 중량 500ton 이상 적용 제한

⑤ 숙련공이 요구됨

⑥ 곡선거더에 부적합

(3) 공법의 종류

① 수직매달기 공법

양쪽 교대상부에 철탑을 세우고 그 사이에 조립용 Cable과 운반용 Cable을 설치하여
Girder를 조립하는 공법

② 경사매달기 공법

㉮ 철탑과 운반용 Cable을 설치 후 철탑 상단에서 경사방향으로 설치되는 Wire Rope로
Girder를 지지시키며 가설하는 공법

㉯ 아치교 등에 적합

③ 맞달기 공법

교각 상부에 철탑을 세우고 철탑상부에 지지된 Wire Rope로 Girder 양측을 맞달고 원치
를 이용 양측 Wire Rope의 길이를 조절하며 가설하는 공법

(4) 시공 유의사항

① 철탑, Cable의 안정성 검토 및 시공에 주의 필요

② 강풍, 태풍 등에 주의 필요

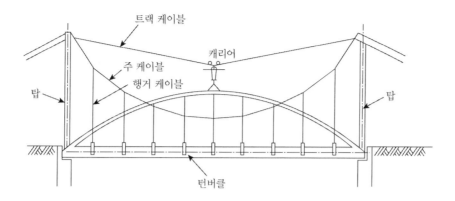

**5. 가설 Truss 공법(MSS)**

(1) 가설용 Truss를 설치하여 이를 이용 Girder를 지지하면서 가설하는 공법

(2) 특징

    ① 지간이 길면 가설비가 많이 소요되고 처짐이 증가

    ② 교하공간의 이용이 제한 시 적합

    ③ Bent 공법 적용이 제한 시 적용 가능

    ④ 안전성이 큼

    ⑤ 등간격 지간이 연속될 때 유리

(3) 시공 유의사항

    ① 가설 Truss의 안정성 검토

    ② 하중의 편심에 주의 및 대비 필요

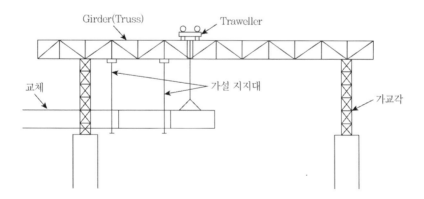

**6. 일괄 가설공법(대블록공법)**

(1) Pontoon(부선) Crane에 의한 방법

    ① 지상에서 조립한 교체를 Pontoon(부선) Crane으로 운반, 거치하는 방법

    ② 가설지점까지 예항한 크레인 바지선을 앵커로 고정 후 교체를 강하시켜 거치

③ 특징

㉮ 공기가 단축되고 경제적이다.

㉯ 하구, 항만, 해양 구조물 등 대형 Block에 의한 장대교에 적용

㉰ 현장 작업의 축소

④ 거치 유의사항

㉮ Pontoon(부선) Crane의 능력, 작업 시 조위, 작업선의 흘수, 기상조건 등을 고려

㉯ 파도나 조류가 있을 시 작업 중지

㉰ 가설 전 앵커설비 등에 대한 검토, 확인 철저

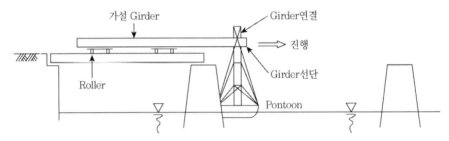

(2) Lift-Up Barge선에 의한 방법

① 바지선의 벤트(가설탑) 위에 승강 장치를 설비한 Lift-Up Barge선을 이용 교체를 인양 후 교각상에 안치시키는 방법

② 특징

㉮ 현장 작업 감소

㉯ 공기 단축

㉰ 예항 시 중심이 낮아 안정성 구비

㉱ 작업선의 흘수가 작아 부분적으로 하천에 적용 가능

③ 유의사항

㉮ 승강 장치, 가설탑, 바지선의 능력 검토 필요

㉯ 승강·하강 높이와 교량 가설 높이, 조위에 대한 확인 철저

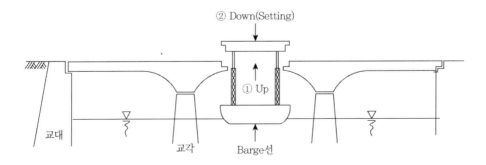

(3) 크레인에 의한 방법

   ① 지상에서 조립한 거더를 대형 크레인으로 인양하여 교량받침에 거치하는 방법

   ② 특징

      ㉮ 현장 작업량 감소

      ㉯ 안전성, 시공속도, 경제성이 우수

      ㉰ 교체는 공장조립 또는 현장조립

      ㉱ 교하높이가 낮은 교량에 적합

   ③ 유의사항

      ㉮ 거더의 거치 시에는 크레인의 인양능력 검토

      ㉯ 인양 시에 크레인의 전도에 대한 안전성을 검토

      ㉰ 크레인 붐(Boom)이 고공 케이블 등 주변시설과 접촉 유의

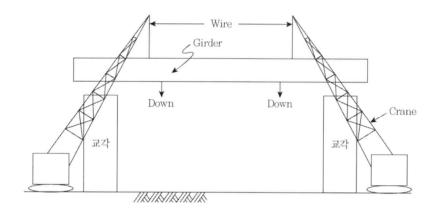

## V. 결론

1. 강교의 가설공법 선정은 교량의 형식 및 규모, 가설지점의 지형, 현장 조건, 공기, 시공성 등을 고려하여 최적공법을 선정·적용하여야 한다.
2. 강교의 파손은 주로 보강재나 연결부의 불량한 접합과 연결에 기인하여 발생하므로 현장에서의 연결부 시공관리에 만전을 기하여야 한다.

# 11 강구조 연결(접합)방법

## I. 개요

1. 강구조의 연결은 소요의 강도확보와 응력의 전달이 확실해야 한다.
2. 연결방법은 충분한 강도, 시공성, 경제성, 안전성 등을 고려하여 최적의 공법을 선정하여 적용하여야 한다.

## II. 연결방법의 종류

### 1. Bolt
(1) 일반적으로 지압력에 의해 응력을 전달하는 연결방법
(2) 최근 토목 구조물 등에서는 사용이 거의 없으며 고장력 볼트로 대체되어 사용되고 있음
(3) 시공이 간단, 해체 용이, 숙련공이 필요 없음
(4) 반복적인 진동에 의해 체결력이 약화될 수 있음

### 2. Rebet
(1) 연결해야 할 강재를 겹쳐서 구멍을 뚫고 가열한 리벳을 박은 후 돌출된 리벳단부를 충격을 주어 두부를 형성하는 방법
(2) 응력이 작은 부위의 연결에 사용
(3) 소음이 발생하며, 작업효율이 낮음, 기상의 영향에 따른 시공 제한
(4) 리벳의 머리모양에 따른 분류
    ① 둥근머리 리벳
    ② 민머리 리벳
    ③ 평 리벳
    ④ 둥근 접시머리 리벳

① 둥근머리 리벳　　② 민머리 리벳　　③ 평 리벳　　④ 둥근 접시머리 리벳

(5) 리벳 가열온도 : 950~1,100℃

(6) 이음방법의 종류 : 겹대기 이음, 맞대기 이음

## 3. Pin 접합

(1) 부재에 구멍을 뚫고 Pin과 고리를 이용하여 부재를 연결하는 방법

(2) 접합부는 휨력은 전달하지 않고 축력만 전달하게 됨

(3) 회전을 요하는 곳에 사용, 숙련된 기술 필요

(4) 부재의 Moment 작용부위에 적용하는 일종의 Hinge 접합

## 4. 고장력 볼트 접합

(1) 고장력강을 이용, 볼트와 너트를 강하게 조여 마찰면에 발생하는 마찰력, 지압력, 전단응력
　　등으로 부재를 연결한 것

(2) 특징

　　① 연결부 강도가 우수, 시공 간단, 작업시간 단축

　　② Nut 풀림 및 응력집중이 발생하지 않음

　　③ 검사 제한

(3) 접합방식

　　마찰접합, 인장접합, 지압접합

(4) 시공 및 검사 방법

　　① 토크관리법

　　② 너트회전법

## 5. 용접

(1) 금속표면을 유동상태까지 가열하여 부재가 용해되어 유착되도록 연결하는 방법

(2) 특징

　　① 연결을 위한 추가 단면, 강재가 소요되지 않음, 구조물 중량 감소

　　② 작업의 소음, 진동이 거의 없음

　　③ 연결부의 수밀성, 기밀성 등이 우수

　　④ 숙련공 필요, 용접부 결함 발생 우려, 검사 제한

(3) 용접접합 분류

① 용접방법에 따른 분류

㉮ Arc Welding(아크 용접법)

㉠ 용접될 모재와 용접봉 사이에 Arc열을 발생시켜 모재와 용접봉을 용융접합

㉡ 아크 용접의 종류 : 수동피복 아크용접, $CO_2$아크용접, Submerged 아크 용접

㉯ Gas Welding(가스 용접법)

㉠ 혼합가스의 연소열을 이용하여 용접봉을 녹여 용액을 용접부에 유입하는 방법

㉡ 용접부가 큰 힘을 발휘할 수 없으며 주로 강재 절단에 적용

㉰ 전기저항 용접법

㉠ 얇은 강판 2장을 겹쳐 강한 지압력을 가하고 Arc열을 발생시켜 국부적으로 맞붙게 하는 방법

㉡ 강판, 강선 등의 용접 시 사용

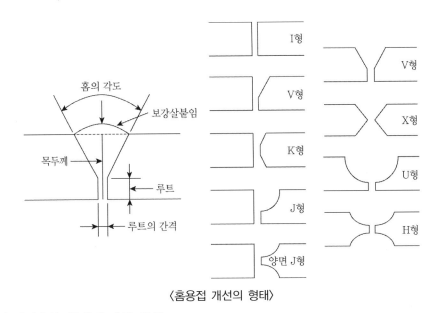

〈홈용접 개선의 형태〉

② 용접이음부 형태에 따른 분류

㉮ 맞댐이음　　　　㉯ 겹침이음　　　　㉰ 모서리이음

㉱ T형이음　　　　㉲ 단부이음

③ 용접 형태에 따른 분류

㉮ 홈(Groove) 용접　　　　㉯ 필렛(Fillet) 용접

㉰ 플러그(Plug) 용접　　　　㉱ 슬롯(Slot) 용접

④ 용접자세 : 수평자세, 수직자세, 상향자세, 하향자세

## Ⅲ. 강구조 연결 시 유의사항

1. 연결부의 축력 작용점은 도심을 지나도록 해야 함
2. 연결부는 편심을 최소화하도록 유의
3. 시공 전 연결부의 이물질 제거 철저
4. 용접은 가능한 하향자세로 실시
5. 연결부의 전단, 지압, 인장에 대한 검토 철저

## Ⅳ. 결론

1. 강구조의 연결구조는 가급적 단순한 형태로 확실한 응력의 전달, 편심 방지, 응력집중 방지, 잔류응력 및 2차 응력 등이 발생되지 않도록 세심한 관리가 필요하다.
2. 강구조 연결 방법에 대한 기계화, Robot화를 지속적으로 발전시켜 접합부에 대한 시공성, 시공에 대한 신뢰성, 안전성 등을 향상시켜야 한다.

# 12 고장력 볼트(HTB)

## I. 개요

1. 고장력 볼트 이음은 인장강도 $80kN/cm^2$($800N/mm^2$) 이상의 고력 Bolt를 회전시켜 부재 간의 압축력이 발생되도록 한 이음방법이다.
2. 깅구조의 연결방법으로 기계적인 연결방법(볼트, 리벳, 핀 등)과 금속학적인 연결방법(용접 등)이 있다.

## II. 특징

### 1. 장점

(1) 용접에 비해 잔류응력의 영향이 없음
(2) 응력전달이 확실하며 강성 및 내력이 큼
(3) 반복하중에 대해 높은 피로강도 발현
(4) 시공 간단, 작업능률이 좋아 공기 단축에 유리
(5) 숙련된 기술을 요하지 않음
(6) 전단력의 국부적인 집중현상이 없음

| 참조 |

용접과 고장력 볼트 특징 비교

| 구분 | 용접 | HTB |
|------|------|-----|
| 단점 | 잔류응력, 결함 | 단면결손, 부재두께 영향 |
| 경제성 | 양호 | 보통 |

### 2. 단점

(1) 부재의 결손(단면적 감소), 부재 두께에 영향 발생(볼트, 너트 등의 돌출로 외관이 저해됨)
(2) 볼트 체결력의 손실 가능
(3) 고소작업, 검사의 어려움
(4) 볼트 체결에 따른 소음

## III. 접합방식

### 1. 마찰접합

(1) Bolt 조임력에 의해 생기는 접착면마찰력을 이용하는 방식

(2) 응력 전달 : Bolt축과 직각방향

(3) 고장력 볼트 대부분의 접합방식으로 적용

## 2. 인장접합

(1) Bolt의 축방향 저항력에 의한 응력 전달

(2) Bolt의 인장내력 이용

## 3. 지압접합

(1) 접합재 간의 마찰저항과 Bolt의 지압력에 의해 응력 전달

(2) Bolt축과 직각으로 응력작용

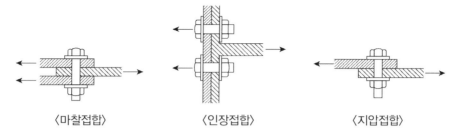

〈마찰접합〉　　　　　〈인장접합〉　　　　　〈지압접합〉

# IV. 고장력 Bolt의 종류

## 1. 고장력 6각 볼트(주로 적용)

## 2. 특수 고장력 볼트

(1) Torque Shear형 고장력 볼트

　　볼트 나사부가 핀테일(Pin Tail), Break Neck으로 구성된 볼트

(2) Torque Shear형 너트 : Break Neck이 형성된 너트

(3) Grip형 고장력 볼트

(4) PI Nut형 고장력 볼트

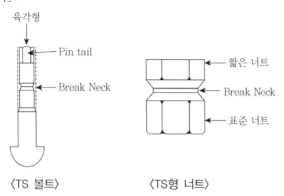

〈TS 볼트〉　　　　　〈TS형 너트〉

# V. 시공관리

## 1. 접합면 관리

(1) 접촉면의 흑피를 제거하고 면을 거칠게 함

(2) 접촉면이 부식된 부분(기름, 먼지 등)은 와이어 브러시 등으로 청소

(3) 접촉면의 미끄럼계수(겉보기 마찰계수, $\mu$) > 0.45

(4) 볼트접합면의 정밀도

| 구분 | 허용차 |
|---|---|
| 구멍간격(d) | ± 2mm |
| 구멍의 엇갈림(M) | 마찰접합 1mm, 지압접합 0.5mm |
| 접합부의 표면틈새(e) | 1mm |
| 볼트구멍의 허용차 | 마찰접합 +0.5mm, 지압접합 +0.3mm |

## 2. 볼트의 체결

(1) 체결기구의 교정은 작업 개시 전 실시, 정밀도 확인

(2) 토오크렌치를 이용하여 너트를 돌려 조임 실시

(3) 용접과 HTB 병용 시

① 용접완료 후에 HTB를 체결함

② HTB 체결 후 용접 시에는 구속에 대한 영향을 검토하여야 함

(4) 1차 조임

① 적용장비 : 프리세트형 토크렌치, 전동 임펙트렌치

② 볼트의 체결순서 : 볼트군의 중앙에서 양쪽으로 균형 있게 체결

③ 조임력 도입(교량접합부 기준) : 표준장력의 60%

(5) 본조임

① 토크관리법

㉮ 토크렌치 등을 이용 표준장력의 100%로 조임 작업

㉯ 표준볼트장력은 설계볼트장력을 10% 증가시킨 값으로 적용

② 너트회전법

㉮ 1차조임 후 마킹(금매김) 실시

㉯ 조임 기준

| 구분 | 회전각 |
|---|---|
| 볼트 길이가 지름의 5배 이하일 때 | 120°±30° |
| 볼트 길이가 지름의 5배를 초과할 때 | 시공조건과 일치하는 예비시험을 통하여 목표회전각을 결정 |

③ 조합법

㉮ 토크관리법으로 볼트를 조임하고 너트관리법으로 조임 후 검사를 하는 방법

㉯ 조합법은 건축물 등에서만 적용

④ 토크−전단형(T/S)고장력 볼트의 조임

㉮ 1차 조임 후 마킹(금매김) : 나사부, 너트, 와셔 등

㉯ 전용조임기를 사용하여 TS고장력 볼트의 핀테일이 파단될 때까지 조임 시공

## 3. 검사

(1) 토크관리법에 의한 조임검사

① 체결검사의 수 : 각 볼트군에서 볼트개수의 10%를 표준

② 검사장비 : 토크렌치

③ 기준 : 시험조임 평균토크의 ±10% 이내

④ 조치 : 10%를 넘어서 조여진 볼트는 교체, 재검사 불합격 볼트 발생 시 그 군의 전체를 검사, 조임 부족 시 소요 토크까지 추가로 조임 실시

(2) 너트회전법에 의한 조임검사

① 기준 : 너트회전량이 120°±30°의 범위

② 초과 조임 볼트는 교체

③ 회전량 부족 시 추가 조임

(3) 조합법에 의한 조임검사

　① 기준 : 너트회전량이 120°±30°의 범위

　② 회전량 이상 볼트군에 대해 조임력에 의한 검사 실시(평균 토크의 ±10% 이내의 것을 합격)

(4) TS 고장력 볼트 조임 검사(핀테일의 파단 및 금매김의 어긋남을 육안으로 전수 검사)

## VI. 결론

1. 강구조의 연결방법은 구조의 특성, 외력의 정도, 환경조건, 시공성 및 경제성 등을 고려하여 적합한 공법을 선정·적용하여야 한다.

2. 고장력 볼트는 재료의 적합성을 확인, 시공 및 검사과정에서의 철저 관리를 통해 연결부에서의 응력의 전달, 편심 방지, 응력집중 방지, 잔류응력 방지되도록 해야 한다.

┤ 참조 ├

**1차 조임 토크**　　　　　　　　　　　(단위 : N·m)

| 고장력 볼트의 호칭 | 1차조임 토크 | |
|---|---|---|
| | 품질관리 구분 "나", "다" | 품질관리 구분 "라" |
| M16 | 100 | |
| M20, M22 | 150 | |
| M24 | 200 | 표준볼트장력의 60% |
| M27 | 300 | |
| M30 | 400 | |

**고장력 볼트의 설계볼트장력과 표준볼트장력 및 장력의 범위**

| 고장력 볼트의 등급 | 고장력 볼트 호칭 | 공칭 단면적(mm²) | 설계볼트장력(kN) | 표준볼트장력(kN) | 볼트장력의 범위(kN) |
|---|---|---|---|---|---|
| F8T | M16 | 201 | 84 | 92 | 70.2~95.3 |
| | M20 | 314 | 132 | 145 | 109.7~148.8 |
| | M22 | 380 | 160 | 176 | 135.9~184.5 |
| | M24 | 452 | 190 | 209 | 157.9~214.3 |
| F10T | M16 | 201 | 106 | 117 | 98.7~134.0 |
| | M20 | 314 | 165 | 182 | 154.2~209.3 |
| | M22 | 380 | 200 | 220 | 191.4~259.4 |
| | M24 | 452 | 237 | 261 | 222.1~301.4 |
| | M27 | 572 | 310 | 330 | 289.0~392.3 |
| | M30 | 708 | 375 | 408 | 353.6~479.9 |
| F13T | M16 | 201 | 137 | 151 | 128.3~174.2 |
| | M20 | 314 | 214 | 235 | 200.5~272.1 |
| | M22 | 380 | 259 | 285 | 248.5~337.2 |
| | M24 | 452 | 308 | 339 | 288.7~391.8 |

이 표에서 설계볼트장력은 고장력 볼트 인장강도의 0.7배에 고장력 볼트의 유효단면적(고장력 볼트의 공칭단면적의 0.75배)을 곱한 값으로 한 것이다.

# 13 용접결함 원인 및 대책

## I. 개요

1. 강구조의 연결방법으로 기계적인 연결방법(볼트, 리벳, 핀 등)과 금속학적인 연결방법(용접 등)이 있다.
2. 용접은 고열을 이용하여 금속을 국부적으로 녹여 모재를 결합하는 것으로서 원자결합에 의해 접합하는 방식이다.

## II. 특징

### 1. 장점

(1) 연결재를 별도로 사용하지 않아 경량화 가능
(2) 부재의 결손, 두께변화가 발생하지 않음
(3) 시공 시 소음 및 환경오염의 발생이 적음
(4) 연결부의 수밀성, 기밀성 확보 가능
(5) 경제성 우수, 연결부에서의 응력전달이 확실

### 2. 단점

(1) (용접 후 냉각과정에서의) 잔류응력 발생
(2) 응력집중에 의한 피로파괴 발생(인성이 취약)
(3) 숙련공의 필요, 검사에 대한 제한

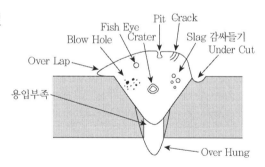

## III. 용접결함의 종류

| 구분 | 결함 종류 |
|------|-----------|
| 표면결함 | Crack, Crater, Fish Eye, Pit |
| 내부결함 | Blow Hole, Slag 혼입, 용입불량, 기공(Porosity) |
| 형상결함 | Under Cut, Over Lap, Under Fill(덧살 부족), Over Hung |

**용접의 분류**

| 구분 | 종류 |
|---|---|
| 용접방법 | 피복Arc용접(수동), $CO_2$ 피복Arc용접(반자동), Submerged Arc용접(자동) |
| 용접형식 | 맞댐용접, 모살용접 |
| 용접기기 | 직류Arc용접기, 교류Arc용접기, 반자동Arc용접기, 자동Arc용접기 |

## Ⅳ. 용접결함의 원인

### 1. 용접재료의 불량
(1) 불량 용접봉의 사용, 용접봉의 강도·인성 부적정
(2) 용접봉의 규격 미준수
(3) 용접봉의 건조상태 불량

### 2. 모재의 처리 미흡
(1) 모재 용접부의 청결상태 불량
(2) 모재의 예열 미흡
(3) 개선의 정확도 불량

### 3. 용접 작업 불량
(1) 용접자세 부적정, 용접 중 자세의 전환
(2) 용접속도의 부적정
(3) 용접순서 미준수
(4) 용접공의 기능 미숙
(5) 부적격 전류

### 4. 용접열의 영향
(1) 용접열에 의한 모재팽창, 수축 과정에서의 변형
(2) 용접 진행에 따른 용접부의 온도차 발생
(3) 신축에 의한 결함 발생

### 5. 잔류응력 발생
(1) 선작업된 부위 발생 응력이 진행중 부위로 전이
(2) 용접방법, 순서의 영향

## 6. 환경의 영향

(1) 외기 기온의 영향, 모재와 용접부의 온도차 증가

(2) 바람, 습도 등의 영향

## 7. 모재의 소성변형

(1) 용접열에 의한 굳는 과정의 온도차이로 인한 변형

(2) 용접열의 Cycle의 차이로 인한 발생

# V. 시공관리

## 1. 가용접

(1) 사용 용접봉 및 용접자세는 본 용접과 동일하게 관리

(2) 가붙임 필릿 용접의 길이

　① 길이방향 40mm 이상

　② 다리길이 : 4mm 이상, 다리의 간격은 400mm 이하

(3) 예열 기준 준수하여 예열 실시

## 2. 부재의 청소와 건조

(1) 흑피, 녹, 도료, 기름 등 확인 및 제거

(2) 수분이 있는 상태로 용접 금지

## 3. 용접 재료

(1) 소요강도, 용접성을 구비할 것

(2) 피복이 벗겨진 것, 습윤상태인 것 사용 금지

(3) 사용 전 건조로에서 건조한 후 보관하여 사용

(4) 강도(또는 인성)가 다른 강재를 용접하는 경우에는 강도(인성)가 낮은 모재에 요구되는 값과
　　같거나 그 이상의 강도를 나타내는 용접재료를 사용

(5) 피복아크용접의 용접봉

　① 저수소계 용접봉 사용 원칙

　② 직경이 4~6mm인 것을 표준

## 4. 현장 용접금지 환경 조건

(1) 작업 중 비가 오거나 비가 올 우려가 있을 때, 비가 그친 직후

(2) 강풍 시, 기온이 5°C 이하인 경우

## 5. 예열

(1) 용접선 양측 100mm 범위

(2) 표준 예열온도 이상(강종, 용접방법에 따라 50~100℃)으로 예열

## 6. 용접 중 주의사항

(1) 용접개시 전 용접의 종류, 전압, 전류 및 용접방향 등을 점검하고 용접 관리도를 현장에 비치

(2) 용접 순서 및 방향

　① 가능한 용접에 의한 변형이 적고, 잔류응력이 발생하지 않도록 결정

　② 용접선의 교차나 폐합된 부분 등을 고려

　③ 중앙부에서 단부로, 대칭으로 용접

　④ 상향용접은 가급적 지양

(3) 용접작업은 조립하는 날 용접이 완료되도록 실시하고 용접도중에 중지하는 일이 없도록 실시

(4) 수동용접 시 뒷면은 건전한 용입부까지 가우징

(5) 용접 중 결함 확인 시 검사대장에 기입 후 보수

(6) End Tab

　① 용접부 양단에 부재와 동등한 엔드탭을 부착

　② 엔드탭과 모재의 간격 1mm 이내, 길이는 50mm 이상, 두께는 모재와 동일하게

　③ 용접 후 가스절단법으로 제거 후 그라인더로 마무리

　④ 해머로 엔드탭 제거 금지

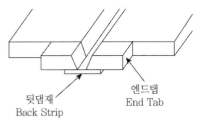

뒷댐재
Back Strip

엔드탭
End Tab

(7) 모따기

　① 용접 교차부에 비드단부를 반지름 30mm 이상 깎음

　② 용접선 교차에 따른 선용접부의 용접결함 방지

(8) 고장력 볼트와 병용하는 경우는 고장력 볼트 먼저 시공

(9) 과전류 방지기 설치

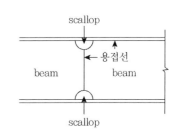

## 7. 용접부 검사

(1) 육안검사 : 용접부 외관 검사

(2) 비파괴 검사

　① 방사선투과 검사　　② 초음파탐상 검사

　③ 자분탐상 검사　　④ 침투탐상 검사

(3) 스터드용접 검사

# VI. 결론

1. 용접결함은 재료, 운봉, 용접봉, 전류, 기상조건 등에 영향을 받는다.
2. 용접부의 결함은 구조체의 안정성, 내구성 등에 심대한 영향을 미치므로 결함을 방지하기 위한 용접 관리를 철저히 하고, 용접 검사를 통해 이를 확인해야 한다.

┈┤ 참조 ├┈

**용접 검사 판정기준**

| 검사방법 | 부위 | 판정기준 |
|---|---|---|
| R.T | 인장 및 교변응력 작용부 | 2급 이상 |
| | 압축 및 전단응력 작용부 | 3급 이상 |
| U.T | 인장 및 교변응력 작용부 | 2급 이상 |
| | 압축 및 전단응력 작용부 | 3급 이상 |
| MT, PT | 모든 부재 | 2급 이상 |

**용접정밀도 기준**

| 종류 | | 기준 |
|---|---|---|
| 홈용접 | 루우트 간격의 오차 | 규정치 ±1.0mm 이하 |
| | 판두께 방향의 재편의 편심 | 얇은 쪽 판두께의 1/10 이하 |
| | 뒷받침판을 사용할 때의 밀착도 | 0.5mm 이하 |
| | 홈경사 각도 | 규정치 −5°, +10° |
| 필릿용접 | 재편의 밀착도 | 1.0mm 이하 |

# 14 용접 검사

## I. 개요

1. 용접결함은 재료, 운봉, 용접봉, 전류, 기상조건 등에 영향을 받아 발생하며 구조체의 안정성, 내구성 등에 심대한 영향을 미치므로 결함을 방지하기 위한 용접 관리를 철저히 하고, 용접 검사를 통해 이를 확인해야 한다.
2. 용접 검사에는 용접 전, 용접 중, 용접 후 검사로 구분하여 시행하며 특히 용접 후 검사를 통해 용접의 상태를 분석, 구조적으로 충분한 내력을 확보하고 있는지를 판단하여야 한다.

## II. 용접 검사방법 분류

### 1. 용접 착수 전
트임새 모양, 구속법, 모아대기법, 자세

### 2. 용접 작업 중
용접봉, 운봉, 전류

### 3. 용접 완료 후
(1) 외관검사
(2) 절단검사
(3) 비파괴검사 : 방사선투과법, 초음파탐상법, 자기분말 탐상법, 침투탐상법 등
(4) 스터드 용접 검사

## III. 검사방법

### 1. 용접 착수 전
(1) 개선부의 형상과 치수
(2) 용접부재의 배치, 청소상태
(3) 트임새의 모양, 구속법, 모아대기법

(4) 재료의 시험과 확인

(5) 용접 시공법의 확인

## 2. 용접 작업 중

(1) 용접 작업 시 발생한 결함을 확인

(2) Slag 제거상태 및 제거 후 용접부 상태 Check

(3) 예열 온도 및 영향 범위 확인

(4) 용접봉, 운봉, 전류, 전압 등을 확인

(5) 용접자세 및 속도 Check

## 3. 외관검사(육안검사, V.T, Visual Testing)

(1) 용접부의 손상 없이 용접부 표면을 육안으로 검사하는 방법

(2) 숙련된 기술자에 의한 철저한 검사가 필요

(3) 필요시 저배율 확대경 등의 광학기기를 이용하여 관찰

(4) 용접부 표면의 형상불량, 언더컷, 크레이터 등의 유무를 Check

(5) 특징 : 간편하고 신속, 특별한 장치 불필요, 검사의 신뢰성 확보의 곤란, 내부결함 검사 불가

## 4. 절단검사

(1) 용접부에서 채취한 판상, 봉상의 시편에 대해 인장시험을 실시

(2) 용접부의 강도 및 연성 등을 측정

(3) 일반적으로 용접부는 모재와 동등 이상의 강도, 인성을 확보해야 함

(4) 파괴검사 : 인장시험, 균일성 시험, 내압시험 등

## 5. 비파괴검사

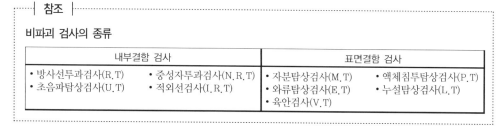

┤ 참조 ├

비파괴 검사의 종류

| 내부결함 검사 | | 표면결함 검사 | |
|---|---|---|---|
| • 방사선투과검사(R.T) | • 중성자투과검사(N.R.T) | • 자분탐상검사(M.T) | • 액체침투탐상검사(P.T) |
| • 초음파탐상검사(U.T) | • 적외선검사(I.R.T) | • 와류탐상검사(E.T) | • 누설탐상검사(L.T) |
| | | • 육안검사(V.T) | |

(1) 방사선 투과법

　① 용접부에 $X$-선, $\gamma$-선을 투과하여 투과선량의 차에 의한 필름상의 농도 차로 결함을 분석하는 방법

② 특징

    ㉮ 장비가 중량이며 필름을 부착하므로 검사장소의 제한 발생

    ㉯ 검사 결과에 대한 영구적인 기록 보관이 가능

    ㉰ 용접부가 두꺼워도 검사 가능

    ㉱ 방사선이 인체 유해하므로 취급 주의 필요

    ㉲ 시험 및 판독에 시간 소요, 검사 비용 고가

    ㉳ 결함위치, 깊이, 미소균열 등의 정밀 파악 제한

    ㉴ T형 접합은 검사 불가

(2) 초음파 탐상법

① 용접부위에 초음파를 투입하면 화면(모니터)에 용접상태가 형상으로 나타나며, 이를 분석하여 결함의 종류·위치·범위 등을 검출하는 방법

② 특징

    ㉮ 시험이 신속하며, 경제적

    ㉯ 복잡형상의 용접부는 적용이 제한됨

    ㉰ 검사장비가 소형

    ㉱ 결함의 위치 확인이 가능함

    ㉲ 표면결함에 대해 검출이 제한됨

(3) 자기분말 탐상법

① 시험부에 자장을 부여하여 자화시킨 후 자분을 뿌려 자분무늬가 형성되는 것을 확인하는 검사방법으로 용접부위 표면이나 표면 직하의 결함 등을 검출

② 특징

    ㉮ 육안검사로 확인되지 않은 용접부의 균열·흠집·검출 가능

    ㉯ 용접부위 내부결함 검사는 제한됨

    ㉰ 자성체(철, 코발트, 니켈 등)의 검사에만 적용 가능

    ㉱ 용접 표면 근처의 결함 검출에 대한 신뢰성 양호

    ㉲ 검사가 간단, 1회 조작으로 시험면 전체 탐상 가능

    ㉳ 검사 결과의 신속 확인, 비용 저렴

(4) 침투 탐상법

① 침투액을 용접부에 도포하여 결함부위에 침투시킨 후 현상액(검사액)을 도포하여 결함을 검출하는 방법

② 특징

    ㉮ 검사가 간단하며, 1회에 넓은 범위를 검사할 수 있음

㉯ 비철금속에도 적용이 가능

㉰ 표면결함 분석이 용이, 전문성 없이도 검사 가능

㉱ 내부결함 검출 불가, 다공성 시험체에 적용 제한

(5) 주요 비파괴검사의 특성 비교

| 구분 | RT | UT | MT | PT |
|------|-----|-----|-----|-----|
| 검사부위 | 내부결함 | 내부결함 | 표면근처 | 표면 |
| 판독소요시간 | 길다(최소 3시간 이후) | 즉시 | 즉시 | 즉시 |
| 검출감도 | RT < UT | | MT > PT | |

(6) 중성자 투과검사(NRT, Neutron Radiography Testing)

방사선 물질 중 중성자를 이용 투과사진을 통해 결함을 검출하는 방법

(7) 적외선 검사(I.R.T, Infrared Rays Testing)

적외선의 변화량을 온도정보의 분포패턴을 열화상으로 표시하여 결함을 탐지

(8) 와류 탐상검사(E.T, Eddy Current Testing)

시험체에 교류를 보내 표층부의 결함에 의해 발생한 와전류의 변화를 측정

(9) 누설 탐상검사(L.T, Leak Testing)

유체(기체 또는 액체)가 시험체 내외부의 압력차에 의해 시험체의 결함 속으로 유입 또는 결함을 통하여 유출되는 성질을 이용

## 6. 스터드용접 (굽힘)검사

(1) 시험 굽힘 각도 : 스터드 축방향에서 30°

(2) 판정 : 용접부에 굽힘에 의한 균열, 파단이 미발생

## IV. 결론

1. 용접부의 결함은 구조체의 안정성, 내구성 등에 심대한 영향을 미치므로 결함을 방지하기 위한 용접 관리를 철저히 하고, 용접 검사를 통해 이를 확인해야 한다.

2. 용접 검사는 충분히 숙련된 기술인력에 의해 실시하며, 결함부위는 시방규정에 의해 적절히 보수하여야 한다.

3. 향후 검사방법의 표준화, 고성능 검사기기의 개발, 검사 데이터 분석의 Computer화, 전문인력의 양성 및 관리 등이 필요하다.

# 15 교대 측방유동 원인 및 대책

## I. 개요

1. 연약지반은 수평면상의 응력분포가 균등하지 않고 뒷채움부의 국부하중의 영향으로 연직방향의 압밀변형과 수평방향의 전단변형이 발생하게 되는데 이를 측방유동이라 한다.

2. 측방유동은 교대, 옹벽 등의 구조물이 연약지반에 설치되면 뒷채움부가 지반에 성토하중으로 작용하여 지반이 수평방향으로 이동하게 되는 것이다.

> ┤ 참조 ├
>
> **측방유동의 판정 기준**
>
> | 구분 | 판정기준 |
> |---|---|
> | 측방 이동계수($F$)에 의한 방법 | $F < 0.04$, 측방유동 가능 |
> | 측방 이동지수($I$) | $I \geq 1.5$, 측방유동 가능 |
> | 수정 측방이동지수($M_I$)에 의한 방법 | $M_I \geq 1.5$, 측방유동에 안정 |

## II. 측방유동의 원인

### 1. 연약지반의 침하

(1) 지중 연약지반의 전단강도, 연약층의 두께

(2) 간극수 소산으로 지반 침하

(3) 지중 지하수위 변화

(4) 상부 재하하중의 영향으로 침하

(5) 불균질 지반의 부등침하

(6) 지반의 이상변형 발생

(7) 지중 경사 지층(경사지반)의 존재

### 2. 교대 배면 뒷채움부의 편재하중 과대

(1) 뒷채움부의 중량에 의한 지반 침하, 뒷채움부의 성토고, 단위중량 과대

(2) 지반상 연직하중의 불균등(응력 불균등)

(3) 교대, 뒷채움부 지반의 침하량 상이

(4) 교대에 주동토압 작용에 따른 활동

## 3. 교대, 기초의 영향

(1) 교대의 수평, 수직 방향 저항력 부족

(2) 교대의 형식·규모, 교대 기초의 형식·규모 부적정

(3) 기초 말뚝의 지지력 부족, 파손 발생

(4) 교대의 설계, 시공 불량

## 4. 하천의 영향

(1) 하천수의 영향으로 교대 안정성 저하

(2) 교대 하부 지반의 세굴 발생

## 5. 지진에 의한 영향

(1) 교대에 수평력 작용으로 변위 발생

(2) 지반의 침하

## 6. 기타

(1) 주변의 항타, 발파, 굴착 등의 영향으로 지반 연약화·침하

(2) 사전조사, 설계, 시공의 부적정

# III. 측방유동의 영향

1. 교대의 수평이동, 경사, 침하
2. 교대 상부 포장체 단차, 파손
3. 교량받침 및 신축이음의 파손, 기능 저하
4. 교대의 파손, 교대 기초의 파손
5. 교량 상부구조의 파손
6. 교통의 안전성, 주행성 등 저하
7. 교대 기초의 파손
8. 교량의 안정성 저하

┈┤ 참조 ├┈┈┈┈┈┈┈┈┈┈┈┈┈┈┈┈┈┈┈┈┈┈┈┈┈┈┈┈┈┈┈┈┈┈┈┈┈┈┈┈┈┈┈┈┈┈┈┈┈┈┈┈┈┈┈┈┈┈┈┈┈┈┈┈┈┈

**측방유동의 대책 공법의 분류**

| 구분 | | 측방유동 억제공법 |
|---|---|---|
| 성토(편재)하중의 경감 | | EPS 공법, Slag 성토공법, Pipe·Box 매설공법, 소형교대공법, AC 공법 |
| 저항력 증진 | 지반 | Preloading 공법, 압성토공법, SCP 공법, 치환공법, 약액주입공법 |
| | 교대 | 소형교대공법, Approach Cushion 공법 |
| | 기초 | 케이슨기초적용, 버팀슬래브공법, 말뚝본수의 증가 |

# Ⅳ. 방지대책

## 1. 성토(편재)하중의 경감

(1) EPS 공법

    ① 경량발포 스티로폼을 이용 뒷채움하여 뒷채움 하중 경감

    ② 많이 사용되는 공법으로 하중경감효과가 매우 크다.

    ③ EPS 중량은 토사중량의 1/50~1/100 정도

    ④ 지하수위 상승, 홍수 등의 영향으로 부력에 의한 파손, 유실 우려

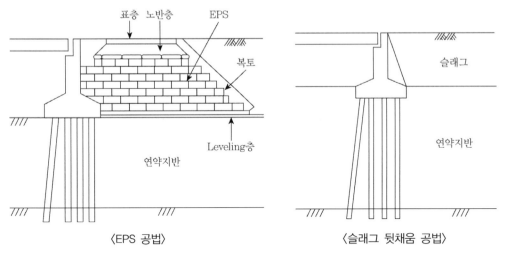

〈EPS 공법〉　　　　　　　　　〈슬래그 뒷채움 공법〉

(2) Slag 뒷채움 공법

    ① 뒷채움 재료로 Slag를 사용하여 성토하중을 경감

    ② 단위중량 : EPS < Slag < 일반토사

(3) Pipe·Box 매설공법

    ① 뒷채움부에 Pipe, Box 등을 매설하여 편재하중을 경감하는 공법

    ② 편재하중 경감에 유리

③ 뒷채움부 하부지반에 작용하는 하중이 불균일하게 됨, 부등침하 발생 주의

④ 매설 구조물은 가급적 단면이 크고 중량이 작은 것 적용

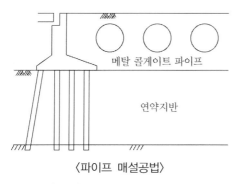

〈파이프 매설공법〉

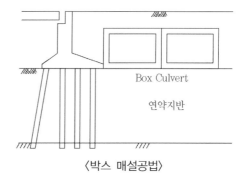

〈박스 매설공법〉

(4) 소형교대공법

① 뒷채움부에 소형교대를 설치 후 교대 뒷채움부에 비탈면을 형성, 토압을 경감시키는 공법

② Preloading, 압성토 적용이 유리하게 됨

③ 소형교대에 작용되는 토압이 감소

④ 교대상부 단차가 감소됨

## 2. 저항력 증진 공법

(1) Preloading 공법

① 교대 설치 전 지반상에 성토하중을 이용 지반의 침하를 유발하여, 이후의 잔류침하를 저감시키는 공법

② 공사비 비교적 저렴, 공사기간이 길어 공정상 불리

(2) 압성토공법

① 교대전면에 압성토를 실시하여 교대에 작용하는 측방토압에 대응하는 공법

② 공사비가 저렴, 시공 간단

③ 측방토압이 과대하면 저항력이 부족

④ 하천 등의 영향으로 재하면적 축소 검토

(3) Approach Cushion 공법

① 최초의 교대위치에 교각을 설치 후 배면에 소형교대를 설치, 상부에 접속 Slab를 설치하는 공법

② 교대 작용 토압 경감, 단차 방지 효과 우수

③ Preloading 적용이 유리하게 되며 공사비 저렴

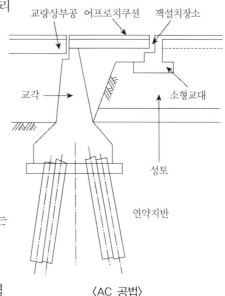

〈AC 공법〉

(4) Sand Compaction Pile 공법

① 연약지반에 다짐모래말뚝을 설치하여 지반을 개량하는 공법

② 지반강도 증진 효과 우수, 말뚝시공에 따른 지반교란 영향 주의

(5) 치환공법

연약층 두께가 작은 경우 연약층을 부분 또는 전면적으로 양질토로 치환

(6) 약액주입공법

지중에 약액을 주입하여 지반을 고결시켜 개량하는 공법

(7) 케이슨 기초

케이슨형식이 말뚝보다 횡방향 저항력이 우수

(8) 버팀 Slab 공법

① 교대와 교각 사이에 버팀 Slab를 말뚝기초 위에 설치하여 배면토압에 저항하는 공법

② 교대의 안정성 증대 효과 확실, 측방유동 저항력 증진

③ 공사비용, 공사기간의 증가

(9) 말뚝본수의 증가

교대 기초 말뚝의 본수 증가로 교대의 유동 및 침하 저감


# V. 결론

1. 측방유동 발생 시 교대의 이동, 기초의 파손, 지반의 유동, 교좌장치 및 신축이음의 파손, 포장체 단차·파손 등이 발생하여 교량의 안정성이 크게 저하할 수 있다.

2. 충분한 사전조사를 통해 교대의 측방유동에 대한 검토를 하여 설계하고 이에 따라 철저한 시공관리를 해야 한다.

# 16 교량받침 종류 및 특징

## I. 개요

1. 교량받침은 교량의 상부구조를 지지하면서 회전, 활동 등에 적절히 대응하고 하중을 하부구조에 원활하게 전달하기 위한 장치이다.
2. 하중의 전달과 함께 지진, 바람, 온도 변화, 처짐 등에 의한 상·하구조 간 상대변위를 흡수하도록 설치한다.

## II. 교량받침의 기능

### 1. 하중의 전달
교량 상부구조의 수직, 수평 하중을 하부구조로 전달

### 2. 교량 상·하부구조 간 상대변위 흡수
(1) 온도 변화에 대한 변위
(2) 건조수축에 대한 변위
(3) Creep에 대한 변위
(4) 지진에 대한 변위 등

### 3. 상부구조의 회전변위에 대한 대응
상부구조에 발생되는 방향별 회전에 대한 변위 대응

┈┤ 참조 ├┈

고정받침과 가동받침의 기능 비교

| 구분 | 고정받침 | 가동받침 |
|------|----------|----------|
| 지압 | 가능 | 가능 |
| 회전 | 가능 | 가능 |
| 이동 | 불가능 | 가능 |

│ 참조 │

교량받침의 종류

| 구분 | 종류 |
|---|---|
| 고정받침 | 선 받침, Pot Bearing(밀폐고무 받침), 탄성(고무) 받침, Pin 받침, Pivot 받침 |
| 가동받침 | 선 받침, Pot Bearing(밀폐고무 받침), 탄성(고무) 받침, Roller 받침, Rocker 받침, Spherical 받침 |

# III. 받침의 종류 및 특징

## 1. 선 받침(Linear Bearing)

(1) 한쪽 면은 평면으로 다른 한쪽 면은 원주면으로 조합하여 선 접촉에 의해 마찰저항의 감소와 회전변위를 흡수할 수 있도록 한 받침

(2) 특징

① 상하구조의 마찰이 커서 주로 고정받침으로 적용

② 1방향의 회전만 허용, 곡선교 적용 불가

〈선 받침〉

## 2. 밀폐고무 받침(Pot Bearing)

(1) 중간판 상면에 끼워진 활동판(불소수지판과 스텐레스판과의 미끄러짐 이용)과 하답(강재 원형용기)속에 밀폐된 고무판(탄성고무)을 설치한 받침

(2) 특징

① 탄성고무에 의해 수직하중이 분배

② 받침의 높이가 낮아 안전성 우수, 장대교량에 적용

(3) 종류

① 가동 Pot 받침

② 고정 Pot 받침

활동면
받침판
〈Pot Bearing〉

## 3. 탄성(고무) 받침

(1) 상부판과 하부판 사이에 강판으로 보강된 적층고무패드를 설치한 받침

(2) 특징

① 별도의 부속이 없어 설치가 간단, 받침 높이가 낮음

② 구성이 간단하여 임의 형상에 대해 제작이 용이

③ 내진구조로 용이, 지진력 분배 효과 우수

④ 시공성 우수

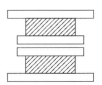

〈고무판 받침〉

(3) 종류

① 순수 탄성받침(Rubber Bearing) : 보강판 없음

② 적층 탄성받침(Laminated Bearing)

㉮ 고무 내부에 1개 이상의 강판 보강

㉯ 고무 측면의 팽출현상 억제

㉰ 순수 탄성받침을 보강한 것으로 내하력이 증가

③ 납 면진받침(LRB, Lead Rubber Bearing)

㉮ 탄성받침에 감쇠성능을 확보하기 위하여 탄성받침 내부에 납을 압착 보강

㉯ 지진하중에 저항할 수 있도록 한 받침

## 4. Pin 받침

(1) 받침 상하부를 핀으로 연결시킨 받침

(2) 핀을 이용 회전변위에 자유롭고 수평변위에 대해서는 고정

(3) 종류 : 지압형, 전단형

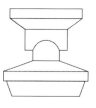

〈핀 받침〉

## 5. Pivot 받침

(1) 상답을 오목하게 하답을 볼록하게 구면으로 마무리하여 결합시킨 구조

(2) 특징

① 전방향의 회전이 가능함

② 큰 반력이 요구되는 구조에 적용

③ 사교, 곡선교 등에 적용

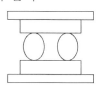

〈Pivot 받침〉

## 6. Roller Bearing

(1) 상부와 하부 사이에 Roller를 설치하여 신축변위에 대한 활동을 원활토록 한 구조

(2) 1본 Roller 받침

① 1축의 Roller 설치, 신축에 대한 수평변위만 허용

② 지점의 이동량이 적은 경우 적용

(3) 복수 Roller 받침

① Pin 받침과 Pivot 받침을 조합한 형태에 여러 개의 Roller를 설치한 받침

② 회전과 신축에 대한 수평변위 허용, 지점반력과 이동량이 큰 경우 적용

〈Roller 받침〉

## 7. Rocker Bearing

(1) 상부와 하부 사이에 Rocker를 설치하여 회전은 Rocker의 Pin이 신축활동은 Rocker 하단면을 곡면으로 하여 곡면상의 회전으로 허용

〈Rocker 받침〉

(2) 특징

    ① 장경간의 중량하중에 적용

    ② Roller Bearing에 비해 저렴

## 8. Spherical Bearing

(1) 상판과 하판이 면으로 접촉하며 평면 접촉으로 신축을, 곡면접촉으로 회전기능을 갖도록 한 받침

(2) 특징

    ① 전방향의 신축, 회전 허용

    ② 받침높이가 낮아 안정성, 내진성 우수

    ③ 큰 반력에 대응 가능, 곡선교 적용

    ④ 회전량이 타 받침에 비해 2~3배

# IV. 결론

1. 교량받침은 교량의 상부구조 형식, 지간길이, 지점반력, 신축량과 회전방향, 시공성, 내구성 등을 고려하여 선정·배치하여야 한다.

2. 교량받침의 설계착오, 시공 및 유지관리 불량에 의해 받침 파손 시 교량에 기능, 안전성에 영향이 크므로 교량받침에 대한 검토·시공이 철저히 이루어져야 한다.

# 17 교량받침 파손 원인 및 방지대책

## I. 개요

1. 교량받침은 교량의 상부구조를 지지하면서 회전, 활동 등에 적절히 대응하고 하중을 하부구조에 원활하게 전달하기 위한 장치이다.

2. 교량받침의 설계착오, 시공 및 유지관리 불량에 의해 받침 파손 시 교량에 기능, 안전성에 영향이 크므로 교량받침에 대한 검토·시공이 철저히 이루어져야 한다.

## II. 교량받침의 종류

| 고정받침 | 가동받침 |
|---|---|
| 선 받침, Pot Bearing(밀폐고무 받침), 탄성(고무) 받침, Pin 받침, Pivot 받침 | 선 받침, Pot Bearing(밀폐고무 받침), 탄성(고무) 받침, Roller 받침, Rocker 받침, Spherical 받침 |

## III. 받침 파손 원인

### 1. 설계 착오

(1) 상부 하중, 신축활동 등의 산정 착오

(2) 교좌의 과소 설계

(3) 교좌형식의 선정 부적절(상부구조의 거동 특성 고려 미흡)

(4) 교대배면의 토압, 수압의 고려 미흡

### 2. 부적합 받침 사용

(1) 받침 제작 불량

(2) 하중 전달, 회전량의 허용범위 부적정

### 3. 시공 불량

(1) 교좌 받침대 콘크리트의 시공 불량, 보강철근 배근 미흡

(2) 앵커볼트의 시공 불량

(3) 설치 시 연단거리 미확보

(4) 교좌 설치 기준(허용오차) 미준수

(5) 교좌의 배치 부적정

(6) 무수축 Mortar의 배합, 시공 불량

(7) 시공상의 오차

## 4. 공용 중

(1) 앵커볼트의 체결력 감소, 손상

(2) 교좌장치 상·하단 접촉면의 마찰 과대

(3) 교좌 회전장치, 이동장치 등의 파손

(4) 부식, 이물질 침투에 의한 기능 저하

(5) 교량 상부구조의 신축량 과대

(6) 교좌 받침의 파손에 따른 영향

(7) 받침 하부 구조체의 균열, 파손

(8) 받침의 Pin, Roller, Plate 등의 마모·파손

# Ⅳ. 방지대책

## 1. 작업준비

(1) 받침이 설치될 교각 및 교대 상부의 블록아웃 및 정비

(2) 코핑부의 철근은 받침의 스터드와 간섭되지 않도록 배근

(3) 강재 받침에 대한 노출부 전체 도장

## 2. 앵커볼트의 시공

(1) 앵커볼트의 구멍 확보

① 교각 및 교대의 볼트 위치에 금속 Pipe를 매입

② Con'c 경화 후 Pipe를 제거

③ 앵커볼트 구멍직경은 100mm 이상

④ 승인 시 Con'c를 친후 구멍을 뚫거나 Con'c 타설 시 볼트 설치 가능

(2) 볼트를 정확히 세우고 틈새를 무수축 Mortar로 채움

(3) 부반력 받침은 앵커볼트를 미리 설치 후 교각·교대 Con'c 타설하여 Con'c와 앵커볼트의 일체화를 도모

## 3. 받침 및 받침판의 설치

(1) 설정된 기선과 표고에 맞추어 정확하게 설치

(2) 수평이 되도록 설치

(3) 가동받침은 설치 시 기온으로 조절하여 설치

(4) 받침 설치 전 반드시 블록아웃 시공상태와 코핑면의 수평도, 받침형식과 배치상태를 점검

(5) 교량의 종·횡단 경사 고려 시 경사소울플레이트(Tapered Sole Plate)를 삽입

(6) 교좌 받침 Con'c

   ① 구체와 동종의 Con'c를 사용하여 타설

   ② 보강철근은 구조계산에 의거 산출하여 적용

(7) 받침 종류에 따라 규정된 연단거리를 확보

(8) 방호용 커버를 설치하여 오염으로부터 보호

## 4. 무수축 Mortar

(1) 주입 시에 받침하단 Con'c 타설 부위에 기공 발생 방지

(2) 상부구조(Girder, Beam, Slab 등) 시공 최소 7일 전에 타설, 충분한 강도 확보

(3) 습윤양생 실시

(4) 소요강도 확보 시까지 받침에 재하 금지

(6) 무수축 Mortar 품질기준

| 시험항목 | 팽창률 | 블리딩률 | 유동성 | 압축강도 |
|---|---|---|---|---|
| 품질기준 | 재령 7, 28일 기준 0~0.3% | 0.5% 이하 | 125% 이상 | $f_{28} = 58.8$MPa 이상 |

(7) 두께 : 보통 50mm

## 5. 교량받침의 배치 고려

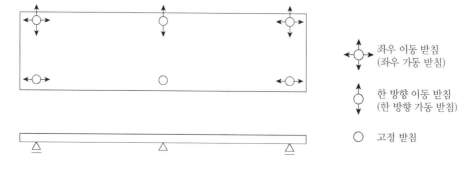

좌우 이동 받침
(좌우 가동 받침)

한 방향 이동 받침
(한 방향 가동 받침)

고정 받침

# V. 사후 대책

## 1. 받침본체의 부분교체 및 전면교체
(1) 상부구조를 인상 후 새로운 받침으로 전면교체
(2) 전면교체 시 받침형식은 같은 형식 유지
(3) 핀, 볼트, 너트 등의 파손은 부분교체 가능

## 2. 받침본체의 보수
받침 재료적 성질 등을 고려하여 용접 등에 의해 보수 실시

## 3. 받침대의 보수
(1) 받침대의 파손이 심각한 경우 : 충분히 제거 후 새 Mortar, Con'c 타설
(2) 받침대의 파손이 경미한 경우 : Epoxy 수지 등을 충전, 균열 확산 방지
(3) 받침대 폭의 여유 부족 시 : 받침대 폭을 확대 시공

## 4. 부식방지 도장
강재받침은 기능부를 제외한 공기노출부위를 도장하여 강재부식 방지

## 5. 방호용 커버 설치
받침에 방호용 커버를 설치하여 오염으로부터 보호조치

# VI. 결론

1. 교량받침은 교량의 안정성과 내구성에 영향이 크다.
2. 교량받침은 합리적 설계, 철저한 재료·시공관리를 통해 소요 품질을 확보해야 하며 공용 간 유지관리를 철저히 하여 그 기능이 유지되도록 확인, 관리해야 한다.

┤ 참조 ├

**교량받침 설치 시 오차 기준**  (B : 받침중심간격(m))

| 검사항목 | | 콘크리트 | 강교 |
|---|---|---|---|
| 받침중심간격(교축직각방향) | | ±5mm | 4+0.5(B−2)mm |
| 가동받침의 이동가능량 | | 설계이동량 +10mm 이상 | |
| 가동받침의 교축방향의 이동편차 동일 받침선상의 상대오차 | | 5mm | |
| 설치 높이 | | ±5mm | |
| 교량 전체 받침의 상대높이 오차 | | 6mm | |
| 단일 Box를 지지하는 인접 받침의 상대높이 오차 | | 3mm | |
| 받침의 수평도(교축 및 직각 방향) | 포트받침 | 1/300 | |
| | 기타받침 | 1/100 | |
| 앵커볼트의 연직도 | | 1/100 | |

# 18 교량 신축이음장치 종류, 파손 원인 및 대책

## I. 개요

1. 교량의 신축이음장치는 대기 온도 변화에 의한 상부구조의 신축, Con'c의 건조수축과 Creep, 교통하중 등에 의한 이동과 회전 등에 대응하기 위해 설치된다.
2. 신축이음장치는 교량의 형식과 규모, 환경조건, 설계 신축량 등을 고려하여 형식을 결정하여 적용하도록 한다.

## II. 신축량 산정

$\Delta l$(총 신축량) $= \Delta l_t = \Delta l_s + \Delta l_c + \Delta l_r + $ 여유량

여기서, $\Delta l$ : 총 신축량, $\Delta l_t$ : 늘음량과 줄음량의 차, $\Delta l_s$ : 온도 변화에 의한 이동량

$\Delta l_c$ : Creep 변화에 의한 이동량, $\Delta l_r$ : 활하중 처짐에 대한 이동량

여유량 : 설치여유량 10mm + 부가여유량 20mm

## III. 줄눈의 종류

### 1. 맞댐방식

(1) 일반적으로 신축량 50mm 이하 적용
(2) 맹 줄눈(절삭 줄눈) 형식
    ① 교량상부 Slab 신축줄눈 사이에 Stopper을 설치하고 홈에 줄눈재를 채우는 방식
    ② 소규모 교량 또는 고정단 위치에 신축량이 작을 때 적용
    ③ 줄눈재료 : 고무아스팔트 주입
    ④ 줄눈폭 : 20mm 정도
(3) 줄눈판 형식
    ① 신축줄눈 사이에 줄눈판을 삽입하는 방식
    ② 고정단인 교량받침이 설치된 교대부에 주로 적용

③ 줄눈판 재료 : 섬유재, 코르크재 등

④ 줄눈폭 : 10~20mm 정도

(4) 맞댄고무 Joint 형식

① 신축줄눈 사이에 고무 Joint를 맞대어 설치하는 방식

② 줄눈폭 : 50mm 정도

③ 시공 간단, 고무 Joint의 고정력이 부족

(5) Angle 보강 Joint 형식

① Slab 우각부를 Angle을 이용 보강 후 줄눈사이 하단에는 스티로폼 또는 줄눈 Filler를 채우고 상단에 고무 Joint Seal재를 삽입하는 방식

② 줄눈폭 : 40~50mm 정도

③ 다소 복잡한 설치과정

## 2. 지지방식

(1) 일반적으로 신축량 50mm 이상에 적용

(2) 지지형 고무 Joint 형식

① 고무와 강재를 조합하여 제작된 Joint를 설치하는 방식

② 하중을 유간에서 지지

(3) 강재 Finger Joint 형식

① Steel Finger Plate가 서로 맞물리게 설치되는 방식

② 강교에 주로 적용, 방수기능이 우수

③ 부수 및 교체가 용이

(4) 강재 겹침 Joint 형식

① Steel Plate가 겹쳐지게 설치되는 형식

② 강재 Finger Joint 사용 이전에 사용되었으며 현재는 보도 등에 제한적 적용

③ 교장 30m 이내에 적합

(5) 강재 고무 혼합 Joint 형식

① 교통하중은 강재가 신축을 고무가 대응토록 한 구조로 강재와 고무재가 번갈아 위치

② 내구성이 우수, 대형·장 Span 구조에 적용

(6) 기타

① Mono Cell Joint

② Rubber Top Joint

③ Trans Flex Joint

④ NB Joint

⑤ Rail Joint

## 3. 신축이음장치의 특성 비교

| 구분 | 맞댐식 | 지지식 |
|------|--------|--------|
| 적용 | 소규모 교량 | 대규모 교량 |
| 비용 | 보통(1.0) | 고가(1.2) |
| 시공성 | 간단 | 복잡 |

┤ 참조 ├

재료에 따른 특징 비교

| 고무계 신축이음장치 | 강재 신축이음장치 |
|---------------------|-------------------|
| • 수밀성 우수, 방수·방음 효과 우수, 주행성이 좋음<br>• 내구성 부족, 적용범위에 제한이 없음 | • 내구성 우수, 중량이 큼<br>• 작업 시 시간·노력 요구됨, 적용범위에 제한이 있음 |

# Ⅳ. 신축이음의 파손 원인

## 1. 유간의 과소

(1) 계산의 실수, 요소의 누락

(2) 교량 상부구조의 온도 변화, 크리프, 활하중에 의한 이동량, 여유량 등 누락·착오

## 2. 신축이음장치의 부적정

(1) 장치 구성 재료의 불량 : 재질 불량, 두께 등 규격 미달

(2) 신축이음장치의 이동성 불량 : 교량 상부구조의 신축을 구속하여 줄눈부, 장치의 파손 발생

(3) 신축이음장치의 강도 등 성능 부족

　　① 장치자체의 강도, 내구성 부족으로 파손

　　② 과대 교통하중 등의 영향

(4) Anchor체, Bolt 불량

　　① 장치의 고정을 위해 사용되는 Anchor체, Bolt의 재료·시공 불량

　　② 교통의 반복에 의한 Bolt의 풀림

## 3. 차량주행에 의한 마모, 충격

(1) 교통량의 증가

(2) 중차량의 통행 과다

## 4. 유지관리 불량

(1) 수시, 정기적 상태 점검 미흡

(2) 보수, 교체 시기의 미준수

(3) 줄눈부에 비압축성 물질의 침입

(4) 기상영향, 제설제 등에 의한 부식 발생

## 5. 지진, 교대 측방유동 등에 의한 교량 파손

## 6. 지반침하 영향으로 교량 하부구조의 침하 발생

# V. 방지대책(시공관리)

## 1. 설치 전 신축이음장치의 조정

(1) 설치온도 기준

    ① Con'c 구조물 : 구조물 아래 그늘의 48h 평균 온도

    ② 강구조물 : 구조물 아래 그늘의 24h 평균 온도

(2) 신축량을 고려한 이음장치 적용

(3) 이음부의 누수차단을 위한 방수커플러 등을 사용

## 2. 설치

(1) 18m 이상의 장치 사용 시 이음부는 바퀴가 지나가는 곳, 배수지역을 회피, 길이 18m 이하의 조립된 장치는 중간부에 현장이음이 없어야 함

(2) 설치장소는 신축이음장치의 최소유간보다 10mm 정도 크게 유지되도록 시공

(3) 블록아웃 시 신축이음장치의 규격에 맞추어 시공

(4) 신축이음장치의 앵커철근은 보강철근에 용접하여 정착시켜 Con'c 타설 간 시공위치의 변화 예방

(5) 아스팔트 교면 포장의 경우 침하를 고려 포장면보다 5mm 낮게 설치

(6) Con'c 타설 시 신축이음장치 표면 홈으로 Con'c 가 들어가지 않도록 비닐 등으로 덮개를 설치함

(7) 장치 주변 Con'c 는 철저한 다짐을 실시

## 3. 신축이음장치의 누수 시험

(1) 장치 전 구간에 깊이 25mm 이상의 물을 15분간 흐르게 하거나 고이게 함

(2) 물이 있는 15분, 이후 45분 동안 관찰

(3) 신축이음장치가 설치된 Con'c 면에서 물이 떨어지거나 습윤상태 여부를 관찰

(4) Con'c 면에 물방울이 맺혀 떨어지지 않는 경우 합격

## VI. 결론

1. 신축이음장치는 교량의 구성요소 중 파손이 가장 빈번하게 발생된다.

2. 교량의 신축이음장치는 성능이 확보된 재료를 사용하며 정확하게 시공되도록 하며, 공용중 기능이 유지되도록 세심한 점검과 철저한 보수를 실시하여야 한다.

# 19  교량 내진성능 평가 및 내진성능 향상방법

## I. 개요

1. 교량의 내진성능의 평가는 절차에 따라 시행하며, 내진성능 확보 여부 판단하여 보강항목 및 보강방법을 제시하게 된다.

2. 교량의 내진성능 향상은 교량 내진설계기준(한계상태설계법)에서 요구하는 내진싱능목표를 대상교량이 만족하도록 하는 것을 의미한다.

## II. 교량 내진등급

| 내진등급 | 해당교량 |
|---|---|
| 내진특등급 | 내진 I등급 중에서 국방, 방재상 매우 중요한 교량 또는 지진 피해 시 사회 경제적으로 영향이 매우 큰 교량 |
| 내진 I등급 | • 고속도로, 자동차전용도로, 특별시도, 광역시도 또는 일반국도상의 교량 및 이들 도로 위를 횡단하는 교량<br>• 지방도, 시도 및 군도중지역의 방재계획상 필요한 도로에 건설된 교량 및 이들 도로 위를 횡단하는 교량<br>• 해당도로의 일일계획교통량을 기준으로 판단했을 때 중요한 교량 |
| 내진 II등급 | 내진특등급 및 내진 I등급에 속하지 않는 교량 |

## III. 내진성능 평가방법

### 1. 내진성능 평가절차(Flow)

자료조사 → 내진성능 예비평가 → 내진성능 상세평가

### 2. 자료조사

설계, 건설, 유지보수 등의 자료를 기초로 한 조사

### 3. 내진성능 예비평가

(1) 내진성능 상세평가의 우선순위 결정을 위해서 실시

(2) 문헌자료 및 현장조사에 근거하여 실시

(3) 평가요소 : 지진도, 구조물의 취약도, 사회경제적인 영향

(4) 예비평가 내용을 분석하여 내진등급 그룹화

　　① 내진보강 핵심교량　② 내진보강 중요교량

　　③ 내진보강 관찰교량　④ 내진보강 유보교량

(5) 내진성능 확보여부를 포함되지 않음

## 4. 내진성능 상세평가

(1) 교량의 구성요소별 내진성능 확보여부를 파악

(2) 내진성능 예비평가 수행결과(우선순위)에 따라 실시

(3) 평가 요소 : 교각, 교량받침, 받침지지길이, 교대, 기초 및 지반

(4) 요소별 보유성능과 소요성능을 비교하여 평가

(5) 내진성능 확보 여부 판단

| 참조 |

**평가보고서 구성**

| 구분 | 평가보고서 구성 |
|------|------|
| 예비평가보고서 | 1. 개요 2. 현장평가분석 3. 지진도 평가 4. 취약도 평가 5. 영향도 평가<br>6. 내진 그룹화 7. 우선순위 결정(정책적 판단 등 고려) |
| 상세평가보고서 | 1. 내진성능 예비평가 결과 분석 2. 평가지진하중 3. 구성요소별 평가결과<br>4. 내진성능 평가결과 5. 내진성능 향상방안 6. 최종평가 및 결론 |

# IV. 구성요소의 보강에 의한 내진성능 향상방법

## 1. 보강방법 선정 시 고려사항

(1) 보강효과

(2) 시공성, 경제성

(3) 유지관리성

(4) 신뢰성

## 2. 교각

(1) 휨 성능 향상(연성 증진, 강도 증진), 전단성능 향상으로 구분

(2) 강판보강공법

　　① 보편적인 보강기법

　　② 보강부위를 강판으로 감싼 후

　　③ 강판과 교각 사이에 무수축 모르타르 또는 에폭시를 충전

(3) FRP(Fiber Reinforced Polymer) 보강공법

① 보강위치에 탄소섬유쉬트를 접착시켜 보강하는 공법

② 시공 Flow

$$\boxed{\text{바탕처리}} \rightarrow \boxed{\text{프라이머 도포}} \rightarrow \boxed{\text{쉬트 접착}} \rightarrow \boxed{\text{마감도장}}$$

(4) 기타 보강공법

① 콘크리트 피복공법

㉮ 휨강도, 휨변형 능력 및 전단강도를 보강

㉯ 교각의 주위에 띠철근을 배근하고 콘크리트를 덧씌우는 공법

② 모르타르 부착공법

㉮ 기존 교각에 띠철근이나 나선철근을 배근 후 모르타르를 뿜어 붙여 일체화하는 공법

㉯ 콘크리트 피복공법보다 부재단면의 증가가 감소됨

㉰ 라멘교 등에 적용하기가 용이

㉱ 시공 Flow

$$\boxed{\text{표면처리}} \rightarrow \boxed{\text{보강철근 배치}} \rightarrow \boxed{\text{균열방지 철망 설치}} \rightarrow \boxed{\text{표면마감 및 양생}}$$

③ 프리캐스트 패널 부착공법

㉮ 내부에 띠철근을 배근한 프리캐스트패널을 기둥 주위에 배치시켜 접합키로 폐합

㉯ 기둥과 패널의 공극에 그라우트를 주입하여 일체화

㉰ 시공 Flow

$$\boxed{\text{표면처리}} \rightarrow \boxed{\text{패널조립 및 설치}} \rightarrow \boxed{\text{그라우트 주입}} \rightarrow \boxed{\text{표면마감}}$$

④ 철근 삽입공법

㉮ 기존 교각에 천공 후 철근을 삽입하고 모르타르 등을 충전

㉯ 구체 단면 내에 소요 철근량을 증가시켜 전단강도 및 연성도를 보강

⑤ PS강봉 삽입공법

철근 대신에 PS강봉을 삽입, 필요에 따라 프리스트레스를 도입

⑥ 벽 증설공법

라멘교 등의 교각 사이에 벽을 증설하여 휨 및 전단강도를 대폭 개선

⑦ 브레이스 증설공법

㉮ 라멘교 등의 교각 사이에 브레이스를 증설

㉯ 기존 교각에 작용하는 대지진 시의 수평력을 줄이는 공법

⑧ 콘크리트 피복공법과 강판피복공법의 병행공법

⑨ 철근 삽입공법과 콘크리트 피복공법의 병행공법

⑩ PS강봉 삽입공법과 강판 피복공법의 병행공법

## 3. 교량받침

(1) 받침의 보유성능이 부족한 경우 소요성능 이상의 보유성능을 지닌 받침으로 교체하거나 받침에 전달되는 지진하중을 부담하여 받침을 보호하는 보호장치를 설치

(2) 분류

① 받침본체 교체

② 받침 앵커부 및 용접연결부 보강

③ 받침형 전단키 설치

(3) 상부구조의 인상(Jack up)공법

① 인상공법은 받침부 높이 및 연단거리 등의 작업 환경 및 조건이 고려되어야 함

② 거더 하부와 교각 및 교대 코핑부상면 사이의 공간은 최소 0.4m를 확보

③ 공법의 분류

㉮ 받침부 선상공법

㉯ 연단거리 확대공법

㉰ 브래킷 공법

㉱ 특수가대 공법

㉲ 가벤트 공법

㉳ 조립식브래킷 공법

---

| 참조 |

**교량 받침의 연단거리**

〈고무받침〉　　　　〈강재받침〉　　　　〈사교, 곡선교〉

- 연단거리란 받침의 끝에서 교각 또는 교대의 전면까지의 거리를 말하며, 강재받침의 경우는 앵커볼트의 중심에서부터의 거리를 의미
- 연단거리 부족 시 콘크리트의 파손 및 주형의 낙하 등의 문제점이 발생하며 받침의 유지관리가 제한됨
- 연단거리(S, mm) 확보 기준

| 구분 | 거더의 경간 길이 100m 이하 | 거더의 경간 길이 100m 이상 |
|------|---------------------------|---------------------------|
| 기준 | S = 200 + 5L | S = 300 + 4L |
| 비고 | L : 경간길이(m) | |

## 4. 낙교방지장치

(1) 낙교방지장치의 적용 검토

    ① 받침 중심선과 교축 중심선의 사잇각(S)이 60° 이하의 사교

    ② 교량의 곡선반경이 100m 이하이면서 중심각 30° 이상의 곡선교

    ③ 교각의 높이가 높아 고유주기가 1.5초 이상의 장주기 교량

    ④ 지반의 액상화 가능성이 있는 교량

    ⑤ 교각 및 교대 코핑부의 폭이 작은 단주교량의 경우

(2) 케이블 구속장치

    거더와 하부구조, 거더를 연결하여 과도한 수평변위를 제한

(3) 이동제한장치(전단키)

    ① 상부구조와 하부구조에 적절한 돌출부를 설치

    ② 전단키의 분류

        ㉮ 교각 및 교대의 상부에 돌출부 형태로 설치되는 전단키

        ㉯ 상부구조 하부에 설치되는 스토퍼

    ③ 재료 : 주로 강재, 콘크리트 및 강합성 구조 등

(4) 단면받침지지 길이 확대

    ① 콘크리트 타설 공법

    ② 강재브래킷 부착공법

    ③ 프리캐스트 콘크리트블록 부착공법

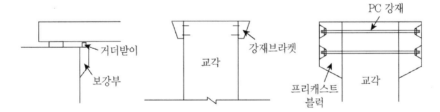

## 5. 교대

(1) 다른 구성요소를 새롭게 설치하여 교대를 여기에 정착함으로써 지진력에 대한 교대의 저항 성능을 향상

(2) 교대의 정착

    ① 앵커슬래브 공법

        교대의 후면에 슬래브를 타설하고 교대를 여기에 정착

    ② 지반과 중력식 앵커

(3) 교대의 횡저항 보강

  ① 지반 전단키

    교대벽의 뒷면에서 배면토로 돌출되는 짧은 보조벽

  ② 교대 날개벽 보강

    날개벽에 복합콘크리트 덧벽을 설치

  ③ 드릴구멍말뚝(CIDH : Cast-In-Drilled Hole Piles)

    교대의 가장자리에 대직경 CIDH 말뚝을 보조적으로 설치

(4) 교대 구체 보강

  ① 교대 구체를 직접 보강

    기존 교대와 보강부재가 일체화되도록 설치

  ② 다른 구성 요소의 보강

## 6. 기초

(1) 확대기초의 보강

  ① 기초 교체

  ② 기초의 강도보강

    ㉮ 기초의 면적 증가

    ㉯ 추가말뚝 시공

    ㉰ 보조 지반 또는 암반 앵커를 추가

  ③ 기초의 보강설계

  ④ 기초에 전달되는 힘의 제한

    링크 빔(Link beam)을 사용하여 기초에 전달되는 힘을 감소

〈링크 빔 보강〉

(2) 말뚝 및 말뚝-기초 연결부의 보강

  ① 새(추가) 말뚝

  ② 파일 타이다운

## V. 지진보호장치에 의한 내진성능 향상방법

### 1. 적용

구조요소 보강에 의한 교량의 내진성능 향상이 불충분하거나 비경제적, 비합리적인 경우에 지진 보호장치를 도입

### 2. 지진격리받침(Seismic Isolator)

(1) 유연한 거동을 하여 교량구조의 고유주기를 장주기화하여 감쇠성능을 높이는 지진보호장치

(2) 받침에서의 전단력과 하부구조에서의 전단력과 휨모멘트를 저감시키기 위해 사용

〈지진격리받침의 구조〉

(3) 지진격리받침이 적극적으로 고려되어야 하는 경우

    ① 기초부가 수중에 위치한 경우

    ② 받침의 설치를 위한 공간이 낮아 고무받침의 적용이 어려운 경우

    ③ 받침의 설치를 위한 공간이 좁아 고무받침의 적용이 어려운 경우

(4) 받침의 높이와 면적이 확대되므로 기존교량의 코핑부에 지진격리받침의 시공이 가능한지를 충분히 검토

(5) 지진격리받침의 종류

    ① 납고무받침(Lead Rubber Bearing, LRB)

    ② 고감쇠고무받침(High Damping Rubber Bearing, HDRB)

    ③ 마찰받침(Friction Bearing)

    ④ 마찰진자 지진격리장치(Friction Pendulum System, FPS)

    ⑤ 기능분리형 받침(Function Seperation Bearings)

    ⑥ 디스크받침형(Disk Bearings)장치

## 3. 감쇠기(Damper)

(1) 진동 시의 에너지 소산에 의해 구조물의 감쇠성능을 향상시키기 위해 사용

(2) 적용

    ① 지진격리받침의 적용에 의하여 내진성능의 향상이 어려운 경우

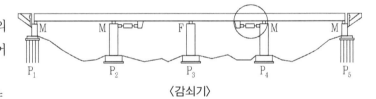

〈감쇠기〉

    ② 교각의 높이가 높은 교량

    ③ 사장교, 현수교 등과 같이 교량 자체의 주기가 충분히 긴 교량

(3) 종류

    ① 오일댐퍼(Oil Damper)

    ② 점성댐퍼(Viscous Damper)

## 4. 충격전달장치

(1) 지진에 의한 수평력을 가동단 교각으로 분산시키기 위해 사용

(2) Lock-Up Device(LUD) 또는 Shock Transmission Unit(STU) 사용

〈충격전달장치〉

## 5. 탄성받침

(1) 지진격리받침을 적용하지 못하는 곳 설치 가능

(2) 내진성능이 약간 부족한 경우 경제적 해법이 될 수 있음

# VI. 결론

1. 교량의 내진성능 향상기법은 교량 구성요소의 개별적인 보강에 의한 내진성능 향상방법과 지진보호장치에 의한 교량시스템의 내진성능 향상방법으로 대별한다.

2. 내진성능 향상방법은 시공성, 경제성, 보강효과, 유지관리성, 신뢰성 등을 종합적으로 검토하여 합리적으로 선정하여야 한다.

3. 내진성능 향상이 수행되는 교량은 내진성능 향상 후에도 소요성능을 만족하고 있다는 것을 확인하여야 한다.

---

| 참조 |

**내진성능 향상방법의 분류**

| 구분 | | 종류 | |
|---|---|---|---|
| 구성요소의 보강 | 교각 | • 강판 보강공법　• 철근 삽입공법<br>• FRP 보강공법　• PS강봉 삽입공법<br>• 콘크리트 피복공법　• 벽 증설공법<br>• 모르타르 부착공법　• 브레이스증설공법<br>• 프리캐스트 패널 부착공법<br>• 콘크리트 피복공법과 강판 피복공법의 병행공법<br>• 철근 삽입공법과 콘크리트 피복공법의 병행공법<br>• PS강봉 삽입공법과 강판 피복공법의 병행공법 | |
| | 교량받침 | • 받침본체 교체　• 받침 앵커부 및 용접연결부 보강　• 받침형 전단키 | |
| | 낙교 방지장치 | • 케이블 구속장치　• 이동제한장치(전단키)<br>• 단면받침지지 길이 확대　• 콘크리트 타설 공법<br>• 강재브래킷 부착공법　• 프리캐스트 콘크리트블록 부착공법 | |
| | 교대 | • 교대의 정착 | • 앵커슬래브 공법　• 지반과 중력식 앵커 |
| | | • 교대의 횡저항 보강 | • 지반전단키　• 교대날개벽보강<br>• 드릴구멍말뚝(CIDH) |
| | | • 교대 구체 보강 | • 교대 구체를 직접 보강　• 다른 구성 요소의 보강 |
| | 기초 | • 확대기초의 보강 | • 기초 교체　• 기초의 강도보강　• 링크 빔 |
| | | • 말뚝, 기초 연결부의 보강 | • 추가 말뚝　• 파일 타이다운 |
| 지진 보호장치 | 지진격리받침 | • 납고무받침　• 마찰진자지진격리장치<br>• 고감쇠고무받침　• 기능분리형받침<br>• 마찰받침　• 디스크받침형 | |
| | 감쇠기 | • 오일댐퍼　• 점성댐퍼 | |
| | 충격전달장치 | • Lock-Up Device(LUD)　• Shock Transmission Unit(STU) | |
| | 탄성받침 | | |

## I. 개요

1. 교면방수는 교면에 외부로부터 물과 제설용 염화물 등의 침투를 방지하여 교량 구조체의 열화를 방지하고 내구성을 유지하기 위하여 실시한다.
2. 교면방수공법은 침투식, 도막식, 시트식 방수로 구분되며 시공불량을 방지하여 방수성 능이 확보되도록 세심한 시공관리가 필요하다.

## II. 교면방수 요구조건

1. 교면의 균열에 대한 추종성
2. 방수재 자체의 신축에 대한 저항성
3. 교통하중에 대한 전단저항력 구비
4. 방수성능이 우수할 것
5. 시공이 용이하고 보수가 가능한 것
6. 물리적·화학적 저항성을 구비한 것

## III. 교면방수

### 1. 시공 전 준비
(1) 교량 바닥판면 레이턴스, 먼지, 기름 등의 유해물 제거 : 그라인더, 브러쉬, 공기압축기 등 이용
(2) 직경 10mm 이상, 깊이 3mm 이상 패인 부분은 충전재 이용 퍼티작업 실시
(3) 바닥판 균열은 보수작업 후 후속작업 실시

### 2. 접착층 시공
(1) 보통 프라이머를 도포하여 접착층 형성
(2) 균일하게 도포되도록 넓게 바르고, 얼룩이 지지 않도록 주의

(3) 접착층을 2층 이상으로 도포 시

    ① 1층은 교축직각 방향, 2층은 교축방향으로 도포

    ② 1차 도포 후 30~60분 정도 건조 실시

(4) 양생시간 준수

| 구분 | | 고무아스팔트계, 합성고무계 | 수지계 |
|---|---|---|---|
| 양생시간 | 20℃ | 1시간 정도 | 15분 이내 |
| | 5℃ | 2시간 정도 | 30분 이내 |

(5) 접착제 사용량

| 구분 | 고무아스팔트계 | 합성고무계 | 수지계 |
|---|---|---|---|
| 사용량 | $0.2L/m^2$ 이상 | $0.15L/m^2$ 이상 | $0.15L/m^2$ 이상 |
| 비고 | 시험시공을 실시, 결과 확인 후 시공 | | |

## 3. 흡수방지식 방수

(1) 교면의 표면에 방수재를 침투시켜 방수층을 형성하는 방수 공법

(2) 특징

| 장점 | | 단점 |
|---|---|---|
| • 시공이 간단 | • 공기가 짧다 | • 시간경과 시 방수효과 감소 우려 |
| • 사용범위가 넓다 | • 백화현상 방지 | • 성능평가가 제한됨 |

(3) 시공 Flow

바탕처리 → 방수재 혼합 → 1차 도포 → 2차 도포 → 확인/보완 → 양생

(4) 시공 유의사항

    ① 방수재는 수용성으로 물과 일정 비율로 혼합하여 작업

    ② 도포방법 : 적정 압력의 분무기 사용 또는 솔이나 흙손이용 문질러 시공

    ③ 2차 도포는 1차 도포방향과 직각 방향 도포

    ④ 도포막이 너무 빨리 건조되지 않도록 분무기 등으로 수분을 제공

    ⑤ 침투깊이 4mm 이상 되도록 시공관리

    ⑥ 단부에는 배수처리 시설을 설치하여 물이 체수되지 않도록 조치

    ⑦ 48시간 이상 양생 조치

## 4. 시트식 방수

(1) 시트를 교면의 표면에 접착시켜 방수층을 형성하는 방수 공법

(2) 특징

| 장점 | 단점 |
|---|---|
| • 내화학성, 내후성 우수<br>• 방수성능의 신뢰도 우수<br>• 방수층의 두께 균일 | • 재료비 고가, 보호층 필요<br>• 바탕면 처리불량 시 Pin Hole 등 발생<br>• 이음부 불량발생 우려 |

(3) 시공 Flow

바탕처리 → 접착층 시공 → 시트 부착 → 확인/보완 → 보호층 시공

(4) 시트식 방수 공법의 분류

① 접착형 시트

㉮ 접착용 아스팔트 용해 온도 210℃ 정도

㉯ 용해 시 소화기 준비, 부분가열 금지

② 용착형 시트

㉮ 시트를 시공선에 한 번 맞추고 나서 다시 말고, 토치로 시트를 가열하면서 부착

㉯ 아스팔트 고임을 확인하면서 공기가 주입되지 않도록 주의

㉰ 시트를 너무 가열하지 않도록 주의

(5) 시공 유의사항

① 시트 두께 : 융착형 3.5mm 이상, 접착형 3.0mm 이상 확보

② 접착방향은 교축방향과 같게 실시

③ 경사가 낮은 쪽부터 시공

④ 시트의 겹침폭은 100mm 이상

⑤ 직경 5mm 이상 기포는 구멍을 뚫고, 크기가 클 때는 절개 후 재시공

⑥ 접착층 프라이머 표준 사용량 : $0.2\ell/m^2 \sim 0.5\ell/m^2$

⑦ 프라이머 도포 후 20~60분 동안 건조 양생

⑧ 방호벽 및 중분대와 접촉하는 단부는 포장 상부층의 높이 이상 치켜 올려 정리

## 5. 도막식 방수

(1) 액체로 된 방수도료를 여러번 칠하여 방수층을 형성하는 방수 공법

(2) 특징

| 장점 | 단점 |
|---|---|
| • 시공 간단, 작업속도 빠름<br>• 이음부 미발생, 굴곡면 시공 용이<br>• 부분보수 용이 | • 도막의 균일한 두께 확보 제한<br>• 바탕의 균열 발생시 방수효과 저감<br>• 신뢰성이 다소 부족 |

(3) 시공 Flow

| 바탕처리 | → | 접착층 시공 | → | 도막(방수층)형성 | → | 양생 |

(4) 도막 방수재의 종류

① 합성고무계

② 고무아스팔트계

③ 합성수지계

(5) 시공 유의사항

① 방수재는 부풀음이 없도록 균일하게 도포

② 교축직각방향과 교축방향으로 일정하게 도포

③ 도막의 부착을 위한 충분한 시간 간격을 두고 단계적 도포

④ 양생시간 부족 시 가열기구 이용 촉진양생 실시

⑤ 양생 중 차량주행, 재하, 기름 등에 의한 도막 손상 방지

⑥ 방수층에 직경 3mm 이상 기포 제거 작업 실시

⑦ 접착층 프라이머 표준 사용량 : $0.2\ell/\text{m}^2 \sim 0.5\ell/\text{m}^2$

⑧ 프라이머 도포 후 20~60분 동안 건조 양생

⑨ 도막의 시공 두께는 1.0mm 이상 확보

## Ⅳ. 도막방수, 시트방수 비교

| 구분 | 시트방수 | 도막방수 | 비고 |
|---|---|---|---|
| 제품 형상 | Roll형 | 용제형 | |
| 시공방법 | 시트가열 후 융착 | 도포 반복 | |
| 시공속도 | 400m²/일 | 2,000m²/일 | 작업원 10인 기준 |
| 시공성 | 보통 | 양호 | |
| 양생기간 | 없음 | 3~4일 | |

## Ⅴ. 결론

1. 교면 방수는 시공 후 방수불량에 대한 보수가 다소 제한적이므로 교면의 특성을 고려한 공법을 적용하고 철저한 시공관리로 방수성능이 지속되도록 해야 한다.

2. 아울러 방수층의 파손은 교면 구조체의 균열에 기인하여 발생할 수 있으므로 구조체의 균열 등에 대한 조치를 신속하게 취하여야 한다.

# 21 교량 용어 정의

## ■ 교량받침

• **교량받침** : 교량의 상부구조를 지지하면서 필요시 회전, 활동 등에 적절히 대응하고 하중을 하부구조로 원활하게 전달하기 위한 장치

• **가동받침** : 일방향 혹은 양방향으로 활동이 가능한 받침

• **고정받침** : 양방향 모두 활동이 제한된 받침

• **로커받침** : 가동받침의 일종으로 진자(振子)와 같이 움직임이 가능한 교량 받침

• **롤러받침** : 구름 축 받침의 일종으로 원통롤러, 테이퍼롤러, 구면롤러, 니들롤러 등이 있음

• **스페리컬받침** : 한쪽 접촉면은 평면, 다른 쪽을 구면으로 한 베어링플레이트를 사용하여 평면접촉부는 신축기능, 곡면접촉부는 회전기능을 갖게 한 교량 받침

• **탄성받침** : 탄성체의 변형에 의해 변위나 회전이 가능한 교량 받침

• **포트받침** : 강재 용기 내에 고무판과 불소수지 미끄럼판으로 이루어진 교량받침

• **디스크받침** : 폴리에테르 우레탄 디스크와 불소수지 미끄럼판으로 이루어진 교량 받침

• **지진격리받침** : 지진하중 작용 시 미끄럼판이나 감쇠장치에 의해 구조물의 고유주기를 증가시키거나 지진하중을 감쇠시켜 지진의 영향을 최소화하고 복원력 확보가 가능한 교량 받침

• **소올플레이트** : 거더의 하면 경사를 수평으로 보정하기 위하여 교량 받침의 상면과 거더의 하면 사이에 설치되는 강판

## ■ 신축이음

• **신축이음장치** : 온도변화, 하중, 크리프, 건조수축 등에 의한 상부구조의 신축량을 수용하고 이음부의 평탄성을 유지시킬 목적으로 교량의 연결부에 설치하는 장치

• **신축량** : 설계 시 계산되는 값으로 교량 상부구조가 온도변화, 하중, 크리프, 건조수축 등에 의해 수축·팽창하는 길이 변화량

• **유간** : 설계온도를 기준으로 상부구조의 수축·팽창이 가능하도록 신축량과 여유량을 포함한 신축이음장치의 간격

- **설치 시 유간** : 신축이음장치의 설치 시의 온도 및 건조수축 등 환경조건을 고려하여 조정된 유간

- **봉함재(sealant)** : 노면으로부터 우수 또는 이물질이 신축이음장치로 유입되지 않도록 신축이음장치 사이에 삽입되는 고무 또는 기타 탄성재

## ■ 강교

- **가붙임용접(tack welding)** : 본용접 전에 용접되는 부재를 정해진 위치에 잠정적으로 유지시키기 위해서 수행되는 비교적 짧은 길이로 된 용접

- **가스메탈 아크용접(GMAW, Gas Metal Arc Welding)** : 외부에서 용융금속을 대기영향으로부터 보호하기 위하여 보호가스를 공급하면서 연속으로 공급되는 용가재를 사용하는 아크용접

- **가조임볼트(temporary tighting bolt)** : 부재의 가조립 또는 가설(설치) 시 연결부에 위치를 이음 고정하여 부재의 변형 등을 막기 위해서 임시로 사용하는 볼트

- **고장력강(high tensile strength steel)** : 보통 인장강도 490 MPa급 이상의 압연재로서 용접성, 노치인성 및 가공성이 우수한 강재

- **기공(blowhole, porosity)** : 용융금속 중에 발생한 기포가 응고 시에 이탈하지 못하고 용접부내에 잔류하여 생기는 공동현상

- **단강품(steel forging)** : 단조품을 적당한 단련 성형비를 주도록 강괴 또는 강편을 단련성형하여 보통 소정의 기계적 성질을 주기 위하여 열처리를 시행한 것

- **단조품(forging product)** : 흑피품이라고도 하며 단조성형된 채로의 형상인 것으로 형타단조품, 자유단조품, 중공단조품 등이 있고 단조작업 온도에 따라 열간단조품, 온간단조품, 냉간단조품이 있음

- **단품 제작** : 제작품의 중량, 설치 및 운송을 고려하여 일정 규모의 단일 부재로 제작하는 공정

- **뒷댐재(weld backing)** : 맞대기 용접을 한 면으로만 실시하는 경우 충분한 용입을 확보하고 용융금속의 용락을 방지할 목적으로 동종 또는 이종의 금속판, 입상 플럭스, 불성 가스 등을 루트 뒷 면에 받치는 것

- **브리넬경도(brinell hardness)** : 강구압지를 사용하여 시험편에 구상의 압입자국을 만들었을 때의 하중을 압입자국의 직경으로부터 구한 압입자국의 표면적으로 나눈 값

- **비커스경도(vickers hardness)** : 대면각 136°의 정사각뿔인 다이아몬드 압자를 일정한 시험하중으로 시료의 시험면에 압입하여, 생긴 영구오목부의 표면적으로 나눈 값

- **샤르피 충격시험(charpy impact test)** : 샤르피 충격시험기를 사용하여 시험편에 충격하중을 가하여 재료의 취성, 인성을 측정하는 시험법

- **서브머지드 아크용접(SAW, Submerged Arc Welding)** : 입상의 플럭스 내에서 와이어와 모재 사이 또는 와이어끼리의 사이에 아크를 발생시켜 열로 실시하는 용접

- **스트롱백(strong back)** : 맞대기 용접 시에 이음판의 상호엇갈림 치수차를 수정함과 동시에 각변화를 방지하기 위해서 일시적으로 붙이는 보강재

- **스패터(spatter)** : 용접부의 일부를 이루지 않는 용융 용접 중 배출된 금속입자

- **아크에어가우징(arc air gouging)** : 탄소봉을 전극으로 하여 아크를 발생시켜 용융금속을 홀더(holder)의 구멍으로부터 탄소봉과 평행으로 분출하는 압축공기로서 계속 불어내어 홈을 파는 방법

- **엔드탭(end tab)** : 용접이 시작되거나 또는 종료되는 곳에 설치되는 별도의 재료

- **열가공제어강(TMC steel, Thermo-Mechanical Control processed steel)** : 제어압연 후 공냉 또는 강제적인 제어 냉각을 하여 제조한 강재로서 일반 압연강재보다 용접성이 우수하며 열가공 압연 및 가속냉각이 여기에 포함됨

- **열처리 고장력강(quenched & tempered high tensile strength steel)** : 강을 담금질(quenching)한 후 뜨임질(tempering: 뜨임온도는 400℃ 이상)을 하여 강의 결정입자를 곱게 해서 재질을 조정하고 강인화시켜 열처리를 하여 고장력강으로서의 성질을 지니도록 한 강재로 일명 조질고장력강이라고도 칭함

- **용락(burn-through)** : 용접금속이 홈의 뒷면에 녹아내리는 현상. 박판용접에 봉 용극을 사용하거나 용접해야 될 판두께가 용융금속을 지탱할 수 있을 만큼의 루트면 치수가 없을 경우 또는 루트간격이 너무 클 경우 발생하는 현상

- **일렉트로가스 용접(EGW, Electro-Gas Welding)** : 용접할 모재 사이에 물로 냉각시킨 2매의 구리받침판을 이용하여 용융풀(molten pool) 위로부터 차폐가스를 공급하면서 와이어를 용융부에 연속적으로 공급하여 와이어 선단과 용융풀 사이에 아크를 발생시켜 그 열로 모재를 용융시켜 용접하는 방법

- **일렉트로슬래그 용접(ESW, Electro-Slag Welding)** : 용융슬래그와 용융금속이 용접부에서 흘러나오지 않게 용접의 진행과 함께 수냉시킨 구리판을 위로 이동 시키면서 연속주조 방식에 의해 용접하는 방법

- **재편조립(assembly of piece)** : 재단도에 의하여 절단한 판재나 형강 등을 조립하는 공정

- **저온균열(cold crack)** : 약 200℃ 이하의 저온에서 발생하는 균열로 저온균열에는 루트균열, 토우균열, 비드하부균열 등이 있음

- **주강품(steel casting)** : 용해된 강을 주형에 주입하여 소요모양의 제품으로 한 것, 주입주강품, 주방 주강품 등이 있음.

- **층분할방식(split layer technique)** : 용접층이 두꺼울 경우 단일층의 용접으로 시행하지 못하고 여러 층으로 나누어 용접을 시행하는 방법

- **케스케이드법(cascade method)** : 다층 용접을 할 경우 각 비드의 일부를 인접 비드위에 겹쳐 용착하는 방법

- **코킹(caulking)** : 불연속을 밀폐(seal) 시키거나 또는 감추기 위해 기계적인 방법으로 용접부나 모재의 표면에 소성변형을 가하는 작업

- **크레이터(crater)** : 용접비이드가 끝나는 곳에 있는 함몰 자국

- **탄소강(carbon steel)** : 철과 탄소의 합금으로서 탄소함유량이 보통 0.02%~약 2% 범위의 강으로서 소량의 규소, 망간, 인, 유황 등을 함유하고 있음. 탄소 함유량에 따라 저탄소강, 중탄소강, 고탄소강으로 분류되고, 경도에 따라 극연강, 연강, 경강으로 구분됨

- **토크−전단형 고장력 볼트(Torque−Shear type high tension bolt, 이하 'T/S 볼트'라 칭함)**: 제작 시 만들어진 핀꼬리(pintail)의 노치 부분이 체결 시 볼트 조임력에 의한 전단파단으로 절단될 때 볼트에 도입되는 축력을 공장에서 규격화시킨 제품으로 볼트머리 부에는 와셔를 두지 않음

- **플럭스코어드 아크용접(FCAW, Flux Cored Arc Welding)** : 코어드 와이어나 플럭스코어드 와이어 용접봉을 사용하는 용접

- **피닝(peening)** : 충격타를 가하여 금속을 기계적으로 가공하는 작업

- **피복아크 용접(SMAW, Shield Metal Arc Welding)** : 용접하려는 모재표면과 피복 아크용접봉의 선단과의 사이에 발생하는 아크열에 의해 모재의 일부를 용융함과 동시에 용접봉에서 녹은 용융금속에 의해 결합하는 용접 방법

- **합금강(alloy steel)** : 강의 성질을 개선 향상시키기 위하여, 또는 소정의 성질을 구비시키기 위하여 합금원소를 1종 또는 2종 이상 함유시킨 강철

- **PS강봉(steel bars for prestressed concrete)** : 탄소강, 저합금강, 스프링강 등을 사용, 스트레칭, 냉간드로잉, 열처리 등 어느 특정한 방법 또는 이들의 조합으로서 끝맺임된 강봉


## ■ 교량 일반

- **가도교** : 도로 위에 가설된 교량

- **가동교** : 차량 또는 선박에 대한 다리밑공간이 가변적인 교량

- **검토등급 I** : 사용하중에 대하여는 인장응력이 허용되지 않으며, 시공 중에만 인장응력을 허용하는 콘크리트 단면의 등급

- **검토등급 II** : 평상시의 사용하중에 대하여는 인장응력이 허용되지 않으며, 시공 중과 흔하지 않은 사용하중 조합에만 인장응력을 허용하는 콘크리트 단면의 등급

- **검토등급 III** : 총 단면을 고려하는 경우에는 흔하지 않은 사용하중 조합에만 인장응력을 허용하며, 콘크리트 피복두께 단면을 고려하는 경우에는 평상시의 사용하중에 대하여 인장응력을 허용하나 반영구적 하중조합에 대하여는 인장응력을 허용하지 않는 콘크리트 단면의 등급

- **격벽** : 단면 형상을 유지시키기 위하여 거더에 배치하는 횡방향 보강재, 다이아프램, 또는 단일 박스 또는 다중 박스거더의 받침점부나 경간 내에 비틀림 등에 저항하기 위하여 설치하는 칸막이 벽

- **경간(Span)** : 교량에서 교대와 교각, 또는 교각과 교각사이 공간을 말함. 연속교인 경우 그 위치에 따라 측경간, 중앙경간 등으로 부르고, 경간 수에 따라 3경간, 5경간 연속교 등으로 부름

- **계수하중** : 강도설계법으로 부재를 설계할 때 사용되는 하중으로서, 사용하중에 하중계수를 곱한 하중

- **고정교** : 차량 또는 선박에 대한 다리밑공간이 고정되어 있는 교량

- **공칭강도** : 강도설계법의 규정과 가정에 따라 계산된 부재 또는 단면의 강도로 강도감소계수를 적용하기 전의 강도

- **과선교**: 철도선로 위에 가설된 교량

- **교량의 전복(뒤집힘)** : 차량의 탈선 또는 바람의 상향력으로 교량이 뒤집히는 현상

- **구조물 온도 신축길이** : 구조물의 온도 고정점 간의 길이. 여기서 온도 고정점이란 온도변화에도 구조물의 종방향 변위가 생기지 않는 점을 밀하며, 양쪽 교대 사이에 설치되는 구조물의 경우에는 교대의 받침 중심점으로부터 온도 고정점까지의 거리

- **극한한계상태(Ultimate(Strength) Limit State)** : 설계수명동안 강도, 안정성 등 붕괴 또는 이와 유사한 형태의 구조적인 파괴에 대한 한계상태

- **긴장력(jacking force)** : 긴장재에 인장력을 도입하는 장치에 의해 발휘되는 임시적인 힘

- **긴장재(tendon)** : 콘크리트에 프리스트레스를 가하는 데 사용되는 강선, 강연선, 강봉 또는 이들의 다발

- **긴장재** : 단독 또는 몇 개의 다발로 사용되는 프리스트레싱 강재(강선, 강봉, 강연선)

- **내진등급** : 중요도에 따라서 교량을 분류하는 범주로서 내진 II등급, 내진 I등급으로 구분됨

- **단경간교(Single Span Bridge)** : 경간이 하나인 교량

- **단블록(end block)** : 정착부의 응력을 감소시키기 위해 부재의 단부를 확대하는 것

- **덕트(duct)** : 포스트텐션 방식의 PSC부재에서 콘크리트 경화전이나 또는 후에 PS강재를 배치시켜 긴장할 수 있도록 미리 콘크리트 속에 설치해둔 원형의 관

- **덕트** : 프리스트레스트 콘크리트를 시공할 때 긴장재를 배치하기 위한 원형 관

- **마찰** : 프리스트레싱 동안 접촉하게 되는 긴장재와 덕트 사이의 표면 저항으로 곡률마찰과 파상마찰이 있음

- **묻힘길이** : 위험단면을 넘어 더 연장하여 묻어 넣은 철근길이

- **바닥판** : 도상이나 침목, 레일 등을 통해 열차하중을 지지하고 다른 부재들에 의해 지지되는 판 부재

- **보수·보강** : 교량의 내구성이나 내하력, 강성 등의 역학적 성능을 회복 또는 향상시키는 작업

- **부모멘트** : 바닥판 및 부재 상측에 인장응력을 생기게 하는 휨모멘트

- **부착된 긴장재(bonded tendon)** : 직접 또는 그라우팅을 통해 콘크리트에 부착되는 긴장재

- **붕괴** : 교량의 사용불능을 초래하는 기하구조의 심한 변형

- **브래킷 또는 내민받침(코벨)** : 집중하중이나 보의 반력을 지지하기 위하여 기둥면 또는 벽체면에서 부터 나와 있는 짧은 캔틸레버 부재

- **블록공법** : 프리캐스트 부재를 부재 방향으로 몇 개의 블록으로 나누어서 제작하고, 블록을 서로 연결시키기 위해 프리스트레스를 주어 구조부재로 만든 공법

- **사용수명** : 교량이 사용될 것으로 기대되는 기간

- **사용하중** : 하중계수를 곱하지 않는 하중으로서, 작용하중이라고도 함.

- **사용한계상태(Serviceability Limit State)** : 균열, 처짐, 피로 등의 사용성에 관한 한계상태로서, 일반적으로 구조물 또는 부재의 특정한 사용 성능에 해당하는 상태

- **상로 플레이트거더교** : 통로가 주거더의 상면위치에 배치되는 교량

- **설계하중** : 부재를 설계할 때 사용되는 적용가능한 모든 하중과 힘, 또는 이와 관련된 내적 모멘트 와 힘으로서, 허용응력설계법에 의한 설계에서는 하중계수가 없는 하중(사용하중)이고, 강도설계 법에 의한 설계에서는 적절한 하중계수를 곱한 하중(계수하중)이 설계하중이 됨

- **순경간(Clear Span)** : 교대와 교각, 또는 교각과 교각사이 전면간의 거리

- **쉬스** : 덕트를 형성하기 위한 관

- **압출용 받침(launching bearing)** : 압출공법(incremental launching method)으로 가설할 때 설치 하는 마찰이 작은 임시가설용 받침

- **압출코(launching nose)** : 교량을 압출하는 동안 상부구조의 휨모멘트를 감소시키기 위하여 압출되 는 상부구조의 선단에 부착한 가설용 강재부재(temporary steel assembly)

- **유효 프리스트레스** : 프리스트레싱에 의한 콘크리트 내 응력 중 자중과 외력에 의한 영향을 제외하 고 계산된 모든 응력 손실량을 뺀 나머지 응력, 또는 자중과 외력의 영향을 제외하고 모든 손실이 발생한 후에 프리스트레스트 긴장재 내에 남아 있는 응력

- **전달길이(transfer length)** : 프리텐션 부재에서 부착에 의해 콘크리트에 프리스트레스 힘을 전달하 는데 필요한 길이

- **접속구 또는 커플러(coupler)** : PS강재와 PS강재 또는 정착장치와 정착장치를 접속하여 프리스트레 스 힘이 전달되도록 하는 장치

- **정모멘트** : 바닥판 및 부재 하측에 인장응력을 생기게 하는 휨모멘트

- **정착 단면(anchored section)** : 정착부가 있는 거더의 끝단부의 단면

- **정착구역(anchorage zone)** : 부재에서 집중된 프리스트레스 힘이 정착장치로부터 콘크리트로 도입되고(국소구역), 부재 내로 넓게 분포되는(일반구역) 부분

- **정착길이** : 위험단면에서 철근의 설계강도를 발휘하기 위해 필요한 철근의 묻힘길이

- **정착돌출부(anchorage blister)** : 한 개 이상의 PS강재 정착부에서 면적 확보를 위하여 복부, 플랜지, 복부와 플랜지의 접합부에 돌출시킨 부분

- **정착장치** : 포스트텐션방식에 의한 프리스트레스트 콘크리트에서 인장력을 준 PS강재를 경화한 콘크리트에 고정시키기 위한 장치

- **정착장치의 슬립량** : PS강재를 정착장치에 정착시킬 때에 PS강재가 정착장치 내에 딸려 들어가는 양

- **주하중** : 교량의 주요 구조부를 설계하는 경우에 항상 또는 자주 작용하여 내하력에 결정적인 영향을 미치는 하중의 총칭

- **중요도(Operational Importance)** : 도로 기능상 교량의 중요한 정도

- **지진격리받침** : 지진격리교량이 지진 시 수평방향으로 큰 축방향 변형을 허용할 수 있도록 수평방향으로는 유연하고, 수직방향으로는 강성이 높은 교량받침

- **지진격리시스템** : 수직강성, 수평유연도, 그리고 감쇠를 경계면으로부터 시스템에 제공하는 모든 요소의 집합

- **지진보호장치** : 교량구조물의 내진성능과 내진안정성을 향상시키기 위한 모든 장치들로서, 지진격리받침, 감쇠기, 낙교방지장치 등이 이에 해당됨

- **차축하중** : 차량의 좌우측 바퀴의 하중을 합한 하중

- **캔트** : 곡선 선로에서 열차의 원심력에 대항하여 차량의 안전을 도모하기 위해 내측레일을 기준으로 외측레일을 높게 하는데 이때의 고저 차

- **코팅재** : 철근 또는 긴장재를 부식에 대해 보호하거나 덕트와 긴장재 사이의 마찰을 감소시키기 위해 사용하는 재료

- **탄성중합체** : 압력을 가하여 상당한 변형이 있는 후 그 압력을 제거하면 초기의 크기와 형상으로 복원되는 고분자 물질로서 여기에서는 고무부품이나 고무부품의 생상에 사용하는 복합화합물을 말함

- **파상마찰** : 프리스트레스를 도입할 때 쉬스 또는 덕트의 시공상 오차에 의해 발생하는 마찰

- **폐합부(closure)** : 한 경간을 완성하기 위하여 사용하는 현장치기 콘크리트의 세그먼트

- **프리캐스트 구조물** : 프리캐스트 구조물은 최종 위치에서가 아닌 다른 장소 또는 공장에서 제작되는 구조 부재로 구성된다. 조립된 구조물에서는 구조적인 일체성을 확보하도록 각 부재들을 연결

- **하로 플레이트거더교** : 통로가 주거더의 하면위치에 배치되는 교량

- **한계상태(Limit State)** : 교량 또는 구성요소가 사용성, 안전성, 내구성의 설계규정을 만족하는 최소한의 상태로서, 이 상태를 벗어나면 관련 성능을 만족하지 못하는 한계

- **합성거더교** : 주거더와 현장치기 바닥판이 전단연결재에 의해 결합되어 주거더와 바닥판이 일체로 된 합성단면으로 하중에 저항하는 교량

- **허용응력(Allowable Stress)** : 탄성설계에서 재료의 기준강도를 안전율로 나눈 것

- **A형 이음부** : 현장타설콘크리트 이음부, 프리캐스트부재 사이의 습윤콘크리트나 에폭시 이음부

- **B형 이음부** : 프리캐스트 부재사이에 특별한 재료를 두지 않은 이음부(dry joint)

Chapter

07

# 터널

**Professional Engineer**
**Civil Engineering Execution**

# 01 터널공법의 종류 및 특징

## I. 개요

1. 터널이란 지반 중에 어떤 목적이나 용도에 따라 만들어 놓은 공간을 갖는 구조물이다.
2. 터널의 시공법은 터널의 용도, 규모, 공사기간 및 공사비용, 안전성, 지반조건 및 주변상황을 고려하여 최적의 시공법을 선정·적용하여야 한다.

## II. 공법 분류

1. 재래식 공법(ASSM)
2. NATM 공법
3. TBM 공법
4. Shield 공법
5. 개착식공법(Open Cut Method)
6. 침매공법(Immersed Method)
7. Pipe Roof 공법
8. 잠함공법(Pneumatic Caisson Method)
9. 체절(가물막이) 공법

## III. 종류 및 특징

### 1. 재래공법(ASSM, American Steel Supported Method)

(1) 굴착공간을 강지보재를 이용 지지하며 최종적으로 Linning을 설치하는 공법

(2) 특징

    ① Steel Rib, Concrete Lining이 주 지보재 역할을 수행

    ② 주위 암반이 하중요소로 작용하므로 지보재가 많이 소요

    ③ 지반상태를 육안으로 판정하여 안정성이 저하

    ④ 지반 이완으로 지표침하가 발생

⑤ 대형장비의 사용 제한

⑥ 차수성 불량

## 2. NATM(New Austrian Tunnelling Method)

(1) 굴착 중 원지반의 강도를 유지시켜 지반 자체의 강도를 이용하고, 굴착 공간 내 Rock Bolt, Steel Rib, Shotcrete 등의 지보재를 설치하는 공법

(2) 특징

① 원지반이 주된 지보재 역할 수행

② Shotcrete, Rock Bolt, Steel Rib 등을 지보공으로 사용

③ 지질에 따른 적용범위가 넓음(토사지반~극경암)

④ 굴착공간과 주변상황에 대해 계측하여 안정성을 확보

⑤ 대형장비의 적용 가능

⑥ 재래적 시공법에 비해 지보공이 적게 소요되어 경제적

⑦ 굴착 중 지반변형이 적음

(3) NATM과 ASSM의 비교

| 구분 | NATM | ASSM |
|------|------|------|
| 주지보공 | 지반자체 | Steel Rib, Con'c Lining |
| 주위암반 | 하중요소, 지지요소로 작용 | 하중요소로 작용 |
| 안정성 | 계측 | 육안으로 판단 |
| 지보재 사용량 | 비교적 적다 | 많다 |
| 경제성 | 우수 | 부족 |

## 3. TBM(Tunnel Boring Machine)

(1) (Hard Rock)Tunnel Boring Machine을 이용 암반을 전단면 원형으로 굴착하는 비발파식 기계굴착공법이다.

(2) 특징

① 굴착속도가 빠르며 공기 단축 가능

② 비발파공법으로 소음과 진동이 작음

③ 여굴이 적고, 지보공이 적게 소요

④ 원형단면이므로 구조적으로 안정

⑤ 대형장비의 적용으로 초기 투자비가 큼

⑥ 지반변화에 대한 적용 제한 발생

⑦ 기계의 조작에 전문인력이 필요

(3) TBM과 NATM의 비교

| 구분 | TBM | NATM |
|------|------|------|
| 단면형상 | 원형 | 다양 |
| 지반적용 | 경암 | 토사지반~경암 |
| 여굴 | 거의 없음 | 발생 |
| 시공속도 | 10m/day 정도 | 2~3m/day |
| 터널연장 | 2km 이상 | 제약 없음 |

## 4. Shield 공법

(1) 토사층, 연약지반 등에 강재 원통형의 Shield를 밀어 넣고 굴착하며 굴착벽면에 Precast Con'c Segment를 조립하여 복공하는 공법

(2) 특징

   ① 시공속도가 빠르고 공기 단축 가능

   ② 시공관리 및 품질관리가 용이

   ③ 비발파식 기계굴착으로 소음·진동이 작음

   ④ 광범위한 지반에 적용 가능(토질변화에 대응 가능)

   ⑤ 연약지반 굴착 중 침하발생 우려

   ⑥ 공사비 고가

   ⑦ 급곡선부 시공 제한

## 5. 개착식 공법(Open Cut Method)

(1) 지표에서 터널의 시공 심도까지 굴착 후 터널구조물을 축조하고 그 위를 되메우기하는 공법

(2) 특징

   ① 시공관리, 품질관리가 용이

   ② 신속한 작업이 가능, 토질변화에 대처 가능

   ③ 굴착깊이 및 지질에 따라 공기, 공사비에 영향 발생

   ④ 지상 교통에 영향 발생

   ⑤ 소음, 진동, 먼지 등의 공해 발생

   ⑥ 굴착에 의한 주변 지반침하, 지하수위 변화 영향 발생

   ⑦ 지하매설물에 대한 조치 필요

## 6. 침매공법(Immersed Method)

(1) 수중 지반을 Trench 굴착하고 지상에서 제작한 침매함체를 물에 띄워 운반한 후 굴착공간내에 침하시켜 기설 부분과 연결, 되메우기한 다음 함체 속의 물을 배제하여 터널을 구축하는 공법

(2) 특징

① 단면형상이 자유롭고, 큰 단면 적용 가능

② 터널 구조체가 육상에서 제작되므로 품질관리가 용이

③ 공기 단축 가능

④ 기상, 해류 등 해상조건의 영향이 공정 및 안전성에 영향을 미침

⑤ 연약지반에 적용 가능

⑥ 유속이 빠른 곳 적용 제한

## 7. Pipe Roof 공법

(1) 굴착단면의 외주를 따라 Pipe를 삽입하여 안정성을 확보, 이를 지보공으로 하여 터널을 굴착하는 방법

(2) 특징

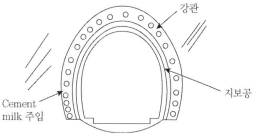

① 안정성 우수

② 소음과 진동이 거의 없음

③ 지반 침하 최소화 가능

④ 임의 단면에 적용 가능

⑤ 지상교통에 영향 없음

⑥ Pipe를 삽입 등에 특수장비 필요, 대규모 설비가 요구됨

## 8. 잠함공법(Pneumatic Caisson Method)

(1) 잠함 작업실을 제작 후 수중에 침하, 작업실 내부로 압축공기를 공급하여 침수를 방지하면서 굴착을 진행하고 이를 연결하여 수저터널을 축조하는 공법

(2) 특징

① 수심이 얕은 곳에 적합

② 굴착이 쉬운 토사층에 유리

③ 함체는 구형의 단면형상으로 제작

④ 작업장 내 완전한 침수방지가 제한됨

⑤ 유속이 빠른 곳 적용 제한

⑥ 터널 구체의 경사, 편심 우려

## 9. 체절(가물막이) 공법

(1) 수중에 체절을 설치, 내부 물을 배제한 후 작업장을 Dry한 상태로 하여 흙막이 굴착을 진행시켜 그 내부에 터널구조를 시공해나가는 공법

(2) 특징

① 토질변화에 대응 가능

② 신속한 작업 가능

③ 체절과 흙막이에 대한 안정성, 수밀성 확보 필요

④ 수심이 깊은 경우 적용 제한

⑤ 유속이 빠른 곳 적용 제한

# Ⅳ. 결론

1. 터널 시공 시 지반상태, 주변상황 등에 대한 확인을 통해 안정성을 확보하며 굴착이 진행되어야 한다.

2. 우리나라는 산악지형이 많고, 교통이 복잡한 특성이 있어 터널의 요구가 많은 실정이다. 이에 따라 발파에 의한 터널 굴착과 도심에서의 TBM, Shield 등에 의한 기계식 굴착의 활용이 증가되고 있다.

# 02 암반 분류 방법

## I. 개요

1. 원지반의 암반에 대하여 불연속면, 단층, 파쇄대, 풍화 정도 등을 조사하여 이를 근거로 암반의 상태를 판정한다.
2. 암반을 분류하는 방법은 다양하나 그 목적에 따라 적합한 분류방법을 적용하여야 한다.

## II. 암반 분류 방법

### 1. RQD(Rock Quality Designation, 암질지수)

(1) RQD는 절리의 많고 적음에 따라 암반의 상태를 판정하는 방법이다.

(2) 암반에 Core를 채취하여 10cm 이상의 Core 길이를 합산하여 천공길이로 나누어 백분율로 표시

(3) 평가방법

$$RQD(\%) = \frac{10cm \ 이상 \ Core \ 길이의 \ 합}{시추공의 \ 길이} \times 100$$

(4) 판정기준

| RQD | 0~25 | 25~50 | 50~75 | 75~90 | 90 이상 |
|-----|------|-------|-------|-------|---------|
| 상태 | Very Poor(상당히 나쁨) | Poor(나쁨) | Fair(보통) | Good(좋음) | Very Good(매우 좋음) |

(5) 특징

① 평가요소가 간단

② 터널공사에 필수적으로 적용

③ 절취사면의 구배 결정

④ Boring 규격 : NX 규격(구경 75mm) 이상으로 적용

⑤ RQD는 RMR, Q분류 등의 요소로도 활용됨

┊─┤ 참조 ├┈┄

**TCR(Total Core Recovery, Core 회수율)**

암반에 Core를 채취하여 파쇄되지 않은 Core의 비율을 백분율로 나타낸 것

$$TCR(\%) = \frac{회수된\ Core\ 길이}{시추한\ 암석의\ 길이} \times 100$$

- 적용 : 암석의 강도 추정, 암질지수의 산정, 절리 상태 파악 등
- 코어 회수율은 시추공의 규격, 굴진속도, 기능공의 숙련도에 따라 차이가 크게 발생
- RQD는 풍화 정도에 따라 값 차이가 많이 나는 반면 TCR은 차이가 별로 나타나지 않을 수 있으며, TCR에 비해 RQD가 공학적 가치가 큼

## 2. RMR(Rock Mass Rating, 암반평점분류법)

(1) RMR은 5가지의 평가요소에 대한 각각의 평점을 합산하여 총점으로 암반을 분류

(2) 암 거동의 중요한 요소인 불연속면에 주안점을 둔 암빈분류 방법

(3) 평가요소

| 구분 | 암석강도 | RQD | 절리간격 | 절리상태 | 지하수 상태 |
|------|----------|-----|----------|----------|-------------|
| 점수 | 15 | 20 | 20 | 30 | 15 |

┊─┤ 참조 ├┈┄

**판정요소의 종류와 평점**

| 분류매개변수 | | 구분 | | | | | |
|---|---|---|---|---|---|---|---|
| 1 | Point Load 시험강도 (kg/cm²) | >100 | 40~100 | 20~40 | 10~20 | <10 미만의 구간은 일축압축 시험결과 채택 | |
| | 일축압축강도 (kg/cm²) | >2,500 | 1,000~2,500 | 500~1,000 | 250~500 | 50~250 | 10~50 | <10 |
| | 평점 | 15 | 12 | 7 | 4 | 2 | 1 | 0 |
| 2 | RQD (%) | 90~100 | 75~90 | 50~75 | 25~50 | <25 | |
| | 평점 | 20 | 17 | 13 | 8 | 3 | |
| 3 | 절리의 간격 | >2m | 0.6~2m | 0.2~0.6m | 60~200mm | <60mm | |
| | 평점 | 20 | 15 | 10 | 8 | 5 | |
| 4 | 불연속 상태 | 거칠다 불연속 밀착 신선 | 약간 거칠다 <1.0mm 불연속면, 밀착 약간 풍화 | 약간 거칠다 <1.0mm 연화됨, 풍화 Gouge 없음 | Slickensied 1~5mm Gouge<5mm Open | Continuous Joint >5mm Gouge>5mm Very Open | |
| | 평점 | 30 | 25 | 20 | 10 | 0 | |
| 5 | 지하수 (터널 10m당) | 완전 건조 | 건조 (<10ℓ/min) | 습윤 (10~20ℓ/min) | 적은 지하수 (25~100ℓ/min) | 심한 지하수 (>125ℓ/min) | |
| | 평점 | 15 | 10 | 7 | 4 | 0 | |

(4) 판정기준

| 점수 | 100~81 | 80~61 | 60~41 | 40~21 | < 20 |
|------|--------|-------|-------|-------|------|
| 암반등급 | I | II | III | IV | V |
| 상태 | 매우 양호 | 양호 | 보통 | 불량 | 매우불량 |

(5) 특징

① 세계적으로 터널시공 시 가장 보편적으로 적용

② 판정에 개인적 오차가 작고 신뢰성이 높으며 합리적임

③ 유동성 암반 및 팽창성 암반 등 취약한 암반의 분류에 부적당, 사면 적용 곤란

④ 암반의 전단강도정수($C$, $\phi$) 추정에 이용

## 3. SMR(Slope Mass Rating)

(1) SMR은 RMR에 근거하여 사면에 대한 추가요소를 고려하는 방법으로 사면의 파괴형태, 안정성 등을 예비적으로 평가하는 분류방법

(2) 평가방법

$$SMR = RMR + (F_1 \times F_2 \times F_3) + F_4$$

여기서, $F_1$ : 암반사면과 불연속면의 경사방향차, $F_2$ : 불연속면의 경사각에 대한 보정치,

$F_3$ : 암반사면과 불연속면의 경사각차, $F_4$ : 굴착방법에 대한 보정치

(3) 판정기준

| 등급 | SMR | 판정 | 안정성 | 예상파괴 |
|------|-----|------|--------|----------|
| I | 81~100 | 매우 양호 | 매우 안정 | 없음 |
| II | 61~80 | 양호 | 안정 | 약간의 블록 |
| III | 41~60 | 보통 | 부분적 안정 | 일부 불연속면, 다수의 쐐기형 파괴 |
| IV | 21~40 | 불량 | 불안정 | 평면파괴, 큰 쐐기형 파괴 |
| V | 0~20 | 매우 불량 | 매우 불안정 | 대규모 평면파괴, 토사형의 파괴 |

## 4. Q-System(Norwegian Geotechnical Institute)

(1) 스칸디나비아 반도의 약 200개의 터널조사 자료에 의한 암반분류방법으로 Rock Mass Quality System이라고도 함

(2) 평가방법

$$Q = \frac{RQD}{J_n} \times \frac{J_r}{J_a} \times \frac{J_w}{SRF} \left( \frac{암질지수}{불연속군의\ 수} \times \frac{불연속군의\ 거칠기}{불연속군의\ 풍화도} \times \frac{지하수\ 상태}{응력\ 감소\ 계수} \right)$$

(3) 판정기준

| Q | 암반 등급 |
|---|---|
| 0.001~0.01 | Exceptionally Poor |
| 0.0.~0.1 | Extremely Poor |
| 0.1~1 | Very Poor |
| 1~4 | Poor |
| 4~10 | Fair |
| 10~40 | Good |
| 40~100 | Very Good |
| 100~400 | Extremely Good |
| 400~1000 | Exceptionally Good |

┤ 참조 ├

$\dfrac{RQD}{J_n}$ : 암반을 형성하는 Block의 크기

$\dfrac{J_r}{J_a}$ : 암반(절리)의 전단강도

$\dfrac{J_w}{SRF}$ : 암반의 응력

(4) 특징

① 평가요소가 많고 분류가 복잡, 개인차 발생 가능

② 대단면 및 유동성, 팽창성 암반과 같은 취약한 지반 적용 가능

③ 암반을 정확히 평가하여 지보패턴 결정에 적용

④ 절리의 방향성을 미고려

┤ 참조 ├

RMR과 Q분류의 비교

| 구분 | RMR | Q-System |
|---|---|---|
| 평가 점수 | 0~100 | 0.001~1000 |
| 평가 중점 | 절리방향성 | 전단강도, 현장응력 |
| 미고려 인자 | 현장 응력 | 절리 방향성 |
| 특성 | 분류간단, 개인편차 적음 | 조사항목이 많음, 분류가 복잡, 경험 필요 |
| 비고 | R = 9lnQ + 44 | |

## 5. 절리간격에 의한 방법

(1) 암반의 절리 간격을 측정하여 개략적으로 암반을 분류하는 방법

(2) 절리간격에 따라 파쇄된 암반, 좁은 암반, 넓은 암반 등으로 분류

(3) Muller, Deere, Coates 등이 제시한 분류표 이용

┤ 참조 ├

절리간격에 의한 분류(Deere에 의한 분류)

| 절리간격 | 5cm 이하 | 5~30cm | 30~100cm | 1~3m | 3m 이상 |
|---|---|---|---|---|---|
| 절리상태 | 매우 좁은 | 좁은 | 보통 | 넓은 | 매우 넓은 |

## 6. 균열계수에 의한 방법

(1) 양호한 암반과 현장 암반에 대한 동적 탄성계수를 이용하여 균열계수($C_r$)를 산정, 암반을 분류하는 방법

(2) 평가방법

$$C_r = 1 - \frac{E_d(F)}{E_d(L)} \ \text{또는} \ 1 - \frac{V_p(F)}{V_p(L)}$$

여기서, $E_d(F)$ : 현장의 암반에 대한 동적 탄성계수, $E_d(L)$ : 신선한 암석의 시편에서 구해진 동적 탄성계수, $V_p(F)$ : 현장의 암반에 대한 탄성파 속도, $V_p(L)$ : 신선한 암석의 시편에서 구해진 탄성파 속도

(3) 판정기준

| 등급 | A | B | C | D | E |
|------|------|------|------|------|------|
| $C_r$ | < 0.25 | 0.25~0.50 | 0.50~0.65 | 0.65~0.80 | > 0.80 |
| 상태 | 매우 좋음 | 좋음 | 중정도 | 약간 나쁨 | 나쁨 |

## 7. 풍화도에 의한 방법

(1) 암반의 풍화(변질) 정도를 나타내는 풍화도($k$)로 암반을 분류하는 방법

(2) 평가방법

$$k = \frac{V_u - V_w}{V_u}$$

여기서, $V_u$ : 신선한 암반의 탄성파 속도, $V_w$ : 풍화암의 탄성파 속도

(3) 판정기준

| $k$ | 0 | 0~0.2 | 0.2~0.4 | 0.4~0.6 | 0.6~1.0 |
|------|------|------|------|------|------|
| 상태 | 신선한 | 약간 풍화된 | 중 정도로 풍화된 | 상당히 풍화된 | 현저히 풍화된 |

## 8. 리핑 가능성에 의한 분류

(1) Dozer에 부착된 Ripper 작업에 의해 굴착이 가능한 리핑 가능성(Ripperability)에 의해 암반을 분류

(2) 리핑가능성을 기준으로 연암과 경암으로 분류

(3) 발파작업을 하지 않고 리퍼작업 가능영역을 연암으로 분류

# Ⅲ. 결론

1. 암반분류에 있어 적용되는 방법의 평가요소를 정확히 조사·분석하여 보다 신뢰성이 확보되도록 암반을 분류하여야 한다.
2. 특히 시추된 Core를 이용한 분류방법 적용 시 시추공의 규격을 NX 이상으로 적용하여 시추된 Core 상태 변화가 최소화되도록 하여야 한다.
3. 암반의 분류는 계획단계부터 설계, 시공, 계측의 전 과정에서 일관성 및 객관성을 유지하여야 하므로 최초 분류기준을 특별한 사유 없이 변경하지 않도록 해야 한다.

┤ 참조 ├

**암질의 분류**

| 등급 | 암질 | 특징 | RMR | Q값 | RQD (%) | 탄성파 속도 (km/s) | 일축압축강도 (kN/cm²) | 코아 회수율 (%) |
|---|---|---|---|---|---|---|---|---|
| Ⅰ | 경암 | 안정성이 있고 풍화, 변질 및 물리적, 화학적 영향을 거의 받지 않은 신선한 대괴상의 암질 | 80~100 | 40 이상 | 70 이상 | 4.5 이상 | 10 이상 | 90 이상 |
| Ⅱ | 보통암 | 균열 및 편리가 다소 발달되어 있으며 일반으로 절리가 존재하는 층상의 암질 | 70~80 | 10~40 | 40~70 | 4.0~4.5 | 8~10 | 70~90 |
| Ⅲ | 연암 | 층리, 절리 및 편리 등이 매우 발달된 상태이며, 파쇄대가 존재하는 소괴상의 암질 | 50~70 | 4~10 | 20~40 | 3.5~4.0 | 6~8 | 40~70 |
| Ⅳ | 풍화암 | 물리적, 화학적 영향으로 파쇄대가 매우 발달되고 절리가 불규칙으로 발달된 파쇄상의 풍화된 암질 | 25~50 | 1~4 | 20~40 | 3.5 이하 | 2.5~6 | 40 이하 |
| Ⅴ | 풍화토 | 풍화작용이 심하고 일부가 토괴화된 상태이며, 매우 쉽게 부서지고 쉽게 뜯어낼 수 있는 암질 | 25 이하 | 1 이하 | 20 이하 | 3.0 이하 | 2.5 이하 | – |

# 03 NATM(New Austrian Tunnelling Method)

## I. 개요

1. 굴착 중 원지반의 강도를 유지시켜 지반 자체의 강도를 이용하고, 굴착 공간 내 Rock Bolt, Steel Rib, Shotcrete 등의 지보재를 설치하는 공법이다.
2. 계측을 통한 안정성 확보, 지질·막장상태 등을 고려한 지보 Type 적용, 연약층 보강 등으로 관리되므로 지반변화에 적응성이 좋고, 적용단면의 범위가 넓어 일반적인 조건에서 경제성이 우수한 공법이다.

## II. 공법의 특징

1. 원지반이 주된 지보재 역할 수행
2. Shotcrete, Rock Bolt, Steel Rib 등을 지보공으로 사용
3. 지질에 따른 적용범위가 넓음(토사지반~극경암)
4. 굴착공간과 주변상황에 대해 계측하여 안정성을 확보
5. 대형장비의 적용 가능
6. 재래적 시공법에 비해 지보공이 적게 소요되어 경제적
7. 굴착 중 지반변형이 적음
8. 장비가격 등 초기투자비 상대적으로 저렴
9. 발파에 따른 소음·진동 발생, 주변 영향 검토 필요
10. 노동인력 많이 소요
11. 여굴에 따른 추가 공사비가 소요됨
12. 도심지, 용수가 많은 연약지반, 막장자립이 불가능한 지반 등 적용 제한

## III. NATM과 ASSM의 비교

| 구분 | NATM | ASSM |
|---|---|---|
| 주지보공 | Rock Bolt, Steel Rib, Shotcrete | Steel Rib, Con'c Lining |
| 주위암반 | 하중요소, 지지요소로 작용 | 하중요소로 작용 |
| 안정성 | 계측 | 육안으로 판단 |
| 지보재 사용량 | 비교적 적다 | 많다 |
| 경제성 | 우수 | 부족 |

## IV. NATM 시공 Flow

사전조사 → 공사준비 → 갱구보강 → 발파 → 지보공 → Con'c Lining
→ 계측관리

## V. NATM 시공

### 1. 사전조사

(1) 지반조사 : 지형·지질, 지하수위, 지반강도 등 설계자료 수집

(2) 입지조건 조사 : 법규제, 교통, 환경영향요인, 주변여건 등

### 2. 공사준비

(1) 조명·환기설비, 천공·버력처리·계측장비 등

(2) 위험물 보관소, 각종 자재 등

| 구분 | 암반분류 | 설계 |
|---|---|---|
| NATM | RMR | 예비설계 개념 |
| NMT | Q-System | 확정설계 개념 |

〈NATM, NMT 비교〉

### 3. 갱구보강, 갱문설치

(1) 갱구부 사면의 안정성 확보

(2) 입구, 출구에 갱문 설치

### 4. 발파

(1) 시험발파를 통한 발파패턴·장약량 결정, 주변영향 확인 등

(2) 천공 : 위치, 방향, 깊이 등 준수

(3) 제어발파 적용으로 여굴, 암반이완 최소화

① Line Drilling 공법

② Pre Splitting 공법

③ Cushion Blasting 공법

④ Smooth Blasting 공법

(3) 버력처리

① 갱내, 갱외 버력운반으로 구분

② 운반방식, 운반장비 고려

③ 굴착단면, 버력의 성상 등을 고려 장비의 용량·대수 산정

---| 참조 |---

- 굴착공법 : 막장면(굴진면) 또는 터널 굴착방향의 굴착계획을 총칭하는 것으로서 전단면굴착공법, 분할굴착공법, 선진도갱굴착공법 등이 있음
- 전단면(막장)굴착공법 : 터널의 상·하반을 동시에 굴착하는 공법으로 터널의 단면이 작거나, 지반의 자립성과 지보능력이 적합한 경우에 적용
- 분할굴착 : 터널 막장면의 안정을 증대시키고 지표면 침하량을 저감시킬 목적으로 적용
- 수평분할굴착 : 터널의 상반, 하반 또는 인버트로 분할하여 굴착하는 공법으로 막장면의 자립시간이 적어 막장 굴착이 곤란한 경우에 적용
- 연직분할공법 : 터널을 좌우로 양분 또는 삼분할하는 공법
- 굴착방법 : 지반을 굴착하는 수단을 말하며 인력굴착, 기계굴착, 파쇄굴착, 발파 굴착방법 등

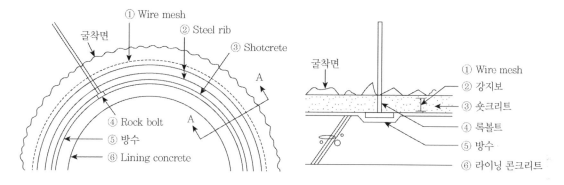

# 5. 암반보강(지보공)

(1) Steel Rib

① 지반의 붕락 방지, Shotcrete 경화 전 지보 역할

② H형강, U형강, 격자지보재 등

③ 형상 및 치수, 시공정밀도, 밀착 상태 등 관리 철저

(2) Rock Bolt

① 지반을 보강하거나 변위를 구속하여 지반의 지내력을 증가

② 시공순서

| 천공 | → | 정착재 충진 | → | 볼트삽입 | → | 체결 |

③ Rock Bolt 종류 : 선단정착형, 전면접착형, 혼합형

④ 정착재 종류 : 시멘트 Mortar, 시멘트 Milk, 수지 등

(3) Shotcrete

　① 아치형으로 지반하중 분담, 지반이완 방지 역할

　② 보강재 : Wire Mesh, 강섬유, 고성능합성섬유 등

　③ 시공법 : 습식, 건식

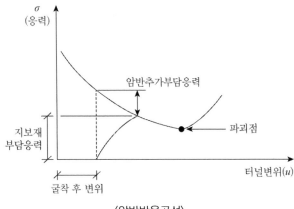

〈암반반응곡선〉

## 6. 방수

　Shotcrete면에 부직포 설치 후 방수지 부착

## 7. Lining Con'c

(1) Shotcrete의 보호, 구조적 안정성 증진, 각종설비의 지지 역할

(2) Travelling Form 이용 Con'c 타설

(3) 균열이 많이 발생하므로 대책 강구 필요

　① Con'c 재료, 배합, 시공 등 품질관리 철저

　② 줄눈의 시공 : 수축, 신축 줄눈 등

　③ 뒷채움 시공 철저

## 8. 계측관리

(1) 원지반, 지보공, 주변구조물 등에 대한 거동 및 영향을 파악

(2) 일반계측(A계측)

　① 일상적인 시공관리상 반드시 실시되는 계측

　② 보통 20~40m 간격 계측기 배치

　③ 천단침하, 지표면 침하, 내공변위, 갱내 관찰조사, Rock Bolt 인발시험

(3) 대표계측(B계측)

① 지반조건 및 현장여건을 고려 추가로 실시하는 계측

② 보통 200~300m 간격 계측기 배치

③ Rock Bolt 축력, Shotcrete 응력, 지중수평변위, 지중변위, 지중침하, 지하수위, 간극수압, 소음, 진동 등

## 9. 보조(보강)공법

(1) 주지보재 혹은 터널 굴착공법 등의 변경으로는 터널 막장면 및 주변지반의 안정성을 확보할 수 없는 경우 적용

(2) 용수대책

　① 수발공, 수발갱 공법

　② Well Point, Deep Well 공법

　③ 주입공법

(3) 막장안정

　① Forepoling

　② Pipe Roof

　③ 막장면 Shotcrete, Rock Bolt

　④ 약액주입공법

## 10. 조명, 환기 등

(1) 작업에 필요한 충분한 조도 확보위한 조명시설 설치

(2) 유해가스, 분진, 매연 등의 배출을 위한 환기시설 설치

(3) 비상대피소 설치하여 작업 중 붕괴 등에 위험으로부터 보호

> ┤ 참조 ├
>
> **터널 시공 중 환경 관리기준**
>
> **조명**
> - 막장이나 직접작업을 행하는 장소 70lux 이상
> - 통로구간 : 30lux 이상
> - 위험한 장소 : 경계 표시등 설치
> - 정전 대비 예비전원이나 비상전원을 설치
>
> **환기** : 발파 및 작업기계에 의한 가스, 분진, 및 기타 내연기관의 배기가스 등 배출
>
> **분진**
> - 농도측정 : 3개월에 1회씩 정기적으로 실시
> - 국부 배기장치나 살수 등의 조치를 강구
>
> **터널 내부 가스 및 분진 허용농도**
>
> | 종류 | 일산화탄소(CO) | 이산화탄소($CO_2$) | 황화수소($H_2S$) | 메탄($CH_4$) |
> |---|---|---|---|---|
> | 허용농도 | 100ppm | 1.5% | 10ppm | 1.5% |
>
> \* 기준 초과 시 환기시설 보완 등의 대책 강구

# VI. 결론

1. NATM 터널은 발파, 지보공설치를 반복하여 굴착하고 방수 및 Lining Con'c 공사를 진행하여 터널을 구축하는 공법이다.

2. NATM 공법은 암질, 막장면상태, 지보공의 상태 등을 종합적으로 고려하여 표준지보의 단면을 결정·적용하므로 계측관리가 무엇보다 중요하다.

# 04 시험발파

## I. 개요

1. 현장 암반에 대하여 장약량 및 천공 규모 등을 다르게 하여 시험발파를 실시, 발파효과와 발파공해에 대한 분석을 통해 발파패턴을 결정해야 한다.
2. 시험발파를 통해 원지반에 미치는 영향, 소음·진동 등에 의한 주변 영향이 허용수준 이내가 되도록 발파설계를 실시하여야 한다.

## II. 시험발파의 목적

1. 현장의 지반조건 및 지형적 특성에 맞는 현장 발파진동 추정식을 산출
2. 이격거리별 지발당 허용장약량을 산출
3. 발파공법 적용구간 설정
4. 발파패턴 설계
5. 민원 예방

## III. 시험발파 Flow

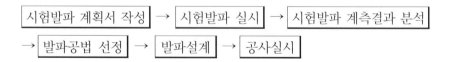

## IV. 시험발파

### 1. 시험발파 계획서 작성
(1) 주변 환경을 고려한 허용기준 검토
(2) 설계 발파진동 추정식을 이용한 발파 영향권의 검토
(3) 설계 발파패턴 검토

┤ 참조 ├

**시험발파 수행계획에 포함될 사항**
- 사용 화약류의 종류·특성, 지발당 장약량, 기폭방법 및 뇌관의 종류
- 주변 보안물건에 대한 조사내용 및 폭원과 측점과의 이격거리
- 천공제원 : 천공 구경, 깊이, 최소저항선, 공간거리, 각도 등
- 장약제원 : 사용 폭약, 폭약 직경, 공당 장약량, 지발당 장약량, 전색길이 등
- 계측계획 : 계측기 종류 및 형식, 소요 대수, 설치 위치 등
- 예상 공해 수준, 발파공해 규제기준
- 안전대책 : 발파 보호공, 경계원 배치, 차량 통제계획 등

## 2. 실험발파 실시

(1) 당초 설계패턴에 의한 천공, 장약실시

(2) 주변 보안물건에 피해 없는 안전한 곳에서 실시

(3) 계측실시로 거리 및 장약량 변화에 따른 감쇠지수 파악

(4) 신뢰성 있는 분석을 위해 30점 이상의 계측자료 확보

## 3. 시험발파 계측결과 분석

(1) 전산프로그램을 이용하여 회귀분석을 실시

(2) 현장특성에 맞는 발파진동 추정식 산출

(3) 이격거리별 지발당 허용장약량 산출

┤ 참조 ├

**시험발파 결과 보고서 수록 내용**
- 개요, 시험발파의 목적, 시험발파 위치도 및 주변현황, 발파원 지역의 지질현황
- 발파진동·소음의 허용기준치 검토 및 설정, 시험발파의 조건 및 방법
- 발파진동·소음의 측정방법 및 결과, 발파진동 추정식, 지발당 허용장약량 결정
- 발파패턴 설계, 발파공해의 저감 대책 등

## 4. 발파공법 선정

(1) 지발당 허용장약량에 따른 발파공법 선정

(2) 발파공해 허용기준 이내의 발파공법 적용성 검토

## 5. 발파설계

(1) 선정된 발파공법에 적합한 폭약 종류, 지발당 장약량의 결정

(2) 사용뇌관의 종류 및 기폭방법 검토

(3) 이격거리별 발파공해 허용기준을 고려해 발파패턴 설계

(4) 설계된 발파패턴의 안전성을 검토 후 적용

(5) 발파공사 특별시방서 작성

## 6. 공사 실시

(1) 보안물건과의 이격거리별 설계패턴 적용

(2) 설계패턴별 장약량 등 천공패턴 준수

(3) 발파작업과 병행하여 발파계측 실시

# V. 발파조건의 주요 요소(발파진동의 크기에 영향을 미치는 요소)

1. 사용 화약류의 종류 및 특성
2. 지발당 장약량
3. 기폭 방법 및 뇌관의 종류
4. 폭원과 보안물건(측점)과의 거리
5. 전색상태와 장전밀도
6. 자유면의 수
7. 전파경로와 지반상태(지형, 암질, 지하수상태)

> **│ 참조 │**
>
> **발파진동 예측식**
>
> $$V = K\left(\dfrac{D}{W^b}\right)^n$$
>
> 여기서, $V$ : 진동속도(cm/sec, kine), $D$ : 폭원으로부터의 거리(m), $W$ : 지발당 장약량(kg/delay),
> $K$ : 발파진동 상수, $b$ : 장약지수, $n$ : 감쇠지수

# VI. 발파진동에 따른 관리기준

## 1. 구조물의 손상기준 발파진동 허용치(터널표준시방)

| 구분 | 문화재 및 진동예민 구조물 | 조적식 벽체와 목재로 된 천장을 가진 구조물 | 지하기초와 콘크리트 슬래브를 갖는 조적식 건물 | 철근 콘크리트 골조 및 슬래브를 갖는 중소형 건축물 | 철근 콘크리트 또는 철골골조 및 슬래브를 갖는 대형건물 |
|---|---|---|---|---|---|
| 최대입자속도 (cm/sec) | 0.2~0.3 | 1.0 | 2.0 | 3.0 | 5.0 |

## 2. 국토교통부의 발파진동 허용기준

| 구분 | 가축류 | 문화재 | 주택, 아파트 | RC건물, 공장 |
|---|---|---|---|---|
| 진동치(cm/sec) | 0.1 | 0.2 | 0.3~0.5 | 1.0~5.0 |

# VII. 분석결과 검토 및 적용

1. 발파진동 추정식 산정
2. 시험발파에 따른 발파설계 패턴의 적합성을 판단
3. 주변 건축물이나 시설물에 미치는 피해 영향 등을 검토
4. 현장에 맞는 지발당 허용장약량 산출
5. 지발당 허용장약량을 기준으로 장비 및 작업효율 등을 감안하여 천공장, 천공경, 천공간격, 저항선 등 발파패턴을 설계
6. 발파공해 저감대책 및 발파작업 시 제기된 문제점을 검토
7. 현장에 가장 적합한 발파계획을 수립

# VIII. 결론

1. 도로 건설공사의 발파공법은 보안물건으로부터 발파소음, 진동, 비석 등의 환경피해 및 민원 발생의 원인이 되므로 환경피해를 저감시킬 수 있도록 현지여건을 고려하고 시공성, 경제성, 안전성 등을 감안하여 적정한 발파공법을 선정한다.
2. 공사시에는 시험발파에서 제시된 천공간격, 지발당 허용장약량, 발파패턴 등에 따라 발파공사를 시행하되 계측관리를 철저히 시행하여 안전하게 발파하여야 한다.

# 05 제어발파

## I. 개요

1. 터널에서의 발파는 심발발파를 통해 자유면을 확보하고 확공발파를 실시한다.
2. 확공발파는 원지반의 손상을 최소화하고 여굴이 방지되는 발파공법을 적용하여야 하므로 제어발파를 적용한다.
3. 발파계획은 지반조건, 주위환경, 터널단면의 크기와 형상, 굴착공법, 굴진장, 벤치길이 등에 적합한 천공길이 및 배치, 폭약의 종류와 양, 뇌관의 종류, 발파순서 등을 종합적으로 판단하여 수립하여야 한다.

## II. 공법의 특징

1. 원지반의 손상 억제
2. 매끈하고 평활한 굴착면 확보 가능
3. 여굴 방지

---| 참조 |---

**터널 발파공법의 분류**

**심발발파(심빼기발파)** : 단면의 중심부를 발파하여 자유면을 확보하기 위한 발파
- 경사 심빼기 : V-Cut, Prism Cut, Pyramid Cut, Diamond Cut
- 평행 심빼기 : Burn Cut, Cylinder Cut, Coromant Cut, No-Cut

**제어발파 적용** : 확공(주변공) 발파
- Line Drilling, Pre Splitting, Cushion Blasting, Smooth Blasting

---

4. 부석(뜬돌)이 적게 발생

## III. 제어발파 공법

### 1. Line Drilling
(1) 굴착예정선을 따라 조밀하게 제1열의 무장약공을 천공하여 인접발파에 의해 파쇄되도록 약

한 곳을 미리 만들어놓는 법이다.

(2) 특징

　① 장점

　　㉮ 경암의 굴착에 유리

　　㉯ 깨끗한 굴착면 형성 가능

　　㉰ 암반 손상이 작음

　　㉱ 장약량이 타공법 대비 작음

　② 단점

　　㉮ 매우 균일한 암반이 아니면 만족할 만한 발파 효과를 얻을 수 없음

　　㉯ 천공비용과 천공시간이 많이 소요됨

(3) 굴착계획선(제1열) 공경 75mm 이하 적용

(4) 굴착계획선(제1열) 공간격은 공경의 2~4배 정도로 함

(5) 장약

| 구분 | 제1열 | 제2열 | 제3열 |
|------|-------|-------|-------|
| 장약 | 무장약 | 50% | 100% |

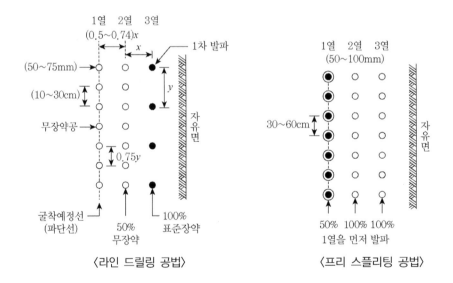

〈라인 드릴링 공법〉　　　　　〈프리 스플리팅 공법〉

## 2. Pre Splitting

(1) 굴착예정선을 먼저 발파하여 파단면을 형성한 후 나머지 부분을 발파하는 공법으로 선균열
발파라고도 한다.

(2) 특징

    ① 장점

        ㉮ 균일암반은 물론 불균일암반에서도 다른 발파법보다 좋은 결과 발생

        ㉯ Line Drilling보다 천공간격을 넓게 할 수 있음

        ㉰ 천공비가 절약됨

        ㉱ 소음·진동 비교적 큼

    ② 단점

        ㉮ 파단선 발파 및 본발파를 2회에 걸쳐 실시

        ㉯ 비석의 발생 우려로 반드시 덮개 설치

(3) 굴착예정선 발파공경 30~60mm, 천공간격 30~60cm

(4) 장약

| 구분 | 제1열 | 제2열 | 제3열 |
|---|---|---|---|
| 장약 | 50% | 100% | 100% |

## 3. Cushion Blasting

(1) 굴착예정선에 분산장약 후 주발파(2, 3열)가 이루어진 다음에 제1열을 Cushion 작용으로 발파하는 공법

(2) 특징

    ① 장점

        ㉮ 공간격을 크게 할 수 있고, 천공비용 절감

        ㉯ 불균일한 암반 적용 가능

        ㉰ 90°각(직각)으로 발파 제한

    ② 단점

        ㉮ Cushion 발파공이 점화되기 전에 주발파공이 발파되어야 함

        ㉯ 모서리 구간에서는 Pre Splitting 공법과 결합하여 적용함

(3) 굴착예정선 공경 50~150mm 정도

(4) 굴착예정선 천공간격 100~200cm

(5) 장약

| 구분 | 제1열 | 제2열 | 제3열 |
|---|---|---|---|
| 장약 | 분산장약 | 100% | 100% |

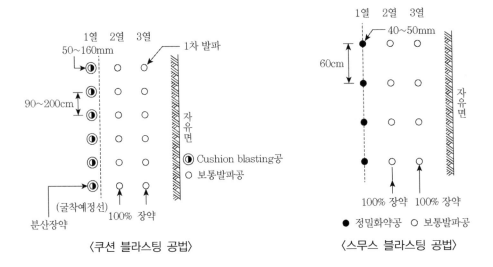

〈쿠션 블라스팅 공법〉　　　　〈스무스 블라스팅 공법〉

## 4. Smooth Blasting

(1) 굴착예정선에 정밀폭약(저폭속의 화약)을 장약하고 주변공과 동시에 발파하는 공법

(2) 특징

　① 장점

　　㉮ 여굴 및 원지반 손상 감소

　　㉯ 굴착면이 평활하며 지보공 작업이 원활해짐

　　㉰ 낙석, 낙반이 적어 안전성 우수

　　㉱ 여굴이 적어서 측벽 및 충전에 필요한 숏크리트 물량 감소

　② 단점

　　㉮ 불량한 암석(절리, 편리, 층리 등 존재 시)에서는 효과가 작음

　　㉯ 고도의 천공기술이 필요

　　㉰ 천공간격이 좁아 천공 수 증가

(3) 굴착예정선 공경 : 40~50mm

(4) 굴착예정선 공간격(S) = 0.5~0.7m(60cm)

(5) 장약

| 구분 | 제1열 | 제2열 | 제3열 |
|------|-------|-------|-------|
| 장약 | 정밀화약 | 100% | 100% |

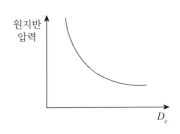

## IV. Decoupling 효과

1. 천공 내에 장약한 폭약이 장약공벽과의 사이에 상당한 공극을 유지하며 위치, 이 공극이 폭약의 폭발 충격력을 약하게 하는 Cushion 역할을 한다.

2. $D_c = \dfrac{천공직경}{장약직경}\left(\dfrac{천공체적}{장약체적}\right)$

3. Decoupling 이용 발파공법 : Smooth Blasting, Pre Splitting 등

## V. 발파 시 유의사항

### 1. 발파 준비 시

(1) 위험구역 표지, 방호시트 설치

(2) 사용 장치의 도통시험

(3) 설치된 지보재 보호

(4) 화약류의 보관은 관계법규를 준수(총포·도검·화약류 등 단속법 등)

(5) 대피경로, 발파예고, 발파완료 등의 각종 신호 및 경보를 결정

### 2. 천공

(1) 보통 천공직경은 장약직경의 2~3배 적용

(2) 발파계획에 의하여 정해진 천공배치에 따라 천공 위치·방향·깊이가 정확하게 시공

(3) 발파 후 남은 구멍에서의 재천공 금지

### 3. 발파 중

(1) 지휘계통 확립으로 통제 철저

(2) 확실한 발파를 위해 뇌관, 도폭선 등 2중 설치

(3) 지반 진동측정은 x, y, z 3방향으로 진동측정기 설치

(4) 시차가 정확한 지발뇌관 사용

(5) 발파 시 모든 작업원 및 주변 주민에게 발파 사이렌 경보 실시

(6) 소음·진동 영향 확인

(7) 소정의 채움재로 전색 실시

### 4. 발파 후

(1) 불발공, 잔류폭약 유무를 반드시 확인

(2) 발파 직후 막장접근 금지, 안전사고 대비 5분 이상 경과 후 막장 접근

(3) 결선착오, 결선누락, 회로단선 등의 점검하여 불발 방지

(4) 발파직후 신속한 환기 실시

## 5. 발파결과 비교분석

## 6. 발파진동이 허용치 초과 시 조치
(1) 발파작업 중단
(2) 저폭속의 폭약 사용, 다단발파 적용, 장약량 제한, 심발 발파방법 조정
(3) 발파방식의 변경 및 진동전파 방지방법 등을 활용하여 조치

## 7. 화약류 취급 · 관리
(1) 반드시 관련 자격을 보유한 기술자가 실시
(2) 폭약과 뇌관은 각각 별도로 보관하고 잔여량은 반드시 반납

# VI. 결론

1. 터널에서의 발파는 원지반의 손상, 여굴 등에 직접적인 영향을 미치므로 최적의 발파공법을 선정하여 적용해야 한다.
2. 특히 발파작업 중 발생되는 안전사고 예방, 폭약류 관리, 주변 영향 등을 철저히 관리하여 안전하고 효율적인 발파작업이 되도록 해야 한다.

┈┈┤ 참조 ├┈┈┈┈┈┈┈┈┈┈┈┈┈┈┈┈┈┈┈┈┈┈┈┈┈┈┈┈┈┈┈┈┈┈┈┈┈┈┈

구조물의 손상기준 발파진동 허용치

| 구분 | 문화재 및 진동 예민 구조물 | 조적식 벽체와 목재로 된 천장을 가진 구조물 | 지하기초와 콘크리트 슬래브를 갖는 조적식 건물 | 철근 콘크리트 골조 및 슬래브를 갖는 중소형 건축물 | 철근 콘크리트 또는 철골골조 및 슬래브를 갖는 대형건물 |
|---|---|---|---|---|---|
| 최대 입자속도 (cm/sec) | 0.2~0.3 | 1.0 | 2.0 | 3.0 | 5.0 |

# 06 여굴 원인 및 대책

## I. 개요

1. 여굴이란 터널 굴착 시 굴착 예정선 외측부분으로 굴착된 것을 말한다.
2. 여굴 발생 시 버력 반출, 실링 숏크리트량 증가 등 공사비 증가의 요인이 되므로 이를 최소화하기 위한 노력이 필요하다.

## II. 여굴발생 시 문제점

1. 버력량 및 반출비용의 증가
2. Shotcrete의 물량 증가
3. 암반 손상영역의 증가, 굴착 단면의 불안정성 증가
4. 강지보공 굴착면 밀착시공 제한
5. 공기 지연
6. 공사비 증가

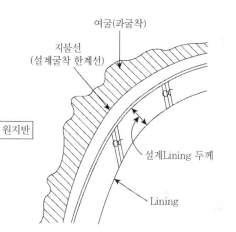

## III. 여굴과 지불선 비교

| 구분 | 지불선 | 여굴 |
|------|--------|------|
| 수량의 인정 여부 | 인정 | 불인정 |
| 공사기간 | 반영 | 미반영 |
| 공사비용 | 반영(추가부담 없음) | 미반영(시공자 부담) |
| 계획반영 | 유 | 무 |

## IV. 여굴의 원인

### 1. 발파 불량
(1) 천공의 영향
    ① 천공장, 각도, 간격의 부적정

⑦ Drill의 작업각도와 굴착면의 최소각 4° 발생

⑭ 천공장, Rod 길이에 따라 여굴량 증감

② 천공위치에 따른 영향 : 측벽부와 천장부의 작업 난이도 차이

③ 작업원의 숙련도 부족

④ 천공장이 긴 경우 지층의 영향으로 Drill Rod가 휘어지는 현상 발생

⑤ 착암기 기종선정 부적정

⑥ 대형 드릴(Jumbo Drill)의 경우 여굴량 증가

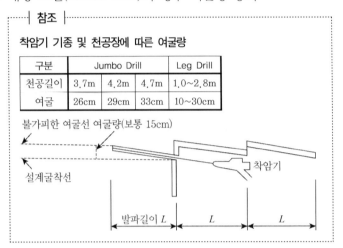

┤ 참조 ├

**착암기 기종 및 천공장에 따른 여굴량**

| 구분 | Jumbo Drill | | | Leg Drill |
|---|---|---|---|---|
| 천공길이 | 3.7m | 4.2m | 4.7m | 1.0~2.8m |
| 여굴 | 26cm | 29cm | 33cm | 10~30cm |

(2) 장약의 영향

① 장약 직경이 크거나 길이가 짧으면 하중집중현상 발생

② 장약량의 과다

③ 폭약의 종류 부적정

(3) Decoupling 계수 미확보, Air Cushion 작용 부족

(4) 발파 Pattern 미준수

## 2. 원지반의 영향

(1) 지질의 변화, 연약지반, 절리 등에 영향

① 불량지층에서의 여굴 증가

② 보조공법의 미적용

(2) 지질을 고려한 굴착공법의 적용 미흡

(3) 막장전방에 대한 조사 미흡

## V. 지불선(Pay Line)

1. 설계라인으로부터 외측으로 수량을 계산해주는 경계선
2. 표준 범위

| 구분 | 측벽부 | 아치부 |
|---|---|---|
| 설계Line~지불선 | 10~15cm | 15~20cm |

## VI. 여굴 대책

### 1. 천공

(1) 1회 천공장을 가급적 짧게 적용

    ① 천공장이 길수록 여굴 증가

    ② Leg Drill 적용 시 대형장비에 비해 여굴량 감소

    ③ 굴착면의 조건에 따른 적정장비 적용

(2) 천공간격, 각도 준수

(3) 강성이 큰 Rod 적용, Rod의 휨 방지

### 2. 장약

(1) 장약길이를 길게 적용하여 폭발력 분산 : 천공길이 대비 장약길이를 60~70% 정도 범위로 적용

(2) 폭약직경의 축소 : 폭약직경을 작게 적용하여 폭발력을 감소

(3) 적정 장약량 적용

(4) 일반 폭약보다 정밀 폭약을 사용

### 3. Decoupling계수 확보

(1) $D_c \geq 2$ 적용

(2) 연암 $D_c \geq 3$ 적용

(3) Air Cushion 작용을 통한 폭발력 제어

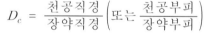

$$D_c = \frac{천공직경}{장약직경}\left(또는 \frac{천공부피}{장약부피}\right)$$

〈Decoupling계수〉

### 4. 발파공법 적용

(1) 시험발파를 통한 최적 발파공법 채택

(2) 제어발파를 통한 여굴 제어

    ① Line Drilling

    굴착예정선을 따라 조밀하게 제1열의 무장약공을 천공하여 인접발파에 의해 파쇄되도록 약한 곳을 미리 만들어놓는 법을 공법으로 한다.

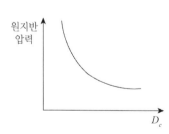

② Pre Splitting

굴착예정선을 먼저 발파하여 파단면을 형성한 후 나머지 부분을 발파하는 공법으로 선균열 발파라고도 한다.

③ Cushion Blasting

굴착예정선에 분산장약 후 주발파(2, 3열)가 이루어진 다음에 제1열을 Cushion 작용으로 발파하는 공법이다.

④ Smooth Blasting

굴착예정선에 정밀폭약(저폭속의 화약)을 장약하고 주변공과 동시에 발파하는 공법이다.

## 5. 불량 원지반에 대한 조치

(1) 막장면, 천장부의 불안정 시 보조공법의 적용

(2) 굴착공법의 변경 검토

(3) 연약지반에 대한 Pre Grouting 실시

(4) 발파 후 신속한 지보공 설치

## 6. 계측

(1) 원지반의 상태 변화, 막장전방의 상태 등 파악

(2) 발파에 의한 영향 분석 : 굴착공간의 변위, 지보공의 응력·변위 등

## 7. 기타

(1) 작업원에 대한 기능교육 실시

(2) 작업 중·후 천공, 장약 상태 확인 철저

---

| 참조 |

**진행성 여굴 원인**

- 원지반 : 지하수의 집중유입, 절리·파쇄대 등 불연속면의 존재, 얇은 지층의 이완, 자연공동 인접굴착, 지하수위 이하 충적토층의 굴착, 모래나 자갈의 Lenses
- 시공 : 발파 시 원지반 손상, 시추조사공의 미처리, 굴착공법의 부적정, 과장약, 지보재 설치 부적정, 굴진장 과대, 지하수 처리 미흡 등
- 진행성여굴 예측방법 : 계측 분석, 시추를 통한 확인, TSP 탐사 등

---

# VII. 결론

1. 터널 시공에 있어 여굴은 불가피한 측면이 있으나 이를 최소화하기 위한 시공관리가 되어야 한다.

2. 특히 원지반의 상태를 철저히 확인하고 발파에 대한 적절한 통제로 여굴을 최소화하여 안전하고 경제적인 굴착이 되도록 하여야 한다.

# 07 발파진동의 영향 및 저감대책

## I. 개요

1. 암을 발파공법에 의해 굴착시 굴착효율이 우수하나 소음과 진동의 영향에 의해 민원의 원인이 되고 있다.
2. 발파에 의한 민원 발생 시 공사중단, 설계변경 등으로 공기가 지연되는 등 공사에 막대한 영향을 미칠 수 있으므로 이를 관리수준으로 제어하도록 하여야 한다.

## II. 발파진동의 크기를 결정하는 요소

### 1. 화약류
(1) 화약의 종류, 비중, 장약량
(2) 발파 시 발생되는 폭속, 가스량
(3) 뇌관의 종류, 지연시차 등

### 2. 발파방법 및 조건
(1) 발파방법에 따라 진동파의 종류, 크기가 달라짐
(2) 자유면의 수
(3) 전색(Tamping) 유무, 전색 재료 등

### 3. 암석의 특성
(1) 암석의 압축·인장 강도 특성
(2) 암석의 종류, 규모, 상태

## Ⅲ. 구조물의 손상기준 발파진동 허용치

| 구분 | 문화재 및 진동예민 구조물 | 조적식 벽체와 목재로 된 천장을 가진 구조물 | 지하기초와 콘크리트 슬래브를 갖는 조적식 건물 | 철근 콘크리트 골조 및 슬래브를 갖는 중소형 건축물 | 철근 콘크리트 또는 철골골조 및 슬래브를 갖는 대형건물 |
|---|---|---|---|---|---|
| 최대입자속도 (cm/sec) | 0.2~0.3 | 1.0 | 2.0 | 3.0 | 5.0 |

## Ⅳ. 발파진동의 영향

### 1. 구조물의 손상
(1) 경미한 손상

　　① 미세한 균열

　　② 외장재 등의 부분적 손실

　　③ 원상회복이 원활

(2) 중대한 손상

　　① 구조물의 구조적, 기능적 손상이 큰 경우

　　② 균열, 누수, 변형 등이 심하게 발생

　　③ 이음부 등의 뒤틀림

　　④ 원상회복, 보수 등 제한

### 2. 주변 지반, 지하매설물
(1) 주변 지반의 교란

　　① 느슨한 지반의 체적 감소로 상부구조물의 침하 발생

　　② 조밀한 지반의 체적 증가로 지반의 지지력 감소

　　③ 정(+), 부(−)의 Dilitancy 발생으로 지반의 체적, 지지력 변화

(2) 지하매설물의 변형, 누수, 파손 발생

### 3. 주변 거주민
　소음·진동에 의한 불안감, 불편, 스트레스

### 4. 민원
(1) 발파진동에 따른 거주민의 민원 제기

(2) 인원, 시설, 가축 등의 피해에 의하여 발생

# V. 저감대책

## 1. 발파원의 진동발생 억제

(1) 장약량 제한

    ① 장약량 감소 시 발파진동 감소

    ② 장약량 감소 시 일반적으로 발파효과 감소

    ③ 발파효과 저감 대책 강구

        ㉮ MS, DS 지발뇌관 등 사용

        ㉯ 굴진장 감소

        ㉰ 분할 발파

(2) 시험발파

    ① 시험발파를 통한 발파계수($C$) 산정

    ② 발파계수를 고려한 폭약의 종류, 최적 장약량 결정

    ③ 천공장, 천공경 등을 결정

    ④ 시험발파 시 계측을 통해 주변에 미치는 영향을 분석, 반영

(3) 자유면의 증가

    ① 자유면 증가 시 발파효율 증가, 진동 감소

    ② 터널발파는 자유면 확보를 위한 심빼기 발파 후 확공발파 진행

(4) 천공간격 및 최소저항선

    ① 동일 장약량 사용조건에서 상대적 진동 크기

        ㉮ 소구경 발파공의 좁은 간격 배치 : 진동 크기 작음

        ㉯ 대구경 발파공의 넓은 간격 배치 : 진동 크기 큼

    ② 최소저항선 조정

(5) 저폭속 폭약의 사용

    ① 동적파괴 효과의 비율이 적은 폭약사용

    ② 저폭속 폭약이 진동이 작음

    ③ 발파효과는 유지하면서 진동속도는 감소 : 진동의 중첩과 상호간섭효과

(6) 지발발파의 적용

    ① DS(Deci Second) 전기뇌관, MS(Milli Second) 전기뇌관 적용

    ② 순발 전기뇌관 대비 폭음, 암반이완, 진동 등이 감소

(7) 제어발파의 적용

    ① 제어 발파적용으로 진동저감, 원지반 이완 최소화

② Air Cushion 작용을 통한 폭발력 제어($D_c > 2$ 이상 적용)

③ 종류 : Line Drilling, Presplitting, Cushion Blasting, Smooth Blasting

## 2. 진동의 전파 차단

(1) 방진구(Trench) 설치

① 지중, 지표로 전파되는 진동 저감에 효율적

② 방진 Trench의 폭, 깊이가 클수록 진동저감 효과 증가

(2) 지중 차단벽에 의한 지중 진동의 전파 감소

## 3. 기타

(1) 발파외 암파쇄공법의 적용

| 화학적 방법 | 물리석(기계적) 방법 |
|---|---|
| • 팽창성 파쇄제<br>• 프라즈마 공법<br>• 미진동 파쇄기 | • 유압식 공법<br>  - HRS공법<br>  - BIGGER공법<br>  - DARDA공법<br>• Ripper 공법, Breaker 공법 |

(2) 수압 발파법(아쿠아 블라스팅)

# VI. 결론

1. 발파진동에 의해 인명 및 구조물의 피해가 발생할 수 있다.

2. 시험발파를 통한 최적의 발파를 계획하고 진동원 및 진동경로에서의 대책을 강구하여 인명 및 시설의 피해와 민원을 예방하여야 한다.

---
┤ 참조 ├

**발파관련 식 및 기호**

$$발파계수(C) = \frac{L\,(장약량)}{f_{(n)}\,(약량\,수정계수) \times W^3\,(최소저항선)}, \quad f_{(n)} = \left( \sqrt{1 + \frac{1}{W}} - 0.41 \right)^3$$

여기서, $W$(최소저항선) : 폭약중심에서 자유면까지 최단거리

$R$(누두반지름) : 폭파에 의한 파쇄공의 반지름

$$n(누두지수) = \frac{R\,(누두반지름)}{W\,(최소저항선)}$$

| $n$ | 1 | 1 초과 | 1 미만 |
|---|---|---|---|
| 장약 | 표준장약 | 과장약 | 약장약 |

---

# 08 폭약 미사용 암파쇄공법

## I. 개요

1. 도심지 및 중요시설물 인근의 발파는 소음·진동 등의 영향으로 문제가 발생하므로 화약을 사용하지 않고 암반을 파쇄하는 공법을 적용하게 된다.
2. 최근 사회적 분위기로 인해 화약을 사용하지 않는 공법이 다양하게 개발되어 많이 사용되고 있다.

## II. 필요성

1. 소음, 진동의 영향 감소
2. 지반 이완, 침하 감소
3. 민원 대응
4. 주변 구조물의 피해 저감

## III. 공법의 분류

| 화학적 방법 | 물리적(기계적) 방법 |
|---|---|
| • 팽창성 파쇄제<br>• 프라즈마 공법<br>• 미진동 파쇄기 | • 유압식 공법<br> − HRS 공법<br> − BIGGER 공법<br> − DARDA 공법<br>• Ripper 공법, Breaker 공법 |

## IV. 종류 및 특성

### 1. 팽창성 파쇄제
(1) 주성분이 산화칼슘($CaO$, 생석회)인 파쇄재와 물이 반응, 수화층이 시간경과와 함께 성장하여 팽창압을 발생시켜 암반의 균열 유발

(2) 특징

　① 무공해성, 소음·진동·분진 등이 미발생

　② 보관·취급이 용이하며 시공이 간단

　③ 법적 규제가 없음, 인허가 업무 불필요

　④ 타작업과 병행 가능

(3) 적용

　① 암석, 암반, 콘크리트 등의 파쇄

　② 채석장 석재 채취

(4) 시공

　① 순서

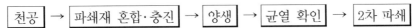

　천공 → 파쇄재 혼합·충진 → 양생 → 균열 확인 → 2차 파쇄

　② 천공 : 직경 40mm, 길이 1m, 간격 60cm 정도 적용

　③ 혼합비 : 파쇄재 + 물(30% 정도)

　④ 양생 5~6시간 정도 소요

(5) 팽창 파쇄재의 종류

　Calmmite, Blister, S-mite, 스플리터 등

## 2. 프라즈마(전기충격) 공법

(1) 축전기에 저장된 전기에너지(약 200Mega Joule)를 천공된 암반 속 금속산화물(Al＋CuO)의 전해질에 급속히 주입하여 고온·고밀도의 플라즈마를 발생, 팽창시키는 공법

(2) 특징

　① 경암 파쇄 시 한 공당 $2m^2$ 이상의 암석을 파쇄 가능

　② 분진, 비산이 거의 없음

　③ 화약발파와 거의 동일 효과 발휘

　④ 인허가 필요 없음, 넓은 면적의 동시 파암 가능

(3) 적용

　① 모든 암에 적용 가능

　② 진동제어 암파쇄에 유리

(4) 시공순서

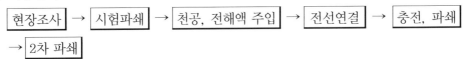

　현장조사 → 시험파쇄 → 천공, 전해액 주입 → 전선연결 → 충전, 파쇄 → 2차 파쇄

## 3. 미진동 파쇄기

(1) 순간적인 고열에 의한 가스 팽창압으로 암을 파쇄하는 공법

(2) 가스량이 적고 반응온도가 높으며 반응속도가 늦은 특수한 조성물을 이용

(3) 특징

    ① 경암에서는 효과가 떨어짐

    ② 특히 진동이 작음

    ③ 일반적으로 선(Line) 발파 적용

    ④ 암보다는 콘크리트가 작업효율이 우수

(4) 적용

    ① 도심지 건물, 교각 등

    ② 연암 이하의 암석, 암반 파쇄

(5) 시공

    ① 발파공 사이로 가스가 유출 차단, 밀폐 철저

    ② 전색재료

        주로 Cement Mortar 적용, 급결제 혼합(하절기 30분, 동절기 60분 이상 경과 후 점화)

    ③ 밀폐부족 시 철포현상 발생, 비석의 원인이 됨

## 4. HRS(Hydraulic Rock Splitter)공법

(1) HRS은 유압으로 고무튜브를 팽창시켜 고무튜브의 커버(웨지와 하우징, Thrust Member)가 팽창됨으로써 암반을 파쇄하는 공법

(2) 특징

    ① 파쇄위치와 기기조작의 위치가 이격되어 있어 안전작업이 가능

    ② 작업이 간편, 기기조작이 수월

    ③ 소음·진동·분진 등이 전혀 발생치 않음

    ④ 작업비용이 최소 수준

    ⑤ 한 번에 5열까지 작업가능, 전자동·컴퓨터 제어

(3) 적용

    ① 연암부터 극경암까지 적용 가능, RC구조물 등

    ② 초경량·초소형 기기로 협소지역, 절벽 등 작업 가능

(4) 시공순서

천공 → 작동부 삽입 → 파쇄 → 2차 파쇄

(5) 천공직경에 따른 유사공법

    ① GNR 70(70mm)

    ② PRS 80(80mm)

## 5. BIGGER 공법

(1) 천공한 구멍에 유압잭을 삽입하고 쐐기 원리에 의해 유압으로 암반을 파쇄하는 공법으로 이를 대형화한 공법을 KNBB 공법이라 함

(2) 특징

    ① 진동이 거의 없음

    ② 파쇄하는 깊이보다 천공을 깊게 실시, 천공비 증가

    ③ 전기장치 등이 필요 없음

    ④ 작업이 간단

(3) 적용 : 암질에 관계없이 시공 가능

(4) 시공

    ① 순서

       | 천공 | → | 가압판(Splitter) 삽입 | → | 유압잭 삽입 | → | 파암 |

    ② 천공지름 90~110mm 정도, 간격 1m 정도 적용

    ③ 유압 Jack 150mm 이용

## 6. DARDA 공법

(1) 3~5개의 유압실린더를 이용, 동시에 쐐기를 확장하는 공법

(2) 소형 장비의 이용, 협소장소 적용 가능

(3) 쉬운 작동방법, 전천후 작업 가능

## 7. Ripper 공법

(1) 불도저나 트랙터의 뒤에 장치하는 칼날과 같은 구조로서 유압에 의해 암을 깎는 기계인 리퍼(Ripper)를 이용하는 공법

(2) 대규모 토공작업의 암반굴착에 사용

(3) 절리가 발달한 암반이나 풍화암의 깎기에 효과가 우수

(4) 암의 깎기 정도는 암석의 탄성파속도에 의한 리퍼빌러티(Ripperability)에 의해 결정

## 8. Power Breaker 공법

(1) 유압식 백호와 브레이커를 조합하여 타격력으로 파쇄

(2) 주변에 미치는 영향이 심각하므로 작업 중의 소음 공해에 유의

(3) 작업효율이 낮음. 작업조건에 따라 일 작업량 $20{\sim}60\text{m}^3/$대 정도

## V. 결론

1. 발파에 의한 암굴착은 빠르고 경제적이나 소음과 진동으로 인해 주변에 미치는 영향이 커 도심지에서는 적용이 제한된다.

2. 다양한 비발파 암파쇄공법 중 지질조건, 주변상황, 민원 여부, 시공성 및 경제성 등을 고려하여 적정공법을 선정하여 적용토록 해야 한다.

3. 향후 효율적인 비발파 암파쇄공법을 개발하고, 적용기준을 확립하여 비발파 암파쇄공법 체계를 구축해야 한다.

# 09 굴착공법

## I. 개요

1. 굴착공법은 막장면(굴진면) 또는 터널 굴착방향의 굴착계획을 총칭하는 것으로서 전단면굴착공법, 분할굴착공법, 선진도갱굴착공법 등이 있다.
2. 굴착공법은 막장의 자립성, 원지반의 지보능력, 지표침하 및 주변의 영향 등을 검토한 후 시공성 및 경제성을 고려하여 적용하여야 한다.

## II. 굴착공법의 분류

(D : 터널의 직경)

| 굴착공법 | | | 정의 |
|---|---|---|---|
| 전단면굴착 | | | 전단면을 1회에 굴착 |
| 분할굴착 | 수평분할굴착 | 롱벤치 | 벤치길이 : 3D 이상 |
| | | 숏벤치 | 벤치길이 : 1D~3D |
| | | 미니벤치 | 벤치길이 : 1D 미만 |
| | | 다단벤치 | 벤치 수 : 3개 이상 |
| | 연직분할굴착 | | 연직방향으로 분할굴착 |
| | 선진도갱굴착 | | 단면의 일부분을 먼저 굴착 |

┤ 참조 ├

| 굴착공법 | 단면 | 굴착공법 | 단면 |
|---|---|---|---|
| 전단면 굴착 공법 | | 미니 Bench Cut | |
| Long Bench Cut | | 가 Invert 공법 | |
| Short Bench Cut | | 측벽 도갱 굴착 공법 (Side Pilot) | |
| 다단 Bench Cut | | 중벽 분할 공법 | |

# III. 굴착공법의 적용 및 특징

## 1. 전단면 굴착공법
(1) 전단면굴착은 터널의 상·하반을 동시에 굴착하는 공법
(2) 적용
  ① 지반의 자립성과 지보능력이 충분한 경우
  ② 지반 상태가 양호한 중소단면의 터널
(3) 특징
  ① 굴착과 지보공의 설치가 한 공정(Cycle)에 완료, 조기에 터널 안정화 가능
  ② 품질관리, 공정관리가 용이
  ③ 기계화에 따른 급속 시공에 유리
  ④ 굴착 부분이 크기 때문에 지반조건 변화에 대한 대응성이 저하
  ⑤ 대규모 작업설비가 필요

## 2. 수평분할 굴착공법
(1) 수평분할굴착은 터널의 상반, 하반 또는 인버트로 분할하여 굴착하는 공법으로 일명 벤치컷 (Bench Cut)공법이라고도 하며 단면을 여러 단계로 분할하여 굴착함
(2) 적용
  ① 지반 상태가 양호하고 단면적이 큰 경우에 시공성을 향상시키기 위해
  ② 막장의 자립시간이 짧아 전단면 굴착이 곤란할 경우
(3) 롱벤치굴착
  ① 통상 벤치의 길이가 3D(D : 터널폭) 이상이며 지반이 비교적 양호하고 시공단계에서 인버트 폐합을 거의 필요로 하지 않는 경우 적용
  ② 특징
    ㉮ 상·하반 병행작업이 가능
    ㉯ 일반적인 장비의 운용이 용이
    ㉰ 버력 적재 위한 경사로 설치 필요
(4) 숏벤치굴착
  ① 벤치길이는 보통 1D~3D 정도로 적용하며 거의 모든 지반에 적용이 가능, 중단면 이상에 적용
  ② 특징
    ㉮ 굴진 도중 지반의 변화에 대처 가능
    ㉯ 일반적인 장비의 운용이 용이

㉤ 상반 작업공간의 여유가 작음

　　　㉣ 버력 적재 위한 경사로 설치 필요

　　　㉢ 상·하반 중 한 부분만 작업이 가능하므로 작업공정의 균형이 불량해짐

(5) 미니벤치굴착

　　① 벤치길이가 1D 미만으로 적용하며 팽창성지반이나 토사지반에서 인버트의 조기폐합을 할 필요가 있는 경우 적용

　　② 특징

　　　㉠ 인버트 조기폐합 가능

　　　㉡ 침하를 최소로 억제할 수 있음

　　　㉢ 상반 작업공간의 여유가 작아짐

　　　㉣ 버력 적재 위한 경사로 설치 필요

　　　㉤ 상·하반 중 한 부분만 작업이 가능하므로 작업공정의 균형이 불량해짐

(6) 다단벤치굴착

　　① 벤치의 수가 3개 이상인 분할굴착공법으로서 막장의 자립성이 극히 불량하여 분할굴착을 하여야 할 필요가 있는 경우, 대단면 터널에 적용

　　② 특징

　　　㉠ 버력굴착이 각 막장에서 중복

　　　㉡ 대단면에서도 일반적인 장비의 운용 가능

　　　㉢ 작업공간이 협소

　　　㉣ 숏벤치굴착보다 변형, 침하 크게 발생

## 3. 연직분할 굴착공법

(1) 막장의 안정을 증대시키고 지표면 침하량을 저감시킬 목적으로 대단면 터널을 좌우로 양분 또는 삼분할하는 공법

(2) 적용

　　① 지반조건은 양호하나 상반의 지반조건이 불량하여 지반의 침하량을 최대로 억제할 필요가 있는 경우

　　② 비교적 대단면으로 막장의 지지력이 부족한 경우

(3) 특징

　　① 침하량 억제 가능

　　② 막장의 안정성 유지에 유리

　　③ 중벽으로 분할하기 위해서는 어느 정도의 단면확보가 필요, 시공속도 다소 저하

④ 작업공간의 제약 발생, 시공성 저하 우려

(4) 안전성 측면에서 임시 지보재를 설치 가능

(5) 막장 간의 이격거리는 1D~2D(D : 터널폭)를 유지

## 4. 선진도갱 굴착공법

(1) 굴착면을 미리 보강하여 터널의 안정을 도모하고자 시험터널을 선 굴착하는 공법

(2) 적용

① 지반이 연약하여 소분할굴착이 필요한 경우

② 막장 전방의 지층조건이 불확실하여 전단면굴착 전에 전방지반을 확인할 필요한 경우

③ 단면적이 특히 크거나 하저 통과구간 등 특수한 조건

④ 연약지반에서 많은 침하 예상 시

(3) 특징

① 대단면 시공에서도 침하 최소화 가능

② 용수가 많은 경우 측벽도갱으로 배수가 가능

③ 대단면에서도 막장의 안정성 확보가 비교적 용이

④ 일반적으로 공사비가 타 공법에 비하여 고가

⑤ 도갱 내벽 철거에 많은 시간과 비용이 소요


# IV. 결론

1. 일반적으로 연암 이상의 지반에서 전단면굴착공법을 적용하는 것이 시공성과 경제성 측면에서 유리하며, 풍화암 구간과 갱구부에서는 반단면 굴착공법을 적용한다.

2. 굴착공법은 원지반과 막장의 상태, 주변상황, 안전성, 경제성, 시공성, 공사기간, 지하수상태, 단면형태 등을 종합적으로 검토하여 결정하여야 한다.

# 10 터널지보재(주지보재)

## I. 개요

1. 지보재란 굴착 시 또는 굴착 후에 터널의 안정 및 시공의 안전을 위하여 지반을 지지, 보강 또는 피복하는 부재 또는 그 총칭을 말한다.
2. 터널 주지보재는 굴착 후 굴착면에 붙여 지반과 일체가 되도록 시공하는 숏크리트, 강지보재 및 록볼트로 조합된 지보체계를 말한다.
3. 지보재는 굴착 후 가능한 조기에 설치하여 지반 이완이 최소가 되도록 하여야 하며, 굴착면 지반의 자립시간 이내에 설치가 완료되도록 해야 한다.

## II. 강지보재

### 1. 역할(기능)

(1) Shotcrete 경화 전 일시적 지보
(2) Shotcrete에 작용되는 하중을 분산
(3) Fore Poling 등의 지지
(4) 터널 단면형상을 유지
(5) 갱구부 보강, 지반 붕락 방지

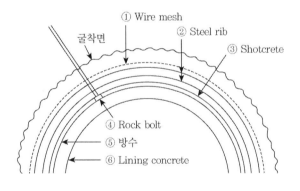

### 2. 종류

(1) H형강
(2) U형강
(3) 격자지보(Lattice Rib)
(4) 고강도 플라스틱, 복합부재 사용 시
　　강지보재와 동등 이상의 성능 구비된 것

〈격자지보〉

**격자지보재**

- 지보재로의 제기능을 수행하기 위해서는 허용 지지하중 범위 내에서 파괴 없이 어느 정도의 변위를 허용할 수 있어야 함
- 격자지보는 외력을 다소 흡수할 수 있는 시스템으로 구성
- 스파이더와 강봉 사이의 용접길이는 전단력에 저항할 수 있도록 최소한 30mm 이상
- 강도 특성

| 종류 | 항복강도 | 극한강도 | 연신율 | 비고 |
|------|---------|---------|--------|------|
| 환봉 | ≥ 520MPa | ≥ 598MPa | ≥ 14% | 용접구조용 저탄소강 |
| 스파이더 | ≥ 500MPa | ≥ 550MPa | ≥ 10% | 용접구조용 저탄소강 |

## 3. 시공

(1) 굴착 후 즉시 설치

(2) 설치간격은 지반 특성, 사용목적, 시공법 등을 고려하여 결정

　　지보패턴에 따라 1.0~1.5m 정도 (RMR 81 이상 시 미설치)

(3) 강지보재 기초부에는 받침 설치하여 견고하게 지지

(4) 하중이 큰 경우는 바닥 보강 콘크리트 받침을 사용

(5) 여굴에 의해 원지반과 이격 발생 시 강재 또는 콘크리트 쐐기목 등을 설치

(6) 연결볼트 및 연결재는 충분한 조임

(7) 강지보재 상호 간은 간격재로 견고하게 연결

## 4. 현장품질관리

(1) 형상 및 치수(반입 시)

(2) 변형 및 손상(시공 전)

(3) 시공정확도(시공직후) : 위치, 수직도, 높이 등

(4) 밀착상태(시공직후) : 원지반 또는 Shotcrete에 밀착 여부

(5) 이음 및 연결상태(시공직후) : 이음 볼트 및 연결재, 용접상태 등의 시공 상태

# Ⅲ. 숏크리트

## 1. 역할(기능)

(1) (Arch형성으로) 외력을 지반에 분산

(2) 지반이완을 방지

(3) 강지보재, 록볼트에 지반압을 전달

(4) 붕락하기 쉬운 암괴를 지지

(5) 응력집중현상을 방지

(6) 굴착면의 피복으로 풍화, 누수, 세립자 유출 등을 방지

## 2. 숏크리트의 구분

(1) 작업 방법 : 건식, 습식

(2) 성능

　　① 일반숏크리트 : $f_1$ 10MPa, $f_{28}$ 21MPa 이상

　　　섬유보강숏크리트 사용 시 : 휨강도 $f_{28}$ 4.5MPa 이상

　　② 고강도숏크리트 : $f_1$ 10MPa, $f_{28}$ 35MPa 이상

(3) 보강재료

　　① 철망보강 Shotcrete

　　② 섬유보강 Shotcrete : 강섬유, 고성능합성섬유 등

## 3. 재료

(1) Cement

　　보통·조강 포틀랜드 시멘트

(2) 급결제, 골재, 물 등

(3) 강섬유사용 시

　　① 인장강도 700MPa 이상

　　② 직경 0.3~0.6mm

　　③ 길이 30~40mm

　　④ 형상비 60 이상

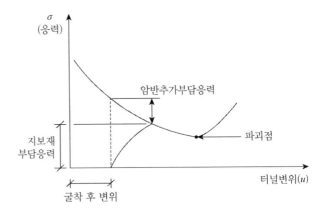

## 4. 배합

(1) W/B : 50% 이하

(2) 잔골재율 : 60%

(3) $G_{max}$ : 10~15mm

(4) 강섬유혼입량은 최소 30kg/m³ 이상

(5) 습식적용 펌프압송 시

　　Slump 100mm 표준

(6) 단위시멘트량

　　400~600kg/m³ 정도

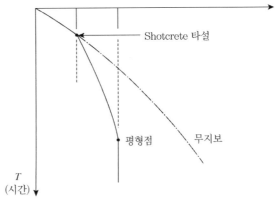

## 5. 시공

(1) 사전준비 및 처리

① 굴착면으로부터 뜬돌을 주의하여 제거

② 용출수가 있을 경우에는 용출수 대책을 강구

③ 철망사용 시

㉮ 지름은 5mm 내외, 개구 크기 100mm × 100mm 또는 150mm × 150mm 표준

㉯ 터널 종방향으로 100mm, 횡방향으로 200mm 정도 중첩하여 이음

(2) 시공

① 뿜칠각도 : 90°

② 노즐과 숏크리트면과 거리 : 1m(반발량이 최소화되도록 유지)

③ 타설 진행 방향

㉮ 하부에서 상부로

㉯ 강재지보재 부분을 먼저 타설

일체성 증진 위함

④ 뿜칠압력 : 200~500kPa

⑤ 1회 시공두께 100mm 이내

⑥ 2회 타설까지 시간한도 1시간 이내

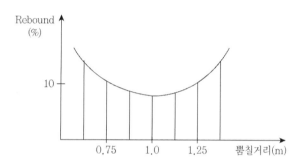

## 6. 현장품질관리

(1) 두께 : 핀·천공 이용

① 평균 : 설계두께 이상

② 최소두께 : 75% 이상

(2) 강도 : 코어 이용

① 3개 평균 $f_{ck}$ 85% 이상

② 각각은 75% 이상

(3) 반발률

반발재 중량 측정 후 계산

(4) 강섬유 혼입 시

① 강섬유 혼입량

② 휨강도·휨인성 등

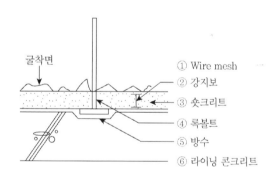

## 7. 숏크리트의 발전방향

| 숏크리트 | → | 철망보강 숏크리트 | → | 강섬유보강 숏크리트 | → | 합성섬유보강 숏크리트 |

문제점   리바운드              공기, 공비              부식

# Ⅳ. 록볼트

## 1. 기능

(1) 봉합(매달음) 작용

　　이완된 지반을 견고한 지반과 결합

(2) 보형성 작용

　　층상의 절리가 있는 암반 여러 층을 결합, 각 층을 일체화된 보로 거동되게 함

(3) 아치형성 작용

　　내하력이 커진 지반이 내공측으로 일정하게 변형되어 아치를 형성

(4) 지반보강 작용

　　지반의 전단저항력 증가, 불연속면의 분리 파괴 방지

(5) 내압 작용

　　2축 응력상태의 지반은 록볼트에 작용하는 인장력이 터널 내압으로 작용하면 3축 응력상태로 되어 터널 주변 암반의 안정성 증가

## 2. 재료

(1) 볼트

　　① 인장강도와 연신율이 큰 것, 직경은 보통 D25 사용

　　② 이형봉강, 강관, 팽창성 강관

　　③ 조건고려 섬유 또는 유리재질로 보강된 록볼트, 케이블 볼트 등 사용 가능

　　④ 케이블 볼트는 공칭지름 12.7mm 이상의 7연선을 사용(인장강도 및 연신율이 큰 것)

(2) 지압판의 두께는 6mm를 표준으로 팽창성 지반에는 9mm 이상 적용

(3) 정착재료

　　수지(Resin)형, Cement Mortar형, Cement Paste형

## 3. 록볼트의 분류

| 구분 | 분류 |
|------|------|
| 정착형식 | 선단정착, 전면접착, 혼합형(병용형), 마찰형 |
| 배치방법 | System Bolting, Random Bolting |
| 타설형식 | 반경방향형, 경사볼트(45~60°), 휘폴링(10~30°), 굴진면 록볼트 |

---

**| 참조 |**

**케이블 볼트**

- 지반을 천공 후 PS강연선을 한 가닥 또는 여러 가닥을 삽입 후 그라우트하여 원지반에 정착시키는 공법으로 일반 록볼트로 정착이 어려운 5~40m의 정착이 가능한 볼트
- 특징 : 일반 록볼트보다 저렴, 길이 조절이 용이, 시공속도 빠름, 강연선의 개수 조절 용이

**록볼트의 정착형식**

- 선단정착형 록볼트 : 록볼트 선단을 지반에 정착한 후 프리스트레스를 도입한 형식
- 전면접착형 록볼트 : 수지(Resin)* 또는 모르타르 등을 사용하여 록볼트 전장을 지반에 정착시키는 형식
  * 수지(Resin) : 폴리에스터 수지계 재질 사용, 캡슐(Capsule) 형태, 팽창성 접착제로 직경 26mm 이상
- 혼합형 록볼트 : 록볼트 선단을 지반에 정착시키고 프리스트레스를 도입한 후 록볼트 전장과 지반과의 공극을 정착재료로 충전하는 형식으로 선단정착형식과 전면접착형식의 기능을 모두 발휘하여야 함
- 마찰형 록볼트 : 록볼트 표면과 지반과의 마찰력을 활용하는 것

---

## 4. Rock Bolt 길이

(1) Rock Bolt 길이 > 2 × 배치간격

(2) Rock Bolt 길이 > 3 × 절리평균간격

(3) Rock Bolt 길이 > < (1/3~1/5) × 터널 굴착폭

(4) 보통 3~5m 길이 정도로 사용

## 5. 시공

(1) 설치간격

| 구분 | 횡방향 | 종방향 |
|------|--------|--------|
| 설치간격 | 1.5m | 1.0 ~ 3.0m |

(2) 천공 : 위치, 직경, 깊이 준수

(3) 정착재 충전 : 모르타르, 수지(Resin) 등

(4) Rock Bolt 삽입

　① Hammer 등을 이용 볼트 타입 또는 회전 삽입

　② 정착재의 유출 방지

　③ 임시고정을 위해 Seal재를 Rock Bolt에 부착하여 삽입

(5) 조이기(체결)

    ① 선단정착형 및 혼합형 록볼트의 항복강도 80% 이내의 힘으로 인장하여 고정

    ② 시기

        ㉮ 모르타르 경화 후 4h 이후

        ㉯ 수지(Resin) 삽입 1h 이후

## 6. 현장품질관리

| 일상관리 | 정기관리 | 기타 |
|---|---|---|
| 시공정밀도(위치, 천공지름, 깊이 등)<br>충전상태, 정착효과, 변형 | 강도<br>(인발시험) | 유동성<br>강도(Mortor 압축강도) |

(1) 인발시험 시

    ① 인발하중 재하속도는 분당 10kN 내외

    ② 3개/20m, 천장·양측벽 각 1개

    ③ 하중변위곡선을 작성하여 판정

    ④ 설계인발 내력의 80%에 달하면 합격

(2) 록볼트 추가 시공 요건

    ① 터널측벽의 변형이 과다한 경우

    ② 숏크리트균열, 지압판의 변형, 과다변위 등

# V. 결론

1. 지보재는 지반조건, 지하수 상태 및 터널단면의 크기, 형태, 심도 등을 고려하여 안전하고 능률적인 작업을 할 수 있도록 시공하여야 한다.

2. 지반분류에서 설정한 지반등급에 따라 지보재와 지보패턴을 정하고 시공 시에는 계측결과에 따라 필요한 경우 실제 지반조건에 적합하게 변경하여야 한다.

# 11 NATM 지보패턴도의 예

| 구분 | | | 본선구간 | | |
|---|---|---|---|---|---|
| | | | A | B | C |
| 지보패턴<br>개요도 | | | | | |
| 지반조건 | RMR | | 100~81 | 80~61 | 60~41 |
| | Q | | 40이상 | 40~10 | 10~1 |
| 굴착공법 | | | 전단면굴착 | 전단면굴착 | 전단면굴착 |
| 굴진장(상반/하반) (m) | | | 4.0 | 3.0 | 2.5 |
| 지보장(상반/하반) (m) | | | 4.0 | 3.0 | 2.5 |
| 지보재 | 강지보재 | 규격 | – | – | – |
| | | 간격(m) | – | – | – |
| | 숏크리트 | 형식 | 일반 | 강섬유보강 | 강섬유보강 |
| | | 두께(mm) 실링 | 50 | 50 | 75 |
| | | 두께(mm) 1차 | 50 | 50 | 80 |
| | | 두께(mm) 2차 | – | – | – |
| | 록볼트 | 길이(m) | 3.0 | 3.0 | 4.0 |
| | | 종방향간격(m) | Random | 3.0 | 2.5 |
| | | 횡방향간격(m) | Random | 2.0 | 1.5 |
| | | 개수 | Random | 6.5 | 12.5 |
| | Con'c 라이닝 | 형식 | 무근 | 무근 | 무근 |
| | | 두께(mm) | 300 | 300 | 300 |
| 보조공법 | | | – | – | – |

| 구분 | | | 본선구간 | | 저토피구간 |
|---|---|---|---|---|---|
| | | | D | E | L |
| 지보패턴<br>개요도 | | | | | |
| 지반조건 | | RMR | 40~21 | 20 이하 | 단층, 풍화암 이하 |
| | | Q | 10~1 | 0.1 이하 | |
| 굴착공법 | | | 상하반분할 굴착 | 상하반분할 굴착 | 상하반분할 굴착 |
| 굴진장(상반/하반)(m) | | | 1.5/3.0 | 1.2/1.2 | 1.0/1.0 |
| 지보장(상반/하반)(m) | | | 1.5/1.5 | 1.2/1.2 | 1.0/1.0 |
| 지보재 | 강지보재 | 규격 | L/G 50×20×30 | H 100×100×6×8 | H 150×150×7×10 |
| | | 간격(m) | 1.5 | 1.2 | 1.0 |
| | 숏크리트 | 형식 | 강섬유보강 | 강섬유보강 | 강섬유보강 |
| | | 두께(mm) 실링 | 100 | 100 | 100 |
| | | 두께(mm) 1차 | 80 | 100 | 100 |
| | | 두께(mm) 2차 | 40 | 60 | 100 |
| | 록볼트 | 길이(m) | 4.0 | 4.0 | 4.0 |
| | | 종방향간격(m) | 1.5 | 1.2 | 1.0 |
| | | 횡방향간격(m) | 1.5 | 1.5 | 1.5 |
| | | 개수 | 15.5 | 15.5 | 2.0 |
| | Con'c 라이닝 | 형식 | 무근 | 철근보강 | 철근보강 |
| | | 두께(mm) | 300 | 300 | 300 |
| 보조공법 | | | − | 휘폴링<br>(L: 3m, 간격: 500,<br>$\theta$: 120°) | 대구경그라우팅<br>(L: 12m, 간격: 500,<br>$\theta$: 180°) |

| 구분 | | | 지질이상대 및 단층구간 | | 갱구부 |
|---|---|---|---|---|---|
| | | | W-1 | W-2 | P |
| 지보패턴 개요도 | | | | | |
| 지반조건 | | RMR | 40~21 소규모단층 | 20 이하 대규모단층, 저토피부 | – |
| 굴착공법 | | | 상하반분할 굴착 | 상하반분할 굴착 | 상하반분할 굴착 |
| 굴진장(상반/하반) (m) | | | 1.5/1.5 | 1.0/1.0 | 1.0/1.0 |
| 지보장(상반/하반) (m) | | | 1.5/1.5 | 1.0/1.0 | 1.0/1.0 |
| 지보재 | 강지보재 | 규격 | H 125×125×6.5×9 | H 150×150×7×10 | H 150×150×7×10 |
| | | 간격(m) | 1.5 | 1.0 | 1.0 |
| | 숏크리트 | 형식 | 강섬유보강 | 강섬유보강 | 강섬유보강 |
| | | 실링 | 100 | 100 | 100 |
| | | 두께(mm) 1차 | 100 | 100 | 100 |
| | | 2차 | 60 | 100 | 100 |
| | 록볼트 | 길이(m) | 4.0 | 4.0 | 4.0 |
| | | 종방향간격(m) | 1.5 | 1.0 | 1.0 |
| | | 횡방향간격(m) | 1.5 | 1.5 | 1.5 |
| | | 개수 | 6.0 | 2.0 | 2.0 |
| | Con'c 라이닝 | 형식 | 무근 | 철근보강 | 철근보강 |
| | | 두께(mm) | 300 | 300 | 300 |
| 보조공법 | | | 소구경그라우팅 (L: 12m, 간격: 500, θ: 120°) | 대구경그라우팅 (L: 12m, 간격: 500, θ: 180°) | 대구경그라우팅 (L: 12m, 간격: 500, θ: 180°) |

# 12 숏크리트

## I. 개요

1. 터널 주지보재는 굴착 후 굴착면에 붙여 지반과 일체가 되도록 시공하는 숏크리트, 강지보재 및 록볼트로 조합된 지보체계를 말한다.
2. Shotcrete란 굳지 않은 콘크리트를 가압시켜 노즐로부터 뿜어내어 소정의 위치에 부착시키는 콘크리트를 말한다.

## II. 역할(기능)

1. (Arch형성으로) 외력을 지반에 분산
2. 지반이완을 방지
3. 강지보재, 록볼트에 지반압을 전달
4. 붕락하기 쉬운 암괴를 지지
5. 응력집중현상을 방지
6. 굴착면의 피복으로 풍화, 누수, 세립자 유출 등을 방지

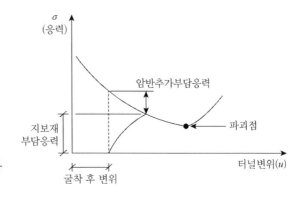

## III. 숏크리트의 구분

### 1. 시공방법(사용수 혼합 방법)

(1) 습식 : 시멘트, 골재, 물을 Mixer에서 혼합 후 압축공기를 이용 분사하는 공법
(2) 건식 : 물 이외의 재료(시멘트, 골재)를 압송하여 노즐 또는 타설 직전에 압력수를 가하여 뿜칠하는 공법
(3) 건식, 습식 공법 비교

| 구분 | 분진 | Rebound | 운반거리 | 품질관리 |
|------|------|---------|----------|----------|
| 습식 | 적음 | 적음 | 장거리 압송 제한(80m) | 용이 |
| 건식 | 많음 | 큼 | 장거리 압송 가능(200m) | 곤란 |

## 2. 성능에 따라

(1) 일반숏크리트 : $f_1$ 10MPa, $f_{28}$ 21MPa 이상

(2) 고강도숏크리트 : $f_1$ 10MPa, $f_{28}$ 35MPa 이상

## 3. 보강재에 따라

(1) 철망보강 Shotcrete

(2) 섬유보강 Shotcrete

   ① 강섬유보강

   ② 고성능합성섬유보강

---

┤ **참조** ├

**Shotcrete 특징**

| 장점 | 단점 |
|---|---|
| • 조기강도 우수, 이동성·작업성 우수<br>• 협소지역 시공 가능, 거푸집 미사용<br>• 낮은 W/C의 콘크리트 시공 가능 | • 리바운드에 의한 재료손실 발생, 평활한 마무리면 형성 제한<br>• 건식 적용 시 분진 발생, 밀도가 낮고 수밀성이 부족<br>• 품질변동이 큼 |

**Shotcrete의 구비조건** : 조기강도를 확보, 지반과 부착성, 시공성, 리바운드의 저감, 수밀성·내구성 등

**고강도 Shotcrete 사용 조건**

• 콘크리트 라이닝을 설치하지 않는 경우, 터널의 조기 안정화가 필요한 경우

• 장기 내구성이 필요한 목적 구조물로서 활용되는 경우

• 대단면 터널에서 숏크리트 두께 축소를 목적으로 하는 경우

• 안전성, 시공성, 경제성 향상을 목적으로 하는 경우

---

# IV. 시공관리(Rebound 저감대책)

## 1. 사전준비 및 처리

(1) 굴착면으로부터 뜬돌을 주의하여 제거

(2) 용출수가 있을 경우에는 용출수 대책을 강구

   ① 배수관을 이용한 배수 또는 차수그라우팅 등

   ② 시멘트량이나 급결제량 증가

   ③ 단위수량을 감소

(3) 철망 사용 시

   ① 목적

     ㉮ 자중으로 인해 박리될 가능성 등이 있는 경우

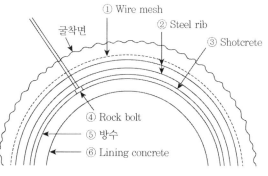

㉯ 숏크리트 인장강도 및 전단강도의 향상

㉰ 숏크리트 부착력 향상

㉱ 분할굴착 시 발생하는 시공이음부 보강

② 규격

㉮ 지름은 5mm 내외

㉯ 개구 크기 100×100mm 또는 150×150mm 표준

③ 굴착면 또는 이미 타설된 숏크리트면에 밀착시켜 견고하게 고정

④ 숏크리트 작업 중 이동이나 진동 방지

⑤ 터널 종방향으로 100mm, 횡방향으로 200mm 정도 중첩하여 이음

## 2. 재료

(1) Cement

보통 포틀랜드 시멘트, 조강 포틀랜드 시멘트

(2) 혼화제

급결제, 감수제, AE감수제 등

(3) 강섬유 사용 시

인장강도는 700MPa 이상, 형상비는 60 이상, 길이는 30~40mm

---

┤ 참조 ├

- 강섬유의 형상비 : $A = \dfrac{l(섬유길이)}{d(섬유직경)}$
- 강섬유보강 숏크리트의 휨강도 : $f_1$ 2.1MPa, $f_{28}$ 4.5MPa 이상
- 섬유의 계량 허용오차 : ± 3% 이내

---

## 3. 배합, 비빔

(1) W/B : 50% 이하

(2) 잔골재율 : 60%

(3) $G_{max}$ : 10mm 이하

(4) 단위 Cement량 : 400~600kg/m$^3$ 정도

(5) 습식적용 펌프압송 시 Slump 100mm 표준

(6) 강섬유혼입량은 최소 30kg/m$^3$ 이상

설계 휨강도·휨인성 값을 만족시키도록 배합

(7) 강섬유 사용 시

① 섬유의 뭉침현상(Fiber Balling)과 노즐의 막힘현상(Plugging) 주의

| 항목 | 사용량 |
|---|---|
| 물시멘트 비 | 45% |
| 단위시멘트 | 400kg |
| 단위수량 | 180kg |
| 잔골재량 | 1,092kg |
| 굵은 골재량 | 742kg |
| 급결제 | 5~7% |

〈Shotcrete 배합 예〉

② 숏크리트면에 있는 강섬유로 인한 방수막 손상 주의

## 4. 시공

(1) 운반 : 교반기(Agitator) 이용, 재료분리 발생 주의

(2) 굴착 후 조속히 시공, 지반과 밀착되도록 타설

(3) 숏크리트와 강지보재가 일체가 되도록 주의해서 타설

(4) 숏크리트 기계작업원과 타설작업원 간의 거리는 상호 수신호 가능거리 이내

(5) 반발된 숏크리트 제거(타설 시 혼입 금지)

(6) 뿜칠각도 : 90°

(7) 노즐과 숏크리트면과 거리 : 1m

   반발량이 최소화되도록 유지

(8) 타설 진행 방향

   ① 하부에서 상부로

   ② 강재지보재 부분을 먼저 타설(일체성 증진 위함)

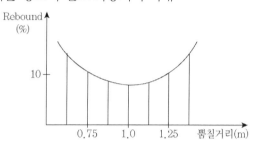

(9) 뿜칠압력 : 200~500kPa

(10) 1회 시공두께 100mm 이내(2회 타설까지 시간한도 1시간 이내)

(11) Mixer와 Nozzle 거리 : 30m 이내

(12) 터널 내부온도 5℃ 이하 시 별도 보온대책 강구

(13) 타설 작업원의 보호장비 착용

(14) 작업장의 분진 처리 철저 : 작업환경 유지

(15) 반발재는 굳기 전 처리

(16) 저온, 건조, 급격한 온도 변화 등 해로운 영향을 받지 않도록 보호하고 양생

## 5. 현장품질관리

(1) 두께

   ① 핀 등을 이용하여 측정하고 정기관리를 위해서는 천공하여
     측정

   ② 기준 : 평균이 설계 두께 이상, 최소두께는 75% 이상

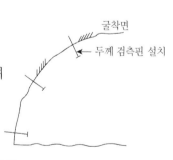

(2) 강도

   ① 휨강도 : 시험용 공시체(150×150×530mm) 제작 후 시험

     ㉮ 평균강도 설계강도 이상

     ㉯ 2개 이상은 설계강도 이상이어야 하며 나머지 1개는 설계강도의 85% 이상

   ② 압축강도 : 현장채취 코어시험

㉮ 재령 28일 경과, 보링머신이용 채취

㉯ 3개 평균 설계강도 85% 이상, 각각은 75% 이상

③ 강도 기준

| 구분 | $f_1$ | $f_{28}$ |
|---|---|---|
| 압축강도(MPa) | 10 | 21 |
| 휨강도(MPa) | 2.1 | 4.5 |

(3) 반발률 : 반발재 중량 측정 후 계산

$$반발율 = \frac{반발재의 \ 전 \ 중량}{숏크리트용 재료의 전 중량} \times 100\%$$

(4) 원지반과의 밀착도 : Core Boring에 의하거나 Hammer 타격음으로 판정

(5) 균열 측정 : 육안조사 및 Crack 측정기 사용

(6) 강섬유 혼입 시 : 강섬유 혼입량, 휨강도·휨인성 등

# V. 결론

1. Shotcrete는 시공 간 시공면의 상태, 작업원의 숙련도 등에 의해 품질변동 및 리바운드가 발생한다.

2. Shotcrete는 요구되는 품질을 확보하고 Rebound를 최소화하도록 재료·배합·뿜칠 관리를 철저히 하여야 하며 타설 후 품질을 확인하여야 한다.

───┤ 참조 ├───

암반 반응곡선 관련

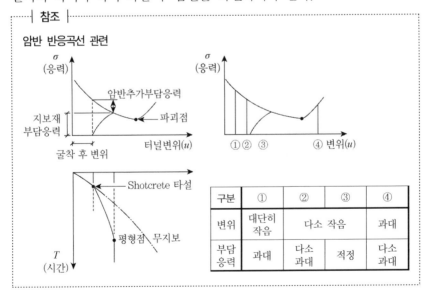

| 구분 | ① | ② | ③ | ④ |
|---|---|---|---|---|
| 변위 | 대단히 작음 | 다소 작음 | | 과대 |
| 부담 응력 | 과대 | 다소 과대 | 적정 | 다소 과대 |

# 13 콘크리트 라이닝 균열 원인 및 대책

## I. 개요

1. Con'c Lining은 터널의 장기적인 구조적 안정성을 확보하며 Shotcrete의 보호, 터널 내 각종 설비의 지지 등의 목적으로 설치된다.
2. 라이닝 Con'c의 균열은 수화열에 의한 온도응력, 타설 단면에서의 침하력 차이, 건조수축, 배면과의 밀착불량 등에 기인하여 주로 발생된다.

## II. Lining 기능(설치목적)

### 1. 구조적 안정성 증진
(1) 주지보공의 성능저하에 따른 장기적 안정성 증진
(2) 외력에 대응, 변형 방지

### 2. 지보공의 보호
숏크리트의 품질변화 방지

### 3. 미관적 측면
숏크리트면의 피복으로 매끈한 면 형성

### 4. 터널 내 설비의 지지대 역할
가설물, 조명, 환기 등의 시설 지지

### 5. 터널의 유지관리
(1) 터널의 수밀성 증진, 누수방지
(2) 터널의 점검 및 보수 용이

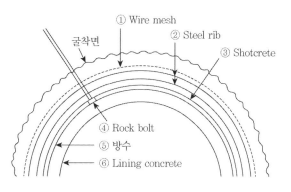

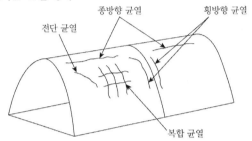
## III. 균열 원인

### 1. Con'c 재료, 배합 불량

(1) 불량재료의 사용

    ① 소요품질 미확보 시멘트, 골재의 사용

    ② 염화물 과다, 반응성골재, 골재입도 부적정, 풍화된 시멘트

(2) 배합 부적정

    ① W/C 과다, 단위수량 과다

    ② Slump 부적정

### 2. Con'c 시공 불량

(1) 타설, 다짐, 양생 등 시공관리 불량

(2) 압송 타설관리 불량, 급속한 타설, 타설순서 부적정, 불충분 다짐

(3) 시공줄눈의 처리 불량, Cold Joint 발생

(4) 침하균열 : 측벽부와 아치부의 타설두께 차이에 의함

(5) 수화열에 의한 균열

(6) 이음시공 부적정

(7) 뒷채움 주입시공 미흡

(8) 초기양생 중의 급격한 건조, 초기동해

(9) 경화전 진동, 충격, 재하

## 3. 외력에 의한 영향

(1) 콘크리트 초기재령에서의 외력 작용 시

(2) 토압, 수압 등의 설계하중 초과

(3) 지진

## 4. 외부구속의 영향

(1) 숏크리트와 라이닝의 밀착에 의함

(2) 신축에 의해 상대변위 발생

## 5. Con'c 열화

온도 변화, 건습, 동결융해의 반복, 알칼리골재반응, 중성화 진행

## 6. 단면두께, 철근량 부족

## 7. 터널, 지반의 부등침하

## 8. 거푸집의 변형·누수, 거푸집의 조기 제거

┤ 참조 ├

**라이닝의 누수 원인**

- 라이닝의 균열 원인 + 방수 불량
- 방수형식 부적정 : 부분방수와 완전방수의 적용 부적정
- 방수재료 불량 : 두께, 인장강도, 신축량 등 소요품질 미확보
- 방수시공 불량 : 시공 중 재료의 파손(구멍, 찢어짐), 겹이음 불량, 접착 불량

**라이닝 균열의 영향(문제점)**

- 콘크리트 강도 저하로 안정성 저하, 수밀성 저하로 누수 발생, 동결융해의 피해 증가
- 통행자의 미관 저해 등 공용성과 안전성 저하

# IV. 시공관리(균열방지대책)

## 1. 재료

(1) 골재

내구성이 우수한 것, 염분 및 유기물 등이 시방규정 이내인 것

(2) 혼화재료

    ① 팽창재, 유동화제, Fly Ash, 응결지연제 등

    ② 균열억제, 내구성 및 내화성 증진에 유리한 것

(3) Cement

    보통 포틀랜드 시멘트, 혼합 시멘트, 저열·중용열 시멘트

(4) 필요시 균열방지용 철근, 철망배치 및 천장부에 섬유보강콘크리트 사용

    콘크리트 라이닝에 유해한 균열이 발생할 우려가 있는 터널 입출구부에는 철근 콘크리트 라이닝 또는 섬유보강 콘크리트 라이닝을 설치

## 2. 배합

(1) $f_{28}$ : 24MPa 표준

    (비배수형 터널의 수밀 콘크리트 $f_{28}$ : 27MPa 이상)

(2) 단위수량 가능한 적게

(3) 작업성 고려 Slump 확보

## 3. 타설 및 양생

(1) 비빔 후 가능한 조기에 타설

| 외기온도 | 25℃ 이상 | 25℃ 미만 |
|---|---|---|
| 비빔~타설 완료시간 | 1.5시간 이내 | 2.0시간 이내 |

(2) 타설 중 재료분리 방지토록 일정 타설속도 유지

(3) 좌우대칭이 되도록 타설하여 편압 방지

    좌우 높이차는 최대 500mm 이하

(4) 진동기 등을 이용하여 다짐 실시

(5) 인버트 콘크리트

    ① 굴착면 또는 숏크리트면 정비, 배수 후 타설

    ② 시공시기는 계측결과를 기초로 결정(지반불량, 변위과다 등에서 조기 폐합 검토)

(6) 건조수축 등으로 인한 균열의 방지

(7) 경화에 필요한 온도 및 습도를 유지하여 양생

(8) 측벽부와 아치부 분리타설

(9) 신축이음

    ① 터널 입·출구부 50m 이내에는 25m 간격

    ② 터널 내부에는 20~60m 간격

(10) 수축줄눈 : 6~9m 간격

(11) 습윤양생 실시

## 4. 배면공동의 충전 : 채움주입(Back Fill)

(1) 콘크리트 라이닝이 주입압력의 저항강도 구비 후 조기 실시

(2) 주입은 소정의 압력에 도달할 때까지 충분히 실시

(3) 주입압 : 200~400kPa 이하

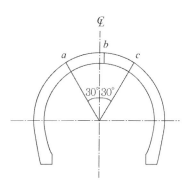

## 5. 품질관리

(1) 관리 및 시험항목

 ① 시공정확도

  ㉮ 철근 및 거푸집 설치상태

  ㉯ 터널 내공 50mm 이내 시공오차 허용

 ② 라이닝 Con'c 두께

  ㉮ 평균두께는 설계두께 이상

  ㉯ 국소부위 100mm 또는 설계두께 1/3 값 중 작은값 이내의 시공오차 허용

 ③ 균열, 변형

 ④ 라이닝 Con'c Slump 시험, 압축강도시험 등

(2) 시공 전 내공을 검측하여 라이닝의 두께 확보 가능 여부 확인

(3) 현장 채취코어 이용 강도 평가

 ① 3개 평균강도가 $f_{ck}$의 85% 이상

 ② 각각은 $f_{ck}$의 75% 이상

(4) 거푸집

 ① 제작 시 Con'c 투입 및 타설상태 확인 등을 위한 작업구 형성

 ② Con'c 투입구는 Con'c가 넓게 퍼지도록 배치

 ③ 거푸집 조립 시 볼트, 너트가 이완되지 않게 조임 실시

 ④ 거푸집 이동 시 타설 Con'c와 이격시켜 Con'c의 손상을 방지

 ⑤ 이동용 궤도는 Con'c 타설 및 이동 시 침하가 없도록 견고하게 설치

 ⑥ 거푸집 해체를 위한 박리제 사용

 ⑦ 거푸집 떼어내기 : Con'c 압축강도 3MPa 이상 확보 시

 ⑧ 거푸집의 길이 : 15m 이하(시공성, 안전성 고려)

 ⑨ 표면 물곰보 최소화 위해 거푸집 5~6회 사용 후 샌드그라인딩하여 깨끗이 청소

## V. 결론

1. Con'c Lining의 균열 발생 시 터널에 안정성과 공용성에 악영향을 발생시킨다.
2. 용수가 많은 구간, 외부기후의 영향을 받기 쉬운 갱구부 등에 대해서는 균열방지 구간을 설치하는 것이 바람직하며 균열을 완전히 방지하는 것은 불가능하므로 적절한 보강을 실시하고 줄눈을 통해 균열의 폭과 분포를 관리하는 것이 필요하다.

# 14 터널 방수형식 및 방수 시공관리

## I. 개요

1. 터널 내 낙수를 방지하여야 할 경우에는 부분배수형 방수형식을 적용하여, 이 경우 콘크리트 라이닝과 숏크리트 사이에 방수막을 설치한다.
2. 비배수형 방수형식 터널의 경우에는 터널 내부로 지하수가 유입되지 않도록 터널전단면에 방수막을 설치하여야 한다.
3. 비배수형 방수형식 터널에서는 콘크리트 라이닝의 시공이음부에 지수판을 설치하여야 하며, 배수형 방수형식 터널의 경우에도 필요시 지수판을 설치할 수 있다.

## II. 방수형식

### 1. 배수형 방수형식

(1) 터널 전체 주위 벽면 중 일부분(아치부와 측벽부)에 방수층을 설치하고 바닥 측면에 지하수의 배수경로를 만들어 지속적으로 지하수를 배수시키는 방법
(2) 콘크리트 라이닝에 수압이 작용하지 않음
(3) 특징

① 콘크리트 라이닝의 두께가 비교적 얇아짐
② 대단면 터널 적용 가능
③ 누수 시 보수용이
④ 초기 시공비가 적어 경제성 양호
⑤ 지하수위 저하에 따른 주변 환경에 영향 발생

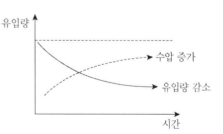

### 2. 비배수형 방수형식

(1) 터널 전체 주위 벽면(숏크리트와 라이닝 사이)에 방수재를 설치하여 지하수가 터널 내부로 유입되는 것을 차단하는 방법
(2) 콘크리트 라이닝에 수압 작용
(3) 유사시 또는 과도한 누수에 대비하여 적정 용량 배수시설의 설치 필요

(4) 특징

　① 지하수 처리비용 감소로 유지비가 감소

　② 지하수위 변화가 없어 주변환경에 영향이 적음

　③ 관리가 용이, 구조체의 내구연한 증가

　④ 초기시공비가 고가, 대단면 터널에 적용 제한

　⑤ 누수 시 보수비용의 증가, 완전보수가 어려움

　⑥ 터널 내부가 청결, 미관 향상

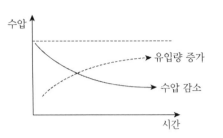

## 3. 특성 비교

| 구분 | 수압작용 | 유지관리 | 적용조건 | 단면형상 | 주변지반침하 | 비고 |
|------|---------|---------|---------|---------|------------|------|
| 배수형 | 없음 | 보수용이 | 일반적으로 적용 | 마제형 | 발생 | |
| 비배수형 | 삭용 | 보수곤란 | 지하수유출이 많은 곳 | 원형, 타원형 | 거의 없음 | 하저터널, 침하예상 시 |

# Ⅲ. 방수 시공관리

## 1. 부직포 재질

(1) 배수능력 및 내구성이 구비된 것

(2) 소요의 품질기준을 만족하는 것

> ┤ 참조 ├
>
> **부직포 품질기준**
>
> | 구분 | 두께 | 중량 | 인장강도 | 신장률 | 투수계수 |
> |------|------|------|---------|--------|---------|
> | 기준 | 2.0mm 이상 | 400g/m² 이상 | 1,120N 이상 | 50% 이상 | 평균 $2.6 \times 10^{-1}$cm/s 이상 |

## 2. 방수막의 재질

(1) 내구성, 인성, 유연성이 기준을 만족시키는 것

(2) 방수막 상호 접착력이 좋은 재질

(3) 품질기준을 만족하는 것

> ┤ 참조 ├
>
> **방수막의 품질기준**
>
> | 항목 | 인장성능 | | 인열저항 | 가열 신축량 | |
> |------|---------|------|---------|-----------|------|
> | | 인장강도 | 신도 | | 신장 시 | 수축 시 |
> | 품질기준 | 16.0 이상 MPa | 600 이상 % | 60 이상 N/mm | 2.0 이하 mm | 6.0 이하 mm |

(4) 방수재료의 두께 : 2mm 이상을 표준으로 함

## 3. 사전준비

(1) 숏크리트면과 록볼트 두부의 요철을 완만하게 정리

(2) 방수막과 Con'c 사이에 과도한 공극 발생하지 않도록 조치

## 4. 부직포 설치

(1) 라운델(Roundel), 못, 와셔를 사용하여 숏크리트면에 고착

(2) 부직포와 방수막이 일체형인 경우 중심부직포를 못·와셔를 이용하여 고착

(3) 용수가 많은 구간은 유도배수처리와 함께 2겹의 부직포 설치

## 5. 방수막 부착

(1) 방수막을 라운델 위에 부착

(2) 숏크리트면에 밀착

(3) 부착 시 불룩하게 늘어지지 않도록 설치

(4) 지하수 유입이 많은 곳은 배수대책 강구 후 방수막 부착

(5) 요철이 있는 부위는 Con'c 타설 시 밀림을 고려 충분히 여유 두고 설치

(6) 라이닝 타설 시 천장부 부근의 방수막에 가장 큰 인장응력이 작용하므로 천장부 라운델의 설치개소는 측벽부에 비하여 30% 이상 증가

## 6. 방수막의 연결 및 보수

(1) 방수막의 현장봉합

자동용접기 이용, 이중선으로 용접

(2) 방수막의 이음부는 공기시험기 등으로 접합상태를 확인

시험공기압은 200kPa로 시험공기압이 10분 동안 20% 이상 저하되지 않을 때 적합으로 판정

(3) 봉합부의 겹이음 길이는 70mm 이상

(4) 기설치된 방수막 손상 시 방수막을 덧붙여 용융접합

① 진공시험기로 접합상태 확인

② 진공시험기의 압력은 20kPa

## 7. 방수작업 시 확인사항

(1) 표면처리

록볼트 두부정리와 숏크리트 요철부분 정리 확인

(2) 고정상태

배수재와 방수막의 고정상태 확인

(3) 이음상태

공기 주입시험에 의해 이음상태 확인

(4) 접합상태

진공 시험기에 의한 접합상태 확인

(5) 손상상태

방수막 손상 여부 확인

## IV. 결론

1. 방수형식에 따라 구조체가 부담하는 수압이 달라진다. 또한 이로 인해 배수시설의 용량도 고려되므로 설계 시 이를 검토하여야 한다.
2. 시공 간 방수재료, 시공, 검사 등 전 과정에서의 철저한 관리로 방수성능을 확보하도록 노력하여야 한다.

# 15 보조공법

## I. 개요

1. 터널 굴착 중 굴착부와 전방의 지반상태가 불량하여 안정성 및 시공성이 저하된다.
2. 주지보재 혹은 터널 굴착공법 등의 변경으로는 터널 막장면(굴진면)및 주변지반의 안정성을 확보할 수 없는 경우 터널의 안정성 확보를 위하여 적용되는 보조적 또는 특수한 공법을 말한다.

## II. 적용

1. 원지반 전단강도가 작거나 파쇄 혹은 팽창성 등으로 인해 굴착면 안정성 확보가 어려운 경우
2. 지하수 유입이 많아 숏크리트의 부착성이 불량하거나 작업환경을 저해할 경우
3. 과다변위가 발생한 경우
4. 낙반의 우려가 있는 경우
5. 터널 굴진의 안전성을 저해하는 요소가 발생할 경우 등

## III. 보조공법의 분류

| | | |
|---|---|---|
| 막장안정 | 천장부 | • Forepoling, 강관다단그라우팅<br>• Pipe Roof, 경사 Bolt<br>• 동결공법, 주입공법 |
| | 막장면 | • 막장면 Shotcrete, 막장면 Rock Bolt<br>• 가인버트, 지지 Core<br>• 동결공법, 주입공법 |
| 용수처리 | 배수 | • 수발갱, 수발공<br>• Deep Well, Well Point |
| | 지수, 차수 | • 약액주입, 동결공법 |

# IV. 천장 보조공법의 시공

## 1. 훠폴링

(1) 터널 천장부 지반의 자립이 어려운 경우 주지보재 설치 시까지의 안정성을 확보하기 위해 굴착 전에 설치한다.

(2) 재료

① 철근, 구조용 강관

② 충전재 : Cement Mortar, Cement Paste 또는 합성수지 등

(3) 설치길이 : 1회 굴진장의 2.5배 이상

(4) 매 굴진장마다 굴진방향으로 훠폴링이 상호 중첩되도록 설치

(5) 강재의 한쪽 끝은 강지보재에 의해 지지되도록 설치

(6) 종방향 설치각도 15° 이하(최대한 수평유지)

(7) 횡방향 설치범위는 천단을 중심으로 좌우 30°~60°

(8) 횡방향 설치간격 300~800mm 이내

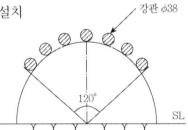

## 2. 강관보강그라우팅 공법

(1) 지반이 연약하여 굴착 전에 천장부 지반을 광범위하게 보강하여야 할 경우 적용

(2) 재료

① 강관 : 직경 50mm 이상 구조용 강관

② 충전재 : 강관과 지반을 결합시키는 역할을 보유하는 것

(3) 강관의 한쪽 끝을 강지보재에 의해 지지되도록 설치

(4) 종방향 설치각도 20° 이하, 최대한 수평 유지

(5) 강관의 길이 6m 이상, 종방향 중첩길이 유지

## 3. 파이프루프 공법

(1) 대구경의 강관 Pipe를 타입

(2) 경사각 5° 이하, 설치간격은 Pipe 외경의 2.0~3.5배 정도

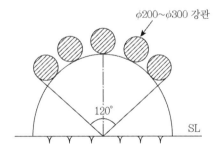

## 4. 천장 보조공법의 발전 Flow

훠폴링 → 파이프루프 → 강관다단 Grouting → FRP Grouting

## 5. 천장 보조공법 시공 예

| 구분 | 설치각도(°) | 간격(cm) | 길이(m) | 강관직경(mm) |
|---|---|---|---|---|
| Fore Poling | 15 이하 | 50 정도 | 2~4.5 | 강관 30~40 또는 철근 D25 |
| Pipe Roof | 5 이하 | 30~60 | 12~16 | 200~300 |
| 강관다단 Grouting | 5~15 | 50 | 12~16 | 75 |

# V. 막장면 보조공법의 시공

## 1. 막장면 숏크리트

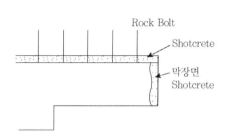

(1) 막장면 숏크리트를 타설하는 경우

   ① 막장면 자립이 어려운 경우

   ② 막장면 지반이 터널 내로 밀려들어오는 경우

   ③ 장기간 굴착을 중지하여야 할 경우

(2) 막장면 안정효과 증진을 목적으로 록볼트, 지지코어 등과 병행시공 가능

(3) 막장면 용출수 발생 시 물빼기공을 설치 후 숏크리트 타설

(4) 최소두께 30mm 이상(보통 50mm 이상 적용)

(5) 타설된 숏크리트 박리 시 철망 설치 후 타설

## 2. 막장면 록볼트

(1) 막장면 록볼트를 시공하는 경우

   ① 막장면의 안정을 저해하는 불연속면이 출현한 경우

   ② 막장면 지반이 터널 내로 밀려들어오는 경우

(2) 록볼트 직경, 길이는 막장면의 크기 고려

(3) 안정효과 증진을 목적으로 막장면 숏크리트 및 지지코어와 병행 가능

(4) 파쇄가 심하고 연약한 지반일 경우에 막장면에 직각으로 시공

(5) 뚜렷한 불연속면이 존재하는 경우 불연속면에 직각으로 시공

(6) 선단정착형 록볼트는 사용하여서는 안 됨

(7) 길이 : 1회 굴진장의 3배 정도, 1본 / 1~2m$^2$

## 3. 가인버트

(1) 가인버트를 시공하는 경우

   ① 막장의 안정을 저해하는 과대한 변위가 예상되거나 발생하는 경우

   ② 터널 바닥부의 지반이 연약하여 숏크리트 라이닝이 침하하는 경우

   ③ 터널 측벽하단의 숏크리트가 터널 내측으로 과다하게 밀려들어 오는 경우

④ 터널 바닥부 지반이 융기되는 경우

(2) 가인버트 설치는 숏크리트 단독 혹은 강지보재와 병행 설치

(3) 바닥부 지반은 가능한 교란이 최소화 되도록 조치

(4) 가인버트는 시공장비에 의해 파손되지 않도록 조치

## 4. 주입공법

(1) 굴착면 주변지반의 자립성을 증진시키거나 투수성 감소시킬 목적으로 적용

(2) 주입범위는 상호중첩되게 시공

(3) 과도한 압력이 작용하여 이미 설치된 지보재와 인접시설물 등에 손상을 주지 않도록 관리

(4) 목적에 적합하도록 주입재료, 주입범위, 주입방법 등을 결정

## 5. 지지 Core

(1) 막장면 중앙부에 지지코아를 남겨두고 굴착한 후 지보를 설치하는 것

(2) 토사지반에는 일반적으로 적용, 막장의 밀려남을 방지

(3) 지지코아 길이 : 최소 2~3m 정도

## 6. 1회 굴진장을 짧게 하는 방법

굴진장을 짧게 하여 막장에 작용하는 하중 경감

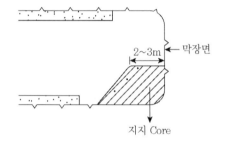

# VI. 지하수위 대책

## 1. 적용

(1) 용출수로 인해 막장면의 자립성이 저하되는 경우, 굴착이 곤란한 경우

(2) 용출수로 인해 숏크리트 부착이 불량한 경우, 록볼트 정착이 불량한 경우

(3) 터널의 작업 능률이 심각하게 저하되는 경우

## 2. 대책공법 적용 시 검토사항

(1) 지하수위 저하로 인한 지반침하

(2) 각종 생활용수의 고갈

(3) 그라우팅에 의한 환경영향

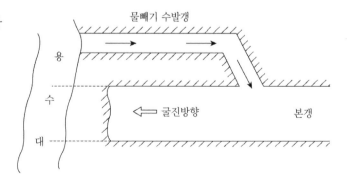

## 3. 지하수위 저하공법

(1) 적용공법

　① Well Point공법

　② Deep Well공법

③ 물빼기공

직경 50~200mm되는 물빼기공을 막장에 시공하여 지하수를 자연배수

④ 물빼기 갱도

고압의 용수가 분출될 때 본갱을 우회하는 우회갱을 굴진하여 배수

(2) 배수 시 토립자가 유출되지 않도록 조치

(3) 주변 시설물에 영향을 미치지 않도록 조치

(4) 시공 후에는 지하수위 저하공을 폐쇄

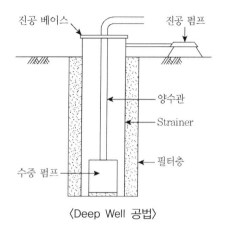

〈Deep Well 공법〉

## 4. 차수공법

① 막장면 전방, 주변지반 속에 약액형 및 비약액형 등의 주입재를 침투시키는 공법

② 주입 시 이미 설치된 지보재와 인접시설물 등에 변상이 발생하지 않도록 주의

③ 주입재는 지반의 성질, 용출수압, 용출수량 등의 시공조건에 적합한 재료를 선정

아스팔트, Bentonite, Cement, 고분자계 등

## 5. 동결공법

① 지반에 동결관을 삽입하여 지반을 동결시키는 공법

② 액화가스 및 냉동 블라인 또는 액체질소가스 등을 사용

## 6. 압기공법 등

# VII. 결론

1. 보조공법은 크게 천장부, 막장면의 안정과 지하수대책으로 구분된다.

2. 보조공법은 굴착부의 안정상태, 전방 지반·용수 상태, 시공성, 경제성, 안정성 등을 고려하여 선정하여야 한다.

3. 보조공법의 적용 간 계측을 철저히 하여 지반의 거동과 변위를 철저히 분석하고 대책을 강구해야 한다.

# 16 터널의 계측관리

## I. 개요

1. 터널에서의 계측관리는 굴착에 의한 지반의 변위, 지보재의 안정성 등을 분석하여 굴착진행에 따른 터널의 안정성을 확보하기 위해 시행된다.

2. 설계 시 수립된 계측계획은 시공 시 확인되는 현장여건, 지반상태 및 초기 계측결과 등에 근거하여 필요한 경우 보완하여 적용하여야 한다.

3. 계측은 일상적인 시공관리를 위한 일상계측과 지반거동의 정밀분석을 위한 정밀계측으로 구분하여 계획하고 관리하여야 한다.

## II. 계측의 목적

1. 원지반의 거동 파악
2. 지보재의 안정 상태 확인
3. 지보패턴의 결정
4. 주변 구조물의 영향 파악
5. 보조공법의 적용 판단
6. 공사의 경제성, 안정성 확보

| 참조 |

계측관리 계획도

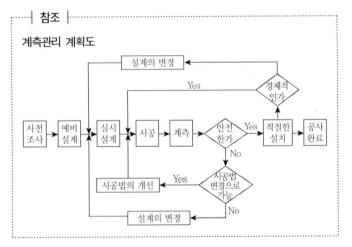

## III. 계측항목

### 1. (일상적인 시공관리를 위한) 일상계측(A계측)

(1) 갱내(막장면) 관찰조사

(2) 지표 침하 측정

(3) Rock Bolt 인발시험

(4) 천단침하 측정

(5) 내공변위 측정

## 2. (지반거동의 정밀분석을 위한) 정밀계측(B계측)

(1) 지중침하 측정

(2) 지중변위 측정

(3) Rock Bolt 축력 측정

(4) Shotcrete 응력 측정

(5) 지중수평변위 측정

(6) 지하수위 측정

(7) 간극수압 측정

(8) 소음, 진동 측정

(9) Steel Rib 응력측정

(10) 갱내탄성파 속도 측정, 지반팽창성 측정 등

---

| 참조 |

유지관리 계측 항목
토압, 간극수압, 지하수위, 콘크리트 응력, 철근응력, 내공변위, 균열, 건물경사, 진동, 온도 등

---

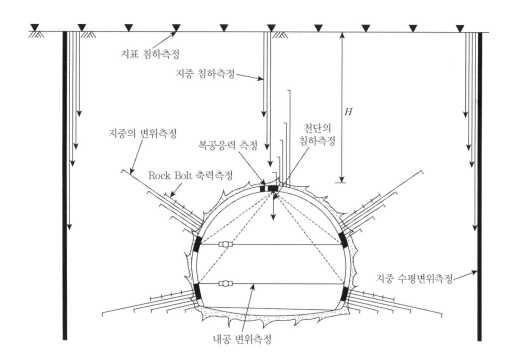

## IV. 계측항목별 평가사항

| 기기 | 적용 |
|------|------|
| ① Tape Extensometer | 내공변위 측정 |
| ② Level | 천단침하 측정 |
| ③ Multiple Extensometer | 지표 및 지중침하 측정, 지중변위 측정 |
| ④ Shotcrete 응력 측정기 | Shotcrete의 응력측정 |
| ⑤ Pump, Hydraulic Ram | Rock Bolt의 응력측정 |
| ⑥ Inclinometer | 지중 수평변위 |
| ⑦ 수신기, Cable, 증폭기, 발화기 | 갱내 탄성파속도 측정 |
| ⑧ Water Level Meter | 지하수위 변화 측정 |
| ⑨ Piezometer | 간극수압 변화 측정 |
| ⑩ Tilt meter | 인접구조물 기울기 측정 |
| ⑪ Vibration Monitor | 진동, 소음 측정 |

## V. 계측항목 선정 시 고려사항

1. 계측 수행 목적
2. 터널의 용도, 규모
3. 시공방법 및 구조물의 구조적, 재료적 특성
4. 지질상태 및 지하수 조건
5. 외부 작용 하중
6. 주변 구조물
7. 육상, 하저 및 해저 등의 주변 환경

## VI. 계측관리 Flow

설계 → 시공 → 계측 → 비교분석 → 공사완료 → 자료정리

## VII. 계측항목, 위치, 관리 기준 등

### 1. 일상계측

(1) 막장면 관찰조사(Face Mapping)

   ① 굴착면의 상태를 육안으로 관찰하여 조사내용을 표시하는 방법

   ② 매 굴진면마다 실시

   ③ 측정빈도 : 2회/1일

   ④ 암질, 용수, 불연속면, 지보공의 변형 등

(2) 지표 침하

① 굴착에 의한 지표상의 영향범위와 정도를 파악

② 터널 축방향을 따라 20~40m 간격 표준

③ 갱구부 50m 구간, 토피가 터널직경 2배 이하인 구간은 10m 간격

④ 횡단방향의 침하곡선 작성

⑤ ±1.0mm 이내 오차범위 수준 측량

┤ 참조 ├

**지표침하 측정빈도**　　　　(D : 터널직경)

| 후방 | | 막장면 | 전방 |
|---|---|---|---|
| 3D | 3D~1D | 후방1D~전방2D | 2D~3D |
| 1회/3일 | 1회/2일 | 1회/1일 | 1회/2일 |

(3) Rock Bolt 인발시험

① Rock Bolt의 정착효과를 확인

② 측정빈도 : 3개소/20m 또는 1개소/50본

③ 인발하중의 평균 재하속도 10kN/min

④ 하중-변위 곡선을 그려 인발내력을 평가

(4) 천단침하, 내공변위

① 측정오차는 ±1mm 이내

② 내공변위와 천단침하 측점은 동일 단면에 설치

③ 터널 축방향으로 20m 간격

④ 갱구부 50m 구간, 토피가 터널직경 2배 이하인 구간은 10m 간격

⑤ 실링 숏크리트 타설 직후 설치

⑥ 계측의 측정빈도 : 1~2회/일

┤ 참조 ├

**천단침하, 내공변위 측정빈도**　　　　(D : 터널직경)

| 측정 빈도 | 변위 속도 | 막장이격거리 |
|---|---|---|
| 2회/일 | 10mm/일 이상 | 0D~1D |
| 1회/일 | 10~5mm/일 | 1D~2D |
| 1회/2일 | 5~1mm/일 | 2D~5D |
| 1회/주 | 1mm/일 이하 | 5D 이상~수렴 후 30일까지 |

## 2. 정밀계측

(1) 지중침하

  ① 심도별 지반의 연직변위 양상을 확인 가능토록 운용

  ② 배치 : 터널지표로부터 3~5개소 다른 심도로 배치

  ③ 최하단 측점은 터널천단부에 근접되게 설치

  ④ 여굴, 록볼트, 경사볼트 등 터널작업에 의해 손상되지 않게 관리

(2) 지중변위 측정

  ① 터널 굴착면 주변 지반의 심도별 반경방향 변위를 측정

  ② 지반이완 영역에 대한 범위를 확인

  ③ 측정오차의 한계 ±1.0mm 이내

  ④ 터널단면의 좌우측벽부, 천장부 등 3개소에 3~5측점의 심도별 다중측점 지중변위계 설치

  ⑤ 터널 벽면에서 터널직경의 0.5배 범위 또는 예상되는 이완영역을 포함하는 범위까지 배치

  ⑥ 1차 숏크리트 타설 직후 설치

  ⑦ 측정빈도는 내공변위 및 천단침하 계측기의 측정빈도와 동일

(3) 록볼트 축력 측정

  ① 정확도는 10kPa 이하의 오차범위

  ② 축력측정용 록볼트는 실제의 록볼트 설치위치에 동일한 방법으로 설치하여 측정

  ③ 터널 단면상 좌우측벽부, 천장부 등을 포함하는 3~5개소 설치

  ④ 축력 측정용 록볼트는 측점간격이 1.0m이어야 함

  ⑤ 1차 숏크리트 타설 직후 설치 후 다음 막장 굴착 전 측정

  ⑥ 측정빈도는 내공변위 및 천단침하 계측기의 측정빈도와 동일

(4) 숏크리트 응력측정

  ① 응력계는 10kPa 이하의 오차범위

  ② 터널 단면상 좌우측벽부, 천장부 등을 포함하는 3~5개소 설치

  ③ 숏크리트 타설 시 설치

  ④ 측정빈도는 내공변위 및 천단침하 계측기의 측정빈도와 동일

(5) 갱내 탄성파 속도 측정

  ① 탄성파(지진파) 전파속도를 분석하여 막장전방의 지반상태를 판단

  ② 2~5m 간격, 측벽에 탄성파 수신기를 부착

  ③ 측정간격 : 100~200m, 측정빈도 : 1회

(6) Steel Rib 응력측정

    ① Steel Rib에 응력계를 부착하여 작용하는 압력(토압)을 분석함으로써 Steel Rib의 형상, 간격 등 적정성 판단

    ② 배치 : Steel Rib 천단부, 측벽부 각 1개소

    ③ 측정간격 : 200~500m

(7) 소음, 진동 측정

    ① 발파에 따른 주변에 미치는 영향을 분석

    ② 구조물의 손상기준 발파진동 허용치

| 구분 | 문화재 및 진동예민 구조물 | 조적식 벽체와 목재로 된 천장을 가진 구조물 | 지하기초와 콘크리트 슬래브를 갖는 조적식 건물 | 철근 콘크리트 골조 및 슬래브를 갖는 중소형 건축물 | 철근 콘크리트 또는 철골골조 및 슬래브를 갖는 대형건물 |
|---|---|---|---|---|---|
| 최대 입자속도 (cm/sec) | 0.2~0.3 | 1.0 | 2.0 | 3.0 | 5.0 |

> ┤ **참조** ├
>
> **진동 규제 기준**    (단위 : cm/sec(kine))
>
> | 구분 | 문화재 | 주택·APT | 상가 | 공장 |
> |---|---|---|---|---|
> | 허용치 | 0.2 | 0.5 | 1.0 | 1.0~4.0 |

(8) 지반의 팽창성 측정

    Core Sampling 시험 실시

# VIII. 계측관리 시 주의사항

## 1. 계측기기의 선정

(1) 설치, 측정 및 유지관리가 용이한 것

(2) 내구성이 있는 것

(3) 정확도 : 최대예상범위량 이상의 측정범위 구비

(4) 편리성, 호환성 및 경제성

## 2. 계측기기의 보정 및 점검

(1) 설치 전 및 설치 직후에 작동성능을 검사, 보정

(2) 주기적인 점검, 이상 유무와 정확도 등을 점검

(3) 계측기가 특이하게 변화되는 경우 계측기 이상 유무 확인

(4) 자동측정기기의 경우 이상 작동에 대비하여 수동측정이 가능하도록 조치

## 3. 계측의 수행과 관리는 계측전담반에 의하여 수행

## 4. 결과 정리 및 분석 실시
(1) 기록지에 누락 없이 기재
(2) 시간(경과일수)–계측치, 막장이격거리–계측치 등 Graph로 표시
   계측치의 변화경향을 신속히 파악할 수 있도록 작성
(3) 계측분석 결과 터널안정성에 영향이 있다고 판단될 경우
   ① 응급조치
   ② 원인을 규명
   ③ 항구대책을 강구
(4) 계측항목별 측정치를 상호 비교하여 지반거동과 지보재 효과의 상관성을 분석

## 5. 자료의 활용
(1) 설계와 시공에 즉각적 반영, 지보패턴 등 변경
(2) 보조공법의 적용 여부 판단
(3) 주변지반 및 구조물 등에 미치는 영향 분석, 조치

6. 계측위치 및 배치간격은 터널의 규모, 지반 조건, 시공방법 등을 고려
7. 계측관리기준치는 지반조건, 터널단면의 크기, 시공방법, 지보재량 등을 고려하고 과거
   의 유사한 시공실적을 고려하여 적용
8. 세부계측관리기준치는 현장여건에 따라 공사시방서에서 정하여 관리

# IX. 결론

1. 터널 시공 시 계측은 주변지반에 발생하는 응력과 강도, 그에 따른 변위, 주변에 미치는 영향
   등을 측정하여 굴착 간에 안정성과 경제성을 확보는 매우 중요한 요소이다.
2. 계측은 계획 수립, 기기의 선정, 실시, 결과의 분석, 대책 강구 등 전 과정에서의 철저한 관리
   가 필수적이다.
3. 계측분석 결과 터널의 안정성에 영향이 있다고 판단되는 경우에는 이에 대한 응급조치를 취
   하고 시공책임자는 시공자와 감독원, 계측전담반 등 공사관계자가 서로 유기적으로 공조할
   수 있는 응급조치 조직 및 대응체제를 공사착공 전 수립하여야 한다.

**계측기기의 배치간격, 위치, 측정빈도**

| 구분 | 계측 항목 | 계측 간격 | 배치 | 계측기 설치시기 및 위치 | 측정빈도 | | |
|---|---|---|---|---|---|---|---|
| | | | | | 0~15일 (0~7일) | 15~30일 (8~14일) | 30일~ (15일~) |
| A계측 (일상계측) | 터널 내 관찰 | 전연장 | 전 막장 | – | 매막장마다 | 매막장마다 | 매막장마다 |
| | 내공 변위 | 10~20m | 수평2 대각선4 | 막장후방 1~3m 또는 굴착 후 24시간 이내 | 1~2 회/일 | 2회/주 | 1회/주 |
| | 천단 침하 | 10~20m | 1개소 | 막장후방 1~3m 또는 굴착 후 4시간 이내 | 1~2 회/일 | 2회/주 | 1회/주 |
| | 록볼트 인발 시험 | 20m마다 3개소 | 측벽부 천장부 어깨 | – | – | – | – |
| B계측 (정밀계측) | 지표 침하 지중 침하 | 300~600m | 터널 상부 3~5개소 | 막장전방 30m | 1회/일 | 1회/주 | 1회/2주 |
| | 숏크리트 응력 | 200~500m | 3~5개소 (반경방향, 접선방향) | 막장후방 1~3m 또는 굴착 후 24시간 이내 | 1회/일 | 1회/주 | 1회/2주 |
| | 지중 변위 | 200~500m | 3~5개소 (3~5개의 다른 심도) | 막장후방 1~3m 또는 굴착 후 24시간 이내 | 1~2 회/일 | 1회/2일 | 1회/주 |
| | 록볼트 축력 | 200~500m | 3~5개소 (3~5개의 다른 심도) | 막장후방 1~3m 또는 굴착 후 24시간 이내 | 1~2 회/일 | 1회/2일 | 1회/주 |

* ( )는 수렴이 빨리 되는 경우의 빈도

# 17 저토피(연약지대) 터널의 지표침하·붕괴 원인 및 대책

## I. 개요

1. 저토피, 연약지대를 통과하는 터널은 지표침하, 터널붕락 등 터널의 안정 확보가 제한되므로 보조공법을 적용하여야 한다.

2. 보조공법은 보강 목적에 따라 막장 천장 및 막장면 보강, 지수 및 배수를 위한 공법으로 구분 된다.

> ┤ 참조 ├
>
> **저토피의 일반적 개념**
> - 설계기준, 시방서 등에 명시되어 있지 않음
> - 일반적으로 아칭효과가 발현되지 않는 터널로 터널 천단부 기준 1.5~2D 정도 이하의 토피고를 의미

## II. 터널 막장 전방의 조사 방법

1. TSP(Tunnel Seismic Profiling) 탐사
2. 시추조사
3. 선진 수평 보링
4. 탄성파 탐사

## III. 지표침하·붕괴 원인

### 1. 지반의 전단강도가 작음

(1) 천장 및 막장면의 불안정

(2) 천장 침하, 막장면 붕괴 발생

(3) 굴착저면의 지지력 부족, 터널 변위 발생

(4) 터널 구조물 침하

(5) 지반의 자립성 현저히 낮음

## 2. 지반의 변형 계수가 큼

## 3. 투수성이 큼
(1) 지하수유출, Piping 발생
(2) 지반이완, 지반침하, 지표침하 발생
(3) 숏크리트 부착 불량

## 4. Ground Arch 형성 곤란

## 5. 소성영역의 증대
(1) 토피가 낮으면 굴착시 소성영역이 지표면까지 증가
(2) 소성영역 증가에 따른 지표 침하 발생

## 6. 막장면 자립성 불량
막장면 붕괴에 의한 지표 침하 발생

# IV. 대책

## 1. 기계굴착에 의한 분할 굴착공법의 적용
(1) 중벽 분할 굴착공법
(2) 측벽 도갱 굴착공법
(3) 가 Invert 공법

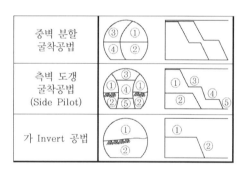

## 2. 보강공법
(1) 천장보강
　　① Fore Poling
　　② 강관다단 Grouting
　　③ Pipe Roof
　　④ Steel Sheet Pile
　　⑤ 약액주입공법
(2) 막장면보강
　　① 막장면 Shotcrete
　　② 막장면 Rock Bolt
　　③ 지지 Core 공법
　　④ 약액주입공법

> | 참조 |

**약액주입공법 특성 비교**

| 구분 | LW | SGR | JSP | RJP |
|---|---|---|---|---|
| 주입방식 | 침투주입/맥상주입/저압주입 | | 고압분사(20MPa) | 고압분사(50MPa) |
| 목적 | 차수 | | 차수 및 지반보강 | 차수 및 지반보강 |
| 시공 | 1.5 Shot | 2.0 Shot | | |

(3) 선지보 공법

① 굴착예정 터널 주변지반을 보강하여 Arching 영역을 미리 확보한 후 터널을 굴착하는 공법

② 터널 상부 지표면에서 터널단면 방향으로 지보재를 선시공

③ 터널굴착 후 변위에 대한 선행 억제 효과

④ 시공 Flow

지표 정리 → Nail 설치 → Grouting → 터널굴착 → 갱내 지압판 체결

(4) 주열식 연속벽체와 Pipe Roof 공법의 병용 적용

## 3. 용수대책

(1) 배수공법

① 수발공, 수발갱

② Deep Well

③ Well Point

(2) 차수공법

① 약액 주입 공법

② 동결 공법

③ 압기 공법

## 4. 계측관리 철저

| 관리단계 | 천단침하 | 내공변위 |
|---|---|---|
| 안전단계 | 20mm 이내 | 40mm 이내 |
| 주의단계 | 20~30mm | 40~50mm |
| 위험단계 | 30mm 이상 | 50mm 이상 |

〈천단침하 및 내공변위 기준〉

## 5. 안전관리 철저

## V. 결론

1. 저토피 구간에서의 터널 굴착은 보강공법을 적용함은 물론 합리적인 굴착공법을 결정하기 위해 안정성 및 시공성 측면을 함께 고려해야 한다.
2. 터널의 안정뿐아니라 주변 지반, 지장물 등의 변위를 최소화하도록 관리하기 위한 계측 관리를 철저히 하여야 한다.

# 18 TBM(Tunnel Boring Machine)

## I. 개요

1. TBM(Tunnel Boring Machine)은 일반적으로 발파에 의해 굴착을 진행하는 터널공법과 달리 발파를 하지 않고 전단면을 기계에 장착된 Cutter의 회전력에 의해 절삭, 파쇄하여 굴착하는 굴착장비이다.
2. TBM공법은 발파굴착에 비해 굴착속도가 빠르고, 여굴량이 최소화되어 작업환경이 양호하며 안정성이 확보되는 장대터널에 유리한 공법이다.

## II. 특징

### 1. 장점

(1) 연속적인 작동, 굴착속도가 빠름

(2) 공기 단축

(3) 굴착 간 소음과 진동이 매우 작음

(4) 여굴이 적음

(5) 유해 Gas, 분진 등이 거의 없어 작업장 환경 양호

(6) 원지반의 교란이 최소로 발생, 지보공 감소

(7) 원지반의 이완, 낙반이 적어 작업자의 안전 확보에 유리

(8) 자동화된 장비 적용으로 노무 감소, 정밀시공이 가능

| 구분 | TBM | NATM |
|------|------|------|
| 단면형상 | 원형 | 다양 |
| 지반적용 | 경암 | 토사지반~경암 |
| 여굴 | 거의 없음 | 발생 |
| 시공속도 | 10m/day 정도 | 2~3m/day |
| 터널연장 | 2km 이상 | 제약 없음 |

### 2. 단점 및 제한사항

(1) 고가의 장비적용, 초기투자비 증가

(2) 지질변화, 굴착단면 변화에 대한 대응 제한

(3) 기계조작에 전문인력 필요

(4) TBM 장비의 이동, 설치에 많은 시간 필요

(5) 수평 회전 반경의 제한(급곡선의 시공 제한)

## 3. 적용성

(1) 일축압축강도($q_u$) 3kN/cm$^2$(30MPa) 이상 연암, 경암지반

(2) 터널연장 4km 이상이 경제적

(3) 암질의 변화가 큰 지반, 단층·파쇄대 등 적용 제한

> **│ 참조 │**
>
> **TBM 장비 선정 시 고려사항**
> * 장비구조 및 재료 특성, 지반조건, 주변여건, 터널크기, 연장 및 선형, 시공성 등
> * TBM 장비는 신제품 사용 원칙(성능 검증 시 재활용 장비 사용 가능)

## Ⅲ. TBM의 구조 및 기능

| 후방대차 | | 굴착기 | |
|---|---|---|---|
| 후속 설비 | 후속 Traier | 추진기구(Main Body) | 굴착기구(Head부) |
| 버력처리장치 등 | 전력, 집진, 용수, 조명 등 | 주행, 추진장치 | 굴착 파쇄장치 |

> **│ 참조 │**
>
> **TBM(Tunnel Boring Machine)의 분류**
> * Hard Rock TBM : 지반이 연암이상에서 적용
> * Shield TBM : 연약지반 적용, Open쉴드TBM, 토압식 쉴드TBM, 이수식 쉴드TBM
>
> **TBM 암석 파쇄 방법**
> * 압쇄식(Rotary Type) : 일축압축강도 100MPa 이상 암석에 적용
> * 절삭식(Shield Type) : 일축압축강도 30~80MPa 정도의 풍화암 및 연암에 적용

## Ⅳ. 시공 Flow

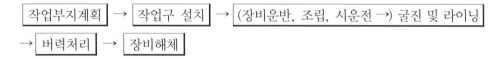

작업부지계획 → 작업구 설치 → (장비운반, 조립, 시운전 →) 굴진 및 라이닝 → 버력처리 → 장비해체

## Ⅴ. 시공관리

### 1. 작업부지 계획

(1) TBM과 후방대차의 조립 및 가시설의 설치에 필요한 면적을 고려

(2) 환기, 급수 및 배수설비, 침전지, 급기설비 등의 공간 확보 및 준비

(3) 작업장 면적 : $\phi$5.0m, 500m$^2$ 이상, $\phi$8.0m, 800m$^2$ 이상

## 2. 작업구 설치

(1) 종류 : 발진작업구, 중간작업구, 도달작업구, 방향전환 작업구

(2) 발진 작업구(Pilot Tunnel)

    ① 장비의 조립이 가능

    ② 배수가 원활

    ③ 토압과 추진력에 저항할 수 있는 구조

    ④ 일반적으로 10~20m 정도, 측벽의 지지력은 3~5MPa 확보

    ⑤ 발파 또는 파쇄굴착으로 원형 또는 마제형 단면 적용

(3) 도달작업구 : 장비의 해체와 인양이 용이한 구조로 설치

## 3. 운반, 조립, 시운전

(1) 분할 운반 및 운반로 선정, 장비의 충격 손상에 대한 보호, 운반 중 주변 영향 검토

(2) 조립 후 보조유압장치 등을 이용 작업구로 이동

(3) 시운전을 통해 장비 이상 유무 확인

## 4. 굴진(발진)

(1) 운영 및 작업인원 편성 : 2교대 또는 3교대 작업체계로 운용

(2) 1개조의 작업인원은 7~10명 정도로 구성

(3) 굴착방법

    ① 전단면 TBM 굴착

        ㉮ 일반적으로 직경 8m 정도까지 적용

        ㉯ 시공 중 터널단면 변경 제한

    ② TBM + NATM 확공

        ㉮ TBM으로 1차 굴착 후 NATM으로 2차 확공하는 방법

        ㉯ 시공 중 단면변화 가능, 발파에 의한 여굴 및 지반이완 발생

        ㉰ 경제적인 단면형상 가능, 공사비 비교적 저렴

    ③ TBM + TBE 확공

        ㉮ TBM으로 1차 굴착 후 TBE(Tunnel Boring Enlaring Machine)으로 2차 굴착 확공

        ㉯ 여굴 감소, 단면 변화 제한, 원형굴착으로 비활용 단면이 발생

(4) TBM에 의한 굴착 순서

    ① Clampping : Body의 벽면 압착

    ② Cutter Head 작동, 굴진 : 1Stroke 0.8~1.5m 정도

    ③ Clampping 해지, 장비 전진

(5) 상하 또는 좌우 편차가 허용치 이내가 되도록 관리

(6) 설계노선을 따라 정확하게 추진될 수 있도록 운전

(7) 추진시킬 때는 피칭, 요잉 및 롤링의 발생을 억제

(8) 굴진효율이 떨어지기 전에 커터 또는 비트를 교환

## 5. 버력처리

(1) 버력반출은 광차, 컨베이어 시스템, 덤프트럭 등 이용

(2) 버력반출 방법은 터널의 크기, 연장, 기울기, 공사기간, 버력 발생량 등을 고려 선정

(3) 광차 이용 시 적재 및 대기시간 최소화하도록 운용

## 6. 라이닝 Con'c

(1) 여굴이 적어 발파공법 대비 복공두께가 20~30% 정도 감소

(2) TBM 굴착 후 터널중심에서 양방향 또는 일방향으로 시공

(3) 굴착면이 매끈하여 라이닝면과 밀착이 양호

## 7. 시공 시 문제점 및 대응 대책

(1) 경암지반

　　① 굴진 시 환기·살수설비 가동

　　② 굴진효율 저하 시 보조공법 병용 : 소발파공법, Water Jet 공법 등

(2) 연약지반

　　① 굴착면의 안정화를 위한 지보공의 설치

　　② Steel Rib, Rock Bolt, Shotcrete 등

　　③ 필요시 보조공법의 적용

(3) 용수가 있는 경우

　　① 배수공법 적용 : 수발공, 수발갱, Well Point, Deep Well 공법 등

　　② 지수공법 적용 : 주입공법 등 적용

# VI. 결론

1. 시공계획 시 TBM 장비의 투입에 따른 운반, 조립 및 해체계획, 버력처리 방안, 각종 설비계획 등과 품질·안전 및 환경관리 대책도 검토하여야 한다.

2. TBM에 의한 굴착은 타 공법에 비해 여굴 및 지반이완이 작고 안정성이 높으나, 단면 변화가 제한되고 초기 비용이 부담되므로 이를 해결하기 위한 장비개발, 공법의 개선 등이 요구된다.

# 19 Shield TBM

## I. 개요

1. Shield TBM 공법은 지중에 원통형 강재를 추진하여 굴착공간의 안전을 확보하면서 굴착 및 복공작업을 통해 터널을 구축하는 공법이다.
2. 지반이 연약하거나 지하수의 상태가 매우 불안정한 지층에 주로 적용하며 Segment에 의한 지보공 설치로 굴착면의 즉각적인 안정을 확보하는 공법이다.

## II. 특징

### 1. 장점

(1) (Shield, Segment에 의한) 굴착공간의 안전성 확보

(2) Segment의 즉각적인 지보효과 발휘

(3) 지하매설물에 영향이 적음

(4) 광범위한 지반에 적용

(5) 소음, 진동 저감

(6) 깊은 심도에서의 시공 가능

### 2. 단점

(1) 토피가 얕은 터널 시공 제한

(2) 급곡선의 시공 제한

(3) 연약지반에서의 침하 발생 가능

## III. Shield TBM의 구조 및 기능

| 구분 | 역할 |
|---|---|
| Hood부 | 굴착부, 막장 부분을 지지하면서 굴착을 진행 |
| Girder부 | 유압 Jack을 이용한 추진부, 추진 저항을 지지 |
| Tail부 | 복공 설치부, Seg 조립 |

**TBM(Tunnel Boring Machine)의 분류**

- Hard Rock TBM : 지반이 연암 이상의 지반에 적용
- Shield TBM : 연약지반 적용, Open 쉴드TBM, 토압식 쉴드TBM, 이수식 쉴드TBM

## IV. 시공 Flow

작업구 설치 → (장비운반, 조립, 시운전 →) 굴착 → 버력처리 → Segment 조립
→ 뒷채움 주입 → 방수, Lining Con'c

**Shield TBM의 분류**

| 구분 | | 내용 |
|---|---|---|
| 개방형 | 인력굴착식 | 막장전면이 개방 되어 있음, 견고한 지층에 적용<br>인력에 의한 굴착 및 버력적재, 지질변화에 대응 용이 |
| | 반기계식 | 쉴드 전면에 굴삭기 등을 부착하여 굴착진행<br>지하수위가 낮고 막장자립이 가능한 지반에 적용 |
| | 기계식 | 쉴드 전면 회전식 커터헤드로 굴착 진행<br>굴착능률 증가, 공기 단축 및 비용 절감 가능 |
| 부분 개방형 | 블라인드식 | 밀폐된 쉴드 일부에 토사 조절이 가능한 유입구를 장착하여 이를 통해 관입된 토사를 배토하여 굴착을 진행 |
| 밀폐형 | 개념 | 쉴드기에 격벽이 설치, 굴착한 토사를 막장과 격벽사이 챔버에 반입 후 이수나 토압에 의하여 막장을 지지하면서 굴착이 진행되는 방식 |
| | 토압식 | 챔버내 굴착토사가 채워지면 이를 잭의 추진력으로 가압하면서 막장의 안정을 유지시키며 굴착 진행 |
| | 이수가압식 | 막장면을 이수에 의해 압력을 가하여 보호하며 이수 순환에 의한 굴착토를 액상으로 수송하는 방식 |
| | 압축공기식 | 막장면에 공기압력을 가하여 막장을 보호하면서 굴착을 진행하는 방식, 소구경·투수성 낮은 지반 적용 |
| 기타 | | 그러퍼 쉴드TBM, 세그먼트쉴드TBM, 더블쉴드TBM 등 |

## V. 시공관리

### 1. 작업구(수직구) 굴착

(1) 쉴드의 반입·조립, 지보공 등 재료, 버력반출 장비 등의 공간확보를 위해 설치

(2) 종류 : 발진 작업구, 도달 작업구, 중간 작업구 등

(3) 본체 구조물과의 접속을 고려하여 결정

(4) 작업구 주변에 굴착토 처리장, 재료야적장 등 충분한 부지 확보 필요

## 2. Shield 장비 운반, 조립, 시운전

(1) 작업구를 통하여 장비의 투입, 조립 : 장비 운반 중 충격 등 손상에 대한 보호 철저

(2) Shield 부대장치의 이동 및 설치

(3) 연약지반에 대한 지지력 확보 등 개량 검토

(4) 시운전을 통해 장비 이상 유무 확인

## 3. 굴진

(1) 쉴드잭을 사용하여 추진, 사용되는 잭의 1본당의 성능검토 및 적정 추력을 유지

(2) 추진 속도에 따른 버력의 양이 변화하므로 주의 필요

(3) 주변의 침하, 지하수위 변화 등 주의

(4) 추진속도 : 10~15m/day

(5) 토압식 쉴드TBM의 추진에 따른 원만한 배토가 이루어질 수 있도록 토압과 굴착량을 측정하여 굴착속도를 조정

(6) 굴진면의 안정을 유지하기 위한 이수의 농도와 밀도, 비중, 점성, 이수압 등은 토압과 지하수 압력을 고려하여 관리값을 설정

## 4. 버력처리

(1) 버력처리방법

① 쉴드굴착부에서 후속대차의 컨베이어에 의해 쉴드 후방으로 운반

② 소구경터널(6m 이하) : 광차와 기관차를 이용

길이가 길면(3km 이상) 적재 시 대기시간 감소를 위해 2km마다 이동식 광차대기시설을 설치 운용

③ 이수가압식 등에서는 진흙 펌프와 송수 파이프 이용

(2) 굴착토사의 상태를 고려하여 폐색이 발생되지 않도록 필요시 파쇄장치 등을 설치

(3) 이수 가압식 방식의 경우 폐기물관리법에 의한 유해물질 검사 후 버력을 반출

(4) 갱외 버력처리설비 : 3차 처리 설비 적용

① 1차 설비 : 이수와 물을 분리

② 2차 설비 : 노화된 이수의 필터링

③ 3차 설비 : 여과된 물의 탁도 및 수소이온농도지수(pH)를 조정하여 방류

## 5. 세그먼트 제작·조립

(1) 세그먼트 종류 : 콘크리트(주로 이용), 강재, 합성(콘크리트 + 강재) 등

(2) 세그먼트 제작

① 제작순서

거푸집설치 → 콘크리트 타설 → 양생 → 운반 → 야적

② 규격 : 길이 3~4m, 폭 80~90cm 정도

(3) 조립

① 조립순서에 따라 신속, 정확하게 조립

② 세그먼트 설치기(Erector) 이용

③ 설치 시 손상 주의 : 세그먼트 본체 및 실링부

④ 세그먼트의 종방향 이음은 교차형 배열이 되도록 조립

⑤ 이음부에 틈이 없도록 완전히 밀착

⑥ 이음볼트는 세그먼트에 손상 없도록 체결

⑦ 세그먼트의 투입

| 구분 | 축방향 투입 | 반경방향 투입 |
|------|-------------|---------------|
| 특징 | • Seg 주변의 토압 등에 유리<br>• 넓은 조립공간 필요 | • 토압, 수압 등에 의한 전단에 불리<br>• 협소한 공간에서도 작업 가능 |

⑧ 세그먼트 연결

㉮ 세그먼트 간 연결 방법 : 볼트박스 방식, 경사볼트 방식, 곡선볼트 방식 등

㉯ 이음부 누수방지를 위해 Seal재를 사용

⑨ 세그먼트 방수

㉮ 세그먼트 간의 이음부, 볼트구멍, 뒷채움 주입구 등

㉯ 세그먼트 라이닝 방수에는 실링, 코킹, 볼트체결 등의 형식으로 구분

㉰ 실링 : 세그먼트 이음부에 설치되는 실링재료를 부착

㉱ 코킹 : 세그먼트 이음부 측면에 코킹재료를 충전

㉲ 볼트와셔와 볼트구멍 사이에 패킹재료를 넣고 볼트를 체결

㉳ 주입공 배면은 패킹재료를 설치

> ┤ 참조 ├
>
> **세그먼트 제작 치수 허용정확도**
>
> | 구분 | 항목 종류 | | | | |
> |------|-----------|---|---|---|---|
> | | 세그먼트 두께(주형고) | 세그먼트 폭 | 길이 | 볼트공 피치 | 각부 두께 |
> | 콘크리트계 세그먼트 | +5mm, −1.0mm | ±1.0mm | ±1.0mm | ±1.0mm | 1.0mm |
> | 강재 세그먼트 | ±1.5mm | ±1.5mm | ±1.5mm | ±1.0mm | − |
>
> **세그먼트 방수재료** : 실링 재료에는 합성고무계, 복합고무계, 수팽창 고무계 등, 수밀성, 내구성, 압착성, 복원성, 시공성 등이 우수한 것
>
> **코킹 재료** : 에폭시계, 치오콜계, 요소수지계 등의 재료

## 6. 뒷채움 주입

(1) 세그먼트와 굴착지반 사이의 공극(Tail Void)에 의한 지반 침하 방지 위함

(2) 주입재료 : 시멘트 모르타르, 발포성 모르타르, 섬유혼합 모르타르, 슬래그 또는 석탄회를 사용하는 가소성 주입재 등

(3) 방법

| 구분 | 내용 |
|------|------|
| 동시주입 | • 테일 보이드의 발생과 동시에 주입, 충전하는 방법<br>• TBM 장비에 설치된 주입관을 통해 주입하는 방법 |
| 즉시주입 | • 스킨플레이트가 조립된 세그먼트를 벗어나는 즉시 주입<br>• 세그먼트 그라우트홀을 통해 주입하는 방법 |
| 후방주입 | • 몇 링 후방에서 지연되어 주입<br>• 세그먼트 그라우트 홀을 통해 주입하는 방법 |

(4) 주입압 : 세그먼트에 작용하는 외압보다 100~200kPa 크게 적용

(5) 주입량에 대한 검토 철저(계산량의 200%가 주입되는 경우도 있음)

(6) 이액형 가소성 주입재를 사용하는 경우

① Gel Time을 검토

② 주입압의 상승, 주입관의 폐색 주의

(7) 뒷채움 주입관리

① 2가지 방법으로 종합관리 : 주입압력에 의한 관리, 주입량에 의한 관리

② 미충전부 등에 대해서는 추가주입 실시

## 7. 방수, Lining Con'c

(1) 세그먼트 시공 후 방수층 설치

(2) Lining Con'c 타설

① Segment와 Lining Con'c의 접착성 확보

② Lining Con'c 두께확보 철저

# VI. 결론

1. Shield TBM 공법은 기계화에 의한 굴착이 진행되므로 장비운용에 전문성을 확보하여야 하며, 연약지반에서의 침하 및 안정관리를 철저히 하여야 한다.

2. 굴착공간을 Segment로 지지하므로 Segment의 제작관리, 운반 및 설치, 이음부 관리 등 철저한 품질관리로 소요의 품질을 확보하도록 해야 한다.

# 20 갱문의 분류 및 특징

## I. 개요

1. 갱문은 지표비탈면의 낙석, 토사붕락, 눈사태, 지표수 유입 등으로부터 갱문부를 보호하기 위해 설치하는 구조물로서

2. 지반조건을 고려 허용되는 범위 내 최소토피구간을 선정하여 자연훼손을 최소화하며 갱문자체의 변위, 침하 등이 생기지 않는 역학적으로 안정된 구조로 시공되어야 한다.

┌─| **참조** |────────────────────────────────────────────

**갱문 형식 선정 시 고려사항** : 지형, 지질조건, 배수계획, 주변 환경과의 조화, 인접구조물에 대한 영향, 비탈면의 붕괴

└─────────────────────────────────────────────────────

## II. 갱구부의 범위

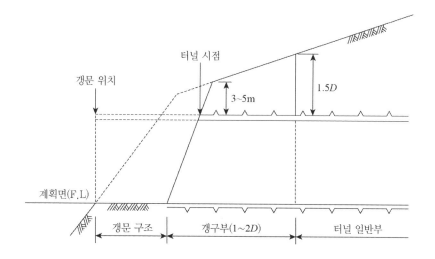

# III. 갱문의 분류 및 특징

| 면벽형 | 중력식·반중력식, 날개식, 아치날개식 |
|---|---|
| 돌출형 | 파라펫트식, 원통깎기식, 벨마우스식, 돌출식 |

## 1. 면벽형

(1) 갱구 단면부를 수직형으로 설치, 토압·수압에 저항할 수 있도록 벽체구조로 적용

(2) 장점

 ① 갱구부 시공이 용이

 ② 터널 상부 되메우기가 불필요

 ③ 터널 상부의 지표수에 대한 배수 처리가 용이

(3) 단점

 ① 운전자에게 위압감을 줌

 ② 인위적 구조물 설치에 따른 주변경관과의 조화를 이루기 어려움

(4) 적용 지형

 ① 갱구부 지형이 횡단상 편측으로 경사진 경우

 ② 배면 배수처리가 용이한 지형

 ③ 갱문이 암층에 위치한 경우

 ④ 갱구부 지형이 종단상 급경사인 경우

## 2. 돌출형

(1) 갱구부가 개착터널로 노출되어 갱구 단부를 갱문으로 하는 형식

(2) 장점

 ① 도로와 자연스럽게 접속 유도되므로 운전자에게 안전감 제공

 ② 주변지형과 조화를 이루어 미관 수려

(3) 단점

 ① 갱구부 개착 터널길이가 증가됨

 ② 갱구부 상부에 인위적인 성토가 필요

 ③ 상부 지표수에 대한 배수처리 필요

(4) 적용 지형

 ① 편측 경사가 없는 지형

 ② 갱문 전면 절토가 적어 개착 터널설치 후 자연스럽게 조화를 이룰 수 있는 지형

# IV. 면벽형 갱문의 종류

## 1. 중력·반중력식

(1) 갱구부 전방에 중력·반중력식 : RC옹벽을 설치하는 방식

(2) 지반조건에 따른 적용성

    ① 지형이 비교적 급경사인 경우

    ② 토류옹벽 구조가 필요한 경우

    ③ 낙석이 예상되는 경우

    ④ 배면 배수처리가 용이한 경우

(3) 시공성 : 지반이 불량한 경우 깎기량이 많아져 깎기비탈면의 안정대책 필요

(4) 경관

    ① 중량감에 인한 안정성

    ② 진입 시 위압감 발생

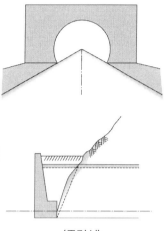

〈중력식〉

## 2. 날개식

(1) 중력식 갱문구조에 파라펫트를 설치하는 방식

(2) 지반조건에 따른 적용성

    ① 양측면 절토가 필요한 경우

    ② 배면토압을 전면적으로 받는 경우

    ③ 적설량이 많은 경우 방설공 병용

(3) 시공성

    ① 지반이 불량한 경우 깎기량이 많아져 깎기비탈면의 안정대책이 필요

    ② 터널 본체의 일체 구조로 설치

(4) 경관

    ① 중량감에 의한 안정성

    ② 진입 시 위압감 발생

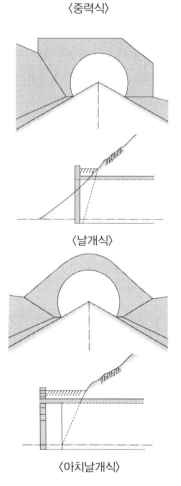

〈날개식〉

## 3. 아치날개식

(1) 중력식 갱문구조에 아치형 파라펫트를 설치하는 방식

(2) 지반조건에 따른 적용성

    ① 지형이 비교적 완만한 경우

〈아치날개식〉

② 좌·우측면 절토가 비교적 적은 경우

(3) 시공성

　① 지형에 따라 일부 갱외 라이닝이 필요

　② 다소의 보호성토 필요

(4) 경관

　아치부 곡선과 주변지형이 조화된 계획 필요


## V. 돌출형 갱문의 종류와 특징

### 1. 파라펫트식

(1) 아치부를 돌출식으로 설치 후 토류벽을 설치

(2) 지반조건에 따른 적용성

　① 능선 끝단의 지형에서 좌우 구조물과의 관계가 적은 경우

　② 적설지 설치 가능

(3) 시공성

　터널 본체 구조물 갱구까지 연결 필요

(4) 경관

　① 갱문벽 면적이 적기 때문에 진입 시 위압감 없음

　② 갱문 주변 지형과 조화감


### 2. 돌출식

(1) 갱구부를 전방으로 길게 돌출시켜 터널단면과 동일하게 설치하는 방식

(2) 지반조건에 따른 적용성

　① 압성토할 경우

　② 갱구부 지반조건이 불량한 경우

　③ 적설지 설치 가능

　④ 갱구 주변절취 등 성형이 비교적 용이한 경우

(3) 시공성

　① 지형·지질이 안정된 경우는 가장 경제적임

　② 압성토를 할 경우는 구조물이 커짐

(4) 경관

　① 갱문벽 면적이 적기 때문에 진입 시 위압감 없음

　② 갱문 주변 지형과 조화감

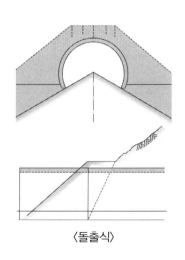

〈돌출식〉

### 3. 원통깎기식

(1) 노출된 갱구 터널의 단면을 40~50°로 깎아놓은 형태의 갱
    문 형식

(2) 지반조건에 따른 적용성

   ① 갱문 주변의 지형이 완만한 경우

   ② 주변조경 필요

   ③ 갱구부 적설 발생 가능

(3) 시공성 : 공사비 고가, 거푸집 및 철근공사 영향

(4) 경관 : 갱문 주변 조경으로 갱문과 조화

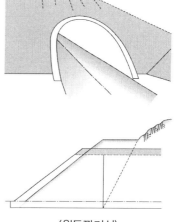

〈원통깎기식〉

### 4. 벨마우스식

(1) 터널의 단면을 40~50°로 깎아 설치되며, 절단부를 나팔 형태로 하는 갱문 형식

(2) 지반조건에 따른 적용성

   ① 지형·지질이 비교적 양호하고 갱문 주변이 열린 장소에 적합

   ② 갱구부 적설 발생 가능

(3) 시공성 : 공사비 고가

(4) 경관

   ① 진입 시 위압감이 최소

   ② 주변지형과 조화

   ③ 낙석 및 산사태 등의 우려가 감소

〈벨마우스식〉

> ┤ 참조 ├
>
> **갱구부 사면안정 대책**
> - 사면구배의 완화, 돌출식 갱문구조의 적용
> - 사면의 보강 : Shotcrete, Rock Bolt(또는 Anchor), Soli Nailing, 억지말뚝 등

## VI. 결론

갱문은 원지반의 조건, 터널 갱구부의 상황, 미관, 주행에 미치는 영향, 유지관리 등을 고려
하여 형식을 선정·적용하여야 한다.

# 21 연직갱(수직갱) 굴착공법

## I. 개요

1. 터널공사 등에서 본터널과 연결되도록 연직방향으로 굴착한 터널을 연직갱이라 한다.
2. 연직갱은 장대터널에서 시공중 환기 및 작업효율을 증진시켜 공기를 단축하고, 공용 중 환기방식 적용을 위해 시공이 증가되고 있다.

> ┤ 참조 ├
>
> **연직갱 위치선정 시 고려사항**
> - 시공성, 경제성, 유지관리 면에서 연직갱의 깊이는 가급적 짧게 되도록 선정
> - 지반조건, 환경조건, 지형조건, 민원 등을 고려
> - 운영 중 지표수의 유입경로가 되지 않도록 주변지역의 홍수위에 대비하여 안전한 위치에 계획
> - 환기용 연직갱은 주변환경에 미치는 영향을 검토
> - 작업용 사용 시 진입도로, 주변 주거지역의 민원 등을 검토

## II. 연직갱 필요성

1. 시공 중, 공용 중 환기용
2. 방재용
3. 작업용

## III. 연직갱 굴착공법

### 1. 굴착공법 선정 시 고려사항

(1) 연직갱의 용도

(2) 단면 크기 및 심도

(3) 지반조건 및 입지조건

(4) 공사비용, 공사기간

(5) 버력반출 방법

## 2. 전단면 하향 굴착공법

(1) 수평으로 된 본터널을 시공하기 위한 작업용 연직갱 굴착 시 가장 일반적으로 적용되는 굴착공법

(2) 시공 Flow

$$\boxed{\text{천공}} \rightarrow \boxed{\text{장약}} \rightarrow \boxed{\text{발파}} \rightarrow \boxed{\text{버력반출}} \rightarrow \boxed{\text{지보설치(또는 Con'c 타설)}}$$

(3) 지보재

    ① 강지보재(양호한 암반은 미설치), 록볼트, 숏크리트

    ② 굴착 완료 후 Con'c 라이닝 타설

(4) 버력반출 장비

    ① 케이지

    ② 카리프트

    ③ 연직갱용 컨베이어 시스템

(5) 하향 기계굴착

    ① VSM(Vertical Shaft Sinking Machine)을 이용한 하향굴착 공법

    ② 선진도갱 확대굴착, 전단면 하향굴착 등에 적용

    ③ 직경 30m, 깊이 160m 정도가 적용 한계

## 3. 전단면 상향 굴착공법

(1) 전단면 상향 굴착공법은 RC공법, RBM공법, 스테이지컷 발파공법 등이 있다.

(2) 특징

    ① 연직갱 내부에 버력운반설비가 불필요

    ② 굴진면의 분할굴착 제한, 지반조건이 불량한 경우 적용 제한

    ③ 지반조건이 양호한 경암반에 주로 사용

    ④ 수평으로 된 본터널의 굴착 후 적용 가능

(3) RC(Raise Climber) 공법

    ① 궤도를 이용, 상하로 이동가능한 대차를 사용하여 상향으로 발파굴착을 하는 공법

    ② 버력은 하부의 수평터널을 이용 반출

    ③ 일반적인 적용 심도 : 100~200m(최대 400m)

    ④ 특징

        ㉮ 사용 설비가 적어 공사비 저렴

        ㉯ 부분굴착을 통한 지반변화에 대처가 가능

        ㉰ 용수가 많은 곳 적용 제한

        ㉱ 소음, 진동 발생

⑤ 시공 Flow

천공 → 장약 → 발파 → 환기 → 버력처리

⑥ 굴진속도 : 약 2m/day

(4) RBM(Raise Boring Machine) 공법

① 상부에서 유도공(약 300mm 정도)을 천공하여 관통 후 후부에 리머(Reamer)를 부착하여 상향으로 굴착하는 공법

② 굴착직경 최대 8m, 굴착심도 최대 1300m

③ 특징

㉮ 특수장비 적용으로 정밀시공 가능

㉯ 용수발생조건에도 작업이 원활

㉰ 굴착효율 우수, 공기 단축

㉱ 갱내에 인원투입이 없어 안전성 우수

㉲ 소음·진동이 작음

㉳ 지반조건이 연약한 경우 적용 제한

④ 시공 Flow : 유도공 굴착 → 드릴비트 제거 → 리머부착 → 리밍(확공) → 지보공

⑤ 굴진속도 : 2.5~3m/day

(5) 스테이지 컷 발파(Stage Cut Blasting) 공법

① 연직갱 상부로부터 하부 수평터널로 천공(파일로트공) 후 상부로부터 폭약을 장전하고 하부로부터 분할하여 발파하는 공법

② 연직갱 하부에 인원투입이 없어 안전성 우수

③ 일반적으로 50~60m 정도에서 양호한 발파효율을 나타냄

④ 매끄러운 굴착벽면 형성이 제한됨

⑤ 시공 Flow : 파일로트공 → 천공 → 발파굴착 → 지보공

## 4. 연직갱 굴착공법 비교

| 구분 | 하향 발파굴착공법 | RC공법 | RBM공법 |
|---|---|---|---|
| 굴착방법 | 하향 발파 | 상향 발파 | 기계식 상향굴착 |
| 지보시기 | 굴착 직후 | 굴착중 보강 불가 | 굴착중 보강 불가 |
| 안전성 | 양호 | 불량 | 양호 |
| 공사기간 | 길다 | 짧다 | 가장 짧다 |

# Ⅳ. 결론

1. 연직갱은 터널 건설공사비와 유지관리비에 미치는 영향이 크므로 터널의 계획단계에서부터 고려하여 설계 및 시공되어야 한다.
2. 연직갱은 철저한 조사를 통해 제반상황을 고려한 시공법을 선정하며, 안정성 및 시공성을 확보하도록 계획하고 시공되어야 한다.

# 22 터널 환기 방식

## I. 개요

1. 터널의 환기방식은 크게 시공 중 환기방식과 공용 중 환기방식으로 구분된다.
2. 시공 중 환기는 작업으로 인한 가스, 분진 등을 임시적으로 처리하며 공용 중 환기는 자동차 배기가스 등을 영구적으로 처리한다.

## II. 터널 환기 방식의 분류

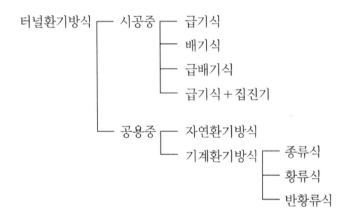

## III. 시공 중 환기 방식

### 1. 목적
(1) 유해가스 및 분진 그리고 가연성가스에 의한 폭발의 위험으로부터 보호
　　(발파, 중장비 엔진 및 숏크리트 작업 등에서 발생)
(2) 작업자의 안전 확보
(3) 쾌적한 작업환경을 조성, 작업능률 향상
(4) 작업자의 건강을 유지하여 산업재해를 방지

## 2. 환기량 결정 시 고려사항

(1) 터널의 연장

(2) 굴착단면의 형상과 크기

(3) 발파 시 사용 화약량

(4) 작업 Cycle 및 시공방법

(5) 공사용 장비별 가동시간

## 3. 환기량 산정

(1) 작업원 필요 환기량

(2) 발파 후 가스에 관한 필요 환기량

(3) 내연기관에 대한 환기량

(4) 분진에 관한 환기량

(5) 기타

## 4. 급기식

(1) 공사진척에 따라 풍관을 연장하여 환기하는 방식

(2) 가장 경제적인 환기방식

(3) 막장이 장대화되는 경우, 장비용량이 과대해질 우려

## 5. 배기식

(1) 오염공기는 터널 외부로 배출, 터널 내 오염은 최소화

(2) 설비비가 고가

(3) 덕트 내에 분진이 축적되므로 정기적으로 청소 필요

## 6. 급배기식

(1) 배기식과 송기식의 단점을 보완한 방식

(2) 환기효율 우수, 오염공기를 신속 제거

(3) 설비비가 고가

(4) 덕트 내 분진이 축적되므로 정기적으로 청소 필요

## 7. 급기식 + 집진기

(1) 막장부근뿐만 아니라 전반적인 터널 내 환경이 우수

(2) 전기집진기 비용고가

(3) 집진기 형식 및 운영방법에 따른 효율 고려 필요

---

| 참조 |

**터널 시공 중 환경 관리기준**

- 환기
  - 발파 및 작업기계에 의한 가스, 분진을 배출
  - 내연기관의 배기가스 등 배출
- 분진
  - 농도측정 : 3개월에 1회씩 정기적으로 실시
  - 국부 배기장치나 살수 등의 조치를 강구
- 터널 내부 가스 및 분진 허용농도

| 종류 | 허용농도 |
|---|---|
| 일산화탄소($CO$) | 100ppm |
| 이산화탄소($CO_2$) | 1.5% |
| 황화수소($H_2S$) | 10ppm |
| 메탄($CH_4$) | 1.5% |

기준 초과 시 환기시설 보완 등의 대책 강구

# IV. 공용 중 환기 방식

## 1. 목적
(1) 터널 내 오염물질의 희석을 통한 적정 공기질 확보
(2) 화재 등에 의한 연기를 제거하여 인명과 시설의 피해 최소화

## 2. 환기량 결정 시 고려사항
(1) 자연 환기력

　양 갱구 사이 온도차, 입출구의 자연풍에 의한 압력차에 의해 발생
(2) 교통 환기력

　터널 내 주행 차량의 피스톤효과에 의해 발생
(3) 환기기에 의한 환기력

　환기기에 의해 발생하는 압력

## 3. 자연환기 방식
(1) 자연환기력과 교통환기력에 의해 터널입구로부터 공기가 유입함으로써 가능
(2) 터널길이가 짧고 교통량이 작은 경우 적용
(3) 교통 환기력이 주요 결정 변수로 작용됨
(4) 자연풍에 영향을 미치는 이상 인자의 심한 변화로 설계반영 제한
(5) 경험적 적용 기준 : 도심터널 250m 이내, 산악터널 450m 이내 검토

## 4. 종류식 환기 방식
(1) 자연환기를 조장하기 위하여 갱입구에 송풍기를 설치하여 터널중앙 배기구로 배출
(2) 터널 단면 전체를 환기덕트로 활용하는 환기방식
(3) 특징
　① 환기방식이 단순
　② 교통환기력을 유효하게 이용, 공사비 및 유지비를 절감
　③ 장대터널의 환기에 충분한 환기풍량 확보 제한 : 전기집진기를 설치함으로써 매연을 줄여
　　소요 환기력을 감소시켜 적용 가능
(4) 종류
　① 제트팬식

　　터널 종방향에 작용하는 교통환기력 및 자연 환기력을 보충하도록 제트팬 분류효과에 의
　　한 압력상승을 발생시켜 소요환기량을 확보하게 하는 방식이다. 설비비가 적게 소요되고
　　증설이 용이하며 적용 터널연장이 제한적이다. 또한 송풍기의 소음이 크고 교통 환기력

의 유효한 이용이 가능하다. 적용길이는 3,000m 정도 이하가 표준으로 터널 공용 후에도 쉽게 환기시설의 설치가 가능하다. 터널길이가 길어지고 교통량이 많아지면 설치대수도 급격하게 증가하기 때문에 유지관리상의 난점이 있다. 풍로로 차도를 이용하므로 손실이 적고 덕트가 불필요하므로 터널단면이 작아도 된다. 화재 시에 화재 차보다 전방의 차 모두가 터널 밖으로 나갈 수 있으며, 후방차 연기가 오지 않으므로 안전하다. 팬 소음에 대한 검토가 필요하다.

② 삭컬드식

비교적 대형분류장치(삭컬드)로 압력상승을 일으킴과 동시에 교통 환기력을 효과적으로 이용하여 이들 합성 환기력이 터널 마찰손실, 자연 환기력 등의 저항에 이기도록 계획하는 방식이다. 대풍량 고속분류를 차도로 흐르게 만들기 위해 일방향 교통터널에 적용하는 것이 일반적이다. 분류송기승압에 의하며 적용길이는 1,000m 정도 이하가 표준이지만 교통량이 적은 경우와 길이가 긴 경우에도 적용이 가능하다. 갱구 부근의 환기소에 팬을 설치하므로 제트팬에 비해 유지관리가 쉽고 교통 환기력을 효과적으로 이용 가능하며 제트팬에 비해 소음대책이 쉽다.

③ 집중·배기식

갱구부근의 환경은 양호, 교통흐름과 공기의 흐름이 상반되는 곳에 생긴다. 터널단면을 비교적 작게 할 수 있다. 적용길이는 1,500m 정도 이하가 표준으로 갱구에서의 오염공기배출을 억제할 수 있다. 교통량 변동에 대해 제어방법이 어렵고 양갱구 흡입, 중앙부 집중배기이다.

④ 연직갱(수직갱) 급배기방식

터널 중앙부의 수직갱을 이용하여 급기, 배기를 하는 방식. 교통의 피스톤 작용을 유효하게 이용 가능, 수직갱의 수를 증가시키면 터널길이에 제한을 받지 않는다.

⑤ 전기집진기식

디젤 자동차의 구성비가 높고 CO 환기량이 적을 경우 유효하며 외부환경 오염관리가 요구되는 터널에 유효하다.

## 5. 횡류식 환기 방식

(1) 터널 내 송기덕트와 배기덕트를 각각 터널 축방향으로 설치하여 환기하는 방식

(2) 터널 내 공기의 흐름이 횡방향으로 발생, 차도를 흐르는 풍량은 비교적 작음

(3) 특징

① 화재 시 배연기능이 우수하며 신뢰성이 높음

② 송기 및 배기관을 필요로 하므로 터널 단면이 증가하게 됨

③ 터널 건설비용, 환기 설비비용, 유지관리 비용 등이 증가, 종류식에 비해 고가

## 6. 반횡류식 환기방식

(1) 터널에 평행하게 설치된 별도의 덕트를 통해 송기 또는 배기되며, 갱구에서 배기 또는 흡기됨

(2) 종류식의 경우 경제적이나 환기의 안정성이 부족, 이를 보완한 방식

(3) 터널 내 공기는 터널 종방향으로 흐름

(4) 특징

    ① 자연풍의 영향이 적음　　　② 덕트면적이 요구되며 대단면이 필요

    ③ 환기실 및 진입로 설치가 필요함

(5) 종류

| 송기반횡류식 | 배기반횡류식 |
|---|---|
| • 자연풍의 영향이 적음<br>• 덕트면적을 필요로 함<br>• 차도 내 농도분포가 비교적 균일<br>• 환기실 설치 및 진입로 설치<br>• 터널 내 송기덕트에 의한 일정한 송기<br>• 적용길이 3,000m 정도 이하가 표준 | • 차도 내 농도분포가 부분적으로 높아짐<br>• 갱구 부근의 환경 양호<br>• 환기실 설치 및 신입로 설치<br>• 터널 내 배기덕트에 의한 일정한 배기, 환기효율이 나쁘므로 지금까지 적용된 예는 없음<br>• 갱구로 배출되는 오염공기가 적음 |

─┤ 참조 ├─

터널환기방식 모식도

| 급기식 | 배기식 | 급배기식 |
|---|---|---|
| Jet-Fan식 | 집중·배기식 | 삭컬드식 |
| 연직갱(수직갱) 급배기방식 | 송기반횡류식 | 배기반횡류식 |
| 횡류식 | | |

# V. 결론

1. 터널 시공 중 환기시설은 유해요소의 발생량, 작업자의 필요량, 터널의 연장·규모 등을 고려하여 충분한 환기력을 갖도록 해야 하며 주기적인 공기질 확인이 필요하다.

2. 공용 중 환기시설은 터널의 규모, 교통량, 기상조건 등을 고려하여 설치비, 유지관리비 등을 종합적으로 검토하여 적합한 환기방식을 결정·적용토록 해야 한다.

# 23 터널 방재시설

## I. 개요

1. 터널 방재시설은 사고예방, 초기대응, 피난대피, 소화 및 구조 활동, 사고 확대 방지를 기본 목적으로 한다.
2. 방재시설을 계획·설치하거나 운영계획을 수립할 때에는 화재의 시간적 경과에 따른 대응책을 마련하여야 한다.

## II. 터널 등급 구분

1. 터널연장(L), 위험도 지수(X)를 기준으로 터널 방재등급을 구분
2. 개통 후 매 5년 단위로 실측교통량 및 주변 도로여건 등을 조사하여 재평가

### 3. 연장등급 및 방재등급별 기준

| 등급 | 터널연장(L) 기준 | 위험도지수(X) 기준 |
|---|---|---|
| 1 | 3,000m 이상(L ≥ 3,000m) | X > 29 |
| 2 | 1,000m 이상, 3,000m 미만 (1,000 ≤ L < 3,000m) | 19 < X ≤ 29 |
| 3 | 500m 이상, 1,000m 미만(500 ≤ L < 1,000m) | 14 < X ≤ 19 |
| 4 | 연장 500m 미만(L < 500) | X ≤ 14 |

### 4. 터널 위험도지수 산정 인자

(1) 주행거리계(터널연장×교통량)
(2) 터널제원(종단경사, 터널높이, 곡선반경)
(3) 대형차 혼입률
(4) 위험물의 수송에 대한 법적규제
(5) 정체 정도
(6) 통행방식

| 참조 |

**관련 용어 정의**

- **터널 등급** : 터널에 방재시설 설치를 위한 터널 분류 등급으로 연장등급과 위험도지수 평가에 의한 방재등급으로 구분한다.
- **횡류환기방식** : 터널에 설치된 급·배기 덕트를 통해서 급기와 배기를 동시에 수행하는 방식으로 평상시에는 신선공기를 급기하고 차량에서 배출되는 오염된 공기를 배기하며, 화재 시에는 화재로 인해 발생하는 연기를 배기하는 방식을 말한다.
- **반횡류방식** : 터널에 급기 또는 배기덕트를 시설하여 급기 또는 배기만을 수행하는 횡류환기방식을 말한다.
- **제연** : 화재 시 발생하는 연기 및 열기류의 방향을 제어하거나 일정 구역에서 배기하는 것을 말하며, 전자를 제연, 후자를 배연으로 구분한다.
- **종류환기방식** : 터널입구 또는 수직갱, 사갱 등으로부터 신선공기를 유입하여 종방향 기류를 형성하여 터널 출구 또는 수직갱, 사갱 등으로 오염된 공기 또는 화재 연기를 배출하는 방식을 말한다.

## Ⅲ. 방재시설의 분류 및 설치간격 : 일반 도로터널 기준

## Ⅳ. 제연 방식

### 1. 목적

(1) 화재지역으로부터 연기를 배기하거나 대피 반대방향으로 연기류의 이동을 제어

(2) 화재 초기 자기구조(self rescue) 단계에서 이용자 스스로가 안전을 확보

### 2. 제연(환기) 방식의 분류

(1) 배연(smoke exhaust)

　① 연기를 화재공간에서 완전히 제거 목적　　　② 횡류식 또는 반횡류식

(2) 제연(smoke control)

　① 반대방향으로 기류를 제어하여 대피안전을 확보　② 종류식

(3) 터널특성별 권장 제연방식

| 지역 및 통행방식 | 터널길이 | 화재 시 적용 제연방식 및 방법 |
|---|---|---|
| 대면통행 및 도시지역 | 500m 미만 | • 자연환기에 의한 제연 |
| | 500~1,000m 미만 | • 방재등급 2등급 이상의 터널은 기계환기방식 |
| | 1,000m 이상 | • 방재등급 1등급 이상의 터널은 대배기구방식의 횡류방식 또는 반횡류식 |
| 지방지역의 일방통행 | 500m 미만 | • 자연환기에 의한 제연 |
| | 500~3,000m 미만 | • 방재등급이 2등급 이상인 터널은 기계환기방식 |
| | 3,000m 이상 | • 수직구, 집중배기, 대배기구 방식 등 배연능력을 향상하기 위한 구간배연시스템 권장 |

## 3. 제연설비 설치 및 운용 기준

(1) 방재등급 2등급 이상 터널의 본선과 분기터널에 설치

(2) 연장 200m 이하 분기터널에는 생략 가능

(3) 대면통행터널 및 정체빈도가 높을 것으로 예상되는 일방통행터널은 횡류(또는 반횡류)식을 적용

(4) 종류식의 적용은 정량적 위험도 평가를 수행하여 안전성을 검증한 후에 적용

(5) 분기터널에는 화재연가기 본선으로 최대한 유입하지 않도록 배연시스템을 설치

(5) 제연설비의 성능평가는 4년 1회 실시

# V. 터널방재 관리시스템 운용 지침

## 1. (무인)관리소

(1) 무인관리를 목적으로 터널의 방재시설 및 환기시설의 유지관리 및 운전제어를 위한 최소한의 시설 구비

(2) 전기실, 변전실, 비상발전기실 등의 실을 갖춰야 함

(3) 방재등급이 3등급 이하인 터널에 설치

(4) 관리소는 터널 입구나 출구에 공간을 확보하여 설치

## 2. 관리사무소

(1) 관리자에 의해서 상시 터널 내 상황을 감시할 수 있도록 시설 구비

(2) 전기실, 변전실, 비상발전기실, 중앙제어실 등을 갖춰야 함

(3) 방재등급이 2등급 이상의 터널에 설치

(4) 정기점검에 필요한 각종시설 및 보고서 등을 비치

(5) 비상시를 고려하여 공기호흡기(산소소생기), 휴대용 마스크(피해자 구호용), 연기투시용 랜턴, 들것, 구급 약품함 등을 비치

(6) 관리사무소는 주변지역의 통합관리센터로 운영 가능

## 3. 통합관리센터

(1) 인근 관리소나 관리사무소로 부터 터널상황을 감시 및 제어

(2) 터널 내 방재시설 및 환기시설에 대한 운영·관리를 위한 인원이 상주

(3) CCTV 모니터 및 경보설비는 터널별로 전용으로 원격운영이 가능해야 함

(4) 통합 상황판을 구성하여 운영

(5) 제연시설은 원격제어가 될 수 있도록 시스템을 구성

# Ⅵ. 결론

1. 터널방재시설 중 환기방식별 제연설비의 규모, 배치, 운영 등의 계획은 실험적인 방법이나 수치해석적인 방법을 통해서 신뢰성을 검증하여 설치목적에 부합되도록 계획 및 설치되어야 한다.

2. 터널관리자에 대해 화재안전 관련 안전교육기관으로 지정받은 교육기관 또는 단체에서 시행하는 교육을 통해 방재시설의 운영 및 대응요령을 숙달시켜야 한다.

| 참조 |

| 방재시설 | | | 설치간격 |
|---|---|---|---|
| 소화<br>설비 | 수동식 소화기 | | 50m 이내 |
| | 옥내소화전 설비 | | 50m 이내 |
| | 물분무소화설비 | | 방수구역 : 25~50m |
| 경보<br>설비 | 비상경보설비 | | 50m 이내 |
| | 자동화재 탐지설비 | | 환기방식별 필요인식 범위 |
| | 비상방송설비 | | 50m 이내 |
| | 긴급전화 | | 250m 이내 |
| | CCTV | | • 터널내 : 200~400m 간격  • 터널외부 : 500m 이내 |
| | 자동사고감지설비 | | • 영상사고감지 : 100m 내외  • 돌발상황감시 : 터널특성 반영 |
| | 재방송설비 | | |
| | 정보<br>표지판 | 터널입구 정보표지판 | |
| | | 터널 진입 차단설비 | |
| | | 차로이용 규제신호등 | • 터널내 : 400~500m 간격   • 터널외부 : 500m 이내 |
| 피난<br>대피설비<br>및 시설 | 비상조명등 | | |
| | 유도등 | A | |
| | | B | 약 50m 간격 |
| | 피난<br>대피<br>시설 | 피난연결통로 | 250~300m 이내 |
| | | 피난대피터널 | |
| | | 격벽분리형 피난대피통로 | |
| | | 피난대피소 | |
| | | 비상주차대 | 750m 이내 |
| 소화<br>활동설비 | 제연설비 | | |
| | 무선통신 보조설비 | | • 터널내 : 피난연결통로(250m 이내) • 터널외부 : 10m 이내<br>• 터널관리소 : 10m 이내 |
| | 연결송 수관설비 | | 50m 이내 |
| | 비상콘센트 설비 | | 50m 이내 |
| 비상<br>전원설비 | 무정전 전원설비 | | 시설별 |
| | 비상 발전설비 | | |

# 24 터널 용어 정의

- **각부보강** : 지보공 각부의 지반 지지력을 보강하기 위한 대책으로서 일반적으로는 지지면적의 확대, 하향으로의 록볼트나 파일 등을 설치하는 것을 말한다.

- **강섬유보강 숏크리트(Steel fiber reinforced shotcrete)** : 숏크리트의 역학적 특성을 보완하기 위하여 굵은 골재, 잔골재 및 포틀랜드시멘트, 급결재와 강섬유(Steel fiber)를 혼합하여 타설하는 숏그리트를 말한다.

- **가인버트** : 굴착에 따른 지반변위를 억제할 목적으로 터널 바닥부에 설치하는 단면폐합용 임시 지보부재를 말한다.

- **경사** : 층리면, 단층면, 절리면과 같은 지질구조면의 기울어진 방향 및 주향과 직각으로 만나는 연직면 내에서 수평면과 지질구조면이 이루는 사잇각을 말한다.

- **계측** : 터널굴착에 따른 주변지반, 주변 구조물, 각 지보재의 변위 및 응력의 변화를 측정하는 방법 또는 그 행위를 말한다.

- **공기시험기** : 공기압을 이용하여 방수막의 이음상태를 확인하는 시험기기를 말한다.

- **굴착공법** : 막장면(굴진면) 또는 터널굴착방향의 굴착계획을 총칭하는 것으로서 전단면굴착공법, 분할굴착공법, 선진도갱굴착공법 등이 있다.

- **굴착방법** : 지반을 굴착하는 수단으로 인력굴착, 기계굴착, 파쇄굴착 및 발파굴착 방법 등이 있다.

- **권양기** : 중량물을 달아 올리는 장치로써 일반적으로 전동기, 감속기 및 와이어로프를 감기 위한 드럼 등으로 구성된다.

- **기계굴착** : 쇼벨, 로드헤더, 브레이커, 굴착기, 전단면 터널굴착기계(TBM, Tunnel Boring Machine) 등을 이용하여 터널을 굴착하는 방식을 말한다.

- **내공변위량** : 터널굴착으로 발생하는 터널 내공의 변화량으로 통상 내공단면의 축소량을 양(+)의 값으로 한다.

- **뇌관** : 화약류를 폭발시키기 위해 사용되는 기폭약 또는 첨장약이 장전된 관체를 말한다.

- **다단발파 방법** : 발파 시 진동의 크기를 감소시킬 목적으로 시간차를 둔 뇌관 또는 발파기(점화기)를 사용하여 발파영역을 수 개의 소 영역으로 분할하여 순차적으로 발파하는 방법을 말한다.

- **디스크커터(Disk cutter)** : TBM 등의 기계굴착기에 부착되어 회전력과 압축력에 의하여 암반을 압쇄시키는 원반형의 커터를 말한다.

- **록볼트** : 지반 중에 정착되어 단독 또는 다른 지보재와 함께 지반을 보강하거나 변위를 구속하여 지반의 지내력을 증가시키는 막대기 모양의 부재를 말한다.

- **록볼트 인발시험** : 록볼트의 인발내력을 평가하기 위한 시험을 말한다.

- **록볼트 축력** : 지반에 설치된 록볼트에 발생하는 축방향 하중을 말한다.

- **롤링(Rolling)** : TBM 장비의 회전축을 중심으로 회전방향과 회전반대방향으로 번갈아가며 장비가 요동하는 현상을 말한다.

- **막장(굴진부)** : 터널의 굴착작업이 이루어지는 장소를 말한다.

- **무라이닝 터널(Unlined tunnel)** : 원지반의 자립력 또는 1차 지보재만으로 충분한 안정성 확보가 가능하여 콘크리트라이닝을 적용하지 않는 터널이다.

- **물리탐사** : 물리적 수단에 의하여 지질이나 암체의 종류, 성상 및 구조를 조사하는 방법으로써 탄성파탐사, 전기비저항탐사, 중력탐사, 자기탐사, 전자탐사 및 방사능탐사 등이 있다.

- **방수형 터널** : 터널 내·외부로 물이 통수되어서는 안 되는 경우는 강 라이닝(Steel lining) 또는 별도로 고안된 완전 수밀성의 콘크리트 세그먼트 라이닝(Concrete segment lining)을 설치하여 완전방수가 되도록 한 터널

- **발파굴착** : 화약류의 폭발력을 이용하여 암반을 굴착하는 방법을 말한다.

- **배수형 터널** : 터널 주변의 지하수는 터널 주변으로 연결된 암반의 절리면을 통하여 터널 내부로 유입되어 외수압이 해소됨으로서 배수터널과 같은 기능을 갖는 터널

- **배치플랜트(Batch plant)** : 대량의 콘크리트를 제조하는 설비를 말하며 일반적으로 대규모 공사장 부근에 설치한다.

- **버력** : 터널굴착 과정에서 발생하는 암석덩어리, 암석조각, 토사 등의 총칭이다.

- **벤치(Bench)** : 터널단면을 상·하로 분할하여 종방향으로 굴착하는 경우의 분할면을 말한다.

- **벤치길이** : 분할굴착 시 상부 막장면(굴진면)과 하부 막장면 간의 종방향 이격거리를 말한다.

- **보조공법** : 주지보재 혹은 터널 굴착공법 등의 변경으로는 터널 막장면(굴진면) 및 주변지반의 안정성을 확보할 수 없는 경우 터널의 안정성 확보를 위하여 적용되는 보조적 또는 특수한 공법을 말한다.

- **불연속면(Discontinuities in rock mass)** : 암반 내에 존재하는 절리, 층리, 엽리, 단층 또는 파쇄대 등의 불연속적으로 분포하는 면을 총괄하여 일컫는 말이다.

- **섬유보강 숏크리트(Fiber reinforced shotcrete)** : 숏크리트의 역학적인 특성을 보완하기 위하여 강 또는 기타 재질의 섬유를 혼합하여 타설하는 숏크리트를 말한다.

- **세그먼트(Segments)** : 터널라이닝을 구성하는 단위조각의 부재를 말하며, 사용하는 재질에 따라

강재 세그먼트, 철근으로 보강한 콘크리트 세그먼트, 주철 세그먼트 및 합성 세그먼트 등으로 구분되고 주로 쉴드TBM터널에 사용된다.

- **숏크리트(Shotcrete)** : 굳지 않은 콘크리트를 가압시켜 노즐로부터 뿜어내어 소정의 위치에 부착시키는 콘크리트를 말한다.

- **스프링라인(Spring line)** : 터널의 상반 아치의 시작선 또는 터널단면 중 최대폭을 형성하는 점과 만나는 수평선을 말한다.

- **쉴드TBM(Shield Tunnel Boring Machine)** : 주변지반을 지지할 수 있는 외판(원통형의 판)이 부착되어 있는 TBM을 말한다.

- **신호기** : 운행 중인 차량이나 열차에 통행의 우선권 등 포괄적인 지시를 하는 장치를 말한다.

- **압력터널** : 상시의 사용상태에서 계획유량이 터널 단면을 만류하는 터널로서 내수압이 작용되는 터널을 말하며, 일반의 발전용 도수터널, 저수지에서의 취수터널, 광역상수도터널 등이다.

- **암반** : 암석으로 구성된 자연지반으로 여러 가지 불연속면을 포함한 암체를 뜻 한다.

- **암반의 불연속면**: 균열 없는 견고한 암석과 비교하여 특성에 차이가 나는 면 또는 부분들을 총칭하며, 절리(joint), 벽개(cleavage), 편리(schistosity), 층리(bedding), 단층(fault), 파쇄대(fracturezone) 등을 포함한다.

- **암석** : 여러 광물의 단단한 결합체를 말하며 생성요인에 따라 화성암, 퇴적암, 변성암으로 구분한다. 또는 다양한 고결 혹은 결합에 의한 광물의 집합체로 불연속면을 가지지 않는 암반 부분의 지반 재료를 의미하기도 한다.

- **암판정** : 터널의 굴착작업 중 나타나는 암선의 결정과 암질 판단을 위한 일련의 행위를 말한다.

- **용출수(湧出水)**: 터널의 굴착면으로부터 흘러나오는 지하수를 말한다.

- **RBM(Raise Boring Machine)공법** : 기계굴착으로 상부에서 하부로 유도공을 뚫은 후 회전식 굴착기를 연결하여 상향으로 굴착하는 공법을 말한다.

- **RC(Raise Climber)공법** : 터널벽체에 레일을 설치하고 이를 따라 운행하는 차량(Climber)에서 상향천공 및 발파굴착하는 공법을 말한다.

- **압착성 지반** : 시간의존성 전단변위를 나타내는 성질을 가지는 지반으로 스퀴징록(Squeezing rock)을 의미한다.

- **애추(Talus)** : 식생피복이 되어 있지 않은 급한 기울기의 비탈면 아래에 풍화암 부스러기가 풍화작용 및 중력작용에 의하여 낙하함으로써 군집 형성된 돌무더기의 퇴적물을 말한다.

- **어깨** : 터널의 천장과 스프링라인의 중간부를 말한다.

- **엔트런스 패킹(Entrance packing)** : 쉴드터널의 시점과 종점 입구에 설치하는 패킹으로서 지하수 또는 굴착토사가 터널과 작업구 사이로 유출입하는 것을 방지할 목적으로 설치하는 시설물을 말한다.

- **여굴** : 터널굴착공사에서 계획한 굴착면보다 더 크게 굴착된 것을 말한다.

- **엽리** : 변성암에 나타나는 지질구조로 암석이 재결정 작용을 받아 같은 광물이 판상으로 또는 일정한 띠를 이루며 형성된 지질구조를 말한다.

- **외판(Skin plate)** : 쉴드TBM에서 굴진장치, 세그먼트 조립장치 등을 감싸고 있는 원통형의 판을 말한다.

- **요잉(Yawing)** : TBM 장비의 진행 수직축 방향인 연직 축에 대한 장비의 좌우 방향 왕복 회전현상을 말한다.

- **이수식 쉴드TBM** : 이수에 소정의 압력을 가하여 굴진면의 안정을 유지하며, 이수의 순환에 의하여 굴착토를 액상수송하여 굴진하는 방식의 쉴드TBM이다.

- **이완영역** : 터널굴착으로 인하여 터널주변의 지반응력이 재분배되어 지반이 다소 느슨한 상태로 되는 범위를 말한다.

- **인력굴착** : 삽, 곡괭이 또는 픽햄머, 핸드브레이커 등의 소형장비를 이용하여 인력으로 굴착하는 방법을 말한다.

- **인버트(Invert)** : 터널단면의 바닥 부분을 통칭하며, 원형터널의 경우 바닥부 90°구간의 원호 부분, 마제형 및 난형 터널의 경우 터널 하반의 바닥 부분을 지칭한다. 인버트의 형상에 따라 곡선형 인버트와 직선형 인버트로 분류하며, 인버트 부분의 콘크리트라이닝 타설 유무에 따라 폐합형 콘크리트라이닝과 비폐합형 콘크리트라이닝으로 분류한다.

- **일상계측** : 일상적인 시공관리를 위하여 실시하는 계측으로서 지표침하, 천단침하, 내공변위 측정 등이 포함된 계측이다.

- **자유수면 터널** : 상시의 사용상태에서 계획유량이 자유수면을 갖고 흐르는 터널로서 내수압이 작용되지 않는 터널을 말하며, 하천에서의 취수터널은 대부분 자유수면 터널이다.

- **장대터널** : 터널의 연장이 1,000m 이상인 터널을 말한다.

- **전기비저항탐사** : 물리탐사법의 일종으로 지반 내 전류를 흘려보냄으로써 비저항을 측정하여 지반의 지질구조 및 지하수 분포구간 확인 등을 조사하는 방법이다.

- **절리** : 암반에 존재하는 비교적 일정한 방향성을 갖는 불연속면으로서 상대적 변위가 단층에 비하여 크지 않거나 거의 없는 것을 말하며 이 성인은 암석 자체에 의한 것과 외력에 의한 것이 있다.

- **정밀계측** : 정밀한 지반거동 측정을 위하여 실시하는 계측으로서 계측항목이 일상계측보다 많고 주로 종합적인 지반거동 평가와 설계의 개선 등을 목적으로 수행한다.

- **주지보재** : 굴착 후 굴착면에 붙여 지반과 일체가 되도록 시공하는 숏크리트, 강지보재 및 록볼트로 조합된 지보체계를 말한다. 단, 콘크리트라이닝으로 이와 같은 지보체계의 역할을 대신하는 경우에는 콘크리트라이닝을 주지보재에 포함할 수 있다.

- **주향** : 불연속면(층리면, 단층면, 절리면 등)과 수평면의 교선방향을 진북방향 기준으로 측정한 방

향과 사잇각을 말한다.

- **지지코어(Support core)** : 토사지반 또는 연약한 지반에서 터널굴착 시 막장면(굴진면)의 밀려나옴을 억제하기 위하여 막장면 중앙부에 일부 남겨둔 미굴착 부분을 말한다.

- **지보재** : 굴착 시 또는 굴착 후에 터널의 안정 및 시공의 안전을 위하여 지반을 지지, 보강 또는 피복하는 부재 또는 그 총칭을 말한다.

- **지보패턴** : 터널막장면(굴진면)의 지반상태와 터널 천장부 및 그 상부의 지반상태, 시공성 등을 고려하여 터널의 안정성이 확보되도록 미리 설정해놓은 지보 형태를 말하며, 터널굴착 후 조기에 설치하여 터널의 안정을 꾀하기 위하여 설치하는 숏크리트, 록볼트 및 강지보재와 보조공법 등을 조합한 것이다.

- **진공시험기** : 부분적으로 접합된 방수막의 접합상태를 확인시키는 기기를 말한다.

- **진원유지장치** : 쉴드TBM터널에서 세그먼트의 시공성밀도를 높이기 위하여 직전에 조립한 세그먼트링의 형상을 유지하는 장치를 말한다. 상하확장식과 상부확장식이 있으며 내장된 유압잭을 이용하여 확장 및 수축이 이루어진다. 진원유지장치는 쉴드외경 5m 이상에서 주로 사용된다.

- **천단침하** : 터널굴착으로 인하여 발생하는 터널 천단의 연직방향 침하를 말하며, 기준점에 대한 하향의 절대 침하량을 양(+)의 천단침하량으로 정의한다.

- **천장부** : 터널의 천단을 포함한 좌우 어깨 사이의 구간을 말한다.

- **초기응력** : 굴착 전에 원지반이 가지고 있는 응력을 말한다.

- **추력(Thrust force)** : 커터헤드에서 굴착면으로 가해지는 추진력을 말한다.

- **측벽부** : 터널어깨 하부로부터 바닥부에 이르는 구간을 말한다.

- **층리** : 퇴적암이 생성될 때 퇴적조건의 변화에 따라 퇴적물 속에 생기는 층을 이루는 구조를 말한다.

- **카피커터(Copy cutter)** : 곡선부에서 쉴드TBM의 원활한 추진을 위하여 내측곡선 부분에서 곡선반경방향으로 확대 굴착하기 위하여 쉴드TBM 커터헤드의 측면에 설치한 커터를 말한다.

- **커터(Cutter)** : TBM의 커터헤드에 토사 또는 암반의 굴착을 위하여 부착하는 금속으로 디스크커터, 커터비트, 카피커터 등이 있다.

- **커터비트(Cutter bit)** : 쉴드TBM의 커터헤드에 부착하는 칼날형의 고정식 비트로 본체와 팁으로 구성되어 있다.

- **커터헤드(Cutter head)** : TBM의 맨 앞부분에 배열 장착되는 디스크커터 또는 커터비트 등 각종 커터를 부착하여 회전·굴착하는 부분을 말한다.

- **케이블볼트(Cable bolt)** : 굴착지반의 보강이나 지지를 위해 시멘트 그라우트된 천공 홀에 강연선을 삽입한 보강재를 말한다.

- **테일 보이드(Tail void)** : 세그먼트로 형성된 링의 외경과 쉴드TBM 외판의 바깥직경 사이의 환상형

의 공극을 말한다. 즉, 테일 스킨플레이트의 두께와 테일 클리어런스의 두께의 합을 말한다.

- **토압식 쉴드TBM** : 회전 커터헤드로 굴착·교반한 토사를 굴진면과 격벽 사이 챔버에 채워서 쉴드 TBM의 추진력에 의하여 굴착토를 굴진면에 가압함으로써 굴진면 전체에 작용시켜 굴진면의 안정을 유지하면서 스크루컨베이어 등으로 배토하는 쉴드TBM을 말한다.

- **TBM(Tunnel Boring Machine)** : 소규모 굴착장비나 발파방법에 의하지 않고 굴착에서 버력처리까지 기계화·시스템화되어 있는 굴착기계를 말하며, 일반적으로 개방형TBM(Open TBM)과 쉴드 TBM으로 구분한다.

- **파쇄굴착** : 유압장비, 가스, 팽창성 모르타르, 특수저폭속화약 등을 이용하여 암반을 파쇄시켜 굴착하는 방법을 말한다.

- **팽창성 지반** : 터널굴착에서 팽창으로 인하여 문제를 일으키기 쉬운 지반으로서, 제3기층의 열수 변질을 받은 화산분출물, 팽창성 이암 및 온천 여토 등을 말한다.

- **표준지보패턴** : 지반의 등급에 따라 미리 표준화한 지보패턴을 지칭한다.

- **피칭(Pitching)** : TBM 장비의 진행 축방향으로부터 수평축에 대한 장비의 상하 방향의 회전현상을 말한다.

- **필러(Pillar)** : 굴착면 사이에 남아 있는 기둥이나 벽 모양의 지반을 말한다.

- **회전력(Torque)** : 커터헤드를 회전시키는 힘의 크기를 말한다.

- **휘폴링(Forepoling)** : 불량한 지반조건에서 주로 국부적인 천장부 지반붕락을 방지하기 위하여 굴착하기 전에 터널진행 방향으로 강관 또는 철근을 관입하는 보조공법을 말한다.

- **휨인성(Flexural toughness)** : 숏크리트에 균열이 발생한 후 숏크리트가 하중을 지지할 수 있는 능력을 말하며 에너지 흡수능력이라고도 한다.


## ■ 발파

- **MS발파(Milisecond blasting)** : 뇌관의 지연시간이 25/1,000sec 정도인 뇌관을 사용하여 발파하는 방법으로 DS발파에 비하여, 암석의 파쇄율이 높고, 파쇄암의 입도가 고름, 발파진동이 감소, 공고의 길이가 적어지므로 굴진율이 향상, Cut-off 현상과 분진 발생, 부석이 감소하는 이점이 있다.

- **RWS(relative weight strength)** : 블라스팅 제라친(NG 92%, NC 8%)을 기준폭약으로 하여 시료폭약의 위력을 비교하는 시험방식으로 탄동구포시험을 기준으로 한다.

- **결선(結線, connection of wire)** : 전기발파에 있어서 각선끼리, 각선과 보조모선, 발파모선과 보조모선을 결합하는 것을 결선이라 한다.

- **공명(共鳴, Resonance)** : 공진의 현상으로 진동이 발음체에 의하는 현상, 발음체는 자유로 진동할 때에 나오는 것과 같은 진동수의 음을 받을 때 그 자체도 강하게 진동한다.

- **공발**(空發, Blown-out) : 발파 작업 시 장전한 폭약의 폭력이 부족하여 암석을 파괴하지 못하고 폭력이 공구 쪽으로 빠져나가 전색물만을 날려 보내거나 공구 쪽의 암석의 일부만을 파쇄하는 현상으로 소음과 비석의 위험이 있는 현상을 말한다.

- **공업뇌관** : 금속제의 관체에 기폭약과 첨장약을 채워 넣은 것이고, 도화선을 이용하여 점화하여 폭약을 기폭시키는 것을 말한다.

- **공진**(共振) : 진동계의 강제 진동에 있어서 외력의 크기를 일정하게 한 채로 주파수를 변화시킬 때 계의 고유진동수 부근에서 변화하여 속도, 압력 등이 극대치가 되는 현상을 말한다.

- **과장약, 약장약, 표준장약** : 원론적인 의미에서의 판단의 기준은 최소저항선(W)과 누두반경(R)의 비, 즉 누두반경을 대상으로 판단을 하지만 실질적인 의미에서는 발파의 목적에 부합되는 발파를 수행하였을 경우 표준장약이라 한다.

- **굴진장** : 터널직업에서 매 발파당 실제 전진한 단위 길이를 의미하고, 발파의 경우 일반적으로 굴진 장은 천공장보다 짧다. 통상 천공장에서 10~20cm의 공고(孔尻)가 잔류된다.
  적정한 굴진장의 선정은 갱도의 크기, 작업 싸이클, 지보의 설치, 발파방법 등에 의하지만 암반 자체의 지보능력에 좌우하며 특히, 도심지에서는 발파진동의 허용치 정도에 영향을 받는다.

- **기폭** : 폭약에 충격, 마찰, 전기, 열 등의 외적작용에 의하여 폭약을 폭발시키는 것을 말한다. 천공장과 장약장이 클수록 강력한 기폭약을 사용하여야 완전한 폭력의 발휘를 할 수 있고, 이렇게 폭약이 기폭할 수 있는 예민도를 기폭감도라고 하며 초유폭약(AN-FO)폭약은 뇌관만으로는 기폭 이 되지 않고 기폭약포(Primer)를 사용하여야 비로소 폭굉에 이른다(경우에 따라 뇌관만으로 불완 전한 폭발을 일으키기도 함).

- **낙추감도** : 충격감도 시험의 일종, 일정량의 시료에 5킬로그램의 철추(쇠망치)를 5cm 이상 50cm 이내의 높이에서 6회 연속 떨어뜨려 시험을 행하여 정한 등급을 말한다.

- **누설전류** : 발파회로의 절연상태가 나쁠 경우 기폭전류가 외부로 새어나가는 것을 말하는데, 이로 인해 뇌관의 점화가 불발이 되는 경우가 있으므로, 발파회로의 결선부위를 절연테이프로 감아서 절연을 확실히 한다.

- **다중렬발파** : 벤치발파에 있어서 자유면으로부터 후방향을 향하여 다수의 천공을 하고 자유면에 가까운 공으로부터 기폭을 시작하여 순차적으로 마지막까지 발파를 하는 방법을 말하며 전열의 발 파로 인한 새로운 자유면의 형성으로 발파의 효과가 좋아지고 주로 지발뇌관을 사용한다.

- **단발발파** : 공과 공 사이, 열과 열 사이에 적당한 시차를 취하여 발파하는 방법을 지칭하고, 반대의 의미는 순발발파(일체발파)이며 통상 사용하는 뇌관의 형식에 따라 분류한다.

- **단수**(段數, Number of Delay) : 지발뇌관의 단차수를 말하며(총 사용뇌관의 수가 아님), 만약, 어느 현장의 MS전기뇌관의 단수가 6단이면 6종류의 지연시차를 갖는 뇌관 사용을 의미한다.

- **도폭선** : 폭약(피크린산, 43TNT)을 심약으로 하여 섬유, 플라스틱, 금속관으로 피복한 것으로서 낙뢰의 위험 또는 장공발파 등에서 순폭의 우려가 있을 때에 사용된다. 도폭선의 폭속은 5,500m/s

이상이고, 수압 0.3kg/cm² 에 3시간 이상의 내수성을 갖아야 하며 1종 및 2종으로 구분한다.

- **도폭선발파, 도화선발파, 전기발파, 비전기식발파** : 정전된 폭약을 기폭시키기 위한 화공품으로 대체적으로 뇌관을 기폭 시키는 수단에 의해 분류. 전기뇌관은 누설전류나 미주전류 등에 의하여 불의의 사고 위험성을 내재하고 있는 바, 벼락이 잦은 지역, 미주전류, 누설전류 등이 많은 지역이나 정소(터널)에서는 도폭선 또는 비전기식 뇌관의 사용이안전하고, 도화선발파는 최근에는 거의 사용되고 있지 않다.

- **도화선** : 흑색분화약을 심약으로 하고, 이것을 피복한 것을 말하며 연서속도는 저장, 취급 등의 정도에 따라 다르며, 때로는 이상현상을 유발하므로 특히 흡습에 주의하여야 한다.

- **디커프링지수(Decoupling index)** : 폭약과 천공 간의 공극이 크면 디커프링 효과에 의하여 천공 내벽에 작용하는 폭굉압력(爆轟壓力)이 급격히 떨어지고 발파효과(파쇄효과)가 나빠진다. 디커프링지수란 천공직경과 장전한 폭약의 직경과의 비이며 항상 1보다 크다. 파쇄의 효과를 중시하는 경우에는 밀장전이 바람직하며, 진동의 제어가 팔요한 경우에는 디커프링지수가 크게 하여 사용한다(폭약이 과도하게 밀장전 되면 화약류의 감도가 감소되고 사압현상이라고 하는 불폭 또는 불완전 폭굉이 발생할 수도 있음).

- **미주전류** : 발파장소에 전등선, 전력선 등의 전원에서 절연상태의 부족으로 지중, 수중으로 전류가 흘러가는 것을 말한다. 불의 폭발사고의 주요 원인이 된다.

- **분산장약(分散裝藥, Deckcharge)** : 일반적으로 폭약은 천공 내에 집중해서 장약, 발파하면 효과는 크지만 천공 도중 점토층이나 주위 암반에 비해 몹시 약한 약층의 출현 또는 공동이 존재할 경우 비석(飛石, Stone fly)의 문제가 발생됨. 이러한 현상을 방지하기 위하여 장약의 사이에 모래 등의 전색물을 충진시켜 분리하여 장약하는 방법을 말한다.

- **불발(不發, Misfire)** : 발파작업에 있어서 점화를 하였는데도 기폭약포(Primer : 뇌관이 삽입된 폭약)가 폭발하지 않아 전연 폭발이 일어나지 않은 것이다. 뇌관은 폭발하였지만 폭약은 폭발하지 않은 것이며, 뇌관의 일부는 폭발(반폭)하였지만 기폭력 부족으로 Primer가 불폭된 것을 말한다.

- **비전기식 뇌관** : 천둥번개시 낙뇌나 고주파 전압 등에 의한 발화를 방지하기 위해 개발된 뇌관이다.

- **산소균형** : 폭발성 화합물 100g이 폭발적으로 분해하여 탄소는 이산화탄소로, 수소는 물 등으로 최종 화합물이 만들어질 때 필요한 산소 과부족량을 그램(g)으로 나타낸 것으로 후 가스(일산화탄소, 이산화질소)의 발생을 줄일 수 있어야 한다.

- **서브드릴링(Subdrilling, Underdrilling)** : 벤치발파에서 천공장을 벤치의 높이보다 더 깊게 천공하는 것이다. 바닥 밑까지 확실한 뿌리깍기가 실행되어 바닥이 평평해지므로 장비의 주행성 확보된다. 단, 발파진동을 고려하는 경우에는 암반의 기하학적 문제로 인해 단점으로 작용한다.

- **소할발파(小割發破, Boulder blasting, Secondary blasting)** : 발파 작업 시 소기의 목적보다 큰 규격의 암석이 발생되면 적재의 어려움, 운반의 문제, 크라싱의 효율 저하 등 여러 문제가 발생한다. 따라서 큰 규격의 암석을 재차 발파하여 원하는 크기로 만드는 발파를 말한다. 소할 발파법에는

천공법, 사혈법, 복토법이 있으며 천공법이 가장 양호하며, 소할 발파 시에는 불의의 비석발생으로 인한 사고가 다발하므로 신중하여야 한다.

- **순발뇌관** : 뇌관의 기폭과 동시에 폭약을 폭굉시킨다.
- **순발전기뇌관(瞬發電氣雷管)** : 뇌관에 전기를 통하면 순식간에 폭발하는 전기뇌관을 말한다(실제로는 점화약이 연소하는 점화시간과 폭발이 일어나서 회로가 절단할 때까지의 점폭시간의 합계 만큼인 1.5~2.0ms 정도 지연된 후 폭발함).
- **순폭** : 한 개의 폭약이 폭발할 때 공기, 물, 기타매체를 통해 인접폭약이 감응폭발하는 현상을 말한다.
- **시험발파(詩驗發破, Test blasting, Trial blasting)** : 폭약의 위력이나 암석의 발파에 대한 저항성을 알고 그 암석을 파괴하기 위하여 필요한 장약량을 산정하기 위한 기본 자료를 얻기 위한 목적으로 행하는 발파를 의미한다.
  누두공의 형상, 암석의 균열, 용융상태, 파쇄모양 등에 의하여 폭약의 맹도를 판정한다. 발파에 의한 파쇄도, 비석의 정도, 발파 진동치 측정, 소음측정, 비석 방지망의 적합 여부, 인근 주민의 반응 등을 종합적으로 check하는 사항도 포함한다.
- **역기폭, 정기폭, 중기폭** : 천공 내의 장약을 기폭시키는 Primer의 위치에 따라 분류한다.
  공구 부근에 위치하면 정기폭, 공저부근에 있으면 역기폭, 공의 중간부위에 있으면 중기폭이라고 한다. 안전상의 관점에서 역기폭이 우세하며, 발파이론 관점에서는 정기폭이 우수하다(특히, 터널 작업에서는 역기폭을 실시하여 안전성을 향상시켜야 함).
- **자유면(自由面, Freesir face)** : 암석이 외계(外界 : 공기 또는 물)와 접하고 있는 면이다. 면의 수에 따라 1~6개의 자유면이 있고, 자유면의 수가 많을수록 동일한 장약량으로 발파할 경우 파쇄효과가 좋아지고 자유면이 확보 될수록 진동의 감쇄가 양호하다.
- **저부장약(底部裝藥=下部裝藥, Bottom charge)** : 벤치의 하부에는 짐이 무겁고 발파 후계획하는 대로 굴착이 되지 않으므로. 천공의 하부에는 함수폭약이나 다이너마이트 등의 강력한 폭약을 배치하고, 상부에는 AN-FO 등의 위력이 약한 폭약을 장전한다.
- **전기뇌관** : 금속제의 관체에 기폭약과 첨장약을 채워 넣고, 전기점화장치를 장착한 것으로 폭약을 기폭시키기 위해 이용하는 것을 말한다. 전기뇌관의 관체, 내용물 및 장약의 준비는 공업뇌관일 때와 같고, 각선은 지름 0.4mm 이상의 동, 철 또는 알미늄을 심선으로 하고, 합성수지, 고무 등으로 피복한 것으로 순발용, D.S 전기뇌관, M.S 전기뇌관 등이 있다. 전기뇌관을 동시에 여러 개를 사용할 때에는 동일 회사제품의 동시생산품을 선정하여 사용하여야 한다. 내정전기뇌관은 정전기에 의한 전기뇌관 사고의 발생을 방지할 목적으로 개발된 것으로 내정전기성능은 우수하나, 낙뢰의 영향을 100% 방지할 수 없으므로 사용 시 정전기, 미주전류 등에 대한 충분한 대책을 세워야 한다.
- **전색(塡塞, Stemming, Tamping)** : 발파공에 소정의 장약을 한 후 잔여부분에 모래, 점토 등의 불가연성 물질을 채워 넣은 것을 말하며 발파의 효율을 증진시키고 소음을 감소시키는 작용을 한다.
- **정체량** : 화약류 단속법에서 규정한 동시에 저장할 수 있는 화약류의 최대량을 말한다.

- **주변발파(Contour blasting)** : 굴착면의 바깥쪽 발파를 말한다. 제어발파에 의하여 Back break를 감소시키며 터널은 주로 Smooth blasting공법, 노천발파는 Presplitting공법을 주로 채용한다.

- **지발뇌관** : 뇌관이 기폭되면 뇌관내의 지연작용에 의하여 일정시간 지연시킨 후 폭약을 폭굉시킨다. 지발뇌관에는 M.S지발과 D.S지발이 있다. 1본 지연초시로 M.S지발은 단차 사이 간 지연시간이 25/1,000sec이고, D.S지발은 단차 사이간 지연시간이 25/100sec이다.

- **최소저항선** : 피폭파물의 자유면에서 장약의 중심에 이르는 최단거리를 말한다.

- **충격감도** : 화약류의 기계적 충격에 대한 감도와 폭발충격에 대한 정도를 나타내는 것이고, 전자는 낙추감도, 후자는 순폭시험, 기폭감도시험 등에 의하여 판정한다.

- **컷오프(Cut-off)** : 갱도발파와 같이 발파공이 서로 근접해 있을 경우 다음 단의 발파공이 점폭하기 전에 앞단의 폭발로 인하여 도화선이나 지발전기뇌관이 날아가서 폭약이 폭발하지 않거나 폭약이 발파공으로부터 날려버려져서 비압밀상태로 공기 중에서 폭발하는 경우를 말한다.

- **페이라인(Pay line)** : 터널공사에서 굴착의 여굴, 라이닝의 초과 부분 등 실제 시공에 있어서 설계라이닝 두께선을 넘는 굴착량이나 라이닝 콘크리트량이 생기는 것이 보통이므로 도급계약 등의 경우 여분의 공사 수량에 대하여도 공사비를 계산하여야 하는데 대급지불의 한계를 나타내는 선을 말한다(허용 여굴깊이를 초과한 부분에 대한 라이닝의 부담은 행위자 부담).

- **폭발** : 발열반응이 맹렬하고 충격파의 전파를 동반하는 현상을 말하며 충격파의 전파속도가 2,000~8,000m/s에 이르는 화학반응을 말한다.

- **폭속** : 폭발 반응이 전해지는 속도를 말하며 폭속이 클수록 파괴력도 크게 되고, 다이나마이트 등에는 폭속이 8,000m/s에 달하는 것이 있다.

- **폭약** : 파괴적 폭발용으로 제공되는 화공제품(폭발)이다.
  (예) 초안유제폭약(안포폭약), 다이나마이트, 함수폭약(스러리폭약), 카릿트, 초안 폭약, 안몬폭약, TNT계폭약, 니트로글리세린, 니트로셀로즈, 트리니트로토르엔(TNT) 등

- **폭연** : 한부분의 연소에 의해 발생한 열이 인접 부분을 가열분해하여 300미터/초 이내의 속도로 연소가 진행되는 것을 말한다.

- **화공품** : 화약류를 사용목적에 맞도록 섬유나 플라스틱으로 피복하거나, 통이나 관에 장전하는 등 가공하는 것을 일컫는다.
  (예) 공업뇌관, 전기뇌관, 도화선, 도폭선, 콘크리트파쇄기, 건설용 타정총용 공포 등

- **화약** : 추진적 폭발의 용도에 제공되는 화공약품(폭연)
  (예) 흑색화약, 무연화약, 과염소산염계추진약, 취소산염을 주로 하는 화약

- **화약류** : 가벼운 타격이나 가열로 짧은 시간에 화학변화를 일으킴으로써 급격히 많은 열과 가스를 발생하게 하여 순간적으로 큰 힘을 얻을 수 있는 고체 또는 액체의 폭발성물질로서 화약, 폭약 및 화공품을 총칭한다.

Chapter

08

댐

Professional Engineer
Civil Engineering Execution

# 01 댐 공사의 시공계획

## I. 개요

1. 댐 공사의 시공계획을 수립하는 것은 효율적인 공사를 수행하여 경제적인 시공을 하기 위함이다.
2. 시공계획은 현장 및 주변의 영향 인자를 고려하고 최적의 공기에 맞추어 요구되는 품질을 확보하도록 구체적으로 수립하고 이에 따라 세심한 시공관리를 해야 한다.

> ┤ 참조 ├
>
> **시공계획의 필요성**
> 계약기간 준수, 원활하고 경제적인 공사 수행, 품질확보

## II. 기본계획

### 1. 사전조사

(1) 계약조건 및 설계도서 검토
　① 계약내용, 내역 검토 : 수량의 증감, 계산착오 등
　② 설계도서 검토 및 설계변경 가능성에 대한 검토
　③ 본공사와 연계한 부대공사
　④ 기타 용지매수 및 보상관계
　⑤ 관련 법규

(2) 현장조사
　① 지형·지질 상태
　② 하천 수리특성 : 수심, 폭, 유속, 유량 등
　③ 측량조사, 지하매설물 및 현장 주변 조건
　④ 기초지반의 상태, 설계도서와 현장의 조건 일치 여부
　⑤ 민원 요소
　⑥ 축제재료의 분포

(3) 보상 관련

    ① 필지 조사

    ② 지상물건 조사

## 2. 공법 선정

(1) 지형 및 지질상태

(2) 여수로의 크기와 위치

(3) 유수전환방식과 규모

(4) 시공성, 경제성, 안전성 등

## 3. 품질관리 계획

(1) 품질관리의 Plan, Do, Check, Action

(2) 품질관리 조직, 비용, 교육, 장비

(3) 시험기준의 결정

(4) 중점품질관리 대상, 하자발생 방지계획 등

## 4. 원가관리

(1) 합리적 실행예산의 편성, 검토

(2) 손익분기점 판단, 소요비용의 절감 요소 Check

## 5. 안전관리

(1) 안전관리 조직, 안전관리계획 및 실시

(2) 공사 유해위험요인의 분석, 조치

(3) 각종 안전시설물 설치 및 관리

## 6. 공정관리

(1) 세부공사별 소요시간, 간섭, 순서 등을 고려

(2) 계약기간내 예산을 고려한 경제적 공정표 작성

(3) 무리한 공기 단축 지양, 적정 공기 설정

(4) 전체공정표 → 분할(분기)공정표 → 세부 공정표 순으로 구체화

## 7. 환경관리

(1) 댐 축조에 따른 하류지역 오염 방지대책

(2) 소음, 진동, 비산 등에 대한 방지대책

(3) 폐기물의 처리, 재활용 방안 강구

## 8. 조달계획

(1) 노무계획(Man)

　① 인력 배당 및 노무 관리 계획

　② 직종별 분류, 투입인원 및 근로기간 판단

(2) 자재계획(Material)

　① 자재의 수량, 필요시기 분석

　② 적기 공급토록 계획(공종별, 반입시기별)

(3) 장비계획(Machine)

　① 공종별 최적의 기종 선정 및 적기 투입, 장비 조합 고려

　② 기종, 투입대수, 투입시기, 사용기간 등 판단

(4) 자금계획(Money)

　① 자금의 수입, 지출 계획

　② 어음, 전도금, 기성금의 규모 및 시기 검토

　③ 현장운영 및 관리비 반영

(5) 기술축적(Memory)

　① System Engineering, Value Engineering 등 적용 검토

　② 신기술 적용에 대한 적합성

## 9. 가설비계획

(1) 가설구조물 : 현장사무실, 숙소, 시험실 등

(2) 동력설비, 조명설비, 급수설비, 통신설비, 운반설비 등

(3) 부지 확보 및 가설물 배치계획

(4) 진입도로, 공사용 도로

(5) 소음 및 분진 방지시설

## 10. 관리계획

(1) 하도급업자 선정

　① 전문성·신뢰성 있는 전문업체 검토, 선정

　② 실적을 중심으로 한 업체 능력 검증

　③ 선정된 업체에 대한 관리계획 수립

(2) 현장원 편성

　① 안전, 품질, 관리, 공사, 공무 등

　② 공사규모, 업무량과 내용을 고려 적정 인원 편성

③ 조직표 작성, 업무 배당

(3) 사무관리

    ① 현장 사무의 간소화

    ② 요구되는 사무는 즉각적 처리 및 근거유지

(4) 대외업무 관리

    ① 공사 관계부처와의 협조체계 구축

    ② 연락망 구성, 위치도 작성

## Ⅲ. 상세계획

### 1. 유수전환 계획

(1) 하천의 규모, 유수전환시설의 규모·방식, 월류 시 피해 등 고려

(2) 가배수 방식 : 터널식, 개거식, 암거식, 제내 가배수로식, 제체 월류식

(3) 가능한 연장이 짧게 고려, 하천유량이 적은 비홍수기에 실시

### 2. 가물막이 계획

(1) 유수전환 방식·규모, 하천의 수리특성 등과 연계하여 판단

(2) 종류 : 전면 가물막이, 부분 가물막이, 단계식 가물막이

(3) 비홍수기에 실시

### 3. 기초처리 계획

(1) 굴착의 방법, 굴착된 토사·암의 반출을 고려

(2) 굴착은 제체의 축조 전 완료

(3) 댐 기초지반에 대한 지지력 및 차수성 확보 목적을 달성할 수 있도록 계획

(4) 종류 : Consolidation Grouting, Curtian Grouting, Contact Grouting, Rim Grouting, Blanket Grouting

(5) 굴착심도, 굴착량, 굴착 후 유용, 사토, 운반 등 종합적 고려

### 4. 제체 축조

(1) Concrete 타설 계획

    ① Batch Plant의 운용 계획

    ② 현장 내 운반 및 타설 계획, Lift Schedule 작성

    ③ 양생 계획

(2) 성토 계획

    ① 굴착토의 활용과 토취장 선정·운용

    ② 운반 및 다짐 방법의 검토

    ③ 재료시험 및 현장 다짐도 관리

(3) 계측관리

    ① 정보화 시공계획 수립

    ② 계측 Data 이용 설계·시공의 적합성, 안전성 판단 및 조치

## 5. 담수계획

(1) 수몰 예정 지역에 대한 충분한 조사 실시

(2) 담수 전 지역 내 오염원에 대한 처리, 문화재 등의 이전조치

(3) 담수에 따른 환경 및 생태계 영향 분석

## IV. 결론

1. 댐 공사는 제한된 공간에서 수년간 시행되므로 공사 실시 전 치밀한 시공계획을 수립하여야 한다.

2. 합리적인 시공계획의 수립과 시행으로 경제적이고 효율적인 공사관리가 되도록 해야 한다.

# 02 유수전환 방식

## I. 개요

1. 유수전환은 댐, 수리구조물 등의 공사여건을 확보하기 위해 하천의 유수를 분류시키는 것이다.
2. 유수전환 시설은 하천의 크기, 홍수량, 소요경비와 예상 피해규모 등을 종합적으로 판단하여 최적의 규모로 결정하여야 한다.

## II. 유수전환 방식 선정 시 고려사항

1. 하천의 유량
2. 댐 지점의 지형(하폭 및 하천의 만곡도) 및 기초지질, 하상 퇴적물 두께
3. 댐 형식 및 높이
4. 사업의 긴급성과 하류의 안전성
5. 방류설비, 취수설비 등의 타 구조물과의 관계
6. 가물막이와 가배수로와의 관계
7. 댐의 건설기간과 가배수로의 통수시기
8. 가물막이 월류 시의 피해규모

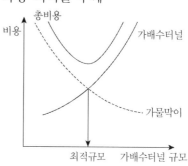

참조

**유수전환 시설의 규모에 영향을 미치는 요인**
- 소요경비와 예상 피해규모, 댐 지점의 홍수 특성, 유수전환 대상 홍수량의 규모
- 상류 기존 댐의 존재 여부, 수질오염 통제의 필요성

## III. 유수전환 대상 홍수량

| 구분 | 유수전환 대상 홍수량 | 월류 시 제체 피해 |
|---|---|---|
| 필댐 | 20~25년 빈도 홍수량 | 중대한 피해 발생 |
| 표면차수벽형 필댐 | 2~5년 빈도 홍수량 | 큰 피해 없음 |
| 콘크리트댐 | 1~2년 빈도 홍수량 | |

# Ⅳ. 유수전환 방식의 종류 및 시공

## 1. 전체절(전면물막이)방식

(1) 하천 유량을 가배수 터널을 이용하여 처리하고 하천의 상·하류에 전면 물막이를 설치 후, 물 막이 내부에서 기초굴착과 제체공사를 수행하는 방식

(2) 적용

    ① 하천 폭이 좁은 계곡지형

    ② 하천이 만곡된 곳(가배수 터널 설치에 유리한 지형)

(3) 특징

    ① 전면적인 기초굴착이 가능

    ② 댐 시공 후 가배수 터널을 취수, 방류시설로 사용 가능

    ③ 콘크리트댐에 주로 적용

    ④ 공기가 길어지고 공사비 고가

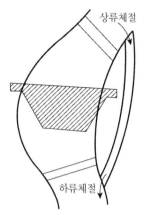

상류체절

하류체절

(4) 시공 Flow

| 가배수 터널 구축 | → | 가물막이 설치 | → | 기초 및 제체시공 |

(5) 가배수로 터널 시공 유의사항

    ① 대상유량이 큰 경우 2개 이상의 복수 터널 적용

    ② 복수터널 적용 시 터널 간 이격거리는 터널 직경의 5배 이상

    ③ 터널 Con'c 라이닝 두께는 경암 30cm, 보통암 40cm 이상 적용

    ④ 수로의 경사 1/30~1/200 정도

    ⑤ 곡선부 곡률 반경은 터널 직경의 10배 이상

    ⑥ 터널단면 마제형 적용(수압이 큰 경우 원형)

    ⑦ 터널의 상류부 지반은 커튼 그라우팅 실시

    ⑧ 터널 주변 지반 저압 그라우팅하여 안정 도모

    ⑨ 댐 시공 후 가배수로 터널은 폐쇄 또는 취수·방수 시설로 활용

        댐 완공 후 터널을 취수시설이나 방수로 등으로 이용 시 구조적인 안전성을 확보

    ⑩ 터널과 댐 본체의 거리는 터널직경의 3배 이상 또는 20m 이상 이격

        기초굴착 시 발파로 인한 지반이완 등을 고려

## 2. 부분(반)체절 방식

(1) 하천의 1/2 정도에 가물막이를 설치하여 유수를 다른 쪽으로 유도하고 물막이 내부에서 가배 수로를 포함한 제체를 축조 후, 반대쪽을 반복 시공하는 방식

(2) 적용

  ① 하천의 폭이 넓은 곳

  ② 하천 유량이 많은 곳

  ③ 가배수터널의 시공이 제한되는 곳

(3) 특징

  ① 공기와 공사비에서 유리

  ② Con'c 댐이나 표면 차수형 댐에 적용

  ③ 홍수 처리대책이 필요

  ④ 전면적인 기초공사가 불가능

  ⑤ 댐 제체의 분할 시공으로 공정 복잡

(4) 가배수 방법

  ① 제체 내 가배수로(방수관)에 의한 방식

  ② 제체 한쪽 끝 부분에 개수로 형태로 설치

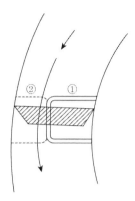

## 3. 가배수로 방식(개거식, 암거식)

(1) 한쪽 하안에 개수로 또는 암거 등을 설치하여 가배수하고 부분체절과 같은 방식으로 댐을 축조하는 방식

(2) 적용

  ① 하폭이 넓은 곳

  ② 하천 유량이 적은 곳

(3) 특징

  ① 공기가 짧아서 유리

  ② 공사비 저렴

  ③ 가배수시설의 설치와 폐쇄가 필요

  ④ 전면적에서 기초공사가 곤란

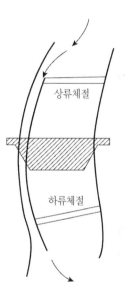

# V. 유수전환 방식의 비교

| 구분 | 적용 | 공사비 | 공사기간 | 제체시공 여건보장 |
|---|---|---|---|---|
| 전체절방식 | 하천 좁고, 만곡부 | 고가 | 길다 | 양호 |
| 부분체절방식 | 하천 넓고, 유량 많을 시 | 보통 | 보통 | 제한 |
| 가배수로방식 | 하천 넓고, 유량 적을 시 | 저렴 | 짧다 | 보통 |

# VI. 유수전환 시설의 폐쇄공

1. 폐쇄공사 자체의 안정성을 위해 보통 갈수기에 시행(다만, 유수 차단 시 하류에 큰 피해가 예상될 시 조정)

## 2. 가배수터널의 폐쇄

(1) 폐쇄 플러그(Plug)의 소요길이 검토

(2) 폐쇄 콘크리트와 암반의 밀착 위한 Grouting 실시

(3) 갈수기 이용, 단기에 시행

> ┤ 참조 ├
>
> **제체 내 가배수로의 폐쇄**
> - 가배수로 유입구에 설치된 스루스 게이트, 로울리 게이트 혹은 스톱로그에 의해 유수를 차단하고 콘크리트를 충전
> - 최근 차단 작동이 가장 확실한 로울러 게이트가 가장 많이 사용되고 있음
> - 스톱로그에 의한 물막이는 시간이 많이 소요되어 유량이 작은 경우만 제한적 사용
>
> **가물막이 형식의 종류**
> - 중력식 : Dam식, Box식, Caisson식, Cellular Block식, 흙가마니식
> - Sheet Pile식 : 자립식, 한겹·두겹 Sheet Pile 등
>
> **가물막이 형식 선정 고려사항**
> 설계홍수량·지형·하천경사·하상퇴적물의 깊이와 종류·시공기간 및 가물막이 재료 등을 고려

# VII. 결론

1. 유수전환 시 가배수로와 가물막이는 연계되어 기능을 발휘하므로 그 규모는 합리적이고 경제적인 조합이 되도록 계획한다.
2. 유수전환 방식의 선택에 따라 제체의 기초지반 및 제체 공사의 공정이 영향을 받는바 공정관리를 철저히 하여 가설공사에 의한 본 공사의 간섭이 최소화되도록 해야 한다.

# 03 댐의 기초처리

## I. 개요

1. 풍화암, 절리 등 불연속면이 발달한 암반기초는 댐과 기초의 안정성에 영향을 미치므로 차수성, 변형저항성 등의 안정성을 확보하기 위한 지반개량을 실시한다.
2. 기초지반은 댐체의 하중을 지지할 수 있는 지지층까지 굴착 후 Grouting에 의한 방법과 부분적인 연약층에 대한 Con'c 치환처리 방법 등이 있다.

## II. 기초 처리의 종류

1. Grouting공법
2. 특수기초처리 : 단층처리, Doweling, Strut, 암반 PS공

> ┤ 참조 ├
>
> **댐 기초 굴착**
> - 지지층까지 발파, 기계 굴착 진행
> - 지지층 인근 암반 굴착 중 기반이 이완되지 않도록 집중장약을 피하고 단발뇌관을 사용
> - 굴착 바닥면과 일정한 두께를 남기고서는 정밀굴착을 진행하거나 굴착 후 최소 30cm 이상의 모르타르 타설
> - 굴착면의 과도한 요철 제거
> - 배수필요 시 적정 공법 적용, 지하수위 저하 도모

## III. Grouting공법

### 1. 준비

(1) Grouting 시공 Flow

지질조사 → Lugeon Test → Grouting → 효과 확인

(2) Lugeon Test

① (기초)암반의 투수 시험

② 시험 방법

㉮ 순서

$$\boxed{\text{Boring}} \rightarrow \boxed{\text{물탱크, Pump 설치}} \rightarrow \boxed{\text{주수 Pipe 설치}} \rightarrow \boxed{\text{누수 시험}}$$

㉯ 주입압 1MPa에서 보링공 1m당 투수(누수)량 Check

③ Lugeon치

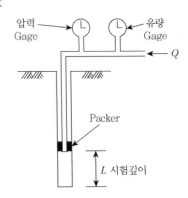

㉮ 1 Lugeon = $\dfrac{Q}{P \cdot L}$

여기서, $Q$ : 주입량($l$/min)

$P$ : 주입압력(MPa)

$L$ : 시험구간의 길이(m)

㉯ 1 Lu과 투수계수 관계

1 Lugeon = $1.3 \times 10^{5}$cm/sec

(3) 시험 Grouting : Grout 주입상태를 파악하여 주입 유효반경을 확인하고 주입공 간격, 압력, 배합기준 등을 결정

## 2. 주입방식

(1) 1단식 Grouting

① 주입공에 일시로 주입하는 방법

② 얕은 주입공에 적용 : 10m 미만

(2) Stage Grouting(다단식)

① 주입구간을 5~10m로 나누어 지표에서 지중으로 천공과 주입을 반복

② 불연속면이 많은 암반에 적용

(3) Packer Grouting

① 계획 심도까지 천공 후 Packer를 이용하여 밑에서부터 주입하는 공법

② 불연속면이 많지 않은 암반에 적용

## 3. Grouting 공법 종류 및 시공

(1) Consolidation Grouting

① 목적

㉮ 암반 기초의 강도, 지지력 증진

㉯ 기초의 변형저항력 증진

② 위치

㉮ Con'c Dam : 기초전면적

㉯ Fill Dam : 단층, 파쇄대가 발달한 구간

③ 주입공 배치형태 : 격자형(바둑판형)

④ 주입공의 심도 : 5~15m

⑤ 주입공의 간격 : 1.5~3.0m

⑥ 주입압력 : 0.5~1.0MPa

⑦ 주입방향 : 45~90°

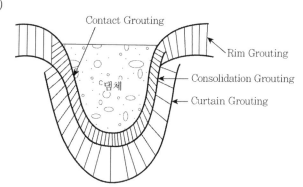

⑧ 개량목표

| 중력식 Dam | Arch Dam |
|---|---|
| 5~10Lu | 2~5Lu |

| 참조 |

Consolidation Grouting, Curtain Grouting 비교

| 구분 | Consolidation Grouting | Curtain Grouting |
|---|---|---|
| 목적 | 기초지반 지지력 증진 | 기초지반 차수성 확보 |
| 위치 | 기초면에 전면적으로 | Dam축 방향 상류 측에 |
| 배치형상 | 바둑판(격자형) | 1열 또는 2열(병풍모양) |
| 간격 | 2.5~3m(보통 3m) | 0.5~3m(보통 1~2m) |
| 공장(깊이) | 10m 이하(보통 5m) | $d = 1/3H1 + C$(보통 25~45m) |
| 주입압 | 0.5~1.0MPa | 0.5~2.5MPa |
| 개량목표 | 중력식 Dam : 5~10Lu, Arch Dam : 2~5Lu | Con'c Dam : 1~2Lu, Fill Dam : 2~5Lu |

(2) Curtain Grouting

① 목적

㉮ 기초 지반의 차수성 확보(누수방지)

㉯ 지반상 양압력, Piping 저감

㉰ 지하수위 상승으로 인한 기초지반 강도 저하 방지

② 위치

| Con'c Dam | Zone형 Fill Dam | CFRD |
|---|---|---|
| 중앙 또는 상류측 | Core Zone 하부 | Plinth 하부 |

③ 주입공 배치 : 1열 또는 2열(병풍형)

④ 주입공의 심도($d$)

$$d = \frac{H}{3} + C$$

여기서, $H$ : Dam 최대수심(m), $C$ : 암반 정수(8~23)

⑤ 주입공의 간격 : 0.5~1.0m

⑥ 주입압력 : 0.5~2.5MPa

⑦ 개량목표

| Con'c Dam | Fill Dam |
|-----------|----------|
| 1~2Lu | 2~5Lu |

(3) Blanket Grouting

① 목적

㉮ 필댐의 기초지반개량

㉯ 커튼 그라우팅 상·하류의 기초지반 보강, 지반의 균질성 및 불투수성 확보

② 필댐 기초 전면에 실시(또는 코어존 하부만 실시), 격자형 배치

③ 주입공의 간격 : 1.5~3.0m

④ 주입공의 심도 : 5~10m 정도, 주입압 : 0.1~0.2 MPa

⑤ Blanket Grouting은 커튼 그라우팅에 선행 실시

(4) Contact Grouting

① Con'c Dam 하부면과 기초지반을 밀착시키기 위함

② Con'c 타설 후 양생 간 발생하는 공극 채움

③ 방법

㉮ Con'c 타설 전 Head Pipe를 설치

㉯ Con'c 타설 후 천공

(5) Rim Grouting : 댐 주위(양안) 암반의 차수목적으로 시행

## 4. Grouting 후 개량 효과 판정

(1) 주입 전 Lugeon Map과 주입 후 결과 비교 분석

(2) 탄성파 속도에 의한 판정

(3) 목표 미충족 시 추가 Grouting

# IV. 특수기초처리(연약층 처리)

## 1. 단층처리

(1) 기초지반에 존재하는 단층, 현저한 심(Seam), 파쇄대 등의 연약한 부분 보강

(2) 소규모 단층은 주입공법을 적용

(3) 단층부의 연약한 부분을 굴착 후 Conc'로 치환

## 2. Doweling공

(1) 기초암반의 연약부를 Con'c로 치환하는 공법

(2) 단층을 Con'c로 보강하여 활동에 대한 저항력을 증진

### 3. 추력전달구조공(Strut)
(1) 암반 내 수평적인 단층, 심(Seam) 등에 대해 Con'c 기둥이나 벽을 설치
(2) Dam의 하중을 견고한 암반에 전달

### 4. 암반 PS공
(1) 계곡부에서 암반기초의 하중에 의한 변위를 방지하고 기초를 보강
(2) 암반의 약한 부분을 프리스트레싱으로 보강

### 5. Con'c Plug
기초 지반 표면정리와 국부적인 불량부 제거 후 Con'c로 치환

## V. 결론

1. 댐의 기초지반 처리는 댐의 안정성 확보 측면에서 대단히 중요한 요소이다.
2. 기초지반 처리는 철저한 조사, 그라우팅 등 시공관리, 개량 효과의 확인 등 전 과정에 대해 세심한 관리를 하여야 한다.

# 04 (Zone형) Fill Dam의 시공

## I. 개요

1. 록필댐 또는 흙댐과 같이 암석, 자갈, 토사 등의 천연재료를 층다짐을 하면서 쌓아 올려 축조한 부분을 주체로 하는 댐을 필댐(Fill Dam)이라 한다.
2. 필댐은 상이한 재료의 축조로 시공 후 제체의 구성 재료별 강성 차이에 의한 부등침하가 우려되는바 축조재료의 선정, 다짐시공에 각별한 관리가 필요하다.

> ┤ 참조 ├
>
> **필댐의 분류**
> - 재료에 따라 : Earth Fill Dam, Rock Fill Dam
> - 구조(형식)상 분류 : 균일형, 존형, 코어형, 표면차수벽형
> - 코어형 필댐의 코어 배치형태에 따른 분류 : 중심코어형, 경사코어형
> - 존형 필댐 코어의 축조재료에 따른 분류 : 점토코어형, 아스팔트코어형, 콘크리트코어형
> - Rock Fill Dam 차수벽 배치에 따라 : 표면차수벽, 경사차수벽, 중앙차수벽
>
> **필댐의 안정조건**
> - 제체가 활동하지 않을 것
> - 안정적 여유고를 확보하여 저수가 댐마루를 월류하지 않을 것
> - 비탈면이 안정되어 있을 것
> - 기초지반이 압축에 대해서 안전할 것
> - 제체 및 기초지반이 투수에 안전할 것

## II. 특징

1. 지형, 지질, 재료 및 기초의 상태에 구애받지 않고 축조 가능
2. (단위면적에 작용하중이 작고)기초에 전달되는 응력이 작아 풍화암, 퇴적층에서 축조 가능
3. 댐 주변의 천연재료 이용 가능
4. 시공에 최적 장비를 투입, 기계화율 향상 가능
5. 홍수 월류에 대해 저항력이 거의 없음
6. 축조되는 재료적 (강성)차이로 부등침하 발생

7. 댐체에 여수로 같은 구조물을 설치할 수 없음

8. 댐체와 원지반 경계면에서 Piping현상 발생 우려

## Ⅲ. 시공 Flow

$$\boxed{유수전환} \rightarrow \boxed{기초처리} \rightarrow \boxed{축제 재료} \rightarrow \boxed{제체 쌓기}$$

## Ⅳ. 유수전환 및 기초처리

### 1. 유수전환

(1) 하천의 크기, 홍수량, 소요경비와 예
상 피해규모 등 고려

(2) 전체절, 부분체절 방식 등 검토·적용

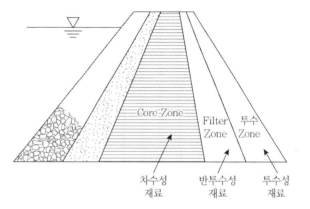

### 2. 기초처리

(1) 기초굴착

① 굴착면의 과도한 요철 제거

② 사면부(양안부)는 굴착사면 최대 경사각 70° 미만

③ 원지반의 손상 최소화를 위한 발파공법의 적용, 필요시 조절발파

④ 배수 필요시 적정 공법 적용, 지하수위 저하 도모

⑤ 단층 또는 파쇄대는 가능한 심도까지 굴착하고 콘크리트로 치환

(2) Grouting

① Curtain Grouting : 기초지반의 차수성 확보

② Blanket Grouting : 기초지반의 표면부 지지력 확보, 차수성 증진

③ Rim Grouting : 댐 주변지반의 차수성 증진

## Ⅴ. 축제재료

### 1. Zone별 재료의 투수계수

| 구분 | Core(차수) Zone | Filter(반투수) Zone | Rock(투수) Zone |
|------|-----------------|---------------------|-----------------|
| 투수계수($K$) | $1 \times 10^{-5}$cm/sec 이하 | $1 \times 10^{-3} \sim 10^{-4}$cm/sec | $1 \times 10^{-3}$cm/sec 이상 |

### 2. 차수재

(1) 토사(점토) : 불투수성일 것

(2) 전단강도 크고 포설과 다짐이 용이한 것

(3) 팽창 및 압축(수축)성이 작은 재료

(4) 수용성 물질이나 유기물을 포함하지 않는 재료

(5) 다짐 후 소요 투수계수와 전단강도가 만족되는 재료

(6) 0.05mm 이하 입자 15~20% 함유

(7) 입도배분이 좋은 점토, 실트, 모래, 자갈의 혼합물

(8) 통일분류법상 적용 토질

| 적당 | 부적당 |
|---|---|
| GC, SC, CL, SM, CH | OL, MH, OH |

## 3. 필터재

(1) 간극이 작아 인접한 차수재의 유실이 방지되고, 간극이 커서 필터로 들어온 물이 빨리 빠져 나가야 함

(2) 입도 조건

$$\frac{F_{15}}{B_{15}} > 5 \text{(투수성 확보 목적)}, \quad \frac{F_{15}}{B_{85}} < 5 \text{(Piping 방지 목적)}$$

여기서, $B$ : Core재, $F$ : Filter재

(3) 전단강도가 크고 다짐이 용이한 재료

(4) 필터재료는 코어재료보다 10~100배의 투수성을 가지는 것

(5) 0.074mm 이하의 세립분 함유량 5% 이하

(6) 필터재료의 입도곡선은 보호되는 재료의 입도곡선과 거의 평행인 것

(7) 자연재료와 인공재료의 혼합사용, 지오텍스타일을 이용하는 방법 등

## 4. 투수성 재료

(1) 대소의 돌덩이가 적당히 섞여 양호한 입도 구비한 것

(2) 견고하고 균열이 작은 것, 물이나 기상작용에 내구성이 큰 것

(3) 크고 모난 것 사용, 얇은 조각으로 깨지지 않는 것

(4) 다진상태에서 소요의 전단강도와 투수성을 만족하는 것

(5) 유해물질을 함유하지 않은 단단하고 내구성이 크며 변형이 적은 재료

(6) 두께와 크기는 각각의 돌이 파랑에 움직이지 않고 제체의 흙이 흡출작용에 의해 유출이 방지되는 재료

(7) 비중이 2.6 이상이고 2.6cm 이하의 입자까지 포함된 재료

(8) $C_u > 15$, 입경 20cm 이하가 10% 이하

# VI. 제체 쌓기

## 1. Core Zone

(1) 최적함수비 +2~3%의 습윤상태 다짐

　　함수비 감소 방법 : 토취장에서 건조, Dam 위에서 건조

(2) 암반접합부는 램머 등으로 다짐하여 암반과 점토를 밀착

(3) 대형 진동 Roller 적용 6~8회 다짐

(4) 층다짐 후 다음 층과 접촉이 잘 되도록 표면을 거칠게 하고서 다음 층 시공

(5) 포설두께 : 20cm

(6) 다짐방향 : 축방향 다짐

(7) 차수존과 필터존의 경계부는 Roller를 경계부의 양쪽에 걸쳐서 다짐

　　① 경계부에서 재료분리 방지

　　② 부등침하 유의

(8) 동절기는 1일 시공 마무리면 상부에 여분을 포설하여 동해 예방

(9) 시공표면 구배 확보 : 시공 중 월류나 우수에 대한 배수성 확보

(10) 중복다짐 : 누락부위가 없도록 주행 Line을 중복하여 다짐

(11) 포설장비 : Bulldozer

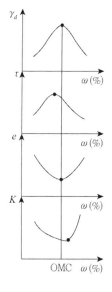

## 2. Filter Zone

(1) 포설두께 : 30cm 이내

(2) 다짐장비 : 진동 Roller 10t 이상으로 적용

(3) 전압 횟수 : 4~6회 정도

(4) 포설장비 : Bulldozer

(5) 차수 Zone과 동일 높이로 시공

(6) 평균 상대밀도 85% 이상

## 3. Rock Zone

(1) 포설두께 : 사석 최대입경의 2배 이상, 1~2m 정도

(2) 다짐 장비 : 대형진동 Roller

(3) 포설 장비 : Raker Bulldozer, 대형 Bulldozer

## 4. 더쌓기(여성)

(1) 기초지반과 축제재료의 완성 후 침하를 고려 충분하게 더쌓기 실시

(2) 여성 높이 : 댐 높이의 1% 내외

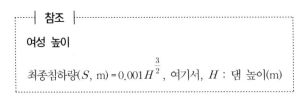

┌─── | 참조 | ─────────────────────────────────
│
│ **여성 높이**
│
│ 최종침하량$(S, \text{m}) = 0.001 H^{\frac{3}{2}}$, 여기서, $H$ : 댐 높이(m)
│
└─────────────────────────────────────────────

## 5. 품질관리

| 실내시험 | 원위치(현장)시험 |
|---|---|
| 입도, 전단, 다짐, 투수시험 | 다짐도, 현장투수시험 |

# VII. 결론

1. 필댐 축조 간 대량의 축조재료가 사용됨에 따라 변화되는 재료의 물성을 수시로 확인하여 규정에 부합되는지를 검토하여야 한다.
2. 축조 시에는 각 Zone의 다짐시공 및 경계부에 대한 철저한 다짐을 통해 침하를 최소화하여야 한다.

# 05 Fill Dam 누수 원인 및 대책

## I. 개요

1. 필댐은 상이한 재료의 축조로 시공 후 제체의 구성 재료별 강성 차이에 의한 부등침하가 발생하여 누수가 우려되는바 축조재료의 선정, 다짐시공에 각별한 관리가 필요하다.
2. 침투수 누출에 의한 파이핑 현상은 제방의 안정성을 저하시키며 종국에는 제방붕괴의 원인이 된다.

> ┤ 참조 ├
>
> **파이핑(Piping)**
> - 파이핑이란 침투수가 발생, 지속되어 흙을 세굴시키고 유로를 형성함으로써 Pipe 모양의 공동이 생기는 것을 말한다.
> - 분사현상(Quick Sand)을 통해 침투수 증가, 침투가 지속되어 침투유로를 형성한다.

## II. 누수 원인

### 1. 댐체의 시공 불량

(1) 축제 재료의 부적정

    ① 요구 투수계수 미충족 재료 사용

    ② 입도 부적정, 유기물·수용성 물질의 혼입

(2) 다짐시공 불량

    ① 다짐 Energy 부적정, 함수비 관리 부적정

    ② 경계부 다짐 불량, 다짐두께 미준수

(3) Core Zone의 균열

    ① Zone별 상이한 재료사용으로 압축성, 침하량 차이 발생

    ② Core Zone의 재료 선정, 다짐시공 불량

(4) Filter 층의 불량

    ① 사용 재료의 부적정, 요구 입도 미충족 재료 사용

② 다짐시공 불량, Core Zone과 연계 다짐 미흡

(5) 댐체의 침하로 인한 댐체 균열

(6) 댐체의 단면 부족

## 2. 기초처리 불량

(1) 댐체와 기초 경계부의 밀착 불량

(2) 기초지반의 차수 Grouting 불량

　　① Curtain Grouting의 부적절

　　② Grouting의 간격, 공장, 압력 등 부적정

(3) 단층 등의 처리 불량

　　① 기초암반 중 단층, 파쇄대 등의 처리 미흡

　　② 치환되는 콘크리트의 폭, 깊이 부적정

(4) 지중암반의 용해, 침식작용으로 공동 발생

(5) 지반의 침하

# Ⅲ. 누수 방지(예방)대책

## 1. 기초처리

(1) 기초굴착 : 원지반 손상 최소화, 연약층 콘크리트 치환

(2) Grouting : Curtain Grouting, Blanket Grouting, Rim Grouting 등

## 2. 축제 재료

(1) Zone별 재료의 투수계수

| 구분 | Core (차수) Zone | Filter (반투수) Zone | Rock (투수) Zone |
|---|---|---|---|
| 투수계수($K$) | $1 \times 10^{-5}$cm/sec 이하 | $1 \times 10^{-3} \sim 10^{-4}$cm/sec | $1 \times 10^{-3}$cm/sec 이상 |

(2) 차수 재료

　　① 다짐 후 소요 투수계수와 전단강도가 만족되는 재료

　　② 0.05mm 입자 15~20% 함유

　　③ 입도배분이 좋은 점토, 실트, 모래, 자갈의 혼합물

　　④ 통일분류법상 적용 토질

| 적당 | 부적당 |
|---|---|
| GC, SC, CL, SM, CH | OL, MH, OH |

(3) 필터 재료

　① 간극이 작아 인접한 차수재의 유실이 방지되고, 간극이 커서 필터로 들어온 물이 빨리
　　　빠져나가야 함

　② 입도조건 $\dfrac{F_{15}}{B_{15}} > 5$ (투수성 확보 목적), $\dfrac{F_{15}}{B_{85}} < 5$ (Piping 방지 목적)

　　　　　여기서, $B$ : Core재, $F$ : Filter재

## 3. 다짐시공

(1) Core Zone의 다짐시공

　① 최적함수비 +2~3%의 습윤상태 다짐

　② 대형 진동 Roller 40~50t 적용 6~8회 다짐

　③ 포설두께 : 20cm

　④ 차수존과 필터존의 경계부는 Roller를 경계부의 양쪽에 걸쳐서 다짐

　⑤ 중복다짐 : 누락부위가 없도록 주행 Line을 중복하여 다짐

(2) Filter Zone의 다짐시공

　① 다짐장비 : 진동 Roller 10t 이상으로 적용, 전압 횟수 : 4~6회 정도

　② 차수 Zone과 동일 높이로 시공

# IV. 누수 대책공법(보수)

## 1. 제체누수방지 공법

(1) 차수벽 설치

　① 제체에 Sheet Pile을 차수벽을 설치하여 누수 경로를 차단

　② 초기에 Joint 부분에서 차수성이 부족하나 시간경과와 함께 누수량이 감소됨

　③ Sheet Pile의 근입깊이 : 불투수층에 50cm 이상 근입

(2) 제체의 단면 확대 : 침윤선이 제체 내에 위치하도록 제체폭을 확대

(3) 제체 비탈 불투수 피복

　① 제체 상류측 비탈표면에 불투수 재료 피복

　② 차수시트, 토목섬유 등

(4) 약액주입공법

　① 제체에 약액을 주입하여 지수성을 향상

　② 주입재의 종류, 주입성능 등 확인 후 적용

확폭시공

〈제체 단면 확대〉

## 2. 지반차수공법

(1) Grouting 공법

    ① 기초지반에 추가 Grouting을 하여 지반 차수성 향상

    ② Grouting 간격, 심도 검토 후 적용

(2) Blanket 설치

    ① 제체 상류부 지반 표면부를 불투수성 재료로 피복

    ② 제체 및 지반으로의 침투를 감소시킴

    ③ Piping 발생 예방

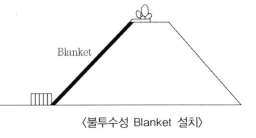

〈불투수성 Blanket 설치〉

## 3. 기타

(1) 압성토공법

    ① 침투수의 압력에 의한 제체 비탈면의 활동 방지 목적으로 시행

    ② 통과 누수량이 그대로 허용되는 경우에 적용

(2) 배수구 설치

    ① 비탈 끝, 댐의 양안에 배수구를 설치

    ② 침투수를 신속히 배제시켜 침윤선을 낮춤

(3) 비탈면 피복공

    ① 제체 비탈의 침식 및 재료유실 방지 목적

    ② 돌붙임, 떼붙임 등

(4) 배수도랑

    ① 수평 배수도랑, 비탈끝 배수도랑 등을 설치

    ② 침투수를 신속히 배제

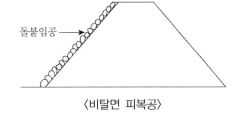

〈비탈면 피복공〉

# V. 결론

1. Fill Dam에서 누수는 댐체의 안정성을 저하시켜 붕괴를 야기할 수 있다.

2. Fill Dam 누수방지를 위해서는 기초지반의 지지력·차수성 확보, 댐체의 재료·다짐관리, 특히 Core Zone의 시공에 철저한 관리가 필요하다.

# 06 하드필(Hardfill)댐 축조공

## I. 개요

1. 하드필 공법은 댐 건설 위치 인근에서 구할 수 있는 재료를 최대한 가공하지 않고, 물과 시멘트를 넣어 하드필 혼합설비에서 생산한 재료인 하드필을 펴 고르고 롤러를 이용하여 다짐하는 공법이다.

2. 모재를 최대 입경 미만으로 조정한 콘크리트 골재인 하드필재와 시멘트, 물을 구성재료로 하여 비벼서 만든 것을 하드필이라 한다.

## II. 하드필댐의 특징

1. 사다리꼴 형상으로 안정성이 높음
(1) 상시, 지진 시 등의 하중상태 변화에 응력변동이 적음
(2) 지진 시에 제체 저면의 연직응력이 기본적으로 압축영역에 있음
(3) 전도와 활동에 대한 안정성이 높으며, 제체 내에 발생하는 응력이 적음
2. 댐 인근의 재료 활용 용이, 경제성 양호
3. 제체 재료가 갖추어야 할 강도가 낮음
4. 대규모 석산개발 불필요, 환경부하 경감
5. 시공설비의 규모가 작음
6. 합리적인 재료, 설계, 시공이 가능
7. 시공성 우수, 공기단축
   범용장비(덤프트럭, 불도저, 백호, 진동롤러 등)의 사용

> **│ 참조 │**
>
> **하드필댐의 안정성 검토**
>
> | 구분 | 외적 안정성 | 내적 안정성 |
> | --- | --- | --- |
> | 검토 내용 | 전도, 활동, 지지력 | 하드필의 강도 |

## Ⅲ. 하드필댐 개념도

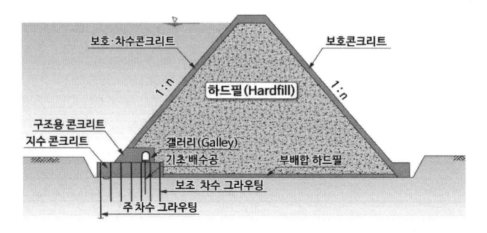

## Ⅳ. 시공 Flow

| 기초 굴착·처리 | → | 하드필 시험시공 | → | 하드필 재료·시공 | → | 보호콘크리트 타설·양생 |

## Ⅴ. 시공 유의사항

### 1. 기초굴착 및 기초처리

(1) 하드필부의 기초굴착

　① 암반과 하드필 간 맞물림(Interlocking) 효과 확보

　② 마찰저항 확보

(2) 콘크리트부의 굴착

　① 지수 콘크리트의 기초암반이 적합한지에 대한 판정

　② 모르타르 부설을 실시한 후 콘크리트를 타설

(3) 기초처리를 위한 Grouting 실시

　① 차수 그라우팅은 갤러리에서 실시

　② 보조 차수 그라우팅은 지수콘크리트에서 실시

　　㉮ 댐축 방향 배치간격 : 5.0m

　　㉯ 상하류 방향 배치간격 : 약 3.0m

(4) 단층 및 파쇄대 처리 실시

## 2. 하드필 시험시공

(1) 목적

① 배합·혼합방법, 운반시간, 포설속도, 포설두께, 다짐방법

② 양생방법과 마름모꼴 강도관리

(2) 시험시공의 기초지반면 유해한 물질을 완전 제거

(3) 다짐작업 기준

① 다짐 속도 : 1km/hr

② 다짐 시작 전, 진동 2회 실시마다 침하량 계측

③ 다짐 후 다짐도 측정, 현장밀도 3회씩 측정

(4) 시험시공의 기초지반면 유해한 물질을 완전 제거

## 3. 하드필 시공

(1) 재료

① 최대치수는 일반적으로 80mm(시험시공을 통해 최대치수 결정)

② 입도분포, 파쇄상태, 세립분 함유량 등 확인

(2) 배합

① 배합설계 시 시험 항목

㉮ 기본물성시험

㉯ 다짐시험

㉰ 강도시험

㉱ 투수시험

② 입도분포 범위를 산정함과 동시에 단위수량 범위를 산정

③ 하드필 강도는 하드필재 입도분포 범위에 의하여 정해진 강도의 범위와 단위수량의 관리 범위에 의하여 형성

(3) 운반

① 덤프트럭 직송방식 또는 벨트 컨베이어 방식 등을 주로 사용

② 댐마루 부근과 여수로 등에서는 케이블 크레인, 크롤러 크레인 등을 겸용

(4) 축조

① 1리프트(Lift) 높이 0.50~0.75m 표준

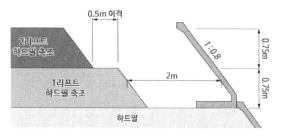

〈단부 법면의 표준 단면〉

② 펴고르기 장비 : 16ton급 습지불도저

③ 다짐장비

　　11ton급 진동롤러

④ 면상공법으로 시공

　　㉮ 제체를 평면 상태로 시공

　　㉯ 세로이음을 미설치

　　㉰ 연속하여 복수의 블록을 한번에 타설

⑥ 비탈면의 다짐을 충분히 실시

(5) 암착부의 시공방법

① 부배합 하드필을 사용, 고르게 포설 후 진동롤러로 다짐 실시

② 암반에 균열, 큰 요철 능에 대해서는 모르타르, 시멘트 풀을 이용 매움 작업

③ 좌·우안 암착부 가장자리는 탬퍼나 소형 진동롤러를 사용

(6) 단부 법면의 시공방법

① 시공방법의 종류

　　㉮ 단부 다짐을 몇 개 층으로 나누어 소형 진동롤러와 진동 컴펙터를 사용

　　㉯ 철망 형틀을 사용해서 계단 형태로 마무리하는 방법

　　㉰ 가압유지형 단부 법면 다짐기계를 사용하는 방법

② 하드필 2리프트 시공에서는 2리프트 법면 끝이 1리프트 비탈머리로부터 0.5m 이격

(7) 부배합 하드필

① 암착부는 활동에 대한 저항성과 내구성을 향상시키기 위해 부배합 하드필을 배치

② 단위시멘트량 : 약 $100\text{kg/m}^3$ 정도

(8) 가로이음, 이음면 처리

① 가로이음부에는 진동 이음 절단기로 이음 철판을 삽입

② 하드필의 이음부는 보호콘크리트의 가로이음과 동일한 위치로 계획

③ 리프트의 상부면에는 그린 컷 미실시

(9) 댐마루

① 작업장소가 좁고, 거푸집 설치 및 콘크리트 타설 등과 작업구역이 겹침

② 시공을 위한 최소 간격 8m 이상 확보

(10) 양생

① 살수양생 또는 담수양생을 실시, 표면의 습윤상태 유지

② 급격한 온도하강이 예상될 때에는 보온 양생을 실시

## 4. 콘크리트

(1) 일반사항

　① 이음면 처리(그린 컷, 바탕 모르타르)를 실시

　② 15m 간격으로 가로이음을 설치

　③ 보호·차수 콘크리트부에는 지수판과 이음배수공을 설치

　④ 지수 콘크리트 타설 전 보조 차수 그라우팅 실시

(2) 지수 콘크리트

　① 지수 콘크리트 시공은 하드필 축조보다 먼저 진행

　　콘크리트 타설이 하드필의 연속적인 시공을 저해하지 않도록 계획

　② 가로이음 설치

　③ 지수 콘크리트의 두께 2.0m 이상, 폭 15m 정도

　④ 하류측 콘크리트면은 치핑, 모르타르 도포 후 하드필과 접합

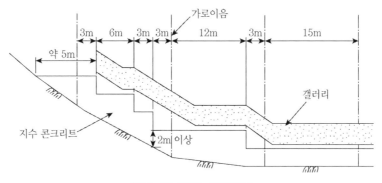

〈지수 콘크리트 종단면도〉

(3) 보호 콘크리트

　① 수평 폭 2m

　② 15m 간격을 기본으로 가로이음 실시

　③ 비탈면경사 : 일반적으로 1 : 0.8~1 : 1.0 정도

　④ 프리캐스트 거푸집의 설치와 각 각의 시공부분, 시공순서를 충분히 검토

(4) 보호·차수 콘크리트 시공

　① 지수성을 확보를 위해 주지수판, 부지수판 등 설치

　② 이음 배수공 설치로 침입한 누수를 갤러리내 측구로 유도하여 배제

　③ 수평 폭 2.0m, 댐축 직각방향 15m 간격으로 가로이음 설치

　④ 비탈면경사 : 일반적으로 1 : 0.8~1 : 1.0 정도

　⑤ 다짐에 사용하는 바이브레이터의 규격을 충분히 검토

(5) 구조용 콘크리트

　① 지수판과 이음배수공을 설치하여 지수성을 확보

　② 내부에 갤러리(검사랑) 등 설치

(6) 상·하류면 프리캐스트 거푸집

　① 제체 상·하류면에는 기본적으로 프리캐스트 거푸집을 사용

　② 프리캐스트 거푸집의 높이는 하드필 시공 리프트(Lift) 두께와 일치되도록 함

　③ 거푸집 설치 후에 하드필 축조부와의 사이에 작업공간이 확보되어야 함

　④ 바닥은 앵커볼트로 고정

　⑤ 이음부는 수팽창 지수재로 처리

　⑥ 암반과 접착되는 부분, 갤러리(Gallery) 등 불규칙한 형상의 부분은 보통 거푸집을 사용

---| **참조** |---

**시공 허용오차**

| 구분 | | 허용오차 |
|---|---|---|
| 수직오차 | 높이 3m마다 | 15mm |
| | 높이 6m마다 | 20mm |
| | 높이 12m마다 | 30mm |
| | 수문 측벽 3m마다 | 3mm |
| 수평과 경사도 오차 | 길이 3m마다 | 5mm |
| | 길이 3m마다 | 15mm |
| 구조물 두께 | 횡단면 | −5~15mm |
| 구조물 외곽선 | 6m마다 | 15mm |
| | 12m마다 | 20mm |

# VI. 결론

1. 하드필재는 모재의 채취량과 품질, 경제성을 고려하여 필요에 따라 최소한의 설비를 이용해서 오버사이즈를 제거하거나 파쇄하여 사용한다.

2. 하드필댐은 면상공법을 이용하여 시공할 수 있도록 계획한다. 이를 위해서는 하드필 축조, 거푸집 설치, 보호·차수 콘크리트 타설 등이 효과적으로 이루어져야 한다.

# 07 콘크리트 표면차수벽형 석괴댐(CFRD)

## I. 개요

1. 콘크리트 표면차수벽형 석괴댐은 Rock Fill Dam의 종류로서 Rock Fill Dam의 표면에 콘크리트 차수벽을 설치하는 형식이다.
2. C.F.R.D.(Concrete Face Rock-fill Dam)는 석괴의 자중으로 댐체를 유지하고 차수벽에 의해 누수를 차단하는 경제성이 높은 댐 형식이다.

## II. 댐체의 표준단면

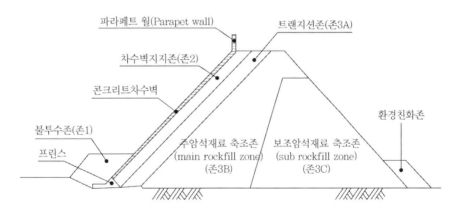

## III. 특징

### 1. 장점

(1) Fill Dam 대비 댐의 단면이 감소됨(차수존 대비 콘크리트차수벽 단면 감소)
(2) 기초처리 면적 감소
(3) 공사기간이 단축
(4) 공사비 절약 가능

## 2. 단점

(1) 기초지반, 댐체의 침하로 누수가 발생

(2) 내수성이 작음

(3) 공정이 복잡

(4) 차수벽재료가 토사재료 대비 고가

> ┈┤ 참조 ├┈┈┈┈┈┈┈┈┈┈┈┈┈┈┈┈┈┈┈┈┈┈┈┈┈┈┈┈┈┈┈┈┈┈┈┈┈┈
>
> **CFRD 형식 선정 시 고려사항**
>
> 댐 규모와 지형·지질, 공사용 재료, 수문기상 및 유수전환 계획, 자연 환경적 조화, 공사기간, 경제성 및 유지관리
>
> **CFRD와 ECRD의 비교**
>
> | 구분 | C.F.R.D. | 중앙코어형사력댐 |
> |------|----------|------------------|
> | 형식 | 표면차수벽형 | 심벽형(코어) |
> | 차수재료 | Con'c, Asphalt, Steel 등 | 점토 |
> | 차수 효과 | 다소 부족 | 양호 |
> | 공사비 | 저렴 | 고가 |
> | 규모 | 상대적 20~40% 적음 | 크다 |
> | 안전성 | 다소 부족 | 양호(누수 등에 의한) |

## IV. 시공 Flow

유수전환 → 기초처리 → Plinth 설치 → 제체 축조 → 차수벽 설치 → 파라페트 월

## V. 시공관리

### 1. 유수전환

(1) 하천의 크기, 홍수량, 소요경비와 예상 피해규모 등 고려

(2) 전체절, 부분체절 방식 등 검토·적용

### 2. 기초처리

(1) 기초굴착

  ① 굴착면의 과도한 요철 제거

  ② 사면부(양안부)는 굴착사면 최대 경사각 70° 미만

  ③ 원지반의 손상 최소화를 위한 발파공법의 적용, 필요시 조절발파

④ 배수 필요시 적정 공법 적용, 지하수위 저하 도모

⑤ 단층 또는 파쇄대는 가능한 심도까지 굴착하고 콘크리트로 치환

(2) Grouting

① Curtain Grouting : 기초지반의 차수성 확보

② Blanket Grouting : 기초지반의 표면부 지지력 확보, 차수성 증진

③ Rim Grouting : 댐 주변지반의 차수성 증진

## 3. Plinth 설치(주각부, Footing)

(1) 역할

① 차수벽과 Dam 기초를 수밀상태로 연결

② Grout Cap으로서의 역할

③ Dam 상류 바닥면의 차수

(2) 규격

① 폭 : 5~8m(경암 : 수심의 1/20~1/25, 균열이 심한 지층 : 1/6 정도)

② 두께 : 0.6~1.0m

(3) 철근 콘크리트 구조로 설치

(4) 앵커바를 이용 기초 암반에 고정

| 직경 | 간격(각 방향) | 길이 |
|---|---|---|
| 25~35mm | 1.0~1.5m | 3~5m |

(5) Dam의 양안부 Plinth는 경사식보다는 계단식으로 설치

(6) 견고하고 부식성이 없는 암반 위에 설치

(7) 저수위(LWL) 이하 구간에 설치

## 4. 차수벽

(1) 차수벽의 두께

① 정상부 0.3m

② 0.3(m) + 0.003H, 수심에 따라 차수벽 두께 증가(H : 수심(m))

(2) Slip Form 이용 Con'c 타설

① 타설속도 2~5m/h

② Slip Form의 폭 15m

③ Finisher 길이 1.5m

④ 차수벽의 평탄 허용오차 2mm

⑤ 계획된 이음부 외 이음부가 없도록 연속타설 관리

⑥ 프린스에서 댐 정상까지 수평시공이음 없이 한 번에 타설

⑦ 타설 시 배부름이 발생하지 않도록 Slump 관리에 유의

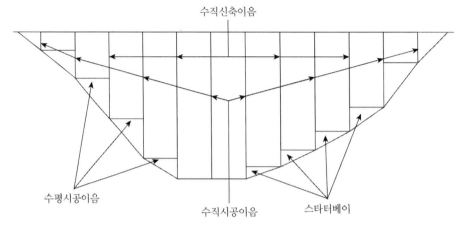

(3) 철근

　　① 온도 변화 및 국부침하에 의한 균열 방지

　　② 철근량 : 차수벽두께의 0.40~0.50%

　　③ 양안부는 철근비 증가 배근

　　④ 철근간격 200~300mm 범위

(4) 수평방향(압축력) 시공이음 설치, 수직방향(인장과 압축) 신축이음 설치

　　① 인장부에는 이중 지수판을 사용

　　② 압축부에는 동 또는 철 지수판을 사용

(5) 차수벽의 분할 Block 폭은 일반적으로 15m로 설치

(6) Con'c 강도 : 21~24MPa

(7) 혼화재 : Pozzolan, Fly Ash 등

(8) 차수벽의 경사 1 : 1.4~1 : 1.5

(9) 차수벽 상단과 파라페트월의 이음부

　　① 동지수판 또는 PVC 지수판 설치(1단지수)

　　② 마스틱필러(Mastic Filler) 이용 마무리

(10) 페리미터 조인트(Perimeter Joint)

　　① 토·슬래브와 차수벽의 이음부위에 설치되는 조인트

　　② 3중 보호장치를 설치 : 이가스 매스틱 필러(IGAS Mastic Filler)

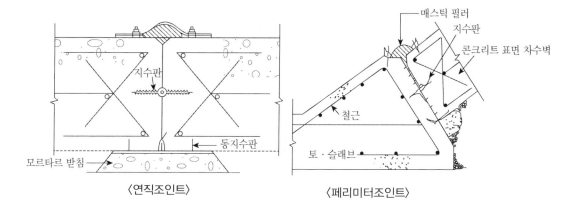

〈연직조인트〉　　　　　〈페리미터조인트〉

## 5. 쇄석 Zone(차수벽 지지층, Zone 2)

(1) 차수벽을 직접 지지하고 있는 존, 반투수성 벽을 형성

(2) 압축성, 변형 등이 적은 재료를 이용

(3) 접합한 투수성을 확보한 재료, 투수계수 : $1 \times 10^{-4}$cm/sec 정도

(4) 사력재인 경우 함수상태 확인 후 살수작업을 함

(5) 우천 시 경사면의 유실방지를 위한 숏크리트 또는 아스팔트 표면바르기를 시공

(6) 최대 입경 : 75mm, 200번체 통과율 5~15%의 수준을 유지

(7) 비탈면은 견인식 Roller 이용 다짐

(8) 다짐장비 : 램머(Rammer), 탬퍼(Tamper)

(9) 차수벽지지존의 수평 폭은 댐마루에서 3~5m 정도

## 6. 트랜지션 존(Zone 3A)

(1) 차수벽에 누수 발생 시 투수차단효과 증진에 보조적인 역할

(2) 댐 정상부에서의 폭 : 5m 정도, 사용재료 최대치수 150mm

## 7. 암석층 축조(Rock Zone, Zone 3B)

(1) 압축성이 적고, 전단강도가 큰 석재를 사용

(2) 석재 강도는 30MPa 이상

(3) 대형 진동 Roller(10ton 이상) 사용, 4회 이상 다짐

(4) 암 성토체적의 약 10~20%를 살수하여 다짐

(5) Rock 입경 : $\phi$30~1,000mm

(6) 작은입경과 혼합사용하여 장비 주행성 확보

## 8. 불투수존(Zone 1)

(1) 0.075mm(No.200)체 통과량이 30% 이상 되는 점토 사용

(2) 10t급 진동롤러 이용 다짐 실시

(3) 프린스나 차수벽 인접 1m 이내 다짐은 소형다짐장비 적용(Tamping Roller 등)

(4) 다짐도 95% 이상 확보

## 9. Capping Wall (Parapet)

(1) 파도로 인한 월류 방지 역할, 댐 단면을 감소시켜 댐 축조량과 차수벽 면적을 감소

(2) 상류측에 L형 옹벽으로 설치

(3) 파라페트월과 차수벽 이음, 파라페트월의 신축이음과 시공이음 등을 설치

## 10. 댐마루 더쌓기

(1) 기초지반 및 제체의 침하 등 장기침하량 예측하여 더쌓기 실시

(2) 댐마루에 암석재의 더쌓기보다는 방파벽의 높이를 조정하는 것이 유리

(3) 통상 댐 높이의 0.1~0.35% 정도 적용

# VI. 결론

1. 표면차수벽형 사력댐은 댐 시공위치 인근에서의 구득이 용이한 재료를 이용하여 댐체를 축조한 후 콘크리트 차수벽을 설치하는 댐으로 경제성이 우수하다.

2. 각 존의 사용재료의 강성 차이, 지반의 침하, 콘크리트의 열화 등에 의해 차수벽의 누수가 발생되므로 유지관리에 각별한 노력이 요구된다.

# 08 Concrete 중력댐

## I. 개요

1. Concrete 중력댐이란 댐 상류부에 작용하는 수압을 댐체의 자중으로 대응하며 연직분력을 기초지반에 전달하는 구조로 댐체를 콘크리트로 축조한 형식의 댐을 말한다.
2. Concrete 중력댐은 대량의 Con'c를 사용하므로 골재 생산부터 양생까지 단계적인 품질관리를 필요로 한다.
3. 댐 Concrete는 많은 양의 콘크리트를 연속적으로 시공하는 관계로 매스 콘크리트로 취급한다.

## II. 특징

1. 콘크리트의 자중에 의해 안정을 유지
2. 댐체의 중량이 커 견고한 지반이 필요함
3. (재료가 많이 소요) 공사비용이 고가
4. 유지관리 용이
5. 댐체의 안정성이 높음
6. 수화열이 높아 온도균열 발생 우려
7. Pipe Cooling 등 인공냉각양생 필요

---

**| 참조 |**

**콘크리트 댐의 형식 선정**

일반적으로 댐의 형상계수(길이/높이)를 고려하여 선정

| 형상계수 | 6 이상 | 3~6 | 3 이하 |
|---|---|---|---|
| 적용 | 아치댐 이외 가능 | 중력댐 | 아치댐 |

**Concrete 중력댐에 작용하는 힘**

댐의 자중, 정수압, 동수압, 풍하중, 온도하중, 양압력, 파압, 빙압, 퇴사압, 지진력 등

---

## III. Con'c Dam의 형식 및 특징

| 구분 | 중력식 | 아치식 |
|---|---|---|
| 적용 지형 | 제한 없음 | 계곡폭이 좁고, 비탈이 급한 곳 |
| Con'c 수화열 | 큼 | 작음 |
| 안정성 | 우수 | 상대적으로 작음 |
| 적용 형상계수 | 3~6 | 3이하 |
| 시공관리 | 용이 | 복잡 |
| 비고 | | 공기 단축에 유리, 수려한 미관 |

┈┤ 참조 ├┈

**콘크리트 댐의 단면형상**
- 기본삼각형 단면, 필렛을 둔 단면(주로 적용)
- 필렛 : 기본삼각형 단면형상에 부가된 상류측 두께 증가 부위를 의미함

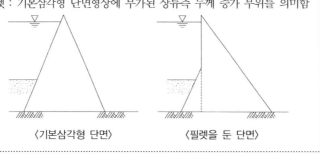

〈기본삼각형 단면〉　　〈필렛을 둔 단면〉

## IV. 시공 Flow

준비 → 유수전환 → 굴착, 기초처리

→ 제체 시공(Con'c 생산 → 타설 → 이음 → 양생)

## V. 시공관리

### 1. 유수전환

(1) 가배수로 및 가물막이의 형식, 위치, 규모 결정

(2) 하천의 수리특성과 지형, 지질 등을 고려

(3) 가설공사의 시공성, 경제성을 합리적으로 판단

┈┤ 참조 ├┈

**가설비 공사**
공사용 도로, 가설 건물, 동력·급수·통신·조명·급기 설비 등

## 2. 기초처리

(1) 댐 기초면에 가까울수록 폭약량을 줄여서 암반의 손상 방지, 제한발파 실시

(2) 최종 계획면은 브레이커 및 인력에 등에 의해 면고르기

(3) 기초암반은 하류가 다소 높은 완만한 톱니형으로 기초면을 정리

(4) 배수필요시 적정 공법 적용, 지하수위 저하 도모

(5) 단층 또는 파쇄대는 가능한 심도까지 굴착하고 콘크리트로 치환

(6) Grouting

    ① Curtain Grouting : 기초지반의 차수성 확보

    ② Consolidation Grouting : 기초지반의 지지력 증진, 침하 방지

    ③ Contact Grouting : 기초지반과 댐체 경계부의 간극 채움

    ④ Rim Grouting : 댐 주변지반의 차수성 증진

## 3. Con'c 생산

(1) Batch Plant 용량 : 공사규모, 공사기간, 믹서의 크기와 대수 등 고려

(2) Con'c 배합 예

| $f_{91}$ | Slump | W/C | $G_{max}$ |
|---|---|---|---|
| 12~21MPa | 50mm 이하 | 55% 이하 | 80~150mm |

(3) 단위 Cement량 : 외부 220kg 내외, 내부 160kg 내외

## 4. Con'c 타설

(1) 타설준비

    ① 거푸집은 목재나 강재 슬라이딩 폼을 사용

    ② 타설 전 굴착지면의 신선한 암반이 노출되도록 뜬 돌이나 파쇄된 암을 제거

(2) 타설방법

    ① 블록타설

        ㉮ 제체를 일정하게 분할된 블록으로 순차적으로 타설

        ㉯ 가로이음과 세로이음을 두며 댐체를 분할 시공하는 방법

        ㉰ Block의 분할 규격

| 구분 | 댐 축선의 종방향 | 댐 축선의 횡방향 |
|---|---|---|
| 분할 규격 | 15m | 30~40m |

        ㉱ 대규모 중력식 댐에 적용(높이 100m 이상에 주로 적용)

        ㉲ Con'c 수축 후 이음부는 Joint Grout로 완전히 채워야 함

② 층(Layer) 타설

   ⑦ Dam을 구역으로 분할하거나 전단면을 동시에 층별로 타설

   ⑭ 중·소규모의 중력댐, 대규모 중력댐의 내부에 적용

   ⑮ 가로이음만으로 댐체를 분할 시공, 그린 컷

   ⑯ 수화열이 적어 Pipe Cooling 미적용

③ 빈·부배합 콘크리트 경계면

   ⑦ 경계면에서는 빈·부배합 콘크리트가 서로 혼입되도록 타설

   ⑭ 빈배합, 부배합의 블록 경계가 수직이 아닌 경사(사선)이 되도록

④ 완경사면의 착암부

   ⑦ Con'c 타설두께(Lift 높이)는 완경사면의 착암부에 접하게 되면서 얇아지게 됨

   ⑭ 거푸집 설치 또는 타설 후 선단을 잘라내어 얇은 부분이 없도록 조치

(3) 운반, 타설 및 다짐은 연속적으로 신속히 수행

(4) 이어치기 기준

| 먼저 타설된 Con'c의 Lift 높이 | 0.7~1.0m | 1.5~2.0m |
|---|---|---|
| 이어치기 시간한도 | 재령 3일 이후 | 재령 5일 이후 |

## 5. 이음(Joint)

(1) 온도균열 방지위한 수축이음과 콘크리트 치기능력에 따른 시공이음으로 구분되며 대부분의 경우 시공이음인 동시에 수축이음이다.

(2) 시공이음

① Con'c 치기설비의 능력 등 시조조건에 의해 발생하는 이음으로 각 Lift에 생기는 이음이다.

② 수평시공이음

   ⑦ Lift 치기높이의 경계에서의 수평방향이음

   ⑭ 간격

| 구분 | Block식 타설 | 인공냉각양생적용 시 | Layer 타설 | 하상 암착암부 |
|---|---|---|---|---|
| 간격 | 1.5~2.0m | 2.0~3.0m | 0.5~1.0m | 0.3~0.75m |

   ⑮ 이음 처리 방법

| 구분 | 그린 컷 | 샌드 블라스팅 |
|---|---|---|
| 시기 | 타설 6~12h 이내 | 타설 1~2일 이내 |
| 방법 | 분사수 이용 레이턴스 제거 | 입경 1~5mm정도 모래를 공기 또는 압력수와 분사하여 레이턴스 제거 |
| 특징 | 작업이 간단, 저렴 | 작업복잡, 설비이동 등 시간소요 비용 고가, Con'c에 전혀 피해 없음 |

③ 수직시공이음 : 일반적으로 수축이음(가로이음, 세로이음)으로 설치됨

(3) 가로(수축)이음

    ① 방향 : 댐축과 직각

    ② 간격 : 15m(최대 25m이내) 설치

    ③ 이음의 구조

        일반적으로 치형(톱니)으로 설치

    ④ 이음의 폭 : 1~3mm

    ⑤ 이음부 지수판은 폭 400mm 적용,

        2중으로 설치

    ⑥ 이음배수공은 지수판의 하류측에 설치하여 측구로 유도하여 배수

    ⑦ 이음부가 댐 수밀성, 안전성에 영향이 됨

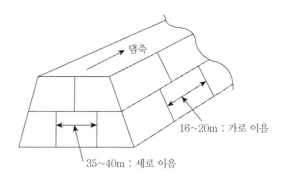

(4) 세로(수축)이음

    ① 방향 : 댐축 방향

    ② 간격 : 30~40m

        (최근 댐높이 70m까지는 세로이음을 미설치)

    ③ 이음의 구조

        (수직전단에 저항 위한) 수평톱니형 구조

    ④ 세로이음은 댐 일체성 확보를 위해 중요하며, 이음부는 Grouting하는 것이 원칙

    ⑤ 가로이음에 비해 댐의 수밀성에 영향이 작음(댐 안전상에 영향)

〈Key 설치〉

## 6. 양생

(1) 선 냉각방법(Pre Cooling)

    ① Con'c 타설 전 재료를 냉각하여 Con'c 온도 상승을 제한하는 방법

    ② Con'c 온도 1℃ 저하를 위한 재료 냉각온도

| 구분 | Cement | 골재 | 물 | 비고 |
|---|---|---|---|---|
| 온도 | 8℃ | 2℃ | 4℃ | 한 가지 방법 적용 시 |

    ③ 주로 물을 냉각 또는 얼음 혼합사용 방법 적용

        ㉮ 10kg 정도 얼음 사용 시 Con'c 온도 1℃ 저하 가능

        ㉯ $1m^3$당 얼음량은 100kg 정도가 한도임

        ㉰ 물의 온도를 2℃ 이하로 유지

        ㉱ Con'c의 균질성을 유지하기 위해 혼합 전에 완전히 녹아야 함

    ④ Con'c에 액체질소를 직접 분사

        Con'c 온도 1℃ 저하 위해 액체질소 $12{\sim}16kg/m^3$ 정도 사용

(2) 후 냉각방법(Post Cooling)

　① Con'c 타설 전 내부에 Pipe를 설치하고, 타설 후 Pipe 내부로 냉각수를 통수하여 Con'c 내부 온도 상승을 제한하는 방법

　② 시공 Flow

| 시공조건 고려 계획수립 | → | Pipe 설치 | → | 누수검사 | → | Con'c 타설 |

→ | 냉각수 통수 | → | Pipe내 Grouting |

　③ Pipe 간격·길이, 통수량·통수온도, 냉각기간의 계획

　　㉮ 온도 및 온도응력 해석을 통해 결정　　㉯ 보통 Pipe의 직경 25mm

　　㉰ 배치간격 1.5~2.5m　　㉱ 통수량 15~17L/min 정도 적용

　　㉲ Pipe 배관길이 : 180~360m 정도　　㉳ 통수기간 : Con'c 타설 후 2~4주

　　㉴ 하루에 한 번씩 흐름방향 변경

　④ 통수온도가 너무 낮을 시 Con'c와 Pipe 사이 온도차로 인한 균열 발생 가능

　　Con'c와 순환수와의 온도차 20℃ 이하 유지

　⑤ 양생 후 Pipe 내부 Grouting 실시

(3) 습윤양생 : 콘크리트 표면의 건조를 방지하기 위해 살수기 등을 이용 습윤 유지

(4) 표면단열공법 : Con'c 표면에 Sheet 등을 덮어 외기 침투 차단

## 7. 플러그 Con'c

(1) 제체 내의 가배수로, 제체 내의 일시적 개구부 등은 콘크리트로 완전히 채움 실시

(2) 플러그 콘크리트 채움, 냉각 후 주변과 틈 사이에 Grouting 실시

## 8. 계측관리

(1) 시공 중 : 콘크리트 온도, 이음부의 개도 등

(2) 유지관리

　① 완공 후 댐체의 거동 및 댐의 안정성을 확보하기 위하여 실시

　② 간극수압, 양압력, 응력, 변형, 내부온도, 침투수량, 연직도, 지진 등

# VI. 결론

1. 콘크리트댐의 시공은 복합공종으로 상호 공종에 상관이 크게 발생되므로 철저한 공정관리를 통해 공기가 지연되지 않게 관리하여야 한다.

2. 특히 콘크리트 수화열에 의한 균열, 이음부의 시공 불량에 의해 댐체의 성능이 저하될 수 있으므로 인공냉각양생 및 이음부의 철저한 시공관리를 하여야 한다.

# 09 RCCD(Roller Compacted Concrete Dam, RCD)

## I. 개요

1. RCD(Roller Compacted Dam) 공법은 슬럼프가 '0'인 빈배합 콘크리트를 진동롤러에 의해 다짐하는 콘크리트 중력댐의 시공법을 말한다.
2. 종래 공법(주상블록식 타설공법)에 의한 댐과 동일한 수밀성을 가져야 하고, 예상되는 하중에 대하여 안전한 구조가 되도록 시공되어야 한다.

## II. 특징

### 1. 장점
(1) 댐 건설공기의 단축
(2) 경제성 향상
(3) 기계화 시공률이 높음
(4) 환경보전상 유리함
(5) 시공성 우수
(6) 연속적인 대량 시공이 가능
(7) 댐 지점의 지형, 지질 등의 폭넓은 조건변화에도 대응 가능
(8) 단위시멘트량이 적어 수화열이 저감되므로 Pipe Cooling 미적용

### 2. 단점
(1) 시공경험이 부족
(2) 수밀성 저하, 재료분리 우려
(3) 높은 댐의 축조 제한

## III. 재래식 공법과 RCCD 공법의 비교

| 구분 | 재래식 공법 | RCCD 공법 |
|---|---|---|
| 콘크리트 | 단위시멘트량 150kg/m³ 이상 | 단위시멘트량 120kg/m³ |
| Slump | 30mm | 0mm |
| 치기방식 | Block 방식 | Layer 방식 |
| 운반 | Cable Crane | Cable Crane+Dump Truck |
| 깔기 | 버킷 이용 | Bulldozer |
| 다지기 | 내부진동기 | 진동 Roller |
| 가로 이음 | 거푸집으로 형성 | 진동압입식 이음절단기 |
| 발열대책 | Pipe Cooling | 습윤양생 |

## IV. 적용

1. 콘크리트 중력댐의 내부
2. 소형 콘크리트 댐

## V. 시공 Flow

$\boxed{\text{Con'c 생산}} \rightarrow \boxed{\text{운반(반입)}} \rightarrow \boxed{\text{소 운반}} \rightarrow \boxed{\text{포설}} \rightarrow \boxed{\text{다짐}} \rightarrow \boxed{\text{이음}} \rightarrow \boxed{\text{양생}}$

## VI. 시공 유의사항

### 1. 생산

(1) Batch Plant를 운용하여 콘크리트 생산

　　① Batch Plant는 소요의 시설의 구비

　　② 댐 공사현장에서 가까운 거리에 운용

(2) 시멘트

　　① 보통·중용열 포틀랜드 시멘트 사용

　　② 단위 시멘트량 : 120kg/m³

(3) 골재

　　① 강도가 크고 입도가 고른 골재 사용

　　② 잔골재의 조립률 : 2.5 정도 적용

　　③ 굵은 골재 최대치수 : 80mm

(4) 혼화재료 : AE감수제, Fly Ash 등

(5) 공기량은 종래 Con'c보다 조금 작게 설정

(6) 재료의 냉각을 위해 Pre Cooling 적용

(7) 혼합 : 2축 강제 믹서 사용

(8) Con'c의 반죽질기 시험 : VC값 20±10초를 표준으로 함

> **│ 참조 │**
>
> **VC값**
> RCCD의 반죽질기를 나타내는 값으로 진동대식 반죽질기 시험 방법에 따라 얻은 시험값을 초(sec)로 표시

## 2. 운반(반입) : Batch Plant~제체

일반적으로 Cable Crane, Dump Truck, Tower Crane 등을 이용

## 3. 소운반 : 제체 내 운반

콘크리트 타설 구획 내의 운반은 Dump Truck 이용

## 4. 타설

(1) 타설 전 기타설된 콘크리트의 상부면에 Mortar를 1.5cm 정도 포설

　　타설될 콘크리트층과의 접착성 향상

(2) 타설장비 : Bulldozer

(3) 1회 타설두께 : 15~25cm

(4) 전면 Layer 타설방법 적용

(5) 1 Lift 높이 : 50~75cm

(6) 1 Lift 높이에 따른 포설 층수 적용

| 1 Lift 높이 | 0.75m | 1.00m |
|---|---|---|
| 포설 층수 | 3층 | 4층 |

(7) 운용장비가 타설면의 구석구석까지 주행하도록 관리

(8) Dump Truck 주행에 의해 타설면 손상이 되지 않도록 조치

　　매층마다 Geotextile 등을 깔아서 보호

## 5. 다짐

(1) 다짐장비 : 진동 Roller

(2) 1 Lift 높이 75cm 적용 시 무진동 1회, 진동 5~6회 왕복 다짐

(3) 다짐폭 : 2m

(4) 다짐방향 : 댐축 방향

(5) 경계 부분 20cm 정도 중첩하여 다짐 실시

(6) 콘크리트 혼합~다짐은 단시간 내 신속하게 실시되도록 관리

(7) 최종마무리는 무진동 또는 수평진동 1회 왕복

## 6. 이음

(1) 가로이음 : 매 Lift마다 진동줄눈절단기(Cutter)로 설치

　　① 다져진 콘크리트가 굳기 전 설치

　　② 상류측 가로이음부에 지수판과 배수공을 고정하여 매립

(2) 세로이음 : 미설치

(3) 수평시공이음

　　① 각 리프트 표면의 레이턴스 및 뜬돌 등을 고압세정기 등으로 제거

　　② 그린컷의 개시 시기 : 여름 24~36시간, 겨울 36~48시간 정도로 실시

　　③ 다음 층의 콘크리트 타설 전 모르타르를 펴 바름

## 7. 양생

(1) 습윤양생 적용, Sprinkler 이용 살수, Pipe Cooling 미적용

(2) 한중 콘크리트는 표면을 방수매트 등으로 덮어 보온 양생 실시

## 8. 거푸집

(1) 상하류의 대형 거푸집 설치 시 형상, 위치 등 정확히 유지

(2) 콘크리트 타설 후 여름 12시간, 겨울 24시간 경과시 강도확인 후 철거

---| 참조 |---

**확장레이어공법(ELCM, Extended Layer Construction Method)**

3cm 내외의 슬럼프치를 갖는 콘크리트를 사용하여 세로이음을 설치하지 않고 연속하여 복수의 블록을 한 번에 타설하고, 가로이음을 매설 거푸집과 동줄눈절단기 등에 의해 조성하는 일종의 면상공법으로 RCD 의 시공방법과 동일하게 가로이음을 매설 거푸집과 줄눈절단기로 설치하나, RCD와 달리 줄눈절단기에 의한 가로이음은 바이백(Vi-Back)에 의한 다짐을 완료한 후에 시공한다.

# Ⅶ. 결론

1. RCD(Roller Compacted Dam)공법은 시공실적이 부족한바 공법 선정 시 시공성, 경제성 등을 충분히 고려하여야 한다.

2. 시공 간 콘크리트의 품질관리, 현장타설·다짐관리, 재료분리 방지에 노력이 요구된다.

# 10 댐의 부속설비

## I. 개요

1. 댐의 공용 중 유지관리를 위해 설치되는 설비를 말한다.
2. 댐의 부속설비는 검사랑, 여수로, 감세공, 수문 등으로 구성된다.

## II. 댐의 부속설비

### 1. 검사랑(Check Hole)

(1) 콘크리트 중력댐의 시공 후 안전관리 목적을 위한 요소를 확인하기 위해 댐 내부에 설치되는 시설

(2) 목적

    ① 콘크리트 내부 균열 검사

    ② 간극수압의 측정, 누수량 측정

    ③ 콘크리트 온도 측정

    ④ Grouting공 이용

    ⑤ 양압력 확인

(3) 보통 높이 70m 이상 댐 내부에 설치, 높은 댐은 높이 30m마다 설치

(4) 일반적인 검사랑의 규모

    ① 폭 1.5~2.5m

    ② 높이 : 2.0~2.5m

(5) 검사랑의 단면 천장부는 반원형 또는 사다리형으로 적용

(6) 유의사항

    ① 검사랑 내 배수를 위한 배수관 또는 배수도랑을 설치

    ② 검사랑 내부 조명장치 및 방습시설 설치

## 2. 여수로(Spill Way)

(1) 계획 저수량 이상 유입된 홍수량을 하류(하천)로 방류하기 위해 설치하는 시설

(2) 슈트(Chute)식 여수로

    ① 댐의 가장자리에 설치하며 월류부를 보통 수평으로 함

    ② 댐의 본체에서 완전히 분리시켜 설치

(3) 측수로(Side Channel) 여수로

    ① 여수로를 댐의 한쪽 또는 양쪽으로 배치

    ② 댐 정상부로 월류시킬 수 없는 경우 적용

(4) 나팔관식(Glory Hole) 여수로

    ① 원형의 나팔관 형상의 여수로

    ② 나팔관 형태의 수직갱으로 물이 넘쳐 들어와 수평관로를 통해 댐 하류부로 수송

(5) 사이펀(Siphon) 여수로

    ① (상하류면의) 수위차를 이용하는 사이펀 이론을 이용한 방식

    ② 홍수 규모가 작고 여수로 설치 공간에 제한을 받는 경우 적용

    ③ 댐 본체 내에 사이펀 여수로를 설치, 수위가 자동적으로 일정하게 유지됨

(6) 댐마루 제정월류식

    ① 홍수량을 제정의 수문을 통해 조절, 방류하는 방식

    ② 중력식 콘크리트댐에 적용

    ③ 가장 보편적인 형태

## 3. 감세공

(1) 여수로의 말단부 또는 급경사 수로를 유하한 고속류의 운동에너지를 감세시켜 하류로 안전하게 유하시키기 위한 시설

(2) 하류의 구조물, 하천 등에 피해가 없도록 위·형식 등을 결정

(3) 감세공의 종류

    ① 정수지형(Stilling Basin)

    ② 플립 버킷형(Flip Bucket)

    ③ 잠수 버킷형(Submerged Bucket)

## 4. 수문

(1) 댐의 방류량을 조절하고 수심유지를 위하여 여수로에 설치하는 문

(2) 수압, 빙압, 지진, 토압 등의 외력에 요구되는 안정성을 확보하도록 검토

(3) 종류

　① Lifting Gate

　② Tainter Gate

　③ Rolling Gate

　④ Drum Gate

## 5. 어도

하천의 어류에 대한 원활한 이동을 위해 설치하는 구조물

## Ⅲ. 결론

1. 댐의 부속설비는 제반 여건을 고려하여 합리적인 규모로 설계·시공되어야 한다.
2. 특히, 여수로는 방류기능을 수행하므로 설계홍수량의 유입 시에 댐의 저류용량과 여수로의 방류능력을 최적으로 조합하여 여수로의 규모를 결정하여야 한다.

# 11 댐의 계측

## I. 개요

1. 댐은 시공단계별로 제체의 무게로 인하여 변형이 발생되며, 시공 후에도 물의 압력을 받아 변형이 지속된다.
2. 시공 중은 물론 시공 후 상당한 기간에 걸쳐 변형이 지속되므로 변형에 대한 댐체의 거동을 파악하기 위하여 계측관리를 실시하여야 한다.

## II. 계측 목적

1. 시공 중 안전성 파악
2. 댐 축조 시의 시공관리
3. 시공 중·후 댐체 거동 파악
4. 계측자료 Feed Back

## III. 계측기기 선정 시 고려할 사항

1. 기초지반, 지하수, 주변환경 등의 상황과 설계 및 시공방법 등
2. 계측항목이 많은 경우 가능한 한 통일된 방식의 계기를 선정
3. 계측방법, 설치방법 및 계측시스템에 따른 경제성
4. 계측기기의 형식, 치수, 용량, 정밀도 및 신뢰성
5. 댐의 형식, 댐의 재해등급, 기존 댐 또는 신규 댐, 가용한 비용, 관리규정

## IV. 계측항목 및 목적

### 1. 필댐

| 구분 | 계측항목 |
|------|----------|
| 댐체 | 변형(측량점, 경사계, 층별침하계, 수평변위계), 응력, 간극수압, 침투량, 지진 |
| 기초 | 간극수압 등 |

(1) 댐체 변형

   ① 측량점

      ㉮ 댐마루 및 상·하류 사면의 변위량

      ㉯ 댐체의 외부변형(cm) 상태 파악

   ② 경사계

      ㉮ 설치지점의 표고별 수평변위량

      ㉯ 댐체의 내부변형(cm) 상태 파악

   ③ 층별침하계

      ㉮ 설치지점의 표고별 변위량(침하량)

      ㉯ 댐체의 내부변형(cm) 상태 파악

   ④ 수평변위계

      ㉮ 동일 표고상에서 상대적인 수평변위량

      ㉯ 댐체의 내부변형(mm) 상태 파악

(2) 댐체 응력

   ① 측정기기 : 토압계

   ② 각 존별 응력분포($kN/m^2$) 파악에 의한 댐체의 안정성 검토

(3) 댐체 간극수압

   ① 측정기기 : 간극수압계

   ② 코어존의 간극수압($kN/m^2$)

    (수위변동에 따른 간극수압 분포 및 침윤선의 위치파악에 의한 댐체의 안정성 검토)

(4) 댐체 침투량

   ① 측정기기 : 침투량계

   ② 댐체 및 기초를 통과한 침투수의 양(L/min, 댐체의 침투류에 대한 안정성의 파악)

(5) 댐체 지진

   ① 측정기기 : 지진계

   ② 지진 시 기초 및 댐체의 응답가속도($cm/s^2$, 지진 시 댐체 거동특성 파악)

(6) 기초의 간극수압

   ① 측정기기 : 간극수압계

   ② 기초암반의 간극수압($kN/m^2$)

    (커튼 그라우팅의 차수효과 파악 및 댐체내 간극수압과 비교에 의한 댐체의 안정성 파악)

## 2. 콘크리트댐

| 구분 | 계측항목 |
|------|---------|
| 댐체 | 온도, 변형, 응력, 침투량, 지진 등 |
| 기초 | 간극수압, 양압력 등 |

(1) 댐체 온도

　① 측정기기 : 온도계

　② 콘크리트의 내부수화열($^{\circ}$C)

(2) 댐체 변형

　① 개도계 : 이음부의 수축 변위량(mm)

　② 플럼라인 : 댐의 휨 변위량(mm)

(3) 댐체 응력

　① 응력계 : 콘크리트의 내부응력($kN/m^2$)

　② 무응력계 : 수화열에 의한 콘크리트 응력($kN/m^2$)

(4) 댐체 침투량

　① 측정기기 : 침투량계

　② 댐체 및 기초를 통과한 침투수의 양(L/min, 침투수에 대한 제체의 안정성 파악)

(5) 댐체 지진

　① 측정기기 : 지진계

　② 댐 높이별 응답가속도($cm/s^2$, 지진 시 댐의 거동파악)

(6) 기초 간극수압

　① 측정기기 : 간극수압계

　② 댐 기초암반의 간극수압($kN/m^2$, 커튼그라우팅의 차수효과 파악)

(7) 기초 양압력

　① 측정기기 : 양압력계

　② 댐체에 작용하는 양압력($kN/m^2$, 댐체의 안정성 검토)

---
**│ 참조 │**

**표면차수벽형 석괴댐(CFRD)의 계측항목**

| 구분 | 계측항목 |
|------|---------|
| 댐체 | 변형(측량점, 경사계, 층별침하계, 수평변위계), 응력, 침투량, 지진 |
| 기초 | 간극수압 |
| 차수벽 | 변형(변위계, 개도계, 주변이음부 변위계), 응력(응력계, 무응력계) |
| 댐체 주변 | 지하수위 |

---

# V. 설치 위치 및 수량

1. 일반적으로 3개 이상의 주 계측 단면을 선정하여 계측기기 매설
2. 현장조건에 따라 최대변위와 최대응력이 작용할 것으로 추정되는 위치
3. 가장 위험한 단면을 주 계측단면으로 하고, 인장균열이 예상되는 곳에 추가 선정

# VI. 계측빈도

## 1. 시공 중 계측

(1) 계측기간의 구분

| 구분 | 1단계 | 2단계 | 3단계 | 4단계 |
|------|-------|-------|-------|-------|
| 기간 | 계측기 설치 후 ~ 1개월 | 1개월~완공 | 측정치의 이상거동 확인 ~ 안전 확인 시까지 | 홍수조절 또는 지진발생 후 1주일간 |

(2) 계측빈도

| 계측내용 | 1단계 | 2단계 | 3단계 | 4단계 |
|----------|-------|-------|-------|-------|
| 간극수압, 내부침하, 층별침하 이음부변위, 댐체변위, 경사면변위 | 매 일 | 주 1회 | 매 일 | 매 일 |
| 외부변위, 정부침하, 자동계측기록 및 컴퓨터제어설비 | 매 일 | 매 일 | 매 일 | 매 일 |

## 2. 유지관리 중 계측

(1) 계측기간의 구분

① 제1기 : 담수시작 후 만수 또는 이후 3개월간

② 제2기 : 제1기 경과 후 댐의 거동이 정상상태에 이를 때까지

③ 제3기 : 제2기 경과 후

(2) 계측빈도

| 계측내용 | 제1기 | 제2기 | 제3기 |
|----------|-------|-------|-------|
| 침투수량 | 일 1회 | 주 1회 | 월 1회 |
| 그 외 항목 | 주 1회 | 월 1회 | 분기 1회 |

# VII. 유의사항

1. 시공 중과 시공 후에 일관된 계측이 가능토록 고려
2. 계측항목별 계측회수를 정기적으로 실시
3. 정기적인 계측장치의 점검 실시

4. 계측은 측정값이 신뢰성을 갖도록 같은 측정점에서 실시

5. 계기대장, 계기배치도, 공사기록, 계측기록, 기상관측 등의 자료를 정리 보관

# VIII. 결론

1. 댐의 변형, 안정상태 등을 파악하고 유지관리하기 위하여 시공 중, 시공 후 지속적인 계측관리가 필요하다.

2. 계측을 통해 수집한 자료를 분석하여 분석결과에 의거 발생할 수 있는 문제점에 대한 해결방안을 수립하여 시행하여야 한다.

# 12 사방댐

## I. 개요

1. 사방공사란 하천유역에서 토사 유출, 유목, 부유물 등에 인한 재해를 방지하기 위한 목적으로 실시된다.
2. 사방댐은 유속을 줄이고 침식을 억제하며 유사의 퇴적을 일으켜 유로의 안정을 얻고자 만들어지는 소규모의 댐이다.

## II. 시공 Flow

조사 → 기초공 → 댐 시공 → 댐마루 보호공

## III. 설치 목적

1. 산각을 고정하여 상류 산지 붕괴로 인한 산사태를 방지
2. 계상구배의 완화로 유속을 감소
3. 계곡에 퇴적되는 불안정 토사의 이동 방지로 하류 계류 보호
4. 저사, 저수로 홍수 시 토사조절 기능으로 하류에 거주하는 인명 및 재산 보호

## IV. 사방댐의 분류

### 1. 재료에 따른 분류

돌댐, 콘크리트댐, 철근 콘크리트댐, 강제댐, 흙댐, 통나무댐, 혼합쌓기댐, 블록댐, 돌망태댐

### 2. 기능에 따라

저수댐, 저사댐, 저수·저사댐, 스크린댐, 슬릿트댐

### 3. 형식과 기능을 조합

투과형 댐, 불투과형 댐, 복합형 댐

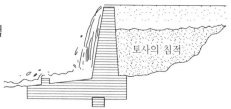

토사의 침적

# V. 사방댐의 시공

## 1. 사전조사

(1) 지형조사

    ① 지형도·평면도, 하천의 유량·수위, 붕괴지 등

    ② 조사 범위는 가설비 및 굴착선이 미치는 범위를 포함

(2) 지질조사 : 시공조건의 확인, 시공 중 붕괴나 굴착 암반면의 상황 파악

(3) 기상조사

    ① 시공계획 작성을 위한 작업가능일수의 추정

    ② 강우량, 월간 강수일수, 강우기, 강설기, 기온 등

(4) 골재조사 : 골재원의 품질 적합도, 골재의 양

(5) 기타조사

    ① 가설공사 및 재료운반 조건

    ② 공사에 필요한 용지에 대한 조사, 환경영향 관련 조사

## 2. 기초공

(1) 지반이 구조물의 기초로서 부적합한 경우 기초 처리를 실시

(2) 목적 : 지지력 확보, 차수성 확보, 부등침하 및 투수에 의한 Piping을 방지

(3) 암반기초의 경우 : Consolidation Grouting, Curtain Grouting 등을 실시

(4) 상부구조물의 규모, 지반 특성 고려 : 케이슨, 말뚝, 직접기초 등으로 적용

(5) 직접기초

    ① 상부하중을 분산시켜 허용지지력 이하가 되도록 확대기초로 시공

    ② 부등침하, 파이핑, 활동 및 세굴 등에 안정 검토

(6) 깊은기초

    ① 직접기초의 적용이 불가능 할 경우, 지지력층이 깊은 경우

    ② 말뚝기초 또는 케이슨 기초로 설치

## 3. 사방댐의 종류, 시공

(1) 콘크리트 중력댐

    ① 기초공

        ㉮ 계획 심도까지 굴착, 표면 잡물의 제거

        ㉯ 굴착지반이 암반인 경우 1m, 사력 지층인 경우 2m

② 콘크리트

    ㉮ 타설두께 : 45~50cm

    ㉯ 타설장비 : 펌프카 이용, 슈트로 타설하는 것을 가능한 지양

    ㉰ 시공이음 : 레이턴스 제거, 모르타르 포설 1.5cm 기준

    ㉱ 댐 길이 25m 초과 시 수직줄눈 설치

    ㉲ Con'c 품질, 시공관리 철저

(2) 석재 콘크리트 댐

① 콘크리트댐에 있어 석재를 콘크리트 내부에 묻어 댐을 축조한 것을 말함

② 석재와 Con'c가 완전히 부착되도록 다짐

③ 석재의 배치

    ㉮ 석재 간 어긋나게

    ㉯ Con'c 중 석재 혼입률이 일정하게

    ㉰ 돌을 세워 2/3를 Con'c에 묻게 타설하여 1/3은 튀어나오게 하여 순차적으로 시공

(3) 철강제 틀댐

① 기성 콘크리트 틀의 탄력성 부족을 보완코자 탄성이 큰 강제를 이용하고 연결부분을 핀구조로 하여 구조물의 탄력성을 제고한 구조물

② 사용 철강제는 도금하여 부식 방지

③ 철강제틀 조립 시 넘어짐 방지 위해 버팀대를 틀의 전면에 설치

④ 속채움 석재의 품질기준

    ㉮ 깨끗하고 소요의 강도가 있는 것, 내구성이 큰 것

    ㉯ 형상이 넓적하고 균열이 있는 것 사용 금지

    ㉰ 하상 호박돌 사용 시 45kg 미만, 직경 150mm 이상의 것을 사용

⑤ 속채움 돌은 보통 자갈, 호박돌, 막돌, 깬돌 등을 사용

⑥ 직경이 작은 돌을 혼입 시

    ㉮ 철강제 전면에 눈금이 촘촘한 철망 부착

    ㉯ 직경이 큰 돌을 바깥으로 배치

(4) 스릿트 댐(Slit Dam)

① 철근 콘크리트, 원통형 철강제 기둥을 빗살모양으로 축조한 댐

② 철근 콘크리트 기둥 : $f_{28}$ 28MPa 이상 적용

(5) 스크린 댐

① 주로 철강제 스크린과 철강판을 이용하여 축조한 댐

② 투수형 댐 형식

③ 철강제 스크린과 고정 Con'c 사이는 신축을 고려 연결부위를 설치

(6) 돌댐

① 접착을 위한 Mortar(또는 Con'c)의 사용 여부에 따라 메쌓기 댐과 찰쌓기 댐으로 구분

② 재료 : 견치돌, 깬돌, 원석, 호박돌 등

③ 찰쌓기 시 채움 Con'c 품질 : Con'c는 규격 25-150-8 이상, 모르타르 배합비 1 : 3

(7) 돌망태 댐

① 돌망태를 조립하여 축설하는 댐

② 돌망태 댐의 터파기는 2.0m 이상

③ 기초는 말뚝으로 설치

④ 돌의 크기는 망눈 최소치수보다 크고 망태 최소직경의 1/2보다 작은 것 사용

⑤ 돌의 비중 2.5 이상, 평평하거나 가는 것 사용 금지

## 4. 댐마루 보호공

(1) 사방댐마루에서의 마모·충격에 의한 파손 방지 위한 보호공

(2) 종류

① 돌붙임공

② 철재 콘크리트공

③ 강판보호공

# VI. 결론

1. 토사 유출이 진행되고 있는 산간계류를 대상으로 횡구조물을 시공, 산사태 등 대규모 토사 유출을 억제하여야 한다.

2. 산사태 등의 발생으로 피해가 발생되기 전에 예방적 차원의 조치가 적극적으로 검토·시행되어야 한다.

# 13 댐 용어 정의

## ■ 댐 유수전환공

- **가물막이** : 하천이나 개울 등의 수중에 공작물(댐 또는 수로, 터널 등)을 설치하려 할 때 공사구역의 주위를 일시적으로 둘러쌓아 외수의 침입을 방지하는 가설구조물을 말한다.

- **가배수로** : 댐의 기초굴착 및 본체 축조를 위하여 육상시공이 가능하도록 상·하류 가물막이 내 하천이나 개울의 유량을 배제하기 위한 수로를 말하며, 가배수로 형식에는 터널식, 암거식, 개거식 등으로 구분한다.

- **폐쇄공** : 댐공사 및 하천공사가 완료되면, 댐 및 하천공사의 기능을 유지하기 위하여 임시로 설치된 가배수로를 폐쇄하는 공사를 말한다.

## ■ 댐 가설비공

- **골재 생산설비** : 석산 등에서 채취한 원석을 소요의 크기로 파쇄시키는 설비를 말한다.

- **공사용 도로** : 공사를 위하여 설치하는 도로로 자재, 기계 등을 현장에 운반하기 위하여 건설하는 도로를 말한다.

- **공사용 동력설비** : 공사에 필요한 설비에 전력을 공급하기 위한 전기설비를 말한다.

- **급수설비** : 동력차, 객차, 용수 및 구내용수를 위하여 설비한 시설로 저수조(Water Tank), 급수관(Stand Pipe), 호스(Water Hose) 등의 설비를 말한다.

- **댐 콘크리트 냉각설비** : 콘크리트 수화열에 의한 유해한 온도균열 발생을 억제하기 위해 설치하는 설비를 말한다.

- **세륜·세차설비** : 공사장에 출입하는 차량에 의하여 발생하는 먼지, 분진 등으로부터 주변 환경의 피해를 억제하기 위하여 설치하는 시설을 말한다.

- **오탁수 처리설비** : 댐 건설과정에서 발생하는 각종 오니, 흙탕물 등의 오탁수를 처리하는 설비를 말한다.

- **콘크리트 혼합설비** : 콘크리트를 생산하기 위한 제조 설비를 말한다.

## ■ 댐기초 굴착공 및 처리공

- **덴탈(Dental) 콘크리트** : 댐 기초 암반 노출부에 평탄성을 확보하거나 국부적인 연약대(단층대 또는 파쇄대)의 강도 증진 등의 목적으로 타설하는 콘크리트를 말한다.

- **블리딩 시험** : 굳지 않은 콘크리트, 굳지 않은 모르타르, 굳지 않은 시멘트풀에서 고체 재료의 침강 또는 분리에 의해 혼합수의 일부가 유리되어 상승하는 현상을 측정하는 시험이다.

- **수압시험(Lugeon Test)** : 기반암의 투수성을 파악하기 위한 현장투수시험으로 시추조사와 병행하여 실시하며, 1Lu은 1MPa의 압력에서 시험구간 1m당 1L/min의 주수량이 들어가는 조건의 투수도를 말한다.

- **시멘트풀** : 시멘트와 물 및 필요에 따라 첨가하는 혼화재료를 구성재료로 하여 이들을 비벼서 만든 것 또는 경화된 것을 말한다.

- **압밀(Consolidation) 그라우팅** : 댐체 기초 또는 필요한 영역에 대하여 댐 기초의 변형 억제, 지지력 증가, 누수방지 등의 목적으로 실시하는 그라우팅을 말한다.

- **주상도** : 지반 조사 시의 시추조사 결과에 입각하여 지층의 성질, N값, 시추공 내 지하수위, 코어 회수율, RQD, 불연속면의 발달상태 등을 포함한 그림을 말한다.

- **차수(Curtain) 그라우팅** : 차수벽의 연장으로서 기초지반내의 균열, 간극 등에 시멘트, 점토, 약액 등의 주입에 의한 지수막을 형성하여 댐 기초에서 누수되는 물을 최대한 차단하여 양압력을 줄이고 파이핑 발생을 방지하기 위해 기초 암반의 깊은 심도까지 시행하는 그라우팅을 말한다.

- **컨시스턴시 시험** : 주입된 모르타르의 액성, 소성 및 수축한계값을 구하는 시험이다.

- **팩커(Packer)** : 그라우트의 누출을 방지하기 위해 특정의 지층에 국한하여 주입할 목적으로 주입관의 외측에 주입공 또는 케이싱과의 사이를 국부적으로 밀봉하는 기구이다.


## ■ 하드필(Hardfill)댐 축조공

- **구조용 콘크리트** : 제체내 각종 구조물(갤러리(Gallery), 여수로, 취수설비 등)을 설치하기 위해 해당 구조물과 그 주변에 설치되는 콘크리트를 의미한다.

- **마름모꼴 강도관리(Diamond Shape Strength Management)** : 가로축에 단위수량, 세로축에 하드필의 강도를 표시한 그래프로, 예상되는 하드필재 입도와 시공 가능한 단위수량으로 설정되는 하드필 강도의 범위를 나타낸 하드필 품질관리 개념을 의미한다.

- **면상공법(Layer Construction Method)** : 제체를 평면 상태로 시공하는 방법으로 세로이음을 설치하지 않고 연속하여 복수의 블록을 한번에 타설하는 공법이다.

- **모재(Parent Material)** : 하드필 생산에 바탕이 되는 주요 재료인 하상골재, 굴착토, 암버력재 등의 원재료를 말한다.

- **보호 콘크리트** : 기상환경 변화나 홍수로 인한 제체 월류 등에 대한 내구성을 확보하기 위해 하드필

댐의 하류면과 댐마루에 설치하는 콘크리트를 의미한다.

- **보호·차수 콘크리트** : 내구성과 수밀성을 확보하기 위해 하드필댐의 상류면에 설치하는 콘크리트를 의미하며, 보호 콘크리트와 달리 지수판, 이음배수공 등을 설치한다.

- **부배합 하드필** : 제체의 하부측과 좌·우안 가장자리 암착부 축조 시에 사용되며, 제체에 축조하는 하드필의 배합보다 시멘트량을 많게 한 하드필을 말한다.

- **지수 콘크리트** : 암착면의 수밀성을 확보하기 위해 하드필댐 상류측 기초암반 접촉면에 설치하는 콘크리트를 의미한다.

- **최대 설정 하드필 강도** : 마름모꼴 강도관리 범위 안에서 설정되는 하드필 강도의 최대기준치를 말한다.

- **최저 설정 하드필 강도** : 마름모꼴 강도관리 범위 안에서 설정되는 하드필 강도의 최저기준치를 말한다.

- **프리캐스트 거푸집** : 미리 공장 등에서 제조한 콘크리트 판으로 보호·차수콘크리트와 보호 콘크리트 시공 시 적용하는 거푸집을 의미한다.

- **필요 하드필 강도** : 제체에서 발생하는 압축과 인장응력에 필요한 하드필 강도의 범위를 말한다.

- **하드필** : 하드필재, 시멘트, 물을 구성 재료로 하여 이들을 비벼서 만든 것 또는 경화된 것을 말한다.

- **하드필 강도** : 하드필의 탄성영역 강도를 의미한다. 탄성영역 강도는 압축강도시험에서 얻은 응력–변형도 곡선에서 응력과 변형도가 직선관계에 있는 범위(탄성영역)에서의 최대 응력을 의미한다.

- **하드필 공법** : 댐 건설 위치 인근에서 구할 수 있는 재료를 최대한 가공하지 않고, 물과 시멘트를 넣어 하드필 혼합설비에서 생산한 재료인 하드필을 펴고르고 롤러다짐하는 공법이다.

- **하드필 인장강도** : 쪼갬인장강도 시험을 통해 얻을 수 있는 인장강도를 말한다.

- **하드필 탄성계수** : 압축강도시험에서 얻을 수 있는 응력–변형도 곡선 중 탄성영역에서의 기울기를 통해 구할 수 있는 탄성계수를 의미한다.

- **하드필댐** : 하드필 공법을 적용한 사다리꼴 형상의 댐이다.

- **하드필재** : 원재료로 있는 모재를 필요에 따라 최대 입경이상 재료의 제거 또는 파쇄 등의절 차를 거쳐 하드필재의 최대입경 이하로 조정한 재료로서, 이는 콘크리트 골재에 해당한다.


### ■ 표면차수벽형 석괴댐 댐축조공

- **랜덤(Random)재료** : 재료의 성질이 확실하지 않고, 장래 풍화 등에 의해 그 성질이 변화할지 모르며, 재료의 채취계획이 축조공정과 일치하지 않는 재료를 일괄하여 말한다.

- **보조암석재료존(Zone 3C)** : 주암석재료존(Zone 3B)의 인접지역에 위치한 존으로 직접적인 외력을 받지 아니하므로 재료의 선택에 다소 여유가 있으며, 비교적 조립질의 석괴재로 구성 하여 투수성이 크다.

- **불투수존(Zone 1)** : 차수벽에 누수가 발생할 경우에 유입되는 물의 누수차단 효과를 높이는 역할을 하는 일종의 보조적 기능을 하는 것으로 높이는 댐 높이에 따라서 선택적으로 설정한다.

- **주변이음** : 차수벽형 석괴댐에서 누수의 주된 원인이 되는 가장 주의해야 할 이음으로써 프린스(Plinth)와 표면차수벽(Face Slab) 경계부에 위치하며, 표면차수벽의 타설 중이나 담수 후 수압이 표면차수벽에 작용할 때 열려져 누수가 발생할 가능성이 크므로 동 또는 스테인레스 지수판, PVC 지수판, 매스틱 필러(Mastic Filler)를 설치하여 3중 지수할 정도로 중요한 이음이다.

- **주암석재료존(Zone 3B)** : 수압과 댐 자중에 대해 차수벽을 균등하게 지지하기 위해 설치하며, 댐체에 작용하는 외력의 대부분을 담당하게 되므로 침하나 변형이 가능한 한 최소로 되도록 좋은 입도와 양질의 암석재로 축조한다.

- **차수벽지지존(Zone 2)** : 차수벽을 직접 지지하고 있는 존으로 반투수성 벽을 형성함으로써 차수벽 균열이나 결함이 있는 지수판을 통한 누수를 댐체의 손상없이 안전하게 통과시키는 것이 목적이다.

- **트랜지션존(Zone 3A)** : 차수벽과 암석존 제체의 강성차이로 응력이 차수벽이나 차수벽지지존(Zone 2)에 과도하게 전달되는 것을 방지하고, 공극의 크기를 제한하여 차수벽지지존 재료가 암석재료의 큰 공극 속으로 씻겨 들어가지 않도록 하기 위하여 설치한다.

- **표면차수벽형 석괴댐** : 제체의 상류면에 콘크리트와 아스팔트 콘크리트 등의 인공 차수재료에 의한 차수벽을 설치하여 댐의 차수기능을 충족시키고 그 배후는 투수성 재료를 배치하여 제체의 안정성을 확보하는 댐 형식을 말한다.

## ■ 표면차수벽형 석괴댐 프린스 및 차수벽

- **스타터베이(Starter Bay) 콘크리트** : 차수벽콘크리트 타설 장비인 슬립폼(Slip Form) 설치에 필요한 여유공간 확보를 위하여 프린스 접합부에 시공하는 패드(Pad) 콘크리트이다.

- **슬립폼(Slip Form) 공법** : 거푸집을 사용하지 않고 콘크리트 포설, 다짐, 마무리 등 모든 공정을 기계적으로 연속 시공하는 공법으로 활동식 거푸집 공법이라고도 한다. 시공 이음이 없고 연속 시공이 가능하며 공사기간 단축 및 공사비 절감이 가능한 공법이다.

- **앵커바(Anchor Bar)** : 프린스 콘크리트를 암반에 고정시켜 부착력을 확보하고 그라우팅 작업 시 발생할 수 있는 상향력에 대비하기 위한 것이다.

- **프린스(Plinth)** : 차수벽과 댐 기초를 수밀상태로 연결하고, 그라우트 캡으로서의 역할을 하기 위한 것이다.

## ■ 콘크리트 중력식 댐 콘크리트 배합공

- **고로 슬래그 미분말(Ground Granulated Blast-Furnace Slag)** : 용광로에서 선철과 동시에 생성되는 용융상태의 고로 슬래그를 물로 급냉시켜 건조 분쇄한 것 또는 여기에 석고를 첨가한 것이다.

- **골재의 표면수율** : 골재의 표면에 부착되어 있는 물 전질량의 표면건조 내부포수상태 골재 질량에 대한 백분율을 말한다.
- **공기연행콘크리트(Air Entraining Concrete)** : 공기연행제 등을 사용하여 미세한 기포를 함유시킨 콘크리트를 말한다.
- **배합강도(Required Average Concrete Strength)** : 콘크리트의 배합을 정하는 경우에 목표로 하는 강도를 말한다.
- **시방배합(Specified Mix)** : 소정의 품질을 갖는 콘크리트가 얻어지도록 배합으로서 표준시방서 또는 공사감독자가 지시한 배합을 말한다.
- **워커빌리티(Workability)** : 재료 분리를 일으키는 일 없이 운반, 타설, 다지기, 마무리 등의 작업이 용이하게 될 수 있는 정도를 나타내는 굳지 않은 콘크리트의 성질을 말한다.
- **유동성(Fluidity)** : 중력이나 외력에 의해 유동하기 쉬운 정도를 나타내는 굳지 않은 콘크리트의 성질을 말한다.
- **현장 배합(Mix Proportion at Job Site, Mix Proportion in Field)** : 시방배합의 콘크리트가 얻어지도록 현장에서 재료의 상태 및 계량방법에 따라 정한 배합이다.
- **혼화 재료(Admixture)** : 시멘트, 골재, 물 이외의 재료로서 콘크리트 등에 특별한 성질을 주기 위해 타설하기 전에 필요에 따라 더 넣는 재료를 말한다.

## ■ 콘크리트 중력식 댐 콘크리트 타설 및 축조공

- **관로식 냉각(Pipe-Cooling)** : 매스 콘크리트의 시공에서 콘크리트를 타설한 후 콘크리트의 온도를 제어하기 위해 미리 콘크리트 속에 묻은 파이프 내부에 냉수 또는 공기를 보내 콘크리트를 냉각하는 방법을 말한다.
- **그라우트(Grout)** : 프리캐스트 부재의 일체화를 위하여 접합부에 주입하는 무수축 팽창 모르타르 주입방법으로는 접합부에 주입하는 방법과 접합부에 주입하고 동시에 슬리브 이음에 주입하는 방법이 있다.
- **그린커트(Green Cut)** : 이미 타설된 콘크리트 위에 새로운 콘크리트를 타설하는 경우, 구 콘크리트 표면에 블리딩에 의해 발생한 레이턴스를 제거하기 위해 타설이음면을 고압살수청소, 진공흡입청소 등을 실시하는 것이다.
- **레이턴스(Laitance)** : 블리딩으로 인하여 콘크리트나 모르타르의 표면에 떠올라서 가라앉은 물질을 말한다.
- **매스콘크리트** : 부재 단면의 최소치수가 크고 또한 시멘트의 수화열에 의한 온도상승으로 유해한 균열이 발생할 우려가 있는 부분의 콘크리트를 말한다.
- **블리딩(Bleeding)** : 굳지 않은 콘크리트, 굳지 않은 모르타르, 굳지 않은 시멘트풀에서 고체 재료의

침강 또는 분리에 의해 혼합수의 일부가 유리되어 상승하는 현상을 말한다.

- **서중 콘크리트** : 높은 외부기온으로 콘크리트의 슬럼프 저하 및 수분의 급격한 증발 등의 우려가 있는 경우에 시공되는 콘크리트이다.

- **선행 냉각(Pre-Cooling)** : 콘크리트의 타설온도를 낮추기 위하여 타석 전에 콘크리트용 재료의 일부 또는 전부를 냉각시키는 방법이다.

- **수축이음** : 콘크리트 수축으로 인한 균열을 방지하기 위하여 설치하는 이음으로, 이 중에서 댐축에 직각으로 설치하는 수축이음을 가로수축이음, 댐축의 평행으로 설치하는 수축이음을 세로수축이음이라 한다.

- **시공이음** : 콘크리트 타설을 일시 중지할 때 만드는 이음으로, 각 리프트마다 생기는 시공이음 중에서 리프트 경계에 수평방향에 설치하는 시공이음을 수평시공이음, 리프트에 연직 또는 연직에 가까운 방향에 설치하는 시공이음을 수직시공이음이라 한다.

- **콜드 조인트(Cold Joint)** : 계속해서 콘크리트를 칠 때, 예기하지 않은 상황으로 인하여 먼저 친 콘크리트와 나중에 친 콘크리트 사이에 완전히 일체가 되지 않은 이음을 말한다.

- **한중 콘크리트** : 콘크리트 타설 후의 양생기간에 콘크리트가 동결할 우려가 있는 시기에 시공되는 콘크리트이다.


■ **롤러다짐콘크리트 댐 콘크리트 배합공**

- **롤러다짐에 의한 콘크리트댐** : 축조하는 방법에 따라 크게 RCC(Roller Compacted Concrete) 공법과 RCD(Roller Compacted Dam-Concrete)공법으로 구분되나 RCD는 국제적 통용공법인 RCC댐 시공방법의 일본식 변형공법이다.

- **롤러다짐용 콘크리트** : 슬럼프가 0인 콘크리트를 진동롤러에 의해 다짐하는 콘크리트 중력식 댐의 시공법으로 단위수량이 적고, 수화열을 저감하기 위해 단위시멘트량을 적게 한된 비빔의 콘크리트이다.

- **진동롤러** : 롤러다짐용 콘크리트를 펴서 다지기 위한 장비로서 강력한 기진력을 가진 진동기를 사용한다.

- **VC값(Vibrating Compaction Value)** : 롤러다짐용 콘크리트의 반죽질기(Consistency)를 나타내는 값으로서 진동대식 반죽질기 시험방법에 의하여 얻어지는 시험치를 말한다. 대형용기를 사용하면 대형 VC값, 소형용기를 사용하면 소형 VC값이라 한다.


■ **롤러다짐콘크리트댐 콘크리트 타설 및 축조공**

- **박층 펴고르기** : 롤러다짐용 콘크리트를 불도저에 의해 수회에 걸쳐 얇게 펴고르는 방법이다. 일반적으로 롤러에 의한 다짐을 고려하여 1 리프트(Lift)의 높이보다 약간 높게 펴고른다.

- **불도저** : 콘크리트를 다지기 전에 덤프트럭에서 내린 후에도 콘크리트의 분리를 적게 하고 진동롤러다짐을 용이하게 사용하기 위하여 콘크리트를 균일한 두께로 펴고르기할 수 있는 장비이다.

- **진동다짐** : 펴고른 콘크리트의 표면에 진동롤러를 사용하여 다짐하는 방법이다.

- **층(Layer) 포설** : 1리프트(Lift)상 수 개의 블록을 수평 전면에 걸쳐 콘크리트를 치는 방법이다.

- **타설중지 거푸집** : 리프트상 타설 구획을 정하기 위한 끝마무리 거푸집을 말한다.

- **확장레이어공법(ELCM : Extended Layer Construction Method)** : 30mm 내외의 슬럼프치를 갖는 콘크리트를 사용하여 세로이음을 설치하지 않고 연속하여 복수의 블록을 한번에 타설하고, 가로이음을 매설 거푸집 또는 진동줄눈절단기 등에 의해 조성하는 일종의 면상공법으로 통상 콘크리트 중력식댐에 적용된다.

- **GERCC(Grout Enriched Roller Compacted Concrete)** : 댐 상하류 노출면의 표면처리를 위해 롤러다짐용 콘크리트 포설 후 물-시멘트비가 1.0 정도에 유동화제(Super Plasticizer)를 혼합한 그라우트를 붓고 봉다짐으로 마무리하는 공법이다.

- **SLM(Sloped Layer Method)** : 넓은 롤러다짐용 콘크리트 부설층(layer) 간의 일체성을 높이기 위하여 0.3m 매 층을 10개층 단위의 높이 3.0m 1단으로 1/10~1/40의 경사로 부설하는 방법으로 부설경사는 시간당 롤러다짐용 콘크리트 타설율과 댐 상하류 폭 등에 따라 결정된다.

- **RI(Radio Isotope)시험** : 방사선 투과를 통해 콘크리트의 밀도를 계산하는 시험방법으로 진동 롤러로 다짐한 후 콘크리트의 다짐정도를 판단하기 위한 시험법이다.


## ■ 아치댐 콘크리트 타설 및 축조공

- **가로이음(Transverse Joint)** : 콘크리트 타설 중 온도 응력으로 인한 균열을 방지하기 위해 댐축과 직각으로 설치하는 신축이음으로 일반적으로 콘크리트 댐체 내 블록 간 하중의 전달, 특히 전단력의 전달을 확실하기 위해서 치형(齒型, Key)으로 설치하며 아치식 콘크리트댐에서는 댐 블록 간 일체화(Monolith)를 위하여 콘크리트 타설이 완료되면 콘크리트 내부 온도를 안정화시킨 후 그라우팅을 시행한다.

- **그라우트 리프트(Grout Lift)** : 콘크리트댐의 수축이음매에 있어서, 조인트 그라우팅을 한 번에 실시하는 이음매 내의 높이방향의 구간이다.

- **그라우트 스토퍼(Grout Stopper)** : 이음 그라우트에 있어서 그라우트액 누출을 방지하고 보다 확실한 충전을 실시하기 위해, 그라우트 리프트의 높이와 이음매의 폭에 걸쳐서 그 경계에 설치되는 판이다.

- **그린컷(Green Cut)** : 콘크리트 댐에서의 수평시공이음을 할 때 타설 직전 모터 스위퍼와 고압 분사기에 의해 타설면의 레이턴스 및 잔석 등을 제거하는 것을 말한다.

- **세로이음(Longitudinal Joint)** : 콘크리트 타설 중 온도 응력으로 인한 균열 방지와 콘크리트 타설

관리를 용이하기 위해 댐축과 평행하게 설치하는 이음으로 치형(齒型, Key)으로 설치하며 댐 블록 내 일체화를 위하여 콘크리트 타설 후 콘크리트 내부 온도를 안정화시킨 후 그라우팅을 실시한다.

- **이음 그라우트(Joint Grout)** : 콘크리트댐의 블록 간 일체화를 통한 연속체 형성 및 수밀성 확보 등을 위해 시행하는 작업으로 블록 간 가로이음 및 세로이음에 실시하는 그라우트로서 중력식 콘크리트 댐에서는 선택적으로 아치형 콘크리트댐에서는 필수적으로 적용한다.

### ■ 댐 부속 수리구조물공사

- **방류(Outlet)** : 저수지의 저류수를 안전하게 배제시키는 것으로 저수지 초기 담수 시, 운영 시 또는 유지관리 시 저수지를 비워야 할 경우에 비상시 사용되는 비상방류설비와 생활, 농업, 하천유지용수 등 하류 용수공급을 위해 항시 운영되는 상시방류설비 등이 있다.

- **배사(Sediment Flushing)** : 퇴적을 방지하기 위하여 저수지로 유입되는 토사를 배출시키는 것을 말한다. 저수지의 퇴사방지를 위한 기본적인 방법은 저수지 준설과 배사설비를 통한 배사가 있다.

- **수력발전(Hydro Power)** : 댐이나 수로 등에 의해 물의 위치 에너지를 이용하여 수차 및 발전기를 구동함으로써 전기 에너지로 변환하는 발전 방식을 말한다.

- **어도(Fish Way)** : 댐 등의 건설에 의해서 어류들의 이동이 차단되는 경우에 대비해서 어류들의 이동을 위하여 별도로 마련된 통로를 말한다.

- **취수(Water Intake)** : 생활, 공업, 농업, 발전 및 하천유지 등을 위하여 저수지의 물을 끌어오는 것으로 일반적으로 취수탑을 만들고 그것의 취수구를 통해 받아들인다.

- **홍수 예경보시설** : 댐 등의 효율적인 운영을 위하여 댐 상·하류의 강수량, 수위 등을 관측하는 수문관측시설과 댐 저수를 방류할 때 음성방송, 사이렌 등 경보 방송을 위한 시설을 총칭한다.

### ■ 댐 여수로

- **감세공** : 여수로의 고유속 흐름을 댐 하류단의 세굴이나 침식 또는 인접 구조물에 손상을 주지 않도록 에너지를 감세시켜 하류하천에 이르도록 하는 부분을 말한다.

- **방수로** : 감세공으로부터 하류 하천에 이르는 수로를 말한다.

- **여수로** : 할당된 저류공간에 수용할 수 있는 용량을 초과하는 홍수량 또는 전환댐에서 전환계통의 용량을 초과하는 홍수량을 안전하고 효율적으로 방류할 수 있도록 하는 수로를 말한다.

### ■ 댐 보강공

- **루전 맵(Lugeon Map)** : 그라우팅 공사 시 시험공(Pilot Hole)의 천공 및 수압시험 결과에 의한 투수도를 등고선도(Contour Map)로 도시한 도면이다.

- **보강** : 열화된 부재·구조물의 내하력 저하를 설계 수준 또는 그 이상으로 복원·증가를 위해 행하는 행위이다.

- **보수** : 열화된 부재·구조물의 내구성과 방수성 등 내하력 이외의 성능을 복원·회복시키거나 손상의 원인을 제거하기 위해 행하는 행위이다.

- **침투 그라우팅(Permeation Grouting)** : 지반을 교란하지 않으면서 암반의 절리나 흙의 간극을 주입재로 충진하는 공법으로서 주입재를 저압으로 주입하여 간극의 물이나 공기를 대체하기 위해 실시하는 작업이다.

# 항만 · 하천

Professional Engineer
Civil Engineering Execution

# 01 방파제 종류 및 특징

## I. 개요

1. 방파제는 외해에서 들어온 파랑 에너지를 소산 또는 반사시켜서 항내 침입을 방지, 항내의 정온을 유지하여 선박의 출입·정박·하역이 안전하고 원활하게 되도록 항내 시설물을 파랑과 표사로부터 보호하는 외곽시설물 중 하나이다.
2. 방파제는 경사식 방파제, 직립식 방파제, 혼성식 방파제 등으로 분류한다.

## II. 설치목적

1. 파랑 에너지 감소
2. 파랑, 조류에 의한 토사이동 방지
3. 항내 정온 유지
4. 선박의 출입·정박·하역 여건의 확보
5. 항내 표사 유입·유출 방지

> **│ 참조 │**
>
> **방파제의 배치형태**
> - **돌제** : 육지에 연하여 설치되는 형식
> - **도제** : 육지에서 떨어지게 배치
> - **혼합식** : 돌제와 도제를 조합

## III. 방파제 종류 및 특징

### 1. 경사식 방파제
(1) 돌이나 콘크리트 블록을 경사지게 쌓아 올린 형식의 방파제를 말함
(2) 특징
  ① 장점
    ㉮ 해저지반의 굴곡에 관계없이 시공 가능
    ㉯ 연약한 지반 적용 가능
    ㉰ 반사파가 작음, 해수의 투과성 좋아 수질유지 가능
    ㉱ 시공 간단, 공정 단순
    ㉲ 유지보수 용이

② 단점

㉮ 수심이 깊어지면 많은 양의 재료 필요, 공사비 증가

㉯ 파의 제체투과에 따른 항내의 교란 가능

㉰ 파력이 강하면 사석이 산란되어 유지보수비용이 많이 소요

㉱ 항내 수역이 감소됨

(3) 종류

① 사석식 경사제

② Con'c Block식 경사제

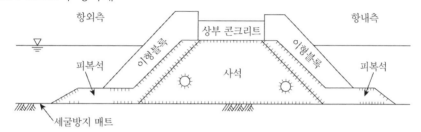

## 2. 직립식 방파제

(1) 직립식 방파제는 전면에 연직벽체를 가진 제체를 설치한 방파제를 말함

(2) 특징

① 장점

㉮ 재료가 적게 소요

㉯ 항내수역이 넓어짐

㉰ 파가 제체를 투과할 수 없어 항내 정온유지에 유리

㉱ 유지보수비용의 감소

㉲ 방파제 내측에 선박 계류 가능

② 단점

㉮ 견고하고 평탄한 기초 지반이 필요, 지반개량 필요

㉯ 제체 제작을 위한 넓은 제작장 필요, 취급 시 대형장비 필요

㉰ 반사파에 영향이 큼

㉱ 수심이 깊은 곳은 공사비가 증가

(3) 종류

① 케이슨식

② Con'c Block식

③ 셀 Block식

④ Con'c 단괴식

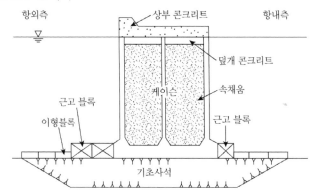

## 3. 혼성식 방파제

(1) 혼성방파제는 경사제와 직립제를 장점을 혼합한 형식으로 사석부를 기초로 하고 그 위에 직립제를 설치하는 형식

(2) 특징

  ① 장점

    ㉮ 수심이 깊은 경우 경제성, 안정성 등에 유리

    ㉯ 지반상태에 영향이 적고, 연약지반에 적용 가능

    ㉰ 사석부가 깊은 위치에 있어 파력의 영향을 적게 받고 직립제가 누름역할을 해주어 산란이 방지됨

  ② 단점

    ㉮ 시공장비 및 설비가 다양하게 소요됨

    ㉯ 직립부 제체 제작을 위한 제작장 필요

(3) 종류

  ① 케이슨식 혼성제

  ② Con'c Block식 혼성제

  ③ 셀 Block식 혼성제

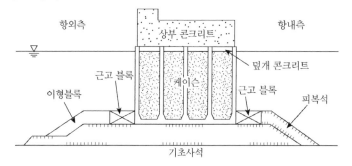

## 4. 기타

(1) 공기방파제

(2) 부양방파제

# IV. 방파제 특성 비교

| 구분 | 경사제 | 직립제 | 혼성제 |
|---|---|---|---|
| 지반에 대한 적응성 | 좋음 | 나쁨 | 좋음 |
| 항내 정온성 | 낮음 | 높음 | 높음 |
| 대형방파제 적용 | 일부 적용 | 낮음 | 주로 적용 |
| 장비 | 소형 | 대형 | 대형 |
| 공정 | 단순 | 보통 | 복잡 |

---

### 참조

**항만 관련 용어**

- 방파제 : 조용한 항내 수면과 수심을 유지하고 보호하기 위하여 외해 측에 설치하는 구조물이며 외해에서 밀려오는 파랑을 막아준다.
- 방사제 : 파랑이나 흐름으로 인한 해안의 모래가 이동하는 것을 막아준다.
- 방조제 : 조수 간만의 차이로 인한 항내 수심의 변화를 막아준다.
- 도류제 : 물의 흐름을 조정하고 흐름과 함께 이동하는 토사를 깊은 바다 쪽으로 유도한다.
- 갑문 : 조수 간만의 차이가 심한 곳에 수심을 조절하기 위해 수로를 가로 질러서 설치한다.
- 호안 : 조류나 파랑으로 해안이 침식되거나 해안의 흙이 붕괴되는 것을 방지하기 위해 피복을 하는 것이다.
- 제방 : 해수의 범람을 막기 위해 설치한다.

---

# V. 결론

1. 방파제는 수심, 지반조건, 파력, 배치, 위치, 경제성, 시공성, 안전성 등을 종합적으로 분석하여 그 형식을 선정하도록 해야 한다.

2. 항만의 외곽구조물은 그 배치와 위치에 따라 공사규모, 공사비용에 큰 영향을 받으므로 철저한 사전조사를 통해 최적의 위치와 배치를 하여야 한다.

# 02 계류(접안)시설의 종류 및 특징

## I. 개요

1. 계류시설이란 선박이 화물을 싣고 내리거나 승객의 승·하선을 위해 설치되는 구조물을 말하며 접안시설이라고도 한다.
2. 안벽, 물양장, 잔교 등과 같이 안선을 형성하는 계류시설을 계선안이라고 하며 일반적으로 항만에서의 계류시설은 계선안을 의미한다.

---

> **│ 참조 │**
>
> **접안시설의 형상**
> - 직립식 : 계류시설의 전면을 직각면으로 형성, 가장 보편적으로 적용
> - 부분경사식 : 수위차가 커서 직립식 채택시 문제가 발생하는 경우
> - 경사식 : 지반지지력이 작은 경우, 단순 구조로 임시 접안시설, 여객부두 등에 채택
>
> **안벽(Berth)과 물양장(Wharf)**
>
> 설치목적은 동일하나 구조물 전면 수심이 4.0m 미만인 것을 물양장, 전면 수심이 4.5m 이상으로 대형선박의 접안이 가능한 시설을 안벽이라고 함

---

## II. 공법 선정 시 고려사항

### 1. 자연조건
(1) 지반의 지형 및 지질
(2) 파랑, 조위, 조류

### 2. 이용조건
(1) 항구를 이용하는 화물의 수량, 종류, 화물의 형태
(2) 접안선박의 종류, 특성
(3) 수송체계 및 장래의 화물량 변화
(4) 육상교통과 배후토지의 이용 상태
(5) 하역방법

## 3. 시공조건

(1) 기상 : 바람, 비, 온도

(2) 해상 : 파도, 조석, 조류, 수심 등

## 4. 경제성, 안전성

(1) 공사기간, 공사비용

(2) 안전 유해 요인

## 5. 주변 상황

# Ⅲ. 안벽

## 1. 중력식 안벽

(1) 케이슨식 안벽

　① 설치지점에 기초를 형성 후 제작된 Box Caisson을 예인, 거치시키는 방법

　② 특징

　　㉮ 벽체가 외력에 견고함

　　㉯ 운반 등에 수심의 영향을 많이 받음

　　㉰ 제작, 진수 등을 위한 대규모 설비 필요

　　㉱ 소규모 안벽에 비경제적

　　㉲ 대규모 안벽에 적합

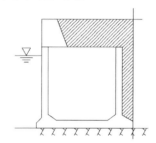

(2) 콘크리트 Block 안벽

　① Precast Block을 쌓아 올려서 벽체로 이용하는 방법

　② 특징

　　㉮ 시공이 단순하고 시공설비가 소규모

　　㉯ 블록 간 결합이 불완전하면 일체성 부족, 안정성 저하

　　㉰ 블록의 표면부에 요철부를 설치하여 결합력 증진

　　㉱ 바닥판은 철근 Con'c를 구성하여 지반반력을 확보

　　㉲ 소규모 안벽에 적합

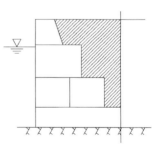

(3) L형 Block 안벽

　① RC구조의 Precast L형 Block을 설치 후 뒷채움하는 방법

　② 특징

　　㉮ 수심이 얕은 경우 경제적, 시공설비 간단

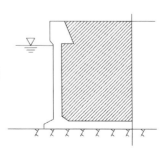

ⓝ 뒷채움 전 안정성이 적으므로 주의

ⓓ 연약지반상 설치 시 벽체의 변형

ⓡ 뒷채움 유실에 의한 안정성 저하

(4) Cellular Block 안벽

① 상하 부분에 Open된 Block 시공 후 속채움하여 벽체를 형성

② 특징

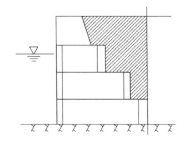

ⓖ 시공설비 간단

ⓝ 속채움에 의해 중량과 마찰력이 증가됨

ⓓ 지반연약 시 말뚝기초와 연결 보강

ⓡ 저판이 없어 양질 속채움 재료 필요

ⓜ 부등침하에 저항력 부족

## 2. 널말뚝식 안벽

(1) 지반에 널말뚝을 타입시키고 뒷채움한 후 널말뚝 상부는 버팀공(타이로드), 하부는 근입깊이(수동토압)으로 외력을 저항시키는 구조

(2) 특징

① 시공설비가 간단하고 공사비가 저렴

② 내구성이 중력식보다 불리, 강재의 부식대책이 필요

③ Con'c보다 강성이 작음

④ (탄력성이 있어) 내진저항력이 큼

(3) 종류

① 일반(보통) 널말뚝식

ⓖ 버팀공(버팀Pile + Tie Rod) + 수동토압

ⓝ 널말뚝식 계선안 중 가장 일반적으로 적용

② 2중 널말뚝식

ⓖ 버팀공 + 수동토압

ⓝ 양측을 계선안으로 이용할 경우 경제적

③ 자립 널말뚝식

ⓖ 버팀공 없음

ⓝ 구조가 간단, 시공 단순, 토압증대에 따라 변위 증가

④ 경사(버팀말뚝) 널말뚝식

ⓖ 버팀공을 경사말뚝으로 시공

ⓐ 사항에 작용하는 인발력이 크므로 근입깊이가 깊게 필요

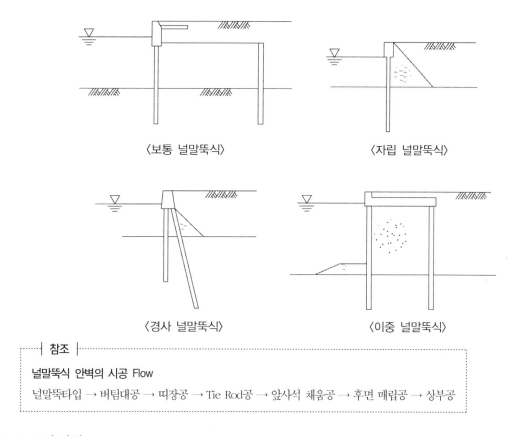

〈보통 널말뚝식〉 　　　　〈자립 널말뚝식〉

〈경사 널말뚝식〉 　　　　〈이중 널말뚝식〉

┤ 참조 ├

**널말뚝식 안벽의 시공 Flow**

널말뚝타입 → 버팀대공 → 띠장공 → Tie Rod공 → 앞사석 채움공 → 후면 매립공 → 상부공

## 3. Cell식 안벽

(1) 직선형 널말뚝을 원형 등으로 폐합되도록 타입 후 내부를 속채움한 방식

(2) 특징

　① 비교적 큰 토압에 저항 가능, 깊은 수심에 적용

　② 시공이 비교적 단순, 급속시공에 적합

　③ 지지력이 작은 지반에 부적합, 연약지반 처리 필요

(3) 형식의 분류

　① 강널말뚝 Cell식

　② 강판 Cell식

# IV. 잔교

## 1. 해안선에서 직각 또는 일정한 각도로 돌출하여 형성한 접안시설

**2. 해중에 말뚝을 설치하고 콘크리트나 철판 등으로 상부 시설을 한 교량 형태의 구조**

**3. 말뚝적용**

RC Pile, 강재 Pile

**4. 특징**

(1) 경량구조로 연약지반 적용 가능

(2) 지반에 연약층이 두꺼워 중력식 등이 비경제적인 경우

(3) 선박과 충격에 저항력 부족

(4) 집중하중, 수평력 등에 저항력 부족

(5) 조류가 심한 곳 설치 가능

**5. 잔교의 분류**

(1) 횡잔교 : 해안선과 나란히 배치

(2) 돌제식 잔교 : 해안선에 직각으로 배치

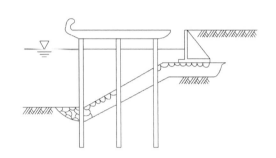

## V. 부잔교

**1. 폰툰(Pontoon, 부함)을 지반에 Anchoring한 후 상판을 설치한 것**

**2. 특징**

(1) 조수간만의 차가 큰 곳, 수심이 깊은 곳, 지반이 불량한 곳 적용 유리

(2) 파랑과 흐름이 빠르면 설치 곤란

(3) 지반의 지형, 지질에 영향을 받지 않음

(4) 신설 및 이설이 간단

(5) 재하력이 작아 하역 능력이 부족함

(6) 파랑이나 유속이 심한 곳에는 부적당

**3. Pontoon의 종류 :** 목재Pontoon, 강재Pontoon, 철근 콘크리트Pontoon, FRP Pontoon

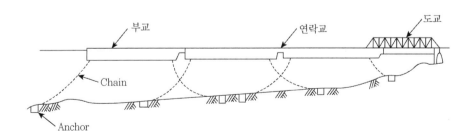

# VI. 돌핀(Dolphin)

## 1. 해안에서 떨어진 해중(항외측)에 수심과 여건이 양호한 곳에 대형선박이 계류하도록 설치하는 구조물

## 2. 육지와는 도교로 연결

## 3. 형식
말뚝식, 케이슨식 등

## 4. 말뚝식 돌핀
(1) 경량구조로 연약지반에 시공 가능, 시공 간단

(2) 수심 증가에 쉽게 적응, 깊은 수심에 적합

(3) 부식에 약함

## 5. 케이슨식 돌핀
(1) 구조적 안정성 우수, 시공이 확실

(2) 해상작업의 감소

(3) 지반개량이 필요함, 공사비 증가

(4) 케이슨 제작에 따른 대규모 시설 필요

# VII. 부대시설

## 1. 계선부표
(1) 외항에 정박한 선박의 유동을 방지하기 위한 시설

(2) 직경 3m 내외의 부표를 해저에 고정시킨 것

(3) 부표 위의 고리에 선박의 로프를 매어서 계류시킴

(4) 계류에 유리 : 점유면적, 시공 경제성 등

(5) 하역의 능률 저하

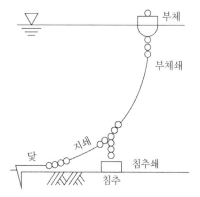

## 2. 방충시설(Fender)
(1) 선박의 접안시 뱃머리와 직접 부딪치지 않도록 하는 시설

(2) 충격에너지를 분산시키고 선박과 시설을 보호하기 위함

## 3. 계선주
계류 중인 선박이 풍랑에 의해 떠내려가지 않도록 로프로 매는 시설

## 4. 기타

추락방지막이(차막이), 계단, 사다리 등

## VIII. 결론

1. 계류시설은 수압, 파랑, 토압, 상부 작업하중 등의 외력에 안정되도록 설계가 검토되어야 한다.
2. 계류시설은 기상, 해상조건, 지형, 지질 등을 고려하여 선박의 이·접안이 용이하도록 배치하고 시공에 있어 세심한 관리와 함께 해상 공사 중의 안전 확보에 노력해야 한다.

# 03 항만구조물의 기초공

## I. 개요

1. 항만구조물의 기초는 지반의 지지력을 확보하고 사석기초를 시공하여 상부본체에 대한 기초를 형성한다.
2. 기초사석은 방파제, 안벽 등을 축조하기 위한 수중 기초로서 지형, 지질, 수심, 파랑, 조위, 주변상황 등을 고려하여 시공되어야 한다.

## II. 기초공의 종류 및 시공관리

### 1. 기초굴착

(1) Grab 준설선, Pump 준설선 등을 이용하여 굴착 후 표면을 정리
(2) 굴착 시 오탁방지막 설치
(3) 굴착깊이는 토질조건 및 계획심도 고려
(4) 굴착 후 표면정리
　① PTP, 매트(Mat) 포설
　② 모래, 쇄석 등을 포설

| 참조 |

케이슨식 혼성제의 구조도

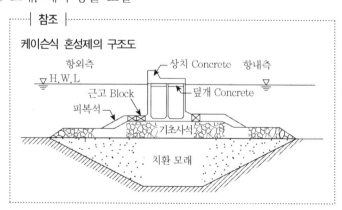

## 2. 지반개량공

(1) 원지반의 지지력이 충분하면 원지반을 기초로 사용하고 원지반의 지지력이 불충분하면 대책
공법을 적용하여 개량함

(2) 치환공법

　① 연약토사를 준설하여 제거

　② 치환재 : 모래, 잡석, 자갈 등

(3) SCP(Sand Compaction Pile) 공법

　① 지반에 대구경의 모래다짐말뚝을 조성하여 복합지반을 형성

　② SCP에 응력이 집중되어 점토지반에 작용하는 응력이 감소

　③ 모래말뚝 직경 60~80cm, 간격 2m 정도

　④ 적용심도 50m 정도

(4) Ston Column 공법

　① 지중에 자갈, 쇄석 등의 입상재료를 진동에 의해 기둥으로 시공하여 복합지반을 형성하는
공법

　② 기둥의 직경 0.7~1.0m, 간격 1.0~3.0m

　③ 적용심도 : 육상 3.0~30.0m, 해상 50m 이상

(5) 심층혼합처리 공법

　① 석회, 시멘트 등을 주재료로 하는 안정재를 원지반과 강제적으로 교반하여 지반을 안정화
시키는 공법

　② 공법의 분류

| 기계적 교반 공법 | 고압분사 교반 공법 |
|---|---|
| DCM, DJM | Jet Grout, JSP, RJP 등 |

　③ 혼합형상 : 말뚝식, 벽식, 격자식, 블록식

## 3. 기초사석

(1) 설치목적

　① 상부구조물의 하중을 분산

　② 기초지반의 평탄성을 정정

　③ 지반의 세굴 방지

　④ 기초 상단의 요구 높이 확보

(2) 사석의 재질

　① 견고하고 치밀하며 풍화나 동괴의 염려가 없는 것

② 넓적하거나 길쭉하지 않고 풍화되지 않은 것

③ 대소가 골고루 혼입된 것

④ 사석의 종류, 중량, 치수 등은 설계도서에 규정된 것

⑤ 비중 2.5 이상, 흡수율 5% 미만, 압축강도 50MPa 이상

⑥ 보통 100~500kg/EA 이상

---| 참조 |---

**사석의 물리적 기준**

| 구분 | 비중 | | 흡수율 | | 압축강도(MPa) | |
|---|---|---|---|---|---|---|
| | 피복석용 | 내부사석용 | 피복석용 | 내부사석용 | 피복석용 | 내부사석용 |
| 화강암류 | 2.6 이상 | 2.5 이상 | 5% 미만 | 5% 미만 | 100 이상 | 50 이상 |
| 안산암류 | 2.4 이상 | 2.3 이상 | 5% 미만 | 5% 미만 | 100 이상 | 50 이상 |
| 현무암류 | 2.6 이상 | 2.5 이상 | 5% 미만 | 5% 미만 | 100 이상 | 50 이상 |
| 사 암 류 | 2.5 이상 | 2.4 이상 | 5% 미만 | 5% 미만 | 100 이상 | 50 이상 |

(3) 사석의 투입

① 2단계로 나누어 투입하여 관리

② 1단계 투입 : 계획고 −1.0~−1.5m, 막 버림

③ 2단계 투입 : 계획고 확보(여성을 고려)

㉮ 여성 : 0.5~1.0m

㉯ 확폭 : 0.3m

(4) 사석 고르기(Levelling)

① 막고르기

㉮ 볼록한 부분을 제거하고 오목한 부분은 메워 면을 고르게 함

㉯ 정도 관리는 시공위치에 따라 ±10~50cm

② 본고르기

㉮ 본구조물과 직접 접하는 면에 실시

㉯ 큰 돌은 표면에 작은 돌(잔자갈)로 틈을 메워서 맞물리도록 수평고르기 실시

㉳ 잠수부가 스크리드(Screed)를 사용 표면 평탄성 확인

㉱ 마루높이 허용오차 : ±50mm

## 4. 피복공

(1) 사석이 노출되는 부분의 세굴, 비산 방지 위해 피복 처리

(2) 기초사석의 세굴방지를 위한 조치 : 직포, Asphalt Mat, Geotextile 등 이용

(3) 피복석

　① 500~1000kg/개 정도 사용, 소단 시공

　② 일반적으로 2층 쌓기, 두께 : 1.5m 정도

　③ 마루높이 허용오차 : ±300~500mm

(4) 피복블록

　① 항만 출입구 등 급한 경사가 요구 장소에 이형블록을 사용

　② 종류 : Tetrapod, Tribar, Stabit 등

　③ 제작 후 인양 시 콘크리트강도 10MPa 이상

　④ 설치 방법

　　㉮ 보통 해상크레인 이용

　　㉯ 방파제 상부에서 육상크레인으로 설치

---

**│ 참조 │**

**허용오차**

• 기초사석

| 구분 | 마루높이 | 둑마루폭 | 고르기 연장 |
|------|---------|----------|------------|
| 허용오차 | ±50mm | +규정하지 않음, −100mm | +규정하지 않음, −100mm |

• 피복석

| 구분 | 마루높이 | 고르기 비탈면 높이 | 둑마루 폭 | 연장 |
|------|---------|------------------|----------|------|
| 허용오차 | ±300mm | ±300mm | +규정하지 않음, −200mm | +규정하지 않음, −200mm |

• 이형블록

| 구분 | 마루높이 | 고르기 비탈면 높이 | 둑마루 폭 | 연장 |
|------|---------|------------------|----------|------|
| 허용오차 | ±300mm | ±500mm | +규정하지 않음, −200mm | +규정하지 않음, −200mm |

---

(5) 밑다짐 블록(근고 블록)

　① 상부구조(케이슨 등)가 유동이 생기는 것을 방지하고 파력이 상부구조와 기초사석 접합부에 피해주는 것을 방지하기 위함

　② 10~50ton의 Block 이용

　③ Block에 10% 정도 홈을 설치하여 양압력을 줄임

　④ 상부구조 시공 후 신속하게 설치, 설치 시 상부구조에 충격 방지

　⑤ 직립부별 근고 Block 외항 측 2개 이상, 내항 측 1개 이상 거치

(6) 소파공

　① 상부구조의 안전성 향상, 전면 수역의 평온, 월파 감소를 위해 설치

　② 사용재료 : 자연사석, 이형블록(주로 이용)

| 구분 | 자연사석 | 이형블록 |
|------|----------|----------|
| 1EA 크기 | $1m^3$ 이하 | $1m^3$ 이상 |
| 공극률 | 40% | 50~60% |
| 재료비 | 저렴 | 고가 |

③ 소파공 상단 높이는 직립부 상단에 맞추어 시공

④ 시공 간 블록의 충격 주의

⑤ 이형블록의 종류 : TTP, Acropod, Hexapod 등

# Ⅲ. 결론

1. 항만의 외곽구조물은 그 배치와 위치에 따라 공사규모, 공사비용에 큰 영향을 받으므로 철저한 사전조사를 통해 연약지반 등을 피하여 최적의 위치 선정과 배치를 하여야 한다.

2. 현장의 지형, 지질, 주변환경 등을 고려하여 최적의 시공이 가능하도록 노력하고 공사 시 안전관리를 철저히 하여 사고 발생을 방지하여야 한다.

# 04 항만구조물의 케이슨 시공

## I. 개요

1. 항만 시설 중 케이슨을 이용하는 외곽시설로는 방파제, 안벽 등이 있다.
2. 제작된 케이슨은 진수 후 가치시키고, 가설지점으로 운반(예항) 후 설치하며 속채움 및 상부 콘크리트공으로 공사가 진행된다.

## II. 케이슨의 시공 Flow

제작 → 진수 → 가치 → 부상 → 예항 → 거치 → 속채움
→ 상치 Con'c공

## III. 케이슨의 시공

### 1. 제작

(1) 진수위치 및 방법, 케이슨의 설치현장 등을 고려 제작장 위치·방법 등을 결정
(2) 제작장 내 구체의 제작, 양생, 진수 등에 관련한 설비·시설을 설치
(3) 제작순서

1 Lift 철근·거푸집 조립 → 콘크리트타설·양생 → Lift의 반복

(4) 구체 제작은 시방규정을 준수

### 2. 진수

(1) 케이슨 진수 시 Con'c 강도는 $f_{ck}$ 이상
(2) 진수는 해면이 평온한 시기에 실시
(3) 케이슨 진수 시 케이슨의 유동에 의한 주변 충돌 주의
(4) 진수 전에 여유수심 반영 여부를 검토하여 충분한 흘수심을 확보
(5) 케이슨 규모, 현장여건 등 고려 적정 진수공법 선정·적용

## 3. 가거치

(1) 가치란 케이슨 제작 후 설치할 때까지 일정기간동안 안전한 장소에 옮겨 임시로 놓아두는 것

(2) 계선부표를 이용 또는 가거치 Mound에 침설하는 방법 적용

(3) 케이슨 내 격실에 주수하여 침설

    ① 각 격실의 수위차에 따른 케이슨 기울어짐 주의

    ② 격실 간의 수위차는 1m 이하로 관리

(4) 만조 시에 케이슨 천단이 수면 위로 노출되도록 조정

(5) 위치의 표시는 부표나 표지등을 설치

(6) 위치 선정

    ① 파랑 등의 영향이 작은 방파제 안쪽 이용

    ② 항로에 장애가 없는 곳

## 4. 부상

(1) 케이슨 내부의 물을 배수시켜 가거치된 케이슨을 부상시킴

(2) 계류장치에 의해 케이슨의 유동을 최대한 방지

> **| 참조 |**
>
> **운반 전 검토사항**
>
> 조위, 조류의 방향, 유속, 풍향 및 풍속, 파랑 등을 고려한 예인 시 케이슨의 저항력, 예인용 와이어의 규격, 예인선의 용량 및 척수, 해상운반 시간 등

## 5. 예항(해상운반)

(1) 케이슨을 진수지점에서 가치지점으로, 가치지점으로부터 설치 현장으로 이동하는 것

(2) 케이슨 내 물을 배제시켜 케이슨을 부상시킴

(3) 케이슨의 운반은 예인선 이용

(4) 운반거리, 해상조건 등을 검토하여 케이슨의 임시뚜껑 설치 고려

(5) 예인용 와이어의 결선위치는 케이슨의 부심 부근으로 설치

(6) 예인 중 주의사항

    ① 예인속도 준수, 케이슨을 대각선 방향으로 예인 금지

    ② 기중기선에 의한 예인은 흔들림, 회전 방지

    ③ 표준예항속도 2~3노트

    ④ 와이어 로프 크기 및 길이

        ㉮ 예인선 선단에서 케이슨 후단까지의 거리 : 450~500m

        ㉯ 예인선 로프의 중간부분이 1m 정도가 처지도록 함

(7) 회항

    ① 돌발상황에 대비하여 대피장소를 선정

    ② 기상상황에 의한 회항 시 속도 2~3노트, 케이슨 침수 방지

## 6. 거치

(1) 위치를 확인 후 케이슨 격실에 균등히 주수하여 침설

    ① 침설은 밸브 또는 펌프로 주수, 침설속도 8~10cm/분 정도

    ② 기초 마운드 위 10~20cm 도달 전 주수 중지

    ③ 설치위치 최종 확인·수정 후 침설

(2) 대형 기중기선에 의한 설치

    ① 케이슨의 위치수정이 용이하여 일반적으로 많이 사용

    ② 현수틀을 이용하여 대형기중기로 20~30cm 달아 올려서 정확한 위치에 내려놓음

    ③ 케이슨 상호간 충돌에 의한 파손 방지 위해 완충재를 설치

> **│ 참조 │**
>
> **케이슨 제작 허용오차**
>
> | 구분 | 길이, 높이, 폭 | 벽두께 | 저판두께 |
> |---|---|---|---|
> | 외관규격 허용오차 | (+)30mm, (−)10mm | (±)10mm | (+)30mm, (−)10mm |
>
> **케이슨 거치에 대한 허용오차**
>
> | 구분 | 케이슨 질량 5,000톤 미만 | 케이슨 질량 5,000톤 이상 |
> |---|---|---|
> | 기준선 | ± 100mm | ± 150mm |
> | 높이 | ± 100mm | ± 100mm |
> | 거치 간격 | 100mm 이하 | 150mm 이하 |

## 7. 속채움

(1) 케이슨 내부에 모래 등을 채워 중량을 크게하여 설치한 케이슨의 외력에 의한 이동을 방지

(2) 방법

| 모래 | 자갈, 사석 |
|---|---|
| 준설선, 벨트컨베이어 | 운반선 + 백호 |

(3) 속채움재를 균등하게 투입

(4) 케이슨 설치 후 신속하게 속채움 실시

(5) Con'c 덮개 설치

    ① 속채움 후 속채움재 유출 방지 위해 속채움재 표면을 Con'c로 피복해야 함

    ② 덮개와 구조체가 일체화되도록 시공

③ 방법 : 현장타설 또는 Precast Con'c 덮개 사용

## 8. 상치 Con'c공

(1) 형상 : 전단면형, 패러피트(Parapet)형

(2) 규격

　　① Con'c 두께 0.5~1.0m로 시공

　　② 폭 : 덮개, 케이슨 폭보다 보통 10~20cm 정도 축소 설치

(3) 상치 Con'c는 본체와 일체화시켜야 함

(4) 상치 Con'c 허용오차

| 구분 | 연장 | 기준선 | 높이 | 폭 |
|------|------|--------|------|-----|
| 허용오차 | 규정하지 않음 | ±30mm | ±30mm | ±20mm |

# IV. 결론

1. 케이슨 설치 전 기초지반의 지지력, 기초사석의 평탄성 확보, 장래 침하를 고려한 여성 등이 철저히 관리되어 상부구조물인 케이슨이 침하, 변형되는 것을 방지하여야 한다.

2. 시공조건이 대체로 수중에서 진행되는 바 육상공사 대비 작업가능일수의 부족, 안전사고의 위험 증가, 시공성 저하, 주변 환경에 영향이 크므로 이에 대한 대책을 수립하여 시공관리를 철저히 하여야 한다.

# 05 케이슨의 진수공법

## I. 개요

1. 항만 시설 중 케이슨을 이용하는 외곽시설로는 방파제, 안벽 등이 있다.
2. 케이슨의 진수는 케이슨의 크기·중량·수량, 지형조건, 운반조건 등을 고려하여 그 방법을 결정·적용한다.

> **│ 참조 │**
>
> **케이슨 진수 시기 결정 시 검토사항**
>
> 해상조건, 기상조건, 조위상태 등 자연조건과 인근해역 선박운항 여부 등을 검토

## II. 케이슨의 시공 Flow

(제작 →)진수 → 예항 → 설치 → 속채움 → 상부 Con'c공

## III. 케이슨의 진수

### 1. 경사로 (Slip Way) 방식

(1) 육상 Caisson Yard에서 해수면으로 경사로를 설치하고 케이슨을 경사로 위로 활강시켜 바다에 진수시키는 공법

(2) 특징

① 경사로를 길게 적용하기 제한됨

② 경사로의 공사비 및 진수비용이 저렴

③ 제작 및 진수 작업이 용이

④ 동시에 제작할 수 있는 케이슨의 수량이 적음

⑤ 수중부에도 일정길이의 경사로가 필요

⑥ 진수 시 케이슨이 수중부에 충격을 가하면서 부력을 받아 기울어질 우려

(3) 진수 전 경사로의 경사, 수중부의 수심, 전면의 장애물 유무 등을 상세히 조사·점검

(4) 잭(Jack)을 편심하중이 없도록 배치, 잭의 스토로크(Stroke)도 같도록 조치

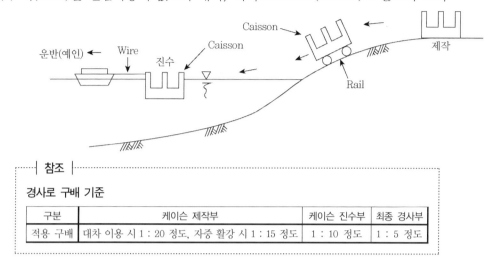

| 참조 |

경사로 구배 기준

| 구분 | 케이슨 제작부 | 케이슨 진수부 | 최종 경사부 |
|------|------------|------------|-----------|
| 적용 구배 | 대차 이용 시 1 : 20 정도, 자중 활강 시 1 : 15 정도 | 1 : 10 정도 | 1 : 5 정도 |

## 2. 사상진수

(1) 모래지반 위에 제작장을 조성, 케이슨 제작 후 지반을 준설하여 진수시키는 공법

(2) 특징

　① 조건에 부합되는 위치 선정 제한

　② 진수 시 케이슨의 손상, 기울어짐 등 발생 우려

　③ 장래에 준설계획이 있는 모래사장이 필요

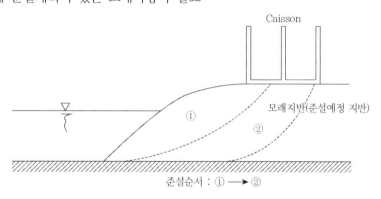

## 3. 가물막이(가체절) 방식

(1) 가물막이를 이용 제작장을 설치, 제작장 내 케이슨 제작 후 간조시간에 가물막이 내부에 주수하여 진수시킴

(2) 가물막이의 안정성, 진수 시 케이슨의 전도 등에 주의 필요

(3) 특징

① 가물막이의 설치 및 제거에 시간 소요

② 제작장 내 지반의 지지력 확인 필요

③ 조위차가 큰 장소에 적용 가능

④ 케이슨의 크기, 수량이 작을 때 적용 가능

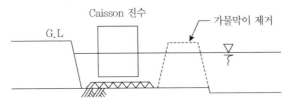

## 4. 도크(Dock)방식

(1) 건선거(Dry Dock)방식

① 도크를 형성 후 케이슨을 제작하고 도크 내에 Pump로 주수하여 진수, 갑문(게이트)을 개방하고 케이슨을 인출

② 특징

㉮ Dock 지반이 주위지반보다 낮아 설비배치, 자재반입 용이

㉯ Dock 형성에 시간과 비용 증가, 초기투자비가 큼

㉰ 진수 작업의 안전성 우수

㉱ 케이슨을 여러 개 동시 제작, 대형 케이슨 제작 가능

㉲ 현장 인근의 건선거 활용 가능 시 적용 유리

㉳ 케이슨 부상 시 요동에 의한 선거 벽체와의 충돌 우려

③ 부상 시 갑문의 측벽 및 저면에 충격이나 마찰 방지 조치 필요

④ 갑문을 닫기 전에 갑문주변의 이물질이나 매몰 토사를 깨끗이 제거하는 등 갑문 보호에 특별히 유의

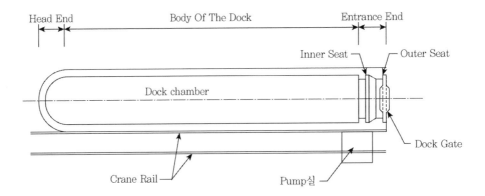

(2) 부선거(Floating Dock)방식

　① 부선거 내부 Dock를 이용 케이슨을 제작

　② 적정수심 위치로 선체를 이동 후 Dock 내 주수하여 진수

　③ 특징

　　㉮ 부선거 내부 Dock의 공간 제한으로 케이슨의 동시 제작 제한

　　㉯ 다량 제작 시 공기, 건조비 많이 소요

　　㉰ 소량의 케이슨 제작에 적합

　　㉱ 건선거 자체가 이동 가능(기동성 구비)

　④ 수심은 케이슨부상을 위한 계산상의 수심보다 최소 0.5m 이상의 여유 확보

## 5. Floating Crane에 의한 방법

(1) 해안 후면부 등에서 케이슨을 제작 후 대형 기중기선을 이용해 달아 내리는 방식

(2) 특징

　① 진수 작업이 간단

　② 케이슨의 크기와 중량에 제한이 없음

　③ 진수 시 편심 주의

　④ 계류시설(접안시설)의 위치 인근에 케이슨 제작장 운용

　⑤ 달아 내릴 때에는 강재 현수틀 이용, 연직방향의 균일된 하중이 작용토록 관리

(3) 충분한 수심이 확보되는 시간을 사전에 면밀히 검토

(4) 케이슨의 들고리, 들고리틀, 들고리틀에 연결된 와이어 및 그 연결부 등을 면밀히 점검

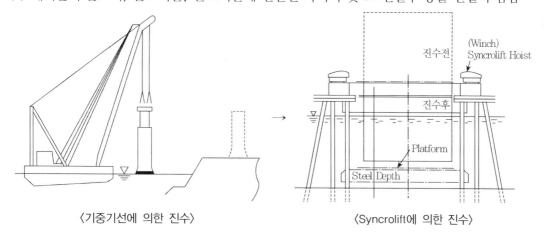

〈기중기선에 의한 진수〉　　　　〈Syncrolift에 의한 진수〉

## 6. 싱크로리프트(Syncrolift) 방식

(1) 육상제작장에서 제작된 케이슨을 Rail로 연결된 플랫폼(Platform)으로 대차를 이용하여 상재시킨 후 플랫폼의 하강을 통해 케이슨을 진수시키는 공법

(2) 특징

　　① 대량 제작 가능, 진수 작업 용이

　　② 공기가 김

　　③ 가설 리프트의 설치비용 고가

## 7. 기타

흘수조정방식 등

# IV. 진수 시 주의사항

1. 케이슨 진수 시 Con'c 강도는 $f_{ck}$ 이상
2. 진수는 해면이 평온한 시기에 실시
3. 크레인 이용 시 철근부착응력 확보 여부 검토
4. 케이슨 진수 시 케이슨의 유동에 의한 주변 충돌 주의
   폐타이어, 목재 등의 방호재를 케이슨 외벽에 부착
5. 케이슨 진수에 앞서 케이슨의 이상 유무를 철저히 점검
6. 케이슨의 밸러스트에 대하여는 설계도서와 전문 또는 공사시방서의 규정 준수
7. 개구부(상면, 측면)에는 뚜껑이나 안전망 등을 설치하여 추락방지에 대한 안전을 강구
8. 진수할 때의 요동, 기울어짐이나 인근에 제작된 케이슨과의 충돌을 방지(로프 등으로 단단하게 결속)
9. 케이슨을 연속하여 진수할 경우 해상에서 서로 부딪치지 않도록 간격을 충분히 유지
10. 진수 전에 여유수심 반영 여부를 검토하여 충분한 흘수심을 확보

# V. 결론

1. 케이슨의 진수공법은 다양하게 개발되어 적용되고 있으나, 이중 경사로 방식, 건선거 방식이 가장 많이 사용되고 있다.
2. 케이슨 진수 전 기초지반의 지지력, 기초사석의 평탄성 확보, 장래 침하를 고려한 여성 등이 철저히 관리되어 상부구조물인 케이슨이 침하, 변형되는 것을 방지하여야 한다.
3. 케이슨 진수 시에는 케이슨의 파손, 기울어짐 등이 발생할 수 있으므로 진수 전 이와 관련한 장치, 케이슨의 상태를 철저히 점검해야 한다.

# 06 가물막이 공법의 종류 및 특징

## I. 개요

1. 가물막이란 하천이나 항만 등에서 구조물 구축 시 일시적으로 공사에 필요한 부분에서 물을 배제하고, Dry 작업을 하기 위해 설치되는 구조물을 말한다.
2. 가물막이는 토압, 유수압, 파압이 작용하므로 충분한 강도와 수밀성을 가진 구조로 설치되어야 한다.

## II. 공법 선정 시 고려사항

1. 설치장소의 지형, 지질
2. 수심과 굴착깊이
3. 토압, 유수압, 파압의 영향
4. 선박의 항행에 따른 영향
5. 주변환경에 대한 영향
6. 시공성과 경제성 등
7. 가물막이 구조의 안정성
8. 시공의 안전성
9. 철거의 용이성

## III. 공법의 종류 및 특징

| 중력식 | 댐식, Box식, 케이슨식, Cellular Block식, Cell식 |
|---|---|
| Sheet Pile식 | 자립식, 링빔식, 한겹Sheet Pile, 두겹Sheet Pile, Cell식 |

### 1. 중력식(자립식)

(1) Dam식

　① 토공재료를 축제하는 형식

② 특징

 ㉮ 수심이 얕은 경우 적용

 ㉯ 넓은 부지 필요

 ㉰ 구조가 간단하며, 공종이 단순

 ㉱ 지수공을 추가로 설치 가능

 ㉲ 유수나 파도에 의한 세굴 발생 우려

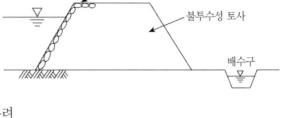

(2) Box식

① 나무 또는 강재의 Box에 돌 등의 토공재료를 채우는 방식

② 특징

 ㉮ 시공이 간단하며 공사기간이 짧음

 ㉯ 보수가 용이함

 ㉰ 속채움 재료의 세굴, 유실 발생 우려

 ㉱ 지수성이 부족, 지수대책 별도 필요

 ㉲ 공사비가 비교적 비쌈

(3) Caisson식

① 육상 제작장에서 Box Caissn을 제작, 운반, 거치 후 속채움하는 방법

② 특징

 ㉮ 수심이 깊어 Sheet Pile 적용이 제한 시 적용

 ㉯ 안정성 우수

 ㉰ 공사비 고가

 ㉱ 지수성이 매우 큼

 ㉲ 대규모 공사에 적용

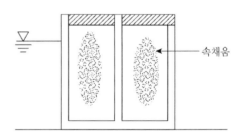

(4) Cellular Block(중공 블록)식

① 소형 중공 Block을 소정위치에 설치한 후 속채움한 형식

② 특징

 ㉮ 속채움재료는 사석, 석재, 콘크리트 등을 사용

 ㉯ 파랑, 조류 등 시공조건 불량 시 적용

 ㉰ 연약지반에서 부등침하 발생

 ㉱ Block과 Block 접속부는 Con'c 충진하여 지수

 ㉲ 케이슨식보다 지수성 부족

(5) (Corrugated)Cell식

① 육상 제작한 강판을 이용하여 조립한 Cell을 현장에 설치 후 속채움하는 방법

② 특징

㉮ 수심이 깊은 조건에 적용 가능

㉯ 시공이 간단, 안정성 우수

㉰ 대규모 공사에 적용

## 2. Sheet Pile식

(1) 한 겹 Sheet Pile

① Sheet Pile과 버팀대(Strut)에 의해 수압에 저항하는 방식

② 특징

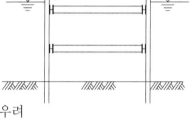

㉮ 협소지역에도 적용 가능

㉯ 수심 5m이내에 적용, 소규모 물막이에 적합

㉰ 지수효과 다소 부족

㉱ 시공 간단, 공사비 저렴

㉲ 누름성토를 이용하여 저항력 개선 가능

㉳ Boliling, Heaving 등 발생에 따른 안정성 저하 우려

㉴ 지보공에 의해 공간활용에 제한 발생

(2) 두 겹 Sheet Pile

① Sheet Pile을 2열로 설치하여 지보공(Tie-Rod)으로 연결 후 속채움하는 방식

② 특징

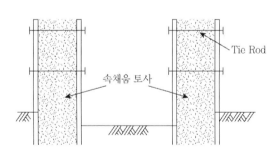

㉮ 수심이 깊은 대규모 공사에 적용

㉯ 협소장소에 시공이 가능

㉰ 지수성 우수

㉱ 공종이 적어 시공 용이

㉲ 안정성 우수

㉳ 수심 10m 정도에 적용 가능

(3) Ring Beam식 가물막이

① Sheet Pile 내측에 원형의 Ring Beam을 지보공으로 하는 방식

② Ring Beam으로는 H형강 사용, 여러 단을 설치하여 저항력 증진 가능

③ 특징

㉮ Strut에 의한 공간활용 제한이 없음

㉯ 최대직경 20m 정도까지 적용

㉰ 수심 5~6m 정도의 교각기초 등에 적용

⑭ 시공속도가 빠름

(4) 자립식 Sheet Pile

　① Sheet Pile의 근입저항만으로 외력에 저항하는 방식

　② 특징

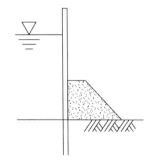

　　㉮ 부지가 작게 소요

　　㉯ 연약지반 적용 제한, 근입저항 부족

　　㉰ 깊은 수심에 적용 불가

　　㉱ 버팀대 등이 없어 공간활용성 우수

　　㉲ 공사가 간단, 비용 저렴

(5) Cell식

　① Sheet Pile을 원통 형태로 타입 후 내부공간에 속채움한 방식

　② 특징

　　㉮ 수심이 10m 이상 깊은 기초굴착 시 적용

　　㉯ 단면형태를 자유롭게 적용 가능

　　㉰ 안정성, 수밀성 우수

　　㉱ Sheet Pile Joint 부위의 지수처리 필요


# IV. 결론

1. 가물막이는 가시설로서 시공에 있어 경제성, 안전성, 시공성 등을 검토하여 적용하나 특히 본 공사와의 연계성, 여건보장 측면에서의 검토도 매우 중요하다.

2. 가물막이 시공 시 벽체의 수직도 확보 및 지반과의 밀착, Boiling·Heaving 방지, 수직도 확보, 지보공설치 등 철저한 시공관리를 통해 변형과 누수를 최소화하도록 해야 한다.

# 07 준설선 선정 시 고려사항 및 준설선의 종류

## I. 개요

1. 준설(Dredging)이란 수중의 토사나 암석을 굴착하는 것을 말하며 여기에 사용되는 장비를 준설선이라 한다.

2. 준설의 필요성
(1) 새로운 항로나 정박지의 조성, 항로 폭의 확장
(2) 수심을 유지하기 위한 유지 준설
(3) 방파제나 안벽 등의 수중 구조물 기초 터파기
(4) 매립을 위한 토사 채취와 환경보존을 위한 퇴적 오니의 제거
(5) 골재 및 광물의 채취

> ┤ 참조 ├
>
> **착공 전 조사할 사항**
> 바람·안개 등 기상여건, 조석·조류·표사이동 등 해상여건, 측량 및 탐사, 토질조사, 투기장소·투기경로 등

## II. 준설선 선정 시 고려사항

### 1. 준설목적
준설지역과 목적을 고려하여 적정장비 선정, 적용

### 2. 준설지역 조건
(1) 수심
　　① 준설 전·후의 수심
　　② 토운선의 만선 시 항로의 수심
(2) 준설지역의 넓이(길이, 폭)
　　① 준설선별 작업효율을 고려한 최소길이 검토
　　② 준설선의 회전, 접안 공간 등

(3) 준설두께 : 너무 얇거나 두껍지 않게 조정

## 3. 기상 및 해상조건

(1) 작업불가 기상조건

| 바람 | 강우 | 안개 |
|---|---|---|
| 풍속 15m/sec 이상 | 일강우량 10mm 이상 | 시계 1km 이하 |

(2) 파도가 높으면 작업 제한

(3) 조류 : 2노트 이상 시 작업 곤란

## 4. 토질 조건

(1) 세립점토와 입경이 큰 전석은 준설 제한

(2) 토질, 연약층 두께, 지지층 등을 파악

## 5. 사토장까지 거리 및 운반방법

| 단거리 | 장거리 |
|---|---|
| 자항식, 토운선 | 토운선, 배사관 |

## 6. 환경오염

(1) 소음·진동, 냄새, 수질오염 등

(2) 준설지역, 운반로, 투기장 등에서의 오염 요인

## 7. 준설토량 및 공사기간

## 8. 항행선박의 항로

(1) 항행하는 선박의 차단 실시 여부

(2) 자항식 준설선의 운용 검토

## 9. 시공성, 경제성, 안전성 등

## 10. 준설선단의 구성

(1) 준설토량과 준설선의 준설능력, 투입대수 등을 고려

(2) 지휘선, 연락선, 운반선, 준설선 등을 조합

## 11. 비상시 대피

우발상황에 대비한 대피위치 및 경로 사전 확인

# III. 준설선의 종류

## 1. 쇄암선

(1) 쇄암선의 구분

| 중추식 | 충격식 |
|---|---|
| Drop Hammer | Rock Breaker, Hammer+특수 Bit |

(2) 특징

    ① 수심 60m 이내 적용

    ② 순수 토사지반의 경우 쇄암선 필요 없음

    ③ 작업능률 부족

(3) 조류가 심한 해역은 선체를 앵커로 고정

(4) 적용 토질 : 경질의 암반

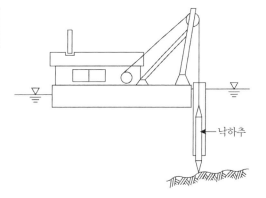

## 2. Grab Dredger

(1) 작업선에 설치된 기중기에 그랩버킷(Grab Bucket, Clamshell)을 장착하여 준설

(2) 자항식, 비자항식이 있음

(3) 버킷 용량 : $0.8\sim25m^3$

(4) 특징

    ① 협소한 장소, 소규모 준설공사에 적용 가능

    ② 준설 심도 조절 용이

    ③ 기계설비가 단순

    ④ 굳은 토질에는 부적합

    ⑤ 준설능력이 작음

    ⑥ 준설단가가 비교적 고가

(5) 적용 토질

    연질토사, 자갈 섞인 경질토사

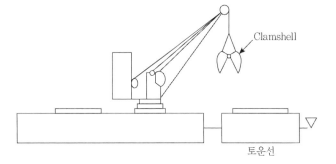

## 3. Bucket Dredger

(1) 회전하는 컨베이어 시스템에 버킷을 달아 연속으로 굴착하는 방법

(2) 자항식, 비자항식이 있음

(3) 1분당 통과하는 버킷 수 : 16~25개, 버킷 체인 회전 속도 : 6~10m/분

(4) 1회 회전(Swing)에 의한 굴착 깊이 : 약 2m, 1회 전진거리 0.5~2.0m

(5) 특징

　　① 준설능력이 커서 대규모 준설공사에 적합

　　② 광범위한 토질의 준설이 가능

　　③ 해저를 평탄하게 끝손질 가능

　　④ 준설단가가 비교적 저렴

　　⑤ 암석이나 굳은 지반의 준설 부적당

　　⑥ 버킷의 수리비가 많이 소요

(6) 적용 토질 : 연질 토사, 자갈 섞인 토사

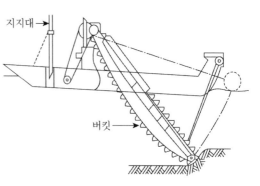

## 4. Pump Dredger(Cutter Suction Dredger)

(1) Cutter를 이용하여 토사를 분리시키고 Pump로 흡입시켜 배사관을 이용하여 압송하는 방식

(2) 연약한 지반에 적용 시 Cutter 대신 Water Jet 후 흡입

(3) 특징

　　① 준설토사 운반은 배송관 이용, 토운선 불필요

　　② 해저 작업면에 요철이 많이 발생

　　③ 배송관 설치로 항로준설이 곤란

　　④ 수심이 깊으면 부압이 낮아져 능률 저하

(4) 적용 토질

　　실트, 점토질 지반에 효율 우수, 경질지반 외 모든 토질에 적용 가능

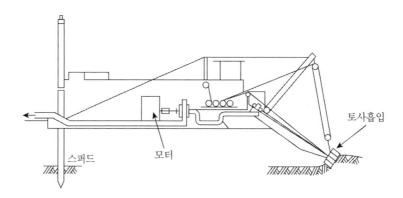

## 5. Drag Suction Hopper Dredger

(1) 자항식으로 항행하면서 Suction Pump로 토사를 물과 함께 반입하여 호퍼에 저장 후 사토장까지 운반·사토

(2) 자항식으로 토운선 등 불필요

(3) 특징

    ① 자항식으로 타 선박에 영향이 적음

    ② 대량준설에 적합

    ③ 해저의 평탄한 끝손질이 곤란

    ④ 사토거리가 멀면 비경제적

    ⑤ 대규모의 하천, 항만 준설공사에 적용

    ⑥ 세립토사가 많으면 준설효율이 낮아짐

(4) 적용 토질 : 경질토사, 자갈 섞인 경질토사 등

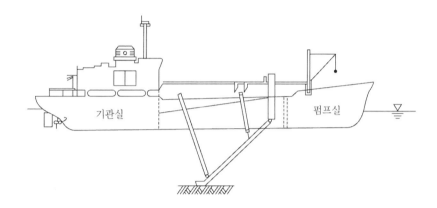

## 6. Dipper Dredger

(1) 작업선에 Shovel계 굴착기를 설치하여 준설하는 방식

(2) 특징

    ① 암석이나 굳은 지반의 준설에 적합하고 굴착력이 우수

    ② 앵커를 내려서 준설선을 돌리지 않으므로 넓은 작업장소가 필요하지 않음

    ③ 준설능력이 낮음, 준설단가가 비쌈

    ④ 숙련된 운전공이 필요

(3) 적용 토질 : 경질토사, 자갈 섞인 토사, 연질의 암반

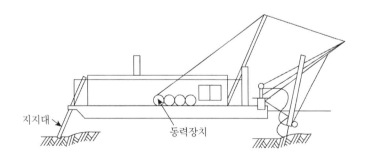

## 7. 준설선의 특징 및 성능 비교

| 구분 | 작업 내용 | 대상 토질 | 작업량 |
|------|-----------|-----------|--------|
| 드랙 석션 | 대규모 항로 준설 | 점토~모래 | $1,000 \sim 1,500 \text{m}^3/\text{h}$ |
| 펌프준설선 | 대규모 준설 | 점토~자갈 | $700 \sim 2,000 \text{m}^3/\text{h}$ |
| 그랩준설선 | 박지준설, 소규모 항로 | 실트~경질토 | $100 \sim 200 \text{m}^3/\text{h}$ |
| 버킷준설선 | 대규모 항로, 박지준설 | 모래~연암 | $100 \sim 400 \text{m}^3/\text{h}$ |
| 디퍼준설선 | 중규모 준설 | 굳은 지반, 호박돌 섞인 토질 | $50 \sim 70 \text{m}^3/\text{h}$ |

## 8. 부속선

(1) 토운선

    ① 준설토를 해상에서 운반하는 장비

    ② 자항식, 비자항식이 있음

    ③ 투하방식 : 저개식, 측개식

(2) 예인선(Tug Boat)

    ① 비자항식 작업선, 토운선 등의 예항에 사용

    ② 일반적으로 50~100톤급 적용

(3) 압선(Pusher Tug)

    ① 배를 밀어서 이동시킴

    ② 예인선에 비해 조작이 용이, 기동성 우수

(4) 기타 : 급유선, 급수선, 대선선, Anchor Barge, Generator Barge 등

> **│ 참조 │**
>
> **준설 후 허용오차**
>
> | 구분 | 준설 | 기초 터파기 | 비고 |
> |------|------|-------------|------|
> | 수심(저면) | (+) : 0, (−) : 규정하지 않음 | (±) : 300mm | |
> | 비탈면 | (+) : 100mm, (−) : 규정하지 않음 | 외측 : 2m, 내측 : 300mm | 비탈면(법면)과 직각방향 |

# IV. 결론

1. 작업선은 해저 토질, 준설량, 수심, 투기조건, 기상, 해상, 공사기간, 주변해역 이용 상황 등 현장여건을 고려하여 효율적인 작업이 가능한 선종 및 규격을 선정하여야 한다.

2. 준설깊이는 조위를 환산하여 확인토록 해야 하며, 작업 시 환경영향평가 기준을 준수하고 안전을 확보하기 위한 교육 및 통제를 실시하여야 한다.

| 참조 |

### 준설 시 주의사항

- 여굴 및 여쇄, 여유 폭을 고려한 준설토량 검토 및 작업
- 단단한 토질이나 구조물 인접 시 발파에 의한 작업이 불가능하면 쇄암선 운용
- 준설작업의 관계 법규 : 개항질서법, 항로표지법 등
- 작업구역은 항로표지(부표, 등부표 등)를 설치
- GPS 측량에 의한 성과에 따라 굴착구역을 선정
- 준설작업 중 항시 준설선의 위치나 준설 깊이를 정확하게 확인
- 준설 깊이는 항상 조위를 환산하여 확인
- 준설작업은 환경영향평가 기준을 준수
- 필요한 경우 준설구역 주변에 감시점을 설치하여 상시수질감시를 실시하고 오탁방지막, 오일휀스 등 오탁방지대책을 강구
- 작업 전에 안전관리 체계수립 및 중점관리항목 선정, 종사자 교육 등을 실시
- 모든 준설토와 굴착토는 지정된 투기장으로 반출 투기하여야 하며 운반 도중에 누출 등이 없도록 주의

# 08 항만공사 유의사항

## I. 개요

1. 항만공사는 구조물의 안정 확보는 물론 시공 간 기상, 안전, 환경 등을 충분히 고려하여 공사가 진행되어야 한다.
2. 철저한 사전조사를 통해 시공방법의 적합성, 주변에 미치는 영향, 공사 가능일수 등 세심한 시공계획을 수립하여 시공관리해야 하며 특히 안전확보, 해양오염 등에 대책을 강구하여야 한다.

## II. 해상공사 유의사항

### 1. 기상

(1) 작업불가 기상조건

| 바람 | 강우 | 안개 |
|------|------|------|
| 풍속 15m/sec 이상 | 일강우량 10mm 이상 | 시계 1km 이하 |

(2) 파고 1m 이상 시 작업 제한

(3) 조류 : 2노트 이상 시 작업 곤란

(4) 조위차 : 일자별, 시간별 차이 확인

### 2. 측량

(1) GPS, 삼각측량에 의한 위치측량

(2) 기준점, Survey Tower 등 설치

(3) 수심

    ① Echo Sounder, 수중 Staff 등 사용

    ② 조위변화를 고려

    ③ 수심을 고려한 장비 및 재료 규모 판단

## 3. 공정관리

(1) 작업가능일수 : 15~20일/월

(2) 계절별, 지역별 특성 고려

(3) 공정을 여유 있게 계획

## 4. 환경

(1) 시공위치 주변 환경 영향요인 조사

(2) 시공에 따른 생태계 영향 검토(어장 및 양식장 등)

(3) 기초사석 투하, 발파, 준설 등의 영향 고려

    ① 작업에 의한 부유물, 폐기물

    ② 발파에 따른 소음, 진동

(4) 해양 환경법 등 준수

## 5. 항로

(1) 항행하는 선박의 차단 실시 여부

(2) 자항식 준설선의 운용 검토

## 6. 비상시 대피

    우발상황에 대비한 대피 위치, 피항지 및 경로 사전 확인

## 7. 안전성

(1) 대형장비, 중량물 취급, 해상 특수성 등으로 인해 대형사고 우려

(2) 파고, 태풍 등 기상예보 확인 및 대처

(3) 개인 보호구 착용, 통신대책 및 지휘체계 확립

## 8. 연약지반개량

(1) 기초지반의 소요 지지력 Check

(2) 개량공법

    ① 치환            ② 재하압밀

    ③ 심층혼합처리    ④ SCP(모래다짐말뚝)

## 9. 기초사석공

(1) 사석의 투입

    ① 2단계로 나누어 투입하여 관리

    ② 1단계 투입 : 계획고 −1.0~−1.5m, 막 버림

③ 2단계 투입 : 계획고 확보(여성을 고려)

㉠ 여성 : 0.5~1.0m

㉡ 확폭 : 0.3m

(2) 사석 고르기(Levelling)

① 막고르기

㉠ 볼록한 부분을 제거하고 오목한 부분은 메워 면을 고르게 정리

㉡ 정도 관리는 시공위치에 따라 ±10~50cm

② 본고르기

㉠ 본구조물과 직접 접하는 면에 실시

㉡ 큰 돌은 표면에 작은 돌(잔자갈)로 틈을 메워서 맞물리도록 수평고르기 실시

㉢ 잠수부가 스크리드(Screed)를 사용 표면 평탄성 확인

㉣ 마루높이 허용오차 : ±50mm

## 10. 안정성 검토 철저

(1) 활동 : 수압, 토압, 파력 등에 대한 구조물의 안정 Check

(2) 침하 : 침하로 인한 기초사석, 구조물의 안정 Check

(3) 원호활동

① 기초사석의 하부지반에서의 원호활동 검토

② 기초지반의 지지력, 개량깊이 및 공법 판단

(4) 세굴

(5) 토압 및 수압, 잔류수압

(6) 선박의 견인력 및 충격력

## 11. 적정 시공법 선정 · 적용

(1) 해양 특성, 주변지형 고려

(2) 시공성, 안전성, 경제성 확보

# III. 결론

1. 항만구조물 시공 간 항내 구조물과의 관계, 축조 후 인근지형의 변화, 항만의 장래발전 등이 충분히 고려되어야 한다.

2. 항만공사는 대형장비에 의한 작업수행이 많으므로 안전대책을 철저히 강구하고 기상영향을 고려한 공정관리를 철저히 하여야 한다.

# 09 매립 공사

## I. 개요

1. 매립이란 해안·호소·하천·저습지 등의 공유수면에 제방 등의 구조물을 축조하고 그 내면을 토사로 메워 조성하는 것을 말한다.
2. 매립공사는 철저한 조사를 통해 매립 토량과 면적, 매립토의 특성, 운반거리 및 방식, 매립지의 사용목적과 시기 등을 고려하여 적합한 매립방식을 선정·적용하여야 한다.

## II. 매립방식 결정 시 고려사항

### 1. 매립지

(1) 원지반의 조건
　　① 지반고, 수심, 지형
　　② 지지력 등
(2) 매립지의 사용 목적
(3) 매립지의 사용 시기
(4) 매립토량과 면적
(5) 매립 방식

### 2. 토취장

(1) 토량, 토질
(2) 지형, 면적
(3) 위치
(4) 운반경로 및 운반방법

### 3. 시공성, 경제성, 안전성, 환경성 등

## III. 매립공사 시공 Flow

$$\boxed{\text{사전조사}} \rightarrow \boxed{\text{매립방식의 검토 및 계획}} \rightarrow \boxed{\text{매립공사 실시}} \rightarrow \boxed{\text{분양(양도)}}$$

## IV. 매립토량의 계산

### 1. 매립토량 산출

$$\text{매립토량}(V) = \frac{V_o}{P}$$

여기서, $V_o$ : 매립소요토량(더 돋기 포함), $P$ : Pump 준설에 의한 매립토사의 평균 유보율

### 2. 침하량

(1) 총침하량 = 원지반침하량 + 매립토사 침하량

(2) 매립토사의 일반적 침하율

    ① 사질토 : 층 두께의 5% 이하

    ② 점성토 : 층 두께의 20% 이상

    ③ 사질토, 점성토 혼합 : 층 두께의 10~15% 정도

### 3. 유보율과 유실률

(1) Pump 준설선을 이용한 준설토사를 배사관을 통해 매립하는 경우 적용

(2) 유보율

    ① 유보율이란 준설토량 중 유실량을 제외한 유보량의 전체 준설토량에 대한 백분율

    ② 유보율 $= \dfrac{\text{유보량(준설토량 − 유실토량)}}{\text{준설토량}} \times 100(\%)$

    ③ 토질별 유보율

| 구분 | 점토 | 모래 | 자갈 |
|------|------|------|------|
| 유보율(%) | 70 | 70~95 | 95~100 |

    ④ 입경별 유실률

| 입경(mm) | 0.075 이하 | 0.15~0.075 | 0.3~0.15 | 0.3~0.5 | 1.2~0.5 | 1.2 이상 |
|----------|-----------|------------|----------|---------|---------|----------|
| 유실률(%) | 30~100 | 30~35 | 20~30 | 10~15 | 5~8 | 거의 없음 |

    ⑤ 유보율 향상방안

        ㉮ 매립토사의 침전시간, 방치기간을 증가

        ㉯ 매립면적을 소블록화하여 분할 매립

        ㉰ 시험 결과 및 사례 등을 분석하여 대책 마련

# V. 매립 방식

## 1. 해저토사 매립방식

(1) Pump 준설선에 의한 투기

　① 비항식 Pump 준설선

　　㉮ Pump 준설선에 의한 준설 후 송토관을 이용하여 매립지에 투기하는 방식

　　㉯ 대량준설에 적합

　　㉰ 비교적 단단한 토질에도 적용 가능

　　㉱ 토운선 불필요

　　㉲ 송토관은 해상관과 육상관으로 분류

　　㉳ 배사관은 부함 위에 설치한 배사관(해상 배사관)과 해저에 배치한 침설관으로 분류

　　㉴ 송토관은 준설토 투기계획, 분할된 투기 블록, 투기 순서 등을 고려 배치

　　㉵ 투기거리가 먼 경우는 중계펌프 이용

　② 자항식 Pump 준설선

　　㉮ Pump 준설선에 의한 준설 후 항행하여 투기장까지 이동하여 투기하는 방식

　　㉯ 준설구역이 넓을 때 적용

　　㉰ 토운선 불필요

(2) 토운선에 의한 투기

　① Dipper 준설선, Grab 준설선 등에 의해 준설, 토운선으로 운반하여 투기하는 방식

　② 매립지가 원거리인 경우 적합

　③ 토운선의 투기장 출입 시 투기토의 유실 발생 가능

　　개방된 호안 주변에 오탁방지망 설치 운용

　④ 투기장의 수심이 얕은 경우 흘수가 작은 대선을 이용 투기

　⑤ 최종 투기는 개구부 호안을 막은 후 송토관 또는 육상 운반을 통해 마무리

## 2. 육상토사 매립방식

(1) 육상 토취장의 토사를 매립토사로 이용하는 방식

(2) 인근에 양질 해저토사가 없거나 운반거리가 너무 멀어서 경제성이 확보되지 않을 때 적용

(3) 해저토사 매립 후 양질의 여성토시 적용

(4) 인근의 토취장 토사나 암버력을 운반하여 투기

(5) 인근 산을 깎아 매립토로 활용 시 경제적

## 3. 폐기물 매립방식

(1) 산업폐기물, 일반폐기물 등을 매립재로 이용하는 방식

(2) 매립 시 폐기물과 양질토를 일정 두께로 번갈아가며 매립

(3) 폐기물에 대한 유해물, 침출수, 유해가스 등에 대한 대책 별도 강구

> ┤ 참조 ├
>
> - 매립호안 : 매립토의 유출을 방지, 해수면 상승에 따른 매립지 보호 등을 위해 설치, 선박의 계류시설인 안벽시설이 호안의 역할을 겸하도록 설치
> - 호안 구조물의 형식 : 중력식 호안, 널말뚝식 호안, 사석식 호안 등
> - 집수정 : 매립토사 중 물(85~90%)을 집수하여 배출하기 위해 설치
> - 여수토 : 매립 후 토사가 침전, 안정 후 준설수 등을 매립구역 외부로 유출되는 유출구

# VI. 결론

1. 대규모 매립지 조성에는 펌프 준설선의 준설에 의한 매립을 주로 적용하고 있다.

2. 매립이 완료된 매립지는 상당량의 침하가 발생하므로 침하관리를 철저히 하고 적절한 지반개량공법을 적용하여 안정처리를 해야 한다.

# 10 표층처리공법(매립지, 초연약지반)

## I. 개요

1. 매립지, 초연약지반 등에서는 지반개량을 위한 장비 진입이 극히 제한된다.
2. 공사초기에 사용되는 장비의 투입여건을 확보하기 위해 표층처리공법이 선행 적용되어야 한다.

## II. 공법 선정 시 고려사항

### 1. 지반개량(본공사) 공사에 관한 사항
(1) 지반개량공법
(2) 공사소요 장비의 종류, 중량, 대수 등의 특성
(3) 공사시기

### 2. 표층처리 공사에 관한 사항
(1) 현재 지반의 표층 상태 : 함수비, 지지력, 토질 등
(2) 표층개량 후 요구 지지력, 함수비
(3) 공사기간 및 비용
(4) 안전성

### 3. 시공성, 공해 등

## III. 표층처리공법의 분류

| 구분 | 주요 공법 |
|---|---|
| Mat 공법 | Sand Mat 공법, 토목섬유공법, 대나무 Mat 공법 |
| 표층배수공법 | PTM, 수평진공배수공법 |
| 고결공법 | 표층고화처리공법, 동결공법 |

# IV. 표층처리공법

## 1. Mat 포설공법

(1) 모래, 토목섬유, 대나무 Mat 등을 성토 전 부설하여 상부 성토하중, 작업하중 등을 원지반에 균등히 분포시키기 위한 공법

(2) Sand Mat 공법

① Sand Mat는 개량지반 표층에 모래를 일정두께로 부설하여 표층의 장비주행성(Trafficability)을 확보하며 수평배수층 역할을 한다.

② 토목섬유공법과 조합하여 적용 시 효과 증대

③ 점성토 지반, 유기질토 지반 등에 적용

(3) 토목섬유 공법

① 연약지반 표면에 토목섬유를 부설한 후 양질토사(또는 Sand Mat)를 부설하는 공법

② 초연약지반, 매립지반 등에 많이 적용

③ 적용 토목섬유의 종류

㉮ PP(Polypropylene) 섬유

㉯ PE(Polyethylene) 섬유

㉰ PET(Polyester) 섬유

(4) 대나무 매트 공법

① 휨 저항력이 우수한 대나무매트를 성토 전 부설하는 공법

② 대나무 매트의 강성과 부력에 의해 장비 주행성을 확보

③ 대나무는 인장, 휨저항이 비교적 우수

④ 초연약지반, 고함수비 매립지 표층개량에 적용

⑤ 재료의 결속(체결), 부식에 대한 유의

## 2. 표층배수공법

(1) 표층부에 수분을 탈수하여 함수비를 낮추어 건조시켜 표층을 개량하는 공법

(2) PTM(Progressive Trenching Method)

① Trench 배수로를 이용, 표층의 여수를 배수시키는 공법

② 배수로의 깊이는 건조층의 두께를 고려 단계별로 깊게 형성

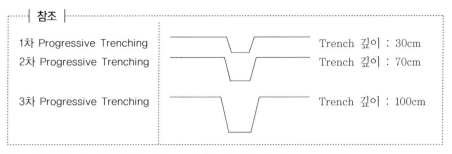

| 참조 | |
| --- | --- |
| 1차 Progressive Trenching | Trench 깊이 : 30cm |
| 2차 Progressive Trenching | Trench 깊이 : 70cm |
| 3차 Progressive Trenching | Trench 깊이 : 100cm |

③ 표층배수가 진행됨에 따라 표층은 건조층이 됨

④ 고함수비 매립지, 고함수비 초연약지반 등에 적용

⑤ 성토재의 구득이 어렵고 공기에 여유가 없을 때 유리

⑥ 공사비 비교적 저렴

(3) 수평진공배수공법

① 고함수비 매립지 표층부에 매설선을 투입하여 수평배수재를 매설한 후 표층부를 비닐 등
으로 덮고 진공 Pump를 이용하여 배수시키는 공법

② 배수재는 일반적으로 0.5~1.5m 간격으로 다단으로 매설

③ 진공 Pump를 이용 부압을 작용시켜 강제배수를 통해 수분이 배출됨

④ 대량의 준설토를 단기간에 개량 가능

⑤ 상재하중을 사용하지 않음

## 3. 고결공법

(1) 흙입자 사이에 고결재(경화물질)를 첨가하여 지반의 지지력을 증가시키는 공법

(2) 표층고화처리 공법

① 연약표층에 고결재(경화재)를 교반하여 지반을 개량하는 공법으로 화학적 안정처리 공법

② 준설매립지 등에 표층부 1~2m 정도를 고화시켜 작업하중 등에 대한 지지력 확보

③ 경화재 : 석회, Cement 등

④ 특징

㉮ 배합관리를 통해 개량 효과를 확실히 할 수 있음

㉯ 일체화된 구조를 형성하며 부등침하가 적음

㉰ 원지반과 교반을 위한 전용장비 필요

(3) 동결공법

① 표층 간극수를 동결시켜 일시적 개량 효과를 얻는 공법

② 동결공법의 종류

㉮ 저온 액화가스 방식(액체질소 등의 기화열을 이용)

④ 브라인 방식(부동액 순환 방식)
③ 동결 시 지반의 강도, 지수성 증진 효과 우수
④ 경화재 등의 사용이 없어 환경오염의 우려 없음

## V. 결론

1. 표층의 개량은 지반개량 등의 본 공사의 여건을 확보하는 목적을 달성하기 위하여 실시된다.
2. 표층개량 후 반드시 지지력, 함수비, 개량심도 등을 확인하여 지반개량공사의 여건 확보가 되도록 관리하여야 한다.

# 11 DCM(Deep Cement Mixing) 공법

## I. 개요

1. 최근 연약지반의 해안 및 항만구조물의 기초 안정성 확보를 위해 적용되는 기초처리 공법으로 시멘트를 고화재로 사용하는 DCM 공법이 많이 적용되고 있다.
2. 심층혼합처리 공법은 연약지반에서 시멘트와 물을 혼합시킨 슬러리를 저압으로 천천히 주입 및 강제적으로 혼합하여 고결체를 만드는 공법을 말한다.

## II. 특징

1. 적용범위가 넓다(육·해상 적용, 지층조건에 제약이 적음)
2. 개량 효과 우수
3. 기초지반의 안정성 증대
4. 정량적 개량 및 안정해석 가능
5. 인접구조물에 대한 영향이 적음
6. 저소음·저진동 공법으로 주변 환경에의 영향이 적음
7. 원지반 상태에서 고화·개량하는 공법이므로 발생잔토(부상토)가 적음
8. 공사비 비교적 고가

| 참조 |

**공법 적용 시 주요 검토사항**

| 구분 | 주요 검토사항 |
|---|---|
| 개량체 단면 | 안정성, 시공성, 경제성 등을 고려 단면 및 개량형식 결정 |
| 개량지반 형식 | |
| 하단부 지지형식 | 외적안정(전도, 활동, 지반지지력, 원호활동)에 안정하도록 선정 |
| 개량폭 | DCM 내적안정, 외적안정에 충분히 안정하도록 선정 |
| 개량율 | 상부하중에 대한 재료허용응력이 만족하는지 검토 |

# III. 적용

| 해상구조물 기초 | 육상구조물 기초 | 가설적 용도 |
|---|---|---|
| 방파제 기초<br>호안 기초<br>안벽 기초<br>인공섬 기초 | 탱크 기초<br>도로 기초<br>건물 기초<br>제방 기초 | 토류벽<br>지수벽<br>말뚝 측면 구속<br>지중보 |

# IV. 고결체의 고결(강도증진) 원리

1. 시멘트 + 물 : 수화반응
2. 수화 생성물 + 점토광물 : 포졸란 반응

---

| **참조** |

**개량지반의 형식**

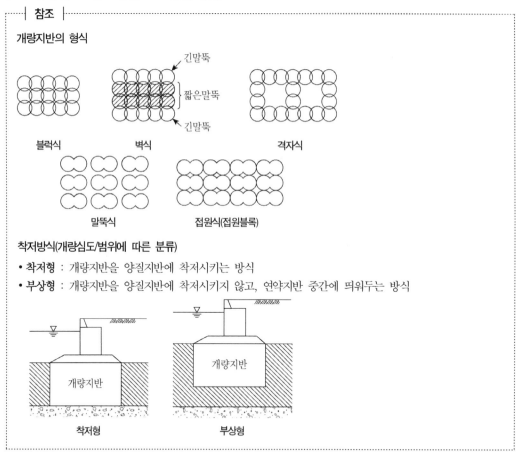

**착저방식(개량심도/범위에 따른 분류)**

• **착저형** : 개량지반을 양질지반에 착저시키는 방식
• **부상형** : 개량지반을 양질지반에 착저시키지 않고, 연약지반 중간에 띄워두는 방식

---

## V. 시공 Flow

사전조사 → 배합시험 → 시험시공 → 슬러리 생산 및 압송
→ 관입교반 → 선단처리 → 인발교반 → 검사

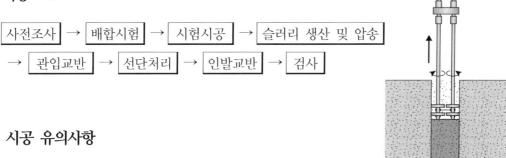

## VI. 시공 유의사항

### 1. 실내배합시험을 통해 단위 시멘트량 결정

(1) 설계기준강도, 일축압축강도

(2) 3종 이상의 혼합비율에 대한 시험 수행, 최적 배합 판단

### 2. 현장시험시공

(1) 최적의 배합비, 장비의 효율성, 기기의 작동성 등을 확인

(2) 고결체의 시료에 대한 강도평가

### 3. 시공관리

(1) 관입속도 : 2.0m/분

(2) 인발속도 : 0.7~0.8m/분

(3) 교반날개의 회전수, 전류차, 관입인발속도 및 심도개량재의 토출량을 계기에 의해 확인

(4) 균일한 혼합관리 실시

(5) 시공위치에 대한 정밀도 관리 필요

(6) 선단처리

    ① 단부에서의 교반속도를 관입 및 인발시의 속도보다 느리게 하는 방법

    ② 선단부에 해당하는 길이만큼 관입 및 인발을 반복하여 교반하는 방법

(7) 시공심도 및 수직도 관리

    ① 타설위치는 GPS를 이용한 자동위치 결정 시스템 이용

    ② 수직도 관리는 경사계, 수평측정계 등을 사용

    ③ 시공심도는 자동기록장치 이용

(8) 장비 안전관리 철저

    ① 시공장비의 무게중심이 높음

    ② 장비 조립, 해체, 작업 이동중 전도위험 발생

## 4. 검사

(1) 코아를 채취하고 일축압축강도시험을 실시

　　공당 상, 중, 하 위치하는 코어를 균등하게 사용

(2) 채취된 코어의 RQD나 TCR을 통해 개량체의 연속성을 확인

(3) 개량체의 균질성 확인 : BIPS(시추공내 영상촬영)등을 수행

(4) 육상공사의 경우 지지력확인을 위한 평판재하시험 실시

## VII. 결론

1. 다짐모래말뚝은 개량재인 모래 및 자갈의 재료비 상승과 개량 후에도 일부 침하량이 발생하며, 대심도 경질지반의 경우 지반개량에 제한을 받게 된다.
2. 사전조사를 실시하여 토질특성을 파악하고, 이를 토대로 실내배합시험을 통한 설계기준강도를 산정하여 설계에 적용하며, 개량체의 품질을 확보하기 위해 시공 전과 시공 후에 개량체의 품질확인을 위한 시험이 필요하다.

# 12 하천제방의 시공

## I. 개요

1. 제방은 홍수 시 유수의 원활한 소통을 유지시키고 제내지를 보호하기 위하여 하천을 따라 흙으로 축조한 공작물을 말한다.
2. 제방은 제방의 시공 목적, 하천의 특성, 제내지의 상황, 기초 지반의 상태 등을 고려 설계·시공되어야 한다.

## II. 제방의 구조와 명칭

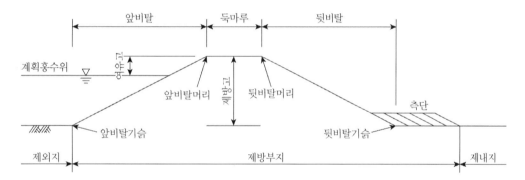

## III. 하천제방의 역할

1. (유수의)원활한 소통을 유지
2. 홍수에 의한 범람 방지
3. 유수의 침투, 범람 방지로 제내지를 보호
4. 환경 개선

## IV. 제방의 붕괴 원인

1. 월류

2. 비탈면의 침식

3. 제체 침투 및 활동

4. 파이핑(Piping)현상

5. 하상 세굴로 인한 비탈면 붕괴

6. 하천구조물(교량, 수문, 배수구, 보·낙차공 등)의 제방 연결부 상태 불량

## V. 제방 시공 Flow

(준비 →) 기초공 → 재료 → 축조 → 마감공 → 검사

## VI. 제방의 시공

### 1. 준비, 기초공

(1) 벌개제근

(2) 기존구조물 철거

(3) 공사 중 하천유지를 위한 조치

(4) 연약지반의 개량 : 다짐, 고결, 재하, 치환, 압밀배수공법 등

(5) 연약지반의 토질·두께 고려 흙쌓기 속도 기준 설정

┤ 참조 ├

**연약지반에 따른 흙쌓기 속도 제한**

| 지층 | 흙쌓기 속도(cm/일) |
|---|---|
| 두꺼운 점토질 지반, 유기질이 두꺼운 퇴적층 지반, 이탄질 지반 | 3.0(0.9m/월) |
| 보통의 점토질 지반 | 5.0(1.5m/월) |
| 얇은 점토질 및 흑니유기질토 지반, 얇은 이탄질 지반 | 10.0(3.0m/월) |

**제방의 안정성 검토**

제체의 침투, 사면활동, 침하 등

### 2. 제방 쌓기 재료

(1) 통일분류법상 GM, GC, SM, ML, CL 등

(2) 일정정도 점토(C), 실트(M)와 같은 세립분을 함유한 것

(3) 재료의 최대치수는 100mm 이내

(4) 하상재료를 이용 시 양질토사와 혼합 사용

　① 콘지수($q_c$) 400kPa(4.0kgf/cm$^2$) 이상 확보

② 투수계수($K$) $1 \times 10^{-3}$cm/s 이하

(5) 포화도에 따른 흙의 수축 및 팽창성 변화가 적은 것

(6) 시공이 용이한 것

(7) 제방 횡단 구조물의 되메우기 재료 : 양질의 성토재(SM 및 SC 등) 사용

## 3. 시험성토

(1) 다짐장비, 다짐횟수 및 포설두께의 결정

(2) 토질에 따른 다짐 Roller 기종 선정

---

**┤ 참조 ├**

**흙의 분류방법**

입도에 의한 분류, 컨시스턴시에 의한 분류, 통일분류법, AASHTO 분류법 등

**통일분류법**

• 입도에 의한 조립토와 세립토 분류
  − 조립토 : 입도 및 함유 세립토의 컨시스턴시에 따라 8종류로 분류
  − 세립토 : 컨시스턴시만으로 6종류로 분류, 관찰에 의한 유기질토 분류
• 통일분류법은 흙을 15종으로 분류

| 구분 | 제1문자 | | 제2문자 | |
|---|---|---|---|---|
| | 기호 | 설명 | 기호 | 설명 |
| 조립토 | G<br>S | 자갈<br>모래 | W<br>P<br>M<br>C | 양호한 입도의<br>불량한 입도의<br>실트를 함유한<br>점토를 함유한 |
| 세립토 | M<br>C<br>O | 실트<br>점토<br>유기질토 | L<br>W | 소성 또는 압축성이 낮은<br>소성 또는 압축성이 높은 |
| 유기질토 | Pt | 이탄 | − | − |

---

## 4. 축제

(1) 층따기

　① 지반경사 1 : 4보다 급한 경우

　② 흙쌓기와 원지반의 밀착 도모, 활동 방지

　③ 기설제방의 단면 확장, 신·구 제방의 접합부 층따기 실시(Bench Cut의 폭 : 0.5~1.0m)

(2) 다짐

　① 층다짐을 통해 다짐부위 전체가 균일한 다짐이 되도록 관리

　② 다짐두께(다짐 후 한층 두께)

　　㉮ 일반구간 : 30cm 이내

   ㉯ 구조물 뒷채움 구간 : 20cm 이내

  ③ 비탈면에 대해서도 규정 다짐률 이상 확보

   ㉮ 비탈경사 1 : 2보다 완만할 경우 불도저 다짐

   ㉯ 진동콤팩터 또는 소형 진동 Roller 등 이용

  ④ 최적함수비에 가까운 상태로 다짐시공

   ㉮ 물을 뿌리거나 건조시켜 함수비 조절

   ㉯ OMC~OMC+3% 사이 관리

   ㉰ 강우시 임시물막이나 차수시트를 덮어 함수비 조절

  ⑤ 구조물 뒷채움부

   ㉮ 구조물 양측 다짐높이 균등 유지

   ㉯ 다짐층의 두께 : 10~20cm

   ㉰ 구조물 인접부 다짐은 램머 및 전동식 다짐기계 이용

  ⑥ 시공 중 장비 주행에 의해 발생한 불량부분은 부적합 재료를 제거 후 재시공

(3) 더돋기

  ① 장기적 압밀을 고려 더돋기 높이 확보

  ② 제방 높이에 따른 더돋기 높이 기준 준수

  ┈┤ 참조 ├┈

  **더돋기 높이의 기준**                (단위 : cm)

| 제체의 특성 | | 보통흙 | | 모래·자갈 | |
|---|---|---|---|---|---|
| 기초지반의 토질 | | 보통흙 | 모래 섞인 자갈<br>자갈 섞인 모래 | 보통흙 | 모래 섞인 자갈<br>자갈 섞인 모래 |
| 통일분류법에 의한<br>기초지반의 토질 | | SW, SP, SM, SC | GW, GP, GM, GC | SW, SP, SM, SC | GW, GP, GM, GC |
| 제방 높이 | 3m 이상 | 20 | 15 | 15 | 10 |
| | 3m~5m | 30 | 25 | 25 | 20 |
| | 5m~7m | 40 | 35 | 35 | 30 |
| | 7m 이상 | 50 | 45 | 45 | 40 |

(4) 둑마루 마무리

  ① 유지관리를 위해 잡석, 순환골재 등을 부설

  ② 다짐도 95% 이상 확보, 표면마무리층 두께 20cm

(5) 제방비탈면 마감

  ① 강우 또는 유수에 의한 세굴 붕괴에 대비 보호공 설치

  ② 호안공 등으로 덮어서 보호

(6) 누수 우려 구간에 대한 방지대책 강구

① 제체침투 보강공법 : 단면 확대 공법, 앞비탈 피복 공법 등

② 기초지반 침투방지공법 : 차수벽 설치, 고수부 피복 공법 등

(7) 토공량 검토시 토량변화율(L, C) 고려

① 대규모 공사 : 현장시험을 통하여 결정

② 소규모 공사 : 표준품셈에 제시된 값 적용

---| 참조 |---

**토질에 따른 다짐로울러 기종의 선정**

| 토양 | 다짐기계 | 다짐두께(cm) | 다짐도(%) | 규격(t) | 다짐횟수 |
|---|---|---|---|---|---|
| 점성토 | 양족식 Roller(자주식) | 30 | 90 | 19 | 5 |
| | | | 95 | 19 | 8 |
| 사질토 | 진동 Roller | 30 | 90 | 10 | 6 |
| | | 20 | 95 | 10 | |
| | 타이어 Roller | 30 | 90 | 8~15 | 4 |
| | | 20 | 95 | 8~15 | |

## 5. 다짐도 검사

(1) 다짐도 기준

① 일반 구간 : 90% 이상

② 구조물 뒷채움구간, 구조적인 안전성으로 인해 더 높은 다짐을 요구하는 경우 : 95% 이상

(2) 검사빈도

① 다짐층마다

② 토질변화 시 또는 $1,000m^2$(단, 구조물 주변 $50m^2$)마다

③ 제방길이 방향으로 500m마다 1회

# VII. 결론

1. 홍수발생 시 제내지에 미치는 영향이 심대하므로 제방의 역할은 매우 중요하다.

2. 세밀한 사전조사를 통해 정확한 자료를 확보하여 안정성을 고려한 설계를 하고 시공 간 축조 재료의 선정, 다짐시공, 다짐도 검사 등 철저한 시공관리를 하여야 한다.

# 13 하천 호안공

## I. 개요

1. 호안은 제방 또는 제외지 비탈면을 유수에 의한 파괴와 침식으로부터 직접 보호하기 위해 제방 앞비탈에 설치하는 구조물을 말한다.
2. 호안 구조는 비탈덮기, 비탈멈춤, 밑다짐, 호안머리로 구분된다.

## II. 호안공의 역할 및 분류

### 1. 비탈덮기
제방 또는 제외지 비탈면을 보호하기 위해 설치하는 시설

### 2. 밑다짐공
비탈 덮기 및 비탈멈춤의 전면에 설치하여 하상의 세굴을 효과적으로 방지하면서 비탈멈춤을 포함하여 비탈덮기 및 제체를 보호하는 것

### 3. 비탈멈춤공
비탈덮기의 활동과 비탈덮기 이면의 토사 유출을 방지하기 위함

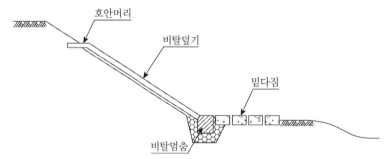

| 밑다짐공 | 돌망태, 사석, 콘크리트 블록, 토목섬유매트 |
|---|---|
| 비탈멈춤공 | 바자공, 받침, Con'c기초공, 널말뚝공 |
| 비탈덮기공 | 식생공, 돌망태, Con'c Block, 파종공, 토목섬유매트 |

**호안의 종류**

• 고수호안 : 홍수 시 앞비탈을 보호하기 위해 설치
• 저수호안 : 저수로에 발생하는 난류를 방지, 고수부지 세굴방지 위해 설치
• 제방호안 : 고수호안 중 제방에 설치하는 것

# III. 호안공의 시공관리

## 1. 비탈덮기공

(1) 토목섬유 매트

① 내부식성·내후성이 큰 것, 투수성과 방사성이 양호한 것

② 재질, 중량, 인장강도, 봉합강도, 노후도 등이 기준을 만족하는 것

| 구분 | 인장강도 | 인장신도 | 투수계수 |
|------|----------|----------|----------|
| 기준 | 호안 사면용 : 25kPa 이상, 밑다짐저면용 : 40kPa 이상 | 50% 이상 | $\alpha \times 10^{-1}$cm/s |

③ 직사광선에 노출되지 않도록 주의

④ 재생품은 강도 저하가 심하므로 사용 금지

(2) 떼붙임

① 비수충부 구간에 주로 적용

② 평떼 30×30cm 규격, 줄떼는 평떼를 1/2~1/3로 절단하여 사용

③ 잔디에 부착된 흙 두께는 최소 3cm 이상

④ 떼붙임 후 다져 비탈면과 밀착도 확보

⑤ 관수를 충분히 실시, 1주일간은 매일 관수

(3) 돌망태

① 철선 등으로 망태를 만들고, 그 속에 석재를 채워 놓은 것

② 돌의 크기는 망눈 최소치수보다 크고 망태 최소직경의 1/2보다 작은 것 사용

③ 돌의 비중 2.5 이상, 평평하거나 가는 것 사용 금지

④ 응급복구용·미관이 필요 없는 곳 적합, 도심지 적용 제한

⑤ 굴요성이 풍부하고 시공성이 좋으나 내구성이 적음

⑥ 시공이 간단, 공사비 저렴

(4) 돌쌓기

　① 매쌓기와 찰쌓기로 구분

　② 경사가 완만할 경우에 매쌓기, 급할 경우 찰쌓기를 적용

　③ 재료 : 견치돌, 깬돌, 원석, 호박돌 등

　④ 붙임돌의 장축방향이 비탈면에 직각 유지

　⑤ 찰쌓기 시 배수공

　　㉮ $\phi$3~6cm PVC Pipe 2m$^2$당 1개소 이상 설치

　　㉯ 배수공의 위치 : 상시 수위보다 높은 위치

　　㉰ 필터재 설치로 토사 유출 방지

　⑥ 찰쌓기 시 채움 Con'c 품질

　　Con'c 규격 25-150-8 이상, 모르타르 배합비 1 : 3

(5) Con'c Block

　① 부근에 석재가 없는 경우 적용

　② Con'c Block을 돌붙임, 돌쌓기에 준하여 시공

　③ 곡선부 시공 제한

(6) 콘크리트 격자틀공

　① 철근 콘크리트로 격자틀을 짜고 바닥 콘크리트를 친 다음에 자갈을 까는 공법

　② 격자틀 규격 : 폭 20~30cm, 높이 30~50cm

　③ 비탈이 1 : 2보다 완만한 경사일 때 이용

(7) 파종공

　① 잔디씨앗, 비료, 양생제, 물 등을 혼합하여 분사 파종하는 방법

　② 비탈면 건조 시 m$^2$당 3리터의 물을 살포

　③ 비탈경사가 급하여 부착력 불량 시 토목섬유매트 등을 설치

　④ 파종종자는 2종 이상을 혼합 파종, 1주간 관수 실시

　⑤ 파종 후 1개월 이내 발아가 되지 않거나 일부만 된 경우는 재파종

(8) 기타 : 유공블록, 환경블록, 야자섬유 두루마리·망, 황마, 지피류 및 초화류 식재공 등

## 2. 비탈멈춤공

(1) 비탈멈춤과 밑다짐이 연결되어 있으면 밑다짐이 이동함에 따라 기초가 파괴될 우려가 있으므로 완전히 분리해서 설치

(2) 수심이 깊은 곳과 유속이 빠른 곳을 제외하고 밑다짐과 함께 시공

(3) 지반이 양호한 경우에는 직접기초, 연약지반에는 말뚝기초나 강널말뚝 등을 적용

(4) 널말뚝공

　① 종류 : 강재널말뚝, 판재널말뚝, Con'c 널말뚝 등

　② 저항력 부족 시 Anchoring 조치 필요

　③ 정확한 위치에 연속적인 진동 및 물분사로 소정의 깊이까지 박음

　④ 두부정리 완료 후 Cap Con'c 타설

(5) 바자공

　① 강도가 크지 않으므로 중·소 완류하천에 적용

　② 바자의 종류 : 대나무바자, 섶(다발)바자, 판바자, 통나무바자, 말뚝바자, 철근 콘크리트판
　　(슬래브)바자 등

　③ 바자를 설치 후 토사 등을 이용 속채움하여 소단 형성하는 방법

　④ 폭 : 0.6~1.0m 정도

(6) 받침

　① 별도로 비탈 멈춤을 하지 않고 돌 붙임을 하상 아래 1~1.5m의 깊이에 도달시키는 경우의
　　기초는 받침을 적용

　② 받침 재료 : 콘크리트, 사석, 말뚝 등

　③ 기초의 폭 및 두께는 최소 50cm 이상 적용

(7) Con'c 기초공

　① 무근 Con'c 기초, 지반연약 시 잡석 포설 후 시공

　② $f_{28}$ : 18MPa 이상

　③ 방법 : 현장타설 또는 Precast Con'c

　④ 비탈덮기공으로 돌붙임, 돌쌓기, Con'c 구조물공 적용 시 Con'c 기초를 사용함

## 3. 밑다짐공

(1) 밑다짐공의 요구조건

　① 최대유속 시에 상류로부터 굴러 내려오는 돌에 저항할 수 있는 자중, 강도 구비

　② 밑다짐 저면의 토사 유출 방지

　③ 소류력에 견딜 것, 하상변화에 대해 순응성(굴요성)을 가질 것

　④ 시공이 용이할 것, 내구성이 좋을 것

(2) 밑다짐의 폭

계획홍수량에 대한 단면평균유속 기준

| 유속 | 2m/sec 미만 | 2~4m/sec | 4m/sec 이상 |
|---|---|---|---|
| 밑다짐의 폭(m) | 2~10 | 4~12 | 6 이상 |

(3) 사석

    ① 압축강도 50MPa 이상, 흡수율 5% 이하, 비중 2.5 이상

    ② 사석 취급·투하 간 충격에 의한 기설치구조물 손상 주의

    ③ 사석 사이에 작은 돌을 채워 고르기 작업 실시

    ④ 사석 간 맞물림을 철저히 함

    ⑤ 가장 간단한 공법

    ⑥ 하상재료보다 크고 무거운 것을 사용

    ⑦ 자갈보호층의 두께는 150mm 이상

(4) 돌망태공

    ① 수세가 급한 곳, 응급복구용 또는 미관이 필요 없는 곳에 적용

    ② 비닐 등이 걸려 미관 저해, 도심하천 사용 제한

    ③ 철선돌망태는 급류하천에서 절단 우려

    ④ 선망태는 비탈끝보다 2~4m 돌출시켜 비탈멈춤, 밑다짐 역할을 겸하게 설치

    ⑤ 돌망태의 단면이 일정하도록 채움돌은 크고 작은 돌을 적당히 분포시켜 사용

    ⑥ 포락현상으로 인한 채움돌의 이탈, 망태의 좌굴 방지

    ⑦ 지면을 다짐, 정리하여 요철을 없애고 설치

(5) Con'c Block공

    ① Con'c Block을 맞물리게 설치하여 일체성을 높임

    ② 굴요성 및 내구성 우수

    ③ 유수에 대한 저항성 증진

(6) 방틀공

    ① 철근콘크리트 혹은 목재 등으로 짜인 방틀 안에 채움재로 발파석 등을 이용

    ② 방틀 형태 : 삼각방틀, 침상방틀

    ③ 종류 : 섶방틀, 목공방틀, 개량방틀, 콘크리트(또는 철재, 기타) 방틀

    ④ 방틀공은 급류부에서는 유실되기 쉬우며 준완류부에서도 병렬말뚝, 돌망태, 콘크리트 블록 등으로 보강 필요

    ⑤ 목공방틀은 부패하거나 노후화하지 않도록 저수면 이하에 시공

(7) 침상공

    ① 완류하천 : 섶침상

    ② 급류하천 : 목공침상

(8) 토목섬유매트

    ① 토립자가 사석부를 통해 흡출되는 것을 방지하기 위해 사용되는 매트

② 매트의 현장봉합은 최소 20cm 이상(물의 흐름방향)으로 겹침

③ 매트 포설 시 흔들림 방지를 위해 사석을 떨어뜨려 고정

④ 화학 성분 등이 섬유를 손상시킬 수 있음을 유의

## IV. 결론

1. 호안은 세굴, 침식, 비탈면의 활동 등에 의해 안정성이 저하되며 제방의 안정성에 영향을 미친다.

2. 호안공사 시 양질의 재료, 시방규정에 의한 시공을 통해 요구품질을 확보하여 제방을 보호하는 역할이 수행되도록 해야 한다.

# 14 하천제방 누수 원인 및 대책

## I. 개요

1. 제방의 누수는 제외 측의 하천수위가 상승하여 제체 및 기초지반을 통해 침투수가 제내 측에 누출하는 현상을 말한다.
2. 침투수 누출에 의한 파이핑 현상은 제방의 안정성을 저하시키며 종국에는 제방붕괴의 원인이 된다.

## II. 누수 원인

### 1. 제체의 누수

(1) 제외 측 하천수위 상승 시 제체 내에 발생하는 침투수가 제내 측 사면에 누출되는 것

(2) 제방단면의 과소 : 제방단면이 작아 침투수 차단이 안 되는 경우

(3) 제방시공 재료의 부적정

    ① 성토 재료에 조립토, 사질토 다량 혼입

    ② 투수성 부적합 재료의 사용

    ③ 재료의 입도 부적정

(4) 지수벽(차수벽) 설치 미비

    ① 제체에 차수벽이 미설치

    ② 차수벽의 시공이 불량한 경우

(5) 제체의 다짐도 불량

    ① 다짐시공 불량, 소요 다짐도 부족

    ② 다짐에너지 부적정, 함수비관리 미흡

    ③ 우수 침투로 인해 제체 강도가 저하

    ④ 연약지반상 제체의 성토속도 미준수

(6) 제체 내 구멍 : 동물 등에 의해 부분적인 구멍 형성

(7) 제체 내 구조물과 접합부 처리 미흡 : 접합부의 다짐관리 불량

(8) 제외지의 수위 증가

(9) 하천의 유속, 유량의 증가

(10) 제체의 부등침하 : 구조물접속부, 연약지반의 영향 등

## 2. 기초지반 누수

(1) 제방의 기초지반을 통해 침투수가 제내지에 용출되는 것

(2) 침투력의 증가

  ① 하천의 수위 증가

  ② 제방 하상 세굴의 영향

  ③ 하상 불투수 표층의 손실

  ④ 하상 굴착(준설 등)으로 투수층 노출

  ⑤ 지반 침하에 따른 침투압 상승

(3) 기초지반의 투수성이 큰 경우

  ① 지반이 투수성이 큰 사질, 모래층인 경우

  ② 기초지반 중 연약층 개량 미실시

(4) 기초지반 내 지수벽 시공 불량 : 투수성이 큰 지반에 지수벽 미설치, 시공 미흡

(5) 기초지반의 침하 발생

  ① 기초지반이 연약하여 침하가 발생

  ② 연약층 두께에 대한 대응 미흡

> ─┤ 참조 ├──────────────────
>
> **제방 누수방지대책 공법 선정 시 고려사항**
> 홍수 특성, 축제 이력, 토질 특성, 배후지의 토지이용 상황, 효과의 확실성, 경제성 및 유지관리


# III. 방지대책

## 1. 제체 누수방지공법

(1) 제방 단면 확대 공법

  ① 제방 단면의 크기를 충분하게 확대

  ② 침윤선의 길이를 연장시킴

  ③ 제체 및 기초지반 침투 모두에 대해 효과적이고, 신뢰성이 높음

  ④ 제방 누수 시 일차적으로 생각해야 하는 공법

⑤ 단면 확대 방향

㉮ 제외지 방향 단면 확대

㉯ 제내지 방향 단면 확대

㉰ 양자 병용

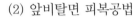

화폭시공

⑥ 단면 확대 시 축제 재료

㉮ 기설 제방과 동등 이상의 전단강도를 구비

㉯ 제외지 방향 단면 확대 : 불투수성의 재료

㉰ 제내지 방향 단면 확대 : 투수성이 큰 재료

(2) 앞비탈면 피복공법

① 하천수의 앞비탈면으로부터 침투를 억제하기 위해 불투수성 재료를 피복하는 보강공법

② 피복재

㉮ 불투수성 토공재료

㉯ 차수시트 등의 토목섬유

㉰ Con'c 등

Blanket

③ 피복공의 범위

원칙적으로 앞비탈 기슭부터 앞비탈 머리

까지

〈불투수성 Blanket 설치〉

(3) 지수벽 설치공법

① 제체에 Sheet Pile을 설치하거나 점토 등으로 Core를 설치하여 누수 경로를 차단

② Sheet Pile공

㉮ 일반적으로 적용됨, 시공이 용이

㉯ 초기에 Joint부 부분누수 발생, 시간경과와 함께 누수량이 감소됨

㉰ Sheet Pile 근입 깊이

불투수층에 50cm 이상 근입

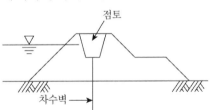

점토

③ 점토벽공

㉮ 투수계수가 적은 토공재료로 점토를 이용

㉯ 시공에 제한 요소가 많음

차수벽

(4) 약액주입

① 제체에 약액을 주입하여 제체의 차수성을 향상

② 주입재의 종류에 따라 효과, 제체에 미치는 영향 등이 상이

## 2. 기초지반 침투보강공법

(1) 차수공법

　① 앞비탈 기슭, 둑마루, 소단 부근의 기초지반에 차수벽을 설치

　② 하천으로부터 기초지반에 침투하는 수량과 수압을 경감

　③ 종류

　　㉮ Sheet Pile공

　　㉯ 연속지중벽공

　　㉰ Grout공

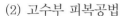

(2) 고수부 피복공법

　① 제외지 쪽의 고수부 표층을 불투수성 재료로 피복

　② 침투유로를 연장해서 기초지반의 침투압을 저감

　③ 피복재료

　　㉮ 불투수성(투수계수($K$)가 $1 \times 10^{-5}$cm/s 이하)의 토질재료

　　㉯ 차수시트

　　㉰ 아스팔트 포장

(3) Blanket 공법

　① 제외지 투수성 지반 위에 불투수성 재료나 아스팔트 등으로 표면을 피복

　② 지수효과 우수, 시공 간단, 유지관리 용이

## 3. 기타

(1) 압성토공법

　① 침투수의 압력에 의한 제체 비탈면의 활동 방지 목적으로 시행

　② 통과 누수량이 그대로 허용되는 경우에 적용

(2) 배수우물 설치

　① 제내지 측에 집수정, 배수로를 설치하여 침투수를 처리

　② 침투수를 신속히 배제시켜 침윤선을 낮춤

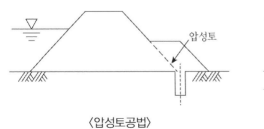

〈압성토공법〉

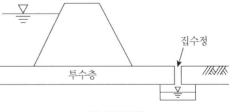

〈집수정공법〉

(3) 비탈끝 보강공법

　제내지 비탈끝 부분에 옹벽을 설치하여 침식을 방지

(4) 수제 설치

　유수의 흐름방향, 속도 등을 제어하여 세굴, 침식으로부터 제방을 보호

## IV. 결론

1. 제방의 누수의 주된 원인은 Piping에 의한 것으로 Piping이 지속 시 제방이 파괴되어 제내지의 피해가 발생한다.

2. 제방은 기초지반의 적정한 개량공법 적용, 제체시공에 있어서는 양질의 재료선정, 다짐관리, 차수대책 관리 등에 철저한 시공관리가 필요하다.

# 15 하천 세굴

## I. 개요

1. 세굴이란 흐르는 물의 침식작용에 의한 결과로서 하천 바닥이나 제방으로부터 파인 물질이 이동되는 현상을 말한다.
2. 우리나라는 중소하천이 많고 집중호우에 영향이 커 하천의 유속과 유량 변화가 급격히 발생하는 특성을 보이며, 이에 따라 교량에서 세굴현상이 많이 발생하고 있다.

## II. 세굴의 형태

### 1. 장기 하상변동
(1) 하천의 흐름에 의해 발생되는 침식작용과 퇴적작용
(2) 장기적인 하상의 형상 변화
(3) 하천정비사업(굴곡부 제거, 하상준설 등), 하천주변 토지의 용도 변화 등에 기인함

### 2. 단면축소 세굴
(1) 자연적으로나 혹은 인공적으로 유수단면이 축소되어 유속이 증가하여 발생
(2) 유속 증가 시 하상전단응력이 증가, 하상의 재료 이동이 증가하게 됨

### 3. 국부세굴
(1) 하천의 흐름 가속과 흐름의 방해에 의해 야기된 와류의 발달에 의해 발생
(2) 교각, 교대, 돌출부와 제방주위 유수의 충돌에 기인함

## III. 세굴에 영향을 주는 요인

### 1. 하천의 수리특성
(1) 유량, 유속
(2) 하천의 폭, 깊이

(3) 하상재료

## 2. 교각의 특성
(1) 교각의 방향
(2) 교각의 폭, 길이, 형상

## 3. 근접하여 구조물 신설
(1) 도로확장에 따른 신설교량의 건설
(2) 구조물 상·하류에 심한 와류 발생

## 4. 구조물의 위치
(1) 교량을 만곡부에 설치
(2) 만곡부 외측 세굴작용, 내측은 퇴적작용이 발생됨


# IV. 세굴의 예측

1. 공식에 의한 예측
2. 모니터링시스템


# V. 세굴 대책

## 1. 하상 저항력 증진
(1) 사석보호공
　　① 압축강도 50MPa 이상, 흡수율 5% 이하, 비중 2.5 이상
　　② 사석 취급·투하 간 충격에 의한 기설치구조물 손상 주의
　　③ 사석사이에 작은 돌을 채워 고르기 작업 실시
　　④ 일반적으로 많이 적용
　　⑤ 시공성과 경제성 우수
　　⑥ 시공된 사석주변 하상의 세굴진행, 관리대책 필요
(2) 돌망태보호공
　　① 수세가 급한 곳, 응급복구용 또는 미관이 필요 없는 곳에 적용
　　② 비닐 등이 걸려 미관저해, 도심하천 사용 제한
　　③ 철선돌망태는 급류하천에서 절단 우려
　　④ 돌망태의 단면이 일정하도록 채움돌은 크고 작은 돌을 적당히 분포시켜 사용

⑤ 포락현상으로 인한 채움돌의 이탈, 망태의 좌굴 방지

⑥ 지면을 다짐, 정리하여 요철을 없애고 설치

⑦ 작은 입자의 돌이 망에 씌워져 일체 거동하므로 큰 입자의 효과 발생

⑧ 안정성 및 내구성 우수

(3) Con'c Block 보호공

① 교각, 교대 주위에 Con'c Block을 맞물리게 설치하여 일체성을 높임

② 굴요성 및 내구성 우수

③ 유수에 대한 저항성 증진

(4) 토목섬유공에 의한 세굴방지공

① 고강도의 토목섬유망 내부에 Mortar, 모래 등을 주입하는 방법

② 수중 시공성 우수

③ 교량 기초부의 형상에 순응하는 형상으로 제작, 시공 유리

④ 토목섬유의 품질기준

㉮ 내부식성·내후성이 큰 것, 투수성과 방사성이 양호한 것

㉯ 재질, 중량, 인장강도, 봉합강도, 노후도 등이 기준을 만족하는 것

| 구분 | 인장강도 | 인장신도 | 투수계수 |
|------|----------|----------|----------|
| 기준 | 40kPa 이상 | 50% 이상 | $\alpha \times 10^{-1}$cm/s |

(5) Sheet Pile 시공

① 교각주위에 확대 기초 외곽에 Sheet Pile을 타입

② 기초와 Sheet Pile사이에 콘크리트 충전

③ 가물막이 필요, 공사비용 및 기간 증가

④ 반영구적 시설물, 수중공사 증가로 공사 제한

(6) 주의할 사항

① 세굴방지공의 폭은 교각 폭의 최소 2배 이상 적용

② 세굴방지공의 높이는 하상의 높이와 같도록 시공

추가적인 세굴을 방지하며 향후 모니터링에 기준 제공 위함

## 2. 세굴 유발인자를 약화시키는 방안

(1) 와류 감소 방법

① 교각전면의 바닥판을 상류로 연장

② 교각에 구멍을 뚫는 방법

(2) 유수의 제어

　① 수제를 설치하여 유수의 속도저감, 방향전환

　② 돌망태, Sheet Pile 등을 하상에 일정 높이로 시공하여 유수를 제어

(3) 하상의 정리

　① 하상을 준설 등으로 정리하여 유수의 흐름을 일정하게 유도

　② 하천의 폭, 수심 등을 조정

## 3. 기타

(1) 교량설계 시 수리전문가에 의한 세굴 검토 의무화

(2) 하천의 무분별한 개발 금지

　하상고의 저하, 유속증가 방지

(3) 세굴방지공의 설계반영

　교량 하부구조 시공 시 세굴방지공의 병행 시공

(4) 세굴관련 연구 강화

　교각 크기·방향·형상과 하천특성의 상관관계 등을 연구

## VI. 세굴발생 시 조치 Flow

## VII. 결론

1. 세굴발생 시 교량 등의 구조물 안정성이 크게 저하되며 붕괴에 이를 수 있다.

2. 세굴발생 후 세굴대책공사를 실시하는 것도 중요하겠으나 근본적으로 설계 시 세굴의 영향을 검토하여 반영하고 시공 시 병행하여 시공함으로써 세굴을 예방하고 피해를 최소화하는 노력 이 필요하다.

# 16 홍수방어 및 조절대책

## I. 개요

1. 지구온난화로 인해 평균기온이 지속적으로 상승할 것으로 전망되고 있다.
2. 우리나라도 기후변화가 불규칙하며 여름철 장마와 폭우를 동반한 태풍의 영향으로 대규모 집중호우가 발생하고 있다.
3. 더욱이 최근에 이상기후로 인해 과거에 거의 발생하지 않던 규모의 강우가 발생하면서 홍수 발생이 빈번하여 이에 따른 대책이 요구된다.

## II. 현 실태

1. 산지가 많은 지형특성으로 하천 저지대에 인구밀집 및 도시화
2. 홍수 발생빈도, 홍수 피해 규모 급격히 증가
3. 국지성 집중호우 빈번히 발생
4. 집중호우에 대한 예측 제한
5. 하천 및 배수시설 설계빈도 이상의 강우강도 증가

## III. 홍수방어 및 조절대책의 분류

| 구분 | 대책 분류 | |
|------|-----------|---|
| 구조물적 대책 | • 강변 저류지<br>• 하천정비 및 하도개수<br>• 방수로 및 고지배수로 | • 빗물 펌프장<br>• 홍수조절지 |
| 비구조물적 대책 | • 피해저감을 위한 방법 : 정책개발, 예경보시스템, 토지이용 규제<br>• 홍수영향을 완화시키는 방법 : 재난 준비, 자연자원 보호 등 | |

## IV. 구조물적 대책

### 1. 강변 저류지
(1) 강변저류지는 기존 범람지 등에 제방을 축조하여 홍수조절 기능을 수행할 수 있도록 하는 수

공구조물을 말한다.

(2) 홍수를 방어하고자 하는 지점의 직상류
또는 직하류의 지점에 설치

(3) 특징

① 홍수량 조절 효과가 우수

② 설치 효과 즉시 발생

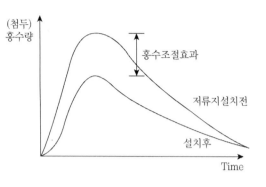

## 2. 빗물 펌프장

(1) 상습 침수지역 등에서 우수를 집수하여 침수가 발생하지 않도록 자연배제 또는 배수펌프를
이용하여 강제 배제시키는 시설

(2) 우수를 개발지역 내에 일시적으로 저류하고 하천유역의 홍수부담을 경감

(3) 유수지의 수위가 일정수위에 도달 시 순차적 가동

(4) 주택밀집지역 등에 설치 운영

(5) 빗물펌프장의 배수능력 상향 반영 필요

① 현재 10년 빈도(시간당 75mm)

② 증설 : 30년 빈도

## 3. 하천정비 및 하도개수

(1) 하천 및 하도의 개수는 홍수의 범람으로부터 제내지를 보호하기 위한 홍수방어 수단

(2) 방법

① 통수단면 확대

㉮ 제방의 축조 및 증축 : 하천제방, 슈퍼제방

(비교적 저렴한 비용, 현장주변 재료를 이용, 확실한 효과 기대)

㉯ 하도의 준설, 하도의 확폭

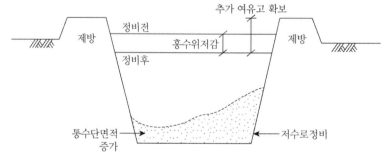

② 유수의 소통을 원활하게 하는 방안

㉮ 하천의 선형 변경 : 첩수로, 합류부 개선

㉯ 하도 내 장애물 제거, 조도 개선

　③ 하천 유수를 분담하는 방안 : 방수로 등

(3) 홍수파의 월류로부터 제내지, 홍수취약지대를 보호할 수 있는 확실한 방법

(4) 시설물 설치구간 및 상류부의 수위를 저하시키는 데 효과적

## 4. 홍수조절지

(1) 하천 본류에 댐이나 보를 설치하여 상류로부터의 홍수량을 하도 내 또는 천변에서 일정량 저류시키는 시설

(2) 일종의 홍수지체 또는 홍수량 저감시설의 일종

(3) 홍수 조절 댐 : 치수 댐, 방재 댐, 홍수 조절 댐

## 5. 방수로 및 고지배수로

(1) 다른 방법으로 하천 유량의 처리에 한계가 있을 때 유역의 일부 홍수량을 하도를 통해 배제하지 않고 다른 유역이나 하천으로 배제하는 시설

(2) 방수로

　① 강의 흐름의 일부를 분류하여 호수나 바다로 방출하기 위해 굴착한 수로

　② 분수로 또는 홍수로

(3) 고지배수로

　① 재해예방을 위해 계획홍수위보다 높은 유역의 자연유출량만을 직접 본류하천에 자연배수하기 위해 설치하는 수로 및 관거

　② 일반적으로 상류유역이 산지이고, 하류 저지대에 도심지가 형성된 경우 적용

　③ 도심지 구간의 도로지하에 배수암거의 형태이거나, 우회 배수암거, 터널의 형태로 설치하는 배수관거

(4) 타 유역으로 홍수량을 배제하므로 확실한 홍수조절효과 발생

(5) 방수로 등의 하구에서의 해안 환경 및 생태계 교란 가능

(6) 사업지역 및 시설물 연장이 증가하여 유지 및 관리에 비용이 많이 소요


# V. 비구조물적 대책

## 1. 비구조물적 대책은 법적, 제도적 대책을 의미

## 2. 특징

(1) 비용 저렴, 친환경적

(2) 홍수에 대한 효과 불확실

### 3. 피해 저감을 위한 방법

(1) 홍수터 규제

(2) 홍수 관련 정책 개발

(3) 토지 이용 규제

(4) 빌딩 코드

(5) 홍수 예경보 시스템

　　① 홍수에 대한 예경보를 통해 사전대피 및 수방활동 실시, 인명과 재산의 피해 감소

　　② 기상관서가 통제하는 시스템

(6) 홍수 보험

　　① 선진국에서 많이 적용되고 있음

　　② 정부의 보조와 보험금으로 홍수 피해자의 부담, 복구비용을 경감

(7) 홍수 위험지도

　　① 하천 유역별 홍수 위험성을 표시하여 구분해주는 지도

　　② 이를 이용하여 홍수 예방대책 등을 수립하고 위험성을 인식

### 4. 홍수 영향을 완화시키는 방법

(1) 재난 준비

(2) 홍수터 사용 및 규제

(3) 홍수터 안의 자연 자원 보호

## VI. 홍수재해통합관리시스템의 구축 및 활용

1. 첨단 ICT 기반 과학적 재난대응 체계를 구축하여 홍수 피해범위를 예측함으로써 인명과 재산피해를 최소화하는 것을 목적으로 함

### 2. 내용

(1) 모든 관련 기관이 물 정보를 통합·연계

(2) 상하류 전 유역의 강우량 및 하천 수위 등을 실시간 모니터링

(3) 종합적 물 관련 정보를 쉽고 빠르게 확인

(4) 홍수경보 적기에 발령 가능

(5) 지역특성, 홍수분석 결과로 하천변 차량통제 및 주민대피 가능

### 3. 시스템의 구축

K-Water

# VII. 결론

1. 홍수방어 및 조절은 구조물적 대책뿐만 비구조적인 대책이 조화롭게 융합되어야 그 효과가 뚜렷이 나타날 수 있다.
2. 특히 첨단기술과의 접목을 통해 독창적인 기술을 개발하여 효율적으로 홍수에 대한 대응을 하여야 한다.

# 17 도심홍수 원인 및 (수방)대책

## I. 개요

1. 최근에는 기후변화의 영향으로 홍수방어시설의 능력을 초과하는 이상 강우의 발생이 증가하여, 도시에서의 인명 및 재산피해가 늘어나고 있다.
2. 홍수예방 대책과 홍수발생 시 피해를 최소화하기 위한 체계적인 대응방안이 요구되고 있다.

## II. 도시홍수의 원인(현 실태)

### 1. 기후변화의 영향으로 집중호우 증가

일강수량 80mm 이상의 강한 강우빈도의 증가

### 2. 도시의 불투수면 증가에 따른 침수

(1) 도시지역에 밀집·거주함에 따라 주택, 상가, 도로 등 사회기반시설의 건설
(2) 도심지역의 녹지공간은 감소하고, 불투수면적은 크게 증가
(3) 강수가 땅속으로 스며들어 침투하지 못하고 지표면을 따라 유출

### 3. 우수의 배제를 위한 배수시설 미흡

(1) 용량 부족 : 우수관로, 빗물받이, 빗물펌프장 등
   (도심지 간선 하수관거는 30년 빈도, 지선 하수관거는 10년 빈도로 설계됨)
(2) 유지관리 불량 : 노후화, 병목·구배불량, 토사퇴적, 막힘 등
(3) 배수유역 및 배수경로 비효율

### 4. 저지대 침수 집중

(1) 저지대 내수배제 불량, 역류
(2) 주변지역으로부터 우수의 저지대 집중

### 5. 하천수 월류, 제방붕괴

(1) 제방 여유고 부족, 하천 정비 불량

(2) 제방붕괴로 인한 침수

## 6. 도시홍수 대응 시스템 미비

(1) 예·경보를 실시하기 위한 관측자료가 미흡, 실시간 정보 제공 제한

(2) 상습침수지역, 홍수피해예상지역 등 설정 미흡

(3) 홍수범람위험도, 침수흔적도 등의 작성 및 활용 제한

## 7. 도시침수방지 관련 법정계획과 소관부서의 분산

| 구분 | 자연재해저감<br>종합계획 | 하천기본계획 | 하수도정비<br>기본계획 | 특정하천유역<br>치수계획 |
|---|---|---|---|---|
| 소관부서 | 행정안전부 | 국토교통부 | 환경부 | 환경부 |
| 대상 | 하천, 하수관거,<br>우수저류시설 | 국가 및<br>지방하천 | 하수관거, 펌프장,<br>우수저류시설 | 도시하천유역 |

> **│ 참조 │**
>
> **도시홍수의 발생원인의 구분**
> - **외수범람** : 도시를 인접하거나 관류하여 흐르는 '도시하천'의 수위가 상승하여 제방을 넘거나 제방이 붕괴되어, 하천수가 제내지인 시가지로 유입됨에 따라 발생
> - **내수범람** : 외수범람이 없는 상태에서 집중호우, 하수관거의 용량부족 등의 원인으로 하천으로 배제 되어야 할 물이 하수관거로 '역류'하여 발생(과거에는 외수범람이 주요 원인이였으나, 최근에는 내수범람이 주요원인이 됨)

## III. 수방대책(도시홍수 예방대책)

### 1. 구조적 대책

(1) 우수저류시설

 ① 빗물을 일시적으로 모아 두었다가 강우 후에 방류하기 위한 시설

 ② 시설의 분류

  ㉮ 일시저류시설

  평상시 건조상태로 유지, 강우시 일시적으로 저류하는 시설

  ㉯ 상시저류시설

   ㉠ 평상시 일정량의 물을 저류, 강우시 빗물을 일시적으로 저류하는 시설

   ㉡ 연못, 호수, 저수지 등

  ㉰ 지구 내 저류시설

   ㉠ 강우 시에 우수의 이동을 최소로 하는 저류 방식

   ㉡ 공원저류, 운동장저류, 주차장저류, 건물 주변 공간저류 등

ⓒ 지하철, 지하상가, 대심도 터널

㉭ 지구 외 저류시설

㉠ 강우시 유출되는 우수를 임의 유역지점에 집수·저류하는 시설

ⓛ 유수지, 저류지 등

③ 저류된 물의 재이용방안 강구

(2) 우수침투시설

① 지표면 아래로 우수 침투를 활성화시키는 시설

② 침투트렌치, 침투측구, 침투통, 투수성 포장, 도로침투관, 공극저류시설

③ 공원, 연못, 습지, 정원, 수목 식재

(3) 빗물펌프장 시설용량 증설

① 펌프용량, 펌프 설치대수는 계획배수량을 기준으로 산정

② 기준보다 10% 이상의 예비용량을 확보, 1대 이상의 예비기기를 확보

③ 빗물펌프장의 추가 증설 검토

④ 펌프장 용량 기준 상향 : 50년 이상

(4) 하수관거의 용량 증대 및 정비

① 하수관거 시설기준 강화 및 통수능력 증대

　　30년 이상 기준으로 상향 조정 필요

② 대규모 간선관거의 설치, 유역하수도 개념 도입

③ 관거 용량 부족분에 대한 우회관거 건설 고려

④ 우기철이 되기 전 관거의 정비 실시, 원활한 배수성 확보

(5) 저영향개발 기법을 통한 물순환 체계 구축

① 일정 규모 이상의 개발사업을 시행할 경우에는 저영향개발 기법을 고려하도록 규정

② 다양한 저영향개발 기법을 관련 계획에 반영

③ 투수성을 높이는 마감과 빗물 저장시설과 옥상녹화 등을 적용 등

(6) 침수이력주택의 관리

① 역지변 및 차수판 설치

② 예경보시스템, 피난대책 등 연계

(7) 하천 정비

① 홍수량을 유역 전체에 적절히 분담되도록 대책 강구

② 하천 정비 및 하도개수

　　제방 보강, 여유고 가산, 대규격 제방, 수제

③ 홍수조절용 댐, 저수지, 유수지, 홍수조절지 등

④ 강변 저류지

⑤ 방수로 및 고지배수로

⑥ 홍수로 정비(방수로, 첩수로, 신수로)

## 2. 비구조적 대책

(1) 예·경보 시스템 및 피난체계의 구축

① 침수흔적도, 홍수위험지도 등 홍수범람위험도를 체계적으로 구축하여 기초자료를 마련

② 내수침수예측 시스템

초단기 강우예측을 통해 유출분석을 실시함으로써 침수발생 위험지역을 예측

③ 모니터링 활동 강화

④ 중·소하천에 대한 수위·유량 관측소를 확충

⑤ 홍수위험지역의 지자체, 관계기관, 주민 등이 모두 참여할 수 있는 신속한 피난체계를 수립

⑥ 침수예상 도로 교통에 대한 교통통제 시행

⑦ 침수 대응 시뮬레이션 기법 적용

(2) 제도 개선

① 하수관거 역할을 오수 이송 중심에서 빗물 배제 중심으로 전환

② 기후변화에 따른 집중호우 대비 하수도 역할 강화

③ 관련 제도 및 소관부서의 통합관리체계 수립

(3) 하수관망 실시간 제어 시스템 도입

① 하수도시설(하수관거, 저류시설, 펌프장, 하수종말처리장)의 자동 제어시스템 구축

② 기상정보를 하수처리장 중앙통제실에 연계

# IV. 결론

1. 도심홍수를 방지하기 위해서는 내수배제 및 우수유출저감 시설에 대해 구조적, 비구조적 대책이 종합적으로 강구되어야 한다.

2. 최근 기후변화 등에 대비하기 위해 하수시설의 용량을 증설하고, 대규모 지하 저류시설을 확충하여 피해를 최소화하도록 해야 한다.

- **건선거** : 조선이나 선박의 수리를 위하여 해안부에 선박이 출입할 수 있도록 굴착하여 입구에 문비와 급배수 장치를 갖추어 선박을 건조하거나 수리할 수 있게 만든 구조물을 말한다.

- **건현(乾舷, freeboard)** : 해수면으로부터 잔교 상판(deck) 또는 부유식 구조물 상단까지의 수직거리를 말한다.

- **견인력** : 계류되어 있는 선박이 계류구조물로부터 떨어지려할 때 계선주에 작용하는 인장력을 말한다. 또는 차량과 중장비 등이 노면을 주행할 때 노면과 평행한 진행방향으로 발휘할 수 있는 힘을 말한다.

- **계류** : 선박 등이 표류하지 않도록 붙잡아 매어 놓는 것을 말한다.

- **계류시설** : 선박이 접안해서 화물을 적하하고 승객이 승강을 하는 접안설비를 총칭하며 안벽, 잔교, 부잔교, 물양장, 돌핀 등의 시설을 말한다.

- **계선 돌핀** : 해안에서 떨어진 해상에 선박을 계류하기 위해 파일, 케이슨 등으로 설치된 계류시설을 말한다.

- **공식(pitting)** : 국부부식이 공상(孔狀)으로 진행하는 부식형태, 일반적으로 개구부의 직경에 비해 깊이가 큰 공식이 생기는 경우를 말한다.

- **급유시설(給油施設, fuel dock)** : 요트의 엔진기관에 필요한 유류 등을 공급하기 위한 주유시설로 화재와 폭발위험을 고려하여 마리나의 계류장 및 다중시설로부터 관련법의 규정에 따라 일정 거리 이격된 곳에 설치하는 시설을 말한다.

- **기본수준면(datum level, D.L)** : 수심 및 조위가 0이 되는 기준면으로서 항만시설의 계획 및 설계에 사용하는 공사용 기준면이다. 한국에서는 약최저저조위(approx. lowest low water)를 기본수준면으로 채택하고 있다. 약최저저조위는 각 조위관측소의 국지 평균해면으로부터 주요 4개 분조($M_2$, $S_2$, $K_1$, $O_1$)의 반조차의 합만큼 아래로 내려간 조위면이다.

- **기상조(氣象潮, meteorological tide)** : 태풍 등 강풍이나 저기압 통과 등의 기상요인에 의하여 발생하는 조위의 변화를 기상조라고 한다. 반면에 천체의 운동에 의하여 발생하는 규칙적인 조석을 천문조(天文潮, astronomical tide)라고 한다.

- **도류제(導流堤, training wall, jetty)** : 하천이나 해안에서 연안의 침식이나 퇴적을 방지하기 위하여

하천수나 해수의 흐름방향을 유도하는 시설로 제방의 일종이다.

- **돌제**(突堤, groin) : 해안의 표사이동을 방지할 목적으로 해안에서 직각방향 또는 임의의 각도로 축조되는 구조물이며 소형선의 접안기능을 겸할 수도 있다.

- **돌핀**(dolphin) : 육지와 상당한 거리에 있는 해상의 일정 수심이 확보되는 위치에 소정의 선박이 계류하여 하역할 수 있도록 시설한 구조물로서 육지와는 도교로 연결한 해상시설이며 주로 대형 유조선이나 석탄 및 특수화물 전용선 등이 접안하여 하역하는 계류시설이다. 일명 시버드(seaberth)라고도 한다.

- **마리나**(marina) : 요트를 계류하기 위한 계류시설과 수역시설, 이를 외부 파랑으로부터 보호하기 위한 외곽시설, 이용자의 지원과 편의를 위한 클럽하우스, 주차장, 주정장(boat yard) 등 기능 및 편의시설을 포함한 종합해양레저시설을 말한다.

- **마리나 선박**(pleasure boat, yacht) : 스포츠 및 레저용 요트와 보트를 총칭한다.

- **물양장**(物揚場, lighter's wharf) : 전면수심이 일반적으로 (−)4.5m 미만으로 주로 소형선, 어선 및 부선 등이 접안하여 하역하는 접안시설이다.

- **박지**(泊地, anchorage) : 항내나 항외에 각종 선박이 정박대기 하거나 수리 및 하역을 할 수 있는 지정된 수면을 박지 또는 정박지라 하며 특정한 수심을 유지하여야 한다.

- **방사제**(防砂堤, groin, groyne) : 해안표사가 항내 또는 항로에 유입하는 것을 방지하기 위하여 설치하는 시설이며 방파제와 함께 외곽시설의 한 종류이다.

- **방식전류**(防蝕電流, protection current) : 음극방식에 있어서 피방식체인 금속에 대해 외부에서 인위적으로 전류(방식전류)를 유입시키면 전위가 높은 음극부에서 전류가 유입되어 음극부의 전위가 차차 저하되다가 양극부의 전위에 가까워져서 결국 음극부의 전위와 양극부의 전위가 같아진다. 이렇게 방식전위를 유지하기 위해 음극(cathode)에 대해 흘려야 할 전류를 말한다.

- **방식전위**(防蝕電位, protection potential) : 음극방식에 있어서 부식을 정지시키기 위해 도달하여야 할 정도로 필요한 전위를 말한다.

- **방충재**(防衝材, fender) : 잔교에 선박이 접안할 때와 계류 중 잔교와 선박 간의 충격을 완화시켜 주기 위해 잔교에 부착되는 제품으로 주로 고무, 목재, PE재 등이 사용된다.

- **방파제**(防波堤, breakwater) : 항만시설 중 기본시설인 외곽시설에 속하며 내습파랑으로부터 항만시설물과 항만 내에 정박중인 선박을 보호하기 위한 구조물이다.

- **부력재**(浮力材, floater) : 부잔교를 부력으로 받쳐주기 위해 부잔교 하부에 설치되는 제품으로 주로 플라스틱, 콘크리트, 고무, 금속 등의 재질이 사용된다.

- **부선거** : 선박을 건조하거나 수리하기 위한 선거의 일종으로 지반이 나쁜 곳에 드라이독 대신에 사용하며 또 해상을 자유로이 이동할 수 있는 이점이 있다.

- **부유식 방파제**(浮遊式 防波堤, floating breakwater) : 방파제의 일종으로 외부파랑으로부터 마리나 시

설과 계류된 보트를 보호하기 위해 공급, 설치되는 부유식 구조물을 말한다.

- **부잔교**(浮棧橋, floating pier) : 육상으로부터 요트로의 이용자 접근성을 확보하고 요트의 안전한 계류를 목적으로 해상에 부유되어 설치되는 시설을 말한다. 주로 상판과 구조물, 부력재, 그리고 이를 고정시키기 위한 앵커로 구성되며, 주잔교(main pier)와 보조잔교(finger pier)로 분류된다.

- **부잔교 앵커 시스템**(anchor system) : 부잔교를 해상에 고정시키기 위한 시설로 주로 강관말뚝으로 된 돌핀이나 체인, 와이어, 앵커 등이 사용된다.

- **부진동**(副振動, seiche) : 폭풍, 지진파 또는 급격한 대기압 변동에 의하여 외해로부터 장주기파가 전파되어 항만이나 내만에서 주기가 수 분~수십 분의 공진(共振)을 일으켜서 파고가 증폭되는 현상을 말한다. 부진동은 항만의 고유진동주기에 집중되어 나타나며, 이는 항만의 길이와 수심에 의하여 결정된다.

- **상판**(上板, deck) : 부잔교상으로 이용자나 화물이 안전하게 이동할 수 있도록 설치된 상부판재를 말한다. 주로 목재, 합성목재, 콘크리트, 금속제품 등이 사용된다.

- **상하가 시설**(上下架 施設, slipways, lift or launching hoists) : 요트를 수리, 보관, 이동, 유지관리 등의 목적으로 해상에서 들어 올려 육상의 주정장, 보관소, 수리시설 등으로 이동시키거나 반대로 해상으로 진수하기 위한 시설을 총칭한다.

- **셀블록**(cellular block) : 밑이 없고 내부가 비어 있는 상자형태(바닥에 거치된 경우 밑이 있음)로 제작된 콘크리트 구조물로서 일명 중공블록이라고 하며 방파제와 안벽 직립부 등의 구조물용으로 사용되고 내부는 모래나 사석으로 채운다.

- **수리시설**(修理施設, boat repair and servicing facilities) : 요트를 육상의 선가대에 올려놓고 수리하거나 유지관리하기 위한 시설로 수리공장과 수리야드로 이루어진다.

- **안벽**(岸壁, quay wall) : 선박을 안전하게 접안하여 화물의 하역 및 승객을 승하선시킬 수 있는 구조물로서 전면수심 (-)4.5m 이상으로 대형 선박이 접안하는 시설을 말한다.

- **여굴**(餘堀) : 수중작업으로 준설선을 투입하여 준설하면 파랑, 조류 등과 준설선 기계 성능상 계획수심을 굴착하더라도 굴착면에 굴적(堀跡)이 생긴다. 계획수심은 굴적의 상부면이므로 실제로 준설깊이는 굴적의 깊이만큼 더 파야 계획수심이 확보되므로 깊게 더 파진 두께를 여굴이라 하며 준설량에 가산하고 있다.

- **여쇄**(餘碎) : 단단한 자갈섞인 토사나 암반을 파쇄한 후 계획수심까지 준설해야하므로 여굴 외에 여분으로 쇄암할 필요가 있다. 이를 여쇄라하며 여굴에 토질별로 정하여진 두께를 가산하여 파쇄량으로 계산한다.

- **여유폭**(餘裕幅) : 일정한 폭을 준설하면 비탈부분도 굴착으로 인한 여굴현상이 생기고 장기간 파도나 조류의 작용으로 비탈면이 자연경사로 변형되어 유지단면이 형성되므로 일정한 여유폭을 가산하게 된다. 한쪽 준설 및 유지준설일 경우 양 폭의 1/2을 가산한다.

- **연결도교**(連結渡橋, bridge, gangway or ramp) : 육상과 부잔교를 연결하여 이용자가 부잔교 상판으로 안전하게 이동할 수 있도록 설치된 구조물을 말한다.

- **유의파고**(有義波高, significant wave height, $H_{1/3}$) : 파랑의 주파수 스펙트럼에서 에너지가 가장 큰 주파수에 해당하는 파고($H_s$)를 말한다. 영점 상(하)향교차법으로 구한 1/3 최대파고($H1/3$)를 유의파고라고도 한다. 1/3 최대파고는 파군을 파고가 큰 순으로 배열하여 최대파부터 상위 1/3에 해당하는 파고의 평균이다.

- **육상 보트 보관소**(boat yard, dry stack storage) : 요트를 육상에 보관하기 위한 시설로 야외보관소와 실내보관소로 대별되며 주정장(boat yard)과 복층 선반(rack)식이 있다.

- **잔교** : 해안선이 접한 육지에서 직각 또는 일정한 각도로 돌출한 접안시설, 선박의 접이안이 용이하도록 해저지반에 말뚝이나 케이슨 등을 설치 후 그 위에 콘크리트나 철판 등으로 상부시설을 설치한 교량 모양의 접안시설

- **잔류수압**(殘留水壓, residual water pressure) : 계선안, 호안 등 항만구조물의 배후지반 혹은 뒷채움 뒤의 토사에 간만의 차이로 조위가 하강했을 때 토층 내의 수위는 하강속도가 늦어 조위와 수위차가 발생하게 되는데, 이때의 토층 내 수위를 잔류수위라 하고, 이 수위차가 구조물에 작용하는 수압을 잔류수압이라 한다.

- **접안충격력** : 선박 접안 시 또는 접안 선박의 동요 등에 의해 계류구조물에 가해지는 외력을 말한다.

- **조석**(潮汐, tide) : 지구와 달, 태양 사이의 중력의 크기와 방향의 변동이 지구 자전과 어우러져 형성되는 장주기 파동으로서, 천문조(天文潮, astronomical tide)라고도 한다.

- **조석의 비조화상수**(非調和常數, non-harmonic constant) : 조석의 조화상수(각 분조의 반조차와 지각)로부터 산정되는 평균고조간격, 각종 조위면, 조차, 조석형태 수를 말한다.

- **지진해일**(地震海溢, seismic sea wave 또는 tsunami) : 해양성 지진이나 해저화산 폭발 시 해저지반의 융기 또는 침강에 의하여 해수가 급격하게 교란되었다가 중력에 의하여 해수면이 평형상태로 회복되는 과정에서 발생하는 장주기 파동을 말한다.

- **케이슨**(caisson) : 상자형태로 제작된 콘크리트 구조물로서 규모가 대형이므로 진수하는 방식으로 제작되고 방파제, 안벽 등의 구조물 축조용으로 사용되며 토사나 사석 또는 해수 등의 재료로 채우고, 경우에 따라서는 내부격실의 일부를 비워두기도 한다.

- **클리트**(cleat) : 잔교에 보트를 안전하게 계류하기 위해 계류로프를 잡아맬 수 있도록 잔교의 가장자리를 따라 설치된 소형 계선주를 말한다.

- **테트라포드** : 파랑의 소파를 위하여 피복석 대신 사용하는 콘크리트 이형블록으로 4개의 뿔모양으로 생겼으며 방파제 및 호안 등에 사용되어 파랑에너지를 약화시키는 역할을 한다.

- **페데스탈**(pedestal) : 부잔교상에서 계류 보트에 청수와 전력을 공급하기 위한 급수 및 전기장치와 조명, 안전장비 등을 일체로 구비한 제품을 말한다.

- **평균해면**(平均海面, mean sea level, M.S.L) : 일정기간 관측한 조위의 평균치를 말한다. 평균해면은 보통 1년간 관측한 연평균해면을 채용한다. 평균해면은 기압, 바람, 강수, 해수 밀도, 해류 등에 따라 변화하며, 한국 연안의 월평균해면은 겨울철에 낮고 여름철에 높으며 그 차는 대체로 300~600mm이다.

- **폭풍해일**(暴風海溢, storm surge) : 고·저기압의 통과에 수반되는 기압 변동이나 바람 등의 기상에 기인하는 해수면의 변동을 말한다. 주요인은 기압 강하에 따른 조위 상승, 이것이 장파로 변형하는 경우의 상승, 이에 유발되는 부진동, 그리고 바람에 의한 해수의 상승 등이 있다.

- **해저음파탐사**(海底音波探査, sub-bottom seismic survey) : 해상에서 음파를 주사하고 반사법 또는 굴절법을 이용하여 해저의 지층을 연속적으로 탐사하는 작업을 말한다.

- **흘수**(吃水, draft) : 해수면으로부터 선박, 부잔교 또는 부유식 구조물 최하단까지의 수직거리를 말한다.

# 19 하천 용어 정의

## ■ 하천 제방

- **굴입하도(堀入河道)** : 하도의 일정구간에서 평균적으로 보아 계획홍수위가 제내지 지반고보다 낮거나 둑마루나 흉벽의 마루에서 제내 지반까지의 높이가 0.6m 미만인 하도를 말한다.

- **대규격제방(슈퍼제방, Super Levee)** : 주로 도시권 하천의 특정 구간에서 폭이 매우 넓은 제방을 말한다. 계획홍수량을 초과하는 규모의 유량에 대해서도 견딜 수 있는 안전한 구조로 설치, 대규격제방은 하천관리시설인 제방부지 중 뒷비탈 머리에서부터 제내측 끝단까지 대부분의 토지가 특정한 목적으로 이용되도록 계획된다.

  대규격제방은 제방단면을 키워 제방부지를 타용도로 토지이용이 가능하도록 하는 것이므로 토지이용을 엄격히 제한함과 동시에 허가 범위 내에서는 규제를 완화하여야 한다. 또한 토제에 의한 성토 구조를 원칙으로 하고, 계획홍수량을 넘는 홍수규모에 대해서도 제방이 붕괴되지 않도록 월류, 침투, 사면붕괴, 세굴파괴 등 수리공학적인 모든 검토사항들과 지진에 대해서도 충분히 안전하도록 검토되어야 한다. 일반적으로 대규격제방의 제내측 비탈경사 1/30 이내로 하며, 각종 안전조건들을 만족하는 범위에서 결정

- **더돋기** : 예상침하량에 상당하는 높이만큼 계획고보다 더 높이 시공하는 것을 말한다.

- **둑마루폭** : 제방 윗부분의 폭을 말한다.

- **시공단면** : 계획(설계)단면에 더돋기를 추가한 단면으로서 제방축조 후 제체 및 기초지반의 압밀을 고려한 충분한 단면을 말한다.

- **연약지반** : 주로 점토 또는 실트와 같이 미세한 입자가 많이 포함되어 있는 연약토, 간극률이 큰 유기질토, 이탄(泥炭), 느슨한 세사로 토층을 이루고 있고, 함수비가 높아 흙쌓기나 구조물 설치 시 이들 하중에 의해 침하, 활동, 측방이동이 일어나기 쉬운 지반을 말한다.

- **완성제방** : 계획홍수에 대한 구조적 안정성이 확보된 제방, 즉 필요한 여유고, 단면, 호안 등을 가진 제방

- **잠정제방** : 하천 개수공사 시 점차적으로 홍수에 대한 안전도를 향상시키기 위하여 또는 예산 사정상 연차별 투자계획에 맞추기 위하여 축조된 제방으로서 아직 완성되지 않은 상태의 미완성 제방을 말한다.

- **제방** : 홍수 시 유수의 원활한 소통을 유지시키고 제내지를 보호하기 위하여 하천을 따라 흙으로 축조한 공작물을 말한다.

- **제방고** : 제방 부지 중심 지반으로부터 둑마루까지의 높이이다.

- **제방의 누수** : 제외측의 하천수위가 상승함으로써 제체 및 기초 지반을 통한 침투수가 제내측에 누출하는 현상을 말하며, 침투수 누출에 의한 파이핑 현상은 제방붕괴의 원인이 된다. 제체누수는 제외측 하천수위 상승과 더불어 제체내로 침투하는 침투수가 뒷비탈에서 누출하는 것을 말한다. 기초지반누수는 제외측 하천수의 상승과 더불어 기초지반에 발생하는 침투수가 제내측 지반에서 용출하는 것을 말한다.

- **제방축조의 계획단면** : 계획홍수위에 여유고를 추가한 높이의 단면을 말한다.

- **제방표고** : 평균 해수면으로부터 제방 둑마루까지의 높이를 말한다.

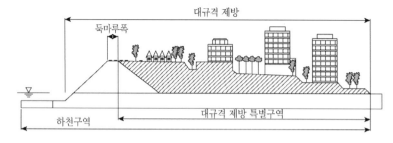

## ■ 제방의 종류

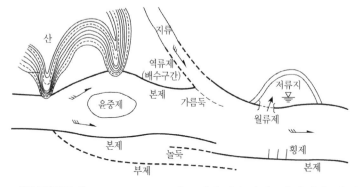

- **가름둑(분류제, separation levee)** : 홍수지속시간, 하상경사, 홍수규모 등이 다른 두 하천을 바로 합류시키면 합류점에 토사가 퇴적하여 횡류가 발생하고 합류점 부근 하상이 불안정하게 되어 하천 유지가 곤란하다. 이와 같은 경우에 두 하천을 분리하기 위해 설치하는 제방이다.

- **놀둑(개제, 열린둑, open levee)** : 불연속제 대표형태. 제방 끝부분에서 제내지로 유수를 끌어들이기 위해 제방을 분리하여 상류 제방의 하류단과 그 다음 제방 상류단을 분리하여 중첩시킨 불연속 제 방, 홍수지속시간이 짧은 급류하천이나 단기간 침수에는 큰 영향을 받지 않는 지역에서 홍수조절 목적으로 설치한다.

- **도류제(guide levee)** : 하천 합류점, 분류점, 놀둑의 끝부분, 하구 등에서 흐름 방향 조정을 위해 사용한다. 파의 영향에 의한 하구퇴사를 억제하기 위해 축조하는 제방을 말한다.

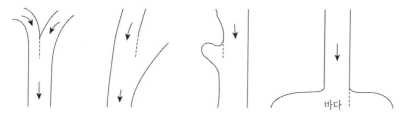

- **본제(main levee)** : 제방 원래의 목적을 위해서 하도 양안에 축조하는 연속제를 말한다.
- **부제(secondary levee)** : 본제가 파괴되었을 때를 대비하여 설치하는 제방으로서 본제보다 제방고를 약간 낮게 축조한다.
- **역류제(back levee)** : 지류가 본류에 합류할 때 지류에는 본류로 인한 배수가 발생하므로 배수의 영향이 미치는 범위까지 본류 제방을 연장하여 설치한다.
- **월류제(overflow levee)** : 하천수위가 일정 높이 이상이 되면 하도 밖으로 넘치도록 하기 위해 제방의 일부를 낮추고 콘크리트나 아스팔트 등의 재료로 피복한 제방으로 홍수조절용 저류지, 일정 크기 이상의 홍수 때에만 흐르는 방수로 등의 유입구로 이용된다.
- **윤중제(둘레둑, ring levee)** : 특정한 지역을 홍수로부터 보호하기 위하여 그 주변을 둘러싸서 설치하는 제방이다.
- **횡제(가로둑, cross levee, lateral levee)** : 제외지를 유수지나 경작지로 이용하거나 유로를 고정시키기 위해 하천 중앙 쪽으로 돌출시킨 제방을 말한다.

### ■ 하천 호안

- **기초 잡석** : 비탈멈춤공의 침하를 방지하고, 비탈멈춤공 설치면을 정연하게 하기 위하여 비탈 멈춤공 콘크리트 하부에 부설하는 잡석을 말한다.
- **뒷채움 사석** : 비탈 덮기공의 배면에 부설하여 호안블록 시공을 정확하게 하며, 토사면과 호안 사이에 배수층을 형성하여 지하수 또는 홍수위 저하 시 축제의 배수 효과를 증대시키기 위하여 부설되는 잡석을 말한다.
- **마감공** : 비탈덮기의 상하류 끝부분에 설치하여 비탈면 호안을 보호하는 시설을 말한다.
- **밑다짐공** : 비탈덮기 및 비탈멈춤의 전면에 설치하여 하상의 세굴을 효과적으로 방지하면서 비탈멈춤을 포함하여 비탈덮기 및 제체를 보호하는 것을 말한다.
- **바닥다짐용 매트** : 유수에 의한 기초지반의 유실과 세굴을 방지하기 위하여 포설하는 매트를 말한다.
- **비탈덮기** : 제방 또는 제외지 비탈면의 비탈면을 보호하기 위해 설치하는 시설을 말한다.

- **비탈머리 보호공** : 호안 비탈머리에 설치하여 유수로부터 보호하기 위한 시설을 말한다.

- **비탈멈춤** : 비탈덮기의 활동과 비탈덮기 이면의 토사유출을 방지하기 위하여 설치하는 것을 말한다.

- **채움재** : 비탈멈춤공 설치 후 비탈멈춤공의 안정을 도모키 위하여 비탈멈춤공 블록의 틈새에 채우는 자갈을 말한다.

- **턱 공** : 법면의 안정 또는 수방 활동의 편의를 위하여 비탈면 중간에 설치하는 것으로 턱을 보호하기 위한 시설을 말한다.

- **필터용 매트** : 토립자가 사석부를 통하여 흡출되는 것을 방지하여 제체의 안정을 기하도록 할 때 사용되는 매트를 말한다.

- **호안** : 제방 또는 제외지 비탈면을 유수에 의한 파괴와 침식으로부터 직접 보호하기 위해 제방 앞비탈에 설치하는 구조물을 말한다.


## ■ 하천 수제

- **날개형 수제(Vane)** : 직사각형 판형상의 수제로서 일반적으로 흐름방향에서 하류 제외지 비탈면을 향하여 기울도록 설치하는 수제이다.

- **말뚝상치수제공** : 섶침상 위에 말뚝을 박고 침상 위에 조약돌을 놓은 공법이다.

- **목공침상수제공** : 급류하천에서 섶침상은 가벼워 유실되기 쉬우므로 목공 침상에 돌로 채우는 공법이다.

- **뼈대 수제** : 목재, 철근콘크리트 기둥 및 강재를 이용한 뼈대로 구성되는 수제이며, 또는 뼈대에 돌망태를 걸쳐서 안전성을 도모하기도 한다.

- **섶침상(沈床)수제공** : 저수위 이하의 높이로 섶침상을 쌓아 올린 것으로 완류 하천에 적용된다.

- **수제** : 하안보호 및 물이 흐르는 방향과 유속 등을 제어하고 생태환경과 경관을 개선하기 위하여 호안 또는 하안 전면부에 설치하는 구조물이다.

- **콘크리트 방틀 수제공** : 목공침상에서 침석(沈石)을 콘크리트블록으로 대체하거나 방틀재를 철근콘크리트재로 대체한 것이다.

- **틀수제** : 목재, 철근콘크리트 기둥 및 강재를 이용한 뼈대로 틀을 만들고 내부공간에 돌을 채운 수제이다.


## ■ 하천 하상유지시설

- **낙차공** : 낙차가 큰(보통 50cm 이상) 하상유지시설을 말한다.

- **대공** : 낙차가 없거나 매우 작은(보통 50cm 미만) 하상유지시설을 말한다.

- **하상유지시설** : 낙차의 크고 작음에 따라 낙차공과 대공으로 분류하며, 일반적으로 본체공, 물 받이공, 바닥 보호공, 연결옹벽 및 연결 호안공, 고수부지 보호공으로 구성된다.

## ■ 하천 하상정리공사

- **오염퇴적물 준설** : 도시하수, 농업배수, 축산폐수, 산업폐수 등의 유입을 통하여 하천이나 호소에 퇴적되어 수질오염의 주원인으로 작용하는 오염퇴적물을 환경 보전의 관점에서 준설을 통하여 제거하는 것을 말한다.

- **저수로 준설** : 하천 기본계획에 의한 개발준설과 소요 수심을 유지하기 위한 유지준설로 구분되며 수류의 유도나 수상 이용을 위해 시행하는 준설을 말한다.

- **퇴적토 준설** : 하도의 퇴적토가 저수로의 변형, 취수구의 폐쇄, 사주의 발생, 호수나 저수지의 담수량 감소 등을 일으켜 하천의 이·치수 기능과 환경 저해의 원인이 되므로 이를 방지할 목적으로 퇴적토사를 준설하는 것을 말한다.

- **하상정리** : 토석, 모래, 자갈 등 하천 부산물의 채취, 홍수 시 유수 소통을 위한 단면 확대, 수질 개선 확보를 위한 퇴적토 제거 등을 통해 하상단면을 정리하는 것을 말한다.

## ■ 하천 수문

- **수문** : 조석의 역류방지, 내수배제, 각종 용수의 취수 등을 목적으로 제방을 절개하거나 본류로 유입되는 지류를 횡단하여 설치하는 구조물이다.

- **육갑문** : 제방을 관통하여 평상시에는 통행로로 이용하고 홍수 시에는 문짝을 닫아 제방 역할을 하는 구조물이다.

- **통관** : 제방을 관통하여 설치한 원형 단면의 문짝을 가진 구조물이다.

- **통문** : 제방을 관통하여 설치한 사각형 단면의 문짝을 가진 구조물이다.

## ■ 하천 사방공사

- **돌댐** : 콘크리트나 모르타르의 사용 여부에 따라 메쌓기댐과 찰쌓기댐으로 구분되며, 전석(轉石)을 이용하였을 경우에는 전석댐이라 한다.

- **돌망태댐** : 돌망태를 조립하여 축설하는 댐을 말한다.

- **사방댐** : 유역의 상류지역 또는 단지개발에 따른 토사유입 예상지역에 시공하여 유송된 모래와 자갈(砂礫) 등을 저류 또는 조절하는 댐을 말한다.

- **석재 콘크리트댐** : 콘크리트댐에 있어 석재를 콘크리트 내부에 묻어 댐을 축조한 것을 말한다.

- **스릿트 댐(Slit Dam)** : 철근콘크리트, 원통형 철강제 기둥을 빗살 모양으로 축조한 댐을 칭한다.

- **스크린 댐(Screen Dam)** : 투수형으로 주로 철강제 스크린과 철강판을 이용하여 축조한 댐을 말한다.

- **유로공** : 유로의 변경에 의한 난류방지 및 종단기울기의 규제에 의한 종방향 및 횡방향 침식을 방지하고 하상을 안정적으로 고정시키는 목적으로 설치하는 시설을 말한다.

- **철강제(鐵鋼製) 틀댐** : 기성 콘크리트 틀의 탄력성 부족을 보완코자 탄성이 큰 강제를 이용하고 연결 부분을 핀구조로 하여 구조물의 탄력성을 제고한 구조물이다.

- **침사지** : 개발지역에서 침식되어 유송되는 토사를 자연 또는 강제로 침전·퇴적시킬 목적으로 만든 저류시설물이다.

- **콘크리트 틀댐(Concrete Crib Dam)** : 콘크리트 블럭으로 틀을 만들고 내부에 호박돌을 채워 축제한 댐이다.

- **콘크리트댐** : 콘크리트로 축조하는 댐으로, 설계방법에 따라 중력댐, 아치댐, 부벽댐으로 구분되며 특별히 언급하지 않는 한 콘크리트 댐이란 중력댐을 지칭한다.

- **하상유지공** : 종방향 침식을 방지하고 하상을 안정시키므로써 하상 퇴적물의 재이동, 하안의 붕괴 등을 방지하며 호안 공작물의 기초를 보호할 목적으로 설치하는 시설을 말한다.

- **호박돌 콘크리트댐** : 거푸집을 사용하여 내부에 호박돌 콘크리트를 채워 축제한 댐이다.

- **호안** : 유수(流水)가 하안(河岸)의 침식, 붕괴를 일으키는 장소에 횡방향 침식을 방지하기 위하여 하안에 따라 유수 방향으로 설치된 시설을 말한다.


## ■ 하천 하구공사

- **기초준설** : 기초의 연약지반을 준설하여 제거함을 말한다.

- **병행식(竝行式)** : 점축식과 점고식을 병행하여 시행하는 방법을 말한다.

- **재료치환** : 깊이가 깊지 않은 연약기초지반을 모래등 양호한 재료로 치환함을 말한다.

- **점고식(漸高式)** : 개방구간이 일정하고 지반고를 같은 높이로 점차 축소하면서 물막이하는 방법을 말한다.

- **점축식(漸縮式)** : 지반고가 일정하고 개방구간의 너비를 점차 줄여 단면을 축소하면서 물막이하는 방법을 말한다.

- **토목섬유 매트 포설** : 기초의 연약지반을 준설하고 재료를 치환한 후 기초지반의 안정과 하중 분산 및 세굴방지를 위하여 재료위에 토목섬유매트를 포설함을 말한다.

- **하구둑** : 하구부에서 염수가 하천 쪽으로 거슬러 올라감을 방지하거나 고조(高潮)를 방어하고 또한 담수호 조성으로 용수원을 확보할 목적으로 하구부를 횡단하여 축조하는 시설물을 말한다.


## ■ 하천 수로터널

- **압력터널** : 상시의 사용상태에서 계획유량이 터널 단면을 만류하는 터널로서 내수압이 작용되는 터널을 말하며, 일반의 발전용 도수터널, 저수지에서의 취수터널, 광역상수도터널 등이다. 이 압력터널은 도로, 철도, 지하철 같은 교통터널과 달리 터널 내에 수압작용이 중요하므로 시공에 주의를 요한다.

- **자유수면터널** : 상시의 사용상태에서 계획유량이 자유수면을 갖고 흐르는 터널로서 내수압이 작용되지 않는 터널을 말하며, 하천에서의 취수터널은 대부분 자유수면 터널이다.

## ■ 자연형 하천공사

- **고수부지** : 제외지로 하도 양안에 상대적으로 높고 평탄한 부지를 말한다.

- **비탈면 더돋기** : 홍수내력 증대 또는 기능증진, 경관개선, 친수성 증대 등을 위해 하천의 급경 사면을 토사로 더 성토하는 공사를 말한다.

- **서식처(Habitat)** : 한 생물체가 사는 곳과 생물적, 무생물적 그 주변. 보통 먹이와 피난처 등 생식조건을 포함하며 서식지(棲息地)라고도 한다.

- **식생자재** : 식재용으로 사용되는 성장성이 있는 자재(초목류, 관목, 수생식물 등)를 말한다.

- **일반자재** : 공사용 일반 자재(석재, 가공석, 자연석, 기타 공산품 자재 등)를 말한다.

- **자연형 하천공사** : 당해 하천 고유의 1) 생태계, 2) 경관, 3) 역사, 4) 문화, 5) 친수, 6) 학습, 7) 탐 방 등의 복원, 개선, 창출을 목적으로 자연에 가깝게 실시하는 하천 공사로 하천구역 및 하천과 밀접한 주변 지역에 대한 하천공사를 말한다.

- **전문가** : 토목시공 전문가 외에 수리학, 수문학, 하천공학, 생태학, 환경공학, 조경학 등 자연형 하천공사에 필요한 전문 지식을 가진 자를 말한다.

- **천연자재** : 공사용 식물성 자재(코코넛섬유, 황마, 밀짚, 볏짚 등 천연섬유제품, 목재 등)를 말한다.

- **하중도, 하중주** : 하도내 침식과 퇴적작용에 의해 형성된 고정된 섬을 하중도라 하고, 고정되지 않고 자연적으로 변모하는 사주를 하중주라 한다.

- **하천 복원(河川復元, Stream Restoration)** : 치수사업, 기타 다른 목적의 하천사업이나 불량한 유역관리에 의해 훼손된 생물서식처, 자정, 경관과 친수성 등 하천의 환경적 기능을 되살리기 위해 하도와 하천변을 원래의 자연상태에 가깝게 되돌리는 것을 말한다.

- **하천 전이대(轉移帶, 추이대)** : 서로 다른 생태계가 만나는 곳으로 외부의 교란이 내부로 전달되 는 것을 여과하는 완충대의 역할을 수행하며, 하천에서는 추이대(推移帶)로서 수생생태계와 육상생태계가 바뀌는 이행부(移行部)로서 생물서식처 또는 이동통로 기능을 갖는 곳을 말한다.

- **하천습지와 배후습지** : 하천 구역 내의 습지를 말하며 범람원이나 삼각주에 발달한 자연제방의 배후에 생긴 습지를 배후습지라 한다.

## ■ 자정력 증대시설

- **박층류정화법** : 하천폭을 확장하고 수심을 얕게 함으로써 생물막의 부착면적을 증가시켜서 하 천의 직접 정화기능을 향상시키는 방법을 말한다.

- **수로정화법** : 비교적 소규모의 하도를 대상으로 하고 하도 내에 접촉재를 포설하여 정화하는 방법을 말한다.
- **식생정화법** : 수생식물의 흡착탈질기능을 이용한 정화를 말한다.
- **접촉산화법** : 자갈 등 접촉재의 충진층을 만들어 생물막을 여러층으로 형성시켜서 부착된 미 생물을 이용하여 정화기능을 향상시키는 방법을 말한다.
- **집수정화법** : 오염이 심화된 하천수를 집수하여 여과처리하는 방법을 말한다.
- **포기(曝氣)정화법** : 하천 내에 시설물을 설치하여 포기를 발생시켜 정화하는 방법을 말한다.

■ **하천정화시설**

- **비점오염원** : 도시, 도로, 농지, 산지, 공사장 등 불특정 장소에서 불특정하게 수질오염물질을 배출하는 배출원을 말한다.
- **여과(filtration)** : 다공질(多孔質)의 막(膜)이나 층(層)을 사용하여 고체를 포함하는 유입수 중 액체만을 통과시켜 고체를 액체에서 분리하는 조작을 말한다.
- **인공습지(constructed wetlands)** : 자연 상태의 습지가 가지고 있는 정화능력을 인위적으로 도입하여 수질개선의 목적으로 이용하는 습지를 말한다.
- **점오염원** : 폐수배출시설, 하수발생시설, 축사 등에서 관거·수로 등을 통하여 일정한 지점으로 수질오염물질을 배출하는 배출원을 말한다.
- **정화기작** : 정수식물이 번성하는 수질정화 습지나 하안, 호수 등에서 정수식물에 의해 수질을 개선하는 방법으로 물리적, 화학적, 생물학적 과정이 복합되어 일어나는 정화작용이다.
- **하천정화기법** : 자연하천이 갖는 정화능력을 인위적인 물리·화학·생물학적 방법을 이용하여 보강·보완함으로써 단위 시간당 혹은 단위 유로당 물질 전환속도를 촉진시키는 기법을 말한다.
- **하천정화시설** : 유역내 사회활동(가정생활 포함)의 대사산물의 과다유입으로 하천 자체가 가지는 자정능력을 초과하여 원래 가지고 있어야 할 하천의 기능이 저하되었거나, 또는 열악하게 된 상태를 본래의 상태로 복원시키기 위한 인위적인 자연보전 행위의 총체적 시설을 말한다.
- **흡착(adsorption)** : 2개의 상(相)이 접할 때, 그 상을 구성하고 있는 성분물질이 경계면에 농축되는 현상이다.

■ **하천교량**

- **경간장** : 하천교량의 경간장이라 함은 교각중심에서 인근 교각 중심까지 길이이며 또한 유수 흐름 방향에 직각으로 투영한 길이이다.
- **국부세굴** : 교각, 교대, 수제, 제방 등 흐름의 장애물 주위에서 국부적으로 하상물질이 이동하는

현상이며 정적 및 동적세굴로 구분되며 단기간의 하상변화로 취급된다.

- **동적세굴** : 하상내 흐름의 소류력이 한계소류력 이상이어서 세굴공 상류부로부터 유사가 세굴공 내로 유입되고 동시에 세굴공으로부터 유사가 하류부로 유출되어 세굴공의 깊이가 증가와 감소를 반복하면서 평형 세굴심에 도달되는 세굴을 말한다.

- **세굴(scouring) 보호공** : 교량의 교대 또는 교각 주변으로 발생하는 국부세굴을 방지하기 위하여 하상 또는 하안을 직접적으로 보호하는 대책을 말한다.

- **세굴방지공** : 파랑과 유수에 의하여 구조물 기초지반이 세굴되는 것을 방지하기 위하여 설치하는 쇄석매트, 합성수지매트, 아스팔트매트, 콘크리트블록 등을 말한다.

- **수축세굴** : 하천의 흐름 단면적이 자연 또는 인공적인 요인에 의하여 감소되어 통수단면이 수축되고 따라서 이 구간에서 유속이 증가됨에 따라 제방이나 하상 재료의 이동량이 상부로부터의 유입량보다 증가할 때 발생하는 현상을 말한다.

- **압력세굴** : 압력세굴은 교량이나 구조물이 물에 잠기는 경우 통수단면이 축소되어 유속 및 압력변화가 발생하여 세굴심도 증가하는데 이때의 세굴현상을 말한다.

- **정적세굴** : 하상내 흐름의 소류력이 한계소류력 이하이어서 세굴 발생지점 상류로부터 세굴공 안으로 유사가 유입되지 않는 상태에서 세굴이 발생하여 세굴공에서는 국부적으로 유사 유출만 발생하여 세굴공의 깊이가 지속적으로 증가하다가 평형 세굴심에 도달하게 되는 세굴을 말한다.

- **측경간** : 교대의 교량받침부의 중심과 교각의 중심간 길이이며 또한 유수 흐름방향에 직각으로 투영한 길이이다.

- **하상상승(bed aggregation)과 하상저하(bed degradation)** : 하천 상류로부터 장기간 동안 토사가 이동하여 하상에 퇴적되어 하상이 높아지는 현상을 하상상승이라 하며 하상저하는 상류로부터 토사공급이 부족하여 하상이 저하되는 것을 말한다.

- **횡방향 유로이동** : 자연적으로 발생되는 주 수로의 횡방향 이동으로, 교각, 교대, 하천구조물 설치에 따른 침식을 증가시키거나 교각에서 흐름 입사각의 변화를 주어 총 세굴량을 변화시킨다.


## ■ 수위조사
- **갈수위** : 1년을 통하여 355일은 이보다 높은 수위를 말한다.
- **감조하천** : 조석의 영향으로 하천의 하류부에서 수위가 변하는 하천을 말한다.
- **관측소** : 하천유역의 강수량, 하천의 수위, 유량, 유사량 등을 정상적으로 연속하여 관측하기 위하여 설치한 시설물을 말한다.
- **수위** : 일정한 기준면으로부터 하천의 수면까지의 높이를 말한다.
- **연평균수위** : 1년을 통하여 일평균수위의 합을 당해 연도의 일수로 나눈 수위를 말한다.

- **일평균수위** : 1일을 통하여 1시부터 24시까지 매시 수위의 합을 24로 나눈 수위를 말한다.
- **저수위** : 1년을 통하여 275일은 이보다 높은 수위를 말한다.
- **최고수위** : 일정한 기간을 통하여 나타난 최고의 수위를 말한다.
- **최저수위** : 일정한 기간을 통하여 나타난 최저의 수위를 말한다.
- **TM** : 실시간 자동 자료 수집 방식이다.
- **평수위** : 1년을 통하여 185일은 이보다 높은 수위를 말한다.

## ■ 유량조사

- **갈수량** : 1년을 통하여 355일은 이보다 많은 유량
- **수위-유량곡선** : 동일지점, 동일시점에서의 측정수위와 관측유량의 관계를 회귀 분석하여 설정한 곡선이다.
- **연평균유량** : 1년을 통하여 일평균유량의 합을 당해 연도의 일수로 나눈 유량을 말한다.
- **유량** : 하천의 횡단면을 단위시간에 통과하는 물의 부피를 말한다.
- **일평균유량** : 1일을 통하여 1시부터 24시까지 매시 유량의 합을 24로 나눈 유량이다.
- **저수유량** : 1년을 통하여 275일은 이보다 많은 유량
- **최대유량** : 일정한 기간을 통하여 나타난 최대의 유량
- **최소유량** : 일정한 기간을 통하여 나타난 최소의 유량
- **평균유량** : 1년을 통하여 185일은 이보다 많은 유량

## ■ 유사 및 하상변동 조사

- **비유사량** : 단위기간(1년) 및 단위유역면적($km^2$)당의 토사유출량($tons/km^2/yr$)을 말한다.
- **유사 전달율** : 유역에서 침식되어 나오는 토양유실량과 유역 하류의 한 출구 지점을 통과하는 토사 유출량의 비를 말한다(%).
- **토사유출량** : 유역의 생산 토사가 흐름에 의해 생산지를 떠나 하류의 어느 한 지점을 통과하는 유사의 양을 말한다.
- **토양유실량** : 비바람에 의해 지표면의 표토가 침식되거나 산지 붕괴 등에 의해 새로이 만들어져 흐름과 중력 등에 의해 하류로 이동이 가능한 토사의 양을 말한다.
- **하천유사량** : 하천 흐름에 의해 하도 내에서 소류사나 부유사의 형태로 이송되는 토사의 양을 말한다.

## ■ 하도조사

- **교호사주(交互砂州, alternate bar)** : 수심이 가장 깊은 지점의 반대쪽에 제방을 따라 하도 양쪽으로 번갈아가며 나타나는 사주이다.
- **반사구(反砂堆, antidune)** : 물, 바람 등에 의해 운반된 모래가 퇴적하여 생긴 언덕으로서 상류면이 하류면보다 가파른 형태를 지닌 사구를 말한다.
- **복렬사주(複列砂州, multiple bar)** : 하폭 대 수심의 비가 상대적으로 클 경우 하나의 횡단면에 2개 이상 형성되는 사주를 말한다.
- **사련(砂漣, ripple)** : 파랑으로 인해 바다 혹은 하천변에 형성되는 모래 언덕을 말한다.
- **사주(砂州, sand bar)** : 하천 및 연안에 유사 등으로 인하여 생성된 퇴적지형이다.
- **수제선(水際線, waterline)** : 모래사장과 특정 수면과 접하는 선을 말한다.

## ■ 하천친수

- **친수공간** : 하천 친수지구 내에 존재하는 개방적인 수변공간으로서, 시민들의 상시 접근이 가능한 여가공간을 의미하며, 수면구역(수역)과 육상구역(육역)을 포함하는 공간이다.
- **친수시설** : 하천 주변에 거주하는 국민의 건강, 휴양 및 정서함양을 위하여 설치된 유람선 및 모터보트 등의 이용을 위한 수상 레저 시설, 낚시터, 고수부지 시설을 포함한다.

## ■ 설계수문량

- **가능최대강수량(PMP, Probable Maximum Precipitation)** : 어떤 지속기간에서 어느 특정 위치에 주어진 호우면적에 대해 연중 지정된 기간에 물리적으로 발생할 수 있는 이론상의 최대 산정 강수량을 말한다.
- **가능최대홍수량(PMF, Probable Maximum Flood)** : 가능최대강수량으로부터 발생되는 홍수량을 말한다.
- **계획홍수량** : 하천, 유역개발, 홍수 조절 계획 등 각종 계획에 맞추어 이미 산정된 기본홍수를 종합적으로 분석하여 합리적으로 배분하거나 조절할 수 있도록 각 계획기준점에서 책정된 홍수량으로 기본홍수량에서 유역분담 홍수량을 제외 후 하도가 분담하는 홍수량 개념이다.
- **기본홍수량** : 어떤 하천이나 유역에서 인위적인 유역개발이나 유량조절시스템에 의해 조절되지 않고 자연상태에서 흘러 내려오는 홍수량 중에서 홍수 조절이나 유역개발의 기본이 되는 홍수량으로 미래 기후변화 영향 등을 포함할 수 있다.
- **단위유량도(unit hydrograph)** : 특정 단위시간 동안 균일한 강도로 유역 전반에 걸쳐 균등하게 내리는 단위 유효우량(1cm)으로 인하여 유역 출구에 발생하는 직접 유출량의 시간적 변화를 나타내는 곡선을 말한다.

- **산정 한계치** : 최대로 가용한 수문 정보를 바탕으로 하여 어떤 위치에서 발생 가능한 수문사상(水文 事象)의 최대크기를 말한다.
- **설계 갈수량** : 하천에서 취수 및 저수관리, 저수로 유지관리, 하천 환경의 개선 및 유지관리 등을 위해 설정한 갈수량을 말한다.
- **설계강우량** : 설계홍수량 산정에 필요한 강우량을 말한다.
- **설계홍수량** : 수문통계 및 홍수 특성, 홍수 빈도, 그리고 홍수 피해 가능성과 사회 경제적 요인을 함께 고려하여 최종적으로 수공구조물(하도, 방수로 등)의 설계기준으로 채택하는 첨두유량이다.
- **수문학적 설계(수문설계)** : 어떤 수자원 시스템에 수문사상이 미치는 영향을 평가하고 시스템이 적절히 실행될 수 있도록 시스템을 지배하는 주요 변수들의 기준치를 선택하는 과정이다.
- **시계열(time series)** : 시간의 흐름에 따라 일정한 간격으로 관측하여 기록된 자료를 말한다.
- **유역 반응시간** : 유역에 내리는 강우에 따라 첨두유량이 발생하는 시간적 특성이나 수리학적으로 유역에 어떠한 반응을 일으키는 시간을 말한다.
- **확률홍수량** : 재현기간이 주어진 경우 홍수 빈도분석의 결과로 산정되는 홍수량을 말한다.

## ■ 홍수방어계획

- **구조물적 대책** : 제방, 방수로 등에 의한 하천정비 및 개수, 홍수조절지 및 유수지, 그리고 홍수조절용 댐과 같은 구조물에 의한 치수 대책을 말한다.
- **방수로** : 지구 밖의 배수구로 연결해 주는 기능을 가진 수로이다.
- **배수로** : 지구 내의 빗물을 모아서 지구 밖의 배수구로 유도하기 위해 배치하는 수로이다.
- **배수문** : 지구의 말단 저수부, 즉 내수하천 하류와 외수하천이 합류하는 부근에 설치하며 홍수 시나 만조 시 외수의 침입을 막는 기능을 한다.
- **배수펌프(또는 빗물펌프)** : 자연배수만으로는 불충분하거나 불가능한 경우에는 배수펌프를 설치하여 배수를 한다.
- **비구조물적 대책** : 유역관리, 홍수예보, 홍수터 관리, 홍수보험, 그리고 홍수방지 대책 등과 같은 비구조물적인 치수 대책이다.
- **유수지** : 홍수 시 저지대의 우수를 일시 저류시키기 위한 시설물로 유입수를 일단 체류시켰다가 배출함으로써 홍수조절 기능을 수행하는 시설물을 말한다.
- **유수지** : 홍수 시 제내지에서 발생한 강우유출로 인한 제내지의 침수를 방지하기 위해 인공적으로 설치된 저류공간 또는 이와 같은 목적으로 이용되는 자연적인 저류공간을 말한다.
- **홍수방어** : 홍수로 인한 인명 및 재산 등 각종 피해를 줄이거나 방지하기 위하여 구조물적 및 비구조물적 치수 대책을 강구하는 것이다.

- **홍수방어 계획** : 하천에서 발생하는 홍수재해로부터 인명과 재산 등이 피해를 입지 않도록 방어하기 위한 조사, 계획, 대책 수립에 대한 사항을 파악하고 결정하기 위하여 책정하는 치수 대책을 말한다.
- **홍수예보** : 관측 또는 예상되는 기상상태에 따라 예측한 강우량 또는 하천상류 주요 지점의 수위 및 유량으로부터 예보 대상지점의 홍수유출량과 그 수위가 시간에 따라 어떻게 변화할 것인지를 예보하는 것을 말한다.
- **홍수조절지** : 홍수방어계획의 일환으로 홍수를 조절할 수 있는 기능을 가진 저수지를 말한다.

### ■ 하도계획

- **고수부지** : 하도 내의 저수로 및 호안부를 제외한 나머지 부분의 총칭이다.
- **놀둑(霞堤)** : 상하류 제방높이보다 낮거나 불연속 구간을 두어 홍수 시 유수의 범람을 허용하는 제방을 말한다.
- **방수로** : 하천 유량을 조절하기 위하여 홍수량의 일부 또는 전부를 다른 곳으로 방류하기 위하여 설치하는 구조물을 말한다.
- **범람원** : 무제부 또는 유제부 구간에서 홍수범람으로 인해 발생하는 제·내외지 내 침수구역을 말한다.
- **신설하천** : 홍수 소통단면을 증대하거나 홍수량을 전환하여 소통시키기 위한 방안으로 건설되는 새로운 하천으로, 주로 첩수로와 방수로(또는 분수로)로 구분된다.
- **안정하도** : 하천이나 수로가 장기간에 걸쳐 세굴과 퇴적을 반복한 후 하상경사와 단면의 크기 및 형상이 일정한 상태로 유지되고, 바닥면의 토사공급과 토사 유송률이 같아져서 안정상태를 유지하는 하도를 말한다.
- **저수로** : 평상시 물이 흐르는 부분을 말한다.
- **저수로하안관리선** : 저수로의 안정이라는 관점에서 그어지는 선으로서 저수로 형상을 안정적으로 유지 가능하게 하는 저수로 평면형으로서 고수부지의 이용 현황, 그 외의 여러 가지 상황을 포함하여 작성된 저수로 관리차원의 선을 말한다.
- **제방방어선** : 제방방어의 관점에서 그어지는 선으로서 한번의 홍수로 인해 침식될 가능성이 있는 고수부지 폭을 제방 앞 비탈 끝에서부터 이은 선으로, 고수호안 쪽으로 더 이상의 저수로 침식을 허용하지 않도록 하는 선을 말한다.
- **첩수로** : 현저하게 사행되었거나 굴곡된 하도를 절개하여 짧게 연결한 수로이다.
- **평형하천** : 하나의 하천구간 상류에서 유입되는 유사량과 하류로 유출되는 유사량이 같아 그 하천구간에서 퇴적이나 침식이 어느 한 방향으로 계속되지 않고 하상의 상승이나 저하가 거의 일어나지 않는 하천이다.
- **평형하천의 하상** : 평형하천에서의 하상상태를 말하며, 임의의 하도구간 내에서 유사의 유입과 유

출이 평형을 이루어 하상세굴이나 퇴적의 경년변화가 거의 없는 하상을 말한다.

- **하구** : 하천수가 바다나 호수 또는 다른 하천으로 흘러 들어가는 어귀를 말한다.
- **하도** : 평상시 혹은 홍수 시 유수가 유하하는 공간이면서 수생생태가 서식하는 공간이다.
- **하상** : 하도 내에 있어서 물이 흐르는 부분이다.
- **하안** : 하도 내 수면이 비탈면과 접하는 선적인 개념으로서의 영역을 말한다.
- **하안방어선** : 제방의 안전성과 저수로의 안정성을 확보하기 위해서 어떠한 구조적 대책(저수로호안, 하안침식방지공)을 강구할 필요가 있는 하도계획상의 선을 말한다.
- **홍수터** : 자연하천이나 무제부 하천구간에서 홍수 시 물이 흐르는 구역을 말한다.

## ■ 내수배제 및 우수유출 저감 계획

- **내수배제시설** : 제내지의 물을 하천으로 강제 배제하기 위한 시설을 말한다.
- **방수로** : 지구 밖의 배수구로 연결해주는 기능을 가진 수로를 말한다.
- **배수로** : 지구 내의 빗물을 모아서 지구 밖의 배수구로 유도하기 위해 배치하는 수로를 말한다.
- **배수문** : 지구의 말단 저수부, 즉 내수하천 하류와 외수하천이 합류하는 부근에 설치하며 홍수 시나 만조 시 외수의 침입을 막는 기능을 한다.
- **배수펌프(또는 빗물펌프)** : 자연배수만으로는 불충분하거나 불가능한 경우에는 배수펌프를 설치하여 배수한다.
- **상시저류시설** : 친수공간을 조성하기 위하여 평상시에는 일정량의 물을 저류하고, 강우 시에는 저류지에 빗물을 일시적으로 저류하도록 설계된 시설(연못, 호수, 저수지 등)을 말한다.
- **우수유출 저감시설** : 본래의 유역이 가지고 있던 저류 능력을 적정하게 유지토록 하기 위해서 첨두유출량 및 총 유출량을 저감시켜 하류하천에 홍수부담을 감소시키며 빗물의 재활용 등 수자원활용도를 높여 지하수함양 및 하천의 건천화 방지, 유량확보 등을 통한 하천의 생태계를 복원시키고자 설치하는 시설로 크게 '우수저류시설'과 '우수침투시설'로 대별되며, 현지의 여건에 맞게 선정하여 설계 및 설치·운영한다.
- **우수저류시설** : 빗물을 일시적으로 모아 두었다가 바깥외수위가 낮아진 후에 방류하여 유출량을 감소시키거나 최소화하기 위하여 설치하는 유입시설, 저류지, 방류시설 등의 일체의 시설을 말하며 저류기간에 따라 일시저류시설과 상시저류시설로 구분하기도 하며 장소에 따라 지구 외 저류와 지구 내 저류로 구분한다.
- **우수침투시설** : 지표면 아래로의 우수 침투를 활성화시키고 불포화층 내에 서의 저류효과 및 첨두유출량의 감소와 총 유출량의 저감을 도모하기 위한 시설로서 침투시설에는 침투트렌치, 침투측구, 침투통, 투수성 포장, 도로 침투관, 공극저류시설 등이 있다.

- **유수지** : 홍수 시 저지대의 우수를 일시 저류시키기 위한 시설물로 유입수를 일단 체류 시켰다가 배출함으로써 홍수조절 기능을 수행하는 시설물을 말한다.
- **일시저류시설** : 평상시에는 건조상태로 유지하고 강우로 인하여 유출이 발생할 때에 만 일시적으로 저류하도록 설계된 시설을 말한다.
- **지구 내 저류시설** : 강우 시에 우수의 이동을 최소로하는 저류 방식이다(공원저류, 운동장 저류, 주차장저류, 건물주변 공간저류 등).
- **지구 외 저류시설** : 강우 시 유출되는 우수를 임의 유역지점에 집수·저류하고 하류 하천의 수위를 저감시키기 위한 시설물이다(유수지, 저류지 등).

## ■ 하천환경계획
- **목표수질** : 대상 지역 및 하천의 상황을 고려하여 판단한 실현가능한 수질 목표를 말한다.
- **비점오염물질** : 도시, 도로, 농지, 산지, 공사장 등 불특정장소에서 불특정하게 배출되는 수질오염 물질을 말한다.
- **오염총량관리제도** : 관리하고자 하는 하천의 목표수질을 정하고, 목표수질을 달성·유지하기 위한 수질오염물질의 허용부하량(허용총량)을 산정하여, 해당 유역에서 배출되는 오염물질의 부하량(배출총량)을 허용총량 이하로 규제 또는 관리하는 제도를 말한다.

## ■ 하천친수계획
- **친수지구** : 자연과 인간이 조화를 이루는 곳으로 시민들의 접근이 용이하여 주민을 위한 휴식·레저 공간 등으로 이용하는 지구로 친수거점지구와 근린친수지구로 구분한다.
- **친수 거점지구** : 대도시 및 광역권 시민들이 원거리에서 방문해서 다양한 레저·문화·체육활동을 즐기는 지역명소로서 하천활용도가 높아 거점형 친수공간으로 관리하는 지구를 말한다.
- **근린 친수지구** : 인근 지역주민들이 접근하여 여가·산책 및 체육활동을 즐기는 곳으로 서 자연친화적 친수공간으로 관리하는 지구를 말한다.

## ■ 하천보
- **가동보** : 수위, 유량을 조절하는 가동 장치가 있는 보를 말한다.
- **고정보** : 수위, 유량을 조절하는 가동 장치가 없는 보를 말한다.
- **보** : 각종 용수의 취수, 주운(舟運) 및 친수활동 등을 위하여 수위 또는 유량을 조절하거나 바닷물의 역류를 방지하기 위하여 하천의 횡단 방향으로 설치하는 시설 중 흐르는 물의 월류(越流)를 허용하는 시설을 말한다.

## ■ 내륙주운시설

- **갑문(lock)** : 수위차가 있는 하천 또는 수로 간에 선박을 다니게 하기 위한 구조물로 상류 및 하류 두 개의 문비실과 그 중간의 갑실 및 갑문(lock gate)으로 이루어진다.

- **건선거** : 선박을 지지하고 배의 바닥을 보기 위하여 물을 뺄 수 있는 시설을 말한다.

- **박지** : 항내와 항외에 각종 선박이 정박 대기하거나 수리 및 하역을 할 수 있는 지역이다.

- **선회장** : 선박이 부두에 접안 또는 이안하는 경우 항행을 위하여 방향을 바꾸거나 회전할 때 필요한 수역을 말한다.

- **주운** : 선박으로 화물을 수송하거나 교통하는 일을 말한다.

- **주운댐** : 선박이 수위차를 극복할 수 있도록 갑문시설이 갖추어진 댐(댐의 높이는 저수용량의 관점 보다는 댐 상류의 수심을 확보하는 관점에서 결정)을 말한다.

- **주운수로** : 선박이 다닐 수 있도록 수심이 유지될 수 있는 수로를 말한다.

- **주운시설** : 하천에서 선박이 다니거나 정박할 수 있도록 설치한 주운수로 및 갑문 시설 일체를 말한다.

- **천소** : 수심이 얕은 해저의 튀어나온 부분으로 항해에 방해가 되는 곳을 말한다.

# 총론

## I. 개요

1. '발주자는 열쇠만 돌리면 쓸 수 있다'는 뜻으로 건설공사의 모든 요소를 포함하는 도급방식을 의미한다.
2. 시공자가 건설공사에 대한 재원, 토지구매, 설계 및 시공, 시운전, 유지관리를 발주자에게 제공하는 방식을 의미한다.

> ┤ 참조 ├
>
> **Turn Key 방식의 종류**
> - 성능만 제시 : 발주자가 성능만 제시, 모든 설계도서를 요구하는 방식
> - 기본설계도서 제시 : 발주자가 기본설계도서만 제시하고 구체적인 설계도서를 요구하는 방식
> - 상세설계도서 제시 : 상세설계도서가 제시되고, 특정한 요소만을 요구하는 방식

## II. 특징

### 1. 장점
(1) 공사기간의 단축
(2) 공사비용의 절감
(3) 하자에 대한 책임한계 명확
(4) 설계, 시공의 Communication 원활
(5) 신공법의 적용 촉진

### 2. 단점
(1) 발주자의 의도 반영 제한
(2) 저가 수주에 의한 품질저하 우려
(3) 사업내용 불확실

## III. 문제점

### 1. 대형업체 유리
(1) 중소기업의 참여 제한
(2) 제한경쟁으로 대형업체 위주 참여

### 2. 입찰준비일수 부족
(1) 설계제안서, 설계도서, 내역작성 등에 필요한 소요일수 부족
(2) 설계부실, 설계변경 요소의 증가
(3) 신공법 적용, 기술 제안서 등에 대한 충분한 검토 부족

### 3. 심의제도 부적절
(1) 객관적 평가 기준 수립 미흡
(2) Project의 특성을 고려한 심의 기준 미정립
(3) 심의 과정에서 부조리 발생 우려
(4) 심의 위원의 전문성 부족
(5) 단기간의 심의로 정확한 판단 제한

### 4. 발주자 의견 반영 제한
(1) 발주자의 전문성 부족에 따른 심의 미참여
(2) 발주자의 의도에 부합되지 않은 설계 선정 우려

### 5. 과도한 경비의 부담
입찰 탈락 시 설계비등에 대한 부담 과중

### 6. 저가 수주
(1) 실적유지를 위한 Dumping 경쟁 발생
(2) 품질 저하 우려

### 7. 하도급 계열화 미흡
(1) 전문건설업체의 시공 및 경영능력에 대한 불신
(2) 하도급 계열화에 대한 혜택 미흡
(3) 공사수주 역량 부족, 재하청에 의한 불신 초래

## Ⅳ. 개선대책

### 1. EC화 능력 제고
(1) 종합건설업자의 업무영역을 확대
(2) Project의 발굴, 기획, 타당성 조사, 설계, 시공, 유지관리 전 분야의 사업능력 확보
(3) 발주방식, 관리 System에 EC 개념 도입

### 2. 심의의 객관성 확보
(1) Project의 특성을 고려한 심의 기준 확립
    정량화된 평가기준의 정립, 평가항목별 배점기준 세분화
(2) 신기술, 신공법에 대한 배려 방안 강구
(3) 적정 심의 기간 확보
(4) 적정 대안(품질, 원가, 안전 등)에 대한 적극적 검토
(5) 객관성 확보를 위한 제도적 보완

### 3. 입찰 탈락 업체에 대한 보상
    탈락업체에 대한 설계비 보상 현실화

### 4. 발주자의 적극적 심의 참여
(1) 심의 참여로 발주자의 의사를 반영
(2) 발주자 측 전문인력 양성 및 활용

### 5. 중소기업의 참여기회 확대
(1) 우수 기술력 보유 업체의 참여 기회 보장
(2) Joint Venture를 통한 부담 배분

### 6. 기술개발 보상제도
(1) 기술개발 보상제도의 활성화
(2) 신기술에 대한 적극적 검토
(3) 기술개발에 대한 장려 정책 강화, 기업의 기술개발 활성화

### 7. 낙찰자 선정 방식 개선
(1) 금액평가에서 기술평가로 전환
(2) 적정 공사비 보증으로 품질저하, 하자 최소화

## 8. 하도급 계열화

(1) 부대입찰제도의 확대 적용

(2) 하도급업체의 전문 계열화 유도

(3) 실질적 지원방안 강구

## 9. 적용 대상공사의 확대 검토

# V. 결론

1. Turn Key 방식은 공기 단축이 가능하고 문제발생 시 책임소재가 명확하여 발주자의 신뢰성을 높이는 방식으로 적용될 수 있다.

2. 현재 시행 간 부분적인 문제점들이 발생하고 있으나 이를 개선하고 정책적 보완을 통해 정착되도록 노력이 필요하다.

## 02 종합심사낙찰제

## I. 개요

1. 종합심사낙찰제는 기존의 낙찰자 선정방식인 최저가 낙찰제 등의 가격경쟁 위주의 입찰방식의 문제점을 개선하기 위한 방식이다.
2. 종합심사낙찰제는 입찰금액, 공사수행능력, 사회적 책임 등을 종합적으로 평가하여 낙찰자를 선정하는 방식이다.

## II. 적용 대상 공사

1. 국가 및 공공기관 발주 추정가격 300억 이상인 공사
2. 문화재수리 공사(문화재청장이 정하는 공사)
3. 고난도 공사

## III. 최저가낙찰제의 문제점

1. Dumping 입찰에 따른 부실공사
2. 공사비 증액을 위한 설계변경 빈번
3. 유지관리비 증대에 따른 LCC 증가
4. 저가하도급에 따른 수익성 악화, 임금체불, 도산 등
5. 목적물의 품질 저하, 건설산업재해 가중
6. 건설산업의 불신 증대

| 참조 |

**일반공사**
추정가격 300억 원 이상
**간이형 공사**
추정가격 100억 원 이상

## IV. 기대효과

1. 목적물의 품질향상, 하자 방지
2. LCC의 감소로 재정 효율성 증대
3. 불법, 편법적 하도급 관행 개선
4. 기술과 가격의 합리적 균형 유지

5. 기술 경쟁 유도

6. 건설산업의 공정성 제고

7. 일자리 창출, 노동시간 조기 단축

8. 건설업의 채산성 개선

9. 하도급업체 보호

10. 대기환경 개선효과

## V. 심사항목 및 배점기준

| 심사분야 | 심사항목 | 배점 |
|---|---|---|
| 공사수행능력(50점) | 전문성 | 28.5점 |
| | 역량 | 20점 |
| | 일자리 | 1.5점 |
| | 사회적 책임(가점) | 2점 |
| | 소계 | 50점 |
| 입찰금액(50점) | 입찰금액 | 50점 |
| | 가격 산출의 적정성(감점) | −6점 |
| | 소계 | 50점 |
| 계약신뢰도(감점) | 배치기술자 투입계획 위반 | 감점 |
| | 하도급관리계획 위반 | 감점 |
| | 하도급금액 변경 초과비율 위반 | 감점 |
| | 시공계획 위반 | 감점 |
| 합계 | | 100점 |

## VI. 적격심사낙찰제와 비교

| 구분 | | 적격심사낙찰제 | 종합심사낙찰제 |
|---|---|---|---|
| 공통점 | | 공사수행능력점수 + 가격점수 | 공사수행능력점수 + 가격점수 |
| 차이점 | 낙찰자 선정 | 입찰금액점수가 가장 낮은 업체 우선순위 | 종합점수 가장 높은 업체 우선순위 |
| | 공사수행능력평가 | PQ와 혼합된 중복평가 | PQ와 별개 항목 평가 |
| | 가격점수 산정 | 88% 기준 점수 만점 | 업체들 균형가격 점수 만점 |

## VII. 문제점

### 1. 중소건설사들에게 불리한 배점

(1) 대형건설사 위주의 수주

(2) 공사 실적이 많은 대형건설사에 유리

## 2. 평균낙찰률의 하락 우려

(1) 공사비 확보 제한

(2) 입찰금액이 낙찰자 선정에 결정적 요소가 됨

(3) 균형가격의 산정방식의 부적정

> ┤ 참조 ├
>
> **균형가격의 산정기준**
>
> • 입찰금액이 예정가격보다 높거나 예정가격의 70% 미만인 경우 제외
> • 입찰금액의 상위 40%(개정 20%) 이상과 하위 20% 이하를 제외 후 나머지 입찰금액들을 산술평균하여 균형가격을 산정

## 3. 공사수행능력 분야에 참여업체 대부분이 만점 적용됨

(1) 가점요소가 적용됨으로써 만점업체 수 증가

(2) 공사수행능력에 대한 변별력이 부족


# VIII. 대책

## 1. 중소건설사들의 참여 기회 확대

(1) 기술자 보유기준 등에 대한 수행능력 평가 간소화

(2) 낙찰률의 상향 조정, 가격심사기준을 강화

(3) 종합심사낙찰제 적용 대상 공사의 확대

(4) 공동도급사, 지역업체 등에 배점 조정

(5) 시공실적에 대한 배점 조정

## 2. 입찰금액 심사점수 산정방식의 개선

(1) 입찰금액에 대한 배점 조정 검토

(2) 단가심사의 적정 단가기준 하한선을 상향 검토


# IX. 간이종심제

1. 기존의 종합심사낙찰제 평가를 보다 간소화하여 심사하는 낙찰 제도
2. 중소 건설 업체들의 공사 참여 확대를 감안하여 수행능력 평가 기준을 간소화, 가격 심사 기준을 강화하는 제도

3. 중소 건설 업체에 불리한 실적 평가를 완화하고 해당 공사의 투입자원(배치 기술자, 고용 수급체 등)을 중심으로 평가

4. 입찰방식의 비교

| 차이점 | 적격검사 | 간이형 종심제 | 종합심사낙찰제 |
|---|---|---|---|
| 대상공사 | 추정가격 100억~300억 | 추정가격 100억~300억 | 추정가격 300억 이상 |
| 낙찰자 선정 | 입찰금액이 가장 낮은 자를 대상으로 적격심사 통과한 업체 | 공사 수행능력 점수 (사회적 책임 점수 포함) +입찰금액 점수 가장 높은 자 | 공사 수행능력 점수 (사회적 책임 점수 포함) +입찰금액 점수 가장 높은 자 |

## X. 결론

1. 종합심사낙찰제는 기존의 낙찰자 선정방식인 최저가 낙찰제 등의 가격경쟁 위주의 입찰방식의 문제점을 개선하기 위한 방식이다.
2. 제도의 도입 취지에 부합되도록 배점, 심사에 대한 합리적 검토를 하여야 하며, 중소건설사의 참여 기회 확대를 위한 배려가 필요하다.

**일반공사(추정가격 300억 원 이상)**

| 심사 분야 | 심사 항목 | | 배 점 |
|---|---|---|---|
| 공사수행능력 (50점) | 전문성(28.5점) | 시공실적 | 15점 |
| | | 동일공종 전문성 비중 | 3.5점 |
| | | 배치 기술자 | 10점 |
| | 역량(20점) | 시공평가점수 | 15점 |
| | | 규모별 시공역량 | 3점 |
| | | 공동수급체 구성 | 2점 |
| | 일자리(1.5점) | 건설인력고용 | 1.5점 |
| | 사회적책임(0점~+2점) | 건설안전 | −0.8점~+0.8점 |
| | | 공정거래 | 0.6점 |
| | | 지역경제 기여도 | 0.8점 |
| | 소계 | | 50점 |
| 입찰금액 (50점) | 입찰금액 | | 50점 |
| | 가격 산출의 적정성(감점) | 단가 | −4점 |
| | | 하도급계획 | −2점 |
| | 소계 | | 50점 |
| 계약신뢰도 (감점) | 배치기술자 투입계획 위반 | | 감점 |
| | 하도급관리계획 위반 | | 감점 |
| | 하도급금액 변경 초과비율 위반 | | 감점 |
| | 시공계획 위반 | | 감점 |
| 합 계 | | | 100점 |

**간이형 공사(추정가격 100억 원 이상 300억 원 미만)**

| 심사 분야 | 심사 항목 | | 배 점 |
|---|---|---|---|
| 공사수행능력 (40점) | 경영상태(10점) | 경영상태 | 10점 |
| | 전문성(18점) | 시공실적 | 10점 |
| | | 배치 기술자 | 8점 |
| | 역량(12점) | 규모별 시공역량 | 6점 |
| | | 공동수급체 구성 | 6점 |
| | 사회적책임(0점~+2점) | 건설안전 | −0.4점~+0.4점 |
| | | 공정거래 | 0.4점 |
| | | 건설인력고용 | 0.4점 |
| | | 지역경제 기여도 | 0.8점 |
| | 소계 | | 40점 |
| 입찰금액 (60점) | 입찰금액 | | 60점 |
| | 가격 산출의 적정성(감점) | 단가 | −4점 |
| | | 하도급계획 | −2점 |
| | 소계 | | 60점 |
| 계약신뢰도 (감점) | 배치기술자 투입계획 위반 | | 감점 |
| | 하도급관리계획 위반 | | 감점 |
| | 하도급금액 변경 초과비율 위반 | | 감점 |
| | 시공계획 위반 | | 감점 |
| 합 계 | | | 100점 |

# 03 민자투자사업(방식)

## I. 개요

1. 사회간접(기반)시설인 도로, 철도, 공항, 각종 복지시설 등을 건설 시 소요되는 자본을 사회간접자본(SOC, Social Overhead Capital)이라 한다.
2. SOC 사업은 재정사업과 민자사업으로 구분되며, 민자사업은 BTL, BTO, BOT, BOO 등의 방식으로 분류된다. 최근 BTL방식에 의한 사업이 활발히 진행되고 있다.

## II. 필요성

1. 국가 재정의 한계
2. 사회기반시설의 조기 확충
3. 기업의 투자 기회 확대
4. 시설 제공 서비스 향상

> **│ 참조 │**
>
> **민자투자사업 선정 원칙**
> - 수익자 부담능력 원칙 : 서비스에 대해 이용자가 사용료를 부담할 의사가 있다고 판단되는 사업
> - 수익성 원칙 : 수익률이 확보되는 사업
> - 사업 편익의 원칙 : 조기 건설, 서비스 제공으로 사업편익의 조기 창출
> - 효율성 원칙 : 건설 및 운영의 효율 제고, 경쟁시설 대비 양질의 서비스 제공

## III. 민자투자사업 시행방식

### 1. BTL(Build-Transfer-Lease)
(1) 정의
① 민간이 건설한 시설은 정부 소유로 이전(기부채납)되며, 운영권이 보장되는 약정기간 중 정부가 시설을 임대 사용함으로써 정부가 시설 임대료를 지급하여 민간의 시설 투자비를 회수시켜주는 방식

② 설계 · 시공 → 소유권 이전 → 임대료 징수

③ 임대형 민간투자사업이라고 함

(2) 특징

① 민간사업자의 사업 Risk 배제

② 적정 임대료 산정, 지급으로 민간의 수익률 실현 보장

③ 원칙적으로 주무관청이 직접 사용료를 징수(또는 사업자에게 위탁 운영)

④ 민간사업자는 시설임대료와 운영비를 받으며 정부가 제안하여 민간투자를 유치

(3) 주요 적용 사업

아동보육시설, 학교, 기숙사, 임대주택, 상하수도시설, 노인복지 · 의료시설 등

(4) BTL과 BTO의 비교

| 구분 | BTL | BTO |
|------|-----|-----|
| 대상시설 성격 | 사용료 징수가 어려운 시설 | 사용료 징수가 용이한 시설 |
| 투자비 회수 방법 | 정부의 시설 임대료 | 최종이용자의 시설 이용료 |
| 사업 Risk | 민간의 사업 Risk 배제 | 민간이 사업 Risk 부담 |

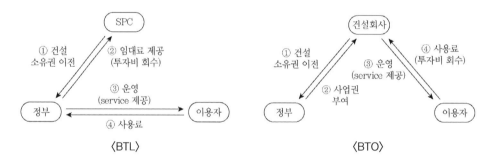

〈BTL〉　　　　〈BTO〉

## 2. BTO(Build-Transfer-Operate)

(1) 정의

① 민간이 시설을 건설 후 소유권을 정부로 이전하고, 약정기간 동안 그 시설을 운영하여 투자금을 회수하는 방식

② 설계 · 시공 → 소유권 이전 → 운영

③ 수익형 민간투자사업이라고도 함

(2) 특징

① 민간사업자가 수익과 손실을 모두 부담(책임)

② 민간사업자가 시설 이용자로부터 사용료를 직접 징수

③ 통상 민간이 제안 후 정부가 채택

(3) 주요 적용 사업 : 도로, 철도, 터널, 댐, 항만, 공항 등의 시설

(4) BTO-a(adjust) : 손익공유형 BTO

    ① 정부가 시설투자비와 운영비 일부를 보전하여 사업위험을 줄이는 방식

    ② 정부가 시설투자비의 70%와 투자비 30%의 이자비용, 운영비용을 보전

    ③ 사업의 위험성을 감소시키고 시설이용료를 낮출 수 있음

(5) BTO-rs(risk sharing) : 위험분담형 BTO

    ① 정부와 민간이 사업위험을 분담하여 투자와 손익을 분담하는 방식

    ② 고위험·고수익 사업에 대해 중위험·중수익 사업으로 조정

(6) BTO-a, BTO-rs 방식의 적용 효과

    ① 민간의 사업 Risk 감소로 신규사업 발굴이 활발해지며 금융기관의 투자 촉진

    ② 기존 BTO에 비해 정부보조금 인하로 인한 재정절감, 사용료 인하 가능

(7) BTO, BTO-a, BTO-rs 방식의 특성 비교

| 구분 | BTO | BTO-rs | BTO-a |
|---|---|---|---|
| 민간 사업 Risk | 높음 | 중간 | 낮음 |
| 손익부담 | 민간이 100% 부담 | 투자비율에 의거 손익 분배 | 손실비율 30%는 민간이 부담 초과 시 재정지원 이익발생 시 정부7 : 민간3 분배 |
| 적용 사업분야 | 도로, 항만 | 철도, 경전철 등 | 환경사업 등 |

# 3. BOT(Build-Operate-Transfer)

(1) 정의

    ① 민간이 건설한 시설을 약정기간동안 소유, 운영하여 투자금을 회수 후 소유권을 정부로 이전하는 방식

    ②

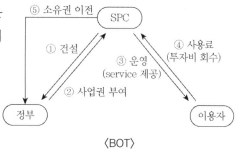

〈BOT〉

(2) 특징

    ① 사회간접시설의 확장 도모

    ② 개발도상국가에서 외채 도움 없이 사업 가능

    ③ 개발도상국, 국가사업의 민영화 정책에 도입

(3) 주요 적용 사업

    유료도로, 도시철도, 발전소, 항만, 등의 사업

## 4. BOO(Build-Own-Operate)

(1) 정의

　① 민간이 건설한 시설의 소유권을 가지며 그 시설을 운영하여 투자금을 회수하는 방식

　② 설계·시공 → 소유권 획득 → 운영

(2) 특징

　① 수익성보다 공익성이 강한 시설에 적용

　② 민간의 사업 Risk 증가

　③ 부대사업의 활성화 도모

　④ 해외자본의 유치 효과

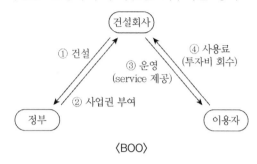

〈BOO〉

## 5. ROT(Rehabilitate-Operate-Transfer)

(1) 기존의 공공시설을 정비한 민간사업자가 약정기간 동안 운영하여 투자금을 회수 후 소유권을 이전하는 방식

(2) 리모델링 → 운영 → 소유권 이전

## 6. ROO(Rehabilitate-Operate-Own)

(1) 기존의 공공시설을 정비한 민간사업자에게 시설의 소유권을 부여해주는 방식

(2) 리모델링 → 운영 → 소유권 획득

# Ⅳ. 민자투자사업의 개선방향

## 1. 사업의 다양성, 수익성 제고

(1) 무분별한 사업 지양

(2) 환경, 복지, 안전 등의 생활 SOC 분야로의 사업 확대

(3) 치밀하고 객관성 있는 타당성 분석 필요

## 2. 보전료 지급 최소화

(1) 프로젝트의 특수성 고려 계약방식(조건)의 다양화

(2) 사업성, 타당성 분석 철저

(3) 도로의 철저한 교통량 조사

(4) 최소비용보전(MCC)의 수준 검토·적용

　① 이윤보장이 아닌 순수 운영비용을 보전하는 제도

　② 민간사업자의 고의적 폭리 예방

> **| 참조 |**
>
> **최소운영수입보장(MRG, Minimum Revenue Guarantee)**
> - 시설 운영 간 수입이 정해진 수준 이하 시 차액을 보상하는 제도
> - 민간사업자에게 최소한의 이익을 보장, 민자투자사업의 활성화 목적
> - 문제점 : 민간사업자의 수입 보장으로 경영 합리화 노력 불필요, 손실에 대한 국세 낭비 우려(고금리 대출 등에 의한 고의 손실 사례 발생)
> - MRG는 신규사업에 대해 2009년 폐지되었으나 종전 계약은 유지 중
>
> **최소비용보전(MCC, Minimum Cost Compensation)**
> - 이윤보장이 아닌 순수운영비용을 보전하는 제도
> - 민자사업의 고의적 폭리 예방

## 3. 사업자 선정의 공정성 확보

(1) 수의계약, 부적절한 심의 금지

(2) 우수업체, 지방업체 참여 유도

## 4. 투자 활성화

(1) 금융기관, 외국투자자 등의 적극적 참여 유도

(2) 국제적 협력 유도

## 5. 시설의 건설비용, 운영비용 투명성 확보

## 6. 정부 내 민자사업 전담기구 운용

(1) 정부 부처 간 중복업무 조정

(2) 사업 추진의 효율성 제고

(3) 사업 추진 절차의 간소화

# V. 결론

1. 민자투자사업은 국가재정사업의 한계를 보완할 수 있는 사업방식으로서 요구시설을 적기에 공급하고 양질의 서비스 제공이 가능하다.

2. 치밀한 타당성 분석, 계약 조건의 현실화, 사업절차의 간소화 등 사업에 대한 제반 문제점을 개선하여 효율적이고 합리적인 사업이 되도록 해야 한다.

---| 참조 |---

**생활(지역밀착형) SOC**

- 추진배경 : 국민 삶의 질 향상, 균형 발전, 일자리 창출
- 개념 : 일상생활(숙식, 자녀 양육, 노인 부양, 일하고 쉬는 등)에 필요한 인프라와 삶의 기본 전제가 되는 안전시설을 의미
- 비전 : "국민 누구나 어디에서나 품격 있는 삶을 살 수 있는 대한민국"

| 성장위주 인프라 | 생활 인프라 |
|---|---|
| 도로, 철도, 공항 등 | 소외지역 우선 확충, 국가균형발전 지원 |

- '국가 최소수준' 적용, '지방주도-중앙지원' 등 새로운 접근방법 적용
- 지자체 + 주민에 의한 지역 필수사업 취사선택 적용
- 중앙정부 : 범부처 가이드라인 제공, 지자체 사업지원
- 적용 분야
  - (공공)체육 인프라 : 실내체육관 등
  - 생활문화 공간 : 도서관, 문화예술교육센터, 생활문화센터
  - 기초인프라 : 주차장, 복합커뮤니티센터
  - 어린이 돌봄 : 유치원, 어린이집 등
  - 취약계층 돌봄 : 공립노인요양시설 등
  - 공공의료시설 : 지역책임 의료기관, 주민건강센터
  - 안전시설 : 교통, 화재, 안전시설 등
  - 깨끗한 환경 : 석면철거, 미세먼지 저감, 휴양지, 야영장

# 04 건설사업관리

## I. 개요

1. CM은 전문적이고 종합적인 관리능력을 갖춘 전문가(Professional) 혹은 집단(Team)이 발주자를 대신하여 건설공사 Project 수행 간 의사전달, 중재, 조정 및 통합 등 총괄자의 역할을 수행하는 엔지니어링 서비스를 말한다.

2. CM(Construction Management)은 Project Life Cycle(기획, 타당성 조사, 설계, 시공, 유지관리)상의 모든 단계의 업무영역에 관한 전부 또는 일부에 대한 용역을 수행한다.

---| 참조 |---

**CM의 필요성**

• 현대의 건설산업이 대형화, 복잡화, 다양화, 공기 단축의 특성 증가
• 발주자의 전문성 부족, 사업관리에 대한 부담 증가로 인해 사업 Risk를 회피
• 발주자를 대신한 건설사업관리(CM) 용역의 필요성 대두
• CM을 통한 사업관리를 통해 부실공사 방지, 개방화에 따른 건설산업의 경쟁력 강화, 다양한 발주자의 요구를 수용

## II. CM 기본 형태

### 1. CM for Fee 방식(대리인형 CM)

(1) CM이 발주자의 자문 또는 대리인으로서 역할을 수행

(2) 계약된 분야에서의 관리업무사항을 발주자에게 보고

(3) 약정된 보수를 수령, 사업성패의 책임이 없음

(4) 초기의 CM 형태

### 2. CM at Risk 방식(시공자형 CM)

(1) CM이 원도급자 입장으로 사업을 관리

(2) CM이 하도급업체와 직접 계약 체결, 통제

(3) 사업관리를 통한 비용추가 억제, 비용절감 노력

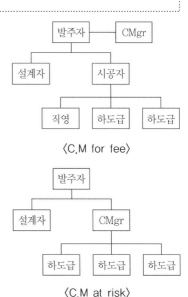

〈C.M for fee〉

〈C.M at risk〉

(4) 사업성패의 책임을 짐

## III. CM의 계약유형(방식)

1. ACM(Agency CM)
2. XCM(Extended CM)
3. OCM(Owner CM)
4. GMP CM(Guaranteed Maximum Price CM)

## IV. CM사업의 효과

1. 공기 단축
2. 프로젝트의 원가 절감
3. 공사 품질의 향상
4. 발주자의 이익 증대
5. 발주자, 설계자, 시공자 등 의사소통 원활
6. 합리적 공사수행
7. 업무의 간소화

## V. CM의 주요 업무

### 1. 설계 전 단계(Pre-Design Phase, 기획단계)
(1) 사업기획서 작성 및 타당성 검토
(2) 사업에 대한 단계별 시행계획 수립
(3) 기타 발주자의 요구사항 작성을 지원

### 2. 설계단계(Design Phase)
(1) 설계를 위한 사전조사
(2) 최적 설계를 위한 자문
(3) 설계지침서에 따른 도서작성 여부의 검토 관리
(4) VE(Value Engineering)를 통한 원가 절감 활동
(5) 예산과 설계상 내역의 적정성 검토

### 3. 발주단계(Procurement Phase, 입찰계약단계)
(1) 입찰방안의 수립, 사전 자격심사의 수행

(2) 입찰관련 서류의 작성, 입찰공고 및 입찰 서류의 배포

(3) 시공계약준비(일반사항과 요구조건)

(4) 전문 공종별 업체 선정 및 계약 체결

## 4. 시공단계(Construction Phase)

(1) 시공계획서 등의 검토

(2) 공사관리

    ① 품질관리

    ② 원가관리

    ③ 안전관리

    ④ 공정관리

    ⑤ 환경관리

(3) 발생되는 분쟁, 클레임의 관리

(4) 기술협의와 지도

## 5. 시공 후 단계(Post Construction)

(1) 시운전

(2) 평가 및 사후관리 방안 검토

# VI. 문제점

## 1. CM에 대한 인식

(1) CM 방식 적용에 대한 인식 부족

(2) 대상자별(발주자, 설계자, 시공자) 이해 충돌

(3) 감리와 업무 중복으로 인식

(4) 발주자의 이해 부족

## 2. 제도 미흡

(1) 관련 법규의 미정착

(2) CM 방식에 대한 계약조건 미비

(3) CM 전문업체에 대한 등록기준 미흡

(4) CM 용역비에 대한 기준 미흡

(5) 자격에 대한 체계화 부족

### 3. CM 전문업체 및 인력 부족

(1) 전문적인 업체 및 인력 미확충

(2) 인력 확충을 위한 교육시설 부족

(3) 실시되는 교육의 한계

### 4. 하도급 업체 능력 부족

(1) CM 방식은 강력한 하도급업체 필요

(2) 하도급업체 전문성 부족으로 공사관리 제한 발생

## VII. 개선 방안

### 1. CM 제도의 확립

(1) 관련 법규의 정립 및 보완

(2) CM 전문업체의 등록기준 마련

### 2. 종합건설업 제도의 도입

건설사업분야의 확대에 따른 CM의 운용 증대

### 3. CM 전문업체 및 인력 확충

(1) 교육, 해외 현장 연수 등을 통한 역량 강화

(2) 자격체계확립으로 전문성 강화

(3) 해외 CM 자격 취득

### 4. 관리기술 향상

(1) 분야별 CM체계 구축

(2) 공사관리 분야별 관리기술 축적

### 5. 기술개발

(1) 발주자, 회사 경영자의 기술 지원 확대

(2) 산학공동 기술연구 활성화

### 6. 적정 용역비 보장

(1) 공사금액의 4~8% 수준 보장

(2) CM의 활성화 도모

# VIII. 결론

1. CM은 부실공사의 예방, 공사비의 최적화, 관리기술의 확립 등 건설사업의 발전을 위해 필요한 제도이다.
2. CM제도의 확립, CM업체와 인원의 전문성 확보를 위한 교육, 자격체계 등을 개선하도록 노력해야 한다.

# 05 실적공사비 적산제도

## I. 개요

1. 실적공사비 적산제도란 과거에 계약된 공사비 정보를 수집하여 향후 유사한 공사의 공사비 결정시에 적용하는 제도이다.
2. 실적공사비 적산제도는 수집된 Data의 단가를 기준으로 발주자, 입찰자가 예정가격 및 입찰 금액을 산정함으로써 실제 시장가격을 반영할 수 있게 도입된 제도이다.

## II. 기본 개념도

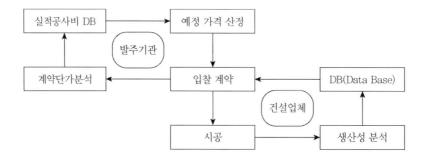

## III. 기대효과

1. 표준품셈에 의한 예정가격 산정의 한계 개선
2. 실제시장가격의 합리적 반영
3. 시공형태의 변화에 신속한 대응 가능
4. 신기술·신공법의 적용 활성화, 기술개발 활성화
5. 적산업무의 간소화, 공사비 산정과정의 효율화
6. 공사비 거품을 방지
7. 현장 및 지역 등 특수조건의 반영
8. 하도급 단가의 투명성 제고

## IV. 표준품셈과 실적공사비 적산방식 비교

| 구분 | 실적공사비 적산방식 | 표준품셈에 의한 적산방식 |
|---|---|---|
| 개념 | 유사한 공사의 자재·노임 등의 공사비를 기준으로 공사비 산정 | 공사비 구성요소에 결정된 표준단가와 계산하여 공사비 산정 |
| 작업조건 반영 | 다양한 조건의 반영 | 일률적 적용 |
| 신기술·신공법 | 적용 원활 | 적용 제한 |
| 실제노임 | 실제 노임으로 반영 | 실제 노임과 차이 발생 |
| 적산업무 | 간단 | 복잡 |

## V. 문제점

### 1. 예정가격 산정 시 계약단가, 낙찰율의 반복적용
(1) 계단식으로 예정가격이 하락

(2) 시장가격의 반영 제한

(3) 낮은 공사비로 인한 업계 경영난 초래

(4) 시설물의 품질과 안전성 저하

### 2. 낙찰자 선정 방식의 한계
예정가격보다 낮은 금액의 입찰자를 선정

### 3. 적산업무의 표준화 미흡
(1) 공종의 분류방법에 대한 기준 미정립

(2) 적산, 설계, 시공에서의 표준화 미흡

(3) 적산자료 및 Data의 부족

### 4. 설계의 정확성 부족
(1) 예정가격 산출 부정확

(2) 설계의 정도 부족

(3) 단가산출기준의 미비

### 5. 현장조건의 반영 제한

### 6. 신기술·신공법에 대한 가격반영 부적정

### 7. 적산 전문인력의 부족

# VI. 개선방향

## 1. 실제 시장가격을 반영
(1) 실적공사비 단가를 현실화

　자재단가, 장비사용료, 노임단가 등 시장조사 철저
(2) 표준 시장단가 제도의 적용
(3) 계약단가의 일률적 적용을 제한
(4) 적용단가에 대한 합리적 기준 확립

## 2. 공종분류 기준의 확립
(1) 적산, 설계, 시공에서의 공종 통일
(2) 관련법의 통폐합 및 기준 확립
(3) 부위별 적산체계 확립

　① 수량산출 및 설계변경의 용이성 확보

　② 공종별, 부위별 수량산출
(4) 정확한 수량산출

## 3. 신기술·신공법 적용 활성화
　신기술·신공법에 대한 가격 적용 현실화

## 4. 최적 설계
(1) 현장조건 등의 내실 있는 반영
(2) 철저한 사전조사를 통한 최적 설계

## 5. 현장조건의 반영 철저
　다양한 환경조건, 지역조건, 민원사항 등을 고려

## 6. 적산업무의 System화
(1) Data Base의 현실화
(2) 정보를 통합관리 할 수 있는 System 개발

## 7. 시장단가에 대한 모니터링 체계 확립

## VII. 결론

1. 실적공사비 적산제도는 저가수주에 의한 문제점을 개선하기 위한 목적으로 도입되었으나 운영 간 계약단가, 낙찰율의 반복적용으로 저가수주가 반복되고 있다.
2. 적용단가를 현실화하여 제도의 장점이 반영될 수 있도록 제도를 보완·개선시켜야 한다.

# 06 계약금액의 조정

## I. 개요

1. 공공건설공사의 계약체결 후 물가변동, 설계변경, 불가항력적 사유 등에 의하여 계약금액을 조정할 수 있다.
2. 계약금액조정은 기획재정부 계약예규의 공사계약일반조건에서 규정하는 조건, 범위, 절차 등을 적용하여 진행된다.

## II. 물가변동으로 인한 계약금액의 조정

### 1. 기간 요건
(1) 계약체결 후 90일 이상 경과
(2) 2차 이후의 물가변동은 전 조정 기준일로부터 90일 이상 경과
    다만, 천재지변, 원자재급등 등 예외로 할 수 있음

### 2. 등락 조건
입찰일을 기준일로 하여 조정률(품목, 지수)이 3% 이상 증감

### 3. 청구 요건
두 요건이 충족되면 계약 상대자의 청구에 의해 조정

### 4. 계약금액의 조정 신청
(1) 증액되는 경우
    ① 계약상대자가 작성하여 청구
    ② 계약상대자가 청구한 금액 이상으로 조정금액 지급 불가
(2) 감액되는 경우 발주자가 작성하여 발의

### 5. 조정 방법
(1) 계약체결 시 계약상대자가 지수조정방법을 원하는 경우 외에는 품목조정 방법으로 계약금액을 조정한다는 뜻을 명시

(2) 품목 조정률과 지수 조정률을 동시에 적용 불가

(3) 계약상대자의 청구를 받은 날부터 30일 이내에 계약금액을 조정

(4) 준공대가 수령 전까지 조정신청을 하여야 함

(5) 조정 기준일(조정 사유 발생일)로부터 90일 이내 재조정 불가

(6) 품목 조정률

① 조정 기준일(조정 사유 발생일) 전의 이행 완료할 계약금액을 제외한 계약금액에서 차지하는 비율로서 기획재정부 장관이 정하는 바에 의거 산출

② 품목 조정률 $= \dfrac{\text{각 품목 또는 비목의 수량에 등락폭을 곱하여 산출한 금액의 합계액}}{\text{계약금액}}$

③ 등락폭 = 계약단가 × 등락률

④ 등락률 $= \dfrac{\text{물가변동당시가격} - \text{입찰당시가격}}{\text{입찰당시가격}}$

⑤ 특징

㉮ 각 품목 또는 비목별로 등락률을 산출·적용, 정확한 증감 반영

㉯ 계산이 복잡하며 시간과 노력이 많이 소요됨

㉰ 계약금액의 구성비목이 적고 조정 횟수가 많지 않을 경우에 적합

(7) 지수 조정률

① 계약금액을 구성하는 비목을 정리한 '비목군'을 분류

② 비목군별로 생산자물가 기본분류지수 등을 대비하여 산출

㉮ (한국은행 공표)생산자물가 기본분류지수 및 수입물가지수

㉯ 국가·지방자치단체·정부투자기관이 허가·인가하는 노임·가격 또는 요금의 평균 지수

㉰ 기획재정부 장관이 정하는 지수

③ 특징

㉮ 정해진 지수를 이용하므로 계산이 신속하고 용이함

㉯ 품목 또는 비목의 변동내용이 정확하게 반영 제한

㉰ 계약금액의 구성비목이 많고 조정 횟수가 많을 경우에 적합

(8) 품목 조정률과 지수 조정률 특징 비교

| 구분 | 품목 조정률에 의한 방법 | 지수 조정률에 의한 방법 |
|---|---|---|
| 변동사유의 정확한 반영 | 가능 | 제한 |
| 조정에 대한 소요시간 | 장기 | 단기 |
| 조정작업 | 복잡 | 용이 |
| 적용성 | 단기, 소규모 공사<br>구성 비목이 적은 공사 | 장기, 대규모 공사<br>구성 비목이 많은 공사 |

# III. 설계변경으로 인한 계약금액의 조정

## 1. 설계변경의 대상

(1) 설계서의 내용이 불분명하거나 누락·오류 또는 상호 모순되는 점이 있을 경우

　① 당초 설계서에 의한 시공방법·투입자재 등을 확인한 후에 확인된 사항과 다르게 시공하여야 하는 경우에는 설계서를 보완

　② 설계서에 누락·오류가 있는 경우

　③ 설계도면과 물량내역서가 상이한 경우

　④ 설계도면과 공사시방서가 상이한 경우

(2) 현장상태와 설계서의 상이로 인한 설계변경

(3) 신기술 및 신공법에 의한 설계변경

(4) 발주기관의 필요에 의한 설계변경

　① 해당공사의 일부변경이 수반되는 추가공사의 발생

　② 특정 공종의 삭제

　③ 공정계획의 변경

　④ 시공방법의 변경

　⑤ 기타 공사의 적정한 이행을 위한 변경

(5) 정부의 책임 있는 사유 또는 불가항력의 사유

　① 사업계획 변경 등 발주기관의 필요에 의한 경우

　② 발주기관 외에 해당공사와 관련된 인허가기관 등의 요구가 있어 이를 발주기관이 수용하는 경우

　③ 공사관련법령(표준시방서, 전문시방서, 설계기준 및 지침 등 포함)의 제·개정으로 인한 경우

　④ 공사관련법령에 정한 바에 따라 시공하였음에도 불구하고 발생되는 민원에 의한 경우

　⑤ 발주기관 또는 공사 관련기관이 교부한 지하매설 지장물 도면과 현장 상태가 상이하거나 계약 이후 신규로 매설된 지장물에 의한 경우

　⑥ 토지·건물소유자의 반대, 지장물의 존치, 관련기관의 인허가 불허 등으로 지질조사가 불가능했던 부분의 경우

　⑦ 계약당사자 누구의 책임에도 속하지 않는 사유에 의한 경우

## 2. 조정 방법

(1) 증감된 공사량의 단가는 계약단가 적용

　　다만, 계약단가가 예정가격단가보다 높은 경우로서 물량이 증가하게 되는 때에는 그 증가된 물량에 대한 적용단가는 예정가격단가 적용

(2) 산출내역서에 없는 품목 또는 비목의 단가는 설계변경당시를 기준으로 산정한 단가에 낙찰률을 곱한 금액으로 함

(3) 표준시장단가가 적용된 공사의 경우에는 아래 어느 하나의 기준에 의하여 계약금액을 조정

　　① 증가된 공사량의 단가는 예정가격 산정 시 표준시장단가가 적용된 경우에 설계변경 당시를 기준으로 하여 산정한 표준시장단가로 함

　　② 신규비목의 단가는 표준시장단가를 기준으로 산정하고자 하는 경우에 설계변경 당시를 기준으로 산정한 표준시장단가로 함

(4) 신기술 및 신공법에 의한 설계변경의 경우에는 해당 절감액의 100분의 30에 해당하는 금액을 감액

(5) 낙찰가가 86% 미만의 공사는 증액 조정 시 조정금액이 계약금액의 10% 이상인 경우 소속중앙관서의 장의 승인을 얻어야 함

(6) 설계변경으로 인한 계약금액 조정은 신청 후 30일 이내 실시함을 원칙으로 함

## 3. 설계변경으로 인한 계약금액조정의 제한

(1) 일괄입찰 및 대안입찰(대안이 채택된 부분에 한함)을 실시하여 체결된 공사계약
(2) 기본설계 기술제안입찰 및 실시설계 기술제안입찰을 실시하여 체결된 공사계약

## 4. 설계변경 사유로 볼 수 없는 경우

(1) 산출내역서상의 단가의 과다, 과소 계상
(2) 표준품셈 및 일위대가의 변경
(3) 과다 원가계산의 경우 등

## IV. 결론

1. 공공건설공사의 계약금액조정은 계약당사자 일방의 불공평한 부담을 해소하기 위해 실시되며, 이를 통해 합리적으로 공사를 진행하는 여건을 마련함에 목적이 있다.

2. 설계변경의 경우 당초의 계약 목적·본질을 바꿀 만큼의 변경을 의미하지 아니하며, 이러한 경우 설계변경이 아닌 새로운 계약으로 취급하여야 한다.

# 07 건설공사의 시공계획

## I. 개요

1. 시공계획서의 작성은 착공 전 설계도에 의해 목적물을 생산하기 위한 품질, 원가, 안전, 공정, 환경 등의 사항을 최적화하기 위함이다.
2. 최근 구조물이 대형화, 복합화, 다양화됨에 따라 공사의 제한사항이 많이 발생하고 있으므로 착공 전 시공계획을 철저히 수립하여야 한다.

> ─┤ 참조 ├─
>
> **시공계획의 필요성**
> 계약기간 준수, 원활하고 경제적인 공사수행, 품질확보

## II. 건설공사의 시공계획

### 1. 사전조사

(1) 설계도서 파악

　　설계도면, 시방서 내용 중 공사 내용의 분석

(2) 계약조건 파악

　　내역의 검토 : 수량 증감 및 계산착오 검토

(3) 현장조사

　　① 토공사, 기초공사의 Data 확보

　　② 예비조사, 본조사, 추가조사 순으로 진행

　　③ 주변환경, 지하매설물 등의 조사

(4) 시공조건 조사

　　공기, 노무, 자재, 장비 등

(5) 공해, 기상, 관계법규 등

## 2. 공법 선정계획

(1) 사전조사 내용과 공사 내용을 분석

(2) 공사 상호간의 연관성을 고려 최적의 공법을 채택

(3) 시공성, 경제성, 안전성, 무공해성 등을 고려

## 3. 공사관리계획

(1) 품질관리

   ① 설계도서, 시방서 등에서의 요구성능을 확보

   ② 품질관리 Cycle

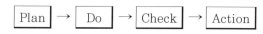

   ③ 품질관리계획서 작성·검토

   ④ 시험관리자 선정, 시험 항목별 시기·횟수 검토

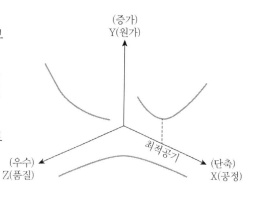

(2) 원가관리

   ① 합리적 실행예산의 편성, 검토

   ② 손익분기점 판단, 소요비용의 절감 요소 Check

(3) 공정관리

   ① 세부공사별 소요시간, 간섭, 순서 등을 고려

   ② 계약기간 내 예산을 고려한 경제적 공정표 작성

   ③ 무리한 공기 단축 지양, 적정 공기 설정

   ④ 전체공정표 → 분할(분기)공정표 → 세부 공정표 순으로 구체화

(4) 안전관리

   ① 안전관리 조직, 안전관리계획의 수립

   ② 공사 유해위험요인의 분석, 대책 강구

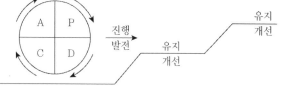

(5) 환경관리

   ① 소음, 진동 등 민원요인의 분석

   ② 저소음, 저진동 공법 검토

   ③ 폐기물의 처리, 재활용 방안 강구

(6) 정보관리

   ① 공사관리에 필요한 정보의 수집·처리·전달·저장 관련 효율적 관리

   ② 정확성, 신속성, 적시정, 대량성 등의 조건을 충족하도록 관리

## 4. 조달계획(5M 또는 6M)

(1) 노무계획(Man)

    ① 인력 배당 계획

    ② 노무 관리 계획

| 5M(생산수단) | 5R(목표) |
|---|---|
| Man(노무) | Right Time(적정한 시기) |
| Material(재료) | Right Quality(적정한 품질) |
| Machine(장비) | Right Price(적정한 가격) |
| Money(자금) | Right Quantity(적정한 수량) |
| Method(시공법) | Right Product(적정한 생산) |

(2) 자재계획(Material)

    ① 자재의 수량, 필요시기 분석

    ② 적기 공급토록 계획

(3) 장비계획(Machine)

    ① 최적의 기종 선정 및 적기 투입, 장비 조합 고려

    ② 경제성, 안전성, 효율성 등 고려

    ③ 관리요소의 검토

    ④ 기종, 투입대수, 투입시기, 사용기간 등 판단

(4) 자금계획(Money)

    ① 자금의 수입, 지출 계획

    ② 어음, 전도금, 기성금의 규모 및 시기 검토

    ③ 현장운영 및 관리비 반영

(5) 공법계획(Method)

    ① 현장조건을 고려한 최적공법 검토

    ② 시공성, 경제성, 안전성, 무공해성 등 고려

(6) 기술축적(Memory)

    ① System Engineering, Value Engineering 등 적용 검토

    ② 신기술 적용에 대한 적합성

## 5. 가설계획

(1) 가설구조물

    현장사무실, 숙소, 시험실 등

(2) 용수, 동력, 통신계획

(3) 부지 확보 및 가설물 배치계획

## 6. 관리계획

(1) 하도급업자 선정

    ① 전문성·신뢰성 있는 전문업체 검토, 선정

    ② 실적을 중심으로 한 업체 능력 검증

③ 선정된 업체에 대한 관리계획 수립

(2) 실행예산 편성

　① 공사수량을 검토하여 원가 산출

　② 공사현장의 여건과 사전조사 내용 등을 고려

　③ 불확실성을 최소화하고 최소의 비용으로 정확하고 안전하게 시공되도록 작성

(3) 현장원 편성

　① 안전, 품질, 관리, 공사, 공무 등

　② 공사규모, 업무량과 내용을 고려 적정 인원 편성

　③ 조직표 작성, 업무 배당

(4) 사무관리

　① 현장 사무의 간소화

　② 요구되는 사무는 즉각적 처리 및 근거 유지

(5) 대외업무 관리

　① 공사 관계부처와의 협조체계 구축

　② 연락망 구성, 위치도 작성

## 7. 공사내용계획

(1) 가설공사

　① 가설물의 배치 시기와 위치

　② 가설물의 Prefab화, 표준화 적용

(2) 토공사

　① 굴착, 운반, 다짐, 흙막이의 방법

　② 배수계획, 계측관리계획

(3) 기초공사

　기성말뚝의 민원 대책, 현장타설 콘크리트말뚝의 품질확보 방안

(4) 철근콘크리트공사

　① 철근공사, 거푸집·동바리공사

　② 콘크리트 재료·배합관리, 운반·타설·다짐 관리 계획

　③ 기상을 고려한 양생 계획

(5) 터널공사

　굴착공법, 발파공법, 지보공, 보조공법, 라이닝, 계측관리 계획

(6) 도로공사, 교량공사, 하천공사 등

## III. 결론

1. 현장조건, 공사내용 등을 고려하여 합리적으로 시공계획서를 작성하며, 이를 기초로 한 실시로 효율적이고 경제적인 공사가 진행되도록 해야 한다.
2. 시공계획을 구체적으로 작성하기 위해 사전조사, 기본계획, 상세계획, 관리계획 등으로 구체화한다.

# 08 건설공사의 공사(시공)관리

## I. 개요

1. 공사관리란 시공계획에 따라 주어진 기간 내 요구되는 품질을 확보하면서 경제적이고 안전하게 목적물을 완성하는 것을 관리하는 것이다.
2. 공사관리는 생산수단인 5M을 이용하여 공사관리의 목표를 달성할 수 있도록 체계적으로 수행되어야 한다.

## II. 공사관리의 4대 요소

1. 공정관리(Delivery)
2. 품질관리(Quality)
3. 원가관리(Cost)
4. 안전관리(Safety)

## III. 공사(시공)관리의 수단과 목표(5M과 5R)

| 5M(생산수단) | 5R(목표) |
|---|---|
| Man(노무) | Right Time(적정한 시기) |
| Material(재료) | Right Quality(적정한 품질) |
| Machine(장비) | Right Price(적정한 가격) |
| Money(자금) | Right Quantity(적정한 수량) |
| Method(시공법) | Right Product(적정한 생산) |

## IV. 공사관리

### 1. 중점관리 항목
(1) 품질관리
　　① 설계도서, 시방서 등에서의 요구성능을 확보

② 품질관리 Cycle

Plan → Do → Check → Action

③ 품질관리계획서 작성·검토

④ 시험관리자 선정, 시험 항목별 시기·횟수 검토

⑤ 하자 방지 및 품질의 향상

(2) 원가관리

① 합리적 실행예산의 편성, 검토

② 손익분기점 판단, 소요비용의 절감 요소 Check

③ 최적공법의 적용을 통한 경제성 향상

④ 신기술, 신공법의 적용 검토

⑤ 원가관리기법의 도입

　　VE, LCC, IE 등 도입

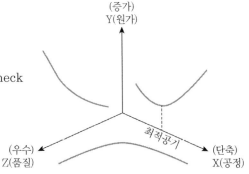

(3) 공정관리

① 세부공사별 소요시간, 간섭, 순서 등을 고려

② 계약기간 내 예산을 고려한 경제적 공정표 작성

③ 무리한 공기 단축 지양, 적정 공기 설정

④ 전체공정표 → 분할(분기)공정표 → 세부 공정표 순으로 구체화

⑤ 계획공정과 실공정을 비교, 공사속도의 조정

⑥ 공기와 품질, 원가의 상호관계를 면밀히 통제

(4) 안전관리

① 안전관리 조직, 안전관리계획의 수립

② 공사 유해위험요인의 분석, 대책 강구

③ 재해로부터 인간의 생명과 재산을 보호하기 위한 제반 활동

④ 생산성 향상과 손실을 최소화하기 위한 관리 대책 강구

⑤ 안전관리비의 합리적 통제

(5) 환경관리

① 소음, 진동 등 민원요인의 분석

② 저소음, 저진동 공법 검토

③ 폐기물의 처리, 재활용 방안 강구

(6) 정보관리

① 공사관리에 필요한 정보의 수집·처리·전달·저장 관련 효율적 관리

② 정확성, 신속성, 적시정, 대량성 등의 조건을 충족하도록 관리

## 2. 생산수단의 관리(6M)

(1) 노무계획(Man)

    ① 인력 배당 계획

    ② 노무 관리 계획

(2) 자재계획(Material)

    ① 자재의 수량, 필요시기 분석

    ② 적기 공급토록 계획

(3) 장비계획(Machine)

    ① 최적의 기종 선정 및 적기 투입, 장비 조합 고려

    ② 경제성, 안전성, 효율성 등 고려

    ③ 기종, 투입대수, 투입시기, 사용기간 등 판단

(4) 자금계획(Money)

    ① 자금의 수입, 지출 계획

    ② 어음, 전도금, 기성금의 규모 및 시기 검토

    ③ 현장운영 및 관리비 반영

(5) 공법계획(Method)

    ① 현장조건을 고려한 최적공법 검토

    ② 시공성, 경제성, 안전성, 무공해성 등 고려

(6) 기술축적(Memory)

    ① System Engineering, Value Engineering 등 적용 검토

    ② 신기술 적용에 대한 적합성

## 3. 관리요소의 통제

(1) 하도급업자 선정

    ① 전문성·신뢰성 있는 전문업체 검토, 선정

    ② 실적을 중심으로 한 업체 능력 검증

(2) 실행예산 편성

    ① 공사수량을 검토하여 원가 산출

    ② 공사현장의 여건과 사전조사 내용 등을 고려

    ③ 불확실성을 최소화 하고 최소의 비용으로 정확하고 안전하게 시공되도록 작성

(3) 현장원 편성

    ① 안전, 품질, 총무, 공사, 공무 등

    ② 공사규모, 업무량과 내용을 고려 적정 인원 편성

    ③ 조직표 작성, 업무 배당

(4) 사무관리

    ① 현장 사무의 간소화

    ② 요구되는 사무는 즉각적 처리 및 근거 유지

(5) 대외업무 관리

    ① 공사 관계부처와의 협조체계 구축

    ② 연락망 구성, 위치도 작성

## V. 결론

1. 최근 구조물이 대형화, 복합화, 다양화됨에 따라 공사의 제한사항이 많이 발생하고 있으므로 시공 간 공사관리의 중요성이 더욱 커지고 있다.

2. 급변하는 건설환경에서 공사목표를 달성하기 위해 품질, 원가, 안전, 공정, 환경에 대한 관리를 더욱 체계적으로 하여야 한다.

# 09 품질관리

## I. 개요

1. 건설공사의 품질관리란 품질과 관련된 법령, 설계도서 등의 요구사항을 충족시키기 위한 활동으로서, 시공 및 사용자재에 대한 품질시험·검사 활동뿐 아니라 설계도서와 불일치된 부적합공사를 사전 예방하기 위한 활동을 포함한다.
2. 설계도서와 발주자가 요구하는 품질을 확보하고 하자를 방지하며, 사용자가 만족할 수 있는 품질을 확보하도록 철저한 품질관리가 요구된다.

## II. 공사관리의 4대 요소

1. 공정관리(Delivery)
2. 품질관리(Quality)
3. 원가관리(Cost)
4. 안전관리(Safety)

## III. 공사(시공)관리의 수단과 목표(5M과 5R)

| 5M(생산수단) | 5R(목표) |
| --- | --- |
| Man(노무) | Right Product(적정한 생산) |
| Material(재료) | Right Time(적정한 시기) |
| Machine(장비) | Right Quality(적정한 품질) |
| Money(자금) | Right Price(적정한 가격) |
| Method(시공법) | Right Quantity(적정한 수량) |

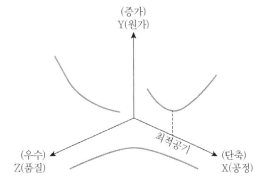

## IV. 품질관리의 목적

1. 발주자, 설계도서, 시방서의 규격 확보
2. 품질개선 및 향상
3. 하자의 방지

4. 공사에 대한 신뢰성 증가

5. 작업의 표준 결정

6. 공사 원가 절감

## V. 품질관리의 순서(Cycle)

### 1. 계획(Plan)

(1) 공종별 품질기준의 분석

(2) 품질관리 항목, 횟수, 시기 등을 선정

(3) 품질관리계획서 작성

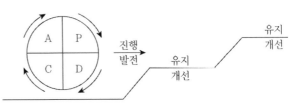

### 2. 실시(Do)

(1) 계획에 따른 품질관리 실시

(2) 교육훈련

(3) 시방규정에 의한 시공, 예방차원의 품질관리 실시

### 3. 확인 및 검사(Check)

(1) 실시된 결과를 측정하여 기준과 비교하여 검토

(2) 검사 시기, 횟수, 절차 등 준수

### 4. 조치(Action)

(1) 검사결과 불합격 요소의 조치 : 폐기, 재시공, 재검사 등

(2) 검사결과 등의 Feed Back, 계획의 수정

┈┤ 참조 ├┈

**품질관리와 품질경영의 차이점**

| 구분 | 품질관리(QC) | 품질경영(QM) |
|------|-------------|-------------|
| 경영 이념 | 기업 이익 | 고객 만족 |
| 경영 목표 | 불량 감소 | 품질 향상 |
| 품질 책임 | 품질관리담당자 | 최고경영자, 관리자, 작업자 |

## VI. 품질관리 기법(7 Tool)

### 1. 히스토그램(Histogram)

(1) 데이터가 어떻게 분포하고 있는지를 나타내기 위하여 작성하는 그림

(2) 막대 Graph

## 2. 파레토도(Pareto Diagram)
(1) 불량 등의 발생건수를 분류 항목별(현황별, 원인별)로 나누어 크기 순서대로 나열한 그림
(2) 막대 Graph와 누계 곡선의 조합

## 3. 특성요인도(Causes and Effects Diagram)
결과(특성)에 원인(요인)이 어떻게 관계하는가를 알 수 있도록 작성한 그림

## 4. 체크시트(Check Sheet)
계수치의 데이터가 분류 항목의 어디에 집중되었는가를 나타낸 그림, 표

## 5. 관리도(Control chart)
(1) 데이터가 관리한계(기준)에 대비하여 시간적인 변화를 확인하기 위한 꺾은선 그래프
(2) 데이터의 관리한계 범위 내 분포 여부(안정상태), 이탈 여부, 경향 등을 확인하기 위한 그림
(3) 종류
　　① 계량치 관리도
　　② 계수치 관리도
　　③ 기타

## 6. 산점도(산포도, Scatter Diagram)
대응되는 두 개의 짝으로 된 데이터를 그래프용지에 점으로 나타낸 그림

## 7. 층별(Stratification)
집단을 구성하는 데이터를 특징에 따라 몇 개의 부분 집단(Group)으로 나누는 것

# VII. 품질관리의 문제점

## 1. 품질관리에 대한 인식 부족
(1) 공정, 원가 위주의 공사관리
(2) 품질관리는 검사가 전부라는 인식
(3) 과정보다 결과를 중요시하는 경향
(4) 품질관리는 품질담당자만 실시한다는 인식

## 2. 공기 단축으로 인한 품질관리 시간 부족

### 3. 품질관리 기법 미숙

(1) 시험 및 검사 위주의 품질관리 실시

(2) Data, 불합격에 대한 원인 등에 대한 분석 미흡

(3) 과학적, 통계적 관리기법 적용 미흡

### 4. 품질관리 조직의 운용 부적정

　품질관리 담당자에게 타업무 수행 강요

### 5. 품질관리 System 미구축

(1) 관리 Cycle에 의한 품질관리 미실시

(2) 품질 검사에 대한 전문성 부족

# VIII. 개선방안

### 1. 품질관리에 대한 인식 개선

(1) 전사적 품질관리 실시, 전 구성원의 참여

(2) 품질 실패비용의 부담은 곧 공정, 원가의 손실이라는 인식의 전환

(3) 표준공기를 이행하여 양질의 품질확보, 무리한 공기 단축 지양

### 2. ISO 9000 품질관리 System 도입 및 적용 확대

### 3. 품질관리에 대한 교육

(1) 품질관리의 중요성 및 방법에 대한 지속적인 교육

(2) 품질확보를 위한 과정, 검사 기준 등

### 4. 품질관리 기법의 적용

(1) 합리적, 과학적 분석 기법의 활용

(2) 검사 기준의 적합, 부적합 외 Data의 성격, 경향까지 분석

(3) VE, LCC 등과 연계한 분석

### 5. 품질관리 System 도입

(1) 과학적, 합리적 관리시스템 도입·활용

(2) 품질 검사에 대한 전문성 확보 및 적용

# IX. 결론

1. 건설공사에서 철저한 품질관리를 통해 요구 품질을 확보하여 하자를 방지함으로써 신뢰성을 증진시키고 원가를 절감할 수 있다.
2. 품질관리에 대한 과학적인 기법을 도입하여 보다 체계적이고 합리적인 품질관리가 되도록 노력해야 한다.

# 10 원가관리

## I. 개요

1. 원가관리란 공사의 착수에서 완성단계에 이르기까지 공사비를 관리, 통제하는 활동을 의미한다.
2. 효과적인 원가관리는 발주자의 사업비한도 내에서 실제적인 공사예산을 수립하고 공사를 가장 경제적인 방법으로 계획, 설계, 시공을 위한 원가관리기술과 기법을 적용하는 것이다.

## II. 공사관리의 4대 요소

1. 공정관리(Delivery)
2. 품질관리(Quality)
3. 원가관리(Cost)
4. 안전관리(Safety)

## III. 공사(시공)관리의 수단과 목표(5M과 5R)

| 5M(생산수단) | 5R(목표) |
|---|---|
| Man(노무) | Right Product(적정한 생산) |
| Material(재료) | Right Time(적정한 시기) |
| Machine(장비) | Right Quality(적정한 품질) |
| Money(자금) | Right Price(적정한 가격) |
| Method(시공법) | Right Quantity(적정한 수량) |

## IV. 원가관리의 목적

1. 원가 절감
2. 이윤의 확보
3. 실행예산과 실투입비의 비교 분석
4. 작업능률 향상

## V. 원가관리의 순서(Cycle)

### 1. 계획(Plan)

실행예산 편성

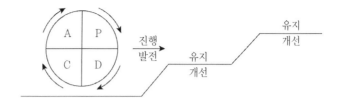

### 2. 실시(Do)

원가 통제

### 3. 확인 및 검사(Check)

실행과 실투입 비교 분석

### 4. 조치(Action)

(1) 과소, 과대 투입의 원인분석 및 개선조치

(2) 공정, 품질 등과 연계한 검토

## VI. 원가관리(비용절감) 기법

### 1. SE(System Engineering, 시스템 공학)

(1) 설계단계에서 현장여건을 고려한 적용 공법의 최적화

(2) 시공성, 경제성, 안전성, 환경성 등을 복합적으로 고려

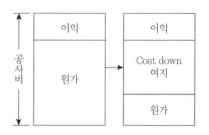

(3)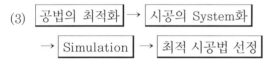

### 2. VE(Value Engineering, 가치공학)

(1) 기능(Function)을 향상 또는 유지하면서 비용(Cost)을 최소화하여 가치(Value)를 향상시킴

(2) $VE = \dfrac{Function}{Cost}$

### 3. IE(Industrial Engineering, 산업공학)

(1) 시공을 성력화하여 원가 절감

(2) 기계설비의 자동화, 작업원의 적정 배치, 작업조건의 개선 등을 통해 가장 적은 노력(노무)
으로 능률 향상

### 4. QC(Quality Control, 품질관리)

(1) 설계도, 시방에 규정된 소요 품질을 확보

(2) 하자를 방지하여 품질실패비용의 절감, 공기지연 방지

## 5. LCC(Life Cycle Cost)
(1) 생애주기비용의 검토, 생산비와 유지관리비용의 종합적 판단
(2) 저가 생산으로 인한 유지관리비용의 증대 억제

## 6. PERT, CPM
(1) 공사예산에 맞추어 품질을 확보하며 공사기간 내 완료하기 위하여 세우는 계획
(2) 계약기간 내 예산을 고려한 경제적 공정표 작성
　　① 무리한 공기 단축 지양, 적정 공기 설정
　　② 전체공정표 → 분할(분기)공정표 → 세부 공정표 순으로 구체화

## 7. ISO 9000
(1) ISO(International Organization for Standardization, 국제표준화기구)의 인증 획득으로
　　객관적 신뢰성 증진
(2) 품질관리의 System 구축

## 8. EC(Engineering Construction)화
(1) 건설산업의 영역확대 도모로 산업의 환경변화에 대응
(2) 시공분야 업무에서 종합건설업제도를 통한 설계와 유지관리 업무로의 영역 확대

## 9. CM(Construction Management)제도
(1) 발주자를 대리하는 건설사업전문가 제도를 통한 사업관리
(2) 품질확보, 공기 단축, 원가 절감 등을 기대

## 10. Computer화
　　프로젝트의 수행 간 발생되는 정보처리에 대한 효율성 제고

## 11. Robot화
(1) 로봇을 이용한 대량 작업, 위험 작업의 수행
(2) 성력화를 통한 작업자 부족 상황에 대처

## 12. 신공법, 신기술의 적용
(1) 경제성 있는 기술, 공법을 적용하여 원가 절감 도모
(2) 자재, 장비, 공법, 관리 분야 등 전 분야에서의 검토·적용

## VII. 결론

1. 원가관리는 궁극적으로 원가를 절감하는 것이지만 그로 인해 품질, 공정, 안전등에 악영향이 발생하여서는 안 된다.
2. 기간 내 요구되는 품질을 안전하게 확보하면서 원가관리가 될 수 있도록 종합적인 검토와 시행이 되도록 하여야 한다.

# 11 안전관리

## I. 개요

1. 안전관리란 모든 과정에 내포되어 있는 위험한 요소의 조기 발견 및 예측으로 재해를 예방하려는 안전활동을 말한다.
2. 재해란 안전사고의 결과로 일어난 인명과 재산의 손실을 말하며, 산업재해란 근로자가 업무에 관계되는 건설물·설비·원재료·Gas·증기·분진 등에 의해 사망, 부상, 질병에 이환되는 것을 말한다.

## II. 안전관리의 목적

1. 근로자의 생명 보호
2. 기업의 재산보호
3. 작업수행의 손실방지
4. 생산성향상
5. 사회복지의 증진

## III. 안전사고의 종류

| 구분 | | 내용 |
|---|---|---|
| 인적사고 | 추락 | 사람이 건축물, 비계, 기계, 사다리, 경사면 등에서 떨어지는 것 |
| | 충돌 | 사람이 정지물에 부딪힌 경우 |
| | 협착 | 물건에 낀 상태, 말려든 상태 |
| | 전도 | 사람이 평면상으로 넘어졌을 때, 과속미끄러짐 포함 |
| | 무리한 동작 | 부자연한 자세 또는 동작의 반동으로 상해를 입은 경우 |
| | 붕괴·도괴 | 토사의 붕괴, 적재물·비계·건축물이 무너진 경우 |
| | 낙하·비래 | 물체가 주체가 되어 사람이 맞은 경우 |
| | 감전 | 전기접촉, 방전에 의해 사람이 충격을 받은 경우 |
| | 이상온도 접촉 | 고온 및 저온에 접촉한 경우(동상, 화상) |

| 구분 | | 내용 |
|---|---|---|
| 인적사고 | 유해물 접촉 | 유해물 접촉으로 중독, 질식된 경우 |
| 물적사고 | 화재 | 발화물로 인한 화재의 경우 |
| | 폭발 | 압력의 급격한 발생·개방으로 폭음을 수반한 팽창 발생 시 |
| | 파열 | 용기 또는 장치가 물리적인 압력에 의해 파열한 경우 |

## IV. 안전사고의 원인

| 직접원인 | 간접원인 |
|---|---|
| • 불안전한 행동(88%)<br> – 직접적으로 사고를 일으키는 원인<br> – 안전수칙 무시 및 위험장소 접근 등<br>• 불안전한 상태(10%)<br> – 작업장 시설 및 환기 불량<br> – 기계설비 및 보호구 결함 등<br>• 최근 기온변화로 인한 천재지변(2%)<br> – 지진, 태풍, 홍수, 번개 등 | • 기술적(Engineering) 원인(10%)<br> – 점검 정비 및 보존의 불량<br> – 구조재료, 생산공정의 부적당<br>• 교육적(Education) 원인(70%)<br> – 안전수칙 오해, 안전지식 부족<br> – 작업방법, 교육 불충분<br>• 관리적(Enforcement) 원인(20%)<br> – 작업수칙 미제정, 인원 배치 부적당<br> – 안전관리조직의 결함 |

## V. 건설재해의 영향(문제점)

### 1. 근로자에게 미치는 영향
(1) 근로자의 생명 및 신체에 손해

(2) 피해자 본인과 가족의 직접적인 피해

(3) 가족의 경제적 손실 및 정신적 타격

### 2. 기업에 미치는 영향
(1) 인적손실 : 경험 있는 노동력 상실, 사기저하, 불안으로 인한 작업능률 저하

(2) 물적손실(재해비용)

　　① 수습에 소요 비용 발생, 직간접 손실비용 발생

　　② 교육훈련 등 여분의 경비와 시간소요

(3) 신뢰성 저하

　　① 대외 이미지 손상, 기업의 평가 하락

　　② 기업에 대한 근로자의 신뢰도 하락

(4) 기업활동에 영향

　　① 기업 활동 위축, 신규수주활동 제약

　　② 안전진단 및 재해조사 등으로 인한 생산활동 위축

## 3. 사회에 미치는 영향

(1) 국민의 세금부담, 생활부담(공사비증가로 인함)

(2) 일상생활 지장(재해로 인한 생활시설의 지연, 차단 등)

(3) 정신적 부담 증가

# VI. 안전성 사전 심사

| 구분 | 건설공사 안전관리계획서 | 유해위험방지계획서 |
|---|---|---|
| 근거 | 건설기술진흥법 제62조 (국토교통부) | 산업안전보건법 제42조 (고용노동부) |
| 목적 | 건설공사 시공안전 및 주변 안전 확보 | 근로자의 안전·보건 확보 |
| 작성 대상 | 1. 1종 및 2종 시설물 건설공사<br>2. 지하 10m 이상 굴착공사<br>3. 폭발물을 사용하는 건설공사로서 20m 안에 시설물이 있거나 100m 안의 사육가축에 영향이 예상되는 건설공사<br>4. 10층 이상 16층 미만인 건축물 건설공사 또는 10층 이상인 건축물의 리모델링 또는 해체 공사<br>5. 항타 및 항발기가 사용되는 건설공사<br>6. 발주자가 특히 안전관리가 필요하다고 인정되는 건설공사 | 1. 깊이가 10m 이상인 굴착공사<br>2. 지상높이가 31m 이상인 건축물, 연면적 3만m$^2$ 이상인 건축물 또는 연면적 5천m$^2$ 이상의 문화 및 집회시설, 판매 및 운수시설, 종합병원, 관광 숙박시설<br>3. 다목적댐·발전용댐 및 저수용량 2천만 톤 이상의 용수전용 댐·지방상수도 전용댐 건설공사<br>4. 터널공사<br>5. 최대 지간 길이가 50m 이상인 교량 건설공사<br>6. 연면적 5천 제곱미터 이상의 냉동·냉장창고 시설의 설비 및 단열공사 |
| 작성자 | 건설업자 및 주택건설등록업자 | 사업주(시공자) |
| 제출 시기 | • 총괄 안전관리계획서 : 당해 건설공사 실착공 15일 전까지<br>• 공종별 안전관리계획서 : 당해 공종의 실착공 15일 전까지 | • 당해 공사의 착공 전일까지 |
| 심의 기간 | 접수일로부터 10일 이내 | 접수일로부터 15일 이내 |
| 제출처 | 발주자 또는 인허가 행정기관의 장 | 산업안전공단 및 지부 |
| 주요 확인 | • 공사목적물의 안전시공 확보<br>• 임시시설물 및 가설공법의 안전성<br>• 공정별 안전점검 계획<br>• 공사장 주변 안전대책 | • 근로자의 보호장구 및 기구<br>• 작업공종 및 재료의 안전성<br>• 작업조건 및 방법<br>• 가설공사의 안전<br>• 산업안전보건관리비 사용계획 |
| 결과 통보 | 적정, 조건부적정, 부적정을 신청자에게 통보 | 적정, 조건부적정, 부적정을 사업주에게 통보 |

# VII. 안전사고의 예방대책

| 인재대책 | 천재대책 |
|---|---|
| • 3E 대책<br>• 시설적 대책<br>  – 표준안전난간, 추락방망<br>  – 안전표지 및 환기설비<br>• 관계법령 준수<br>• 보호구 착용 철저<br>• 각종 안전활동 등<br>  – 무재해운동, 위험예지훈련, TBM<br>  – 안전조회 및 안전순찰 등 | • 건설구조물의 설계·시공 시 지진, 태풍 등 자연재해 조건 반영<br>• 태풍, 홍수의 방향·위치 예측 등 현대과학기술(인공위성 등)로 재해발생 감소<br>• 과거 재해사례 연구 및 예방대책 반영<br>• 직간접적인 실험을 통한 자연재해 위험요인 도출 및 대책 강구 |

# VIII. 안전관리비

## 1. 적용범위

산업안전보건법 제2조 11호에 따른 건설공사중 총 공사금액이 2천만 원 이상의 공사에 적용

## 2. 공사 종류 및 규모별 안전관리비 계상 기준

| 구분 | 대상액 5억 원 미만인 경우 적용비율(%) | 대상액 5억 원 이상 50억 원 미만인 경우 | | 대상액 50억 원 이상인 경우 적용비율(%) | 보건관리자선임 대상 건설공사의 적용비율(%) |
|---|---|---|---|---|---|
| | | 적용비율(%) | 기초액 | | |
| 건축공사 | 2.93 | 1.86 | 5,349,000원 | 1.97 | 2.15 |
| 토목공사 | 3.09 | 1.99 | 5,499,000원 | 2.10 | 2.29 |
| 중건설공사 | 3.43 | 2.35 | 5,400,000원 | 2.44 | 2.66 |
| 특수건설공사 | 1.85 | 1.20 | 3,250,000원 | 1.27 | 1.38 |

## 3. 공사진척에 따른 산업안전보건관리비 사용기준

| 공정률 | 50% 이상~70% 미만 | 70% 이상~90% 미만 | 90% 이상 |
|---|---|---|---|
| 사용기준 | 50% 이상 | 70% 이상 | 90% 이상 |

# 12 공정관리

## I. 개요

1. 건설공사에서 공정관리는 설계도서에 명시된 품질을 확보하며 지정된 공기 내 공사를 완료하는 것을 말한다.
2. 공정관리를 위해서는 필요한 자원을 효율적으로 운영하여야 하며 작업순서와 시간을 명시한 공정표를 작성하여 관리한다.

## II. 공정관리의 필요성

1. 공정관리를 통한 공기의 준수 및 단축
2. 합리적 일정계획으로 작업 간 상호간섭 방지
3. 주기적 진도관리로 지연공정의 분석 및 조치
4. 효율적인 원가투입, 공정관리를 통한 원가 절감
5. 합리적 공정관리를 통한 품질확보 및 원가 통제

## III. 공정관리순서

### 1. 계획(Plan)

(1) 세부공사별 소요시간, 간섭, 순서 등을 고려
(2) 계약기간 내 예산을 고려한 경제적 공정표 작성
(3) 무리한 공기 단축 지양, 적정 공기 설정
(4) 전체공정표 → 분할(분기)공정표 → 세부 공정표 순으로 구체화

### 2. 실시(Do)

(1) 계획에 의한 작업진행
(2) 계획 공정표에 의한 공사의 지시, 관리

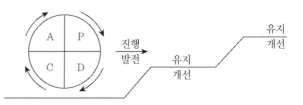

## 3. 검토(Check)

(1) 계획공정과 실공정을 비교     (2) 작업량, 진도, 자원, 원가 등과 종합적 분석

## 4. 조치(Action)

(1) 공사속도의 조정     (2) 작업개선, 공정촉진에 의한 시정

# IV. 공정관리기법

## 1. Gantt Chart(Bar Chart)

(1) 도표상에 횡방향의 막대그래프를 이용하여 작업의 시작과 종료를 표기

(2) 세로축에 공정별 항목을 가로축에 일수로 하여 공정의 예상시간을 막대로 표시

(3) 특징

    ① 간단하게 작성 가능, 개략적인 공정에 적합

    ② 공정표 이해가 쉽고, 공사에 대한 전체적인 흐름 파악이 용이함

    ③ 복잡한 작업의 표시 제한, 공정의 선후관계 표현 불가

## 2. 사선식 공정표(Banana 곡선, S-curve)

(1) 세로에 기성고를 가로에는 일수로 하여 관계를 곡선으로 표시

(2) 예정 진도곡선을 작성 후 상·하 허용한계를 설정

(3) 특징

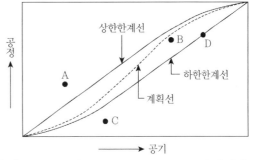

    ① 전체 공정에 대한 현재 진행상태의 파악
       용이, 공정률의 정량적 반영

    ② 세부공정 및 공사내용 미표기

    ③ 세부적인 공정 수정 불가

## 3. Net Work 공정표

(1) 각 작업의 상호관계를 네트워크로 표현하는 수법으로 CPM(Critical Path Method)기법과
    PERT(Program Evaluation & Review Technique)기법으로 분류됨

(2) 특징

    ① 작업순서의 표현, 주공정 파악 용이

    ② 진행공정에 대한 확인 용이, 효과적인 작업통제 가능

    ③ 공기 단축, 비용 절감, 자원 조달 등에 대한 관리가 가능

    ④ 공정표 작성에 시간 소요

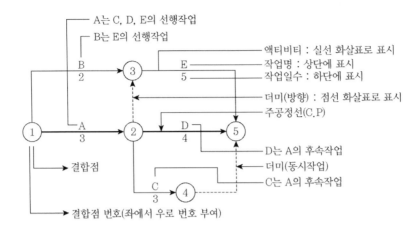

A는 C, D, E의 선행작업
B는 E의 선행작업
액티비티 : 실선 화살표로 표시
작업명 : 상단에 표시
작업일수 : 하단에 표시
더미(방향) : 점선 화살표로 표시
주공정선(C.P)
결합점
D는 A의 후속작업
더미(동시작업)
C는 A의 후속작업
결합점 번호(좌에서 우로 번호 부여)

(3) 종류

① PERT

㉮ PERT는 작업의 소요시간을 산정할 때에 정상적인 시간($t_m$), 비관적인 시간($t_p$), 낙관적인 시간($t_o$) 등의 3가지로 산정하여 기대시간($t_e$)을 산정

㉯ 3점 추정, $t_e = \dfrac{t_o + 4t_m + t_p}{6}$

㉰ 경험이 없는 신규 사업이나 비반복 사업에 적용

㉱ 공기 단축의 목적으로 적용

② CPM(Critical Path Method)

㉮ 작업 소요시간은 경험에 의하여 한 번의 시간추정으로 판단됨

㉯ 1점 추정 $t_e = t_m$

㉰ CPM은 공기설정에 있어서 최소비용의 조건으로 최적공기를 구하는 MCX(Minimum Cost Expediting)이론이 포함되어 있음

㉱ 공사비 절감을 목적으로 적용

③ CPM과 PERT의 비교

| 구분 | CPM | PERT |
|------|-----|------|
| 목적 | 원가 절감 | 공기 단축 |
| 대상 | 경험, 반복 사업 | 신규, 미경험 사업 |
| 작업시간 추정 | 1점 시간 추정 | 3점 시간 추정 |
| 작업시간 조정 | 용이 | 제한 |
| 공기 단축 | MCX 이론 적용 | Cost와 상관없이 공기 단축 |
| 개발배경 | 미 Dupont.Co.(화학회사) | 미해군(핵잠수함 건조계획) |

**최소비용에 의한 공기 단축**

비용경사(Cost Slope) : 작업을 1일 단축할 때에 추가되는 직접비용

$$비용경사 = \frac{특급비용 - 표준비용}{표준시간 - 특급시간}(원/일)$$

**작업촉진에 의한 공기 단축**

- 작업순서 검토 : 직렬작업의 병렬 작업화, 역작업 순서화, Dummy 절단의 검토
- 소요시간에 대한 검토 : 시간 견적의 재검토, 작업능률 및 투입자원의 변경 검토, 작업의 신속성 검토
- 설계 재검토 : 작업순서와 소요시간에 대한 검토로 공기 단축이 되지 않는 경우 Pre-fab화, 재료의 변경 등

# V. 결론

1. 타 산업에 비해 건설업은 특수성으로 인해 표준화가 어려워 체계적인 공사관리가 제한된다.
2. 최근 건설구조물이 대형화, 복합화, 다양화되는 상황에서 체계적이고 과학적인 공정관리 기법이 필요하다.

# 13 최소비용 계획법에 의한 공기 단축

## I. 개요

1. 공기 단축은 공사 수행 중 작업이 지연되었을 때, 즉 지정공기(또는 계획공기)보다 지연되었을 때 이를 만회하기 위하여 실시한다.
2. 공기를 단축하기 위해 돌관공사, 인력·장비의 추가투입 등으로 비용이 추가적으로 발생되는 바 최소의 비용을 증가시켜 공기를 단축하는 것을 최소비용에 의한 공기 단축이라 말하며, 이를 최소비용계획법(MCX, Minimum Cost Expediting)에 의한 공기 단축이라고 한다.

## II. 공기 단축의 필요성

1. 지연된 공기의 만회
2. 계약공기, 계획공기에 대한 이행
3. 중간(현재)공기에 대한 관리
4. 공사비 증가 최소화

## III. 공기에 영향을 주는 요인

1. 조달 조건 : 6M
2. 공사관리 조건 : 품질, 원가, 안전, 공정, 환경
3. 설계변경요인
4. 기상영향
5. 하도급 관리, 대외업무 관리
6. 발주자의 요구

## IV. 공기 단축과 공사비용 관계

### 1. 직접비
(1) 노무, 자재, 장비, 운반비용 등 작업에 직접 소요되는 비용

(2) MCX는 직접비(노무비)만을 대상으로 하여 비용분석

　　정상공기, 특급공기로 공기를 분석

(3) 공기 단축 시 직접비 증가

## 2. 간접비

(1) 세금, 공과금, 감가삼각비 등으로 구성

(2) 공기지연 기간과 비례하여 간접비 증가

(3) 공기 단축 시 일정액 감소

## 3. 공기 증감에 따른 총공사비

(1) 공기 단축 시 직접비 증가, 간접비 감소

(2) 공기 지연 시 직접비 감소, 간접비 증가

(3) 직접비와 간접비의 균형 즉, 총공사비가 최소가 되는 공기가 최적 공기

# V. MCX(최소비용계획)에 의한 공기 단축

## 1. 공정표상 주공정(CP), 전 여유(TF)의 판단

## 2. 여유공정에서의 비용구배(Cost Slope) 산출

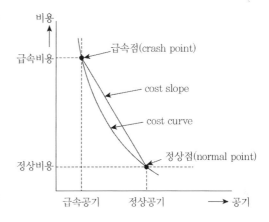

(1) 비용경사(Cost Slope)

　　작업을 1일 단축할 때에 추가되는 직접비용

(2) 비용경사 = $\dfrac{특급비용 - 표준비용}{표준시간 - 특급시간}$(원/일)

　① 특급비용(Crash Cost) : 공기를 최대한

　　단축할 때의 비용

　② 특급시간(Crash Time) : 공기를 최대한 단축할 수 있는 가능한 시간

　③ 표준비용(Normal Cost) : 정상적인 소요일수에 대한 비용

　④ 표준시간(Normal Time) : 정상적인 소요시간

　⑤ 급속계획(공기 단축) 시 직접비 증가요인

　　㉮ 야간 작업수당

　　㉯ 시간 외 근무수당

　　㉰ 기타 경비

　　㉱ 공기 단축일수와 비례하여 공사비 증가

### 3. 비용구배가 적은 작업의 공기 단축

### 4. 주공정이 2개가 되면 각각을 검토, 비용구배가 적은 작업 단축

### 5. 반복하여 소요공기까지 단축

### 6. 추가비용 산출
(1) 단축 작업별 단축일수 × Cost Slope
(2) 공기 단축에 필요한 추가비용 합산

### 7. 총공사비 분석
(1) 직접비만을 고려한 총 공사비 계산
(2) 정상공기 비용 + 공기 단축 추가 비용

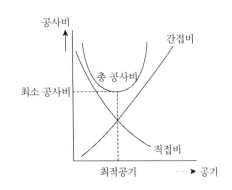

## VI. 공기 단축 방법

### 1. 단위작업의 병행
　하나의 작업을 2~3개의 작업으로 분할하여 병행 작업

### 2. 추가자원 투입
(1) 인력, 장비, 자재 등을 선 투입
(2) 계획된 투입자원을 미리 투입하는 것으로 추가비용이 거의 발생하지 않음

### 3. 야간작업 및 휴일작업
(1) 정상근무 외 추가시간의 작업으로 공기를 단축
(2) 공기 단축 기간과 비례하여 추가비용 증가

## VII. 결론

1. 무리한 공기 단축은 품질, 안전분야의 문제점을 야기할 수 있으므로 주의가 필요하다.
2. 비용적인 측면으로는 총공사비와 공기가 연관성이 크므로 최적공기까지는 최소비용에 의한 공기 단축과 공정관리가 필요하다.

# 14 EVMS(공정 · 비용 통합관리 체계)

## I. 개요

1. Project의 성과를 일정(공정), 비용(원가) 요소를 통해 각각 분석하는 것은 어느 정도 한계가 있다.
2. EVMS(Earned Value Management System)는 Project의 공정과 원가를 통합한 성과측정방법으로 기존의 평가방법보다 객관적이고 정량적인 분석과 평가가 가능하며, 이를 통해 향후 공사에 대한 정확한 예측이 가능하다.

## II. 현행 원가관리 체계의 한계

1. 원가와 공정을 분리하여 분석
2. 향후 공사비 예측 제한
3. 공정률에 대한 정확한 분석 제한
4. Project의 성과분석 및 평가 한계
5. 내역, 시방 등의 표준화 · 전산화 미흡

## III. EVMS의 관리절차

### 1. 프로젝트의 업무 정의(Scoping)
(1) 수행할 범위 내의 모든 작업을 단계적으로 분류하여 정의
(2) 작업분류체계(WBS)에 의하여 분할된 최소단위를 관리계정(Control Account)이라 하고 EVMS에서 비용 및 일정의 성과측정 기준단위가 됨

### 2. 프로젝트 일정계획(Planning & Scheduling)
(1) 프로젝트의 계획과 공정표는 관리계정 수준에서 비용과 일정의 성과를 동시에 측정할 수 있도록 작성

(2) 프로젝트의 단계별 수평적 상관관계, 주공정과 하위 공정 간의 수직적 상관관계가 작업분류
체계에 의해 명확환 관리가 되도록 작성

### 3. 프로젝트 예산편성 및 배정(Estimating & Budgeting)
(1) 공정표상 작업단위와 연계된 내역을 작성
(2) 공정표상의 작업단위에 따라 내역을 정리하여 각 작업에 예산을 배정

### 4. 기준진도 작성(Baseline)
(1) CPM 공정표와 프로젝트 예산을 바탕으로 통합된 일정과 비용계획을 수립
(2) 기준진도 작성은 각 관리단위를 위한 적합한 진도 산정기준을 설정해야 함

### 5. 진행관리(Monitoring)
(1) 설정된 기준진도에 따라 프로젝트 진행과정에서 계획대비 실적을 평가
(2) 수행작업량과 실투입공사비를 비교한 비용차이(CV), 계획작업량과 수행작업량을 비교한 일
정 차이(SV)를 이용, 비용지수(CPI)와 일정지수(SPI)를 산출
(3) 지수를 이용 비용과 일정의 현황을 효율적으로 판단

### 6. 프로젝트 예측(Forecasting)
(1) 프로젝트 진행에 따른 실적자료를 활용하여 향후 성과 예측
(2) 예산(BAC)을 비용지수(CPI)로 나눈 총예상공사비(EAC) 산출

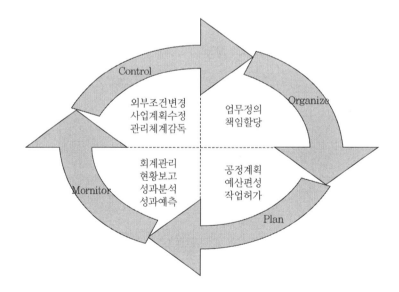

# IV. EVMS 진도측정 요소

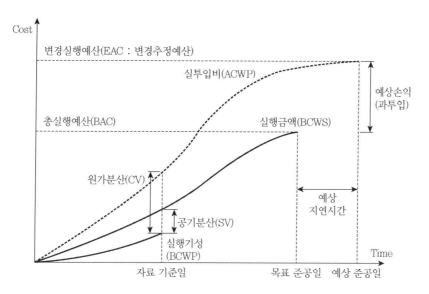

## 1. BCWS(Budgeted Cost of Work Scheduled, 실행예산)
(1) 어느 기간 동안에 수행하기로 계획된 일의 양 또는 이 일의 양에 할당된 예산

(2) 공사진도를 측정하기 위한 기본지표

(3) 실행물량 × 실행단가로 산출

(4) PV(Planned Value)로 표시할 수 있음

## 2. BCWP(Budgeted Cost of Work Performed, 실행기성, 실적진도)
(1) 어느 기간 동안에 실제 수행되거나 완료된 일의 양 또는 이 일의 양에 할당된 예산

(2) 실제로 측정된 공사진도

(3) 실제 수행된 실제물량 × 실행단가

(4) EV(Earnede Value)로 표시할 수 있음

## 3. ACWP(Actual Cost of Work Performed, 실투입비)
(1) 어느 기간 동안에 EV를 성취하기 위해 실제로 투입된 비용

(2) 수행된 실제물량 × 실투입단가로 산출

(3) AC(Actual Cost)로 표시할 수 있음

## 4. BAC(Budgeted At Completion, 총실행예산, 총사업예산, 목표공사비)
(1) 프로젝트 예산의 총 합계

(2) 시작단계에서 승인된 전체물량에 대한 예산

(3) 예산의 총합계로서 모든 작업의 실행을 합산한 금액

## 5. EAC(Estimate At Completion, 총예산비용, 최종공사비 추정액, 변경실행(추정)예산)

(1) 프로젝트를 시작하여 현재까지 작업을 수행한 실적에 근거하여 현재시점에서 추정한 프로젝트 시작에서 완료시까지 투입예정 비용의 합계

(2) 실제로 투입된 비용에 잔여 작업물량에 대한 예정단가를 곱하여 산출

(3) EAC = ACWP + (BAC-BCWP)/CPI = 총 사업예산(BAC)/비용지수(CPI)


# V. EVMS의 진도분석 요소

## 1. CV(Cost Variance, 원가분산(비용(공사비) 차이))

(1) 어느 시점에서의 실행기성과 실투입비의 차이로 직업의 효율성을 나타내는 지수

CV = BCWP − ACWP(원가분산 = 실행기성 − 실투입비)

(2) 실투입비가 원가범위(실행) 내에 있는지를 확인

(3) 해석

| 구분 | CV < 0 | CV = 0 | CV > 0 |
|------|--------|--------|--------|
| 해석 | 실행 초과 | 실행과 동일 | 실행 미달 |
| 비고 | 원인 규명 필요 | | |

## 2. SV(Schedule Variance, 공기분산(일정 차이))

(1) 어느 시점에서의 실행과 실행기성의 차이, 계획대비 공정 진척도를 측정하기 위한 지수

SV = BCWP − BCWS(공기분산 = 실행기성 − 실행예산)

(2) 공정진척을 원가측면에서 판단, 공정계획보다 선후에 있는지를 확인

(3) 해석

| 구분 | SV < 0 | SV = 0 | SV > 0 |
|------|--------|--------|--------|
| 해석 | 계획보다 지연 | 계획과 일치 | 계획보다 빠름 |

## 3. SPI(Schedule Performance Index, 공기수행(진도)지수)

(1) 어느 시점에서의 누계 실행 대비 누계 실행기성

$$\text{SPI} = \frac{BCWP}{BCWS} \left( 진도지수 = \frac{실행기성}{실행예산} \right)$$

(2) 실행기성을 기준으로 완료된 공정이 계획보다 선후에 있는지를 확인

(3) 해석

| 구분 | SPI < 1 | SPI = 1 | SPI > 1 |
|------|---------|---------|---------|
| 해석 | 계획보다 지연 | 계획과 일치 | 계획보다 빠름 |

## 4. CPI(Cost Performance Index, 원가수행(비용)지수)

(1) 어느 시점에서의 누계 실투입비 대비 누계 실행기성

$$\text{CPI} = \frac{BCWP}{ACWP} \left( 진도지수 = \frac{실행기성}{실투입비} \right)$$

(2) 실행기성을 기준으로 완료된 공정의 실투입예산에 대한 초과 여부 판단

(3) 해석

| 구분 | CPI < 1 | CPI = 1 | CPI > 1 |
|------|---------|---------|---------|
| 해석 | 원가 초과 | 원가와 일치 | 원가 절감 |

┤ 참조 ├

**CPI(비용지수)**

CPI는 실투입금액 1에 대한 기성금액의 크기를 의미

예를 들어 CPI가 0.97이면 실제로 1을 투입하고 기성으로 0.97을 받은 것임

**SPI(진도지수)**

SPI가 1.12이면 계획진도 1을 기준으로 실제로 1.12만큼 작업이 수행되었음을 의미

## 5. 예상손익(VAC, Variance At Completion)

VAC = 예상 총공사비(EAC) − 총실행예산(BAC)

## 6. 예상 잔여공사비(ETC, Estimate To Completion)

ETC = 예상총공사비(EAC) − 투입공사비(ACWP)

# VI. EVMS의 기대효과

1. 단일화된 관리기법의 활용을 통한 정확성, 일관성, 적시성 유지
2. 일정, 비용, 그리고 업무범위의 통합된 성과 측정
3. 축적된 실적 자료의 활용을 통한 프로젝트 성과 예측
4. 사업비 효율의 지속적 관리
5. 예정 공정과 실제 작업 공정의 비교 관리
6. 비용지수를 활용한 프로젝트 총 사업비의 예측 관리
7. 비용지수와 일정지수를 함께 고려한 총 사업비의 예측과 통계적 관리
8. 잔여 사업관리의 체계적 목표 설정

9. 계획된 사업비 목표 달성을 위한 주간 또는 정기적 비용 관리
10. 중점관리 항목의 설정과 조치

## VII. 결론

1. 건설 사업의 수행 간 현재 공정과 잔여 공정에 대한 정확한 분석을 통해 효율적인 사업관리를 하여야 한다.
2. 건설 Project를 EVMS를 통해 기준을 설정하고 성과를 측정·분석하여 향후의 예측 및 대응을 효율성 있게 관리할 수 있다.

# 15 환경(공해)관리

## I. 개요

1. 건설공해란 건설 작업 간 발생되는 소음, 진동, 비산·먼지, 지하수 오염 등으로 인해 주변 주민의 생활환경을 저해하는 것을 말한다.
2. 건설 공해로 인해 민원 발생 시 공사의 중단, 보상 등의 문제가 발생될 수 있으므로 이를 최소화하도록 관리하여야 한다.

## II. 공해의 규제 기준

### 1. 소음

(단위 : dB)

| 구분 | 심야 | 조석 | 주간 |
|------|------|------|------|
| 주거지역 | 50 | 60 | 65 |
| 그 밖의 지역 | | 65 | 70 |

### 2. 진동

(단위 : cm/sec(kine))

| 구분 | 문화재 | 주택·APT | 상가 | 공장 |
|------|--------|----------|------|------|
| 허용치 | 0.2 | 0.5 | 1.0 | 1.0~4.0 |

### 3. 분진

$300\mu g/m^3$(환경청)

### 4. 악취

(1) 아스팔트 방수작업의 연기, 외장 뿜칠재의 비산
(2) 차량 주행·정지·발차 시 배기가스 분출

### 5. 오탁수

(1) 수질

(2) 폐기물 기준 : $6.0 \leq pH \leq 7.5$

## 6. 터널 내부 가스 및 분진허용 농도

| 종류 | 허용농도 |
|---|---|
| 일산화탄소(CO) | 100ppm |
| 이산화탄소($CO_2$) | 1.5% |
| 황화수소($H_2S$) | 10ppm |
| 메탄($CH_4$) | 1.5% |

# III. 공해 원인

## 1. 소음

(1) 발파에 의한 소음

    암굴착, 구조물 파쇄 등을 위한 발파

(2) 항타 타격음

    ① 기성말뚝의 Hammer 타격 : Steam, Diesel, Drop Hammer 등이 소음이 큼

    ② 흙막이, Casing 등의 타격

(3) 장비 운용 소음

    ① 중차량의 주행 : Dump Truck, 운반차량 등

    ② Compressor, 발전기 등의 가동음

    ③ 굴착장비, 착암기, 진동기 소음 등

    ④ 절단톱, Pump, 그라인더 등의 소음

---

**| 참조 |**

**주요 건설장비의 소음 발생 정도**

(단위 : dB)

| 유압해머 | 휴대용 착암기 | Con'c Cutter | 스터드 용접기 | 불도저 | 크레인 | 굴착기 |
|---|---|---|---|---|---|---|
| 110 | 110 | 100 | 100 | 95 | 93 | 90 |

---

## 2. 진동

    발파, 항타, 장비 운용에 의한 진동

## 3. 분진(먼지)

(1) 현장내외에서의 차량 통행

(2) 해체 공사 시, 자재 투하 시의 먼지 등

## 4. 비산

(1) Concrete, Shotcrete 타설 시 반발에 의한 비산

(2) Paint 등 마감재 뿜칠, 살수 시 발생

## 5. 악취

(1) 가열 Asphalt의 연기

(2) Paint 등 마감재 뿜칠 시 비산되며 악취 발생

(3) 중장비, 차량 운전 시 배기가스

(4) 소각 등에 의한 연기, 악취

## 6. 지하수 오염, 고갈

(1) 지하수 개발 위한 Boring공의 미처리

(2) 약액주입 등에 의한 오염

(3) 현장 오물, 장비 세척, 폐유 등에 의한 침투

(4) 무분별한 지하수 사용

(5) 토공사 시 배수공법의 적용

## 7. 지반침하

(1) 굴착현장 주변의 지반침하

(2) 지하수위 저하에 따른 지반침하

(3) 중장비, 차량 등의 반복 운행

## 8. 교통장애

(1) 공사용 차량에 의한 교통 체증 영향

(2) 레미콘 차량, 토사 반입·반출 차량의 집중

## 9. 정신적 영향

(1) 소음·진동의 발생, 지반침하, 중차량·장비의 운행

(2) 발파, 항타, 해체공사, 대규모 굴착공사 등

# IV. 공해 대책

## 1. 저소음, 저진동 공법의 적용

(1) 암굴착

　① 팽창성 파쇄, 유압식 파쇄공법 적용

② 소발파, 제어발파 등 적용

(2) 말뚝공사

① 비교적 타격음이 적은 Hammer 적용 : 유압 Hammer, 초고주파 항타기 등

② Pre Boring 공법 적용 : SIP, SDA, PRD 공법 등

③ 압입, 중굴 공법의 적용

(3) 구조물 해체공사

팽창압에 의한 파쇄, 절단 해체, 유압식 해체 등

## 2. 소음·진동 저감 조치

(1) 가설 방음판·방음벽, 방음 Cover 설치

(2) 방진 Trench 굴착

(3) 차량·장비의 운용시간 조정, 대기시간 최소화, 공회전 금지

## 3. 비산, 분진(먼지)

(1) 세륜·세차 시설 운용

(2) 방진덮개, 방진망, 방진벽 설치

(3) 살수, Back Filter(집진기)

## 4. 악취

(1) 현장 오물 등 악취 요인의 신속한 수거

(2) 정기 방역, 덮개 설치

## 5. 지하수 오염, 고갈

(1) 과도한 배수 지양, 차수공법의 병행

(2) 복수공법의 적용

(3) Boring공의 기록 관리, 폐공처리 또는 Cap 설치

(4) 벤토나이트 분리시설 운용

## 6. 지반 침하

(1) Underpinning으로 침하 최소화

(2) 흙막이 근입장을 경질지반까지 근입

(3) 흙막이 벽의 안정성 검토·확보

## 7. 교통장애

(1) 작업시간의 조정

(2) 신호수 배치

(3) 공사용 차량 진출입로 변경

## 8. 주변 민원 요인의 최소화

(1) 주민들에게 공사 설명회 실시

(2) 작업시간의 조정, 공해 방지 시설의 적극적 운용

## 9. 현장 내 배수 조치

간이배수로, 집수정 설치 운용

## 10. 계측관리

(1) 공해요인들의 영향 분석

(2) 공사 전·중·후의 영향 Check

# V. 결론

1. 최근 건설공사 시 기계화 시공이 증가함에 따라 건설공해로 인한 민원도 증가하고 있다.

2. 건설공사 시 불가피하게 발생되는 요소가 있음을 주변 주민들에게 설명회 등을 통해 이해를 구하여야 한다.

3. 저소음·저진동 공법 및 장비의 개발·적용, 공해 저감시설의 적극적 설치·운용 등 공해, 민원 에 대한 적극적인 대책을 강구해야 한다.

---

| 참조 |

환경관리비는 "환경관리비의 산출 및 관리에 관한 지침" 준수

환경관리 관련 법규

• 대기환경 : 환경정책기본법, 대기환경보전법

• 수질 : 수질 및 수생태계 보전에 관한 법률, 환경정책기본법

• 소음·진동 : 소음·진동관리법

• 폐기물 : 폐기물관리법, 건설폐기물의 재활용 촉진에 관한 법률

• 토양 : 토양환경보전법

• 기타 : 환경영향평가법, 자연재해대책법, 자연환경보전법, 환경관리시방서 등

---

# 16 비점오염원

## I. 개요

1. 비점오염원이라 함은 도시, 도로, 농지, 산지, 공사장 등의 불특정장소에서 불특정하게 수질오염물질을 배출하는 배출원을 말한다.
2. 점오염원은 유출경로가 명확하여 수집이 용이하고 발생량 예측이 가능하여 관리가 가능한 반면 비점오염원은 장소, 발생량이 특정되지 않아 관리가 어려운 측면이 있다.

## II. 비점오염의 특성

| 구분 | 비점오염 | 점오염 |
|------|----------|--------|
| 배출 지점 | 불특정 | 특정 가능 |
| 배출 형태 | 희석, 넓은 지역으로 확산 | 집중 배출 |
| 배출량 예측 | 곤란 | 가능 |
| 오염물질 수집 | 제한 | 용이 |
| 처리효율 | 일정치 않음 | 높음 |

## III. 비점오염물질의 종류

1. 토사(Sediment)
2. 영양물질(Nutrients)
3. 박테리아와 바이러스(Bacteria & Viruses)
4. 기름과 그리스(Oil & Grease)
5. 금속(Metals)
6. 유기물질(Organics)
7. 농약(Pesticides)
8. 협잡물(Gross Pollutants)

비점오염물질 종류의 설명

• 토사 : 영양물질, 금속, 탄화수소 등을 비롯한 다른 오염물질이 흡착되어 있음

• 영양물질 : 질소·인과 같은 물질, 비료

• 박테리아와 바이러스 : 동물의 배설물과 하수도에서 월류된 배출수에서 많이 검출

• 금속 : 납, 아연, 카드뮴, 구리, 니켈 등

• 유기물질 : 밭, 논, 산림, 주거지역 등 광범위한 장소에서 유출

• 협잡물 : 건축공사장 및 사업장 등에서 발생하는 쓰레기, 잔재물, 부유물 등에는 중금속, 살충제, 박테리아 등이 포함

비점오염원 관리지역 지정기준

1. 「환경정책기본법 시행령」 제2조에 따른 하천 및 호소의 물환경에 관한 환경기준 또는 법 제10조의2 제1항(물환경목표기준 결정 및 평가)에 따른 수계영향권별, 호소별, 물환경 목표기준에 미달하는 유역으로 유달부하량 중 비점오염 기여율이 50퍼센트 이상인 지역

2. 비점오염물질에 의하여 자연생태계에 중대한 위해가 초래되거나 초래될 것으로 예상되는 지역

3. 인구 100만 명 이상인 도시로서 비점오염원관리가 필요한 지역

4. 「산업입지 및 개발에 관한 법률」에 따른 국가산업단지, 일반산업단지로 지정된 지역으로 비점오염원 관리가 필요한 지역

5. 지질이나 지층 구조가 특이하여 특별한 관리가 필요하다고 인정되는 지역

6. 그 밖에 환경부령으로 정하는 지역

# IV. 비점오염 저감시설 종류 및 입지 선정 시 고려사항

## 1. 토지이용 특성

도로, 도시지역, 농촌지역, 유해물질 배출지역

## 2. 물리적 타당성

토양 특성, 지하수위, 경사도, 자연유하 가능성, 배수면적

## 3. 기후 및 지형적 요소

낮은 고저차 지형, 추운 기후, 강우, 경사지, 하천고수부지와 저수지 홍수부지, 석회암지형

## 4. 유역요소

하천, 대수층 및 지하수, 호소, 저수지, 하구

## 5. 강우유출수 관리능력

지역별, 유역별 수질개선, 지하수 함양, 수로 보호, 홍수 예방 등

## 6. 오염물질 제거

총부유물질(TSS), 총인(T-P), 총질소(T-N), BOD, 중금속

## 7. 지역사회와 환경요소

지역사회의 의견, 불쾌감, 선호도 등

## 8. 기타

(1) 건설비 및 유지관리 비용

(2) 유지관리 용이성

① 유지관리 빈도, 막힘현상, 식생관리, 퇴적물 관리

② 유지관리 위한 특수장비 이용, 유지관리 인력 등

(3) 공공안전성 등

# V. 비점오염 저감시설

┈┈| 참조 |┈┈┈┈┈┈┈┈┈┈┈┈┈┈┈┈┈┈┈┈┈┈┈┈┈┈┈┈┈┈┈┈┈┈

**비점오염 저감시설의 분류**

| 구분 | | 종류 |
|---|---|---|
| 자연형 시설 | 저류시설 | 저류지, 지하조류조 |
| | 인공습지 | 지표면흐름습지, 지하흐름습지 |
| | 침투시설 | 유공포장, 침투저류지, 침투도랑 |
| | 식생형시설 | 식생여과대, 식생수로<br>저영향개발기법시설 : 식생체류지, 나무여과상자, 식물재배 화분 |
| 장치형 시설 | | 여과형시설, 와류형시설, 스크린형시설, 응집·침전처리형시설, 생물학적처리형시설 |

## 1. 자연형 시설

(1) 저류시설

① 강우유출수를 저류하여 침전 등에 의하여 비점오염물질을 저감하는 시설

② 종류 : 저류지, 지하저류조

(2) 인공습지

① 침전, 여과, 흡착, 미생물 분해, 식생 식물에 의한 정화 등 자연상태의 습지가 보유하고 있는 정화능력을 인위적으로 향상시켜 비점오염물질을 줄이는 시설

② 종류 : 지표면흐름습지, 지하흐름습지

(3) 침투시설

① 강우유출수를 지하로 침투시켜 토양의 여과·흡착 작용에 따라 비점오염물질을 줄이는 시설

② 종류 : 침투도랑, 침투조, 침투저류지, 유공포장

(4) 식생형 시설

　① 식생형 시설은 토양의 여과·흡착 및 식물의 흡착작용으로 비점오염물질을 줄임과 동시에, 동식물 서식공간을 제공하면서 녹지경관으로 기능하는 시설

　② 종류 : 식생여과대, 식생수로

## 2. 저영향개발(LID, Low Impact Development)기법 시설

(1) 비점오염을 저감함과 더불어 수질 및 수생태계 건강성 향상, 도시 침수 및 열섬현상 완화, 도시경관 개선 등의 다양한 효과를 가짐

(2) 종류 : 식생체류지, 나무여과상자, 식물재배화분

## 3. 장치형 시설

(1) 장치형 시설은 물리·화학적, 생물학적 원리를 이용한 장치를 이용하여 비점오염물질을 저감

(2) 협잡물, 부유물질, 일부 유기물질 등의 제거에 효과가 있으나, 용존유기물질, 영양염류, 중금속 등을 저감하는 데는 한계를 가짐

(3) 비교적 불투수 면적이 넓으면서 토사의 유입이 적은 장소에 설치하는 것이 효과적

(4) 종류

　① 여과형 시설

　　강우유출수를 집수조 등에서 모은 후 모래·토양 등의 여과재를 통하여 걸러 비점오염물질을 줄이는 시설

　② 와류형 시설

　　중앙회전로의 움직임으로 와류가 형성되어 기름·그리스(Grease) 등 부유성 물질은 상부로 부상시키고, 침전 가능한 토사, 협잡물은 하부로 침전·분리시켜 비점오염물질을 줄이는 시설

　③ 스크린형 시설

　　망의 여과·분리 작용으로 비교적 큰 부유물이나 쓰레기 등을 제거하는 시설로서 주로 전처리에 사용하는 시설

　④ 응집·침전 처리형 시설

　　응집제를 사용하여 비점오염물질을 응집한 후, 침강시설에서 고형물질을 침전·분리시키는 방법으로 부유물질을 제거하는 시설

　⑤ 생물학적 처리형 시설

　　전처리시설에서 토사 및 협잡물 등을 제거한 후 미생물에 의하여 콜로이드(Colloid)성, 용존성 유기물질을 제거하는 시설

# VI. 결론

1. 비점오염원은 발생지역 및 발생량을 특정하기 어려운 측면이 있다.

2. 비점오염물질에 의해 토양, 수질 등의 오염이 지속적으로 발생할 수 있으므로 저감시설을 설치하여 대응해야 한다.

3. 비점오염 저감시설에 대한 시설의 설치 및 유지관리 용이성, 설치비용, 유지관리비용, 저감 효과의 검증 등에 적극적 연구·개발이 필요하다.

# 17 구조물의 해체공법

## I. 개요

1. 최근 구조물이 대형화되며 신설됨에 따라 기존구조물의 해체공사도 증가하고 있다.
2. 해체공법은 다양하나 주변상황과 시공성, 경제성 등을 종합적으로 고려한 공법 선정이 요구되고 특히 공해에 따른 민원예방이 필요하다.

## II. 해체 요인

1. 공간 활용을 위한 대형 구조물의 수요
2. 도시 및 주거 환경의 정비 및 개선
3. 구조물의 구조적, 기능적 수명 한계 도달
4. 국가 정책적 수요
5. 개인적 필요성

## III. 해체공법

### 1. 기계적 해체공법

(1) 강구(Steel Ball)공법

　① 크레인에 강구를 매달아 수직 또는 수평으로 구조물에 충격을 가해 구조물을 파쇄하는 공법

　② 특징

　　㉠ 특별한 기술력, 자재가 소요되지 않음

　　㉡ 작업능률 우수

　　㉢ 소음, 진동, 분진이 많이 발생

　③ 유의사항

　　㉠ 크레인의 성능과 안정성, 강구 중량의 밸런스 검토

　　㉡ 강구 수평방향 타격 시 크레인의 전도 주의

㉻ 강구체결 와이어로프의 종류, 직경, 상태 Check

(2) 핸드 브레이커(Hand Breaker)공법

　① 압축공기에 의한 핸드브레이커의 반복충격력에 의해 구조물을 파쇄하는 공법

　② 특징

　　㉮ 소형구조물에 단독 적용 또는 대형 구조물에 보조공법(2차 파쇄용)으로 적용

　　㉯ 대형기계에 의한 해체공법 대비 소음, 진동 감소

　　㉰ 작업량이 적음

　③ 유의사항

　　㉮ 하향자세 작업실시, 비트의 절단사고 예방

　　㉯ 작업자의 건강 관련 1일 작업시간 제한 고려

　　㉰ 입축기, 유입장치 등의 위치선징 주의, 호스의 교착·꼬임 방지

(3) 대형 브레이커(Giant Breaker)공법

　① 공기압, 유압력 등에 의한 브레이커의 반복충격력에 의해 구조물을 파쇄하는 공법, 유압식 브레이커 주로 사용(굴삭기에 착암기를 설치하여 타격하는 공법)

　② 특징

　　㉮ 작업능률 우수

　　㉯ 진동, 소음이 큼

　　㉰ 2차 파쇄가 필요 없음

　③ 유의사항

　　㉮ 소음을 완화시키기 위한 소음기 부착 활용

　　㉯ 브레이커 접지바닥에 대한 요구지지력 확보

　　㉰ 이동간 장비의 안전 확보 철저(전도사고 예방)

## 2. 절단 해체공법

(1) Diamond Cutter의 연삭력에 의해 부재를 절단하여 해체하는 공법

(2) 작업원칙 : 절단작업은 직선상으로 진행, 최소단면으로 절단

(3) Diamond Wire Saw

　① 다이아몬드 체인의 회전에 의한 연삭작업

　② 대상구조물의 형상, 절단깊이 등에 제한 없이 적용 가능

　③ 협소한 장소, 수중 절단 가능

　④ 소음, 진동, 분진이 거의 발생하지 않음

　⑤ 다이아몬드 체인이 비싸고, 2차 파쇄작업이 필요

⑥ 부재의 재사용 가능

(4) Wheel Saw

　① 다이아몬드 회전판에 의한 연삭작업

　② 진동, 분진이 거의 없음

　③ 2차 파쇄가 필요, 절단 깊이 제한(30cm 정도 한계)

　④ 소음 비교적 발생, 부재의 재사용 가능

　⑤ 톱날(회전판)의 과열상태 확인, 냉각수 이용

　⑥ 톱날은 방호덮개를 설치하여 작업, 사고 예방

## 3. 유압식 해체공법

(1) 압쇄공법

　① 'ㄷ'자형 프레임사이에 콘크리트를 넣고 유압력에 의해 압쇄하는 공법

　② 특징

　　㉮ 소음, 진동이 비교적 작다

　　㉯ 작업능률 양호, 장비 기동성 우수

　　㉰ 분진이 많이 발생

　③ 유의사항

　　㉮ 압쇄기 성능과 붐, 프레임 등의 장치와의 밸런스 확인

　　㉯ 분진대책으로 다량의 살수 필요

　　㉰ 절단날 등은 마모상태 등을 고려 교체, 수선 실시

(2) 유압 Jack공법

　① 상부층의 수평부재를 유압잭으로 밀어 올려 파쇄하는 공법

　② 특징

　　㉮ 상부층에 대한 Slab, 보 등에 주로 적용

　　㉯ 소음, 진동이 작음

　　㉰ 장비하단은 넓은 폭으로 지지시키고 상단(가력부)은 면적을 작게 적용

　③ 유의사항

　　㉮ 압쇄기 성능과 붐, 프레임 등의 장치와의 밸런스 확인

　　㉯ 파쇄물의 낙하대비 방호조치 필요

(3) 유압 쐐기 공법

　① 구조물 천공 후 유압 쐐기를 삽입, 확대시켜 구조물을 파쇄하는 공법

　② 기초나 바닥 콘크리트 파쇄에 적합

③ 직선적인 균열이 발생되며, 단기간에 철근을 노출시킨다.

## 4. 전도 해체공법
(1) 해체하고자 하는 부재의 일부를 파쇄 또는 절단 후 전도시켜 해체하는 공법
(2) 주위에 공지가 있는 경우 가늘고 긴 수직구조물 등의 해체에 적용(기둥, 벽체, 굴뚝 등)
(3) 작업순서를 준수
(4) 작업 중 부재를 깎아놓은 상태로 방치 금지

## 5. 팽창성 파쇄재에 의한 공법
(1) 천공 후 팽창성 파쇄재를 충전하여 파쇄재의 팽창력에 의해 구조물을 파쇄하는 공법
(2) 팽창성(비폭성) 파쇄재의 종류
    ① 고압가스, 팽창가스
    ② Calmmite, Blister, S-mite, 스플리터 등
(3) 소음, 진동, 분진이 발생되지 않음
(4) 취급 용이, 시공 간단
(5) 시간이 소요됨, 2차 파쇄 필요
(6) 충전재 취급시 보호구 착용

## 6. Water Jet 공법
(1) 연마제와 물을 혼합하여 분사력에 의해 구조물을 절단
(2) 임의 방향으로 절단 가능, 협소지역 및 수중절단 가능
(3) 진동이 거의 없음
(4) 이수의 처리 필요, 파쇄물의 비산 발생
(5) 고압수에 의한 소음 발생

## 7. 폭파 공법
(1) 구조물 지지점에 폭약을 설치하여 시차를 둔 폭파로 구조물 중량에 의해 해체
(2) 특징
    ① 고층구조물의 해체에 유리, 공사기간이 짧음
    ② 소음, 진동은 일순간만 발생함
    ③ 순간적으로 비산, 분진이 많이 발생
    ④ 2차 파쇄가 필요함
(3) 유의사항
    ① 폭약류 관리 및 잔류 폭약 확인 철저

② 비산 낙하물에 대한 방호조치

③ 주변 구조물 및 지반에 대한 영향 검토 및 필요시 보강

(4) 재래식 공법과 비교

| 구분 | 재래식 공법<br>(타격공법, Breaker공법) | 폭파공법 |
|------|------|------|
| 원리 | 충격파쇄 | 폭파+중력 해체 |
| 사용기계 | Steel Ball, Breaker | 소형 착암기(천공용) |
| 특성 | 비계작업 필요 | 여유공간 불필요 |
| 안전성 | 불안정, 재해위험 | 안전성 양호 |
| 공기 | 공사기간 길다 | 공사기간 짧다 |
| 공해 | 환경공해 심각, 민원발생 높음 | 순간적 공해, 주변 시설물 피해 |

## 8. 전기적 발열력에 의한 공법

(1) 부재 내 철근에 전기적 열에너지를 발생시켜 부재를 파쇄하는 공법

(2) 철근에 전류저항열을 발생시켜 철근을 팽창시키고 콘크리트를 변형을 유발시킴

(3) 종류

　　① 직접통전 가열법

　　② 전자유도 가열법

　　③ 고주파 또는 전자파 등을 이용하는 방법

# Ⅳ. 공사관리(공해, 안전관리)

## 1. 소음·진동 대책

(1) 저소음·저진동 공법의 선정

(2) 작업현장에 흡음판 설치, 장비에 방음커버 설치

(3) 주변 주민에게 설명회를 통해 사전 양해

(4) 방진 Trench 굴착, 차단벽 설치

## 2. 분진

(1) 발생장소의 밀폐 : 방진덮개, 방진하우스, 방지망 등

(2) 살수, 습윤 조치 : 살수기, 스프링클러 등

(3) 집진장치 : 집진기

(4) 차륜 세차시설 운용 : 공사차량에 대한 바퀴 세척

### 3. 해체재 처리

(1) 발생되는 해체재의 분리 작업 실시

(2) 재활용 가능 재료에 대한 별도 정리작업 실시

(3) 폐기물은 신속히 반출, 운반 중 낙하 주의

(4) 악취발생 물질은 우선 처리

(5) 해체재의 적치공간 확보

### 4. 안전사고 방지

(1) 적용 공법, 사용 장비·재료에 대한 안정 검토 및 이상 유무 확인

(2) 현장 내 출입통제 강화

(3) 개인 보호구의 착용, 작업 수칙 준수, 안전교육 실시

(4) 작업유도자, 현장 감시자 등에 의한 안전작업 실시

(5) 취급 인가자 외 촉수 금지, 장비 임의작동 금지

### 5. 계측관리

(1) 인근 구조물, 지반 등에 대한 계측 실시

(2) 진동, 소음, 침하, 균열, 경사 등의 계측기 설치

## V. 결론

1. 우리나라는 여러 이유로 구조물의 수명이 선진국에 비해 대단히 짧고 구조물이 수명이 다하지 못하고 해체되는 경우가 많다.

2. 구조물을 해체 시 저소음·저진동 공법 채용, 비산의 방지, 폐기물의 적법 처리 등 제반여건을 고려한 작업이 진행되어야 하며 이에 대한 신공법의 개발에도 노력해야 한다.

# 18 폐 콘크리트의 재활용 방안

## I. 개요

1. 순환골재라 함은 건설폐기물을 물리적 또는 화학적 처리과정 등을 거쳐 규정에 의한 품질기준을 확보한 골재를 말한다.
2. 순환골재를 사용하는 경우에는 안정성과 환경관련 규정의 적합 여부 등에 대한 확인을 실시하고 순환골재의 특성, 시공방법을 파악한 후 시행하여야 한다.

## II. 재활용의 필요성

1. 폐기 처리대상의 감소
2. 자원의 절약
3. 환경보전

> **참조**
>
> **재활용 시 고려사항**
> 용도, 공법, 원재료의 물리적 특성, 경제적 가치 등

## III. 재활용 방안

### 1. 콘크리트용
(1) 순환골재를 콘크리트용 골재로 사용
(2) 품질기준

| 구 분 | | 순환 굵은 골재 | 순환 잔골재 |
|---|---|---|---|
| 절대 건조 밀도(g/mm³) | | 2.5 이상 | 2.3 이상 |
| 흡수율(%) | | 3.0 이하 | 4.0 이하 |
| 마모감량(%) | | 40 이하 | – |
| 입자모양판정실적률(%) | | 55 이상 | 53 이상 |
| 0.08mm체 통과량 시험에서 손실된 양(%) | | 1.0 이하 | 7.0 이하 |
| 알칼리골재반응 | | 무해할 것 | |
| 점토덩어리량(%) | | 0.2 이하 | 1.0 이하 |
| 안정성(%) | | 12 이하 | 10 이하 |
| 이물질 함유량(%) | 유기이물질 | 1.0 이하(용적기준) | |
| | 무기이물질 | 1.0 이하(질량기준) | |

(3) 입도기준

| 체의 호칭 | | | 체를 통과하는 것의 질량 백분율(%) | | | | | | | | | |
|---|---|---|---|---|---|---|---|---|---|---|---|---|
| | | | 40mm | 25mm | 20mm | 13mm | 10mm | 5mm | 2.5mm | 1.2mm | 0.6mm | 0.3mm | 0.15mm |
| 순환 굵은 골재 | 최대 치수 (mm) | 25 | 100 | 95~100 | | 25~60 | | 0~10 | 0~5 | | | | |
| | | 20 | | 100 | 90~100 | | 20~55 | 0~10 | 0~5 | | | | |
| 순환 잔골재 | | | | | | | 100 | 90~100 | 80~100 | 50~90 | 25~65 | 10~35 | 2~15 |

(4) 콘크리트용 순환골재 사용 방법 및 적용 가능 부위

| 설계기준압축강도 (MPa) | 사용 골재 | | 적용 가능 부위 |
|---|---|---|---|
| | 굵은 골재 | 잔골재 | |
| 27 이하 | 굵은 골새 용적의 60% 이하 | 잔골새 용적의 30% 이하 | 기둥, 보, 슬래브, 내력벽, 교량 하부공, 옹벽, 교각, 교대, 터널 라이닝공 등 콘크리트 블록, 도로 구조물 기초, 측구, 집수받이 기초, 중력식 옹벽, 중력식 교대, 강도가 요구되지 않는 채움재 콘크리트, 건축물의 비구조체 콘크리트 등 |
| | 혼합사용 시 총 골재 용적의 30% 이하 | | |

(5) 계량오차는 ±4% 이내

(6) 순환골재 사용 시 목표 슬럼프를 ±20mm 이내의 관리

(7) 특수콘크리트에는 사용금지. 다만, 서중 및 한중 콘크리트에는 순환골재를 적용 가능

(8) 순환 굵은 골재의 최대치수는 25mm 이하로 하되, 가능한 20mm 이하로 사용

(9) 공기량 규정 5.0±1.5%

(10) 순환골재 콘크리트의 특성

　① 순환골재 사용량 증가 시 콘크리트 강도 저하

　② Slump 감소 : 동일 Slump 확보를 위한 단위수량 증가

　③ 공기량 감소 : 순환골재의 혼입량 증가 시 현저하게 저하됨

　④ Bleeding 감소

　⑤ 건조수축 증가

## 2. 입도조정 기층

(1) 순환골재를 도로의 입도조정 기층 공사에 적용

(2) 입도기준과 품질기준을 만족하는 것 사용

(3) 최대입경은 40mm 이하이며 또한 1층의 마무리 두께의 1/2 이하

(4) 다짐도 95% 이상

**입도조정 기층용 순환골재의 입도**

(RB : 기층용 순환골재)

| 체크기<br>입도 | 통과질량백분율(%) | | | | | | |
|---|---|---|---|---|---|---|---|
| | 50mm | 40mm | 25mm | 20mm | 5mm | 2.5mm | 0.08mm |
| RB-1 | 100 | 95~100 | – | 60~90 | 30~65 | 0.4mm | 0~10 |
| RB-2 | – | 100 | 80~95 | 60~90 | 30~65 | 20~50 | 0~10 |

**입도조정 기층용 순환골재의 물리적 성질**

| 구분 | 소성지수(%) | 수정 CBR(%) | 마모감량(%) | 안정성(%) | 이물질 함유량(%) | |
|---|---|---|---|---|---|---|
| | | | | | 유기이물질 | 무기이물질 |
| 기준 | 4 이하 | 80 이상 | 40 이하 | 20 이하 | 1.0 이하(용적 기준) | 5.0 이하(질량 기준) |

순환골재에 혼입된 아스팔트 콘크리트는 이물질로 분류하지 않는다.

## 3. 빈배합 콘크리트 기층

(1) 콘크리트 포장의 빈배합 콘크리트(Lean Concrete)기층의 공사에 적용

(2) 골재는 깨끗하고 적정한 강도·내구성·입도를 만족하는 것

(3) 입도기준과 품질기준을 만족하는 것 사용

    ① 소성지수 9 이하, 점토함유량 1% 이하

    ② 0.08mm 통과량 10% 이하

(4) 빈배합 콘크리트의 강도는 $f_7$ : 5MPa 이상(습윤 6일, 수침 1일 양생)

## 4. 도로 보조기층용

(1) 순환골재를 도로 보조기층에 사용

(2) 입도기준과 품질기준을 만족하는 것 사용

    ① 소성지수 6% 이하, 마모감량 50% 이하

    ② 액성한계 25% 이하, 0.08mm 통과량 10% 이하

(3) 다짐도 95% 이상

## 5. 콘크리트 제품 제조용

(1) 순환골재를 혼입하여 제조하는 벽돌, 블록 등과 같은 콘크리트 제품에 대하여 적용

(2) KS에 정한 품질기준에 적합한 것 사용

## 6. 하수관로 설치용 모래대체 잔골재

(1) 하수관로를 시공할 때 기초 또는 되메우기 재료에 모래를 대체하여 사용하는 순환 잔골재에 대하여 적용

(2) 입도기준과 품질기준을 만족하는 것 사용

   ① 최대치수 10mm 이하, 소성지수 10 이하, 이물질 함유량 1.0% 이하

   ② 수정 CBR 10% 이상, 0.08mm 통과율 15% 이하

(3) 다짐도 90% 이상

## 7. 아스팔트 콘크리트용

(1) 아스팔트 콘크리트용 순환골재는 폐아스팔트 콘크리트를 발생 현장이나 처리시설이 있는 장소에서 파쇄하여 제조

(2) 품질기준

   ① 함수비 5% 이하, 이물질함유량 1% 이하

   ② 최대입경 13mm 이하 : 현장 여건에 따라서 20mm 이하로 조정하여 사용하는 것이 가능

(3) 야적 시 높이는 5m 이하로 관리

(4) 저장 중 입도가 다른 골재와 서로 섞이지 않도록 주의

(5) 원재료와 특성이 상이할 수 있으므로 철저한 품질관리 실시

┈┈┤ 참조 ├┈┈

**아스팔트 콘크리트용 순환골재의 품질**

| 구분 | | 기준 |
| --- | --- | --- |
| 구재 아스팔트 함량(%) | | 3.8 이상 |
| 씻기 시험에서 손실되는 양(%) | | 5 이하 |
| 최대 입경(mm) | | 13 이하 |
| 함수비 (%) | | 5 이하 |
| 이물질 함유량 (%) | 유기이물질 | 1 이하(용적기준) |
| | 무기이물질 | 1 이하(질량기준) |

## 8. 동상방지층 및 차단층용

(1) 동상으로 인하여 손상을 입지 않도록 노상 상부에 포설하는 층에 사용

(2) 품질기준

   ① 소성지수 10 이하, 수정 CBR 10% 이상

   ② 유기이물질 1.0% 이하, 무기이물질 5.0% 이하

(3) 다짐도 95% 이상

## 9. 노상용

(1) 노상층이 과잉변형과 변위를 일으키지 않도록 포설 및 다짐을 실시

(2) 품질기준

① 최대치수 10mm 이하, 0.08mm 통과율 25% 이하

② 소성지수 10 이하, 시공층 두께 200mm 이하

③ 수정 CBR 10% 이상, 유기이물질 함유량 1.0% 이하

(3) 다짐도 95% 이상, 프루프 롤링 최대변형량 5mm 이하

## 10. 노체용

(1) 노상면 하부에 시공되는 흙쌓기 부분인 노체에 사용

(2) 노체 순환골재의 품질관리 규정 준수

## 11. 되메우기 및 뒷채움용

(1) 순환골재를 구조물의 되메우기 및 뒷채움 시 사용

(2) 소요의 품질기준을 만족하는 것 사용

(3) 다짐도 95% 이상

## 12. 복토용

(1) 토지의 형질 변경 등에 사용하는 복토용 재료에 대하여 적용

(2) 유기이물질함유량 1.0% 이하

# IV. 순환골재의 의무사용 제도

## 1. 목적

(1) 골재채취로 인한 자연환경 훼손 예방

(2) 매립물량 감소로 인한 매립지 수명 연장

(3) 건설폐기물 매립 등으로 인한 환경오염 방지

## 2. 의무사용 대상 건설공사 : 일정 규모 이상의 건설공사에 의무 적용

(1) 도로공사

① 1km 이상 신설·확장

② 포장면적 9000m$^2$ 이상

③ 일반도로, 자동차전용도로, 보행자전용도로, 자전거전용도로

(2) 산업단지조성(15만m$^2$ 이상)

(3) 환경기초시설 설치공사

하수관거의 설치공사, 공공하수처리시설의 설치공사, 분뇨처리시설의 설치공사, 폐수종말

처리시설의 설치공사

(4) 택지개발사업(30만m$^2$ 이상)

(5) 물류단지

(6) 노상(노외)주차장

## 3. 의무사용 사용량

골재 소요량의 40% 이상

## 4. 순환골재 사용 제외 대상(위원회의 자문을 거쳐 제외 가능)

(1) 순환골재 공급업체 원거리(40km 이상) 위치

(2) 순환골재 수급 곤란

(3) 건설공사의 품질확보 곤란

(4) 순환골재 가격이 비싼 경우

# V. 결론

1. 지구온난화 및 환경오염에 대한 문제점이 점차 증가되고 있다. 이에 건설 분야도 폐기물에 대한 재활용대책을 적극적으로 강구하여 적용하여야 한다.

2. 특히 폐콘크리트는 그 양이 방대하므로 순환골재 사용에 대한 범위, 품질기준, 처벌 등에 관한 기준 확립과 기술자의 의식 고취 등 적극적 대응이 필요하다.

# 19 부실공사의 원인 및 대책

## I. 개요

1. 건설공사는 여러 단계에 걸쳐 복합적으로 수행되기 때문에 어느 단계에서라도 맡은바 책무를 다하지 않으면 부실공사가 발생할 수 있다.
2. 부실공사는 설계도서, 시방서에 규정된 기준에 의한 시공을 하지 않아 발생되는 결함이나 하자가 발생되는 것을 말한다.

## II. 부실공사의 원인

### 1. 제도적 원인

(1) 저가 입찰제도

　① 원가 이하의 무리한 수주

　② 과당경쟁에 의한 수주

(2) 표준품셈의 한계

　① 표준품셈의 현실화, 최신화 미흡

　② 표준품셈에 의한 예정가격 산출, 공사비 결손 발생

(3) 기술개발, 신기술에 대한 보장 미흡

　① 공사비 절감의 보상이 극히 부족함

　② 법적 보호 미비

(4) 종합(일반)건설업체 위주 입찰 진행

　전문건설업체의 덤핑 하도급 빈번

### 2. 설계적 원인

(1) 사전조사 미흡

　① 형식적 조사 진행

　② 현장 특성을 고려한 최적공법 설계반영 미흡

(2) 설계자의 현장시공 전문성 부족

    ① 현장의 특수성을 설계에 고려하지 못함

    ② 시공성, 작업성이 부족한 설계 편의에 의한 업무

(3) 설계 심의 부적정

(4) 잦은 설계 변경

## 3. 시공적 원인

(1) 무리한 공기 단축

    ① 발주자, 시공자의 공기 단축 의욕과다

    ② 야간작업, 돌관작업으로 품질이 저하

    ③ 저가수주에 의해 공사비 절감을 위한 무리한 공기 단축

(2) 기술자의 수급 부족 및 잦은 교체

    ① 현장 내 신규 기술자 부족 영향

    ② 공사 중 기술자의 타 현장 발령, 퇴직, 휴직 등

    ③ 업무 연속성 저하

(3) 기능공의 숙련도 저하

    ① 3D 업종의 회피경향 증가, 경험·숙련도 부족

    ② 외국 노동자와의 의사소통 부족, 교육 및 훈련의 부재

(4) 공사관리 불량

    ① 품질관리

        ㉮ 품질관리 중요성 인식 부족

        ㉯ 시험·검사 위주 품질관리 업무

    ② 원가관리

        ㉮ 공사비 절감 위주 공사 진행

        ㉯ 저급자재의 사용, 수량의 임의 조정

    ③ 안전관리

        ㉮ 안전관리자의 전문성 부족

        ㉯ 담당 기술자의 겸직 또는 타업무의 수행 요구 관행

    ④ 환경관리

        ㉮ 공해 등에 의한 민원 발생

        ㉯ 민원에 의한 공사수행 차질 발생

    ⑤ 기상 대처 미흡 : 강우, 집중호우, 혹한·혹서기 등에 대처 노력 부족

## 4. 감리적 원인

(1) 업무 전문성 부족

    ① 잦은 이동, 퇴직 등에 의한 업무 연속성 단절

    ② 전문적 교육, 자격 획득 미흡

(2) 감리제도의 낙후

    ① 감리자의 법적 지위 확립 부족

    ② 감독과의 업무한계, 책임한계 구분 제한

(3) 감리비의 현실화 부족

(4) 현장 투입인원 수 과소 적용

(5) 검측위주의 감리업무수행

## III. 방지대책

### 1. 제도적 대책

(1) 종합심사낙찰제의 활성화

    ① 금액평가에서 금액과 기술을 병행 평가하는 방식

    ② 부실공사 예방, LCC의 합리적 고려

(2) 부대입찰제도

    ① 전문건설업체의 입찰참여 활성화

    ② 전문건설업체의 저가 공사 방지 노력

(3) Dumping 입찰 방지

    원가 이하의 수주 방지

(4) 표준품셈의 현실화

    품셈의 현실화로 적정 공사비 보장

(5) 신기술, 기술개발에 대한 보상 보장

(6) 담합 금지

    ① 공정거래 유도

    ② 담합 시 강력한 제재

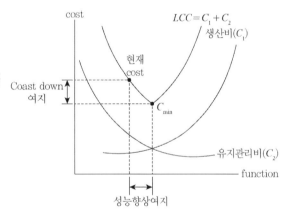

### 2. 설계적 대책

(1) 사전조사

    ① 현장 및 주변상황을 포함한 철저한 조사 실시

    ② 현장조건을 고려한 최적의 설계 유도

(2) 적정 설계 기간의 확보

    ① 충분한 설계기간 부여로 내실 있는 설계

    ② 설계 누락, 내역 불충분, 설계변경 요인의 최소화

(3) 설계자의 시공 실무경력 통제(요구)

    현장의 시공성, 특수성 등의 설계 고려 유도

(4) 설계심의 강화

    ① 심의 위원에 대한 전문성 확보

        지역, 학력 등 위주 선정방식을 실무능력, 전문성 위주 선정방식으로 전환 필요

    ② 설계단계에서 문제점을 최대한 도출, 보완

        시공단계에서 불필요한 변경 요소 배제

(5) 설계변경의 최소화

## 3. 시공적 대책

(1) 재료

    ① Precast 제품의 적극 사용으로 품질향상, 공기 단축

    ② MC화, 고강도화, 건식화 등으로 재료적 신뢰성 향상

(2) 공법 개선

    저소음·저진동 공법, 장비의 적용

(3) 공사기간의 조절

    ① 무리한 공기 단축 지양

    ② 설계 완료 전 공사 착공 제한

    ③ 합리적 공정표 작성, 공정관리 실시

(4) 기술자의 지속적 근무여건 보장

    ① 착공 시부터 준공 시까지 교체 등 최소화

    ② 작업에 대한 연속성 확보로 공사관리 능력 향상

(5) 설계변경 최소화

    ① 잦은 설계변경으로 공기지연, 공사비 증가

    ② 최적설계, 설계도서의 검토 간 사전 문제점 도출하여 조치

(6) 공사관리 철저

    ① 품질관리

        ㉮ ISO 9000 인증

        ㉯ 품질관리 System 구축

② 원가관리

    ㉮ VE 활동 활성화

    ㉯ LCC 고려

③ 안전관리

    ㉮ 합리적, 효율적 안전관리비 집행

    ㉯ 안전 교육 강화 및 시설 확충, 보호구착용 생활화 등 안전활동 강화

④ 환경관리

    ㉮ 소음, 진동, 분진 등에 대한 조치 강화

    ㉯ 방음벽, 방진구, 집진기, 살수 등 조치

⑤ 기상 변화에 대한 대비 철저

(7) 전문업체의 시공여건 보장

① 원·하도급 계약의 현실화

② 하도급 대금에 대한 지급기간 준수

③ 상호 존중하는 분위기 조성

(8) 계측관리 강화

① 현장 및 주변에 대한 종합적 정보파악 및 관리

② 향후 거동 예측, 현재의 정확한 분석으로 적기 대응

## 4. 감리적 대책

(1) 업무 전문성 향상

① 전문교육, 보수교육의 현실화

② 보직의 변경, 타현장 발령 등 최소화

(2) 감리제도의 개선

① 감리 선정에 대한 저가 낙찰제 개선 적용

② 감리에 대한 무분별한 책임전가 지양

(3) 감리비의 기준 정립

## 5. 발주기관의 공정한 공사관리

## IV. 결론

1. 부실공사는 참여 업체, 인원의 공사에 대한 인식이 가장 중요하다 할 수 있다.
2. 부실을 방지하기 위해 제도적 보완은 물론 최적의 설계, 시공단계에서의 철저한 공사관리는 물론 강력한 감리제도의 정착 등이 필요하다.

# 20 건설 클레임의 유형, 해결방안

## I. 개요

1. 클레임(Claim)이란 '당연한 권리로서의 요구', 즉 계약적으로 보장된 권리의 행사를 말하는 것이다.
2. 건설공사에서 발주자, 시공자, 사용자, 주민 등이 자기의 권리를 주장하거나 손해배상을 청구하는 것을 건설 클레임이라 한다.
3. 건설 클레임은 건설과정에서 자연스럽게 일어날 수 있는 의견대립의 한 형태이다.

## II. 클레임의 원인

1. 계약서류의 불명확
2. 모호한 언어, 조건의 적시
3. 현장조건 상이
4. 불법적 계약조건
5. 설계도서 등의 누락, 착오
6. 발주자의 부적절한 권리 행사, 불합리한 지시
7. 목적물의 성능 미흡
8. 불가항력적 사항 : 기상, 지진, 집중호우, 홍수 등
9. 업체 간 공사진행 방해 또는 중단
10. 민원에 의한 공기지연 및 해결 비용 발생

## III. 클레임의 유형

### 1. 공사지연에 의한 클레임
(1) 계약된 시간 내 작업을 완료할 수 없는 경우
(2) 가장 높은 빈도로 발생(전체 클레임의 60% 정도)
(3) 토지 매입, 보상지연, 각종 허가 및 취득의 지연

(4) 자재, 장비, 인력 등의 조달 지연

(5) 과도한 설계변경

(6) 공사 진행의 방해

## 2. 환경 및 주민 피해에 의한 클레임

(1) 건설공해 발생에 의한 민원

(2) 개발에 따른 지역 환경의 변화

## 3. 공사 범위에 대한 클레임

(1) 계약범위 외 공사를 요구

(2) 작업범위 모호

## 4. 공기 단축에 대한 클레임

(1) 공사기간을 일방적으로 단축시킬 것을 요구

(2) 공기지연, 공사범위에 대한 클레임의 결과로 발생

## 5. 현장조건 상이에 따른 클레임

(1) 예상치 못한 굴착지반의 조건, 지하구조물의 존재 등

(2) 공사비용이 예정가격을 초과

## 6. 하자에 의한 클레임

품질, 성능의 이상 발생

## 7. 사고에 의한 클레임

각종 사고에 의한 작업중단 및 손해배상

## 8. 공사비 지불 불이행에 의한 클레임

지불 지연, 어음, 부도 등

## 9. 기타

일방적 계약파기 등

> **│ 참조 │**
>
> **클레임의 예방대책**
> - 사전조사 철저, 저가입찰제 지양, 합리적 설계, 계약조건의 검토, 명확한 업무분담, 분명한 책임한계 설정, 표준공기의 확보, 적정이윤의 공사비 산정
> - 공사관리 철저 : 품질, 원가, 안전, 공정, 환경관리 등

# IV. 클레임의 해결방안

## 1. 대체적 분쟁 해결(ADR, Alternative Dispute Resolution)
(1) 법원 소송 이외의 방식으로 이루어지는 분쟁해결방식을 의미
(2) 법원의 판결형태가 아닌 협상, 조정, 중재와 같이 당사자 간 또는 제3자에 의해 분쟁을 해결하는 방식
(3) 특징
　① 해결까지의 시간이 비교적 짧음
　② 비용이 적게 소요됨
　③ 소송대비 법적 구속력이 작음
(4) 협상
　① 당사자 간 협상을 통해 분쟁을 해결
　② 시간과 비용이 가장 최소
　③ 결과에 대한 책임의무 불이행 가능
(5) 조정
　① 중립적인 조정자(조정위원)의 권고에 의해 분쟁을 해결
　　㉮ 건설분쟁 조정 위원회 : 국토교통부, 시, 도 등
　　㉯ 처리기간 : 신청 후 60일 이내
　② 조정자의 법적 조언을 참고하여 당사자 간 합의하는 제도
　③ 권고안에 대한 동의 여부는 당사자의 자유 선택에 의함
　④ 저렴한 비용, 제3자에 의한 우호적 해결 방식
(6) 중재
　① 당사자가 합의하여 선정한 제3자(중재위원, 중재재판관 등)의 판단으로 분쟁을 해결하는 방식
　② 당사자들과 중재위원 간 계약이 체결됨
　③ 계약내용에 따라 법적 책임을 수반, 구속력이 부여됨
　④ 소송 대비 시간과 비용이 적게 소요
　⑤ 원칙적으로 불복절차가 허용되지 않음(예외적으로 '중재판정취소의 소'를 통해 제기)

## 2. 소송
(1) 협상, 조정, 중재 등의 노력에도 불구하고 분쟁이 해결되지 않을 경우
(2) 시간과 비용이 막대하게 소요
(3) 민형사상 책임을 수반하게 됨

## 3. 철회

당사자 일방 또는 쌍방에 의해 클레임이 제거(철회)되는 경우

## 4. 클레임 해결방안의 비교

| 구분 | 시간, 비용 | 제3자의 개입 | 해결 구조 | 구속력 |
|------|-----------|------------|----------|--------|
| 협상 | 최소 | 없음 | 교섭 : 이면구조 | 없음 |
| 조정 | 조정비용 | 개입 | | 없음(권고에 의함) |
| 중재 | 중재비용 | | 심판 : 삼면구조 | 발생 |
| 소송 | 많음 | | | 크다 |

> ┤ 참조 ├
>
> **건설 클레임 소송의 특성**
> • 쟁점이 많고 복잡함. 분쟁 원인이 다양하고 복합적, 소송의 장기화 경향. 증거 부족과 모호성
> • 당사자의 주관적 태도와 감정의 대립. 소송비용 증가
>
> **건설분쟁 방지 3원칙**
> • 약정의 명확성 원칙, 자료의 증빙의 객관화 원칙, 기준의 합리화 원칙
> • 기타 : 적기에 통보, 근거에 의한 보고, 객관적 논리에 의한 보고 등

# V. 결론

1. 클레임 발생 시 해결을 위한 시간, 비용 등 많은 노력이 필요한 만큼 이를 예방하기 위한 노력이 무엇보다 필요하다.
2. 클레임 예방과 대처를 위해 계약서류의 표준화, 프로젝트의 특수성에 대한 고려, 분쟁해결기구의 전문성 확보, 합리적 설계, 철저한 공사관리, 책임과 권한의 명확성을 확립하여야 한다.

## I. 개요

1. 기계화 시공이란 목적물을 공사함에 있어 건설기계를 주력으로 활용하는 것을 말한다.
2. 건설공사를 기계화 시공하기 위해서는 건설기계의 종류·특성·조합 등을 정확히 파악하여 시공계획을 수립하여 적용하여야 한다.

## II. 기계화 시공의 필요성

1. 시공의 질을 향상
2. 시공속도 향상
3. 공사비 절감
4. 위험작업의 인력시공 회피로 안전성 증대

## III. 기계화 시공의 특징

### 1. 장점
(1) (단위시간당) 작업량의 증대
(2) 시공능력 증대에 의한 공사기간의 단축
(3) 시공단가의 절감
(4) 위험작업, 기피작업에 대한 공사의 원활한 수행
(5) 노무의 중노동 회피, 안전성 증대

### 2. 단점
(1) 기계구입에 의한 초기비용의 증가
(2) 기계의 유지관리비용 소요
(3) 운전원의 숙련도, 정비 수준에 따른 능력 변화 발생
(4) 소음·진동 등에 의한 공해, 민원 발생

# IV. 기계화 시공에 따른 요구조건

## 1. 자재
(1) 공사용 자재의 표준화, Modularization
(2) 자재의 Precast화(공장 생산화)
(3) 현장생산의 지양

## 2. 장비
(1) 건설기계의 전용성 및 가동율 확대
(2) 건설기계의 표준화
    ① 표준기계의 대량생산 및 적용
        ㉮ 기계 구입 및 관리비용 적정화        ㉯ 부품 수급 원활
        ㉰ 유지관리 용이
    ② 기계종사자 관리 용이
        ㉮ 기계종사자 확보 용이        ㉯ 운전, 정비 수준의 향상

## 3. 운전원, 정비원 관리
(1) 운전원 및 정비원의 전문교육 기관 확보, 실무교육 강화
(2) 자격 및 보수교육 체계 정비
(3) 기계종사자의 체계적 관리

## 4. 설계 및 시공관리
(1) 기계화 시공에 따른 설계 및 적산 System 구축
(2) 구조물의 표준화 및 규격화
(3) 공사의 표준화, 적정 공기 반영

# V. 건설기계 선정 시 고려사항

## 1. 기계의 능력
(1) 최소의 인원과 비용으로 최대의 시공능력 발휘
(2) 작업량 증대로 공사기간 단축, 공사비용 절감 도모

## 2. 범용성
(1) 보급도가 높고, 사용범위가 넓은 장비
(2) 타작업으로의 운용이 용이한 장비

### 3. 정비성

(1) 점검, 정비, 수리 등이 용이한 것

(2) 정비의 소요가 적은 것

### 4. 안전성

(1) 결함이 적고, 성능이 검증된 장비

(2) 점검이 완료된 장비의 운용, 일상점검 철저

| 구분 | 특수기계 | 표준기계 |
|---|---|---|
| 조달(구입/임대 등) | 어려움 | 용이 |
| 타공사로의 전용 | 제한 | 가능 |
| 유지관리 | 제한 | 용이 |
| 부품 구입/가격 | 고가 | 저렴 |
| 전매 | 제한 | 용이 |

### 5. 내구성

운전, 정비, 기상영향 등에 내구성이 큰 것

### 6. 표준기계

(1) 조달, 타공사로의 전용, 유지관리, 전매 등이 용이한 표준기계 적용

(2) 특수기계 사용 시 사전 검토 필요

### 7. 경제성

(1) 운전경비가 적게 소요되고 유지보수가 용이한 것

(2) 표준기계의 적용, 장비조합 고려

### 8. 무공해성

(1) 가급적 소음·진동 등이 작은 장비의 적용

(2) 주변에 미치는 영향 최소화

### 9. 장비의 조합

(1) 작업능력의 균형화

(2) 조합작업의 감소

(3) 조합작업의 중복화(병렬화)

## VI. 결론

1. 건설공사의 기계화 시공을 도모하기 위해서는 자재·장비는 물론 설계·시공의 표준화가 요구된다.
2. 공사조건을 고려한 최적의 건설장비를 선정하여 원활한 건설공사가 되도록 해야 한다.

# 22 BIM(Building Information Modeling)

## I. 개요

1. BIM은 다차원 공간과 설계정보를 기반으로 계획단계에서부터 설계, 시공, 유지관리 단계 등 전 생애 주기(LCC)동안 적용되는 모든 정보를 생산하고 관리하는 기술을 말한다.
2. BIM은 도면생산 방식을 대신하여 컴퓨터로 구조물의 다차원 모델을 만들면서 설계와 시공을 진행해 나가는 새로운 방법이다.
3. BIM은 3차원 건설정보모델, 3차원 모델링기법을 의미한다.

## II. 기존 2D 설계방식의 문제점

### 1. 설계의 정도 부족
(1) 현장조건의 반영 제한
(2) 설계서의 오류, 착오계산 등 빈번
(3) 잦은 설계변경으로 공사 비용, 기간의 조정
(4) 사용자, 주민 등의 참여제한

### 2. 시공 효율 저하
(1) 설계안과 현장조건 불일치
(2) 시공조건에 따른 공종 간섭, 방해요인 발생
(3) 안전사고, 민원 등에 의한 영향 발생
(4) 설계변경 빈번, 시공상의 오류 발생 등
(5) 설계도의 이해를 위한 시간 소요

### 3. 유지관리
(1) 시설의 내부구조에 대한 입체적 확인 제한
(2) 외향적 점검위주의 관리 진행

## III. BIM 필요성

### 1. 설계의 정도 향상
(1) 내역의 타당성 검토

(2) 물량산출의 표준화

(3) Soft Ware 이용한 효율성 향상

### 2. 품질(Quality) 향상

### 3. 원가(Cost) 분석을 통한 원가 절감

### 4. 공사기간(Delivery) 단축

### 5. 안전(Safety) 확보

### 6. 환경(Environment) 영향분석 및 대응력 향상

## IV. 도입, 활성화를 위한 선결 조건

### 1. 국가차원의 적극적 적용 검토, 제도화 추진
(1) 제도화를 통한 적용 관리

    BIM 관련 규정(법) 제정

(2) 발주 가이드라인 개발

(3) 시범사업을 통한 성과분석

(4) BIM 적용에 대한 문제점 및 보완대책 강구

### 2. 산업의 구조조정을 대비
(1) BIM 적용 시 분야별 업체, 인원의 재분배 불가피

(2) 구조 조정 전 업체·개인의 준비 필요

### 3. 교육, 자격 체계의 개선
(1) 2D → 3D로의 전환

(2) 산학협동체계의 구축

(3) 교육기관의 확보 및 교육 실시, 교육 체계 구축

(4) 설계전문 BIM 인력, 시공 관련 BIM 인력 양성

## 4. BIM 적용 모델의 표준화

(1) 토목용 소프트웨어의 개발, 보완

(2) 표준파일 변환 및 공유기반 마련

## 5. 유효성 및 활용성 검증

성과분석 및 Feed Back을 통해 모델을 개선, 보완

## 6. BIM 설계 대가기준 마련

## 7. 첨단 IT기술, 4차 산업혁명 접목

# V. BIM의 활용

## 1. 기획, 조사 단계

(1) 노선의 적합도 검토

(2) 경제성 분석 등 타당성 검토

(3) 주변상황과 연계한 조사 가능

## 2. 설계단계

(1) 최적 공법 선정

(2) 가상 시뮬레이션 등 설계 완성도 극대화

(3) 설계서의 오류, 착오계산 방지

(4) 시공조건, 주변상황과 연계한 검토 가능

(5) 설계변경 요인의 배제

(6) 사용자재에 대한 Prefabrication(사전조립)화

(7) 설계기간의 단축

## 3. 시공단계

(1) 시공준비 단계

　① 설계도의 검토시간 획기적 단축

　　㉮ 많은 양의 2D 설계도면 검토 시간소요

　　㉯ 컴퓨터를 통한 몇 개의 3D BIM 파일 검토

　　㉰ 설계내용 누락, 착오 등 파악 용이

　　㉱ 시공오류 및 공기지연 요소를 사전에 제거

　　㉲ 공종별 간섭, 방해 요인의 Check

② 주민 설명 : 현실적이고 시각적으로 진행, 민원 최소화

③ 관계기관 협의 자료로 활용, 협의 기간 단축

(2) 시공지점의 정확성 증대

① BIM는 3차원 지형에 대한 실제좌표 및 레벨 제공

② 시공확인 측량의 데이터로 활용

(3) 자재관리

① Prefab화 자재적용

㉮ 현장작업의 최소화

㉯ 고소작업, 현장 인부의 축소

㉰ 자재의 낭비 최소화, 폐기물 감소

② 자재 물량 관리

㉮ 3차원 가상현장의 공정·내역수량을 기준으로 월별 주요자재 물량 확인

㉯ 월별 자재의 현장투입 일정관리

㉰ 재료의 소요물량 파악 및 현장 반출입 관리

(4) 품질향상

① 3차원에 의한 Check, Simulation을 통한 정밀시공 가능

② Prefab화된 자재비율 증가로 인한 품질 개선

(5) 공기 단축

① 자재의 조기발주, 설계변경 요인의 배제

② Simulation 통한 시공효율 증대

(6) 안전확보

① 현장작업, 고소작업의 감소

② Simulation을 통한 공종별 유해요인의 사전확인, 조치

③ 근로자, 관리자에 대한 시각자료로 활용

(7) 환경관리

① 효율적 주민설명으로 민원요인의 사전 확인, 조치

② 폐기물 최소화

③ 현장의 최적 진입로 선정, 기존 도로 이용에 따른 환경관리대책 자료로 활용

(8) 원가관리

① 투명한 사업비 집행 가능

② 작업에 대한 변수 감소로 원가관리 용이

(9) 공정관리

① 계획공정 대비 지연공정 확인 용이, 공기 만회대책 수립자료로 활용

② EVMS(공정·비용 통합관리체계)와 연계관리로 관리효율 증대 도모

## 4. 유지관리단계

(1) 시설물 점검·진단 시 자재, 사용연한 등 속성을 제공

(2) 확인이 제한되는 내부공간에 대한 입체적 자료 제공

> **│ 참조 │**
>
> **설계 기법과 적용 프로그램**
>
> | 구분 | 기존 | BIM |
> |---|---|---|
> | 기법 | 2D 설계 | 3D(다차원) 설계 |
> | 프로그램 | 3D(다차원) 설계 | Revit, Allplan, Inroads civil 3D, Microstation 등 |

# Ⅵ. 결론

1. 건설산업에서의 BIM은 설계, 시공, 유지관리 전 분야에서의 관리기술을 획기적으로 향상시킬 수 있는 기술이다.

2. BIM 도입을 통해 건설산업이 재도약하는 계기로 하여 새로운 산업환경 변화에 적응하여 품질향상, 원가 절감은 통한 부가가치의 상승, 건설산업의 효율적인 System을 구축하여야 한다.

# 23 스마트(4차 산업혁명) 건설기술

## I. 개요

1. 스마트건설기술이란 공사기간 단축, 인력투입 절감, 현장의 안전 확보 등을 목적으로 전통적인 건설기술에 ICT 등 첨단 스마트 기술을 적용함으로써 건설공사의 생산성, 안전성, 품질 등을 향상시키고 건설공사 전 단계의 디지털화, 자동화, 공장제작 등을 통한 건설산업의 발전을 목적으로 개발된 공법, 장비, 시스템 등을 의미한다.
2. 현재 개발되었거나 개발 중인 스마트 건설기술뿐 아니라 다양한 분야의 기술을 건설기술에 접목할 수 있다.

## II. 스마트건설기술 개념

---

┊ **참조** ┊

**스마트건설기술 예시**

- 드론 활용 건설현장 측량 기술
- 지능형 성토 다짐 관리 기술,
- 빅데이터 및 머신러닝 기반의 발파진동 예측기술
- 비탈면 경보장치와 연동된 낙석·토석 대책 시설
- 구조물 변형 감지 시스템
- 스마트 시설물관리시스템 및 네트워크 설비 기술

- 현장정보 수집, 분석, 통제 시스템 및 네트워크 기술(위치정보 기반 작업자 스마트 안전관리 시스템)
- SOC 스마트 안전 및 유지관리 시스템
- 구조물 계측관리 자동화시스템 및 네트워크 설비
- 화상 변위 자동 측정장치
- 건설현장 스마트 환경관리 시스템

## Ⅲ. 건설공사 단계별 스마트건설기술 종류

| 단계 | | 스마트건설기술 |
|---|---|---|
| 계획 조사 | 지반정보 디지털 조사 | 3차원 지형 및 지질 |
| | 드론, 무인항공기 등 측량기술 | 3차원 디지털 지형정보 |
| | | 다기능 장비 장착 드론(접촉+비접촉 정보수집) |
| 설계 | 3차원 설계 : 디지털 설계 | BIM 설계 |
| | | 시설물의 3D 모델(디지털 트윈) |
| 시공 | 건설 자동화 및 제어기술 | 건설장비의 자동화 |
| | | 시공 정밀제어 기술 |
| | | 공장제작·현장조립(Modular or Prefabrication) 기술 |
| | | 로봇 등을 활용하여 조립시공 |
| | 운영관제기술 | 건설현장 내 건설기계의 실시간 통합 관리·운영 |
| | | 센서 및 IoT를 통해 현장의 실시간 공사정보 |
| | | AI를 활용하여 최적 공사계획 수립 및 건설기계 통합 운영 절차 |
| | 스마트 공정 및 품질 관리 | 3차원 및 AI를 활용한 공사 공정 |
| 유지관리 | IoT 센서, AI 기반 시설물 모니터링 관리기술 | 드론·로보틱스 기반 시설물 상태 진단 기술 |
| | | 시설물 정보 빅데이터 통합 및 표준화 기술 |
| | | AI 기반 유지관리 최적 의사결정 기술 |
| 안전관리 | ICT, 드론·로보틱스 기반기술 | 안전사고 예방 기술 |

··| 참조 |······

**IOT** : Internet of Things, 사물인터넷
사물들끼리 소통하여 데이터를 교환, 사람이 각각의 사물에 대해 별도 조작을 최소화하게 됨
**ICT** : Information Communication Technology, 정보통신기술
IT(정보기술), IOT(사물인터넷), CT(통신기술) 등의 융합기술

## Ⅳ. 스마트 기술내용

### 1. 계획 · 조사
(1) 카메라, 레이저스캔, 비파괴 조사장비, 센서 등을 통한 지형정보
(2) 드론기반 지형 · 지반 정보 모델링 기술

### 2. 설계
(1) BIM 설계를 위해 시설물별 특성을 반영한 BIM 작성 표준
(2) AI 기반 BIM 설계 자동화
(3) 라이브러리를 활용해 속성정보 포함한 3D 모델을 구축

(4) 제약조건 및 발주자 요구사항 등을 반영한 최적화된 설계안 자동도출

## 3. 시공

(1) 토공, 굴착기 등 건설기계에 탑재한 센서·제어기·GPS 등을 통한 위치·자세·작업범위 정보
(2) 조립 및 시공시 부재 위치를 정밀 제어하고, 접합부 자동 시공
(3) 드론·로봇 등 취득 정보와 연계한 공정 절차 확인
(4) 사업목적·제약조건 등을 고려한 공사관리
(5) 시공 간섭 요인 확인
(6) 드론 및 로봇 등을 활용한 공정관리

## 4. 유지관리

(1) 특정상황이 발생하였을 때 수집된 정보를 전송
(2) 무선 IoT 센서의 전력소모를 줄이는 상황 감지형 정보수집
(3) 대규모 구조물의 신속·정밀한 정보수집을 위한 대용량 통신 N/W
(4) 다종·다수 드론의 군집관제, 카메라와 물리적 실험장비를 장착한 다기능 드론(접촉 +비접촉 정보수집)을 통해 시설물을 진단
(5) 드론-로봇 결합체가 시설물을 자율적으로 탐색하고 진단
(6) 디지털 연속 촬영에 의한 터널 안전진단
(7) 시설관리자 판단에 의한 비정형 및 정형 데이터 표준화
(8) 산재되어 있는 건설관련 데이터를 통합하여 빅데이터로 활용
(9) 빅데이터를 바탕으로 AI가 유지관리 최적 의사결정 지원
(10) 시설물의 3D 모델(디지털트윈)을 구축해 유지관리 활용

## 5. 안전관리

(1) 취약 공종과 근로자 위험요인에 대한 정보기술
(2) 스마트 착용장비(Smart Wearable), 센서 등으로 취득한 정보를 통해 장비·작업 자·자재 등의 상태·위치 등을 분석

# V. 스마트 기술의 건설분야 활용

## 1. BIM

(1) BIM 모델을 이용한 구조해석 수행
(2) BIM 기반의 시공 시뮬레이션 및 공정·공사비 관리 Software

## 2. 드론

(1) 드론에 카메라, 라이다 등 각종 장비를 탑재하여 활용

(2) 건설현장의 지형 및 장비 위치 등을 빠르고 정확하게 수집

---
| 참조 |

### 라이다(LiDAR)

'Light Detection And Ranging(빛 탐지 및 범위측정)' 또는 'Laser Imaging, Detection and Ranging(레이저 이미징, 탐지 및 범위 측정)'

레이저 펄스를 발사하여 그 빛이 대상 물체에 반사되어 돌아오는 것을 받아 물체까지 거리 등을 측정하고 물체 형상까지 이미지화하는 기술

### 드론 측량의 특성

정밀성, 편리성, 최신성, 경제성 등

| 구분 | 드론 | 헬기 | 항공기 |
|------|------|------|--------|
| 촬영범위 | 좁음 | 넓음 | 매우 넓음 |
| 기상영향 | 작다 | 크다 | 매우 크다 |
| 고도제한 | 1~300m | 150m 이상 | 1km 이상 |
| 경제성 | 저가 | 고가 | 매우 고가 |

---

## 3. VR&AR

(1) 건설현장의 위험을 인지할 수 있도록 VR/AR을 통한 건설사고의 위험을 시각 화한 안전교육 프로그램에 적용

(2) 시공 전·후의 건설현장을 VR을 통해 현실감 있는 정보제공

---
| 참조 |

### 가상현실(VR, Virtual Reality)

VR 기기(고글)을 착용하고 가상의 공간에서 직접 움직이는 느낌을 체험 활동

### 증강현실(AR, Augmented Reality)

현실을 기반으로 디지털정보를 합성시키는 기술

---

## 4. 빅데이터 & 인공지능

(1) 건설현장에서 수집 가능한 다양한 정보를 축적

(2) 축적된 정보를 AI 분석을 통해 다른 건설현장의 위험도 및 시공기간 등을 예측

## 5. 3D 스캐닝

(1) 레이저 스캐너를 이용하여 건설 현장을 보다 정확하게 측량

(2) 측량한 정보를 디지털화하여 Digital Map을 구축, 구조물 형상을 3D로 계측 및 관리

## 6. 사물인터넷
(1) 건설장비, 의류, 드론 등에 센서를 삽입
(2) 장비-근로자의 충돌 위험에 대한 정보제공 및 건설장비의 최적 이동경로를 제공

## 7. 디지털 트윈
(1) 건설 부재를 프리팹을 통해 생산
(2) 현장 작업을 최소화하고 공사기간을 단축 하는 기술로 활용

## 8. 모바일 기술
(1) 건설현장의 다양한 정보를 수집·분석
(2) 위험요소에 관한 정보를 근로자에게 실시간으로 제공하여 현장의 안전성을 향상

## 9. 로보틱스
(1) 사고 위험이 높은 환경에서 로봇을 통한 원격시공
(2) 안전 확보 및 공사기간 단 축이 가능한 기술로 활용

## 10. 디지털 맵
(1) 정밀한 전자지도 구축을 통해 측량오류를 최소화
(2) 재시공 및 작업지연을 방지할 수 있는 기술로 활용

## 11. 자율주행
(1) 건설장비의 지능형 자율작업이 가능
(2) 작업의 생산성 향상 및 작업시간절감이 가능한 기술로 활용

# VI. 결론

1. 스마트건설기술은 계획조사, 설계, 시공, 유지관리 등 건설산업 전 분야에 걸쳐 적용할 수 있다
2. 전통적인 건설기술에 다양한 분야의 융합상품과 서비스를 결합하여 건설산업의 관리기술을 향상시켜야 한다.

Chapter
11

# 부록 : 기출문제

## (2001년 ~ 2024년)

**Professional Engineer
Civil Engineering Execution**

## 1교시 ※ 다음 문제 중 10문제를 선택하여 설명하시오. (각 10점)

1. 유동화제
2. 콘크리트의 배합강도
3. 프리플렉스 보(Preflex Beam)
4. 포장의 반사균열(Reflection Crack)
5. 공사의 진도관리 지수
6. 평판 재하시험
7. 콘크리트의 크리프(Creep) 현상
8. 구스 아스팔트(Guss Asphalt)
9. 골재의 조립률(fineness Modulus)
10. 트래피커빌리티(Trafficability)
11. 프루프 롤링(Proof Rolling)
12. 쿠션 블라스팅(Cushion Blasting)
13. 커튼 월 그라우팅(Curtain-Wall Grouting)

## 2교시 ※ 다음 문제 중 4문제를 선택하여 설명하시오. (각 25점)

1. 콘크리트의 내구성을 저하시키는 요인과 그 개선 방법을 설명하시오.
2. 지하철 개착식 공법에서 구조물에 발생하는 문제점과 대책에 대하여 설명하시오.
3. 필댐(Fill Dam)의 누수 원인을 분석하고 시공상 대책을 설명하시오.
4. 통계적 품질관리(品質管理)를 적용할 때 관리 서클(Circle)의 단계를 설명하시오.
5. 터널공사에서 숏크리트(Shotcrete)의 기능과 리바운드(Rebound) 저감 대책을 설명하시오.
6. 시멘트 콘크리트 포장의 줄눈 종류와 시공방법을 설명하시오.

## 3교시 ※ 다음 문제 중 4문제를 선택하여 설명하시오. (각 25점)

1. 기계화 시공 계획의 순서와 그 내용을 설명하시오.
2. 철근콘크리트 구조물 해체공사에서 공해와 안전사고에 대한 방지대책을 설명하시오.
3. 대규모 콘크리트 댐의 콘크리트 양생방법으로 이용되는 인공 냉각법에 대하여 설명하시오.
4. NATM의 굴착공법에 대하여 설명하시오.
5. 상수도관 매설 시 유의사항을 설명하시오.
6. 하천제방의 누수 원인과 방지대책을 설명하시오.

## 4교시 ※ 다음 문제 중 4문제를 선택하여 설명하시오. (각 25점)

1. 아스팔트 혼합물의 배합설계 방법을 설명하시오.
2. 고강도 콘크리트의 제조 및 시공방법을 설명하시오.
3. 셀룰러 블록(Cellular Block)식 혼성 방파제의 시공 시 유의사항을 설명하시오.
4. 건설공사의 부실시공 방지대책을 제도적인 측면과 시공측면에서 설명하시오.
5. 석축 옹벽(擁壁)의 붕괴 원인과 방지대책을 설명하시오.
6. 기초암반(基礎岩盤)의 보강공법을 설명하시오.

## 1교시 ※ 다음 문제 중 10문제를 선택하여 설명하시오. (각 10점)

1. 흙의 소성지수(Plasticity Index)
2. 콘크리트 구조물의 열화현상
3. 아스팔트 포장용 굵은 골재
4. 건설사업 관리중 Life Cycle Cost 개념
5. 해안 구조물에 작용하는 잔류 수압
6. 가축 지보공(假縮支保工)
7. 암반 반응곡선
8. 지하연속벽의 Guide-Wall
9. 과전압(Over compaction)
10. 흙의 다짐원리
11. 하수관의 시공검사
12. N값의 수정(수정 N치)
13. 라텍스 콘크리트
   (Latex-modified concrete) 포장

## 2교시 ※ 다음 문제 중 4문제를 선택하여 설명하시오. (각 25점)

1. NATM에서 Shotcrete의 작용효과, 두께, 내구성 배합에 관하여 설명하시오.
2. 타입식 공법(기성말뚝)과 현장굴착 타설식공법의 특징을 설명하시오.
3. 기존 제방의 보강공사를 시행할 때 주의하여야 할 사항에 대하여 설명하시오.
4. 철근콘크리트 옹벽공사에서 벽체에 발생되는 수직 미세균열의 원인과 방지대책을 설명하시오.
5. 토공작업 시 합리적인 장비선정과 공종별 장비에 대하여 설명하시오.
6. 댐(Dam) 공사 시 가체절 공법에 대하여 설명하시오.

## 3교시 ※ 다음 문제 중 4문제를 선택하여 설명하시오. (각 25점)

1. 프리스트레스용 콘크리트를 배합설계할 때 유의해야 할 사항에 대하여 기술하시오.
2. 토류벽체의 변위발생 원인에 대하여 설명하시오.
3. 현장타설말뚝 시공 시 수중 콘크리트 타설에 대하여 기술하시오.
4. 교량 교대부위에 발생되는 변위의 종류를 설명하고 그에 대한 대책을 기술하시오.
5. 도로공사에서 암굴착으로 발생된 버력을 성토재료로 사용하고자 할 때 시공 및 품질관리 기준에 대하여 기술하시오.
6. 시가지 건설공사에서 구조물 설치를 위하여 기존 구조물에 근접하여 개착(흙파기) 공사를 실시할 때 발생할 수 있는 민원사항, 하자원인 등 문제점 및 대책에 대하여 기술하시오.

## 4교시 ※ 다음 문제 중 4문제를 선택하여 설명하시오. (각 25점)

1. 산간지역에 연장 2.0km인 2차선 쌍설터널을 시공하고자 한다. 원가, 품질, 공정, 안전에 관한 중요한 내용을 기술하시오.
2. 연속철근콘크리트 포장 공법에 대하여 설명하시오.
3. 록필댐의 코아존(Core Zone)을 시공할 때 재료조건, 시공방법 및 품질관리에 대하여 기술하시오.
4. 유속이 빠른 하천을 횡단하는 교량하부 구조를 직접기초로 시공하고자 할 때 예상되는 기초의 하자 발생 원인과 대책에 대하여 기술하시오.
5. 토공 균형 계획을 검토한바 350,000m³ 순성토가 발생하였다. 토공균형 곡선 및 소요성토 재료를 현장에 반입하기까지의 검토사항에 대하여 기술하시오.
6. 콘크리트 교량의 주형 또는 Slab의 콘크리트 타설 시 피복 부족으로 인하여 철근이 노출되었다. 발생원인과 예상문제점 및 대책에 대하여 기술하시오.

### 1교시 ※ 다음 문제 중 10문제를 선택하여 설명하시오. (각 10점)

1. W/C비 선정방법
2. 정(正) 철근과 부(負)철근
3. 다웰바(dowel bar)
4. 비용구배
5. 콜드조인트(cold joint)
6. 플라이애시(fly ash)
7. 암석 굴착 시 팽창성 파쇄공법
8. 숏크리트(shotcrete)의 응력측정
9. 골재의 유효 흡수율
10. 커튼 그라우팅(curtain grouting)
11. 유화 아스팔트(emulsified asphalt)
12. 콘크리트 포장에서 보조기층의 역할
13. 무리(群) 말뚝

### 2교시 ※ 다음 문제 중 4문제를 선택하여 설명하시오. (각 25점)

1. 성토 비탈면의 전압방법의 종류를 열거하고 각 특징에 대하여 설명하시오.
2. 쓰레기 매립장의 침출수 억제 대책을 설명하시오.
3. 콘크리트 구조물 시공 시 부재 이음의 종류를 열거하고 그 기능 및 시공방법을 설명하시오.
4. 말뚝의 지지력을 구하는 방법을 열거하고 지지력 판단 방법에 대하여 설명하시오.
5. 구조물의 부등침하 원인을 열거하고 대책과 시공 시 유의사항을 설명하시오.
6. 콘크리트 원형관 암거의 기초형식을 열거하고 각 특징을 설명하시오.

### 3교시 ※ 다음 문제 중 4문제를 선택하여 설명하시오. (각 25점)

1. 지하 굴착 공사의 CIP벽과 SCW벽의 공법을 설명하고 장단점을 열거하시오.
2. 역 T형(Cantilever형) 옹벽의 안정조건을 열거하고 전단기 설치 목적과 뒷굽 쪽에 설치 시 저항력이 증대되는 이유를 설명하시오.
3. 현장에서 콘크리트 타설 시 시험방법 및 검사항목을 열거하시오.
4. 간만의 차가 7~9m인 해안 지역에서 방조제 공사 시 최종 물막이 공법을 열거하고 시공 시 유의사항을 설명하시오.
5. N.A.T.M. 터널공사에서 라이닝 콘크리트의 누수 원인을 열거하고 방지대책을 설명하시오.
6. 아스팔트 콘크리트 포장의 파괴원인 및 대책을 설명하시오.

### 4교시 ※ 다음 문제 중 4문제를 선택하여 설명하시오. (각 25점)

1. 소일 네일링(soil nailing)공법과 어스앵커(earth anchor) 공법을 비교 설명하시오.
2. 3경간 연속철근콘크리트교에서 콘크리트 타설 시 시공계획 수립 및 유의사항을 설명하시오.
3. 토공건설 기계를 선정할 때 특히 토질조건에 따라 고려해야 할 사항을 열거하시오.
4. 하천변 열차운행이 빈번한 철도 하부를 통과하는 지하차도를 건설하고자 한다. 열차운행에 지장을 주지 않는 경제적인 굴착 공법을 설명하시오.
5. 콘크리트 건조수축에 영향을 미치는 요인과 이로 인한 균열 발생을 억제하는 방법을 열거하시오.
6. 기존 교량에 근접해서 교량을 신설하고자 한다. 그 기초를 현장타설말뚝(D=1,200mm, H=30m)으로 할 경우 적합한 기계굴착 공법을 선정하고 현장타설말뚝 시공에 관하여 설명하시오. 단, 현장 지반 조건은 오른쪽 그림과 같다.

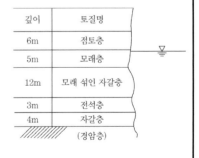

| 깊이 | 토질명 |
|------|--------|
| 6m | 점토층 |
| 5m | 모래층 |
| 12m | 모래 섞인 자갈층 |
| 3m | 전석층 |
| 4m | 자갈층 |
| | (경암층) |

## 1교시 ※ 다음 문제 중 10문제를 선택하여 설명하시오. (각 10점)

1. 최적함수비
2. Earth Drill 공법
3. 압성토공법
4. 내부 마찰각과 안식각
5. 건설 CALS
6. 콘크리트의 건조수축
7. 유선망
8. Quick Sand현상
9. Land Creep
10. Ice Lence현상
11. 교면 포장
12. 진공압밀 공법
13. Pile Lock

## 2교시 ※ 다음 문제 중 4문제를 선택하여 설명하시오. (각 25점)

1. 흙 쌓기 다짐공에서 다짐도를 판정하는 방법에 대하여 기술하시오.
2. 토공 적재장비(Wheel Loader)와 운반장비(Dump Truck)의 경제적인 조합에 대하여 기술하시오.
3. 부벽식 옹벽의 주철근 배근방법과 시공 시 유의사항을 기술하시오.
4. 연약지반에 Pile 항타시 지지력 감소 원인과 대책에 대하여 기술하시오.
5. 철근콘크리트 구조물의 균열에 대한 보수 및 보강공법에 대하여 기술하시오.
6. 도로 포장층의 평탄성 관리방법을 기술하시오.

## 3교시 ※ 다음 문제 중 4문제를 선택하여 설명하시오. (각 25점)

1. 항만 준설공사에서 준설선의 선정기준을 설명하고 준설공사의 시공관리에 대하여 기술하시오.
2. 우물통(Open Caisson) 공법에서 침하를 촉진시키는 방법과 시공 시 유의사항을 기술하시오.
3. 프리보링 말뚝과 직접항타 말뚝을 비교 설명하시오.
4. 하천의 비탈 보호공(덮기공법)을 설명하고 시공 시 유의사항을 기술하시오.
5. 아스팔트 콘크리트 포장공사에서 시험포장에 대하여 기술하시오.
6. 터널 시공의 안정성 평가 방법에 대하여 기술하시오.

## 4교시 ※ 다음 문제 중 4문제를 선택하여 설명하시오. (각 25점)

1. 기초 파일공에서 시험항타에 대하여 기술하시오.
2. 자립형 가물막이 공법의 종류별 특징을 설명하고 시공 시 유의사항을 기술하시오.
3. 지하수위가 높은 지반에서 굴착으로 인한 주변침하를 최소화하고 향후 영구벽체로 이용이 가능한 공법에 대하여 기술하시오.
4. 교량 교각의 세굴방지대책에 대하여 기술하시오.
5. 교량 구조물에 대형 상수도 강관(Steel Pipe)을 첨가하여 시공하고자 할 때 상수도관 시공의 유의사항을 기술하시오.
6. 록필댐(Rock Fill Dam)에서 상·하류층 필터의 기능을 설명하고 필터 입도가 불량할 때 생기는 문제점을 기술하시오.

## 1교시 ※ 다음 문제 중 10문제를 선택하여 설명하시오. (각 10점)

1. 동결심도 결정방법
2. 콘크리트의 적산온도
3. 콜드조인드(cold joint)
4. 공정의 경제속도(채산속도)
5. 표준관입 시험에서의 N치 활용법
6. 토량 환산 계수
7. 장비의 주행성(trafficability)
8. 액상화(liquefaction)
9. 보강토공법
10. 가치 공학(value engineering)
11. PHC(pretensioned spun high strength concrete) 파일
12. 팽창 콘크리트
13. 숏크리트(shotcrete)의 특성

## 2교시 ※ 다음 문제 중 4문제를 선택하여 설명하시오. (각 25점)

1. 서중 매스 콘크리트(mass concrete) 타설 시 균열 발생을 최소화하기 위한 시공 시 유의사항에 대하여 설명하시오.
2. 공정관리기법에서 작업 촉진에 의한 공기단축기법을 설명하시오.
3. 교량 기초 공사에 사용되는 케이슨(caisson) 공법의 종류를 열거하고 각각의 특징에 대하여 설명하시오.
4. 건설용 기계장비를 선정할 때 고려할 사항을 설명하시오.
5. 토공사 시 절성토 접속구간에 발생 가능한 문제점과 해결 대책에 대하여 설명하시오.
6. 항만 구조물을 설치하기 위한 기초 사석의 투하 목적과 고르기 시공 시 유의사항을 설명하시오.

## 3교시 ※ 다음 문제 중 4문제를 선택하여 설명하시오. (각 25점)

1. 건설공사 실적공사비 적산제도의 정의와 기대효과를 설명하시오.
2. 쉴드(shield) 터널공법에서 프리캐스트 콘크리트 세그먼트(precast concrete segment)의 이음 방법을 열거하고 시공 시 유의사항에 대하여 설명하시오.
3. 해상 교량 공사에서 강관 기초 파일 시공 시 강재 부식방지 공법을 열거하고 각각의 특징을 설명하시오.
4. 콘크리트 포장 공사에서 골재가 콘크리트 강도에 미치는 영향을 설명하시오.
5. 대규모 토공사에서 토공계획 수립 시 유토곡선(mass curve) 작성 및 운반장비 선정방법에 대하여 설명하시오.
6. 터널공사에서 자립이 어렵고 용수가 심한 터널 막장을 안정시키기 위한 보조 보강공법에 대하여 설명하시오.

## 4교시 ※ 다음 문제 중 4문제를 선택하여 설명하시오. (각 25점)

1. 지하저수용 콘크리트 구조물 공사에서 콘크리트 시공 시 유의사항에 대하여 설명하시오.
2. 터널공사에 있어서 인버트 콘크리트(invert concrete)가 필요한 경우를 들고, 콘크리트 치기순서에 대하여 설명하시오.
3. 교량 가설(架設) 공사에서 가설(假設) 이동식 동바리의 적용과 특징에 대하여 설명하시오.
4. 진동롤러 다짐 콘크리트(RCC, roller compacted concrete)의 특징을 열거하고, 시공 시 유의사항을 설명하시오.
5. 해상공사에서 대형 케이슨(1,000톤) 제작과 진수방법을 열거하고, 해상운반 및 거치 시 유의사항을 설명하시오.
6. 건설사업관리제도(CM, Construction Management) 도입과 더불어 건설사업관리 전문가 인증제도의 필요성과 향후 활용방안에 대하여 설명하시오.

**1교시 ※ 다음 문제 중 10문제를 선택하여 설명하시오. (각 10점)**

1. 주철근과 전단철근
2. 콘크리트의 설계기준 강도와 배합강도
3. 프리 텐션공법과 포스트 텐션공법
4. 흙의 다짐특성
5. 콘크리트 구조물 기초의 필요조건
6. 프리플렉스 보(Preflex Beam)
7. 심빼기 발파
8. 고압분사 교반 주입공법중에서 R.J.P(Rodin Jet Pile)공법
9. 교좌의 가동받침과 고정받침
10. 아스팔트 콘크리트 포장의 소성변형
11. Lugeon치
12. 노체성토부의 배수대책
13. 낙석방지공

**2교시 ※ 다음 문제 중 4문제를 선택하여 설명하시오. (각 25점)**

1. 도로 및 단지조성 공사 착공시 책임기술자로서 시공계획과 유의사항을 설명하시오.
2. 건설기술관리법에서 PQ(사업수행 능력평가), TP(기술제안서)를 설명하고 본 제도의 문제점과 대책을 설명하시오.
3. 시공관리의 목적과 관리내용에 대하여 설명하시오.
4. 기존 아스팔트 콘크리트 포장에서 덧씌우기 전의 보수방법을 파손유형에 따라 설명하시오.
5. 발파공법에서 시험발파의 목적, 시행방법 및 결과의 적용에 대하여 설명하시오.
6. 건설공사의 입찰방법을 설명하고 현행 턴키(Turn key) 방법과 개선점을 설명하시오.

**3교시 ※ 다음 문제 중 4문제를 선택하여 설명하시오. (각 25점)**

1. 토사 또는 암버럭 이외에 노체에 사용할 수 있는 재료와 이들 재료를 사용하는 경우 고려해야 할 사항에 대하여 설명하시오.
2. 제방의 누수에는 제체누수와 지반누수로 구분할 수 있는데 이들 누수의 원인과 시공대책에 대하여 설명하시오.
3. 교량시공 중 평탄성(P.R.I)관리와 설계기준에 부합하는 시공 시 유의사항을 설명하시오.
4. 터널시공 중 터널막장의 보강공에 대하여 설명하시오.
5. 콘크리트 표면 차수벽형 석괴댐 단면구성 및 시공방법에 대하여 기술하시오.
6. 교각용 콘크리트의 배합설계를 다음 조건에 의하여 계산하고 시방배합표를 작성하시오.
   조건 : $f_{ck}$= 210kgf/cm$^2$, 시멘트의 비중 3.15, 잔골재의 표건비중 2.60, 굵은 골재의 최대치수 40mm 및 표건비중 2.65이고, 공기량 4.5%(AE제는 시멘트 무게의 0.05% 사용함), 물·시멘트비 W/C=50%, 슬럼프 8cm로 하며 배합계산에 의하여 잔골재율 s/a=38%, 단위수량 W=170kg을 얻었다.

**4교시 ※ 다음 문제 중 4문제를 선택하여 설명하시오. (각 25점)**

1. 터널공법 중 세미쉴드공법과 쉴드공법에 대하여 설명하고 각기 시공순서를 설명하시오.
2. 연약지반을 개량하고자 한다. 사질토지반에 적용될 수 있는 공법을 열거하고 특징을 설명하시오.
3. 댐의 그라우팅(grouting)의 종류와 방법에 대하여 설명하시오.
4. 교량가설공법 중 프리캐스트 캔틸레버공법의 특징과 가설방법에 대하여 설명하시오.
5. 해안 콘크리트 구조물의 염해 발생원인과 방지대책에 대하여 설명하시오.
6. 토취장의 선정요령과 복구에 대하여 설명하시오.

## 1교시 ※ 다음 문제 중 10문제를 선택하여 설명하시오. (각 10점)

1. Pre-loading
2. 굳지 않은 콘크리트의 성질
3. 침매공법
4. 포장의 평탄성 관리기준
5. 배합강도를 정하는 방법
6. PDM(Precedence Diagramming Method) 공정표 작성 방식
7. Face Mapping
8. 염분과 철근발청
9. 특수성 시멘트 콘크리트 포장
10. 공정·공사비 통합관리 체계(EVMS)
11. Dolphin
12. 타이바(Tie Bar)와 다월바(Dowel Bar)
13. 부마찰력(Negative Skin Friction)

## 2교시 ※ 다음 문제 중 4문제를 선택하여 설명하시오. (각 25점)

1. 기초말뚝 시공 시 지지력에 영향을 미치는 시공상의 문제점을 서술하시오.
2. 교량의 철근콘크리트 바닥판 시공 시 수분증발에 의한 균열발생 억제를 위해 필요한 초기양생 대책에 대하여 서술하시오.
3. 건설공사에서 공정계획 작성 시 계획수립상세도 및 작업상세도에 따른 공정표의 종류에 대해서 서술하시오.
4. 해빙기를 맞아 시멘트 콘크리트 도로포장 곳곳에서 융기현상과 부분적인 침하현상이 발견되었다. 이들의 발생원인을 열거하고 방지대책을 서술하시오.
5. 도심지에서 지반굴착 시공 시 발생하는 지하수위 저하와 진동으로 인하여 주변 구조물에 미치는 영향을 열거하고 이에 대한 대책에 관하여 서술하시오.
6. 사면보호공법의 종류를 열거하고 각각에 대하여 서술하시오.

## 3교시 ※ 다음 문제 중 4문제를 선택하여 설명하시오. (각 25점)

1. 험준한 산악지 등을 횡단하는 PSC Box거더 교량 시공 시 가설(架設)공법의 종류를 열거하고 각각의 특징에 대하여 서술하시오.
2. 컷백(Cut back) 아스팔트와 유제 아스팔트의 특성에 대하여 서술하시오.
3. 동절기 콘크리트 시공 시 고려해야 할 사항을 열거하고 특히 동결융해 성능향상을 위한 혼화제 사용에 있어서의 유의사항에 대하여 서술하시오.
4. 시공을 포함하는 위험형 건설사업관리(CM at Risk) 계약과 턴키(Turn Key) 계약 방식에 대하여 서술하시오.
5. 원가계산 시 예정가격 작성준칙에서 규정하고 있는 비목을 열거하고, 각각을 서술하시오.
6. 대단위 토공사 현장에서의 시공계획 수립을 위한 사전조사 사항을 열거하고, 장비 선정 및 조합 시 고려해야 할 사항에 대하여 서술하시오.

## 4교시 ※ 다음 문제 중 4문제를 선택하여 설명하시오. (각 25점)

1. 기초시공 지반의 하층부가 연약점토층으로 구성된 이질층 지반에서 평판재하시험 시행시 고려해야 할 사항을 서술하시오.
2. 해안환경하에 설치되는 RC구조물 시공에 있어서 내구성향상 대책에 대하여 서술하시오.
3. 도심지교량 및 복개구조물 철거시 철거공법의 종류별 특징 및 유의사항에 대하여 서술하시오.
4. 콘크리트 댐과 RCD(Roller Compacted Dam)의 특징에 대하여 서술하시오.
5. NATM터널 시공 시 적용하는 숏크리트(Shotcrete) 공법의 종류와 특징을 열거하고 발생하는 리바운드(Rebound) 저감대책에 관하여 서술하시오.
6. 정보화시대에 요구되는 건설정보 공유방안을 포함한 건설정보화에 대하여 서술하시오.

## 1교시 ※ 다음 문제 중 10문제를 선택하여 설명하시오. (각 10점)

1. 흙의 연경도(Consistency)
2. 공정관리 곡선(바나나 곡선)
3. 할열시험법
4. 해양 콘크리트
5. 제방법선(Nomal Line Bank)
6. 철근의 표준갈고리
7. G.I.S (Geographic Information System)
8. 들밀도 시험(Field Density)
9. 패스트 트랙방식(Fast Track Method)
10. 대안거리(Fetch)
11. 상온 유화 아스팔트 콘크리트
12. Packed Drain Method의 시공순서
13. 설계 강우 강도

## 2교시 ※ 다음 문제 중 4문제를 선택하여 설명하시오. (각 25점)

1. 성토재료의 요구성질과 현장다짐 방법 및 판정방법을 기술하시오.
2. 교량에서 철근콘크리트 바닥판의 손상원인과 보강대책을 기술하시오.
3. 록 볼트(Rock Bolt)와 소일네일링(Soil Nailing) 공법의 특성을 비교하고 설명하시오.
4. 콘크리트의 압축강도 및 균열을 확인하기 위한 비파괴 시험법 및 특성을 기술하시오.
5. 도심지 고가도로 구조물의 해체에 적합한 공법과 시공 시 유의사항을 기술하시오.
6. 건설사업관리(Construction Management)의 업무내용을 각 단계별로 기술하시오.

## 3교시 ※ 다음 문제 중 4문제를 선택하여 설명하시오. (각 25점)

1. 지하수위가 비교적 높은 지역의 저수장 지하구조물 시공법 선정 시 고려해야 할 사항과 각 공법 시공 시 유의해야 할 사항을 기술하시오.
2. 아스팔트 및 콘크리트 포장도로에서 미끄럼방지시설(Anti-Skid Method)에 대해 기술하시오.
3. 산악지역의 터널 굴착 시 제어발파 공법에 대해서 기술하시오.
4. 수제공(Stream Control Works)의 목적과 기능에 관해 기술하시오.
5. 강교에서 고장력 볼트 이음의 종류와 시공 시 유의사항을 기술하시오.
6. 물가변동에 의한 공사계약 금액 조정방법을 기술하시오.

## 4교시 ※ 다음 문제 중 4문제를 선택하여 설명하시오. (각 25점)

1. 교량의 프리캐스트 세그먼트(Precast Segment) 가설공법의 종류와 시공 시 유의사항을 기술하시오.
2. 유수전환 시설의 설계 및 선정 시 고려할 사항과 구성요소에 대하여 기술하시오.
3. 필댐(Fill Dam)과 콘크리트 댐의 안전점검 방법에 대해 기술하시오.
4. 흙막이공 시공 시 계측관리를 위한 계측기의 설치 위치 및 방법에 대하여 기술하시오.
5. 터널계획시 지하수 처리 방법에 대하여 기술하시오.
6. 건설공사 클레임 발생원인과 이를 방지하기 위한 대책을 기술하시오.

## 1교시 ※ 다음 문제 중 10문제를 선택하여 설명하시오. (각 10점)

1. Proof Rolling
2. 고성능 콘크리트
3. Consolidation grouting
4. Open Caisson의 마찰력 감소 방법
5. Con'c 온도제어 양생방법 중 Pipe cooling공법
6. 분리막
7. 강재에 축하중 작용 시의 진응력과 공칭응력
8. 잠재수경성과 포졸란(Pozzolan) 반응
9. 미진동 발파공법
10. 양압력
11. 평판재하 시험
12. 고성능 감수제와 유동화제의 차이
13. R.Q.D.

## 2교시 ※ 다음 문제 중 4문제를 선택하여 설명하시오. (각 25점)

1. 토공작업 시 토량분배 방법에 대하여 기술하시오.
2. 시멘트 및 콘크리트의 풍화, 수화, 중성화를 기술하시오.
3. 물이 비탈면의 안정성 저하 또는 붕괴의 원인으로 작용하는 이유를 열거하고, 이 현상이 실제의 비탈면이나 흙 구조물에서 발생하는 사례를 한 가지만 기술하시오.
4. 연약지반상의 케이슨(Caisson) 시공 시 문제점과 대책을 기술하시오.
5. 토공작업 시 시방서에 다짐제한을 두는 이유와 다짐관리 방법에 대하여 기술하시오.
6. 콘크리트 골재의 함수상태에 따른 용어들을 기술하시오.

## 3교시 ※ 다음 문제 중 4문제를 선택하여 설명하시오. (각 25점)

1. 콘크리트의 강도는 공시체의 모양, 크기 및 재하방법에 따라 상당히 다르게 측정된다. 각각을 기술하시오.
2. 우기철에 옹벽의 붕괴사고가 자주 발생되고 있다. 옹벽배면의 배수처리 방법과 뒷채움 재료의 영향에 대하여 기술하시오.
3. 폐콘크리트의 재활용 방안에 대하여 기술하시오.
4. 교량의 교면방수에 대하여 기술하시오.
5. 콘크리트의 균열보수공법에 대하여 기술하시오.
6. 건설공사의 품질관리와 품질경영에 대하여 기술하고 비교 설명하시오.

## 4교시 ※ 다음 문제 중 4문제를 선택하여 설명하시오. (각 25점)

1. 건설장비의 싸이클타임(cycle time)이 공사원가에 미치는 영향에 대하여 기술하시오.
2. 기계식 터널 굴착공법(T.B.M)을 분류하고 각 기종의 특징을 기술하시오.
3. 계곡부에 고성토 도로를 축조하여 횡단하고져 한다. 시공계획을 기술하시오.
4. 도로포장에서 표층의 보수공법에 대하여 기술하시오.
5. 콘크리트 구조물의 유지관리 체계와 방법에 대하여 기술하시오.
6. 지하수위 이하의 굴착 시 용수 및 고인물을 배수할 경우 다음을 기술하시오.
   1) 배수공으로 인해 발생하는 문제점의 원인
   2) 안전하고 용이하게 배수할 수 있는 최적의 배수공법 선정 방법

## 1교시 ※ 다음 문제 중 10문제를 선택하여 설명하시오. (각 10점)

1. 펌퍼빌리티(Pumpability)
2. 골재의 유효흡수율과 흡수율
3. 실리카 퓸(Silica fume)
4. 콘크리트의 소성수축 균열
5. RMR(Rock Mass Rating)
6. 파일쿠션(Pile cushion)
7. 지진파(진반 진동파)
8. 시공효율
9. 임팩트 크러셔(Impact crusher)
10. 공중작업 비계(Cat walk)
11. 도막방수
12. 건설공사의 위험도 관리(Risk-management)
13. 투수성 포장

## 2교시 ※ 다음 문제 중 4문제를 선택하여 설명하시오. (각 25점)

1. 연약지반에서 교대 지반이 측방유동을 일으키는 원인과 대책에 대하여 기술하시오.
2. 항만 구조물을 콘크리트로 시공하고자 한다. 콘크리트의 재료·배합 및 시공의 요점을 기술하시오.
3. 필댐(Fill dam)의 누수 원인과 방지대책에 대하여 기술하시오.
4. 현장타설 콘크리트 말뚝의 콘크리트 품질관리에 대하여 기술하시오.
5. 교량의 캔틸레버 가설공법(FCM)에 대하여 기술하시오.
6. TBM(Tunnel Boring Machine) 공법의 특징에 대하여 기술하시오.

## 3교시 ※ 다음 문제 중 4문제를 선택하여 설명하시오. (각 25점)

1. 시공 공정에 따른 콘크리트의 균열저감 대책을 기술하시오.
2. 도심지 인터체인지에 많이 활용되는 연성벽체로서 기초처리가 간단하고 내진에도 강한 옹벽에 대하여 기술하시오.
3. 지하수위가 높은 점성토 지반에 콘크리트 파일 항타시 문제점에 대하여 기술하시오.
4. 교면 포장이 갖추어야 할 요건 및 각층 구성에 대하여 기술하시오.
5. 구조용 강재 용접부의 비파괴 시험방법(N.D.T)에 대하여 기술하시오.
6. 공사계약 일반조건에 의한 설계변경 사유와 이로 인한 계약금액의 조정방법에 대해서 기술하시오

## 4교시 ※ 다음 문제 중 4문제를 선택하여 설명하시오. (각 25점)

1. 도로지반의 동상의 원인과 대책에 대하여 기술하시오.
2. 안벽의 종류 및 특징에 대하여 기술하시오.
3. 교량기초로 사용되는 공기케이슨(Pneumatic-Caisson)의 침하 방법에 대하여 기술하시오.
4. 시공 중인 노선 터널의 환기(Ventilation) 방식에 대하여 기술하시오.
5. 건설공사에서 LCC(Life Cycle Cost)기법의 비용 항목 및 분석 절차에 대해서 기술하시오.
6. 터널의 지반보강 방법에 대하여 기술하시오.

## 1교시 ※ 다음 문제 중 10문제를 선택하여 설명하시오. (각 10점)

1. 철근의 피복두께와 유효높이
2. Pr.I(Profile Index)
3. 워커빌리티(Workability) 측정방법
4. 2차폭파(소할(小割)폭파)
5. 취도계수(脆渡係數)
6. 모래밀도별 N값과 내부마찰각의 상관관계
7. Spring Line
8. 콘크리트의 Creep 현상
9. Fast Track Construction
10. 비말대와 강재부식속도
11. Pop out 현상
12. Lugeon 치
13. Pre-Wetting

## 2교시 ※ 다음 문제 중 4문제를 선택하여 설명하시오. (각 25점)

1. 콘크리트의 내구성을 저하시키는 원인과 대책에 대하여 설명하시오.
2. 아스팔트 포장에서 소성변형의 원인과 대책에 대하여 설명하시오.
3. 현장타설 콘크리트 말뚝기초를 시공함에 있어서 슬라임(Slime)처리방법과 철근의 공상(솟음)발생 원인 및 대책을 설명하시오.
4. 대단위 단지조성공사의 토공작업에서 토공계획 작성 시 사전조사사항을 열거하고, 시공계획수립시 유의사항을 설명하시오.
5. 도심지 교통혼잡지역을 통과하고 주변 구조물에 근접하고 있는 지역에서 지하연속구조물 공사를 개착식으로 시공하려고 한다. 안전시공상의 문제점을 열거하고, 관리방법에 대하여 설명하시오.
6. 토목공사 시공 시 공사관리상의 중점관리 항목을 열거하고 설명하시오.

## 3교시 ※ 다음 문제 중 4문제를 선택하여 설명하시오. (각 25점)

1. 절토사면의 붕괴에 대하여 그 원인과 대책을 설명하시오.
2. 콘크리트는 물-시멘트비가 가장 중요하다. 그렇다면 수화, Workability 등에 꼭 필요한 물-시멘트비와 최근의 고강도화와 관련하여 그 경향에 대하여 설명하시오.
3. 시멘트 콘크리트 포장공사에서 발생하는 손상의 종류를 열거하고, 이들의 발생 원인과 보수방안에 대하여 설명하시오.
4. 실적공사비제도의 필요성과 문제점에 대하여 설명하시오.
5. 지하 30m와 20m 사이에서 연암과 연약토층이 혼재된 지반조건을 가진 도심지의 도시터널공사(직경 7.0m, 길이 약 4km)를 시공하고자 한다. 인근건물과 지중매설물의 피해를 최소화하는 기계식 자동화공법의 시공계획서 작성 시 유의사항을 설명하시오.
6. 지하터파기공사에서 물처리는 공기(工期)뿐만 아니라 공사비에도 절대적인 영향을 미친다. 공사 중 물처리 공법에 대하여 설명하시오.

## 4교시 ※ 다음 문제 중 4문제를 선택하여 설명하시오. (각 25점)

1. 댐(Dam)의 기초 처리공법에 대하여 설명하시오.
2. 연약지반에서 구조물공사 시 계측시공관리계획에 대하여 설명하시오.
3. 좋은 철근콘크리트구조물을 만들기 위한 시공순서와 주의사항에 대하여 설명하시오.
4. 도로공사 노체나 철도공사 노반의 성토구조물을 시공하려고 한다. 설계 시 고려사항 및 성토 관리에 대하여 설명하시오.
5. 건설공사에 있어서 클레임(claim) 역할과 합리적인 해결방안에 대하여 설명하시오.
6. 항만시설물 공사에서 강구조물 시공 시 도복장공법의 종류를 열거하고, 적용범위와 공법 선정 시 검토사항에 대하여 설명하시오.

# 제74회 │ 2004년 8월 시행

## 1교시 ※ 다음 문제 중 10문제를 선택하여 설명하시오. (각 10점)

1. Prepacked Concrete 말뚝
2. 압밀과 다짐의 차이
3. G.P.R(Ground Penetrating Radar) 탐사
4. Line Drilling Method
5. 유출계수
6. Surface Recycling(노상표층재생) 공법
7. 촉진양생
8. 유압식 Back Hoe 작업량 산출방법
9. 교량의 L.C.C(수명주기비용) 구성요소
10. 콘크리트 배합강도 결정방법 2가지
11. Project Financing(프로젝트 금융)
12. 응력부식(Stress Corrosion)
13. 리스크(Risk)관리 3단계

## 2교시 ※ 다음 문제 중 4문제를 선택하여 설명하시오. (각 25점)

1. 시멘트 콘크리트포장과 아스팔트 콘크리트포장의 구조적 특성 및 포장 형식의 특성과 선정 시 고려사항에 대하여 기술하시오.
2. 대형 상수도관을 하천을 횡단하여 부설하고자할 때 품질관리와 유지관리를 감안한 시공상 유의사항을 기술하시오.
3. 콘크리트 운반시간이 품질에 미치는 영향에 대하여 기술하시오.
4. 터널공사 시 여굴의 원인과 방지대책에 대하여 기술하시오.
5. 연약지반처리를 팩드래인(Pack Drain)공법으로 시공 시 품질관리를 위한 현장에서 점검할 사항과 시공 시 유의사항을 기술하시오.
6. 최신의 교량교면 포장공법 중 L.M.C(Latex Modified Concrete)에 대하여 기술하시오.

## 3교시 ※ 다음 문제 중 4문제를 선택하여 설명하시오. (각 25점)

1. 콘크리트 옹벽시공 시 배면의 배수가 필요한 이유와 배면 배수방법에 대해 기술하시오.
2. 항만공사에서 그래브(Grab)선 준설능력산정시 고려할 사항과 시공 시 유의사항을 기술하시오.
3. 암(岩)성토 시, 시공상의 유의사항에 대하여 기술하시오.
4. 콘크리트공사에서 이음의 종류를 설명하고 이음부 시공 시 유의사항을 기술하시오.
5. 강교량 가설현장에서 용접부위별 검사방법과 검사 범위에 대하여 기술하시오.
6. 암석 발파 시에는 진동에 따른 민원이 발생하고 있는 바, 발파진동저감을 위한 진동원 및 전파경로에 대한 대책을 기술하시오.

## 4교시 ※ 다음 문제 중 4문제를 선택하여 설명하시오. (각 25점)

1. 3경간 PSC 합성거더교를 연속화 공법으로 시공하고자 할 때 슬래브의 바닥판과 가로보의 타설방법을 도해하고 사유를 기술하시오.
2. 도로 공사 시 토공기종을 선정할 때 우선적으로 고려해야 할 사항을 기술하시오.
3. Fill Dam의 종류와 누수 원인 및 방지대책에 대하여 기술하시오.
4. 하천에서 보를 설치하여 할 경우를 열거하고 시공 시 유의사항을 기술하시오.
5. 고강도 콘크리트의 알칼리골재반응에 대하여 기술하시오.
6. 토목섬유(Geosynthetics)의 종류, 특징 및 기능과 시공 시 유의사항에 대하여 기술하시오.

# 제75회 | 2005년 2월 시행

## 1교시 ※ 다음 문제 중 10문제를 선택하여 설명하시오. (각 10점)

1. 분리이음(isolation joint)
2. 최적함수비(O.M.C)
3. 조절발파(제어발파)
4. 지불선(pay line)
5. 허니컴(honey comb)
6. 커튼 그라우팅(curtain grouting)
7. 프로젝트 퍼포먼스 스테터스(status)
8. WBS(work breakdown structure)
9. 슬래킹(slaking)현상
10. 도로지반의 동상(frost heave) 및 융해(thawing)
11. 통일분류법에 의한 흙의 성질
12. 한계성토고
13. 부마찰력(negative skin friction)

## 2교시 ※ 다음 문제 중 4문제를 선택하여 설명하시오. (각 25점)

1. 대사면 절토공사 현장에서 사면붕괴를 예방하기 위한 사전조치에 대하여 설명하시오.
2. RC구조물 시공 중 및 시공 후에 발생하는 크리이프와 건조수축의 영향에 대하여 설명하시오.
3. 대단위 토공공사 시 현장조사 종류를 열거, 조사목적과 수행시유의사항에 대하여 설명하시오.
4. 간만의 차가 큰 서해안의 연육교 공사현장에서 철근콘크리트 구조의 해중교각을 시공하려 한다. 구조물에 영향을 주는 요인들을 열거하고 시공 시 유의사항에 대하여 설명하시오.
5. 연약지반개량 공사 현장에서 샌드파일 공법으로 시공 시 장비의 유지관리와 안전시공 방안에 대하여 설명하시오.
6. 옹벽(H=10m)시공 시 안전성을 고려한 시공단계별 유의사항에 대하여 설명하시오.

## 3교시 ※ 다음 문제 중 4문제를 선택하여 설명하시오. (각 25점)

1. 초연약 점성토 지반의 준설 매립공사 현장에서 초기장비 진입을 위한 표층처리 공법의 종류를 열거하고 그 적용성에 대하여 설명하시오.
2. 대단위 토공공사 현장에서 적재기계와 운반기계와의 경제적인 조합에 대하여 설명하시오.
3. 도심지 개착공법 적용 지하철 공사 현장에서 발생하는 환경오염의 종류를 열거하고 이를 최소화 하기 위한 방안에 대하여 설명하시오.
4. RC교량 상부구조물공사 시 콘크리트 보수·보강공법을 열거하고 각각에 대하여 설명하시오.
5. 고유동 Con'c의 유동특성을 열거하고 유동특성에 영향을 미치는 각종 요인을 설명하시오.
6. NATM 터널시공 시 적용하는 숏크리트(shotcrete)의 공법의 종류를 열거하고 발생하는 리바운드(rebound) 저감 대책에 관하여 서술하시오.

## 4교시 ※ 다음 문제 중 4문제를 선택하여 설명하시오. (각 25점)

1. 지하수위가 높은 지역에 흙막이를 설치, 굴착코자 한다. 용수처리시 발생하는 문제점을 열거하고 그 대책에 대하여 설명하시오.
2. 아스팔트 콘크리트 포장공사 현장의 시험포장에 관한 시공계획서를 작성하고 설명하시오.
3. 간만의 차가 큰 서해안에서 직립식 방파제를 시공하고자 한다. 직립식 방파제의 특징과 시공 시 유의사항에 대하여 설명하시오.
4. RC교 상부구조물을 레미콘으로 타설할 경우 현장에서 확인할 사항에 대하여 설명하시오.
5. 장대터널공사 현장에서 인버트 콘크리트를 타설하고자 한다. 인버트 콘크리트의 설치목적과 타설 시 유의해야 할 사항에 대하여 설명하시오.
6. 지하저수 구조물(-8.0m)을 해체하고자 한다. 해체공법을 열거하고 해체 시 유의사항에 대하여 설명하시오.

## 1교시 ※ 다음 문제 중 10문제를 선택하여 설명하시오. (각 10점)

1. 평사투영법
2. 토량의 체적 환산계수(f)
3. 건설기계경비의 구성
4. 콘크리트 블리딩(Bleeding) 및 레이탄스(Laitance)
5. 영공기 간극곡선
6. 콘크리트 포장의 스폴링(Spalling) 현상
7. 흙의 다짐도
8. 트래피커빌리티(Trafficability)
9. 에코 콘크리트(Eco Concrete)
10. 무도장 내후성 강재
11. 콘크리트의 황산염 침식(Sulfate Attack)
12. 배수성 포장
13. 건설 CITIS(Contrator Integrated Technical Information Service)

## 2교시 ※ 다음 문제 중 4문제를 선택하여 설명하시오. (각 25점)

1. 도심지 인근의 암반굴착 공사 시 수행되는 시험발파 계측의 목적 및 방법에 대하여 설명하시오.
2. 콘크리트 중 철근부식의 원인과 방지대책에 대하여 설명하시오.
3. 교량의 교면 방수공법중 도막방수와 침투성 방수공법을 비교하여 설명하시오.
4. NATM 터널공사에서 공정단계별 장비계획을 수립하시오.
5. 교량받침(Shoe)의 파손 원인과 방지대책에 대하여 설명하시오.
6. 흙막이 구조물 시공방법 선정 시 고려사항과 지보형식에 따른 현장 적용조건에 대하여 설명하시오.

## 3교시 ※ 다음 문제 중 4문제를 선택하여 설명하시오. (각 25점)

1. 현장작업 시 진도관리를 위한 시공단계별의 중점관리항목에 대하여 설명하시오.
2. 콘크리트 펌프카(pump car) 사용에 따른 시공관리 대책에 대하여 설명하시오.
3. 기존터널 구간에 인접하여 신규 터널공사를 시공할 경우 발생할 수 있는 문제점과 그 대책에 대하여 설명하시오.
4. 고성능 콘크리트의 정의, 배합 및 시공에 대하여 설명하시오.
5. 암반 비탈면의 파괴형태와 사면안정을 위한 대책공법에 대하여 설명하시오.
6. 신설 6차로 도로 개설공사에서 아스팔트 혼합물의 포설방법과 시공 시 유의사항에 대하여 설명하시오.

## 4교시 ※ 다음 문제 중 4문제를 선택하여 설명하시오. (각 25점)

1. 교량기초공사에서 경사파일(pile)이 필요한 사유와 시공관리대책에 대하여 설명하시오.
2. 콘크리트공사에서 거푸집 및 동바리의 설치·해체 시의 시공단계별 유의사항에 대하여 설명하시오.
3. NATM 터널공사 시 강지보재의 역할과 제작설치 시 유의하여야 할 사항에 대하여 기술하시오.
4. 프리스트레스트 콘크리트 박스 거더(PSC Box Girder) 캔틸레버 교량에서 콘크리트 타설 시 유의사항과 처짐관리에 대하여 설명하시오.
5. 해수면을 매립한 연약지반 위에 대형 지하탱크를 건설하고자 한다. 굴착 및 지반안정을 위한 적절한 공법을 선정하고 시공 시 유의사항에 대하여 설명하시오.
6. 댐공사에 있어서 하천 상류지역 가물막이 공사의 시공계획과 시공 시 주의사항에 대하여 설명하시오.

# 제77회 | 2005년 8월 시행

1교시 ※ 다음 문제 중 10문제를 선택하여 설명하시오. (각 10점)

1. 건설기술관리법에 의한 감리원의 기본임무
2. 비용구배
3. 트랜치 커트(Trench cut)공법
4. 피어(Pier)기초 공법
5. 잔류수압
6. Atterberg 한계
7. Smooth blasting
8. 소파공
9. 현장배합
10. 폴리머 콘크리트
11. Consolidation Grouting
12. 표준트럭하중
13. 철근콘크리트 보의 철근비 규정

2교시 ※ 다음 문제 중 4문제를 선택하여 설명하시오. (각 25점)

1. 도심지 하수관거 정비공사중 시공상의 문제점과 그 대책에 대하여 기술하시오.
2. 산악지형의 토공작업에서 시공에 필요한 장비조합과 시공능률을 향상시킬 수 있는 방안을 기술하시오.
3. 하절기 매스 콘크리트 구조물의 콘크리트 타설 시 유의사항과 계측관리 항목에 대하여 기술하시오.
4. 교면 포장의 구성 요소와 그에 대하여 기술하시오.
5. Fill dam의 축조 재료와 시공에 대하여 기술하시오.
6. 하천 공작물 중 제방의 종류를 간략하게 설명하고, 제방시공 계획에 대하여 기술하시오.

3교시 ※ 다음 문제 중 4문제를 선택하여 설명하시오. (각 25점)

1. Con'c 구조물에서 표면상에 나타나는 문제점을 열거하고 그에 대한 대책을 기술하시오.
2. 옹벽의 붕괴는 대부분 여름철 호우 시에 발생된다. 그 원인과 대책을 뒷채움 재료가 양질인 경우와 점성토인 경우 비교하여 기술하시오.
3. 프리스트레스트 콘크리트 빔의 현장 제작시, 증기양생 관리방법과 프리스트레스 도입조건에 대하여 기술하시오.
4. 교량의 바닥판에서 배수 방법과 우수에 의한 바닥판 하부의 오염 방지를 위한 고려사항을 기술하고, 중앙분리대 또는 방호벽 콘크리트와 바닥판과의 시공이음부 시공 방안에 대하여 기술하시오.
5. 부실시공 방지대책(시공, 제도적 관점에서)에 대하여 기술하시오.
6. 모래 말뚝 공법과 모래다짐말뚝 공법을 비교 설명하고 시공 시 유의사항을 기술하시오.

4교시 ※ 다음 문제 중 4문제를 선택하여 설명하시오. (각 25점)

1. 현장 콘크리트 B/P(Batch Plant)의 효율적인 운영 방안에 대하여 기술하시오.
2. 시멘트 콘크리트 포장공사에서 초기균열 원인과 그 대책에 대하여 기술하시오.
3. 합성형교에서 Shear Connector의 역할과 합성거동을 확보하기 위한 바닥판의 시공 시 유의사항을 기술하시오.
4. 자동차의 대형화와 교통량 증가로 도로구조의 지지력 증대가 요구되는바, 이에 대한 시공관리와 성토다짐작업에 관하여 기술하시오.
5. T/L(Tunnel)의 수직갱에 대하여 기술하시오.
6. 구조적인 안정을 보장하기 위해서 말뚝기초를 필요로 하는 경우를 기술하시오.

## 1교시 ※ 다음 문제 중 10문제를 선택하여 설명하시오. (각 10점)

1. 시멘트의 풍화
2. 불량 레미콘 처리
3. 점토의 예민비
4. 비용 편익비(B/C ratio)
5. 황산염과 에트린가이트(ettringite)
6. 강재의 저온균열, 고온균열
7. 공사원가 계산 시 경비의 세비목
8. 피복석(armor stone)
9. 폴리머 함침 콘크리트(polymer impregnated concrete)
10. 그루빙(grooving)
11. 개정된 콘크리트표준시방서상 부순 굵은 골재의 물리적 성질
12. 유수지(遊水池)와 조절지(調節池)
13. 흙댐의 유선망과 침윤선

## 2교시 ※ 다음 문제 중 4문제를 선택하여 설명하시오. (각 25점)

1. 면진설계(isolation system)의 기본 개념, 주요 기능 및 국내에서 사용되는 면진장치의 종류를 기술하시오.
2. 연약지반상에 성토 작업 시 시행하는 계측관리를 침하와 안정관리로 구분하여 그 목적과 방법에 대하여 기술하시오.
3. 터널 굴착중에 터널 파괴에 영향을 미치는 요인에 대하여 기술하시오.
4. 고성능 콘크리트의 폭렬 특성, 영향을 미치는 요인과 저감 대책에 대해 기술하시오.
5. RCD(Reverse Circulation Drill) 공법의 특징 및 시공 방법, 문제점에 대해 기술하시오.
6. 다음 그림은 도로 현장에서 성토용 재료를 사용하기 위하여 몇 가지의 시료를 채취하여 입도분석시험 결과에 의하여 얻어진 입도분석곡선이다. 책임기술자로서 각 곡선 A, B, C 시료에서 예측 가능한 흙의 성질을 기술하시오.

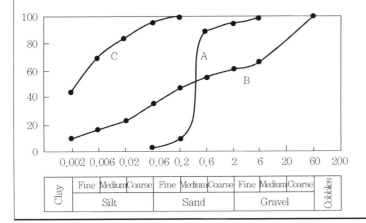

## 3교시 ※ 다음 문제 중 4문제를 선택하여 설명하시오. (각 25점)

1. 파일 항타 작업시 방음, 방진대책에 대하여 기술하시오.
2. 콘크리트 구조물 시공 시 거푸집 존치기간에 대하여 기술하시오.
3. 개질 아스팔트 포장에서 개질재를 사용하는 이유, 종류 및 특징에 대하여 기술하시오.
4. 숏크리트(shotcrete)의 시공 방법과 시공상의 친환경적인 개선안에 대하여 기술하시오.
5. 항만 구조물에서 접안시설의 종류 및 특징을 기술하시오.
6. 개착터널 등과 같은 지중 매설 구조물에서 지진에 의한 피해사항을 크게 2가지로 분류 설명하고, 그에 대한 대책을 기술하시오.

## 4교시 ※ 다음 문제 중 4문제를 선택하여 설명하시오. (각 25점)

1. 기존 철도 또는 고속도로 하부를 통과하는 지하차도를 시공하고자 한다. 상부차량 통행에 지장을 주지 않고 안전하게 시공할 수 있는 공법의 종류를 열거하고 그중 귀하가 생각할 때 가장 경제적이고 합리적인 공법을 선정하여 기술하시오.
2. 콘크리트 구조물 시공 시 설치하는 균열유발줄눈(수축줄눈)의 기능을 설명하고 시공방법에 대하여 설명하시오.
3. NATM 터널에서 방수의 기능(역할)을 설명하고 방수막 후면의 지하수 처리 방법에 따른 방수형식을 분류하고 그 장단점을 기술하시오.
4. Micro CT-Pile 공법에 대하여 기술하시오.
5. 동절기 긴급공사로 성토부에 콘크리트 옹벽 구조물을 설치하고자 한다. 사전 검토사항과 시공 시 주의하여야 할 사항을 기술하시오.
6. 지하철 건설공사 시공 시 토류판 배면의 지하매설물 관리에 대하여 기술하시오.

1교시 ※ 다음 문제 중 10문제를 선택하여 설명하시오. (각 10점)

1. 내부 수익률 (internal rate of return)
2. 화학적 프리스트레스트 콘크리트(chemical prestressed concrete)
3. 암반의 취성파괴(brittle failure)
4. 터널 지반의 현지응력(field stress)
5. 도로포장의 반사균열
6. 가능최대홍수량(PMF, probable maximum flood)
7. 말뚝의 동재하 시험
8. 점성토 지반의 교란효과(smear effect)
9. 콘크리트의 피로강도
10. 건설기계의 경제적 사용시간
11. 가치공학에서 기능계통도(FAST, function analysis system technique diagram)
12. 콘크리트의 적산온도(maturity)
13. 공정, 원가 통합관리에서 변경 추정예산(EAC)

2교시 ※ 다음 문제 중 4문제를 선택하여 설명하시오. (각 25점)

1. 대규모 매립공사 수행 시 육해상 토취장 계획과 사용장비 조합을 기술하시오.
2. 현장타설 Con'c말뚝 및 지하연속벽에 사용하는 수중 Con'c 치기작업의 요령을 설명하시오.
3. 강교량 가조립 공사의 목적과 순서 및 가조립시 유의사항에 대해 설명하시오.
4. 터널 굴착 시 지보공이 터널의 안정성에 미치는 효과를 원지반 응답(곡)선을 이용하여 구체적으로 설명하시오.
5. 표준품셈에 의한 적산방식과 실적공사비 적산방식을 비교 설명하시오.
6. 건설기계의 시공효율 향상을 위한 필요 조건에 대해서 설명하시오.

3교시 ※ 다음 문제 중 4문제를 선택하여 설명하시오. (각 25점)

1. 정수장 콘크리트 구조물의 누수 원인 및 누수 방지대책을 기술하시오.
2. 대규모 방조제 공사에서 최종 끝막이 공법의 종류와 시공 시 유의사항을 기술하시오.
3. 연약한 토사층에서 토피 30m 정도의 지하에 터널을 굴착 중 천단부에서 붕락이 일어나고 상부지표가 함몰되었다. 이때 조치해야 할 사항과 붕락구간 통과방안에 대해 기술하시오.
4. 건설공사 공정계획에서 자원배분의 의의 및 인력 평준화방법(요령)에 대해서 설명하시오.
5. 복잡한 시가지에 고가도로와 근접하여 개착식 지하철도가 설계되어 있다. 이 공사의 시공계획을 수립하는 데 특별히 유의해야 할 사항을 기술하고 그 대책을 설명하시오.
6. 공정관리 기법의 종류별 활용 효과를 얻을 수 있는 적정사업의 유형을 각 기법의 특성과 연계하여 설명하시오(Bar chart, CPM, LOB, Simulation).

4교시 ※ 다음 문제 중 4문제를 선택하여 설명하시오. (각 25점)

1. 댐 기초공사에서 투수성 지반일 경우의 기초처리공법에 대해서 기술하시오.
2. 균열이 발달된 보통 정도의 암반으로, 중간에 2개소의 단층과 대수층이 예상되는 산간지역에 종단구배가 3.5%이고 연장이 600m인 2차선 일반국도용 터널이 계획되어 있다. 본공사에 대한 시공계획을 수립하시오.
3. 준설토의 운반거리에 따른 준설선의 선정과 준설토의 운반(처분) 방법 및 각 준설선의 특성에 대해서 설명하시오.
4. 엑스트라도즈(Extradosed)교의 구조적 특성과 시공상의 유의사항을 기술하시오.
5. 지하수위가 높은 연약지반에서 개착터널(cut and cover tunnel) 시공 시 영구벽체로 이용 가능한 공법을 선정하고 시공 시 유의사항을 기술하시오.
6. 건설공사에서 원가관리 방법에 대하여 설명하고, 비용절감을 위한 여러 활동에 대하여 기술하시오.

## 1교시 ※ 다음 문제 중 10문제를 선택하여 설명하시오. (각 10점)

1. 사면거동 예측방법
2. 암반의 SMR분류법
3. 암반에서의 현장투수시험
4. 보의 유효높이와 철근량
5. 레미콘 현장반입 검사
6. 분사현상(quick sand)
7. 콘크리트 수화열 관리방안
8. 말뚝의 부마찰력(negative friction)
9. 딕소트로피(thixotropy) 현상
10. 유토곡선(mass curve)
11. 직접기초에서의 지반파괴 형태
12. Dam의 감쇄공 종류 및 특성
13. 암굴착 시 시험발파

## 2교시 ※ 다음 문제 중 4문제를 선택하여 설명하시오. (각 25점)

1. 최근 항만공사 시 케이슨(caisson)이 5,000ton급 이상으로 대형화되고 있는 추세이다. 대형화에 따른 케이슨 제작 진수 및 거치 방법에 대하여 설명하시오.
2. 고교각 및 사장교 주탑시공에 적용하는 거푸집공법 선정이 공기 및 품질관리에 미치는 영향을 설명하시오.
3. 아스팔트 포장(60a/일, t=5cm)을 하고자 한다. 시험포장을 포함한 시공계획에 대하여 설명하시오.
4. 연약지반 성토작업 시 측방유동이 주변구조물에 문제를 발생시키는 사례를 열거하고 원인별 대책에 대하여 설명하시오.
5. 터널시공 중 천단 쐐기파괴 발생 시 현장에서의 응급조치 및 복구대책에 대하여 설명하시오.
6. 도로성토 시 다짐에 영향을 주는 요인과 현장에서의 다짐관리방법에 대하여 설명하시오.

## 3교시 ※ 다음 문제 중 4문제를 선택하여 설명하시오. (각 25점)

1. 댐 기초굴착 결과 일부구간에 파쇄가 심한 불량한 암반이 나타났다. 이에 대한 기초처리 방안에 대하여 설명하시오.
2. 공사 중인 터널의 환기방식 및 소요환기량 산정 방법에 대하여 설명하시오.
3. 민간투자 사업 방식을 종류별로 열거하고 그 특징을 설명하시오.
4. 자연사면의 붕괴 원인 및 파괴형태를 설명하고 사면안정 대책에 대하여 설명하시오.
5. 집중호우 시 수위 상승으로 인한 하천제방의 누수 및 제방붕괴 방지를 위한 대책을 설명하시오.
6. 도심지 지하굴착 작업에서 약액주입공법 선정 시 시공관리 항목을 열거하고 각각에 대하여 설명하시오.

## 4교시 ※ 다음 문제 중 4문제를 선택하여 설명하시오. (각 25점)

1. 평사투영법에 의한 사면안정 해석을 현장에 적용하고자 한다. 현장적용 시 평사투영법의 장단점에 대하여 설명하시오.
2. 지하수가 높은 복합층(자갈, 모래, 실트, 점토가 혼재)의 지반조건에서 지하구조물 축조 시 배수공법 선정을 위하여 검토해야 할 사항을 열거하고 각각에 대하여 설명하시오.
3. 현장에서의 쉴드(Shield) 터널의 단계별 굴착방법에 따른 유의사항에 대하여 설명하시오.
4. 3경간 연속교의 상부 콘크리트를 타설하고자 한다. 콘크리트 타설 순서를 설명하고 시공 시 유의사항을 설명하시오.
5. 도심지 교통혼잡지역을 통과하는 대규모 굴착공사 시 계측관리 방법에 대하여 설명하시오.
6. 항로에 매몰된 점토질 토사 500,000m³를 공기 약 6개월 내에 준설하고자 한다. 투기장이 약 3km거리에 있을 때 준설계획에 대하여 설명하시오.

# 제81회 │ 2007년 2월 시행

## 1교시 ※ 다음 문제 중 10문제를 선택하여 설명하시오. (각 10점)

1. 말뚝의 부마찰력(Negative Skin Friction)
2. 재생포장(Repavement)
3. 철근의 정착(Anchorage)
4. 콘크리트의 염해(Chloride Attack)
5. 비상여수로(Emergency Spillway)
6. 히빙(Heaving)현상
7. 호퍼준설선(Trailing Suction Hopper Dredger)
8. 콘관입시험(Cone Penetration Test)
9. 트래버스(Traverse) 측량
10. 진동다짐(Vibro-Floatation)공법
11. 프리스플리팅(Pre-splitting)
12. 위험도분석(Risk Analysis)
13. 비파괴 시험(Non-Destructive Test)

## 2교시 ※ 다음 문제 중 4문제를 선택하여 설명하시오. (각 25점)

1. 도심지 주거 밀집지역에서 암굴착을 하려고 한다. 소음과 진동을 피하여 시공할 수 있는 암 파쇄공법을 설명하고, 시공상 유의할 사항에 대하여 기술하시오.
2. Shield 장비로 거품(Foam)을 사용하여 터널을 굴착할 때의 버력처리(Mucking)방법에 대하여 설명하고, 시공 시 유의할 사항에 대하여 기술하시오.
3. 콘크리트 구조물의 양생의 종류를 열거하고, 시공상 유의할 사항에 대하여 기술하시오.
4. 항만매립공사에 적용하는 지반개량공법의 종류를 열거하고, 그 공법의 내용을 기술하시오.
5. 국가 대상 공사계약에서 설계변경에 해당하는 경우를 열거하고, 그 내용을 기술하시오.
6. 기존 지하철 하부를 통과하는 또 다른 지하철 공사를 Underpinning 공법으로 시공하고자 한다. 이 공법을 설명하고, 시공상 유의할 사항에 대하여 기술하시오.

## 3교시 ※ 다음 문제 중 4문제를 선택하여 설명하시오. (각 25점)

1. 연속압출공법(ILM)을 설명하고, 시공순서와 시공상 유의할 사항을 기술하시오.
2. NATM 터널지보공의 종류, 시공순서에 대하여 설명하고, 시공상 유의사항을 기술하시오.
3. 콘크리트의 시방배합과 현장배합을 설명하고, 시방배합으로부터 현장배합으로 보정하는 방법에 대하여 기술하시오.
4. 비탈면 붕괴억제공법의 종류를 설명하고, 시공상 유의할 사항에 대하여 기술하시오.
5. 도심지 주택가에서 직경 1,500mm의 콘크리트 하수관을 Pipe Jacking 공법으로 시공하고자 한다. 이 공법을 설명하고, 시공상 유의사항에 대하여 기술하시오.
6. 대구경의 큰 지지력(1000톤 이상)을 요하는 현장타설말뚝 공법이 많이 적용되고 있다. 이러한 말뚝의 정재하시험방법을 설명하고, 시험 시 유의사항에 대하여 기술하시오.

## 4교시 ※ 다음 문제 중 4문제를 선택하여 설명하시오. (각 25점)

1. 철근콘크리트 구조물의 내구성 향상을 위하여 시공 이전에 수행해야 할 내구성 평가에 대하여 설명하시오.
2. PSC그라우트에 대하여 간단히 설명하고 시공상 유의할 사항에 대하여 기술하시오.
3. 대규모 토공작업 시 합리적인 장비조합 계획과 시공상 검토할 사항에 대하여 기술하시오.
4. 항만공사 사석공사와 사석고르기공사의 품질관리와 시공상 유의할 사항에 대하여 기술하시오.
5. 가동 중인 하수처리장 침전지 (철근콘크리트 구조물)안에 있는 물을 모두 비웠더니 바닥구조물 상부에 균열이 발생하였다. 균열이 생긴 원인을 파악하고 균열방지를 위한 당초 시공상 유의할 사항을 기술하시오.
6. RCCD의 개요와 시공순서를 설명하고 시공상 유의할 사항에 대하여 기술하시오.

## 제82회 | 2007년 5월 시행

### 1교시 ※ 다음 문제 중 10문제를 선택하여 설명하시오. (각 10점)

1. 최적 함수비(O.M.C)
2. 지하연속벽(Diaphram Wall)
3. Concrete 포장의 분리막
4. RMR(Rock Mass Rating)
5. Slurry Shield TBM공법
6. 하이브리드 Caisson
7. 침매터널
8. BTL과 BTO
9. 현장 용접부 비파괴검사 방법
10. 타입말뚝 지지력의 시간경과 효과(Time Effect)
11. FCM공법(Free Cantillever Method)
12. 측방유동
13. 자정식 현수교

### 2교시 ※ 다음 문제 중 4문제를 선택하여 설명하시오. (각 25점)

1. 닐슨 아치(Nielson Arch)교량의 가설공법에 대하여 설명하시오.
2. 중력식 Concrete Dam의 Concrete 생산, 운반, 타설 및 양생방법을 기술하시오.
3. 해양구조물 공사를 시공할 때 깊은 연약지반개량 공사 시 사용되는 DCM 공법을 설명하고, 시공 시 유의사항과 환경오염에 대한 대책을 기술하시오.
4. 지층변화가 심한 터널 굴착 시 막장에서 지하수 유출 및 파쇄대 출현에 대한 대처방안을 기술하시오.
5. 강재의 피로파괴 특성과 용접이음부의 피로강도를 저하시키는 요인을 설명하시오.
6. 귀하가 시공책임자로서 현장에서 안전관리 사항과 공사 중에 인명피해 발생 시 조치해야 할 사항에 대하여 기술하시오.

### 3교시 ※ 다음 문제 중 4문제를 선택하여 설명하시오. (각 25점)

1. Pack Drain공법으로 지반을 개량할 때 예상되는 문제점과 이에 대한 대책을 기술하시오.
2. 매입말뚝 공법의 종류를 열거하고 그중에서 사용빈도가 높은 3가지 공법에 대하여 시공법과 유의사항을 기술하시오.
3. 일반 거더교에서 대표적인 지진피해 유형과 이에 대한 대책을 설명하시오.
4. Con'c 구조물 공사중 시공 시(경화전)에 발생하는 균열의 유형과 대책에 대하여 기술하시오.
5. NATM 공법으로 터널을 시공 시에 많은 계측을 실시하고 있다. 계측의 목적과 계측의 종류별 설치 및 계측 시 유의사항을 기술하시오.
6. PSC 부재의 프리텐숀 및 포스트텐숀 제작방법과 장단점에 대하여 설명하시오.

1. 사토장 선정 시 고려사항과 현장에서 문제점이 되는 사항에 대하여 대책을 기술하시오.
2. 절토사면의 붕괴 원인과 이에 대한 대책을 기술하시오.
3. Asphalt 포장의 소성변형에 대하여 원인과 대책을 기술하시오.
4. 해저 Pipe line의 부설방법과 시공 시 유의사항을 설명하시오.
5. 교량교면 방수공법과 시공 시 유의사항을 기술하시오.
6. 아래 그림과 같이 현재 통행량이 많고 하천 충적층위에 선단지지 Pile 기초로된 교량하부를 관통하여 지하철 터널 굴착 작업을 하려고 한다. 이때 교량하부구조의 보강공법에 대하여 기술하시오.

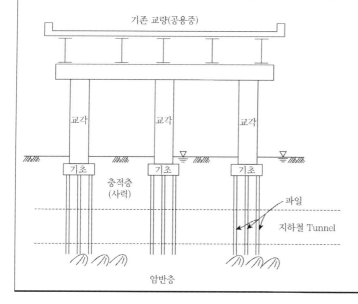

## 1교시 ※ 다음 문제 중 10문제를 선택하여 설명하시오. (각 10점)

1. 터널 굴착면의 페이스 매핑
2. 연약지반의 정의와 판단기준
3. 콘크리트 포장의 시공조인트(joint)
4. 콘크리트의 내구성지수(durability factor)
5. 필댐의 수압할열(hydraulic fracturing)
6. 아스팔트 포장에서의 러팅(rutting)
7. 석괴댐의 프린스(plinth)
8. 터널에서의 콘크리트 라이닝의 기능
9. 발파에서 지반 진동의 크기를 지배하는 요소
10. 흙의 최대건조밀도
11. 최소비용촉진법(MCX : minimum cost expediting)
12. 최고가치낙찰제
13. 강재의 용접결함

## 2교시 ※ 다음 문제 중 4문제를 선택하여 설명하시오. (각 25점)

1. 말뚝기초 재하시험의 종류와 시험 결과의 해석(평가)에 대하여 설명하시오.
2. 단지조성을 할 경우 단지 내에서의 평면상 토량배분계획의 수립 방법을 설명하시오.
3. 콘크리트 교량 가설공법의 종류 및 그 특징을 설명하시오.
4. 현장에서 암발파 시 일어날 수 있는 지반진동, 소음 및 암석비산과 같은 발파공해의 발생원인과 대책을 설명하시오.
5. 도로공사에서 절토사면 길이 30m 이상 되는 절토구간을 친환경적으로 시공하기로 했을 때, 착공 전 준비사항과 착공 후 조치 사항을 설명하시오.
6. 하천제방에서 제체재료의 다짐기준을 설명하시오.

## 3교시 ※ 다음 문제 중 4문제를 선택하여 설명하시오. (각 25점)

1. 교량구조물 상부 슬래브 시공을 위하여 동바리 받침으로 설계되었을 때 시공 전 조치해야 할 사항을 설명하시오.
2. 포장 종류(아스팔트 포장 및 콘크리트 포장)에 따른 하중전달 형식 및 각 구조의 기능을 설명하시오.
3. 교량신축이음장치의 파손 원인과 보수방법에 대하여 설명하시오.
4. 도로교 교대시공 시 안정조건과 안정조건이 불충분할 경우 조치해야 할 사항을 설명하시오.
5. 건설공사의 진도관리(follow up)를 위한 공정관리곡선의 작성방법과 진도평가방법을 설명하시오.
6. 콘크리트 중력댐 시공 시 기초면의 마무리 정리에 대하여 설명하시오.

## 4교시 ※ 다음 문제 중 4문제를 선택하여 설명하시오. (각 25점)

1. 댐에서 파이핑(piping)현상으로 인해 누수가 발생했을 경우, 이에 대한 처리대책을 설명하시오.
2. 공사 시공 중 변경사항이 발생 할경우에 설계 변경이 될 수 있는 조건과 그 절차를 설명하시오.
3. 콘크리트교의 양생과 시공이음 기준에 대해 설명하시오.
4. 강교시공 시 강재의 이음방법과 강재 부식에 대한 대책을 설명하시오.
5. 토공사에서 적재기계와 덤프트럭의 최적대수 선정방법과 덤프트럭의 용량이 클 경우와 작을 경우의 운영상 장단점을 설명하시오.
6. 건설공사 감리 제도의 종류 및 특징을 설명하시오.

## 1교시 ※ 다음 문제 중 10문제를 선택하여 설명하시오. (각 10점)

1. 국가 DGPS 서비스 시스템
2. Atterberg Limits(애터버그 한계)
3. VE(Value Engineering)의 정의
4. 옹벽 배면의 침투수가 옹벽에 미치는 영향
5. 콘크리트포장의 피로 균열
6. 파일벤트 공법
7. 건설공사의 클레임(Claim)유형 및 해결방법
8. LCC(Life Cycle Cost)활용과 구성항목
9. 터널 굴착 중 연약지반 보조공법 중 강관 다단 그라우팅
10. FSLM(Full Span Launching Method)
11. 다짐도 판정방법
12. 부력과 양압력의 차이점
13. 방파제의 피해원인

## 2교시 ※ 다음 문제 중 4문제를 선택하여 설명하시오. (각 25점)

1. 사전 재해 영향성 검토협의 시 검토 항목을 나열하고 구체적으로 설명하시오.
2. 대구경 현장타설말뚝 시공을 위한 굴착 시 유의사항 및 시공순서와 콘크리트 타설 시 문제점 및 대책을 설명하시오.
3. 흙막이 벽의 종류(지지구조, 형식, 지하수 처리) 및 그 특징을 설명하시오.
4. 1994년 10월 21일 성수대교가 붕괴되어 32명의 사망자가 발생했다. 이 교량의 붕괴과정과 상판구조의 특성 및 붕괴의 원인에 대해 기술하시오.
5. 해빙기 산악지 국도에서 폭 150m, 사면높이 60m의 산사태가 발생하였다. 현장 책임자의 입장에서 붕괴원인 및 방지대책에 대하여 기술하시오.
6. 건설공사 과정의 정보화를 촉진하기 위한 제3차 건설 CALS 기본계획이 2007년 12월에 확정. 이와 관련하여 건설 CALS의 정의, 제3차 기본계획의 배경, 필요성에 대해 기술하시오.

## 3교시 ※ 다음 문제 중 4문제를 선택하여 설명하시오. (각 25점)

1. 배수형 터널과 비배수형 터널을 비교하여 그 개념 및 장점과 단점을 기술하시오.
2. 사면붕괴를 사전에 예측할 수 있는 시스템에 대하여 설명하시오.
3. 연약지반개량공법의 종류를 열거하고 그중에서 압밀촉진공법에 의한 연약지반의 처리순서 및 목적과 계측방법에 대해 기술하시오.
4. 콘크리트 포장구간에서 교량폭의 확장공사 중 발생되는 접속 슬래브의 처짐 및 가시설부 변위대책에 대해 기술하시오.
5. 도로공사에서 암버력을 유용하여 성토작업을 하는 데 필요한 유의사항을 설명하시오.
6. Fill Dam기초가 암반일 경우 시공상의 문제점 그중 특히 Grouting공법에 대하여 기술하시오.

## 4교시 ※ 다음 문제 중 4문제를 선택하여 설명하시오. (각 25점)

1. 강교가설공법의 종류, 특징 및 주의사항에 대해 기술하시오.
2. 터널시공 시 강섬유보강 Con'c의 역할과 발생되는 문제점 및 장단점에 대하여 설명하시오.
3. 최근 도로 건설공사 중 교량 가시설(시스템동바리)붕괴에 의한 사고가 발생하고 있다. 시스템 동바리의 설계 및 시공상의 문제점을 제시하고, 그 대책에 대해서 설명하시오.
4. 사면안정공법 중 억지말뚝 공법의 역할과 시공 시 주의사항에 대하여 설명하시오.
5. 터널 갱구부의 위치 선정, 갱문 종류 및 시공 시 주의사항에 대하여 설명하시오.
6. 보강토 옹벽 시공 시 간과하기 쉬운 문제점을 나열하고 설명하시오.

## 1교시 ※ 다음 문제 중 10문제를 선택하여 설명하시오. (각 10점)

1. 콘크리트의 블리딩 및 레이턴스
2. 최적함수비(OMC)
3. N값의 수정
4. 콘크리트의 탄산화(Carbonation)
5. 경량성토공법
6. 공사계약금액 조정을 위한 물가변동률
7. 균열유발줄눈
8. 콘크리트 표면차수벽댐(CFRD)
9. 부영양화(Eutrophication)
10. 순수형 CM(CM for fee) 계약 방식
11. 건설기계의 손료
12. BOT(Built-Own-Transfer)
13. 강재의 리랙세이션(relaxation)

## 2교시 ※ 다음 문제 중 4문제를 선택하여 설명하시오. (각 25점)

1. 성토시 구조물 접속부의 부등침하 방지대책을 설명하시오.
2. 침투수가 옹벽에 미치는 영향 및 배수대책을 설명하시오.
3. 투수성 포장과 배수성 포장의 특징 및 시공 시 유의사항을 설명하시오.
4. 콘크리트 구조물에 화재가 발생했을 때, 콘크리트의 손상평가방법과 보수·보강대책을 설명하시오.
5. 하천 호안의 역할 및 시공 시 유의사항을 설명하시오.
6. 항만공사에서 사상(砂床) 진수법에 의한 케이슨 거치 방법 및 시공 시 유의사항을 설명하시오.

## 3교시 ※ 다음 문제 중 4문제를 선택하여 설명하시오. (각 25점)

1. 해양 콘크리트의 내구성 확보를 위한 시공 시 유의사항을 설명하시오.
2. 댐공사에서 가체절 및 유수전환 공법의 종류와 특징을 설명하시오.
3. 산악 터널공사에서 발생하는 지하수 용출에 따른 문제점과 대책을 설명하시오.
4. 기계화 시공계획 수립순서 및 내용을 건설기계의 운용관리면을 중심으로 설명하시오.
5. 현장타설 콘크리트말뚝 공법 중에서 RCD(reverse circulation drill) 공법의 장단점과 시공 시 유의사항에 대하여 설명하시오.
6. 공기 단축의 필요성과 최소비용을 고려한 공기단축기법을 설명하시오.

## 4교시 ※ 다음 문제 중 4문제를 선택하여 설명하시오. (각 25점)

1. 수중 불분리성 콘크리트의 특징 및 시공 시 유의사항을 설명하시오.
2. 준설선을 토질조건에 따라 선정하고, 각 준설선의 특징을 설명하시오.
3. NATM 터널의 숏크리트 작업에서 터널 각 부분(측벽부, 아치부, 인버트부, 용수부)의 시공 시 유의사항과 분진대책을 설명하시오.
4. 레디믹스트 콘크리트(ready-mixed concrete) 제품의 불량원인과 그 방지대책을 설명하시오.
5. 콘크리트 고교각(高橋脚) 시공법의 종류와 특징 및 시공 시 고려사항을 설명하시오.
6. 연약지반상에 설치된 교대의 측방이동의 원인 및 그 대책을 설명하시오.

## 1교시 ※ 다음 문제 중 10문제를 선택하여 설명하시오. (각 10점)

1. 항만공사용 Suction Pile
2. 지수벽
3. 단지조성 공사 시 GIS기법을 이용한 지하시설물도 작성
4. 매스 콘크리트에서의 온도 균열
5. 장수명 포장
6. 가상건설시스템
7. IPC거더 교량 가설공법
8. 건설분야 LCA(Life Cycle Assessment)
9. 철도의 강화노반(Reinforced Roadbed)
10. 하천 생태(환경) 호안
11. 교량의 내진과 면진 설계
12. 수급인의 하자담보책임
13. 측방유동

## 2교시 ※ 다음 문제 중 4문제를 선택하여 설명하시오. (각 25점)

1. 기존옹벽 상단부분이 앞으로 기울어질 조짐이 예견되었다. 이에 대한 보강대책을 기술하시오.
2. 큰 하천을 횡단하는 교량시공 시 기상조건을 고려한 방재대책과 이에 따른 공정계획 수립상 유의사항을 설명하시오.
3. NATM 터널 시공 시 지보패턴을 결정하기위한 공사전 및 공사 중 세부시행 사항을 설명하시오.
4. 최근 공사규모가 대형화 되고 공기가 촉박해지면서 공기준수를 위해 설계시공병행(Fast-Track)방식의 공사발주가 활성화되고 있다. 공사책임자로서 설계 후 시공의 순차적 공사진행방식과 설계시공병행방식의 개요와 장단점을 비교하고 설계시공병행방식에서 이용 가능한 단계구분의 기준을 예시하시오.
5. Asphalt 포장공사에서 교량 시종점부의 파손(부등침하균열 및 포트홀) 발생원인 및 대책을 설명하시오.
6. 단지조성 시 성토부의 지하시설물 시공방법 중 성토 후 재터파기하여 지하시설물을 시공하는 방법과 성토 전 지하시설물을 먼저 시공하고 되메우기하는 방법에 대하여 설명하시오.

## 3교시 ※ 다음 문제 중 4문제를 선택하여 설명하시오. (각 25점)

1. 단층파쇄대에 설치되는 현장타설말뚝 시공법과 시공 시 유의사항을 설명하시오.
2. 대규모 단지조성 공사 시 건설관련 개별법이 정한 인허가 협의 의견해소와 용지에 관련된 사업구역 확정 등 사업준공과 목적물 인계인수를 위해 분야별로 조치해야 할 사항을 설명하시오.
3. 콘크리트 시공 시에 성능강화를 위해 첨가되는 혼화재료의 사용목적과 선정 시 고려사항 및 종류를 설명하시오.
4. 주요 간선도로를 횡단하는 송수관로(직경 2m, 2열)시공 시 교통장애를 유발하지 않는 시공법을 제시하고 시공 시 유의사항을 설명하시오(지반은 사질토이고 지하수위가 높음).
5. 대도시 도심부 지하를 관통하는 고심도 지하도로 시공 중 도시시설물 안전에 미치는 영향 요인들을 열거하고 시공 시 유의사항을 설명하시오.
6. 하천제방 제내지측에 누수징후가 예견되었다. 누수 원인과 방지대책을 설명하시오.

## 4교시 ※ 다음 문제 중 4문제를 선택하여 설명하시오. (각 25점)

1. 대단위 산업단지 성토를 육상토취장 토사와 해상준설토로 매립하고자 한다. 육·해상 구분하여 성토재의 채취, 운반, 다짐에 필요한 장비조합을 설명하시오(성토물량과 공기 등은 가정하여 계획할 것).
2. 현장책임자로서 구조물의 직접기초 터파기공사를 계획할 때 현장여건별 적정 굴착공법을 개착식, Island방식, Trench방식으로 구분하여 설명하고 공법별 시공수순을 기술하시오.
3. 사면보강공사 중 Soil Nailing공법에 사용되는 수평배수관과 간격재(스페이서 : spacer)의 기능과 역할에 대하여 설명하시오.
4. 최근 해외공사 수주가 급증하고 있다. 해외건설공사에 대한 위험관리(Risk Management)에 대하여 설명하시오.
5. 건설공사의 사면 절취에서 관련지침 및 부서 협의시 환경훼손의 최소화 차원에서 최대 절취높이를 점차 줄여나가고 있다. 이에 절취 사면의 안정과 유지관리에 유리한 환경친화적인 조치방법을 설명하시오.
6. 콘크리트 표면차수벽형 석괴댐(CFRD)의 각 존별 기초 및 그라우팅 방법을 설명하시오.

## 1교시 ※ 다음 문제 중 10문제를 선택하여 설명하시오. (각 10점)

1. 고유동콘크리트
2. 평판재하시험 결과 이용시 주의사항
3. 폭파치환공법
4. 보상기초(Compensated foundation)
5. 점토의 Thixotropy현상
6. Cell 공법에 의한 가물막이
7. 돗바늘공법(Rotator type all casing)
8. LB(Lattice Bar) Deck
9. 교량의 교면방수
10. Siphon
11. Discontinuity(불연속면)
12. 부잔교
13. 소수 주형(Girder)교

## 2교시 ※ 다음 문제 중 4문제를 선택하여 설명하시오. (각 25점)

1. 대절토사면의 시공 시 붕괴 원인과 파괴형태를 기술하고, 방지대책에 대하여 설명하시오.
2. 하천제방의 종류와 시공 시 유의사항을 설명하시오.
3. 기존 지하철노선 하부를 관통하는 신설 터널공사를 계획 시, 기존노선과 신설터널 사이의 지반이 풍화잔적토이며 두께가 약 10m일 때 신설터널공사를 위한 시공대책에 대하여 설명하시오.
4. 매입말뚝공법의 종류와 특성을 기술하고, 시공 시 유의사항을 설명하시오.
5. SOC사업의 공사중 환경민원 등의 갈등해결 방안을 설명하시오.
6. 항만시설물 중 피복공사에 대하여 기술하고, 시공 시 유의사항을 설명하시오.

## 3교시 ※ 다음 문제 중 4문제를 선택하여 설명하시오. (각 25점)

1. 연약지반 처리공법 중 연직배수공법을 기술하고, 시공 시 유의사항을 설명하시오.
2. 아스팔트 포장을 위한 Work flow의 예를 작성하고, 시험시공을 통한 포장 품질확보 방안을 설명하시오.
3. 콘크리트에서 발생하는 균열을 원인별로 구분하고, 시공 시 방지대책을 설명하시오.
4. 세굴에 의한 교량기초의 파손 및 유실이 종종 발생하고 있다. 교량기초의 세굴 예측기법과 방지공법에 대해 설명하시오.
5. 터널공사에서 록볼트(Rock bolt)의 종류와 정착방식에 따른 작용효과에 대하여 설명하시오.
6. Cable교량 중 Extradosed교의 시공과 주형 가설에 대하여 기술하시오.

## 4교시 ※ 다음 문제 중 4문제를 선택하여 설명하시오. (각 25점)

1. NATM 터널의 막장 관찰과 일상계측 방법을 기술하고, 시공 시 고려사항에 대하여 설명하시오.
2. 토공사에 투입되는 장비의 선정 시 고려사항과 작업능률을 높일 수 있는 방안을 설명하시오.
3. 상하수도 시설물(주위 배관 포함)의 누수를 방지할 수 있는 방안과 시공 시 유의사항을 설명하시오.
4. 강교 현장이음의 종류 및 시공 시 유의사항을 설명하시오.
5. 발파진동이 구조물에 미치는 영향을 기술하고, 진동영향 평가방법을 설명하시오.
6. 지하굴착을 위한 토류벽 공사 시 발생하는 배면침하의 원인 및 대책을 설명하시오.

## 1교시 ※ 다음 문제 중 10문제를 선택하여 설명하시오. (각 10점)

1. 롤러다짐콘크리트포장(RCCP)
2. 하천의 고정보 및 가동보
3. 총공사비의 구성요소
4. FCM(Free Cantilever Method)
5. 스무스 브라스팅(smooth blasting)
6. 사항(斜杭)
7. 폴리머 시멘트 콘크리트
8. 포장의 그루빙(grooving)
9. GPR(Ground Penetrating Radar)탐사
10. 알칼리골재반응
11. 프런트잭킹(front jacking) 공법
12. 건설분야 RFID(Radio Frequency Identification)
13. 압성토공법

## 2교시 ※ 다음 문제 중 4문제를 선택하여 설명하시오. (각 25점)

1. 하천제방에서 부위별 누수 방지대책과 차수공법에 대하여 설명하시오.
2. 기초에서 말뚝 지지력을 평가하는 방법에 대하여 설명하시오.
3. 블록 방식에 의한 콘크리트 중력식 댐 시공에서 콘크리트의 이음과 시공 시 유의사항을 설명하시오.
4. 심발(심빼기) 발파의 종류와 지반 진동의 크기를 지배하는 요소에 대해 설명하시오.
5. 건설 프로젝트의 단계(기획, 설계, 시공, 유지관리)별 건설사업관리(CM)의 주요 업무 내용을 설명하시오.
6. 우물통케이슨의 침하 시 작용하는 저항력의 종류와 침하촉진 방안을 설명하시오.

## 3교시 ※ 다음 문제 중 4문제를 선택하여 설명하시오. (각 25점)

1. 매립호안 사석제의 파이핑(piping) 현상에 대한 방지대책공법을 설명하시오.
2. 흙막이 굴착 공사 시의 계측 항목을 열거하고 위치 선정에 대한 고려사항을 설명하시오.
3. 모래섞인 자갈층과 전석층($N > 40$)이 두꺼운 지층구조(깊이 20m)에서 기존 건물에 근접한 시트파일(sheet pile) 토류벽을 시공하고자 한다. 연직토류벽체의 평면선형 변화가 많을 때 시트파일의 시공방법과 시공 시 유의사항을 설명하시오.
4. 터널 2차 라이닝 콘크리트의 균열발생 원인과 그 방지대책을 설명하시오.
5. 마디도표방식(PDM)에 의한 공정표의 특징 및 작성방법을 설명하시오.
6. 레미콘(Ready Mixed Concrete)의 품질확보를 위한 품질규정에 대해서 설명하시오.

## 4교시 ※ 다음 문제 중 4문제를 선택하여 설명하시오. (각 25점)

1. 지하구조물 시공 시 지하수위에 따른 양압력의 영향 검토 및 대처방법에 대하여 설명하시오.
2. 기존터널에 근접되는 구조물의 시공 시 기존터널에 예상되는 문제점과 대책을 설명하시오.
3. 땅깎기 비탈면에서 정밀안정검토가 요구되는 현장조건과 사면붕괴를 예방하기 위한 안정대책에 대하여 설명하시오.
4. 콘크리트댐 공사에 필요한 골재 제조 설비 및 콘크리트 관련 설비에 대해서 설명하시오.
5. 아스팔트 콘크리트 포장에서 표층재생공법(Surface Recycling Method)의 특징 및 시공요점을 설명하시오.
6. 콘크리트 소교량의 상부공 가설공법 중에서 프리플렉스(Preflex)공법과 Precom(Prestressed Composite) 공법을 비교 설명하시오.

## 1교시 ※ 다음 문제 중 10문제를 선택하여 설명하시오. (각 10점)

1. 표준관입시험(SPT)
2. 저탄소 중온 아스팔트 콘크리트 포장
3. 비상주 감리원
4. 비용편익비(B/C ratio)
5. 피암터널
6. 고내구성 콘크리트
7. 유보율(항만공사 시)
8. 말뚝시공방법 중 타입공법과 매입공법
9. 하이브리드(Hybrid) 중로아치교
10. 설계기준강도와 배합강도
11. RBM(raised boring machine)
12. 과소압밀(under consolidation) 점토
13. TSP(tunnel seismic profiling) 탐사

## 2교시 ※ 다음 문제 중 4문제를 선택하여 설명하시오. (각 25점)

1. 연약지반개량공법인 PBD(plastic board drain)공법의 시공 시 유의사항에 대하여 기술하시오.
2. 강재용접의 결함 종류 및 대책에 대하여 기술하시오.
3. 하수관거공사를 시행함에 있어서 수밀시험(leakage test)에 대하여 기술하시오.
4. 표준품셈 적산방식과 실적공사비 적산방식을 비교하여 기술하시오.
5. 장마철 대형공사장의 주요 점검사항 및 집중호우로 인한 재해를 방지하기 위한 조치사항을 기술하시오.
6. 댐 본체 축조 전에 행하는 사전공사로써 유수전환 방식 및 특징에 대하여 기술하시오.

## 3교시 ※ 다음 문제 중 4문제를 선택하여 설명하시오. (각 25점)

1. Con'c구조물에서 발생되는 균열의 종류, 발생원인 및 보수보강 방법에 대하여 기술하시오.
2. 서해안 지역의 항만접안시설에서 적용 가능한 케이슨 진수공법 및 시공 시 유의사항에 대하여 기술하시오.
3. 품질관리비 산출에 대하여 최근 개정된 품질시험비 산출 단위량 기준(국토해양부 고시) 내용을 중심으로 설명하시오.
4. 집중호우 시 발생되는 토석류(debris flow) 산사태피해의 원인 및 대책에 대하여 설명하시오.
5. 터널공사 중 터널 내부에 설치되는 계측기의 종류 및 측정방법에 대하여 기술하시오.
6. 흙막이앵커를 지하수위 이하로 시공 시 예상되는 문제점과 시공 전 대책에 대하여 기술하시오.

## 4교시 ※ 다음 문제 중 4문제를 선택하여 설명하시오. (각 25점)

1. 프리스트레스트 콘크리트 박스거더(prestressed concrete box girder)로 교량의 상부공을 가설하고자 한다. 가설공법의 종류, 시공방법 및 특징에 대하여 간단히 기술하시오.
2. 슬러리 월공법의 시공순서를 기술하고, 내적 및 외적안정에 대하여 설명하시오.
3. 터널의 장대화에 따른 방재시설의 중요성이 강조되고 있다. 장대 도로터널의 방재시설 계획시 고려하여야 할 사항과 필요시설의 종류 및 특징에 대하여 기술하시오.
4. 건식 및 습식 숏크리트의 시공방법과 시공상의 친환경적인 개선안에 대하여 기술하시오.
5. 콘크리트 말뚝에 종방향으로 발생되는 균열의 원인과 대책에 대하여 기술하시오.
6. 콘크리트 슬래브궤도로 설계된 고속철도 노선이 연약지반을 통과한다. 연약지반 심도별 대책 및 적용공법에 대하여 기술하시오.

## 1교시 ※ 다음 문제 중 10문제를 선택하여 설명하시오. (각 10점)

1. 용역형 건설사업관리(CM for fee)
2. 건설기계의 시공효율
3. 골재의 조립률(FM)
4. 도로의 평탄성측정방법(PRI)
5. 흙의 연경도(Consistency)
6. CBR(California Bearing Ratio)
7. 흙의 액상화(Liquefaction)
8. 랜드크리프(Land Creep)
9. 유선망(Flow net)
10. TMC(Thermo-mechanical Control)강
11. 일체식교대교량(Integral Abutment Bridge)
12. 줄눈 콘크리프포장
13. 개질아스팔트

## 2교시 ※ 다음 문제 중 4문제를 선택하여 설명하시오. (각 25점)

1. NATM터널 시공 시 지보재의 종류와 그 역할을 설명하시오.
2. 도로포장공사에서 흙의 다짐도관리를 품질관리측면에서 설명하시오.
3. 준설공사를 위한 사전조사와 시공방식을 기술하고 시공 시 유의사항을 설명하시오.
4. 하수관로의 기초공법과 시공 시 유의사항을 설명하시오.
5. 기설구조물에 인접하여 교량기초를 시공할 경우 기설구조물의 안전과 기능에 미치는 영향 및 대책을 설명하시오.
6. 강교의 가조립 목적과 가조립 방식을 설명하시오.

## 3교시 ※ 다음 문제 중 4문제를 선택하여 설명하시오. (각 25점)

1. 건설공사에서 일정관리의 필요성과 그 방법을 설명하시오.
2. 말뚝기초의 지지력예측방법 중에서 말뚝재하시험에 의한 방법과 원위치시험(SPT, CPT, PMP)에 의한 방법을 설명하시오.
3. 강합성 거더교의 철근콘크리트 바닥판 타설 계획시의 유의사항과 타설 순서를 설명하시오.
4. 아스팔트 콘크리트 포장공사에서 혼합물의 포설량이 500t/일 때 시공단계별 포설장비를 선정하고, 각 장비의 특성과 시공 시 유의사항을 설명하시오.
5. 하천개수 계획 시 중점적으로 고려할 사항과 개수공사의 효과를 설명하시오.
6. 옹벽배면의 침투수가 옹벽의 안정에 미치는 영향을 기술하고, 침투수를 위한 시공 시 유의사항을 설명하시오.

## 4교시 ※ 다음 문제 중 4문제를 선택하여 설명하시오. (각 25점)

1. 원자력발전소 건설에 사용하는 방사선 차폐콘크리트(Radiation Shielding Concrete)의 재료·배합 및 시공 시 유의사항을 설명하시오.
2. 신설도로공사에서 연약지반 구간에 지하횡단 박스컬버트(Box Culvert) 설치 시 검토사항과 시공 시 유의사항을 설명하시오.
3. 교대 경사말뚝의 특성 및 시공 시 문제점과 대책을 설명하시오.
4. 공사현장의 콘크리트 배치플랜트(Batch Plant)운영방안을 설명하시오.
5. 지반 굴착 시 지하수위변동과 진동하중이 주변지반에 미치는 영향과 대책을 설명하시오.
6. 건설공사 현장의 사고예방을 위한 건설기술관리법에 규정된 안전관리 계획을 설명하시오.

## 1교시 ※ 다음 문제 중 10문제를 선택하여 설명하시오. (각 10점)

1. 현장배합과 시방배합
2. 실적공사비
3. 측방유동
4. Air spinning 공법
5. PSC 강재 그라우팅
6. 말뚝의 시간효과(time effect)
7. 물-결합재비
8. 계획홍수량에 따른 여유고
9. 앵커체의 최소심도와 간격(토사지반)
10. 콘크리트의 인장강도
11. 하천의 교량 경간장
12. Segment의 이음방식(쉴드터널)
13. 약최고고조위(A.H.H.W.L)

## 2교시 ※ 다음 문제 중 4문제를 선택하여 설명하시오. (각 25점)

1. 도심지 근접시공에서 흙막이 공사 시 굴착으로 인한 흙막이 벽과 주변 지반의 거동 원인 및 대책에 대하여 설명하시오.
2. 표준구배로 되어 있는 사면이 붕괴될 시 이에 대한 원인 및 대책을 설명하시오.
3. 해안에 인접하여 연약지반을 통과하는 4차선 도로가 있다. 이 경우 연약지반처리를 위한 시공계획에 대하여 설명하시오.
4. 시멘트의 풍화 원인, 풍화 과정, 풍화된 시멘트의 성질과 풍화된 시멘트를 사용한 콘크리트의 품질을 설명하시오.
5. 필댐의 내부 침식, 파이핑 매커니즘 및 시공 시 주의사항을 설명하시오.
6. 아스팔트 포장의 포트홀(pot-hole) 저감대책을 설명하시오.

## 3교시 ※ 다음 문제 중 4문제를 선택하여 설명하시오. (각 25점)

1. 하천공사 시 제방의 재료 및 다짐에 대하여 설명하시오.
2. 쉴드터널 시공 시 뒷채움 주입방식의 종류 및 특징에 대하여 설명하시오.
3. 교량의 깊은 기초에 사용되는 대구경 현장타설말뚝 공법의 종류를 들고, 하나의 공법을 선택하여 시공관리 사항에 대하여 설명하시오.
4. 그라운드 앵커의 손상 유형과 유지관리 대책을 설명하시오.
5. 절·성토 시 건설기계의 조합 및 기종선정 방법을 설명하시오.
6. PSC 장지간 교량의 캠버 확보방안과 처짐의 장기거동을 설명하시오.

## 4교시 ※ 다음 문제 중 4문제를 선택하여 설명하시오. (각 25점)

1. 도심지 지하 흙막이 공사에서 굴착구간 내 (1) 상수도, (2) 하수도 및 하수 BOX, (3) 도시가스, (4) 전력 및 통신 등의 주요 지하매설물들이 산재되어 있다. 상기 4종류의 매설물들에 대한 굴착 시 보호계획과 복구 시 복구계획에 대하여 설명하시오.
2. 뒷부벽식 옹벽에서 벽체와 부벽의 주철근 배근 개략도를 그리고 설명하시오.
3. 하천공사에서 제방을 파괴시키는 누수, 비탈면 활동, 침하에 대하여 설명하시오.
4. 국토해양부 장관이 고시한 '책임감리 현장참여자 업무지침서'에서 각 구성원(발주처, 감리원, 시공자)의 공사 시행 단계별 업무에 대하여 설명하시오.
5. 사장교와 현수교의 시공 시 중요한 관리 사항을 설명하시오.
6. 빈배합 콘크리트의 품질과 용도에 대하여 설명하시오.

## 1교시 ※ 다음 문제 중 10문제를 선택하여 설명하시오. (각 10점)

1. 토량환산계수
2. 순환골재 콘크리트
3. SCP(Sand Compaction Pile)
4. 쏘일네일링(Soil Nailing)공법
5. 공정비용 통합시스템
6. 콘크리트 자기수축현상
7. 벤치컷(Bench Cut)공법
8. 필댐(Fill Dam)의 수압파쇄현상
9. 팽창 콘크리트
10. 내부마찰각과 N값의 상관관계
11. 환경지수와 내구지수
12. 풍동실험
13. SCF(Self Climbing Form)

## 2교시 ※ 다음 문제 중 4문제를 선택하여 설명하시오. (각 25점)

1. 여름철 아스팔트 콘크리트포장에서 소성변형이 많이 발생한다. 발생 원인을 열거하고 방지대책 및 보수방법에 대하여 설명하시오.
2. 버팀보 가설공법으로 설계된 도심지 대심도 개착식공법에서 지반안정성 확보를 위한 계측의 종류를 열거하고, 특성 및 계측 시공관리방안에 대하여 설명하시오.
3. NATM 시공 시 숏크리트공법의 종류를 열거하고, 리바운드 저감대책에 대하여 설명하시오.
4. 대구경 강관 말뚝의 국부좌굴의 원인을 열거하고, 시공 시 유의사항을 설명하시오.
5. Con'c 교량의 상판가설공법 중 현장타설 Con'c에 의한 공법의 종류를 열거하고 설명하시오.
6. 하천공사에 설치하는 기능별 보의 종류를 열거하고, 시공 시 유의사항에 대하여 설명하시오.

## 3교시 ※ 다음 문제 중 4문제를 선택하여 설명하시오. (각 25점)

1. 교대 및 암거 등의 구조물과 토공 접속부에서 발생하는 단차의 원인을 열거하고, 원인별 방지공법들에 대하여 설명하시오.
2. 액상화검토대상 토층과 발생예측기법을 열거하고, 불안정시 원리별 처리공법을 설명하시오.
3. 보강토 옹벽에서 발생하는 균열의 원인을 열거하고 방지대책에 대하여 설명하시오.
4. 건설공사에서 발생하는 분쟁의 종류를 열거하고, 방지대책에 대하여 설명하시오.
5. 도심지 터널공사 및 대심도 지하구조물 시공 시 실시하는 약액주입공법에 대하여 종류별로 시공 및 환경관리 항목을 열거하고, 시공계획서 작성 시 유의사항에 대하여 설명하시오.
6. 터널공사 중 발생하는 유해가스, 분진 등을 고려한 환기계획 및 환기방식의 종류에 대하여 설명하시오.

## 4교시 ※ 다음 문제 중 4문제를 선택하여 설명하시오. (각 25점)

1. 프리플레이스트 con'c를 적용하는 공사를 열거하고, 시공방법 및 유의사항에 대하여 설명하시오.
2. 터널의 지하수 처리형식에서 배수형 터널과 비배수형 터널의 특징을 비교·설명하시오.
3. 강구조물 연결방법의 종류를 열거하고, 강재부식의 문제점 및 대책에 대하여 설명하시오.
4. 매스 콘크리트에 발생하는 온도응력에 의한 균열의 제어대책에 대하여 기술하시오.
5. 발파시공 현장에서 발파진동에 의한 인근구조물에 피해가 발생하였다. 구조물에 미치는 영향에 대한 조사방법을 열거하고 시공 시 유의사항에 대하여 설명하시오.
6. 최근 사회간접자본(SOC)예산은 도로, 철도사업이 큰 폭으로 감소하고 있고, 대체방안으로 도입한 민자사업에 대하여도 많은 문제점이 나타나고 있다. 정부의 SOC예산의 바람직한 투자방향에 대하여 설명하시오.

## 1교시 ※ 다음 문제 중 10문제를 선택하여 설명하시오. (각 10점)

1. H형 강말뚝에 의한 슬래브의 개구부 보강
2. 터널의 페이스 매핑(face mapping)
3. 개착터널의 계측빈도
4. 수중 불분리성 콘크리트
5. 강재의 전기방식(電氣防蝕)
6. 히빙(heaving)현상
7. 건설기계의 조합원칙
8. 철근과 콘크리트의 부착강도
9. 설계강우강도
10. 심층혼합처리(deep chemical mixing)공법
11. 공정관리의 주요 기능
12. 선재하(pre-loading) 압밀공법
13. 최적함수비(OMC)

## 2교시 ※ 다음 문제 중 4문제를 선택하여 설명하시오. (각 25점)

1. 공정네트워크(net work) 작성 시 공사일정계획의 의의와 절차 및 방법을 설명하시오.
2. 현재 공공기관과의 공사계약에서 물가변동으로 인한 계약금액 조정을 발주기관에 요청할 경우, 물가변동 조정금액 산출방법에 대하여 설명하시오.
3. NATM 터널 시공 시 1) 굴착 직후 무지보 상태, 2) 1차 지보재(shotcrete) 타설 후, 3) 콘크리트 라이닝 타설 후의 각 시공단계별 붕괴 형태를 설명하고, 터널 붕괴 원인 및 대책에 대하여 설명하시오.
4. RCD공법의 시공법, 품질관리와 희생강관말뚝의 역할에 대하여 설명하시오.
5. 매립공사적용 해양준설투기방법에 있어서 예상되는 문제점 및 대책에 대하여 설명하시오.
6. 연약지반에서 고압분사주입공법의 종류와 특징에 대하여 설명하시오.

## 3교시 ※ 다음 문제 중 4문제를 선택하여 설명하시오. (각 25점)

1. 수중 교각공사에서 시공관리 시 관리할 항목별 내용과 관리 시의 유의사항을 설명하시오.
2. 연장이 긴(L=1,500m 정도) 장대교량의 상부공을 한방향에서 연속압출공법(ILM)으로 시공할 때, 시공 시 유의사항에 대하여 설명하시오.
3. 혼잡한 도심지를 통과하는 도시철도의 노면복공계획 시 조사사항과 검토사항을 설명하시오.
4. 경간장 15m, 높이 12m인 콘크리트 라멘교의 시공계획서 작성 시 필요한 내용을 설명하시오.
5. 시공현장의 지반에서 동상(frost heaving)의 발생원인과 방지대책에 대하여 설명하시오.
6. 연속철근 Con'c 포장의 공용성에 영향을 미치는 파괴유형과 원인 및 보수공법을 설명하시오.

## 4교시 ※ 다음 문제 중 4문제를 선택하여 설명하시오. (각 25점)

1. 터널 침매공법에서 기초공의 조성과 침매함의 침매방법 및 접합방법을 설명하시오.
2. 콘크리트 구조물의 내구성을 저하시키는 요인 및 내구성 증진방안을 설명하시오.
3. 쉴드터널 굴착 시 초기 굴진 단계의 공정을 거쳐 본굴진 계획을 검토해야 되는데 초기 굴진 시 시공순서, 시공방법 및 유의사항에 대하여 설명하시오.
4. 해상 con'c 타설에 사용되는 장비의 종류를 들고, 환경오염방지대책에 대하여 설명하시오.
5. 흙막이 벽 지지구조형식 중 어스앵커(earth anchor) 공법에서 어스앵커의 자유장과 정착장의 설계 및 시공 시 유의사항에 대하여 설명하시오.
6. 압밀침하에 의해 연약지반을 개량하는 현장에서 시공관리를 위한 계측의 종류와 방법에 대하여 설명하시오.

## 1교시 ※ 다음 문제 중 10문제를 선택하여 설명하시오. (각 10점)

1. 흙의 통일분류법
2. 말뚝의 주면마찰력
3. 잔골재율(s/a)
4. 포스트텐션 도로포장
5. 터널의 여굴발생 원인 및 방지대책
6. 사장교와 현수교의 특징 비교
7. 준설토의 재활용 방안
8. 흙의 입도분포에 의한 주행성(trafficability) 판단
9. 유토곡선(mass curve)
10. 수밀콘크리트와 수중 콘크리트
11. Prestress의 손실
12. 터널의 인버트 정의 및 역할
13. 건설자동화(construction automation)

## 2교시 ※ 다음 문제 중 4문제를 선택하여 설명하시오. (각 25점)

1. 대단위 성토공사에서 요구되는 조건에 따라 성토재료의 조사내용을 열거하고 안정성 및 취급성에 대하여 설명하시오.
2. 연약지반개량 PBD의 통수능력과 통수능력에 영향을 미치는 요인에 대하여 설명하시오.
3. 최근 수심이 20m 이상인 비교적 유속이 빠른 해상에 사장교나 현수교와 같은 특수교량이 시공되는 사례가 많다. 이때 적용 가능한 교각 기초형식의 종류를 열거하고 특징에 대하여 설명하시오.
4. 토피가 낮은 터널을 시공할 때 발생되는 지표침하현상과 침하저감대책에 대하여 설명하시오.
5. Con'c 구조물의 열화영향 인자들의 상호관계 및 내구성 향상방안에 대하여 설명하시오.
6. 건설사업관리(CM)에서 위험관리(risk management)와 안전관리에 대하여 설명하시오.

## 3교시 ※ 다음 문제 중 4문제를 선택하여 설명하시오. (각 25점)

1. 성토 댐(embankment dam)의 축조기간 중에 발생되는 댐의 거동에 대하여 설명하시오.
2. 시멘트 콘크리트 포장에서 줄눈의 종류, 기능 및 시공방법에 대하여 설명하시오.
3. 콘크리트의 양생 메카니즘과 양생의 종류를 열거하고 각각에 대하여 설명하시오.
4. 교량상부구조물의 시공 중 및 준공후 유지관리를 위한 계측관리시스템의 구성 및 운영방안에 대하여 설명하시오.
5. 최근 수도권 대심도 고속철도나 도로건설에 대한 관련 사업들이 계획되고 있다. 귀하가 도심지대심도터널을 계획하고자 한다면 사전검토사항과 적절한공법을 선정하여 설명하시오.
6. 대규모 국가하천 정비공사에서 사용하는 준설선의 종류와 특징에 대하여 설명하시오.

## 4교시 ※ 다음 문제 중 4문제를 선택하여 설명하시오. (각 25점)

1. 항만공사에서 잔교구조물 축조 시 대구경(600mm) 강관파일(사항포함) 타입에 관한 시공계획서 작성 및 중점착안사항에 대하여 설명하시오.
2. 아스팔트 콘크리트 포장공사에서 포장의 내구성확보를 위한 다짐작업별 다짐장비선정과 다짐시 내구성에 미치는 영향 및 마무리 평탄성 판단기준에 대하여 설명하시오.
3. 연약한 점성토지반에 개착터널인 지하철을 건설하기 위하여 흙막이 가시설로 시트파일공법을 채택하고자 한다. 이 공법을 적용하기 위한 사전조사사항과 시공 시 발생하는 문제점 및 방지대책에 대하여 설명하시오.
4. 건설공사에서 BIM을 이용한 시공효율화 방안에 대하여 설명하시오.
5. 대절토암반사면 시공 시 붕괴 원인과 파괴유형을 구분하고 방지대책에 대하여 설명하시오.
6. 최근 지진발생 증가에 따라 기존교량의 피해발생이 예상된다. 기존에 사용중인 교량에 대한 내진 보강방안에 대하여 설명하시오.

## 1교시 ※ 다음 문제 중 10문제를 선택하여 설명하시오. (각 10점)

1. 건설기계의 주행저항
2. 아스팔트(asphalt)의 소성변형
3. 흙의 다짐원리
4. 포장콘크리트의 배합기준
5. 진공콘크리트(vacuum processed concrete)
6. 교각의 슬립폼(slip form)
7. 공칭강도와 설계강도
8. 비용경사(cost slope)
9. 아스팔트 콘크리트의 반사균열
10. 토공의 다짐도 판정방법
11. 평판재하시험(PBT) 적용 시 유의사항
12. 블랭킷 그라우팅(blanket grouting)
13. 용존공기부상(DAF, Dissolved Air Flotation)

## 2교시 ※ 다음 문제 중 4문제를 선택하여 설명하시오. (각 25점)

1. 토공사에서 성토재료의 선정요령에 대하여 설명하시오.
2. 콘크리트 교량의 균열에 대하여 원인별로 분류하고 보수 재료에 대한 평가 기준을 설명하시오.
3. 절취 사면에서 소단을 설치하는 이유와 사면을 정밀조사하고 사면안정분석을 해야 하는 경우를 설명하시오.
4. 터널 천단부와 막장면의 안정에 사용되는 보조 공법의 종류와 특징을 설명하시오.
5. 도시지역의 물 부족에 따른 우수저류 방법과 활용 방안에 대하여 설명하시오.
6. 공정관리의 기능과 공정관리 기법에 대해 설명하시오.

## 3교시 ※ 다음 문제 중 4문제를 선택하여 설명하시오. (각 25점)

1. 유토곡선에 의한 평균이동거리 산출요령과 그 활용상 유의할 사항에 대하여 설명하시오.
2. 집중호우 시 발생되는 사면 붕괴의 원인과 대책에 대하여 설명하시오.
3. 강교 형식에서 플레이트 거더교와 박스 거더교의 가설(架設)공사 시 검토사항을 설명하시오.
4. 해안에서 5km 떨어진 해중(海中)에 육상의 흙을 사용하여 토운선 매립 방식으로 인공섬을 건설하고자 한다. 해상 매립 공사를 중심으로 시공계획시 유의사항을 설명하시오.
5. 공사계약금액 조정의 요인과 그 조정 방법에 대하여 설명하시오.
6. 공사 착공 전 건설재해예방을 위한 유해, 위험 방지 계획서에 대하여 설명하시오

## 4교시 ※ 다음 문제 중 4문제를 선택하여 설명하시오. (각 25점)

1. 지하구조물의 부상(浮上) 원인과 대책에 대하여 설명하시오.
2. 기초말뚝의 최소 중심 간격과 말뚝 배열에 대하여 설명하시오.
3. 지반 굴착 시 지하수위 저하 및 진동이 주변에 미치는 영향과 대책에 대하여 설명하시오.
4. 하수처리시설 운영시 하수관을 통하여 빈번히 불명수(不明水)가 많이 유입되고 있다. 이에 대한 문제점과 대책 및 침입수 경로 조사시험방법에 대하여 설명하시오.
5. 공정계획을 위한 공사의 요소작업분류 목적을 설명하고, 도로 공사의 개략적인 작업분류 체계도(WBS, Work Breakdown Structre)를 작성하시오.
6. 혹서기에 시멘트 콘크리트 포장시공을 할 경우 콘크리트치기 시방기준과 품질관리검사에 대하여 설명하시오.

## 1교시 ※ 다음 문제 중 10문제를 선택하여 설명하시오. (각 10점)

1. 흙의 입도분포에 의한 기계화 시공방법 판단기준
2. 철근콘크리트 보의 내하력과 유효높이
3. 토류벽의 아칭(arching)현상
4. 시공상세도 필요성
5. 강선 긴장순서와 순서결정 이유
6. 부체교(floating bridge)
7. 지불선(pay line)
8. 콘크리트 폭열현상
9. PCT(prestressed composite truss)거더교
10. 토석류(debris flow)
11. 침투수력(seepage force)

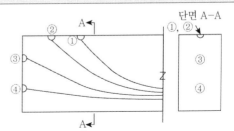

12. Land slide와 Land creep
13. 사장교와 엑스트라도즈드(extradosed)교의 구조 특성

## 2교시 ※ 다음 문제 중 4문제를 선택하여 설명하시오. (각 25점)

1. 토사와 암석재료를 병용하여 흙쌓기를 하려 한다. 흙쌓기 다짐 시 유의사항과 현장 다짐관리방법을 설명하시오.
2. 강관 말뚝시공 시 발생되는 문제점을 열거하고 원인과 대책에 대하여 설명하시오.
3. 정착지지 방식에 의한 앵커공법을 열거하고 특징 및 적용범위에 대하여 설명하시오.
4. 하도의 굴착 및 준설공법에 대하여 설명하시오.
5. 고유동 콘크리트의 유동 특성에 영향을 주는 요인에 대하여 설명하시오.
6. 자연 대사면 깎기공사에서 빈번히 붕괴가 발생한다. 붕괴 원인을 설계 및 시공측면에서 구분하고 방지대책에 대하여 설명하시오.

## 3교시 ※ 다음 문제 중 4문제를 선택하여 설명하시오. (각 25점)

1. 장대 해상 교량 상부 가설공법 중 대블럭가설공법의 특징 및 시공 시 유의사항에 대하여 설명하시오.
2. 다기능 보의 상하류 수위조건 및 지반의 수리 특성을 고려한 기초지반의 차수공법에 대하여 설명하시오.
3. 수중암굴착을 지상암굴착과 비교하여 설명하고 수중암굴착 시 적용장비에 대하여 설명하시오.
4. 대단위 단지공사에서 보강토 옹벽을 시공하고자 한다. 보강토공법의 안정성 검토 및 코너(corner)부 시공 시 유의사항에 대하여 설명하시오.
5. 흙댐의 누수 원인과 방지대책에 대하여 설명하시오.
6. 실적공사비 적산 방식을 적용하고자 한다. 문제점 및 개선방향에 대하여 설명하시오.

## 4교시 ※ 다음 문제 중 4문제를 선택하여 설명하시오. (각 25점)

1. 교량공사에서 슬라브 거푸집 제거 후 균열 등의 결함이 발생되어 보수공사를 하고자 한다. 사용보수재료의 체적변화를 유발하는 영향인자들을 열거하고 적합성 검토 방법에 대하여 설명하시오.
2. NATM에 의한 터널공사 시 배수처리 방안을 시공단계별로 설명하시오.
3. 연장 20km인 2차선 도로(폭 7.2m 표층 6.3cm)의 아스팔트 포장공사를 위한 시공계획 중 장비조합과 시험포장에 대하여 설명하시오.
4. 해외건설 프로젝트 견적서 작성 시 예비공사비 항목에 대하여 설명하시오.
5. 연약지반개량공법 중 표층개량공법의 분류방법과 공법적용 시 고려사항에 대하여 설명하시오.
6. 연약층이 깊은 도심지에서 쉴드(shield)공법에 의한 터널공사 중 누수가 발생하는 취약부를 열거하고 원인 및 보강공법에 대하여 설명하시오.

**1교시 ※ 다음 문제 중 10문제를 선택하여 설명하시오. (각 10점)**

1. 현수교의 지중정착식 앵커리지
2. 막장 지지코어 공법
3. 공용 중의 아스팔트 포장 균열
4. 건설기계의 트래피커빌리티
5. 시공속도와 공사비의 관계
6. 교량받침의 손상 원인
7. 철근 배근 검사 항목
8. 콘크리트의 보수재료 선정기준
9. 평판재하시험 결과 적용 시 고려사항
10. 내부굴착말뚝
11. 물보라 지역(splash zone)의 해양 콘크리트 타설
12. 하천의 역행 침식(두부침식)
13. 터널 발파시의 진동저감대책

**2교시 ※ 다음 문제 중 4문제를 선택하여 설명하시오. (각 25점)**

1. 콘크리트의 마무리성(finishability)에 영향을 주는 인자를 쓰고, 개선방안을 설명하시오.
2. 교량의 신축이음 설치 시 요구조건과 누수시험에 대하여 설명하시오.
3. 연약지반의 도로토공에서 발생하는 문제점과 그 대책을 쓰고, 대책 공법 선정 시의 유의사항을 설명하시오.
4. 쉴드(shield)공법으로 뚫은 전력통신구의 누수 원인을 취약 부위별로 분류하고, 누수 대책을 설명하시오.
5. 하상유지시설의 설치 목적과 시공 시 고려사항을 설명하시오.
6. 옹벽 뒤에 설치하는 배수시설의 종류를 쓰고 옹벽배면 배수재 설치에 따른 지하수의 유선망과 수압분포 관계를 설명하시오.

**3교시 ※ 다음 문제 중 4문제를 선택하여 설명하시오. (각 25점)**

1. 공장에서 제작된 30~50m 길이의 대형 PSC거더를 운반하여 도심지에서 교량을 가설하고자 한다. 이때 필요한 운반통로 확보 방안과 운반 및 가설 장비 운영 시 고려사항을 설명하시오.
2. 장대 도로터널의 시공계획과 유지관리 계획에 대하여 설명하시오.
3. 말뚝기초의 종류를 열거하고 시공적 측면에서의 특징을 설명하시오.
4. 대단지 토공에서 장비계획 시 장비 배분의 필요성과 장비 평준화방법을 설명하시오.
5. 콘크리트 포장에서 사용되는 최적배합(optimize mix)의 개념과 시공을 위한 세부공정을 설명하시오.
6. 항만시설에서 호안의 배치 시 검토 사항과 시공 시 유의사항을 설명하시오.

**4교시 ※ 다음 문제 중 4문제를 선택하여 설명하시오. (각 25점)**

1. 프리스트레스트 콘크리트 시공 시 긴장재의 배치와 거푸집 및 동바리 설치 시의 유의사항을 설명하시오.
2. 록필 댐(rockfill dam)의 시공계획 수립 시 고려할 사항을 각 계획단계별로 설명하시오.
3. 지하철 정거장에서 2아치터널의 시공 시 문제점과 그 대책을 설명하시오.
4. 지반환경에서 쓰레기 매립물의 침하특성과 폐기물 매립장의 안정에 대한 검토사항을 설명하시오.
5. 하천제방에서 식생블록으로 호안보호공을 할 때, 안전성검토에 필요한 사항과 시공 시 주의 사항을 설명하시오.
6. 토질조건 및 시공조건에 따른 흙다짐 기계의 선정에 대하여 설명하시오.

## 1교시 ※ 다음 문제 중 10문제를 선택하여 설명하시오. (각 10점)

1. 암반의 Q-system 분류
2. 추가공사에서 additional work와 extra work의 비교
3. 연약지반에서 발생하는 공학적 문제
4. 강관말뚝의 부식원인과 방지대책
5. 하천공사에서 지층별 수리특성파악을 위한 조사내용
6. 수직갱에서의 RC(raise climber)공법
7. 폐단말뚝과 개단말뚝
8. 확장레이어공법(ELCM: extended layer construction method)
9. 콘크리트의 배합 결정에 필요한 항목
10. 홈(groove)용접에 대한 설명과 그림에서의 용접 기호 설명

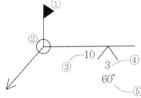

11. PSC거더(girder)의 현장 제작장 선정요건
12. 영공기 간극곡선(zero air void curve)
13. 흙의 소성도(plasticity chart)

## 2교시 ※ 다음 문제 중 4문제를 선택하여 설명하시오. (각 25점)

1. 강교 시공에 있어 현장 용접 시 발생하는 용접 결함의 종류를 열거하고, 그 결함의 원인 및 방지대책에 대하여 설명하시오.
2. 기존 구조물과의 근접 시공을 위한 트렌치(trench)공법에 대하여 설명하시오.
3. 하폭이 300m인 하천에 대형 광역상수도관을 횡단시키고자 한다. 관 매설 시 품질관리 및 유지관리를 고려한 시공 시 유의사항에 대하여 설명하시오.
4. 하천에서 보(weir) 설치를 위한 조건과 유의사항에 대하여 설명하시오.
5. GUSS아스팔트 포장의 특성과 강상형 교면 포장으로 GUSS아스팔트포장을 시공하는 경우 시공순서와 중점관리사항에 대하여 설명하시오.
6. 연약한 이탄지반에 도로구조물을 축조하려할 때 적절한 지반개량공법, 시공 시 예상되는 문제점과 기술적 대응방법을 설명하시오.

## 3교시 ※ 다음 문제 중 4문제를 선택하여 설명하시오. (각 25점)

1. 필 댐(fill dam)의 매설계측기에 대하여 설명하시오.
2. 도로에서 암절개시 붕괴의 형태와 방지대책에 대하여 설명하시오.
3. 산악지역 및 도심지를 관통하는 장대터널 및 대단면 터널 건설시의 터널시공계획과 시공 시 고려사항에 대하여 설명하시오.
4. 대구경 RCD(Reverse Circulation Drill)공법에 의한 장대교량기초 시공 시 유의사항 및 장단점에 대하여 설명하시오.
5. 교량용 신축이음장치의 형식 선정 및 시공 시 고려사항에 대하여 설명하시오.
6. 기존구조물에 근접하여 가설 흙막이구조물을 설치하려 한다. 지반굴착에 따른 변형원인과 대책 및 토류벽 시공 시 고려사항에 대하여 설명하시오.

## 4교시 ※ 다음 문제 중 4문제를 선택하여 설명하시오. (각 25점)

1. 관거(하수관, 맨홀, 연결관 등)의 시공 중 또는 시공 후 시공의 적정성 및 수밀성을 조사하기 위한 관거의 검사방법에 대하여 설명하시오.
2. 강관말뚝의 두부보강공법 및 말뚝체와 확대기초 접합방법의 특성에 대하여 설명하시오.
3. 표면차수형 석괴댐과 코어형 필댐의 특징과 시공 시 유의사항을 설명하시오.
4. 쉴드(Shield)공법에 의한 터널공사 시 발생 가능한 지표면 침하의 종류를 열거하고, 침하종류별 침하의 방지대책에 대하여 설명하시오.
5. 하천제방축조 시 재료의 구비조건과 제체의 안정성 평가 방법을 설명하시오.
6. 교량 시공 시 동바리 공법(FSM, Full Staging Method)의 종류를 열거하고 각 공법의 특징에 대하여 설명하시오.

## 1교시 ※ 다음 문제 중 10문제를 선택하여 설명하시오. (각 10점)

1. 수화조절제
2. 콘크리트의 철근 최소피복두께
3. 안전관리계획 수립 대상 공사의 종류
4. 도로 동결융해
5. 검사랑(check hole, inspection gallery)
6. 지연줄눈(delay joint, shrinkage strip)
7. 케이슨 안벽
8. 인공지반(터널의 갱구부)
9. 슬립폼공법
10. 철도공사 시 캔트(cant)
11. 산성암반 배수(acid rock drainage)
12. 토사지반에서의 앵커의 정착길이
13. 말뚝의 폐색효과(plugging)

## 2교시 ※ 다음 문제 중 4문제를 선택하여 설명하시오. (각 25점)

1. 흙막이 가설벽체 시공 시 차수 및 지반보강을 위한 그라우팅 공법을 채택할 때, 그라우팅 주입속도와 주입압력에 대하여 설명하시오.
2. 교량구조물 상부슬래브 시공을 위해 동바리 받침으로 설계되어 있을 때, 동바리 시공 전 조치사항을 설명하시오.
3. 하천 호안의 종류와 구조에 대해 설명하고, 제방 시공 시 유의사항을 설명하시오.
4. 콘크리트의 동해 원인 및 방지대책을 설명하시오.
5. 연약지반상에 건설된 기존 도로를 동일한 높이로 확장할 경우 예상되는 문제점 및 대책에 대하여 설명하시오.
6. Shield tunnel 시공 시 발진 및 도달 갱구부에 지반보강을 시행한다. 이때 1) 갱구부 지반의 보강목적 2) 갱구부 지반 보강 범위 3) 보강공법에 대하여 설명하시오.

## 3교시 ※ 다음 문제 중 4문제를 선택하여 설명하시오. (각 25점)

1. 토공사 현장에서 시공계획 수립을 위한 사전조사 내용을 열거하고 장비 선정 시 고려 사항을 설명하시오.
2. 콘크리트 중력식 댐의 이음부(joint)에 발생 가능한 누수의 원인과 누수에 대한 보수방안을 설명하시오.
3. Tunnel 갱구부 시공 시 대부분 비탈면이 발생되는데, 비탈면의 붕괴를 방지하기 위하여 지반조건을 고려한 적절한 대책을 수립하여야 한다. 이때 1) 갱구부 비탈면의 기울기 산장 2) 비탈면 안정대책 공법 및 선정 시 고려사항에 대하여 설명하시오.
4. 교면 포장용 아스팔트 혼합물 선정 시 고려사항 및 시공 시 유의사항을 설명하시오.
5. 하이브리드(hybrid) 중로 아치교의 특징 및 시공 시 주의사항을 설명하시오.
6. 기존 교량의 내진성능 향상을 위한 보강공법을 설명하시오.

1. 콘크리트 지하구조물 균열에 대한 보수, 보강공법과 공법 선정 시 유의사항을 설명하시오.
2. 도심지 부근 고속철도의 장대 tunnel 시공 시 공사기간 단축, 경제성, 민원 등을 고려한 수직갱(작업구)의 굴착공법과 방법에 대하여 설명하시오.
3. 현장타설 콘크리트교 가설공법을 열거하고 이동식 비계공법(MSS)에 대하여 설명하시오.
4. 도로 건설현장에서 장기간에 걸쳐 우기가 지속될 경우, 공사 연속성을 위하여 효과적으로 건설장비의 trafficability를 유지하기 위한 방안을 설명하시오.
5. 지반의 토질조건(사질토 및 점성토)에 따라 굴착저면의 안정 확보를 위한 sheet pile 흙막이 벽의 시공 시 주의사항을 설명하시오.
6. 하천의 보 하부의 하상세굴의 원인과 대책에 대하여 설명하시오.

## 1교시 ※ 다음 문제 중 10문제를 선택하여 설명하시오. (각 10점)

1. 한계성토고
2. 용적팽창현상(bulking)
3. 가중크리프비(weight creep ratio)
4. 비화작용(slaking)
5. Pop Out 현상
6. 토석정보시스템(EIS)
7. 앵커볼트매입공법
8. 현장안전관리를 위한 현장소장의 직무
9. 프로젝트금융(PF, project financing)
10. 물량내역수정입찰제
11. 마샬(Marshall)시험에 의한 설계아스팔트량 결정방법
12. 콘크리트의 수축보상
13. 중첩보(A)와 합성보(B)의 역학적 차이점

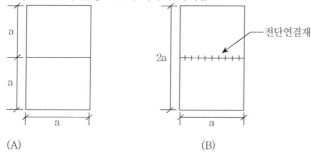

(A)　　　　　　　　　　　　(B)

## 2교시 ※ 다음 문제 중 4문제를 선택하여 설명하시오. (각 25점)

1. 수평지지력이 부족한 연약지반에 철근콘크리트 구조물 시공 시 검토하여야 할 사항에 대하여 설명하시오.
2. 강재거더로 구성된 사교(skew bridge)가설 시 거더처짐으로 인한 변형의 처리공법을 설명하시오.
3. 케이슨식(caisson type)안벽의 시공방법에 대하여 설명하시오.
4. 상·하수도관 등의 장기간 사용으로 인한 성능저하를 개선하기 위해 세관 및 갱생공사를 시행하고자 한다. 이에 대한 공법 및 대책을 설명하시오.
5. 실트질모래를 3.0m 성토하여 연약지반을 개량한 지반에 굴착심도 6.0m 정도 흙막이공사 시공 시 고려사항과 주변지반의 영향을 설명하시오.
6. 강관비계의 조립기준과 조립해체 시 현장 안전 시공을 위한 대책을 설명하시오.

## 3교시 ※ 다음 문제 중 4문제를 선택하여 설명하시오. (각 25점)

1. 중심 점토코어(clay core)형 록필댐(rock fill dam)의 코어죤 시공방법에 대하여 설명하시오.
2. 항만구조물 기초공사에서 사석 고르기 기계 시공방법을 분류하고 시공 시 품질관리와 기성고 관리에 대해 설명하시오.
3. 터널공사 중 저토피 구간에서 붕괴사고가 발생하였다. 저토피 구간에 적용할 수 있는 터널보강공법을 설명하시오.
4. 강상자형교의 상부 거더 가설에 추진코(launching nose)에 의한 송출공법을 적용할 때 발생 가능한 문제점 및 대책에 대하여 설명하시오.
5. 팩드래인공법을 이용하여 연약지반을 개량할 때 예상되는 문제점과 대책을 설명하시오.
6. 어스앵커와 소일네일링공법의 특징과 시공 시 유의사항을 설명하시오.

## 4교시 ※ 다음 문제 중 4문제를 선택하여 설명하시오. (각 25점)

1. 도로터널공사에서 갱문의 형식별 특징과 위치 선정 시 고려할 사항을 설명하시오.
2. 도심지의 지하 하수관거 공사에 추진공법을 적용할 때 발생하는 주요 문제점 및 대책을 설명하시오.
3. 화학적 요인에 의하여 구조물에 발생되는 균열에 대하여 설명하시오.
4. 콘크리트 구조물에서 수화열이 구조물에 미치는 영향에 대하여 설명하시오.
5. 하수관의 종류별 특성 및 관의 기초공법에 대하여 설명하시오.
6. 아스팔트포장 도로의 포트홀(pot hole) 발생원인과 방지대책을 설명하시오

# 제101회 | 2013년 8월 시행

## 1교시 ※ 다음 문제 중 10문제를 선택하여 설명하시오. (각 10점)

1. 구조물의 신축이음과 균열유발이음
2. 침윤세굴(seepage erosion)
3. 제방의 측단
4. 가로좌굴(lateral buckling)
5. 양생지연(curing delay)
6. 공사 착수전 확인측량
7. 댐의 프린스(plinth)
8. 수중 콘크리트
9. 호안구조의 종류 및 특징
10. 침매공법
11. 콘크리트 포장의 소음저감
12. 경량골재의 특성과 경량골재계수
13. 현수교의 무강성 가설공법(non-stiffness erection method)

## 2교시 ※ 다음 문제 중 4문제를 선택하여 설명하시오. (각 25점)

1. 도로터널의 환기방식을 분류하고 그 특징과 환기불량 시 터널에 발생되는 문제점을 설명하시오.
2. 연약지반에서 선행재하공법 시 유의사항과 효과확인을 위한 관리사항을 설명하시오.
3. 슬래브 콘크리트가 벽 또는 기둥 콘크리트와 연속되어 있는 경우에 콘크리트 타설 시 발생하는 침하균열에 대한 조치와 콘크리트 다지기의 경우 내부진동기를 사용할 때의 주의사항을 설명하시오.
4. NATM 터널공사의 계측항목 중 A계측과 B계측의 차이점과 계측기의 배치 시 고려해야 할 사항을 설명하시오.
5. 석재를 대량으로 생산하기 위해 계단식 발파공법을 적용하고자 한다. 공법의 특징과 고려사항에 대하여 설명하시오.
6. 일체식과 반일체식 교대에 대하여 설명하시오.

## 3교시 ※ 다음 문제 중 4문제를 선택하여 설명하시오. (각 25점)

1. 항만구조물에서 방파제의 종류 및 특징과 시공 시 유의사항에 대하여 설명하시오.
2. 콘크리트 운반 타설 전 검토하여야 할 사항을 설명하시오.
3. 토사 사면의 특징을 설명하고, 최근 산사태의 붕괴 원인 및 대책에 대하여 설명하시오.
4. 하수처리장 기초가 지하수위아래에 위치할 경우 양압력의 발생원인 및 대책을 설명하시오.
5. 공용중인 슬래브교의 차로 확장 시 슬래브 및 교대의 확장방안에 대해 설명하시오.
6. 터널의 숏크리트 강도특성 중에서 압축강도 이외에 평가하는 방법과 숏크리트 뿜어붙이기 성능을 결정하는 요소를 설명하시오.

## 4교시 ※ 다음 문제 중 4문제를 선택하여 설명하시오. (각 25점)

1. 레미콘의 운반시간이 콘크리트의 품질에 미치는 영향 및 대책을 설명하시오.
2. 항만공사의 호안축조 시에 사석 강제치환공법을 적용할 때 공법의 특징 및 시공 중 유의사항에 대하여 설명하시오.
3. 하천 공사 중 홍수방어 및 조절대책에 대하여 설명하시오.
4. 터널 con'c라이닝 시공 시 계획단계 및 시공단계에서 고려해야 할 균열제어 방안을 설명하시오.
5. 도로 및 단지조성공사 시 책임기술자로서 사전조사 항목을 포함한 시공계획을 설명하시오.
6. 재난 및 안전관리기본법에서 정의하는 각종 재난, 재해의 종류와 예방대책 및 재난, 재해 발생 시 대응방안에 대하여 설명하시오.

## 1교시 ※ 다음 문제 중 10문제를 선택하여 설명하시오. (각 10점)

1. 압밀도(degree of consolidation)
2. 유선망(flow net)
3. 암반의 불연속면
4. 자원배당(resource allocation)
5. 대체적 분쟁해결 제도(ADR : Alternative Dispute Resolution)
6. 교량하부공의 시공관리를 위한 조사항목
7. 도심지 흙막이 계측
8. 강도(strength)와 응력(stress)
9. 표면장력(surface tension)
10. 주동말뚝과 수동말뚝
11. 도수(hydraulic jump)
12. 표준안전난간
13. 철근갈고리의 종류

## 2교시 ※ 다음 문제 중 4문제를 선택하여 설명하시오. (각 25점)

1. 국가계약법령에 의한 정부계약이 성립된 후 계약금액을 조정할 수 있는 내용에 대하여 설명하시오.
2. PSC거더 제작 시 긴장(prestressing)관리 방법에 대하여 설명하시오.
3. 저수지의 위치를 결정하기 위한 조건에 대하여 설명하시오.
4. 발파 시 진동 발생원에서의 진동 경감방안과 전달경로에서의 차단방안에 대하여 설명하시오.
5. 도로하부 횡단공법 중 프런트 재킹(front jacking)공법과 파이프 루프(pipe roof)공법의 특징과 시공 시 유의사항에 대하여 설명하시오.
6. 토공장비계획의 기본절차, 장비선정 시 고려사항, 장비조합의 원칙에 대하여 설명하시오.

## 3교시 ※ 다음 문제 중 4문제를 선택하여 설명하시오. (각 25점)

1. 강상판교의 바닥판 현장용접 방법에 대하여 설명하시오.
2. 댐의 기초처리방법과 기초 그라우팅 종류 및 특징에 대하여 설명하시오.
3. 토피고가 3m 이하인 지중구조물(box) 상부도로의 동절기 포장융기 저감대책에 대하여 설명하시오.
4. 연약지반을 통과하는 도로노선의 지반을 개량하고자 한다. 적용가능공법과 공법 선정 시 고려사항에 대하여 설명하시오.
5. 어스앵커(earth anchor)와 소일 네일링(soil nailing)에 대하여 설명하시오.
6. 오픈케이슨(open caisson)기초의 공법과 시공순서에 대하여 설명하시오.

## 4교시 ※ 다음 문제 중 4문제를 선택하여 설명하시오. (각 25점)

1. 터널 굴착방법의 종류별 특징과 현장관리 시 주의해야 할 사항에 대하여 설명하시오.
2. 건설현장에서 가설통로의 종류와 설치기준에 대하여 설명하시오.
3. 뒷부벽식 교대의 개략적인 주철근 배치도를 작성하고, 구조의 특징 및 시공 시 유의사항에 대하여 설명하시오.
4. 공용 중인 교량의 교좌장치 교체를 위한 상부구조 인상작업 시 검토사항과 시공순서에 대하여 설명하시오.
5. 역타공법(top down) 중 완전역타공법에 대하여 설명하시오.
6. 현장타설말뚝공법 중 올케이싱(all cashing)공법, RCD(reverse circulation drill)공법, 어스드릴(earth drill)공법의 특징 및 시공 시 주의사항에 대하여 설명하시오.

## 1교시 ※ 다음 문제 중 10문제를 선택하여 설명하시오. (각 10점)

1. 잔교식 안벽
2. 콘크리트 포장의 분리막
3. 피암(避岩) 터널
4. 분니현상(mud pumping)
5. 3경간 연속보, 캔틸레버(cantilever) 옹벽의 주철근 배근도 작성
6. 아스팔트 콘크리트의 시험포장
7. 도로공사에서 노상의 지내력을 구하는 시험법
8. 교량에 작용하는 주하중, 부하중, 특수하중의 종류
9. 수도권 대심도 지하철도(GTX)의 계획과 전망
10. 물-시멘트비(W/C)와 물-결합재비(W/B)
11. air pocket이 콘크리트 내구성에 미치는 현상
12. PMIS(Project Management Information System)
13. 공사계약 보증금이 담보하는 손해의 종류

## 2교시 ※ 다음 문제 중 4문제를 선택하여 설명하시오. (각 25점)

1. 말뚝재하시험법에 의한 지지력 산정방법에 대하여 설명하시오.
2. 재난 및 안전관리 기본법에서의 재난의 종류를 분류하고, 지하철과 교량 현장에서 발생하는 대형 사고에 대하여 재난대책기관과 연계된 수습방안을 설명하시오.
3. 하천제방의 차수공법을 공법개요, 신뢰성, 환경성, 장비사용성, 시공성측면에서 비교 설명하시오.
4. 대단위 토공작업에서 성토재료 선정방법과 다짐방법 및 다짐도 판정 방법에 대하여 설명하시오.
5. 섬유보강 콘크리트의 종류와 특징 및 국내외 기술개발 현황에 대하여 설명하시오.
6. 터널공사에서 지보재 설치 직전(무지보)의 상태에서 발생하는 붕괴유형을 열거하고 방지대책을 설명하시오.

## 3교시 ※ 다음 문제 중 4문제를 선택하여 설명하시오. (각 25점)

1. 사장교와 현수교의 특징과 장단점, 시공 시 유의사항 및 현수교의 중앙경간을 사장교보다 길게 할 수 있는 이유에 대하여 설명하시오.
2. 표준적산방식과 실적공사비를 비교하고 실적공사비 적용 시 문제점에 대하여 설명하시오.
3. 연성벽체(흙막이 벽)와 강성벽체(옹벽)의 토압분포에 대하여 설명하시오.
4. 화재 시 철근콘크리트 구조물에 발생하는 폭렬현상이 구조물에 미치는 영향과 원인을 열거하고 방지대책에 대하여 설명하시오.
5. 연약점토지반의 개량공법을 선정하고 계측항목에 대하여 설명하시오(단, 공사기간이 3년인 4차선 일반국도에서 연장이 300m, 심도가 25m, 성토고가 5m인 경우).
6. NATM 터널공사에서 사이클 타임과 연계한 세부 작업순서에 대하여 설명하시오.

## 4교시 ※ 다음 문제 중 4문제를 선택하여 설명하시오. (각 25점)

1. 무근콘크리트 포장의 손상 형태와 그 원인에 대하여 설명하시오.
2. Caisson식 혼성제로 건설된 방파제에서 Caisson의 앞면벽에 발생한 균열의 원인을 열거하고 보수방법에 대하여 설명하시오.
3. 민간자본사업의 개발방식 종류 및 비용보장방식을 설명하고, 국내 건설산업 활성화를 위한 민간자본 활용방안에 대하여 기술하시오.
4. 램프교량공사에서 램프의 받침(shoe)에 작용하는 부반력에 대한 검토기준을 열거하고 대책을 설명하시오.
5. 지하구조물 시공 시 토류벽 배면의 지하수위가 높을 경우 토류벽 붕괴방지대책과 차수 및 용수 대책에 대하여 설명하시오.
6. 해상 점성토의 깊이가 50m이고, 수심이 10m, 연장이 2km인 연륙교의 교각을 건설할 경우 적용 가능한 대구경 현장타설말뚝 공법에 대하여 설명하시오.

## 1교시 ※ 다음 문제 중 10문제를 선택하여 설명하시오. (각 10점)

1. 터널 미기압파
2. Shield TBM 굴진시의 체적손실
3. 입도분포곡선
4. 연약지반의 계측
5. 교량 신축이음장치
6. 터널 막장의 주향과 경사
7. 스미어존(smear zone)
8. 돌핀(dolphin)
9. 2중합성교량
10. 바나나 곡선(banana curve)
11. 자기수축균열(autogenous shrinkage crack)
12. 유리섬유폴리머보강근(glass fiber reinforced polymer bar)
13. 완전 합성보(full composite beam)와 부분 합성보 (partial composite beam)

## 2교시 ※ 다음 문제 중 4문제를 선택하여 설명하시오. (각 25점)

1. 강교의 케이블식 가설(cable erection)공법에 대하여 설명하시오.
2. 주형보 등에 사용되는 I형강의 휨부재로서의 구조특성에 대하여 설명하시오.
3. 순환골재의 사용방법과 적용 가능부위에 대하여 설명하시오.
4. 최소비용 공기단축기법(minimum cost expediting)에 대하여 설명하시오.
5. 산악지형 장대터널의 저 토피구간 시공방법 중 개착(open cut)공법과 반개착(carinthian cut and cover)공법을 비교 설명하시오.
6. 흙막이 공법 시공 중 지반굴착 시 지하수위 저하 및 진동이 주변에 미치는 영향과 대책에 대하여 설명하시오.

## 3교시 ※ 다음 문제 중 4문제를 선택하여 설명하시오. (각 25점)

1. 장마철 배수불량에 의한 옹벽붕괴 사고가 빈번하게 발생하는 원인과 대책에 대하여 설명하시오.
2. 타입강관말뚝의 시공방법과 중점 관리 사항에 대하여 설명하시오.
3. 암반구간의 포장에 대하여 설명하시오.
4. 댐의 제체 및 기초지반의 누수 원인과 방지대책에 대하여 설명하시오.
5. 관거매설 시 설치지반에 따른 강성관거 및 연성관거의 기초처리에 대하여 설명하시오.
6. 도심지 천층터널의 지반특성 및 굴착 시 발생 가능한 문제점과 대책에 대하여 설명하시오.

## 4교시 ※ 다음 문제 중 4문제를 선택하여 설명하시오. (각 25점)

1. 도시의 재개발, 시가화 촉진, 기후변화 등이 가져오는 집중호우에 의한 도시침수 피해 원인 및 저감방안에 대하여 설명하시오.
2. 강우로 인한 지표수 침투, 세굴, 침식 등으로 발생되는 사면의 안전율 감소를 방지하기 위한 대책공법 중 안전율유지법과 안전율 증가법에 대하여 설명하시오.
3. FSLM(Full Span Launching Method)에 대하여 설명하시오.
4. 하절기 CCP포장의 시공관리 및 공용 중 유지관리에 대하여 설명하시오.
5. 연약지반 성토 시 지반의 안정과 효율적인 시공관리를 위하여 시행하는 침하관리 및 안정관리에 대하여 설명하시오.
6. 터널 기계화 굴착법(open TBM과 shield TBM)과 NATM 적용 시 주요 검토사항 및 적용지질, 시공성, 경제성, 안정성 측면에서 비교하여 설명하시오.

## 1교시 ※ 다음 문제 중 10문제를 선택하여 설명하시오. (각 10점)

1. 지반조사방법 중 사운딩의 종류
2. 아스팔트 도로포장에 사용되는 토목섬유의 종류
3. 콘크리트의 초음파검사
4. UHPC(ultra high performance concrete 초고성능콘크리트)
5. 동결융해저항제
6. 비상여수로 (emergency spillway)
7. 흙의 안식각(安息角)
8. SMR(slope mass rating)
9. 토공의 시공 기면(forrnation level)
10. 탄성받침이 롤러(roller)의 기능을 하는 이유
11. 라멘교
12. 종합심사낙찰제(종심제)
13. 공정관리에서 자유여유(free float)

## 2교시 ※ 다음 문제 중 4문제를 선택하여 설명하시오. (각 25점)

1. 정수장에서 수밀이 요구되는 구조물의 누수 원인을 기술하고 누수 방지대책에 대하여 설명하시오.
2. 강교의 현장이음방법 중 고장력 볼트 이음방법 및 시공 시 유의사항에 대하여 설명하시오.
3. 건설기계의 선정 시 일반적인 고려사항과 건설기계의 조합원칙을 설명하시오.
4. 비탈면 성토 작업 시 다음에 대하여 설명하시오.
   1) 토사 성토 비탈변의 다짐공법
   2) 비탈면 다짐 시 다짐기계 작업의 유의사항
5. 비점오염원(non-point source pollution) 발생원인 및 저감시설의 종류를 설명하시오.
6. 터널 라이닝콘크리트(Oinning concrete) 균열 발생 원인 및 균열 저감방안을 설명하시오.

## 3교시 ※ 다음 문제 중 4문제를 선택하여 설명하시오. (각 25점)

1. 현수교 케이블 설치 시 단계별 시공순서에 대하여 설명하시오.
2. 곡선교량의 상부구조 시공 시 유의사항을 설명하시오.
3. 유토곡선을 작성하는 방법과 유토곡선의 모양에 따른 절토 및 성토계획에 대해 설명하시오
4. 콘크리트 구조물에서 발생하는 균열의 진행성 여부 판단방법, 보수보강 시기 및 보수방법에 대하여 설명하시오.
5. 시멘트 콘크리트 포장 파손 및 보수공법에 대하여 설명하시오.
6. 하천제방의 누수 원인을 기술하고 누수 방지대책에 대하여 설명하시오.

## 4교시 ※ 다음 문제 중 4문제를 선택하여 설명하시오. (각 25점)

1. 항만공사용 흡입식 말뚝(suction pile) 적용성 및 시공 시 유의사항을 설명하시오.
2. 기존 터널에서 내구성 저하로 성능이 저하된 경우 보수 방안과 보수 시 유의사항을 설명하시오.
3. 장대교량의 주탑 시공의 경우 고강도 콘크리트 타설 시 유의사항에 대하여 설명하시오.
4. 고속도로 공사의 발주 시 아래 발주 방식의 정의, 장점 및 단점에 대하여 설명하시오.
   1) 최저가 입찰방식
   2) 턴키입찰방식
   3) 위험형 건설사업관리(CM at risk) 방식
5. 흙막이 벽체 주변 지반의 침하예측 방법 및 침하방지대책에 대하여 설명하시오
6. 장경간 교량의 진동이 교량에 미치는 영향과 진동 저감방안을 설명하시오.

## 1교시 ※ 다음 문제 중 10문제를 선택하여 설명하시오. (각 10점)

1. TCR과 RQD
2. 평판재하시험시 유의사항
3. 항만공사 시 유보율
4. 터널 라이닝(Lining)과 인버트(Invert)
5. 안전관리계획 수립대상공사
6. PSC 장지간 교량의 Camber 확보방안
7. 교량에서의 부반력
8. 상수도 수처리구조물 방수공법의 종류
9. Slip Form과 Self Climbing Form의 특징
10. W.B.S(Work Breakdown Structure)
11. 철근콘크리트 휨부재의 대표적인 2가지 파괴유형
12. LCC(Life Cycle Cost)분석법
13. 강 또는 콘크리트 구조물의 강성

## 2교시 ※ 다음 문제 중 4문제를 선택하여 설명하시오. (각 25점)

1. 통일분류법에 의한 SM흙과 CL흙의 다짐특성 및 적용장비에 대하여 비교 설명하시오.
2. 설계 CBR과 수정 CBR의 정의 및 시험방법에 대하여 설명하시오.
3. 댐공사에서 하천 상류지역 가물막이 공사의 시공계획과 시공 시 주의사항에 대하여 설명하시오.
4. 철근콘크리트 기둥에서 띠철근의 역할 및 배치기준에 대하여 설명하시오.
5. 건설공사 클레임 발생원인 및 해결방안에 대하여 설명하시오.
6. 지반침하(일명 씽크홀)에 대응하기 위한 하수도분야에서의 정밀조사 방법 및 대책에 대하여 설명하시오.

## 3교시 ※ 다음 문제 중 4문제를 선택하여 설명하시오. (각 25점)

1. 암버력 쌓기 시 다짐 관리기준 및 방법에 대하여 설명하시오.
2. 균열과 절리가 발달된 암반비탈면의 안정을 위한 대책공법에 대하여 설명하시오.
3. 터널지보공인 숏크리트와 록볼트의 작용효과에 대하여 설명하시오
4. 연약지반개량 시 압밀촉진을 위한 연직배수재에 요구되는 특성과 통수능력에 영향을 주는 요인에 대하여 설명하시오.
5. 콘크리트 아치교의 가설공법을 열거하고 각 공법별 특징에 대하여 설명하시오.
6. 교량의 한계상태(Limit State)에 대하여 설명하시오.

## 4교시 ※ 다음 문제 중 4문제를 선택하여 설명하시오. (각 25점)

1. 교면방수공법의 종류와 특징에 대하여 설명하시오.
2. 3경간 연속철근콘크리트교에서 콘크리트 타설순서 및 시공 시 유의사항에 대하여 설명하시오.
3. NATM공법을 이용한 터널굴진 시 진행성 여굴 발생원인 및 감소대책방안에 대하여 설명하시오.
4. 가설 시 흙막이 공사에서 편토압이 발생되는 조건과 대책방안에 대하여 설명하시오.
5. 중력식 콘크리트 댐에서 Check Hole의 역할에 대하여 설명하시오.
6. CM(Construction Management)의 주요 기본업무 중 공사단계별 원가관리에 대하여 설명하시오.

# 제107회 | 2015년 8월 시행

## 1교시 ※ 다음 문제 중 10문제를 선택하여 설명하시오. (각 10점)

1. 거푸집 동바리 시공 시 고려사항
2. 도로(지반)함몰
3. 교량등급에 따른 DB, DL하중
4. 자정식 현수교
5. 건설기계의 주행저항
6. 시공상세도 목록
7. 교면 포장의 역할
8. 얕은 기초의 전단파괴
9. 확장레이어 공법(ELCM)
10. 서중 콘크리트
11. 터널의 Face Mapping
12. EPS공법
13. 이형철근의 KS표시방법

## 2교시 ※ 다음 문제 중 4문제를 선택하여 설명하시오. (각 25점)

1. 가설공사표준시방서에 따른 각종 가시설구조물의 종류와 특징, 안전관리에 대하여 설명하시오.
2. 우기 시 도로공사의 현장관리에 필요한 대책에 대하여 설명하시오.
3. 관거와 관거의 연결 및 관거와 구조물의 접속에 있어서 그 연결방법과 유의사항에 대하여 설명하시오.
4. 교량 준공 후 유지관리를 위한 계측관리시스템의 구성 및 운영방안에 대하여 설명하시오.
5. NATM터널 막장면 보강공법에 대하여 설명하시오.
6. 콘크리트 표면결함의 형태와 대책에 대하여 설명하시오.

## 3교시 ※ 다음 문제 중 4문제를 선택하여 설명하시오. (각 25점)

1. 시설물의 안전관리에 관한 특별법과 동법 시행령에 따른 시설물의 범위(건축물 제외)와 안전등급에 대하여 설명하시오.
2. 흙막이 벽 지지구조 형식 중 어스앵커공법에서 어스앵커 자유장과 정착장의 결정 시 고려사항 및 시공 시 유의사항에 대하여 설명하시오.
3. 건설 로봇 및 드론의 건설현장 이용방안에 대하여 설명하시오.
4. 골짜기가 깊어 동바리 설치가 곤란한 산악지역에서 ILM 공법으로 시공할 경우 특징과 유의사항에 대하여 설명하시오.
5. 도시구조물 공사 시 콘크리트의 탄산화 방지대책에 대하여 설명하시오.
6. 터널 굴착공법 중 굴착단면 형태에 따른 굴착공법을 비교하여 설명하시오.

## 4교시 ※ 다음 문제 중 4문제를 선택하여 설명하시오. (각 25점)

1. 공사착수 단계에서 현장관리와 관련하여 시공자가 조치하여야 할 사항과 건설사업 관리기술자에게 보고하여야 할 내용(착공계 작성 등)에 대하여 설명하시오.
2. 사면붕괴를 사전에 예측할 수 있는 시스템에 대하여 설명하시오.
3. 아스팔트 포장의 소성변형 발생원인 및 대책에 대하여 설명하시오.
4. 방파제 공사를 위하여 제작된 케이슨 진수방법에 대하여 설명하시오.
5. 교량 바닥판의 손상원인과 대책에 대하여 설명하시오.
6. 철근콘크리트 구조물의 내화성능을 향상시키기 위한 공법의 종류, 특성 및 효과에 대하여 설명하시오.

## 1교시 ※ 다음 문제 중 10문제를 선택하여 설명하시오. (각 10점)

1. 주계약자 공동도급방식
2. 지하레이더탐사(GPR)
3. 부력과 양압력
4. 유수지와 조절지의 기능
5. 철근콘크리트구조물의 철근 피복두께
6. 골재의 흡수율과 유효흡수율
7. 장대터널의 정량적 위험도분석(QRA : Quantitative Risk Analysis)
8. GCP(Gravel Compaction Pile)
9. 항만구조물 기초사석의 역할
10. 건설공사용 크레인 중 이동식 크레인의 종류 및 특징
11. 공사비 수행지수(CPI)
12. 숏크리트의 리바운드(Rebound) 최소화 방안
13. 일반구조용 압연강재(SS재)와 용접구조용 압연 강재(SM재)의 특성

## 2교시 ※ 다음 문제 중 4문제를 선택하여 설명하시오. (각 25점)

1. 공용 중인 철도선로의 지하횡단 공사 시 적용 가능한 공법과 유의사항에 대하여 설명하시오.
2. 사장교 케이블의 현장제작과 가설방법에 대하여 설명하시오.
3. 항만 방파제 및 호안 등에 설치되는 케이슨 구조물의 진수공법에 대하여 설명하시오.
4. 기존구조물에 근접한 굴착공사 시 발생 가능한 변위원인과 방지대책에 대하여 설명하시오.
5. 사면붕괴의 원인과 사면안정대책을 설명하시오.
6. 국내의 CM(Construction Management)제도 시행에서 건축공사와 비교 시 토목공사에 활용도가 낮은 이유와 활성화방안을 설명하시오.

## 3교시 ※ 다음 문제 중 4문제를 선택하여 설명하시오. (각 25점)

1. 건설분야 정보화기법인 BIM(Building Information Modeling)의 적용분야를 설계, 시공 및 유지관리 단계별로 설명하시오.
2. 저토피, 미고결 등 지반 취약구간의 터널 시공방법에 대하여 설명하시오.
3. RC구조물의 철근 부식방지를 위한 에폭시코팅 기술의 원리 및 장단점에 대하여 설명하시오.
4. 항만 항로폭 확장을 위한 펌프준설선의 기계화 시공에 대하여 장비종류 및 작업계획 설명하시오.
5. 가요성포장과 강성포장의 차이점과 각 포장의 파손형태에 따른 원인 및 대책을 설명하시오.
6. 민간투자사업 활성화방안으로 시행중인 위험분담형(BTO-rs)과 손익공유형(BTO-a)에 대하여 설명하시오.

## 4교시 ※ 다음 문제 중 4문제를 선택하여 설명하시오. (각 25점)

1. 콘크리트도상으로 계획된 철도노선이 연약지반을 통과할 경우 지반처리공법 및 대책에 대하여 설명하시오.
2. NATM 터널의 콘크리트 라이닝 균열발생 원인과 저감방안에 대하여 설명하시오.
3. 교량 가설을 위한 공법 결정과정을 설명하시오.
4. 연약지반의 말뚝 시공 시 발생하는 부마찰력에 의한 말뚝의 손상유형과 부마찰력 감소대책여 설명하시오.
5. 해양구조물의 콘크리트 시공 시 문제점 및 대책에 대하여 설명하시오.
6. 집중호우에 따른 산지 계곡부의 토석류 발생요인과 방지시설 시공 시 유의사항에 대하여 설명하시오.

**1교시** ※ 다음 문제 중 10문제를 선택하여 설명하시오. (각 10점)

1. 공사의 모듈화
2. 흙의 연경도(consistency)
3. RMR과 Q-시스템
4. 합성PHC말뚝
5. 반사균열(reflection crack)
6. 암반구간 포장
7. 교량의 설계 차량활하중(KL-510)
8. 사장교 케이블의 단면형상 및 요구조건
9. 소파블럭
10. 근접병설터널
11. 콘크리트 흡수방지재
12. 철근 부식도 조사방법과 부식 판정기준
13. 콘크리트 배합강도와 설계기준강도

**2교시** ※ 다음 문제 중 4문제를 선택하여 설명하시오. (각 25점)

1. 콘크리트 주탑, 교각 등 변단면으로 구조물을 시공할 때 적용이 가능한 공법에 대하여 설명하시오.
2. 보강토 옹벽의 안정검토 방법과 시공 시 유의사항에 대하여 설명하시오.
3. 교량 신축이음장치 유간의 기능과 시공 및 유지관리 시 유의사항에 대하여 설명하시오.
4. 하천 하상유지공의 설치 목적과 시공 시 유의사항을 설명하시오.
5. PSC 교량의 시공 중 형상관리 기법에서 캠버(camber)관리를 중심으로 문제점 및 개선 대책에 대하여 설명하시오.
6. 대규모 산업단지를 조성할 때 토공 건설장비의 선정 및 조합에 대하여 설명하시오.

**3교시** ※ 다음 문제 중 4문제를 선택하여 설명하시오. (각 25점)

1. PSC 교량의 시공과정에서 긴장재인 강연선 보호를 위해 쉬스관 내에 시공하는 그라우트의 문제점 및 개선 방안에 대하여 설명하시오.
2. 교량 시공 시 형고가 낮은 콘크리트 거더교를 선정할 때 유리한 점과 저형고 교량의 특징을 설명하시오.
3. 항만 준설토의 공학적 특성과 활용 방안에 대하여 설명하시오.
4. 집중호우 후에 발생 가능한 대절토 토사사면의 사면붕괴 형태를 예측하고 붕괴 원인 및 보강대책에 대하여 설명하시오.
5. 도로공사 시 파쇄석을 이용한 성토와 토사 성토를 구분하여 다짐시공하는 이유와다짐 시 유의사항 및 현장 다짐관리방법을 설명하시오.
6. 공정관리의 자원배당 이유와 방법에 대하여 설명하시오.

**4교시** ※ 다음 문제 중 4문제를 선택하여 설명하시오. (각 25점)

1. 내진설계 시 심부구속철근의 정의와 역할 및 설계기준 등에 대하여 설명하시오.
2. 쉴드(Shield) TBM 공법의 굴착작업 계획에 대하여 설명하시오.
3. 콘크리트 구조물의 성능을 저하시키는 현상과 원인을 기술하고 이에 대한 보수 및 보강 방법을 설명하시오.
4. 제체 축조 재료의 구비조건과 제체의 누수 원인 및 방지대책에 대하여 설명하시오.
5. 재난에 대응하는 위기관리 방안으로써 사업연속성 관리(BCM : Business Continuity Management)를 위한 계획 수립의 필요성과 절차에 대하여 설명하시오.
6. 국내 연약점성토 개량공법 중 플라스틱보드드레인(PBD)공법의 통수능력과 교란에 영향을 주는 요인에 대하여 설명하시오.

## 1교시 ※ 다음 문제 중 10문제를 선택하여 설명하시오. (각 10점)

1. 파랑(波浪)의 변형파
2. 과다짐(Over Compaction)
3. 토목섬유 보강재 감소계수
4. 콘크리트 팝 아웃(Pop Out)
5. 보일링(Boiling) 현상
6. GPS(Global Positioning System) 측량
7. ISO(International Organization for Standardization) 9000
8. 흙의 전응력(Total Stress)과 유효응력(Effective Stress)
9. 토량 변화율과 토량 환산계수
10. Cap Beam 콘크리트
11. 포인트 기초(Point Foundation) 공법
12. 밀 시트(Mill Sheet)
13. 노상토 동결관입 허용법

## 2교시 ※ 다음 문제 중 4문제를 선택하여 설명하시오. (각 25점)

1. 스마트 con'c의 종류 및 구성 원리와 균열 자기치유(自己治癒) 콘크리트에 대하여 설명하시오.
2. 연약한 지반에서 성토지반의 거동을 파악하기 위하여 시공 시 활용되고 있는 정량적 안정관리기법에 대하여 설명하시오.
3. 토사 및 암버력으로 이루어진 성토부 다짐도 측정방법에 대하여 설명하시오.
4. 항만 계류시설인 널말뚝식 안벽의 종류 및 시공 시 유의사항에 대하여 설명하시오.
5. 터널공사 중 막장 전방의 지질 이상대 파악을 위한 조사방법의 종류 및 특징을 설명하시오.
6. 강구조물 용접방법 중 피복아크용접(SMAW)과 서브머지드아크용접(SAW)의 장단점을 설명하시오.

## 3교시 ※ 다음 문제 중 4문제를 선택하여 설명하시오. (각 25점)

1. 콘크리트 포장의 파손 종류별 발생원인 및 대책과 보수공법에 대하여 설명하시오.
2. 지하구조물에 양압력이 작용할 경우 발생될 수 있는 문제점 및 대책에 대하여 설명하시오.
3. 장마철 호우를 대비하여 하상(河床)을 정비하고자 한다. 하상 굴착방법 및 시공 시 유의사항에 대하여 설명하시오.
4. 연직갱 굴착방법인 RC공법과 RBM공법의 장단점에 대하여 설명하시오.
5. 연약지반상 저성토(H=2m 이하) 시공 시 발생될수 있는 문제점 및 대책에 대하여 설명하시오.
6. 흙막이 가시설 시공 시 버팀보와 띠장의 설치 및 해체 시 유의사항에 대하여 설명하시오.

## 4교시 ※ 다음 문제 중 4문제를 선택하여 설명하시오. (각 25점)

1. 현장타설 FCM(Free Cantilever Method) 시공 시 발생되는 모멘트 변화에 대한 관리방안에 대하여 설명하시오.
2. 도심지 NATM터널을 시공 시 터널 내 계측항목, 측정빈도 및 활용방안에 대하여 설명하시오.
3. 지반고 편차가 있는 지역에 흙막이 가시설 구조물을 이용한 터파기 시공 시 발생될 수 있는 문제점 및 대책에 대하여 설명하시오.
4. 비탈면 보강공법 중 소일네일링(Soil Nailing)공법, 록볼트(Rock Bolt)공법, 앵커(Anchor) 공법에 대하여 비교 설명하시오.
5. 옹벽배면에 연직배수재와 경사배수재 설치에 따른 수압분포 및 유선망에 대하여 설명하시오.
6. 콘크리트 시공 중 초과하중으로 인해 발생될 수 있는 균열대책에 대하여 프리캐스트 콘크리트와 현장타설 콘크리트로 구분하여 설명하시오.

## 1교시 ※ 다음 문제 중 10문제를 선택하여 설명하시오. (각 10점)

1. 주철근
2. 잠재적 수경성과 포졸란 반응
3. 상수도관 갱생공법
4. 훠폴링(Forepoling) 보강공법
5. 댐의 종단이음
6. 사장현수교
7. PS강연선의 릴렉세이션(Relaxation)
8. 보상기초(Conpensated foundation)
9. 한계성토고
10. 액상화 검토가 필요한 지반
11. 블록포장
12. 민자활성화 방안 중 BTO-rs와 BTO-a 방식의 차이점
13. 말뚝재하시험의 목적과 종류

## 2교시 ※ 다음 문제 중 4문제를 선택하여 설명하시오. (각 25점)

1. 터널설계와 시공 시 케이블 볼트(Cable bolt) 지보에 대한 특징 및 시공효과에 대하여 설명하시오.
2. 항만 준설공사 시 경제적이고 능률적인 준설작업이 되도록 준설선을 선정할 때 고려해야 할 사항을 설명하시오.
3. 수밀 콘크리트의 배합과 시공 시 검토사항에 대하여 설명하시오.
4. 암반분류 방법 및 특징, 분류법에 내포된 문제점에 대하여 설명하시오.
5. 하천제방 제체 안정성 평가 방법에 대하여 설명하시오.
6. 흙막이 굴착공법 선정 시 고려사항에 대하여 설명하시오.

## 3교시 ※ 다음 문제 중 4문제를 선택하여 설명하시오. (각 25점)

1. 하수관로 부설 시 토질조건에 따른 강성관 및 연성관의 관기초공에 대하여 설명하시오.
2. 항만공사의 케이슨 기초 시공 시 유의사항에 대하여 설명하시오.
3. 연안침식의 발생 원인과 대책에 대하여 설명하시오.
4. 옹벽의 배수 및 배수시설에 대하여 설명하시오.
5. 아스팔트 콘크리트포장의 다짐에 대하여 설명하시오.
6. 노후 콘크리트 지하구조물의 균열발생 원인 및 대책에 대하여 설명하시오.

## 4교시 ※ 다음 문제 중 4문제를 선택하여 설명하시오. (각 25점)

1. 연약지반개량공법 중 Suction Device 공법에 대하여 설명하시오.
2. 현장에서 숏크리트 시공 시 유의사항과 품질관리를 위한 관리항목에 대하여 설명하시오.
3. 교대의 측방유동에 대하여 설명하시오.
4. 필댐 시공 및 유지관리 시 계측에 대하여 설명하시오.
5. 지하수위저하(De-watering) 공법에 대하여 설명하시오.
6. 대도시 집중호우 시 내수피해 예방대책에 대하여 설명하시오.

## 1교시 ※ 다음 문제 중 10문제를 선택하여 설명하시오. (각 10점)

1. 흙의 압밀 특징과 침하종류
2. H형강 버팀보의 강축과 약축
3. 특수방파제의 종류
4. 시멘트 콘크리트 포장의 구성 및 종류
5. 콘크리트교와 강교의 장단점 비교
6. Bulking현상
7. 유효 프리스트레스(Effective Prestress)
8. 터널 지반조사 시 사용하는 BHTV(Bore Hole Televiewer)와 BIPS(Bore Hole Image Processing System)의 비교
9. 잔류토(Residual Soil)
10. 전단철근
11. 공극수압
12. 약액 주입에서의 용탈현상
13. 철근콘크리트 구조물의 허용 균열폭

## 2교시 ※ 다음 문제 중 4문제를 선택하여 설명하시오. (각 25점)

1. 구조물 부등침하 원인과 방지대책에 대하여 설명하시오.
2. 터널 단면이 작은 경전철 공사 중 수직구를 이용한 터널 굴착 시 장비조합 및 기종선정 방법에 대하여 설명하시오.
3. 연약지반상에 말뚝기초를 시공한 후 교대를 설치하고자 한다. 이때 교대 시공 시 발생할 수 있는 문제점 및 대책에 대하여 설명하시오.
4. 폐기물 매립장 계획 및 시공 시 고려사항에 대하여 설명하시오.
5. 교량의 유지관리업무와 유지관리시스템에 대하여 설명하시오.
6. 절토부 암판정시 현장에서 준비할사항 및 암판정 결과보고에 포함할사항에 대하여 설명하시오.

## 3교시 ※ 다음 문제 중 4문제를 선택하여 설명하시오. (각 25점)

1. 콘크리트 중성화 요인 및 방지대책에 대하여 설명하시오.
2. 지하철 정거장 공사를 위한 개착 공사 시 흙막이 벽과 주변지반의 거동 및 대책에 대하여 설명하시오.
3. 도심지 연약지반에서 터널 굴착 및 보강 방법에 대하여 설명하시오.
4. 댐공사 착수 전 시공계획에 필요한 공정계획과 가설비 공사에 대하여 설명하시오.
5. 공용중인 고속국도의 1개 차로를 통제하고 공사 시, 교통관리 구간별 교통안전시설 설치계획에 대하여 설명하시오.
6. 제방호안의 피해형태, 피해원인 및 복구공법에 대하여 설명하시오.

## 4교시 ※ 다음 문제 중 4문제를 선택하여 설명하시오. (각 25점)

1. 교량 신설계획이나 기존교량 보수·보강공사 시에 교량의 세굴에 대한 대책수립 과정과 세굴보호공의 규모 산정에 대하여 설명하시오.
2. 쉴드(Sheid) 굴착 시 세그멘트 뒷채움 주입방식 및 주입 시 고려사항에 대하여 설명하시오.
3. 연약지반상에 높이 10m의 보강토 옹벽 축조 후 배면을 양질토사로 성토하도록 설계되어 있다. 현장 기술자로서 성토 시 발생할 수 있는 문제점 및 대책에 대하여 설명하시오.
4. Pipe Support와 System Support의 장단점 및 거푸집 동바리 붕괴 방지대책에 대하여 설명하시오.
5. 최근 양질의 Sand Mat자재 수급이 어려운 관계로 투수성이 불량한 자재를 사용하여 시공하는 경우, 지반개량 공사에서 발생할 수 있는 문제점 및 대책에 대하여 설명하시오.
6. CM의 정의, 목표, 도입의 필요성 및 효과에 대하여 설명하시오.

## 1교시 ※ 다음 문제 중 10문제를 선택하여 설명하시오. (각 10점)

1. 단층 파쇄대
2. 콘크리트의 수화수축
3. 병렬터널 필러(Pillar)
4. 순수내역입찰제도
5. 건설공사비지수(Construction Cost Index)
6. 암발파 누두지수
7. 여수로의 감세공
8. 휨부재의 최소 철근비
9. 아스팔트 감온성
10. 말뚝의 동재하시험
11. 굴입하도(堀入河道)
12. 철근의 부착강도
13. 준설매립선의 종류 및 특징

## 2교시 ※ 다음 문제 중 4문제를 선택하여 설명하시오. (각 25점)

1. 지하매설관의 측방이동 억지대책에 대하여 설명하시오.
2. 시멘트 종류 및 특성에 대하여 설명하시오.
3. 터널 관통부에 대한 굴착방안 및 관통부 시공 시 유의사항에 대하여 설명하시오.
4. 콘크리트 구조물의 균열발생 시기별 균열의 종류와 특징에 대하여 설명하시오.
5. 기초공사에서 지하수위 저하공법의 종류와 특징에 대하여 설명하시오.
6. 공기대비 진도율로 표현되는 진도곡선에서 상방한계, 하방한계, 계획진도곡선의 작성과정을 설명하고, 현재 진도가 상방한계 위에 있을 때 공정 진도상태를 설명하시오.

## 3교시 ※ 다음 문제 중 4문제를 선택하여 설명하시오. (각 25점)

1. NATM 시공 시 제어발파(조절발파, Controlled Blasting)공법의 종류 및 특징에 대하여 설명하시오.
2. 지반개량공법 중 지반동결공법 적용상의 문제점과 그 대책에 대하여 설명하시오.
3. 콘크리트 구조물의 보수공법 종류 및 보수공법 선정 시 유의사항에 대하여 설명하시오.
4. 방파제의 혼성제에 대한 장단점 및 시공 시 유의사항에 대하여 설명하시오.
5. 도로 공사의 시공 단계에 적용할 수 있는 BIM(Building Information Modeling)기술의 사례들을 구분하고 적용절차를 설명하시오.
6. 공기케이슨(Pneumatic Caisson) 공법의 시공단계별 시공방법을 설명하시오.

## 4교시 ※ 다음 문제 중 4문제를 선택하여 설명하시오. (각 25점)

1. 터널공사 시 재해유형 및 안전사고 예방을 위한 대책에 대하여 설명하시오.
2. 사장교 보강거더의 가설공법 종류 및 특징에 대하여 설명하시오.
3. 기성말뚝박기 공법의 종류 및 시공 시 유의사항에 대하여 설명하시오.
4. 운영 중인 철도선로 인접 공사 시 안전대책에 대하여 설명하시오.
5. 공정관리에서 부진공정의 관리대책을 순서대로 설명하고, 민원/기상/업체부도를 예상하여 각각의 만회대책을 설명하시오.
6. 연약지반처리 대책공법 선정 시 고려할 조건에 대하여 설명하시오.

### 1교시 ※ 다음 문제 중 10문제를 선택하여 설명하시오. (각 10점)

1. 토량변화율
2. 순환골재
3. 지하안전관리에 관한 특별법
4. 균열관리대장
5. 선행재하(Preloading) 공법
6. 얕은 기초의 부력 방지대책
7. 주철근과 배력철근
8. 액상화(Liquefaction)
9. 방파제
10. RQD와 RMR
11. Tining과 Grooving
12. 소일네일링(Soil Nailing) 공법
13. 시멘트 콘크리트 포장에서의 타이바(Tie Bar)와 다웰바(Dowel Bar)

### 2교시 ※ 다음 문제 중 4문제를 선택하여 설명하시오. (각 25점)

1. 흙쌓기 작업 시 다짐도판정 방법에 대하여 설명하시오.
2. 건설사업관리와 책임감리, 시공감리, 검측감리에 대하여 설명하시오.
3. 소음저감포장 시공에 따른 효과와 소음저감포장공법을 아스팔트포장과 콘크리트 포장으로 구분하여 설명하시오.
4. 일반적인 보강토 옹벽의 설계와 시공 시 주의사항과 붕괴 발생원인 및 방지대책에 대하여 설명하시오.
5. 서중 콘크리트 타설 전 점검사항에 대하여 설명하시오.
6. 연약지반개량공법 중 고결공법에 대하여 설명하시오.

### 3교시 ※ 다음 문제 중 4문제를 선택하여 설명하시오. (각 25점)

1. 프리스트레스 교량에서 강연선의 긴장관리방안에 대하여 설명하시오.
2. 굳지 않은 콘크리트의 성질에 대하여 설명하시오.
3. 가설흙막이 시공 시 안전을 확보할 수 있는 계측관리에 대하여 설명하시오.
4. 토질별 다짐장비 선정에 대하여 설명하시오.
5. 암반분류에 대하여 설명하시오.
6. 지반이 불량하고 용수가 많이 발생하는 지형의 터널시공 시 용수처리와 지반안정을 위한 보조공법에 대하여 설명하시오.

### 4교시 ※ 다음 문제 중 4문제를 선택하여 설명하시오. (각 25점)

1. FCM(Free Cantilever Method)에서 주두부의 정의와 주두부 가설방법에 대하여 설명하시오.
2. 비점오염원과 점오염원의 특성을 비교하고, 오염원 저감시설 설치위치 선정 시 유의사항을 도로의 형상별로 구분하여 설명하시오.
3. 흙깎기 및 쌓기 경계부의 부등침하에 대하여 설명하시오.
4. 동절기 아스팔트 콘크리트 포장 시공 시 생산온도, 운반, 포설, 다짐에 대하여 설명하시오.
5. 경량성토공법(EPS, Expanded Polyester System)에 대하여 설명하시오.
6. 단일현장타설말뚝공법에 대한 적용기준과 장, 단점을 설명하시오.

## 1교시 ※ 다음 문제 중 10문제를 선택하여 설명하시오. (각 10점)

1. 워커빌리티(Workability)와 컨시스턴시(Consistency)
2. 온도균열 제어 수준에 따른 온도균열지수
3. 아스팔트 혼합물의 온도관리
4. 순환골재와 순환토사
5. 절토부 표준발파공법
6. 해상 도로건설공사에서 가토제(Temporary Bank)
7. 절토부 판넬식 옹벽
8. 불연속면(Discontinuities in rock mass)
9. 엑스트라도즈드교(Extradosed Bridge)
10. 터널 숏크리트의 리바운드 영향인자 및 감소대책
11. 유해위험 방지계획서
12. 저탄소 콘크리트(Low Carbon Concrete)
13. 유토곡선(Mass Curve)

## 2교시 ※ 다음 문제 중 4문제를 선택하여 설명하시오. (각 25점)

1. 철근이음의 종류 및 시공 시 유의사항에 대하여 설명하시오.
2. 흙막이 굴착공사에서 각 부재의 역할과 시공 시 유의사항에 대하여 설명하시오.
3. 터널공사 시 여굴 발생원인과 방지대책을 설명하시오.
4. 토목공사에서 암반선 노출 시 암판정을 실시해야 하는 대상별 암판정 목적 및 절차에 대하여 설명하시오.
5. 교량 슬라브의 콘크리트 타설방법에 대하여 설명하시오.
6. 구조물과 구조물 사이의 짧은 도로터널 계획 시 편입용지 및 지장물의 증가에 따라 2-Arch터널, 대단면터널 및 근접병렬터널이 많이 시공되고 있다. 각 터널형식별 문제점 및 대책에 대하여 설명하시오.

## 3교시 ※ 다음 문제 중 4문제를 선택하여 설명하시오. (각 25점)

1. 암버력을 성토재료로 사용할 때 시공방법 및 성토 시 유의사항에 대하여 설명하시오.
2. 거푸집과 동바리의 해체 시기와 유의사항을 설명하시오.
3. 수중 콘크리트 타설 시 유의사항을 설명하시오.
4. 쉴드TBM의 작업장 및 작업구 계획에 대하여 설명하시오.
5. 기성 연직배수공법의 설계 및 시공 시 유의사항에 대하여 설명하시오.
6. 암반사면의 붕괴 형태 및 사면안정대책에 대하여 설명하시오.

## 4교시 ※ 다음 문제 중 4문제를 선택하여 설명하시오. (각 25점)

1. 콘크리트 운반 중 발생될 수 있는 품질변화원인과 시공 시 유의사항에 대하여 설명하시오.
2. 하천호안의 파괴원인 및 방지대책에 대하여 설명하시오.
3. 오염된 지반의 정화기술공법의 종류에 대하여 설명하시오.
4. 댐 공사 시 지반조건에 따른 기초처리공법에 대하여 설명하시오.
5. 운영 중인 터널에 대하여 정밀안전진단 시 비파괴현장시험의 종류와 시험목적에 대하여 설명하시오.
6. 대구경현장타설말뚝의 품질시험 종류, 시험목적 및 시험방법에 대하여 설명하시오.

**1교시 ※ 다음 문제 중 10문제를 선택하여 설명하시오. (각 10점)**

1. 가외철근
2. 슈미트해머를 이용한 콘크리트 압축강도 추정방법
3. 시설물의 성능 평가
4. 콘크리트 폭열현상
5. 확산이중층(Diffuse double layer)
6. 유동화제와 고성능감수제
7. 고장력 볼트 조임검사
8. 하천의 하상계수(河狀系數)
9. 쉴드터널의 테일 보이드(Tail void)
10. ADR제도(Alternative Dispute Resolution : 대체적 분쟁해결제도)
11. 부잔교(浮棧橋)
12. 교량받침과 신축이음 Presetting
13. 5D BIM(Building Information Modeling)

**2교시 ※ 다음 문제 중 4문제를 선택하여 설명하시오. (각 25점)**

1. 지반함몰 원인과 방지대책에 대하여 설명하시오.
2. 연약지반에서 교대의 측방유동을 일으키는 원인과 대책에 대하여 설명하시오.
3. Shield TBM 공법에서 Segment 조립 시 발생하는 틈(Gap)과 단차(Off-Set)의 문제점 및 최소화 방안에 대하여 설명하시오.
4. 현수교를 정착방식에 따라 분류하고, 현수교의 구성요소와 시공과정 및 시공 시 유의사항에 대하여 설명하시오.
5. 항만시설물 중 잔교식(강파일) 구조물 점검방법과 손상 발생원인 및 보수 보강 방법에 대하여 설명하시오.
6. 주계약자 공동도급 제도에 대하여 설명하시오.

**3교시 ※ 다음 문제 중 4문제를 선택하여 설명하시오. (각 25점)**

1. 도로포장에서 Blow Up 현상의 원인 및 대책에 대하여 설명하시오.
2. 토석류(土石流)에 의한 비탈면 붕괴에 대하여 설명하시오.
3. 가설 흙막이 구조물의 계측위치 선정기준, 초기변위 확보를 위한 설치시기와 유의사항에 대하여 설명하시오.
4. 프리캐스트 콘크리트 구조물 시공 시 유의사항에 대하여 설명하시오.
5. 하천교량의 홍수 피해 원인과 대책에 대하여 설명하시오.
6. 석괴댐에서 필터(Filter) 기능 불량 시 발생 가능한 문제점에 대하여 설명하시오.

**4교시 ※ 다음 문제 중 4문제를 선택하여 설명하시오. (각 25점)**

1. 점성토 연약지반에 시공되는 개량공법을 열거하고, 특징을 설명하시오.
2. 버팀보식 흙막이 공법의 지지원리와 불균형토압의 발생원인 및 예방대책에 대하여 설명하시오.
3. NATM터널에서 Shotcrete 타설 시 유의사항과 두께 및 강도가 부족한 경우의 조치 방안에 대하여 설명하시오.
4. 강합성 라멘교 제작 및 시공 시 솟음(Camber) 관리와 유의사항에 대하여 설명하시오.
5. 항만공사 방파제의 종류별 구조 및 특징에 대하여 설명하시오.
6. 4차 산업혁명시대에 IoT를 이용한 장대교량의 시설물 유지관리를 위한 적용 방안에 대하여 설명하시오.

## 1교시 ※ 다음 문제 중 10문제를 선택하여 설명하시오. (각 10점)

1. 터널의 편평율
2. Arch교의 Lowering 공법
3. 민간투자사업의 추진방식
4. 통수능(通水能, discharge capacity)
5. 부마찰력(Negative Skin Friction)
6. 관로의 수압시험
7. 건설공사의 사후평가
8. 스트레스 리본 교량(Stress Ribbon Bridge)
9. 준설선의 종류 및 특징
10. 터널변상의 원인
11. 히빙(Heaving)과 보일링(Boiling)
12. 교량 내진성능 향상 방법
13. 포러스 콘크리트(Porous Concrete)

## 2교시 ※ 다음 문제 중 4문제를 선택하여 설명하시오. (각 25점)

1. 터널 굴착 시 진행성 여굴의 원인과 방지 및 처리대책에 대하여 설명하시오.
2. 도로공사 시 비탈면 배수시설의 종류와 기능 및 시공 시 유의사항에 대하여 설명하시오.
3. 하천제방의 누수 원인과 방지대책에 대하여 설명하시오.
4. 콘크리트 구조물에서 초기균열의 원인과 방지대책에 대하여 설명하시오.
5. 건설공사의 클레임 발생원인 및 유형과 해결방안에 대하여 설명하시오.
6. 엑스트라도즈드교(Extradosed Bridge)에서 주탑 시공 시 품질확보 방안에 대하여 설명하시오.

## 3교시 ※ 다음 문제 중 4문제를 선택하여 설명하시오. (각 25점)

1. 일반적으로 댐 공사의 시공계획에 대하여 설명하시오.
2. 강교의 현장용접 시 발생하는 문제점과 대책 및 주의사항에 대하여 설명하시오.
3. 도로공사에 따른 사면활동의 형태 및 원인과 사면안정 대책에 대하여 설명하시오.
4. 한중(寒中)콘크리트의 타설 계획 및 방법에 대하여 설명하시오.
5. 친환경 수제(水制)를 이용한 하천개수 공사 시 유의사항에 대하여 설명하시오.
6. 대규모 단지공사의 비산먼지가 발생되는 주요 공정에서 비산먼지 발생저감 방법에 대하여 설명하시오.

## 4교시 ※ 다음 문제 중 4문제를 선택하여 설명하시오. (각 25점)

1. 터널 준공 후 유지관리 계측에 대하여 설명하시오.
2. 상수도 기본계획의 수립 절차와 기초조사 사항에 대하여 설명하시오.
3. 화재 시 철근콘크리트 구조물에 발생하는 폭렬현상이 구조물에 미치는 영향과 원인 및 방지대책에 대하여 설명하시오.
4. 시멘트 콘크리트 포장 시 장비선정, 설계 및 시공 시 유의사항에 대하여 설명하시오.
5. 항만공사 시공계획 시 유의사항에 대하여 설명하시오.
6. 공정·공사비 통합관리 체계(EVMS, Earned Value Management System)의 주요 구성 요소와 기대효과에 대하여 설명하시오.

### 1교시 ※ 다음 문제 중 10문제를 선택하여 설명하시오. (각 10점)

1. 비용분류체계(cost breakdown structure)
2. 마일스톤 공정표(milestone chart)
3. 과다짐(over compaction)
4. 피어기초(pier foundation)
5. 수팽창지수재
6. 내식콘크리트
7. 일체식교대 교량
8. 말뚝의 시간경과효과
9. 개질아스팔트
10. 용접부의 비파괴 시험
11. 어스앵커(earth anchor)
12. 막(膜)양생
13. 교량의 새들(saddle)

### 2교시 ※ 다음 문제 중 4문제를 선택하여 설명하시오. (각 25점)

1. 토목 BIM(Building Information Modeling)의 정의 및 활용분야에 대하여 설명하시오.
2. 급경사지 붕괴방지공법을 분류하고, 그 목적과 효과에 대하여 설명하시오.
3. 말뚝재하시험법에 의한 지지력 산정방법에 대하여 설명하시오.
4. 아스팔트 콘크리트의 소성변형 발생원인 및 방지대책에 대하여 설명하시오.
5. 강 교량 시공 시, 상부구조의 케이블가설(cable erection) 공법과 종류에 대하여 설명하시오.
6. 콘크리트 압송(pumping) 작업 시 발생할 수 있는 문제점과 대책에 대하여 설명하시오.

### 3교시 ※ 다음 문제 중 4문제를 선택하여 설명하시오. (각 25점)

1. 기계화 시공 시 일반적인 건설기계의 조합원칙과 기계결정 순서에 대하여 설명하시오.
2. 흙막이공사에서의 유수처리대책을 분류하고 설명하시오.
3. 강상판교의 교면 포장공법 종류 및 시공관리방법에 대하여 설명하시오.
4. 항만 준설과 매립 공사용 작업선박의 종류와 용도에 대하여 설명하시오.
5. 고장력 볼트 이음부 시공방법과 볼트체결 검사방법에 대하여 설명하시오.
6. 콘크리트 이음을 구분하고 시공방법에 대하여 설명하시오.

### 4교시 ※ 다음 문제 중 4문제를 선택하여 설명하시오. (각 25점)

1. 근접시공의 시공방법 결정 시 검토사항에 대하여 설명하시오.
2. 슬러리 월(Slurry Wall) 공법의 특징과 시공 시 유의사항에 대하여 설명하시오.
3. 열 송수관로 파열원인 및 과열 방지대책에 대하여 설명하시오.
4. 터널 라이닝 콘크리트의 누수 원인과 대책에 대하여 설명하시오.
5. 토목현장 책임자로서 검토하여야 할 안전관리 항목과 재해예방대책에 대하여 설명하시오.
6. 교량의 신축이음장치 설치 시 유의사항과 주요 파손 원인에 대하여 설명하시오.

## 1교시 ※ 다음 문제 중 10문제를 선택하여 설명하시오. (각 10점)

1. 토량변화율
2. 습식 숏크리트
3. 시추주상도
4. 무리말뚝 효과
5. 합성교에서 전단연결재
6. 쇄석매스틱아스팔트(Stone Mastic Asphalt)
7. 강재기호 SM 355 B W ZN ZC의 의미
8. 수압파쇄(Hydraulic Fracturing)
9. 토질별 하수관거 기초의 종류 및 특성
10. 철도 선로의 분니현상(Mud Pumping)
11. 철근의 롤링마크(Rolling Mark)
12. 비용구배(Cost Slope)
13. 시설물의 안전 및 유지관리에 관한 특별법상 대통령령으로 정한 중대한 결함의 종류

## 2교시 ※ 다음 문제 중 4문제를 선택하여 설명하시오. (각 25점)

1. 기초의 침하 원인에 대하여 설명하시오.
2. 기존교량의 받침장치 교체 시 시공순서 및 시공 시 유의사항에 대하여 설명하시오.
3. 아스팔트 콘크리트 배수성 포장에 대하여 설명하시오.
4. 도로성토다짐에 영향을 주는 요인과 현장에서의 다짐관리방법에 대하여 설명하시오.
5. 하수관거의 완경사 접합방법 및 급경사 접합방법에 대하여 설명하시오.
6. 지하안전관리에 관한 특별법에 따른 지하안전영향평가 대상의 평가항목 및 평가방법, 안전점검 대상 시설물을 설명하시오.

## 3교시 ※ 다음 문제 중 4문제를 선택하여 설명하시오. (각 25점)

1. 현장타설 콘크리트말뚝 시공 시 콘크리트 타설에 대하여 설명하시오.
2. 구조물 접속부 토공 시 부등침하 방지대책에 대하여 설명하시오.
3. 기존 교량의 내진성능평가에서 직접기초에 대한 안전성이 부족한 것으로 평가되었다. 이때 내진성능 보강공법을 설명하시오.
4. 여름철 이상기온에 대비한 무근콘크리트 포장의 Blow-up 방지대책에 대하여 설명하시오.
5. 건설공사의 진도관리를 위한 공정관리 곡선의 작성방법과 진도평가 방법을 설명하시오.
6. 건설공사를 준공하기 전에 실시하는 초기점검에 대하여 설명하시오.

## 4교시 ※ 다음 문제 중 4문제를 선택하여 설명하시오. (각 25점)

1. 토공사 준비공 중 준비배수에 대하여 설명하시오.
2. 터널지보재의 지보원리와 지보재의 역할에 대하여 설명하시오.
3. 콘크리트 구조물의 방수에 영향을 미치는 요인과 대책에 대하여 설명하시오.
4. P.S.C BOX GIRDER 교량 가설공법의 종류와 특징, 시공 시 유의사항에 대하여 설명하시오.
5. 장마철 배수불량에 의한 옹벽구조물의 붕괴사고 원인과 대책에 대하여 설명하시오.
6. 건설기술진흥법에서 안전관리계획을 수립해야 하는 건설공사의 범위와 안전관리계획 수립기준에 대하여 설명하시오.

## 1교시 ※ 다음 문제 중 10문제를 선택하여 설명하시오. (각 10점)

1. ISO 14000
2. 건설공사의 공정관리 3단계 절차
3. 하도급계약의 적정성심사
4. 공대공 초음파 검층(Cross-hole Sonic Logging; CSL) 시험(현장타설말뚝)
5. 현장타설말뚝 시공 시 슬라임 처리
6. 터널 인버트 종류 및 기능
7. 도수로 및 송수관로 결정 시 고려사항
8. 소파공
9. 필댐의 트랜지션존(Transition Zone)
10. 아스팔트의 스티프니스(Stiffness)
11. 사장교의 케이블 형상에 따른 분류
12. PSC BOX 거더 제작장 선정 시 고려사항
13. 철근부식도 시험방법 및 평가방법

## 2교시 ※ 다음 문제 중 4문제를 선택하여 설명하시오. (각 25점)

1. 연약지반에 흙쌓기를 할때 주요 계측항목별 계측목적, 활용내용 및 배치기준을 설명하시오.
2. 건설공사의 공동도급 운영방식에 의한 종류와 공동도급에 대한 장점 및 문제점을 설명하고, 개선대책을 제시하시오.
3. 기존 콘크리트 포장을 덧씌우기할 때 아스팔트를 덧씌우는 경우와 콘크리트를 덧씌우는 경우로 구분하여 설명하시오.
4. 콘크리트 댐의 공사착수 전 가설비공사 계획에 대하여 설명하시오.
5. 건설현장에서 건설폐기물의 정의 및 처리절차와 처리 시 유의사항을 설명하고 재활용 방안을 제시하시오.
6. 얕은 기초 아래에 있는 석회암 공동지반(Cavity) 보강에 대하여 설명하시오.

## 3교시 ※ 다음 문제 중 4문제를 선택하여 설명하시오. (각 25점)

1. 교량받침(Shoe)의 배치와 시공 시 유의사항에 대하여 설명하시오.
2. 수로터널에서 방수형 터널공, 배수형 터널공, 압력수로 터널공에 대하여 비교 설명하시오.
3. 우수조정지의 설치목적 및 구조형식, 설계·시공 시 고려사항에 대하여 설명하시오.
4. 해안 매립공사를 위한 매립공법의 종류 및 특징에 대하여 설명하시오.
5. 매입말뚝공법의 종류별 시공 시 유의사항에 대하여 설명하시오.
6. 건설업 산업안전보건관리비 계상기준과 계상 시 유의사항 및 개선대책을 설명하시오.

## 4교시 ※ 다음 문제 중 4문제를 선택하여 설명하시오. (각 25점)

1. 건설재해의 종류와 원인 그리고 재해예방과 방지대책에 대하여 설명하시오.
2. 사장교 보강거더의 가설공법 종류 및 공법별 특징을 설명하시오.
3. 도로 포장면에서 발생되는 노면수 처리를 위해 비점오염 저감시설을 설치하려고 한다. 비점오염원의 정의와 비점오염 물질의 종류, 비점오염 저감시설에 대하여 설명하시오.
4. 해상에 자켓구조물 설치 시 조사항목 및 설치방법에 대하여 설명하시오.
5. 해양 콘크리트의 요구성능, 시공 시 문제점 및 대책에 대하여 설명하시오.
6. 터널 TBM공법에서 급곡선부의 시공 시 유의사항에 대하여 설명하시오.

## 1교시 ※ 다음 문제 중 10문제를 선택하여 설명하시오. (각 10점)

1. 숏크리트 및 락볼트의 기능과 효과
2. 차선도색 휘도기준
3. 1, 2종 시설물의 초기치
4. 빗물저류조
5. 건설공사비지수
6. FCM Key Segment 시공 시 유의사항
7. 거푸집 존치기간 및 시공 시 유의사항
8. 횡단보도에서의 시각장애인 유도블럭 설치방법
9. 부주면마찰력 검토, 문제점 및 저감대책
10. 댐관리시설 분류 및 시설내용
11. 순극한지지력과 보상기초
12. 하수배제방식  1) 합류식  2) 분류식
13. 시설물의 성능평가 항목

## 2교시 ※ 다음 문제 중 4문제를 선택하여 설명하시오. (각 25점)

1. 기초지반의 지지력을 확인하기 위한 현장 평판재하시험에 대하여 설명하시오.
2. 노후 상수도관의 갱생공법에 대하여 설명하시오.
3. 건설산업기본법 시행령상의 공사도급계약서에 명시해야 할 내용에 대하여 설명하시오.
4. 고유동 Con'c의 굳지 않은 Con'c 품질만족 조건 및 시공 시 유의사항에 대하여 설명하시오.
5. 강교현장조립을 위한 강구조물 운반 및 보관 시 유의사항, 현장조립 시 작업준비사항 및 안전대책에 대하여 설명하시오.
6. 오수전용 관로의 접합방법과 연결방법에 대하여 구분하여 설명하시오.

## 3교시 ※ 다음 문제 중 4문제를 선택하여 설명하시오. (각 25점)

1. 하천시설물의 유지관리 개념과 시설물별 유지관리방법에 대하여 설명하시오.
2. 쌓기 비탈면 다짐방법과 깎기 및 쌓기 경계부 시공 시 발생하는 부등침하에 대한 대책방법을 설명하시오.
3. 터널의 붕락 형태를 다음의 굴착단계별로 구분하여 설명하시오.
   1) 발파 직후 무지보 상태에서의 막장 붕락
   2) 숏크리트 타설 후 붕락
   3) 터널 라이닝 타설 후 붕락
4. 공정관리시스템을 관리적 측면과 기술적 측면으로 구분하고 각각에 대하여 설명하시오.
5. Con'c 비파괴 압축강도시험방법의 활용방안, 각 시험방법별 주의사항에 대하여 설명하시오.
6. 교량의 안정성 평가 목적 및 평가방법에 대하여 설명하시오.

## 4교시 ※ 다음 문제 중 4문제를 선택하여 설명하시오. (각 25점)

1. Fill Dam의 안정조건을 설명하고 축조단계별 시공 시 유의사항에 대하여 설명하시오.
2. 콘크리트구조물의 균열 측정방법과 유지관리방안에 대하여 설명하시오.
3. 하천정비사업의 일환으로 무제부(無堤部)에 신설제방을 축조하고자 한다. 시공단계별 유의사항에 대하여 설명하시오.
4. 연약지반개량공법으로 쇄석말뚝공법을 적용하고자 한다. 말뚝의 시공조건에 따른 쇄석말뚝의 파괴거동에 대하여 설명하시오.
5. 동바리를 사용하지 않고 가설하는 PSC 박스 거더 공법을 열거하고 설명하시오.
6. 흙의 동결융해 작용에 의하여 일어나는 아스팔트 포장의 파손 형태와 보수 방법 및 파손 방지대책에 대하여 설명하시오.

## 1교시 ※ 다음 문제 중 10문제를 선택하여 설명하시오. (각 10점)

1. 터널 막장 전방 탐사(TSP)
2. 용적 팽창 현상(Bulking)
3. 제어 발파(Control Blasting)
4. 붕적토(Colluvial Soil)
5. LCC 분석법 중 순현가법(NPV)
6. 건설 통합 시스템(CIC)
7. 국가계약법령상의 추정가격
8. 역(逆)타설 콘크리트 이음방법
9. 일부타정식 또는 부분정착식 사장교
10. 섬유강화폴리머 FRP) 보강근
11. 상수도관의 부(不)단수공법
12. 연안시설에서의 복합방호방식(複合防護方式)
13. 롤러다짐 콘크리트 중력댐의 확장레이어법

## 2교시 ※ 다음 문제 중 4문제를 선택하여 설명하시오. (각 25점)

1. 배수형 터널과 비배수형 터널의 특징 및 적용성에 대하여 설명하시오.
2. 지하구조물에 발생하는 양압력의 원인 및 대책공법에 대하여 설명하시오.
3. 비용성과지수(CPI)와 공정성과지수(SPI) 및 두 지표의 상관관계에 대하여 설명하시오.
4. 설계변경에 의한 계약금액 조정에 대하여 설명하시오.
5. 지반조사 시 표준관입시험으로 얻어진 N값의 문제점과 수정방법에 대하여 설명하시오.
6. 필댐에 사용되는 계측설비의 설치 목적 및 필요 계측 항목과 설치되어야 할 계측기기에 대하여 설명하시오.

## 3교시 ※ 다음 문제 중 4문제를 선택하여 설명하시오. (각 25점)

1. 지반 굴착공사 공법의 종류와 공법 선정 시 고려사항에 대하여 설명하시오.
2. 폐기물관리법령 및 자원의 절약과 재활용 촉진에 관한 법령에 규정된 건설폐기물의 종류와 재활용 촉진방안에 대하여 설명하시오.
3. 강바닥판 교량 구스아스팔트포장 시의 열 영향과 시공 시 유의사항에 대하여 설명하시오.
4. 콘크리트 제품의 촉진양생방법을 분류하고 각 양생방법에 대하여 설명하시오.
5. 마리나 계류시설 중 부잔교의 제작, 설치 및 시공 시 고려사항에 대하여 설명하시오.
6. 도로포장 공법 중 화이트탑핑(Whitetopping)공법의 특징과 시공방법에 대하여 설명하시오.

## 4교시 ※ 다음 문제 중 4문제를 선택하여 설명하시오. (각 25점)

1. S.C.P(Sand Compaction Pile)공법과 진동다짐 공법(Vibro-Flotation)을 비교하여 설명하시오.
2. 공사계약 일반조건 제51조(분쟁의 해결)상의 협의, 조정, 중재에 대하여 설명하시오.
3. 콘크리트 엑스트라도즈드(Extradosed) 교량 상부구조를 캔틸레버 가설공법으로 가설하기 위한 시공계획과 가설장비에 대하여 설명하시오.
4. CRM 아스팔트 포장공법의 특징과 시공방법에 대하여 설명하시오.
5. 건설현장 계측의 불확실성을 유발하는 인자와 그로 인해 발생하는 측정오차의 유형 및 오차의 원인에 대하여 설명하시오.
6. 하수도시설기준상의 관거 기초공의 종류를 제시하고 각 기초공의 특징과 시공방법에대하여 설명하시오.

# 제123회 | 2021년 1월 시행

## 1교시 ※ 다음 문제 중 10문제를 선택하여 설명하시오. (각 10점)

1. 건설기술 진흥법에 의한 시방서
2. 건설공사 시 업무조정회의
3. 공기단축기법
4. 액상화(Liquefaction)
5. 유토곡선(Mass curve)
6. 히빙(Heaving) 방지대책
7. 길어깨 포장
8. 거더교의 종류
9. 용접부의 잔류응력
10. 콘크리트 탄산화 현상
11. 펌프준설선의 작업효율의 합리적 결정방법
12. 전해부식과 부식방지대책
13. 물양장(Lighters wharf)

## 2교시 ※ 다음 문제 중 4문제를 선택하여 설명하시오. (각 25점)

1. 연약지반 위에 2.0m 이하의 흙쌓기공사 시 예상되는 문제점 및 연약지반개량방법에 대하여 설명하시오.
2. 터널공사 시 진행성 여굴이 발생하였을 때 시공 중 대책과 차단방법에 대하여 설명하시오.
3. 건설공사의 공사계약 방법 중 실비정산보수 가산계약을 설명하시오.
4. 교량의 교좌장치 손상원인과 선정 시 고려사항에 대하여 설명하시오.
5. 콘크리트구조 설계(강도설계법)에서 규정한 콘크리트의 평가와 사용 승인에 대하여 설명하시오.
6. 홍수 시 하천제방 하안에 작용하는 외력의 종류와 제방의 안정성을 저해하는 원인에 대하여 설명하시오.

## 3교시 ※ 다음 문제 중 4문제를 선택하여 설명하시오. (각 25점)

1. 흙막이 벽 지지구조의 종류와 장단점을 설명하시오.
2. 상수도관의 종류와 장단점을 설명하고 관로 되메우기 시 유의사항에 대하여 설명하시오.
3. PS강재 긴장 시 주의사항에 대하여 설명하시오.
4. 철근콘크리트 구조물에서 철근과 콘크리트의 부착작용과 부착에 영향을 미치는 인자에 대하여 설명하시오.
5. 최근 급속히 확대되고 있는 스마트건설기술과 관련하여 토공 장비 자동화기술(Machine control system, Machine guidance)에 대하여 설명하시오.
6. 사방댐 설치 및 시공 시 고려사항에 대하여 설명하시오.

## 4교시 ※ 다음 문제 중 4문제를 선택하여 설명하시오. (각 25점)

1. 연약지반처리를 위한 연직배수공법 중 PBD(Plastic board drain)공법의 시공 시 유의사항에 대하여 설명하시오.
2. 매스콘크리트의 온도균열 발생원인과 온도균열 제어 대책에 대하여 설명하시오.
3. 지반 함몰 발생원인 및 저감대책에 대하여 설명하시오.
4. 공사 관리의 목적과 공사 4대 관리에 대하여 설명하시오.
5. 저토피 연약지반에 선지보 터널공법으로 터널을 시공할 때 지반보강효과 및 공법의 특징을 설명하시오.
6. 콘크리트포장에서 컬링(Curling)현상에 대하여 설명하시오.

## 1교시 ※ 다음 문제 중 10문제를 선택하여 설명하시오. (각 10점)

1. 건설공사의 시공계획서
2. 하천 횡단 교량의 여유고
3. 구조적 안전성 확인 대상 가설구조물
4. 암석 발파시 비산석(Fly Rock) 경감대책
5. 비탈면의 소단 설치 기준
6. 콜드 조인트(Cold Joint)
7. 교량의 면진설계
8. 상수도관의 접합방법
9. 건설기술 진흥법의 안전관리비 비용 항목
10. 보강토 옹벽의 장점 및 단점
11. 순환골재의 특성
12. 항만공사 시 토사의 매립방법
13. 방파제 종류

## 2교시 ※ 다음 문제 중 4문제를 선택하여 설명하시오. (각 25점)

1. 공사기간 단축기법 중 작업촉진에 의한 공기 단축에 대하여 설명하시오.
2. 흙막이 설계 시 건설기술 진흥법에 의한 설계안전성검토(Design for Safety, DFS)사항과 시공 시 주변지반 침하 원인과 유의사항에 대하여 설명하시오.
3. 사질토 지반의 하천을 횡단하는 장대교를 가설하고자 할 경우 기초 형식으로 선정한 현장 타설말뚝 공법의 장·단점과 시공 시 유의사항에 대하여 설명하시오.
4. 콘크리트의 압축강도에 영향을 미치는 요인에 대하여 설명하시오.
5. 댐 시공 시 기초처리 공법 및 선정 시 고려사항에 대하여 설명하시오.
6. 이동식 비계(MSS, Movable Scaffolding System)공법에서 작업 수립단계와 설치작업 시 단계별 조치사항에 대하여 설명하시오.

## 3교시 ※ 다음 문제 중 4문제를 선택하여 설명하시오. (각 25점)

1. 표준안전난간(강재)의 구조 및 설치 시 현장관리 주의사항에 대하여 설명하시오.
2. 하수의 배제 방식 및 하수관거의 배치 방식에 대하여 설명하시오.
3. 기초에 사용하는 복합말뚝의 특징에 대하여 설명하시오.
4. 강박스 거더교(Steel Box Girder Bridge)의 특징, 적용성 및 시공 시 유의사항에 대하여 설명하시오.
5. 도심지 지하수위가 높은 연약지반에 굴착 및 지반 안정을 고려하여 지하연속벽(Slurry Wall) 공법으로 시공하고자 한다. 지하연속벽(Slurry Wall)공법의 시공순서와 시공 시 유의사항에 대하여 설명하시오.
6. NATM 터널 공사 시 발파진동 영향 및 저감대책에 대하여 설명하시오.

## 4교시 ※ 다음 문제 중 4문제를 선택하여 설명하시오. (각 25점)

1. 도심지나 계곡부 저토피 구간을 통과하는 NATM 터널의 시공단계별 붕락 형태, 붕락이 발생하는 원인과 보강공법의 종류에 대하여 설명하시오.
2. 하도급 적정성 검토사항에 대하여 설명하고, 건설사업관리자가 조치해야 할 내용에 대하여 설명하시오.
3. 시멘트콘크리트 포장에서 주요 파손의 종류별 발생 원인과 보수방법에 대하여 설명하시오.
4. 준설선의 종류와 특징 및 선정 시 고려사항에 대하여 설명하시오.
5. 댐(Dam) 여수로의 구성 요소 및 종류를 설명하고, 급경사 여수로의 이음 및 감세공의 형식별 특징에 대하여 설명하시오.
6. 교량기초의 세굴심도 측정방법 및 세굴 방지대책에 대하여 설명하시오.

# 제125회 | 2021년 7월 시행

## 1교시 ※ 다음 문제 중 10문제를 선택하여 설명하시오. (각 10점)

1. 토목 시설물의 내용년수
2. 암반 분류법 중 Q-system
3. 배수성 포장
4. 교량의 등급
5. 워커빌리티(workability)
6. 콘크리트 구조물의 보강방법
7. 교좌장치(Shoe)
8. 하수관로 검사방법
9. 콘크리트 중력식 댐의 이음
10. 총비용(Total cost)과 직접비 및 간접비와의 관계
11. 말뚝의 시간 효과(Time Effect)
12. 토목공사 현장의 설계와 시공에서 지반조사의 순서와 방법
13. 도로의 배수시설

## 2교시 ※ 다음 문제 중 4문제를 선택하여 설명하시오. (각 25점)

1. 해안가 사질토 지반의 굴착공사 시 적용되는 흙막이 공법의 종류와 굴착지면의 지반이 부풀어 오르는 현상(Boiling)을 방지하기 위한 대책에 대하여 설명하시오.
2. 터널 라이닝 콘크리트에 발생하는 균열의 종류와 특성, 균열 발생원인 및 균열저감 대책에 대하여 설명하시오.
3. 지반내 그라우팅 공법에서 약액주입 공법의 목적, 주입재의 종류 및 특징에 대하여 설명하시오.
4. 프리캐스트 세그멘탈공법(PSM)의 특징 및 시공방법에 대하여 설명하시오.
5. 콘크리트 구조물의 건조수축에 의한 균열 발생 원인 및 균열제어 방법에 대하여 설명하시오.
6. 도로포장에 적용되는 아스팔트 콘크리트 포장(Asphalt Concrete Pavement)과 시멘트콘크리트 포장(Cement Concrete Pavement)의 특징을 비교하고, 각각의 파손원인 및 대처방안에 대하여 설명하시오.

## 3교시 ※ 다음 문제 중 4문제를 선택하여 설명하시오. (각 25점)

1. 건설공사 중 발생되는 공사장 소음·진동에 대한 관리기준과 저감대책에 대하여 설명하시오.
2. 말뚝기초공사에서 정재하시험 종류와 방법, 해석 및 판정법에 대하여 설명하시오.
3. 터널공사에서의 암반의 불연속면 정의, 종류 및 특성에 대하여 설명하시오.
4. 교량하부 구조인 교각 구조물에 대하여 구체형식, 시공방법 및 시공 시 유의사항에 대하여 설명하시오.
5. 복잡한 도심 주거지역 도로에 매설된 노후하수관 교체공사를 시행할 경우 공사관리 계획의 필요성 및 주안점에 대하여 설명하시오.
6. 연약지반 심도가 깊은 해저에 사석기초 방파제 시공시 유의사항에 대하여 설명하시오.

## 4교시 ※ 다음 문제 중 4문제를 선택하여 설명하시오. (각 25점)

1. 토목현장의 공사착수단계에서 건설사업관리 책임자의 업무에 대하여 설명하시오.
2. 터널시공 계측관리에 대하여 설명하시오.
3. 매스콘크리트 균열발생 원인 및 균열제어 방법에 대하여 설명하시오.
4. 아스팔트 포장도로의 포트홀(Pot Hole) 발생 원인과 방지대책에 대하여 설명하시오.
5. 강교량 가설공사의 설계부터 시공까지 수행공정 흐름도(Flow Chart)를 상세하게 작성하고, 강교량 가설공법의 종류와 특징에 대하여 설명하시오.
6. 수중기초의 세굴의 종류 및 발생원인과 방지대책에 대하여 설명하시오.

## 1교시 ※ 다음 문제 중 10문제를 선택하여 설명하시오. (각 10점)

1. 교면포장
2. 댐 관리시설 분류와 시설내용
3. 시설물의 성능평가 방법(시설물의 안전 및 유지관리에 관한 특별법)
4. 사방댐
5. 터널의 배수형식
6. 흙막이 가시설의 버팀보(Strut)공법과 어스앵커(Earth Anchor)공법의 비교
7. 숏크리트 리바운드(NATM)
8. 시멘트콘크리트 포장의 줄눈 종류와 특징
9. 프리스트레스트콘크리트(PSC)의 긴장(Prestressing)
10. 건설공사의 위험성 평가
11. 표준관입시험(SPT)
12. 유선망(Flow Net)
13. 가설구조물 설계변경 요청대상 및 절차(산업안전보건법)

## 2교시 ※ 다음 문제 중 4문제를 선택하여 설명하시오. (각 25점)

1. 하수관거 공사 시 접합방법(완경사, 급경사)과 검사방법에 대하여 설명하시오.
2. 하저에 터널을 시공할 경우, 굴착공법인 NATM과 쉴드TBM의 적용성을 비교 설명하고, 쉴드TBM으로 선정 시 시공 유의사항에 대하여 설명하시오.
3. 방파제를 구조형식에 따라 분류하고 설계, 시공 시 유의사항에 대하여 설명하시오.
4. 절토사면의 시공관리 방안과 붕괴원인에 대하여 설명하시오.
5. 콘크리트 구조물의 시공 중 발생하는 균열원인과 방지대책에 대하여 설명하시오.
6. 심층혼합처리공법(DCM, Deep Cement Mixed Method)의 특성 및 시공관리방안에 대하여 설명하시오.

## 3교시 ※ 다음 문제 중 4문제를 선택하여 설명하시오. (각 25점)

1. 필댐(Fill Dam)의 안정조건과 본체에 설치하는 계측항목에 대하여 설명하시오.
2. 비탈면 녹화공법 시험시공 시 계획수립, 수행방법에 대하여 설명하시오.
3. 한중콘크리트의 배합설계와 시공 시 유의사항에 대하여 설명하시오.
4. 점성토지반에서 연직배수공법의 종류, 특징 및 시공시 유의사항에 대하여 설명하시오.
5. 공장제작 콘크리트 제품의 특성 및 품질관리 항목과 이를 현장에서 설치 시 유의사항에 대하여 설명하시오.
6. 흙의 다짐원리와 세립토(점성토)의 다짐특성에 대하여 설명하시오.

## 4교시 ※ 다음 문제 중 4문제를 선택하여 설명하시오. (각 25점)

1. 철근콘크리트 3경간 연속교의 시공계획 및 시공 시 유의사항에 대하여 설명하시오.
2. 하천 제방의 종류와 제방의 붕괴원인 및 방지대책을 설명하시오.
3. 굳지 않은 콘크리트의 성질과 워커빌리티(Workability) 향상대책에 대하여 설명하시오.
4. 노천에서 암 발파공법의 종류와 시공 시 유의사항에 대하여 설명하시오.
5. 미고결 저토피 터널 시공 시 지표 침하원인 및 저감대책을 설명하시오.
6. 중대재해 처벌 등에 관한 법률에서 중대산업재해 및 중대시민재해의 정의, 사업주와 경영책임자 등의 안전 및 보건 확보의무에 대하여 설명하시오.

## 1교시 ※ 다음 문제 중 10문제를 선택하여 설명하시오. (각 10점)

1. PTM공법(Progressive Trenching Method)
2. 옹벽의 이음(Joint)
3. 말뚝머리와 기초의 결합방법
4. 굳지 않은 콘크리트의 구비 조건
5. 제방의 파이핑(Piping) 검토 방법
6. 교량받침의 유지관리
7. 댐 감쇄공
8. 시공상세도
9. 카린시안공법(Carinthian cut and cover method)
10. PSC교량의 솟음(Camber) 관리
11. 토취장(Borrow-pit) 선정 조건
12. 방파제의 종류 및 특징
13. 이중벽체구조 2열 자립식 흙막이 공법(BSCW, Buttress type Self supporting Composite Wall)

## 2교시 ※ 다음 문제 중 4문제를 선택하여 설명하시오. (각 25점)

1. 연약지반의 판단기준과 개량공법 선정 시 고려사항에 대하여 설명하시오.
2. 사면보강공법 중 소일네일링(Soil-nailing)공법에 대하여 설명하시오.
3. 거푸집동바리 붕괴 유발요인과 안정성 확보방안에 대하여 설명하시오.
4. 연속압출공법(ILM, Incremental Launching Method)의 특징과 시공 시 유의사항에 대하여 설명하시오.
5. 토피가 얕은 도심지 구간의 터널 공사 시 지표면 침하방지 대책에 대하여 설명하시오.
6. 도심지에서 개착공법에 의한 관로부설이 곤란한 경우 적용되는 비개착공법에 대하여 설명하시오.

## 3교시 ※ 다음 문제 중 4문제를 선택하여 설명하시오. (각 25점)

1. 해사를 이용한 콘크리트 구조물 건설 시 문제점 및 대책에 대하여 설명하시오.
2. 터널이나 사면처리 등에 이용되는 제어발파 시공방법에 대하여 설명하시오.
3. 하천공사 중 하도 개수계획에 대하여 설명하시오.
4. 가시설 흙막이 구조물의 계측 시 고려사항과 계측관리에 대하여 설명하시오.
5. 네트워크(Network) 공정표의 특징과 PERT, CPM 기법에 대하여 설명하시오.
6. 항만공사에서 준설선 선정 시 고려사항과 준설선의 종류 및 특징에 대하여 설명하시오.

## 4교시 ※ 다음 문제 중 4문제를 선택하여 설명하시오. (각 25점)

1. 중점 품질관리 공종 선정 시 고려사항 및 건설사업관리 기술인의 효율적인 품질관리 방안에 대하여 설명하시오.
2. 연약지반 개량공사 시 지하수위 저하 공법에 대하여 설명하시오.
3. 교량공사 기초 말뚝 시공 시 지지력 평가방법에 대하여 설명하시오.
4. 건설공사 시 발생하는 수질 및 대기오염의 최소화 대책에 대하여 설명하시오.
5. 하절기 콘크리트 포장 시 예상되는 문제점과 시공관리 방안에 대하여 설명하시오.
6. 댐 시공을 위한 조사내용과 위치 결정시 고려할 사항을 설명하시오.

## 1교시 ※ 다음 문제 중 10문제를 선택하여 설명하시오. (각 10점)

1. 건설공사 단계별 적용 스마트건설기술
2. 시설물의 안전 및 유지관리에 관한 특별법상 안전점검의 종류
3. 기대기옹벽의 정의와 설계 시 고려하중
4. 기성말뚝기초의 건전도 및 연직도 측정
5. Smear Effect(교란효과)의 문제점 및 대책
6. 하수의 배제방식
7. 부잔교
8. 호안의 종류와 구조
9. 하천구조물의 공동현상(Cavitation)
10. 피암터널
11. 항타기 및 항발기 시공시 주의사항
12. 고유동콘크리트의 분류
13. 전문시방서와 표준시방서의 비교, 설명

## 2교시 ※ 다음 문제 중 4문제를 선택하여 설명하시오. (각 25점)

1. 건설공사 시공계획서(개요, 종류, 포함내용, 검토 및 승인 절차, 검토항목 및 내용 등) 대하여 설명하시오.
2. 흙막이 시설인 철근콘크리트 옹벽 중에서 L형 옹벽과 역L형 옹벽의 적용성과 차이점을 설명하시오.
3. 연약지반 위에 설치된 교대의 측방유동 발생 시 문제점과 측방유동 발생이후의 안정화 대책에 대하여 설명하시오.
4. 지반의 동상현상이 건설구조물에 미치는 영향과 발생원인, 방지대책에 대하여 설명하시오
5. 표면차수벽형(CFRD) 댐 시공 시 설치해야 할 계측기의 종류와 내용 및 계측빈도에 대하여 설명하시오.
6. 쉴드 또는 TBM 터널시공에서 세그먼트 라이닝 시공기준, 재질별 조립 허용오차, 제작 시 고려사항에 대하여 설명하시오.

## 3교시 ※ 다음 문제 중 4문제를 선택하여 설명하시오. (각 25점)

1. 건설업 산업안전보건관리비 계상 및 사용기준(시행 2022.6.2, 고용노동부)에서 일부 개정된 내용에 대하여 설명하시오.
2. 현장타설 콘크리트말뚝 시공에서 콘크리트 타설시 유의사항 및 내부결함 판정기준에 대하여 설명하시오.
3. Fill Dam의 파이핑현상 원인과 방지대책에 대하여 설명하시오.
4. 도로현장의 노체에 암버럭을 활용하여 성토 시 다짐방법과 다짐도 평가방법을 제시하고, 시공 시 유의사항에 대하여 설명하시오.
5. 사장교의 이점 및 가설공법의 종류에 대하여 설명하시오.
6. 말뚝공법 중에서 RCD(Reverse Circulation Drill)공법의 장·단점 및 시공 시 유의사항에 대하여 설명하시오.

## 4교시 ※ 다음 문제 중 4문제를 선택하여 설명하시오. (각 25점)

1. 터널공사 시 용수가 많은 지반에서는 환경이 불량해지고 시공성이 저하되므로 이를 방지하기 위한 지반과 굴착면 용수처리 대책에 대하여 설명하시오.
2. 기초공사에서 말뚝기초 재하시험의 종류와 시험결과의 해석(평가)에 대하여 설명하시오.
3. 중대재해 처벌 등에 관한 법률에서 중대산업재해의 정의와 적용대상, 안전보건교육에 포함하여야 하는 사항에 대하여 설명하시오.
4. 아스팔트 콘크리트 포장(Aspalt Concrete Pavement)과 시멘트 콘크리트 포장(Cement Concrete Pavement)의 구조적 차이점에 대하여 설명하시오.
5. 강교량 제작 시 용접이음의 종류와 용접자세에 대하여 설명하시오.
6. 노후된 상수관의 문제점과 관로상황에 따른 갱생방법에 대하여 설명하시오.

## 1교시 ※ 다음 문제 중 10문제를 선택하여 설명하시오. (각 10점)

1. 암(버력)쌓기 시 유의사항
2. 건설사업관리자의 시공단계 예산검증 및 지원업무
3. 사면붕괴의 내적·외적 발생원인
4. 과다짐(Over Compaction)
5. SMA아스팔트포장(내유동성 아스팔트포장)
6. 도복장 강관의 용접접합
7. 사장현수교
8. 하천 수제(水制)
9. 감압 우물(Relief Well)
10. 근접 터널시공에 따른 기존 터널의 안전영역(Safe Zone)
11. 숏크리트(Shotcrete) 시공관리
12. 철근콘크리트의 연성파괴와 취성파괴
13. 공동도급(Joint Venture)의 종류 및 책임한계

## 2교시 ※ 다음 문제 중 4문제를 선택하여 설명하시오. (각 25점)

1. 지반굴착공사 시 건설안전관리를 위한 스마트계측의 필요성 및 활용방안에 대하여 설명하시오.
2. 비탈면 보강공사 등에 사용되는 그라운드앵커(Ground Anchor)의 초기긴장력 결정에 대하여 설명하시오.
3. 도로현장의 동상 깊이 산정방법 및 방지 대책에 대하여 설명하시오.
4. 터널 지보재의 종류와 기대효과에 대하여 설명하시오.
5. 콘크리트 시공이음(Construction Joint) 설치 목적 및 시공 시 유의사항에 대하여 설명하시오.
6. 기존 하수암거의 주요 손상 원인 및 보수공법에 대하여 설명하시오.

## 3교시 ※ 다음 문제 중 4문제를 선택하여 설명하시오. (각 25점)

1. 건설공사 중 설계변경으로 계약금액을 조정할 수 없는 경우 및 공사계약일반조건에 명시된 설계변경의 요건에 대하여 설명하시오.
2. 항타말뚝과 매입말뚝 시공 시 각각의 지반의 거동변화 양상 및 장·단점에 대하여 설명하시오.
3. 도로에 시공되는 2-Arch 터널의 누수 및 동결 방지대책에 대하여 설명하시오.
4. 암반사면 붕괴 원인의 공학적 검토 방법에 대하여 설명하시오.
5. 교량 하부구조물에 발생하는 세굴 발생원인 및 방지대책에 대하여 설명하시오.
6. 하천공사 시 시공되는 가물막이 공법의 종류 및 시공 시 유의사항에 대하여 설명하시오.

## 4교시 ※ 다음 문제 중 4문제를 선택하여 설명하시오. (각 25점)

1. 시공 후 단계의 업무의 건설사업관리자의 '시설물 인수·인계 계획 검토 및 관련 업무, 하자보수 지원'에 대하여 설명하시오.
2. 콘크리트 구조물의 부등 침하 원인과 방지 대책에 대하여 설명하시오.
3. 암반 구간의 포장단면 구성에 대하여 설명하시오.
4. 케이블로 가설된 현수교와 사장교의 계측 모니터링 시스템에 대하여 설명하시오.
5. 가설 잔교 시공계획 시 고려사항에 대하여 설명하시오.
6. 하수 관로의 관종(강성관, 연성관)에 따른 기초 형식의 종류 및 시공 시 고려사항에 대하여 설명하시오.

## 1교시 ※ 다음 문제 중 10문제를 선택하여 설명하시오. (각 10점)

1. 마일스톤 공정표(Milestone Chart)
2. 공공(公共) 건설공사의 공사 기간 산정 및 연장 검토 사항
3. 하천관리유량
4. 준설매립선의 종류 및 특징
5. 토공사 준비에서 시공기면(Formation Level, Formation Height)
6. 철근콘크리트 교량 바닥판 손상의 종류
7. 교좌장치의 기능 및 설치 시 주의사항
8. 계류시설(繫留施設)
9. 머신가이던스(Machine Guidance)와 머신컨트롤(Machine Control)
10. 도로의 예방적 유지보수
11. 암반의 불연속면(Discontinuties in Rock Mass)
12. 시방서 종류 및 작성방법
13. 도수 및 송수관로의 매설위치와 깊이

## 2교시 ※ 다음 문제 중 4문제를 선택하여 설명하시오. (각 25점)

1. 댐의 제체 및 기초지반의 누수원인과 방지대책에 대하여 설명하시오.
2. 흙 쌓기 성토 재료 구비 조건과 시공 방법에 대하여 설명하시오
3. 연약지반 공사 시 발생하는 사고유형과 대책방안에 대하여 설명하시오.
4. 콘크리트 구조물의 온도균열 발생원인과 제어방법에 대하여 설명하시오.
5. 저토피구간 터널굴착 시 보강대책에 대하여 설명하시오.
6. 스마트건설 실현을 위한 BIM(Building Information Modeling)의 건설산업 적용에 따른 도입효과 및 BIM 활용방안에 대하여 설명하시오.

## 3교시 ※ 다음 문제 중 4문제를 선택하여 설명하시오. (각 25점)

1. 현장 타설 말뚝 시공법 중 PRD(Percussion Rotary Drill)공법에 대하여 설명하시오.
2. 쉴드 TBM 터널의 변형 원인 및 유지 관리 방법에 대하여 설명하시오.
3. "시설물의 안전 및 유지관리에 관한 특별법"의 토목분야 제3종시설들에 대한 대상범위 및 안전관리 절차와 안전점검 방법에 대하여 설명하시오.
4. 건설사업 진행시 발생하는 클레임(Claim)의 종류, 처리 절차 및 예방대책에 대하여 설명하시오.
5. 돌핀(Dolphine) 배치 시 고려사항과 돌핀(Dolphine)의 종류별 장·단점에 대하여 설명하시오.
6. 아스팔트포장에서 발생하는 소성변형의 특징, 발생원인 및 방지대책에 대하여 설명하시오.

## 4교시 ※ 다음 문제 중 4문제를 선택하여 설명하시오. (각 25점)

1. 서중 환경이 콘크리트에 미치는 영향과 서중콘크리트 관리 및 대책에 대하여 설명하시오.
2. 하수관로 공사 시 비점오염저감시설 중 침투형 시설에 대하여 설명하시오.
3. 임해 지역 부지 확보를 위해 연안이나 하천 등 공유수면 매립 공사 시 공사계획, 순서 및 방법에 대하여 설명하시오.
4. 기계화 시공 시 건설기계의 조합 원칙 및 기계 결정 순서에 대하여 설명하시오.
5. 아스팔트 포장의 포트홀 저감 대책에 대하여 설명하시오.
6. 최근 건설현장에서 거푸집 및 동바리 붕괴로 인한 대형사고가 발생해 사회적 문제가 되고 있다. 거푸집 붕괴 사고 요인 중 하나인 콘크리트 타설 시 거푸집 측압에 영향을 주는 요소 및 최대 측압을 도식하고, 붕괴사고 예방대책에 대하여 설명하시오.

## 1교시 ※ 다음 문제 중 10문제를 선택하여 설명하시오. (각 10점)

1. 8D BIM(Building Information Modeling)
2. 터널 콘크리트 라이닝의 역할
3. 건설분야 디지털 트윈(Digital Twin)의 필요성 및 적용방안
4. 아스팔트콘크리트 포장 시 포설 및 다짐장비의 종류와 특징
5. 발파장약 판정
6. 부주면 마찰력
7. 지진격리받침
8. 철근의 이음 종류
9. 진공콘크리트(Vacuum Concrete)
10. 방파제의 구조형식과 기능에 따른 분류
11. 사방호안공
12. NATM과 Shield TBM 공법의 비교
13. 노후 상하수도관 갱생공법

## 2교시 ※ 다음 문제 중 4문제를 선택하여 설명하시오. (각 25점)

1. 사질토의 연약지반 개량공법으로 동다짐공법을 적용하고자 한다. 이때 충격에너지에 의한 공학적 특성을 설명하시오.
2. 토공 하자 종류 및 방지대책에 대하여 설명하시오.
3. 교량구조물에서 지진하중을 제어하는 시스템에 대하여 설명하시오.
4. 미고결 지방의 공학적 특징 및 미고결 저토피 터널의 공학적인 문제점과 대책에 대하여 설명하시오.
5. 하상유지공의 분류와 시공시 유의사항에 대하여 설명하시오.
6. 공용중인 교량의 성능저하 현상과 내하성능 시험방법에 대하여 설명하시오.

## 3교시 ※ 다음 문제 중 4문제를 선택하여 설명하시오. (각 25점)

1. 하천제방 파괴 시 응급대책공법에 대하여 설명하시오.
2. 아스팔트콘크리트 포장공사의 평탄성 관리기준 및 평탄성 측정방법에 대하여 설명하시오.
3. PSC박스거더의 손상유형과 원인 및 대책에 대하여 설명하시오.
4. 해양콘크리트 구조물의 강재 방식대책에 대하여 설명하시오.
5. 수원(Water Source)의 종류와 특성에 대하여 설명하시오.
6. 특수교량 스마트 유지관리 시스템의 구성과 세부기술에 대하여 설명하시오.

## 4교시 ※ 다음 문제 중 4문제를 선택하여 설명하시오. (각 25점)

1. 지하수위 저하(De-Watering)공법에 대하여 설명하시오.
2. 바이브로플로테이션(Vibroflotation)공법의 기본원리 및 장,단점에 대하여 설명하시오.
3. 터널 굴착공법 선정 시 고려사항에 대하여 설명하시오.
4. 토석류로 인한 시설물의 피해방지를 위한 토석유 차단시설별 시공방법과 시공 시 준수사항에 대하여 설명하시오.
5. 하천 인근 하수처리장을 완전 지하화하여 시공하고자 할 때, 하수처리장의 부상 발생원인 및 대책에 대하여 설명하시오.
6. 홍수 시 하천제방에 작용하는 외력의 종류와 제방의 피해 형태 및 원인에 대하여 설명하시오.

## 1교시 ※ 다음 문제 중 10문제를 선택하여 설명하시오. (각 10점)

1. 데밍사이클(Deming Cycle)의 품질관리 4단계
2. 콘크리트 교면포장의 쏘컷 그루빙(Saw Cut Grooving)
3. 연약지반 성토 시 주요 계측항목과 계측기의 종류
4. 중대산업재해와 중대시민재해
5. 콘크리트의 거푸집 및 동바리 해체 시기(KCS 14 20 12)
6. 콘크리트 타설 시 초기 체적변화
7. 교량배수시설
8. 가능최대홍수량(PMF, Probable Maximum Flood)
9. 암 발파 시 뇌관의 종류
10. 수정CBR(California Bearing Ratio)
11. 포장관리체계(PMS, Pavement Management System)
12. 지반조사 시 표준관입시험(SPT, Standard Penetration Test)결과로 파악 및 추정할 수 있는 사항
13. 토사의 성토 시 다짐효과에 영향을 주는 요소

## 2교시 ※ 다음 문제 중 4문제를 선택하여 설명하시오. (각 25점)

1. 교량 하부구조의 가설공법에서 거푸집의 종류 및 시공 시 유의사항에 대하여 설명하시오.
2. [건설엔지니어링 및 시공 평가지침]에 따른 건설엔지니어링 시공평가의 절차 항목에 대하여 설명하시오.
3. 하수관로 공사시 수행하는 성능 보증방법의 종류에 대하여 설명하시오.
4. 민간투자사업의 개요, 필요성, 추진방식 및 방법에 대하여 설명하시오.
5. 쏘일네일링공법(Soil Nailing Method)의 특성과 장, 단점에 대하여 설명하시오.
6. 동절기 한중콘크리트 타설 시 배합설계 및 시공관리 방안에 대하여 설명하시오.

## 3교시 ※ 다음 문제 중 4문제를 선택하여 설명하시오. (각 25점)

1. 콘크리트 라이닝(Lining)의 균열 종류와 원인, 균열억제 대책에 대하여 설명하시오.
2. 지반굴착공사 시 흙막이벽의 변위로 발생하는 지반침하의 원인과 방지대책에 대하여 설명하시오.
3. 건설공사의 계약금액 조정에 대하여 설명하시오.
4. 철근 콘크리트교량의 슬래브(Slab) 시공 시 붕괴원인 및 방지대책에 대하여 설명하시오
5. 대심도 빗물터널의 종류, 위치선정 및 시공시 유의사항에 대하여 설명하시오.
6. 건설공사 관리계획 중 산업안전보건법의 유해위험 방지계획서, 건설기술진흥법의 안전관리계획서 작성대상, 항목 및 진행 절차에 대하여 설명하시오.

## 4교시 ※ 다음 문제 중 4문제를 선택하여 설명하시오. (각 25점)

1. 케이슨(Caisson)의 제작, 운반 및 설치 시의 유의사항에 대하여 설명하시오.
2. 홍수 시 지하도로 침수 방지계획 및 대책에 대하여 설명하시오.
3. 댐의 기초공사에서 기초지반이 불량한 암반일 경우 보강공법에 대하여 설명하시오.
4. 프리플레이스트 콘크리트(Preplacde Concrete) (KCS 14 20 50)의 주입 모르타르 품질관리 및 시공 시 유의사항에 대하여 설명하시오.
5. 하천을 통과하는 교량 시공구간의 기초지반 하부에 석회암 공동이 깊게 분포하고 있다. 이러한 조건에서의 교량 설계시 기초를 현장타설말뚝(RCD공법)으로 적용한 경우, 시공방안과 지지력 확인방법에 대하여 설명하시오
6. 터널 유지관리 중 터널의 변상에 대하여 설명하시오.

## 1교시 ※ 다음 문제 중 10문제를 선택하여 설명하시오. (각 10점)

1. 건설자동화기술
2. 비용분류체계(Cost Breakdown System)
3. 순환골재콘크리트
4. 항타보조말뚝
5. 숏크리트의 응력측정
6. 하중전달계수(J)
7. 널말뚝식 안벽
8. 진행성 여굴
9. 온도균열지수
10. 마이크로파일(Micro Pile)
11. 선박 충돌 방지공
12. 댐체 재료 중 필터(Filter)재의 요구조건
13. 분류체계를 고려한 스마트 안전장비

## 2교시 ※ 다음 문제 중 4문제를 선택하여 설명하시오. (각 25점)

1. 콘크리트 교량 가설공법 중 캔틸레버 공법(Free Cantilever Method)의 구조형식 및 가설방법에 대하여 설명하시오.
2. 도로 암(버력)쌓기 기준 및 부지조성 공사의 비다짐 구간에 대한 쌓기 재료기준에 대하여 설명하시오.
3. 수중 불분리성 혼화제의 특징 및 콘크리트 시공 시 주의사항에 대하여 설명하시오.
4. 건설폐기물의 종류 및 처리방안에 대하여 설명하시오.
5. 비탈면의 붕괴원인과 방지대책에 대하여 설명하시오.
6. 기성고 관리시스템(EVMS, Earned Value Management System)의 구성요소와 적용 시 기대효과에 대하여 설명하시오.

## 3교시 ※ 다음 문제 중 4문제를 선택하여 설명하시오. (각 25점)

1. 교면 방수의 종류 및 특징에 대하여 설명하시오.
2. 건설공사에서 발생하는 소음·진동의 원인, 관리기준 및 방지대책에 대하여 설명하시오.
3. 액상화(Liquefaction)현상의 영향인자와 방지대책에 대하여 설명하시오.
4. 하수관로 불명수 발생원인과 저감대책 및 조사항목별 조사방법에 대하여 설명하시오.
5. 도로공사 시 구조물과 토공 접속부, 구조물 뒷채움, 편절·편성 접속부 및 확폭구간의 접속부에 발생하는 침하의 원인과 대책에 대하여 설명하시오.
6. 사방댐의 기능, 목적에 따른 분류 및 특징, 적정위치 선정시 고려사항에 대하여 설명하시오.

## 4교시 ※ 다음 문제 중 4문제를 선택하여 설명하시오. (각 25점)

1. 하천 호안의 종류 및 구조별 주요 역할에 대하여 설명하시오.
2. 얕은기초 아래 흙의 거동과 얕은기초의 지지력 산정방법에 대하여 설명하시오.
3. 스마트건설 활성화 방안에 대하여 설명하시오.
4. 고유동 콘크리트의 자기 충전성 등급 및 시공 시 유의사항에 대하여 설명하시오.
5. 댐 형식별 기초처리 공법의 종류, 기초처리의 그라우팅 종류 및 댐 기초처리 시공 시 고려사항에 대하여 설명하시오.
6. 강교 가설공법의 종류 및 특징에 대하여 설명하시오.

## 1교시 ※ 다음 문제 중 10문제를 선택하여 설명하시오. (각 10점)

1. 경제적 타당성 분석 방법 중 비용편익분석
2. 토공사에서 체적 환산 계수의 활용 용도
3. 연약지반의 계측
4. 아스팔트 포장의 플러싱(Flushing)
5. 관로의 수압시험
6. 사장교의 가설공법
7. 커튼 그라우팅(Curtaing Grouting)
8. 상치 콘크리트 타설
9. 숏크리트 리바운드(Rebound) 최소화 방안
10. 콘크리트 배합강도
11. 유리섬유 강화 폴리머 보강근(Glass Fiber Reinforced Polymer Bar)
12. 건설기술 진흥법에 의한 토석 정보 시스템
13. 말뚝기초 시험항타 목적 및 기록관리 항목

## 2교시 ※ 다음 문제 중 4문제를 선택하여 설명하시오. (각 25점)

1. 설계안전성(DFS)검토와 안전보건대장에 대하여 설명하시오.
2. 하절기에 매스콘크리트 타설 시 발생할 수 있는 현상과 온도균열 제어방법에 대하여 설명하시오.
3. 하천공사 시 유수 방향 전환과 배수에 필요한 구조물에 대하여 설명하시오.
4. 교량관리시스템(BMS, Bridge Management System)에 대하여 설명하시오.
5. 공공 건설 공사의 공사기간 산정 및 조정 기준에 대하여 설명하시오.
6. 쉴드터널공법(Shield Tunnel Method)의 종류와 시공 시 유의사항에 대하여 설명하시오.

## 3교시 ※ 다음 문제 중 4문제를 선택하여 설명하시오. (각 25점)

1. 최소 비용 촉진법(MCX, Minimum Cost Expediting)에 의한 공기 단축 기법에 대하여 설명하시오.
2. 굴착 공사시 매설된 상하수도 관로의 누수 원인과 방지대책에 대하여 설명하시오.
3. 비점오염 저감시설 선정 시 고려 사항과 장치형 시설에 대하여 설명하시오.
4. 콘크리트 혼화재 종류별 특성과 효과에 대하여 설명하시오.
5. 공용중인 콘크리트 도로의 포장을 확장할 경우 콘크리트 포장의 타설 이음 방법과 주의사항에 대하여 설명하시오.
6. 교량 콘크리트 타설 시 주안점과 상부 구조 형식별 타설 순서에 대하여 설명하시오.

## 4교시 ※ 다음 문제 중 4문제를 선택하여 설명하시오. (각 25점)

1. 하상 유지 시설의 목적과 종류 및 구조에 대하여 설명하시오.
2. 콘크리트 구조물에 설치되는 앵커의 종류와 파괴 유형에 대하여 설명하시오.
3. 지반 개량 공법 중 지반동결공법 적용상의 문제점과 그 대책에 대하여 설명하시오.
4. 대안적 분쟁 해결(ADR, Alternative Dispute Resolution) 중 중재(Arbitration)에 대하여 설명하시오.
5. 토공사에서의 스마트기술 종류와 활용 방안 및 발전 방안에 대하여 설명하시오.
6. 항만 구조물에서 접안시설의 종류 및 특성에 대하여 설명하시오.

# 참고문헌

[1]    가설공사 표준시방서. 국토교통부. 2016

[2]    강구조공사 표준시방서. 국토교통부. 2016

[3]    도로공사 표준시방서. 국토교통부. 2016

[4]    도로교 표준시방서. 국토교통부. 2016

[5]    건설공사비탈면 표준시방서. 국토교통부. 2016

[6]    콘크리트 표준시방서. 국토교통부. 2016

[7]    터널표준시방서. 국토교통부. 2015

[8]    토목공사 표준 일반시방서. 국토교통부. 2016

[9]    하천공사 표준시방서. 한국수자원학회. 2007

[10]   항만 및 어항공사 표준시방서. 국토해양부. 2012

[11]   상수도공사 표준시방서. 환경부. 2007

[12]   하수도시설기준. 한국상하수도협회. 2011

[13]   고속도로공사 전문시방서. 국토교통부. 2018

[14]   댐 및 상수도공사 전문시방서. 한국수자원공사. 2008

[15]   강구조 설계기준. 국토교통부. 2016

[16]   구조물 기초 설계기준. 국토교통부. 2016

[17]   댐 설계기준. 국토해양부. 2011

[18]   콘크리트 구조기준. 국토해양부. 2012

[19]   도로설계기준. 한국도로교통협회. 2012

[20]   터널 설계기준. 국토교통부. 2016

[21]   콘크리트구조물 유지관리. 이진용 외. 2008

[22]   터널설계기준 해설서. (사)한국터널공학회. 2009

[23]   도로 동상방지층 설계지침. 국토교통부. 2013

[24]   비점오염저감시설의 설치 및 관리·운영 매뉴얼. 환경부. 2016

[25]   도로 포장 유지보수 실무 편람. 건설교통부. 2013

[26]   도로설계편람 제6편 터널. 국토해양부. 2011

[27]   토질 및 기초공학 이론과 실무. 이춘석. 예문사. 2012

[28]   길잡이 토목시공기술사. 김우식. 성안당. 2018

# 참고문헌

[29]    길잡이 토목시공기술사 공종별기출문제. 김우식. 성안당. 2011

[30]    길잡이 토목시공기술사 용어설명. 김우식. 성안당. 2018

[31]    토목시공기술사 기출문제해설. 권오석. 명인. 2010

[32]    신경향 토목시공기술사. 권오석. 청운. 2007

[33]    핵심 토목시공기술사. 이석일. 성안당. 2015

[34]    현장실무를 위한 토목시공학. 남기천 외. 한솔아카데미. 2010

[35]    토목시공기술사 이론과 실제. 류재복. 예문사. 2016

[36]    21세기 토목시공기술사. 신경수. 예문사. 2015

[37]    PERFECT길잡이 토목시공기술사. 김용구. 세진사. 2013

[38]    토목시공기술사 합격바이블 . 서진우. 씨아이알. 2016

[39]    토목기사실기. 김태선 외. 한솔아카데미. 2019

# 실전 토목시공기술사 제3판

Professional Engineer Civil Engineering Execution

초판 발행 | 2021년 1월 15일
2판 발행 | 2022년 11월 15일
3판 발행 | 2025년 2월 15일

지은이 | 최선민, 윤명식
펴낸이 | 김성배
펴낸곳 | (주)에이퍼브프레스

책임편집 | 최장미
디자인 | 문정민, 엄해정
제작 | 김문갑

출판등록 | 제25100-2021-000115호(2021년 9월 3일)
주소 | (04626) 서울특별시 중구 필동로8길 43(예장동 1-151)
전화 | 02-2275-8603(대표)  팩스 | 02-2274-4666
홈페이지 | www.apub.kr

ISBN  979-11-94599-02-9  93530